国 家 科 技 重 大 专 项

大型油气田及煤层气开发成果丛书

（2008—2020）

◇◇◇◇◇◇ 卷 1 ◇◇◇◇◇◇

总论：中国石油天然气工业勘探开发重大理论与技术进展

贾承造　匡立春　袁士义　邓运华　邹才能　等编著
孙金声　潘校华　宋　岩　赵孟军　姜　林

石油工业出版社

内容提要

大型油气田及煤层气开发专项是实施我国"深化东部、发展西部、加快海上、拓展海外"油气战略的重大举措，在陆上油气勘探、陆上油气开发、工程技术、海洋油气勘探开发、海外油气勘探开发、非常规油气领域，形成了 6 大技术系列、26 项重大技术，本书将这些重大进展和标志性成果进行系统总结梳理，凝结了数万科研工作者的心血，对于加快推进专项理论技术成果的全面推广，提升石油工业上游整体自主创新能力和科技水平，支撑油气勘探开发快速发展，在更大范围内提升国家能源保障能力将发挥重要作用。

本书可供从事油气勘探开发行业管理人员、科研人员及高等院校相关专业师生参考使用。

图书在版编目（CIP）数据

总论：中国石油天然气工业勘探开发重大理论与技术进展 / 贾承造等编著 . —北京：石油工业出版社，2023.8

（国家科技重大专项·大型油气田及煤层气开发成果丛书：2008—2020）

ISBN 978-7-5183-6361-2

Ⅰ . ① 总… Ⅱ . ① 贾… Ⅲ . ① 油气勘探 – 研究 – 中国 ② 油气田开发 – 研究 – 中国 Ⅳ . ① P618.130.8 ② TE3

中国国家版本馆 CIP 数据核字（2023）第 181826 号

责任编辑：庞奇伟
责任校对：罗彩霞
装帧设计：李 欣 周 彦

出版发行：石油工业出版社
　　　　　（北京安定门外安华里 2 区 1 号　100011）
　　　　　网　　址：www.petropub.com
　　　　　编辑部：（010）64523543　图书营销中心：（010）64523633
经　销：全国新华书店
印　刷：北京中石油彩色印刷有限责任公司

2023 年 8 月第 1 版　2023 年 8 月第 1 次印刷
787×1092 毫米　开本：1/16　印张：51.75
字数：1325 千字
定价：500.00 元

ISBN 978-7-5183-6361-2

《国家科技重大专项·大型油气田及煤层气开发成果丛书（2008—2020）》

❖❖❖❖ 编委会 ❖❖❖❖

《总论：中国石油天然气工业勘探开发
重大理论与技术进展》

编写组

组　　长：贾承造

副组长：匡立春　袁士义　邓运华　邹才能　孙金声　潘校华
　　　　宋　岩　赵孟军　姜　林

成　　员：（按姓氏拼音排序）

曹　静	范子菲	冯艳成	郭旭升	何治亮	侯　伟
胡德高	胡素云	胡永乐	贾爱林	姜在兴	雷　毅
李　阳	李熙喆	李秀峦	梁　兴	刘　忠	刘尚奇
路保平	罗晓容	牛　骏	石善志	史卜庆	宋明水
宋新民	孙焕泉	孙立春	汤天知	王红岩	王占生
魏国齐	魏新善	吴建发	胥　云	徐建永	袁选俊
翟刚毅	张国生	张庆生	张少华	赵文智	周　科
朱庆忠					

　　能源安全关系国计民生和国家安全。面对世界百年未有之大变局和全球科技革命的新形势，我国石油工业肩负着坚持初心、为国找油、科技创新、再创辉煌的历史使命。国家科技重大专项是立足国家战略需求，通过核心技术突破和资源集成，在一定时限内完成的重大战略产品、关键共性技术或重大工程，是国家科技发展的重中之重。大型油气田及煤层气开发专项，是贯彻落实习近平总书记关于大力提升油气勘探开发力度、能源的饭碗必须端在自己手里等重要指示批示精神的重大实践，是实施我国"深化东部、发展西部、加快海上、拓展海外"油气战略的重大举措，引领了我国油气勘探开发事业跨入向深层、深水和非常规油气进军的新时代，推动了我国油气科技发展从以"跟随"为主向"并跑、领跑"的重大转变。在"十二五"和"十三五"国家科技创新成就展上，习近平总书记两次视察专项展台，充分肯定了油气科技发展取得的重大成就。

　　大型油气田及煤层气开发专项作为《国家中长期科学和技术发展规划纲要（2006—2020年）》确定的10个民口科技重大专项中唯一由企业牵头组织实施的项目，以国家重大需求为导向，积极探索和实践依托行业骨干企业组织实施的科技创新新型举国体制，集中优势力量，调动中国石油、中国石化、中国海油等百余家油气能源企业和70多所高等院校、20多家科研院所及30多家民营企业协同攻关，参与研究的科技人员和推广试验人员超过3万人。围绕专项实施，形成了国家主导、企业主体、市场调节、产学研用一体化的协同创新机制，聚智协力突破关键核心技术，实现了重大关键技术与装备的快速跨越；弘扬伟大建党精神、传承石油精神和大庆精神铁人精神，以及石油会战等优良传统，充分体现了新型举国体制在科技创新领域的巨大优势。

　　经过十三年的持续攻关，全面完成了油气重大专项既定战略目标，攻克了一批制约油气勘探开发的瓶颈技术，解决了一批"卡脖子"问题。在陆上油气勘探、陆上油气开发、工程技术、海洋油气勘探开发、海外油气勘探开发、非常规油气勘探开发领域，形成了6大技术系列、26项重大技术；自主研发20项重大工程技术装备；建成35项示范工程、26个国家级重点实验室和研究中心。我国油气科技自主创新能力大幅提升，油气能源企业被卓越赋能，形成产量、储量增长高峰期发展新态势，为落实习近平总书记"四个革命、一个合作"能源安全新战略奠定了坚实的资源基础和技术保障。

《国家科技重大专项·大型油气田及煤层气开发成果丛书（2008—2020）》（62卷）是专项攻关以来在科学理论和技术创新方面取得的重大进展和标志性成果的系统总结，凝结了数万科研工作者的智慧和心血。他们以"功成不必在我，功成必定有我"的担当，高质量完成了这些重大科技成果的凝练提升与编写工作，为推动科技创新成果转化为现实生产力贡献了力量，给广大石油干部员工奉献了一场科技成果的饕餮盛宴。这套丛书的正式出版，对于加快推进专项理论技术成果的全面推广，提升石油工业上游整体自主创新能力和科技水平，支撑油气勘探开发快速发展，在更大范围内提升国家能源保障能力将发挥重要作用，同时也一定会在中国石油工业科技出版史上留下一座书香四溢的里程碑。

在世界能源行业加快绿色低碳转型的关键时期，广大石油科技工作者要进一步认清面临形势，保持战略定力、志存高远、志创一流，毫不放松加强油气等传统能源科技攻关，大力提升油气勘探开发力度，增强保障国家能源安全能力，努力建设国家战略科技力量和世界能源创新高地；面对资源短缺、环境保护的双重约束，充分发挥自身优势，以技术创新为突破口，加快布局发展新能源新事业，大力推进油气与新能源协调融合发展，加大节能减排降碳力度，努力增加清洁能源供应，在绿色低碳科技革命和能源科技创新上出更多更好的成果，为把我国建设成为世界能源强国、科技强国，实现中华民族伟大复兴的中国梦续写新的华章。

中国石油董事长、党组书记

中国工程院院士　　戴厚良

石油天然气是当今人类社会发展最重要的能源。2020 年全球一次能源消费量为 $134.0 \times 10^8 t$ 油当量，其中石油和天然气占比分别为 30.6% 和 24.2%。展望未来，油气在相当长时间内仍是一次能源消费的主体，全球油气生产将呈长期稳定趋势，天然气产量将保持较高的增长率。

习近平总书记高度重视能源工作，明确指示"要加大油气勘探开发力度，保障我国能源安全"。石油工业的发展是由资源、技术、市场和社会政治经济环境四方面要素决定的，其中油气资源是基础，技术进步是最活跃、最关键的因素，石油工业发展高度依赖科学技术进步。近年来，全球石油工业上游在资源领域和理论技术研发均发生重大变化，非常规油气、海洋深水油气和深层—超深层油气勘探开发获得重大突破，推动石油地质理论与勘探开发技术装备取得革命性进步，引领石油工业上游业务进入新阶段。

中国共有 500 余个沉积盆地，已发现松辽盆地、渤海湾盆地、准噶尔盆地、塔里木盆地、鄂尔多斯盆地、四川盆地、柴达木盆地和南海盆地等大型含油气大盆地，油气资源十分丰富。中国含油气盆地类型多样、油气地质条件复杂，已发现的油气资源以陆相为主，构成独具特色的大油气分布区。历经半个多世纪的艰苦创业，到 20 世纪末，中国已建立完整独立的石油工业体系，基本满足了国家发展对能源的需求，保障了油气供给安全。2000 年以来，随着国内经济高速发展，油气需求快速增长，油气对外依存度逐年攀升。我国石油工业担负着保障国家油气供应安全，壮大国际竞争力的历史使命，然而我国石油工业面临着油气勘探开发对象日趋复杂、难度日益增大、勘探开发理论技术不相适应及先进装备依赖进口的巨大压力，因此急需发展自主科技创新能力，发展新一代油气勘探开发理论技术与先进装备，以大幅提升油气产量，保障国家油气能源安全。一直以来，国家高度重视油气科技进步，支持石油工业建设专业齐全、先进开放和国际化的上游科技研发体系，在中国石油、中国石化和中国海油建立了比较先进和完备的科技队伍和研发平台，在此基础上于 2008 年启动实施国家科技重大专项技术攻关。

国家科技重大专项"大型油气田及煤层气开发"（简称"国家油气重大专项"）是《国家中长期科学和技术发展规划纲要（2006—2020 年）》确定的 16 个重大专项之一，目标是大幅提升石油工业上游整体科技创新能力和科技水平，支撑油气勘探开发快速发展。国家油气重大专项实施周期为 2008—2020 年，按照"十一五""十二五""十三五" 3 个阶段实施，是民口科技重大专项中唯一由企业牵头组织实施的专项，由中国石油牵头组织实施。专项立足保障国家能源安全重大战略需求，围绕"6212"科技攻关目标，共部署实施 201 个项目和示范工程。在党中央、国务院的坚强领导下，专项攻关团队积极探索和实践依托行业骨干企业组织实施的科技攻关新型举国体制，加快推进专项实施，攻克一批制约油气勘探开发的瓶颈技术，形成了陆上油气勘探、陆上油气开发、工程技术、海洋油气勘探开发、海外油气勘探开发、非常规油气勘探开发 6 大领域技术系列及 26 项重大技术，自主研发 20 项重大工程技术装备，完成 35 项示范工程建设。近 10 年我国石油年产量稳定在 $2 \times 10^8 t$ 左右，天然气产量取得快速增长，2020 年天然气产量达 $1925 \times 10^8 m^3$，专项全面完成既定战略目标。

通过专项科技攻关，中国油气勘探开发技术整体已经达到国际先进水平，其中陆上油气勘探开发水平位居国际前列，海洋石油勘探开发与装备研发取得巨大进步，非常规油气开发获得重大突破，石油工程服务业的技术装备实现自主化，常规技术装备已全面国产化，并具备部分高端技术装备的研发和生产能力。总体来看，我国石油工业上游科技取得以下七个方面的重大进展：

（1）我国天然气勘探开发理论技术取得重大进展，发现和建成一批大气田，支撑天然气工业实现跨越式发展。围绕我国海相与深层天然气勘探开发技术难题，形成了海相碳酸盐岩、前陆冲断带和低渗—致密等领域天然气成藏理论和勘探开发重大技术，保障了我国天然气产量快速增长。自 2007 年至 2020 年，我国天然气年产量从 $677 \times 10^8 m^3$ 增长到 $1925 \times 10^8 m^3$，探明储量从 $6.1 \times 10^{12} m^3$ 增长到 $14.41 \times 10^{12} m^3$，天然气在一次能源消费结构中的比例从 2.75% 提升到 8.18% 以上，实现了三个翻番，我国已成为全球第四大天然气生产国。

（2）创新发展了石油地质理论与先进勘探技术，陆相油气勘探理论与技术继续保持国际领先水平。创新发展形成了包括岩性地层油气成藏理论与勘探配套技术等新一代石油地质理论与勘探技术，发现了鄂尔多斯湖盆中心岩性地层大油区，支撑了国内长期年新增探明 10×10^8t 以上的石油地质储量。

（3）形成国际领先的高含水油田提高采收率技术，聚合物驱油技术已发展到三元复合驱，并研发先进的低渗透和稠油油田开采技术，支撑我国原油产量长期稳定。

（4）我国石油工业上游工程技术装备（物探、测井、钻井和压裂）基本实现自主化，具备一批高端装备技术研发制造能力。石油企业技术服务保障能力和国际竞争力大幅提升，促进了石油装备产业和工程技术服务产业发展。

（5）我国海洋深水工程技术装备取得重大突破，初步实现自主发展，支持了海洋深水油气勘探开发进展，近海油气勘探与开发能力整体达到国际先进水平，海上稠油开发处于国际领先水平。

（6）形成海外大型油气田勘探开发特色技术，助力"一带一路"国家油气资源开发和利用。形成全球油气资源评价能力，实现了国内成熟勘探开发技术到全球的集成与应用，我国海外权益油气产量大幅度提升。

（7）页岩气、致密气、煤层气与致密油、页岩油勘探开发技术取得重大突破，引领非常规油气开发新兴产业发展。形成页岩气水平井钻完井与储层改造作业技术系列，推动页岩气产业快速发展；页岩油勘探开发理论技术取得重大突破；煤层气开发新兴产业初见成效，形成煤层气与煤炭协调开发技术体系，全国煤炭安全生产形势实现根本性好转。

这些科技成果的取得，是国家实施建设创新型国家战略的成果，是百万石油员工和科技人员发扬艰苦奋斗、为国找油的大庆精神铁人精神的实践结果，是我国科技界以举国之力团结奋斗联合攻关的硕果。国家油气重大专项在实施中立足传统石油工业，探索实践新型举国体制，创建"产学研用"创新团队，创新人才队伍建设，创新科技研发平台基地建设，使我国石油工业科技创新能力得到大幅度提升。

为了系统总结和反映国家油气重大专项在科学理论和技术创新方面取得的重大进展和成果，加快推进专项理论技术成果的推广和提升，专项实施管理办公室与技术总体组规划组织编写了《国家科技重大专项·大型油气田及煤层气开发成果丛书（2008—2020）》。丛书共62卷，第1卷为专项理论技术成果总论，第2～9卷为陆上油气勘探理论技术成果，第10～14卷为陆上油气开发理论技术成果，第15～22卷为工程技术装备成果，第23～26卷为海洋油气理论技术装备成果，第27～30卷为海外油气理论技术成果，第31～43卷为非常规油气理论技术成果，第 44～62 卷为油气开发示范工程技术集成与实施成果（包括常规油气开发 7 卷，煤层气开发 5 卷，页岩气开发 4 卷，致密油、页岩油开发 3 卷）。

各卷均以专项攻关组织实施的项目与示范工程为单元，作者是项目与示范工程的项目长和技术骨干，内容是项目与示范工程在 2008—2020 年期间的重大科学理论研究、先进勘探开发技术和装备研发成果，代表了当今我国石油工业上游的最新成就和最高水平。丛书内容翔实，资料丰富，是科学研究与现场试验的真实记录，也是科研成果的总结和提升，具有重大的科学意义和资料价值，必将成为石油工业上游科技发展的珍贵记录和未来科技研发的基石和参考资料。衷心希望丛书的出版为中国石油工业的发展发挥重要作用。

国家科技重大专项"大型油气田及煤层气开发"是一项巨大的历史性科技工程，前后历时十三年，跨越三个五年规划，共有数万名科技人员参加，是我国石油工业史上一项壮举。专项的顺利实施和圆满完成是参与专项的全体科技人员奋力攻关、辛勤工作的结果，是我国石油工业界和石油科技教育界通力合作的典范。我有幸作为国家油气重大专项技术总师，全程参加了专项的科研和组织，倍感荣幸和自豪。同时，特别感谢国家科技部、财政部和发改委的规划、组织和支持，感谢中国石油、中国石化、中国海油及中联公司长期对石油科技和油气重大专项的直接领导和经费投入。此次专项成果丛书的编辑出版，还得到了石油工业出版社大力支持，在此一并表示感谢！

中国科学院院士 贾承造

《国家科技重大专项·大型油气田及煤层气开发成果丛书（2008—2020）》

分卷目录

序号	分卷名称
卷 29	超重油与油砂有效开发理论与技术
卷 30	伊拉克典型复杂碳酸盐岩油藏储层描述
卷 31	中国主要页岩气富集成藏特点与资源潜力
卷 32	四川盆地及周缘页岩气形成富集条件、选区评价技术与应用
卷 33	南方海相页岩气区带目标评价与勘探技术
卷 34	页岩气气藏工程及采气工艺技术进展
卷 35	超高压大功率成套压裂装备技术与应用
卷 36	非常规油气开发环境检测与保护关键技术
卷 37	煤层气勘探地质理论及关键技术
卷 38	煤层气高效增产及排采关键技术
卷 39	新疆准噶尔盆地南缘煤层气资源与勘查开发技术
卷 40	煤矿区煤层气抽采利用关键技术与装备
卷 41	中国陆相致密油勘探开发理论与技术
卷 42	鄂尔多斯盆缘过渡带复杂类型气藏精细描述与开发
卷 43	中国典型盆地陆相页岩油勘探开发选区与目标评价
卷 44	鄂尔多斯盆地大型低渗透岩性地层油气藏勘探开发技术与实践
卷 45	塔里木盆地克拉苏气田超深超高压气藏开发实践
卷 46	安岳特大型深层碳酸盐岩气田高效开发关键技术
卷 47	缝洞型油藏提高采收率工程技术创新与实践
卷 48	大庆长垣油田特高含水期提高采收率技术与示范应用
卷 49	辽河及新疆稠油超稠油高效开发关键技术研究与实践
卷 50	长庆油田低渗透砂岩油藏 CO_2 驱油技术与实践
卷 51	沁水盆地南部高煤阶煤层气开发关键技术
卷 52	涪陵海相页岩气高效开发关键技术
卷 53	渝东南常压页岩气勘探开发关键技术
卷 54	长宁—威远页岩气高效开发理论与技术
卷 55	昭通山地页岩气勘探开发关键技术与实践
卷 56	沁水盆地煤层气水平井开采技术及实践
卷 57	鄂尔多斯盆地东缘煤系非常规气勘探开发技术与实践
卷 58	煤矿区煤层气地面超前预抽理论与技术
卷 59	两淮矿区煤层气开发新技术
卷 60	鄂尔多斯盆地致密油与页岩油规模开发技术
卷 61	准噶尔盆地砂砾岩致密油藏开发理论技术与实践
卷 62	渤海湾盆地济阳坳陷致密油藏开发技术与实践

石油天然气在全球一次能源消费中占比达到55%。展望未来，在今后相当长时期内，油气仍将是人类社会最重要的能源。石油工业发展高度依赖科学技术进步，近年来全球石油工业在非常规油气、海洋深水油气与深层—超深层油气勘探开发技术领域获得重大突破，引领石油工业上游业务进入新的发展阶段，也推动石油天然气地质理论与勘探开发技术装备取得革命性进步。

我国石油工业担负着保障国家油气供应安全的历史使命，历经半个多世纪的艰苦创业，建立了完整独立的石油工业体系，基本满足了国家发展对油气能源的需求。然而2000年以来，我国石油工业面临着油气需求上升，油气勘探开发对象日趋复杂，难度增大，勘探开发理论技术及装备不相适应的巨大压力，急需发展新一代油气勘探开发理论技术与先进装备，大幅提高自主科技创新能力，以及大幅提高油气产量，保障国家能源安全。

国家油气重大专项立足保障国家能源安全重大战略需求，围绕"6212"科技攻关目标，共部署实施201个项目和示范工程。按照"十一五""十二五""十三五"三个阶段组织实施。在党中央、国务院的坚强领导下，专项攻关团队合拍探索和实践，依托行业骨干企业组织实施科技攻关新型举国体制，加快推进专项实施，攻克一批制约油气勘探开发的瓶颈技术，形成了陆上油气勘探、陆上油气开发、工程技术、海洋油气勘探开发、海外油气勘探开发、非常规油气勘探开发等6大领域技术系列及26项重大技术，自主研发20项重大工程技术装备，完成了35项示范工程建设。取得大量的专利、论文、著作、软件著作权以及国家行业标准等创新知识产权成果。我国石油工业上游自主创新能力大幅提升，油气勘探开发技术整体已经达到国际先进水平，陆上油气勘探开发水平已居国际前列。从而保障我国近十年石油年产量稳定在 $2 \times 10^8 t$ 左右，天然气产量快速增长，2020年达到 $1925 \times 10^8 m^3$，油气重大专项全面完成既定战略目标。

国家科技重大专项"大型油气田及煤层气开发"是一项历史性科技工程，

前后历时十三年，跨越三个五年计划，共有数万名科技人员参加，是我国石油工业史上的一项壮举。为了系统总结和反映国家油气重大专项在科学理论和技术创新方面取得的重大进展和成果，加快推进专项理论技术成果的推广和提升，专项实施管理办公室与技术总体组规划组织编写了《国家科技重大专项·大型油气田及煤层气开发成果丛书（2008—2020）》，丛书共 62 卷，本卷为第 1 卷《总论：中国石油天然气工业勘探开发重大理论与技术进展》。

本卷定位为国家油气重大专项科技重大创新与勘探开发重大进展成果的总论。本卷基本构思为国家油气重大专项核心成果的总结，包括 7 个理论技术系列，共 45 项核心理论技术成果及其勘探开发应用成效：第一章油气重大专项综述；第二章油气勘探地质理论，内含岩性地层油气藏勘探地质理论等 8 项成果；第三章油气开发理论与提高采收率技术，内含高含水油田提高采收率技术等 10 项成果；第四章工程技术与装备，内含高精度地球物理勘探技术与装备等 5 项成果；第五章海洋油气勘探开发理论、技术与装备，内含近海油气勘探地质理论与技术等 4 项成果；第六章海外油气合作勘探开发理论技术，内含全球油气资源评价与选区研究等 4 项成果；第七章非常规油气（煤层气）勘探地质理论与开发技术，内含高煤阶煤层气地质理论与开发技术等 4 项成果；第八章非常规油气（页岩油气与致密油气）勘探地质理论与开发技术，内含四川盆地及周缘页岩气地质与开发气藏工程等 10 项成果。

本卷编写集中了国家油气重大专项的各项目和示范工程的项目长和技术骨干，集成了整个专项的重大科学理论研究、先进勘探技术和装备研发成果，浓缩了油气重大专项科技成果的精华，集中梳理和展示了油气重大专项科技成果的广度、深度与多面性。国家油气重大专项科技成果代表了当今我国石油工业上游的最新成就和最高水平。本卷是在国家油气重大专项各项目和示范工程总结完成和本丛书第 2～62 卷编写完成的基础上，进一步归纳总结提升编写的，希望能成为国家油气重大专项成就的总论和本套丛书的概括与索引。

感谢以下编写人员对本书的贡献和辛苦工作：

第一章编写人贾承造、赵孟军。

第二章负责人邹才能，编写人：第一节邹才能、赵孟军、于豪；第二节袁选俊、姚泾利、邱桂强、吴松涛；第三节赵孟军、鲁雪松、吴海；第四节赵文智、汪泽成、刘伟、姜华；第五节何治亮、漆立新、徐旭辉、黄仁春；第六节宋明水、王永诗、王延光、伍松柏；第七节魏国齐、李剑、杨威、胡国艺；第八节罗晓容、吴晓智、王云鹏；第九节张国生、吴晓智、王建。

第三章负责人袁士义，编写人：第一节袁士义、王强、李军诗、韩海水；第二节宋新民、王凤兰、石成方、杜庆龙；第三节孙焕泉、张宗檩、杨勇；第四节李秀峦、张忠义、王宏远、杨凤祥；第五节李熙喆、雷征东、杨正明、彭缓缓；第六节贾爱林、程立华、王国亭；第七节李阳、康志江、张允；第八节贾爱林、刘义成、闫海军、邓惠；第九节贾爱林、唐海发、刘群明、吕志凯；第十节张庆生、王寿平、王和琴、张文昌；第十一节胡永乐、吕文峰、杨永智、张德平；第十二节姜在兴、蒋官澄、林承焰、侯吉瑞。

第四章负责人孙金声，编写人：第一节孙金声、周英操、王韧；第二节张少华、何永清；第三节汤天知、陈文辉；第四节冯艳成、刘岩生、蒋宏伟；第五节路保平、陆灯云；第六节胥云、谢永金。

第五章负责人邓运华，编写人：第一节邓运华、徐建永、刘丽芳；第二节徐建永、刘志峰；第三节孙立春、朱玥珺；第四节曹静、孙立春、刘世翔、许亮斌；第五节曹静、喻西崇、许亮斌、盛磊祥。

第六章负责人潘校华，编写人：第一节潘校华、马洪、计智锋、杨紫；第二节史卜庆、万仑坤、温志新、王兆明；第三节邓运华、胡孝林、梁建设、解东宁；第四节刘尚奇、李星民、刘洋、黄继新；第五节范子菲、宋珩。

第七章负责人宋岩，编写人：第一节宋岩、侯伟、姜林；第二节朱庆忠、刘忠、喻鹏、傅小康、汤达祯；第三节侯伟、陈东、孟尚志、陈振宏；第四节雷毅、胡健、李国富、陈建；第五节周科、张健。

第八章负责人贾承造，编写人：第一节贾承造、姜林；第二节王红岩、刘先贵、刘德勋、胡志明；第三节吴建发、梁兴；第四节郭旭升、胡东风、魏志红、魏祥峰；第五节胡德高、王必金、路智勇、王进；第六节翟刚毅、姚红生、王香增；第七节胡素云、陶士振、吴志宇、梁晓伟；第八节牛骏、李志明、刘喜武、苏建政；第九节石善志、张士诚、韩雪、汪勇；第十节魏新善、甯波、李浮萍、雷涛；第十一节王占生。

目 录

◇◇◇◇◇

第一章　油气重大专项综述

国家科技重大专项是为了实现国家目标，通过核心技术突破和资源集成，在一定时限内完成重大战略产品、关键共性技术或重大工程的科技项目，是国家科技发展的重大举措。随着国民经济持续发展，中国油气需求缺口不断加大，供需矛盾进一步突出。2006年，《国家中长期科学和技术发展规划纲要（2006—2020年）》将"大型油气田及煤层气开发"（简称油气重大专项）确定为16个国家科技重大专项之一，也是唯一由企业牵头组织实施的重大专项（贾承造，2021；匡立春等，2021）。油气重大专项是实施我国"深化东部、发展西部、加快海上、拓展海外"油气战略的重大举措，旨在突破特殊地质环境和深水、煤层气等油气勘探开发关键技术，将潜在的油气资源迅速转化为可采储量，缓解日益突出的油气资源短缺压力，增强我国油气供应的基础保障能力，为油气工业的可持续发展和能源安全提供强有力的技术支撑（王宜林，2016，2019）。油气重大专项于2008年启动，历经三个五年计划，于2020年结束，顺利完成原定计划与目标，为保障国家油气能源安全做出了重大贡献，推动我国实现高质量发展（章建华，2021；戴厚良，2021）。

第一节　实施背景

一、保障国家油气能源安全的必然要求

随着我国国民经济的持续快速发展，石油天然气消费量快速增长，油气供需矛盾日益突出。1993年我国成为石油净进口国以来，2007年石油净进口量为 $1.78 \times 10^8 t$，对外依存度达48.8%。预测中长期我国对外依存度不断增长，对国家能源安全和国民经济持续发展带来重大影响。由此实施油气重大专项是加大油气生产供给能力、保障国家油气能源安全的必然要求。

我国油气和煤层气资源丰富，石油远景资源量为 $1086 \times 10^8 t$，天然气远景资源量为 $56 \times 10^{12} m^3$，煤层气资源量为 $36.8 \times 10^{12} m^3$，海洋深水区蕴藏着丰富的油气资源。但是，我国油气勘探面临着"丰度低、埋深大、目标隐蔽"等问题，海洋油气深水勘探开发理论与技术严重滞后，煤层气规模化开发刚刚起步，致密油气等非常规油气处于发展萌芽阶段。未来油气勘探开发的发展趋势是：由构造圈闭向非构造岩性—地层圈闭发展，由陆相地层向海相地层发展，由浅层向深层发展，由陆地向海洋发展。主要矛盾是我国勘探开发理论与技术装备尚不能适应未来需求，面临巨大挑战。

全球油气资源十分丰富，利用国外油气资源是弥补国内缺口的重要途径。据美国地质调查局（USGS）评价结果，世界常规可采石油资源量为 $4582 \times 10^8 t$，累计采出量

为 $1344 \times 10^8 t$，采出程度为 29%，剩余探明可采储量为 $1636 \times 10^8 t$，待发现可采资源量为 $1602 \times 10^8 t$；天然气可采资源量为 $436 \times 10^{12} m^3$，累计采出量为 $74 \times 10^{12} m^3$，采出程度为 17%，剩余探明可采储量为 $180 \times 10^{12} m^3$；待发现可采资源量为 $182 \times 10^{12} m^3$。我国在海外所拥有的主要是地面、地下地质复杂的低品质资源，未来必将扩大国际合作与海外业务，但是我国石油公司国际技术市场竞争力较弱，需要加大理论技术攻关，才能增强国际竞争力，有效分享海外资源。

二、我国石油工业上游发展面临严峻的理论技术挑战

1. 陆上油气勘探

我国地处太平洋构造域与特提斯构造域交会部位，形成特殊的成盆背景与复杂的石油地质条件。近年来，随着陆上油气勘探程度升高，油气勘探转向深层、岩性地层油气藏、前陆复杂构造区等新领域，天然气勘探比重逐年上升，对地质理论与勘探技术带来了新的挑战。

深层油气勘探面临的温压异常、油气储层成因机制、油气富集成藏与分布规律不清、勘探风险大且工程技术要求高的特点，制约了深层油气勘探。岩性地层油气藏主要面临有利储层与油气富集"甜点"预测难题。前陆盆地油气勘探面临复杂构造准确成像和油气聚集规律认识的难题。我国海相碳酸盐岩具有时代老、埋藏深、烃源岩演化程度高、构造复杂等突出特点，深层超深层优质碳酸盐岩储层形成与分布及有利区带预测难度大，目标描述和评价等核心技术尚未形成。成熟盆地油气勘探对象越来越隐蔽，非常规储层和深层目标的比例上升，目标精细评价亟须新技术。天然气勘探主要面临大气田预测与大气区评价难题，如不同类型生气母质成气动力学特征及资源分布、中—深部不同类型优质储层形成主控因素及分布预测、大面积天然气成藏动力学机制及分布规律、天然气藏地球物理识别技术与大气区评价方法等。

2. 陆上油气开发

我国主体注水开发油田已进入高含水、特高含水期，接替资源以品位较低的特殊类型油气藏为主。虽然国内在陆相油藏开发和以聚合物驱为特色的三次采油技术处于国际领先地位，但是我国油气的稳产和增产面临诸多技术挑战，包括：（1）东部注水开发主体油田进一步提高水驱采收率方法和技术储备不足；（2）复合驱技术廉价高效的驱油用化学剂产品有待研制；（3）高轮次蒸汽吞吐后的稠油油藏缺少有效的开发接替技术，中深层稠油蒸汽驱仍处于工业化应用的初始阶段，蒸汽辅助重力泄油（SAGD）技术还不完善，火烧驱油技术刚刚起步；（4）低渗透、特低渗透油气田储层高效改造和有效补充能量技术有待发展。我国未动用储量中低渗透储量占 2/3，未来新增探明储量中低渗透储量仍是主体，对于低渗透和特低渗透的油气田、缝洞型的碳酸盐岩油气田，缺乏裂缝、相对高渗透储层发育区的有效识别和预测方法，储层高效改造技术还不够完善和配套，井网优化技术需进一步研究；（5）高酸性气田安全开发和有效利用配套技术尚未形成。

3. 工程技术

专项立项时我国工程技术装备整体水平很低，缺少自主研发能力，常规装备仅部分国产化，先进高端装备全部依靠进口，不能满足勘探开发进一步发展和走向国际市场的需求。

物探技术自主知识产权的采集、处理物探装备、解释一体化物探软件亟待研发，缺乏深水地震采集装备及大型地震接收仪。缺乏配套复杂岩性和复杂储层测井技术，高端装备亟须国产化。大斜度井、水平井测井工艺设备研究均处于起步阶段；成像、核磁等新一代测井仪器，网络一体化测井解释软件处于设计阶段；缺乏过套管测井、多相流成像测井技术。

钻井技术面临高陡构造防斜打快与深层钻进提速的挑战。针对山前高陡构造、逆掩推覆体防斜打快，深层碳酸盐岩、火成岩难钻地层安全钻井等难题，尚未形成有效的配套技术，亟须发展低渗透复杂油气田的高效开发配套的水平井等钻井技术系列。压裂等新技术基础薄弱，亟待发展。

4. 海洋油气勘探开发

深水、深层及岩性油气藏等的地质与工程复杂性是我国海上油气勘探面临的主要困难。稠油开发水驱提高采收率技术是我国海上油田开发的主要难题。深水工程技术及装备尚为空白，世界深水钻井、工程作业装备的作业水深已达到3000m以上，当时我国仅为503m。而我国海上工程装备制造与作业能力制约了我国深水油气资源勘探开发，同时深水恶劣的环境条件如夏季强热带风暴等使我国深水工程技术和装备面临着巨大的挑战。

5. 海外油气勘探开发

全球油气资源信息系统、资产评估方法和快速勘探评价技术体系是我国石油工业走向世界面临的主要挑战。我国亟待提升重点投资领域风险勘探的核心竞争力，我国油公司在技术储备和抗风险能力等方面有待进一步提高。同时亟须发展适合海外复杂油气田特点的快速高效开发理论和技术，包括委内瑞拉重油油藏、尼日利亚OML130区块深水海底扇等。

6. 非常规油气勘探开发

非常规油气包括煤层气、页岩油气、致密油气，是不同于常规油气的新型油气资源。北美地区20世纪90年代开始研发，21世纪前10年快速发展，同时涌现了全新的地质理论认识与大批水平井钻井和压裂等系列新技术，而对于我国煤层气与致密油气勘探开发则是刚起步，页岩油气等几乎是全然陌生的新事物。我国常规油气勘探开发程度较高，非常规油气资源是我国未来的重要接替领域。与此同时，我国面临着一系列非常规油气勘探开发的理论技术装备挑战：（1）煤层气、页岩油气与致密油气地质理论、成藏机理与富集规律、资源评价与勘探评价技术方法；（2）煤层气、页岩油气与致密油气开发的关键技术、水平井钻井与体积压裂技术装备；（3）煤层气、页岩油气与致密油气有效开发理论技术、渗流机理与提高采收率技术。

三、整体提升我国石油工业科技创新能力的重大举措

国家科技重大专项立项之初，新一轮的全球技术革命和产业革命正在孕育兴起，技术发展进入创新活跃期，世界石油工业进入技术制胜时代。保持技术的领先地位，一直是世界各大石油公司长盛不衰、发展壮大的保障。国家科技重大专项是体现国家战略意图、着眼长远发展、推动自主创新、实现创新驱动和内生增长的重大决策，目的就是要整体提升我国石油工业科技创新能力，使我国石油科技水平居于全球同行业前列；打破重大关键核心技术受制于人的局面，突破油气勘探开发新领域，创造油气产量新高峰。

实施油气开发重大专项是构建我国新型举国创新体系、加快油气科技发展步伐的重大举措，油气科技进步是建设创新型国家的重要组成部分，也是石油工业自身发展的迫切要求。

第二节 专项基本情况

国家科技重大专项"大型油气田及煤层气开发"在国家科技部领导下，于2006年开始论证设计，2007年国务院批准"油气重大专项实施方案"，2008年1月正式开始实施，至2020年底结束，由国家科技部组织正式验收。基本情况如下：

一、专项总体目标

"大型油气田及煤层气开发"重大专项的总体目标是：到2020年，通过专项攻关，使我国油气科技自主创新能力显著增强，取得一批在国际上具有影响的科技成果，全面实现"6212"科技攻关目标，即形成6大技术系列和20项重大技术、研制10项具有自主知识产权的重大装备和建设22项示范工程。发明专利1000～1300项，油气勘探开发整体技术水平达到或接近国际大石油公司的水平；建立起和我国油气工业发展相适应的完善的科技创新体系，实现东部地区油气长期稳产、西部地区油气储产量快速增长，深水油气勘探开发作业技术能力不断提升，海外油气资源勘探开发竞争能力大幅度提高，煤层气经济开发水平大幅度提高，确保我国油气和煤层气储产量中长期规划目标的实现和油气供给安全。

1. "6212"科技攻关目标

（1）形成6大技术系列和20项重大技术，全面提升我国油气和煤层气勘探开发关键技术的创新能力，为油气工业的可持续发展提供技术保障。

陆上油气勘探技术系列：① 岩性地层油气藏勘探重大技术；② 前陆盆地油气勘探重大技术；③ 碳酸盐岩油气藏勘探重大技术；④ 成熟盆地精细勘探重大技术；⑤ 天然气勘探重大技术。

陆上油气开发技术系列：⑥ 高含水、特高含水油田开发重大技术；⑦ 低渗透、特低渗透油气田开发重大技术；⑧ 中深层稠油、超稠油开发重大技术；⑨ 天然气安全开发重大技术。

陆上油气工程技术系列：⑩ 地球物理勘探重大技术；⑪ 油气藏测井评价重大技术；⑫ 深井钻完井工程重大技术。

海洋油气勘探开发技术系列：⑬ 海洋油气勘探重大技术；⑭ 海洋稠油油田高效开发重大技术；⑮ 海洋深水油田开发及工程重大技术。

海外油气勘探开发技术系列：⑯ 海外快速资产评估与风险勘探重大技术；⑰ 海外重油和高凝油油藏高效开发重大技术。

煤层气勘探开发技术系列：⑱ 煤层气低成本勘探重大技术；⑲ 煤层气高效开发重大技术；⑳ 煤矿区煤层气抽采重大技术。

（2）研制 10 项具有自主知识产权的重大装备，全面提升我国石油工业装备制造能力。包括：① 深水拖缆地震采集船舶及收放系统；② 全数字万道地震数据采集系统；③ 窄密度窗口安全钻完井配套装备；④ 复杂深井随钻测录配套装备；⑤ 模块式动态地层测试系统；⑥ 大型网络一体化测井解释平台；⑦ 3000m 深水起重铺管船；⑧ 3000m 深水半潜式钻井平台；⑨ 煤层气水平井地质导向与远距离穿针装备；⑩ 煤层气氮气压裂泵车。

（3）建设 22 项示范工程，实现理论创新、技术集成和配套推广。示范工程作为理论创新和技术研发的示范基地，为规模推广奠定基础，从而为实现石油储产量稳定增长、天然气储产量快速发展及保障国家油气能源安全提供技术支持。建设的 22 项示范工程中，陆上油气勘探开发 12 项，海洋油气勘探开发 2 项，海外油气勘探开发 2 项，煤层气勘探开发 6 项。

2. 支撑国家油气储产量目标

到 2020 年，新增石油探明可采储量 $25.5 \times 10^8 \sim 32.0 \times 10^8 t$、新增天然气探明可采储量 $4.1 \times 10^{12} \sim 4.5 \times 10^{12} m^3$，国内原油年产量 $1.9 \times 10^8 \sim 2.1 \times 10^8 t$、天然气年产量 $1400 \times 10^8 \sim 1600 \times 10^8 m^3$；海外累计权益油可采储量 $8.5 \times 10^8 t$、权益油年产量超过 $1.0 \times 10^8 t$、天然气年产量 $350 \times 10^8 \sim 400 \times 10^8 m^3$。累计探明煤层气地质储量 $1.2 \times 10^{12} m^3$，地面开发年产量达到 $300 \times 10^8 m^3$。

3. 构建科技创新能力平台

构建科技创新能力平台，为石油工业的可持续发展提供人才和技术保障。

二、专项技术路线与任务部署

1. 专项技术路线

专项技术路线立足于石油工业上游科技研发创新链规律与科技体系构建，根据专项在全国科技体系的定位，重点在"应用基础与技术研发"和"示范工程与先导试验"两个层次，同时兼顾"基础理论与机理研究"和"规模推广与产业化"（图 1-2-1）。

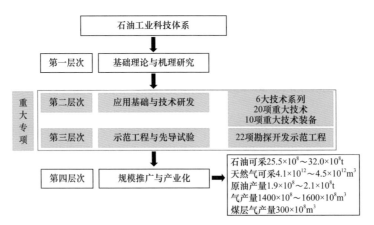

图 1-2-1　油气重大专项技术路线

2. 专项任务部署

围绕陆上油气勘探等六大领域，"十一五""十二五"期间分别部署 43 个项目 22 个示范工程；"十三五"期间进行了较大的调整，将"煤层气勘探开发"扩展为"非常规油气勘探开发"，增加了页岩油气和致密油气，共部署 49 个项目 22 个示范工程，合计共部署 135 个攻关项目和 66 个示范工程。

三、专项组织管理

在党中央国务院领导下，在科技部、财政部和国家发改委（能源局）的组织协调下，油气重大专项由中国石油牵头组织，建立了较完备的组织管理体系和经费管理办法，构建由组织协调、组织实施和科技攻关构成的三个管理层级组织实施架构，实行"行政、技术"双责任制，形成了目标一致、分工协作、管理有序、运转高效的组织管理体系，保证了专项的顺利完成。

1. 行政管理

组织协调：成立了以国家发改委（能源局）为组长的专项领导小组，成员包括相关部委和三大石油公司等企业。专项领导小组及办公室，把握大局和方向、协调重大问题、决策专项实施各关键节点。

组织实施：成立由三大石油公司主管科技领导组成的专项实施工作组，以大型石油骨干企业"科技联盟"为主体，实现科技创新统一计划、统一部署、统一攻关。

科技攻关：中国石油作为油气重大专项牵头组织单位，依托企业科技管理部门成立专项实施管理办公室，联合中国石化、中国海油等成员单位科技管理部门，依托大型企业完善的科技体系，负责具体组织实施，履行专业机构职责，做好日常管理与技术支持工作。

2. 技术管理

设立专项技术总体组，是专项实施的技术责任主体，由油气勘探、开发、工程技术、非常规油气等领域的战略科学家和领军人物组成。技术总师是专项的专职技术责任人。

拥有研究方向的决定权：负责专项顶层设计，确定专项目标和预期成果，统一规划、整体部署。

拥有重大技术路线决策权：按照三个五年计划，制定总体实施方案和阶段实施计划，形成了专项梯次滚动推进的战略布局。

拥有重大调整事项建议权：审查推进工作路线进展，督导执行进展，提出并论证重大调整审批建议。

第三节　专项完成情况与主要成果

一、全面实现专项战略目标

1. 完成"6212"科技攻关目标

全面形成陆上油气勘探等 6 大领域技术系列，"十三五"期间将煤层气勘探开发领域拓展为非常规油气勘探开发领域；最终形成 26 项重大技术和 90 项关键核心技术；共自主研发 20 项重大装备；共完成 35 项示范工程建设。

2. 总体完成专项支撑的考核指标

总体完成了专项支撑的国家油气储产量目标，实施周期内新增石油探明可采储量 $26.1 \times 10^8 t$、新增天然气探明可采储量 $4.59 \times 10^{12} m^3$，2020 年原油年产量 $1.95 \times 10^8 t$、天然气年产量 $1925 \times 10^8 m^3$。海外累计新增权益油可采储量为 $8.68 \times 10^8 t$，2020 年权益油年产量 $1.56 \times 10^8 t$、天然气年产量 $545 \times 10^8 m^3$。尽管超额完成天然气指标，其中的煤层气储产量目标未能实现，累计探明煤层气储量 $7258.98 \times 10^8 m^3$，2020 年煤层气年产量 $190 \times 10^8 m^3$，主要原因是资源品质差，投资回报率偏低。

3. 显著提升油气科技创新能力与水平

通过专项攻关，我国油气科技自主创新能力大幅提升，取得了丰硕的知识产权成果，超额完成了专项知识产权目标，目前专项已申请发明专利 8709 件、授权 4843 件，获得软件著作权 2398 项；制订国家标准 79 项、行业标准 409 项，新产品、新材料、新工艺、新装置 2135 项；获得国家科技进步特等奖 3 项、一等奖 10 项和二等奖 41 项；支持了 10 个国家重点实验室、16 个国家级研发中心（实验室）建设和 15 支院士团队建设。

通过专项攻关，整体提升了我国油气勘探开发技术水平。陆上油气勘探处于国际先进水平，陆相油气勘探处于国际领先水平，海相油气勘探取得重大进展；陆上油气开发处于国际先进水平，三次采油技术处于国际领先水平，低渗透油气和复杂油气开采技术取得重大进展；工程技术装备实现自主化，常规石油装备全面国产化，高端装备和大型软件打破了国外的垄断地位，但仍有差距；近海油气勘探开发处于国际先进水平，海洋深水勘探开发和深水重大装备取得重大突破，但与国外差距仍较大；页岩气获得重大突破，致密气发展较快，致密油页岩油取得重要进展，煤层气产业初步建成。

4.在专项组织管理中形成了以企业为主体的社会主义市场经济条件下的"举国体制"创新体系

专项先行先试了以企业为主体、产学研相结合的技术创新体系，集聚全社会优势力量协同创新，积累的组织管理经验和机制创新做法，值得推广借鉴（贾承造，2021；匡立春等，2021；赵孟军等，2021）。其成功经验包括：（1）做好立足国家战略目标的顶层设计；（2）依托骨干国有企业科技创新与管理主体；（3）建立"产学研用"深度融合的开放创新机制；（4）创新建立示范工程，注重科技攻关项目与示范工程的一体化部署与运行。

二、技术、装备研发与示范工程建设

1.突破关键核心技术

通过专项实施，形成了 6 大技术系列、26 项关键技术及 90 项关键核心技术，为攻克大型油气田勘探开发瓶颈、我国油气储产量目标的实现提供重要技术支撑（贾承造等，2021；邓运华等，2021；周守为等，2021；邹才能等，2021；孙金声等，2021）。

陆上油气勘探技术系列：

（1）新一代石油地质理论体系与岩性地层油气藏勘探重大技术：形成了高精度层序地层分析技术、薄互储层地震预测技术、低孔渗储层流体测井评价技术、岩性圈闭识别与评价技术 4 项关键核心技术。

（2）碳酸盐岩油气藏勘探重大技术：形成了碳酸盐岩岩相古地理恢复技术、礁滩相与缝洞储层地震预测技术、碳酸盐岩缝洞储层流体测井评价技术、碳酸盐岩油气藏地质综合评价技术 4 项关键核心技术。

（3）前陆盆地油气勘探重大技术：形成了复杂构造地震叠前深度偏移技术、复杂构造三维构造建模技术、复杂构造油气藏综合评价技术 3 项关键核心技术。

（4）成熟盆地精细勘探重大技术：形成了复杂断块精细解释与评价技术、潜山内幕储层与油气藏识别技术 2 项核心关键技术。

（5）天然气勘探重大技术：形成了天然气藏地震流体检测技术、天然气复杂储层测井综合解释技术、天然气藏地质综合评价技术 3 项核心关键技术。

陆上油气开发技术系列：

（6）高含水、特高含水油田开发重大技术：形成了单砂体精细刻画技术、层系组合井网优化技术、深部调驱和液流转向技术、化学复合驱采油技术 4 项关键核心技术。

（7）低渗透、特低渗透油气田开发重大技术：形成了特低渗透油藏综合评价技术、特低渗油藏有效补充能量开发技术、特低渗油藏有效改造开发技术、注气提高采收率技术、低渗透油气田高效开发钻井技术 5 项关键核心技术。

（8）天然气安全开发重大技术：形成了高含硫气藏安全开发技术、低渗透气藏开发配套技术、含二氧化碳气藏安全开发技术 3 项关键核心技术。

（9）中深层稠油、超稠油开发重大技术：形成了中深层稠油蒸汽驱开采技术、蒸汽辅助重力泄油（SAGD）技术、油田开发后期火烧油层技术、水驱稠油油藏提高采收率技术 4 项关键核心技术。

（10）CO_2 捕集、埋存与驱油（CCUS）重大技术：形成了 CO_2 驱油与埋存规模应用油藏管理与调控技术、CO_2 驱油与埋存规模应用低成本注采工艺技术、复杂地形地貌条件下 CO_2 驱油与埋存地面工程技术、CO_2 捕集、驱油与埋存经济评价技术、CO_2 埋存机理与长期埋存安全性评价技术 5 项关键核心技术。

工程技术系列：

（11）地球物理勘探重大技术：形成了高密度地震勘探技术、高分辨率地震勘探技术、高陡构造地震成像技术 3 项关键核心技术。

（12）油气藏测井评价重大技术：形成了碳酸盐岩、特低渗透和火山岩等复杂储层测井评价技术、水平井大斜度井测井工艺技术 2 项关键核心技术。

（13）深井钻完井工程重大技术：形成了深层高效破岩技术、窄密度窗口安全钻井技术、深井高温高密度钻井液、深井高温高压固井技术、深井随钻测量技术 5 项关键核心技术。

（14）储层压裂改造重大技术：形成了提高裂缝程度的体积压裂改造及配套技术、"缝控储量"压裂改造技术、多井联合监测采集处理解释技术、长水平段分簇射孔技术 4 项关键核心技术。

海洋油气勘探开发技术系列：

（15）海洋油气勘探重大技术：形成了海洋深水油气地质综合评价技术、海洋高分辨率地震勘探技术 2 项关键核心技术。

（16）海上稠油高效开发重大技术：形成了海上油田开发地震技术、海上油田提高采收率技术、稠油开发钻井压裂适度出砂技术、海上油田整体井网加密及综合调整技术 4 项关键核心技术。

（17）海洋深水油田开发及工程重大技术：形成了深水油气田开发技术、深水工程技术及装备、深水油气田完整性管理技术 3 项关键核心技术，初步形成具有自主知识产权的南海深水油气开发工程技术体系。

海外油气勘探开发技术系列：

（18）全球油气资源评价重大技术：形成了全球油气信息库及资源评价方法、海外勘探部署与规划决策支持技术 2 项关键核心技术，建成集地质信息、资源评价与数据挖掘于一体的全球油气资源信息系统新版本（GRIS 3.0）。

（19）海外油气风险勘探重大技术：形成了被动裂谷石油地质理论和勘探技术、含盐盆地油气勘探技术 2 项关键核心技术。

（20）海外重油和高凝油开发重大技术：形成了重油和高凝油油藏精细描述技术、重油和高凝油开发方式及提高采收率技术 2 项关键核心技术。

非常规油气勘探开发技术系列：

（21）煤层气低成本勘探重大技术：形成了煤层气地质综合评价与有利区预测技术、

煤层气地震数据采集与处理解释技术、煤层气测井资料精细处理与评价技术3项关键核心技术。

（22）煤层气高效开发重大技术：形成了煤层气多分支水平井技术、煤层气钻井工程技术、煤层气完井及高效增产技术、煤层气排采工艺技术、煤层气低压集输技术5项关键核心技术。

（23）煤矿区煤层气抽采重大技术：形成了煤矿区煤层气富集区探测技术、煤层气增透与抽采技术、煤与煤层气协调开采技术3项关键核心技术。

（24）致密油气勘探开发重大技术：形成了致密油气"甜点区"识别与预测技术、致密油气储层精细描述与地质建模技术、致密油气有效开发与提高采收率技术、致密油气高效开采增产工艺技术4项关键核心技术。

（25）页岩气勘探开发重大技术：形成了页岩气富集区与"甜点区"预测技术、页岩气长井段水平井钻完井工艺技术、页岩气储层体积改造和压裂装备技术、复杂山地条件的页岩气工厂化作业技术、页岩气开采环境评价及保护技术5项关键核心技术。

（26）页岩油勘探开发重大技术：形成了页岩油富集区与"甜点"优选评价技术、页岩油长水平井小井距开发技术、页岩油三维水平井优快钻完井技术、页岩油长水平段细分切割体积压裂技术4项关键核心技术。

2. 研发20项重大装备

专项自主研发3000m深水半潜式钻井平台等20项重大装备（表1-3-1），超额完成专项目标，我国油气高端装备、大型软件系统的自主创新能力显著提升，推动我国石油工程装备从常规走向高端，带动我国装备制造业和油气工程技术服务产业快速发展。

表1-3-1　专项自主研制的20项重大装备统计表

重大装备	成效及意义
（1）3000m深水半潜式钻井平台	在南海深海钻探并开发，实现了我国从500m到3000m海洋深水的重大跨越，为国家海洋战略发挥重要支撑作用
（2）3000m深水起重铺管船	
（3）深水油田工程支持船	
（4）国产化水下生产管汇系统	
（5）百万道级地震采集系统	具备百万道级的装备支撑，整体提升我国物探的核心竞争力
（6）新一代地球物理物探软件平台	大幅提高复杂地质目标的钻探精度与油气发现成功率，物探大型软件步入国际一流物探软件行列
（7）深海拖缆地震采集船舶及收放系统	具备了使用自主研发装备的深海油气物探采集能力
（8）大型网络一体化测井解释平台	扭转了我国测井技术高端装备与软件主要依赖进口的被动局面，中国的"斯伦贝谢"初具规模
（9）地层评价随钻测井装备	
（10）多维高精度成像测井系统	

续表

重大装备	成效及意义
（11）窄密度窗口安全钻完井配套装备	使我国钻井技术进入国际先进行列
（12）复杂深井随钻测量配套装备	
（13）深井超深井连续管作业装备	
（14）140MPa/200℃含硫气井试油测试成套装备	
（15）深井自动化钻机	
（16）长输管道压缩机及大型球阀等关键装备	实现了关键装备国产化，整体达到国际先进水平
（17）3000型（3000水马力）及以上大型压裂配套装备	初步构建了我国大型压裂装备自主创新的研发体系
（18）煤层气氮气压裂泵车	整体提升我国煤层气勘探开发技术实力
（19）煤层气水平井地质导向装备	
（20）旋转导向钻井系统	具备替代进口产品能力，实现非常规油气高效钻井关键核心技术自主可控

3. 建设 36 项示范工程（基地）

示范工程是油气重大专项在国内首创的科研试验组织形式，目的是开展新研发技术装备集成、配套、示范和推广，推动专项新理论技术的发展、完善和规模产业化，共建成了特高含水老油田提高采收率、低渗—特低渗透油气田开发、煤层气开发技术和页岩气开发等 36 项示范基地（表 1-3-2），有力支持了国家油气储产量目标的实现，为专项取得显著经济和社会效益提供有力保障。

表 1-3-2　专项示范工程（基地）建设统计表

示范技术	示范工程（基地）	实施成效
高含水特高含水油田开发	（1）大庆长垣特高含水油田；（2）胜利高温高盐高含水油田	使我国高含水、特高含水老油田具备了提高采收率10%～20%的技术能力，主力油田可突破50%，支撑保障了我国大庆、胜利等老油田长期稳产
低渗—特低渗透油气田开发	（3）鄂尔多斯盆地苏里格天然气；（4）大牛地天然气；（5）陇东原油；（6）胜利薄互层低渗透油田；（7）松辽盆地吉林油田	支撑苏里格及川中等大气区建设，有力推动我国低渗透油气勘探开发实现快速发展
碳酸盐岩油气田开发	（8）塔里木盆地塔北；（9）塔中油气区；（10）四川盆地安岳气田	为塔里木、四川、鄂尔多斯三大盆地的碳酸盐岩天然气储产量规模增长提供了重要支撑
稠油—超稠油开发	（11）辽河稠油油田；（12）渤海稠油油田；（13）苏丹高凝油；（14）委内瑞拉重油	在辽河油田、新疆塔河油田等中深层稠油开发示范/试验区取得重大突破，可盘活我国 10×10^8t 难动用稠油储量

续表

示范技术	示范工程（基地）	实施成效
复杂天然气藏安全开发	（15）塔里木盆地库车高压气田；（16）四川盆地普光高含硫气田；（17）阿姆河盐下天然气田；（18）渤海黄骅坳陷滩海油气田；（19）南堡坳陷潜山油田	形成了具有中国特色的复杂气藏开发配套技术，克拉2、迪那2、大北—克深等一批大型、特大型天然气田整体建成投产并保持稳产
海洋深水油气田开发	（20）南海深水荔湾气田；（21）南海流花油田等	形成了具有自主知识产权的南海深水油气开发工程技术系列，支持海洋油气储量和产量增长
煤层气开发	（22）沁水盆地南部煤层气；（23）鄂尔多斯盆地东缘煤层气	支撑我国煤层气累计探明储量 6585.98×10^8m^3、煤层气地面年产量 54.63×10^8m^3 和井下抽采 132.7×10^8m^3，促进了煤层气产业发展，为气化山西，发展低碳绿色经济做出重要贡献
煤矿区煤层气抽采	（24）晋城煤矿区；（25）两淮煤矿区；（26）重庆松藻煤矿区	
页岩气开发	（27）四川盆地涪陵；（28）四川盆地长宁—威远；（29）重庆彭水；（30）云南昭通	实现了 3500m 以浅页岩气规模效益、安全绿色开发，指导了页岩气产业从无到有的突破和发展，为 2020 年页岩气产量 200×10^8m^3 提供技术支持
致密油开发	（31）鄂尔多斯盆地庆阳；（32）准噶尔盆地玛湖；（33）松辽盆地扶余；（34）渤海湾盆地济阳坳陷	探索我国致密油、页岩油工业化开发完整的技术体系，支撑准噶尔、松辽、渤海湾和鄂尔多斯等盆地重点地区页岩油勘探开发
3000 型成套压裂装备研制	（35）3000 型成套压裂装备研制应用示范	初步构建了我国大型压裂装备自主创新的研发体系
天然气长输管道关键设备研制	（36）天然气长输管道示范	长输管道关键装备实现国产化，并规模推广应用

三、七项标志性成果

1. 我国天然气勘探开发技术取得重大进展，发现和建成一批大气田，支撑天然气产量的跨越式发展

围绕我国海相与深层天然气勘探开发技术难题，形成了海相碳酸盐岩、前陆冲断带和低渗透—致密等领域天然气聚集理论和勘探开发重大技术，有力支撑了四川、柴达木、准噶尔等多个盆地勘探新领域重大发现和成功开发（赵文智等，2021；李阳等，2021）。2007—2020 年，我国天然气产量从每年 677×10^8m^3 增长到 1925×10^8m^3、探明储量从每年 6.1×10^{12}m^3 增长到 14.41×10^{12}m^3、天然气在一次能源消费结构中比例从 3% 提升到 8% 以上，实现了三个翻番，我国已成为全球第四天然气生产大国。

（1）创新发展了海相碳酸盐岩天然气成藏理论和勘探开发技术，为塔里木、四川、鄂尔多斯三大盆地的碳酸盐岩天然气储产量规模增长提供了重要支撑。形成了深层、超深层海相碳酸盐岩优质储层发育与天然气富集机理新认识，超深层地震勘探、钻井及测

试三项核心技术系列，以及复杂天然气藏安全高效开发技术。解决了储层致密化、成藏过程复杂、目标难以识别、工程施工难度大等瓶颈问题，支撑发现和建成安岳、元坝、川西、太和等大气田。

（2）形成前陆冲断带深层油气聚集理论和复杂构造地震叠前深度偏移、超深超高压高温气井优快钻井与超深超高压气藏高效开发等技术，推动了在库车冲断带深层发现克深、博孜—大北 2 个万亿立方米规模大气区，2020 年天然气年产量达到 254.5×10⁸m³；在阿尔金山前和准噶尔盆地南缘冲断带取得重大突破。

（3）发展了低渗透—致密天然气勘探开发理论与有效开发关键技术，支撑建成了我国最大的气田——苏里格大气田及川中大气区，推动我国低渗透—致密天然气勘探开发实现快速发展。

（4）复杂天然气藏安全高效开发技术取得了重大进展，形成高含硫气田稳产技术、高含硫气田硫沉积防治技术，推动了我国第一个大型高含硫普光气田的开发，建成产能 100×10⁸m³/a。

2. 创新发展了陆相油气勘探理论，形成岩性地层油气藏地质理论与勘探配套技术、成熟探区精细勘探配套技术，支持了我国实现长期年新增探明 10×10⁸t 以上石油地质储量，发现了鄂尔多斯盆地湖盆中心大油区、准噶尔盆地玛湖凹陷砾岩大油田、塔里木盆地塔河、顺北等油田和渤海湾、松辽等中—高勘探程度盆地油气勘探新领域

（1）创建了大面积岩性油气藏形成机制、主控因素与富集规律地质理论，形成了以地震资料采集处理、储层预测和岩性地层区带有效性评价为核心的勘探配套技术，推动了准噶尔玛湖、鄂尔多斯陇东、姬塬、志靖—安塞等四个 10×10⁸t 规模储量区的发现，为"西部大庆"建设奠定了资源基础。

（2）形成了海相碳酸盐岩缝洞储集体描述及表征技术、缝洞型油藏提高采收率技术、缝洞型油藏靶向酸压工艺技术等关键技术。助推塔里木盆地塔河油田新增 7×10⁸t 探明石油地质储量，并成功开发了我国沙漠区年产 670×10⁴t 的大油田。

（3）发展了成熟探区富油气凹陷油藏有序分布、差异富集、协同控藏等新认识，研发了高精度地震斜坡带精细勘探技术系列，指导了渤海湾等中—高成熟探区获得新发现。

3. 形成国际领先的高含水油田提高采收率技术及先进的低渗透和稠油油田开采技术，支撑我国原油产量长期稳产 2×10⁸t/a

我国从聚合物驱发展到三元复合驱的高含水油田提高采收率技术继续保持国际领先水平，保障了大庆、胜利等老油田长期稳产。低渗透、中深层稠油、海相碳酸盐岩油气藏等开发技术取得重大进步，为有效开发我国 50% 以上低渗透、特低渗透油气资源和辽河油田、新疆塔河油田等中深层稠油资源取得重大突破提供技术支持（袁士义等，2021）。支撑我国原油长期稳产 2×10⁸t/a，并在 2015 年年产量达到历史峰值 2.15×10⁸t。

（1）高—特高含水油田开发重大技术继续保持国际领先水平，深化了提高原油采收率的基础理论，形成了以"四个精细"为核心的特高含水期水驱精细挖潜配套技术，完善了

二类油层聚合物驱提效技术，形成了以三元复合驱为标志的新一代化学驱技术，使我国高含水、特高含水老油田具备了提高采收率 10%～20% 的技术能力，主力油田可突破 50%。

（2）发展了低渗—特低渗透油藏开发理论与有效开发关键技术，形成了"水平井 + 体积压裂"等低渗透、超低渗透油藏开发模式，支撑了长庆油田上产 $6000 \times 10^4 t/a$ 油当量，为有效开发我国 50% 以上低渗透、特低渗透油气资源提供技术支撑。

（3）渤海稠油开发技术支撑渤海油田上产原油 $3000 \times 10^4 t/a$，成为中国第二大原油生产基地。在海上稠油油田高效开发模式与理论指导下，研发了海上稠油油田开发技术系列，开发动用海上稠油储量 20×10^8。示范油田平均采收率由"十二五"末的 29.4% 提升至 33.3%，增加可采储量 $4081 \times 10^4 t$，实现累计增油 $1098.15 \times 10^4 t$。

（4）陆上中深层稠油开发技术取得重大突破，形成了以蒸汽驱、SAGD 及火驱技术为核心的新一代稠油开发主体技术，支撑了辽河油田稠油区与新疆稠油开发，可使我国 $10 \times 10^8 t$ 难动用稠油储量得到动用。

4. 我国石油工业上游工程技术装备基本实现自主化，促进石油装备产业和工程技术服务产业发展，形成了一批高端装备技术自主研发能力

（1）石油地球物理勘探技术装备基本实现从跟跑到并跑，陆上地震勘探技术整体处于国际先进水平，复杂山地勘探技术国际领先；大型地震仪器、可控震源技术保持国际第一梯队；以 GeoEast 为代表的物探软件整体处于国际先进水平；油藏地球物理、非常规油气、海洋物探技术取得重要进展。目前，我国石油物探已居于全球同行业领军地位。中国石油集团东方地球物理勘探有限责任公司连续 13 年主营业务收入居全球行业第一。

（2）研发了适应我国深层深水非常规高端油气测井技术与装备，提升了中国测井整体水平。多维高精度成像、地层评价随钻成像等实现测井新方法突破，使中国测井技术水平与应用进入国际同行前列。"十三五"期间创收 1.8 亿元，新增产值 4.1 亿元，测井交互精细融合处理平台年处理井数超 2 万口（李宁等，2021）。

（3）深井钻完井工艺装备取得重大进展，形成了 7000～12000m 钻机系列，提升了复杂井况快钻能力和非常规油气有效开发能力。研制了国际首台 8000m 四单根立柱钻机，研制了以精细控压钻井技术为代表的井筒压力闭环控制钻井装备，解决了复杂地质条件下涌漏共存的钻井难题。

（4）研制出国内首套超高压 5000 水马力大功率全电动压裂成套装备，创新形成大功率电动压裂泵装置集成、双混双排大排量电动混砂、175MPa 超高压管汇研发体系、大型压裂供配电及集群控制应用 4 大核心技术，克服了燃油压裂装备功率提升难、能耗高、环保超标、运维成本高的难题。

5. 我国海洋深水工程技术装备取得重大突破、实现自主发展，支持了海洋深水油气田群勘探开发快速发展，近海油气勘探与开发能力整体达到国际先进水平，海上稠油开发处于国际领先水平

（1）自主研发了 3000m 深水半潜式钻井平台（海洋石油"981"）、起重铺管船和支持船，初步实现了我国海洋深水工程技术 5 型 6 船装备的自主化发展，有力支撑了陵水千亿立方米级深水大气田群高效开发。

（2）海上深水油气田群勘探开发取得重大进展，突破了海上油田超大型平台浮托和海洋钻井隔水管道关键技术，自主形成深水油气田群开发工程技术体系，实现了流花 29-1 气田群和流花 16-2/20-2 油田群的规模开发。

6. 形成海外大型油气田勘探开发特色技术，支撑"一带一路"国家油气资源合作开发

（1）自主研发了全球油气资源信息系统，建立了全球油气资源数据库及常规、非常规油气资源评价体系，完成对全球近 500 个重点盆地两轮资源评价，提升海外资产评价与决策支持水平，提高了海外探井成功率。

（2）创新发展了复杂裂谷、含盐盆地与被动大陆边缘盆地石油地质理论与勘探技术，有效支撑了非洲、南美部分大型油田的发现。盐下地震成像、巨厚膏盐层安全钻井以及碳酸盐岩油田注水开发技术，支撑了哈萨克斯坦、土库曼斯坦和伊拉克等地区的大型油气田成功开发，大幅提升海外权益油气产量，海外权益油年产量 1.56×10^8t、天然气 545×10^8m^3。

7. 煤层气、页岩气、致密气与致密油页岩油勘探开发理论技术取得重大突破，引领非常规油气新兴产业发展，产量快速增长，我国非常规天然气年产量已超过 600×10^8m^3

（1）形成煤层气与煤炭协调开发技术体系，全国煤矿安全生产形势实现根本性好转；形成煤层气低成本勘探与高效开发重大技术，初步扭转低产低效局面，煤层气新兴产业发展初见成效。

（2）页岩气勘探开发关键技术取得重大突破，支撑建成四川盆地涪陵、长宁—威远和云南昭通 3 个国家级页岩气示范区。形成适合中国复杂地质条件的页岩气勘探评价与高效开发技术，实现 3500m 以浅页岩气规模效益、安全绿色开发，实现了页岩气产业从无到有的突破和发展。2020 年我国页岩气产量超 200×10^8m^3，成为全球页岩气第二大产气国。

（3）致密气开发技术取得重大进展，支撑鄂尔多斯盆地苏格里气田与大牛地气田实现长期稳产 400×10^8m^3/a，建成我国最大的天然气田。

（4）页岩油致密油勘探开发理论技术取得重大突破，支撑发现鄂尔多斯庆城长 7、新疆吉木萨尔和玛湖、大庆古龙陆相页岩油田，支撑开发了鄂尔多斯长 6 和长 8 致密油田，为我国原油长期稳产上产奠定了基础。

第二章　油气勘探地质理论

我国油气工业健康稳定发展对保障国民经济快速发展、国家能源安全意义重大。随着油气勘探不断深入，我国陆上常规油气资源劣质化程度不断提高，勘探对象日趋复杂，难度越来越大。同时，随着工程技术不断进步，非常规油气资源已成为重要的资源类型。国家科技重大专项"大型油气田及煤层气开发"针对陆上剩余油气资源丰富的碳酸盐岩、岩性地层、前陆冲断带、成熟探区等重点领域部署 8 个项目进行理论技术攻关，研究周期为 2008—2020 年，分"十一五""十二五""十三五"三轮延续攻关，取得了一系列重大理论技术创新，形成了一批知识产权成果，成果应用效果显著，有力支撑陆上油气勘探的稳定发展。

第一节　概　　述

一、全球陆上油气勘探现状

从美国宾夕法尼亚州成功发现世界近代史上第一口油井算起，全球油气勘探已经历约 160 年的历史。随着勘探进程的延伸，全球油气勘探对象日趋复杂，勘探难度越来越大，然而由于认识的深入、理论的突破和技术的进步，勘探不断取得重大进展（贾承造等，2007，2020，2021；胡文瑞等，2013）。油气勘探从早期以寻找构造油气藏为主，发展到目前的陆上至海域、陆相至海相、浅层至深层，以及碎屑岩至碳酸盐岩、火山岩乃至变质岩、泥页岩等领域。勘探对象已由单一构造油气藏勘探向构造油气藏、岩性地层油气藏、非常规连续型油气藏勘探多元化转变，实现了两次重大理论技术创新和跨域，推动了全球剩余探明油气储量和产量持续增长（杨银，2014）。21 世纪以来，全球油气勘探重大发现主要集中在被动陆缘深水区，形成了墨西哥湾、巴西海岸、西非海岸、澳大利亚西北陆架等四大深水勘探区；陆上则主要集中在岩性地层、碳酸盐岩、前陆冲断带、成熟探区、新地区新盆地及非常规油气藏等领域（邹才能等，2010）。这里对全球陆上常规油气勘探领域现状简述如下。

1. 岩性地层油气藏勘探

岩性地层油气藏主要是指由沉积、成岩、构造与火山等作用而形成的岩性、岩相、物性变化、地层削截、超覆，使储集体在纵、横向上发生变化，并在三维空间形成圈闭和聚集油气而形成的油气藏，包括岩性、地层和以岩性、地层为主要圈闭要素的复合油气藏（贾承造等，2007）。形成岩性油气藏的基本条件是有利储集体、遮挡层因素和沉积构造背景。岩性的变化是形成岩性油气藏的根本条件，沉积作用是控制岩性岩相变化的前提条件和动力基础，有利的储集体与侧向或上倾方向的致密层遮挡形成良好的配置关系，从而形成岩性油气藏（邹才能等，2010）。不整合是地层油气藏成藏的关键因素，不整合面对原生油气藏的形成具有破坏作用，而对次生油气藏，特别是对大型不整合带中的地层油气藏具有积极的输导作用（邹才能等，2009）。

全球发现的岩性地层大油气田主要分布在北美、北海、北非、中东及中国等国家/地区的裂谷、前陆、克拉通内盆地中。圈闭类型以地层尖灭型和成岩型为主，圈闭单体规模大，层位从寒武系到新近系均有分布，储层岩性主要为海相三角洲、滨岸、浅海及深海扇的砂岩，物性总体较好。海相碎屑岩是全球重要勘探领域，剩余资源潜力大。全球发现的海相碎屑岩油气田探明石油储量 $1600×10^8t$、天然气储量 $100×10^{12}m^3$，分别占全球总探明储量的 52% 和 38%。高分辨率三维地震资料采集、正确的地质模式建立及层序地层学应用是岩性地层油气藏大发现的关键，在英国北海发现的 Buzzard 大油田、在中东发现的 Khazzan 气田，是通过对老油区深化地质认识、建立正确地质模式、技术攻关获得高品质三维地震资料以及坚持勘探的理念从而获得大发现的典型实例。

2. 前陆褶皱冲断带油气勘探

前陆盆地是指形成于挤压构造环境，位于褶皱山系与克拉通之间的沉积盆地，多平行于造山带呈带状展布。前陆盆地的分布与造山带分布一致，呈带状分布，油气藏分布主要受构造单元控制（贾承造等，2005）。在靠近冲断带一侧或冲断带内，主要是背斜油气藏和断层油气藏；在靠近克拉通一侧的前缘斜坡带和前缘隆起带，主要分布岩性尖灭油气藏或地层超覆油气藏，以及与张性或张扭性断层有关的断块油气藏；在靠近前渊坳陷的斜坡带和前渊坳陷带，主要分布与岩性和地层有关的油气藏。在平面上，前陆盆地内的油气围绕生油气中心呈条带状分布于平行造山带的构造带上。

前陆冲断带是发现构造油气藏的主要领域，在扎格罗斯、安第斯与塔里木等前陆盆地造山带中，圈闭主要为大型背斜和断块。前陆盆地发育典型双层结构，下部被动陆缘发育海相优质烃源岩，上部发育有利储盖组合，大型构造圈闭成排成带分布，储量丰度高。三维地震技术进步、构造建模准确落实圈闭、钻井技术进步是前陆冲断带不断取得大发现的关键，例如南美亚诺斯盆地早期勘探主要集中在南部，收获甚微，后来转入中部亚诺斯逆掩带，发现了石油可采储量 $2×10^8t$ 的 Cusiana 油田。

3. 海相碳酸盐岩勘探理论

海相碳酸盐岩是全球油气资源分布与勘探开发最重要的领域之一，其分布面积约占全球沉积岩总面积的 20%，油气资源量占全球总资源量的 50% 以上。储层类型主要为台地边缘生物礁、台地边缘和台地内部颗粒滩；圈闭类型以盐下地层、构造和构造—岩性圈闭为主。海相碳酸盐岩大油气田的形成受控于烃源灶的充分性、储集体的规模性、输导体系的有效性、盖层的封闭性四大要素的联合作用。古隆起、古斜坡、古台缘带与多期继承性发育的断裂带是控制不同层段油气藏最有利的成藏条件。国外以中—新生界为主的海相碳酸盐岩大油气田主要为构造型圈闭，而中国碳酸盐岩油气藏以地层—岩性型圈闭为主，成藏过程复杂，成因类型多样。

全球海相碳酸盐岩以大型、特大型油气田为主，主要分布在中东、滨里海、中国等国家和地区，碳酸盐岩油气田储量规模大，如滨里海盆地的 Kashagan 油田最终可采储量为 $25.55 \times 10^8 t$、中东 Kushk 油田为 $2.09 \times 10^8 t$、Karan6 气田为 $2548 \times 10^8 m^3$。

4. 成熟探区精细勘探理论

成熟探区是指油气勘探多处于中后期阶段，资源探明率大于 30%，单井控制面积在 $5 km^2$ 左右，主要处在富油气盆地、凹陷或区带中，储量仍可保持较长时间稳定增长的探区。成熟探区具有勘探程度高、认识程度高、资源探明率较高等特点，因而油气勘探发现新储量，特别是规模储量难度较大（侯连华等，2016）。

由于勘探历程较长、资料品质不一等因素，成熟探区漏失了部分油气层或领域，制约了油气精细勘探发现和储量增长，但勘探潜力依然很大，仍是新增油气储量的主体。全球成熟探区中发现的大油气田主要分布在勘探历史很长的西西伯利亚、北海、北非、南美马拉开波与中国渤海湾等盆地，勘探领域正由陆地向海洋（滩海）、目的层由浅向深、圈闭由构造向岩性地层型转变。依靠丰富的资料数据、研究成果、实践经验以及新理论新方法的投入应用，又为成熟探区挖潜提供了宝贵契机，例如在马拉开波湖东南部发现了储量 $1 \times 10^8 t$ 的 Cueta—Tomoporo 油田，在西西伯利亚盆地北部海域发现了可采储量为 $4894 \times 10^8 m^3$ 的 Kamen Nomysskoye—More 气田。

二、我国陆上油气勘探现状

我国陆上剩余油气资源丰富，据 2008 年国土资源部《新一轮全国油气资源评价成果》，全国石油可采资源量 $255 \times 10^8 t$，已探明石油可采储量 $73.6 \times 10^8 t$，剩余石油可采资源量 $181.4 \times 10^8 t$，石油探明率 29%；天然气可采资源量 $27.5 \times 10^{12} m^3$，已探明天然气可采储量 $3.4 \times 10^{12} m^3$，剩余天然气可采资源量 $24.1 \times 10^{12} m^3$，天然气探明率 12%。剩余油气资源量集中在岩性地层油气藏、前陆盆地、叠合盆地中下组合与成熟盆地精细勘探等四个重点勘探领域，它们在今后相当长一段时间内是勘探的主体与储量增长的重点领域（贾承造，2020）。

岩性地层油气藏是未来储量增长的重点领域。我国的陆相石油地质理论和勘探技术在世界上一直处于领先地位，形成了"源控论""复式油气聚集带"等理论，储层预测精度达到 5~8m，勘探目标评价符合率达到 60%~80%。在东部渤海湾、松辽盆地形成了较系统的石油地质理论与配套技术方法，建立了区域、区带、目标三层次评价方法体系；尤其是近年来建立的岩性地层油气藏构造—层序成藏的区带、圈闭、成藏等地质理论，揭示的四类原型盆地的岩性地层油气藏富集规律，形成的"陆相层序地层学、层序约束地震储层预测"两项核心技术，指导了陆相岩性地层油气藏勘探在近几年快速发展，并为岩性地层油气藏探明油气储量所占比例超过 60% 提供了技术支撑（邹才能等，2010）。但是陆相岩性地层油气藏勘探还面临厚层砂岩圈闭有效性评价、大面积低渗透砂岩与火山岩油气富集区预测、大型海相砂岩地层油气成藏与分布、薄互储层地震预测等新的科学问题与技术瓶颈。

前陆盆地冲断带是构造油气藏发现的主要领域。国外前陆盆地的油气勘探在 20 世纪 80—90 年代处于成熟和快速发展阶段，国内起步较晚。"十五"期间我国在冲断带动力学机制、前陆盆地演化、沉积体系、成藏特征等地质研究和复杂构造建模技术方面取得长足进步。我国前陆盆地面临冲断带圈闭复杂多样、圈闭识别难、山前沉积相带复杂多变、储层横向预测难、构造活动强、成藏期次多、圈闭成藏有效性落实难等问题，理论与技术还处于探索阶段（贾承造等，2005）。

海相碳酸盐岩油气勘探进入大发现期。海相碳酸盐岩油气藏是国外主要的勘探领域，发现高峰期在 20 世纪 50—70 年代，理论与技术趋于成熟。近年来，我国在塔里木盆地发现了塔河、轮南和塔中油气田，在四川盆地发现了普光和龙岗等大油气田，目前正处于勘探大发展时期。我国碳酸盐岩油气藏储层非均质性强、储层预测难度大、有机质成熟度高、成藏期次多、压力系统复杂、目的层埋藏深等难题（赵文智等，2002，2019）。

成熟盆地油气勘探仍有较大潜力。国外成熟盆地精细勘探已有成熟的主体技术和配套方法，尤其强调新观点的提出、多学科的综合研究，如层序地层学、三维地震叠前深度偏移、AVO、VSP、多波多分量和四维地震等技术，国内更为注重复杂断块区的小断层识别、储层横向预测的准确性、油气藏边界的识别等问题。我国成熟盆地一般发育富油气凹陷，勘探潜力较大，但剩余资源在空间的分布预测、勘探对象和目标更加复杂，相对应的主体技术系列仍未发展成型。

天然气勘探处于快速发展阶段。国外常规天然气主要分布于海相地层，全球最大气田 North 气田可采地质储量达 $38×10^{12}m^3$，丰度高、规模大。国内在天然气地质理论的指导下，发现了克拉 2、苏里格、龙岗、普光、徐家围子、川中等一大批大气田，天然气勘探进入快速发展时期，近五年探明天然气地质储量 $2.4×10^{12}m^3$，相当于 2000 年以前 50 年探明储量的总和。形成了煤系成烃大气田理论，大气田形成的主控因素基本明确。目前对砂砾岩、碳酸盐岩、火山岩等各种类型大气田、大气区的主控因素与分布规律认识程度都很低。

三、我国陆上油气勘探主要挑战

我国陆上剩余油气资源量丰富，剩余石油资源量 $447×10^8t$、天然气 $25.4×10^{12}m^3$，主要分布在岩性地层油气藏、前陆冲断带、海相碳酸盐岩和中—高勘探程度区等领域。深层石油、天然气剩余资源量分别占约 30% 和 60%，深层、超深层是未来陆上油气勘探的重大战略接替领域。

大型岩性地层油气藏仍然是未来陆上油气发现的主力，需要进一步发展大中型岩性地层油气藏富集规律与目标评价技术。岩性地层油气藏剩余资源石油约占 40%、天然气约占 15%，未来仍是陆上勘探增储的主体。未来亟须攻克大型地层油气藏成藏理论与地层圈闭有效性评价技术、有效储层预测方法与复杂砂岩储层有利成岩相带分布预测技术，并开展地层油气藏有利勘探目标评价与优选。

前陆冲断带及复杂构造区油气藏是勘探突破发现的重要领域，攻克复杂构造区三维地质建模与成像技术是关键。前陆冲断带及复杂构造区油气资源丰富，剩余资源石油占17%、天然气占38%。未来亟须深化前陆冲断带及复杂构造区多层系多期油气成藏与分布规律认识，攻克前陆冲断带及复杂构造区多滑脱层构造三维地质建模与成像技术、前陆冲断带及复杂构造区构造圈闭目标刻画与评价技术。

下古生界—前寒武系碳酸盐岩油气藏勘探潜力巨大，发展以缝洞型、礁滩型和白云化型储集体为核心的油气聚集理论与勘探技术。碳酸盐岩油气藏是突破发现、规模增储的重要领域，剩余资源石油占15%、天然气占40%。亟须深化下古生界—前寒武系含油气系统认识与勘探潜力评价，攻克深层碳酸盐岩规模有效储层形成机理、保存机制与预测评价技术和岩溶储层、白云岩储层精细描述与流体检测技术。

深化中—高程度勘探区剩余资源潜力认识，发展和完善精细勘探理论与技术。中—高程度勘探区剩余资源石油占19%、天然气占5%。未来亟须攻关剩余资源评价与分布预测技术、沉积体系再认识及沉积微相精细划分与描述和优质储层形成机理与综合预测评价方法。

深层、超深层是未来陆上油气勘探的重大战略接替领域，重点攻关深层、超深层油气富集理论与以提高成像和分辨率为核心的勘探技术。陆上深层石油资源占30%、天然气资源占60%，深层石油储量稳步增长（约年增15%）、天然气储量占比持续攀升（已达56%），是陆上剩余资源最多、发展潜力最大的领域。在深层—超深层高温高压油气成烃、成储、成藏地质基础上，重点开展深层成岩环境下规模有效储层发育、深层大油气田形成条件与有利区评价和以提高地震成像和分辨率为核心的深层地震勘探技术攻关。

四、专项部署与攻关重点

油气重大专项实施前，油气勘探程度总体较低，剩余资源丰富，主要集中在岩性地层油气藏、海相碳酸盐岩等四大领域。油气勘探面临新油气藏类型地质分布规律认识不清楚，岩性地层、前陆盆地、碳酸盐岩等重点领域的目标识别与预测难度加大，且面临勘探对象越来越深、天然气发现越来越多的现实，大气区的主控因素与分布规律认识程度很低。围绕我国陆上油气勘探面临的主要挑战，重点部署了以下8个项目开展攻关，分"十一五""十二五""十三五"三个阶段长期持续攻关，但每个阶段攻关重点不同。

通过"十一五"攻关，初步形成岩性地层油气藏勘探技术、成熟盆地精细勘探技术和以天然气藏地球物理识别技术为核心的天然气勘探技术、前陆冲断带构造解析技术和碳酸盐岩储层预测技术。为新发现3～5个亿吨级以上的大油田（群）、3～5个千亿立方米以上的大气田（区），年增石油探明可采储量 $1.7×10^8$～$2.1×10^8$t、年增天然气探明可采储量 $2600×10^8$～$3000×10^8$m^3 提供技术支撑。

通过"十二五"攻关，深化大型特大型岩性油气田（区）、大型地层油气藏与非常规连续型油气藏形成与富集分布规律；丰富和发展中国海相碳酸盐岩油气藏石油地质理论及分布规律；发展以前陆冲断带大型构造油气藏、坳陷—斜坡带大型构造—岩性油气藏形成与分布为核心的中西部前陆盆地石油地质理论及分布规律；深化成熟盆地富油凹陷油气聚集理论及分布规律；发展和完善天然气地质理论，明确大型特大型天然气田分布规律与勘探方向。为提出 3～5 个重大预探领域、落实 20～30 个有利区带和 100 多个有利勘探目标，为"十二五"期间国内完成石油探明可采储量和新增天然气探明可采储量任务提供理论和技术支撑。

通过"十三五"攻关，深化大型地层油气藏形成与富集分布规律，丰富和发展我国小克拉通海相碳酸盐岩油气藏石油地质理论及分布规律；发展中西部前陆冲断带及复杂构造区多层系多期油气有效聚集理论及分布规律；深化以断陷盆地油气有序分布为核心的中—高勘探程度盆地富油凹陷油气聚集理论及分布规律；发展和完善天然气地质理论，创新形成深层—超深层成烃、成储、成藏理论，明确深层—超深层油气分布规律与勘探方向。为提出 3～5 个重大预探领域、落实 30～50 个有利区带和 150 多个有利勘探目标，为"十三五"期间国内完成石油探明可采储量 $8.5×10^8$～$11.0×10^8$t 和天然气探明可采储量 $1.4×10^{12}$～$1.5×10^{12}$m³ 提供理论和技术支撑。

第二节　岩性地层油气藏勘探地质理论

21 世纪以来，岩性地层油气藏已成为我国陆上油气增储上产的重要勘探领域，年探明地质储量占比达 70% 左右。2008—2020 年，国家油气重大专项连续三期组织岩性地层油气藏勘探开发科技攻关，取得重大理论技术创新与应用成效。本节立足项目"岩性地层油气藏成藏规律、关键技术及目标评价"、项目"中西部盆地碎屑岩层系油气富集规律与勘探关键技术"，以及项目"鄂尔多斯盆地大型低渗透岩性地层油气藏开发示范工程"取得的主要研究进展和重大成果，对岩性地层油气藏成藏地质理论认识和应用成效进行了进一步总结与凝练。

一、岩性地层油气藏勘探现状、挑战与对策

1. 油气勘探及研究现状

2003 年以前，我国习惯把目前技术难以发现的油气藏称为"隐蔽圈闭 / 油气藏"，圈闭类型除包括岩性、地层、潜山外，还包括低幅度构造、复杂断块等。2003 年贾承造明确提出隐蔽油气藏已不能反映我国勘探现实，建议使用与国际接轨的"岩性地层油气藏"，以便指导中国陆上含油气盆地预测评价和大规模油气勘探。岩性地层油气藏是指在一定的构造背景下，由岩性、物性变化或地层超覆尖灭、不整合遮挡等形成的油气藏（贾承造等，2007）。

20 世纪 50 年代，我国首次在准噶尔盆地西北缘浅层发现地层油气藏。20 世纪 60—80 年代，随着中国油气勘探战略东移，在找到了大庆长垣、胜坨、大港等一批大型构造油气田的同时，在渤海湾盆地也发现了任丘、曙光等大型岩性地层油气田。从 20 世纪 90 年代中期开始，我国掀起了隐蔽油气藏勘探热潮，先后在松辽、渤海湾、鄂尔多斯、塔里木等盆地，发现了朝阳沟、榆树林、肇州、渤南、安塞、靖安、哈得逊等十几个亿吨级的岩性地层油气藏 / 田，揭示了岩性地层油气藏的巨大勘探潜力，有望成为中国陆上油

气勘探的重要接替领域。

从 20 世纪 70 年代末期开始，隐蔽油气藏相关理论研究在我国逐步展开，相继出版了《中国隐蔽油气藏勘探论文集》（大庆油田，1984）、《非构造油气藏》（胡见义，1986）、《中国隐蔽油气藏》（潘元林等，1998）、《渤海湾盆地隐蔽油气藏勘探》（谯汉生等，2000）、《陆相盆地高精度层序地层学——隐蔽油气藏勘探基础、方法与实践》（蔡希源等，2003）等论文集或专著，对隐蔽圈闭的概念与分类、成藏模式与主控因素、油气分布规律、勘探配套技术等方面进行了阶段总结，推动了松辽、渤海湾等盆地隐蔽油气藏的大规模勘探与增储上产。

21 世纪初期，中国石化胜利油田针对渤海湾盆地济阳坳陷隐蔽油气藏勘探领域，提出了"断坡控砂、复式输导、耦合成藏"等创新性认识，推动了东营凹陷岩性油气藏规模发现，该成果曾荣获 2003 年度国家科技进步一等奖。2003—2006 年，中国石油天然气集团公司设立重大科技项目，分陆相断陷、坳陷、前陆和海相克拉通四类盆地，围绕砂砾岩、碳酸盐岩、火山岩三类储层组织攻关研究，创建了中低丰度岩性地层油气藏大面积成藏地质理论，揭示了上述四类原型盆地岩性地层油气藏分布规律，提出了以含油气系统为单元的"四图叠合"区带评价方法，形成了层序地层学工业化应用和地震储层预测两项核心技术，推动了中国陆上从构造油气藏向岩性地层油气藏勘探的重大转变，该成果曾荣获 2007 年度国家科技进步一等奖。

2. 勘探需求及面临主要挑战

在我国陆上构造油气藏勘探难度不断加大、新增探明储量递减的总体趋势下，大规模勘探开发岩性地层油气藏已成为缓解矛盾的必然选择。"十五"以来，岩性地层油气藏油气探明储量呈明显上升态势，占中国石油年探明储量比例已从 2000 年的 48%，上升到 2007 年的 66%，全面超过了构造油气藏探明储量。据资源评价结果统计（截至 2007 年底），中国石油剩余油气资源在岩性地层油气藏勘探领域分布较为集中，其中石油剩余资源量约 $270 \times 10^8 t$，天然气剩余资源量约 $13.7 \times 10^{12} m^3$，分别占油气总剩余资源量的 58% 和 53%，因此具有巨大勘探潜力。

勘探研究表明：陆相断陷、坳陷、前陆、海相克拉通四类盆地，砂砾岩、碳酸盐岩、火山岩、变质岩四大类储集体，源内、源上、源下三种成藏组合，岩性地层油气藏均普遍发育。但面临陆相含油气盆地岩性岩相变化大、海相克拉通盆地构造总体平缓的地质背景，决定了我国岩性地层油气藏形成条件与富集规律的复杂性和多样性，因此对该领域的勘探和研究将是长期的。中国陆上岩性地层油气藏大规模勘探（特别是中西部地区）始于 2003 年，迄今也仅有 4~5 年时间。因此需要持续开展其地质理论认识与勘探配套技术攻关，进一步拓展其勘探领域和潜力。

"十五"期间针对中高渗砂岩、碳酸盐岩等常规储层攻关研究已取得重大理论创新和技术进步。但随着勘探的不断深入，低渗—特低渗砂岩储层岩性油气藏（致密油气）、风化壳型地层油气藏，以及远源次生油气藏等领域还存在许多重大理论技术问题需要进一步攻关。通过对当前勘探形势、技术特点及未来 10~15 年储量产量增长趋势深入分析，立项认为还存在四个方面的重大问题亟须解决：（1）鄂尔多斯、准噶尔、四川等含油气盆地资源/储量规模、勘探区带及目的层系、大油气田/区分布规律等还不明确，制约了该勘探领域的长远发展规划；（2）浅水三角洲/砂质碎屑流等沉积模式、低渗—致密储层成因机理、岩性/地层圈闭发育特征、不同类型油气藏富集规律等石油地质基础研究还不系统完整，制约了区带/目标优选评价与勘探部署；（3）复杂地质条件下三维地震资料处理解释、区带/圈闭评价等特色技术还在不断发展过程中，缺乏具有自主知识产权的软件平台，制约了目标预测精度与技术推广应用；（4）中西部含油气盆地还缺乏三级层序格架内的高精度沉积相、有利储层分布及富集区带/"甜点区"评价等工业化图件，以及低渗透—致密储层等复杂油气藏高效开发技术，制约了勘探成功率与开发采收率。

3. 组织实施方案与攻关目标

2008 年国家油气重大专项实施以来，针对岩性地层油气藏勘探领域及示范工程，分三期项目持续开展理论技术攻关。各项目的组织实施方案与攻关目标如下。

项目"岩性地层油气藏成藏规律、关键技术及目标评价"，以中国石油集团科学技术研究院为责任单位，联合中国石油长庆、新疆、西南、塔里木、大庆、吐哈、吉林、青海等 8 家油气田分公司，以及中国石油大学、西南石油大学、中国地质大学、中国科学院地质与地球物理研究所等 11 所科研院校共同攻关，先后投入科研人员 600 余人。攻关目标为：到 2020 年，建立以大型、特大型岩性地层油气田/区形成与分布为核心的地质理论体系，开发以地震储层预测、区带与圈闭有效性评价为核心的勘探配套技术系列，推动鄂尔多斯、准噶尔、四川盆地须家河组等特大型岩性地层油气田/区的快速发展，为年探明地质储量 3×10^8t 油当量以上提供理论指导与技术支撑。

项目"中西部盆地碎屑岩层系油气富集规律与勘探关键技术"，以中国石油化工股份有限公司石油勘探开发研究院为责任单位，联合中国石化华北、胜利、西北、西南等油田分公司，以及成都理工大学、中国地质大学、中国石油大学、浙江大学、南京大学等科研院校共同攻关，先后投入科研人员 500 余人。攻关目标为：到 2020 年，形成我国中西部大型沉积盆地碎屑岩领域油气分布理论认识，揭示特低渗—致密碎屑岩油气富集高产规律，发展完善三维三分量地震勘探、储层保护和增产改造等技术体系，为年探明储量 $1 \times 10^8 \sim 2 \times 10^8$t 油当量以上提供理论指导与技术支撑。

项目"鄂尔多斯盆地大型低渗透岩性地层油气藏开发示范工程"，以中国石油长庆油田为责任单位，联合中国石油勘探开发研究院、东方地球物理公司、测井公司，以及成都理工大学、西安石油大学、中国石油大学、西南石油大学等科研院校联合攻关，先后投入科研人员 300 余人。攻关目标为：围绕实现低渗透油气田高效开发和支撑长庆油田 5000×10^4t 油当量持续稳产、上产为目标，进一步开展关键技术攻关与试验，以苏里格低渗透致密砂岩气藏、陇东低渗透油藏为对象，集成配套低渗透油气藏开发技术系列，石油/天然气采收率提高 5%～10%，实现规模效益开发。

通过三期连续攻关，上述项目已全面完成攻关目标与预期考核指标，推动了我国岩性地层油气藏以及致密油气的勘探进程，促进了石油地质理论创新发展与勘探技术集成配套。

二、岩性地层油气藏成藏地质理论

1. 陆相湖盆沉积新模式

中国石油工业以陆相沉积盆地产油气著称。国家油气重大专项实施以来，相关项目立足岩性地层油气藏勘探开发需求，加大了湖盆沉积学攻关力度，建立了六个级别尺度的研究方法体系，创建了湖盆富有机质页岩、浅水三角洲、砂质碎屑流、湖相碳酸盐岩等沉积新模式，揭示了规模储集体形成与分布规律，推动了鄂尔多斯、准噶尔、松辽等盆地岩性地层大油气区的形成与发展。

1) 湖盆富有机质页岩沉积模式

含油气盆地发育规模烃源岩是大油气田 / 区形成与分布的前提条件。2010 年以来立足大型含油气盆地主力烃源岩沉积特征解剖，创新了细粒沉积学研究手段与方法，建立了淡水、半咸水、咸水三种典型湖盆细粒沉积成因模式，揭示了富有机质页岩的形成机制与分布规律。

鄂尔多斯盆地湖盆富有机质页岩主要分布在延长组 7 段（以下简称长 7 段），为典型的淡水湖环境。通过细粒沉积特征解剖，认为长 7 段富有机质页岩以湖侵—水体分层沉积模式为主，同时受湖泊周缘大型三角洲以及火山灰等影响形成混源沉积（图 2-2-1），并提出沉积相带、水体深度、缺氧环境、湖流是控制富有机质页岩分布的主控因素（袁选俊等，2015）。

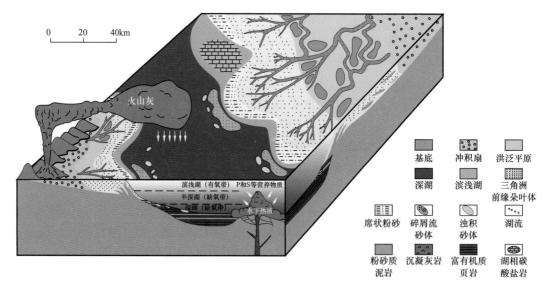

图 2-2-1　鄂尔多斯盆地三叠系长 7 段富有机质页岩沉积模式图

松辽盆地富有机质页岩主要分布在上白垩统青山口组一段、二段和嫩江组一段、二段，为较为典型的淡水—半咸水交替发育环境，其中强海侵影响区域水体盐度较高。青山口组一段、二段富有机质页岩的沉积模式以局部海侵—水体分层模式为主，古湖泊中央是富有机质页岩发育的最佳区域。海水侵入能够带来大量的营养物质，极大地提高了古湖泊有机质生产力。

准噶尔盆地富有机质页岩主要分布在中—下二叠统风城组和芦草沟组，其细粒沉积特征明显不同于鄂尔多斯和松辽盆地，其特点是白云岩、石灰岩等湖相碳酸盐岩广泛发育，反映了明显的咸化湖盆沉积特征。其中玛湖凹陷风城组发现了天然碱、碳氢钠石等典型碱性矿物，属于与美国 Green River 组页岩类似的沉积特征。通过岩相特征及其分布、古沉积环境恢复研究，建立了风城组五个阶段（蒸发碱化—页岩沉积—碳酸盐岩沉积—碱性岩沉积—脱碱化）的沉积演化模式。

湖盆细粒沉积特征研究表明：富有机质页岩主要形成于水体相对安静的深湖—半深湖环境，湖侵/海侵期在中央湖区广覆式分布；周缘陆源碎屑、火山灰等持续充注，以及间歇性海水入侵等带来的营养物质促使古湖泊生物勃发，为页岩形成提供了丰富有机质；沉积过程以黏土与有机质等垂直沉降为主，其中凝絮作用形成的有机质团粒加速了细粒沉积物堆积；古湖泊普遍存在的水体分层造成底水缺氧，有利于有机质保存，导致富有机质页岩有机碳含量普遍较高。

2）坳陷湖盆浅水三角洲沉积特征与生长模式

坳陷湖盆大型浅水三角洲是目前中国陆上岩性地层油气藏规模储量增长的主体。近年来随着松辽、鄂尔多斯、准噶尔等盆地大型浅水三角洲的规模油气勘探，对其成因模式与生长规律等进行了详细解剖，取得了许多创新性认识，推动了岩性地层大油气区发展与规模增储。

（1）大型浅水三角洲分布特征。

坳陷盆地与常被分割成许多较小凹陷的断陷盆地不同，盆地面积大，边缘斜坡宽缓，中间无大的凸起分割，故可形成沉降—沉积中心一致的统一大湖。坳陷湖盆构造沉降稳定，湖底地形平坦，湖区宽浅，湖浪作用微弱，因此河流携带沉积物入湖后，通过三角洲分流改道逐渐搬运至湖盆中央，形成大型浅水三角洲复合沉积体，其规模可与一些现代海相三角洲相当。鄂尔多斯盆地三叠系延长组除长 7 段和长 6 段沉积早期湖泊面积大、水体较深外，其他时期湖泊面积小、水体浅，因此在陕北、陇东、姬塬等地区均发育大型三角洲沉积体系，面积均超过 $1 \times 10^4 km^2$。大型浅水三角洲是鄂尔多斯盆地岩性油藏勘探的主体，已发现 $30 \times 10^8 t$ 以上的探明石油地质储量。

（2）敞流型湖盆的控制作用。

水文地质学将湖盆分为敞流与闭流两种类型。对于敞流型湖盆，尽管河流搬运大量沉积物入湖的同时湖泊注水量增大，但由于有敞流通道的存在，多余湖水可沿敞流通道溢出而不易形成宽阔的深水湖泊，有利于浅水三角洲逐渐向湖盆中心延伸生长，直至充填整个湖盆。如现代鄱阳湖是一向长江开口的敞流型湖盆，近 1500 年以来形成的赣江大型浅水三角洲，面积已达 $1544 km^2$，沉积范围已延伸至湖泊中央，并有充填满整个湖盆的演化趋势。

松辽盆地晚白垩世是一个典型的具有湖海通道的敞流型湖盆，湖水出海口位置在如今宾县附近，由于濒临海洋，湖泊大小与水体深浅明显受海平面升降控制。在青山口组一段、二段和嫩江组一段、二段沉积时期海平面较高，导致湖水无法排出甚至存在局部海侵形成大型古湖泊，在湖盆中央以泥页岩等细粒沉积为主；在泉头组、青山口组三段、姚家组沉积时期由于海平面较低，导致湖水通过出海口大量流出，湖泊范围明显变小、水体变浅，因此大型浅水三角洲广泛发育。松辽古湖泊水体大面积进退与浅水三角洲纵向叠置，形成了典型的"三明治"结构，有利于浅水三角洲前缘大面积成藏。鄂尔多斯盆地三叠系延长组沉积演化与生储盖组合具有类似特点。

（3）分流河道"结网状"生长模式。

浅水三角洲沉积特征与分布规律明显不同于深湖型三角洲，其特点是亚相分异不明显，沉积微相以分流河道为主，河口坝不发育，其中分流河道构成的骨架砂体，在平面上呈网状或树枝状分布，有利于岩性圈闭形成以及大面积成藏。浅水三角洲发育时期由于湖平面变化频繁，洪水期和枯水期湖岸线不断迁移，有利于分流河道不断向湖生长发育。大型浅水三角洲是不断发育的多期三角洲朵叶体在平面上拼接而成的复合体，其中分流河道的不断生长与演化，导致三角洲主体部位分流河道呈结网状展布。从三角洲平原向湖盆中央，河道逐级分汊，宽度逐渐变窄，砂层逐渐减薄。通过现代鄱阳湖沉积遥感定量解析，清晰地展现了赣江三角洲中支分流河道从树枝状向结网状演化的动态生长过程。松辽、鄂尔多斯盆地勘探实践证实，分流河道结网状分布平面构型，控制了岩性油气藏的分布与富集。

3）砂质碎屑流、滩坝、湖相碳酸盐岩成因模式

陆相含油气盆地除冲积扇、河流、三角洲等外，还发育水下扇、滩坝以及湖相碳酸盐岩等储层类型，以前由于认为其规模较小而没有得到充分重视。"十一五"以来随着西部盆地的勘探实践和研究深入，发现砂质碎屑流、滩坝、湖相碳酸盐岩也可形成规模储层。

（1）砂质碎屑流成因模式。

通过对鄂尔多斯盆地长6段沉积早期深湖区发育的规模砂体沉积特征解剖，建立了坳陷湖盆砂质碎屑流沉积新模式（图2-2-2），拓展了坳陷湖盆深水沉积勘探领域。即大型三角洲前缘由于不断前积，岩层在地震、波浪等外界动力机制触发下，沿构造坡折或沉积斜坡发生滑动，在白豹地区形成多个无固定水道的不规则舌状体，分布面积达600km²。靠近滑塌根部的块状砂岩与含泥砾砂岩厚度大，含油性好，并叠置连片分布。

陆相深水湖区可发育规模砂质碎屑流，突破了大型湖盆中央砂体不发育的传统认识。自2006年在鄂尔多斯盆地白豹地区长6段发现规模砂质碎屑流储层以来，又相继在鄂尔多斯盆地华庆地区长7段、松辽盆地古龙凹陷青山口组一段、准噶尔盆地三工河组一段发现了砂质碎屑流规模储层，拓展了湖盆中央岩性地层油气藏与致密油气勘探新领域。

（2）碎屑岩滩坝成因模式。

通过对我国中西部湖盆砂体成因类型及成藏富集规律进行研究，在滩坝砂体成因机理及控制因素等方面取得创新认识，建立了鄂尔多斯盆地长8段浪控型、柴达木盆地新近系上干柴沟组湖流型、塔里木盆地库车坳陷南斜坡白垩系舒善河组低凸型三种滩坝沉积模式，拓展了中西部含油气盆地勘探领域。新近纪以来，受青藏高原隆升挤压，使柴达木盆地长期处于西北风盛行带，在风力驱动效应作用下，古湖泊形成水动力较强的逆时针湖流，并对近岸三角洲前缘砂体进行了重新改造而形成规模滩坝砂体。通过与青海

湖受西风控制的滩坝类比分析，揭示了柴西地区新近系滩坝砂体分布规律，预测上干柴沟组滩坝叠合面积约 5000km²，已探明石油地质储量近 3×10^8t，剩余资源潜力达 5×10^8t。

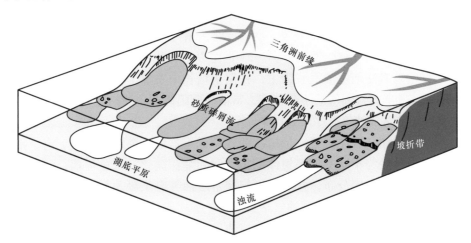

图 2-2-2　鄂尔多斯盆地白豹地区长 6 段砂质碎屑沉积模式（据邹才能等，2010）

（3）湖相碳酸盐岩成因模式。

立足勘探程度较低的中西部盆地，加强了湖相碳酸盐岩沉积模式与有效储层形成机理研究，拓展了湖盆新的勘探领域。如通过对柴达木盆地古近系下干柴沟组上段湖相碳酸盐岩沉积环境与分布规律的解剖，建立了柴西凹陷湖相碳酸盐岩整凹环带状成因模式，突破了原局限于柴西南地区的传统认识，其中中环带发育颗粒灰岩和微生物岩规模储层，预测有利勘探面积达 9500km²，目前已新落实英雄岭构造带和柴西北斜坡 2 个亿吨级储量区带。

2. 岩性大油区成藏地质理论

21 世纪以来，相继在渤海湾盆地古近系、松辽盆地白垩系、鄂尔多斯盆地三叠系、准噶尔盆地三叠系等发现了多个大中型岩性油气田 / 区，已成为中国陆上石油增储上产的主体。通过持续的勘探实践与攻关研究，目前已建立了比较成熟的岩性油气藏理论技术体系，推动了鄂尔多斯盆地姬塬、准噶尔盆地玛湖等多个 10×10^8t 级岩性大油区的形成与发展。

1）富油气凹陷满凹含油与全油气系统勘探理念

富油气凹陷满凹含油是我国继源控论、复式油气聚集区带等陆相石油地质理论后的又一重大认识创新。"十一五"以来，立足岩性地层油气藏与致密油气、页岩油气等勘探开发研究进展，进一步深化了富油气凹陷常规—非常规油气有序聚集的理论内涵，并尝试按照全油气系统的勘探理念进行勘探部署与实践，取得显著成效。

（1）富油气凹陷满凹含油理论内涵。

富油气凹陷是陆相沉积盆地中烃源岩质量最好、热演化适度与生烃量和聚集量都位居前列的一类含油气凹陷（赵文智等，2004）。划分指标包括生烃强度大于 50×10^4t/km²、资源丰度大于 15×10^4t/km²、资源规模大于 3×10^8t。通过不同类型富油气凹陷成藏规律解剖，揭示了满凹含油的理论内涵。即富油气凹陷内规模优质烃源岩与广泛分布的多类储集体大面积交互接触, 各类圈闭都有最大成藏机会; 多层系、多类型油气藏平面上错叠连片, 含油范围超出传统二级构造带范围, 具有满凹含油的分布特征, 岩性地层油气藏逐渐成为增储上产的主体。

富油气凹陷满凹含油理论的建立, 为富油气凹陷整体部署与评价提供了理论依据, 加快了我国岩性地层油气藏的发现节奏。21 世纪以来, 我国陆上的重大发现几乎都来自富油气凹陷, 且以岩性地层油气藏为主, 在储量增长中发挥了突出作用。随着常规油气勘探的不断深入和非常规油气的不断突破, 富油气凹陷满凹含油的趋势愈加明朗。

(2) 常规—非常规油气有序聚集规律。

常规—非常规油气有序聚集, 是指含油气单元 (盆地、坳陷或凹陷) 内, 富有机质烃源岩热演化生排烃与不同类型储集体储集空间随埋深演化, 全过程耦合, 油气在时间域持续充注、空间域有序分布, 常规油气与非常规油气有亲缘关系, 成因上关联、空间上共生, 形成统一的常规—非常规油气聚集体系 (邹才能等, 2014)。"有序"体现在时间演化、形成序次、聚集机理、空间分布和找油思想五层含义, 不同阶段烃源岩与储层的演化有序, 不同非常规—常规油气资源形成亲缘关系的先后有序, 不同孔径储集空间控制油气的类型有序, 不同类型常规—非常规油气空间的分布有序, 不同阶段找油思想从"源外找油"向"进源找油"的发展有序。根据有序聚集规律, 可预测寻找不同类型油气在空间上的分布位置。若已发现常规油气, 预示供烃方向有非常规油气共生; 若已发现非常规油气, 预示外围空间可能有常规油气伴生。

富油气凹陷常规—非常规油气有序聚集规律认识创新, 突破了传统只专注常规或只专注非常规油气研究和勘探开发的思路, 揭示了不同类型油气资源有序共生的分布规律, 提出常规与非常规油气资源应同步研究、同步部署、同步勘探, 对不同层系、不同类型油气应同步开采, 加快勘探开发节奏, 提高资源利用效率和经济效益。

(3) 全油气系统勘探理念。

随着我国非常规油气勘探的持续推进与认识不断深入, 针对传统含油气系统理论没有包括非常规油气的重大缺陷, 引入了国外"全油气系统"概念, 并提出了烃类生成演化全过程、常规油—致密油—页岩油成藏序列等理论攻关方向 (贾承造等, 2021)。立足准噶尔盆地玛湖凹陷、鄂尔多斯盆地延长组不同油气藏类型及分布规律总结, 认为其具有典型的全油气系统特征, 进一步丰富发展了富油气凹陷满凹含油的理论内涵, 拓展了新的勘探领域。

准噶尔盆地玛湖凹陷是一典型的富油气凹陷, 已展现出 50×10^8t 储量规模前景, 其中西北缘老区已探明 20×10^8t, 斜坡及凹陷区百口泉组、上乌尔禾组基本探明 10×10^8t, 预测评价风城组源内致密油 / 页岩油具有 20×10^8t 勘探潜力 (唐勇等, 2021)。近期以全油气系统的视角重新审视风城组已发现的油气藏, 创建了受岩相与构造分异控制, 盆缘常规油藏与斜坡源储紧邻致密、凹陷中心源储一体页岩油三类资源有序共生模式 (图 2-2-3)。按照常规—非常规油气有序共生的找油思路重新认识油水分布规律, 在盆缘—斜坡区油水过渡带之下发现准连续型致密油规模纯油区, 新增控制储量 2.2×10^8t; 提出风南斜坡—凹陷区为连续型云质页岩油发育区新认识, 2018 年部署页岩油风险井玛页1井获得高产稳产油气流。风城组常规与非常规油气资源并存，是玛湖凹陷最具规模的接替勘探层系，分析认为具有 $10×10^8t$ 级以上勘探潜力。

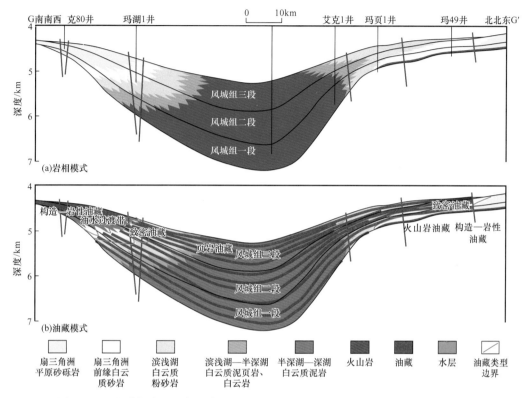

图 2-2-3　准噶尔盆地玛湖凹陷风城组岩相模式与常规—非常规油藏有序共生模式

鄂尔多斯盆地延长组也具有典型的全油气系统特征，低渗透岩性油气藏群与致密油/页岩油共生发育。在湖盆中部长 7 段以致密油/页岩油为主，围绕盆地中部向上向下长 6 段、长 8 段等以岩性油气藏和致密油为主。立足沉积演化、成藏组合、储层品质、流体压力、油藏类型、储量丰度、油藏规模等 7 方面特征解剖，建立了延长组低渗透—非常规的全油气系统成藏模式，其突出特点就是以长 7 段为界限，在沉积相类型、储层品质、油藏类型、压力系统、含油性及规模、储量丰度等方面均明显具有对称性。在空间上，以湖盆中部长 7 段为核心向周边地区和上、下层系，储层物性逐渐变好，单井产量逐渐增大，但油藏规模及含油丰度逐渐降低。

2）岩性油气藏大面积成藏机理与富集规律

中低丰度岩性油气藏大面积成藏地质理论是"十五"期间取得的标志性成果，通过松辽盆地上白垩统、鄂尔多斯盆地延长组上组合成藏规律解剖，建立了大型三角洲前缘带大面积成藏新模式。"十一五"以来，立足中西部大型含油气盆地，继续开展大面积成藏机理与主控因素等研究，在岩性圈闭分布模式、成藏机理与主控因素等方面取得了创新性认识，指导了从湖盆边缘向湖盆中心、从源内向源上和源下的多层系岩性地层油气藏/致密油气的勘探部署。

（1）鄂尔多斯盆地延长组源下大面积成藏模式。

鄂尔多斯盆地长8段—长10段发育大型浅水三角洲规模储层，为典型的源下成藏组合。与松辽盆地源下扶余油层油气主要沿断裂输导的超压"倒灌式"成藏机理不同，鄂尔多斯盆地延长组断裂不发育，其成藏机理主要是烃源岩生成的油气直接向下伏储集砂体运聚，其中生烃增压形成的过剩压力是源下大面积成藏的关键因素。通过生烃模拟分析，长7段烃源岩过剩压力一般大于8MPa，局部超过20MPa，最大超过24MPa，为源下成藏提供了充足动力。长7段烃源岩生成的油气在过剩压力驱动下，首先在紧邻烃源岩的长8段聚集成藏，在过剩压力相对较高的区带，油气还可沿相互连通的砂体继续向长9段其至长10段运移，在储层较好的岩性圈闭聚集成藏。勘探实践证实，长8段岩性油藏具有大面积分布的特征，2008年以来提交探明储量达 $10 \times 10^8 t$。

（2）准噶尔盆地玛湖凹陷源上大面积成藏模式。

准噶尔盆地主力烃源岩为中—下二叠统，由于埋藏深，因此近期勘探以源上成藏组合为主。不同于鄂尔多斯盆地紧邻烃源岩的源上成藏模式，玛湖凹陷百口泉组砾岩储层离风城组主力烃源岩垂向距离达2000m以上。通过成藏机理解剖，认为广泛发育的高角度油源断裂是源上成藏的关键。风城组生成的油气沿高角度断裂垂向跨层运移2000~4000m，在退覆式扇三角洲顶底板与侧向主槽致密砾岩立体封堵下，三角洲前缘砾岩储集体可大面积成藏（图2-2-4）。玛湖凹陷源上砾岩大油区成藏理论，突破了近源源上大面积成藏的常规认识，拓展了新的勘探领域。近年来，除三叠系百口泉组、二叠系上乌尔禾组获得规模发现外，在更远离主力烃源岩的侏罗系、白垩系也发现了规模较小但储量丰度较高的远源/次生油气藏，是近期中浅层高效勘探的主要目标。

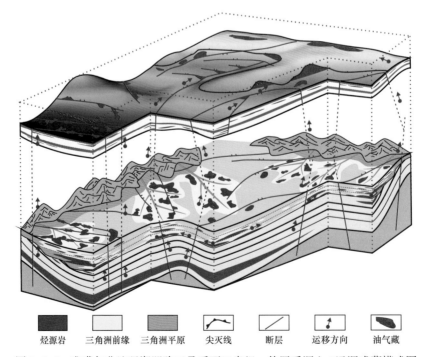

烃源岩	三角洲前缘	三角洲平原	尖灭线	断层	运移方向	油气藏

图2-2-4 准噶尔盆地玛湖凹陷三叠系百口泉组、侏罗系源上/远源成藏模式图

3）坳陷湖盆岩性大油区成藏地质理论与分布规律

坳陷湖盆岩性大油区成藏地质理论是国家油气重大专项取得的标志性成果之一。其理论内涵可概括为：坳陷湖盆地形平缓，沉积范围大，湖平面频繁升降在湖盆中心既可发育规模优质烃源岩，又可发育大型浅水三角洲、砂质碎屑流、滩坝等规模储集体，它们在纵向上组成"三明治"结构；紧邻湖盆主力生烃凹陷的规模储集体成藏条件优越，以岩性为主的各类圈闭均可成藏，具有大面积成藏、集群式富集、立体式分布的成藏特征，可形成 10×10^8t 级以上岩性大油区，推动了鄂尔多斯、松辽、准噶尔三大盆地的立体勘探与规模增储。

通过典型岩性大油区地质特征解剖与成藏规律总结，认为其形成具有四方面基本地质特征：（1）坳陷湖盆具有宽缓斜坡区、大型凹陷区等构造背景，有利于岩性圈闭群的发育；（2）淡水、咸水/碱湖等沉积环境均能形成规模优质生油岩，奠定了坳陷湖盆的资源基础；（3）大型浅水三角洲—滩坝—砂质碎屑流等复合成因的大面积规模有效储层，是大油区形成的物质基础；（4）主力烃源岩强生烃动力和储集砂体、油源断裂等复合输导体系的最佳匹配，是源上、源内、源下各类圈闭均可成藏并集群式富集的关键。

松辽盆地岩性大油区以源内和源下成藏为主。源内萨尔图油层、葡萄花油层三角洲前缘大面积成藏，油藏类型以岩性、构造—岩性为主，在齐家—古龙凹陷形成了 $5 \times 10^8 \sim 10 \times 10^8$t 级的岩性大油区；源下扶余油层具有超压"倒灌式"成藏特点，在长岭凹陷形成了 5×10^8t 级的岩性/致密大油区。

鄂尔多斯盆地岩性大油区以源内、源上、源下多层系立体成藏为主，目前已形成了西峰、陇东、姬塬、华庆等 4 个 $10 \times 10^8 \sim 20 \times 10^8$t 级规模储量区。紧邻长 7 段主力烃源岩的长 6 段、长 8 段三角洲砂体大面积成藏，较远离主力烃源岩的长 4+5 段、长 9 段等在储层物性较好的岩性圈闭局部成藏，远离主力烃源岩的侏罗系河道砂体在构造高部位成藏。湖盆中央长 7 段形成了源内页岩油大油区。

准噶尔盆地目前岩性大油区以源上与远源成藏为主。玛湖凹陷百口泉组已形成 10×10^8t 级的砾岩大油区；上二叠统更靠近中—下二叠统主力烃源岩，具有近源成藏优势，目前油气勘探已取得全面突破，有望形成盆地级岩性地层大油区。中—下二叠统源内成藏组合勘探潜力大，是未来的接替勘探层系，有望形成岩性—致密油—页岩油复合大油气区。

3. 地层大油气区成藏地质理论

"十一五"以来，我国地层油气藏勘探逐渐进入快速发展时期，相继在四川、塔里木、鄂尔多斯、准噶尔等盆地发现了一批大中型地层油气藏/田。"十三五"期间，立足我国含油气盆地的特殊性、不整合结构体规模储层成因，以及大中型油气藏成藏规律与主控因素等方面开展了系统研究，进一步深化了大中型地层油气藏成藏规律，指导了碎屑岩地层油气藏勘探部署。

1）中国主要盆地构造演化的特殊性

中国小克拉通盆地普遍遭受多期构造变形、活动性强、具有多旋回叠加地质结构、不同旋回间发育长期间断，决定了地层油气藏可广泛发育。我国三大海相克拉通盆地整体具有活化性质，表现为多构造—多层序叠加的层块结构，具有横向分块、垂向分层的特点；横向分块制约了上覆原型盆地的类型，垂向分层叠合样式控制了油气聚集主力层系。中国克拉通盆地经历南华纪—志留纪、泥盆纪—三叠纪、侏罗纪—第四纪三大伸展—聚敛旋回，每一旋回均发育独立的生储盖组合；伸展期因差异沉降发育好的烃源岩，聚敛期发育规模储集体与地层圈闭群，有利于近源源储成藏组合；强制性海退事件发育的区域性膏盐岩，有利于油气藏保存。油气跨构造层充注成藏为中国克拉通盆地鲜明特色，控制了地层油气藏赋存的主力层段。早中期跨盆地规模的构造—热事件，导致烃源岩快速成熟；晚期强烈改造导致油气快速成藏，调整再分配，最终定位。

2）大型地层不整合结构体特征

地层不整合结构体作为一种由不整合及后期风化改造而形成的油气储层，具有储层类型多样、储集空间复杂、储层非均质性强等特点。立足碎屑岩、碳酸盐岩、火山岩和变质岩四大岩类储集体解剖，揭示了不同类型不整合结构体的储层成因机理与空间分布规律，指出有利储层形成主要受岩性岩相、风化强度、断裂分布等控制，储层发育特征在垂向上具有明显分带性。不同类型不整合结构体优质储层分布带有所差异：碳酸盐岩垂直渗流带、火山岩风化淋蚀带、变质岩破碎裂缝带、碎屑岩断裂溶蚀带储层物性最好，次生孔隙和裂缝最为发育。我国大型不整合地层结构体的广泛发育与分布，为叠合含油气盆地大中型地层油气藏的形成奠定了储层基础。

3）四大岩类地层油气藏分布规律

立足叠合盆地地层不整合体时空分布与不同类型储集体结构解剖，揭示了大中型地层油气藏成藏主控因素与分布规律，提出四大岩类均可形成大型地层油气藏。其中碳酸盐岩、火山岩、变质岩以不整合面之下大型风化壳地层油气藏为主；碎屑岩不整合面上、下均可成藏，不整合面之上超覆地层油气藏规模大，是碎屑岩地层油气藏勘探的重要领域。

海相碳酸盐岩主要分布在塔里木、四川、鄂尔多斯三大克拉通盆地，大型地层油气藏形成分布与区域不整合风化壳密切相关，但成藏模式有所差异。塔里木盆地以源上成藏为主，四川盆地以源内或近源成藏为主，鄂尔多斯盆地以源下成藏为主。海相克拉通盆地寒武系底部、奥陶系顶部两大巨型不整合面成藏条件优越，形成了塔北、安岳、靖边等 $10 \times 10^8 t$ 级以上地层大油气区。

火山岩、变质岩主要分布在准噶尔盆地石炭系和渤海湾、松辽、柴达木盆地基底。地层油气藏形成主要受古隆起、源储组合方式、断裂—不整合输导体系等控制，风化壳与潜山内幕均可规模成藏。准噶尔盆地近年来在克拉美丽、滴南、红车拐地区石炭系火山岩风化壳储集体中，落实了两个千亿立方米气藏和一个亿吨级油藏；松辽盆地古中央隆起带基岩勘探获历史性突破，有望形成新的千亿立方米天然气增储区；柴达木盆地昆2井天然气勘探获得突破，揭示了基岩的勘探潜力。

碎屑岩地层油气藏一般发育在含油气盆地边缘斜坡带，以超覆地层油气藏为主，可形成地层油气藏大油气区。"十三五"以来，针对准噶尔盆地上二叠统地层油气藏勘探领域，加强了地质认识攻关与整体评价，提出勘探程度较低的盆地腹部面积数倍于边缘凸起带，且更靠近主力烃源灶，是寻找大中型地层油气藏的有利场所。通过解剖创建的富油气凹陷古地貌与湖平面耦控的大型地层油气藏成藏模式（图2-2-5），推动了上二叠统盆地级地层油气藏群的勘探发现。

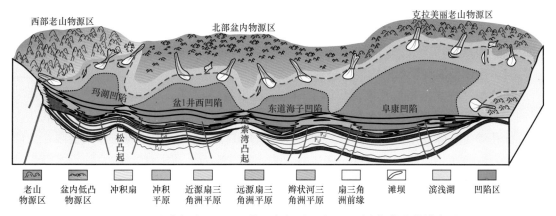

图 2-2-5　准噶尔盆地上二叠统上乌尔禾组大型地层油气藏成藏模式图

上乌尔禾组之下的不整合面是盆地分布最广的区域不整合结构体，横跨盆地中央坳陷区，为大型地层油气藏形成奠定了基础。北部凹槽区发育大型退覆式三角洲，可形成封盖良好的地层超覆型圈闭，砂体沿古地貌凹槽—斜坡—凸起规模有序分布。从凸起到斜坡和凹槽区，古地貌控制作用逐步减弱，砂体规模逐步增大，因此在凸起之间的凹槽区，砂体可形成地层圈闭群，晚期湖侵泥岩形成良好盖层。古地貌与湖平面升降共同控制了上二叠统退积型扇三角洲砂体与地层圈闭的分布规律，富油气凹陷内的高成熟度油气沿不整合面由南向北上倾方向运移，在北部凸起—斜坡—凹槽区呈弧形尖灭圈闭带聚集，从而在凹槽区三角洲前缘形成大面积分布的地层油气藏群。

准噶尔盆地上二叠统地层油气藏整体勘探部署，突破以单个油气系统为单元的常规思路，按照源储耦合与凹槽控砂控圈理念，针对沙湾、阜康等5大富油气凹陷，梳理出10大有利勘探区带，面积达16000km²。以风险勘探引领、预探甩开拓展的思路，2017年以来先后部署实施沙探2、康探1等风险井，获得高产油气流，快速推进了该领域全面突破。上二叠统盆地级大型地层油气藏勘探态势基本形成，发现了横跨5大富油气凹陷的6个地层油气藏群，截至2020年底，已落实石油三级储量达$11×10^8$t，天然气$550×10^8$m³。

4. 致密砂岩油气聚集规律与"甜点"分布

21世纪初期，我国相继在松辽盆地、鄂尔多斯盆地、四川盆地川中地区发现大面积分布的岩性油气藏，其特点是储层物性普遍较差，圈闭特征不明显，油气水分异规律性不强，虽然可成群成带连片分布，但储量丰度低，难以规模动用与建产。针对这类碎屑岩油气藏加强了理论技术攻关，并在前期大面积成藏地质理论基础上，创建了陆相连续型油气聚集地质理论，揭示了致密油气聚集机理与"甜点区"分布规律，推动了鄂尔多斯盆地、四川盆地致密砂岩大油气区的形成与发展。

1）致密砂岩油气连续型聚集机理与分布规律

2008年以来，我国引入国外海相连续型油气聚集的概念，并通过对鄂尔多斯盆地延长组与上古生界、四川盆地须家河组致密砂岩油气藏进行解剖，提出中国致密砂岩油气聚集具有10项基本地质特征和2项关键标志，揭示了其渗透扩散、连续分布的聚集机理与分布规律，创新发展了陆相连续型油气聚集理论，开辟了我国致密油气勘探新领域（邹才能等，2009）。

（1）连续型油气聚集的内涵与特征。

连续型油气藏是指低孔渗储集体系中油气运聚条件相似、含流体饱和度不均的非圈闭油气藏，即无明确的圈闭界限和盖层，主要分布在盆地斜坡或向斜部位，储层低孔渗或特低孔渗（孔隙度小于10%，渗透率为$10^{-9}\sim1\text{mD}$），油气运聚中浮力作用受限，大面积非均匀性分布，以源内或近源一次运移为主，异常压力（高压或低压），油气水分布复杂，常规技术较难开采的油气聚集。致密油、致密气、页岩油及页岩气是连续型油气聚集的重要类型（图2-2-6）。

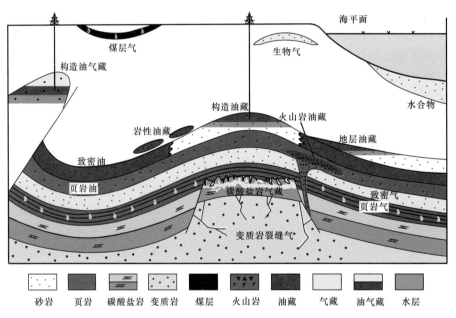

图 2-2-6　中国陆相含油气盆地连续型油气聚集类型与分布示意图

（2）微—纳米级孔喉系统油气聚集机理。

连续型油气聚集储层主体为微—纳米级孔喉系统，主体孔径为50～500nm，其中致密灰岩油储层为40～500nm，致密砂岩油储层为50～900nm，致密砂岩气储层为40～700nm。在纳米级孔喉中流体与周围介质之间，基本上不服从达西渗流规律，区域水动力影响较小，浮力受限，压差和扩散等是油气运聚的主要动力，一般可用孔隙连通率来表征流动能力。纳米级孔喉系统增加了油气在致密储层的储集空间与流动能力，是非常规油气长期低产连续稳产的决定因素。

（3）连续型油气聚集规律与勘探潜力。

连续型油气聚集主要取决于优质烃源岩层、大面积储层与源储共生关系。油气主要分布在源内或近源的盆地中心、斜坡等负向构造单元，有效勘探范围可扩展至全盆地。高品质烃源岩广覆式连续生烃和低孔渗—致密储层大范围连续分布，为致密碎屑岩油气连续聚集与大面积分布奠定了基础。源储一体型致密油气主要为滞留富集，源储接触型致密油气主要靠渗透扩散富集。致密油气聚集边界不明显，源储一体型更易形成大油气区或区域性勘探层系。

致密砂岩油气已经成为我国近年来增储上产的现实领域。预测我国致密油地质资源量为 $110×10^8～130×10^8t$，其中鄂尔多斯盆地延长组、松辽盆地中深层致密砂岩、准噶尔盆地二叠系、四川盆地川中侏罗系勘探潜力大。预测我国致密砂岩气技术可采资源量为 $10×10^{12}～15×10^{12}m^3$，其中鄂尔多斯盆地上古生界、四川盆地须家河组等是致密砂岩气勘探的重点层系（邹才能等，2014）。

2）鄂尔多斯盆地致密砂岩油聚集机理与"甜点区"分布

鄂尔多斯盆地中生界发育大面积分布的致密砂岩油，延长组成熟烃源岩大面积、高强度生排烃是形成致密油的前提，而大规模低—特低孔渗储集体大范围连续展布是形成致密油的根本。大型浅水三角洲及砂质碎屑流砂体与广覆式分布的湖相烃源岩紧密接触，宏观上构成下生上储或源生源储结构，形成了缓坡背景下近源运聚的致密油区。

（1）湖相优质烃源岩广覆式生烃。

鄂尔多斯盆地中生界含油气系统发育多套湖相烃源岩，其中长7段烃源岩有机质丰度高，目前处于成熟演化阶段，其有效展布面积可达 $5×10^4km^2$。因此广覆式优质烃源岩大范围、高强度的生排烃作用为致密油的形成提供了资源基础。长7段烃源岩持续生烃增压，可为紧邻烃源岩的致密砂岩储层中的油气二次运移提供充足动力。

（2）规模致密砂岩储层连续展布。

三角洲前缘、砂质碎屑流等砂体叠置连片分布，为油气大面积聚集提供了储集空间，是形成连续型致密油的根本原因。长7段致密砂岩储层主要分布在湖岸线以内的湖盆中央，浅湖区三角洲前缘分流河道与河口坝相互叠置砂体，与深湖区广泛发育的砂质碎屑流砂体，在空间上连片成带分布，其延伸距离可达150～200km，为大面积致密油的形成提供了充足的储集空间。

（3）源储时空配置与"甜点区"分布。

优越的源储配置与近距离高强度充注成藏是大面积含油的关键因素。纵向上长6段—长 7_{1+2} 亚段砂体叠置于长 7_3 亚段主力烃源岩层之上，构成下生上储成藏组合；平面上湖盆中部华庆等地区紧邻有效烃源岩厚度超过45m的主力生烃灶，原地烃源岩及生烃灶中生成的油气向上运移到长6段及长 7_{1+2} 亚段砂岩储层，最终形成了连片分布的华庆致密大油区，探明储量规模已达 $10×10^8t$。

3）四川盆地致密砂岩气聚集机理与"甜点区"分布

针对四川盆地致密砂岩气多源储、多层系分布规律与富集高产主控因素攻关，建立了叠覆型致密砂岩气区多类型"甜点"成藏模式，指导了四川盆地碎屑岩天然气勘探向坳陷—斜坡区和复杂构造带的转变，推动了川中须家河组万亿立方米、川西坳陷 $5000×10^8m^3$ 大气区的形成与发展。近期川西侏罗系沙溪庙组致密砂岩气勘探获得多个高产富集区带。

（1）煤系烃源岩生烃潜力。

四川盆地陆相层系发育三叠系须家河组三段、五段煤系和下侏罗统湖相泥岩等多套烃源岩，呈广覆式展布，形成了川西、川中、川东北三个持续生烃中心，为致密砂岩气藏纵向叠置、大面积连片分布提供了丰富的资源基础。川西坳陷总生烃量为 $125×10^{12}m^3$，生烃强度总体大于 $20×10^8m^3/km^2$，最高为 $300×10^8m^3/km^2$；川东北、川中地区生烃强度普遍大于 $10×10^8m^3/km^2$。目前勘探研究认为，大中型气田多分布于中高强度生烃中心周缘。

（2）全方位运聚成藏模式。

受盆缘山系周期性隆升和前陆盆地挤压—松弛节律性变化影响，湖侵期烃源岩与低水位期三角洲砂岩大范围叠覆交替出现，煤系烃源岩持续生烃与致密砂岩储层广泛分布，有利于大面积叠合成藏。晚三叠世—早侏罗世，烃源岩和储层广覆间互沉积、大面积直接接触，以源内自生自储面状供烃方式为主；中侏罗世晚期—晚侏罗世，源储间隔叠覆、通过断层沟通，造成侏罗系气藏以源外下生上储网状供烃方式为主。

（3）源储时空配置与"甜点区"分布。

须家河组呈现出由西向东逐渐超覆的地质结构，主要成藏期形成的隆起和斜坡区则是最有利的油气运移指向区，斜坡区保存条件好，更有利于致密砂岩大气区的形成。侏罗系储集砂体主要分布在川西地区，其气源主要来自下伏须家河组五段，只有与烃源岩断层相接的河道砂岩才能有效成藏。致密砂岩气"甜点区"分布与优势储集相带、烃源岩分布范围和供烃关系、储层致密化程度、中—新生代构造改造及裂缝发育程度等因素有关。相控型"甜点"主要受岩相控制，分布在相对较浅的侏罗系；缝控型"甜点"主要分布在强致密储层裂缝发育区，主要分布在受到一定构造改造的斜坡区及斜坡—隆起过渡区，如通南巴地区的断缝体气藏"甜点"。

鄂尔多斯盆地上古生界致密砂岩气具有与四川盆地须家河组类似的成藏富集规律。"十一五"以来，通过烃源岩精细评价、砂体构型分析、"甜点"控制因素等研究，创新了广覆式生烃、源储叠置、近距离运聚、集群式富集的大面积致密砂岩气成藏地质理论（杨华等，2016），为苏里格气田不断扩大，神木、大牛地等新气田的发现提供了理论指导。

三、应用成效

1. 规模增储效果

项目开展以来，中国石油、中国石化相继在鄂尔多斯盆地陇东、姬塬、华庆、杭锦旗，四川盆地川中、川西、元坝—通南巴，准噶尔盆地玛湖、吉木萨尔、阜康，松辽盆地齐家—古龙、长岭等凹陷或地区发现了多个规模储量区。"十一五"以来，岩性地层油气藏已成为中国陆上油气储量增长的主体（图 2-2-7），在鄂尔多斯、四川、准噶尔盆地形成了 10 个 10×10^8t（万亿立方米）级的碎屑岩岩性地层/致密大油气区，已成为我国近期及未来增储上产的主战场。

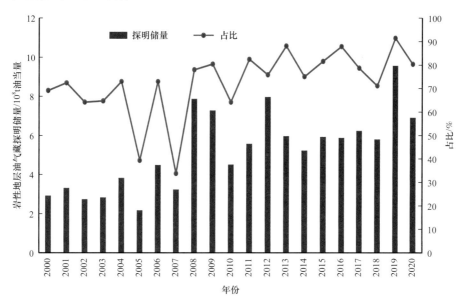

图 2-2-7　中国石油岩性地层油藏探明储量增长趋势图

（1）姬塬大油区：该区位于鄂尔多斯盆地西北部，有利勘探面积 14600km²，石油资源量 43.5×10^8t，主要油气勘探目的层为三叠系长 4+5 段、长 6 段、长 2 段、长 8 段及侏罗系。"十二五"以来姬塬地区岩性油藏多层系勘探取得重要进展，预测评价储量规模已达 20×10^8t。至 2020 年底，累计探明石油地质储量 17.75×10^8t，原油年产量 832.94×10^4t，已建成千万吨级的大油田。

（2）志靖—安塞大油区：该区位于鄂尔多斯盆地伊陕斜坡中部，有利勘探面积 1.01×10^4km²，石油资源量 45×10^8t，主要勘探目的层为长 6 段、长 8 段、长 9 段、长 10 段及侏罗系等油层。至 2020 年底，区内累计探明石油地质储量 13.19×10^8t，原油年产量 637.13×10^4t。

（3）华庆大油区：该区位于鄂尔多斯盆地中部，处于东北与西南两大沉积体系的交会区，有利勘探面积 6200km²，石油资源量 28×10^8t，主要勘探目的层为长 7 段、长 6 段、长 8 段等油层。至 2020 年底，累计探明石油地质储量 10.81×10^8t，原油年产量 351.33×10^4t。

（4）陇东大油区：该区位于鄂尔多斯盆地西南部，有利勘探面积 1.2×10^4km²，石油资源量 27.5×10^8t，主要勘探目的层为长 8 段、长 3 段、长 4+5 段、长 6 段及侏罗系等油层。"十三五"新增探明地质储量 4.17×10^8t，累计探明地质储量 12.51×10^8t。2020 年原油年产量达 572.29×10^4t。

（5）玛湖砾岩大油区：该区位于准噶尔盆地玛湖凹陷，有利勘探面积 1.5×10^4km²，石油资源量 46.7×10^8t，天然气资源量 5453×10^8m³。主要勘探目的层为三叠系百口泉组，二叠系乌尔禾组、风城组。至 2020 年底，区内累计提交探明石油地质储量 $7.65 \times 10^8 t$。玛湖凹陷百口泉组已进入规模开发阶段，2020 年原油年产量 $222 \times 10^4 t$。

（6）苏里格大气区：该区位于鄂尔多斯盆地中北部，有利勘探面积 $4.5 \times 10^4 km^2$，资源量约 $8 \times 10^{12} m^3$，主要勘探目的层为上古生界石盒子组和山西组，属于典型的致密砂岩气区。至 2020 年底，已探明 / 基本探明天然气地质储量 $4.6 \times 10^{12} m^3$。2020 年天然气年产量为 $275 \times 10^8 m^3$。

（7）杭锦旗盆缘大气区：该区位于鄂尔多斯盆地北部，有利勘探面积 $8950 km^2$，天然气资源量约 $1.7 \times 10^{12} m^3$，主要勘探对象为上古生界下石盒子组致密砂岩气藏。"十三五"期间新增探明天然气地质储量 $1311 \times 10^8 m^3$，至 2020 年底三级储量达 $8249 \times 10^8 m^3$，已建成东胜气田。

（8）川中须家河组大气区：该区主要位于四川盆地大川中地区，勘探面积约 $6 \times 10^4 km^2$，天然气资源量在 $2 \times 10^{12} m^3$ 以上，已发现广安、合川、安岳、蓬莱等大气藏，目前已探明地质储量 $6644 \times 10^8 m^3$，万亿立方米储量规模的致密大气区已基本形成。

（9）川西坳陷大气区：该区位于四川盆地西部至龙门山构造带以东，有利勘探面积 $1.03 \times 10^4 km^2$，天然气资源量 $4.4 \times 10^{12} m^3$，主要勘探目的层为侏罗系和上三叠统。至 2020 年底，累计探明地质储量 $6187 \times 10^8 m^3$，已建成成都、新场、中江、大邑等多个气田。

（10）元坝—通南巴大气区：该区位于四川盆地川北坳陷东部，有利勘探面积 $2900 km^2$，天然气资源量 $1.5 \times 10^{12} m^3$，主要勘探目的层为上三叠统、侏罗系。"十三五"期间新增探明地质储量 $727 \times 10^8 m^3$，至 2020 年底累计探明地质储量 $918 \times 10^8 m^3$，已建成元坝、通南巴气田。

2. 典型勘探实践案例

1）准噶尔盆地玛湖凹陷砾岩大油区

准噶尔盆地玛湖凹陷砾岩大油区成藏地质理论与配套勘探技术，是我国陆上近期在碎屑岩岩性地层油气藏领域取得的重大成果之一。玛湖凹陷自玛 2 井发现以来勘探历经 30 余载，面临砾岩油藏是否具备规模勘探的资源基础、是否发育规模有效储集体、源上砾岩能否规模成藏，以及有效勘探配套技术等世界性难题开展持续攻关，创立凹陷区砾岩油藏勘探理论技术体系，指导了 $10 \times 10^8 t$ 玛湖砾岩大油区的发现。

（1）突破经典单峰式生油模式，首创碱湖烃源岩双峰高效生油模式，坚定凹陷区寻找大油田的信心。首次发现了全球迄今最古老的风城组碱湖优质烃源岩，发育嗜碱绿藻门和蓝细菌生油母质，其生油能力两倍于传统湖相烃源岩，而且是生成环烷基原油的基础，石油资源量从 $30.5 \times 10^8 t$ 提高到 $46.7 \times 10^8 t$，为规模勘探提供了可靠的决策依据。

（2）突破经典沉积学认为砾岩沿盆地边缘分布的传统观点，创建了大型退覆式浅水扇三角洲砾岩沉积新模式，开辟了凹陷区全新领域。提出在山高源足、稳定水系、持续湖侵背景下发育大型退覆式浅水扇三角洲，多期扇体叠置连片，砾岩满凹分布，勘探领域从盆地边缘拓展到整个凹陷区，新增勘探面积 $6800km^2$，三倍于克拉玛依老油田面积。

（3）突破源储一体才能大面积成藏的传统观点，创建凹陷区源上砾岩大油区成藏模式。发现油气沿走滑断裂垂向跨层运移 2000～4000m，在退覆式扇三角洲顶底板与侧向主槽致密砾岩立体封堵下，前缘亚相砾岩大面积成藏，满凹含油。

玛湖凹陷跳出断裂带老油区、走向凹陷区，发现的玛湖砾岩大油田，是世界范围内迄今发现的规模最大的整装砾岩油田，实现几代石油人跳出断裂带走向斜坡区的夙愿，又为祖国奉献了一个新的克拉玛依大油田。玛湖凹陷已成为国内原油最重要的上产基地之一，产能建设已全面展开，2020 年生产原油 $222×10^4t$，已累计生产原油 $624×10^4t$，日产水平 7000t。

2）四川盆地川西坳陷致密砂岩大气区

川西坳陷致密砂岩气区在经历了早期勘探之后，2008—2011 年连续三年未能提交探明储量。"十二五"以来，针对其多层系致密砂岩气藏储层非均质性强、富集规律不清等难点，围绕成藏主控因素开展持续攻关，创建了叠覆型致密砂岩气区成藏模式（图 2-2-8），发展完善了致密砂岩气藏配套勘探技术，促进了川西坳陷致密砂岩气藏高质量勘探与效益开发。

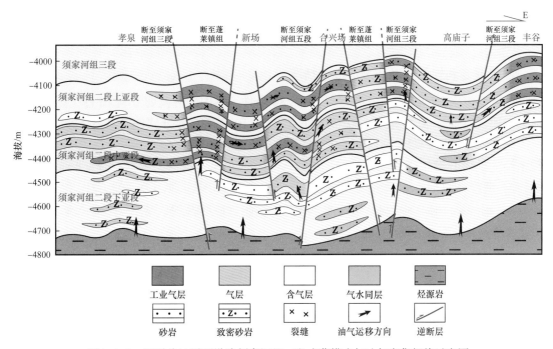

图 2-2-8　四川盆地川西坳陷须家河组二段成藏模式与油气富集规律示意图

（1）首次提出叠覆型致密砂岩气区成藏地质理论及满盆富砂、满凹含气的勘探新思路，指导了勘探领域从正向构造逐步向负向构造的拓展。提出有序分布的致密砂岩气"甜点"是气区首要勘探开发对象，高效建成了成都气田和中江气田。

（2）形成了基于构造—断层—流体—成岩—成藏时空配置耦合关系分析的地质"甜点"评价技术系列，结合以河道精细刻画为核心的"甜点"预测技术体系、"四位一体"

储层改造工程工艺新技术，以及经济"甜点"评价方法，大幅度提高了勘探开发工作的效率，指导了 54 个"甜点"的新发现，新增和落实天然气圈闭资源量 $3.3 \times 10^{12} m^3$。

川西坳陷致密砂岩气勘探从正向构造走向负向构造，正是由于观念的转变，促成了川西致密砂岩气规模储量的提交，并极大缩短了气藏发现到探明储量提交的时间。"十二五"以来累计提交三级储量 $1.5 \times 10^{12} m^3$（其中探明地质储量 $3277 \times 10^8 m^3$），新建产能 $36 \times 10^8 m^3/a$，累计生产 $302 \times 10^8 m^3$。

四、知识产权成果

1. 有影响力的代表性论著

国家油气重大专项实施以来，岩性地层油气藏领域共发表论文 1300 余篇，其中 SCI 或 EI 收录 500 余篇，出版专著 80 余部。先后出版了《岩性地层油气藏》（邹才能等，2010）、《非常规油气地质学》（邹才能等，2014）、《中国中西部四大盆地碎屑岩油气成藏体系》（郑和荣等，2016）、《鄂尔多斯盆地大面积致密砂岩气成藏理论》（杨华等，2016）、《鄂尔多斯盆地致密油勘探理论与技术》（付金华，2018）等专著，分阶段总结了岩性地层油气藏（包括致密油气）地质理论与勘探技术的最新进展。其中《非常规油气地质学》（中英文版）是全球第一部全面介绍中国非常规油气理论与技术发展的专著，开辟了我国致密油气/页岩油气等全新勘探领域，具有重大而深远的影响力。

2. 重要专利软件标准和推广应用情况

项目授权、受理国内外发明专利共计 280 余件，其中国际发明专利 15 件；制定国家标准 5 项，行业标准 20 余项；获得软件著作权 110 余项，部分软件已进行了推广应用。牵头制定的《致密砂岩气地质评价方法》《致密油地质评价方法》两项国家标准，为我国致密油气勘探开发相关的政策制定、科技攻关及成果鉴定提供了依据。研发形成的地震沉积学分析软件 GeoSed3.0、储层及流体定量预测软件 iPreSeis.QI 等，已在中国石油、中国石化、中国石油大学等安装软件达 200 余套，先后在准噶尔、鄂尔多斯、松辽、四川、塔里木等盆地进行推广应用。

3. 重要科技成果奖励与人才培养

岩性地层油气藏勘探开发领域先后获得国家科技进步奖 3 项，省部级科技奖励 60 余项。其中"5000 万吨级特低渗透—致密油气田勘探开发与重大理论技术创新"成果获 2015 年度国家科技进步一等奖，"凹陷区砾岩油藏勘探理论技术与玛湖特大型油田发现"成果获 2018 年度国家科技进步一等奖，"多类型复杂油气藏叠前地震直接反演技术及基础软件工业化"成果获 2014 年度国家科技进步二等奖。

通过"产学研用"一体化组织实施，中国石油、中国石化与相关院校紧密结合，已形成多个具有创新性和影响力的攻关团队，为岩性地层油气藏/致密油气领域持续发展储备了人才。邹才能于 2017 年当选中国科学院院士；杨华、付金华、杨克明、郝蜀民获李四光地质科学奖；徐天吉、牛小兵获中国地质学会青年地质科技金锤奖；杨智入选中共中央组织部"青年万人拔尖人才培养计划";20 余人曾被聘为中国石油、中国石化集团高级技术专家;30 余人晋升为教授级高级工程师,120 余人晋升为高级工程师;与院校联合培养博士(后)与硕士研究生 450 余人。

第三节 前陆盆地与复杂构造区油气藏勘探地质理论

一、前陆盆地与复杂构造区油气勘探现状及挑战

1. 油气勘探及研究现状

前陆盆地为全球油气资源与发现储量最多的主要盆地类型之一,是油气勘探开发的重要领域之一。国外前陆盆地多为大盆地、大斜坡带,油气主要分布于斜坡带—前渊。我国陆内再生前陆盆地特色鲜明,呈现小盆地、大冲断带特征,国外几乎无经验和技术可借鉴,需要不断地丰富和发展中国特色的前陆冲断带石油地质理论和勘探配套技术,推动该领域规模油气勘探。

我国前陆盆地的油气勘探始于 20 世纪 50 年代,早期集中在地面,以地面填图为主,仅存在山前带的认识,打浅井。先后在独山子(1937 年)、老君庙(1939 年)、克拉玛依(1955 年)、冷湖(1958 年)、依奇克里克(1958 年)等前陆盆地构造变形复杂的前陆逆冲带发现了一批油田。随后处于停止状态,虽然做了很多工作,但是仅有一些小的发现。

我国真正开展前陆盆地深入研究还是在 20 世纪 90 年代,前陆盆地地质理论开始引入我国的油气勘探实践中,前陆盆地的勘探潜力被广泛关注,对前陆盆地地质结构、前陆冲断带特征的认识以及断层相关褶皱的应用,带动了前陆盆地大发现和储量的增长,勘探成效突出表现在库车前陆冲断带克拉 2 气田以及斜坡区英买 7、牙哈等油气田的发现。克拉 2 气田形成地质理论、技术攻关与重大发现,获国家科技进步一等奖。

"十五"期间,中国石油针对我国前陆盆地开展了油气成藏体系和油气分布规律的攻关研究。根据前陆盆地的盆地结构和演化组合,首次将我国西部的前陆盆地划分为叠加型、改造型、早衰型、新生型四种组合类型,确立了前陆盆地"近源自生"和"远源它生"两大成藏体系及其晚期成藏的特征,建立了前陆盆地构造和沉积演化控制下的"四大油气聚集模式",揭示了前陆盆地不同构造带和构造段油气分布规律。在我国中西部前陆盆地油气地质理论与技术进步的推动下,在库车前陆盆地相继发现迪那 2、迪那 1、大北、依南 2、依拉克等气田,同时在中西部其他前陆盆地也取得重大突破,先后在酒西、准南、柴北缘、川西上三叠统取得突破,青西油田推覆体之下取得重大进展,发现了霍尔果斯油田、马北油田、邛西气田等,使得我国前陆盆地的勘探在面上展开并取得了较好的效果。"十五"前陆盆地理论、技术进步与勘探实践获国家科技进步二等奖。

2. 勘探需求及面临主要挑战

从勘探角度来讲，中西部前陆盆地资源与储量丰度高、探明率低，前陆冲断带是未来发现大油气田的主要场所，但我国前陆盆地与世界上其他前陆盆地相比，在结构、构造特征、成因、演化历史上各不相同，油气分布规律较难把握。大型构造圈闭和层状孔隙性储层决定了前陆冲断带是高丰度油气藏勘探的主要领域，但前陆冲断带的勘探面临诸多挑战：（1）控制前陆冲断带油气藏差异富集的复杂构造地质特征需要研究，涉及如何选区、选带；（2）前陆冲断带改造作用强，如何对复杂油气藏的成藏有效性进行评价；（3）冲断带深层油气勘探的突破对深层下组合有效储层、成藏认识提出新的挑战；（4）重点地区构造圈闭的识别与落实是油气勘探的瓶颈，针对前陆冲断带复杂地表和地质条件的油气勘探与评价技术需要发展完善。

3. 组织实施方案与攻关目标

攻关的总体目标是形成和发展中西部前陆盆地（冲断带）油气地质理论与重大勘探技术。"十一五"攻关目标是发展和完善以前陆冲断带构造变形、构造—沉积—储层响应和冲断带复杂油气藏形成为核心的中西部前陆盆地石油地质理论，形成适合中西部前陆冲断带复杂地质条件的油气勘探技术；攻关重点是前陆盆地成盆—成储—成藏机制研究和不同类型前陆盆地的油气富集规律。"十二五"攻关目标为揭示中西部再生前陆盆地体系与早期盆地叠加的构造—沉积特征及油气分布特征，揭示前陆冲断带深层油气成藏特征与油气分布规律，阐明前渊—斜坡带大型构造—岩性油气田形成控制因素，形成以提高地震成像、复杂构造地质建模和复杂油气藏综合评价为核心的中西部前陆盆地油气勘探技术；攻关重点是前陆冲断带深层油气藏、前渊—斜坡带大型构造—岩性油气藏的形成与分布。"十三五"攻关目标是整体提升中西部前陆盆地石油地质理论认识，研发以多滑脱构造地质建模、高精度地震成像和复杂构造（带）油气藏综合评价为核心的中西部前陆冲断带及复杂构造区勘探关键技术；攻关重点是前陆冲断带下组合深层—超深层油气勘探理论与以多滑脱构造地质建模、高精度地震成像为核心的勘探技术。

围绕攻关目标，组建由中国石油勘探开发研究院牵头、3个油田、9个院所等13个单位260多人的"产学研用"攻关团队，国家油气重大专项与中国石油天然气股份有限公司专项整体实施、统一组织，确保在理论、技术和生产实效上获得重大突破，推动我国前陆冲断带的油气勘探。

4. "十三五"攻关研究目标任务

随着前陆盆地与复杂构造区油气勘探向深层—超深层、掩覆带下盘不断发展，勘探面临着前陆深层—超深层油气成藏理论、深层复杂构造带构造建模、各向异性速度建模与成像等地球物理技术亟待攻关，为油气勘探提供理论技术支撑。

针对攻关目标和研究内容，按照"继承发展、点面结合、重点突出、整体提升"的总体研究思路，一方面，突出中西部前陆冲断带和复杂构造区整体共性认识与各地区差异性认识相结合；另一方面，依据中西部前陆盆地勘探和研究程度，将重点前陆盆地

（冲断带）分为三个研究层次开展针对性的攻关。一是整体认识库车、柴西前陆冲断带及复杂构造区的油气分布规律，重点攻关库车冲断带深层下组合、温宿凸起周缘和古隆起及斜坡，柴西重点攻关英雄岭构造带深层、阿尔金山前及斜坡带；二是推动川西北、准南富含油气构造带的油气勘探，重点开展准南乌奎背斜带中下组合、齐古断褶带和阜康断裂带攻关；三是探索塔西南、准西北缘掩覆体、柴北缘，开展成藏条件与勘探潜力分析。

二、前陆盆地与复杂构造区地质理论新进展

1. 环青藏高原盆山体系与中西部前陆冲断带动力学背景

基于我国新生代喜马拉雅运动特征，提出印藏碰撞和太平洋板块俯冲双重动力体系控制下的青藏高原隆升、盆地与造山带耦合、东部拉张活动等构造变形动力学机制，划分了我国大陆喜马拉雅运动控制下的青藏高原隆升区、环青藏高原盆山体系、稳定区、环西太平洋裂谷体系等四大构造响应区域。其中，环青藏高原盆山体系是我国中西部喜马拉雅运动的重要特征（图 2-3-1），介于阿尔泰山—阿拉善南部—吕梁山—齐岳山与昆仑山—阿尔金山—祁连山—龙门山这两个弧形带的区域，包括海西—印支期的造山带（天山、昆仑山、龙门山、秦岭、阿尔金山、贺兰山等）和镶嵌在其中的塔里木、准噶尔、柴达木、四川和鄂尔多斯等构造相对稳定的沉积盆地，在盆地与造山带之间发育了十余个前陆冲断带（贾承造等，2013，2018）。环青藏高原盆山体系的提出将我国中西部前陆盆地与克拉通盆地群纳入统一的大陆动力学体系中，指出盆山体系内部的含油气盆地群是我国最大的天然气富集区，蕴藏着 60% 以上的天然气资源。

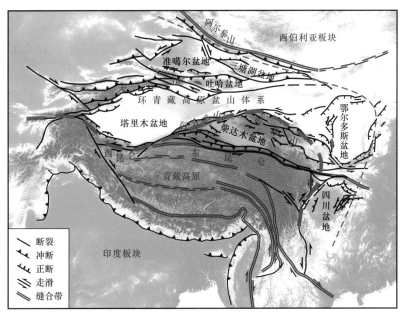

图 2-3-1　环青藏高原盆山体系分布图

环青藏高原盆山体系是喜马拉雅期构造活动的产物，集中体现了高原隆升—推挤体制下的弥散型陆内变形，具有向北传播、向东收敛的特点。根据现今以欧亚大陆为参照系测定的 GPS 速度场及其反映的陆内构造位移和应变强度，在环青藏高原盆山体系的西段，从塔里木盆地南缘的西昆仑山到北缘的天山，再到准噶尔北缘的阿尔泰山，近南北方向的速度矢量显示高原隆升—扩张过程中从南向北的位移消减，构造应变的传播在一定程度上已波及准噶尔盆地北缘。在环青藏高原盆山体系的中段，从柴达木盆地到阿拉善地区，速度（位移）场显示近北东方向，夹持在其间的阿尔金山—祁连山已显著受到高原向北增生的影响，应变强度沿造山带边缘显示一个弧形边界带。强烈的高原增生导致柴达木盆地卷入整个青藏高原的造山过程中，成为青藏高原的一部分。在环青藏高原盆山体系的东段，从四川盆地到鄂尔多斯盆地，速度（位移）场显示近南东方向，较大尺度的位移位于四川盆地西南缘的滑移边界上，高原隆升—推挤的应变强烈地收敛于这两个克拉通盆地的西侧，并显示出一个南北向的应变梯度带。

新生的环青藏高原盆山体系具有小型克拉通周缘造山带构造隆升和克拉通盆地边缘挠曲沉降的垂向结构耦合特点，表现出以克拉通盆地或隆升造山带为核心的双边或单边挠曲沉降。环青藏高原盆山体系内的造山带显示自由空气重力正异常（1°×1°），而以小克拉通为核心的沉积盆地显示负异常。较高的负异常见于西部的塔里木盆地和准噶尔盆地。在各个盆地内均显示西南部负异常相对较大，东北部负异常相对较小。这在一定程度上反映小克拉通盆地卷入陆内变形的特点，表现为盆地西南缘挠曲、东北缘相对翘倾、基底整体向西南倾斜的不对称结构。

2. 中西部四种类型前陆盆地成藏地质特征

我国中西部前陆盆地发育两期三大类前陆盆地，即印支期的周缘前陆盆地和弧后前陆盆地，喜马拉雅期的再生前陆盆地。这两期前陆盆地在空间上有的相互叠置，有的没有相互关联；有的地区只发育早期前陆盆地，而晚期前陆盆地没有发育；有的仅在新生代才发育前陆盆地；有的早期前陆盆地受到后期冲断左右的改造。依据这些特点，将中西部两期前陆盆地演化特点和组合类型划分为四种（宋岩等，2008），即：叠加型、改造型、早衰型和新生型（表2-3-1）。各类盆地的几何形态、挠曲沉降、地层层序、沉积充填、构造变形特征均不同，不同类型的前陆盆地具有不同的油气地质特征。

3. 前陆冲断带多滑脱构造变形样式与深层地质结构

1）多滑脱冲断构造变形样式

多滑脱冲断构造主要发育在以多套滑脱层为特征的地区，例如准南冲断带、川西北冲断带、川东北冲断带等，形成了复杂的冲断地质结构和变形过程。在山前表现为深浅层一致的变形过程和结构，而在前缘则表现为多期多层变形的叠置。从物理模拟实验和数值模拟实验上看，多滑脱冲断构造在一定程度上表现为单滑脱冲断作用的垂向组合，整体上表现为两套以上的盖层滑脱层和基底滑脱组合。

表 2-3-1　我国中西部前陆盆地发育的油气地质特征分类表

发育特征／分类	叠加型	改造型	早衰型	新生型
前陆盆地	印支期弧后或周缘前陆盆地；喜马拉雅期再生前陆盆地	印支期周缘前陆盆地	印支期周缘前陆盆地	喜马拉雅期再生前陆盆地
前陆层序	石炭纪—早二叠世被动大陆边缘裂谷；早中侏罗世—古近纪断（坳）陷	石炭纪—早二叠世被动大陆边缘裂谷	中二叠世以前的被动大陆边缘沉积	早中侏罗世—古近纪的断陷和坳陷
后期变形	喜马拉雅期前陆冲断带变形	后期的冲断变形	后期变形较弱	喜马拉雅期前陆冲断带变形
后期盆地改变情况	两期前陆盆地保存完整，喜马拉雅期再生前陆盆地还在发育过程中	早期前陆盆地部分被破坏	早期前陆盆地保存完好	喜马拉雅期再生前陆盆地还在发育过程中
分布区域	天山南北侧、昆仑山前	鄂尔多斯西缘、川西、川东北、楚雄等地区	准噶尔盆地西北区	祁连山南北两侧
典型盆地	准南、库车、塔西南等	鄂尔多斯盆地西缘、川西、川东北、楚雄盆地	准噶尔盆地西北缘	柴北缘和酒泉盆地等

　　模拟实验研究表明，在多层滑脱挤压作用下，冲断变形的结构主要有两种基本模式：浅构造层的前缘增生和深构造层的基底增生（图 2-3-2）。前缘增生中，楔体构造随着前缘冲断褶皱—断裂（如背驮式冲断或冲起构造）的传播而渐进增长；在基底增生中，楔体构造由于滑脱层下部层系卷入冲断系统而形成基底增长现象，在不同的基底滑脱作用、抬升速率和剥露条件下可形成多种形式的双重构造样式。两种增生模式都会导致褶皱—冲断变形向水平和垂直方向生长。前缘增生中以浅构造层变形的水平扩展为主，而基底增生中以深构造层变形的垂向增厚为主，但在深层韧性滑脱作用足够强的情况下可能表现出长间距的系列褶皱—冲断变形。

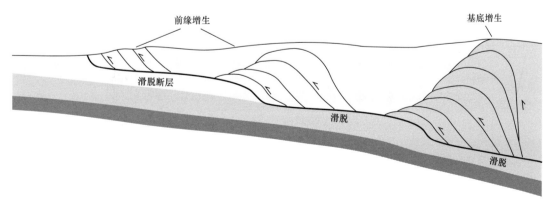

图 2-3-2　多滑脱冲断构造的增生模型

在冲断带前缘，可以看出主要沿浅层滑脱层滑脱形成一系列冲断构造，而在具体的盆缘冲断带中，多层次的滑脱层控制形成了复杂的冲断构造样式，不同性质的滑脱层控制上部变形层形成不同的构造样式，包括叠瓦冲断构造、滑脱冲断构造、逆掩推覆构造等，并在垂向上形成组合结构。

摩擦拆离—韧性滑脱—韧性滑脱这种多滑脱层组合明显控制了浅—中—深层的构造变形结构，使得各层之间具有明显的拆离作用，各层之间变形基本协调，具有独立的构造变形样式和过程。物理模拟实验同样揭示，后缘变形基本同步发生，但前缘变形中，浅层先发育构造，深层冲断褶皱构造形成晚，深层构造变形主要集中在后缘，以垂向冲断抬升为特点。早期形成的构造在晚期活动性明显减弱，以在前缘产生新构造为主要特征。随着同沉积的发育，后缘构造变形强度和抬升幅度加大，变形带宽度明显减小。同样，在后缘剥蚀的情况下，同样表现出了前缘构造不活动的特征，后缘变形带持续变窄和隆升更高。其中，浅构造层在这一过程中，往往表现出了反向冲断构造和掀斜抬升过程，以整体变形为主。物理模拟实验揭示剥蚀作用会导致深层后缘冲断构造不断抬升，而前缘地区则保持稳定，如果在同构造沉积的情况下，前缘地区难以产生新的构造变形，而以沿滑脱层产生反向逆冲构造为特征。在后缘构造抬升至明显高度时，前缘才会形成新的冲断构造。

2）冲断带结构模型和深层地质结构

冲断带深层受古构造边界、地层物质、滑脱层结构、挤压方式、变形叠加改造等条件限制，形成了差异明显的冲断带地质结构。由山前至盆地，典型前陆冲断系统可以划分出逆冲推覆、山前断褶和滑脱冲断等三个大型的构造带。其中，逆冲推覆带、山前断褶带通常表现为构造抬升—改造作用，而滑脱构造带则往往伴有同沉积作用。冲断带深层地质结构主要包括古隆起构造、基底卷入构造、薄皮叠瓦逆冲构造和多滑脱冲断构造四种基本类型，具有不同的构造特征、构造样式及其组合、成因机制和典型地区（表2-3-2）。

表2-3-2　中西部冲断带深层地质结构类型

结构类型	主要特征	典型样式	成因机制	分布地区	勘探对策
薄皮叠瓦冲断构造	构造变形受底部高摩擦拆离层控制，卷入盖层厚度小，形成系列逆冲断层；逆冲断片走向上弧形体延伸，垂向上阶梯式叠加	叠瓦构造楔体构造双重构造	受底部高摩擦拆离层控制，形成的深层叠瓦逆冲构造，在三维空间内呈现鳞片体构造	库车、准南、塔西南、川东北	精细化勘探，寻找独立断片，侧向封堵分析
多滑脱冲断构造	构造变形受多套滑脱层控制，分层变形、垂向叠置；以韧性滑脱层控制形成的褶皱构造为主，垂向上背驮式叠加	背斜构造断块构造双重构造	受低摩擦滑脱层控制，形成的多排褶皱构造，垂向上叠置，深层改造浅层	川东、准南、柴西南	构造过程分析，垂向封堵分析，分层勘探、独立评价

续表

结构类型	主要特征	典型样式	成因机制	分布地区	勘探对策
基底卷入式构造	变形卷入基底，形成褶曲构造，构造成排成带；褶曲翼部常发育次级断层，改造破碎	背斜、向斜、单斜等	走滑挤压背景，无明显滑脱层，变形层厚度大；次级断层破碎，抬升、剥蚀	川西北、准南、塔西南、川东、柴达木	寻找完整的构造圈闭、侧向封堵的单斜断块、构造—岩性圈闭
古隆起及派生构造	厚盐层或不整合之下的早期构造，新构造改造弱；形态及分布受早期构造方位控制	古隆起、古冲断、古断陷、古褶曲、古斜坡	不发育构造变形；弱变形，后期掀斜调整或古构造复活	准西北缘、西秋深层、河西走廊、川西北	古构造分析，寻找构造高点、古构造高点、构造—岩性圈闭

4. 前陆冲断带构造—沉积—储层响应与深部储层发育

开展中生代以来天山隆升—天山南北两侧盆地沉积响应及冲断带深部规模储层发育机制研究，对明确有效储层的分布具有重要意义，同时亦能有效地拓展油气勘探范围。

1）前陆冲断带构造—沉积响应

天山为一典型的复合型造山带，分别经历了古生代初始造山和晚中生代—新生代再造山过程。前人运用磷灰石裂变径迹测年技术，分析了天山在不同地区的隆升时间。根据这些数据编制了新疆地区中—新生代天山隆升时间顺序与隆升范围平面图，揭示天山并非同一时间的隆升，而是按照时间先后顺序隆升。中生代以来，天山的隆升可划分为四个阶段，隆升的山体范围两小两大：（1）第一期隆升发生在距今 220—180Ma 的晚三叠世—早侏罗世，最早隆升地点在昭苏—伊宁一线的中天山和奎屯南—玉希莫勒盖达坂地区，以及塔里木盆地北缘的库鲁克塔格山的兴地、辛格尔地区，山体隆升范围较小；（2）第二期隆升发生在距今 150—100Ma 的晚侏罗世—早白垩世，主要的隆升地点位于中天山琼博拉森林公园、北天山玛纳斯河上游—博格达山、南天山独库公路欧西达坂等地区，以及塔里木盆地北缘的库鲁克塔格山的北部地区，该时期的山体隆升范围较大，揭开了天山南北盆地开始分异的序幕；（3）第三期隆升发生在距今 96—46Ma 的晚白垩世—始新世，山体隆升范围比较小，隆升地点主要位于北天山的头屯河及乌库公路后峡地区、南天山库车坳陷北部捷斯德里克背斜等地区、库鲁克塔格山西缘的库尔勒东部地区，以及吐哈盆地南部觉罗塔格山的雅满苏地区；（4）第四期隆升发生在距今 25Ma 以来的中新世—第四纪，该时期可以说是天山全面隆升时期，并逐步形成现今的天山形态。

中—新生代以来，南北天山的差异性隆升控制了沉积体系的差异演化。早侏罗世早期是天山南北两侧盆地内巨厚的砂砾岩储层形成期，冲积扇—河流相砾岩夹砂泥岩广泛分布于准噶尔、吐哈、三塘湖、焉耆、库米什、博乐等盆地的八道湾组底部。早侏罗世晚期—中侏罗世是烃源岩重要形成期，天山南北湖盆扩张明显，烃源岩沉积范围宽广。中侏罗世中晚期，天山南北主要为湖泊沉积。北疆的准噶尔盆地、吐哈盆地连通为统一的泛湖盆，南疆的库车坳陷、北部坳陷东部、焉耆盆地等组成统一的泛湖盆，天山内部的伊宁盆地同样处于湖水面宽广时期。

燕山早期运动造成盆地区域抬升，博格达山的隆升使准噶尔盆地与吐哈盆地分割为两个盆地。晚侏罗世随着南天山、库鲁克塔格山的进一步隆升，库车坳陷与北部坳陷东部地区古气候炎热干燥，湖泊迅速萎缩，沉积范围大面积缩小，各地区以季节性河流相的红色砂砾岩为主。

早白垩世早期，天山南北各盆地发育一套砂砾岩，在准噶尔盆地表现为下白垩统底部砾岩，在库车坳陷表现为下白垩统亚格列木组底砾岩。之后，大规模的湖侵发生，准噶尔盆地表现为以吐谷鲁群宽而浅的湖盆沉积为主，湖盆沉积范围较晚侏罗世稍有扩大。南天山前库车坳陷气候干旱，舒善河组—巴西盖组发育红色的湖相泥岩与三角洲沉积。中天山的伊宁盆地、南天山的焉耆盆地可能也以湖泊沉积为主。

早白垩世晚期，准噶尔盆地、库车坳陷沉积演化产生了分异，准噶尔盆地在早白垩世有烃源岩发育，但是储层的分布范围较小。此时的库车坳陷气候干旱炎热，先前统一的宽浅型湖泊的湖平面下降，导致早先沉积的宽浅型湖泊出现了分化，在古天山前出现了多个小型湖泊。天山前季节性河流沉积大规模出现，河流进入小型湖泊后也可形成大量的小型季节性河流三角洲，塔里木盆地北部形成了大面积分布的巴什基奇克组砂岩，该时期是储层的重要发育时期。

2）前陆冲断带深层储层发育机制

通过成岩物理模拟，建立了库车坳陷早期长期浅埋、后期快速深埋、晚期侧向挤压地质过程对深层储层物理性质与储集性改造的过程模型。持续的垂向压实作用，使储层颗粒由松散状→紧密堆积，深层碎屑颗粒共轭双方向的定向排列是对晚期侧向挤压、持续埋藏（机械）压实作用的直接响应。快速的深埋，即快速垂向压实作用使深层储层中大量颗粒破裂，出现较多的无定向裂纹；晚期的强烈侧向挤压和持续的垂向压实共同作用下，碎屑颗粒内产生共轭双方向剪切缝，强烈地改造了深层砂岩储层物理性质；持续的埋藏（机械）压实作用降低了储层孔隙度，大量无定向裂纹和共轭剪切裂纹的出现，增强了颗粒的可溶蚀性、提高了储层渗透性，甚至是数量级倍数的提高，使深层有效储层发育（图2-3-3）。颗粒破裂对深层储层储集性有重要的改善作用。库车坳陷克拉苏构造带深层储层中可见大量的次生溶蚀孔隙，长石颗粒内的裂纹增加了酸性流体与长石矿物的接触面积，增加了矿物的可溶蚀性。

深层裂缝的发育对优质储层的形成起到关键作用。大量露头、岩心以及薄片等裂缝资料表明，裂缝的发育情况在不同地区和层位差异很大，体现出高度的非均质性。依据野外剖面裂缝资料、三维构造物理模拟及离散元数值模拟结果，分析了断层相关褶皱、叠瓦状构造和对冲构造等逆冲构造裂缝发育模式，探讨了不同构造样式中裂缝发育的成因类型、形成期次、分布规律和发育程度。结果表明，天然裂缝的形成除了与古构造应力场有关外，还受到岩性、岩石力学和层厚等因素影响。构造应力控制裂缝的组系、产状与力学性质，而其他因素主要影响裂缝密度及裂缝的发育程度。

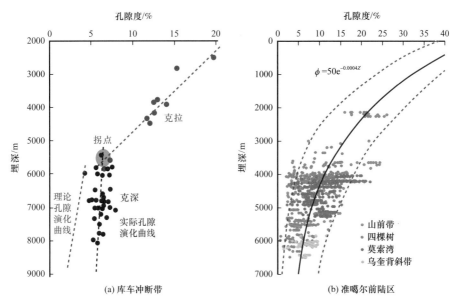

图 2-3-3　前陆冲断带深层有利储层发育特征

5. 前陆盆地与复杂构造区深层油气成藏

在典型油气藏解剖的基础上，深化认识重点前陆盆地源圈匹配、源储配置控藏机制（赵孟军等，2017），建立了山前断阶构造型富油气构造带、滑脱冲断构造型富油气构造带和古隆起派生构造型富油气构造带大型油气田形成模式，明确了油气分布特征。

1）山前断阶构造型富油气构造带形成模式

山前断阶构造带发育基底卷入构造，多期构造叠加，早期弱的古构造在晚期强烈挤压抬升冲断，如库车北部构造带、准南齐古断褶带、昆北断阶带、阿尔金山前带等。

成藏条件：上盘一般缺乏有效烃源岩，或晚期烃源岩生烃中止，但下盘紧邻生烃中心；发育大型逆冲断裂带，油气沿断裂带向上运移，然后沿上盘不整合风化壳或砂体侧向由低断阶向高断阶运移；继承性古背斜构造是油气长期运聚指向区，晚期构造活动相对稳定的推覆带中背斜圈闭、构造—岩性圈闭远源成藏；晚期发生规模抬升剥蚀，盖层保存条件是关键。

形成模式：构造脊控制油气侧向运移路径，只有位于运移路径上的圈闭才有可能成藏；受抬升剥蚀影响，脆性泥岩盖层封盖能力降低，一般薄层成藏，近油源的低断阶油气多层系成藏、油气富集（图 2-3-4）；横向上沿大型逆冲断裂带走向，一系列近垂直于大型断裂带的断裂或断鼻构成多个油气侧向运移构造脊，一个构造脊形成一个油气聚集区，多个油气聚集区形成一个富油气构造带。

有利勘探区带：山前断阶构造带油气有利勘探区带受构造脊和盖层控制，低断阶油气富集。

2）滑脱冲断构造型富油气构造带形成模式

滑脱冲断构造带包括叠瓦冲断构造、多滑脱冲断构造，如准南霍玛吐构造带、川西北复杂构造带、柴西英雄岭构造带、库车克拉苏构造带等。

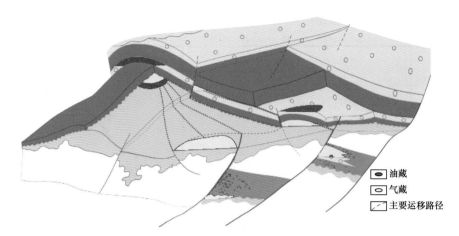

图 2-3-4　山前断阶富油气构造带大型油气田形成模式图

成藏条件：处于生烃中心之上，发育多套烃源岩、多套盖层、多层构造圈闭群以及油源断裂和调整断裂，具有 2～3 个成藏组合。

形成模式：断裂垂向运移，远源成藏和近源成藏并存；依据区域滑脱层性质及与断裂组合方式，该类富油气构造带可分为三个亚类。

第一亚类：膏盐岩盖层。塑性强，构造挤压膏盐岩层塑性流变或顺层滑脱，形成盐下和盐上两套断裂体系，盐下叠瓦冲断构造生储盖圈输导五位一体，形成油气富集层系，围绕膏盐岩分布区盐下形成富油气构造带（赵孟军等，2015，2017）。如库车克拉苏富气构造带和迪那—中秋富气构造带（图 2-3-5）。再如川西北复杂构造区，晚期构造挤压作用使中三叠统膏盐岩盖层之下形成独立的冲断构造，基本分隔了盐下海相成藏体系与盐上陆相成藏体系。

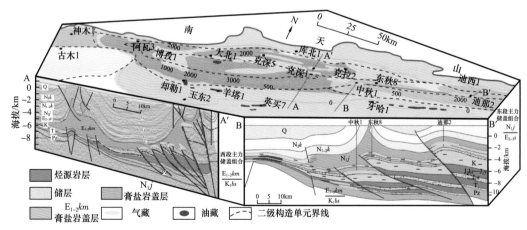

图 2-3-5　库车前陆盆地盐下叠瓦冲断构造型富气构造带形成模式图

数值反映膏盐岩厚度，单位为 m

第二亚类：泥岩夹膏盐岩盖层。柴西英雄岭构造带英西地区古近系发育以泥岩为主、夹薄层膏盐岩的一套区域盖层，下干柴沟组上部薄层膏盐岩较发育，盐上形成滑脱冲断构造，盐下形成叠瓦冲断构造，与库车冲断带类似，但由于膏盐岩层薄，且不连续，上下断裂体系中油源断裂和调整断裂相连，原油垂向运移，盐下近源和盐上远源层系均富集成藏。鉴于盐下发育优质烃源岩，围绕古近系膏盐岩发育区形成盐上和盐下均富集原油的富油构造带。

　　第三亚类：泥岩盖层。含煤泥岩盖层也归入该类，下部具有主力烃源岩的区域盖层之下均可形成油气富集层。准南前陆冲断带发育多套区域泥岩盖层，深层厚层泥岩产状相对较缓，发育异常高压，塑性强，封闭性好，主力烃源岩位于深层侏罗系和二叠系，烃源灶位于霍玛吐构造带—东湾背斜带，其次为四棵树凹陷带。除山前断阶带发育基底卷入的穿层断裂外，二、三排构造带主要发育滑脱断层，因而下组合霍玛吐构造带—东湾背斜带为潜在的富气构造带（图2-3-6）。

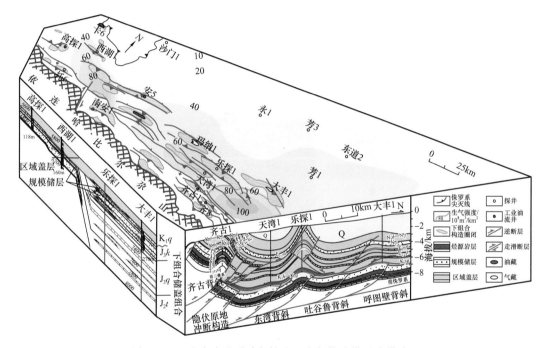

图 2-3-6　准南多滑脱冲断构造型富气构造带形成模式图

　　有利勘探区带：根据上述分析，准南霍玛吐构造带—东湾背斜带下组合、川西北地区双鱼石构造带二叠系、鄂博梁构造带深层为有利勘探区。

　　3）古隆起派生构造型富油气构造带形成模式

　　盆地早期基底隆升发育古构造，晚期前陆挤压挠曲，古隆起掀斜、背斜调整、断块化，古油气藏或油气充注亦发生相应的调整。典型的古构造如川西北地区九龙山构造带、库车西秋构造带等。

　　成藏有利条件包括：（1）处于盆内生烃中心之外或边缘，古构造带为油气长期运聚指向区；发育断裂或不整合侧向输导体系。（2）古隆起派生构造油气成藏规律受早期古构造带展布和晚期叠加构造双重控制。古构造早期构造形态与展布决定油气充注方向和聚集部位，晚期构造叠加决定古构造派生构造的完整性及有效性。

　　有利勘探区带：古隆起派生构造晚期调整处于迎烃面的构造圈闭为油气勘探有利区，

目前的高断块对油气的运聚和保存不利，如川西北地区九龙山寒武系古隆起背斜圈闭为有利勘探区带。

6. 前陆冲断带及复杂构造区构造成像与圈闭刻画技术

1）构造变形物理模拟和数值模拟技术

（1）构造变形三维物理模拟实验技术。

盆地构造物理模拟是通过将地质原型进行一定比例的几何缩小，在实验室条件下，利用满足相似强度比例的实验材料，辅以相似比例的动力和时间条件，再现构造变形过程，开展构造几何学、运动学和动力学分析的技术。基于相似性原理建立的构造物理模拟实验模型通常被称为相似模型或尺度模型。实验在模拟自然界地质构造变形的同时，可以确定控制构造几何学特征和演化的参数，有助于分析构造形成与发展的地质过程，辅助地震解释。相似性比例关系的计算和模型变形结构的分析构成了物理模拟研究的两项重要内容。其中，实验结果的三维重构作为一种新兴的技术手段（图2-3-7），是变形结构分析的重要内容。

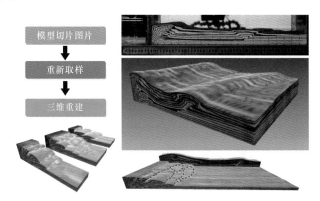

图 2-3-7　构造模型三维重建的技术流程和效果

（2）构造变形离散元数值模拟技术。

数值模拟具有快捷、安全和低成本的优势，已经与理论分析和科学实验形成鼎足而立之势，并称为当代科学研究的三大支柱。与构造物理模拟相比，数值模拟可以得到更多系统内部的信息（如应力、应变等），并且可重复性高，边界条件设置更容易。而且，数值模拟中，研究单一变量对结果的影响更方便、准确，通过调整材料的力学参数可以得到自然界观察到的真实的构造现象。另外，在实验室中，我们只能选用有限的相似材料；而数值模拟中，理论上有无数种材料可供选择。一般的，我们可以通过大量数值实验得出相对可靠的数种到数十种材料。

数值模拟包括有限元（FEM）数值模拟和离散元（DEM）数值模拟，在一定程度上突破了物理模拟存在的流变学和比例化问题。第一阶段，模型的推覆后方在左墙的推动下向右运动，左端在推力作用下不断向上隆起，形成地表坡度很缓的圆弧状背斜［图2-3-8（b）］。第二阶段，上覆岩层滑脱褶皱的核部出现明显集中，在背斜左侧形成一个与地层缩短方向相反的逆断层［图2-3-8（c）］。第三阶段，来自左侧的应力集中，在模型的推覆右侧形成一个新的逆断层 [图 2-3-8（d）]。结果显示数值模拟可实现物理模拟中所出现的主要地质构造特征，是对传统物理模拟研究很好的补充。同时，数值模拟可突破物理实验中，实验材料选择存在的局限性，因此更适合研究岩石强度变化等因素对构造变形的影响。

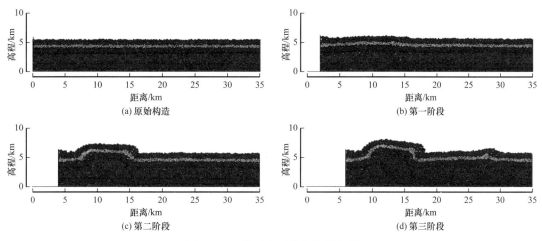

图 2-3-8 构造变形数值模拟实例

2）复杂构造多尺度地震深度域速度建模成像技术

（1）全深度多尺度速度建模与成像技术。

面向起伏地表叠前深度偏移成像技术要求，提出一套保持波场运动学特征的全深度多尺度速度建模与成像新技术。针对传统时间域处理方法对起伏地表深度域成像精度的制约，提出了全深度成像处理方法。首先在高精度近地表反演基础上利用初至波与地形高程的匹配关系计算匹配静校正量，将该校正量应用到偏移前数据上，实现了把地震数据校正到消除地表高程的高频抖动，保留地形和近地表变化的地表高程小平滑面上；其次利用高精度近地表结构反演建立近地表速度模型，结合近地表速度模型和中深层反射波速度模型进行全深度整体速度建模；最后作小平滑地表高程面出发的拟真地表叠前深度偏移。

（2）低信噪比深度域速度建模配套处理技术。

低信噪比条件下基于数据驱动的速度建模难度较大，在复杂地表复杂构造区，成像道集和剖面信噪比低，不能满足层析建模自动拾取要求。通过研究形成一套针对低信噪比资料的网格层析配套处理技术，一是尽可能提升道集和剖面信噪比；二是采用子波形态特征表达的自动拾取技术，提高低信噪比条件下道集和剖面同相轴拾取质量。并且利用构造约束倾角场提取技术，提高倾角场可靠性，最终形成复杂地区地震深度域成像配套处理技术。

3）前陆复杂构造区构造成像和圈闭刻画技术系列

（1）前陆复杂构造区构造成像关键技术。

结合前陆复杂构造建模需求，围绕山前断褶构造、逆掩推覆构造、深层冲断构造、盆内背斜构造等典型地震地质特征，重点梳理了近地表反演、叠前去噪、速度建模、偏移等关键处理技术的应用难点和技术对策，形成了针对性处理技术系列（表 2-3-3）。

表 2-3-3 复杂地表复杂构造地震成像关键技术

构造单元	构造类型	地表地形	浅部构造	深部构造	关键处理技术
造山带	山前断褶构造	起伏、高差大	地层倾角高陡、结构复杂	老地层、基底构造	（1）高精度初至层析建模与静校正 （2）面波及散射噪声衰减、高陡地层保护去噪、弱信号保护迭代去噪 （3）全深度 TTI 速度建模、浅层砾石发育区刻画、构造导向建模 （4）拟真地表 TTI 偏移
	逆掩推覆构造	起伏、高差大	老地层出露、复杂冲断构造	新地层掩伏、构造简单或复杂	（1）高精度初至层析建模 （2）面波及散射噪声衰减、极浅层有效信号和逆冲断层下盘弱信号识别与迭代去噪 （3）全深度 TTI 速度建模、构造导向约束非线性层析 （4）真地表 TTI 偏移
	深层冲断构造	平缓	构造清晰（盐构造）	强烈冲断、构造复杂	（1）初至层析静校正 （2）散射噪声衰减、盐下弱反射识别与迭代去噪 （3）盐上高精度网格层析、盐体构造导向建模、TTI 速度建模 （4）平滑地表 TTI 偏移
盆内构造带	盆内背斜构造	平缓	地层倾角高陡、结构复杂	构造简单或复杂	（1）层析或折射静校正 （2）"六分法"精细去噪 （3）浅层砾石区刻画、TTI 速度建模 （4）平滑地表 TTI 偏移
		平缓、局部剧烈起伏	冲断构造复杂	构造简单或复杂	（1）高精度初至层析建模与静校正 （2）逐级组合去噪、频散面波与散射噪声衰减、复杂波场信号保护迭代去噪 （3）整体速度建模、构造导向网格层析建模、TTI 速度建模 （4）拟真地表 TTI 偏移

（2）复杂地表复杂构造区圈闭刻画技术系列。

构造解释的方式与资料情况息息相关，按照地震资料的类型可以分为时间域地震资料解释和深度域地震资料解释。时间域地震资料解释方法和流程已经相当成熟和完善，而对深度域地震资料解释方法的研究少之又少，亟须对其进行相应的研究，从而指导深度域地震资料解释工作。"十三五"地震解释技术研究的重点是探索深度域直接解释及成图方法。借鉴时间域地震资料解释流程，深度域地震资料解释流程也可以大致分为以下几个具体步骤：① 深度域井震标定；② 深度域层位追踪和断层解释；③ 深度域构造成图；④ 深度域误差校正；⑤ 深度域圈闭划分等。由于时间域和深度域本身就是两个不同的数据空间，在时间域适用的解释方法不一定在深度域同样适用，重点是如何在深度域开展井震标定工作，围绕如何实现深度域地震资料直接解释开展了一系列探索性研究，初步形成了深度域地震资料解释流程。

三、前陆盆地与复杂构造区勘探成效

多滑脱构造变形、深部储层发育机制和富油气构造带理论深化认识了前陆冲断带及复杂构造区油气成藏规律，全深度多尺度速度建模技术、复杂山地低信噪比资料配套处理技术、深度成像资料的解释方法等成像技术在塔里木、准噶尔、四川、柴达木等前陆盆地及复杂构造区勘探目标落实、风险井位论证发挥了重要技术支撑作用。

截至 2020 年，在 10 个重点前陆冲断带获得了 4 个规模发现、3 个重大突破。其中，4 个规模发现为：准西北缘累计探明石油地质储量超 $26.8 \times 10^8 t$；库车前陆冲断带累计探明天然气地质储量超 $1.3 \times 10^{12} m^3$；柴西南复杂构造区累计探明石油地质储量超 $6.6 \times 10^8 t$；川西前陆盆地累计探明天然气地质储量达 $8655 \times 10^8 m^3$。3 个重大突破为：在阿尔金山前带侏罗系和基岩发现东坪、尖北等气藏，累计探明天然气地质储量 $776 \times 10^8 m^3$；川西北复杂构造区双鱼石构造二叠系单井日产气突破 $220 \times 10^4 m^3$；准南乌奎构造带下组合呼探 1 井日产气 $61.9 \times 10^4 m^3$，日产油 $106.5 m^3$。剩余石油资源量 $63.74 \times 10^8 t$、天然气 $10.83 \times 10^{12} m^3$，勘探潜力巨大。中西部前陆冲断带油气多层系多期聚集，中段、深层油气富集，油气勘探层系已由中浅层远源成藏体系转向深层近源成藏体系。

1. 库车冲断带大北—克拉苏富气构造带

在克拉 2 气田、大北 1 气田和克深 1–2 气田发现之后，"十二五"期间，认识了盐下鳞片体构造结构、应力控储模式和断—盐组合控藏机制，形成了宽方位较高密度三维地震采集技术、起伏地表各向异性叠前深度偏移处理技术、挤压盐相关构造分层建模技术，克拉苏构造带盐下新增天然气地质储量突破万亿立方米。"十三五"期间，持续深化含盐前陆冲断带断裂系统、突发构造、构造转换带、含盐储层等油气地质理论，创立五种转换带模型，落实一批圈闭，在博孜—大北区块新发现博孜 3、大北 11、大北 12 等 13 个气藏，万亿立方米凝析气区正在形成。此外，在中秋—东秋段盐下逆冲叠瓦构造模式指导下，通过复杂山地单点较高密度三维地震采集、处理、解释一体化技术攻关，优选中秋 1 圈闭。2018 年 12 月，对中秋 1 井 6073～6182m 井段进行酸化测试，5mm 油嘴放喷求产，折日产气 $334356 m^3$，折日产油 $21.4 m^3$，取得了秋里塔格构造带天然气勘探重大突破。

2. 柴达木盆地英雄岭富油构造带

"十二五"期间在浅层挤压构造成藏理论和碎屑岩相关勘探技术指导下，发现英雄岭浅层油藏。"十三五"期间通过攻关，利用山地三维地震处理解释成果，构建湖相碳酸

盐岩成藏模式，突破单一裂缝油藏认识，重新梳理前陆冲断区油气富集规律，新发现和重新落实圈闭 37 个，提出建议井位目标 53 口，先后在英西、英中深层下干柴沟组发现 6 个油气富集区，形成亿吨级规模储量区。在英西地区先后钻探了 8 口千吨井，平面上落实北带狮 38 井、狮 202 井，中带狮 41 井、狮 49 井。证实富油构造带受控于低隆起背景、高效盐岩盖层、广覆式孔—洞—缝储层，且具有多层聚集、高饱含油特点。在英中地区英中二号、三号构造钻探的狮 65、狮 62、狮 63 等井均获成功。

3. 准噶尔盆地准南冲断带下组合油气勘探

在多滑脱构造建模、源储配置和断盖组合成果指导下，在大丰 1、西湖 1、独山 1 等一批探井深入解剖分析的基础上，明确指出准南冲断带下组合具备形成大油气田的条件，坚定了准南下组合的勘探信心，实现了高探 1 井、呼探 1 井的重要突破。2019 年高探 1 井白垩系清水河组日产油 1213m³，日产气 32.17×10⁴m³，实现了准噶尔盆地南缘下组合深大构造油气勘探首次突破，开启了盆地南缘前陆大型油气富集区勘探新里程。准南冲断带下组合发育 40 个构造，新落实背斜 21 个，圈闭面积 1800km²。2020 年呼探 1 井清水河组 7367～7382m 试油，日产天然气 61×10⁴m³，日产原油 106.3m³，展示出冲断带中段巨大的勘探潜力。

四、主要知识产权成果

1. 有影响力的代表性论著

经历了"十一五""十二五""十三五"三轮连续攻关，共发表学术论文 558 篇，其中 SCI 或 EI 收录共 276 篇；出版专著 37 部。相关专著和文章系统阐述了以多滑脱构造变形控圈、相组合与双应力改造控储和断—盖组合控藏为核心的前陆冲断带深层油气聚集地质理论。其中，《含盐前陆盆地油气地质与勘探》专著及其相关文章，深刻揭示了含盐地层控制冲断带深层大气田（区）形成与分布的关键作用。

2. 重要专利软件标准和推广应用情况

项目授权、受理国内外发明专利共计 73 件，授权实用新型专利 15 件；制定 / 修订行业标准 6 项，企业标准 6 项；获得软件著作权 28 件，技术秘密 5 件。相关专利与软件著作权有力支撑了以多滑脱构造地质建模和高精度地震成像为核心的中西部前陆冲断带及复杂构造区勘探关键技术。其中，美国专利《Core holder for micro CT observation and experimental method》（US101084904B1）、软件著作权《前陆盆地地层压力模拟与源储配置定量评价软件》（2019SR0150657），支撑了前陆复杂构造区深层与下组合油气勘探发现。

3. 重要科技成果奖励与人才培养

"库车前陆冲断带盐下超深特大型砂岩气田的发现与理论技术创新"获国家科技进步二等奖，冲断带深层油气地质理论与勘探技术的重大进步，进一步夯实了我国西气东输的资源基础。此外，获省部级奖励 27 项，是对我国中西部油气勘探与发现的充分肯定。依托前陆项目平台，坚持"产学研用"相结合，形成了一支 100 多名具有创新精神的前陆盆地研究核心技术人才团队，为前陆盆地领域的持续深化研究储备了人才。

第四节　下古生界与前寒武系海相碳酸盐岩油气勘探地质理论

一、古老碳酸盐岩领域油气勘探现状、挑战与对策

1. 油气勘探及研究现状

海相碳酸盐岩在世界油气生产中占据极为重要的地位。我国海相碳酸盐岩分布范围较广，全国第二轮油气资源评价，海相碳酸盐岩有石油资源量 $135 \times 10^8 t$、天然气资源量 $12.4 \times 10^{12} m^3$。2008 年之前，碳酸盐岩油气勘探主要集中在构造圈闭、风化壳及礁滩体等领域，发现了川东石炭系气田群、川东北二叠系—三叠系礁滩气田、塔中奥陶系礁滩油气藏（群）、靖边奥陶系风化壳气田等。

海相碳酸盐岩油气地质在风化壳储层、礁滩储层形成机理方面取得重要进展；提出有机质"接力"成气模式，回答了高—过成熟烃源岩成烃机理及资源贡献。

2. 勘探需求及面临主要挑战

我国海相碳酸盐岩多分布在叠合盆地底层，具有时代老、埋藏深、改造强的特点，国外已有的海相油气地质理论和技术不能完全适用，要持续推进这一领域的发展，勘探面临着四方面科学问题，主要包括：（1）海相地层时代古老，多期改造，原型盆地与古沉积环境恢复难度大；（2）有机质成熟度高，成藏有效性评价难度大；（3）成岩历史长，深层碳酸盐岩规模成储机理不清，预测难度大；（4）多期成藏，油气富集规律不清，领域与区带评价难度大。这些基础地质理论问题已成为制约海相碳酸盐岩油气勘探大发展的关键问题。

3. 组织实施方案与攻关目标

围绕上述科学问题及关键技术，国家油气重大专项设立海相碳酸盐岩项目，"十一五"至"十二五"设立"四川、塔里木等盆地及邻区海相碳酸盐岩大油气田形成条件、关键技术及目标评价"项目，"十三五"设立"下古生界—前寒武系碳酸盐岩油气成藏规律、关键技术及目标评价"项目，开展攻关研究。项目组织实施采取"产学研用"一体化组织，确保基础研究—技术攻关—生产应用的一体化，主要参加单位包括中国石油勘探开发研究院、中国石油塔里木油田公司、西南油气田公司、长庆油田公司以及中国科学院、北京大学、中国石油大学等十余所高等院校，科研骨干人员千余人。

表 2-4-1 列出了三轮项目研究主攻对象、成藏理论、关键技术等方面研究重点，同时列出了项目成果在储量增长中的贡献。

表 2-4-1 "十一五"至"十三五"时期海相碳酸盐岩项目攻关内容及应用一览表

研究区间		"十一五"时期	"十二五"时期	"十三五"时期
成藏理论	生烃机理	源内分散液态烃成气机理	源外分散液态烃成气机理	中—新元古界有机质富集机理
	成储机理	顺层和层间岩溶作用控储机理	镶边台地模式及缓坡颗粒滩模式	微生物碳酸盐岩规模成储机制
	成藏富集	台缘带及古隆起富集论	跨构造期成藏论、多勘探黄金带	克拉通内构造分异控油气富集带
技术方法	评价方法	古老碳酸盐岩油气资源评价技术	碳酸盐岩储层微区多参数实验技术	碳酸盐岩成储与成藏定年技术
	特色技术	缝洞型雕刻技术 叠前弹性阻抗反演技术	碳酸盐岩缝洞储集体评价技术	重磁电震联合反演技术 深层碳酸盐岩地震资料高保真成像处理与储层预测技术
成果应用	重大突破	哈拉哈塘油气勘探获重大突破	安岳气田重大突破	四川盆地灯二段、塔里木超深层、鄂尔多斯奥陶系盐下
	新增储量	探明储量 $5.15 \times 10^8 t$ 油当量	探明储量 $10.12 \times 10^8 t$ 油当量	探明储量 $7.2 \times 10^8 t$ 油当量

二、下古生界与前寒武系海相碳酸盐岩油气地质理论

1. 早古生代—元古宙原型盆地与构造—岩相古地理演化

塔里木、四川、鄂尔多斯等盆地属于叠合盆地，经历了陆内裂谷盆地—克拉通盆地—前陆盆地或断陷盆地演化阶段。盆地深层地质结构及原型盆地恢复面临着钻井资料少、地震信号弱成像差等难题（杨文采等，2015；王成善等，2010）。在前人研究成果基础上，集成了前寒武系残留盆地恢复技术，包括：（1）以古地磁和岩石磁组构分析、Gplates 板块重建为核心的古大陆重建技术；（2）以多元同位素定年为核心的多重地层划分对比技术；（3）以重磁电震处理解释和井震结合为核心的重磁电震综合解释技术；（4）以构造—岩相古地理恢复、多期构造解析与平衡恢复为核心的原型盆地恢复技术。应用该技术重建三大克拉通深层原型盆地。

1）华北克拉通中元古代陆内裂谷到早古生代碳酸盐岩台地演化

长城纪（1.8—1.6Ga），华北克拉通构造活动最初是从华北南部熊耳裂谷开始启动，鄂尔多斯地块西南部发育北东向裂谷；随后范围扩大到华北中部和北部，在东部胶辽吉造山带与华北中部带之间为裂陷—沉降中心，北缘可能发育陆缘—陆内裂谷。整个华北地区中元古代构造活动强烈，构造升降明显。受该构造环境控制，以海相碎屑岩沉积体系为主，发育无障壁型海岸相、障壁型海岸相等沉积相（图 2-4-1）。

蓟县纪（1.6—1.4Ga），盆地主要在华北中北部，太行—燕辽地区为克拉通内坳陷，

华北北缘为被动大陆边缘沉积；华北南部晋豫陕地区为开阔台地，沉积活动持续存在。青白口纪（1.0—0.78Ga），主要为北部的燕辽地区克拉通内坳陷、东南的豫西—徐淮地区裂谷盆地，少量存在狼山—白云鄂博裂谷系。震旦纪（635—541Ma），华北南部发育罗圈冰期事件，发育宁陕豫大陆冰川，整个华北东部、东南、南部可能均为被动大陆边缘；华北西部局部可能发育克拉通内坳陷。

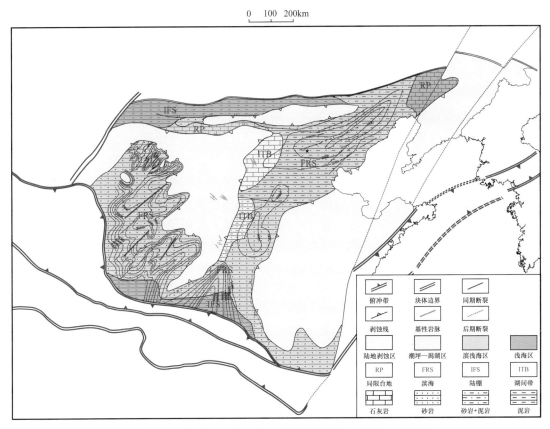

图 2-4-1　华北克拉通中元古代长城纪构造—岩相古地理图

早寒武世，华北克拉通总体具北高南低、西高东低古地貌格局，沉积作用发生在贺兰—六盘坳陷、晋豫坳陷、豫皖陆块，鄂尔多斯盆地本部沉积缺失。中寒武世徐庄组沉积期，发生大规模海侵，鄂尔多斯盆地范围内广泛接受沉积，隆坳格局和相带分异开始凸显，主要发育泥坪、沙坪、灰坪及颗粒滩相浅缓坡沉积。到张夏组沉积期，气候由干热转为潮湿，海侵达到寒武纪的顶峰，鄂尔多斯地区发育广阔的浅海开阔台地沉积，发育大规模的鲕粒滩。晚寒武世三山子组沉积期，古祁连海开始对华北板块西北部进行俯冲，鄂尔多斯盆地开始抬升，发生海退，以前被淹没的古陆重新出露，伊盟古陆和乌审旗古陆连为一体，台地开始萎缩。

寒武纪末，怀远运动造成华北地台整体隆升，致使鄂尔多斯盆地范围普遍遭受剥蚀，与此同时，隆坳构造格局由北东向转变为南北向，奥陶系在此背景下接受沉积，早奥陶世冶里组—亮甲山组沉积期主要分布在盆地周缘，至马家沟组沉积早期，除中央隆起外，盆地范围内普遍有所沉积，马家沟组沉积晚期，华北海与祁连海贯通，整个盆地范围均接受沉积，构造和岩性分异也更为清晰，呈现出多级古隆控滩及多级障壁作用的特点。奥陶纪整体具有"三隆两坳一古陆"的古构造格局，受中央古隆起控制，马家沟组沉积期在盆地中东部形成膏盐岩—碳酸盐岩共生沉积体系。

2）上扬子克拉通新元古代陆内裂谷—克拉通内裂陷到早古生代碳酸盐岩台地演化

南华纪陆内裂谷。受古大陆聚合及裂解作用控制，上扬子克拉通新元古代裂解热事件以板内拉张为主，表现在扬子陆块的东、西两侧，华夏陆块东部也有相应时限的裂解（杨雨等，2014）。扬子陆块西部为川西—滇中裂谷盆地，以双峰式火山为代表，发育裂谷早期的磨拉石充填和陆相火山岩。扬子陆块的东南为溆浦—三江裂陷，为水下磨拉石和海相火山岩。湘桂陆内裂陷海盆地介于三江—龙胜与广西北部贺县鹰阳关，为新元古代裂谷盆地，并有火山热事件。四川盆地腹部存在前震旦系裂陷或裂谷，总体表现为北东向展布。限于资料，四川盆地南华纪裂谷分布还存在较多争议（汪泽成等，2017）。

震旦纪—早寒武世克拉通内裂陷。该时期是上扬子克拉通构造分异强烈期，构造沉降差异大，形成了德阳—安岳克拉通内裂陷以及鄂西—渝东克拉通内裂陷，两大裂陷之间发育碳酸盐岩台地，沿裂陷边缘发育台缘带丘滩体。裂陷演化持续到早寒武世筇竹寺组沉积晚期。其后为统一的碳酸盐岩台地发育期，构造沉降分异小，裂陷消亡，形成统一的碳酸盐岩台地，台内颗粒滩大面积分布。

四川盆地德阳—安岳裂陷始于早震旦世陡山沱组沉积期，裂陷区沉积充填富有机质黑色页岩，分布稳定、厚度大，是重要的烃源岩发育层段和页岩气主力层段［图2-4-2（a）］。晚震旦世灯影组沉积期为裂陷发展期。灯影组沉积早期，台地内部构造分异逐渐增强，呈"两隆三坳"沉积格局，德阳—安岳裂陷向上扬子台内进一步延伸，两侧发育台缘丘滩。灯影组沉积晚期，台地构造分异继续增强，中、上扬子克拉通发育三大裂陷与多个孤立台地，呈"三隆三坳"沉积格局，裂陷两侧发育丘滩体［图2-4-2（b）］。早寒武世早期为克拉通裂陷鼎盛期，以沉积巨厚的深水陆棚相富有机质页岩为特征。

早寒武世晚期—奥陶纪碳酸盐岩台地。早寒武世中晚期是中、上扬子克拉通构造转换的重要时期，由早期的拉张构造开始向挤压构造转换。受其影响，上扬子克拉通西部边缘开始形成古陆，如康滇古陆、汉南古陆，成为陆源碎屑沉积的主要物源区，在四川盆地西南缘可见滨岸三角洲沉积。同时，克拉通内裂陷逐渐消亡，开始进入克拉通坳陷演化阶段。德阳—安岳裂陷消亡期为早寒武世沧浪铺组沉积期。受川中同沉积古隆起控制，沧浪铺组从西向东由古隆起高部位向斜坡带地层厚度逐渐增大，古隆起高部位地层厚度为100～200m，盆地东南缘及川北地区厚度增至300～400m。沧浪铺组下段发育混积台地泥岩夹石灰岩，上段发育浅水陆棚泥岩夹砂岩。表明沧浪铺组沉积期沉积已不受克拉通内裂陷控制，更多地表现为克拉通坳陷沉积特征。这一古构造格局一直延续到奥陶纪。早寒武世龙王庙组沉积期主要为碳酸盐岩缓坡台地沉积，环绕川中古隆起发育的内/浅缓坡颗粒滩，为规模优质储层的形成奠定了沉积基础。这一古地理格局持续演化到晚寒武世—早奥陶世。

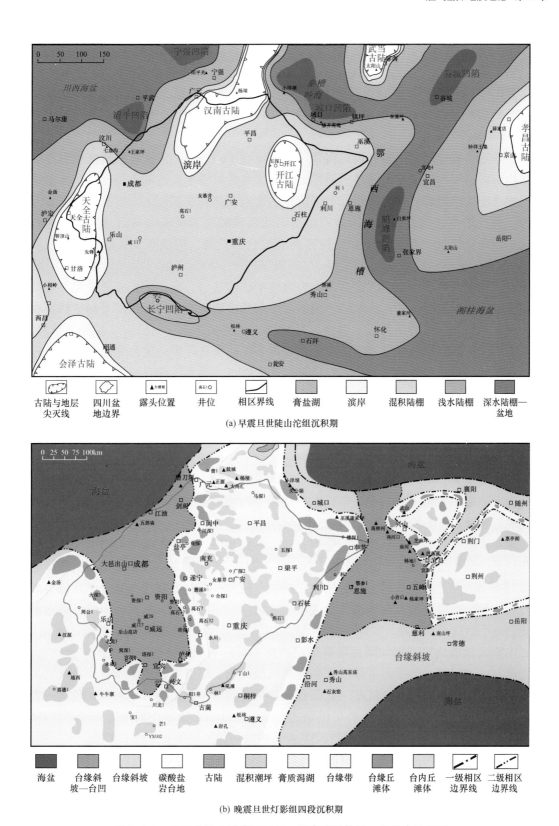

(a) 早震旦世陡山沱组沉积期

(b) 晚震旦世灯影组四段沉积期

图 2-4-2　四川盆地及周缘震旦纪—早寒武世构造—岩相古地理图

3）塔里木克拉通新元古代陆内裂谷到早古生代碳酸盐岩台地演化

受罗迪尼亚超大陆裂解影响，塔里木内部表现为强烈拉张作用，发育南华纪裂谷，其中规模较大的裂谷分别为塔东裂谷系和塔西南裂谷系，均为北东向展布，由盆缘向盆地腹部延伸。在库鲁克塔格地区发现厚层的暗色泥岩，推测为裂陷内深水沉积［图2-4-3（a）、（b）］。

震旦纪，盆地北部主要为坳陷沉积［图2-4-3（c）、（d）］，仅塔东地区发育小型裂陷结构。在塔里木晚震旦世盆地格局控制下，早寒武世发生广泛的海侵，塔里木盆地发育下寒武统优质烃源岩，大面积分布于塔里木盆地北部和东部地区。早寒武世随着海平面的上升，塔南古陆逐渐消亡，盆地由南高北低碳酸盐岩缓坡向东西分异的镶边台地演化。而塔南古陆周缘发育下寒武统高能缓坡台内丘滩，构成寒武系盐下优质丘滩相储层。

晚震旦世奇格布拉克组沉积期主体为缓坡型碳酸盐岩台地，沉积分异受控于前期古地貌及断裂差异沉降。阿瓦提坳陷、满加尔坳陷及塔西南麦盖提—和田之间依然存在水体较深沉积区域，发育下缓坡—盆地、陆棚相暗色泥质（晶）白云岩、泥质岩等岩性，塔东露头区见厚层黑色泥页岩，发育潜在烃源岩。南部高隆带北缘及北部高隆带存在浅水高能区域，以微生物白云岩、颗粒白云岩等岩性组合为主。震旦纪末，受柯坪运动影响（何登发等，2008），塔里木板块整体抬升遭受剥蚀，发育了震旦系—寒武系大型不整合界面，奇格布拉克组遭受长期风化淋滤。

早寒武世玉尔吐斯组沉积期主体为深水缓坡，是寒武系优质烃源岩发育的主要时期。内缓坡主要分布在中央古陆带北缘、柯坪—温宿低隆周缘。中缓坡以灰黑色泥页岩、泥质（瘤状）灰岩、泥质白云岩为主，垂向上整体表现为一个向上变浅序列。外缓坡—盆地分布在轮南—古城寒武系台缘带以东，塔东1和塔东2等井所揭示的硅质泥岩、硅质岩及黑色泥页岩代表了深海盆地相的基本特征。

早寒武世肖尔布拉克组沉积期整体表现为南高北低、西高东低的大型碳酸盐岩缓坡沉积体系，发育规模储层（杨海军等，2007）。围绕三个古隆发育缓坡颗粒滩沉积，分别为以塔西南古隆北缘颗粒滩为主的坡坪式缓坡、柯坪—温宿低隆丘滩复合体均斜型缓坡及轮南—牙哈低隆丘滩复合体孤岛型缓坡。吾松格尔组沉积期，缓坡台地的格局未发生变化，海平面进一步下降，发育一套富泥质沉积，局部因水体局限发育小范围膏盐岩。

中寒武世沙依里克组和阿瓦塔格组沉积期为蒸发潟湖主导的镶边型碳酸盐岩台地。受古隆起幅度降低、海平面下降及干旱炎热气候控制，塔里木盆地整体表现为蒸发潟湖主导的镶边型碳酸盐岩台地沉积。北部台缘带为弱镶边—镶边型台地边缘，轮南—古城地区至少发育了2～3期地震资料可识别的台缘礁滩体。台地内部表现为大型蒸发台地，即以膏盐湖为中心，向外依次发育膏云坪＋台内滩→泥云坪等亚（微）相带。

晚寒武世主体为泛滩化阶段镶边碳酸盐岩台地。塔东地区以石灰岩与泥质灰岩为主，代表半深海盆地沉积相；塔北、塔中与巴楚隆起上寒武统主要发育一套厚层结晶白云岩，部分层位白云岩具颗粒幻影结构，反映了沉积期为开阔台地砂屑滩亚相沉积物，局部发育暗红色泥晶白云岩地层，代表半蒸发台地潮坪亚相沉积物。

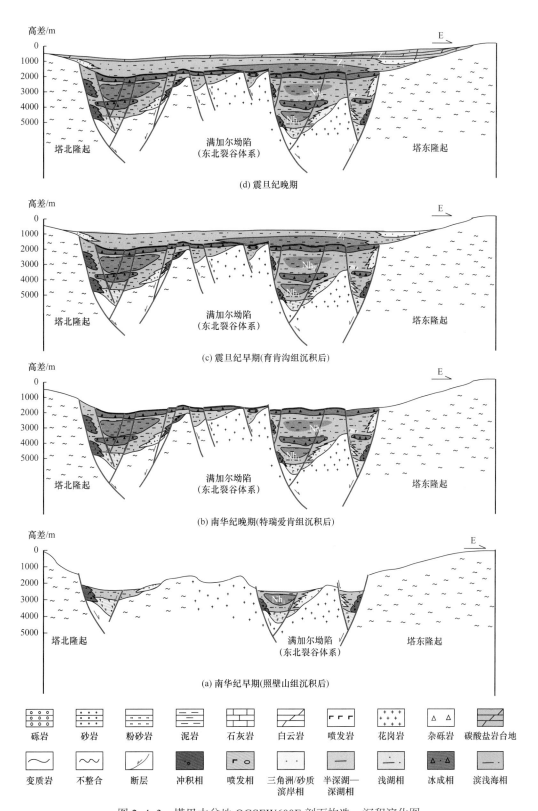

图 2-4-3 塔里木盆地 OGSEW600E 剖面构造—沉积演化图

2. 高—过成熟古老烃源岩晚期成烃与成藏机理

1）克拉通内裂陷及中—下缓坡控制海相碳酸盐岩优质烃源岩分布

全球碳酸盐岩大油气田烃源岩以泥质烃源岩为主。油气源对比表明，我国海相碳酸盐岩油气源主要来自富含有机质的泥页岩（赵文智等，2005）。

克拉通内裂陷控制优质烃源岩分布。受同沉积断裂或差异升降控制，在海平面上升期形成了安静、滞留、缺氧、还原沉积环境，有利于富有机质泥页岩的沉积，形成区域分布的生烃凹陷。四川盆地德阳—安岳裂陷为晚震旦世—早寒武世受同沉积断裂控制的克拉通内裂陷，发育麦地坪组和筇竹寺组厚层优质烃源岩，烃源岩厚 300～450m，有机碳含量平均值大于 2%，这两套烃源岩累计生气强度高达 $100 \times 10^8 \sim 180 \times 10^8 \mathrm{m}^3/\mathrm{km}^2$，为非裂陷区的 4 倍以上。开江—梁平海槽为东吴期拉张背景下受基底断裂控制的克拉通内裂陷。海槽内沉积的上二叠统大隆组为一套深水盆地沉积，主要岩性为黑色泥岩夹硅质岩，其中黑色泥质烃源岩厚 10～30m，有机碳含量高，平均值达 4.49%，为一套优质烃源岩。

海侵背景下的碳酸盐岩缓坡受上升洋流控制，中缓坡—下缓坡沉积环境有利于有机质富集。塔里木盆地下寒武统玉尔吐斯组烃源岩为黑色页岩，有机碳含量为 2%～16%，东厚西薄，东部厚度为 40～90m，西部厚度为 20～60m。通过芳基类异戊二烯单体碳同位素、原油正构烷烃与干酪根碳同位素、硫代金刚烷化合物硫同位素油气源对比，表明是塔里木盆地台盆区主力烃源岩。

2）海相层系发育三类烃源灶，历经双峰式成烃演化历程，晚期成气贡献大

三类烃源灶是指烃源岩中干酪根裂解型烃源灶、分散液态烃裂解型烃源灶、古油藏裂解型烃源灶。液态烃裂解型烃源灶既是生烃母质富集过程，也是常规、非常规两类资源晚期规模成烃与富集成矿的重要条件（图 2-4-4）。油裂解生气是海相烃源岩成气的重要途径，其形成必须具备两个必要条件：一是在生油窗阶段有大量油的生成；二是原油必须经历较高的温度，达到裂解成气的热力学条件。源外分散型液态烃是指排出的液态烃在聚集成藏过程中，由于构造平缓、岩性致密等因素导致富集度低而未形成油藏，仍以分散状或半聚半散形式赋存于地层中，这部分统称为源外分散液态烃。

液态烃裂解型"三灶"物质基础充分，成气效率高。与干酪根相比，液态烃裂解生气的时期偏晚，且生气量大，这一点已经被模拟实验所证实。通过逼近地下环境排烃模拟实验和不同赋存状态有机质成气机理研究，发现液态烃裂解成气期（最佳时机为 $R_o = 1.6\% \sim 3.2\%$）晚于干酪根，产气量是等量干酪根的 2～4 倍，晚期成藏潜力巨大。这就在机理上证明了液态烃裂解型"三灶"为海相碳酸盐岩层系天然气成藏的主要贡献者。

"双峰"式生烃是指烃源岩在有机质热演化过程中，经历了完整的生油和生气两个高峰，烃源岩生烃演化充分（图 2-4-5）。古老海相烃源岩具有以早期生油为主、晚期生气为主的特点，且差异演化和分散可溶有机质生气，晚期成藏的规模大。因此，对天然气资源来说，有机质经历干酪根降解生气和原油裂解生气两个高峰，有机质演化充分，资

源总量大，揭示了海相碳酸盐岩天然气资源丰富、潜力大。与 Tissot 模式相比，"双峰"式生烃不仅包括了干酪根热解成烃演化，而且还包括了液态烃裂解成气演化，同时还考虑到温度与压力共同影响下有机质成油高峰期延迟（R_o 为 1.0%～1.4%）。因此，该模式不仅发展和完善了传统的生烃理论，而且对拓展深层油气勘探具有重要意义。

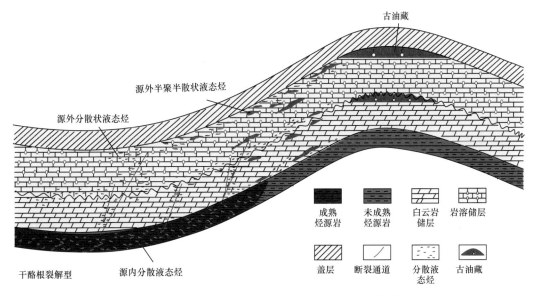

图 2-4-4　液态烃裂解型"三灶"赋存状态示意图

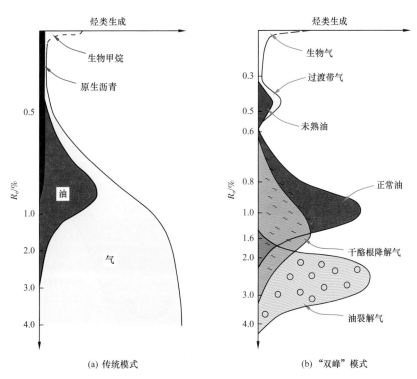

(a) 传统模式　　　　　　　(b) "双峰"模式

图 2-4-5　古老烃源岩"双峰"式生烃与 Tissot（1978）生烃模式对比

我国以古生界为主的海相烃源岩多经历了"双峰"式生烃历史。四川盆地寒武系烃源岩的生油高峰主要在三叠纪，生气高峰主要在侏罗纪；志留系烃源岩生油高峰在晚三叠世，生气高峰在中侏罗世；上二叠统烃源岩生油高峰在早侏罗世，生气高峰在早白垩世。同样，塔里木盆地下古生界海相烃源岩也经历了早期生油和晚期生气两个高峰。

四川盆地震旦系—寒武系气源主要来自原油裂解气。以四川安岳大气田为例，二叠纪—中三叠世，震旦系—下寒武统有机质达到成油高峰阶段，油气向隆起带顶部及上斜坡运移，资阳古圈闭、安岳古圈闭、威远古斜坡及磨溪—高石梯地区形成规模较大的古油藏。晚三叠世以来的前陆盆地堆积厚达 3000~5000m 的地层，使得震旦系—寒武系被深埋，即使在乐山—龙女寺古隆起轴部，震旦系—寒武系埋深达到 7000~8000m，地层温度超过 200℃。如此高温，使得震旦系—寒武系古油藏及分散液态烃大量裂解成气，成为重要的气源。

3）新元古代古气候—古海洋—古生物"三要素"协同控制有机质富集

新元古代"雪球事件"的全球性冰期之后的海平面快速上升与全球性裂陷发育相耦合，更容易形成富有机质沉积，由此导致气候变化、海平面升降和烃源岩规模性分布之间存在较好的对应关系。目前针对气候变化如何影响有机质沉降和烃源岩发育的研究成为全球热点。显生宙研究多通过有机碳含量和碳、氮、氧同位素及微量元素等来代表有机质沉降、初级生产力和水体分层，认为米氏天文旋回通过影响日照量变化导致温室—冷室气候旋回，并通过温室环境下初级生产力勃发、水体分层、O_2/CO_2 比率降低等一系列事件的耦合作用，最终控制烃源岩发育。

在新元古代，同样存在着古气候、古海洋、古生物"三要素"协同控制有机质富集和烃源岩发育的机制，具体体现在气温快速转暖、海平面快速上升使得海水覆盖的陆棚面积变大，陆表径流和营养物质输入量增加，为光合作用生物繁盛提供了有利的浅水有氧环境。有机质的沉降消耗海水中的溶解氧，在海洋中部形成最小氧化带（OMZ）或硫化厌氧水体。在温室环境下，有机质多在浅水陆棚沉积，以有机质消耗为主的反硝化作用在沉积物中进行，OMZ 相对收缩，对海洋中的氮循环影响不大，生物勃发得以持续，有机质大量沉积形成优质烃源岩；而在冰室环境下，海平面下降，有机质沉降进入深海盆地，OMZ 出现扩张，使得反硝化作用主要发生在水体环境，表层海水乏氮，光合作用生物合成蛋白质的氮源受限，进而使得初级生产力得到抑制，烃源岩发育不佳（图 2-4-6）。

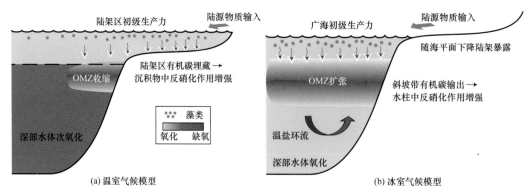

图 2-4-6 温室和冰室的古海洋特征以及有机质富集模式

3.元古宇—下古生界碳酸盐岩储层形成与分布特征

1）碳酸盐岩储层类型与成因

考虑物质基础、地质背景和成孔作用三个储层发育条件，结合勘探生产的实用性，提出海相碳酸盐岩储层类型划分新方案，将碳酸盐岩储层划分为相控型和成岩型两大类三个亚类，见表2-4-2。新方案的储层成因特征明显，易于被大多数地质工作者所接受。

表2-4-2　我国海相碳酸盐岩储层成因分类及典型实例

储层类型			典型实例
相控型	礁滩储层	台缘带礁滩储层（镶边台缘及台内裂陷周缘礁滩储层）	四川盆地德阳—安岳上震旦统灯影组四段台内裂陷周缘礁滩储层、开江—梁平二叠纪—三叠纪长兴组—飞仙关组海槽周缘礁滩储层、塔里木盆地塔中北斜坡上奥陶统良里塔格组台缘带礁滩储层
		碳酸盐岩缓坡礁滩储层	四川盆地高石梯—磨溪寒武系龙王庙组、塔里木盆地寒武系肖尔布拉克组颗粒滩储层
	白云岩储层	沉积型白云岩储层	回流渗透白云岩储层
			萨布哈白云岩储层	塔北牙哈地区中—下寒武统、鄂尔多斯盆地奥陶系马家沟组上组合
成岩型	岩溶储层	埋藏—热液改造型白云岩储层	塔里木盆地上寒武统及下奥陶统蓬莱坝组、四川盆地下二叠统栖霞组—茅口组、鄂尔多斯盆地马家沟组中组合白云岩储层
		内幕岩溶储层	层间（顺层）岩溶储层	塔北南缘一间房组—鹰山组、塔中鹰山组、四川盆地茅口组顶部岩溶储层
			断溶体储层	塔北英买1、英买2井区一间房组—鹰山组岩溶储层，塔里木盆地顺北地区一间房组—鹰山组岩溶储层
		潜山（风化壳）岩溶储层	石灰岩潜山	塔里木盆地轮南低凸起、塔河地区一间房组—鹰山组岩溶储层
			白云岩风化壳	塔北牙哈地区中—下寒武统—蓬莱坝组、鄂尔多斯盆地马家沟组上组合

碳酸盐岩储层成因受控于以下三个因素的叠加改造，但主控因素的不同构成不同成因类型的储层（赵文智等，2012）。（1）高能环境的生物礁、颗粒滩奠定了储层发育的物质基础。（2）准同生期和表生期岩溶作用是碳酸盐岩储层孔隙发育关键。尽管碳酸盐岩的高化学活动性贯穿于整个埋藏史，但最为强烈的增孔事件发生在准同生期及表生期，完全的开放体系、富含 CO_2 大气淡水淋滤，使得溶解产物能及时被搬运，为规模溶蚀创造了有利条件。（3）埋藏环境是碳酸盐岩储层孔隙调整的场所。埋藏期碳酸盐岩孔隙的改造作用主要是通过溶蚀（有机酸、TSR 及热液等作用）和沉淀作用导致先存孔隙的富集和贫化（张水昌等，2011），先存孔隙发育带控制埋藏溶孔的分布，开放体系高势能区

是孔隙建造的场所，低势能区是孔隙破坏的场所，封闭体系是先存孔隙的保存场所。通过先存孔隙的富集和贫化导致深层优质储层的形成，其意义远大于孔隙的新增。

2）微生物碳酸盐岩储层形成与分布

越来越多勘探实践表明，微生物碳酸盐岩是一类重要的碳酸盐岩储层（梅冥相，2007）。我国元古宇—古生界微生物碳酸盐岩储层以叠层石和凝块石白云岩为主，主要分布于碳酸盐岩—膏盐岩沉积环境，如四川盆地灯影组和塔里木盆地寒武系盐下叠层石和凝块石白云岩储层，储集空间以原生藻格架孔为主。

基于现代蒸发台地及盐湖的微生物有机质降解生酸模拟实验、微生物诱导原白云石沉淀模拟实验等研究，揭示微生物碳酸盐岩储层形成机理。（1）叠层石和凝块石是微生物碳酸盐岩储层发育的物质基础。由于叠层石和凝块石沉积的微生物有机质最丰富，降解和热解的生酸量大，使得叠层石和凝块石碳酸盐岩在经历漫长的埋藏地质过程中始终处于酸性环境，除有机酸溶蚀成孔外，更有利于初始孔隙的保存。（2）早期白云石化导致微生物白云岩优质储层发育。现代盐湖沉积物特征研究及微生物诱导原白云石沉淀模拟实验揭示，碳酸盐岩—膏盐岩沉积体系易于发育沉淀和交代两类早期低温白云岩。虽然白云石化对储集空间的新增没有实质性的贡献，白云岩储层中的孔隙是对原岩孔隙的继承和调整（赵文智等，2018），但早期白云石化导致微生物白云岩在埋藏环境下经历的成岩改造与石灰岩完全不同，有利于初始孔隙的保存。

微生物碳酸盐岩储层分布存在两种模式。

（1）凝块石与叠层石储层沉积模式。通过塔里木盆地寒武系露头剖面岩石特征及组合序列研究，建立了缓坡沉积体系和镶边沉积体系两个沉积模式。潮汐—缓坡体系微生物碳酸盐岩沉积模式，揭示叠层石碳酸盐岩主要分布在正常浪基面与平均低潮线之间的内缓坡相带，凝块石碳酸盐岩主要分布在风暴浪基面与正常浪基面之间的中缓坡相带，凝块石沉积水体深度大于叠层石。波浪—镶边体系微生物碳酸盐岩沉积模式，揭示叠层石碳酸盐岩主要分布在正常浪基面与平均低潮线之间的碳酸盐岩台地（潟湖），凝块石碳酸盐岩主要分布在风暴浪基面与正常浪基面之间的台缘前斜坡。

（2）蒸发台地的微生物碳酸盐岩储层。蒸发台地的碳酸盐岩—膏盐岩沉积体系随气候由潮湿向干旱迁移，由下向上依次发育凝块石白云岩、藻砂屑白云岩、叠层石白云岩、席（丘）状微生物白云岩、膏云岩、膏盐岩、石盐岩性组合序列。气候突变会导致某种岩性的缺失，这为通过古气候研究，预测碳酸盐岩—膏盐岩组合储层的分布提供了依据。

4. 古老海相碳酸盐岩大油气田形成与分布规律

1）古老海相碳酸盐岩油气跨构造期成藏特征

跨构造期成藏的内涵是指递进埋藏和退火受热相耦合，烃源岩长期处于液态窗，逃过了多期构造运动破坏，液态烃保存量超过以往认识。跨构造期成藏具有两种机制：一种是烃源岩长期处于液态窗，最大限度规避构造破坏；另一种是烃类相态转换、多源灶晚期生气、继承性构造保存等多因素叠加，天然气跨构造期成藏。

递进埋藏与退火受热的耦合作用导致塔里木盆地超深层仍存在液态烃。勘探已证实塔里木盆地深层8000m以深仍然存在液态烃。这些液态烃如何跨越多期重大构造运动的破坏而得以保存至今，其核心原因是部分古老烃源岩在退火地温场与递进埋藏的耦合作用下，使得一部分烃源岩在很长时间里都处在生液态石油烃的范围内，液态窗持续时间可达400Ma之久。成藏解剖显示，在塔里木盆地台盆区所发现的油藏和气藏，有相当多的都是晚期形成的，仅在距今5—2Ma的时间形成。

烃类相态转换与多源灶晚期持续生气导致天然气具跨构造期成藏特征。烃类相态转换是跨构造期成藏的重要途径。我国深层古老海相碳酸盐岩油气普遍经历古油藏形成、油裂解成古气藏、晚期调整形成今气藏三个阶段，因为持续深埋，普遍进入高—过成熟阶段，跨越液态窗、进入气态窗，能够形成大气田。四川盆地灯影组包裹体揭示的油气充注事件都包含古油藏形成（液态烃包裹体，均一温度为100～160℃）、原油裂解气成藏（气液两相包裹体，均一温度大于160℃）。

多源灶晚期持续生气为跨构造期成藏提供丰富气源。地质条件下发育多种类型的气源灶，既包括干酪根裂解型，又包括液态烃裂解型。液态烃裂解型气源灶则更加多样，包括聚集型古油藏的藏内裂解、半聚半散型"泛油藏"途中裂解、滞留烃源灶内的晚期裂解。多类型的烃源灶晚期持续生气为跨构造期成藏提供物质来源。

继承性构造保存是跨构造期成藏的关键要素。由于我国叠合盆地多旋回发育的地质特征，大油气田形成以后的晚期保存至关重要。以四川盆地高石梯—磨溪大气田的形成为例，一个关键要素就是高石梯—磨溪地区长期处于继承性古隆起发育区，表现为油气的有利指向区。但是，多期构造活动特别是喜马拉雅运动对油气藏破坏改造严重，在受构造影响较小的高石梯—磨溪地区规模成藏，形成大气田，在构造破坏严重的盆地边缘则油气藏遭受破坏。

2）克拉通内构造分异控制规模成藏要素及成藏组合

与国外大型克拉通相比，我国克拉通块体较小，构造稳定性较差，易于在克拉通内部产生构造分异现象（汪泽成等，2017）。从外部环境看，板块的俯冲碰撞以及开裂所产生的区域构造应力为克拉通盆地的构造分异提供外动力，如古华南大陆板块新元古代晚期的扩张裂解导致华南陆内裂谷的形成，这一伸展构造作用一直持续到早古生代奥陶纪才结束。从内部因素看，克拉通盆地中先存构造如基底拼合带、基底断裂等，在后期构造作用下产生活化，为构造分异提供内动力，如四川盆地开江—梁平裂陷的形成与北西向基底断裂活化有关。

通过对四川、塔里木、鄂尔多斯等盆地深层构造进行研究，将克拉通盆地构造分异分为三大类，分别为：拉张环境下的构造分异、挤压环境下的构造分异以及多期活动的断裂线性构造带（图2-4-7）。各大类又可根据变形样式进一步细化为陆内裂谷、克拉通内裂陷、台内坳陷、差异剥蚀型古隆起、同沉积古隆起、褶皱型/块断型古隆起、深大断裂线性构造带等类型。

不同类型的构造分异对碳酸盐岩油气成藏要素、成藏组合、油气分布有重要影响。以四川盆地震旦系—寒武系为例，阐述克拉通内构造分异对成藏要素及成藏组合的控制。

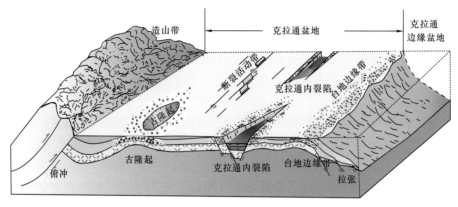

图 2-4-7 克拉通盆地构造分异示意图

（1）克拉通内裂陷控制优质烃源岩分布及近源成藏组合。

晚震旦世—早寒武世德阳—安岳裂陷发育三套优质烃源岩，包括灯影组三段泥质岩、麦地坪组泥质岩及筇竹寺组泥页岩。裂陷区的烃源岩厚度、有机碳含量、生烃潜力等参数，均要比相邻地区高出 2～3 倍，分布面积超过 $6.0×10^4km^2$，为安岳特大型气田形成提供充足的烃源条件。克拉通内裂陷两侧发育台缘带高能相带，有利于形成优质储集体。如德阳—安岳裂陷东侧的磨溪—高石梯地区发育灯影组四段微生物丘（滩）体，开江—梁平裂陷两侧发育长兴组台地边缘礁滩复合体。丘滩体或礁滩体经白云石化及岩溶作用改造，形成带状分布的优质储层，紧邻裂陷生烃中心，构成有利的近源成藏组合，有利于油气运聚成藏与富集。

（2）构造分异控制碳酸盐岩规模储层分布。

克拉通构造分异不仅对礁、滩分布有控制作用，而且对碳酸盐岩成岩改造有重要影响，主要表现在：① 沉积期构造分异，有利于高能环境丘滩体 / 颗粒滩体规模分布、早期白云石化及岩溶作用；② 后沉积期构造分异有利于表生期规模溶蚀及埋藏期建设性成岩作用；③ 最佳成储途径为高能丘滩体→准同生岩溶 / 云化→表生期岩溶→埋藏云化→晚期裂缝。正是因为有利相带与多期建设性成岩作用叠加，深层—超深层碳酸盐岩仍发育规模有效储层。

（3）构造分异控制地层—岩性圈闭（群）分布。

构造分异对碳酸盐岩地层—岩性圈闭分布有控制作用。克拉通内裂陷侧翼的台缘带通常发育生物礁圈闭、丘滩体圈闭、颗粒滩圈闭等，这些圈闭呈串珠状沿台缘带分布。同沉积古隆起受颗粒滩分布控制，通常发育颗粒滩岩性圈闭、上超尖灭型圈闭，呈集群式大范围分布特点，如川中古隆起龙王庙组岩性圈闭群。差异剥蚀型古隆起及褶皱型古隆起通常发育地层型、地层—岩性复合型圈闭，如磨溪地区灯影组、川中地区茅口组。与深大断裂热液白云岩相关的圈闭，以断裂—岩性复合型圈闭为主，但受断裂后期活动影响，早期的复合型圈闭被改造为断块型圈闭，如双探 1 井栖霞组圈闭。

（4）构造分异控制成藏要素组合。

构造分异控制规模成藏要素，进而控制成藏组合，主要有四类成藏组合。① 裂陷—台缘带近源成藏组合。裂陷区优质烃源岩与紧邻的台缘带丘滩体储层组成最佳的近源成藏组合，不整合面及断裂有效沟通烃源，成藏条件有利。如四川盆地安岳大气田及普光、元坝礁滩气田的形成均为该类成藏组合。② "三明治"式成藏组合，风化壳或大面积颗粒滩层状储层下伏或上覆优质烃源岩，通过不整合面或断裂输导，成藏组合条件良好。如四川盆地龙王庙组气田、鄂尔多斯奥陶系风化壳气田、塔里木盆地鹰山组气藏等均属于该类成藏组合。③ 环台凹型成藏组合，是指环台凹分布的颗粒滩与台凹烃源岩构成近源成藏组合，如鄂尔多斯盆地东部奥陶系中下组合。④ 断控型成藏组合，是指断裂相关的缝洞体圈闭通过断层沟通烃源的成藏组合，如塔里木盆地富满地区断溶体油气藏。

3）克拉通构造分异控制三类油气聚集带

（1）裂陷周缘台缘带复式聚集带。裂陷周缘台缘带复式聚集带是指克拉通内裂陷两侧台缘带有利于油气富集。克拉通内裂陷发育优质烃源岩，裂陷两侧的台缘带发育礁（丘）滩体储层，断裂及不整合面可作为优势输导体系，构成良好的近源成藏组合条件。从圈闭类型看，台缘带发育的礁（丘）滩体是有效的圈闭类型，且沿台缘带呈集群式分布。如四川盆地德阳—安岳裂陷灯影组台缘带、塔里木盆地古城—轮南寒武系—奥陶系台缘带、鄂尔多斯盆地西缘及南缘奥陶系台缘带、四川盆地龙门山前栖霞组台缘带等，均具备良好的成藏条件，是寻找大油气田的重点领域。

（2）断裂输配—台内颗粒滩叠合复式聚集带。相对稳定的克拉通盆地背景上发育的碳酸盐岩台地，水体较浅高地势区可发育大面积颗粒滩，是碳酸盐岩规模储层的重要类型。根据颗粒滩发育的古地理环境，可分为三大类：古隆起斜坡带颗粒滩、盐凹周缘颗粒滩、台凹周缘颗粒滩。断裂—颗粒滩叠合的复式聚集带在三大盆地中均发育，是值得勘探重视的重点区带，如四川盆地川中—川西地区海相多层系，塔里木盆地温宿、塔南、乌恰三个古隆起斜坡带寒武系丘滩体，鄂尔多斯盆地中东部奥陶系等。

（3）走滑断裂控制缝洞体油气聚集带。克拉通盆地深层—超深层普遍发育高角度的走滑断裂，不仅可以形成有效储层，而且断裂沟通烃源在断裂相关的储集体内聚集成藏，形成走滑断裂控制的油气聚集带。塔里木盆地塔北—塔中过渡带深层—超深层走滑断裂带是典型实例，目前已在顺北、顺南、跃满、富源、玉科、满深等区块发现油气藏。

三、海相碳酸盐岩油气勘探实践

"十一五"期间，围绕礁滩、风化壳岩溶储层等领域开展攻关研究，推动塔里木盆地哈拉哈塘 $3 \times 10^8 \sim 5 \times 10^8$ t 油当量、鄂尔多斯盆地第二岩溶带 2000×10^8 m^3 以上储量规模的勘探发现，累计新增探明 5.15×10^8 t 油当量。

"十二五"期间，围绕震旦系—下古生界等领域开展攻关研究，推动四川盆地川中震旦系—寒武系、栖霞组—茅口组、塔里木盆地哈拉哈塘和鄂尔多斯盆地奥陶系中组合等重要突破，累计新增探明地质储量石油 2.8×10^8 t、天然气 9194.1×10^8 m^3。

"十三五"期间，紧紧围绕三大盆地元古宇—下古生界海相碳酸盐岩油气勘探的重大需求，攻克理论技术难题，评价有利勘探区带和优选有利钻探目标，为勘探部署提供支撑。提出重大预探及风险目标 71 个，推动勘探获 5 个战略性新发现，分别是川中北斜坡灯影组二段台缘带（蓬探 1 井）、川中台内沧浪铺组颗粒滩（角探 1 井）、塔北—塔中奥陶系超深层（满深 1 井、中古 70 井）、塔北寒武系盐下白云岩（轮探 1 井）、鄂尔多斯盆地奥陶系盐下马家沟组四段（米探 1 井），推动了四川盆地安岳万亿立方米大气田及太和含气区、塔里木盆地富满 $10 \times 10^8 t$ 级大油田以及鄂尔多斯盆地东部奥陶系中下组合千亿立方米含气区的规模勘探。

以下重点介绍"十三五"科研成果应用成效。

（1）创新提出断控型台缘带及走滑断裂—颗粒滩立体成藏模式，推动川中古隆起北斜坡太和含气区的发现与勘探。

"十二五"期间"四古控藏"理论认识，推动了四川盆地川中古隆起安岳大气田发现（魏国齐等，2015；杜金虎等，2016）。"十三五"期间，提出灯影组发育同沉积断裂控制丘滩体分布，预测了川中古隆起北斜坡灯影组二段、灯影组四段台缘带丘滩体分布，发育 9 个岩性圈闭，面积 $7600km^2$，天然气资源量 $5 \times 10^{12}m^3$。基于断控型台缘带控藏模式，部署的风险探井蓬探 1 井，灯影组二段天然气获百万立方米高产，灯影组二段台缘带勘探取得重大突破。有力推动了蓬莱—中江地区灯影组二段实施规模勘探，展示了万亿立方米大气区场面。

同时，利用三维地震资料，刻画川中地区走滑断裂分布及多层系颗粒滩分布，指出走滑断裂沟通筇竹寺组烃源和上覆沧浪铺组、茅口组储层，形成多层系立体成藏富集。在立体成藏模式指导下，部署风险探井角探 1 井、充探 1 井等重大目标，在灯影组、沧浪铺组、茅口组等多层系获突破发现，证实了川中北斜坡具备多层系立体成藏富集的有利条件，勘探潜力大。

（2）深化发展走滑断裂控制缝洞体油气聚集成藏理论，推动塔里木盆地超深层富满断裂带 $10^8 t$ 级大油田发现。

在走滑断裂控藏认识的指导下，开展北部坳陷三维地震区断裂精细刻画，部署满深 1 井，完钻井深 7665.62m，在奥陶系一间房组钻遇缝洞型储层，10mm 油嘴测试，油压 41.3MPa，折日产油 $624m^3$，折日产气 $37.13 \times 10^4 m^3$，7500m 以深的超深层获重大突破。

满深 1 井的突破对断控碳酸盐岩油气藏勘探意义重大：① 以断控岩溶为主的北部坳陷油气沿断裂带富集，与塔北隆起、塔中隆起两大富油气区带连片含油；② 拓展了超深断控碳酸盐岩油气藏勘探领域，坚定了断控碳酸盐岩油气藏持续向超深层勘探的信心；③ 寒武系烃源岩大量生成正常原油、轻质油，油气沿深大走滑断裂带垂向运移，在上奥陶统区域性泥岩盖层之下的碳酸盐岩断裂破碎带中形成油藏并保存至今，勘探前景广阔。预测塔北—塔中过渡带发育 70 条 I、II 级主干断裂，其中富满区块 34 条，总资源量约 $11 \times 10^8 t$。

（3）创新提出环盐凹颗粒滩天然气成藏理论，推动鄂尔多斯盆地奥陶系盐下千亿立方米大气田发现。

研究认为奥陶系盐下存在两类气源供给，一是环盐凹分布的富有机质泥晶灰岩，有机质转化成烃效率高，可提供部分气源；二是上覆煤系气源岩，通过风化壳供烃窗口长距离运移供烃。供烃窗口远离盐下储层，但在生排烃高峰期窗口区处于地层下倾部位，生烃增压等因素产生运移动力有利于天然气向高部位运聚；膏盐岩封盖层与白云岩储集体横向连续稳定分布构成良好的储盖组合，中东部奥陶系盐下具有规模成藏的潜力。在成藏模式指导下，加强中下组合沉积微相、储层展布研究，明确盐下有利勘探区。指导部署探井 20 口，见到良好勘探效果。提出的风险探井米探 1 井在马家沟组四段三亚段试气获 $20.73 \times 10^4 m^3/d$，首次突破马家沟组四段工业气流关。鄂尔多斯盆地盐下已获 $1600 \times 10^8 m^3$ 储量规模，是鄂尔多斯盆地天然气勘探的重要接替领域。

四、主要有形化成果

1. 有影响力的代表性论著

累计发表论文 509 篇，其中 SCI/EI 检索 328 篇；出版专著 28 部。

《中国海相碳酸盐岩油气勘探开发理论与关键技术概论》《海相碳酸盐岩油气地质理论与勘探实践》系统介绍古老海相碳酸盐岩油气地质理论、勘探关键技术及勘探实践。《上扬子克拉通盆地演化与含油气系统》系统总结四川叠合盆地演化规律和油气富集条件与分布规律，指出勘探有利方向。《中国海相碳酸盐岩储层地质与成因》系统阐述"十一五"以来在海相碳酸盐岩沉积储层研究的主要成果。

2. 重要专利软件标准及推广应用情况

项目授权发明专利 97 项，制定行业标准 12 项，登记软件著作权 43 项，应用效果好。"十三五"期间授权的专利，如基于纯 P 波拟微分算子各向异性深度偏移成像技术（ZL201610491589.9），为塔中地区奥陶系深层油气勘探的重大突破提供了有效支撑。多波地震资料处理及解释技术和行业技术规范（ZL201611144943.7、ZL201610663543.0、ZL201711381206.3），有力支撑了川中龙女寺等重点探区深层碳酸盐岩天然气的增储上产。结构张量地震断裂识别技术［美国发明专利 1 件（5253.1009—001GAI17CN1921），中国发明专利 2 件（ZL 201710665197.4、ZL201810061992.7），软件著作权 2 项］，有效支撑了塔中深层奥陶系鹰山组的精细评价与勘探突破。

3. 重要科技成果奖励与人才培养

项目研究成果获国家科技进步奖 1 项、省部级奖 51 项。新培养中国工程院院士 1 人、国家百千万人才 1 人、企业首席专家和技术专家 9 人，培养研究生 261 人，其中博士和博士后 72 人，形成一支约 100 名具有创新精神的海相碳酸盐岩研究核心技术人才团队，为海相碳酸盐岩领域的持续发展储备了人才。

第五节　海相碳酸盐岩大中型油气田勘探地质理论

一、海相碳酸盐岩油气勘探现状、挑战与对策

1. 油气勘探及研究现状

与国外海相盆地相比，我国海相碳酸盐岩层系具有时代老、埋藏深、构造改造强的

特点，油气勘探面临一系列的重大理论技术难题。自"六五"以来，国家针对海相碳酸盐岩开展过几轮科技攻关。经过几代石油人的艰苦努力，先后在四川盆地、鄂尔多斯盆地、塔里木盆地发现了威远、靖边、塔河、普光等一系列大型、特大型油气田，初步建立了具有我国地质特色的海相油气地质理论和勘探方法技术，为我国海相碳酸盐岩油气勘探的进一步拓展打下了基础。

2. 勘探需求及面临主要挑战

随着海相油气勘探向纵深展开，越来越多的理论技术难题逐步显现出来，影响了海相油气资源评价、目标优选、部署决策，严重制约了海相油气田的发现效率和勘探进程。

针对我国海相碳酸盐岩演化程度高、烃源岩时代老、生烃过程恢复难，缝洞型及礁滩相储层非均质性强、深埋藏后优质储层形成机理复杂，多期构造活动导致多期成藏与改造、调整、破坏等特点，勘探目标评价和预测难度增大。必须把有效烃源、有效储盖组合、有效封闭保存条件统一到有效的成藏组合中，全面、系统、动态地分析多期构造作用下油气多期成藏与后期调整改造机理，重塑动态成藏过程，从而更好地指导有利区带的优选。具体的理论与技术难题可概括为五个方面：（1）海相烃源岩多元生烃机理和资源量评价技术；（2）深层—超深层、多类型海相碳酸盐岩优质储层发育与保存机制；（3）复杂构造背景下盖层有效性动态评价与保存条件预测方法；（4）海相大中型油气田富集机理、分布规律与勘探评价思路；（5）海相深层—超深层勘探目标识别描述与钻完井工程技术。

3. 组织实施方案与攻关目标

2008年国家三部委启动了国家油气重大专项，设立了"海相碳酸盐岩大中型油气田分布规律及勘探评价"项目。"十二五""十三五"期间又持续立项，前后历时13年。项目紧紧围绕"多期构造活动背景下海相碳酸盐岩层系油气富集规律"这一核心科学问题，聚焦中西部三大海相盆地石油地质理论问题和关键技术难题，开展了多学科结合，"产学研用"协同的科技攻关。

"十一五"期间，以构造演化和成藏动力学过程为主线，在优质烃源岩形成环境、储层发育、保存机理及分布研究的基础上，研究我国多期构造活动背景下海相碳酸盐岩油气聚散机理与富集规律。针对海相碳酸盐岩油气勘探面临的问题，以"落实资源潜力、探索油气富集分布规律、实现大中型油气田勘探新突破"为主线，以区域评价与目标评价相结合，逐步形成海相大中型油气田勘探评价技术系列，为实现年探明储量 $1 \times 10^8 \sim 1.5 \times 10^8 t$ 油当量提供理论指导与技术支撑。

"十二五"期间，针对不同构造事件对海相碳酸盐岩油气成藏过程的影响和源盖匹配关系，深入开展早期油气成藏规律以及后期调整改造与保存模式研究，按"源—盖控烃、斜坡枢纽带富集"选区选带的思路，逐步形成和完善以前中生界碳酸盐岩为主的海相大中型油气田勘探评价技术，为实现大中型油气田新突破和原油探明地质储量 $3 \times 10^8 t$、天然气探明地质储量 $3000 \times 10^8 m^3$ 提供理论指导与技术支撑。

"十三五"期间，以"活动论构造历史观"（朱夏，1983）和"原型控源、叠加控藏"盆地分析工作程式为指导，按照"源—盖控烃、斜坡—枢纽控聚"（金之钧，2014）思路，开展我国海相多旋回含油气盆地分析，深化海相层系盆地原型成因与并列叠加研究，强化油气基础地质条件评价，突出复杂构造改造对油气的控制作用；强化不同类型海相烃源岩的生烃、排烃、滞留机理研究，建立海相优质烃源岩评价体系；强化超深层、山前带海相碳酸盐岩储层形成机理与表征技术研究；以塔里木、四川等盆地为重点，明确海相层系油气资源潜力与新的勘探方向，实现海相碳酸盐岩领域油气勘探新的重大发现，为新增油气探明储量 $2\times10^8\sim3\times10^8$t 油当量提供理论技术支撑。

二、海相碳酸盐岩油气地质理论新进展

1. 我国典型海相盆地原型与叠加改造分析

1）多期构造—沉积分异控制源、储展布差异与多样性配置

在不同板块构造旋回背景下，我国三大克拉通不同时期盆地原型及其沉积模式存在明显差别。这些差距在盆地构造—沉积分异作用下进一步加大，所形成的优质烃源岩与有利储层的并列叠加，形成了海相地层内多种类型的源储配置关系，可分为台内坳陷、被动大陆边缘、裂谷（陷）三大组合类型，其中被动大陆边缘可以分为陡坡、缓坡两种类型（图 2-5-1）。

构造—沉积分异模式	烃源岩	储集体	典型实例
被动大陆边缘缓坡 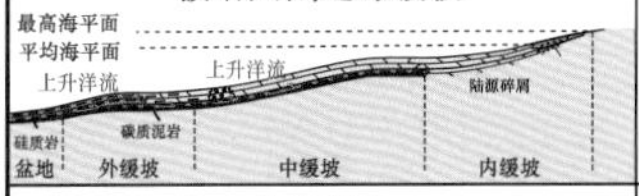	·中缓坡、外缓坡 ·海相碳质页岩 ·古隆起—斜坡控制烃源岩展布	·内斜坡、中缓坡 ·白云岩、颗粒滩、微生物丘滩	·塔里木盆地寒武系盐下 ·塔里木盆地奥陶系
台内坳陷 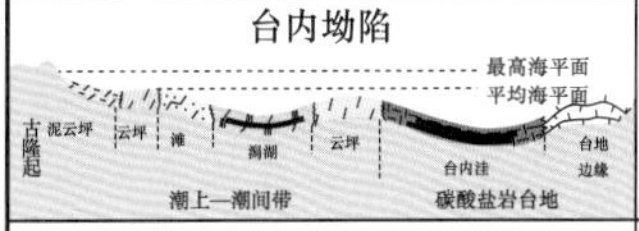	·台内注陷次深水 ·泥页岩、碳酸盐岩类烃源岩 ·薄互层	·台内滩、云化优储 ·微生物岩、白云岩、膏盐岩溶蚀 ·环注分布	·四川盆地茅口组、雷口坡组等 ·鄂尔多斯盆地东侧奥陶系下组合 ·四川盆地五峰组—龙马溪组
裂陷 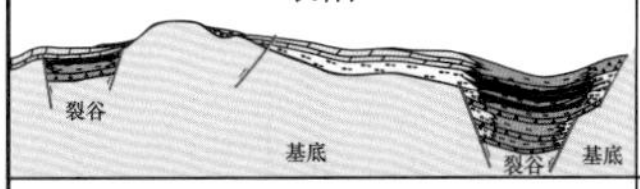	·深水陆棚相 ·厚层暗色泥页岩 ·裂陷槽范围控制烃源岩展布	·台缘丘滩、微生物岩 ·河流—三角洲砂体	·塔北、塔西南裂谷 ·四川盆地绵阳—长宁、城口—鄂西坳拉槽 ·鄂尔多斯长城纪裂陷槽
被动大陆边缘陡坡 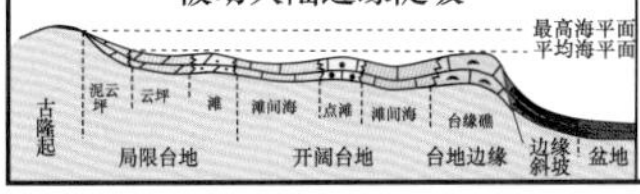	·台缘缓坡—盆地 ·海相碳质页岩 ·沿台缘外围带状分布	·台缘、台内滩 ·颗粒滩、生物礁 ·风化壳、岩溶、断溶	·川西大兴组、栖霞组、茅三—吴家坪台缘 ·塔里木盆地良里塔格组台缘

图 2-5-1 海相盆地构造—沉积分异模式与源储配置关系

裂谷（陷）沉积模式中，裂谷的延伸范围控制烃源岩的展布，裂谷两侧如果为碳酸盐岩台地，其肩部往往形成优质的礁滩相储层，形成优越的旁生侧储源储配置组合。被动大陆边缘陡坡模式中，烃源岩沿台缘外围带状分布，台缘内带常常形成台缘滩、台内滩，经过后期暴露岩溶作用和断裂改造，形成多种规模不等的储集体，构成旁生侧储或下生上储源储配置组合。被动大陆边缘缓坡模式中，烃源岩展布于盆地相—外斜坡相，储集体包括内缓坡、中缓坡上发育的白云岩、颗粒滩、微生物丘滩，与烃源岩形成良好

的下生上储或源储一体源储配置组合。台内坳陷模式中，烃源岩主要发育在台内洼陷次深水沉积环境中，优质储层包括台内滩、白云石化颗粒滩、微生物岩、膏盐岩溶蚀白云岩等多种类型，储层环洼分布，可形成良好的下生上储或自生自储源储配置组合。

2）海相盆地后期叠加改造

自晚二叠世开始，伴随联合古大陆裂解、全球板块构造格局重组和新一轮超大陆的形成演化历史，发生了古特提斯洋的消亡、新特提斯洋的形成与消亡、冈瓦纳大陆的裂解及其与欧亚大陆的拼贴、古太平洋板块的俯冲消亡等重大事件，深刻地改变了我国三大克拉通的地质构造面貌，对海相油气资源的形成与分布产生了巨大的影响。该时期形成的新亚洲陆，受到东部古太平洋板块、北部蒙古—鄂霍茨克板块和西南部中特提斯洋、新特提斯洋板块三个方向的俯冲会聚作用，大陆边缘不断会聚增生，陆内发生挤榨—排斥形变。在多幕次构造作用下，古生代形成的盆地构造格局受到强烈改造，分别叠加了新的陆缘盆地序列和陆内变革盆地序列，并在四期大陆变革运动中不断调整结构，形成了风格迥异的盆地叠加关系。

在晚三叠世以来多板块俯冲会聚的构造格局下，我国中西部的三大海相克拉通全面进入陆内变形阶段，形成了多个陆缘造山带。陆缘会聚构造作用也向陆内传播扩展，地壳或岩石圈发生大规模压缩，产生强烈的陆内造山作用，形成复杂的陆内构造变形系统。不同区域构造环境的不同也导致多类型陆内盆地的叠加并对早期原型进行差异改造（图 2-5-2）。经过区域对比分析，海相克拉通分别经历了四次叠加改造并形成了相应的陆相盆地原型。四个变革期时代分别为：第一变革期（T_3—J_2）；第二变革期（J_3—K_1）；第三变革期（K_2—E）；第四变革期（N—Q）。

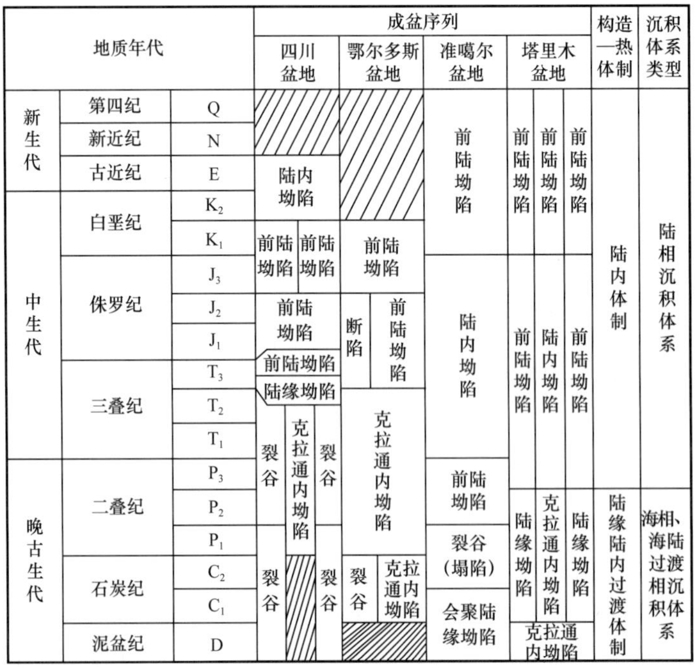

地质年代			成盆序列				构造—热体制	沉积体系类型
			四川盆地	鄂尔多斯盆地	准噶尔盆地	塔里木盆地		
新生代	第四纪	Q	（斜线）	（斜线）	前陆坳陷	前陆坳陷	陆内体制	陆相沉积体系
	新近纪	N	（斜线）	（斜线）	前陆坳陷	前陆坳陷		
	古近纪	E	陆内坳陷	（斜线）	前陆坳陷	前陆坳陷		
中生代	白垩纪	K_2	陆内坳陷	（斜线）	陆内坳陷	前陆坳陷		
		K_1	前陆坳陷	前陆坳陷	前陆坳陷	前陆坳陷		
	侏罗纪	J_3	前陆坳陷	前陆坳陷	陆内坳陷	前陆坳陷		
		J_2	前陆坳陷	断陷	前陆坳陷	前陆坳陷		
		J_1	前陆坳陷	断陷	前陆坳陷	前陆坳陷		
	三叠纪	T_3	前陆坳陷	克拉通内坳陷	陆内坳陷	前陆坳陷		
		T_2	陆缘坳陷	克拉通内坳陷	陆内坳陷	陆内坳陷		
		T_1	克拉通内坳陷	克拉通内坳陷	陆内坳陷	陆内坳陷		
晚古生代	二叠纪	P_3	裂谷	裂谷	前陆坳陷	前陆坳陷	陆缘陆内过渡体制	海相、海陆过渡相沉积体系
		P_2	克拉通内坳陷	克拉通内坳陷	陆缘坳陷	陆缘坳陷		
		P_1	克拉通内坳陷	克拉通内坳陷	裂谷（塌陷）	陆缘坳陷		
	石炭纪	C_2	裂谷	裂谷	会聚陆缘坳陷	克拉通内坳陷		
		C_1	裂谷	裂谷	会聚陆缘坳陷	克拉通内坳陷		
	泥盆纪	D	克拉通内坳陷	克拉通内坳陷	会聚陆缘坳陷	克拉通内坳陷		

图 2-5-2 我国中西部克拉通后期盆地叠加演化序列

3）多期叠加改造方式与三大叠合盆地构造样式

随着中国大陆主体的拼合，塔里木、华南、华北三大克拉通逐步结束了海相地层沉积的历史，进入以陆内构造变形为主要特征的中—新生代叠加改造演化过程中。塔里木盆地、四川盆地、鄂尔多斯盆地在多期、多方向、多种性质应力场作用下，在盆地边缘、内部形成了多种类型的叠加改造地质结构。主要的结构类型包括：（1）山前带冲断—褶皱；（2）差异沉降—隆升；（3）多重滑脱构造；（4）深断裂的走滑活动；（5）构造—热事件形成的相关构造。不同改造类型在空间上具有平面并列展布的特点，时间上具有后形成改造类型叠加于先形成的构造样式上，共同构成了我国中西部盆地现今复杂的地质结构。

2. 海相烃源岩生烃机理与生烃过程

我国海相烃源岩时代老，经历多期的沉降和抬升过程，形成了多种油气源和生烃过程，如烃源岩的早期生烃、二次生烃、沥青生烃、原生油气藏改造后的再聚集等，由此产生了复杂地质演化历史中的多元生烃、多期成藏。研究其油气生成过程、赋存状态、相态转换以及演化历程时，必须应用多种油气生成模拟方法，根据具体地区的构造演化史、埋藏史、热史，结合油气成藏过程加以综合研究才有可能重塑多种烃源的油气生成演化过程。

1）多元生排烃与动态评价模拟

由于我国海相含油气盆地的烃源岩（塔里木盆地、四川盆地、鄂尔多斯盆地等）现今普遍进入高—过成熟阶段，乃至达到浅变质阶段，未熟—低熟烃源岩样品难以寻找。本次研究采集了国内外相近时代地层的低熟烃源岩样品，利用自主研发的烃源岩多元生排烃与动态评价模拟实验仪开展了典型海相泥页岩与泥灰岩的生—排—滞一体化物理模拟实验。

（1）典型海相未熟—低熟烃源岩样品的选取。

① 欧洲下古生界低熟烃源岩样品：采集了北欧瑞典 Kakeled 岛 Alum 页岩，样品的基础地球化学特征见表 2-5-1。该批样品均具有较高的有机质丰度、S_2 和较高的氢指数，较低的氧指数，较低的 T_{max}。样品属于 II_1 型干酪根，处于未熟阶段，等效镜质组反射率为 0.51%～0.55%，具有较大的生烃潜力。

表 2-5-1　典型海相未熟—低熟烃源岩模拟实验样品基本地球化学参数表

序号	样品编号	岩性划分	井号或剖面	地质年代	TOC/%	R_o/%	氯仿沥青"A"/%	HI/mg/g	碳酸盐岩含量/%
1	JS-6	泥灰岩	云南禄劝	中泥盆世	5.32	0.59	0.2786	356	33.15
2	加8	黑色页岩	13-05-44-4W5	白垩纪	6.4	0.46	1570.28	391	18.68
3	SW-4	黑色页岩	Kakeled 矿坑内	中寒武世—早奥陶世	12.02	0.56	2191.53	461	2.35

② 西加拿大盆地白垩系低成熟页岩样品：西加拿大盆地白垩系科罗拉多群 2WS 组海相页岩富含有机质、放射性强，与我国南方上奥陶统五峰组—下志留统龙马溪组页岩

相似。科罗拉多群 2WS 组海相页岩地层从阿尔伯达向东到曼尼托巴，向南延伸至墨西哥湾。白垩纪海侵期间北部 Boreal 海低盐度冷水与南部 Tethys 海正常盐度热水混合，有少量底栖生物群，生物扰动不强，高有机质和富含黄铁矿是该套地层的主要特点。本次采集了 3-33-49-10W4 井样品号为加 8 的页岩用于开展地质条件约束下的成岩成烃物理模拟实验，样品埋深为 509.9～510.15m，具体的地球化学参数见表 2-5-1。

③南方典型海相碳酸盐岩烃源岩：本次研究选取了云南禄劝中泥盆统华宁组泥灰岩。该套烃源岩为一套碳酸盐岩台地相的沉积体，主要岩性为灰黑色、深灰色石灰岩、白云岩夹少量硅质岩、泥灰岩，具水平层理及缝合线构造，属潮下低能带沉积。有机碳含量平均为 1.0%，最高达 7.12%，等效镜质组反射率低于 0.6%。其成烃生物、岩性组合等为典型的碳酸盐岩台地相低能环境产物。

（2）模拟实验方案。

参照塔里木盆地顺北 15 井寒武系玉尔吐斯组烃源岩的埋藏演化史、热史，设定了瑞典 Alum 页岩生排烃模拟实验各项实验参数。依据川东南丁山 1 井下志留统龙马溪组实际埋藏演化史（R_o 和埋深的对应关系），设置了西加拿大盆地白垩系低熟页岩模拟实验的温压参数。按照彭州 1 井埋藏史与热史设置了云南禄劝中泥盆统华宁组泥灰岩相应的模拟温度、上覆静岩压力与地层流体条件。不同演化阶段的全部模拟实验产物均开展了沥青"A"、天然气组分、有机碳、岩石热解等常规地球化学分析，同时，开展了岩样的孔隙度测试、氩离子抛光扫描电镜等岩石储层物性与烃类赋存状态方面的分析测试。

2）海相油气的生成—排出—滞留演化模式

建立海相不同类型烃源岩的油气生成、演化及排出模式，是进行海相烃源层评价、盆地模拟及资源量计算的基础。烃源岩热压模拟实验是模拟地下客观主控因素，建立生—排烃模式的重要方法。通过针对性的地层孔隙热压模拟实验并对结果进行总结，分别建立了海相泥页岩烃源岩的生—排—滞留油气动态演化模式和海相泥灰岩生—排—滞留油气动态演化模式（图 2-5-3）。总体上可以划分出未熟—低熟阶段，油气生成总量较低，滞留油气量远高于排出量；成熟阶段，总油气量达到峰值，滞留油先升后降，排出油量逐渐增加；高成熟阶段，烃源岩内的滞留油与残余固体有机质开始大量生成低分子量烃类，是生烃气高峰阶段；过成熟阶段，达到生气高峰之后演化程度继续升高会带来排出烃/滞留烃比值的升高，页岩气潜力有降低的风险；超高成熟阶段，烃源岩中固体有机质普遍石墨化，达到所谓的生烃死亡线。由于页岩中先期形成的天然气发生扩散和沿微裂隙散失，导致页岩含气量逐步降低，地层压力下降，孔隙体积缩小，储层物性变差，页岩气的勘探潜力会明显变差。

3. 海相碳酸盐岩储层成因机理与地质模式

以超深层碳酸盐岩储层为重点，进一步深化了"三元控储"（马永生等，2010）、"五因素控储"（何治亮等，2017）等深层碳酸盐岩储层成因模式的内涵，更加突出了断裂、层序界面、沉积相和流体性质对储层形成的控制作用，建立了"断—面—相—液，耦合控储"的深层碳酸盐岩储层成因模式。

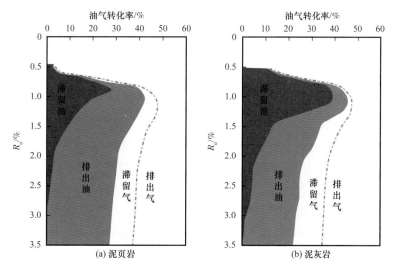

图 2-5-3 典型海相烃源岩生—排—滞留油气动态演化模式

"断"主要指构造因素中的断裂，特别是碳酸盐岩地层中走滑断裂对储层发育的控制和影响。塔里木盆地寒武系—奥陶系和四川盆地二叠系都发现了典型的断裂控制的白云岩流体活动而形成热液白云岩储层的实例。塔河油田主体之外南部的托普台、跃进和顺北地区，以走滑断裂的破裂扩容为关键，进而叠加不同类型、不同作用强度的流体活动，形成了断控深埋改造型优质储集体，为油气的规模聚集提供了场所。

"面"主要指碳酸盐岩地层中不同级次的层序界面的控储作用。四川盆地震旦系、石炭系和鄂尔多斯盆地奥陶系储层发育主要受较高级次层序界面—区域性不整合面的控制。较低级次层序界面是层间岩溶流体运移的通道，与台缘、台内礁滩相和潮坪相储层发育程度及分布范围关系密切。普光、元坝等礁滩型优质储层发育与分布既受控于高能沉积环境，也与较低级次层序界面控制的准同生期溶蚀作用和白云石化作用密切相关。

"相"主要指岩相，包括沉积相和成岩相，是后期流体改造的基础，也是储层最终赋存的场所。深层优质碳酸盐岩储层的形成既离不开早期沉积作用的基础，也离不开后期成岩作用的改造。原始岩石类型及其可改造性是储层发育的根本性因素，主要体现在岩石的矿物成分与岩石结构可改造性的差异上。

"液"主要指沉积与深埋过程中的流体作用。温度、压力和流体相态 / 属性构成了深层流体—岩石作用的环境条件。形成深层碳酸盐岩储层的地层流体环境可以分为三类：开放环境、间歇性开放环境和封闭环境。开放的地质流体环境有利于形成储集空间，封闭的地质流体环境有利于保持储集空间。

"断、面、相、液"息息相关，在碳酸盐岩储层形成和保持过程中分别发挥着不同的，同时又是不可分割的作用。除此之外，时间因素是碳酸盐岩储层形成与保持的最重要因素之一。碳酸盐岩储集空间的演化过程贯穿于整个地质演化过程之中。不同因素的持续时间和不同因素之间的组合关系制约着储层发育的程度。一般来说，优质的规模性碳酸盐岩储层是多种因素联合和多期复合作用的结果。

以往的碳酸盐岩勘探对象主要为两种储层类型。一类为相控准同生溶蚀型储层，主控因素为高能相带。间歇性暴露的含 CO_2 大气降水 + 微生物介导溶蚀的高能礁滩—潮坪环境，控制了该类储层的形成与分布。这种类型的典型代表如川东北的普光、元坝气田，储层形成主要受控于台地边缘的生物礁、颗粒滩所经历的准同生期溶蚀作用。另一类为面控表生溶蚀型储层，主控因素为不整合面，碳酸盐岩储层形成于长期暴露的含 CO_2 大气降水 + 微生物介导溶蚀的岩溶环境。塔河油田主体区奥陶系储层为典型实例。

基于"十三五"以来海相深层碳酸盐岩油气勘探实践，提出了"断—面—相—液，耦合控储"的概念模式。结合勘探实例的解剖，建立了断控深埋改造型和白云岩深埋溶蚀保持型两种新的深层—超深层海相碳酸盐岩储层成因模式（图 2-5-4）。断控深埋改造型储层重点在"断"，以断裂活动形成的破碎带为基础，分别叠加了沟通地表的含 CO_2 下行流体环境产生溶蚀、充填作用，沟通深源含 CO_2、有机酸和富 Mg、Si 等上行流体环境产生溶蚀、交代或胶结作用。塔里木盆地托普台—跃进—顺北—顺南地区沿规模不等的走滑断裂分布的奥陶系储集体（马永生等，2019），四川盆地栖霞组—茅口组沿断裂分布的热液白云岩储层就属于这一类型。白云岩深埋溶蚀保持型储层重点在"液"，是指在早期有利沉积相带的基础上，超深高温条件下石膏溶解产生的 SO_4^{2-} + 油气转化形成有机酸、CO_2+TSR（硫酸盐热化学还原作用）形成 H_2S 组合而成的特殊流体环境，对白云岩产生规模性的溶蚀作用，扩大原有储集空间或形成新的储集空间，同时构成储集空间长期保持的流体环境。塔里木盆地寒武系盐下肖尔布拉克组，四川盆地灯影组、龙王庙组、雷口坡组，鄂尔多斯盆地马家沟组内幕发育有这种类型储层。碳酸盐岩储层内部或上下地层中是否存在膏盐层对这类储层的形成与分布有重要影响。

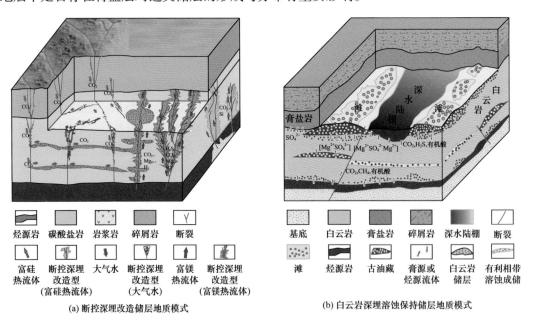

(a) 断控深埋改造储层地质模式　　　　　**(b) 白云岩深埋溶蚀保持储层地质模式**

图 2-5-4　两种碳酸盐岩储层新类型地质成因模式图

（a）断层主控—流体改造—相带影响，典型代表为塔里木盆地托普台—跃进—顺北—顺南地区奥陶系，四川盆地栖霞组—茅口组；（b）相带主控—油气转化—SO_4^{2-}-Mg^{2+} 络合，典型代表为塔里木盆地寒武系盐下肖尔布拉克组，四川盆地灯影组、龙王庙组、雷口坡组，鄂尔多斯盆地马家沟组内幕储层

4. 海相油气系统分析与成藏模式

1）塔里木盆地油气聚集模式

塔里木盆地塔河油田中西部奥陶系现今的油气藏特征是长期供烃、多期成藏、叠加改造的结果，早期油气具"垂向输导、侧向汇聚、古隆控富"的特征，晚期油气具"原地烃源、纵向运聚、断裂控富"的特征。

通过解剖表明，多元成藏要素及其时空配置关系控制着塔河油田中西部奥陶系复杂的油气成藏过程，其油气成藏规律为：以下寒武统为主力烃源岩持续供烃，存在四期不同成熟度的油气充注，加里东中晚期古构造高部位控制早期油气的运聚，多期活动的走滑断裂是油气垂向输导与侧向调整的主要通道，燕山晚期—喜马拉雅期活动的走滑断裂带控制晚期高成熟油气的富集。喜马拉雅运动是一次大的构造调整期，也是油气藏调整、分异、重新聚集成藏的一个重要时期（贾承造，1997）。

顺托果勒隆起区寒武系玉尔吐斯组烃源岩现今埋深为 9000～10000m，具有"大埋深、高压力"的特点。在大埋深、高压力的地质背景下，深层古老烃源岩在高流体压力环境下生烃演化过程受到抑制，延缓了液态烃的生成。有机质模拟残余物在高演化阶段仍具有较高的残余生烃潜力，且更倾向于生油，抑制了生气。这意味着该套超深层古老烃源岩在较晚地质时期，根据传统模式已进入高—过成熟阶段的烃源岩，仍可保持在挥发油—凝析油生烃阶段，仍具备良好的生油潜力，为超深层晚期成藏提供有利的烃源条件。

塔里木盆地海相碳酸盐岩奥陶系目前主要发育三种类型储层：岩溶风化壳、断控储集体和礁（丘）滩相。岩溶风化壳储层的形成主要受控于岩溶作用，储集空间以孔、缝、洞为主；断控储集体储集空间以缝和洞为主，主要受控于走滑断裂带活动；礁（丘）滩相储层受控于高能相带发育与分布，储集空间以孔为主，偶见小型洞穴和裂缝。研究表明，三种类型油气藏中的油气均来源于寒武系玉尔吐斯组烃源岩，油气分布和烃源岩分布密切相关（图2-5-5）。

通过系统解剖塔里木盆地典型碳酸盐岩油气藏，古隆起仍然是控制油气藏分布的首要因素，尤其是继承性稳定古隆起。对盆地 T_7^4 顶面构造演化特征进行分析发现，几大古隆起演化特征各不相同。和田河古隆起经历了发育—萎缩—消亡三大阶段，海西晚期在玉北地区古隆起仍然存在；塔北、塔中古隆起形成于加里东期，后期隆起持续继承性发育，但整体面积收缩；顺托果勒低隆也是继承性发育，但是随着塔北、塔中古隆起的收缩，其面积有所扩展。碳酸盐岩古隆起演化虽然有一定差异，但继承性稳定古隆起是油气运移聚集的最有利区。

碳酸盐岩强烈的非均质性决定了其内部油气侧向运移相对较弱，以垂向运移为主（图2-5-6），断裂带是油气垂向聚集的有利通道，碳酸盐岩内幕油藏、寒武系盐下丘滩相油气藏油气能够聚集，主要依靠高陡通源断裂带的有效输导。不同部位断裂活动期次、强度差异较大。顺北地区断裂活动以加里东—海西晚期为主，这也是该区最重要的油气运聚成藏期。

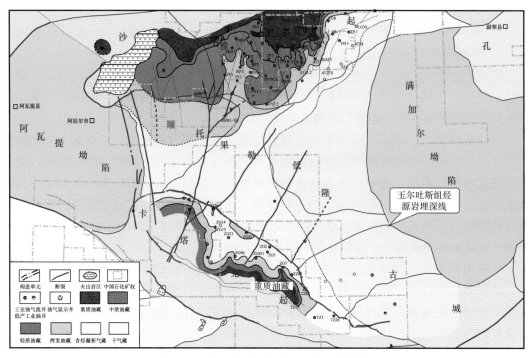

图 2-5-5　塔里木盆地奥陶系油气性质分布图

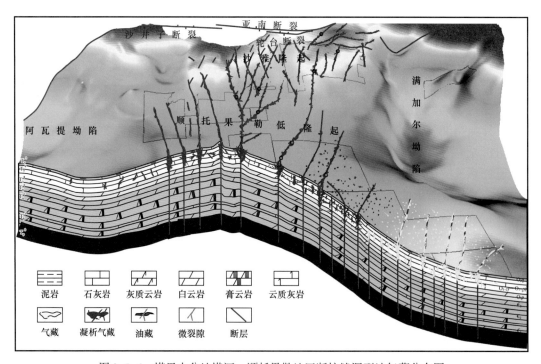

图 2-5-6　塔里木盆地塔河—顺托果勒地区断控缝洞型油气藏分布图

2）四川盆地天然气聚集模式

四川盆地海相碳酸盐岩领域所发现的油气主要来自裂陷槽或坳陷区深水相的泥质烃

源岩，与高能相带的储层发育区毗邻，早期源储配置好。纵向上可划分为：震旦系—下古生界（海相下组合）、上古生界—中下三叠统（海相上组合）和上三叠统—白垩系（陆相油气组合）三大套油气系统。对盆地中已发现的威远震旦系、安岳寒武系龙王庙组、元坝二叠系长兴组、普光二叠系—三叠系长兴组—飞仙关组等海相大型气藏的成藏史分析表明，虽然不同地区所经历的多期构造运动导致每一套烃源岩热演化史差异显著，但均经历了从古油藏形成再裂解成气藏的过程，具有相态转化特征。

基于四川盆地成藏环境与要素时空配置及过程的系统分析，建立了四川盆地海相碳酸盐岩"棚生缘储、近源富集""下生上储、断裂输导、构造—岩性控藏""新生古储、源储对接、构造调整富集""源储一体、岩性控藏、构造控富"四种源储配置关系，形成了四种油气成藏模式。

晚期调整过程中的油气保存条件是天然气最终成藏的关键因素，不同构造单元的构造变形样式差别很大，油气保存条件和勘探潜力也有明显差异（图2-5-7）。

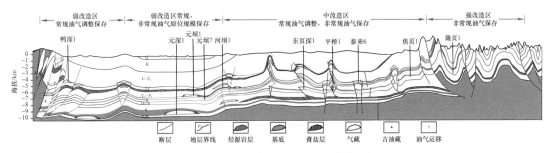

图 2-5-7 四川盆地油气有序聚集保存模式图

四川盆地经历了多期构造叠加改造，特别是晚白垩世之后构造活动强烈，大规模褶皱变形和抬升剥蚀造成了盆地内流体压力系统重组再造，早期的油气转化和后期的构造变形抬升导致油气藏发生差异显著的调整改造。按照改造程度将油气聚集保存模式划分为：（1）弱改造型，分布在构造变形稳定区，晚期经历了小规模的抬升，并未有明显变形，常规油气可在原位长期保存，如川中地区磨溪—安岳准原生型气藏。（2）中改造型，主要分布在盆内燕山晚期—喜马拉雅期构造变形较强区，发育有龙门山山前带雷口坡组下生上储、断裂输导型气藏，川东北地区普光—元坝棚生缘储、近源富集型气藏，川东南平桥地区新生古储、源储对接等常规油气调整型气藏，以及川东南非常规型焦石坝页岩气田。这些常规型气藏均具有早期古油藏转化为古气藏，再调整为现今气藏的成藏过程。在调整过程中气藏位置、规模产生了较大变化，分布在晚期构造及复合圈闭的高部位。（3）强改造型，分布在盆缘强变形隆升区，断裂或地层抬升卸载使盖层产生张裂缝，原生的常规油气藏均遭破坏，仅有部分非常规油气藏得以保存，如川东彭水志留系页岩气藏。

综上所述，中国海相盆地深层碳酸盐岩油气藏总体表现为"源—盖控烃、古隆起与断裂控聚、优质储集体控富"的成藏富集特点。在源—盖同时发育、生烃潜力大、保存条件好的地区，古隆起的形成控制油气的侧向运移，断裂活动控制油气的垂向运移，断裂和古隆起联合控制油气规模性运移与聚集，与古隆起和断裂相连通的岩溶缝洞储集体、断控缝洞储集体、礁（丘）滩储集体等优质储层分布区往往成为油气最为富集的部位。

三、勘探成效

1."十一五"期间

在塔里木盆地，古构造恢复、加里东岩溶及早期成藏认识的深化开拓了艾丁残余古油藏和托甫台加里东中期岩溶发育区的勘探展开，在艾丁—托甫台地区提交新增探明石油储量 $3.4×10^8t$。

在四川盆地，明确了不同层系天然气富集高产规律和主控因素，建立了普光、元坝等不同区带天然气富集模式，发现和落实了川东北元坝、川东南兴隆场、川西孝泉—新场马鞍塘组等大中型勘探目标，新增天然气探明储量 $1632.96×10^8m^3$。

确定了一系列海相层系油气勘探的战略目标并获得重要突破。在四川涪陵地区，相带展布变化分析和礁滩相优质储层预测确定的兴隆1井获得勘探突破；在川西深层，川科1井在马鞍塘组新层系获得高产工业气流；在塔里木盆地麦盖提地区，玉北1井在中—下奥陶统碳酸盐岩层系获得工业油流，实现了塔里木盆地西南地区的导向性突破。

2."十二五"期间

在四川盆地二叠系—三叠系碳酸盐岩领域高效探明元坝气田，取得川西雷口坡组油气大发现，实现了储量的持续增长及勘探目标的有序接替。新增天然气探明储量 $2532.72×10^8m^3$，2013—2015年共计新增天然气探明储量（含基本探明） $4148.93×10^8m^3$。

塔河地区向外围和深层内幕不断拓展，2011—2015年新增石油探明储量 $29569.4×10^4t$。

3."十三五"期间

深层—超深层海相碳酸盐岩成盆、成烃、成储、成藏四方面地质理论新认识，支撑了顺北、川西雷口坡组、四川盆地茅口组三项油气重要成果，累计提交新增探明地质储量石油 $1.95×10^8t$、天然气 $1414.03×10^8m^3$。

1）顺北超亿吨级大油气田的勘探发现

顺北地区油藏分布受走滑断裂控制（图2-5-8）。断裂活动期次、强度、分段特征等因素是控制油气富集的主要因素。以"深层碳酸盐岩层系走滑断裂带控富"新认识为指导，形成了沙漠覆盖区碳酸盐岩储层预测技术方法和超深层钻完井工程技术，发现了超亿吨级的顺北油田，实现了油气储量快速增长（焦方正，2018）。2017—2020年度，在顺北油田、塔河中深层领域累计提交探明储量石油 $1.57×10^8t$、天然气 $372.89×10^8m^3$，为"十三五" $200×10^4t/a$ 产能建设提供了资源基础和技术支撑。

2）川西雷口坡组千亿立方米气田发现与产能建设

川西气田位于四川盆地西部龙门山中段前缘关口断层与彭县断层夹持的石羊镇—金马—鸭子河构造带。川西雷口坡组大面积分布的台内滩或潮坪相储层总体相对远源，后期断裂沟通源储，具有多源多期供烃特征，油气沿断裂纵向输导富集成藏，烃源断裂发育的正向构造是天然气富集成藏的最有利区。龙门山前构造带海相烃源岩生烃过程与构造形成匹配关系好，有利于油气聚集成藏，后期虽受多次冲断推覆，但该区始终保持为一大型正向构造面貌，局部构造圈闭未被破坏。在经历了后期油气转化后，仍然保留了一个规模聚集的场所，为雷口坡组大型气藏形成并最终定型起到了重要作用。钻探揭示，雷口坡组四段一亚段、二亚段气藏类型为边水构造气藏（图 2-5-9）。针对川西气田中三叠统雷口坡组四段二亚段气藏，提交了 $1140.11×10^8m^3$ 探明储量，编制了 $14×10^8m^3/a$ 开发方案。同时向东展开评价了马路背地区雷口坡组白云岩叠合不整合岩溶领域，部署实施马 7 井，获日产天然气 $34.8×10^4m^3$，为川西气田持续稳定开发提供了资源基础。

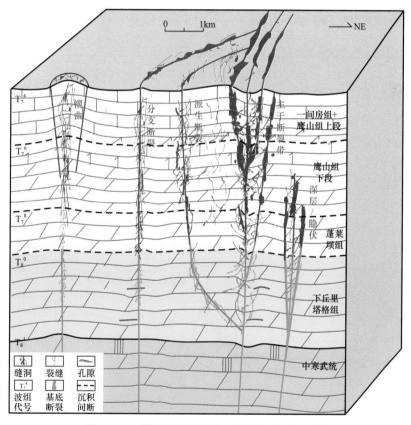

图 2-5-8　顺北地区断裂体系与油气成藏模式图

3）四川盆地茅口组勘探重大发现

立足四川盆地整体，突破了前期开江—梁平陆棚形成于长兴组沉积期的早期认识，提出川北地区在茅口组三段沉积晚期开江—梁平陆棚已见雏形（胡东风等，2019），元坝地区地处开江—梁平陆棚西侧，发育台缘高能浅滩沉积。综合评价有利区面积 $690km^2$，资源量 $2588×10^8m^3$。部署实施元坝 7 井，在茅口组三段试获日产气 $105.94×10^4m^3$，首次实现了茅口组台缘浅滩新领域重大突破。

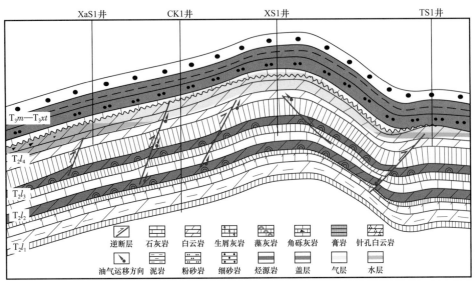

图 2-5-9　川西新场气田雷口坡组四段二亚段气藏成藏模式

川东南地区茅口组一段灰泥灰岩既是烃源岩，也是良好的储层，具有源储共生的特点（郭旭升等，2020）。其分布受外缓坡相带控制，大面积含气，构造与裂缝有利于油气调整富集高产（图 2-5-10）。焦石 1 井在茅口组一段灰泥灰岩段测试获 $1.67×10^4m^3/d$ 的工业气流；义和 1 井在茅口组一段酸压测试获 $3.06×10^4m^3/d$ 的工业气流。

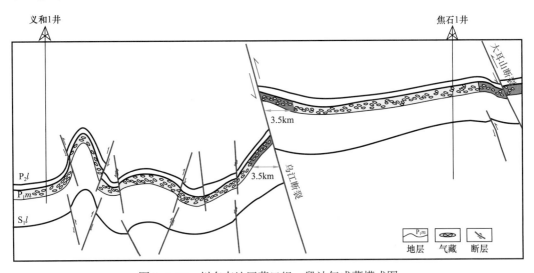

图 2-5-10　川东南地区茅口组一段油气成藏模式图

茅口组沉积晚期，受峨眉地幔柱活动的强烈影响，在拉张裂陷作用背景下，开江—梁平陆棚初具雏形。川东南地区在茅口组三段沉积时期处于中缓坡沉积相带，多期滩体叠置发育，为后期热液改造形成层状白云岩储层，提供了物质基础。钻探揭示沿基底断裂两侧白云岩厚度大、缝洞发育，单井高产稳产。2017 年，泰来 6 井在茅口组三段试获 $11.08×10^4m^3/d$ 工业气流。

四、主要知识产权成果

1. 有影响力的代表性论著

出版了油气实验地质新方法《油气地球化学定量分析技术》，重点介绍了气态组分定量分析技术及应用、轻烃定量分析技术及应用、生物标志化合物及高分子量烃类化合物定量分析技术、全二维色谱—飞行时间质谱分析技术及应用、生烃动力学分析技术与应用。

针对我国含油气盆地具有多旋回演化、多种原型并列叠加的特征，创新形成了 TSM 盆地模拟与资源评价理论和技术方法。撰写了《TSM 盆地模拟资源评价理论方法与应用》一书。

出版了《中国海相碳酸盐岩储层成因与分布》一书，详细论述了中国海相碳酸盐岩层系主要储层类型与形成的区域地质背景，分别对岩溶型、礁滩型、白云岩型储层的岩石类型、储层空间特征、成岩作用、储层发育与分布的地质模式进行了系统研究。

针对碳酸盐岩超压预测这一国际难题，编撰完成了《碳酸盐岩地层超压预测理论模型及应用》一书，形成了利用测井和地震资料预测碳酸盐岩地层超压的方法和技术，并在四川盆地进行了应用。

出版了《普光、元坝碳酸盐岩台地边缘大气田勘探理论与实践》，系统阐述了川东北地区二叠系—三叠系台地边缘礁滩相沉积、储层特征，深层—超深层优质储层形成机理，相带描述和储层识别及预测技术、方法，多旋回构造运动下油气成藏与富集规律。

撰写完成了《塔中地区古生代构造样式、构造演化与控油作用》一书，阐明了塔中地区构造演化特征、断层形成机理及构造变形的控储控藏作用，为塔里木盆地断控型油气藏的勘探提供了理论指导。

2. 重要专利软件标准及推广应用情况

从沉积有机质向油气的转化是一个复杂的地质—物理化学过程。在此演化过程中，决定油气生—排—滞留效率的主控因素包括有机质赋存状态（形态、相态与空间）与性质、生物质来源（类型）、含量、岩石矿物组合、微观构造等有关的内因，也包括地温场、压力体系、时间、成岩作用、源储配置与压差、封闭开放程度等有关的外因。针对上述关键点研究形成了《烃源岩地层孔隙热压生烃模拟仪》《烃源岩高过熟阶段生成常规和非常规天然气的评价方法》《一种烃源岩有效性动态定量评价体系的建立方法》《评价烃源岩生烃潜力的方法》《一种富有机质页岩比表面积测定方法》《一种富含有机质泥页岩孔隙度的演化过程的恢复方法》《泥页岩总有机碳含量分段预测方法》《沉积盆地烃源岩生排烃史精细快速定量模拟方法》《一种地层中烃源岩纵向非均质特征的定量表征方法》《页岩单井含气丰度预测方法及系统》等系列专利技术，改进了盆地模拟的技术流程、参数获取方式、计算方法。平面上实现分区平面差异化热流演化参数，纵向上实现单井精细分层模拟（测井尺度）、模拟网格精度更高（1km×1km）；在过程控制上，通过测井尺度精细模拟（样品级），形成了基于地温、R_o、孔隙度、含油率、含气量等实测样品的全过程模拟验证，约束了"四史"模拟过程，全面提升了盆地模拟技术水平。

针对四川盆地川东地区二叠系—三叠系礁滩储层描述与预测难题，研发了《一种复杂礁滩储层预测方法》《一种地震子波估计方法》《一种精细岩溶古地貌恢复方法》《一种预测储层裂缝发育参数的方法》《一种提高地下岩溶探测精度的方法》等专利技术，突破超深弱反射层地震采集处理技术瓶颈，有效提高超深层反射能量和分辨率；埋深7000m左右目的层有效能量提高70%以上，频带范围由原来的8～50Hz拓展到4～80Hz，主频提高15～18Hz。突破传统的Wyllie模型，建立了孔缝双元结构模型，形成了孔构参数反演技术，超深有效储层预测精度大幅度提高，预测结果与实钻符合率达93%，储层厚度预测绝对误差1～3m。形成了超深层生物礁储层高精度气水识别技术，落实了高产富集带，探井成功率92.3%。

针对塔里木盆地碳酸盐岩储层预测难题，研发形成了《一种基于断溶体相控的反演方法》《一种用于描述走滑断裂带的方法及系统》《一种针对深层碳酸盐岩走滑断裂带的解析方法》《一种断溶体储层连通性的地震识别方法及装置》《一种强地震反射界面下的小尺度缝洞信息凸显方法》《用于断溶体油气藏勘探的断溶体圈闭描述方法》等系列专利技术，创新形成塔北深层内幕岩溶缝洞体量化描述与储量计算方法。按照洞、孔、缝储集空间分类刻画碳酸盐岩岩溶缝洞型储层，创新形成碳酸盐岩缝洞体体积雕刻"五步法"及断溶体圈闭"空间定边、分类雕刻、体积量化、储盖描述"的技术流程。

Thunder地震高端成像软件技术开发了子波真波形恢复及压缩感知技术，提高深层—超深层地震资料分辨率，有效提高了地震薄储层识别能力。元坝超深层地震资料分辨率显著提高，主频从32Hz提高到48Hz，提高了50%，低频和高频得到恢复，频宽从10～55Hz拓宽至7～80Hz，频宽拓宽20Hz以上。

形成了海相碳酸盐岩层系盖层封盖描述评价技术。研发了《一种恢复石油与天然气盖层脆塑性演化史的方法》《一种油气成藏模拟实验装置及方法》《一种基于盆地演化史的热压生排烃模拟实验装置和方法》《一种用于模拟实验的应力传递装置》等专利技术与装置。建立了脆延转化压力的定量计算方法。识别出内源流体单元、外源流体单元和内源异位流体单元等三类流体单元机理并建立了成因模式。综合确定流体单元散失的关键时刻。建立了相应的地球物理响应模式，完善了泥岩盖层封闭性动态演化与源盖匹配评价方法，集成了地质—地球物理—实验测试一体化盖层条件评价分析技术，建立了海相碳酸盐岩油气盖层条件的实验分析流程与方法行业标准。研发了颗粒法超低渗透率仪、脉冲衰减法超低渗透率仪、无水条件下泥岩圆柱样品取样装置等。形成了盖层有效性动态评价技术、Pc+OCR盖层封闭性动态演化评价技术、源—盖动态演化评价技术、基于双程旅行时的地层压力预测方法、利用泥岩电阻率预测沉积盆地异常地层压力等特色技术。

针对中国海相碳酸盐岩领域时代老、埋藏深、构造改造强的特点，研发了《一种油气圈闭分析方法》《一种通用概率分布参数估计流程与分析方法》《一种基于人机交互的油气藏规模序列资源评价方法》《资源评价数据的处理方法》《一种生成多维度报表的方法》《一种多层油气资源量预测方法》《多层圈闭含油气概率的获取方法和系统》《一种地质风险评价随机模拟方法》《一种基于自信度转换的不确定性评价方法》《一种基于平行坐标的多因素地质风险评价方法》《一种基于弗晰逻辑的地质风险不确定性评价方法》《一种恢复石油与天然气盖层脆塑性演化史的方法》等一系列专利，创新了海相油气评价系列方法。

3. 重要科技成果奖励

项目成果先后获省部级及以上科技成果奖 28 项（含地球物理、工程工艺技术），其中，"元坝超深层生物礁大气田高效勘探及关键技术"获 2014 年国家科技进步一等奖；"中国西部海相碳酸盐岩层系构造—沉积分异与大规模油气聚集"获 2019 年国家科技进步二等奖；"大型复杂碳酸盐岩油藏高效开发关键技术及应用"获 2020 年国家科技进步二等奖。"川东北地区大型气田勘探目标及关键技术""中国海相碳酸盐岩层系油气富集机理与分布预测""油气包裹体分析新技术及应用""中国石化风险勘探领域评价与目标优选决策""中石化'十三五'油气资评""顺北油气田勘探与关键技术"及"面向复杂储层的全波形反演技术与应用"获中国石化科技进步一等奖；"Thunder 地震高端成像软件技术"获中国石化技术发明一等奖。

顺北地区奥陶系石油勘探连续三年获中国石化油气发现奖特等奖，"川东地区寒武系新层系天然气勘探重大突破"等 7 项成果分别获中国石化油气勘探重大发现一等奖。

第六节　渤海湾盆地（陆上）精细勘探理论与技术

一、渤海湾盆地油气勘探现状、挑战与对策

1. 油气勘探及研究现状

截至"十五"末，渤海湾盆地已发现济阳、辽河、黄骅、冀中、渤中等 5 个大型油气富集区，已探明石油地质储量 $111.79 \times 10^8 t$，探明天然气地质储量 $3467 \times 10^8 m^3$。根据渤海湾盆地的勘探历程和油气地物理理论技术发展，可将渤海湾盆地勘探阶段划分为背斜圈闭勘探阶段、复式油气聚集区带勘探阶段、隐蔽油气藏为主的勘探阶段。

"十五"以来，通过深化油气富集机理和油气分布规律研究，在技术方法和采集工艺上做了大量的试验和技术攻关工作，基本形成了一套隐蔽油气藏勘探理论和配套技术系列。

2. 勘探需求及面临主要挑战

根据全国三次资源评价，渤海湾盆地总资源量约 $225 \times 10^8 t$，目前探明程度约 48%，剩余资源勘探潜力巨大。渤海湾盆地的精细勘探，是实现油气长期稳产，确保我国油气储产量中长期供给安全的重要基础。经过近 50 年的勘探，渤海湾盆地内的主力含油凹陷普遍进入以隐蔽油气藏勘探为主的高勘探程度阶段，剩余资源主要赋存于深层、薄

互层、复杂储层等一些复杂隐蔽地质体中。而原有的油气成藏地质模型不能对这些复杂隐蔽目标进行有效的预测，对钻探目的层难以准确识别与评价，更缺乏精细勘探配套技术系列，使得勘探难度越来越大，储量保持稳定增长存在极大风险。因此，亟须形成相适应的精细勘探关键技术，为实现2008—2020年期间探区新增石油探明地质储量 $13 \times 10^8 \sim 15 \times 10^8 t$ 提供有力技术支撑。其面临的主要挑战有复杂地质体动态精细地质建模，科学认识油气成藏机制及富集规律，准确评价剩余油气资源规模、赋存类型与方式，复杂地质体高精度地震采集、处理、解释及描述技术，配套复杂油气层测井评价、测试及改造技术等。

3. 组织实施方案与攻关目标

"十一五"目标：发展完善陆相断陷盆地精细勘探理论和技术，探索富油凹陷油气成藏模式，攻关复杂地质目标精细勘探地震预测技术和井筒关键技术，明确主要增储领域，为实现研究区年新增探明地质储量 $2 \times 10^8 t$ 提供理论指导与技术支撑。工作重点具体包括：（1）形成断陷盆地复杂地质体精细地质建模技术；（2）建立不同输导要素输导能力的量化评价技术；（3）研制全波场三维观测系统设计技术；（4）完善高精度地震勘探采集处理技术；（5）建立复杂油气储层的测井识别与评价技术；（6）研制超高温压深层射孔、测试与改造技术。

"十二五"目标：深化提升剩余资源潜力和油气成藏机制认识，集成配套精细勘探地震及井筒关键技术，探索完善富油凹陷成藏理论，明确落实勘探方向与增储领域，确保完成渤海湾盆地年新增探明地质储量 $2.0 \times 10^8 \sim 2.1 \times 10^8 t$ 。工作重点具体包括：（1）渤海湾盆地油气资源潜力再认识；（2）精细勘探关键技术攻关与系统配套；（3）济阳坳陷油气富集机制与增储领域；（4）东濮凹陷油气富集规律与增储领域；（5）渤海湾盆地北部油气富集规律与增储领域；（5）南堡凹陷油气富集规律与增储领域。

"十三五"目标：形成资源量经济评估方法，深化剩余油气资源潜力认识；注重成熟探区精细勘探，开拓"三新"领域，完善陆相断陷盆地油气富集机制与分布规律认识，建立量化预测模型；集成适用的勘探关键技术，提高资源发现率，有效支撑渤海湾盆地油气勘探实践；明确落实勘探方向与增储领域，为完成渤海湾盆地新增地质储量 $10.0 \times 10^8 t$ 提供理论指导和技术支撑。工作重点具体包括：（1）渤海湾盆地油气资源潜力研究；（2）地震与井筒精细勘探关键技术；（3）济阳坳陷油气富集机制与增储领域；（4）东濮凹陷油气富集规律与增储领域；（5）渤海湾盆地北部油气富集规律与增储领域研究；（6）南堡凹陷油气富集规律与增储领域；（7）渤海湾盆地深层油气地质与增储方向。

国家油气重大专项设立"渤海湾盆地精细勘探关键技术"项目，由中国石化、中国石油两大油公司联合中国石油大学、中国地质大学等高等院校组成近千人的攻关团队，"产学研"相结合，对相关问题进行了整体的、系统的、全面的攻关研究，取得了一系列重要创新性成果和认识，落实了一批规模增储领域，支撑了渤海湾盆地持续规模增储。

二、渤海湾盆地（陆上）油气勘探理论技术

1. 烃源岩成烃机理与潜力评价

1）古近系咸化烃源岩高效生排烃机理

（1）咸化环境烃源岩古生产力高。

以渤海湾盆地济阳坳陷古近系为研究对象，强化了咸化环境烃源岩成烃机制研究（关德范等，2005；刘庆等，2014），建立了古生产力、有机质埋藏效率预测模型，提出了古湖泊盐度与古生产力呈正相关关系，咸化环境烃源岩有机质主要由颗石藻、沟鞭藻等浮游藻类及蓝藻细菌等组成的认识，古生产力为 $1100\sim4100g/(m^2\cdot a)$，是淡水环境的 $3\sim10$ 倍 $[300\sim400g/(m^2\cdot a)]$；咸化环境水体盐度分层，还原性强，有机质保存条件好，呈层状富集，有机质埋藏效率高达 $23\%\sim25.9\%$。

（2）咸化环境烃源岩早生早排，排烃效率高。

富有机质黏土热演化模拟表明，水体盐度增加利于蒙皂石向伊利石转化，黏土矿物转化过程中离子置换，使有机质脱离黏土矿物，促进了有机质的成烃演化；有机质释放转化成烃后，多余的 K^+ 提供了蒙皂石转化为伊利石的条件，促进了黏土矿物有序度的增加。同时咸化环境烃源岩有机质中 75% 为非共价键缔合结构，活化能较淡水环境的低 $10\sim20kJ/mol$，$2500m$ 即进入排烃门限，排烃效率可达 $60\%\sim80\%$。据此创建了咸化环境烃源岩有机质生烃模式（图 2-6-1）。

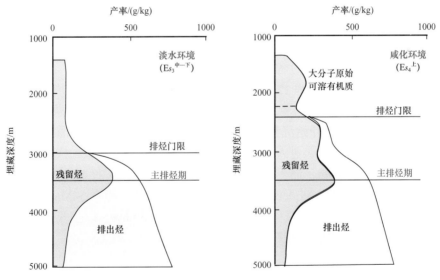

图 2-6-1　不同环境烃源岩生排烃模式

（3）咸化环境烃源岩分布范围广。

建立了碳酸盐岩碳氧同位素、生物标志化合物环境判识方法，对渤海湾盆地不同层系不同沉积环境进行了判识，明确了渤海湾盆地不同层系、不同类型烃源岩分布，其中咸化环境烃源岩面积大幅度增加，叠合面积达 $2.39\times10^4km^2$。

2）石炭系—二叠系煤系烃源岩生烃演化

（1）多次生烃过程分析。

通过选取亮煤（71%）、暗煤（56.5%）开展热模实验（徐进军等，2017），一次、二次、三次生烃过程中生成的液态烃产率特征如图2-6-2（a）所示，三次生烃时400℃的液态烃产率已经明显低于一次和二次生烃，液态烃产率仅有7.2mg/g。生油高峰在接近550℃时液态烃的产率约15mg/g。此时已经进入湿气—干气阶段，液态烃产率有着明显的降低趋势。三次生气过程中温度处于400℃时气态烃产率已经明显低于一次和二次生烃过程，但气态烃产率仍有20mL/g［图2-6-2（b）］。当温度达500℃左右时才开始大量生气，随着温度逐渐升高，气态烃产率较一次和二次生烃过程明显降低，当温度升至650℃气态烃产率约达到165mL/g。此时，已经进入湿气—干气阶段，液态烃产率有着明显的降低趋势而气态烃产率仍有增加趋势。

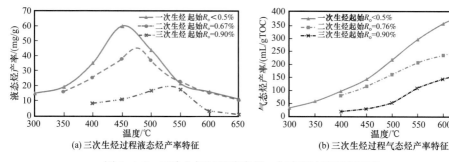

图2-6-2　三次生烃过程液态烃、气态烃产率特征对比

（2）多次生烃模式及其分布。

① 多次生烃模式。

据以 WS1 井为代表的三次过程埋藏史—生烃史分析可知（图2-6-3），烃源岩在一次生烃后处于低熟阶段，距今约225Ma，埋深约2900m，此时 R_o=0.67%，以生油为主，油、气生成率分别为9.9%和8.7%，进入晚三叠纪时期地层发生抬升导致一次生烃中止。进入侏罗纪时期地层又开始沉积，烃源岩发生二次生烃后处于生油高峰阶段，此时 R_o=0.9%，油和气都大量生成，进入晚白垩世时期地层再次抬升导致二次生烃中止，距今约98Ma，最大埋深约3400m，油、气生成率分别约为15.8%和29.4%，烃源岩仍有生气潜力，但生油能力明显降低。进入古近纪以来再次发生沉积，距今54Ma，R_o 约为1.6%，进入油气生成的湿气阶段，油、气生成率分别为1.7%和35.6%，以生气为主，由此建立了煤系烃源岩三次油气生成模式（图2-6-4）。

② 不同生烃期次分布特征。

从渤海湾盆地石炭系—二叠系煤系烃源岩多次生烃分布来看，一次生烃区主要分布在盆地西北部，如冀中坳陷的大城凸起区、黄骅坳陷的孔店凸起、埕海地区等。晚侏罗世—早白垩世二次生烃主要分布在盆地中部，如沧县隆起、临清坳陷的馆陶凸起等。古近纪以来的二次生烃主要分布在黄骅坳陷北部的孔西斜坡—歧北斜坡—歧南次洼和歧口凹陷及东濮凹陷中央洼陷区。现今三次生烃区的分布范围集中分布于盆地的中部南北，呈北东—南西向展布，从渤中坳陷、济阳坳陷—黄骅坳陷乌马营地区到临清坳陷。

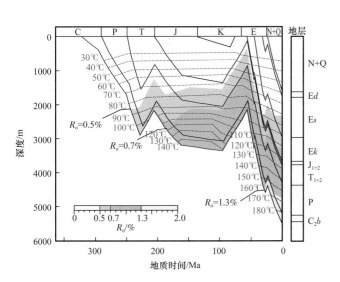

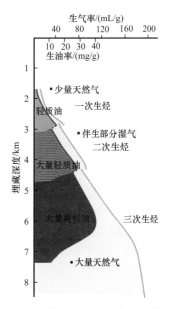

图 2-6-3 WS1 井石炭系—二叠系煤系烃源岩埋藏—生烃史　图 2-6-4 煤系烃源岩多次生烃模式图

3）渤海湾盆地剩余油气资源量、剩余可采经济资源量

针对古近系烃源岩的资源评价（王学军等，2007），由于整体勘探和地质认识程度较高，主要采用成因法和统计法相结合进行评价；对于上古生界烃源岩的资源评价，由于勘探和地质认识程度较低，主要采用成因法或类比法进行评价。

油气经济资源量测算以最小经济油田储量规模作为油田规模序列的经济截断储量，所得的资源量即为经济资源量。将盆地或区带内所有大于最小经济油田储量规模的资源量相加去掉已发现的即为盆地或区带的剩余经济资源量。以济阳坳陷为例，基于近年来济阳坳陷已发生投资数据，分别构建符合地质特征和开发特征的投资模型、产量模型、油价模型、成本模型和税费模型，最后以石油行业基准内部收益率 8% 为下限，分层系计算不同评价单元的最小经济储量规模。

（1）渤海湾盆地剩余油气资源量。

渤海湾盆地（陆上）剩余石油地质资源量为 $101.7 \times 10^8 t$，剩余石油地质资源 $2 \times 10^8 t$ 以上的凹陷/地区有 14 个，剩余资源量为 $94.2 \times 10^8 t$，主要分布在东营、沾化、西部、歧口等凹陷。剩余天然气地质资源量 $1.99 \times 10^{12} m^3$，剩余天然气地质资源 $500 \times 10^8 m^3$ 以上的凹陷有 12 个，主要分布在歧口、南堡、东濮等凹陷。

（2）渤海湾盆地剩余可采经济资源量。

在油价 40 美元/bbl 时，渤海湾盆地剩余可采经济资源量为 $12.3 \times 10^8 t$，其中剩余可采经济资源量在 $5000 \times 10^4 t$ 以上的地区有东营、胜利滩海、沾化、西部、歧口、饶阳、东濮、南堡、沧东等 9 个凹陷或地区。在油价 60 美元/bbl 时，渤海湾盆地剩余可采经济资源量为 $18.4 \times 10^8 t$，其中剩余可采经济资源量在 $5000 \times 10^4 t$ 以上的地区有东营、胜利滩海、西部、歧口、饶阳、沾化、东濮、南堡、沧东、大民屯、惠民、车镇、东部等 13 个凹陷或地区。在油价 80 美元/bbl 时，渤海湾盆地剩余可采经济资源量为

$33.8 \times 10^8 t$，其中剩余可采经济资源量在 $5000 \times 10^4 t$ 以上的地区有东营、胜利滩海、西部、沾化、歧口、南堡、东濮、饶阳、沧东、惠民、大民屯、车镇、东部、霸县、廊固等 15 个凹陷或地区。

2. 古近系—新近系油气成藏与富集机理

1）地层压力—流体—储集性演化与油气成藏

（1）地层压力演化与油气成藏。

以东营凹陷压力演化为例，沙河街组二段—东营组沉积末期沙河街组四段下亚段的古地层压力在 20MPa 左右，地层压力系数介于 $1.1\sim1.2$，剩余地层压力为 $3\sim5MPa$，为弱超压系统，超压幅度较低；馆陶组沉积末期是第二次油气藏形成的早期，此时沙河街组四段下亚段地层压力多为 $32\sim42MPa$，地层压力系数介于 $1.0\sim1.1$，剩余地层压力多在 2MPa 以下，表现为常压至弱超压环境；明化镇组沉积末期即二次成藏晚期是大规模成藏时间，该时期生烃洼陷中心区对应较高的压力系统，地层压力系数可达 $1.25\sim1.5$，剩余地层压力达到 10MPa 以上，超压明显，油气成藏动力条件较好。

（2）地层流体演化与油气成藏。

以沾化凹陷渤南洼陷为例。研究表明，渤南洼陷沙河街组三段北部陡坡带和南部缓坡带均经历了碱性—酸性—碱性的成岩环境演化，烃源岩埋深至约 1500m 时，地层温度达 $70\sim80℃$，有机质成熟开始排酸，使地层流体逐渐转换为酸性，并产生酸性溶蚀现象，埋深至约 2000m（32Ma），地层温度达到 90℃ 后在酸性流体作用下开始形成石英自生加大，且酸性流体逐渐向周围地区扩散。此时北部陡坡带和洼陷带等烃源岩发育区受到酸性流体的影响，而南部缓坡带仍处于早期的碱性环境中。32Ma 至 5Ma 期间酸性流体向南部扩散到整个缓坡带，由于酸性流体有利于长石、碳酸盐等矿物溶蚀，形成了大量的次生孔隙。5Ma 时，北部陡坡带和洼陷带埋深达 3000m 以上，地层温度约 140℃。此时排出的有机酸在溶蚀过程中大量消耗，并且有机酸和烃类裂解产生的二氧化碳进入流体发生化学反应使地层流体逐渐转换为碱性。由洼陷带向两侧斜坡带缓坡带逐渐转换为碱性环境，2—1Ma 时整个洼陷进入碱性环境。

（3）储层物性演化与油气成藏。

以东营凹陷缓坡带滩坝砂为例，滩坝砂储层主要发育多重酸碱交替—早期开放—中期开放—晚期封闭环境储层成岩改造模式（图 2-6-5）。滩坝砂储层沉积初期至距今 34.8Ma 时期，成岩流体主要受原生沉积水控制，沙河街组四段上亚段古地温梯度相对较低，原生沉积水盐度较低，pH 值较低，呈弱碱性特征；由于该环境不利于互层泥岩中黏土矿物的转化，导致黏土矿物转化程度非常低，仅释放出少量的吸附水，仅在砂体边缘发生少量早期方解石胶结作用。在距今 34.8—24.9Ma，大量有机酸通过油源断层进入储层，中期和早期的弱碱性流体使成岩环境转变为酸性特征。酸性地层流体在厚层砂体中部引起强烈的长石、碳酸盐胶结物溶蚀作用，形成大量的溶蚀孔隙，使得储层孔隙度明显增加。与此同时，长石溶解作用形成的 SiO_2 等溶蚀产物在储层中沉淀，形成自生石英等胶结物。

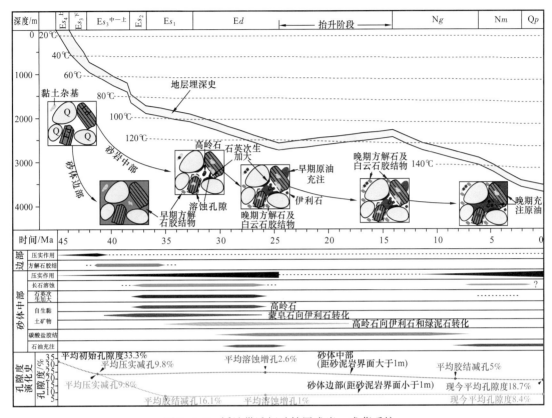

图 2-6-5　缓坡带滩坝砂储层成岩—成藏系统

由此可知，盆地次生孔隙发育带与异常高压、地层水矿化度、碳酸盐等成岩矿物含量变化趋势等有明显成因联系。随埋深增加，不同层系烃源岩分别发生多阶段生排烃过程，一方面，排出大量有机酸，溶蚀储层矿物形成次生孔隙，另一方面形成超压。流体压力、酸碱性质等多幕有序演化与有利储层形成的协同，控制了中深层油气成藏（图 2-6-6）。

2）盆地压力—流体—储集性协同演化机理及控藏模式

（1）典型区带压力—流体—储集性协同控藏作用过程。

以洼陷带浊积岩为例，从洼陷带现今的地质特征来看，整体为超压环境，压力系数普遍大于 1.2，最高可达 1.8；由于受现今烃源岩热演化排酸的影响，地层流体整体仍呈酸性特征；洼陷带内发育的浊积岩类主要砂体物性为低孔特征，已发现油藏岩心实测孔隙度最小为 14%，最大为 20%；但油气藏充满度特征向盆缘差别较大，最高可达 100%，盆缘最低仅为 20% 左右（图 2-6-7）。

由此，建立了不同充满度浊积岩油藏压力、流体和储集性在时间格架下的协同演化模式。对比分析表明，虽然浊积岩油藏均处于超压、酸性流体的成储条件下，但不同充满度油藏成藏要素的协同演化过程存在差异。对于充满度在 95%～100% 之间的高充满度油藏，存在两期强超压；充注早，充注动力强，最终形成了高充满度特征。而充满度在 20%～25% 之间的低充满度砂体，存在一期强超压，充注时间晚。

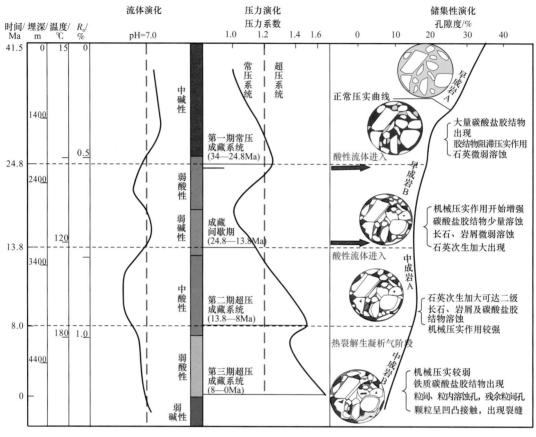

图 2-6-6　断陷盆地压力—流体—储集性协同演化模式

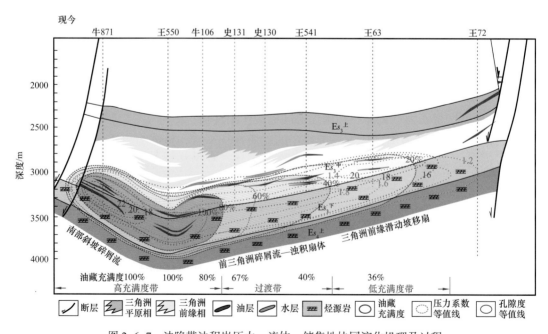

图 2-6-7　洼陷带浊积岩压力—流体—储集性协同演化机理及过程

（2）不同区带成藏要素协同控藏模式。

洼陷带为超压环境、酸性流体特征，并且超压与流体的酸性强度呈正相关关系；而储集物性整体为中孔—低孔特征，由洼陷中心向两侧逐渐升高，变化趋势与超压及流体酸性强度呈镜像特征；并且超压与流体的最高点和物性的最低点也呈对应关系，据此建立了压力—流体—储集物性三个成藏要素间的协同模式，分别为缓坡带常压体系—弱碱/弱酸流体环境—高孔储集条件协同模式、陡坡带常压/弱超压体系—碱性/酸性流体环境—中/低孔储集条件协同模式、洼陷带超压体系—碱性/酸性流体环境—中/低孔储集条件协同模式（图2-6-8）。

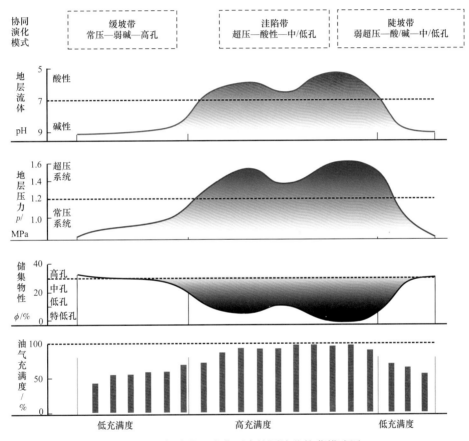

图 2-6-8　断陷盆地成藏要素协同演化控藏模式图

3）古近系—新近系油气分布有序性及差异性富集机理

断陷盆地构造格局及沉积充填控制着圈闭类型、输导体系、储集条件、源储配置等成藏要素的有序发育，决定了不同构造带油气成藏序列。在同一洼陷内，油气有序成藏表现为从洼陷中心到边缘，油藏类型依次发育岩性、构造、地层类油藏，形成油藏纵向叠置、横向毗邻有序分布的成藏特征。在同一沉积体系（构造带）内从深层到浅层，也表现出岩性、构造、地层的有序分布特征。在断陷盆地层序格架内，主力烃源岩层系内油藏类型序列最完整，随着远离烃源岩层系，油藏类型序列虽不完整但依然有序分布

（王永诗等，2018）。

盆地压力—流体—储集性及其相互作用是断陷盆地油藏分布有序性和油气富集差异性的内在机制，三者协同演化模式与断陷盆地结构具有良好的对应性。断陷盆地油气藏类型的有序分布与差异富集揭示了油气成藏与富集的基本规律，成熟探区通过分析已发现类型分布序列的不完整性，可有效指导精细勘探目标选区。

3. 前古近系潜山油气成藏机理与富集规律

1）前古近系构造演化与成盆—成山过程

（1）中生界—古生界构造特征及构造样式。

① 现今构造分区及特征。

依据现今切割到中生界—古生界的盐山—歧口—兰聊断裂、郯庐断裂、张家口—蓬莱断裂等三条区域大断裂，将渤海湾盆地划分为三个大区，并进一步依据北西向大断裂划分为七个小区。其中 Ⅰ 区为太行山以东、盐山—歧口—兰聊断裂以西地区，以北（北）东向断裂为主，少量近东西、北西西向断裂，以石家庄—衡水断裂、马陵断裂为界，可细分为三个小区；Ⅱ 区为盐山—歧口—兰聊断裂以东、郯庐断裂以西地区，以北西（西）向断裂为主，少量近东西、北东（东）向断裂，以埕北—五号桩断裂为界，可分为两个小区；Ⅲ 区为张家口—蓬莱断裂以北，以北（北）东向断裂发育为主，以秦皇岛—旅顺断裂为界，可分为两个小区。

② 构造样式及分布。

系统解析与刻画了渤海湾盆地中生界—古生界构造变形特征，发现了"挤—拉—滑—剥"等多种构造样式并存，识别出了伸展、走滑、挤压三种单一性质的构造样式类型，以及反转、伸展—走滑等叠加复合构造样式。其中伸展构造样式全区普遍发育，走滑、伸展—走滑构造样式发育在北东向走滑断裂带及其附近地区，反转构造样式主要发育在盐山—歧口—兰聊断裂以东、张家口—蓬莱断裂带以南地区，以济阳坳陷最为典型。

（2）盆地叠合单元划分及特点。

渤海湾盆地印支期以来不同阶段盆地相干型叠合，依据侏罗纪、早白垩世和古近纪三期盆地的差异性，可以划分为持续沉降、复合沉剥、持续隆剥三大类叠合单元，其中复合沉剥型进一步划分为中沉新剥、中复新沉、中复新剥、中剥新沉四小类叠合单元。持续沉降型、复合沉剥型叠合单元有利于中生界、古生界保存，复合沉剥型有利于前古近系有效烃源灶的形成，也为潜山多层系有效储层的发育提供了条件。

（3）潜山类型划分及分布。

根据成因—结构特征可将渤海湾盆地中生界、古生界潜山划分出单期成山—单期埋藏、单期成山—多期埋藏、多期成山—单期埋藏、多期成山—多期埋藏四大类潜山，进一步依据成藏与埋藏匹配关系的差异性划分为八小类，不同类型潜山带的结构特征存在明显差异（表 2-6-1）。其中，Ⅰ 区印支期挤压作用弱，燕山期、喜马拉雅期北北东、北东向断层活动强烈，以燕成—喜埋，燕、喜成—喜埋，喜成—喜埋型潜山发育为主；Ⅱ 区印支期—燕山期以北西西向反转断层活动为主，以持续抬—喜埋，印成—燕、喜埋，燕、喜成—喜埋型潜山发育为主；Ⅲ区郯庐断裂带燕山期、喜马拉雅期伸展、走滑作用强烈，以燕、喜成—喜埋，燕、喜成—燕、喜埋型潜山发育为主。

表 2-6-1　渤海湾盆地潜山类型划分表

潜山分类		山体层系	侧接层系	超覆层系	顶覆层系	典型潜山
单期成山单期埋藏	燕成—喜埋	中生界古生界		古近系	古近系	
	喜成—喜埋		古近系		古近系	
				古近系	古近系	
			古近系	古近系	古近系	
单期成山多期埋藏	印成—燕、喜埋	下古生界		中生界	中生界	
	燕成—燕、喜埋	中生界古生界		古近系	古近系	
多期成山单期埋藏	燕、喜成—喜埋	古生界元古宇(Ⅰ区)太古宇(Ⅱ、Ⅲ区)	古近系		古近系	
		中生界古生界	古近系	古近系	古近系	
	持续抬—喜埋	古生界	中生界上古生界古近系	古近系	古近系	
多期成山多期埋藏	印、喜成—燕、喜埋	古生界	古近系	古近系	中生界	
		中生界古生界	中生界古近系		古近系	
		中生界古生界	中生界古近系	古近系	古近系	
	燕、喜成—燕、喜埋	中生界古生界	中生界古近系	古近系	古近系、新近系	

2）前古近系储层特征、成因及分布规律

（1）海相碳酸盐岩储层。

下古生界碳酸盐岩发育孔—洞—缝复合型优质碳酸盐储层，有效储集空间主要发育在不整合之下、断裂带附近和白云岩中；燕山期—喜马拉雅期抬升暴露阶段大气水淋滤作用和烃类充注的耦合控制了岩溶高地—斜坡区表生型优质碳酸盐岩储层发育，埋藏过程断裂沟通的热液和大气水的溶蚀作用与烃类充注的耦合控制了内幕断溶型储层发育，早期白云化过程控制了内幕白云岩储层发育。燕山期/喜马拉雅早期抬升暴露—反转深埋的斜坡区和洼陷区、燕山期—喜马拉雅早期断裂发育区、内幕白云岩储层是渤海湾盆地碳酸盐岩油气储层勘探的有利目标区。

（2）陆源碎屑岩储层。

渤海湾盆地上古生界砂岩储层发育大量长石次生孔隙和高岭石晶间孔（靳子濠等，2018）；多期次构造抬升—沉降过程中大气淡水溶蚀作用和煤系烃源岩生酸溶蚀作用的接力耦合控制了上古生界砂岩储层中次生孔隙和高岭石晶间孔的发育，刚性颗粒和油气充注有效保存孔隙到深层和超深层；潜山顶—坡—洼叠合过程控制了上—下石盒子组大气水淋滤主控型、大气水淋滤—有机酸溶蚀共控型和有机酸溶蚀主控型储层的分布，早期抬升暴露—晚期反转深埋的斜坡区和洼陷区是上古生界深层油气储层勘探的最有利目标区。

（3）不同类型储层成因及分布规律。

提出了多期次构造沉降—抬升背景下深部层系古老岩石浅层成储—深层保存的优质储层成因理论认识；对下古生界碳酸盐岩，主要发育在古近系烃源岩生排烃区有较好配置关系的深埋风化壳型深潜山和白云岩发育区、与石炭系—二叠系煤系烃源岩生排烃区有较好配置关系的断裂发育的斜坡带和洼陷带；对上古生界碎屑岩，有效储层主要发育在与石炭系—二叠系煤系烃源岩生排烃区有较好配置关系的斜坡区和洼陷带。

3）潜山油气成藏模式与富集规律

（1）油气输导模式。

潜山油气输导体系组合方式可划分为源储分离—断层垂向输导、源储对接—断层侧向输导和源储叠置—上下输导三种类型。在源储分离—断层垂向输导型中，石炭系—二叠系或沙河街组三段烃源岩生成的油气沿断层向上运移，并向储层发生侧向分流；源储对接—断层侧向输导型中，石炭系—二叠系或古近系烃源岩与古生界砂体或风化壳通过断层侧向对接，油气横穿断层向储层发生充注；源储叠置—上下输导型中，石炭系—二叠系烃源岩与古生界储层上下叠置，油气主要通过裂缝等输导通道向储层发生充注。

（2）油气成藏期次。

渤海湾盆地潜山气藏存在多期充注、破坏和调整，盆地内不同潜山油气藏的成藏期次存在较大差异。研究表明，中生界—古生界主要存在中三叠世、中侏罗世—早白垩世和新近纪—第四纪三期成藏，其中济阳、黄骅、临清、冀中坳陷为两期或三期成藏，以晚期成藏为主，渤中和辽河坳陷为新近纪—第四纪晚期成藏。受保存条件控制，主要存在早期油相—抬升期破坏—晚期油相、早期油相—抬升期破坏—晚期气相、晚期油气相、晚期油相等多种类型的相态演化类型。

（3）油气成藏模式及富集规律。

渤海湾盆地潜山油气成藏模式可划分为源储早期叠置—晚期分离型、源储早期叠置—晚期侧接型、源储多期叠置型和源储晚期侧接型四类。通过典型油气藏解剖，潜山油气富集规律主要有以下五个方面：一是多套烃源岩分布控制油气来源与分布差异；二是烃源岩热演化与生烃的多期次性控制油气成藏期次；三是多种烃源岩类型与多期构造沉降—抬升控制油气相态演化；四是源储配置和储层发育差异控制油气富集层系及富集程度；五是区域性盖层分布及其封闭能力演化差异控制油气保存程度（蒋有录等，2020）。

4. 提高产能井筒评价及工艺技术

1）复杂储层油气录井检测及评价技术

（1）钻井液中气体在线定量检测分析技术。

研制了防爆机械定量脱气器，具有钻井液定量采集、恒温加热、恒速脱气的优势，定量脱气器脱气效率为 45%～50%，高于常规脱气器 4%～10% 的脱气效率，提高了油气快速发现能力。与常规气测对比，检测油气信息更丰富（C_1—C_{10} 包括苯和甲苯）、精度更高，有利于弱显示油气层的发现，油气层界面划分更加准确。实现了 C_1—C_{10} 组分的随钻实时定量检测，突破了国内常规录井非定量仅检测 C_1—C_5 的现状，技术指标达到国际领先。

（2）钻井液核磁共振在线检测分析技术。

形成了钻井液自动采样技术和装置，基于 Halbach 磁体阵列原理形成内部高均匀场、外部零漏磁场的磁体设计及仿真研究，形成了小型化钻井液核磁共振传感器；研发了钻井液核磁共振在线测量系统的软硬件，形成了钻井液核磁共振在线录井仪，最低含油量检测达到毫克 / 升（相当于 7 级荧光），实现了随钻过程中钻井液中含油量的在线定量检测，提高了复杂地质条件下发现和评价油气的准确性。在国内外率先实现了基于核磁共振技术的钻井液含油量在线定量检测，最小含油量测试下限可达到 40mg/L。

2）复杂地质体测井评价技术

（1）偶极声波远探测技术。

深化裂缝类储层参数评价技术研究，形成了一套完善的反射横波成像处理和解释评价技术，全面提升井旁附近异常地质体的测井评价能力，为油藏描述和地质分析提供技术支持。形成了基于时间慢度域的反射横波三维成像技术，建立了 4 类 18 种不同缝洞及其组合的解释模式。成功探测到井孔外 80m 的裂缝带（国内外探测距离最远纪录），能够有效描述井旁复杂地层的地质体及其延伸状况。开展声波远探测测井的地震成像技术研究，建立了针对声波远探测数据的地震处理技术流程，形成了声波远探测测井联合地震数据的地质目标描述技术。

（2）复杂地质体测井"九性"关系表征方法。

开展了多尺度数字岩心建模和数据模拟，首次提出了测井解释"九性"关系，增加了储层可改造性、地层三维非均质性、地球化学特性、地层压力与流动和保存特性、井筒环境特性等 5 个参数，丰富了测井评价理论与技术内涵，为精细建模、储层参数计算、油气水准确判别，以及产能预测提供支撑。应用测井"九性"资料对花沟古生界、罗家等进行精细测井产能预测评价，预测符合率达到 85.7%。

（3）人工智能测井评价专家系统。

将深度学习引入人工智能测井评价方法中，研究了深度神经网络模型下的知识表征和推理，重点针对砂砾岩储层，深化人工智能专家系统，拓展其推理和预测功能，全面提升测井综合评价能力。完善了砂砾岩、滩坝砂、致密砂岩、低电阻率油层、碳酸盐岩、火成岩、变质岩和页岩油气等 8 类复杂储层专家知识库，测井解释符合率达 90% 以上。

3）动态负压射孔技术

（1）井筒环境下动态负压精确控制方法。

研制了通用性负压弹，孔眼圆润。根据井下温压数据，综合考虑储层物性、环空压力、泄流面积、泄流体积等变量，完善了井下动态负压控制模型，形成了井筒环境下动态负压精确控制方法。设计与实际测试最小负压值误差达到2.3%。

（2）动态负压值优化设计方法。

通过对不同储层孔道形成和压实过程的孔道孔隙度与渗透率伤害程度进行评价，结合动态负压环境下射孔试验数据，基于射孔孔道的稳定性需求，完善了针对不同储层物性的动态负压射孔值优化设计方法。

（3）动态负压射孔工艺技术。

创新了动态负压设计模型、井筒环境下动态负压控制模型、动态负压射孔方案设计流程，研发了动态负压射孔方案设计流程与软件系统。

4）深部低渗透储层提高产能压裂技术

（1）组合裂缝压裂技术。

① 多次暂堵形成多缝压裂技术。

形成了多尺度组合缝网压裂工艺技术；发明了基于深部储层数字岩心的力学参数计算方法，明确了多参数对多尺度裂缝扩展的影响规律，建立了地质条件工艺选择图版；开展了四维微地震裂缝扩展规律研究，创新了暂堵多缝等针对三类储层的组合缝网压裂工艺。当应力差小于7MPa，采用大排量逆混合压裂工艺；应力差7~10MPa，采用缝内暂堵多缝压裂工艺；应力差大于10MPa，采用扩容宽带压裂工艺。

② 低黏液体系形成多缝压裂技术。

认清了纳米材料渗吸替油机理，研发了水基活性纳米渗吸压裂液体系，基于组合缝网压裂工艺，实现了压裂吞吐替油，与常规压裂液比替油效率提高59.9%。

③ 高导流裂缝优化设计技术。

创新形成了高导流通道裂缝优化设计技术，建立了压裂液—纤维—支撑剂三相模型，明确了纤维对支撑剂成簇控制的规律；建立了基于界面追踪思想的两相流模型，提出了脉冲纤维加砂形成高导流裂缝优化设计技术。

（2）纵向多层均衡压裂改造技术。

综合考虑储层岩石力学特征、纵向分布、施工能力等主要因素的相关性，以储量控制最大化为目标确定优化的分层数。建立了利用岩石力学实验校正力学参数和考虑各向异性的应力计算方法，提高了纵向应力计算精度。针对排量12~14m³/min组合缝网压裂，裂缝有效高度由40~50m提升到60~65m，能够实现纵向均衡改造。

三、应用成效

成果全面应用于渤海湾盆地的油气精细勘探，取得了显著效果，累计探明储量$12.8×10^8t$，落实了千万吨级以上规模增储阵地30个，对我国东部成熟探区和其他类似油区的持续勘探具有重要的推广和借鉴价值。

1. 济阳—黄骅坳陷古近系斜坡带

1）埕海断阶型斜坡带

前期以"断裂控砂、构造控藏"模式为指导钻探了张海 6 等井，未能达到海上商业产能。但富油气凹陷勘探理论认为沙河街组二段为低水位期沉积，砂体最为发育，并夹持于沙河街组三段与沙河街组一段两套优质烃源岩之间，成藏配置优越。为此，攻关提出了"顺向供砂、斜坡控砂、洼槽富砂"的控砂机制，修正了以往"东西向断裂控砂、鼻状构造翼部砂体不发育"的传统认识，拓展了勘探领域。构建了低断阶"油气复式输导、优势相带控藏、叠加连片含油"控藏机制，构造、构造—岩性、岩性油藏并存，修正了以往构造圈闭聚油的控藏机制。2011 年优化了以沙河街组二段为主要目的层的整体部署及分步实施方案，实施了埕海 33 井、埕海 35 井、埕海 36 井，均获高产油气流，一举突破了高产关。2012—2013 年，运用含油气检测整体实施探井 14 口，探井成功率100%，累计新增石油地质储量 14138×10⁴t，发现埕海三区。2017 年优选埕海 33 井区钻探评价井张海 17101 井，试油获百吨高日产量，揭开亿吨级储量升级动用的序幕。2018—2020 年，通过细化五级层序沉积微相研究，明确了水下分流河道、河口坝优势砂体的分布规律，进一步明确沙河街组二段主力砂组储层物性较好，优质储层分布范围广。实施的埕海 306 井，测井解释油层 63.9m/10 层。试油射开 3631.4～3681.9m（斜深），43.9m/5层，16mm 油嘴自喷，日产油 535t，日产气 11.4×10⁴m³。埕海低断阶新增石油探明储量3198×10⁴t，创油田近 10 年单区块整装探明储量规模之最。

2）济阳坳陷陡坡带砂砾岩

断陷盆地陡坡带广泛发育砂砾岩，扇根部位由于分选差、岩屑组分含量高，又紧邻深大断裂体系，成岩过程中压实和胶结作用强烈，储层物性差，而扇中不仅残余原生孔隙发育，而且酸性—碱性流体交互溶蚀作用形成的次生孔隙也发育，物性较好，因此，易形成扇根遮挡的成岩圈闭；深层砂砾岩圈闭古压力多为常压或低压，与其侧接的沙河街组四段上亚段、沙河街组三段下亚段两套优质烃源岩成烃演化过程中形成超压，表现为两套烃源岩开始大量生烃的深度与压力出现超压的深度吻合，在源—储压差作用下，深层生成的油气源源不断充注于扇中成岩圈闭富集成藏，最终形成扇根封堵的油气成藏模式。受生烃演化的控制，深层不仅发育扇根封堵的岩性油藏，在其更深的部位往往还发育扇根封堵的凝析气藏。2016 年以来，东营凹陷陡坡带基于"源—汇"体系重新建立了主物源—侧物源共同控制的砂砾岩扇体沉积模式，提出陡坡构造转换带控砂模式，指出冲沟侧翼小型扇体发育泥岩隔层新认识，突破了陡坡单斜扇体缺乏隔层难以成藏的传统观点。形成了沉积模型约束的变差函数数值模拟微相识别技术，可达到亚相及微相识别精度。研究成果有效指导了勘探部署，东营凹陷北部陡坡带砂砾岩获日产百吨井 3 口，累计新增探明地质储量 1866.87×10⁴t，东西 30km 内 7 个油田呈现连片态势。

2. 冀中—黄骅坳陷古生界

1）黄骅坳陷古生界

乌马营潜山古生界勘探程度非常低，到 2017 年只有乌深 1 井钻遇古生界，奥陶系获得高产工业气流，硫化氢含量较高（硫化氢含量 16.5%），该潜山勘探工作停滞。2017 年以来，重点开展了石炭系—二叠系碎屑岩潜山油气成藏研究，明确了大港探区南部上古生界煤系烃源岩厚度大，大面积稳定分布，烃源岩 R_o 为 1.1%～1.6%，处于大规模生烃阶段。二叠系上、下石盒子组河流相砂岩厚度大，平面分布稳定，埋深近 5000m 仍有较好物性。乌马营潜山上古生界成藏条件有利，是勘探突破的有利目标。重新对乌深 1 井上古生界进行评价，重新解释气层 35m/7 层，其中下石盒子组重新解释气层 76.8m/11 层，太原组重新解释气层 7m/2 层，之后部署了营古 1 井、乌探 1 井及营古 2 井。其中营古 1 井下石盒子组试油压裂日产油 24.46t，日产气 80122m³；营古 2 井压后日产气 424019m³，日产油 6.6m³。新增天然气储量 298.57×10⁸m³，凝析油储量 372.16×10⁴t，发现大港探区首个煤成气田——莲花气田。

2）冀中坳陷古生界

杨税务潜山奥陶系碳酸盐岩潜山但务古 1 等井钻探成效较差。2012 年以来，加强了奥陶系碳酸盐岩潜山精细构造落实、储层研究和压裂改造技术攻关，取得新认识和新成果：一是形成了叠前联合去噪、网格层析速度优化及 TTI 各向异性深度偏移、双聚焦叠前偏移成像等三项关键技术；二是重建了冀中坳陷北部奥陶系岩相古地理及储层发育模式；三是构建了"层—块复合"潜山成藏新模式。通过精细构造解释，新发现韩村—中岔口断层和杨税务断层，发现了大型杨税务潜山圈闭。2016 年在杨税务潜山部署钻探风险探井——安探 1X 井，在上马家沟组获日产气 40.89×10⁴m³、油 71.16m³ 的高产油气流，实现了冀中坳陷北部超高温奥陶系非均质性深潜山油气勘探的重大突破。通过创新应用超高温潜山段钻井与小间隙固井钻完井配套技术、超高温碳酸盐岩非均质储层大型酸化压裂改造增产技术，实现了安探 1X、安探 3、安探 4X 等井的高产稳产。2017—2020 年杨税务潜山钻探井 10 口，9 口成功，6 口获高产；新增天然气储量 327×10⁸m³、凝析油储量 759×10⁴t。

3. 辽河坳陷中生界

兴隆台潜山带中生界长期作为勘探太古宇潜山油藏的兼探层系，仅在马圈子潜山获得零星勘探发现。兴隆台中生界地质上长期认为"中生界储层致密，不具备有利成藏条件"。要实现中生界的勘探突破，首先从储层储集特征上要有新的认识。2016 年以来，加强兴隆台中生界有利储层岩性类型、储集空间类型、沉积、成藏系统研究，取得一系列新认识和新成果。一是岩石类型包括 2 大类、5 亚类、30 种岩石类型。裂缝与次生溶孔均发育的角砾岩是中生界主要的储层岩石类型；二是砾岩储层主要发育裂缝、溶孔两大类储集空间，以裂缝为主，孔隙次之；三是主要发育冲积扇—河流—湖泊沉积体系。中生界自下而上由三段组成。Ⅲ段为浅红色块状角砾岩，Ⅱ段为紫红色块状砂砾岩夹紫红色泥岩互层，Ⅰ段为一套玄武岩、安山岩等火山岩建造。由此，落实了中生界角砾岩油藏三个有利勘探区：陈家低潜山轴部、兴隆台高潜山东翼构造高部位、马圈子低潜山东翼构造高部位，有利面积为 56km²，预测资源量约 $1×10^8$ t。2018 年在兴隆台潜山部署探井陈古 6 井，在中生界角砾岩中压裂试油，采用 6mm 油嘴自喷求产，日产油 50t，日产气 5906m³；2019 年 4 月完钻的马古 16 井在中生界角砾岩中测井解释油层 470m；通过老井重新评价，实施的兴古 7-4 等 5 口老井试油均获工业油流，实现储量翻番。

四、主要知识产权成果

1. 有影响力的代表性论著

经历了"十一五""十二五""十三五"的三轮连续攻关，发表学术论文 645 篇，其中 SCI 或 EI 收录共 320 篇；出版专著 15 部。相关专著和文章系统阐述了以咸化富烃、多次生烃成烃机制，酸碱控储、持续溶蚀、壳断双控成储机理，有序分布、差异富集、协同控藏的成藏机制，单点高密度、组合缝网压裂等精细勘探技术为核心的陆相断陷盆地油气精细勘探理论及技术。其中，《断陷盆地油气相—势控藏作用》专著及相关文章，深刻揭示了陆相断陷盆地地层压力、地层流体及储集物性在深部油气藏形成与分布的控制作用。

2. 重要专利软件标准及推广应用情况

授权国内发明专利共计 96 件，授权实用新型专利 41 件；制定/修订行业标准 2 项、企业标准 17 项；获得软件著作权 28 件。相关专利与软件著作权有力支撑了以精细地质建模和高精度地震成像为核心的渤海湾盆地精细勘探关键技术。其中，国内专利《针对于断陷盆地成熟探区储量空白区解剖的方法》（ZL201810159335.6）、《一种富油凹陷成熟探区整体勘探方法》（ZL201810016522.9）和软件著作权《炸药震源波场分析系统》（2020SR0108532）、《基于压缩感知的地震数据重建软件 V1.0》（2018SR792583）等，支撑了渤海湾盆地油气勘探发现。

3. 重要科技成果奖励与人才培养

"中国东部成熟探区新增 17 亿吨探明储量油气成藏新认识与勘探新技术""断陷盆地油气精细勘探理论技术及示范应用——以济阳坳陷为例"获国家科技进步二等奖，断陷盆地油气精细勘探理论与勘探技术重大进步，进一步夯实了我国东部硬稳定的资源基础。此外，获省部级奖励 50 项，是对我国渤海湾盆地油气勘探与发现的充分肯定。依托渤海湾盆地项目平台，坚持"产学研用"相结合，形成了一支 200 多名具有创新精神的陆相断陷盆地研究核心技术人才团队，为陆相断陷盆地领域的持续深化研究储备了人才。

第七节 中国大型天然气田勘探地质理论

一、中国陆上天然气勘探现状、挑战与对策

1. 大型气田形成地质理论与勘探现状

从"六五"到"十五"中国天然气勘探取得了快速发展，特别是"九五"以来大气田的发展速度明显加快，截至 2007 年底，发现了克拉 2 和迪那等前陆超高压、苏里格和须家河等致密砂岩、靖边等碳酸盐岩、徐深等火山岩大气田，天然气探明储量达到 $59437 \times 10^8 m^3$，为中国天然气工业的快速发展奠定了基础。

随着天然气地质研究的逐步深入和勘探成果的不断扩大，我国天然气地质理论在不断发展，历经三个阶段，分别为理论引进与萌芽阶段（1949—1978 年）、煤成气理论发展阶段（1979—2000 年）和多元天然气地质理论系统形成阶段（2000 年至今）。早期我国天然气勘探指导理论主要为国外引进的 Tissot 油型气理论，仅在四川、渤海湾等盆地获得一些发现，至 20 世纪 70 年代末，天然气累计探明储量 $2460 \times 10^8 m^3$，年产量仅 $100 \times 10^8 m^3$，发展缓慢；80—90 年代，戴金星院士提出煤成气理论，期间并提出了一系列控气理论，如源控论（戴金星、胡朝元等）、源盖共控论（周兴熙等）、古隆起控气（戴金星等）、晚期成藏控气（戴金星等），这些理论指导发现了克拉、靖边、崖 13—1、磨溪等煤成气大气田，2000 年底，天然气探明储量 $2.60 \times 10^{12} m^3$，年产量 $191.6 \times 10^8 m^3$，拉开了天然气工业快速发展序幕；进入 21 世纪，针对中国天然气具有成因类型多、气藏类型丰富、成藏过程复杂、勘探领域多样的特点，为多元天然气地质理论形成创造了条件，发现苏里格、乌审旗、普光、大北、克深 2、塔中、徐深等一大批大气田，促进了中国天然气工业快速发展。

2. 重大需求与主要挑战

截至 2007 年底我国天然气资源虽丰富，但是，发现的储量还很少，天然气年产量 $694 \times 10^8 m^3$，在一次能源消费量中占比只有 2.7%，2021 年天然气占比达 6.1%，因此，迫切需要大气田的发现，为天然气快速上产提供资源基础。但是，我国天然气勘探面临的地质条件越来越复杂，与国外相比，我国天然气地质具有天然气分布广泛、储集类型多、成因类型多元、气藏形成复杂等特殊性，这些独特性决定了国外的天然气地质理论难以满足我国天然气勘探重大需求。因此，需要加强对大型天然气田勘探地质理论研究，指导发现更多大气田，缓解供需矛盾。从"六五"至"十五"天然气地质科技攻关和"973"天然气项目研究，形成了具有我国地质特点的天然气地质学理论，但随着我国天然气勘探向深层—超深层发展，存在一些尚未解决的天然气地质和地球化学关键科学问题，如高—过成熟阶段天然气生成机理及资源规模问题、深层大气田有利储集体与规模有效储层分布预测、天然气高效聚集和保存机制问题、大气田形成主控要素与分布预测

问题，解决这些具有挑战性的问题对推动我国天然气勘探及发展天然气地质学理论都具有重要作用。

3. 总体攻关目标与实施方案

1）总体攻关目标

"十一五"项目目标是发展和完善三种有机质生气机理、四种优质储层形成机理、五类大气田成藏模式，发展和完善六大天然气地质与地球物理勘探技术，提出 3～5 个千亿立方米大气田勘探目标，力争发现大气田（区）2～3 个，为年增天然气探明地质储量 $4000×10^8m^3$ 提供理论指导和技术支持；工作重点是开展中国大型气田形成条件、主控因素及目标评价研究。"十二五"项目目标是发展和完善中国天然气基础地质理论，发展大型古老碳酸盐岩气藏勘探理论，深化大型致密砂岩和火山岩气藏勘探理论，形成以含气饱和度定量检测为核心的天然气地球物理勘探技术，开发天然气地质综合评价和实验特色技术；系统评价主要含气盆地天然气资源潜力，研究大型、特大型气田成藏条件与分布规律，优选有利勘探区带 10～15 个，提供勘探目标 50～60 个，为发现和新增探明地质储量 $2×10^{12}m^3$ 提供理论和技术支持；工作重点是开展天然气富集规律研究及勘探目标评价。"十三五"项目目标是研发天然气特色地质实验和天然气地球物理烃类检测等新技术；深化研究以原油裂解气、煤成气等为主的多领域大气田成藏富集规律，发展和完善天然气地质理论；明确天然气分布规律与大气田勘探方向，优选大气田有利勘探区带 10～15 个，勘探目标 50～60 个，为新增天然气地质储量 $5000×10^8m^3$ 以上提供理论和技术支持；重点开展大气田富集规律与勘探关键技术研究。

2）实施方案

项目按"十一五"（2008—2010 年）、"十二五"和"十三五"三期进行，项目名称分别为"中国大型气田形成条件、富集规律及目标评价""中国大型气田形成条件、富集规律及目标评价（二期）""大气田富集规律与勘探关键技术"，由中国石油科学技术研究院牵头，项目长为魏国齐教授级高级工程师，联合中国石油西南油气田、长庆油田、塔里木油田、吉林油田以及长江大学、中国石油大学（北京）、东北石油大学、西南石油大学、成都理工大学、中国矿业大学等多家单位，开展"产学研用"联合攻关。

二、天然气成藏理论

1. 深层—超深层天然气多阶多途径生成模式

我国深层—超深层天然气勘探无论是在海相还是陆相都取得了重大进展，天然气探明储量快速增加，但对深层—超深层天然气资源评价仍然停留在以前的认识基础之上，需要对深层—超深层天然气生成机理进行重新认识。

1）煤成气和原油裂解气生成下限下延

煤成气和原油裂解气是我国天然气主要成因类型。传统观点认为煤成气生成结束成熟度 R_o 为 2.5% 和原油大量裂解的温度为 180℃。依托国家油气重大专项，利用自主研发的多种模拟设备，在两种成因天然气生成下限和生气量方面取得了显著成果。煤生气结

束成熟度 R_o 界限值由以前的 2.5% 下延为 5.0%，煤在高—过成熟阶段（R_o＞2.5%）生气量可增加 40%～50%。原油裂解成气大量裂解温度由以前认为的 180℃ 下延到 210℃，裂解气量最大可达 800m³/t。煤成气和原油裂解气生成下限下延对我国广泛分布的高—过成熟煤系气源岩分布区和四川、塔里木盆地深层—超深层海相原油裂解气勘探奠定了理论基础。

2）高—过成熟多阶多途径复合生气机理

近几年来，国内天然气勘探逐渐向深层—超深层发展，在煤成气和原油裂解气生成下限下延认识基础上，提出了高—过成熟多阶多途径生气模式，深化和完善了高—过成熟天然气生成理论，以指导深层—超深层天然气勘探。

基于 1311 个天然气样品 C_1—C_3 烷烃碳同位素、组分和轻烃组成实验分析，根据高—过成熟天然气地球化学特征，提出高—过成熟天然气生成具有四个演化阶段（图 2-7-1），分别为：（1）R_o=1.3%～1.6%，对应的湿度大于 8.0%，天然气生成进入以原油裂解气为主的阶段；（2）R_o=1.6%～2.0%，对应的湿度分布在 1.6%～8.0% 之间，为高温裂解气；（3）R_o=2.0%～2.5%，对应的湿度为 0.8%～1.6%，为混合成因；（4）R_o 大于 2.5%，天然气生成受高温芳核脱甲基、甲烷聚合及有机—无机相互作用等多种因素影响。

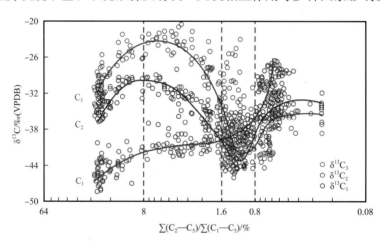

图 2-7-1 高—过成熟天然气湿气系数与甲烷、乙烷和丙烷碳同位素分布关系

高—过成熟天然气组成比较复杂，反映其可能有多种生成途径（张水昌等，2021），主要如下：（1）干酪根初次裂解生气。作为深层油气来源的主要母质类型，海相 I/II 型有机质或干酪根的生烃潜力、特征和时限对深层天然气资源潜力具有影响。R_o 小于 2.0% 为主生气阶段，生气结束的成熟度下限为 R_o 在 3.5% 左右。（2）轻馏分裂解和湿气裂解。原油中轻烃（C_6—C_{13}）或轻馏分具有较高的热稳定性，是高—过成熟阶段主要液态烃成分，对晚期裂解生气可能具有重要贡献。轻烃主要裂解生气时限为 R_o=1.6%～2.5%，是高—过成熟阶段一种重要的生气母质类型。（3）高温高压下有机—无机复合生气作用。元素和矿物是烃源岩的主要组成部分，与有机质结合形成的无机—有机复合体，是天然气生成过程中不可或缺的载体，水—铁/锰元素对有机质生气具有催化作用。（4）以芳核脱甲基为主对过成熟天然气具有影响，该阶段主要发生在 R_o 大于 2.5%，生气量贡献有

限，但对天然气碳同位素影响较大。

基于上述认识，建立了高—过成熟阶段天然气多阶多途径生成模式，如图 2-7-2 所示。从图 2-7-2 中可以看出，在高成熟阶段，轻烃裂解天然气贡献最大，可以贡献 40m³/t，高—过成熟阶段的水—岩—有机质相互作用及湿气裂解生气量大约 30m³/t，在过成熟阶段，芳核脱甲基作用可以贡献甲烷量 15m³/t。在 R_o 大于 2.0% 的过成熟烃源岩分布区，烃源岩生气潜力可增加 100m³/t，约占总生气量的 30%，反映深层—超深层地区天然气生成潜力很大。天然气多阶多途径生成模式为深层天然气资源评价和预测提供了理论依据。利用多阶多途径生气评价模型，结合烃源岩重新认识，对四川、塔里木和鄂尔多斯盆地深层天然气生气量重新进行了评价，总生气量比第三轮全国油气资源评价计算结果增加约 $1748 \times 10^{12} m^3$，增加约 33%。

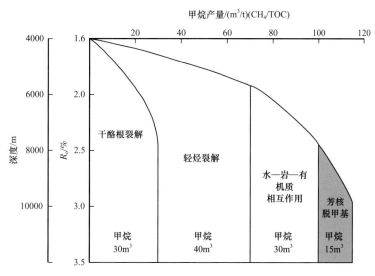

图 2-7-2　高—过成熟阶段天然气生成主要途径及模式

基于煤成气和原油裂解气生成下限下延和高—过成熟多阶多途径复合生气机理认识，结合前人生气模式，提出了腐泥型烃源岩全过程生气演化模式（李剑等，2018），该模式的内涵主要体现在以下方面：（1）将生烃演化上限上延至 R_o 等于 5.0%。（2）将演化阶段划分进一步精细化为 5 主段、9 亚段。（3）确定了干酪根初次降解气、原油裂解气的主生成期。（4）对高—过成熟阶段烃源岩的生气演化规律进行了补充完善，确定了原油裂解的起始和终止温度。（5）确定了天然气重烃的裂解时机，初步探讨了常压条件下甲烷的起始裂解温度与裂解时机。全过程生气模式明确了高演化阶段不同类型天然气的量及其相应比例，为不同类型天然气的成藏贡献研究奠定了理论基础。确定了天然气的裂解时机，指出 R_o 小于 5.0% 的深层仍有勘探潜力，新建的模式发展完善了经典的油气生成模式，为深层海相天然气勘探提供有效的理论和技术支持。

2. 拉张、稳定和挤压三种动力学背景下碳酸盐岩沉积模式

针对碳酸盐岩台地内能否发育规模储集体这个难题，提出随着全球板块的聚散，台

地经历拉张、稳定和挤压三种动力学环境，形成台地内的构造—沉积分异，发育不同类型的规模储集体。基于四川、塔里木、鄂尔多斯等三大重点盆地的构造演化史、不同地层的沉积特征，将碳酸盐岩台地划分为拉张、稳定、挤压三种类型动力学背景碳酸盐岩台地，建立了三种构造动力学背景下碳酸盐岩台地沉积相新模式。与经典碳酸盐岩沉积相模式对比，在台地内识别了新的规模储集体，为碳酸盐岩勘探提供了地质依据。

1）三类动力学背景下碳酸盐岩沉积相模式

拉张动力作用下，台地上受力作用集中的区域或构造软弱带可能出现大量正断层，断层上下盘则形成相对高低的古地貌背景，古地貌的差异决定了碳酸盐岩沉积类型，形成不同的沉积亚（微）相，古地貌低处称之为裂陷。台地上受力作用相对弱的区域，可能形成相对低洼的区域，称之为洼地。相对于经典沉积相模式，主要差异在开阔台地相区，在原来台内滩和滩间海亚相的基础上增加了裂陷台盆及边缘、台内洼地洼地边缘等4种亚相（图2-7-3）。如四川盆地灯影组沉积期、长兴组—飞仙关组沉积期受拉张构造背景影响形成台地内部古地貌和沉积格局的差异。

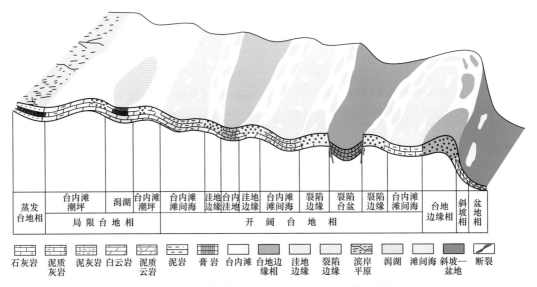

图2-7-3　拉张背景下碳酸盐岩台地沉积相模式及特征

在稳定构造背景下形成的碳酸盐岩台地其内部构造—沉积分异现象较弱，相对稳定的构造背景下形成的碳酸盐岩台地，其构造活动特征不明显，主要在继承前期构造活动造成的古地貌基础之上发育碳酸盐岩台地，以继承性沉积活动为主。在台地上主要发育大型台内洼陷为特征，在台内洼陷周缘发育大面积的台内滩和台内丘滩复合体沉积，形成大面积有利储集相带，如塔里木盆地寒武纪以稳定构造背景下的碳酸盐岩台地沉积为特征。

在挤压构造背景下，碳酸盐岩台地也存在较强的构造—沉积分异现象，在开阔台地、局限台地上以发育大型水下或水上隆起为特征，在隆起上或周缘发育大型台内滩或台内丘滩体。如四川盆地乐山—龙女寺古隆起、鄂尔多斯盆地中央古隆起及塔里木盆地塔北、塔中、塔西南三大古隆起等。

2）三大盆地重点海相层系构造岩相古地理

　　碳酸盐岩岩相古地理编图一般应用经典碳酸盐岩镶边台地相模式和缓坡沉积相模式，主要规模储集相带为台地边缘礁（丘、滩）。本次研究主要应用拉张、稳定和挤压构造动力学背景下碳酸盐岩沉积相新模式，对四川盆地震旦系、寒武系，塔里木盆地寒武系，鄂尔多斯盆地寒武系、奥陶系重点勘探目的层沉积相进行研究，重新编制四川盆地震旦纪、寒武纪构造岩相古地理图6幅（图2-7-4），塔里木盆地寒武纪构造岩相古地理图6张，鄂尔多斯盆地寒武纪、奥陶纪构造岩相古地理图13幅。在三大盆地的重点领域发现评价了11套相似的有利规模储集体，为勘探提供了地质依据。

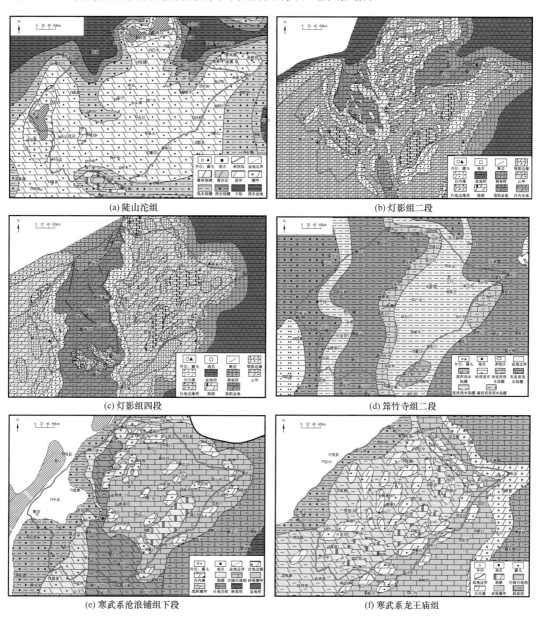

(a) 陡山沱组　　(b) 灯影组二段　　(c) 灯影组四段　　(d) 筇竹寺组二段　　(e) 寒武系沧浪铺组下段　　(f) 寒武系龙王庙组

图 2-7-4　四川盆地震旦系—寒武系重点层系岩相古地理图

3. 大型古老碳酸盐岩大气田成藏理论

1）古老碳酸盐岩大气田"五古"成藏理论

基于上扬子克拉通构造沉积分异特征研究，重建"两坳三隆"古构造格局，提出古裂陷、古隆起、古丘滩体、古烃源灶、古今持续封闭"五古"控藏的古老碳酸盐岩大气田成藏理论。

（1）震旦纪—早寒武世德阳—安岳、震旦纪万源—达州克拉通内裂陷（图 2-7-4）。德阳—安岳克拉通内裂陷呈南北向展布，最大面积近 $5 \times 10^4 \mathrm{km}^2$，该裂陷经历了震旦纪灯影组一段—二段沉积期裂陷雏形阶段、灯影组三段—四段沉积期裂陷发育阶段、早寒武世麦地坪组—筇竹寺组沉积期裂陷充填与沉降阶段、早寒武世沧浪铺组—龙王庙组沉积期裂陷萎缩与消亡阶段（魏国齐等，2015）。提出在川东北地区发育震旦纪万源—达州克拉通内裂陷，两裂陷形成期大致相同，结束期有差异（赵文智等，2017）。

（2）四川盆地中部震旦纪—早寒武世高石梯—磨溪古隆起。四川盆地川中高石梯—磨溪地区发育一个主要与桐湾期有关的震旦纪—早寒武世近南北向巨型同沉积古隆起构造，其核部高石梯—磨溪地区震旦系灯影组顶面及相邻层组自震旦纪至今一直处于隆起高部位，称之为高石梯—磨溪古隆起（图 2-7-5）（魏国齐等，2015），轮廓面积达 $2.7 \times 10^4 \mathrm{km}^2$，该古隆起控制了灯影组四段、灯影组二段和龙王庙组超万平方千米的有利储层展布，控制三套优质储盖组合，长期为油气运聚的指向区，为大规模古油藏原位裂解聚集提供了条件，其根本上控制了安岳震旦系—寒武系特大气田形成与分布。

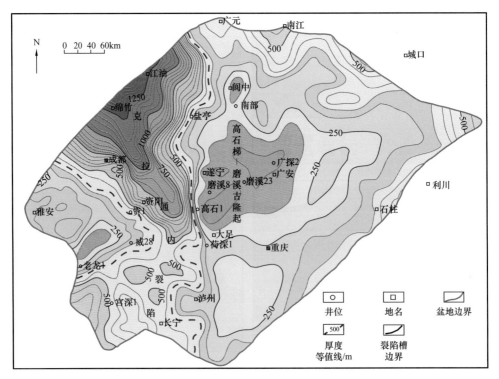

图 2-7-5　四川盆地高石梯—磨溪古隆起位置和特征

（3）裂陷内发育生烃中心，裂陷边缘发育规模储集体，隆起控制台内规模储层，形成良好成藏组合，为大油气田勘探有利区。德阳—安岳裂陷内主要为四川盆地早寒武世生烃中心（图2-7-4），重新评价震旦系—寒武系天然气资源量 $4.1 \times 10^{12} \sim 5.0 \times 10^{12} m^3$，是第三轮全国油气资源评价的10倍；万源—达州裂陷内可能发育陡山沱组优质烃源岩。裂陷周缘发育灯影组二段、四段高能丘滩体和龙王庙组台内颗粒滩，经过多期岩溶作用改造形成规模优质储层。灯影组三段泥页岩、筇竹寺组泥页岩既是烃源岩又是灯影组气藏的直接盖层和区域性盖层；龙王庙组气藏之上发育中寒武统高台组直接盖层和下二叠统梁山组、上二叠统龙潭组区域分布的泥岩超压盖层。更为关键的是下寒武统筇竹寺组和上二叠统龙潭组两套关键区域盖层在裂解生气高峰期已具备封闭能力，一直持续至今。因此，烃源—储层—盖层在空间上构成良好生储盖组合。

（4）川中地区震旦系—寒武系天然气主要为聚集型原油裂解气，主要捕获原油晚期裂解气，建立古老碳酸盐岩油藏原位裂解形成大气田新模式（图2-7-6）。川中古隆起震旦系—寒武系天然气具原油裂解气特征，根据建立的聚集型与分散型原油裂解气判识图版（魏国齐等，2015；李剑等，2017），进一步明确川中古隆起震旦系—寒武系天然气为聚集型原油裂解气。烃源岩生烃演化研究表明，高石梯—磨溪地区白垩纪时原位古油藏原油已完全裂解成气（魏国齐等，2015）。同位素动力学研究也表明，安岳气田主要聚集了195—160Ma原油裂解生成的天然气。

基于以上创新认识，提出古裂陷、古隆起、古丘滩体储层、古烃源灶（原油原位裂解为主）、古今持续封闭这"五古"要素时空有效配置实现天然气高丰度聚集的新认识，发展完善了古老碳酸盐岩大气田成藏理论。

2）克拉通内裂陷及周缘碳酸盐岩大型岩性气藏成藏理论

在前期研究的基础上，"十三五"期间对德阳—安岳裂陷和周缘构造、沉积、储层及成藏组合等方面又进行了深入研究，提出克拉通内裂陷及周缘碳酸盐岩大型岩性气藏成藏理论（魏国齐等，2022）。

克拉通内裂陷不同时期裂陷内、裂陷边缘发育不同类型规模丘滩体，为大型岩性油气藏形成奠定基础。德阳—安岳克拉通内裂陷发育时间是震旦纪灯影组沉积期—寒武纪龙王庙组沉积期，裂陷演化分为四个阶段，分别是形成期（灯影组一段 + 二段沉积期）、发展期（灯影组三段 + 四段沉积期）、充填期（麦地坪组 + 筇竹寺组沉积期）和消亡期（沧浪铺组 + 龙王庙组沉积期），在灯影组四段沉积期发育范围最大，面积约 $5 \times 10^4 km^2$。受其演化控制，四川盆地震旦纪—早寒武世发育不同时期裂陷内、裂陷边缘不同类型规模丘滩体：克拉通内裂陷形成期（灯影组一段、二段沉积期），受张性断裂作用，裂陷内发育由垒堑结构控制的断控丘滩体和孤立丘滩体，裂陷边缘发育台缘丘滩体；克拉通内裂陷发展期（灯影组三段、四段沉积期），发育裂陷内孤立丘滩体和裂陷边缘台缘丘滩体；克拉通内裂陷萎缩消亡期（沧浪铺组、龙王庙组沉积期），裂陷边缘发育弱镶边台缘颗粒滩体（图2-7-4、图2-7-7）。发育的裂陷内灯影组二段孤立和裂陷边缘灯影组二段、灯影组四段、沧浪铺组台缘两种类型丘滩体或颗粒滩体，为岩性大气田形成提供了有效的储集空间。

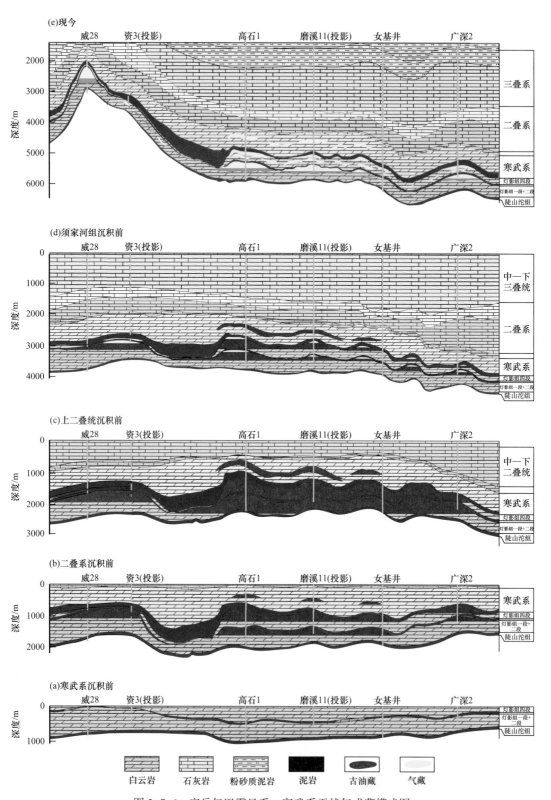

图 2-7-6　安岳气田震旦系—寒武系天然气成藏模式图

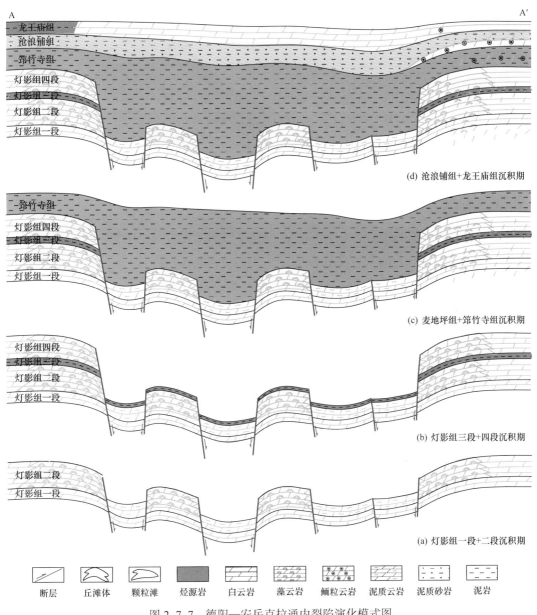

图 2-7-7 德阳—安岳克拉通内裂陷演化模式图

发育裂陷内和裂陷边缘两种岩性气藏。裂陷内寒武系麦地坪组 + 筇竹寺组泥页岩既是烃源岩又是盖层，厚度一般为 200～500m，生烃强度普遍大于 $50×10^8 m^3/km^2$。裂陷内多排灯影组二段孤立丘滩体为烃源岩包裹，烃源岩生成的油气从上、侧面向孤立丘滩体储层运移，并聚集成藏，形成裂陷内灯影组二段地层岩性气藏；裂陷边缘发育的多个大型灯影组二段、四段台缘丘滩体或沧浪铺组颗粒滩体，横向上为岩性致密带分隔，互不连通，与裂陷内筇竹寺组泥质烃源岩可形成良好的侧向或垂向对接关系，同时其灯影组四段上覆的筇竹寺组泥岩既是烃源岩也是直接盖层，形成裂陷边缘灯影组二段、四段和沧浪铺组岩性气藏（图 2-7-8）。

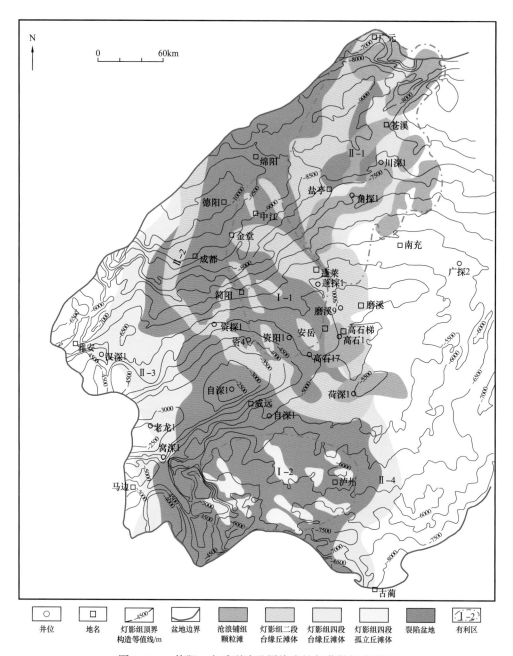

图 2-7-8　德阳—安岳裂陷及周缘岩性气藏勘探有利区

气藏形成经历了多期演化，为古油藏原油裂解累积聚集。蓬探 1、中江 2 灯影组二段气藏是侧向与垂向双源供烃的结果。加里东运动前，下伏震旦系烃源岩生成的液态烃类通过断裂输导运移至优质储层中，三叠系沉积前，紧邻灯影组二段的筇竹寺组底部优质烃源岩生成的液态烃类就近或通过侧向运移聚集到灯影组优质储层中，形成上、下双源供烃混源成藏的局面，并在上覆筇竹寺组泥岩良好盖层和单斜背景上倾方向滩间致密层的联合封堵下，形成大型岩性油藏。侏罗系沉积前，烃源岩处于高成熟的湿气生成阶段，以聚集轻质原油和湿气为主；白垩纪，储层中聚集的液态烃大规模裂解成气以及 C_{2+} 重烃气体的进一步裂解，现今气藏中保存了古油藏原油裂解早期—晚期的累积气。沧浪铺组直接上覆于筇竹寺组烃源岩之上，其天然气是源于筇竹寺组烃源岩的下生上储成藏模式的典型代表，断裂/裂缝是重要的输导通道。

在裂陷内灯影组二段垒控丘滩体上评价提出的蓬探1井和北斜坡灯影组四段台缘丘滩体上评价提出的角探1井，在多个目的层获得高产气流，发现新的大气区，有望再形成 $2\times10^{12}\sim3\times10^{12}m^3$ 的超级大气区，展示了与克拉通内裂陷相关的大型岩性气藏群巨大勘探前景。

4. 大面积致密砂岩大气田成藏理论

大面积致密砂岩是指以鄂尔多斯盆地上古生界和四川盆地须家河组为代表的平缓背景下发育的大面积缓坡型河流三角洲沉积砂体。基于对大面积致密砂岩成藏地质条件及成藏规律的研究，建立了源储交互叠置、孔缝网状输导、近源高效聚集致密砂岩大气田成藏理论，提出生气强度大于 $10\times10^8m^3/km^2$ 就可形成大气田（魏国齐等，2018）。

源储交互叠置是指在海相稳定克拉通之上发展起来的缓坡型（坡度 0.5°~3°）三角洲沉积体系，鄂尔多斯盆地上古生界发育遍布全盆地的石炭系—二叠系煤系烃源岩与大型缓坡型辫状河三角洲沉积砂体，在空间上呈近邻垂向叠置；四川盆地须家河组煤系烃源岩与大型敞流型三角洲沉积砂体，在空间上交互叠置（"三明治"结构），为大面积致密砂岩大气田形成奠定了基础。

孔缝网状输导是指烃源岩中生成的天然气通过烃源岩微裂缝、扩散运移等方式初次运移后，进入孔隙和微裂缝发育的致密砂岩中，孔隙和裂缝在空间上构成了网状系统，为天然气在致密砂岩储层中的运移聚集提供了良好的网状输导体系。通过野外露头剖面观察、钻井岩心描述、地震资料和成像测井资料解释等，发现鄂尔多斯盆地上古生界小型断层、微裂缝非常发育，并与大面积分布砂体背景下局部发育的相对高孔渗"甜点"在空间上构成良好的匹配，形成良好的孔缝网状输导体系。

近源高效聚集包含近源充注和高效聚集两方面的涵义。近源充注是指致密砂岩气藏的天然气组分、同位素特征与烃源岩成熟度具有很好的一致性，即烃源岩成熟度相对较高的区域，天然气组分偏干，甲烷碳同位素偏重。高效聚集是指致密砂岩气藏由于储层致密，天然气进入储层以后难以散失，聚集效率比常规气藏相对要高。通过典型气藏的解剖，致密砂岩天然气的运聚系数较高，可达 3%~5.2%，如鄂尔多斯盆地苏里格等气藏运聚系数为 3.0%~3.8%，四川盆地须家河组气藏运聚系数为 4.6%~5.2%。这种高效聚集使得致密砂岩在烃源岩生气强度 $10\times10^8m^3/km^2$ 区域可形成大气田，突破了大气田形成于生气强度大于 $20\times10^8m^3/km^2$ 的认识，但这些低生气强度（$<20\times10^8m^3/km^2$）区的大气田普遍高含水。

5. 天然气地质特色实验与地球物理技术

1）然气地质特色实验技术系列

在天然气生成、成因鉴别与成藏示踪、盖层评价方面形成了多项特色实验新技术。

（1）天然气生成实验技术。

天然气生成模拟实验技术为天然气资源评价和天然气气源研究提供了重要的技术参数。通过多年的攻关，目前形成了开放体系的连续无损耗全岩天然气生成模拟技术和封闭体系的黄金管温压共控地层条件下天然气生成模拟技术。通过将热裂解器与气相色谱仪联机应用实现了开放体系下气源岩热模拟全过程不同演化阶段模拟产物的分析与准确定量，为定量化表征 Ⅰ—Ⅱ$_1$ 型有机质干酪根降解气及煤系烃源岩的生气量和下限提供了技术支撑；黄金管温压共控油气生成模拟技术是通过黄金管的柔性使装在黄金管中的模拟样品能够加载与地质条件相同的地层压力，实现封闭体系下天然气生成模拟，求取烃源岩在地质条件下最大生气量。

（2）天然气成因鉴别与成藏示踪实验技术。

天然气成因鉴别是非常复杂的综合性研究工作，在油型气与煤成气成因鉴别指标体系的基础上，新开发了基于天然气中硫化氢硫同位素、氮气氮同位素和二氧化碳碳氧同位素分析及技术；针对高—过成熟天然气组成简单，可用信息少的问题，研发了甲烷簇同位素分析技术、天然气中痕量 C_2—C_3 组分富集及其碳同位素分析技术和天然气中 C_6—C_8 烃类富集及其组成分析技术。基于上述技术，建立了基于甲烷簇同位素、甲基环己烷/环己烷等判识天然气成因、来源等的判识新指标。天然气成藏示踪技术是研究天然气在地层条件下的各种运聚形式和成藏过程及成藏期次、成藏时间的手段。研发了流体包裹体气体组成及其烃类气体碳同位素测定技术、单体包裹体激光共聚焦扫描三维空间成像技术和天然气成藏一维、二维、三维物理模拟技术，探讨了岩石物性对天然气运聚效率及富集成藏条件等的影响，这些技术为研究天然气在地层条件下各种运聚形式和成藏过程提供了技术支撑。

（3）天然气盖层微观封闭能力检测与动态评价实验技术。

油气保存是油气成藏的关键要素，决定了油气藏的形成及富集程度。开发了高温高压条件下的岩石扩散系数和突破压力两项测定技术，获得地层条件下的盖层微观参数，建立了泥岩、膏岩、盐岩和碳酸盐岩（包括石灰岩和白云岩）作为有效盖层的温度压力条件和评价标准，为天然气各种盖层的评价提供依据，完善了不同类型大中型气田盖层微观参数评价体系。

2）复杂气藏储层预测与含气检测地球物理技术

由于天然气勘探开发对象日趋复杂，隐蔽性不断增强，以往对气藏的岩石物理与地震响应机理认识、地震处理与解释技术等已不能满足复杂气藏勘探开发的新形势，需要加大关键地球物理瓶颈技术的科研攻关力度，研发新的配套地球物理关键技术。"十一五"以来，针对复杂天然气藏储层预测与含气性检测关键技术难题，围绕岩石物理与地震响应机理、地震资料相对保真处理成像、地震储层预测、含气性定量检测等方面，研发形成了复杂气藏储层预测与含气检测地球物理关键技术系列，为气田综合评价与井位部署提供了新的理论指导和技术支撑。

（1）地震岩石物理与地震响应机理研究取得重大突破，实验室模拟结果更加逼近真实，为复杂气藏地震预测及新技术研发提供了理论依据和指导：① 首次在实际岩样中发现了饱和致密砂岩剪切模量增大（硬化）现象，提出了部分饱和储层弹性模量随压力变化的岩石物理新理论及模型；② 突破平面波传播理论限制，数值模拟出球面波 AVO 响应特征及频率、相位的变化规律；③ 首次在实验室利用天然致密砂岩样品模拟出第 I 类 AVO 效应，明确了致密砂岩地震响应的敏感角度；④ 成功模拟出国际上第一个孔洞地质模型，建立了地震响应与真实孔洞体积之间的校正量版，建立了孔洞大小与地震响应的定量关系；⑤ 首次开展了多套白云岩储层地震物理模拟，明确了不同厚度白云岩储层地震响应规律及识别方法。

（2）发展了地震资料相对保真处理成像技术，包括角度域速度建模逆时偏移技术、曲波变换自适应面波压制技术、表层—中深层一体化 Q 补偿与偏移技术，为复杂气藏地震预测提供了高质量数据资料保障。

（3）拓宽了复杂气藏地震储层预测技术渠道，从地震子波、频率、波场等多渠道入手，能够有效识别小于 1/4 波长的薄储层，储层预测吻合率达 83% 以上。① 能量约束非均质储层厚度识别技术。首次提出了地震偶极子波的概念，将储层顶底界面整体考虑，可降低井震联合储层厚度预测的多解性，提高薄储层识别的精度。② 被动波场含气检测技术，利用被动地震信息频率叠加剖面与分频段能量曲线的异常特征，在国际上首次实现了微弱地震信号含气信息变时窗提取与识别。③ 基于压缩感知的高分辨率 AVO 反演技术。引入图像学压缩感知理论构建了高分辨率 AVO 反演目标反演函数，有效提升反演分辨率与稳定性。④ 最小平方约束高分辨率频谱分解技术。建立了最小平方约束频谱分解机制，在时间和频率域同时提高分辨率。⑤ 多波角度弹性参数储层预测技术。将常规弹性参数扩展到角度域，储层敏感性提升两倍以上。

（4）复杂气藏含气性定量检测技术研究取得重大进展，突破常规约束机制、等效介质理论假设的限制，成功解耦了饱和岩石的固相与液相特征，实现了含气饱和度、孔隙度等物性参数的定量预测，预测吻合率达 80% 以上，促进了气藏从定性预测向定量预测的转变：① 多属性旋转物性参数定量预测技术。通过数据驱动方式建立孔隙度、饱和度等物性参数与地震多属性间的定量映射关系，有效减少了人为因素的干扰与对岩石物理模型的依赖性。② 岩相约束统计岩石物理物性参数定量反演技术。充分考虑了叠前地震反演精度以及岩相对弹性参数与物性参数间统计关系的影响，提出了岩相逐级二次约束理念及优化的统计策略，减少了物性预测的不确定性。③ 双相介质理论的物性参数预测技术。基于双相介质理论推导出双相介质反射系数简化方程及反问题方程，同步反演出固相弹性参数、液相弹性参数及物性参数，实现了储层的固、液参数解耦与储层、流体、物性的逐级定量预测。

三、应用成效

经过"十一五"至"十三五"国家油气重大专项攻关研究，中国天然气工业快速发展。截至 2020 年底，中国天然气探明储量达到 $17.428 \times 10^{12} \mathrm{m}^3$，年产量 $1940 \times 10^8 \mathrm{m}^3$，分别是 2007 年的 2.9 倍和 2.8 倍，天然气在我国一次能源消费中占比也由攻关前的 2.7% 增加到 8.4%。

（1）在古老碳酸盐岩大气田"五古"成藏理论指导下，评价提出的高石1风险探井获重大突破，发现我国单体储量规模最大的海相特大型气田——安岳特大型气田。

古老碳酸盐岩大气田"五古"成藏理论已应用于指导四川盆地天然气勘探实践，发现和探明了迄今为止我国地层最古老、热演化程度最高、单体储量规模最大的海相特大型气田——安岳特大型气田。在新理论认识指导下，2009年12月9日在"风险井位论证会"上，在川中高石梯—磨溪地区评价提出高石1风险勘探目标，通过专家论证，并标定了高石1井位，2011年7月12日，高石1风险探井于震旦系获日产百万立方米工业气流，拉开了震旦系—寒武系大规模评价勘探的序幕，有力支持了安岳特大型气田的发现，并指导四川盆地海相碳酸盐岩拓展勘探。截至2020年底，安岳气田震旦系—寒武系累计探明天然气地质储量 $1.03 \times 10^{12} m^3$，是21世纪以来全球在该领域的最大发现，也是中国天然气勘探史上具里程碑意义的重大事件，建成产能 $170 \times 10^8 m^3/a$，年产量近 $150 \times 10^8 m^3$，有力支撑中国石油西南油气田2020年建成年产 $300 \times 10^8 m^3$ 天然气工业基地，经济和社会效益显著。古老碳酸盐岩大气田成藏理论认识，对推动塔里木、鄂尔多斯等盆地古老碳酸盐岩的勘探发挥了重要指导作用。

（2）在克拉通内裂陷及周缘碳酸盐岩大型岩性大气田成藏理论指导下，评价提出的蓬探1、角探1两口风险探井获得战略突破，发现储量规模超万亿立方米的蓬莱大气区。

在克拉通内裂陷及周缘碳酸盐岩大型岩性大气田成藏理论指导下，首次在裂陷内灯影组二段垒控丘滩体和川中北斜坡灯影组四段台缘丘滩体分别评价提出蓬探1井、角探1井两类岩性勘探目标，钻探后均获重大战略突破，在安岳特大型气田以北，缺乏构造圈闭的川中北斜坡震旦系—寒武系，又发现了储量规模超万亿立方米的蓬莱大气区。

① 裂陷内灯影组二段垒控丘滩体勘探和蓬探1井突破。

2014年通过二维、三维地震资料精细解释，发现蓬莱地区灯影组二段台缘带往裂陷内金堂地区延伸，同时裂陷内发育多个孤立丘滩体。裂陷内灯影组二段台缘带和孤立丘滩体受断裂控制，丘滩面积达 $6000 km^2$，资源潜力近万亿立方米。其中蓬莱—金堂地区灯影组二段发育受断裂控制的多阶台缘带丘滩体，被筇竹寺组烃源岩包裹，岩性成藏条件优越，优选评价蓬探1井。2014年4月3日，项目组首次就蓬探1井评价情况与油田进行了交流，2014年7月9日，在风险井位审查会上蓬探1井通过风险井位论证，但未钻探，之后持续在8次风险目标和科技项目审查会上提出蓬探1井风险井位，直至2018年11月30日，在成都风险目标审查会上项目组汇报了《蓬莱—金堂地区裂陷内灯影组二段丘滩带蓬探1风险井位论证》，获得通过并实施。蓬探1井于2019年6月24日开钻，2020年1月19日完钻。2020年5月4日灯影组二段测试获 $121.98 \times 10^4 m^3/d$ 的高产工业气流，揭示裂陷内灯影组二段台缘丘滩体储层能形成大型地层—岩性气藏。蓬探1井突破后，评价勘探进展顺利，蓬探101、蓬探102、蓬探103井灯影组二段均解释出厚气层，其中蓬探101井测试获 $231 \times 10^4 m^3/d$ 高产气流；甩开预探的蓬深3井解释气层66m，差气层36m，有利勘探面积 $900 km^2$。显示了裂陷内灯影组二段垒控丘滩体巨大的勘探潜力。

② 多层台缘带丘滩体 / 颗粒滩勘探和角探 1 井突破。

"十三五"期间，通过地震资料精细解释，发现川中古隆起北斜坡灯影组四段台缘相对高石梯—磨溪主体地区，台缘带宽度变宽，厚度增加；成油成气时期均位于古构造高部位，同时与寒武系筇竹寺组烃源岩侧向对接，成藏条件好。灯影组四段台缘带受近东西向断裂影响，台缘带上发育潮道沉积，潮道内部地震相呈现强连续反射，推测为致密带沉积，潮道将台缘带分隔形成多个独立的丘滩体，可形成岩性气藏。高石梯—磨溪以北地区灯影组四段识别出 6 个丘滩体，面积 2760km²，优选评价角探 1 井。2016 年 2 月 29 日在成都科技项目审查会，项目组首次提出角探 1 井等风险井，之后先后 6 次在风险目标和科技项目审查会上汇报角探 1 井等风险井，2018 年 2 月 27 日，在北京科技项目审查会上项目组再次提出角探 1 井风险井，并获得通过。角探 1 井于 2018 年 9 月 18 日开钻，在灯影组四段丘滩相优质储层厚 177.6m，其中气层 100.3m（由于落鱼，未试气）。2020 年 10 月 17 日角探 1 井沧浪铺组测试获气 $51×10^4m^3/d$，显示了北斜坡多目的层大型岩性气藏立体成藏的特征。角探 1 井揭示川中古隆起北斜坡多层系含气，勘探潜力较大。角探 1 井突破后，评价勘探进展顺利，蓬深 1 井灯影组四段上亚段解释气层 56m，中途测试获气 $3.4×10^4m^3/d$，东坝 1 井灯影组四段解释气层 141.7m，差气层 27.2m，落实含气面积 920km²。地震资料刻画，灯影组四段台缘带丘滩体面积 2760km²，资源潜力超万亿立方米；沧浪铺组发育 9 个滩体，滩体面积共 2300km²，资源潜力可达 $4000×10^8m^3$。

（3）近源高效聚集致密砂岩大气田勘探理论，推动了苏里格、川中天然气储量快速增长。

基于近源高效聚集的致密砂岩大气田成藏理论认识，实现由构造气藏向大面积岩性气藏转变，由寻找单一砂体向大面积优势区（源、储、局部构造、裂缝等优势因素叠置）转变。在生气强度 $10×10^8m^3/km^2$ 可以形成大气田的新认识以及大面积找高效这一思路的指导下，带来了鄂尔多斯盆地上古生界和四川盆地须家河组天然气的快速发展。鄂尔多斯盆地上古生界由苏里格向低生气强度区的西部、北部、南部拓展，探明和有效开发了我国规模最大的致密砂岩大气田——苏里格大气田，截至 2020 年底，苏里格气田探明天然气地质储量 $2.07×10^{12}m^3$，天然气产量由 2007 年的 $18×10^8m^3$ 快速上升至 2020 年的 $275×10^8m^3$，为 2020 年长庆油田年产突破 $6000×10^4t$ 油当量作出了突出贡献。四川盆地须家河组以往勘探主要集中寻找局部构造气藏，大气田的发现很少，"十一五"国家攻关以来，勘探思路转向寻找大面积岩性气藏，勘探区域由广安向合川—安岳、西充—仁寿、剑阁—九龙山、龙岗—营山拓展，取得一系列重大突破，发现了广安、合川、安岳等多个千亿立方米大气田，川中地区累计探明天然气地质储量 $6460×10^8m^3$，有力支撑了中国石油西南油气田天然气储量的快速增长。

四、主要知识产权成果

1. 有影响力的代表性论著

经过"十一五"至"十三五"大型天然气田重大科技项目持续攻关以来，共发表学术论文 634 篇，其中 SCI 论文 181 篇，EI 论文 166 篇。针对国际前沿领域天然气簇同位素研究成果在国际地学顶级期刊 EPSL、GCA 上发表论文 3 篇，相关理论认识及建立的模型已获国际同行高度评价。一批论文及出版的系列专著，对发展我国天然气地质理论与勘探技术意义重大。

出版专著 21 部，其中《中国陆上天然气地质与勘探》等代表性专著汇集了中国陆上天然气地质理论、勘探技术与勘探实践等方面研究成果，丰富了天然气地质理论，发展了中国天然气地质学。

2. 重要专利软件和推广应用情况

项目申报专利共 119 项（国际 3 项），其中授权 62 项（国际 1 项）、受理 46 项、实用新型专利 11 项。以《连续无损耗全岩天然气生成模拟方法》《确定深层原油裂解气资源量的方法》等为代表的 24 项专利技术，对深层—超深层高演化天然气生成机理、海相碳酸盐岩和煤成气资源潜力重新认识起到关键支撑作用；以《一种用于稳定同位素检测的天然气中痕量烃类富集装置》等为代表的 25 项专利技术，为不同类型天然气鉴别图版和高演化天然气成因鉴别系列指标建立提供技术支撑，有效解决了安岳、蓬探 1、角探 1、塔中和鄂尔多斯盆地苏里格、靖边、榆林等复杂大气田高演化天然气成因来源及成藏机制等问题。以《一种能量约束非均质储层厚度识别系统》《基于频谱计算吸收衰减属性的油气检测方法及装置》等为代表的 21 项发明专利技术，突破了常规技术分辨率瓶颈，可以有效识别小于 1/4 波长的薄储层，支撑了川西北部双鱼石地区栖霞组、茅口组 10 余口重点探井勘探部署和储量提交。

3. 重要科技成果奖励与人才培养

项目获省部级以上科技奖励 66 项，其中国家科技进步二等奖 3 项、省部级科技进步特等奖 3 项、一等奖 23 项、二等奖 26 项。以"古老碳酸盐岩勘探理论技术创新与安岳特大型气田重大发现"为代表的项目荣获国家科技进步二等奖，印证了项目为中国天然气地质理论、勘探技术及产业化应用的快速发展作出的突出贡献。依托天然气项目，形成了一支 150 余名天然气地质研究核心技术团队，为天然气地质研究和勘探储备了高层次人才。

第八节　深层—超深层油气成藏地质理论与目标预测

一、深层—超深层油气成藏研究综述

1. 深层—超深层国内外勘探形势与研究现状

经过 50 余年的勘探，我国陆上盆地主体中浅层发现高丰度规模油气聚集的难度相当大，东部老油田已进入高采出、高含水阶段。陆上油气勘探已呈现出由构造圈闭向非构造岩性地层圈闭发展、由陆相层系向海相层系发展、由浅层向深层发展的趋势，非常规油气的勘探开发方兴未艾。这些发展趋势都必然地将勘探目标指向盆地深层，即为当前盆地主要勘探开发目的层段之下的层系，东部陆上盆地一般对应 3500m 以深的深度范围，在西部盆地一般对应 4500m 以深的深度范围。

人们普遍认为，深层烃源岩多数处于高—过成熟阶段（Price，1993），已超过传统干酪根晚期降解生烃学说划定的油气生成"经济死亡线"，但在近些年来油气勘探在深层不断取得重要油气发现。目前世界在 21 个盆地中发现了 75 个埋深大于 6000m 的工业油气藏，主要集中在老含油气区，如北美的墨西哥湾盆地、二叠盆地和西内盆地，原苏联的西西伯利亚盆地、南里海盆地，以及欧洲的北海盆地和德国西北盆地等。最深的气藏为美国西内盆地米尔斯兰奇气田（7663～8083m），储层为下奥陶统石灰岩。最深的油藏为美国墨西哥湾 Gulf 油田，油层深度达 6593m，储层为新近系河流相含砾砂岩。最深的探井为德国黑林山地区的超深井，井深 14000m。我国在塔里木、柴达木、四川、渤海湾和松辽等大型含油气盆地都曾获得过重要的深层油气发现（李小地，1994），塔里木盆地东河塘油田埋深 5700～5800m（吴富强和鲜学福，2006）。新一轮油气资源评价结果表明，我国陆上 39% 的剩余石油资源和 57% 的剩余天然气资源分布在深层。

苏联学者 Neruchev 等在 1989 年就提出埋深大于 4500m 的盆地深层具有巨大的油气潜力，大部分盆地中生烃窗可从 3～6km 下延至 8～17km，油气藏也同样向深处下延（Neruchev，1989）。高成熟度烃源岩仍具有生烃潜力，其中未及排出的液态有机物质也可在高—过成熟阶段发生热裂解生气（妥进才，2004），来自地球深部的流体所携带的物质和能量可能会对深层生烃过程产生显著的影响（金之钧等，2002）。深埋过程中各种酸性流体可以通过溶蚀作用改善储层储集物性（Surdam et al.，1989），异常高流体压力可能降低储层有效应力和砂岩颗粒间的支撑负荷（Bjørlykke，1994）。异常压力、毛细管力、构造动力在盆地深层油气运聚成藏中起着重要的作用，盆地深层油气成藏具有多阶段、多机制复合叠加过程，经历了后期构造变动的调整、改造和破坏（庞雄奇等，2007）。塔里木盆地、四川盆地、鄂尔多斯盆地等大型克拉通盆地具有前寒武系结晶基底，层系多，油气地质条件具备，构造活动相对稳定，有利于晚期成藏和保存，中深部海相层系当是重要的勘探领域（贾承造等，2007）。

2. 重大需求与主要挑战

我国含油气盆地大都经历了多期构造变革，深层原型盆地多已改造得面目全非。与盆地中—浅层相比，盆地深层经历了更加复杂而漫长的盆地演化和埋藏历史，遭受了多期、多种地质作用的影响和改造，油气地质特征具有诸多的特殊性（郝芳等，2002），主要包括：（1）地层温度压力高，异常高压发育，地层环境复杂；（2）储层成岩程度高，总体为低孔渗—超低孔渗介质，但非均质性极强，储集条件复杂；（3）油气相态多样，总体以轻质油、凝析气或天然气为主，经历多期生烃、多期运移、多期成藏及调整改造，成藏过程复杂。盆地深层的这些地质特点使得传统的油气地质基础理论和方法体系遇到前所未有的挑战，难以指导认识深层油气藏的形成和富集规律，直接制约着我国油气勘探的"深"入开展。迫切需要提升盆地深层油气赋存条件和成藏规律的认识，开展深层盆地构造、沉积过程、有机质演化、储层成岩改造与油气成藏等基础理论的研究，发展盆地深层油气探测的关键技术，以降低油气勘探开发风险，推动深层油气勘探新发现。

当前深层—超深层油气地质发现还局限在相对较小的区域，勘探开发面临诸多难题：（1）深层盆地结构、构造格架、构造样式、构造模式不落实；（2）深层有效烃源岩发育与展布不落实；（3）深层规模储层发育与展布不落实；（4）深层油气成藏主控因素不清楚；（5）深层油气成藏模式与富集规律不清楚；（6）深层—超深层油气资源评价方法不具针对性，缺乏相应技术平台；（7）深层—超深层油气资源评价类比刻度区不健全，缺乏类比参数与标准；（8）深层—超深层油气资源潜力与分布规律不清楚；（9）深层—超深层领域有利勘探目标（区带）不落实等。

所涉及的主要科学问题和技术难点包括：（1）三大克拉通盆地中—新元古代—寒武纪盆地性质、构造格架和演化如何控制储层和烃源岩发育，古生代以来关键构造事件、关键构造要素和特征如何影响深层油气成藏与调整改造。（2）深层—超深层地质条件下的有机质生烃迭代递进、轻质油形成保留、过成熟阶段固体沥青生成与裂解成气等动力学机理与过程，适于深层—超深层烃源岩热演化过程评价的新指标与技术方法。（3）储层随埋藏深度的致密化过程及有效储集空间的形成、保持机制，深层—超深层储层有效物性下限及其表现特征，储层非均质性特征、形成演化及优质储层预测技术。（4）控制盆地深层—超深层物理化学环境与流体流动动力条件的温度场、压力场特征与演化，深层—超深层流体流动通道与输导体系的构成方式、形成演化与有效性，深层—超深层油气多期运聚成藏、多期调整改造过程的研究流程及大型油气藏形成分布规律，深层—超深层油气勘探方向与勘探目标预测的有效技术方法。（5）针对盆地深层—超深层构造、沉积体系及规模化储层识别等方面的高分辨成像技术，面向深部构造描述及深层烃源岩分布预测的重、磁、电、震综合地球物理资料分析技术。

3. 总体攻关目标与实施方案

针对我国盆地深层油气勘探面临的重大难题，在"十一五""十二五"期间，中国科学院组织相关院校和油田研究单位，将深层油气地质重大问题概括为"叠合盆地深层油气成藏规律与预测探测技术"，针对性开展研究，着力于三个层面：（1）叠合盆地深层原型盆地恢复；（2）叠合盆地深层油气成藏机理和分布规律；（3）叠合盆地深层油气预测方法和探测技术。

基于前期研究所获得的认识和成果，"十三五"期间，更是将研究深度拓展到6000m以深的超深层，确立了整体、综合的研究目标和实施方案：创新深层成烃、成储和成藏理论认识，形成深层—超深层油气勘探评价技术，研发6in MEMS芯片生产工艺，实现MEMS数字检波器批量生产，推动我国盆地深层—超深层油气藏勘探理论、技术与装备的发展，为深层—超深层油气分布规律预测和目标评价技术的进步提供支撑。

（1）重大理论方面：针对深层—超深层油气勘探需求，在"十一五""十二五"研究基础上，重点发展理论、技术和装备攻关。具体研究内容包括深层—超深层基本构造类型及其对油气聚集的控制机理；深层多种烃源生烃过程与机理；深层—超深层碳酸盐岩和碎屑岩成储规律与成藏动力学机制。

（2）重大技术方面：深层高温压条件下多种烃源演化分析与模拟技术；深层构造高分辨率成像和有效储层识别技术；深层油气资源评价方法与技术。

（3）重大装备方面：6in MEMS芯片生产工艺、MEMS数字检波器批量生产技术和无缆节点式地震采集系统工程化。

二、深层—超深层油气地质理论认识

我国盆地深层—超深层的油气藏形成分布规律具有"多种烃源、全程生烃，储层相控、裂缝沟通，规模运聚、近源优先，低位广布、高点富集"特征，高温高压条件控制着烃源岩生烃全过程，改造了储层物性，导致了全新的油气运聚成藏机制，使深层—超深层的油气藏相对于盆地中浅层既有继承性因素，又有新生性特色。

1. 我国陆上含油气盆地的板块构造背景、深层—超深层结构及其过程

我国的大地构造格架可以划分为三块克拉通和四条造山带，在这些克拉通和造山带上发育了一系列含油气盆地。西部各大盆地，准噶尔盆地、塔里木盆地、柴达木盆地、四川盆地、鄂尔多斯盆地属于"冷盆"，而东部松辽盆地和渤海湾盆地属于"热盆"。冷盆中较低的地温梯度为盆地深层—超深层的生烃提供了有利条件，低地温梯度不会改变生油窗的温度，但会把生油窗下限温度所处的深度压得更深，有利于油气在深层—超深层的保存。

岩石圈热—流变学结构的研究表明，我国东部渤海湾和松辽盆地的脆—韧性转换深度为7~9km，而中部鄂尔多斯、四川和柴达木盆地的脆—韧性转换深度为9~13km，西部准噶尔、塔里木盆地的壳内转换深度为11~15km。这表明我国陆上主要含油气盆地深层—超深层都处于岩层脆性变形深度范围（8~13km）内，在构造应力作用下可产生断裂和裂缝，改善储层性能，利于沟通烃源，为深部油气运移提供通道，有助于油气运移成藏。

研究揭示，Columbia和Rodinia超大陆裂解过程控制了我国克拉通深层元古宙—早古生代盆地的原型和隆坳格局，其演化过程决定了我国三大克拉通盆地深层烃源岩和储层的原始时空展布。鄂尔多斯盆地中元古代为"三隆两坳"的格局，该格局受控于近北东向的大型伸展断裂，发育了中元古代长城纪和早古生代寒武纪两期裂谷性盆地，中元古代盆地形成受控于Columbia超大陆的裂解。塔北区域和塔西南区域的新元古代盆地总体呈北西向展布，其余区域则主要呈北东东向展布，盆地类型包括北东向陆内裂陷盆地和北西向陆缘裂陷盆地。四川盆地和塔里木盆地深层的盆地原型在形成时间和类型上具有相似性，南华纪为裂谷盆地、震旦纪为坳陷盆地，二者是一个连续演化的过程，其演化受控于Rodinia超大陆的裂解。

三大克拉通盆地深层层系形成之后经历了复杂的构造改造作用，后期的改造作用改变了原型盆地的油气地质条件，导致油气多期调整及喜马拉雅期晚期成藏。鄂尔多斯盆

地深层层系后期改造相对较弱，但塔里木盆地和四川盆地深层层系从显生宙以来经历了强烈的构造改造，且二者具有相似的构造改造过程。塔里木盆地和四川盆地深层层系主要经历了早古生代晚期周缘造山作用、二叠纪大火成岩省地质热事件、早中生代古特提斯造山作用和新生代陆内盆山过程等四个关键改造事件；早古生代晚期周缘造山作用导致盆地古隆起的形成，包括四川盆地乐山—龙女寺古隆起和塔里木盆地塔西南古隆起；峨眉山大火成岩省和塔里木大火成岩省地质热事件导致盆地抬升剥蚀、增温作用和热液作用；早中生代古特提斯造山作用导致盆地周缘冲断变形与盆地内部古隆起的形成（四川盆地泸州—开江古隆起）；新生代陆内盆山过程导致盆地前新生界的深埋和冲断变形，形成了具有大规模天然气聚集的新生代深坳陷，控制了构造圈闭形成与油气晚期成藏。

构造加载和沉积负载是构造深埋两种重要机制，其中构造加载对应于新生代深坳陷，而沉积负载主要对应于克拉通古老层系，从而形成了多样的深层含油气构造类型。我国七大含油气盆地深层存在"两类、六种"深层含油气构造类型，"两类"为新生代深坳陷的深层构造和克拉通深层层系的深层构造，"六种"分别为新生代深坳陷伸展型深层构造、新生代深坳陷挤压型盐滑脱深层构造与冲断带深层构造、克拉通深层层系的深层冲断构造、深层断陷构造和古隆起构造。其中盐下大型背斜构造带、主冲断层下盘掩伏背斜带、克拉通深层的古隆起和泥—热流体底辟构造带等有利于油气富集。

2. 深层—超深层多种烃源全过程成烃的理论认识

盆地深层—超深层深度内烃类来源类型、油气种类和相互作用及排烃过程都变得非常复杂，非常规气、深层油勘探开发取得的巨大进展揭示，原生轻质油／凝析油气等多种油气类型的出现对烃源岩生烃演化模式的预测能力提出了新的要求，

深层—超深层烃源可划分为烃源岩体系及储层体系，深层—超深层主要烃源有机质类型包括干酪根、煤、原油及固体沥青，其中烃源岩体系包括干酪根、源内残留原油、固体沥青及煤，储层体系包括原油及固体沥青。利用烃源岩裂解模拟产物的气油比（GOR）和干燥系数作为油气演化阶段的划分指标，深层—超深层烃源岩油气演化可划分为四个阶段，即轻质油（挥发性油）、凝析油气、湿气和干气，也对应着深层的四种油气类型。烃源岩和储层中的原油体系均可形成这些油气类型。将 GOR 等于 $142m^3/m^3$（$800ft^3/bbl$）、$890m^3/m^3$（$5000ft^3/bbl$）、$3562m^3/m^3$（$20000ft^3/bbl$）以及干燥系数等于 95% 分别作为轻质油、凝析油气、湿气、干气的上部界限值，考虑到深层生烃会受到排烃的影响，建立了基于排烃作用的深层油气演化模式。

按成因将轻质油和凝析油气分为四类。其中，A 类由 I—II 型有机质经排烃后形成，B 类由未经排烃的 II—III 型有机质形成，C 类由原油裂解形成，D 类由次生改造形成。深层轻质油、凝析油气资源除受烃源岩的有机质含量、类型和成熟度影响外，还与正常油（黑油）的排烃效率、是否存在大规模的油藏裂解、是否有来自不同烃源层的油气混合等地质因素有关。

固体沥青是深层—超深层储层体系中重要的生烃母质，原油裂解是形成固体沥青的主要途径。通过实验表明原油裂解的固体沥青最大产率可达初始原油量的 42%，而

且固体沥青主要形成于高—过成熟阶段（EasyR_o为1.5%～3.5%）。通过模拟实验研究了固体沥青产率特征，发现原油裂解过程中固体沥青产率与甲烷产率具有很好的线性关系，即甲烷的体积（m^3）/固体沥青的质量（kg）=1.09m^3/kg，这一模式的建立可使我们借助古油藏中固体沥青的量来预测原油裂解气的产量。基于上述模式建立了基于固体沥青的原油裂解气评价方法，并以川东北飞仙关组鲕滩气藏为例，计算指出固定沥青含量大于1.22%是古油藏裂解形成大中型气田的主要条件。需要指出的是这一模式适用于EasyR_o1.5%～4.0%的成熟度范围，对于深层—超深层原油裂解气的资源估算具有重要的应用潜力。

通过模拟实验对煤的深层生气模式进行了初步厘定，对库车坳陷三叠系—侏罗系煤的生烃动力学实验表明，煤在成熟度（EasyR_o）为1.0%后开始排烃，在成熟度（EasyR_o）为1.2%后主要生成凝析气和湿气，在成熟度（EasyR_o）为1.5%以后才开始大量生气，煤系烃源岩主要在晚期高—过成熟阶段生气，深层煤系的生气潜力可能比之前认为的高很多。

将不同体系及不同烃源的生烃特征进行总结，结合勘探实践，提出并建立了深层—超深层多种烃源生烃模式（图2-8-1）。该模式分烃源岩和储层体系，明确深层—超深层烃源包括干酪根、煤、原油及固体沥青，在综合考虑烃源岩成熟度、油气性质与组成的基础上，划分了深层—超深层烃源岩不同演化阶段及油气资源类型，通过实验数据及勘探实际进行约束，对深层—超深层基础石油地质学研究和油气勘探具有理论与现实意义。

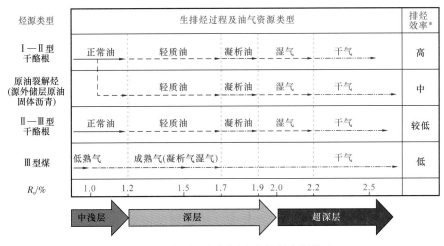

图 2-8-1　深层—超深层多种烃源生烃模式
＊不同地质条件下排烃效率不同

3. 深层—超深层规模性储集体成储机理与过程

通过系统开展深层—超深层内外源混合酸性环境、规模流体活动和储层发育条件的研究，认识了深层—超深层岩溶规模储层形成改造机制及分布规律。深层碳酸盐岩储层多尺度检测技术实现了强非均质的缝洞储层表征、建模及预测，精细解析了深层岩溶储层的多期构造—流体效应；发现深层—超深层张扭段表现为早期大气水活动显著，而压扭段后期构造—热流体改造更明显，与烃类有关的有机酸对储层发育起到了重要的建设性作用。规模岩溶作用的深度距暴露面（不整合面）一般不超过 500m；深层—超深层大规模流体活动与烃类—有机酸混合充注条件的存在及其对储层有效性的控制作用，相关储层特别发育于近源区带，并显示成烃—成储—成藏一体化特征。对于深层—超深层碳酸盐岩储层，张扭段和压扭段储层优于平移段。深层—超深层岩溶规模储层可进一步划分为层状、带状（断控）、层状 + 带状组合，岩溶古地貌与沉积相是储层发育的基础，而深层—超深层多期构造—含烃流体活动具有不可忽视的作用。

盐膏相关碳酸盐岩层系在深层具有显著的 TSR（硫酸盐热化学还原作用）差异改造 / 保持机制。研究确认在 TSR 发育环境定会导致碳酸盐矿物被溶解或被方解石所交代，否定了 TSR 过程中碳酸盐矿物只发生沉淀而不被溶解或交代的认识。进而通过综合研究提出深层—超深层白云岩储层主要发育五类：（1）台缘大气水改造凝块石白云岩，孔隙类型以顺层分布的微生物组构孔隙及铸模孔为主，深层孔洞保存明显。（2）台缘颗粒滩粗旋回早成岩溶蚀—后期改造白云岩，发育于台缘高能相带，经过同生期大气水溶蚀改造并深埋保持。（3）台缘热流体 /TSR/ 有机酸溶蚀礁滩白云岩，后期在 TSR 下各类白云石都发生了溶解作用而形成优质储层。通过数值模拟，进一步验证了深层—超深层大规模穿层流体活动对该类储层发育的必要性和有效性。（4）膏盐白云岩储层，受 TSR 的影响发育晚期膏模溶孔。（5）与石灰岩互层的白云岩，具有异常发育的不规则密集溶蚀孔洞，而石灰岩段岩心致密且未发育溶孔，前者与深层 TSR 叠加改造密切关联。相关成果在四川盆地蓬探 1 井灯影组二段和塔里木盆地轮探 1 井、柯探 1 井寒武系等取得了良好的验证及应用效果。

中偏刚性（长石质）组构的碎屑岩岩相、早中期浅埋—晚期低地温快速深埋、中深埋藏期持续发育与油气充注有关的异常高压，是深层—超深层碎屑岩储层规模保持和发育的主要因素，即良好岩相是基础，低温复合保持是必要条件。山前挠曲盆地 / 冲断带侧向构造应变的特殊性，使得张性段—过渡段—压性段穿层演变，显著改造了深层碎屑岩储层的沉积非均质性框架，即有利岩相带、背斜张性应变与裂缝快速充填强机械稳定性自生矿物（石英为主）支撑机制，显著控制了该类深层—超深层规模储层的时空发育。因此，相控优先、复合保持是碎屑岩储层发育模型的成因共性。相关成果对于圈定克拉通、山前冲断带深层—超深层碎屑岩储层的分带范围、有效厚度分布，具有重要指导作用，并对塔里木盆地台盆区古生界—中生界、库车坳陷侏罗系、鄂尔多斯—渤海湾盆地古生界—中生界等新区勘探具有延伸指南意义。

4. 深层—超深层"源导共控、近源优先、低位广布、高点富集"的油气复合成藏模式

通过对深层—超深层储层埋藏过程中成岩致密化过程与油气成藏时间关系的剖析，建立了深层—超深层致密储层结构非均质性与差异化成岩—成藏关系模型，提出以成岩—成藏耦合关系为切入点、以沉积—成岩—油气充注过程为主线的研究新思路，基于典型盆地储层微观—岩心—测井—露头开展多尺度研究，建立了四套典型深层—超深层致密储层结构非均质性与差异化成岩—油气充注地质模型。认为深层—超深层储层非均质性主要受沉积作用控制，具有明显的空间结构性，结构非均质性储层单元内部不同类型岩石相经历了差异性成岩致密化—油气充注历史，深层—超深层含油气储层在中浅层阶段普遍发生早期充注，晚期深埋阶段边致密—边调整—边成藏，而那些早期成岩致密化的岩石相往往构成了无效的隔夹层，几乎从未发生油气充注，但强烈影响有效储层/输导层单元内部的油气运移路径特征和成藏过程。

深层—超深层规模性油气运聚成藏机理和模式：深层—超深层致密储层内发生油气充注所需的临界驱替压力主要受温压条件、流体性质、岩相和渗透率控制，没有绝对的充注物性下限；早期石油充注改造岩石润湿性、高温高压降低界面张力减小了致密储层中油气运移所需的动力，证实结构非均质性储层中早期油充注改造储层润湿性是控制深层—超深层晚期油气成藏的重要机制，同时断层—超压耦合过程强烈影响油源断层开启性和油气输导样式，提出了结构非均质性储层约束下早期油充注、断—输耦合控制深层—超深层油气成藏机理与过程，建立了深层—超深层"源导共控、近源优先、低位广布、高点富集"的油气复合成藏新模式（图2-8-2）。

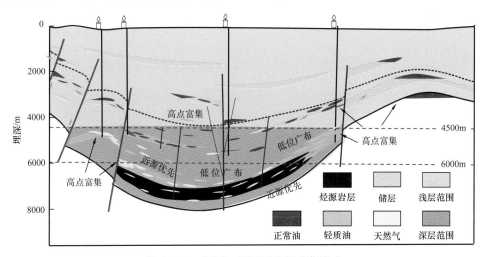

图 2-8-2　深层—超深层油气成藏模式

综合分析深层—超深层油气藏形成条件与成藏特点，确定了深层—超深层油气富集的主控因素，预测了我国深层—超深层油气勘探新领域、新层位和新类型。从地热学角度明确了我国大陆地区第二级地貌台阶中的"温盆"和"冷盆"中低热流背景下的相对高热流区是深层—超深层油气勘探有利前景区；深层—超深层储层总体致密且非均质性极强，物性与含油气性之间的关系复杂；多源多期供烃使得油气成藏具有多期性，表现为多种机制的油气运聚过程复合叠加；油气输导方式和驱动机制具有多样性，水动力、浮力和毛细管力都可能成为重要的油气运移动力。深层—超深层油气成藏和富集的主控因素可归结为：充足的油气源和超压强充注动力是形成深层—超深层大油气田的基础；断裂系统是控制深层—超深层油气成藏空间位置的重要运移通道；关键成藏期的流体动力场与结构非均质性输导层的能量匹配主导了油气运移趋势和聚集部位；主生烃期与断层活动、圈闭定型期的良好配置决定晚期油气高效成藏；相对优质的巨厚储层控制油气富集和高产；区域性优质盖层是油气保持富集的重要保障。

未来的重点勘探领域聚中于 7 大含油气盆地，盆地深层—超深层输导体系上端有利圈闭、深层—超深层与烃源灶相关的斜坡带、生烃凹陷内优质烃源岩层内部及上下直接接触的有效储层是未来现实的深层—超深层油气勘探新领域。

三、应用成效

（1）基于深层—超深层地质理论认识的进步，研发了深层—超深层油气探测—实验—评价系列技术，丰富与完善了深层—超深层领域油气勘探的配套技术。

在实验测试分析、地质分析评价、地球物理探测三方面取得明显进展，共研发地质分析评价技术 9 项、实验测试分析技术 7 项、地球物理探测技术 14 项；丰富与完善了深层—超深层领域油气勘探配套技术，不仅有效支撑了各项创新成果的取得，而且在实际勘探中取得良好效果，实现多项深层—超深层领域重大突破。

深层不同类型有机质生排烃模拟及生烃潜力评价技术，厘定了有机质类型、排烃效率和干酪根—油相互作用对烃类组分生成的影响，完善了烃源岩的生烃演化理论和深层—超深层"储集体与输导体统一"及其"源导共控"新认识，有效提升深层领域油气成藏控制作用及认识深化。深层—超深油气运聚过程和资源分布定量评价方法技术揭示了深层—超深层油气运聚机理与成藏过程。多项物探技术有效解决了深层—超深层领域地球物理探测面临的噪声多、信号弱、偏移成像难、多次波压制难四大难题，相关技术成果已在塔里木盆地、四川盆地、准噶尔盆地、鄂尔多斯盆地等多个盆地的典型深层—超深层油气勘探开发中得到应用，为油气勘探和开发提供了有意义的地质数据。集成系列技术的自主知识产权软件，已安装运行于中国石油塔里木油田、中国石化勘探开发研究院、新疆油田，以及大庆油田勘探开发研究院和广州海洋地质调查局等产业合作部门，实际应用中取得了超过商业软件的成像效果。以大庆油田为例，2020 年，大庆油田工程师应用该软件完成了 $4000km^2$ 的高分辨率成像处理，为松辽盆地北部非常规致密油—页岩油勘探与评价提供了坚实的资料基础。

（2）我国陆上 32 个主要含油气盆地深层—超深层领域油气资源评价。

32 个盆地基本全部包括了我国陆上除青藏高原的含油气盆地，并且重点突出松辽、渤海湾、鄂尔多斯、四川、塔里木、准噶尔、柴达木 7 大含油气盆地深层领域资源潜力评价。评价资源类型包括常规油气（常规石油、常规天然气）与非常规油气（致密油、页岩油、致密砂岩气、页岩气）。在评价深度上，主要依据我国东西部客观地质条件与勘探实践确定。包括鄂尔多斯盆地东部地区，3500m 以深为深层，4500m 以深为超深层；包括自四川盆地的西部地区，4500m 以深为深层，6000m 以深为超深层。

常规石油总地质资源量为 $766.17 \times 10^8 t$，已探明 $330.11 \times 10^8 t$。其中深层领域内常规石油地质资源量为 $189.47 \times 10^8 t$，已探明 $39.80 \times 10^8 t$，深层常规石油探明率约为 21.01%。7 大含油气盆地深层—超深层领域石油地质资源量为 $185.45 \times 10^8 t$，占比达到 97.9%。深层—超深层领域剩余常规石油总地质资源量为 $146 \times 10^8 t$，主要分布于渤海湾、塔里木、准噶尔、柴达木四大盆地。

常规天然气总地质资源量为 $41.37 \times 10^{12} m^3$，已探明 $7.08 \times 10^{12} m^3$；其中深层领域内常规天然气地质资源量为 $28.33 \times 10^{12} m^3$，已探明 $3.74 \times 10^{12} m^3$，深层常规天然气探明率约为 13.19%。7 大含油气盆地深层—超深层领域天然气地质资源量为 $28.03 \times 10^{12} m^3$，占比达到 98.9%；深层—超深层领域剩余常规天然气总地质资源量为 $24.3 \times 10^{12} m^3$，主要分布于塔里木、四川、准噶尔、鄂尔多斯、松辽、柴达木、渤海湾 7 大盆地。

页岩油地质资源量为 $290.94 \times 10^8 t$，其中深层—超深层地质资源量为 $55.47 \times 10^8 t$，占比 19.07%。致密油地质资源量为 $136.80 \times 10^8 t$，其中深层—超深层地质资源量为 $6.63 \times 10^8 t$，占比 4.85%。

页岩气地质资源量为 $51.95 \times 10^{12} m^3$，其中深层—超深层地质资源量为 $20.04 \times 10^{12} m^3$，占比 38.58%。致密砂岩气地质资源量为 $23.15 \times 10^{12} m^3$，其中深层—超深层地质资源量为 $4.51 \times 10^{12} m^3$，占比 19.48%。

（3）基于烃源条件、储层条件、盖层条件、圈闭条件、保存条件、成藏要素匹配关系等六方面关键地质参数的定量分析，评价了四川、准噶尔、塔里木、鄂尔多斯、渤海湾、松辽、柴达木等 7 大盆地的深层油气勘探领域。

明确指出深层海相碳酸盐岩、前陆冲断带下组合、大型岩性地层是近期深层油气勘探重点方向：深层海相碳酸盐岩增储潜力在 $1.5 \times 10^{12} m^3$ 以上，近期三大克拉通四川、塔里木、鄂尔多斯三大盆地 8 个领域方向与 14 个有利勘探区带是重点攻关目标；西部前陆冲断带下组合近期勘探应主攻准噶尔、塔里木、柴达木盆地 4 个领域方向、11 个有利区带；东部渤海湾盆地下古生界碳酸盐岩潜山、斜坡岩性地层与松辽盆地火山岩是重点勘探方向，未来增储潜力可达 $12.5 \times 10^8 t$，近期勘探应主攻 5 个领域方向与 14 个有利勘探区。同时，7 大盆地深层非常规页岩油资源丰富，勘探成效显著，正在成为未来的重要接替资源类型，重点攻关区带为柴达木盆地柴西环英雄岭构造带及准噶尔盆地玛湖凹陷风城组。

"十三五"期间我国在深层—超深层领域取得重大突破，在多领域、多层系、多岩性中均有重大发现。所获得的新理论新技术成功应用于油气勘探实践，直接参与其中的 10 项重大突破、4 项 $10 \times 10^8 t$ 规模储量建设。10 项重大发现包括轮探 1、中秋 1、角探 1、蓬探 1、中古 70、呼探 1、康探 1、玛页 1、驾探 1、安探 1X。4 项 $10 \times 10^8 t$ 规模储量建设包括富满 $10 \times 10^8 t$ 级规模储量区、玛南 $10 \times 10^8 t$ 级规模储量区、磨溪万亿立方米级规模储量区、大北博孜万亿立方米规模储量区，取得显著的经济社会效益。

四、知识产权成果

1. 有影响力的代表性论著

在"十一五""十二五""十三五"三轮连续攻关过程中，发表文章 1024 篇（其中 SCI 文章 462 篇），出版专著 16 部。这些专著和文章系统阐述了我国盆地深层—超深层盆地原型与改造、全过程生烃作用与演化、有效储层形成与保持机制、多期油气运聚成藏机理与模式等深层油气地质理论进展和新认识。其中重要的代表性文章有：（1）Wang Y J，Jia D，Pan J G，et al.，2018. Multiple-phase tectonic superposition and reworking in the Junggar Basin of northwestern China–Implications for deep–seated petroleum exploration ［J］. AAPG Bulletin，102：1489–1521.（2）Lei R，Xiong Y Q，Li Y，2018. Main factors influencing the formation of thermogenic solid bitumen ［J］. Organic Geochemistry，121：155–160.（3）Yu J B，Li Z，Yang L，2018. Model identification and control of development of deeply buried paleokarst reservoir in the central Tarim Basin，northwest China ［J］. Journal of Geophysics and Engineering，65：913–925.（4）Luo X R，Zhang L K，Lei Y H，2020. Petroleum migration and accumulation：Modeling and applications ［J］. AAPG Bulletin，104：2247–2265.

2. 重要专利软件标准及推广应用情况

研究过程中，共获得授权发明专利 109 件，实用新型专利 15 件，制定 / 修订行业标准 3 项，地方标准 1 项；获得软件著作权 107 件。相关专利与软件著作权有力支撑了以深层—超深层地质过程厘定和高精度地震成像为核心的深层有机地球化学技术和深层复杂构造区勘探关键技术。其中，《烃源岩热模拟金管中气体的成分及碳同位素自动分析装置》（ZL201810228157.8），已在国内 50 多家单位应用，技术服务近 30 次，相关服务费用近 1000 多万元。《基于反射地震资料建立深度域层 Q 模型的方法和系统》（ZL201810220271.6）等地球物理处理新技术以实施许可形式向中国石油勘探开发研究院、中国石油化工股份有限公司、南方海洋科学与工程广东省实验室（广州）、天津精采潜龙软件技术有限公司等转移转化，直接转化金额 700 余万元。

3. 重要科技成果奖励与人才培养

项目先后获省部级奖励 24 项，展示了对我国深层—超深层盆地形成演化、生烃过程、有效储层形成保持、油气运聚成藏改造的深入认识及其在勘探发现中的应用。依托深层—超深层油气项目平台，"产学研用"相结合，引进 4 名"千人计划"研究员，建设高层次人才创新创业基地，形成了一支具有创新精神的盆地深层—超深层油气地质理论、地球物理理论与技术、探测装备核心技术的人才团队。

第九节　全国油气资源评价与勘探战略

一、油气资源评价需求与评价原则

油气资源评价是以石油地质学为指导，结合油气勘探开发工程，落实油气资源潜力，评价含油气远景，进行风险与决策评估、指导油气勘探实践的综合性应用；是国家与油公司编制规划油气勘探部署方案、实施油气资源战略、保障能源安全的重要依据。

2008 年以来，我国坚定不移地实施资源战略，加强油气勘探开发；尤其是非常规油气概念引进，实现了非常规油气从无到有、工业化开发重大突破，深层—超深层领域常规油气不断取得重大突破，由 7000m 拓展到 9000m（图 2-9-1），并呈现良好接替之势；新突破、新发现、新类型、新技术均不断推进着我国油气资源战略的实施与油气资源评价工作。"十一五"至"十三五"期间，国土资源部开展了"全国重点盆地油气资源滚动评价"；中国石油开展了"中国石油矿权区第四次油气资源评价"；国家自然资源部开展了全国"十三五"油气资源研究（结果未公布）；国家油气重大专项深层—超深层项目开展了"我国陆上重点含油气盆地深层—超深层油气资源评价"。不同时期的油气资源评价满足了各阶段油气勘探生产需求。国家层面主要是由自然资源部主导，在综合中国石油、中国石化、中国海油三大油公司"十一五""十二五""十三五"油气发展战略规划基础上，按照国家五年总体规划总体需要，制定出我国五年油气发展勘探战略及总体规划，同时在宏观上统筹及指导我国陆上与海域油气勘探开发计划部署与总体发展。经拼搏奋斗，努力践行，取得了丰硕成果，不仅拓展了深层—超深层领域，突破非常规，实现了我国油气储量高峰期增长；而且实现了天然气快速发展，有效推动了我国油气勘探不断向可持续、高效、绿色转型与发展。本节就是在中国石油第四次油气资源评价、全国"十三五"油气资源评价、国家油气重大专项评价基础上，系统梳理资源评价结果，汇总出我国常规与非常规油气资源，明确我国油气资源潜力及重点勘探领域，一是为国家或油公司勘探规划部署提供依据，二是力求宏观上指导我国油气勘探实践。

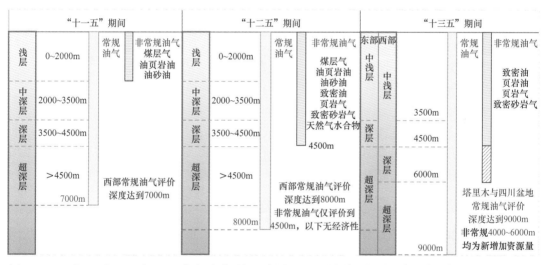

图2-9-1 "十一五"至"十三五"期间油公司与国家层面开展油气资源评价—资源类型与评价深度沿革图

1. 评价资源类型

评价资源类型：常规油气（常规石油、常规天然气）与非常规油气（致密油、致密砂岩气、页岩油、页岩气、煤层气、油页岩油、油砂油、天然气水合物）。

2. 评价范围

分陆上（主要含油气盆地或区块）与海域（黄海、东海、南海三大海域主要含油气盆地）；共84个大、中、小型含油气盆地或沉积盆地（具有一定含油气远景）。

1）评价盆地

陆上：松辽、渤海湾、鄂尔多斯、四川、塔里木、准噶尔、柴达木7大盆地，及吐哈、二连、海拉尔、苏北、南襄、江汉、三塘湖、酒泉、河套、羌塘等，共65个盆地或区块。

海域：黄海、东海、南海（南海北部：北部湾、珠江口、琼东南、莺歌海等；南海南部：曾母、万安、文莱—沙巴等），共19个盆地（南海南部多数盆地属共同合作开发领域）。

2）评价深度

依据具体地质结构及油气成藏地质条件、资源分布特点及勘探开发发展趋势，常规油气评价深度定为200~9000m；东部"热盆"设定为200~6000m；西部"冷盆"设定为200~8000m；塔里木与四川两大克拉通盆地设定为200~9000m；非常规油气设定为0~6000m（具体情况：致密油气设定为200~6000m，页岩油气设定为200~6000m，煤层气设定为200~2000m，油页岩油设定为0~1000m，油砂油设定为0~200m，天然气水合物设定为0~4500m）。

3. 评价单元、原则及方法

1）评价单元

常规油气以盆地为评价单元，非常规油气以层段或区块为评价单元。

2）评价原则

常规油气突出整体评价、层系评价、剩余资源评价；

非常规油气突出区带评价、连续性评价、技术可采资源评价。

3）评价方法

突出地质条件刻度区类比法，统计法与成因法为辅；具体采用的评价方法，常规油气资源评价采用中国石油第四次油气资源评价方法体系，深层—超深层资源评价采用国家油气重大专项深层油气资源评价方法体系。

二、评价方法体系与类比刻度区建立

2016—2020年中国石油第四次油气资源评价与国家油气重大专项，重新构建了我国油气资源评价方法体系与评价标准，为全国大规模规范化开展油气资源评价工作奠定了坚实基础。

1. 油气资源评价方法体系建立

1）评价方法优选与构建原则

常规油气和深层—超深层油气资源评价方法优选与构建基本原则是突出刻度区类比，重点考虑方法体系的有效性、配套性以及与国际评价方法的接轨性（郭秋麟等，2015）。非常规油气资源评价方法优选与构建基本原则是突出技术可采资源；保持评价方法延续性与继承性的同时，充分考虑兼顾针对性、精细性及油气剩余资源空间分布预测。

2）常规油气资源评价方法体系

常规油气资源评价方法优选 11 种，主推类比法；盆地级评价主要采用成因法和统计法，区带级评价主要采用类比法和统计法（表 2-9-1）。

表 2-9-1　常规油气资源评价方法体系一览表

目标或范围	勘探程度	主要评价方法	评价对象
区带、区块	中低	（1）资源丰度类比法； （2）运聚单元资源分配法等	石油、天然气
	中高	（1）油气藏发现过程模型法； （2）油气藏规模序列法； （3）广义帕莱托分布法； （4）圈闭加和法等	石油、天然气
盆地、坳陷、凹陷	中低	成因法为主，包括： （1）盆地模拟法； （2）氢指数质量平衡法； （3）氯仿沥青"A"法等	石油、天然气
	中高	（1）探井饱和勘探法； （2）趋势外推法，包括 11 种预测模型	石油、天然气

3）非常规油气资源评价方法体系

非常规油气资源评价方法优选 6 种，主推小面元法；大区域与盆地级主要采用体积法或容积法，目标层系与区带级主要采用资源丰度类比法、EUR 类比法和小面元法 3 种，重点区与区块级主要采用资源空间分布预测法和数值模拟法（表 2-9-2）。

表 2-9-2　非常规油气资源评价方法体系一览表

目标或范围	勘探程度	主要评价方法	评价对象
大区域	低（新区）	体积法或容积法（无详细基础地质资料）	致密砂岩气、致密油、页岩气、页岩油、油页岩油、煤层气、油砂油
目的层系	中低	（1）资源丰度类比法（有基础地质资料）； （2）小面元法（有部分勘探井）； （3）EUR 类比法（有部分生产井）	致密砂岩气、致密油、页岩气
重点区块	中高	（1）数值模拟法（有烃源岩评价资料）； （2）空间分布预测法（有储量分布资料）	致密砂岩气、致密油、页岩气

4）深层—超深层油气资源评价方法体系

针对深层—超深层高演化、过成熟、高温、高压、混相地质特点，构建深层常规油气资源评价方法；主要是基于深层刻度区解剖的资源丰度类比法，突出油气高演化特点，突出蒙特卡洛法快速评价特点，辅助成因法和统计综合评价法。

2. 类比刻度区建立与评价参数体系

自 2003 年中国石油第三次油气资源评价方法建立及推广以来，类比法在全国得到规范推广及应用，已然成为我国油气资源评价的基石。中国石油第三次油气资源评价建立了 123 个常规油气资源评价类比刻度区。2016 年，中国石油第四次油气资源评价顺应发展趋势，建立常规与非常规油气资源评价类比刻度区 218 个。2019 年，国家油气重大专项深层项目及自然资源部"十三五"资源评价项目又新构建深层类比刻度区 43 个、海域类比刻度区 39 个、非常规类比刻度区 27 个，致使油气资源评价类比刻度区增加至 327 个，为油气资源快速评价与滚动评价奠定了坚实基础。

我国主要发育坳陷、断陷、克拉通、前陆四类盆地，并且多为叠合盆地（赵文智等，2007）；东部为断陷 + 坳陷叠合盆地，中部为克拉通 + 前陆叠合盆地，西部为前陆 + 坳陷或前陆 + 克拉通叠合盆地。由于地质条件与油气富集方式差异，客观地质条件造就了油气资源评价关键参数的差异。

东部成熟探区富油气凹陷发育构造、岩性、潜山等类型油气藏，类型丰富，呈现出复式油气聚集特征（赵政璋等，2011）；横向上满凹含油，纵向上多层系含油，因此资源丰度较高，凹陷整体普遍在 $30 \times 10^4 t/km^2$ 以上，运聚系数可达 10% 以上。

海相碳酸盐岩主要分布于塔里木、四川、华北三个克拉通，多形成古隆起、古裂谷、古台缘、古岩溶、古断裂"五古"控藏模式。四川川中古隆继承性匹配成藏、立体供烃，资源丰度为 $2.0 \times 10^8 m^3/km^2$，运聚系数可达 1.02%；塔里木塔中北斜坡鹰山组为大型坳陷控源，构造、断裂与岩溶匹配成藏，资源丰度为 $3.2 \times 10^8 m^3/km^2$，运聚系数为 1.56%。

大型坳陷斜坡带岩性地层领域，具有近源、源储交互叠置、广覆式生烃的特征。岩性地层油藏单层组资源丰度普遍在 $5 \times 10^4 \sim 40 \times 10^4 t/km^2$ 之间；岩性地层油藏运聚系数通常在 8%～10% 之间，体积资源丰度平均在 $2.0 \times 10^4 \sim 3.0 \times 10^4 t/（m \cdot km^2）$ 之间。

西部前陆盆地主要表现为再生前陆盆地的特点，为源灶 + 构造 + 储层 + 封盖"四位一体"控藏模式，具有生烃强度高、富集程度高的特点（何登发等，2019）。如塔里木盆地克拉苏构造带天然气资源丰度达 $5.1 \times 10^8 m^3/km^2$，储量丰度达 $12.46 \times 10^8 m^3/km^2$，天然气运聚系数高达 4.86%。准噶尔盆地克—百断裂带，石油资源丰度也高达 $97.1 \times 10^4 t/km^2$，运聚系数为 13.5%。

非常规页岩气领域，类比北美 Barnett 页岩气核心区可采资源丰度达 $1.64 \times 10^8 m^3/km^2$。我国四川盆地长宁和焦石坝刻度区总体为高丰度页岩气田，单井 EUR 值可从实际生产井资料获得，我国海相页岩气核心区可采资源丰度也达到 $1.21 \times 10^8 \sim 2.12 \times 10^8 m^3/km^2$。

依据所建立类比刻度区，构建出适应我国石油地质条件特色的碎屑岩、碳酸盐岩、火山岩、致密油气、页岩油气资源评价参数体系，明确了资源评价的关键参数取值标准及取值范围。

三、全国常规与非常规油气资源评价

从经济性角度考虑，陆上开展常规与非常规油气资源评价，海域仅开展常规油气资源。评价结果：全国常规石油地质资源量为 $1075×10^8t$，常规天然气地质资源量为 $82.7×10^{12}m^3$；致密油总地质资源量为 $133.7×10^8t$，致密砂岩气总地质资源量为 $20.9×10^{12}m^3$，页岩油总地质资源量为 $335.4×10^8t$，页岩气总地质资源量为 $55.7×10^{12}m^3$，煤层气总地质资源量为 $29.8×10^{12}m^3$，油页岩油总地质资源量为 $557.7×10^8t$，油砂油总地质资源量为 $12.6×10^8t$，天然气水合物总地质资源量为 $153.1×10^{12}m^3$（表 2-9-3）。常规油气主要分布于陆上与海域大型叠合盆地；非常规油气主要分布于我国陆上大型叠合盆地；而天然气水合物非常规资源主要分布于南海海域与青藏高原。

表 2-9-3　我国常规与非常规油气资源评价结果统计一览表

资源类型	资源种类	石油资源量		天然气资源量		探明率 / %
		地质资源量 / 10^8t	技术可采资源量 / 10^8t	地质资源量 / $10^{12}m^3$	技术可采资源量 / $10^{12}m^3$	
常规	石油	1075	272			39.7
	天然气			82.7	49.2	20.1
非常规	致密油	133.68	21.69			42.70
	致密砂岩气			20.90	10.29	30.93
	页岩油	335.43	30.70			2.79
	页岩气			55.69	12.05	3.59
	煤层气			29.82	11.16	2.46
	油页岩油	557.65	138.87			13.04
	油砂油	12.55	7.67			4.00
	天然气水合物			153.06	53.04	0

1. 常规石油与天然气资源潜力与分布

1）常规石油资源评价结果与分布

我国常规石油地质资源量为 $1075.1×10^8t$，技术可采资源量为 $271.6×10^8t$，总探明率为 39.7%；陆上常规石油地质资源量为 $866.8×10^8t$，可采资源量为 $208.8×10^8t$，探明率为 40.2%；海域常规石油地质资源量为 $208.2×10^8t$，可采资源量为 $62.8×10^8t$，探明率为 37.3%。常规石油资源主要分布于陆上渤海湾、松辽、准噶尔、塔里木、羌塘、鄂尔多斯、柴达木、二连、措勤、吐哈、苏北、海拉尔 12 大含油气盆地（图 2-9-2）。

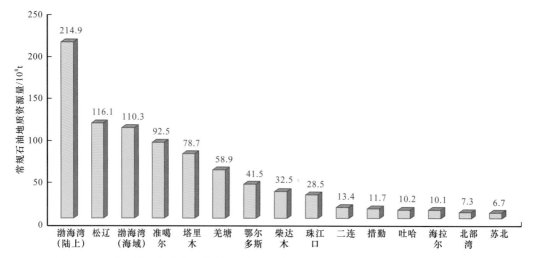

图 2-9-2 我国陆上与南海北部前 15 位含油气盆地常规石油地质资源量分布直方图

层系上，常规石油地质资源量，新生界为 $452.0 \times 10^8 t$（技术可采资源量为 $124.8 \times 10^8 t$），中生界为 $472.5 \times 10^8 t$（技术可采资源量为 $117.3 \times 10^8 t$），上古生界为 $64.5 \times 10^8 t$（技术可采资源量为 $13.9 \times 10^8 t$），下古生界（包含元古宇与太古宇）为 $86.0 \times 10^8 t$（技术可采资源量为 $15.6 \times 10^8 t$）；分别占 42.0%、43.9%、6.0%、8.1%。

深度上，常规石油地质资源量，浅层为 $505.5 \times 10^8 t$，中深层为 $369.9 \times 10^8 t$，深层为 $132.2 \times 10^8 t$，超深层为 $67.5 \times 10^8 t$；分别占 47.0%、34.4%、12.3%、6.3%。截至 2020 年底，常规石油剩余地质资源量，浅层为 $264.6 \times 10^8 t$，中深层为 $243.4 \times 10^8 t$，深层为 $84.3 \times 10^8 t$，超深层为 $56.5 \times 10^8 t$，分别占 40.8%、37.5%、13.0%、8.7%；剩余常规石油资源多集中于浅层与中深层。

品位上，常规石油地质资源量，特高渗为 $79.2 \times 10^8 t$，中高渗为 $319.1 \times 10^8 t$，低渗为 $430.8 \times 10^8 t$，特低渗为 $246.0 \times 10^8 t$，分别占 7.4%、29.7%、40.0%、22.9%；剩余常规石油主要为低渗与特低渗资源部分。

地理环境上，常规石油地质资源量，陆上平原 + 草原为 $390.9 \times 10^8 t$，黄土塬为 $57.3 \times 10^8 t$，丘陵 + 山地为 $32.3 \times 10^8 t$，沙漠 + 戈壁为 $272.3 \times 10^8 t$，沼泽 + 滩海为 $36.7 \times 10^8 t$，高原地区为 $77.3 \times 10^8 t$；分别占陆上常规石油总地质资源量的 45.1%、6.6%、3.7%、31.4%、4.2%、9.0%。海域中常规石油地质资源量，浅海为 $143.7 \times 10^8 t$，深海为 $64.5 \times 10^8 t$，分别占海域常规石油总地质资源量的 69.0%、31.0%。

勘探领域上，陆上常规石油地质资源量，碎屑岩岩性地层 $354.6 \times 10^8 t$，海相碳酸盐岩领域为 $121.3 \times 10^8 t$，前陆为 $130.3 \times 10^8 t$，复杂构造（碎屑岩）为 $132.3 \times 10^8 t$，潜山为 $63.6 \times 10^8 t$，火山岩为 $36.5 \times 10^8 t$，复杂岩性为 $28.2 \times 10^8 t$；分别占陆上常规石油总地质资源量的 40.9%、14.0%、15.0%、15.3%、7.3%、4.2%、3.3%；陆上剩余常规石油主要分布于岩性地层、前陆、海相碳酸盐岩、复杂构造（碎屑岩）、潜山与火山岩领域。海域常规石油地质资源量，构造为 $122.4 \times 10^8 t$，生物礁为 $25.1 \times 10^8 t$，深水岩性为 $37.4 \times 10^8 t$，基岩潜山为 $23.3 \times 10^8 t$；分别占海域常规石油总地质资源量的 58.8%、12.1%、18.0%、

11.1%；海域剩余常规石油主要分布于构造、深水岩性与基岩潜山领域。

2）常规天然气资源评价结果与分布

常规天然气地质资源量为 $82.7×10^{12}m^3$，技术可采资源量为 $49.2×10^{12}m^3$，总探明率为 20.1%；陆上常规天然气地质资源量为 $44.3×10^{12}m^3$，可采资源量为 $23.9×10^{12}m^3$，探明率为 16.3%；海域常规天然气地质资源量为 $38.4×10^{12}m^3$，可采资源量为 $25.3×10^{12}m^3$，探明率为 24.5%。常规天然气资源主要分布于陆上四川、塔里木、准噶尔、柴达木、鄂尔多斯、松辽、渤海湾 7 大含油气盆地（图 2-9-3）。

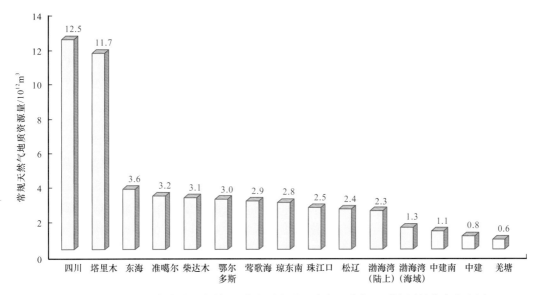

图 2-9-3　我国陆上与南海北部前 15 位含油气盆地常规天然气地质资源量分布直方图

层系上，常规天然气地质资源量，新生界为 $38.0×10^{12}m^3$（技术可采资源量为 $23.7×10^{12}m^3$），中生界为 $16.5×10^{12}m^3$（技术可采资源量为 $9.8×10^{12}m^3$），上古生界为 $9.9×10^{12}m^3$（技术可采资源量为 $5.9×10^8t$），下古生界（包含元古宇与太古宇）为 $18.3×10^8t$（技术可采资源量为 $9.8×10^8t$）；分别占 46.0%、20.0%、12.0%、22.0%。

深度上，常规天然气地质资源量，浅层为 $12.8×10^{12}m^3$，中深层为 $29.1×10^{12}m^3$，深层为 $22.7×10^{12}m^3$，超深层为 $18.1×10^{12}m^3$；分别占 15.5%、35.2%、27.4%、21.9%。截至 2020 年底，常规天然气剩余地质资源量，浅层为 $8.5×10^8t$ 油当量，中深层为 $23.0×10^8t$ 油当量，深层为 $19.2×10^8t$ 油当量，超深层为 $15.4×10^8t$ 油当量，分别占 12.9%、34.8%、29.0%、23.3%；剩余常规天然气资源多集中于中深层、深层、超深层，主要分布于我国三大克拉通盆地（四川、塔里木、鄂尔多斯盆地）。

品位上，常规天然气地质资源量，特高渗为 $1.2×10^{12}m^3$，中高渗为 $23.5×10^{12}m^3$，低渗为 $48.4×10^{12}m^3$，特低渗为 $9.6×10^{12}m^3$，分别占 1.5%、28.4%、58.5%、11.6%；剩余常规天然气资源主要为低渗与特低渗部分，主要分布于深层—超深层领域。

地理环境上，常规天然气地质资源量，陆上平原 + 草原为 $5.2×10^{12}m^3$，黄土塬为 $3.3×10^{12}m^3$，丘陵 + 山地为 $21.6×10^{12}m^3$，沙漠 + 戈壁为 $11.2×10^{12}m^3$，沼泽 + 滩海为

$1.4×10^{12}m^3$，高原地区为$1.6×10^{12}m^3$；分别占陆上常规天然气总地质资源量的11.7%、7.4%、48.8%、25.3%、3.2%、3.6%。海域中常规天然气地质资源量，浅海为$1.2×10^{12}m^3$，深海为$37.2×10^{12}m^3$；海域常规天然气资源主要分布于海域深水区。

勘探领域上，陆上常规天然气地质资源量，碎屑岩岩性地层为$3.8×10^{12}m^3$，海相碳酸盐岩为$20.8×10^{12}m^3$，前陆为$9.2×10^{12}m^3$，复杂构造为$2.4×10^{12}m^3$，潜山为$2.3×10^{12}m^3$，火山岩为$4.4×10^{12}m^3$，复杂岩性为$1.4×10^{12}m^3$；分别占陆上常规天然气总地质资源量的8.6%、46.9%、20.8%、5.4%、5.2%、9.9%、3.2%；陆上剩余常规天然气资源主要分布于海相碳酸盐岩、前陆、火山岩、岩性地层、复杂构造、潜山领域。海域常规天然气地质资源量，构造为$17.5×10^{12}m^3$，生物礁为$10.2×10^{12}m^3$，深水岩性为$9.0×10^{12}m^3$，基岩潜山为$1.7×10^{12}m^3$；分别占海域常规天然气总地质资源量的45.6%、26.6%、23.4%、4.4%；海域剩余常规天然气资源主要分布于构造与深水岩性领域。

2. 非常规石油与天然气资源潜力与分布

评价致密油、致密砂岩气、页岩油、页岩气、煤层气、油页岩油、油砂油、天然气水合物8种非常规油气资源，致密油总地质资源量为$133.7×10^8t$，致密砂岩气总地质资源量为$20.9×10^{12}m^3$，页岩油总地质资源量为$335.4×10^8t$，页岩气总地质资源量为$55.7×10^{12}m^3$，煤层气总地质资源量为$29.8×10^{12}m^3$，油页岩油总地质资源量为$557.7×10^8t$，油砂油总地质资源量为$12.6×10^8t$，天然气水合物总地质资源量为$153.1×10^{12}m^3$；非常规油气资源主要分布于我国陆上大型含油气盆地；而天然气水合物主要分布于我国青藏高原冻土带及南海海域深水区。

1）致密油资源潜力与分布

非常规致密油地质资源量为$133.7×10^8t$，技术可采资源量为$21.7×10^8t$；主要分布于鄂尔多斯、松辽两大盆地，占84.2%（鄂尔多斯盆地占65.1%，松辽盆地占19.1%）。

层系上，致密油地质资源量，新生界为$17.6×10^8t$，中生界为$114.2×10^8t$，上古生界为$1.8×10^8t$；分别占13.2%、85.5%、1.4%；致密油资源集中分布于中生界，并集中分布于鄂尔多斯、松辽两大盆地。

深度上，致密油地质资源量，浅层为$8.7×10^8t$，中深层为$115.8×10^8t$，深层为$9.3×10^8t$，分别占6.5%、86.6%、6.9%；致密油资源主要分布于中深层（2000～3500m）。

2）致密砂岩气资源潜力与分布

非常规致密砂岩气地质资源量为$20.9×10^{12}m^3$，技术可采资源量为$10.3×10^{12}m^3$；主要分布于鄂尔多斯、四川、塔里木、松辽四大盆地，占94.4%。

层系上，致密砂岩气地质资源量，新生界为$0.8×10^{12}m^3$，中生界为$6.6×10^{12}m^3$，上古生界为$13.5×10^{12}m^3$；分别占3.9%、31.6%、64.5%；集中分布于上古生界。

深度上，致密砂岩气地质资源量，浅层为$0.8×10^{12}m^3$，中深层为$8.4×10^{12}m^3$，深层为$9.0×10^{12}m^3$，超深层为$2.7×10^{12}m^3$，分别占3.7%、40.4%、43.3%、12.7%；主要分布于中深层与深层。

3）页岩油资源潜力与分布

非常规页岩油地质资源量为 $335.4 \times 10^8 t$，技术可采资源量为 $30.7 \times 10^8 t$；主要分布于渤海湾、鄂尔多斯、松辽、准噶尔四大盆地，占总量的 90.1%。

层系上，页岩油地质资源量，新生界为 $103.9 \times 10^8 t$，中生界为 $184.1 \times 10^8 t$，上古生界为 $47.5 \times 10^8 t$；分别占 31.0%、54.9%、14.2%；页岩油资源集中分布于中生界与新生界。

深度上，页岩油地质资源量，浅层为 $66.1 \times 10^8 t$，中深层为 $143.5 \times 10^8 t$，深层为 $108.9 \times 10^8 t$，超深层为 $17.0 \times 10^8 t$，分别占 19.7%、42.8%、32.5%、5.1%；且主要分布于中深层与深层。

4）页岩气资源潜力与分布

页岩气地质资源量为 $55.7 \times 10^{12} m^3$，技术可采资源量为 $12.1 \times 10^{12} m^3$；主要分布于四川与塔里木两大盆地下古生界海相页岩中，占 93.3%（四川盆地占 79.1%、塔里木盆地占 14.2%）；分为海相、海陆过渡相、陆相三种类型，以海相页岩气类型为主。

层系上，页岩气地质资源量，新生界为 $0.1 \times 10^{12} m^3$，下古生界为 $55.6 \times 10^{12} m^3$；海相页岩气资源几乎全部分布于四川盆地及其周缘中上扬子地区。

深度上，页岩气地质资源量，浅层为 $2.0 \times 10^{12} m^3$，中深层为 $14.4 \times 10^{12} m^3$，深层为 $19.1 \times 10^{12} m^3$，超深层为 $20.2 \times 10^{12} m^3$，分别占 3.6%、25.9%、34.3%、36.3%；主要分布于深层与超深层。

5）煤层气资源潜力与分布

煤层气地质资源量为 $29.8 \times 10^{12} m^3$，技术可采资源量为 $11.2 \times 10^{12} m^3$；主要分布于东北、华北、西北三大地区；前四位鄂尔多斯盆地、沁水盆地、滇东黔西地区、准噶尔盆地分别占 24.4%、13.4%、11.6%、10.4%。

层系上，煤层气地质资源量，新生界为 $0.8 \times 10^{12} m^3$，中生界为 $10.3 \times 10^{12} m^3$，上古生界为 $18.7 \times 10^{12} m^3$；分别占 2.8%、34.5%、62.7%；煤层气资源主要分布于中生界与上古生界。

深度上，煤层气地质资源量，浅层为 $1.6 \times 10^{12} m^3$，中深层为 $9.7 \times 10^{12} m^3$，深层为 $8.9 \times 10^{12} m^3$，超深层为 $9.7 \times 10^{12} m^3$，分别占 5.2%、32.5%、29.7%、32.6%。

品位上，低阶煤层气地质资源量为 $10.3 \times 10^{12} m^3$，中阶煤层气地质资源量为 $9.1 \times 10^{12} m^3$，高阶煤层气地质资源量为 $10.4 \times 10^{12} m^3$；分别占 34.4%、30.6%、35.0%。低阶煤层气主要分布于东北与西北，高阶煤层气主要分布于中部（沁水盆地、鄂尔多斯盆地、扬子地台）。

6）油页岩油资源潜力与分布

非常规油页岩油地质资源量为 $557.7 \times 10^8 t$，技术可采资源量（可回收）为 $138.9 \times 10^8 t$；主要分布于东北、华北、西北、青藏高原；以松辽、鄂尔多斯、准噶尔三大盆地为主，占 74.9%。

层系上，油页岩油地质资源量，新生界为 $72.4 \times 10^8 t$，中生界为 $259.9 \times 10^8 t$，上古生界为 $225.4 \times 10^8 t$；分别占 13.0%、46.6%、40.4%；油页岩油资源集中分布于中生界与上古生界。

品位上，油页岩油地质资源量，低品位（含油率 3.5%～5.0%）为 207.7×10^{8}t，中等品位（含油率 5.0%～10.0%）为 282.3×10^{8}t，高品位（含油率＞10.0%）为 67.6×10^{8}t；分别占 37.25%、50.62%、12.13%；并以中低品位为主，主要分布于松辽、鄂尔多斯、准噶尔三大盆地。

深度上，非常规油页岩油地质资源量，超浅层为 115.1×10^{8}t，浅层为 213.5×10^{8}t，中浅层为 229.1×10^{8}t；分别占 20.6%、38.3%、41.1%；主要分布于浅层与中浅层（200～1000m）；超浅层适合挖掘开采，浅层与中浅层适合原位开采；原位开采方式是未来综合利用主要途径。

7）油砂油资源潜力与分布

非常规油砂油地质资源量为 12.6×10^{8}t，技术可采资源量（可回收）为 7.7×10^{8}t；主要分布于西北与西南准噶尔、柴达木、四川三大盆地，占 84.1%（准噶尔盆地占 51.5%，柴达木盆地占 17.9%，四川盆地占 14.8%）。

层系上，新生界为 1.12×10^{8}t，中生界为 11.48×10^{8}t；分别占总地质资源量的 9%、91%；油砂油资源主要集中于中生界，主要分布于准噶尔盆地西北缘与东北缘侏罗系—白垩系、四川盆地侏罗系、柴达木盆地侏罗系—古近系。

8）天然气水合物资源潜力与分布

非常规天然气水合物地质资源量为 153×10^{12}m^3，技术可采资源量为 53×10^{12}m^3；主要分布于陆上青藏高原与东北地区，海域主要分布于南海与东海海域，并以南海海域占主导，占 57.6%。

未来我国常规油气重点勘探领域：陆上主要为岩性地层、海相碳酸盐岩、前陆、火山岩、潜山领域；海域主要为构造、深水岩性领域；非常规主要为页岩油、页岩气、致密砂岩气、致密油领域。而陆上松辽、渤海湾、鄂尔多斯、塔里木、四川、准噶尔、柴达木 7 大盆地，海域珠江口、琼东南、莺歌海、北部湾、东海 5 大盆地仍是勘探重点及主攻方向。

四、我国油气资源勘探战略

1. "十一五"油气勘探战略与勘探成效

"十一五"期间，面临国内油气需求快速增长、确保国家能源安全双重压力，油气勘探开发发展思路发生重大转变，加强油气勘探、保障油气供给是中心任务。油气行业总体发展战略为"强化勘探开发、实行油气并举、扩大境外合作、增强战略储备、保障油气供给"。油气勘探发展战略为"资源战略、稳定东部、发展西部、发展海上、加快天然气、实现有序接替"。油气勘探指导思想就是"着力实现油气并举、非常并举、陆海并重三大转变，强化天然气勘探，立足寻找大中型气田，实现未来国内油气资源的有序接替"（张国生等，2020）。坚持风险勘探，积极寻找后备接替区；加深认识勘探规律，科学把握天然气勘探节奏。经努力实施，"十一五"期间完成既定目标，实现了原油稳步增产，加快了天然气发展步伐，促进了能源结构低碳化。油气勘探成效显著，一是富油气凹陷成熟油区精细勘探成效显著，实现了我国原油的稳步增长；二是海相碳酸盐岩领域，在四川盆地川东北沿开江—梁平海槽两翼台缘带二叠系长兴组—飞仙关组礁滩体积极探索，发现普光大气田，实现百亿立方米年产；三是西部前陆领域，在塔里木盆地库车山前带发现大北、克深千亿立方米大气田；四是非常规致密砂岩气领域，在鄂尔多斯盆地苏里格与四川盆地须家河探明万亿立方米规模地质，实现了我国天然气跨越式发展。

2. "十二五"油气勘探战略与勘探成效

"十二五"期间，面临对外依存度居高不下、国家能源发展方式加快转型双重压力，发展国内、分享海外、加快转型、创新驱动、提高效益、保障供给成为我国能源行业中心任务。油气行业总体发展战略为"深化东部、发展西部、拓展海上、稳油增气、海陆并进、高效勘探"。主导思想就是坚持资源战略，油气并重、陆海并进、常非并举，通过技术创新和管理创新，走低成本、效益勘探之路，努力发现优质高效规模储量。国内立足大盆地，突出常规油气、发展非常规油气。石油勘探：按照"稳定东部、加快西部、发展近海、开拓深水"原则，立足常规、发展非常规。天然气勘探：以海相碳酸盐岩、致密气、前陆冲断带为重点，积极发展页岩气。经拼搏奋斗，"十二五"取得丰硕成果：岩性地层领域，鄂尔多斯盆地姬塬地区多层系岩性油藏储量规模超 $20 \times 10^8 t$，松辽盆地中浅层扶余、高台子油层发现 7 个亿吨级石油富集区；碳酸盐岩领域，塔里木盆地塔河油田新增探明石油地质储量 $3.2 \times 10^8 t$，建成千万吨级大油田，四川盆地川中古隆起发现震旦系—下古生界安岳万亿立方米大气田，建成年产 $200 \times 10^8 m^3$ 工业产能；海域领域，在渤海海域发现我国单构造规模最大的蓬莱 9-1 花岗岩基岩潜山油田，在东海海域发现宁波 22-1 千亿立方米大气田，在南海海域发现东方 13-2 与陵水 17-2 千亿立方米大气田；非常规页岩气领域，在四川盆地发现涪陵焦石坝、威远—长宁两个万亿立方米大型页岩气区，标志着我国页岩气勘探开发实现重大突破，建成涪陵、威远—长宁两个年产超 $120 \times 10^8 m^3$ 工业生产基地。

3. "十三五"油气勘探战略与勘探成效

"十三五"期间，面临低油价、成本上升、绿色发展三重压力，"立足国内、提升勘探开发能力、保障国家能源安全"成为我国油气行业的首要任务。油气行业总体发展战略为"加快西部、拓展东部、发展海域、海陆并进、稳油增气、绿色发展"。坚持资源战略主导思想，油气总体发展大力实施"油气并举、稳油增气"发展战略。石油勘探：实施"深化东部、加大西部、加快海洋"发展战略。天然气勘探：实施"加快西部、拓展东部、加大海洋"发展战略。经贯彻执行，"十三五"成效显著：岩性地层领域，在准噶尔盆地玛湖富油气凹陷斜坡区发现玛湖 $10 \times 10^8 t$ 级大油田，建成年产 $500 \times 10^4 t$ 工业产能；碳酸盐岩领域，在塔里木盆地塔中隆起北坡与塔中隆起南坡超深层发现两个 $10 \times 10^8 t$ 级顺北与富满断溶体富油区带，形成年产近 $500 \times 10^4 t$ 工业产能；渤海海域，发现渤中 19-6、渤中 13-2 太古宇潜山大油田，形成年产近 $400 \times 10^4 t$ 工业产能；页岩油领域，在松辽盆地古龙凹陷发现古龙页岩油大油田，成为未来大庆油田稳产的根本保障，并建成松辽、鄂尔多斯、渤海湾、准噶尔四大页岩油开发示范区。"十三五"油气勘探开发成果显著，不仅实现了油气并举、稳油增气，而且基本实现了非常规油气革命性发展，页岩油气正逐步成为重大接替。

4. 未来"十四五""十五五"全国油气勘探总体发展战略

1）未来油气勘探面临形势与挑战

当前，我国正面临世界百年未有大变局加速演进，我国能源安全形势严峻。必须迎难而上，在新战略引领下，始终以推动行业高质量发展、保障国家能源安全为宗旨；大力提升国内油气勘探开发力度，发挥国内油气供应"压舱石"作用是根本出路；

我国剩余石油和天然气资源较为丰富，常规石油剩余地质资源量为 $649×10^8t$，常规天然气剩余地质资源量为 $66×10^{12}m^3$，具备深化勘探开发巨大潜力。而非常规油气资源尚处于勘探早期阶段，具备战略接替巨大潜力。但油气勘探仍面临"深、低、难、高"四大难题与挑战。

（1）"深"——探井深度显著增加，深层正在成为重要勘探开发领域；进入21世纪逐渐突破8500m。东部基本突破4500m，西部突破6000m，三大克拉通盆地甚至突破7500m；勘探深度越来越大，勘探开发的难度也在不断加大（侯启军等，2018）。

（2）"低"——低渗透、低丰度、低品质，油气资源劣质化趋势加剧。目前，我国陆上与中浅海海域剩余油气资源主要分布于物性较差的中深层、深层储集体中，导致储量品质降低、丰度变小、物性变差、动用性变差（何海清等，2021）。2016—2020年，探明石油地质储量低—特低丰度储量占85%，探明天然气地质储量低—特低丰度储量占55%，油气储量丰度逐渐变差。

（3）"难"——开发难度大、工程技术难度大、环境保护压力大。我国绝大多数已开发老油田进入"双高"阶段，油田进入"双高"，产量快速递减。东部油田含水率高达92.4%，总体进入低速开发阶段。低/特低渗透油田总体进入中高含水开发阶段，递减加大；超低渗透油藏动态标定采收率仅10%~12%，难以实现标定采收率（18%~20%）。同时，稠油开发、非常规页岩油气开发能耗高、成本高、效益差，油气商品率较低，环境保护压力越来越大。

（4）"高"——技术要求高、成本高。面对我国油气勘探未来发展趋势，必然对油气勘探技术与装备提出越来越高的要求（李鹭光等，2020）。钻探需要更深的钻井技术与装备；海域深水需要强大的海上平台与装备制造能力；非常规油气领域需要非常规的手段与配套技术；超前研发、超前装备、超前保障均增加了技术研发成本、装备制造成本、装备操作成本，必然加大勘探成本。

2）未来油气勘探总体发展目标

未来"十四五"与"十五五"期间，我国油气勘探必须坚决贯彻党和国家对油气行业"坚持绿色发展，大力提升国内油气勘探开发力度，保障国家能源安全"总要求；立足国内，坚持资源战略，按照"油气并举、非常并进、陆海统筹、稳油增气"油气勘探战略思路，设立总体发展目标。石油：2022年我国原油生产重上 $2.0×10^8t$，并且稳定到

2030 年。天然气：2025 年天然气生产达到 $2500 \times 10^8 m^3$，2030 年高峰值达到 $2700 \times 10^8 m^3$。

5. 未来油气勘探战略部署方案与重大举措

1）勘探战略部署方案

石油发展战略：实施石油稳定发展的战略思路，部署实施"减缓东部递减、加快西部上产、加大海洋开发"的发展战略，实现我国原油产量"十四五"期间达到 $2 \times 10^8 t/a$ 并力争保持较长时间基本稳产。一是减缓东部递减。二是加快西部上产。以鄂尔多斯、准噶尔和塔里木盆地为重点，加大油气资源勘探开发力度，努力探明更多优质储量。三是加大海洋开发。坚持做强渤海、拓展南海、加快东海的战略定位，加快近海油气勘探开发，推进深海对外招标与合作，形成深海采油技术和装备自主制造能力，落实国家海洋强国战略。

天然气发展战略：实施天然气加快发展的战略思路，坚持常非并举、深浅并举，实施"加快西部、发展海域、拓展东部"发展战略（门相勇等，2021）。2025 年前扩大常规气、巩固致密气、拓展页岩气，确保页岩气规模上产。2025—2030 年，巩固常规气、扩大页岩气、拓展煤层气，确保致密气稳产、页岩气与煤层气上产。一是加快陆上西部地区天然气增储上产；二是实现陆上东部地区天然气产量稳中有升；三是大力推动海上天然气发展。按照"做强渤海、拓展南海、加快东海"的战略部署，立足渤海、珠江口、琼东南盆地天然气勘探，加大东海、莺歌海盆地天然气勘探力度，大力提升海上天然气产量。

2）重大勘探举措

未来必须将"资源战略、非常并重、海陆统筹、稳油增气"上升为国家战略，这是基于我国油气资源现状、当前能源安全形势及未来油气发展趋势的基本判断，完全符合我国当前油气工业发展阶段。通过实施势必将提升我国油气供给保障能力。要确保"资源战略、非常并重、海陆统筹、稳油增气"战略目标落地，必须在体制机制改革、技术理论创新及政策支持等方面系统配套，需实施六大勘探举措作为保障：

（1）加大油气勘探力度，尤其是加大油气发现勘探力度，努力拓展勘探领域，增加后备资源潜力。设立国家油气风险勘探基金，由中央预算内财政资金统一安排，石油公司和社会资本按照 1∶1～1∶2 比例匹配风险勘探投资。重点解决基本具备石油地质条件、风险大、投资规模大、具有重大战略意义的新区新领域勘探问题，并强化新类型油气探索，力争实现重大战略发现和突破。

（2）加大油气勘探开发理论技术创新和装备研制。发挥新型举国体制优势，加快构建油气关键核心技术攻关体系，着重聚焦"两深一非一老"（深层与深水、非常规、老油田提高采收率），突破关键勘探开发理论、工程技术与装备瓶颈，攻克"卡脖子"技术，全力支撑主要领域增储上产。

（3）加强用地用海保障。加强油气矿权管理，强化油气勘探开发规划与国土空间规划、"三区三线"划定、土地利用规划等相关规划的协调衔接。统筹协调化解生态环境保护、海上通航、军事保障等与油气资源开发的矛盾。

（4）以市场化改革为导向，激活上游市场活力。引导和鼓励符合条件境内外各类市场主体参与油气勘探开发，建立健全矿业权流转市场，推动油气资源回归商品属性，激活上游市场。

（5）优化国有企业考核机制。突出对增储上产的激励和考核导向，鼓励主要石油企业加大非常规、低品位等资源开发力度，扩大产能建设基础和实践，不断提高开发水平。

（6）加大财税政策支持力度。适当降低非常规油气、海域深水领域、老油田三次采油、油区稠油热采开发的税负水平，完善并延续非常规天然气开发奖励与补贴政策，根据资源禀赋特点，适当调整石油特别收益金起征点和征收率。

第三章 油气开发理论与提高采收率技术

中国油气开发史就是一部科技创新史和自强奋斗史。经过长期持续创新，特别是国家油气科技重大专项（2008—2020年）的理论技术攻关和示范工程建设，发展形成了一系列具有国际领先/先进水平、适合不同类型油气田特征的开发理论技术，创造了多项世界油气开发奇迹。以大型陆相非均质中高渗砂岩为特征的大庆油田，60余年来实现原油 $5000×10^4t$ 以上并稳产27年、$4000×10^4t$ 以上稳产12年，进入新时代的10年，国内原油连续8年实现 $3000×10^4t$ 以上硬稳产，主力油田采收率达到50%以上，创新形成的分层注水、精细水驱、化学驱提高采收率等理论技术长期引领同类油田的高效开发，成就举世瞩目。以复杂断块、油品多样为特征的渤海湾胜利油田和辽河油田，已在年产油 $2300/1000×10^4t$ 以上稳产25/36年，开发水平国际领先。以低渗透、致密油气藏为特征的长庆油田，技术进步支撑上产至年产 $6000×10^4t$ 以上油当量，上产速度和创新水平实属罕见。以砂砾岩、油品多样为特征的新疆油田，创新驱动新中国成立后发现的第一个大油田60余年持续上产至 $1640×10^4t$ 以上油当量。以深层/超深层、复杂岩性为特征的塔里木油田，近年来快速建成年产 $3000×10^4t$ 油当量的大油气田。四川盆地多种类型天然气田开发理论技术持续创新，支撑建成年产 $400×10^8m^3$ 以上的大气田。塔河油田深层缝洞型碳酸盐岩油藏开发科技攻关成效显著，支撑建设年产千万吨级大油田。通过多年的持续创新发展，目前我国油气田均形成了适合自身油气田特征的开发理论技术，核心技术和关键装备自主可控，总体处于国际领跑/并跑水平，强力支撑了我国原油产量的长期稳定和天然气产量的跨越式增长（图3-1）（戴厚良，2021；袁士义等，2018，2020，2021）。

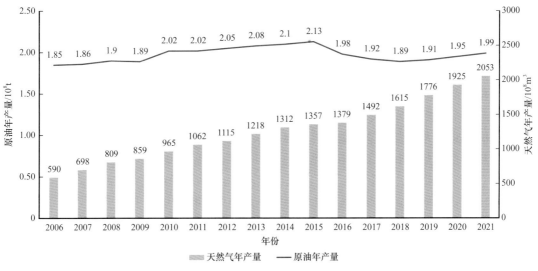

图3-1 近年来中国油气产量

第一节 概　述

一、国内外陆上油气开发理论技术进展

油气田类型是影响油气采收率和开发效果的重要因素。国内外油气田类型复杂多样，从海相到陆相，从中高渗透、低/特低渗透到致密储层，从凝析油、稀油、普通稠油、特稠油到超稠油，埋深从百米到万米，岩石类型包括砂岩、砾岩、石灰岩、白云岩、变质岩等，需要创新形成适合不同油气田类型的特色开发理论技术系列。国内外油气田对比来看，国外油气田以海相沉积为主，油气层厚度大、分布稳定、储量丰度高；我国油气田以陆相为主，油气层厚度小、连续性差、储量丰度低且非均质性普遍严重，资源条件更为复杂，经济有效开发技术难度大。

本节将按照不同油气田类型分述开发理论技术进展。目前国内外缺少统一的油气田类型分类标准，参照中国石油天然气行业标准（SY/T 6169—2021）进行油气田分类。根据章节内容设置，海洋油气和非常规油气（致密油、页岩油、致密气、页岩气）开发在本书其他章节论述。

1. 中高渗透砂岩油田

中高渗透砂岩油田一般指储集岩空气渗透率大于 50mD 的油田，该类油田为传统上的优质油田，发现和开发均较早。以东得克萨斯（美国第二大油田）、萨莫特洛尔（俄罗斯第一大油田）、罗马什金（俄罗斯第二大油田）为代表的国外中高渗透砂岩油田地质条件好，开发呈现中低含水阶段快速上产、高含水阶段液油比快速上升、开发后期低速稳产的特点，上述三个油田综合含水均在 90% 以上、平均可采储量采出程度在 85% 以上。该类油田在开发后期通过技术进步仍可保持较高生产能力，如罗马什金油田 2019 年综合含水 87%、可采储量采出程度 91%，年产油仍高达 $1479 \times 10^4 t$。国外该类油田主要采用天然能量和注水方法，开展矿场试验的提高采收率方法包括气驱、热采、化学驱、水动力学法、重复压裂、水平井多级水力压裂、调剖堵水等。近年来，数字孪生、智能油田等信息技术在延长老油田开采寿命和进一步提高采收率等方面发挥了重要作用。

我国中高渗透油田储集岩类型主要是中高渗透砂岩或砂砾岩，在各大油区均有分布，以大庆长垣油田为代表，包括渤海湾、西部等盆地的一些整装油田。中高渗透油田是国内早期开发的主力油田，目前相当比例的油田含水已超过 90%、可采储量采出程度已超过 80%（通常所说的"双特高"开发阶段），但仍是原油产量的主力贡献区之一。2017 年我国原油产量约为 $1.92 \times 10^8 t$，其中陆上原油产量约为 $1.49 \times 10^8 t$；陆上中高渗透油田的产油量为 $6311 \times 10^4 t/a$，占陆上原油产量的 42.4%（贾承造，2020）。通过多年持续创新，发展形成了具有国际领先水平的分层注水、精细水驱和化学驱三次采油主体技术，有力支撑了大庆、胜利等一批老油田的长期稳产。化学驱已成为我国中高渗透稀油油田大幅度提高采收率的主体技术，在化学剂研制生产、配方体系优化、油藏注采方案设计、注采

和地面工艺等方面全方位创新发展，形成了聚合物驱、三元复合驱、二元复合驱等产业化配套技术系列。截至 2020 年，陆上油田化学驱年产量已连续 20 年保持在 1200×10^4t/a 以上，技术水平和应用规模持续保持世界领先，引领了世界化学驱技术的发展。创新发展了"二三结合"技术，将水驱与化学驱层系井网整体优化部署，已在大庆、新疆、辽河、大港等油田工业化应用，技术经济效果显著。聚合物驱后四次采油提高采收率技术已在大庆、胜利油田开展试验，取得初步成效（袁士义等，2018，2020，2021；程杰成等，2014；孙焕泉，2021；刘合等，2020）。

2. 低渗透砂岩油田

低渗透砂岩油田一般指储集岩空气渗透率小于 50mD 的油田，通常进一步划分为普通低渗透（10～50mD）、特低渗透（1～10mD）、超低渗透（小于 1mD）3 个亚类。低渗透油田在世界上广泛分布，随着对油气资源需求的增加，越来越多的低渗透油田将投入开发。低渗透油田普遍具有地质情况复杂、开采难度大、产能低和经济效益差等特点。国外低渗透油田开发已广泛应用的技术有注水保持地层能量、压裂改造油层和注气等，此外储层地质研究和保护油层措施也是提高开发效果的关键，小井眼技术、水平井、多分支井技术和 CO_2 泡沫酸化压裂新技术的应用，较大幅度地提高了单井产量，实现了低渗透油田有效开发和降本增效的目的。如美国的文图拉低渗透油田和加拿大的帕宾那油田分别采用上述技术成功开发了地质情况复杂、开采难度较大的低渗透油田。注气已被实践证明是低渗透油田大幅度提高采收率的关键技术，美国气驱技术主要应用于低渗透油田，经过长期发展已成熟配套，应用效果显著。2016 年美国气驱产量 2346×10^4t，其中 CO_2 驱产量 1550×10^4t（Oil & Gas Journal，2014/2016）。一般混相驱（CO_2 和烃气驱）可提高采收率 10%～25%，非混相气驱提高采收率 7%～15%，重力稳定驱提高采收率15%～30%。

我国低渗透石油资源丰富，主要分布在松辽、鄂尔多斯、渤海湾、准噶尔等盆地。低渗透油田已成为我国原油生产的重要组成部分，并且成为当前及今后一段时期石油储量和产量增长的主体。2017 年我国陆上低渗透砂岩油田的产油量为 5476×10^4t/a，占陆上原油产量的 36.8%（贾承造，2020）。以长庆油田为代表的低渗透油田，开采技术持续创新，不断突破低渗透油田物性开发的限制，动用储量快速增长，成为近年来长庆油田原油上产的主体。目前我国低渗透油田以水驱开发为主，包括早期笼统注水、超前注水和温和注水等。在特低—超低渗透油田开发过程中，逐步形成了缝网匹配注水、注气、水平井分段及体积压裂等有效开采技术。注气（包括注 CO_2、N_2、烃气、空气、烟道气等）是低渗透油田、特别是注水难以建立有效驱替系统的特低 / 超低渗透油田提高采收率的重要手段，具有广阔应用前景。"十一五"以来，注气技术迎来快速发展，基础理论、关键技术、工艺配套和矿场试验取得重大进展。CO_2 混相驱突破油藏工程设计及调控、防腐、循环注气等关键技术，已在吉林、胜利、长庆、新疆等油田工业应用，其中吉林油田黑 79 北小井距 CO_2 混相驱试验提高采收率 25%。塔里木东河 1C Ⅲ 烃气重力驱试验中心井组提高采收率 30%，是塔里木油田第一个实现可采储量和 SEC 储量双增的老油田。长庆油田五里湾减氧空气泡沫驱试验，阶段提高采出程度 6.5%，提高采收率 10%。近年来，在传统 CO_2 驱油基础上发展起来的 CO_2 捕集、驱油与埋存（CCUS—EOR）技术得到广泛关注，利用 CO_2 驱油在大幅度提高油田采收率的同时可实现 CO_2 有效埋存，兼具"驱油"经济效益和"减排"社会效益，是化石能源企业低碳发展、实现"双碳"目标的重要技术手段（袁士义，2018，2020，2021；胡永乐，2019）。

3. 稠油油田

稠油是指油层条件下原油黏度大于 50mPa·s 或在油层温度下脱气原油黏度大于 100mPa·s，相对密度大于 0.92 的原油，可进一步分为普通稠油（油层温度下脱气原油黏度 V_o<10000mPa·s）、特稠油（10000mPa·s<V_o<50000mPa·s）和超稠油（油砂）（V_o>50000mPa·s）。稠油在国外通常被称为重油，加拿大、委内瑞拉和俄罗斯是国外稠油资源最丰富的国家。目前普通稠油开发技术主要为冷采、出砂冷采、蒸汽吞吐、蒸汽驱和火驱，特稠油开发技术主要为蒸汽吞吐、蒸汽驱和火驱，在加拿大、委内瑞拉、美国、印度尼西亚等国广泛应用；超稠油（油砂）开发技术主要为蒸汽辅助重力泄油（SAGD）技术，已在加拿大商业应用。近年来，国外为降低稠油开发成本、实现低碳开发，探索了多项新技术，如蒸汽/非凝析气/烃类气混合的 SAGD、蒸汽萃取（VAPEX）等技术，已在油田成功开展试验。

我国陆上稠油资源较为丰富，主要分布在辽河、新疆、胜利、塔河、吐哈、河南等油区，渤海湾近海也存在大量的稠油资源。2017 年陆上稠油油田的产油量为 $1799×10^4t$，占陆上原油产量的 12.1%（贾承造，2020）。"十一五"以来，通过科技创新推动稠油转换开发方式取得显著进展，稠油热采主体技术由单一的蒸汽吞吐向蒸汽驱、SAGD 和火驱等多元化技术跨越发展，保障了我国稠油产量的长期稳定。对于黏度较低的普通稠油油藏，国内一般采用注水、改善水驱（如聚合物驱、复合驱、热水驱）或注蒸汽方式开发；其他稠油主要采用蒸汽吞吐（结合掺稀和化学降黏吞吐）、蒸汽驱、SAGD、火驱等技术开采。近年来，为提高蒸汽利用率，发展了多介质协同蒸汽驱技术，通过气体、化学剂及蒸汽复合形成高效驱油体系，具有抑制蒸汽窜流和超覆、扩大蒸汽波及体积、比常规蒸汽驱减少蒸汽用量等多项协同机理。蒸汽驱中后期采用多介质协同蒸汽驱，预计可进一步提高油汽比 30%、提高采收率 10% 以上（袁士义等，2018，2020，2021）。

4. 碳酸盐岩油田

世界碳酸盐岩油气储量占总储量的 52%，探明油气可采总量为 $1434.5×10^8t$ 油当量，其中石油 $750.1×10^8t$，天然气 $684.4×10^8t$ 油当量，世界碳酸盐岩储层的油气产量约占油气总产量的 60%。世界碳酸盐岩大油气田集中分布于波斯湾盆地、扎格罗斯盆地、南墨西哥湾盆地、二叠盆地和苏尔特盆地等。国外优质海相碳酸盐岩油田（如中东地区）储层条件较好，其油层渗流体现喉道渗流体征、黏土含量低，相对同等空气渗透率的砂岩（孔喉渗流特征）储层来说，实际渗流能力较强，因此油井产量高、开发成本低。碳酸盐岩油田大多采用衰竭开发或水驱开发方式，水平井（分支井）广泛应用。如世界第一大油田——加瓦尔油田为裂缝型高渗透碳酸盐岩油田，历经近 70 年开发，2018 年底剩余可采储量仍有 580×10^8bbl，日产量 380×10^4bbl，该油田采用了边部注水、最大储层接触井（MRC）和智能油田等技术。美国 SACROC 低渗透碳酸盐岩油田 1972 年开始 CO_2 驱试验，2005 年 CO_2 驱年产油达到 160×10^4t，提高采收率 26%，是美国最大的 CO_2 驱油项目。加拿大 Weyburn 低渗透碳酸盐油田 CO_2 驱油与埋存项目，注 CO_2 前采出程度 26.4%，水驱标定采收率 37%，气驱峰值年产油达到 120×10^4t，预计提高采收率 15% 以上。

我国海相碳酸盐岩石油资源丰富，主要分布在塔里木盆地、鄂尔多斯盆地和渤海湾盆地等。2017 年陆上特殊岩性（主要为复杂碳酸盐岩）油田的产油量为 1287×10^4t，占陆上原油产量的 8.6%（贾承造，2020）。经过多学科联合攻关，发展了缝洞储集体地球物理描述、多尺度相控缝洞储集体建模、缝洞型油藏数值模拟等多项关键技术。结合开发获得的各类动静态资料，深化了对碳酸盐岩油藏渗流机理、剩余油分布规律的认识。我国碳酸盐油田现阶段主要采用天然能量、水平井（分支井）、注水补充能量等开采方法，目前已开展包括注水压锥、水动力学方法、注气、注气稳定重力驱、化学驱等多种提高采收率技术的攻关与试验。其中注水替油和注气替油技术在动用"阁楼油"方面取得良好效果，但大幅度有效补充能量的技术尚待发展。从目前试验效果看，注气稳定重力驱技术有望率先取得突破性进展，成为有效提高采收率主体接替技术（袁士义等，2018，2020，2021；李阳等，2017）。

5. 天然气田

天然气是能源转型期重点发展的清洁低碳能源，在化石能源向非化石能源转变的过程中将发挥重要作用。展望未来，全球油气生产仍将呈现稳中向上的趋势，但原油产量的占比将逐年下降，天然气产量将保持较高增长率，成为油气发展的重要方向。天然气资源较为丰富的国家包括俄罗斯、伊朗、卡塔尔、土库曼斯坦、美国、中国等。由于美国在非常规气开发方面的技术进展和资金投入，目前美国天然气产量位于世界前列。截至 2019 年底，世界天然气剩余可采储量为 198.8×10^{12}m^3，储采比为 49.8，天然气产量为 3.99×10^{12}m^3（中国天然气发展报告，2020）。目前气田主要采用天然能量开发方式，在储层评价、产能评价、油层保护、钻完井优化设计、采气工艺和工厂化作业等方面形成了较完善的技术系列。

我国的天然气资源较为丰富，主要分布在四川、鄂尔多斯、塔里木、柴达木、渤海湾等盆地。累计探明天然气地质储量为 13.6×10^{12}m^3，其中，常规天然气地质储量为 8.1×10^{12}m^3、非常规天然气地质储量为 5.5×10^{12}m^3，探明率总体不足 10%（贾承造，2020）。目前，我国的天然气工业处于大发现和规模上产期，具备持续上产、长期稳产的发展潜力。经过多年的探索与积累，创新形成了低渗透 / 致密砂岩气藏、碳酸盐岩气藏、异常高压气藏、凝析气藏、火山岩气藏、疏松砂岩气藏、高含硫气藏、基岩气藏、页岩气藏、煤层气藏等十大类型气藏开发特色技术系列，有力支撑了我国天然气产业的快速发展，国内天然气产量从 2000 年的 274×10^8m^3 上升到 2020 年的 1925×10^8m^3。特别是十余年来的国家油气科技重大专项攻关和示范，形成了鄂尔多斯盆地榆林、大牛地等低渗透砂岩气藏高效开发技术系列，支撑该类气藏年产气上产至 $100 \times 10^8 m^3$；形成四川盆地安岳大型碳酸盐岩气藏有效开发技术系列和普光、元坝、大湾等高含硫天然气藏安全开发技术系列，支撑四川盆地气区年产量突破 $400 \times 10^8 m^3$；形成库车坳陷超深高压气藏开发技术系列，支撑塔里木气区年产量超越 $300 \times 10^8 m^3$（赵文智等，2021；马新华，2016；江同文等，2021；李鹭光，2021；贾爱林等，2021）。

二、国家重大专项立项时面临的重大挑战及对策

面对快速上升的油气消费需求，我国油气供需形势日益严峻，对外依存度持续攀升。从 2006 年至 2020 年，我国石油对外依存度从 47.0% 上升到 73.5%，天然气对外依存度从 0 升至 40.6%。预计到 2035 年，中国石油和天然气的对外依存度将分别达到 70% 和 55%。由于国防、航空航天、化工原材料等战略刚性需求，确保中国国内原油产量 $2 \times 10^8 t/a$ 长期稳产和天然气持续上产至 $3000 \times 10^8 m^3/a$ 并长期稳产，是保障国家油气能源安全的核心任务，具有重要的战略意义。进入 21 世纪以来，为实现国家中长期油气产量目标，油气田开发面临诸多严峻的问题与挑战。

1. 国内石油长期稳产 $2 \times 10^8 t/a$ 的挑战

中高渗透砂岩油田整体处于高含水和高采出程度阶段，稳产形势严峻，实施"二三结合"开发战略、加大精细水驱挖潜和大幅度提高采收率技术研发与应用力度是保持稳产的关键。以大庆和胜利油田为代表的中高渗透油田是我国最优质的油田资源，经过多年开发，总体进入"双特高"开发阶段，面临采油速度低、储采失衡加剧、成本上升快等挑战。长期水驱导致层间、层内和平面三大非均质性加剧、注入水低效、无效循环严重；剩余油进一步分散，存在赋集状态识别难和非连续渗流；老区油水井套管损坏普遍加剧，注采系统恶化导致可采储量损失。迫切需要攻关精细储层描述、层系和注采结构精细调整为主的精细水驱挖潜技术，持续发展聚合物驱和三元 / 二元复合驱大幅度提高采收率技术，探索聚合物驱后进一步提高采收率技术，以支撑主力老油田长期稳产。

低渗透油田资源品位劣质化、水驱采收率低，进一步提高单井产量、转变开发方式与降低开发成本是提高开发效果、效益上产的关键。我国低渗透油田储量丰富，有效开发动用和快速上产对保持国家原油稳产意义重大。但我国低渗透油田通常具有低丰度、低压、低产的"三低"特点，且相对国外低渗透油田，裂缝发育、非均质性更强，其有效开发难度更大，大多需要压裂改造才能投产，能量补充和有效驱替系统的形成均较为困难，导致水驱采收率较低。低渗透油田单井产量普遍低于 2t/d，初期产量年递减达 30% 以上，实际采收率大多在 10%～30% 之间，持续有效稳产难度大，提高单井产量和提高采收率是重大技术难题。需要发展缝网匹配的精细水驱、高效储层压裂改造、大井丛钻完井和注气大幅度提高采收率等核心技术。

稠油油田经过多轮次蒸汽吞吐后难以实现稳产，高能耗、高成本问题突出，技术升级提高热效率和转变开发方式是保持效益稳产的关键。与国外相比，国内稠油油藏具有"埋藏深、物性差（油层多为薄互层、厚度小）、储量有效动用难度大"等突出特点，面

临经济有效开发技术挑战。我国陆上稠油热采开发方式以蒸汽吞吐为主，已开发老区整体进入蒸汽吞吐后期低效开发阶段，产量进入快速递减阶段，生产成本快速上升，标定采收率仅约 25%；新区以超稠油、超深层和超薄层油田为主，有相当一部分探明储量难以动用。保持稠油稳产，亟待攻关、试验和配套接替技术，大幅度提高稠油油藏采收率。需要重点发展蒸汽驱技术，攻关超稠油 SAGD、注空气火驱、薄层/复杂稠油油藏有效开采及各类稠油开采提质增效减排新技术。

碳酸盐岩油田储集体分布和渗流规律复杂，天然能量开采产量递减快、采收率低，提升储集体识别精度、掌控渗流规律、形成有效补充能量的提高采收率技术是提升开发效果的关键。与国外部分优质碳酸盐岩油田不同，国内已发现的此类油田储层较为复杂，如塔河缝洞型碳酸盐岩油藏是以大型溶洞和裂缝为主要储集空间的特殊型油藏，具有埋藏深、基质渗透性差、储层非均质性严重、油水分布规律性不强等特点。面临缝洞发育和分布规律描述精度低、油藏流体流动规律认识难度大、钻井成功率低、补充能量的提高采收率技术缺乏等挑战。需攻关储集体识别和有效补充能量的提高采收率技术。

2. 国内天然气持续快速上产的挑战

天然气田主要靠天然能量开采，主力老气田产量递减大；复杂天然气田安全效益开发难度大，提高老气田采收率和实现大量新发现的复杂气田安全效益开发是上产的关键。多个主力老气田进入稳产末期，加密新井产量逐年变差，如靖边老气田 2019 年新井产量递减率达到 13.5%。气藏压力保持水平低，靖边、榆林等主力气田投产井 90% 以上井口压力已降到地面系统压力，全面进入递减期，需要通过井口增压来维持上产；随着气田的不断开发，水侵程度将进一步增大，防水治水成为关键。新发现的接替资源埋深大、物性差，新增探明储量 80% 以上分布在低渗透—致密—页岩、深层、复杂碳酸盐岩储层中，深层、异常高压等气藏井况复杂，高含硫气藏腐蚀性强，面临技术、经济、安全上产的严峻挑战。

针对上述油气稳产/上产面临的严峻挑战和重大科技需求，国家油气科技重大专项（2008—2020 年）进行了系统的技术攻关和示范工程部署，以强力支撑国家油气发展目标的实现。

三、任务部署与各阶段攻关重点

1. 任务部署

"大型油气田及煤层气开发"国家油气科技重大专项（2008—2020 年）设立三期攻关示范项目。陆上油气开发技术领域的总体目标是紧密围绕面临的重大科学技术需求，开展陆上油气开发理论技术攻关和示范工程建设，形成适合不同油气田类型持续有效开发的技术系列，为实现国家油气开发目标提供强有力的科技支撑，引领油气开发新领域发展。陆上油气开发领域共在 6 个领域开展攻关和示范，按三期部署实施，围绕各期急迫技术需求，每期针对性安排攻关示范的重点，既有攻关连续性、创新性，又有攻关新领域，以保持创新的持续发展及快速将成熟技术推广应用。其中"十一五"部署 9 个项目和 5 个示范工程，"十二五"部署 9 个项目和 9 个示范工程，"十三五"部署 9 个项目和 7 个示范工程，合计部署了 27 个项目和 21 个示范工程。

示范工程作为油气开发专项的重要组成部分，是科技攻关项目的重大理论、核心技术和关键装备的先试先行基地和产业化应用的示范区，是推动科技成果成熟、集成和快速转化的重要环节，主要目的是形成系统完善的集成配套技术、装备和标准体系，加快产业化进程。国家专项将科技攻关项目和示范工程一体化布局，有力保障了研究成果与现场示范的紧密结合，推动并加快"研究—示范—产业化应用"进程。

2. 各阶段攻关重点

"十一五"至"十三五"期间，围绕 6 个开发领域的生产目标和重大技术需求，按照技术发展规律，分三期安排不同攻关重点并持续发展完善技术链条，发展技术标准体系和产业化配套技术，支持油气产量目标的实现。陆上油气开发领域不同阶段的攻关示范重点参见表 3-1-1。

中高渗透高含水 / 特高含水油田开发领域：以大庆（整装油藏）、胜利（高温高盐油藏）、新疆（砂砾岩油藏）、辽河和大港（断块油藏）等油田的中高渗透油藏为目标，按照"发展精细水驱，提升聚合物驱，攻关强 / 弱碱三元复合驱和无碱二元复合驱，储备聚合物驱后四次采油技术"的发展路线，进行项目和示范部署。

稠油油田开发领域：以辽河和新疆等油田的稠油油藏为目标，按照"发展中深层稠油（多介质协同）蒸汽驱技术，攻关超稠油（气体辅助）SAGD 技术、稠油火驱技术、薄层超稠油 VHSD/HHSD 开发技术，探索超深层稠油火烧吞吐和人造泡沫驱油技术"的发展路线，进行项目和示范部署。

低渗透 / 特低渗透 / 复杂油田开发领域：以长庆和胜利等油田的低渗透油藏为目标，按照"深化精细储层和渗流规律认识，发展缝网匹配的精细水驱技术，攻关复杂结构井与丛式井钻完井设计控制一体化技术、水平井 + 体积压裂等多井型高效压裂技术，探索功能性水驱和空气泡沫驱等提高采收率技术"的发展路线，进行项目和示范部署。

碳酸盐岩油田开发领域：以塔河油田缝洞型碳酸盐岩油藏为目标，按照"发展提升缝洞体识别与描述技术，深化复合介质流体动机理认识，持续完善酸化压裂工艺技术，攻关缝洞单元注水优化技术，储备注氮气提高采收率技术"的发展路线，进行项目和示范部署。

复杂天然气田开发领域：以鄂尔多斯盆地的低渗透气田（榆林、大牛地等气田）、塔里木盆地库车坳陷的深层高压气田（克拉 2、克深、大北、博孜等气田）、四川盆地的深层碳酸盐岩气田（安岳气田）和高含硫天然气田（普光、元坝、大湾等气田）为目标，按照"持续发展地震、测井等储层描述和富集区优选技术，深化多尺度介质渗流理论和气井产能评价技术，攻关井型井网优化设计和开采方式优化技术、高效安全的钻采工艺技术和储层改造技术，研发含硫天然气集输及深度净化技术，建立气藏动态监测及安全管控技术"的发展路线，进行项目和示范部署。

CCUS-EOR 开发领域：以吉林油田低渗透砂岩油藏、长庆油田超低渗透砂岩油藏和

表 3-1-1 陆上油气开发领域不同阶段的攻关重点

开发领域	"十一五"时期	"十二五"时期	"十三五"时期
中高渗透高含水/特高含水油田	（1）以整装、高温高盐、断块、砾岩等油藏井网重组为核心的精细水驱开发调整技术；（2）大庆长垣二类油层聚合物驱整体工业化技术；（3）大庆长垣二类油层强/弱碱复合驱技术；（4）胜利油田I类油藏二元复合驱技术	（1）薄差层有效动用为核心的水驱精细注采结构调整技术；（2）大庆长垣二类油层强/弱碱复合驱工业化技术；（3）新疆砾岩、辽河/大港断块二类复合驱技术；（4）胜利油田II类油藏二元复合驱技术	（1）以老区控水提效为核心的精准水驱开发调整技术；整装、断块、砾岩"三结合"开发模式；（2）大庆长垣三类油层聚合物驱技术，大庆三类油层后提高采收率技术；（3）新疆砾岩、辽河/大港断块二元复合驱技术；（4）胜利油田III类油藏化学驱技术
稠油油田	（1）中深层蒸汽驱技术；（2）超稠油SAGD技术；（3）火驱点火、优化设计和监测关键技术；（4）薄层/复杂稠油水平井蒸汽驱设计技术；（5）多元热流体驱制备技术	（1）空气辅助蒸汽驱提高波及体积技术；（2）气体辅助SAGD技术；（3）火驱配套（固定式点火等）技术；（4）薄层超稠油多点注蒸汽配套技术；（5）多元热流体开发技术	（1）多介质协同蒸汽驱技术；（2）改善SAGD开发效果配套技术；（3）火驱提高采收率（移动电点火、扩大波及及体积等）技术；（4）薄层超稠油VHSD/HHSD开发技术；（5）超深层稠油火烧吞吐和人造泡沫驱油技术
低渗透/特低渗透/复杂油田	（1）特低渗透油藏非线性渗流理论和特低渗透储层分级评价技术；（2）提高纵向剖面动用程度的直井压裂技术；（3）复杂结构井优化设计与钻完井整制、油藏表征，增注注水增产技术	（1）"沿裂缝带注水、侧向驱替"的低渗透、特低渗透油藏中高含水期水驱开发调整模式；（2）"水平井+体积压裂"大幅度提高初期井产量的超低渗透油藏开发模式；（3）复杂结构井优化设计与钻完井控制技术，随钻强化井壁的仿生钻井液理论与技术	（1）超低渗透油藏体积改造模式下渗驱采油理论；（2）低渗、特低渗透油藏提高水驱采收率；（3）超低渗透油藏提高单井产量和储量动用程度技术；（4）复杂结构井与丛式井钻完井设计控制一体化技术体系，双流钻井液理论和技术
碳酸盐岩油田	（1）大型溶洞储集体预测与描述技术；（2）单井单元注水替油技术；（3）高效酸化压裂工艺技术	（1）高精度缝洞识别地震成像技术和三维地质建模方法；（2）不同缝洞储集体单元注水开发模式；（3）提高酸压规模的大型深穿透复合酸压裂技术	（1）缝洞型油藏小尺度缝洞体识别与预测技术；（2）多元约束多尺度缝洞型油藏三维地质建模技术；（3）缝洞单元注水优化技术；（4）注氮气提高采收率技术；（5）靶向酸化压裂工艺技术

续表

开发领域	"十一五"时期	"十二五"时期	"十三五"时期
复杂天然气田	（1）低渗透气藏储层描述和富集区优选技术（榆林气田，大牛地气田）；（2）库车坳陷深层高压含气藏高效开发技术；（3）普光高含硫气藏安全投产关键技术	（1）低渗透气藏动态评价技术和井型井网优化设计技术；（2）大湾、元坝深水气藏开发技术；（3）大湾、元坝生物礁底水气藏超深水平井安全开发技术；（4）深层白云岩储层叠前AVO反演技术、叠后预测，叠前AVO反演流体检测技术、气举阀等含硫气藏钻采采工程技术	（1）低渗透气藏直井水平井混合井网开发和提高采收率技术；（2）高压有水气藏开发优化技术和控水治水治水提高采收率配套技术；（3）普光和元坝气田稳产及安全管控技术；（4）深层白云岩储层叠前AVO反演与叠后物理预测技术，气举和排水采气工具等含岩石物理学结合的流体检测技术、含硫气藏钻采采工程技术
CCUS–EOR	（1）吉林油田含CO_2火山岩气藏安全开发技术；（2）工业CO_2气捕集技术；（3）吉林油田CO_2驱油油藏工程设计技术；（4）含CO_2天然气集输，产出处理技术；（5）含CO_2气藏开发及利用示范工程	（1）吉林等低渗透砂岩CO_2驱油机理；（2）吉林低渗透油藏CO_2驱油开发方案设计技术及开发规律认识；（3）吉林低渗透油藏CO_2驱油工程技术；（4）CO_2驱油与埋存示范工程	（1）新疆砂砾岩油藏、长庆高矿化度地层水油藏CO_2驱油机理；（2）吉林低渗透油藏CO_2驱油工业化应用配套技术；（3）长庆、新疆油田CO_2驱油油藏CO_2驱油与埋存技术；（4）CCUS–EOR示范工程

新疆油田低渗透砾岩油藏为目标，按照"发展陆相油藏 CO_2 驱油与封存理论，深化 CO_2 驱油藏工程方案优化设计技术，攻关工业 CO_2 气捕集、长距离管输地面工程、CO_2 驱分注和举升注采工艺、CO_2 驱腐蚀防护等技术，建立 CO_2 长期埋存安全性评价技术，形成产业化配套技术体系及标准"的发展路线，进行项目和示范部署。

四、取得的主要成果

十余年来，参与攻关的科技工作者以有效破解发展难题为己任，持续攻关和不懈试验，陆上油气开发领域全面完成计划任务，实现目标和考核指标。取得一系列重大科技成果，发展形成了适合我国不同油气田类型特征的开发理论和开发主体技术系列，积极践行了低成本开发、低碳减排和高质量发展理念，拓展了油气田开发的新领域，自主创新能力显著提升，为国内陆上原油产量长期保持稳定、天然气产量快速增长提供了强有力的科技支撑。创新形成了高含水／特高含水油田开发、稠油／超稠油开发、低渗透／特低渗透／复杂油田开发、海相碳酸盐岩缝洞型油田开发、复杂气田安全开发、CCUS-EOR等 6 项重大技术成果。

（1）中高渗透高含水／特高含水油田开发重大技术整体上持续保持国际领先水平。围绕"精准挖潜"和"提高采收率"两大目标，发展了油藏精细描述技术、水驱精细注采结构调整技术、深部调驱和液流转向等关键技术，形成了适合不同油藏条件的精细水驱技术；完善了大庆Ⅱ类油层聚合物驱技术，形成了强／弱碱三元复合驱、高温高盐油藏非均相复合驱、二元复合驱等新一代化学驱接替技术，建立了"二三结合"提高采收率新方法和典型模式，形成了系列产业化应用配套技术和标准，成功将化学驱由聚合物驱向弱碱三元复合驱和无碱二元复合驱升级发展、由常温整装油田向高温高盐和断块／砾岩油田应用拓展。在大庆长垣和胜利等油田示范应用，见到显著效果，精细水驱相对常规水驱提高采收率 5%～10%，对延缓产量递减发挥重要作用；大庆油田二类油层聚合物驱提高采收率从 10% 上升到 14%、三元复合驱提高采收率 20% 以上；胜利油田高温高盐油藏二元复合驱提高采收率 12% 以上，有力保障了大庆油田年产 $3000×10^4$t 油当量、胜利油田年产 $2300×10^4$t 油当量以上持续稳产；新疆、辽河油田二元复合驱矿场试验提高采收率 18% 以上。

（2）稠油／超稠油开发重大技术达到国际领先水平。以大幅度提高稠油采收率、推动稠油转换开发方式的新技术研究为重点，形成了（多介质协同）蒸汽驱、（气体辅助）SAGD、火驱、水平井蒸汽驱等新一代稠油开发驱油理论和技术。在辽河、新疆油田示范应用，目前蒸汽驱技术已成熟配套，实现了中深层稠油资源的有效开发，采收率由蒸汽吞吐的 20%～25% 提高到 50% 以上；超稠油 SAGD 系列核心技术打破国外垄断，在辽河油田杜 84 井区和新疆油田风城重 32、重 37 等井区开展矿场试验，提高采收率 30% 以上，建成了年产 $200×10^4$t 的超稠油生产规模。火驱系列核心技术取得突破，破解了注蒸汽尾矿再开发的困局。新疆油田红浅 1 井区火驱是在蒸汽吞吐及蒸汽驱后、采出程度近 30% 的废弃油藏上实施，在注蒸汽基础上已提高采出程度 25.2%，预测可提高采收率 42.2%，最终采收率达 71.1%。上述成果盘活了陆上 $10×10^8$t 难动用稠油储量，强力支撑了辽河油田年产 $1000×10^4$t 油当量持续稳产和新疆油田年产 $1300×10^4$t 油当量上产。

（3）低渗透/特低渗透/复杂油田开发重大技术达到国际领先水平。以提高单井产量和大幅度提高采收率为重点，揭示了动态裂缝形成机理及分布规律，形成了油藏综合评价技术、有效补充能量开发技术、复杂结构井与丛式井钻完井设计控制一体化技术、水平井+体积压裂等有效改造开发技术、注气提高采收率技术等关键核心技术，为我国新发现油气中 80% 的低渗透、难采储量的开采提供技术支撑。技术系列有力支撑了长庆油田原油 $2500 \times 10^4 t/a$、油气产量 $6000 \times 10^4 t/a$ 以上快速上产，并在松辽盆地大庆外围、吉林油田、胜利薄互层、低渗透油田成功示范应用。

（4）海相碳酸盐岩缝洞型油田开发核心技术取得突破。以精细认识储集体和渗流规律、提升储层改造水平和发展提高采收率技术为重点，形成了海相碳酸盐不同类型缝洞储集体描述及表征、缝洞型油藏提高采收率、缝洞型油藏靶向酸化压裂等关键技术。实现了塔河缝洞型碳酸盐岩油田的有效开发，新井建产率达 91.7%，示范区采收率提高至23%，2010 年产油量达千万吨，目前仍保持在 $550 \times 10^4 t/a$ 以上。

（5）复杂气田安全开发重大技术达到国际先进水平。以持续发展储层描述和富集区优选技术、完善复杂天然气田安全有效开发技术为重点，形成了低渗透砂岩气田、深层碳酸盐岩气田、深层—超深层砂岩气田、高含硫气田等安全开发技术系列，研发了关键装备及仪器，推动了鄂尔多斯盆地榆林和大牛地气田、四川盆地安岳大型碳酸盐岩气田、塔里木盆地库车高压气田、四川盆地普光/元坝/大湾高含硫气田等复杂气田开发，建成了多个年产百亿立方米级大气田，支撑了天然气产量的快速增长，保障了"西气东输""川气东送"工程稳定供气。

（6）发展形成了具有陆相油田特色的 CCUS-EOR 重大技术。以大幅度提高低渗透油藏采收率和埋存减排 CO_2 为重点，创新了陆相油藏 CO_2 混相驱提高采收率理论，形成了 CO_2 驱油与埋存规模应用油藏工程设计技术、油藏管理与调控技术、低成本注采工艺技术、复杂地形地貌条件下 CO_2 驱油与埋存地面工程技术、经济评价技术、CO_2 埋存机理与长期埋存安全性评价技术等关键核心技术，形成较成熟的产业化配套技术。在吉林油田和长庆油田示范应用，建成两个国家级 CCUS 示范工程，提高采收率 10%~25%，为CCUS-EOR 规模推广应用奠定了坚实基础。

五、知识产权成果

陆上油气开发领域专项攻关取得了丰富的有形化成果，攻关期间共申请国内发明专利 2000 余件（授权 1000 余件）、国外发明专利 45 件（授权 20 件），获软件著作权 800余项，研制国家标准 23 项、行业标准 120 项，出版专著 150 部、发表论文 6000 余篇。获国家科学技术进步奖 13 项，其中特等奖 2 项，包括"大庆油田高含水后期 4000 万吨以上持续稳产高效勘探开发技术"（2010 年）和"特大型超深高含硫气田安全高效开发技术及工业化应用"（2012 年）；一等奖 3 项，包括"塔河奥陶系碳酸盐岩特大型油气田勘探与开发"（2010 年）"超深井超稠油高效化学降粘技术研发与工业应用"（2014 年）"5000 万吨特低渗透—致密油气田勘探开发与重大理论技术创新"（2015 年）。获省部级一等奖 60 余项，专利金奖 10 项。

第二节　高含水油田提高采收率新技术与示范工程

随着国家经济高速发展，石油对外依存度持续攀升，未来对油气需求的刚性增长，能源安全形势越来越严峻。习近平总书记做出了"今后若干年要大力提升勘探开发力度，保障我国能源安全"的重要批示。高含水油田在相当长时间内是我国原油储量和产量的主体，长期持续稳产和高效开发，对保障能源安全和支撑经济高质量发展具有重要意义。

一、立项背景、问题和挑战

我国陆上主力油田经过了 40 年以上的开发历程，已全面进入高含水开发阶段，平均含水达到 90% 以上，可采储量采出程度接近 90%，储采平衡系数为 0.44，采油速度低于 0.5%。目前高含水老油田以进一步提高采收率为核心的持续稳产，面临着一系列世界级难题：一是常规油藏描述精度不能满足后期精细开发调整需求，控制剩余油分布的小地质体由微相推进到内部构型级次；二是油田采出程度高、剩余油高度零散化，对水驱精准挖潜、进一步改善开发效果提出了更高要求；三是面对不同类型油藏的差异，亟须发展多类型三次采油技术进一步提高老油田采收率，大庆长垣油田三次采油对象，将由 I 类油层逐步转向 II 类、III 类油层，三次采油主战场整体上由大庆整装油田向渤海湾复杂断块、新疆砾岩等油藏推进（袁士义，2010），针对新领域、新对象三次采油主体技术需进一步细化研究；四是特高含水期单一水驱调整或化学驱开发存在较大经济风险，"二三结合"转换开发方式是老油田后期开发调整的新思路新方向，需要进一步研究论证（宋新民，2019）；五是高含水油田开发调整技术持续进步，采油工程开发关键配套技术及装备需同步发展完善。

2008—2020 年，紧紧围绕国内高含水油田"进一步提高采收率"和"稳油控水持续稳产"两大目标，针对大庆长垣、大港复杂断块、新疆砾岩等不同类型老油田制约开发生产的技术难题和挑战，设立了三期攻关项目"高含水油田提高采收率新技术"，开展了三期"大庆长垣特高含水油田提高采收率示范工程"，为大庆原油年产量 $4000 \times 10^4 t$ 稳产、老油田持续稳产提供强有力的支撑，助力实现国内原油年产量 $2 \times 10^8 t$ 的重要目标。

"十一五"重点围绕制约大庆长垣持续稳产的关键技术难题开展攻关，小断层识别精度达到 3m 断距，建立了长垣层系井网重组模式，形成了厚油层层内挖潜配套技术集成应用，II 类/III 类油层聚合物实现了放大生产，4 个示范区现场效果显著，为长垣高效开发持续稳产提供技术支持和示范引领。

"十二五"继续围绕大庆长垣稳产、渤海湾高效开发开展老油田稳产关键技术攻关，实现 2m 厚度的薄差储层精细预测，建立河流—三角洲单砂体及内部构型表征技术，形成构型控制剩余油精准挖潜技术，建立并完善长垣多层砂岩、复杂断块、砾岩油藏水驱层系井网调整模式，实现细分注水、有效注水，3 个长垣水驱示范区；大庆 II 类油层化学驱技术稳步突破，2 个二类油层聚合物驱示范区、2 个三元复合驱示范区实施效果显著，"十二五"期间实现了大庆 $4000 \times 10^4 t/a$ 持续稳产，为大港等老油田稳产提供技术保障。

"十三五"重点攻关制约松辽、渤海湾和准噶尔等三大盆地老油田进一步提高采收率的瓶颈技术，实现长垣薄差层水驱精准开发，建立完善老油田"二三结合"转换开发方式提高采收率新技术，实现新疆砾岩油藏化学驱采收率大幅提高，大庆聚合物驱和复合驱配套技术进一步完善实现技术提质提效，4个水驱示范区、2个聚合物驱示范区、2个复合驱示范区实施效果显著，支撑了大庆油田振兴发展战略，实现了渤海湾、准噶尔盆地原油产量稳中有升。

高含水油田提高采收率系列新技术与配套技术，在大庆长垣示范推广应用124个区块，实现大庆长垣等高含水油田持续稳产（王凤兰，2021），推广应用到新疆、大港、冀东等10个油田，覆盖地质储量 $120×10^8t$。高含水油田采收率的进一步提高，增加可采储量 $10×10^8t$ 以上，为实现国内原油年产量 $2×10^8t$ 的重要目标提供强有力的支撑。

二、高含水油田提高采收率理论技术成果

1. 特高含水期油藏精细描述新技术

1）井震结合低级序小断层精细解释技术

油田开发进入高含水阶段，井间小断层、微构造、单砂体等小地质体成为控制剩余油的主要因素。2008年整装构造可以识别10m断距断层，复杂断块可以识别15m以上断距的断层，无法满足高含水后期调整需求。相干体技术、蚂蚁体技术是地震断层解释的常用技术，但是解释低级序断层具有多解性问题，影响到断层的解释精度。井资料解释的断点数据、地质分层数据包含大量的断层信息，综合利用高含水油田大量井信息，将井中断点数据、地质分层数据引入到断层解释质控体系，进一步提高断层解释的精度。通过"十一五"至"十三五"科技攻关（表3-2-1），将计算机图形学中定向滤波、边缘检测方法引入到地震断层解释领域，凸显地震资料中小断层微弱信号，定向滤波凸显断层痕迹，边缘检测强化断层平面成像；以井中断点为引导，去伪存真，克服地震资料解释断层的多解性问题，增强小断层解释的确定性；建立地震资料断层特征模式，甄别易于混淆的断层与砂体变化特征，指导井间小断层识别与解释；综合井资料解释的断点、分层等数据，多信息质控，井控解释提高精度。建立了以定向滤波、边缘检测、井中断点引导、地质分层数据控制为特色的井控地震断层精细解释技术，破解了低级序小断层精细解释的世界级难题，可有效识别5级断层（整装构造3m断距、复杂断块5m断距的小断层），断层控制剩余油挖潜效果显著。

表 3-2-1　断层解释技术发展增量表

"十一五"期间技术水平	"十二五"期间技术增量	"十三五"期间技术增量
建立井中断点引导地震断层解释，解决了大庆长垣有井钻遇的3m断距的小断层空间解释难题	以"定向滤波、边缘检测、模式指导"为特色，建立无井钻遇小断层识别技术，大庆长垣井间3m断距小断层得到有效识别与解释	形成"断点引导、井控解释"井震匹配低级序小断层综合解释技术与多因素质量控制体系，复杂断块油藏断层解释精度达到5级断层标准，5m断距低级序小断层得到有效识别和精准解释

井震结合低级序断层精细解释技术在大庆、大港等油田工业化推广应用，有效解决了断距3～5m及以上低级序断层识别与解释难题，断层控制剩余油实现精准挖掘。井震联合重构地下断层认识体系后，布井安全距离由距断层200m缩小到20m。促进了油田开发由"怕断层"向"用断层"转变，开发井部署由"躲断层"向"找断层—靠断层—穿断层"转变。自2010年以来，在断层附近挖潜剩余油富集区，年增油$40×10^4$t左右。

2）河流—三角洲沉积单砂体及内部构型表征技术

2008年之前，国内油藏描述以沉积微相描述为主，精度和准确度难以满足开发需求。为解决制约油田开发的储层非均质性表征精度难题，发展形成的单砂体界面和内部夹层表征技术方法，是对储层非均质性的一个更深层次的研究。"十一五"至"十三五"期间，研究形成了"单砂体"作为当前开发形势下最基本的开发单元。单砂体是指自身垂向上和平面上都连续，但与上、下砂体间有泥岩或不渗透夹层分隔的砂体，其内部流体大体上是一个独立的系统。开发上单砂体规模的确定为四级沉积界面约束，有相似沉积特征（或沉积微相相同），并有明显泥质夹层（或稳定物性夹层）限定的砂体。

井震结合、动静结合，先后建立曲流河、辫状河、浅水三角洲、扇三角洲、水下扇等沉积环境单砂体及内部构型表征模式及知识库，"五步法"表征技术流程，形成"垂向分期、平面划界、层内量化、动态验证"的构型表征方法，在松辽盆地和渤海湾盆地进行了示范应用，井间储层表征精度提高近20个百分点，并在全国推广应用，推动储层表征进入更加精细的阶段（表3-2-2）。

表3-2-2　单砂体及其内部构型表征技术发展增量表

"十一五"期间技术水平	"十二五"期间技术增量	"十三五"期间技术增量
（1）曲流河、辫状河储层精细结构模式与表征技术基本形成 （2）形成了点坝、心滩坝内部构型三维建模方法	（1）形成浅水三角洲平原、前缘储层单砂体及内部构型表征技术 （2）形成构型三维建模方法，建立地质知识库 （3）编制河流三角洲相储层单砂体及内部构型表征技术规范	（1）建立断陷湖盆三角洲与水下扇单砂体及内部构型模式 （2）形成断陷湖盆三角洲与水下扇单砂体及内部构型表征技术 （3）形成构型控制剩余油分布模式及挖潜对策

2. 水驱精细注采结构调控技术

我国陆相油藏从开发初期就采用多套层系开发，进入高含水阶段后，随着老油田服役时间的增长，套损套变的矛盾日益突出，井点损失严重，面临地面、地下多套井网交织，剩余油高度复杂的局面。针对特高含水期水驱开发经过多轮次加密调整后，剩余油尺度越来越小，规模布井潜力越来越小，常规调整挖潜效果变差等问题，通过持续攻关，创新形成百层万井千万节点剩余油量化表征、层系井网优化重组、精细注采优化调整等水驱精细注采结构调整技术。以试验区为引领，持续改善长垣水驱开发效果。

1）百层万井千万节点剩余油量化表征技术

大庆油田在分布式并行模拟器架构下，采取两步预处理方法，构建了高效并行模拟求解器PBRS6.0，研发了具有千万级以上节点模拟能力的黑油并行求解器，模拟规模突破 3000 万节点，单次运算时间控制在 8h 以内，达到国际同类先进商业软件水平。

同时，针对千万级以上节点并行油藏模拟技术在开发区大规模数值模拟研究过程中遇到的历史拟合等难题，创新应用了多分区优化设计、分级历史拟合等技术，通过地质储量、油水平衡分区合理优化和油田、井组、单井三个层次的历史拟合，形成了百层万井千万节点模拟技术，并在杏北开发区进行了整体模拟和规模应用。

针对剩余油评价的个性化需求，分别建立分区块、分单元、分微相及断层边部的剩余油控制约束模型，并为每个网格单元设置唯一标识，实现"标签化"的剩余油量化分析。以杏北开发区为例，特高含水后期剩余油可分为规模富集型、局部富集型、普遍存在型，储量占比分别为 11.3%、37.0%、51.7%，其中富集型以注采不完善和断层边部为主。

截至 2020 年，长垣油田已实现油藏数值模拟技术全覆盖，并开展了 2 个开发区级千万节点油藏模拟研究，有效地提高了剩余油预测精度和准确性，在历年开发规划及调整方案编制、年度综合调整方案编制、高效井部署等领域得到全面应用。

2）水驱层系井网优化调整技术

长垣水驱经历三次加密调整后，按照以往思路进一步加密调整潜力已达到极限。但特高含水期面临各套井网井段长、层间矛盾大、开采对象交叉、地下工作井距大等矛盾，秉承"矛盾就是潜力"的思想，由常规的加密调整向层系细分与井网加密相结合方式转变，创新形成了层系井网优化调整技术，解决主要矛盾的同时，拓展了新建产能潜力空间。

（1）层系井网调整原则及思路。

针对特高含水期喇萨杏油田层系井网存在的主要矛盾，确定"利用老井、补钻新井、重组层系、重构井网"的基本调整原则，以达到细分层系、缩小井距的目的，满足经济效益同时实现水驱、进一步提高采收率的目标。在此基础上需要兼顾与三次采油井网的结合，避免给将来Ⅲ类油层化学驱造成干扰、障碍和增加层系井网演化的难度。

（2）层系井网调整技术经济界限。

喇萨杏油田各开发地质特点不同、井网状况复杂多样，在明确特高含水期层间、井间干扰机理基础上，利用数值模拟、油藏工程、统计分析和盈亏平衡分析等方法，研究确定了各开发区不同油价下合理注采井距、层系组合渗透率变异系数、层系组合厚度、跨度、初产量和初含水等 6 项层系井网调整指标的技术经济界限（图 3-2-1），为各区块层系井网调整方式的制定指明了方向。

（3）层系井网优化调整模式。

以技术经济界限为指导，依据层系井网调整原则，建立层系井网优化调整技术最优化模型，层系组合时以技术指标最优为目标，最大限度改善层间干扰问题，井网组合时以经济指标为最优目标，保证组合方案效益最大化，确定了三类开发对象的六种层系井网优化调整模式（表 3-2-3，图 3-2-2），创新形成以"细划层系、细分对象、井网重构"为核心的层系井网调整方案优化技术（石成方等，2019）。

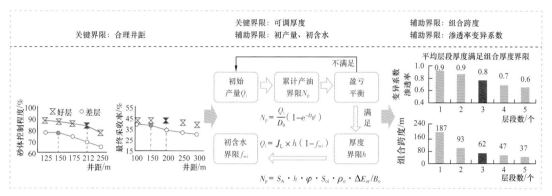

图 3-2-1 层系井网优化调整技术经济界限计算方法

表 3-2-3 不同区块层系井网优化调整模式

开发对象	调整模式	做法	可动用储量 /10⁴t
南二三区以北高台子油层	细划层系井网加密	喇中块试验区高台子油层进一步细分为两套层系；注采井距由300m缩小到212m	15219
	细划层系井网加密葡Ⅰ组后续挖潜	北一二排西试验区高台子油层进一步细分两套层系；注采井距由250m缩小到175m；同时利用一次加密井补孔挖掘葡Ⅰ组封存潜力	3158
南二三区以北萨葡油层	细划层系井网重构	南一区西套管损坏区细分为四套层系，利用葡Ⅰ1-4的125m井网拆分成两套175m井网分别开采葡Ⅰ—萨Ⅱ9和葡Ⅱ10—萨Ⅲ10；利用水驱井网重构200m井网进行葡Ⅰ1-4后续水驱；葡Ⅰ5—葡Ⅱ新钻125m井网Ⅱ、Ⅲ类油层化学驱	5694
	井网利用拓展对象	北一区断东利用水驱二次加密井拔堵和补孔萨Ⅱ10—萨Ⅲ10层系，释放Ⅱ类油层化学驱后封存储量	13904
南二三区以南萨葡高油层	细划层系细分对象井网重构	杏三区东部试验区细分为萨好、萨差和葡Ⅰ4以下三套层系，两套一次加密井合成一套开采萨好油层；三次井加密到145m开采萨差层系；二次井加密到195m开采葡Ⅰ4以下层系	19359
	井网重组层系互补	杏九区西部试验区二、三次井合并开采萨Ⅲ+葡Ⅰ组，注采井距由250m缩小到150m	8495

（4）层系井网优化跟踪调整技术。

2013 年开始，在喇萨杏油田开辟五个现场试验，以现场试验为依托，理论与实践相结合，边研究、边试验、边完善，创新形成了从调整方案设计、射孔层位优化到跟踪调整全过程的层系井网优化调整的配套技术（图 3-2-3），在调整后第一次含水回升期，以提高产量及优化注入量为主，采取压裂、酸化解堵、吸水差层加强注水等进攻性措施。二期补孔后第二次含水回升期，以控含水抗干扰为主，多采取堵水、调剖、控注等防守性措施。通过方案优化和精细跟踪调整，试验区提高水驱采收率达 2.0～5.5 个百分点。

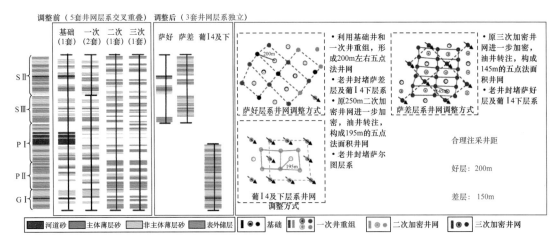

图 3-2-2　杏三区东部试验区层系井网调整方式示意图

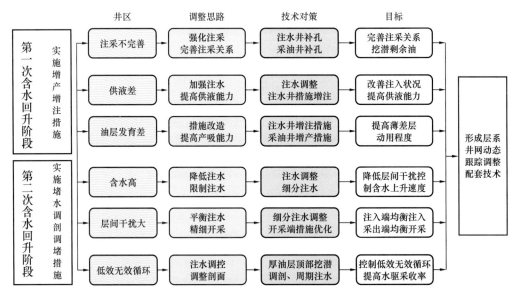

图 3-2-3　层系井网动态跟踪调整技术流程

层系井网优化调整技术在长垣油田全面推广应用，取得较好的增油降水效果，共投产新井 2192 口，层系互补补孔 619 口，增加可采储量 $984.8 \times 10^4 t$，累计增油 $402.33 \times 10^4 t$，获得经济效益 42.5 亿元，展现良好的推广前景。

3）特高含水期水驱精细注采结构调整技术

特高含水期，两相渗流差异加大引起的动态非均质增强，导致三大矛盾加剧，制约波及和驱油效率的提高，注采结构调整以渗透率细分调整，压、补、堵、换常规措施层间挖潜为主，存在着细分注水潜力变小、常规措施效果变差等问题。

通过十余年攻关与实践，发展形成"近阻组合"精细分层注水技术、厚油层层内选择性压裂、薄差层精控压裂等注采结构调整技术，实现了更小尺度剩余油的有效挖潜。通过细分注水、压裂、堵水、补孔等精细调整工作，可以扩大波及体积，改善薄差油层对采收率构成的贡献比例，实现提高水驱采收率的目的。

基于上述理论及"五个不等于"的潜力观；建立了"四个精细"挖潜模式（精细油藏描述、精细注采系统调整、精细注采结构调整、精细生产管理）；实施了平面、层间、层内三个层次的立体调整；实现了"产量不降、含水不升"的阶段目标。为"双特高"阶段老油田的高效开发提供了新的思路和成功范例。

（1）精细注水优化调整技术。

"十二五"期间，发展了细分注水配套技术，通过量化细分界限、发展细分工艺，实现单井 7 段以上精细注水。

一是建立注水层段细分量化标准，实现细分注水由定性到定量的转变。根据各开发区油层发育特点，按照砂岩厚度吸水比例达到 80% 以上目标要求，分别制定各开发区的注水井细分注水标准（表 3-2-4）。

表 3-2-4　长垣油田各开发区细分注水层段量化标准（砂岩吸水厚度比例＞80%）

开发区	萨中	萨南	萨北	杏北	杏南	喇嘛甸
细分标准	"778"	"667"	"556"	"666"	"665"	"557"
层段内小层数/个	7	6	5	6	6	5
层段内砂岩厚度/m	8	7	6	6	5	7
渗透率变异系数	0.7	0.6	0.5	0.6	0.6	0.5

二是研发了细分注水配套工艺技术，实现了小卡距、小隔层多段细分。研制了逐级解封封隔器，实现 7 级以上管柱安全解封；研制了正反导向桥式偏心配水器，卡距由 6m 缩短至 3m；研制了双组胶筒封隔器，实现 0.5m 小隔层的密封；创新发展了高效智能测调工艺技术，实现多段细分高效测调。通过加强细分注水工作，大庆长垣水驱分注井单井注水层段数由 3～4 段提高到 5～7 段，吸水厚度比例增加 5～10 个百分点，其中薄差层动用程度得到明显提高，吸水厚度比例增加 10 个百分点左右。

"十三五"期间，基于特高含水后期动静态非均质性渗流差异，创新形成了以层段近阻组合及层段水量优化为核心的精细注水优化调整技术，实现层段调整由"近渗组合"向"近阻组合"转变，水量调整由经验分析向定量优化转变。

一是基于非均质动态渗流阻力模型，结合无效循环评价及工艺约束条件，建立了"近阻组合"注水层段优化调整方法。深入分析了油水井间渗流阻力的影响因素，依据水电相似原理建立了注水井各小层渗流阻力计算方法；在满足工艺条件的前提下，考虑所有的层段组合可能，建立以层段内渗流阻力变异系数最小为目标的注水井层段优化调整新方法（图 3-2-4）。

二是在精细注水评价基础上，建立区块注水经济界限、单井分类注水调整方法和"四参数"层段定量注水调整方法，形成"区块—井组—层段"一体化注水优化调整方法及软件，实现了注水调整由经验动态分析向自动定量调整转变（图 3-2-5）。以区块注水技术经济界限和单井水量为约束，以层间动用均衡、层间压力均衡、提高注水效率为目标，考虑层段剩余储量、合理注采比、注水效率、含水上升速度，建立了剩余储量系数、相对注水效率系数、含水上升速度系数、注采比系数构成的"四参数"层段水量调整方法，优化了层段间注水结构，实现了层段定量配水。

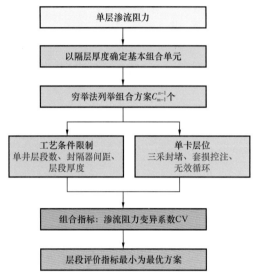

图 3-2-4　注水层段"近阻组合"流程

优化模型	$q_i = \dfrac{A_i}{\sum A_i} \times Q_w$ $A_i = w_1 a_{1i} w_2 a_{2i} w_3 a_{3i} w_4 a_{4i}$

四参数	参数计算方法
剩余储量系数	$a_{1i} = \dfrac{N_{ci}}{N}$
相对注水效率系数	$a_{2i} = \dfrac{q_{oi}}{q_{wi}} \bigg/ \dfrac{\overline{q_o}}{\overline{q_w}}$
注采比系数	$a_{3i} = \begin{cases} 0.8 & R_{IP} > 1.25 \\ 1.0 & 1.0 < R_{IP} < 1.25 \\ 1.25 & R_{IP} < 1.0 \end{cases}$
含水上升速度系数	$a_{4i} = \begin{cases} 1.0 & \Delta f_{w层段} - \Delta f_{w单井} \leqslant 0 \\ 0.8 & 0 < \Delta f_{w层段} - \Delta f_{w单井} \leqslant 5\% \\ 0.5 & \Delta f_{w层段} - \Delta f_{w单井} > 5\% \end{cases}$

图 3-2-5　"四参数"层段水量调整方法

以上调整方法在大庆长垣油田控水提效试验区应用，按照新方法，试验区注水井层段调整潜力增加 20% 以上，受效油井增油效果提升 20% 以上，取得较好的增油控水效果，为实现特高含水老油田控含水、控递减提供了有效手段。

（2）精细措施挖潜技术。

油田进入特高含水期，由于剩余油分布更加零散，措施挖潜难度越来越大。

"十二五"期间，针对剩余油零散导致的措施效果变差问题，采用数据挖掘与数值模拟相结合的手段，量化了各开发区特高含水期压裂、补孔等措施选井选层技术经济界限及适用条件，确保达到"2455"措施增油目标；创新形成以长胶筒为主要手段、针对不同夹层类型的厚油层层内压裂、补孔、堵水等措施组合挖潜技术，将产液结构调整由层间转移到层内。为保证效果，在措施方案制定、现场实施过程中，加强过程管理，强化措施前培养、过程中强化质量监督、措施后及时跟踪调整配套方法和工艺技术设计，保证措施效果。

"十三五"期间，针对薄差油层连通性差、难建立有效的驱替问题，采用纵向细分层段、平面裂缝匹配理念，形成以精控压裂、控砂体压裂为主要手段的薄差层措施挖潜技术，精细分层改造能力单井分层从 3～4 段提高到 10～12 段，实施后增油较常规压裂提升 50% 以上。长垣水驱实施 214 口井，单井初期日增油 4.5t，含水下降 3.8 个百分点，累计增油 15×10^4t。

长垣水驱示范区应用精细注采结构调整技术，取得产量不降、含水不升的好效果，在长垣水驱全面推广应用后。长垣水驱自然递减率逐步控制到 6% 以内，年含水上升值控制在 0.2 个百分点左右，为大庆长垣油田特高含水期探索出了改善开发效果、实现各类油层均衡驱替、进一步提高水驱采收率的高效开发新方法。

3. 高效深部液流转向与调驱技术

1）优势渗流通道识别及量化表征技术

高含水油田长期注水开发，油藏深部已形成不同级别的水驱优势通道。水流优势通道识别量化是优化决策设计的基础，决定着深部液流转向与调驱技术实施的成败。

攻关形成的水流优势通道的识别方法有以下 4 种：（1）生产测井：分析注水井的注水剖面测井资料来识别注水优势流动通道；（2）井间动态监测：监测注采井压力和产量的变化来识别注水优势流动通道，比如试井分析法、霍尔曲线法、示踪剂监测分析方法等；（3）油藏工程方法：通过分析可能影响优势通道形成的地质参数与开发动态参数，并借助数学分析方法来确定优势通道是否发育，比如灰色关联分析方法，模糊综合评判方法等；（4）数值模拟方法：通过建立渗透率时变模型，可以动态反映优势通道的形成过程。

水流优势通道的定量计算是基于多信息反演与模糊综合评判方法，通常借助数值模拟。把目标区划分成基本的注采单元，整理分析注采单元的相关参数（几何参数、物性参数、生产现状、累计产量状况、动用情况、水淹情况），进行水驱流动模拟，在物质平衡和量化注采对应关系的基础上，对目标区储层动用和水淹状况进行反演，最终可以得到水流优势通道发育程度、剩余油分布及潜力，为水流优势通道的差异化治理提供支持（宋新民，2019）。

2）低成本长效深部液流转向体系

国内深部液流转向及调驱化学剂研发与应用规模均处于世界领先水平。针对深部液流转向与调驱化学剂种类相对单一、对油藏适应性差、难以进入地层深部、化学剂成本高、注入量少、化学剂有效期短，波及效率和洗油效率不能兼顾等问题。通过三期项目技术攻关，研发了交联聚合物凝胶、吸水体膨凝胶颗粒、微纳米聚合物凝胶微球、热敏暂堵剂、耐高温高盐调驱体系及无机凝胶微粒等多种类型转向化学剂体系，可以满足不同类型油藏和开发阶段深部液流转向与调堵的工业化应用需求，为我国高含水油田开发后期改善水驱开发效果、提高采收率发挥着重要作用。

3）深部液流转向与调驱技术现场应用

中国石油作为深部液流转向改善水驱技术的积极倡导者，持续推进国内外各油田开展深部液流转向与调驱现场试验与矿场应用。自 2009 年以来，在大庆、新疆、长庆、辽河、大港、吉林、冀东和玉门等国内油田，挪威北海和哈萨克斯坦 PK 等国外油田现场应用超过 2 万井组。通过在不断科研探索与实践中总结验证波及控制技术理论，积累了宝贵且丰富的现场经验，为深部液流转向与调驱技术创新发展提供强劲的助力。

4. 化学驱提高采收率技术

我国陆上高含水油田开发技术从聚合物驱发展到三元复合驱，继续保持国际领先，支撑我国大庆、新疆、大港等高含水老油田长期稳产。

2008年国家科技重大专项立项之初，大庆油田一类油层是化学驱提高采收率技术的主战场。"十一五"化学驱应用对象由一类储量向二类储量转变，化学驱方法由聚合物驱向复合驱转变，开发阶段由聚合物驱向聚合物驱后转变。进入"十二五"，化学驱应用研究对象由二类储量向三类储量转变，化学驱方法由强碱三元复合驱向弱碱三元复合驱、二元复合驱转变，大庆油田聚合物驱已整体进入后续水驱。"十三五"期间，化学驱应用对象由整装砂岩向砾岩、断块、高温高盐等复杂油藏转变，无碱二元复合驱先导试验走向工业化应用阶段。

通过持续的化学驱提高采收率技术攻关，形成了一批标志性成果，包括研制形成了石油磺酸盐的系列化和工业化产品，大庆二类油层聚合物驱技术、三元复合驱大幅度提高采收率技术及相关配套技术实现工业化应用，新疆砾岩二元复合驱提高采收率技术、大港聚合物驱进一步提高采收率技术等实现示范应用。研究成果支撑了大庆、新疆、大港等油田化学驱提高采收率目标的实现，有力支撑了大庆油田化学驱年产1000×10^4t的持续稳产和新疆大港油田化学驱的规模化上产。

1）大庆油田表面活性剂研制及工业化生产技术

2008年大庆油田已成功实现强碱三元复合驱用表面活性剂——重烷基苯磺酸盐的工业化，初步研制出弱碱三元用表面活性剂——石油磺酸盐中试产品，但存在产品适应性窄、活性物含量低、生产成本高的问题，需要加大弱碱用石油磺酸盐产品工业化和系列化研究。

通过"十一五"攻关，优化形成石油磺酸盐工业化核心上产技术，采用反序脱蜡和糠醛抽提技术使可磺化物含量提高到40%左右，采用短程磺化反应技术解决了严重结焦的问题，实现了长周期运行，降低了生产成本。

"十二五"期间，设计合成了适合大庆长垣的不同结构的烷基苯磺酸盐表面活性剂，明确了烷基苯磺酸盐表面活性剂结构与界面张力性能关系。研究并提出了低酸值原油条件下表面活性剂与原油的匹配关系理论（程杰成等，2004），设计了具有不同当量分布的烷基苯磺酸盐表面活性剂。研制出适合大庆弱碱复合驱用石油磺酸盐工业产品和优化配方体系（质量百分比0.05%～0.3%、碳酸钠质量百分比0.2%～1.6%范围），与大庆原油形成10^{-3}mN/m超低张力，稳定性三个月以上，室内岩心驱油提高采收率18%以上（图3-2-6）。

"十三五"期间研究对象转向新疆砾岩油藏和大港断块油藏。针对新疆、辽河等炼厂磺化原料重质化的倾向，突破高黏馏分油磺化技术，实现黏度大于100mPa·s@50℃馏分油的磺化中试生产，研制出高分子当量的石油磺酸盐产品。研制出克拉玛依石化减三、减四线石油磺酸盐，可形成适合新疆七、八驱油藏的无碱二元配方；研制出大港石化减一、减二线磺酸盐，优化磺酸盐

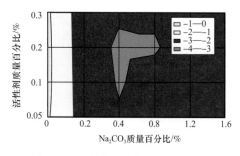

图 3-2-6　大庆三元体系界面活性图

同系物的复配体系，获得了适合大港羊三木、港西区块的低碱无碱复合驱配方，为新疆、大港复杂油藏化学驱的规模应用提供了物质基础。

2）大庆Ⅱ类/Ⅲ类油层聚合物驱提高采收率技术及工业化推广应用

2008年大庆油田Ⅱ类油层未实施三次采油储量为$12.83 \times 10^8 t$，占Ⅱ类油层总储量的85.3%。Ⅱ类油层工业化聚驱过程中仍存在聚合物用量大、聚驱效率低、措施实施标准尚待规范等问题，提高采收率幅度还没有达到总体部署的要求。

"十二五"期间，形成了大庆Ⅱ类油层聚合物驱油技术。突破聚合物分子尺度表征技术，实现了Ⅱ类油层参数定量优化设计的个性化、定量化和标准化，创新多段塞交替注入方式、聚驱分注高效测调、低黏损聚合物配注等核心工艺技术，聚合物驱油开发水平不断提升，吨聚增油由37t提高到54t，提高采收率12个百分点，"十二五"累计产油$5200 \times 10^4 t$。

"十三五"期间，研制出适合大庆Ⅲ类油层的低分子抗盐聚合物，在大庆油田采油七厂葡北油田聚合物驱现场试验，采用污配污稀配注工艺，含水最大降幅7.8%，预计最终可实现提高采收率9.91%。

3）大庆三元复合驱提高采收率技术及工业化应用

三元复合驱技术是一种大幅度提高原油采收率的方法，以烷基苯磺酸盐为主表面活性剂的强碱三元复合驱取得了较好的应用效果，但强碱复合驱体系在二类油层中易发生结垢、乳化等严重现象，弱碱化/无碱化新型化学驱油剂势在必行。

通过"十一五"及"十二五"期间持续攻关研究，创新形成了六大技术系列，支撑形成了三元复合驱大幅度提高采收率技术系列和标准规范体系，使我国成为世界上唯一实现三元复合驱商业化应用的国家。（1）研发石油磺酸盐产品工业化技术，规模产能达到$13 \times 10^4 t/a$，表面活性剂实现了多元化和系列化；（2）油藏工程方案设计技术，研发了数值模拟器，首创了油藏方案设计方法并规模实施；（3）全过程跟踪调控技术，确定了分阶段调控原则和主体措施的实施标准；（4）配注工艺技术，创新形成了"集中配制、分散注入"的"低压二元—高压二元"配注工艺，与原工艺相比面积减少50%，投资降低30%；（5）防垢举升工艺技术，揭示了油井结垢机理及特征，开发了专家实时诊断系统，研制并规模应用了系列耐垢泵和化学清防垢剂，检泵周期由试验阶段的200天提高至350天；（6）采出液处理工艺技术，揭示了采出液破乳机理，优化了原油脱水设备和处理剂，固化了采出液处理流程，改善了处理效果，降低了处理成本（程杰成，2019）。

作为大庆油田的战略性接替技术，三元复合驱技术于2014年正式实施规模化工业推广，取得显著效果。规模化工业推广当年实现产量首次跃上$200 \times 10^4 t$台阶，截至2020年12月31日，大庆油田三元复合驱累计产油$2600 \times 10^4 t$，形成年产油$450 \times 10^4 t$能力，成为中国石油化学驱年产油千万吨长期规划的主力军。

4）新疆砾岩油藏化学驱提高采收率技术

新疆油田可实施化学驱储量$3.9 \times 10^8 t$，其中砾岩油藏$2.0 \times 10^8 t$，"十二五"在七东1区开展了聚合物驱工业化扩大试验，另外在七中区开展了二元驱先导试验，但由于砾岩储层差异性和强非均质性，存在注入性差、剂窜快、提高采收率幅度不及预期的问题。

（1）砾岩油藏聚驱技术及扩大试验。

通过"十三五"攻关，针对七东1区聚合物驱扩大试验聚窜严重、递减快等问题，建立强非均质性砾岩油藏裂缝和优势通道识别标准，采取分区域调整注入体系，配合注采调控，优化调剖体系，控制聚窜；提高浓度调整渗透率极差，增加对中高渗透储层动用。截至2020年底，七东1区克下组聚驱试验区"二三结合"已提高采收率15.1%（聚驱12.1%）；工业化扩大试验截至2020年10月，采油井200口，注水井130口，日产油234.8t，含水92.2%，累计注入聚合物溶液794.1×10^{4}m^3，注入0.47PV，总采出程度55.25%。

（2）砾岩油藏二元复合驱技术。

在砾岩油藏二元复合驱技术方面，深化复合驱乳化驱油机理认识，建立快速调节复合驱配方界面乳化性能的方法，优化出分级乳化配方体系，创建砾岩油藏裂缝优势通道识别标准和注入参数快速设计图版，拓展了复合驱动用储层下限。通过方案优化调整，克拉玛依油田七中区克下组油藏试验区二元驱见效高峰期采油速度达到3.2%，含水最大降幅超过40个百分点，实现了大幅度提高采收率18个百分点。基于形成的砾岩油藏化学驱特色技术，开展35个砾岩油藏区块的化学驱潜力评价，优选出9个油藏进行二元复合驱规划部署，为新疆油田"十四五"化学驱上产提供了坚实基础。

5）大庆聚合物驱后提高采收率技术

聚合物驱技术是大庆油田的主体技术，自2000年首个聚合物工业化区块进入后续水驱后，陆续有一类油层聚合物驱转入后续水驱阶段。

通过攻关研究，深化了聚合物驱后剩余油认识，探索了进一步提高采收率的堵调驱结合技术，形成以下成果：（1）量化了聚合物驱后宏观剩余油分布特征，明确了剩余储量潜力，研究了聚合物驱后优势渗流通道分布特征，明确了调堵方向，为聚合物驱后进一步提高采收率方法优选提供了参考依据。（2）聚合物驱后井网重构及井网加密高浓度聚合物驱现场试验取得较好效果，提出了聚合物驱后经济政策界限，聚合物驱后缔合三元驱预测提高采收率幅度10.06%。通过已实施现场试验的经济效果评价，提出了聚驱后技术经济政策界限。（3）研制了强乳化功能聚合物，工业化产品性能稳定，进入聚合物驱后现场试验，初步显示出降水增油效果。（4）研制了高稳定的纳米粉体泡沫体系，泡沫体系提高20倍，优化设计两套泡沫驱注入工艺管柱，聚合物驱后泡沫驱提高采收率15%以上。（5）针对聚合物驱后优势通道及层内非均质深部剖面调整研制了系列调剖体系，针对聚合物驱后三元驱主体技术研制了与之适应的耐碱调剖体系，为聚合物驱后现场试验开发调整提供了技术支撑。

大庆完成了聚合物驱后小井距高浓度聚合物驱、三元复合驱、功能聚合物（聚表剂）、非均相复合驱等提高采收率试验，提高采收率幅度在8～10个百分点之间。

5."二三结合"提高采收率新技术

进入特高含水期的老油田，主力油层水洗严重，已经接近水驱极限，由早期的高效层转为低效甚至无效层，注水开发无效水循环严重。次非主力层尽管仍有精细挖潜的空间，但陆相沉积储层砂体规模普遍偏小，加上老油田套损套变等井况问题突出，单一水驱调整的余地进一步降低，经济上面临较大风险。积极转换开发理念，推动老油田开发模式升级，"二三结合"成为特高含水期老油田提高采收率的必然选择。

"二三结合"并不等同于"二次开发"水驱和三次采油的简单相加，而是将二次开发的立体井网重构与三次采油作为有机整体统筹考虑，以采收率最大化和经济效益最优化为目标进行优化并最终部署实施。

"二三结合"模式不仅能够实现单独水驱和三次采油提高采收率，同时能够进一步实现井网改善与驱替介质改变协同提高采收率的作用，实现"1+1＞2"的开发效果（图3-2-7）。

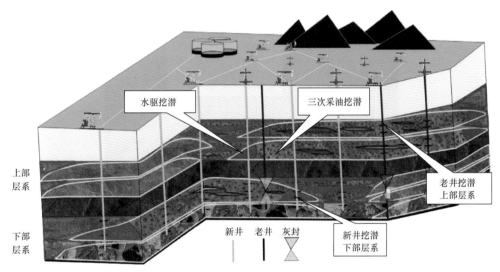

图3-2-7 老油田"二三结合"开发模式

新疆砾岩、辽河和大港复杂断块"双特高"油田实践表明，"二三结合"模式在精细水驱阶段产量实现翻番，创历史新高，三次采油前收回钻井投资，"二三结合"整体提高采收率20个百分点。油价45美元/bbl内部收益率可达12%以上，较单独三次采油提高采收率4～5个百分点，内部收益率提高2%～3%。实践证明，"二三结合"提高采收率幅度大、经济效益好，是双高老油田的战略选择和必然选择。

6. 高含水油田采油工程配套新技术及装备

高含水油田随着提高采收率系列新技术的不断突破，对细分注水设备、聚合物注入装置、生产监测装置等采油工程配套装备提出了更高要求。

"十一五"期间，发展完善了厚油层内部深度挖潜技术，发明了智能高效测调分层注水工具仪器，将原有的多次投捞逐层试配变为一次下井多层连续自动调配，大幅提高了测调效率，单井测调时间由5～7天缩短到2～3天。创建了抽油机井过环空分层控水配产技术，实现测试仪器一次下井完成分层产量测试、调整与配产，实现从无到有。自主研发了在线橇装注入装置，可满足多剂/多段塞/多轮次在线注入需要，现场试验与应用见到良好效果。

"十二五"期间，创新研发出3套自动测调精细分层注水换代技术，研发了固定可充电式、偏心可投捞式、预置电缆式分注仪等装备；形成了抽油机井过环空分层控水配产与参数监测升级技术，实现了6段分层动态配产和参数监测；精细分层注采技术实现升级换代。

"十三五"期间，发明了振动波控制的集约分层注水系统，提高了测调效率、精度和合格率，实现了分层注水的远程化和自动化作业；研发了水驱/聚驱一体化分注及测调技术，单井测调时间降低到2.5h；研发了侧钻水平井超短半径柔性钻具（图3-2-8），实现过套管定点定方位深部取心和低成本侧钻挖掘井间层内剩余油，填补国内空白。

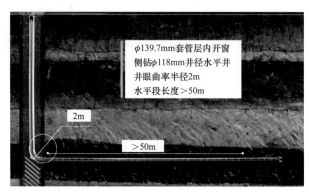

图3-2-8 超短半径柔性钻具侧钻水平井示意图

三、示范与应用成效

上述技术"十一五"至"十三五"期间在大庆长垣油田进行了持续示范应用，在示范应用的过程中，针对制约特高含水油田进一步提高采收率的难题，采取了"边研究、边示范、边应用"的模式，推进了技术的集成配套及发展完善。创新发展了特高含水后期水驱精细挖潜控水提效配套技术，水驱示范区提高采收率0.5～2.55个百分点，操作成本降低8%～10%；集成了二类油层聚合物驱提质提效配套技术，提高采收率10～13个百分点，操作成本降低8%～10%；发展完善了复合驱降本增效配套技术，强碱工业化推广提高采收率18个百分点以上，弱碱工业化推广提高采收率16个百分点以上，操作成本降低8%～10%。为大庆油田持续稳产提供技术支撑，引领同类油田精准高效开发，持续保持三项技术的国际领先地位。

1. 大庆油田规模应用，有力支撑了油田持续稳产

示范区所形成的关键技术和高效开发管理模式在大庆油田推广应用，"十一五"期间，水驱推广应用12个区块，化学复合驱推广应用4个区块，实现累计增油334.44×10⁴t，实现净利润69亿元。"十二五"期间，水驱精细挖潜推广应用27个区块，Ⅱ类油层聚合物驱推广应用32个区块，三元复合驱推广应用12个区块，示范推广共实现累计多产油2816×10⁴t，年均多产油563×10⁴t。实现净利润369亿元。有力地支撑了大

庆油田 4000×10^4t 持续稳产的阶段目标。"十三五"期间，8 个示范区，39 个推广区块共多产原油 1813×10^4t，实现净利润 101 亿元，支撑了大庆油田振兴发展战略的实施。

2. 在国内同类油田得到广泛应用，引领高含水老油田高效开发

研发成果在国内外同类油田广泛应用。在新疆、大港、青海、冀东、吉林、华北等国内油田推广应用，同时对我国 80×10^8t 储量的高含水油田深度挖潜、进一步提高采收率，具有重要的指导作用，预计增加可采储量 10×10^8t 以上。

3. 拓展国际技术服务，有效贯彻"一带一路"倡议

以技术拓市场，以技术换资源。在"一带一路"倡议通道沿线国家拓展合作范围，为哈萨克斯坦、苏丹、俄罗斯等国家提供技术服务。对加速参与国际市场竞争具有重大战略意义。

4. 解决了重大技术难题，促进了行业技术进步

培育了以石油开发科技创新为特色的开采、化工、机械制造等产业链，助力地方经济发展；实现了特高含水油田全生命周期的绿色高效开发，确保了老油区生态环境零污染，有力支撑了油田高质量发展。

四、知识产权成果

基于"高含水油田提高采收率新技术与示范"形成的系列成果，编制了二元复合驱用表面活性剂技术等行业标准和技术规范 23 项，申请发明了专利 150 件（已授权发明专利 123 件），获得软件著作权 51 套，研制新产品 24 套，发明新装置 12 套，发表论文 463 篇，出版专著 17 部。

成果荣获国家科学技术进步特等奖 1 项（大庆油田高含水后期 4000 万吨以上持续稳产高效勘探开发技术，2010 年）、国家科学技术进步二等奖 1 项（三元复合驱大幅度提高原油采收率技术及工业化应用，2017 年）、"十一五"国家科技计划执行优秀团队奖 1 项，获省部级科技奖励 26 项，先后获选 2009 年、2010 年、2014 年、2018 年中国石油十大科技进展。

第三节 高温高盐高含水油田提高采收率技术

以胜利油田为代表的济阳坳陷陆相断陷盆地油田断裂系统复杂，普遍具有高温高盐的特点，胜利油田一般将地层温度高于 70℃，盐度大于 10g/L 的油藏称为高温高盐油藏。经过多年开发，高温高盐油田整体含水超过 90%，采收率平均不到 40%，开发效益逐渐变差，稳产难度越来越大。针对整装、断块油藏特征和开发难点，深化特高含水期开发理论认识，发展特高含水期水驱提高采收率技术、高温高盐油藏化学驱技术、高效低成本采油工程技术（孙焕泉等，2022）。形成的适用于胜利油田特高含水期提高采收率技术

居于世界领先水平，支撑了胜利油田年产油 2340×10^4 t 长期效益稳产。老油田效益开发技术自主可控。

一、立项背景、问题与挑战

1. 立项背景

经过 50 余年的勘探开发，胜利油田累计探明储量 54×10^8 t，其中整装、断块等水驱开发油藏动用地质储量占油区总储量的 64.6%，年产油量占油田总产量的 61.5%，综合含水 93.3%，其中 2/3 的油井含水率超过 95%。含水不断升高导致水油比急剧增加，操作成本快速上升。从国内外调研资料看，50%～70% 的可采储量在高含水和特高含水阶段采出。由于储量规模大、资源好，老油田仍是未来油气勘探开发的主战场和压舱石。胜利油田是东部老油田的典型代表，充分利用老油田丰富的地质资料，探索持续提高采收率对策，是实现国家能源安全的重要举措，对于老油田产量稳定具有重要意义。

2. 问题与挑战

老油田经过长期注水冲刷，动态非均质加剧，局部形成高耗水带，剩余油高度分散且分布复杂，油水两相渗流规律变化，如何准确刻画低序级断层、精细表征储层动静态非均质，如何深化储层结构表征、建立复杂地质体三维精细模型，如何精准认识与经济有效动用剩余油面临重大理论与技术挑战。化学驱研究对象也逐渐转向常规化学驱技术无法适应的高温高盐油藏条件，需要研发适应强非均质储层、强驱油能力的高效复合驱油体系。工艺上面临高含水井、套管损坏井增多导致储量失控严重，储层非均质加剧导致水驱开发质量变差的矛盾，亟须在套管损坏井快速修复、防砂提液、深部堵水调剖、精细分层注采、采出液处理等关键技术方面攻关突破。

针对以上存在的问题与挑战，国家连续设立"十一五"高温高盐油田提高采收率技术、"十二五"胜利油田特高含水期提高采收率技术、"十三五"胜利油田特高含水期提高采收率技术（二期）三期国家科技重大专项项目，持续攻关特高含水期提高采收率技术，取得重大理论技术进展。

二、提高采收率理论与技术

通过 2008—2020 年连续攻关，胜利油田深化了特高含水期油藏开发基础理论认识，形成了高温高盐高含水油田提高采收率技术系列，见表 3-3-1。

1. 基础理论认识

1）特高含水后期极端耗水层带理论认识

大量岩心水驱油实验表明，室内岩心驱替平均驱油效率 53.13%～62.67%。现场密闭取心井资料显示，部分高渗透率层段驱油效率超过了 80%，局部层段达到了 90%。二者差别的原因在于，室内岩心驱替实验是根据国家标准《GB/T 28912—2012 岩石中两相流体相对渗透率测定方法》，当含水率达到 99.95% 时或注水 30 倍孔隙体积后结束水驱油实验；矿场实践中，不同部位尤其是近井地带、局部高渗透部位，过水倍数远超过 30PV，导致了室内与现场驱油效率存在较大差异。从室内 30PV 与 1000PV 驱油效率对比看（图 3-3-1），1000PV 的高倍相渗实验相比 30PV，驱油效率普遍提高 10%～20%。

表 3-3-1 三期国家科技重大专项技术发展路线

国家科技重大专项	"十一五"高温高盐油田提高采收率技术	"十二五"胜利油田特高含水期提高采收率技术	"十三五"胜利油田特高含水期提高采收率技术（二期）
水驱开发理论	—	特高含水期水驱开发规律	极端耗水层带理论认识
驱油剂加合增效理论	二元复合驱油机理	黏弹性颗粒驱油剂渗流特征	非均相复合驱油机理 降黏复合驱油机理
整装油田开发技术	—	储层构型表征技术 矢量开发调整技术	极端耗水层带描述技术 特高含水后期流场调整技术
断块油田开发技术	—	低序级断层精细描述技术 复杂断块三级细分技术 极复杂断块立体开发技术	复杂断块油藏分区调控技术 极复杂断块油藏注采耦合技术
化学驱开发技术	I 类油藏聚合物驱后非均相技术 I 类油藏无碱二元复合驱	II 类油藏无碱二元复合驱 III-1 类油藏聚合物驱技术	III-1 类油藏二元复合驱 III-2 类油藏降黏复合驱 III-3 类油藏聚合物驱
采油工程技术	—	测调一体化 笼统充填防砂	注采实时测控 分级充填防砂 液压快速修井

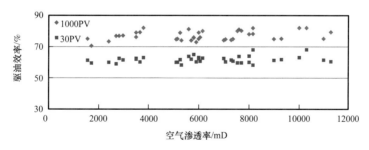

图 3-3-1 30PV 与 1000PV 水驱油效率对比

高倍相渗实验表明，水相渗流能力存在突变点，胜利油田中高渗透砂岩油藏突变点对应含水饱和度为 0.6～0.7，当含水饱和度大于突变点对应值时，水相相对渗透率与油相相对渗透率比值由线性渐增变为非线性剧增。孔隙尺度流动实验揭示，随着油相非连续流动加剧，油相对水相流动的干扰发生了质的变化，导致水相流动阻力急剧减小，水相渗流能力出现突变点（图 3-3-2）。水油比由突变点之前的几十倍迅速增加到数百倍，注入水基本达不到驱替原油的作用，呈现出高耗水不产油的现象。

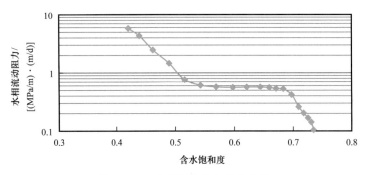

图 3-3-2　水相流动阻力变化曲线

应用高倍相渗曲线，对渗透率级差五倍的剖面模型进行数值模拟研究，开发初期高渗层带相对于低渗透层带采油速度高、水淹速度快、含水饱和度上升快。随着不同渗透层含水饱和度差异增加，虽然储层渗透率级差没有变化，水相渗透率差异却快速增加，当高渗透区域含水饱和度达到突变点时，水相渗流能力急剧增大导致耗水量呈数十倍甚至上百倍增长，进而演变为低效甚至无效水循环的极端耗水层带，约10%～15%的极端耗水层带能消耗掉总注水量的90%，是油藏产生低采出程度、高含水表观现象的原因，识别并抑制极端耗水层带成为特高含水期油藏持续高效开发的关键。

2）无碱二元复合驱油机制

（1）化学驱基础研究新方法。

① 分子模拟。依据体系行为的复杂程度，建立了描述油水界面的耗散颗粒动力学方法、描述固液界面的分子动力学方法、描述复杂环境条件的量子化学与分子动力学相结合的方法，研究驱油剂构效关系，设计耐温抗盐驱油剂分子结构。

② 微观力学模拟方法。运用欧拉架构下的纳维叶—斯托克斯方程描述孔隙空间的流体运动，采用球体颗粒堆积体来代替实际的黏弹性颗粒，建立黏弹性颗粒驱油剂孔隙尺度运移的动力学模型，研究黏弹性颗粒驱油剂与孔喉匹配关系及驱油机理。

③ 多孔介质中黏弹性描述方法。依据相同黏度纯黏性流体和黏弹性流体在多孔介质中流动过程的压力梯度不同，测试纯黏性流体和黏弹性流体在多孔介质中的有效黏度，建立聚合物在岩心多孔介质中黏弹性能定量描述方法，分析黏弹性流体在多孔介质渗流过程中黏性和弹性的贡献。

（2）无碱二元复合驱油机制。

在高温高盐油藏条件下，开展驱油剂间、驱油剂与原油、驱油剂与油藏岩石相互作用研究，设计能够充分发挥驱油剂或驱油体系技术优势的多元组合式化学驱油体系（孙焕泉，2016）。

① 驱油剂间相互作用。利用分子模拟研究阴离子表面活性剂与非离子表面活性剂复配作用机制，通过非离子表面活性剂的乙氧基数调控极性头尺寸，使之形成的分子簇尺寸与阴离子表面活性剂形成的界面层空腔尺寸匹配，界面分子排布致密，低浓度下可以使界面张力降至超低（图 3-3-3）。

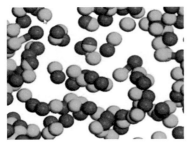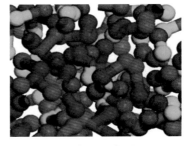

(a) 单一阴离子　　　　　　　　　(b) 阴离子与非离子复配

图 3-3-3　不同离子表面活性剂界面分布图

② 驱油剂与原油的相互作用。表面活性剂极性头亲水性的锚定作用使分子排列有序，有利于提高界面效率，磺酸盐型亲水基界面效率较高；在疏水尾链碳数相同的情况下，含芳环、支化程度高的表面活性剂结构与胜利油田原油相似，有利于界面有序、密集排布，降低油水界面张力的能力更强。

③ 驱油剂与油藏岩石的相互作用。复配表面活性剂体系因吸附产生的色谱分离与表面特性吸附常数之比有关，选择合适的表面活性剂可使色谱分离控制在合理的范围内，加入聚合物可抑制色谱分离程度。

理论计算、实验技术与分子模拟技术相结合，形成了"油剂相似富集，阴非加合增效，聚表抑制分离"的二元复合驱油理论认识，提出了"阴离子、非离子复配表面活性剂/聚合物"的二元复合驱油体系配方设计方法。

2. 提高采收率技术

1）整装油田特高含水后期水驱提高采收率技术

针对特高含水后期整装油田高耗水层带发育、水油比高、开发成本高等开发难题（李阳等，2019），经过"十一五"至"十三五"期间的持续攻关，创新形成了基于构型和岩相的储层精细表征技术，明确高耗水层带及剩余油分布特征，形成了基于老井的流场调整技术。

（1）特高含水后期储层精细表征技术。

① 特高含水后期储层构型表征方法。针对河流、三角洲储层空间变化快、储层非均质性强的特点，开展了储层构型分析方法的持续研究，建立了胜利油田的曲流河储层、辫状河储层、三角洲储层的典型构型定量模式，完善了以"层次分析、模式预测"为核心的地下储层构型表征方法。

"十一五"期间，通过对曲流河储层构型进行攻关，形成了单河道、点坝、侧积体 3 个层次构型分析技术，实现了孤岛中一区 Ng3、孤东七区西 Ng5^{2+3} 等单元曲流河储层定量构型表征（李阳，2009）。"十二五"期间，开展了三角洲储层水槽模拟实验，形成了"相控正演指导、构型模式约束"三角洲储层构型分析技术，实现了胜坨油田胜二区 Es$_2$8 等单元构型定量表征。"十三五"期间，开展了辫状河储层构型研究，建立了心滩坝与辫状河河道、心滩坝长度与宽度等预测公式，实现了心滩坝及坝内 0.2m 级落淤层的储层构型表征，成果在孤东七区西 Ng6^{3+4}、孤岛中二南 Ng5 等典型单元应用，提高了储层表征精度。

② 特高含水后期储层属性精细表征及三维建模技术。特高含水后期高耗水层带及剩余油研究对储层属性解释精度提出更高要求。由于陆相储层复杂、基于沉积微相的储层参数解释不能满足储层精细表征需求，为此开展了基于储层岩相的储层参数精细解释。首先，利用岩心资料明确主要储层岩相类型；其次，建立储层岩相测井解释公式，实现非取心井的储层岩相的划分；最后，建立不同岩相的差异化参数解释模型，新模型提高渗透率解释精度10%~15%。

三维建模方面针对不同类型储层，形成了不同储层构型建模方法。针对产状单一、空间分布规律清楚的夹层，采用独立建区的建模方法，将侧积层和侧积体单元作为区域对待，建立侧积体构型模型。针对砂体变化快、夹层发育复杂的辫状河油藏，采用了分层控制、逐级约束的随机建模方法，依次建立单河道模型、储层构型模型、夹层模型（图 3-3-4）。

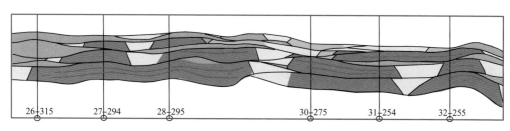

■ 心滩坝　　□ 河道　　■ 泛滥平原　　▨ 河漫滩砂　　■ 废弃河道　　□ 落淤层

图 3-3-4　孤东七区西 Ng6^{3+4} 储层构型控制的夹层模型

（2）特高含水后期极端耗水层带表征技术。

常规油藏数值模拟难以准确描述特高含水后期油水差异渗流。为准确描述油水运动规律和剩余油分布特征，攻关形成了特高含水期油藏精细数值模拟及极端耗水层带判识表征方法，建立了极端耗水层带分布模式，为流场调整提供了可靠依据。

① 特高含水后期油藏精细数值模拟方法。一是建立了考虑厚度、黏度和非均质性的纵向合理网格尺寸优化图版和考虑饱和度极值、差值和变化值的平面合理网格尺寸优化图版，实现油藏网格优化。二是建立了水驱油藏极限驱油效率预测模型，反算极限含水饱和度；建立油饱和度和水相最大相对渗透率关系，计算极限水相最大相对渗透率；创建不同渗透率储层高倍水驱相渗曲线拓展方法，反映特高含水后期油水渗流规律。三是构建了考虑油水相修正系数渗流数学模型，研发自主知识产权的特高含水期三维三相黑油数值模拟软件主程序，实现了差异化渗流定量表征。

② 特高含水后期极端耗水层带判识表征方法。为精细表征极端耗水层带，选取物性高、耗水率高、驱替压差高等评价指数，建立考虑潜力大小、耗水特征等多因素的"综合评价指数"方法和耗水层带综合评价指数及分级标准。

耗水层带综合评价指数：$c' = K' \times \left(\dfrac{\Delta P}{L}\right)' \times \left(\dfrac{K_{rw}(s_w)}{K_{ro}(s_w)}\right)'$ （3-3-1）

式中　c'——耗水层带综合评价指数；

　　　K'——渗透率无因次标准化参数；

　　　$\left(\dfrac{\Delta P}{L}\right)'$——驱替压力梯度无因次标准化参数；

　　　$\left(\dfrac{K_{rw}(s_w)}{K_{ro}(s_w)}\right)'$——相对渗透率比值无因次标准化参数。

耗水层带分级标准：耗水层带综合判识指数小于等于 0.6 为低耗水层带；0.6～0.85 为高耗水层带；大于等于 0.85 为极端耗水层带。

③ 特高含水后期极端耗水层带分布模式。基于构型模型及差异渗流数值模拟研究，建立了极端耗水层带的分布模式：受井网形式及非均质性控制，平面上极端耗水带位于优势相带，沿着注采连线呈现条带状发育；纵向上多层油藏相对高渗透层、正韵律厚油层底部、复合正韵律油层相对高渗透段部位，渗透率大于 5000mD 且渗透率级差大于 3 的层段，容易形成极端耗水层段，厚度占比 15%～20%。

（3）整装油藏变流线流场调整技术。

整装油田进入特高含水期，注采井网长期不变，流线固定，油水井连线方向水驱效率低，低效水循环严重（王端平，2014）。在极端耗水层带描述基础上，攻关形成了立足现有层系井网，通过层系、井网调整改变流线方向避开耗水带，实现均衡驱替的变流线综合调整技术。

① 特高含水后期流场调整模式。基于极端耗水层带及剩余油描述，配套主导工艺，建立不同类型油藏流场调整模式：针对多层系油藏且上下层系网形式不同、流线存在差异、极端耗水层带方向不同、开发状况不同，建立了层系互换流场调整模式；针对多层油藏纵向合采开发矛盾较大，层间发育高耗水层、层内发育高耗水段，层内夹层发育，建立了纵向细分井网调整流场调整模式；针对正韵律厚层油藏纵向及平面动用不均衡矛盾，建立了韵律层细分侧钻变流线流场调整模式。

② 孤岛西区北 Ng3-4 层系互换变流线调整先导试验。孤岛西区北 Ng3-4 单元属于孤岛油田主力开发单元，调整前综合含水 98.2%，采出程度 53.1%，属于构造岩性层状油藏。1990 年单元细分加密调整为两套层系，上层系 Ng_3^1-Ng_4^1 为 300m×175m 北偏西 30° 行列井网，下层系 Ng_4^2-Ng_4^4 为 230m×200m 北偏东 10° 行列井网，上下层系井网交错，多年未进行井网调整，流线存在 40° 角度差，高耗水层带差异明显：上层系高耗水层带沿注水井排（西北—东南向）及注采主流线方向分布，下层系 Ng44 层总体上较 Ng35 层水淹严重，高耗水层带沿水井排（北东—西南向）及注采主流线方向分布。

区块两套层系通过层系互换实施变流线调整，有效地抑制了原主流线极端耗水层带，降水增油效果明显：无效注水和无效产液量日均减少 700t 以上，日均产油上升 54t，吨油耗水率下降 39%，吨油运行成本降低 25%，提高采收率 2.1 个百分点，延长经济寿命期 10.1 年。

2）复杂断块油田特高含水期水驱提高采收率技术

特高含水期复杂断块油藏剩余油具有散、碎、小的特点，复杂地质条件下动用不均衡的矛盾突出（毕义泉等，2018），围绕提高采收率技术目标，攻关形成了低序级断层精细描述技术及针对不同油藏类型的提高采收率开发技术。

（1）低序级断层精细描述技术。

在矿场总结归纳形成的断裂系统构造几何学模式基础上，考虑边界大断层形态与应力场特征，通过构造物理模拟建立四类断裂系统构造动力学地质模式，包括多级反"y"字、包心菜式、多级反"人"字、似花状等，能够更好地指导低序级断层地震解释。

在"井点引导、地震解释"传统方法基础上，创建了"井震结合、处理解释一体化"的低序级断层精细描述技术。首先丰富发展沉积模式，以"沉积解释优先、不符再开断点"为原则落实井点钻遇的小断层。其次创新低序级断层强化处理方法，针对地面条件受限、无法采集高精度三维地震的情况，实现了常规地震资料的拓频（有效频宽拓展 9~17Hz、主频提高 6~10Hz）与去噪（减少噪声 5%~8%），提高了常规地震低序级断层分辨率。最后改进发展地震解释方法，建立落差 10m 以下小断层地震识别标志。同相轴微扭动、微错位、能量突变及合并分叉，提出不同地震属性优化组合方法，通过属性切片与地震剖面"交互解释"，实现了常规地震条件下、埋深 2000~2500m、无井钻遇 7m 低序级断层的准确描述。

（2）复杂断块油藏立体开发高效动用技术。

针对复杂断块油藏剩余油规模小、单独打井效益差的开发难点，基于断层精细刻画、依托剩余油分布规律准确认识，利用复杂结构井串接小规模剩余油组合开发，实现了复杂断块油藏的效益开发。

研究形成了小规模剩余油立体组合模式（图 3-3-5）。针对纵向多层小碎块剩余油，创建了三维多靶点定向井组合开发模式，形成了"多点优选、窄靶优先、三维优化"的靶点设计方法；针对相邻断块小规模剩余油，创建了跨断块水平井组合开发模式，形成了基于图形拼接法和层位判别模式的两盘对接关系及深度判别方法；针对水锥控制小规模剩余油，创建了绕锥水平井组合开发模式，形成了水锥定量描述技术；针对断层控制小规模剩余油，创建了近断层水平井开发模式，形成了"井、震、模"断棱精细刻画方法。

根据油藏、地质、工程设计，基于三维可视化模型，在随钻测量仪器和导向钻具配合下，以地质导向数据为先导，及时分析实际钻遇地层情况，动态修正地质模型，调整井眼轨迹按目标钻进，确保小规模剩余油精准动用，形成了复杂结构井井眼轨迹精确控制技术。

立体开发技术在永 3-1 复杂断块开展先导应用，取得显著应用效果。方案共设计部署多靶点定向井、跨断块水平井、绕锥水平井各 1 口，近断层水平井 2 口，油水井措施 16 井次。调整后，日产油能力由 3.7t 最高增加至 88.3t，综合含水率由 84.3% 最低下降至 29.2%，采收率由 30.3% 提高到 38.5%，盈亏平衡油价 40 美元/bbl。

（3）屋脊断块油藏人工边水驱开发技术。

针对屋脊断块油藏高含水、高采出程度开发阶段注水低效循环、零散剩余油难以高效动用的开发难题（杨勇，2020），基于强边水油藏采收率高的开发实践认识，研究明晰了人工边水驱"均阻同进、升压扩容、变驱为汇"的提高采收率驱动机制，创新形成了"变边内注水为边外注水、变控制注水为强化注水、变连续注水为间歇注水"的人工边水驱技术方法。

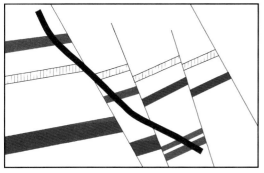

(a) 三维多靶点定向井组合开发模式

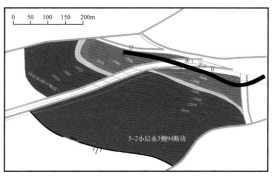

(b) 跨断块水平井组合开发模式

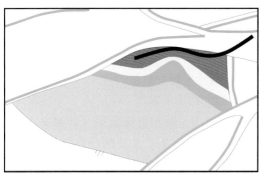

(c) 绕锥水平井组合开发模式

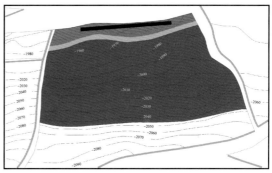

(d) 近断层水平井开发模式

图 3-3-5 复杂断块油藏立体组合开发模式

开展了影响人工边水驱开发主控因素研究，明确了影响人工边水驱开发效果的主控因素包括断块封堵性、原油性质、水体能量、地层倾角、含油条带宽度、油层有效厚度等参数，建立了包括相关参数的适应人工边水驱开发油藏筛选标准。依托典型模型数值模拟优化结果，建立了人工边水驱开发技术政策界限，包括井网形式、注采方式、合理压力恢复水平、注采比等技术参数，指导了人工边水驱方案的优化设计。

人工边水驱开发技术在辛 1 断块沙一 4 开展先导应用，取得显著效果。基于人工边水驱技术方法及技术政策研究结果，利用老井 14 口（油井 6 口、水井 8 口）实施边外大井距、大排量注水升压后（图 3-3-6），油井开井，单元日油由 0.4t 最高上升至 55.6t，含水由 98.6% 最低下降至 61%，阶段累计增油 8.1×10^4t，提高采收率 7.5%，净消化富余污水 164×10^4m^3。

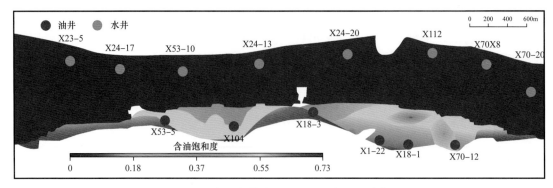

图 3-3-6 辛 1 断块沙一 4 人工边水驱注采井网

（4）复杂断块油藏注采耦合均衡水驱开发技术。

复杂断块油藏面积小，注采井网以单向对应为主，开发中存在注水含水上升快、不注水没能量的问题，面临能量补充与剩余油高效动用难以协调的开发矛盾，基于交替注采方式"压差交变、液流转向"的提高采收率驱动机制认识，利用分层注采工艺，通过注采交替、工作周期的耦合，打破固化压力场，实现注采不见面、合理补充地层能量，形成了大幅度提高复杂断块油藏水驱波及程度的注采耦合均衡水驱开发技术。

研究明确了影响注采耦合开发效果的主控因素，包括含水、原油黏度、地层倾角、韵律性、生产井位置等，建立了考虑主控因素的油藏筛选标准。针对一注一采、一注多采、多层断块油藏特点及开发特征，研究形成了动态注采耦合、井网注采耦合、层系注采耦合模式，建立了不同耦合模式的开发技术政策界限，包括注采耦合时机、注采顺序、注采周期、周期内注采持续时间、焖井时间、注采压力波动幅度和注采强度（注采比）等参数。

注采耦合开发技术在辛 11 斜更 80 断块开展先导应用，取得显著效果。针对辛 11 斜更 80 井距小、注采敏感的特点，研究建立了强注快增能、缓采扩波及的动态注采耦合技术政策界限，实施后日产油由 0.2t 上升至 8.3t，实施 7 个周期，累计增油 7270t，提高采收率 12.2%。

3. 高温高盐油田化学驱提高采收率技术

1）非均相复合驱提高采收率技术

（1）黏弹性颗粒驱油剂研发。针对胜利油田高温高盐 I 类油藏条件，突破传统全交联聚丙烯酰胺分子设计思路，创新提出了部分交联部分支化分子结构，建立了多官能自由基引发体系。反应开始形成带多个活性中心的支化链，部分支化链发生双基耦合终止形成交联结构，随体系黏度增加，双基耦合终止被限制而利于生成支化结构，通过调节聚合反应动力制备了交联和支化结构可控的均聚型黏弹性颗粒驱油剂。针对温度和矿化度条件更苛刻的高温高盐 II 类油藏条件，引入共聚单体 2- 丙烯酰胺—2- 甲基丙磺酸，建立三元高效引发体系，优化动力学调控机制，合成了结构可控的共聚型黏弹性颗粒驱油剂（姜祖明等，2015），与均聚产品相比长期热稳定性显著提升，60 天热老化后弹性模量保留率仍高达 54%（孙焕泉等，2021）。

（2）非均相复合驱油体系设计。基于黏弹颗粒与储层孔喉大小匹配关系，通过系统评价黏弹性颗粒驱油剂的运移与调驱能力，筛选出适合的黏弹性颗粒驱油剂。优选增黏性、黏弹性、热稳定性满足目标储层的聚合物，优选具有超低界面张力、吸附损耗低、洗油能力强的表面活性剂。开展驱油剂间相互作用研究，确定黏弹性颗粒驱油剂和聚合物的最佳配比和浓度，评价复合体系经过长期热老化后的界面张力及黏弹性变化情况，获得最优的非均相复合驱油体系。物理模拟试验表明，聚合物驱后非均相复合驱能进一步提高采收率 13.6 个百分点（曹绪龙，2013）。

（3）非均相复合驱数值模拟技术。基于非均相复合驱室内实验研究和矿场应用，深入认识非均相复合驱油机理，建立了非均相复合驱数学模型，引入通过因子，描述黏弹性颗粒在多孔介质中非连续流动、变形通过的机理，引入液流转向系数和残余阻力系数，描述黏弹性颗粒有效封堵和液流转向的机理；研发基于上游排序的串行快速解法和基于 OPENMP 的并行算法，实现了非均相复合驱的模拟功能，大幅度提高了模拟运算速度，具备了百万级网格节点模型快速运算的能力；完善了数值模拟前后处理模块，编制与商业化地质建模软件 Petrel RE、数值模拟软件 Eclipse 的接口，形成具有自主知识产权的非均相复合驱数值模拟软件；该软件已在胜利油田、河南油田十余个区块进行了应用，在非均相复合驱开发方案编制优化、动态跟踪调整和效益评价方面发挥了重大作用。

（4）方案优化设计技术。依据储层非均质性和剩余油分布特点，以流线转变和保持注采井网完善为目标，设计不同注采井网调整方案，利用数值模拟方法计算不同井网对水驱和非均相复合驱效果的影响，通过对比不同方案剩余油控制程度、提高采收率、流线转变情况及油水井工作量等优选确定最佳井网调整方案。

（5）聚合物驱后非均相复合驱先导试验。孤岛中一区馆陶组三段聚合物驱后非均相复合驱先导试验区石油地质储量为 $123×10^4t$，实施非均相复合驱前综合含水 98.3%，采出程度 52.3%。基于剩余油分布特点，通过加密新井将原 270m×300m 注采井网调整为 150m×135m 的变流线加密井网，注水井 15 口，油井 10 口，注采流线转变 60°。数值模拟预测非均相复合驱先导试验提高采收率 8.5%。

先导试验于 2010 年 10 月矿场实施，矿场应用效果显著（图 3-3-7），综合含水下降

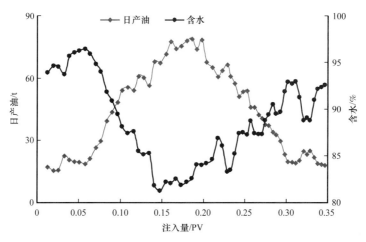

图 3-3-7　孤岛中一区馆陶组三段聚合物驱后非均相复合驱先导试验生产曲线

16.9%，日产油增加 75.4t，累计增产原油 10.5×10^4t，提高采收率 8.5%，采出程度 62.5%。

2）高温高盐油藏无碱二元复合驱技术

（1）耐温抗盐驱油剂及驱油体系设计。

针对孤岛油田东区南 Ng3—4 原油黏度和注入水钙镁离子较高（钙镁离子为 230mg/L，原油黏度 130mPa·s）的特点，提高石油磺酸盐相对分子质量，提升了活性剂的界面活性和抗钙镁能力；研发了高效增黏聚合物，满足了高黏度原油流度控制的需求，在此基础上构筑的高效二元复合驱体系具有良好的降低界面张力和提高采收率的能力（王红艳，2008）。

（2）高温高盐油藏无碱二元复合驱数值模拟技术。

研制数值模拟软件 SLCHEM，可直接输入界面张力变化曲线或等值图、黏度变化曲线或等值图，更适用于矿场应用。通过明晰工作站与微机 FORTRAN 系统差异，完成了 SLCHEM 软件从工作站到微机的移植，计算结果基本一致。利用 OpenGL 技术研制了 SLCHEM 微机版的前后处理软件，具有较强的图形编辑、输出功能和三维可视化功能（孙焕泉等，2007）。

（3）无碱二元复合驱方案优化设计技术。

复合驱注采参数的优化设计可以看作是一个多因子多水平的数值试验过程。无碱二元复合驱方案优化时，在配方浓度、段塞优选中，选取表面活性剂浓度（A）、聚合物浓度（B）、段塞尺寸（C）等三个因子作为考察对象，每个因子按四种水平进行试验。选取的指标包括：技术指标（提高采收率、当量吨聚增油、平均采油速度）和经济指标（内部收益率、财务净现值、投资回收期、投资利润率、投资利税率）。经济评价采用"增量法"，通过对增加收入、节省费用及增加投资和费用进行综合分析，计算增量评价指标，判别复合驱方案的经济可行性。

（4）无碱二元复合驱先导试验。

孤岛东区馆陶组 3—4 段无碱二元复合驱先导试验区石油地质储量为 1467×10^4t，实施二元复合驱前综合含水 96.9%，采出程度 27.1%，面临含水高、采出程度高、采油速度高、储采比低、水驱采收率低的开发形势。

在室内配方体系研究基础上，利用数值模拟优化设计了矿场注入方案：0.1PV（0.24% 聚合物）+0.4PV［（0.2%SLPS+0.2%gd—1）+0.18%P］+0.05PV0.15%P。数值模拟预测提高采收率 9.3%。先导试验于 2008 年 7 月矿场实施，随着近年来油价的升高，对化学驱段塞的用量持续开展优化，现场取得了明显的降水增油效果。截至 2021 年 8 月，先导试验区已注入化学剂段塞 0.88PV，累计增油 176.5×10^4t，提高采收率 12.0%。

4. 高含水油田高效采油工程技术

1）连续油管快速修井技术

（1）套管损坏井治理技术经济政策。当套管变形量对应的最大等效应力超过套管材料应力应变强度极限（σ_b）时，套管修复后抵抗二次挤压的能力将大幅降低，把套管内最大等效应力达到强度极限时所对应的变形位移（缩径量）定义为极限修井尺寸。当套管变形量小于极限修井尺寸时，修复后强度达 $85\%\sigma_b$ 以上，抵抗二次变形能力强，可以直接实施整形作业；当套管变形量超过极限修复尺寸时，修复后强度仅为 $10\%\sigma_b$，抵抗二次变形能力弱，整形后需要加固套管。将维修成本和套管损坏井修复后剩余油产量的贴现价值比较，建立经济评价模型，指导以效益为目标的修井治理。

（2）连续油管液压快速修井技术。以连续油管设备为平台，集成连续油管快速起下、带压作业和液压驱动优势，将修井动力由地面机械间接传动转变为井下液压直接驱动，消除地面传动动力损耗，形成连续油管井下液压驱动快速修井技术，为水平井、直斜井等提供全套液压修井解决方案。研究形成连续油管液压驱动整形、长距离加固补贴、扶正等快速修井工具与技术，修复成功率达 95.6%、平均施工效率提高 50%、成本降低 46.8%，为高效治理套管损坏、快速恢复老油田注采井网提供了技术支持。

2）高导低阻长效防砂技术

（1）大通径分层防砂管柱技术。采用由防砂外管和工艺内管构成的大通径分层防砂管柱，通过拖动内管自下而上依次实现各层差异化防砂，研制的挤充转换装置，实现了地层挤压和环空充填的灵活转换。满足一趟管柱实现 $\phi177.8mm$ 套管井 3 层以上分层防砂，施工排量达 $5.0m^3/min$，工作压差为 35MPa。

（2）层内高导低阻防砂技术。将储层、充填层作为系统工程，以"微粒运移控制"为目标，实现由被动防砂向主动控砂的转变。在出砂静态预测模型基础上，引入储层压力亏空、含水率及出砂影响因子，综合考虑储层纵波波速的动态变化，建立出砂动态预测模型，为不同开发阶段储层动态出砂及防砂方式优选提供理论依据；针对储层深部微粒运移堵塞，采用新型活性洗油稳砂剂，在原油含量为 10% 时，抗压强度达 6.0MPa，渗透率保留率大于 91%，黏度小于 $5mPa \cdot s$，能有效改善储层深部稳砂效果，提高施工安全性；为减缓微粒运移堵塞充填层，采用分级充填，在远端充填小粒径砾石阻挡地层砂，依据"通过第一级砾石的地层微粒能够顺利通过第二级砾石"的原则，近井充填大粒径砾石，可提高充填层最终渗透率 25% 以上，保证了人工重构充填层的高渗透性，满足高含水后期提液提效开发要求。

3）特高含水期深度堵调技术

（1）深度堵调"三带"新理念。依据岩心分析和水驱特点，将储层分为极端水洗带、强水淹带、弱水驱带。针对不同级次水驱带增油潜力和水驱特点，提出了宏观剖面调整与微观油水调控相结合的深度堵调新理念：对极端水洗带采取深部封窜，提高近井压力梯度，遏制无效窜流；对强水淹带采取流度调控，提高油层深部的压力梯度，扩大波及体积；弱水驱带采取相渗调节，提高剩余油饱和度高区域的压力梯度，强化洗油效率。

（2）分级堵调体系。针对不同级次水驱带的调控需求，研制了分级堵调体系：针对极端水洗带高强度深部封窜，形成了复合有机铬冻胶体系，实现了 50m 以上地层封堵；针对强水淹带流度调控，形成了高弹性聚合物微球体系，膨胀后的粒径达到 25μm；针对弱水驱带强化水驱，研发了相渗调节剂，提高油相渗透率 2 倍以上，有效启动剩余油。分析凝胶体系物化机理，建立聚合物凝胶体系数学模型，编制了聚合物凝胶体系深度堵调数值模拟软件，为深度堵调整体方案编制提供决策依据，有效指导了矿场应用。

4）精细分层注采技术

（1）韵律层精细分层注水、注聚合物技术。形成了未避射大厚层层内卡封、小卡距韵律层细分、多级细分注水系列工艺，实现了任意厚度未避射段卡封分层，层间压差不低于15MPa；管柱定位精度可达0.12m，对1m以下夹层可有效卡封，分注层数达到10层以上，管柱寿命达3年以上（王增林，2018）；创新研制了防窜式卡瓦支撑注聚合物封隔器、大节流压差低剪切可调配聚器等关键工具，形成了测调一体化分层注聚工艺技术，低剪切可调配聚器在注入量为0～150m³/d时，其黏度保留率不低于95.37%。

（2）高效控制分层采油技术。研究两类高效控制分层采油管柱：抽油杆换层采油管柱通过上提、下放抽油杆开、关管式泵控制固定阀，实现换层开采；防砂卡液压换层采油管柱通过压力控制换层阀的开关；首创压控归零和碰泵归零技术，判断开采层位，实现不动管柱2～3层换层采油，成功率达96%。

（3）分层注采实时测控技术。开发动态变化需要对油水井生产动态进行实时监测及调控，攻关形成了分层注采实时测控技术（图3-3-8）。创新研制了集温度、压力、流量三参数测试及流量调控为一体的井下实时测控配水、配产器，形成了集井下测试、井下与地面双向通信、地面远程调控为一体的分层注采实时测控系统（贾庆升，2019），流量计量范围0～300m³/d、误差不大于2%FS，实现分层注采动态调控、在线实时测调验封、连续测静压判断连通性等技术突破，满足高效分层注采耦合、实时注采调整等开发需要。

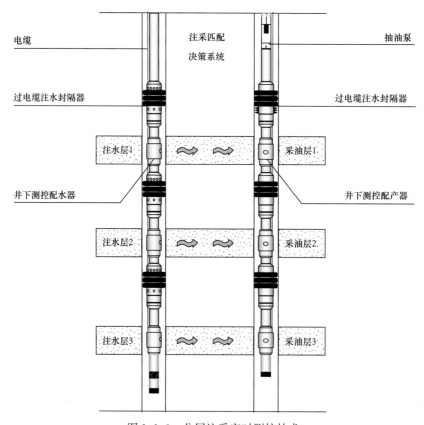

图 3-3-8　分层注采实时测控技术

5）复杂采出液高效处理技术

针对特高含水期采出液处理难度大，亟须降低能耗和成本的需要，研发形成了以管道式分水和聚结除油为核心的高效预分水技术，分水率达50%，处理后水中含油量及悬浮物含量均小于10mg/L，实现就地分水、就地处理、就地回注，减轻了处理流程后端站库的负荷，避免了"采出水循环大游行"，节省了输送和站内加热能耗；研发形成了以物化耦合强化破乳和变压气浮采出水处理为核心的采出液低成本处理技术，将化学驱、稠油等复杂采出液破乳温度降低10℃，油中含水由40%降至25%，大幅度降低了集中处理站内加热能耗，可降低吨液处理成本0.28元，简化了站内原油脱水和采出水除油处理流程，缩短了处理时间；针对用于化学驱配制聚合物溶液的采出水，研发形成了以化学除铁和生物除硫为核心的化学驱配聚用水处理技术，减少了影响聚合物溶液黏度的不利因素，提高了注入井口聚合物溶液黏度，提升了聚合物驱油效果。复杂采出液高效处理技术实现了从产出井口到注入井口全过程高效处理，降低了处理成本，提高了处理效率，对实施油田低成本开发战略具有重要意义。

三、应用成效及推广应用规模

针对我国东部老区特高含水油田开发成本大幅上升、高温高盐油藏提高采收率难度大等问题，通过攻关深化了特高含水油田提高采收率理论认识，创建了特高含水油田提高采收率技术系列，解决了特高含水油田效益开发难题。特高含水油田提高采收率系列技术已在中国石化河南、中原、江苏、江汉等同类型油田推广应用，覆盖地质储量$18×10^8t$，增加可采储量$8525×10^4t$，累计产油$1.95×10^8t$，累计增油$2112×10^4t$，少产水$2.62×10^8m^3$，实现利税190.5亿元。基于高温高盐高含水油田提高采收率技术，"十三五"期间胜利油田年度产油量持续稳定于$2340×10^4t$以上（图3-3-9）。我国已开发油田中，含水大于80%的高含水油田储量规模已达$230×10^8t$以上，另外，其他目前处于中低含水开发期的油田也将陆续进入高含水期，本技术具有较好的示范作用，推广应用前景广阔。

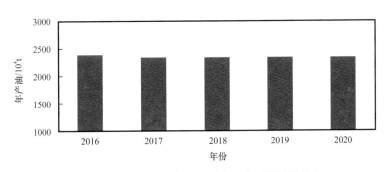

图3-3-9 "十三五"期间胜利油田产油量持续稳定

四、知识产权成果

特高含水油田提高采收率系列技术攻关期间，在化学剂、地质研究、驱油方法、装备工艺等方面取得了大量具有原创性的创新成果，申请"一种部分支化部分交联聚合物驱油剂及其制备方法"等发明专利 311 件，授权 40 件，发表《Interfacial dilational properties of polyether demulsifiers：Effect of branching》等论文 514 篇，编制《非均相复合驱油技术》等专著 5 部，形成"特高含水期油藏流场表征和评价软件"等软件著作权 44 项。先后获得省部级科技进步奖 17 项，其中中国专利金奖 1 项、中国专利优秀奖 2 项，见表 3–3–2。

表 3–3–2　获奖情况（省部级一等奖以上）

序号	成果名称	获奖类型	获奖年度	主要完成人员
1	胜利油区主力油田注水开发关键技术	中国石化集团公司科技进步一等奖	2012	孙焕泉等
2	粘弹性颗粒驱油剂及其制备方法	中国专利优秀奖	2015	孙焕泉等
3	聚合物驱后油藏井网调整非均相复合驱提高采收率技术	中国石化集团公司技术发明一等奖	2016	孙焕泉等
4	高含水复杂断块油藏水驱高效开发技术及应用	中国石化集团公司科技进步一等奖	2017	杨勇等
5	非均相复合驱大幅度提高石油采收率的理论与实践	中国石油和化学工业联合会技术发明奖一等奖	2017	孙焕泉等
6	一种两性离子表面活性剂在三次采油中的应用、该表面活性剂的制备方法及应用	中国专利优秀奖	2017	孙焕泉等
7	抽油机井举升系统实时智能分析评价优化技术	中国石化集团公司科技进步一等奖	2018	陈军等
8	胜利化学驱聚合物溶液保黏关键技术及应用	中国石化集团公司科技进步一等奖	2020	曹嫣镔等
9	老油田绿色高效开发关键技术与应用	中国石化集团公司科技进步一等奖	2020	杨勇等
10	一种部分支化部分交联聚合物驱油剂及其制备方法	中国专利金奖	2021	孙焕泉等

第四节　稠油/超稠油开发关键技术及示范工程

一、立项背景、问题与挑战

世界稠油资源量约 $8150 \times 10^8 t$，据统计，在已探明石油资源中，稠油和超稠油占全球原油资源 70% 以上，年产量超过 $6.7 \times 10^8 t$。稠油和超稠油资源最丰富的国家是加拿大、委内瑞拉和俄罗斯。稠油的主要开发技术为冷采、蒸汽吞吐和蒸汽驱，主要在加拿大、委内瑞拉、美国、印度尼西亚广泛应用。超稠油的有效开发技术主要为蒸汽辅助重力泄油（SAGD），已在加拿大商业应用。

我国陆上稠油资源丰富，预测资源量 $198×10^8t$，可采资源量为 $19.1×10^8t$。截至 2007 年底我国陆上稠油三级储量为 $30.1×10^8t$，年产油量 $1545.3×10^8t$，开发方式以蒸汽吞吐为主，而已开发稠油油藏的蒸汽吞吐进入中后期，可采储量采出程度高达 76%，剩余储采比仅为 4.4，产量进入快速递减阶段，生产成本快速上升，标定采收率只有 22% 左右，亟待研发、试验、和攻关配套接替技术，大幅度提高稠油油藏采收率。2008—2020 年，为攻关稠油大幅度提高采收率技术，国家油气重大专项连续三期部署了稠油 / 超稠油开发关键技术（表 3-4-1）。

该项目及示范工程，以稠油、超稠油有效开发和大幅度提高稠油采收率新技术研究为重点，开展蒸汽驱油、蒸汽辅助重力泄油、注空气火烧驱油、薄层与复杂稠油有效开发关键技术等应用基础研究，为现场示范工程、重大开发试验提供关键技术，并通过现场示范工程和重大试验，形成我国新一代稠油开发主体接替技术，为我国稠油油田实现持续高效开发和产量长期稳定提供强有力的技术支持。

二、稠油开发关键技术研究进展与理论技术成果

1. 稠油热采实验技术与装置

依托国家油气重大专项项目，实现热采实验装置的升级配套，建成"基础参数测试"、"注蒸汽采油新技术"及"注空气采油新技术"等装置体系，整体技术指标达国际先进水平，标志性装置技术指标达国际领先水平。创建的稠油蒸汽驱、超稠油 SAGD、火烧油层及超前储备技术等系列实验新技术，引领了稠油开发技术创新和产业稠油发展，为我国稠油开发技术的配套完善与跨越升级做出巨大贡献。

1）高温高压注蒸汽三维物理模拟技术

建成高温高压三维比例物理模拟装置及实验方法（图 3-4-1），开展了注蒸汽及多介质（热溶剂、热化学剂、非凝析气体等）采油新技术研究，以相似比例准则为理论依据，在室内研究油藏内部蒸汽等热前缘扩展及原油产出规律。实验装置的关键指标，（1）最

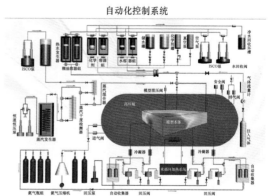

图 3-4-1　高温高压注蒸汽三维比例物理模拟实验装置及监测系统

表 3-4-1 稠油/超稠油开发关键技术三期重大专项及示范工程部署

项目类型		"十一五"期间	"十二五"期间	"十三五"期间
重大专项	名称	中深层稠油油田开发中后期接替技术	稠油/超稠油开发关键技术	稠油/超稠油开发关键技术(二期)
	面临问题与挑战	(1)如何提高稠油蒸汽驱波及系数和效率；(2)超稠油双水平井SAGD预热启动和汽液界面形成操控技术还未形成配套；(3)稠油火烧驱油技术研究与现场试验尚处于攻关阶段；(4)薄层、复杂稠油油藏改善蒸汽驱和水平井蒸汽吞吐效率提高存在技术攻关处于起步阶段；(5)Ⅱ、Ⅲ类稠油油藏混合(汽)气驱机理研究和技术配套亟待进一步深化和完善	(1)如何实现SAGD生产过程的优化控制；(2)如何对火驱前缘进行准确预测和有效调控；(3)如何持续改善中深层Ⅰ类稠油油藏蒸汽驱的效益；(4)如何利用水平井改善薄层稠油和超稠油的开发效果；(5)如何实现超稠油油藏多轮次吞吐后不能转驱稠油油藏的开发接替	(1)提高蒸汽驱采收率及改善开发效益问题；(2)提高超稠油SAGD开发的油汽比和采收率问题；(3)如何突破制约稠油火驱工业化推广的技术瓶颈；(4)超深层稠油油藏有效动用技术问题；(5)薄层超稠油有效开发技术问题
	研究内容	课题1：提高稠油蒸汽驱效率技术；课题2：稠油蒸汽辅助重力泄油技术(SAGD)试验及配套技术；课题3：火烧驱油技术研究与现场试验；课题4：薄层、复杂稠油有效开发关键技术；课题5：中深层稠油混合(汽)气驱配套技术	课题1：蒸汽辅助重力泄油提高采收率技术；课题2：火烧驱油技术研究与应用；课题3：提高稠油蒸汽驱效率技术；课题4：薄层稠油/超稠油开发技术；课题5：稠油油藏多元热流体开发技术	课题1：稠油多介质蒸汽驱技术研究与应用；课题2：改善SAGD开发效果关键技术研究与应用；课题3：稠油火驱提高采收率技术研究与试验；课题4：超深层稠油有效开发技术研究与试验；课题5：薄层超稠油有效开发技术研究与试验
	承担单位	责任单位：中国石油集团科学技术研究院；联合单位：辽河油田分公司、新疆油田公司、中国石油大学(北京)、大庆石油学院	责任单位：中国石油集团科学技术研究院；联合单位：辽河油田分公司、新疆油田公司、东北石油大学(北京)、江苏石油科技有限公司	责任单位：中国石油集团科学技术研究院；联合单位：新疆油田分公司、中国石油大学(北京、华东)、东北石油大学、西南石油大学
示范工程	名称	渤海湾盆地辽河坳陷中深层稠油开发技术示范工程	渤海湾盆地辽河坳陷中深层稠油开发技术示范工程(二期)	辽河、新疆稠油/超稠油开发技术示范工程
	任务内容	任务1：中深层稠油油藏蒸汽驱开发技术示范；任务2：中深层稠油SAGD开发技术示范；任务3：薄层、复杂稠油油藏复合开采技术示范；任务4：火烧油层开发先导试验	任务1：中深层稠油油藏复合汽驱开采技术示范；任务2：中深层稠油油藏蒸汽驱替与泄油复合开采技术示范；任务3：中深层稠油油藏多介质开采技术示范；任务4：中深层稠油油藏SAGD开采技术示范(直井)开采技术扩大试验；任务5：组合SAGD稠油油藏火烧油层开采技术	任务1：中深层稠油复合蒸汽驱技术示范；任务2：超稠油改善SAGD开发效果技术示范；任务3：稠油火驱提高采收率技术示范；任务4：重力泄水辅助蒸汽驱技术试验；任务5：稠油、超稠油开发配套工艺技术示范
	责任单位	中国石油辽河油田公司	中国石油辽河油田公司	中国石油辽河油田公司、中国石油新疆油田公司

高实验温度 / 压力：350℃ /20MPa；（2）模型最大尺寸：1000mm×500mm×400mm。其特色技术，（1）模型热损失模拟技术；（2）高温高压三维地层温度压力模拟技术；（3）实验过程在线监控与实验结果可视化技术。可以模拟研究，（1）蒸汽驱与 SAGD 汽腔调控新技术研发与性能评价；（2）油藏非均质性影响评价与对策研究；（3）稠油热采复杂结构井新技术研发与性能评价；（4）多介质辅助驱油新技术研发与性能评价。

2）高温高压注蒸汽二维物理模拟实验技术

建成高温高压二维比例物理模拟装置（图 3-4-2），以相似比例准则为理论依据，创建实验新技术，开展注蒸汽及多介质协同蒸汽开发新技术研究，揭示了各种新技术的开发机理，指导多介质协同注蒸汽（蒸汽吞吐、蒸汽驱及 SAGD）开发技术的重大实施方案的设计。装置的关键指标包括：（1）温度范围：40～300℃；温度精度：0.01℃；（2）压力范围：0～10MPa；压力精度：0.05%FS；（3）模型尺寸：500mm×500mm×40mm。其特色技术，（1）剖面模型比例模拟技术；（2）平面井网模拟技术；（3）注蒸汽及多介质复合注蒸汽可视化模拟技术。可以模拟研究：（1）注蒸汽采油技术：蒸汽吞吐、蒸汽驱、SAGD 等；（2）多介质辅助注蒸汽技术：添加溶剂、化学剂及气体等；（3）水驱油藏转注蒸汽技术：水驱稠油、高黏度稀油油藏等；（4）稠油复杂结构井开发技术：U 形井，J 形井等。

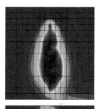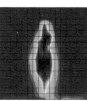

图 3-4-2　高温高压注蒸汽二维物理模拟实验系统

3）火烧油层物理模拟实验技术

建成火烧物理模拟装置及实验方法（图 3-4-3），开展平面火驱及火烧辅助重力泄油等高温氧化提高采收率新技术研究，在室内研究火烧高温前缘的展布规律，揭示高温氧化驱油机理，进而开展动态调控方法的研究。该装置的关键指标见表 3-4-2。其特色技术有：（1）平面火驱物理模拟技术；（2）垂向火烧物理模拟技术；（3）火驱点火技术。可以模拟研究有：（1）再现地下的火烧或蒸汽驱等热采过程；（2）模拟热前缘的产生与运移；（3）分析火烧机理，确定各项基础参数。

2. 普通稠油多介质蒸汽驱技术

蒸汽驱技术是开采稠油的主要技术之一，在全球稠油 EOR 采油中占有举足轻重的位置。我国稠油油藏实施蒸汽驱开发存在驱油效率偏低和汽窜严重，波及体积小、热效率低等难题。多介质蒸汽驱技术实现了提高驱油效率和扩大蒸汽波及体积的目标。

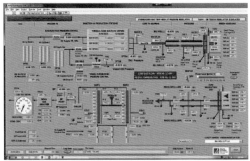

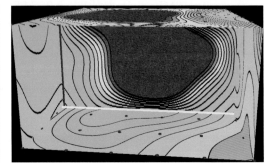

图 3-4-3　火烧油层一维、三维物理模拟实验系统

表 3-4-2　火烧物理模拟实验系统参数

实验装置	火烧油层一维热跟踪补偿实验装置	火烧油层三维实验装置
最高实验温度/压力	800℃/25MPa	800℃/5MPa
最大模型尺寸	2000mm（L）×100mm（ϕ）	500mm×500mm×300mm
特色功能	热跟踪补偿功能 燃烧管内外温差±1℃	点火装置
驱替介质	空气、热水、蒸汽和非凝析气体等	
产出气体的组分实时监测	CO_2、CO、O_2、N_2、CH_4	

1）多介质蒸汽驱配方体系

建立多介质协同注蒸汽技术实验平台，研制可视 PVT、微观驱油、高温多相相对渗透率等多维多尺度实验装置，整体性能达到国际先进水平；创新高温相对渗透率、微观驱油、相似物理模拟等多介质协同注蒸汽实验技术方法体系（图 3-4-4）。利用建成的实验平台及实验技术，开展了气体液相态特征研究、起泡剂筛选、高温颗粒型封堵剂配方研制及空气氧化特征研究等，结合我国稠油油藏蒸汽驱特点及存在问题，研究完善了稠油多介质配方体系（表 3-4-3）。

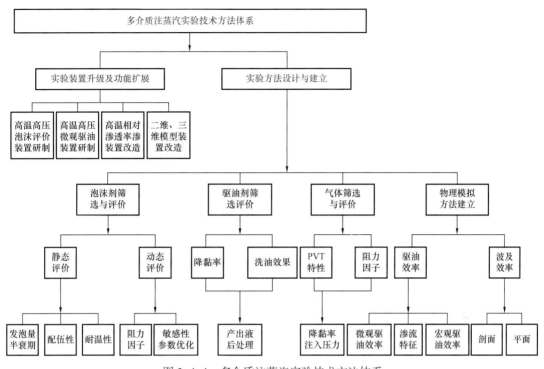

图 3-4-4　多介质注蒸汽实验技术方法体系

表 3-4-3　多介质配方体系及其主要功能与适应性

驱油体系	适用油藏
体系 1：MHFD–Ⅰ（蒸汽＋尿素＋泡沫剂）	蒸汽吞吐 / 蒸汽驱 /SAGD 后期
体系 2：MHFD–Ⅱ（蒸汽 +CO_2+ 泡沫剂）	普通 / 特稠油蒸汽驱后期
体系 3：MHFD–Ⅲ（蒸汽＋空气＋泡沫剂）	普通稠油蒸汽驱 /SAGD 后期
体系 4：MHFD–Ⅴ（蒸汽 +N_2+ 泡沫剂）	普通稠油蒸汽驱后期
体系 5：MHFD–Ⅵ（耐高温封堵剂）	严重汽窜的稠油油藏

2）多介质蒸汽驱开发机理

（1）固相颗粒逐级有序封堵汽窜通道，扩大波及体积作用。

依据固体颗粒运移封堵理论，研发出活化、悬浮稳定、胶凝固化体系，加入多孔纤维材料形成网架结构，粉煤灰和榆树皮按一定比例形成固体颗粒封堵剂，实现固相颗粒逐级堵封窜流严重的Ⅰ级大孔道，形成了固相颗粒封堵技术，重构了储层流体渗流网络，三管模拟实验渗透率变异系数由 1.00 减至 0.43，室内评价采收率可提高 20 个百分点以上（图 3-4-5）。

（2）多介质蒸汽驱，实现了储层内稠油自乳化泡沫驱。

表面活性剂协同蒸汽使油水乳化，在气体作用下形成乳化泡沫油拟混相状态，乳化和气体溶解对原油产生双重降黏作用，既具有泡沫驱扩大波及体积的作用，也具有大幅度提高驱油效率的作用。室内实验驱油效率由不足75%提高至90%，残余油饱和度由17.1%降低到6.3%（图3-4-6）。

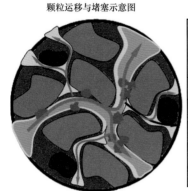

储层 渗透率	水测渗透率/mD		封堵率/ %
	调剖前	调剖后	
低	519.0	394.9	23.9
中	2270	279.5	87.7
高	113535	119.5	98.9
平均	4714	264.6	—
变异系数	1.00	0.43	—

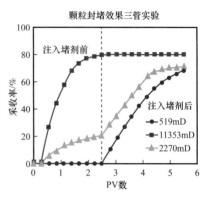

图3-4-5 固相颗粒选择性封堵不同级次吼道室内模拟实验结果

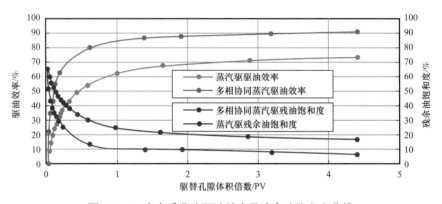

图3-4-6 多介质蒸汽驱油效率及残余油饱和度曲线

（3）多介质蒸汽驱，实现地层压力快速补充及提高蒸汽热效率。

多介质气体能够快速补充能量，增加驱动力；降低蒸汽分压，减少热水带范围，增大蒸汽波及体积；减少20%蒸汽用量并维持蒸汽腔压力稳定；气体上浮聚集油层顶部，减少热损失，油汽比提高15%以上。

（4）多介质注蒸汽，不同开发机理产生协同倍增效应。

多介质协同注蒸汽技术，打破了单一蒸汽开发理论局限性，精确表征了气体、蒸汽、热水、泡沫等多介质流体的渗流特征，多介质协同的"自乳化驱、级次调堵、增能隔热"机理在储层中激发倍增效应，发展了注蒸汽开发技术理论。

3）多介质蒸汽驱油藏工程设计

（1）多介质蒸汽驱油藏工程优化设计技术。

建立了4相9组分多介质协同注蒸汽数值模拟方法，准确量化表征注蒸汽过程中气体、表面活性剂、固体颗粒等不同组分的物理相间传质、化学反应、高温封堵等多介质协同作用机理。实现了高温堵调和多介质蒸汽驱模拟，形成了多介质蒸汽驱油藏工程优化设计技术。主要包括：①油藏筛选原则；②剩余油描述技术；③注入方式优选。利用建立的多介质蒸汽驱数值模拟器，对多介质注入方式进行优选；④ 多介质关键操作参数设计。针对不同油藏、不同介质进行注入时机、注入量等关键参数进行优化设计。

（2）多介质蒸汽驱开发模式。

① 浅层稠油（九6区）多介质蒸汽驱开发模式。

在剩余油研究基础上，结合"双模技术"，从井网组合、开发层位、射孔原则及注入参数上对试验区开发方式进行研究，确定一套适用于试验区的开发方式。即"井网重构、层位重建、介质复合"的多介质复合蒸汽驱开发模式（图3-4-7）。

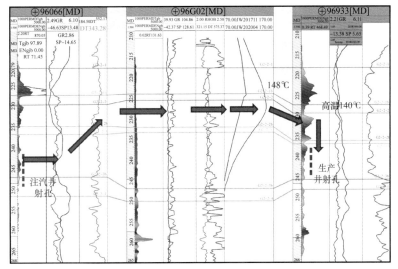

(a) 新疆九6区蒸汽腔扩展情况

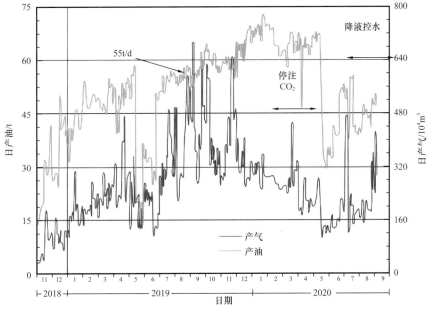

(b) 新疆九6区CO₂辅助蒸汽驱试验区生产动态

图3-4-7 九6区多介质蒸汽驱开发汽腔扩展及生产动态

② 中深层稠油（齐40块）多介质蒸汽驱开发模式。

在剩余油研究基础上，结合"双模"研究，改变了原蒸汽驱多层笼统评价和开关的模式，确定适用于齐40块蒸汽驱开发后期的开发方式。即"逐层上返、介质复合"的多介质复合蒸汽驱开发模式（图3-4-8）。

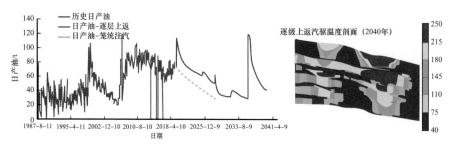

图3-4-8　齐40块逐层上返、多介质复合蒸汽驱效果预测

4）多介质蒸汽驱注入工艺技术

针对油层的非均性和笼统汽驱管柱出现的蒸汽超覆严重、纵向动用程度不均的问题，成功研制了分层汽驱工艺技术，有效改善了注汽井吸气剖面，提高了纵向动用程度。建成与原有注汽系统配套的碳酰胺泡沫、CO_2 泡沫及空气泡沫等多介质协同蒸汽地面注入控制系统，在新疆九6区、辽河齐40块、锦45块等蒸汽驱试验井组获得应用。

3. 超稠油蒸汽辅助重力泄油（SAGD）技术

蒸汽辅助重力泄油（Steam Assisted Gravity Drainage，SAGD）技术作为世界稠油开发的主要技术，以其高采收率、低开采成本逐渐成为稠油开发主力技术。在国家油气重大专项项目的支持下，开展了SAGD技术研究与工业化推广实施，突破了超稠油SAGD开发技术，大幅度提高了超稠油采收率。

1）蒸汽辅助重力泄油开发机理

根据室内试验结果分析，可以将开发过程划分为四个阶段：蒸汽吞吐预热、驱替泄油、稳定泄油、衰竭开采阶段（图3-4-9），其中SAGD阶段采收率近60%，最终采收率可达75.2%，直井与水平井组合SAGD开发方式的采收率与双水平井组合开发基本一致。

（1）蒸汽吞吐预热阶段。直井与水平井共同吞吐预热，整体提高了直井、水平井的井底温度，并各自形成了向周围辐射的径向温场，当井间区域两者交会处的温场温度达到80℃（流动温度）以上时［图3-4-9（a）］，初步满足了注采井间热连通的形成条件。

（2）驱替泄油阶段。转SAGD初期，在注采压差的作用下，直井蒸汽腔朝向水平井方向的横向扩展速度较快，纵向上蒸汽腔上窄下宽，水平井对蒸汽腔的拖拽作用明显。此阶段蒸汽腔的高度较小，重力泄油作用较弱，以蒸汽驱替作用为主［图3-4-9（b）］。随着井间蒸汽驱替热通道的逐步扩大，蒸汽腔高度持续增长，重力泄油作用不断增强，并逐步实现由蒸汽驱替向重力泄油的过渡阶段。

（3）稳定泄油阶段。该阶段注采参数比较平衡，流入水平井的原油和热水温度较高，注采压差基本恒定在很小的范围内，驱替作用十分微弱，而发育的蒸汽腔决定了重力泄油的主导地位［图 3-4-9（c）］。至稳定泄油中后期，倒三角形冷油区逐渐为直井之间的蒸汽腔所分割，加热原油的泄油路径比较复杂，使得泄油速度有可能出现波动。

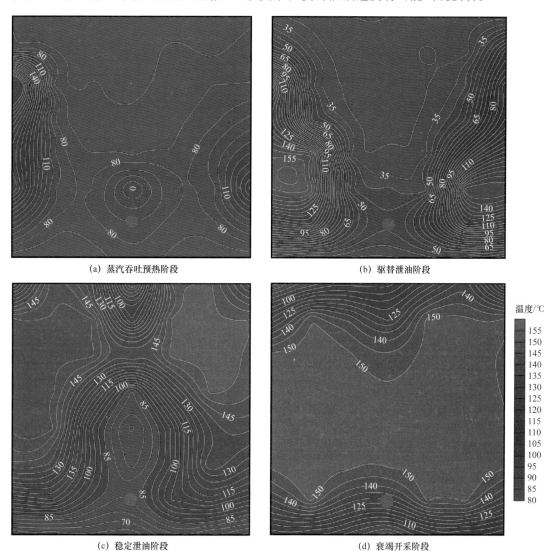

(a) 蒸汽吞吐预热阶段　　　　　　　　(b) 驱替泄油阶段

(c) 稳定泄油阶段　　　　　　　　(d) 衰竭开采阶段

图 3-4-9　不同阶段蒸汽腔扩展图

（4）衰竭开采阶段。蒸汽腔波及程度很高后（75%～80%），蒸汽腔下部距水平井越来越近，水平井产液中的热水或蒸汽含量上升较快，最后蒸汽大面积突破到水平井，SAGD 生产结束［图 3-4-9（d）］。

2）SAGD 油藏工程设计技术

（1）注采井网组合设计。

在储层非均质条件下，SAGD 泄油速度往往会受到低垂渗、夹层阻挡等因素的综合影响，针对不同油藏类型，设计了多种注采井网组合方式，除了经典的双水平井 SAGD

组合，还包括直井注汽、水平井采油的直平组合、双层立体井网、直井辅助 SAGD 井网、加密水平井辅助 SAGD 井网等多种方式（图 3-4-10），这些井网组合方式都是为了增加蒸汽腔波及体积，提高采收率。

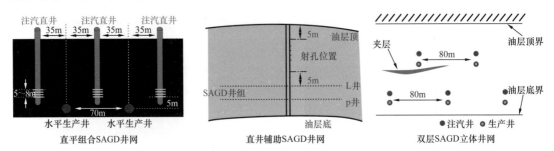

图 3-4-10　SAGD 注采井网组合设计示意图

（2）注采参数设计。

与蒸汽吞吐相比，SAGD 是连续注入、连续采出，其关键因素为高干度注汽和高温大排量举升，应用数值模拟技术，针对主要组合方式注采参数见表 3-4-4。

表 3-4-4　SAGD 注采参数设计表

注采井组合方式	双平 SAGD	直平 SAGD	直平驱泄复合
井底蒸汽干度 /%	大于 70		
汽腔操作压力 /MPa	2～4		
Subcool/℃	初期 15～25，后期 5～15		
采注比	1.2		
预热方式	循环预热	吞吐预热	
转驱时机	3～6 个月	直接转驱	
注汽速度 /（t/d）	>200	100～120	100～120

3）烟道气辅助 SAGD 技术

烟道气辅助 SAGD 具有"抑制蒸汽冷凝、强化深部换热"的机理。在 SAGD 过程中，由于蒸汽的超覆作用，蒸汽腔纵向扩展速度快，横向上扩展相对较慢；烟道气加入后，蒸汽腔先向上发育，随着烟道气在顶部聚集，蒸汽腔逐渐横向扩展，上部温度逐渐降低，蒸汽腔向下收缩，最终呈现"扇形"（图 3-4-11）。烟道气在蒸汽腔中不仅有隔热作用，还可以抑制蒸汽冷凝、减小"逆流"，加强了蒸汽与储层的深部换热。

4）SAGD 举升技术

SAGD 举升系统是典型的引进消化吸收再创新的过程，在"十二五"期间实现了长冲程、大泵径有杆泵举升系统的国产化，抽油机升级为皮带式抽油机，冲程从 8m 增至 10m。双管采油测试井口实现了国产化升级，大泵径抽油泵也实现了国产化（图 3-4-12），

并研制了 φ150mm 管式泵，最高理论排量为 814t/d，实际排量能达到 570t/d，满足了 SAGD 更大的排量需求。

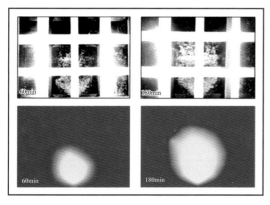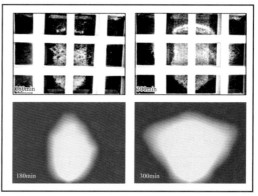

图 3-4-11　SAGD（左）与烟道气辅助 SAGD（右）二维可视模型物理模拟图

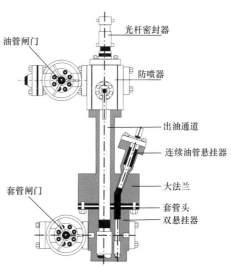

图 3-4-12　SAGD 有杆泵举升系统图

"十三五"期间，在引进高温电潜泵的基础上，开展了国产化攻关研究，创新提出了高温潜油电机电磁、结构设计分析方法，使电机工作环境温度从 180℃ 提升至 250℃，开发了复合多级波纹管耐高温电机保护器（图 3-4-13），耐温能力提升至 300℃，保证了高温电潜泵的稳定运行。第一台国产 500m³ 高温电潜泵于 2016 年 10 月下井，累计生产 886 天，累计产油 10.8×10⁴t，高峰期日产液达到 500t，日产油为 190t。

5）SAGD 开发调控技术

经过三期（2008—2020 年）国家油气重大专项持续攻关，"十三五"期间掌握了改善 SAGD 开发效果技术，完善了 SAGD 全

图 3-4-13　电潜泵电机实物图

生命周期的调控关键技术，形成以汽腔均衡控制为核心的"二十四字"（腾空间、降压力、热连通、高干度、防闪蒸、控压差、等注采、匀动用）调控理念，建立汽相、液相精准控制温度界限，培育日产油百吨井 17 口，首次实现陆相超稠油单井日产油量 200t（图 3-4-14）。

图 3-4-14　SAGD 全生命周期的调控技术示意图

4. 稠油火驱提高采收率技术

火烧油层，又称"火驱"（Fire Flooding），是一种重要的热力采油技术，它具有热驱、蒸汽驱、混相驱和气体驱动等多种机理联合作用的驱油技术，是注蒸汽后提高采收率的战略接替技术。"十一五""十二五"期间以室内机理研究和矿场先导试验为主，"十三五"以来，新疆、辽河等油田开展了工业化试验，在火驱机理认识、油藏工程设计、火驱过程管控、配套工艺技术等方面取得了重要突破和创新。

1）高温火驱开发机理

火驱过程是以油层部分燃烧的裂解产物作为燃料，燃烧生热温度高达 500℃以上，高温使近井地带原油被蒸馏、裂化，轻质油和蒸汽沿着优势通道，在次生水体的携带下向前流动，并与相对温度较低的油层岩石和流体进行热交换而凝析下来；蒸馏和裂化后残留的重质烃类—焦炭作为燃料被燃烧，不断产生热能；燃烧产生的烟道气向前流动，加热油层岩石和流体，并驱替改质、剥离后的原油与地下可流动原油的混合物；油层中的水（含次生水）在高温条件下形成水蒸气，在向前推进中冷凝而成热水带，产生了蒸汽和热水驱油的作用（图 3-4-15）。

2）火驱油藏工程设计技术

火驱油藏工程设计的主要任务是评价油藏对火驱开发的适应性，设计适应油藏地质特点的合理开发层系、井网、井距及最优的注气、生产操作参数，研究火驱开发过程中油井产能变化规律，预测生产指标，为采油工程和地面工程设计及经济评价提供依据。

（1）火驱的数值模拟模型。主要考虑油、水、气和固相，固相一般认为是焦炭；化学反应包括原油的低温氧化、原油的热裂解、焦炭的燃烧及原油的高温氧化等。其次，火驱数值模拟主要考虑化学反应动力学、热力学、渗流力学和地质力学模型，模拟从开始点火到燃烧及后续火驱进程等整个过程中的油藏温度、压力、饱和度及各组分含量的变化。

（2）井网井距设计。井网、井距对火驱的开发效果影响很大，主要需要对井网形式和井距等进行优化设计，包括注气井、采油井的排列方式，注、采井之间的距离等，以产油量和空气油比为衡量指标，利用数值模拟方法，对比不同井网条件下的预测生产效果，从而确定最优的井网、井距。（3）注采参数设计。注气速度在整个火驱过程中不是恒定不变的，与注气压力变化趋势一致（图3-4-16）。当单井注气速度低于某一数值时，采油速度降幅增大，当注气井底压力保持在某一区间时生产较为稳定。

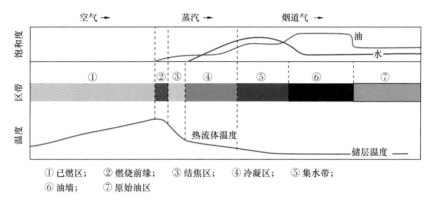

① 已燃区；　② 燃烧前缘；　③ 结焦区；　④ 冷凝区；　⑤ 集水带；
⑥ 油墙；　⑦ 原始油区

图 3-4-15　典型火烧油层燃烧区带划分示意图

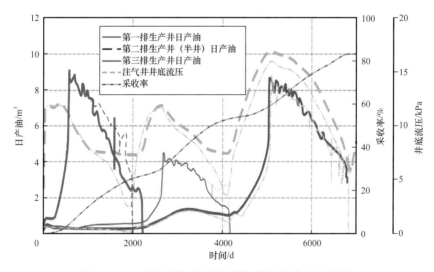

图 3-4-16　恒定注气速度下不同时间的注气压力预测

3）火驱过程监测调控技术

及时有效地掌握火驱过程中地层燃烧状况、燃烧前缘推进方向、火线波及范围等，对火驱生产动态调控及开发调整，具有重要意义。矿场实践中比较常见和实用的是电磁法监测技术和数值模拟技术。（1）电磁法监测。电磁法监测技术是以电磁场基本理论为依据，利用长导线向地下发送脉冲式一次电磁场，用磁棒观测该脉冲电磁场感应产生的二次电磁场，分析其变化规律。（2）数值模拟法。应用数值模拟方法对火驱生产过程进行跟踪，可以模拟火驱地下燃烧状态，精确刻画火线发育状态（图3-4-17）。

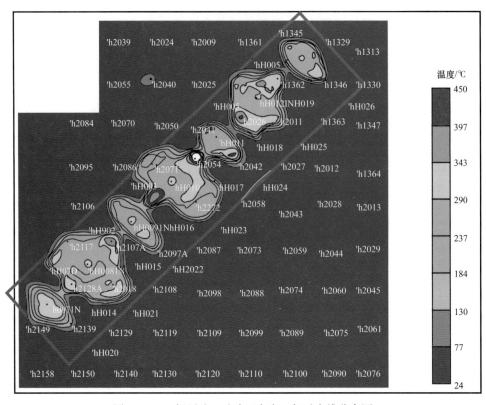

图 3-4-17　新疆油田试验区点火 8 年后火线分布图

在确定火驱火线前缘位置、推进方向和速度的基础上，结合火驱油藏强非均质的特性，以扩大波及体积为目标，制定个性化的调控方法。主要包括"控"（通过油嘴限制产气量）、"引"（蒸汽吞吐强制引效）、"堵"（封堵高渗透及气窜通道）、"关"（强制关闭火窜、气窜井）等。创新形成以"变密度射孔调整纵向波及、生产接替及时牵引火线、吞吐引效加速热连通"等调控技术，抑制了火窜，避免了局部低温氧化，实现了强非均质性油层火线波及体积由 50% 提高到 85%，火驱后残余油饱和度由注蒸汽后的 25%～45% 降到 2.5%～7.0%。

4）配套工艺技术装备

（1）电点火主体技术装备。

为满足火驱工业化开发需求，先后研制了两代移动点火装置，即 800 型小直径大功率点火器＋复合铠装点火电缆组合方式（图 3-4-18），以及 2000 型一体化连续管点火器，实现了点火装置的"模块化、系列化、标准化、自动化"。作业效率提升 50%，劳动强度降低 70%。其功率 50kW，工作温度 600℃，井下安全工作 2500h，处于国际领先水平。配套的复合铠装点火电缆利用"电磁屏蔽＋热补偿"技术，实现了强弱电混输的同时兼具连续油管的性能，解决了带压提下点火设备的瓶颈问题。电缆耐压 10MPa，长期耐温 200℃，短时耐温 330℃。

（2）点火配套技术装备。

在点火配套作业技术方面，形成热吹洗井技术、带压提下技术、井下定位技术、设备操作及搬迁安装操作规程，制修订集团标准一项。在点火监测与调控技术方面，建立了点火过程热流体由井筒到地层的传质、传热耦合模型，开发了燃烧动态监测分析软件，实现油层燃烧状态的"可视化"监测与调控。

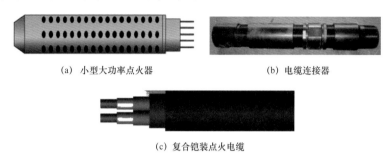

（a）小型大功率点火器　　　　　　　　　（b）电缆连接器

（c）复合铠装点火电缆

图 3-4-18　800 型点火器及配套点火电缆

5. 水平井蒸汽驱提高采收率技术

针对超稠油老区采收率低的问题，采用"井网形式重构、驱替方式重建"的二次开发思路，通过综合利用老区井网与水平井加密实现了直井水平井组合进行驱泄开发的技术理念，创新形成了水平井蒸汽驱开发提高采收率技术。

1）直井水平井汽驱的驱泄复合开发机理

水平井蒸汽驱一般采用立体井网设计，主要有三种井网形式，即直井水平井组合蒸汽驱（VHSD）、平面水平井组合蒸汽驱（HHSD）和立体水平井组合蒸汽驱（立体HHSD）。水平井蒸汽驱与常规直井蒸汽驱有显著不同，前期以驱替为主，中后期形成蒸汽腔，蒸汽将油和水驱替到生产水平井的上部，因汽液密度差，形成汽液界面，油和水通过底部的水平井采出。水平井蒸汽驱可分为预热（热连通）和汽驱 2 个阶段，汽驱阶段可进一步细分为驱替、驱泄和蒸汽突破阶段，产量主要在驱泄阶段采出。水平井蒸汽驱的采收率可达到 60% 以上。

2）水平井蒸汽驱油藏工程优化设计

（1）水平井蒸汽驱立体井网模式。

水平井蒸汽驱的井网形式，与传统的直井反九点面积井网蒸汽驱完全不同。井型井网优化设计的重点是水平段方向、长度、水平段在井网中的平面位置、纵向位置、作为注汽直井的射孔段底界与水平井垂向上的高度差、射孔段位置等。以新疆油田九 8 区齐古组综合调整的直井水平井组合蒸汽驱优化设计为例：水平段方向与构造线平行，水平井段长度为 280m，水平井距油层底部 2m 位置，直井射孔底部距水平井 5m，如图 3-4-19 所示。

（2）水平井驱泄复合的注采参数设计。

水平井蒸汽驱针对的是超稠油老区经蒸汽吞吐

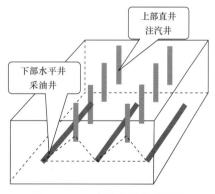

上部直井注汽井

下部水平井采油井

图 3-4-19　直井水平井蒸汽驱（VHSD）组合井网模式

后，地层亏空较大，根据油藏特点和驱泄复合机理，注采参数分为预热阶段和生产阶段。预热阶段采用集团组合注汽方式，快速加热油层，实现注采井间的预热连通后，转入生产阶段。生产阶段的注采参数设计分为两段式：前期为驱替阶段，为建立驱替压差，采用高强度注汽、低采注比设计；后期为驱泄阶段，为发挥驱泄复合作用，采用稳定的蒸汽腔压力设计。

（3）水平井蒸汽驱提高波及体积技术。

针对水平井蒸汽驱过程中的汽窜、水平段动用率低、油汽比低等问题，形成了系列提高蒸汽波及体积技术。① 相态控制下的汽腔调控技术。根据不同生产阶段，形成了集团组合注汽、注汽井交叉轮换注汽等注采策略，适当控制生产井井底的温度、压力，促进油藏中气液两相的动平衡，有助于蒸汽腔的均匀扩展。② 创新井筒限流、控流的管柱结构，实现近井地带的均匀驱动，持续提高水平段动用率。水平井注汽管柱的设计，逐渐发展为双管、多点及分段注汽工艺。最新流动控制装置（FCD）均匀注采管柱，满足了水平井蒸汽驱的注采需求，显著提高水平段动用程度和整体的蒸汽波及体积。③ 研发聚丙烯酰胺凝胶、丙烯酰胺凝胶等两种耐高温调堵体系，阻塞蒸汽进入高渗通道，改变蒸汽流线和对低渗区的可及性，提高蒸汽波及体积和水平段动用率。

三、示范工程与应用成效

1. 示范基地与示范技术

"十一五"至"十三五"期间，针对稠油大幅度提高采收率的难题，在"产学研"一体化研究团队的通力协作下，"边攻关、边示范、边改进"，发展、配套和完善了蒸汽驱、多介质复合蒸汽驱、SAGD/VHSD、火烧驱油、水平井蒸汽驱等驱油新理论、新方法，关键技术在新疆、辽河油田的三个示范工程、六个试验基地进行现场示范，主要示范技术见表3-4-5。

表3-4-5 "十一五"至"十三五"期间示范基地与主要示范技术

类别	"十一五"期间	"十二五"期间	"十三五"期间
示范基地	（1）杜84块SAGD示范区； （2）齐40块蒸汽驱示范区； （3）杜229块水平井先导试验； （4）高3618块火驱先导试验； （5）红浅1井区火驱先导试验	（1）杜84块SAGD示范区； （2）齐40块蒸汽驱示范区； （3）杜229块水平井先导试验； （4）高3618块火驱先导试验； （5）杜66块火驱示范区； （6）红浅1井区火驱先导试验	（1）杜84块SAGD示范区； （2）齐40块蒸汽驱示范区； （3）杜66块火驱示范区； （4）重32超稠油SAGD技术示范区； （5）红浅1井区浅层稠油火驱示范区； （6）重力泄水辅助蒸汽驱先导试验区概况（注59）
主要示范技术	（1）稠油蒸汽驱/SAGD油藏精细描述技术； （2）稠油油藏蒸汽驱油藏工程优化设计技术；	（1）工业化汽驱精细评价技术； （2）复合汽驱开发油藏工程优化设计技术； （3）复合汽驱开采工艺技术；	（1）蒸汽驱后期复合驱技术； （2）超稠油蒸汽驱开发技术； （3）汽驱环形可调分注技术； （4）稠油污水达标外排工艺技术；

类别	"十一五"期间	"十二五"期间	"十三五"期间
主要示范技术	（3）稠油油藏蒸汽驱/SAGD监测及跟踪调控技术； （4）蒸汽驱/SAGD注采工艺技术； （5）蒸汽驱/SAGD高温产出液集输、油水处理技术； （6）蒸汽驱/SAGD蒸汽分配与计量技术； （7）中深层稠油油藏多种井型组合SAGD油藏工程优化设计技术； （8）薄互层稠油油藏水平井完井、注采工艺技术	（4）驱泄复合立体开发技术； （5）多介质组合SAGD技术； （6）驱泄复合注采综合调控技术； （7）多介质组合SAGD开采工艺技术； （8）双水平井循环预热技术； （9）SAGD高干度注汽技术完善； （10）高温举升工艺技术完善； （11）SAGD高温采出液换热及热能综合利用技术； （12）火驱设计及跟踪调控技术； （13）移动电点火技术； （14）直井火烧油层工艺管柱	（5）非烃气辅助SAGD技术； （6）改善超稠油SAGD开发效果技术； （7）国产耐高温电潜泵技术； （8）超稠油污水旋流预处理技术； （9）复杂油藏火驱设计技术； （10）火驱调控关键技术； （11）分层点火分层注气技术； （12）集成配套火驱地面工艺； （13）重力泄水辅助蒸汽驱设计技术； （14）过热蒸汽发生技术

2. 示范成效与应用前景

截至 2020 年底支持示范及试验区覆盖地质储量 $3×10^8$t，蒸汽驱、SAGD、VHSD、火驱等技术年产量由 2007 年的 $78×10^4$t 增加到 $367×10^4$t，在原有技术的基础上提高采收率 5～25 个百分点，增加了可采储量 $8000×10^4$t。

经过"十一五""十二五""十三五"期间的攻关，形成了以蒸汽驱、蒸汽辅助重力泄油、火驱技术、水平井蒸汽驱技术为主体的新一代稠油高效开发技术，大幅度提高了已动用稠油油藏的采收率，整体达到国际先进水平（部分技术已达国际领先水平），有力支撑了稠油的长期稳产，已在国内外多个类似油田成功应用，产生了巨大的经济社会效益。创新发展的稠油开发主体技术的应用潜力巨大，初步评价，新技术覆盖国内稠油地质储量 $10.0×10^8$t，支持新增可采储量约 $2.5×10^8$t，有望延长中国石油稠油稳产期 15 年以上，同时可为海外稠油的高效开发提供技术储备。

四、知识产权成果

"稠油/超稠油开发关键技术"及示范工程在"产学研"一体化的研究团队的通力协作下，经过三期的攻关研究，获得国家及省部级科技奖励共 42 项，其中，国家科技进步二等奖 1 项，中国石油天然气集团公司科技进步特等奖 2 项，技术发明一等奖 1 项（表 3-4-6），省部级一等奖 10 项。超稠油热采基础研究及新技术、浅层超稠油开发关键技术、直井火驱提高采收率技术等获中国石油天然气集团公司十大科技进展 3 项。制定国家标准 5 项，制定、修订 37 项行业标准，制定企业标准 46 项。申报专利 295 项，其中国外专利 1 项，发明专利 123 项。发表论文 277 篇，其中 EI、SCI 收录 62 篇，出版专著 11 部，软件著作权 10 件。有形化成果丰硕，极大地提升了中国石油稠油开发水平的影响力。

表 3-4-6 "稠油／超稠油开发关键技术"攻关期间的获奖统计表

序号	成果名称	获奖类型	获奖年度
1	中深层稠油热采大幅度提高采收率技术与应用	国家科技进步二等奖	2009
2	辽河中深层稠油大幅度提高采收率技术与应用	中国石油天然气集团公司科技进步特等奖	2009
3	稠油开采物理模拟方法及应用	中国石油天然气集团公司发明一等奖	2010
4	风城浅层超稠油开发关键技术研究与应用	中国石油天然气集团公司科技进步一等奖	2013
5	新疆浅层稠油、超稠油开发关键技术及应用	中国石油天然气集团公司科技进步特等奖	2019

第五节　低渗透油藏有效开发关键技术与示范工程

一、立项背景、问题与挑战

1. 立项背景

按照行业标准《油气储层评价方法》（SY/T 6285—2011）和《中国石油勘探开发大百科全书》将低渗透储层分为：一般低渗透（渗透率 50～10mD）、特低渗透（渗透率 1～10mD）、超低渗透（渗透率 0.1～1mD）。我国低渗透石油资源丰富，远景资源量约为 $537 \times 10^8 t$，占全国远景总资源量的 49%，主要分布在松辽、鄂尔多斯、渤海湾、准噶尔等盆地。21 世纪以来，开发对象迅速进入低渗透领域，我国新增储量中该类资源占 70%，已成为产量增长的主体，其规模有效开发对我国石油工业可持续发展具有重要意义。

低渗透油藏由于孔喉细小、流动能力差等特点，规模有效开发仍面临挑战：一是流动机理和不同介质补充能量机理不清；二是水驱波及范围有限，平面波及系数仅有 66%，纵向动用仅 60%，亟待攻关水驱扩大波及体积技术；三是需攻关实现注入和驱油兼得的提高采收率技术；四是亟待解决超低渗油藏水平井开发有效驱替难以建立、递减大的问题；五是急需攻关低成本长效的工艺配套技术，从而提高储层整体动用程度；六是需要突破以大庆外围为代表的低渗透、特低渗透复杂油藏规模有效动用技术，解决特低丰度薄互层的有效开发问题。

2. "十一五"至"十三五"国家重大专项攻关情况概述

为了解决低渗透油藏的开发技术难题，国家科技部设立了项目"低渗、特低渗透油气田经济开发关键技术"攻关项目，从"十一五"至"十三五"持续攻关，先后完成了"低渗／特低渗油田经济开发关键技术""低渗—超低渗油藏有效开发关键技术"，通过十多年科技攻关，研究成果突出（表 3-5-1），经济和社会效益显著。

表 3-5-1　三期国家油气重大专项技术发展路线

方向	"十一五"期间	"十二五"期间	"十三五"期间
水驱开发	特低渗透油藏非线性渗流理论	"沿裂缝带注水，侧向驱替"的水驱开发调整模式	低渗透油藏缝网匹配的精细水驱技术
提高储量动用	提高纵向剖面动用程度的直井压裂技术	"水平井 + 体积压裂"大幅度提高初期单井产量的超低渗透油藏开发模式	"双特低"油藏规模有效动用关键技术
提高采收率	低渗透油藏提高采收率物理模拟技术	低渗透油藏功能性水驱与纳米级调驱新产品	低渗透油藏空气泡沫驱提高采收率技术

"十一五"期间，攻关建立了特低渗透油藏非线性渗流理论，形成了水驱开发效果评价等方法，发展了特低渗透储层分级评价技术、提高纵向剖面动用程度的直井压裂技术等关键技术，支撑有效动用储层实现从低渗透油藏逐渐向特低渗透和超低渗透油藏拓展。

"十二五"期间，攻关建立了"沿裂缝带注水，侧向驱替"的低渗透、特低渗透油藏中高含水期水驱开发调整模式和"水平井 + 体积压裂"大幅度提高初期单井产量的超低渗透油藏开发模式，支撑 2015 年低渗透油藏产量达到 4687×10^4t。

"十三五"期间，创新建立了超低渗透油藏体积改造模式下渗吸驱油理论，形成了低渗透、特低渗透油藏提高水驱采收率、超低渗透油藏提高单井产量和储量动用程度 2 大技术系列，支撑了低渗透产量持续稳定上升，有力支撑了国家油气开发专项总体目标的实现，使我国低渗透油藏开发水平继续保持世界前列。

二、研究进展与理论技术成果

1. 低渗透油藏水驱开发理论

1）低渗透油藏物理模拟体系

通过持续攻关，自主研发了低渗透油藏物理模拟系列设备和实验系统，建立了物理模拟实验技术规范和标准，提高了关键物性参数的准确性和可重复性。

（1）物理模拟实验系统。

重点研发了低渗透岩心核磁共振在线测试等 5 套关键设备（表 3-5-2）。

表 3-5-2　低渗透油藏物理模拟设备与实验系统技术参数

设备名称	技术参数指标
大模型物理模拟实验系统	电阻率检测功能和速度由 300kΩ 以下，2～5s/ 点变成无限制，1s/ 点；压力检测速度由 3s/ 次变成 0.5s/ 次
超低渗透岩心核磁共振在线测试系统	围压达到 40MPa，温度达到 80℃，最短回波时间缩短至 0.1ms，在实验过程中可对岩心测试 T_2 谱、分层 T_2 谱及 MRI 成像
超低渗透岩心精细注水物理模拟系统	驱替压力最高 68.95MPa，流量最小可达 0.001mL/min；测量精度 0.0001mL/min

设备名称	技术参数指标
超低渗透岩心溶解气驱实验平台	包含含气油复配、驱替和回压控制等三大系统；压差传感器精度为0.0015MPa，编制了含气油藏渗流阻力梯度计算软件
超低渗透岩心离心实验系统	离心力达到103.43MPa，气水离心最小喉道半径达到20nm

（2）实验方法和规范。

编制了比表面仪、混合润湿性和高压压汞仪3项实验规范，完善了两相相对渗透率测定、大型露头物理模拟等实验规范，建立了岩心全尺度微观孔喉结构分析方法，促进实验技术的进步和操作的标准化，保障实验数据准确性和可重复性。

2）低渗透油藏非线性渗流理论

建立了不同尺度（微管、岩心和露头大模型）的物理模拟实验方法，揭示了固—液界面作用形成边界流体是非线性流动特征产生的根源，在油藏压力梯度下，油藏流体大都处在非线性渗流区域，揭示流体在平面非线性渗流规律。建立了低渗透油藏流体非线性渗流数学模型和考虑微裂缝发育特征的渗透率等效介质模型，突破了传统液相渗透率是常数的观点。

3）低渗透油藏动态裂缝成因机理

低渗透/特低渗透油藏孔喉细小，注水井憋压，长期注水破裂延伸的下限不断降低，自注水井底诱导产生新的非支撑缝，定义为动态裂缝，动态裂缝的合理调控和利用是制约开发效果的关键。动态裂缝受现今地应力场控制，平行于现今最大水平主应力，注水过程中不断增长，受控于注入压力和地层孔隙压力。在此基础上，建立了耦合地质力学特性和试井约束的裂缝密度体预测方法，创新了基于裂缝尺寸与连通性的多尺度裂缝建模方法，构建了三维离散裂缝地质模型（图3-5-1）。

4）超低渗透油藏体积改造下渗吸驱油机理

形成了核磁共振与水驱油实验装置相结合的动态渗吸实验系统，实现了超低渗透岩心水驱油过程中渗吸作用的定量分析。利用反向驱替渗流阻力方法，确定了注水波及距离和渗吸作用距离，注水吞吐渗吸是逆向渗吸距离的3倍。

5）低渗透油藏渗流理论模型

构建了低渗透、特低渗透油藏注水开发过程中应力场和渗流场耦合的流动模型，建立了注水动态裂缝与天然裂缝的耦合作用表征模型，并发展了离散裂缝和多重介质模型。针对超低渗透油藏，建立了压差传质和渗吸传质的综合表征模型，提出了体积压裂水平井吞吐理论图版。

2. 低渗透油藏缝网匹配的精细水驱技术

1）剩余油定量评价技术及分布模式

（1）低渗透油层水淹级别综合判识技术。

建立了低渗透油层水淹级别识别技术，通过密闭取心资料分析表明在裂缝方向上距水井越近，水淹厚度越大；在侧向上与裂缝方向排距越大，水淹厚度变小。

（2）低渗透油藏动态离散裂缝数值模拟技术。

构建了耦合应力场和渗流场的控制方程，基于三维真实非均质应力场，对空间各点采用摩尔库伦准则判断裂缝启裂压力与扩展的方向，建立了注水缝与天然裂缝的耦合作用及开启闭合表征模型，对剩余油刻画（图 3-5-2）也更加精确。

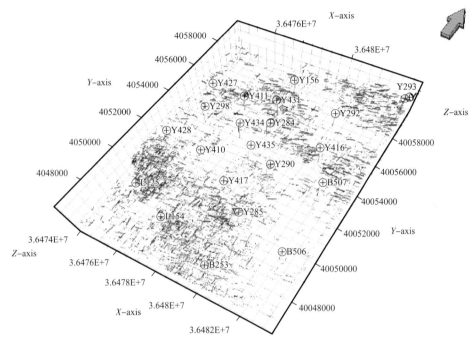

图 3-5-1　三维离散裂缝地质模型

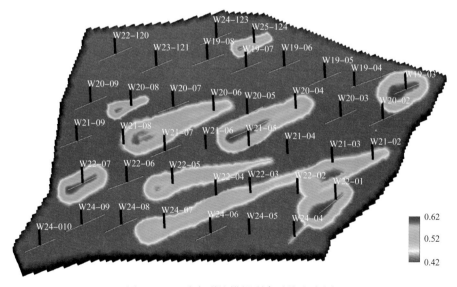

图 3-5-2　动态裂缝模拟剩余油饱和度图

（3）低渗透油藏剩余油分布模式。

剩余油在裂缝侧向呈条带状分布，裂缝两侧呈连续条带富集，水驱波及范围呈不规则椭圆状。对于多方向裂缝水淹型油藏，当动态裂缝和主流河道方向不一致时，剩余油在裂缝方向与河道延伸方向的夹角处近似呈菱形团块状分布。

2）缝网匹配的立体井网加密调整技术

（1）不同类型油藏井网加密调整模式。

针对油藏渗流特征和剩余油分布规律，发展了近似正方形反九点、排状及不规则井网三种井网加密模式（图3-5-3）。针对水线单一油藏，创新了超短水平井、大斜度井加密模式，超短水平井加密，单井产量大幅度提升，初期单井产量4.0t/d；针对厚油层、多层系油藏，形成了大斜度井加密方式，初期单井产量5.5t/d。

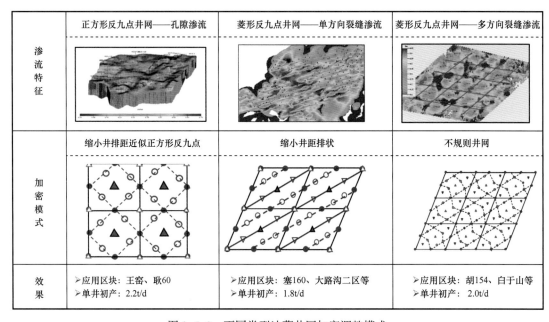

渗流特征	正方形反九点井网——孔隙渗流	菱形反九点井网——单方向裂缝渗流	菱形反九点井网——多方向裂缝渗流
加密模式	缩小井排距近似正方形反九点	缩小井距排状	不规则井网
效果	➢应用区块：王窑、耿60 ➢单井初产：2.2t/d	➢应用区块：塞160、大路沟二区等 ➢单井初产：1.8t/d	➢应用区块：胡154、白于山等 ➢单井初产：2.0t/d

图 3-5-3　不同类型油藏井网加密调整模式

（2）加密井井位智能优化技术。

加密井井位智能优化技术数模模块相对独立，以最大化水驱波及体积为目标函数，是一种使用遗传算法、基于流动的井位优化方法，可靠性高（图3-5-4）。该算法的特点是在剩余油区内利用智能优化算法对加密井井位、注入量等进行优化，优化过程中累计产油持续升高，井位逐渐趋于最佳井位。

（3）加密井区注采技术政策优化。

井位加密后合理的注采参数既要保证产量需求，又要延缓含水上升速度，最终达到提高采收率的目的。合理的压力恢复速度主要从促使油井见效及控制含水上升两方面进行考虑，最小压力恢复速度为0.005MPa/h，最大压力恢复速度为0.02MPa/h。合理压力保持水平应控制在120%以内。合理采液强度0.28m³/（d·m）。

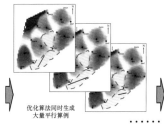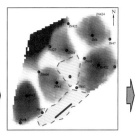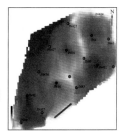

| 数值模拟获得剩余油分布 | 智能优化新钻井井位等参数 | 目标函数最大的加密方案 | 最佳方案效果预测 |

图 3-5-4 裂缝型油藏加密井位智能优化流程

3）低渗透油藏井下智能分注技术

（1）低渗透油藏精细分注标准及规范。

规范了精细分层注水的类型、油藏指标、地质分注标准等，分注的界限由原来的 2m 隔夹层细化为 0.5m 的物性夹层。细分后小层厚度由 8m 下降到 5m，特低渗透油藏分注层内级差控制到 8 以下，超低渗透油藏控制在 3 以内。

（2）波码无线双向通信技术及远程控制系统。

创新应用了波码无线双向通信技术，攻克了 0.5MPa 小压差信号识别及传送技术瓶颈，实现了 3000m 井深地面对井下数据互传与控制。开发了远程智能控制系统，实现注水全过程实时监控。具备井下分层数据采集 + 分层自动测调 + 信息实时传送 + 中心站远程监控等功能，助推了分注技术向智能化方向发展。

（3）示范区精细分注效果评价。

在华庆油田白 153 示范区试验，最多分注层段 5 层，最小单层日注水量 5m³，最小卡距 0.5m；水驱储量动用程度由 65.6% 升至 69.2%。

4）低渗透油藏纳米级调驱新产品及关键技术

研发了微 / 纳米级调驱新产品，已成为改善水驱提高储量动用技术利器。

（1）纳米聚合物微球产品性能评价。

研制了新型乳化剂 TX-10，采用反相微乳液聚合法，控制乳化剂加量合成了粒径 50nm、100nm、300nm 系列聚合物微球（表 3-5-3）。

表 3-5-3 纳米聚合物微球产品性能评价表

技术指标	攻关前	攻关后	美国肯优公司同类技术
产品粒径合成范围 /μm	0.8～20	0.05～300	0.3～2
产品抗盐性 /（mg/L）	30000	100000	100000
产品弹性模量 /MPa	3.22	17.91	7.8
注入液成本 /（元 /m³）	150	30	150
施工能力 /（井组 /a）	1000	大于 5000	大于 5000
注水井处理半径 /m	20	大于 100	大于 100
处理储层渗透率下限 /mD	10	0.5	10

（2）工艺参数设计。

为了能够运移到油藏深部，实现深部调驱，满足"注得进"的要求。根据室内评价结果，聚合物微球浓度为 2000mg/L 时，其阻力因子和残余阻力因子分别为 18.5 和 5.7，注入浓度建议 2000mg/L 左右。

（3）矿场试验效果。

在长庆安塞油田开展了 19 个井组聚合物微球调驱试验，调驱后试验效果显著，平均单井组增油 196t，区域自然递减由 16.7% 下降到 10.4%，含水上升率由 12.4% 下降到 1.2%，阶段提高水驱采收率 0.8%~1%。

3. 低渗透油藏提高采收率技术

1）低渗透油藏功能性水驱提高采收率技术

（1）离子匹配精细水驱技术。

强化原油—水—储层间的微观作用机制，通过注入介质与原油极性基团、地层水离子、黏土矿物精确匹配，进而增加油/水/岩石之间的界面斥力，使油膜易于剥离而提高驱油效率（图 3-5-5、图 3-5-6）。建立了储层油/水/岩石微观作用机理的三种室内评价方法，确定了低渗透油藏离子匹配的三项原则，研制了两种离子水驱体系，室内提高采收率 8~12 个百分点。现场试注注入性良好，阶段自然递减由 19.2% 降为 8.1%。

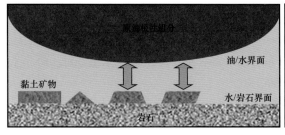

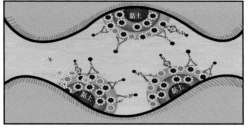

图 3-5-5　原油—水—储层间的微观作用示意图　　图 3-5-6　离子匹配、剥离油膜机理示意图

（2）水气分散体系提高采收率新技术。

创新了超声波振荡生成纳米级气泡方法，利用超声波能量生成微米气泡的方法、高能电子流轰击得到纳米气泡的方法，突破了纳米级气泡生成的瓶颈，发展了孔板喷射生成微米气泡的方法，解决了微米气泡生成的均匀性和稳定性难题。建立了重力及界面张力条件下微气泡发生及运移模型，模拟并预测了微气泡生成及运移特征，为分散体系的形成及稳定运移提供了理论基础。在长庆五里湾一区进行了井组试验，含水率由 70.69% 下降至 65.99%。

2）低渗透油藏微生物活化水驱技术

开展了油藏微生物多样性分析、驱油体系研发、工艺技术优化等微生物驱技术攻关，构建了具有绿色环保、低成本微生物活化水驱新技术体系，在华庆油田白 153 示范区开展 21 注 80 采规模示范，取得了较好应用效果，并逐步扩大规模，推广应用至 9 个试验区，形成 259 注 730 采规模应用，覆盖年产量 $50 \times 10^4 t$ 以上。

3）低渗透油藏空气泡沫驱提高采收率技术

（1）减氧空气泡沫驱机理。

空气具有较好注入性，能进入更细小的孔喉，有效补充地层能量，能提高驱油效率。泡沫体系对高渗透窜流通道具有一定封堵作用，能扩大气体波及体积。同时泡沫具有较高界面活性，可以进一步提高驱油效率。

（2）泡沫体系优化。

完善了泡沫体系研究方法，优化改进了"高温高压泡沫性能评价系统"，建立一套指导性和操作性强的起泡剂产品质量技术标准，建立完善了起泡剂研发、筛选、评价、检测及监测实验方法，研发出系列适用不同类型油藏的泡沫体系。

（3）空气泡沫驱参数优化及综合调整技术。

室内实验优化确定最优注入方式为气液同注。数值模拟优化了最佳注采参数为注入量 0.25PV，最佳气液比为 1.5:1～3.5:1，注入时机为含水率 50%～70%，合理注入速度为 15～25m³/d，注采比控制在 1.15～1.2 之间。

4. 复杂类型低渗透油藏规模有效动用关键技术

1）"双特低"油藏规模有效动用关键技术

（1）复杂油藏油水层分级识别与薄窄油层预测技术。

建立了萨尔图和葡萄花油层油水同层分级解释图版，确定出效益开发下限为油水同层初含水率小于 50%。利用地层切片、多属性分析、波形指示反演、波组特征追踪等多技术手段，精细预测 2～3m 薄互层砂层符合率由 75% 提高到 85.3%。

（2）特低丰度油藏井网与水平井穿层压裂一体化设计技术。

针对大庆外围葡萄花油层薄、窄、小，储量丰度低的特点，明确了穿层压裂主要影响因素，确定了水平井穿层技术界限，发展了水平井穿层压裂井网优化一体化设计，优选七点纺锤形井网，实现了特低丰度油藏立体开发。

（3）已开发复杂油藏缝控基质单元精细调整对策和关键技术。

形成了"基础井网邻井错层，加密井网同层隔井、适度压穿邻井"的砂体—裂缝—井网匹配整体优化设计技术，4 个试验区自然递减率降低 6.34 个百分点，为 2.2×10⁸t 低效潜力区块效益开发提供技术支撑。

2）超低渗透油藏多井型高效压裂技术，大幅提升单井产量

（1）直井定点多簇立体压裂技术大幅提高薄互层改造效果。

水力喷砂分段压裂技术是通过高速水射流射开套管和地层并形成一定深度的喷孔，流体动能转化为压能，在喷孔附近产生水力裂缝，实现压裂作业，试油产量由 7.1t/d 提高到 15.7t/d，高产井比例从 20% 提高到 42%。

（2）大斜度井多层多段压裂技术实现难动用储量效益开发。

针对超低渗透多薄层油藏纵向非均质强、多层砂体叠置、隔夹层发育的特点，创新形成了多薄层大斜度井多层多段压裂技术，实现了各小层充分动用。

（3）水平井体积压裂技术大幅提升超低渗透Ⅲ类单井产量。

①"两大两多一低"体积压裂技术模式。

以超低渗透Ⅲ类油藏储层地质特征研究为基础，创新提出了以"激活原始天然裂缝、扩大裂缝接触面积、增加储层改造体积、提高地层能量水平、加快油水置换速度"为核心的设计理念。优化形成了"大排量、大液量、多簇射孔、多尺度支撑剂、低粘滑溜水"为主要模式的"两大、两多、一低"体积压裂优化模式。

②裂缝精细控制配套工艺。

自主研发了 DA-1 不同粒径可降解转向剂，承压及溶解性能与国外产品相当。通过暂堵物模实验、裂缝测试及现场实践，建立了关键参数优化图版，提高暂堵转向效果。形成不停泵连续加注工艺，多簇裂缝起裂有效率由 40% 提高至 85% 以上，裂缝控制从单一排量限流向"排量限流 + 物理封堵"提升。

3）超低渗透油藏能量补充技术

（1）短水平井细分切割五点注水技术。

创新形成短水平井（300～400m）细分切割五点井网注水技术，该技术不仅规避了腰部注水井，延缓了水平井腰部见水周期，同时增大了注水井与腰部的距离，提升了整体开发效果。

（2）大斜度井分层注水开发技术。

针对多薄层油藏、隔夹层发育的厚层油藏，为提高储量动用程度及单井产量，提出了大斜度井 + 多段压裂 + 分层注水开发的开发模式，增大改造体积，提高单井产量、改善开发效果，实现降本增效。

（3）水平井线注线采注水开发技术。

针对天然裂缝与地应力优势方向比较一致，油层厚度在 4m 以上，平面上连续性较好的超低渗致密油藏，提出了段间驱替和渗吸相结合的水平井线注线采开发技术，实现由传统的井间驱替向段间驱替和渗吸驱油补充能量方式的转变（图 3-5-7、图 3-5-8）。

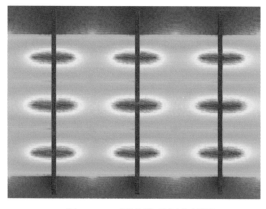

图 3-5-7 同井注采压力场图

图 3-5-8 同井注采流线场图

三、示范工程与应用成效

1. 示范工程建设成果

国家科技重大专项"大型油气田及煤层气开发"设置了项目"鄂尔多斯盆地大型低渗透岩性地层油气藏开发示范工程"进行攻关，以陇东低渗透油藏为对象，按照"低渗透油藏提高采收率关键技术、低渗透油藏提高单井产量关键技术"示范任务进行技术攻关与示范，在典型示范区块进行攻关试验与示范，集成配套低渗透油藏开发技术系列，实现规模效益开发，支撑长庆油田油气当量超过 $6000×10^4t$，原油产量超过 $2500×10^4t$。

低渗透油藏提高采收率关键技术示范区效果明显，形成了适用于陇东片区超低渗透储层不同渗流特征下的三种加密模式，完钻加密井 105 口，预测最终采收率提高 3%～4%。研发了以 PEG 单项凝胶、聚合物微球为主的系列调驱体系，实现了调驱由单项措施向提高采收率转变，"十三五"期间在示范区覆盖产能 $366×10^4t/a$，累计增油 $68×10^4t$。以减氧泡沫驱和微生物活化水驱为核心的三次采油攻关试验取得显著成效，预计采收率提高 6 个百分点以上。微生物活化水驱技术在白 153 区示范区开展 21 注 80 采规模应用，试验区自然递减由 15.4% 下降到 -0.4%，含水上升率由 20.4% 下降到 16.3%，预计提高采收率 4.7 个百分点。

低渗透油藏提高单井产量关键技术示范与提升，集成创新了以"多簇射孔密布缝 + 可溶球座硬封隔 + 暂堵转向软分簇"为核心的水平井细分切割体积压裂技术，单井产量提高 30% 以上，增产效果显著，实现"资源→储量""储量→产量""产量→效益"的转变，助推了陇东示范区高效建产。

示范区"十三五"期间新增可采储量 $669×10^4t$，重点区块采收率提高 2.39 个百分点，老油田综合递减由 13.8% 下降到 9.7%，含水上升率控制在 1.8 以内，创造净利润额 2.8 亿元，有力支撑了示范工程建设任务的全面完成。

2. 应用成效和推广应用前景

攻关形成的低渗透油藏有效开发关键技术系列，突破了低渗透油藏规模效益开发技术瓶颈，实现了提高采收率和提高单井产量技术的集成创新和规模应用。研究成果已规模应用于长庆、新疆、大庆长垣外围、吐哈油田的开发，具有广泛的推广应用前景。

四、知识产权成果

自主研发"高精度核磁共振岩心分析仪、致密砂岩油气藏大模型高压开发物理模拟实验系统"等 20 套物理模拟装置，其性能指标达到国际先进水平，编制有效驱动评价等标准规范 12 项，授权《Nuclear Magnetic Resonance Rock Sample Analysis Method and Instrument with Conatant Gradient Field》等国内外发明专利 157 件，获《低渗透油藏动态离散裂缝数值模拟软件》等软件著作权 44 项，在 Fuel、Journal of petroleum science and engineering、SPE 和石油勘探与开发等国际顶级期刊和会议发表了多篇论文，其中 113 篇论文被 SCI 收录，出版《低渗—致密油藏微观储层特征及有效开发技术》等专著 22 部，获得国家奖 1 项（水平井钻完井多段压裂增产关键技术及规模化工业应用），省部级奖 37 项（其中一等奖 12 项），充分肯定了低渗透油藏有效开发技术成果。

第六节　缝洞型碳酸盐岩油藏提高采收率技术与示范工程

我国碳酸盐岩缝洞型深层油气资源量丰富，累计探明石油地质储量达 $40.66 \times 10^8 t$，已成为中国油气勘探开发和油气增储上产的重要领域。由于深埋 5500m 碳酸盐岩油藏缝洞体的描述精度低、流体流动模式多样、模拟预测难度大，导致采收率低，此类油藏开发是世界级难题。经过三期国家油气重大专项"缝洞型碳酸盐岩油藏提高采收率技术"项目和"塔里木盆地碳酸盐岩油气田提高采收率关键技术示范工程"攻关与实践，创新形成多尺度缝洞体地震预测、岩溶相控地质建模、自由流渗流耦合数值模拟技术、差异化注水、洞顶氮气驱及靶向酸压等提高采收率技术，实现了世界上首个特大型油田——塔河油田的规模开发，塔河油田新井建产率达 91.7%，年产油长期稳产在 $550 \times 10^4 t$ 以上，示范区采收率提高至 23%，支撑了顺北十亿吨级大油气田的发现与快速上产，引领了世界深层超深层碳酸盐岩油气藏开发技术的发展。

一、立项背景、问题与挑战

1. 立项初期背景

世界碳酸盐岩油气储量占总储量的 52%，探明的油气可采总量为 $1434.5 \times 10^8 t$，其中石油 $750.1 \times 10^8 t$，天然气 $684.4 \times 10^8 t$ 油当量。碳酸盐岩油田的储量一般规模都比较大，大油田的平均可采储量为 $5.6 \times 10^8 t$，而砂岩大油田的平均可采储量是 $2.9 \times 10^8 t$，二者相差近 1 倍。世界碳酸盐岩储层的油气产量约占油气总产量的 60%。世界日产量达 $1 \times 10^4 t$ 以上的 7 口油井，都产自碳酸盐岩油气田，日产量稳产千吨以上的油井，也绝大多数产自碳酸盐岩油气田。但国外碳酸盐岩油藏多为 4000m 以浅，尚无 5000m 以深碳酸盐岩油藏规模开发，俄罗斯库尤姆宾—尤罗布钦油田发现于 20 世纪 80 年代，$24 \times 10^8 t$ 储量，至今未规模开发。

我国海相碳酸盐岩油气资源量丰富，油气资源量为 $358 \times 10^8 t$ 油当量，而塔里木盆地远景资源量达 $229 \times 10^8 t$ 油当量（据三次资源评价结果），2007 年底塔河缝洞型油藏三级地质储量达到 $13.6 \times 10^8 t$ 油当量。1984 年塔里木盆地沙参 2 井获得高产油气流，实现了我国古生界海相碳酸盐岩油藏重大突破，成为中国油气勘探史上的重要里程碑；1990 年沙 23 井发现了我国第一个古生界超深层海相特大型油田——塔河油田；1997 年塔河油田投入开发，由于深层碳酸盐油藏经历了多期构造运动、多期岩溶叠加改造、多期成藏等过程，储集空间尺度差异大，储集体纵横向变化大，强非均质性，此类油藏开发是世界性难题，尚无成功开发经验与配套的关键技术。通过国家重大专项和示范工程的攻关与实践，此类油藏将成为中国油气勘探开发和油气增储上产的重要领域。

2.三期国家油气重大专项面临的问题与挑战

缝洞型碳酸盐岩油藏是以大型溶洞和裂缝为主要储集空间的特殊类型油藏，开发面临三大问题，一是由于埋藏深、地震信噪比低，储集体多样复杂，缝洞预测与表征难。二是缝洞介质不是连续介质，具有复合介质特征，流体耦合流动机理及数值模拟难。三是注水注气易大裂缝窜，井网构建及注采参数设置难，提高采收率难度大。为此国家设立了"碳酸盐岩油田开发关键技术""缝洞型碳酸盐岩油藏提高采收率关键技术"三期重大专项和"塔里木盆地大型碳酸盐岩油气田勘探开发示范工程""塔里木盆地大型碳酸盐岩油气田开发示范工程""塔里木盆地碳酸盐岩油气田提高采收率关键技术示范工程"三期示范工程进行攻关。

依据生产中出现的重大问题，"十一五"和"十二五"期间瞄准缝洞型油藏开发关键技术进行攻关，"十一五"期间技术挑战是大型溶洞储集体预测与描述技术、复合介质油水流动机理、单井单元注水替油技术、高效酸压工艺技术，实现塔河油田有效开发；"十二五"期间技术挑战是提高缝洞识别精度的高精度地震成像技术、大型缝洞储集体精细描述技术、多类型三维地质建模方法、不同缝洞储集体单元注水开发技术、提高酸压规模的大型深穿透复合酸压技术，实现塔河示范区稳产、提高采收率 3 个百分点；"十三五"期间瞄准缝洞型油藏提高采收率技术进行攻关，技术挑战是小尺度缝洞体识别与预测技术、多元约束多尺度缝洞型油藏三维地质建模技术、缝洞单元注水优化技术、注氮气提高采收率技术、靶向酸压工艺技术，实现示范区提高采收率 2～5 个百分点（表 3-6-1）。

二、研究进展与理论技术成果

1.三期专项技术发展概况

2008—2020 年持续开展三期的"缝洞型碳酸盐岩开发与提高采收率关键技术"重大专项项目与示范工程研究，实现了技术从无到有、从定性到定量、从单一到系统的跨越，支撑了油田从上产到稳产，整体技术水平达到了国际领先水平。地震缝洞体预测识别方面，从大缝洞体绕射波预测到小缝洞体的散射波成像技术等，识别精度从 25m 提升至 15m；地质建模与数值模拟方面，发展形成了基于岩溶地质知识库的多点统计学建模技术与嵌入式缝洞流固耦合数值模拟技术，生产预测符合率 87.5%；注水开发方面，从单元差异性注水理论方法发展至空间结构井网与注采参数优化技术，吨油耗水降至 8.6m³；注氮气提高采收率方面，从提出注氮气非混相洞顶驱方法发展至注氮气选井及注气量优化技术，实现规模化应用，采收率提高 4.1%；酸压与堵调工艺方面，从 120m 大型深穿透酸压发展至非主应力方向靶向酸压工艺技术等，缝洞沟通有效率 87.5%（表 3-6-2）。

进入"十四五"时期，缝洞油藏开发进入中后期，面临新类型断控油藏开发、老区稳产、进一步提高采收率等新的难题与挑战，需攻关研究深层—超深层碳酸岩盐缝洞型油藏开发关键技术，形成一套全生命周期的高效开发及提高采收率技术系列，持续保持我国深层—超深层碳酸岩盐油藏开发技术的领先地位。

表 3-6-1 三期项目与示范工程关键技术攻关内容设置表

目标及内容	"十一五"期间	"十二五"期间	"十三五"期间
攻关目标	形成大型溶洞储集体预测与描述技术，复合介质水流动机理，单井单元注水替油技术，高效酸压工艺技术，实现塔河油田有效开发	形成提高缝洞集体识别精度的高精度地震精细描述技术，大型缝洞集体精细描述技术，多类型缝洞油藏三维地质建模方法，不同缝洞集体单元注水开发技术，提高酸压规模的大型深穿透复合酸压技术，提高采收率3个分点	形成小尺度缝洞识别与预测技术，多元约束多尺度缝洞型油藏三维地质建模技术，缝洞单元注水优化技术，注氮气提高采收率技术，靶向酸压工艺技术，实现示范区提高采收率2~5个百分点
研究内容	（1）缝洞储集体识别与描述技术； （2）缝洞型碳酸盐岩油藏三维地质建模技术； （3）缝洞型碳酸盐岩油藏提高开发效果技术； （4）复杂裂缝性碳酸盐岩油藏开发关键技术； （5）复杂介质数值模拟技术与软件； （6）缝洞型碳酸盐岩油藏高效酸压改造技术		（1）不同缝洞储集体地震识别与预测技术； （2）缝洞型油藏精细描述三维地质建模技术； （3）缝洞型油藏注水改善及提高采收率技术； （4）缝洞型油藏注气提高采收率技术； （5）缝洞型油藏堵调及靶向酸压工艺技术

表 3-6-2 三期项目与示范工程关键技术发展路线表

关键技术	"十一五"期间	"十二五"期间	"十三五"期间
缝洞体地震识别与预测技术	绕射波成像与属性融合预测技术，识别精度达25m	RTM逆时偏移成像，识别精度达15m，多属性预测技术，识别精度达15m	散射波成像、最小二乘RTM高分辨率成像，暗河充填属性预测技术，10m以下可预测，横向预测误差45m
岩溶地质建模与数值模拟技术	多元约束离散缝洞地质建模技术，生产预测符合率76.0%	分级分类岩溶相控融合地质建模技术；自由流与渗流耦合数值模拟技术，生产预测符合率82.1%	基于岩溶地质知识库的多点统计学地质建模技术；嵌入式缝洞、流固耦合数值模拟技术，生产预测符合率87.5%
注水开发技术	单井单元注水替油技术，多井单元时空差异性注水理论方法	不同地质背景空间结构井网设计，注水时机、注水方式等技术政策，吨油耗水9.9m^3，提高采收率3.2%	剩余油分布机理，连通程度定量评价，结构井网评价与注采参数优化等改善水驱关键技术，吨油耗水8.6m^3，提高采收率4.4%
注氮气提高采收率技术	无	揭示注氮气非混相顶驱机理，单井注氮气矿场试验获得成功	深化井组注氮气驱油机理，注气选井及优化技术，规模化应用，提高采收率4.1%
酸压与堵调工艺技术	耐温160℃压裂液与缓速降滤长穿透高成裂缝深穿透酸压工艺，向145m	小跨度控缝高，大规模复合酸压等技术，主应力方向120m	非主应力方向缝洞体的靶向酸压沟通技术，主应力方向有效率87.5%

2. 缝洞型油藏提高采收率理论

揭示了基于不同缝洞体形态与组合的剩余油类型、形成与动用机理，明确改善水驱及注氮气提高采收率机理，形成了时空差异性注水与注氮气非混相洞顶驱提高采收率方法。

1) 缝洞系统剩余油类型与形成机理

缝洞型油藏剩余油主控因素包括：（1）缝洞系统的结构、组合、形态、规模、充填等地质因素；（2）注采井钻遇缝洞的位置、井数、注采量等开采因素。采用物理模拟和数值模拟研究手段，确定了阁楼溶洞油、洞顶剩余油、裂缝屏蔽剩余油、充填洞内剩余油、能量不足缝洞剩余油、未井控缝洞剩余油六类主要剩余油类型，形成机理主要有：断裂窜流、流体重力势能差、流度差、洞溶出口端低、裂缝屏蔽、充填溶洞内毛细管力作用等（表 3-6-3）。主要赋存位置：水窜流界面之外溶洞、溶洞流动出口端上部、大裂缝周边缝洞体、洞内充填物孔隙内、远离钻井且没有水驱波及的缝洞体等。

表 3-6-3　剩余油类型及形成与动用机理

剩余油类型	形成机理	赋存位置	主要动用方式
阁楼溶洞油	油水密度差与断裂窜流	水窜流界面之外溶洞	氮气驱
洞顶剩余油	重力势能和井、缝、洞复杂配置关系导致	溶洞流动出口端上部	氮气洞顶驱
裂缝屏蔽剩余油	水驱流度差导致小开度裂缝沟通的溶洞剩余油	大裂缝周边缝洞体	变强度注水
充填洞内剩余油	孔隙渗流、毛细管力作用导致水驱效率低	洞内充填物孔隙内	周期注水 / 脉冲注水
能量不足缝洞剩余油	地层压力不足以驱动原油流动	定容缝洞体	单井注水或注气替油
未井控缝洞剩余油	分隔性导致的未井控溶洞内储量	远离钻井且没有水驱波及的缝洞体	加密井

2) 差异注水开发机理与对策

单井单元注水替油：此类储集体为封闭型缝洞体，能量、产量普遍下降快，结合缝洞体剩余油多、流动性强的特点，利用油水密度差、重力作用实现注水置换溶洞中的剩余油，单次吞吐时间一般为 10～50 天，5～10 轮次达到最终驱替油效果。多井单元注水驱：多井缝洞系统常规法注水时，注入水易沿大裂缝、大洞水窜，造成油井过早暴性水淹；首次提出"时空差异性注水"方法，充分利用缝洞体结构、油水密度差及注采井位置关系，空间上，缝注洞采、低注高采、同层注采；时间上，早期试注、之后温和注、周期注、换向驱油等，实现缝洞型油藏有效注水。"十三五"期间，结合不同类型剩余油分布特征，提出变强度注水、脉冲注水、注采反转、表面活性剂注水、注水转注气等改善水驱方式动用剩余油方法，实现了抑制底水锥进、提高横向波及、减缓含水上升速度的效果，示范区注水采收率提高了 10.7 百分点。

3）注氮气洞顶驱提高采收率机理

注水后采取什么开发方式进一步提高采收率是面临的重要问题，一般认为：深层油藏注入氮气与原油在地下难以混相，易气窜，驱油效果差，不宜注气开发。机理实验表明，首次揭示了注氮气洞顶驱非混相驱油机理，氮气注入油藏溶洞后快速重力分异，高效驱替溶洞顶部的剩余油，改善驱油的效果；同时注入氮气的界面张力小于油水相，可以通过裂缝进入洞孔内，驱替更多小缝洞体的剩余油（图 3-6-1）。机理提出一年后，塔河第一口注氮气井（TK404 井）矿场试验成功，注入氮气地层体积 $1.22 \times 10^4 m^3$，实现阶段增油 8157t，证实了注氮气洞顶驱提高采收率机理，注氮气已成为此类油藏提高采收率的重要手段。

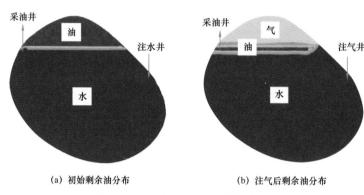

(a) 初始剩余油分布　　　　　　　　(b) 注气后剩余油分布

图 3-6-1　初始与注气后剩余油分布

3. 不同缝洞储集体地震识别与预测技术

明确深埋地下 5500～6500m 不同类型缝洞体的地震响应特征，发展缝洞体高精度成像技术，提高上覆地层干扰下缝洞体地震信号的成像精度，预测不同类型缝洞形态、规模、结构及储集物性。

1）孔—缝—洞地球物理检测及高精度成像

设计并建成了世界首套全尺度正演物理模拟装置，研发了单点宽频带、高灵敏度移动探针式相移光纤光栅传感超声地震物理模拟系统，创新纳米级缝洞微观结构物理模型制作工艺，实现从米级溶洞到毫米级孔洞群、从千米级裂缝到毫米级裂缝网络、从毫米级宏观尺度到纳米级微观储层结构的全尺度三维正演等效模拟实验室物理模拟，首次揭示地震波在溶洞顶底多次调谐与洞壁滑行叠加形成溶洞的绕射波动响应，揭示了地震剖面上小尺度缝洞体异常振幅特征的产生机理，为利用绕射波直接进行缝洞成像提供了特征参数。

研发了各向异性叠前逆时深度偏移与绕射波分离成像方法，通过近偏移距速度与全偏移距 δ、ε 组合迭代修正的各向异性速度建模方法，结合最小二乘逆时偏移成像，消除了上覆地层干扰，同时增强了缝洞成像能量，提高平面位置成像精度，缝洞中心平面位置误差由 100m 减少到 50m，横向位置平均偏差控制在 45m 以内，成像识别精度从 30m

提高至 15m ；针对风化壳表层小缝洞体弱反射特征，通过倾角域补偿波场分离成像方法，突出散射波，消除反射波，实现散射波高精度成像，实现了风化壳强反射背景干扰下缝洞体的直接成像，小尺度缝洞体识别率提高了 20%（图 3-6-2）。

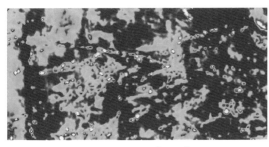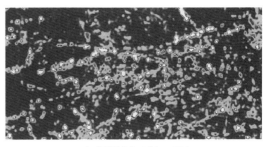

（a）逆时偏移成像（"十二五"）　　　　　　　　　　　　（b）散射波成像（"十三五"）

图 3-6-2　缝洞储集体高精度成像

2）三大岩溶背景的缝洞体地震预测技术

建立了古河道、风化壳与断溶三大类岩溶背景下的小尺度缝洞、缝洞形态与结构精细刻画方法和技术流程，提高了小尺度缝洞群、溶洞组合结构、充填性能与缝洞单元组构描述精度。（1）形成了反射系数反演与振幅谱梯度的小尺度缝洞预测技术：利用反射系数反演技术增强小尺度缝洞体响应特征，基于振幅谱梯度属性计算技术建立了小尺度缝洞体预测方法，预测符合率达 81.2%。研发了基于岩石物理模型的孔隙结构反演方法，小尺度缝洞体孔隙结构预测与钻井孔隙结构参数预测吻合率达 76.6%，用于指导渗透率计算及模拟。（2）发展了炮域叠前分频偏移的缝洞体结构刻画配套技术：针对大型溶洞内部分隔性，基于异常体尺度与频率的敏感关系，应用叠前分频偏移及振幅能量分频叠合方法，形成了缝洞体内部结构的精细刻画技术流程；针对暗河形态描述与内部充填表征，通过深度偏移地震数据确定暗河平面位置，凭借边缘检测与分频振幅能量等属性，综合刻画暗河边界与空间立体形态，借助正演与反演标定手段量化暗河厚度及宽度，将岩石物理模型和贝叶斯反演相结合，通过物性反演定量表征了暗河内部充填类型及充填程度，地震预测与测井解释吻合率达 85.3%。（3）建立了断溶体储层特征增强性处理技术流程；优选了针对断溶体形态、边界、内幕等地质要素的多尺度地震属性识别技术，利用子波分解重构、结构张量属性计算技术刻画断溶体边界形态，利用 AFE 相干、波阻抗反演技术刻画断溶体内部结构；形成了基于多属性的断溶体分带 / 分段性识别技术及空间刻画流程，实现了典型断溶体的综合描述（图 3-6-3）。

4. 岩溶储集体描述及相控建模方法

缝洞型油藏受多期构造运动等因素的控制和影响，古岩溶型储集体是隆起上最为重要的储集体，离散缝洞建模技术把岩溶型储集体划分为溶洞、溶蚀孔洞、裂缝（大尺度、中尺度、小尺度）和基岩，在古地貌、岩溶发育模式和断裂发育规律约束下，开展储集体的综合描述，分类、分级建立离散缝洞分布模型，之后融合形成了离散溶洞裂缝网络三维地质模型。

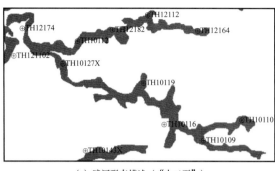

（a）暗河形态描述（"十二五"）　　　　　　（b）暗河内部充填类型预测（"十三五"）

图 3-6-3　缝洞型油藏暗河储集体描述

1）岩溶储集体分类描述技术

根据实际测井数据，构建碳酸盐岩岩石物理模型和岩石物理定量解释模板，建立不同充填、不同大小缝洞、断控体的测井判别特征参数方法，实现缝洞、断控体储层测井解释与评价，用于指导叠前反演泥质充填及流体识别。建立"井—震—动态"协同的综合描述法和流程，精细描述暗河位置、期次、形态及充填展布特征。形成地质模式+地震响应定形态、结构张量+动态定边界、反演体+AFE刻画定结构、动静结合定分割的"四定"断控岩溶储集体表征方法。建立地质成因定模式、地震预测定分布、井间对比为约束、动态响应校正的综合描述技术与流程，井间描述小缝洞体精度可达15m。构建缝洞型油藏地质知识库，根据主控因素及发育规律的不同划分主要岩溶类型。以野外露头、密井网解剖为基础，建立三类岩溶地质知识库，实现不同成因储集体地质模式、发育规律的统计。

2）基于岩溶知识库的多点统计学地质建模技术

建立基于现代岩溶知识库的古暗河多点地质统计建模方法，针对古暗河形态多样、结构复杂、规律性差的特点，优选知识库中现代岩溶暗河形态结合古河道几何参数，制作三维训练图像，采用多点地质统计学方法模拟古暗河的发育形态及组构模式，建立基于地质知识库的古暗河多点地质统计建模方法。形成了分区带多元约束断控岩溶储集体建模方法，根据断孔岩溶储集体的发育受断裂控制的特征，基于野外露头建立了断控储集体形态、高度和展布的规律，利用分区带目标模拟的方法构建训练图像；采用PR信息融合方法，整合断层和地震等多元信息，构建综合发育概率体，模拟断控储集体分布。形成表层岩溶储集体多元约束建模方法，溶蚀孔洞采用岩溶相控和地震属性约束的协同序贯指示模拟算法，小尺度裂缝网络采用井震结合随机模拟方法；针对缝洞型油藏连通关系复杂的情况，在示踪剂的约束下定义目标函数，应用退火模拟方法，局部优化部分裂缝位置，确保模型连通性与示踪剂数据定量一致，进一步降低模型不确定性（图3-6-4）。

5. 不同缝洞结构的水驱提高采收率技术

研发了新一代多尺度油藏数值模拟技术与软件KarstSim，首创缝洞型油藏三元控制的空间结构井网构建方法、基于人工智能的注采参数优化方法，实现缝注洞采、低注高采、多向受效，大幅度提高了水驱控制程度及水驱采收率，大幅度降低了耗水率。

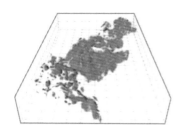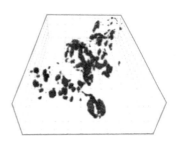

图 3-6-4 不同岩溶背景储集体建模

1）多尺度耦合油藏数值模拟技术与软件

建立复合介质耦合数值模拟理论，发展自由流、非达西流与达西流耦合流动，解决了孔、洞、缝多尺度储集体油藏模拟，填补技术空白。创建分区域、分类型变重数模拟技术；形成流渗耦合模拟技术，解决了未充填溶洞的耦合模拟问题；建立嵌入式离散裂缝模拟方法，准确模拟裂缝窜流；发展了 CPU、GPU 并行技术，结合 CPU+GPU+MPI 构建异构计算平台，通过分布式并行分配给 GPU 调用大量线程同时执行，加速比达到 2 倍以上；实现了前处理、后处理与剩余油评价一体化软件平台。缝洞型油藏数值模拟是油田开发研究的新领域，成果处于国际前沿，首次建立了缝洞型油藏耦合型数值模拟技术，整体研究成果具有原创性。技术成功应用于塔河 8 个缝洞单元，应用效果显著，解决多尺度碳酸盐岩油藏模拟与生产预测难题（图 3-6-5），产油量预测符合率由 47.6% 提高到 87.5%，与常规商业软件相比，符合率提高了近一倍。

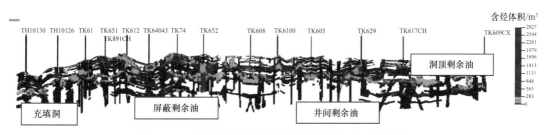

图 3-6-5 油藏剩余油数值模拟预测结果（含烃体积）

2）空间结构井网构建技术

井网部署是提高储量动用率、采收率和产能的关键，井网的设计应适应储集体的发育和分布特征。缝洞型强非均质油藏采用面积井网部署，会出现大量无产能井和低产能井，且储量控制程度低，因此，改变井网设计的思路和方法，建立了空间结构注采井网设计方法，适应了离散性与强非均质性缝洞型储集体的高效驱替，具体方法是"溶洞定油井、连通定水井、储量定井数"：处在大型溶洞上的井初步设计为采油井，裂缝、孔洞储集体上的井初步设计为注水井，结合井含水率程度次序性部署。首次提出时空差异性注水方式，空间上缝注洞采、低注高采、同层注采（多层暗河）、换向驱油（两个溶洞间），时间上早期试注明确连通关系，之后温和注、周期注、变强度注。结合地质背景，岩溶残丘溶洞、主干断裂控制的缝洞体、主暗河段储集体优先部署采油井，制定注水井和采油井的注采关系，提高了对剩余储量水驱控制程度，根据连通情况确定注水井，构建注采关系；在设计井网、确定井位的过程中，考虑经济因素，根据单元储量规模确定注采井数。塔河油田实施空间结构井网设计技术储量控制程度提高25%，采收率可达32%。

3）基于不确定性的注采参数优化技术

油藏开发注采参数优化是一个最优化问题，计算机智能优化相比于粗放的人工设计方法具有更精细高效、快速灵活的优点，面对非均质性强、井间连通关系复杂的缝洞型油藏也具有更好的适用性。为此建立缝洞油藏优化数学模型，优化注采参数，实现效益最大化。提出了三种优化方法，一是基于确定性模型的注采参数优化方法，其是利用对数变换法，将控制变量变换到相同数量级的对数域上进行随机扰动梯度求解；二是基于不确定性模型的注采参数优化方法，其是在地质建模不确定性分析基础上，建立多个可能的地质模型，利用生产动态，剔除不符合的地质模型，最后将油水井工作制度带入所有模型，所有模型的NPV期望值最优的作为最优方案；三是基于井间连通性模型的注采参数优化方法，其是以井间连通单元为模拟对象，根据物质平衡原理、油水两相前缘推进方程等建立一种新的水驱油藏井间动态连通性模型。三种生产优化方法中鲁棒优化方法抗风险能力最强，计算的累计产油最高，且相应的累计产水和累计注水都是最低。S80单元应用降水增油效果明显，5年优化累计增油$19.5×10^4$t，降低含水率6.6%。

6. 注氮气洞顶驱提高采收率技术

建立了注氮气选井技术，形成了单井气顶驱和井组氮气驱优化技术，支撑世界首个深层油藏注氮气超亿立方米规模的提高采收率示范区。

1）单井氮气驱选井与优化技术

建立了基于神经网络的单井注气选井方法。从储集体类型、储量规模、井储关系、底水能量、近井断裂发育等方面建立注气选井原则，基于K折循环神经网络自学习建立产量预测方法，从而形成了注氮气单井选井方法，典型单元新增注气井有效率达到92.4%。形成了单井多轮次气顶驱优化技术。依据断控岩溶、表层岩溶、暗河岩溶储层发育特征和地质模型，选择具有代表性的单井单元构建注氮气概念模型库，考虑单井控制剩余油规模、溶洞充填程度差异等，通过数值模拟技术，对断控岩溶、表层岩溶和暗河岩溶模型进行单井注气优化，建立周期注气量、注气速度、采液强度、焖井时间等参数，优化单井注采参数，平均单井换油率从$0.31t/m^3$提高至$0.94t/m^3$（地下体积），效果显著（图3-6-6）。

2）井组氮气驱优化技术

形成了注气数值模拟技术。针对现有技术不适用于缝洞型油藏注气数值模拟的难题，提出缝洞型油藏多种注气介质相平衡计算方法，建立考虑吸附、沉淀、扩散、弥散四大因素的多相全组分注气数值模拟数学模型，创建不同缝洞介质、流体流动耦合处理方法。形成氮气驱注采井网优化技术。基于数值模拟计算和矿场统计，制定气驱井网构建原则，建立差异化的注采井网，即风化壳采用面积井网、古河道采用网状井网、断溶体采用线状井网。形成氮气驱注采参数优化技术。针对碳酸盐岩缝洞型油藏风化壳、古暗河、断溶体油藏目标体，优化注气时机、注气总量、注气速度等关键参数，根据注气优化结果和矿场统计提出适用于不同气驱阶段的注气技术政策建议。技术实施后，有效率达到91.3%，换油率达到 0.82t/m³（地下体积），注气效果显著。

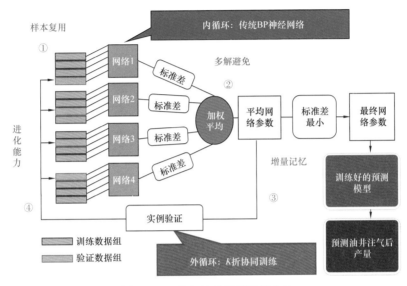

图 3-6-6　注气选井智能计算方法

7. 深层高温高压酸压及调堵工艺技术

深层碳酸盐岩油藏埋深 6000m，温度 120℃，地层压力 60MPa，形成大型深穿透酸压工艺技术，实现了主应力 145m 以内的缝洞体沟通；形成了全方位靶向酸压工艺技术，实现了多向多缝沟通，解决了常规酸压人工裂缝单一、沟通范围小的难题；建立流道调整与堵水技术，实现了改变水驱路径、扩大波及的效果。

1）大型深穿透与靶向酸压技术

形成"人工隔层＋四优化"复合控缝高和大型深穿透复合酸压技术，酸蚀有效缝长达到 145m。建立考虑天然裂缝与溶洞的酸液滤失测试方法，确定考虑 CO_2 效应的酸液滤失模型，揭示酸液滤失机理；研制了自生酸配方，生酸浓度达到 12.51%，完善了变黏酸和地面交联酸体系，进一步提高了酸液穿透深度；建立不同储层类型及不同施工层位的神经网络模型，形成选井选层辅助决策系统，平均符合率 92%。

针对非主应力方向无法沟通的缝洞体，创新提出"靶向酸压"全方位沟通动用技术（图 3-6-7）。揭示靶向酸压"酸液溶蚀天然裂缝循缝沟通、深部暂堵激活天然裂缝转向沟通、脉冲波定向冲击破岩强制沟通"沟通机理，研发了"复合渗透酸、多氢交联酸"具有深穿透、低缓速、循缝找洞功能的酸液体系，以及"绒囊、膨胀颗粒"两类承压达到 15MPa 的暂堵剂。针对径向距离小于 30m 储集体，形成复杂缝酸压技术；距离30～80m、最大主应力夹角 0°～75°储集体，形成缝内暂堵转向酸压技术；距离 30～60m、夹角 75°～90°储集体，探索脉冲波压裂技术，实现了"井周 30m 任意方向储集体，以及井周30～80m、与水平最大地应力夹角75°范围内非主应力方向上储集体的全面沟通。现场应用24井次，有效率87.5%。

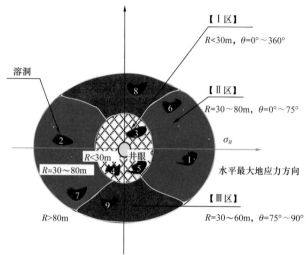

R—径向距离，m；θ—最大主应力夹角，°。

图3-6-7　靶向酸压实现技术思路图解

2）流道调控与选择性堵水技术

一是创新形成缝洞型油藏注水井组调驱增效技术。明确缝洞型油藏水驱后剩余油赋存模式，揭示颗粒型调流剂流道调控机制，构建缝洞型油藏颗粒运移、卡堵设计方法，形成逐级水驱流道调控技术，开发耐温120℃、耐盐20×10^{4}mg/L系列药剂，实现"强度、密度、油水、粒径"多属性可调，建立了调流剂复配梯度压力分级标准，满足缝洞型油藏水驱流道调整需求。二是形成缝洞型油藏选择性堵水技术。明确了缝洞型油藏储层出水规律，建立了缝洞型油藏堵水决策技术；研发了耐温抗盐选择性堵剂体系，耐温提高至140℃，耐盐提高至20×10^{4}mg/L；构建了适合裂缝、溶洞储层类型的"油水选择性"和"密度选择性"堵水工艺技术系列，实现由"近堵死堵"向"深堵活堵"转变，有效解决了储层精准堵水难题，实现高效控堵水。

三、示范工程与应用成效

1.示范目标

塔河油田、玉北1井区、塔中Ⅰ号气田为示范基地，形成缝洞系统剩余油描述技术、水驱配套技术、注气提高采收率配套技术、碳酸盐岩凝析气藏提高采收率技术，建立示范区，实现技术示范引领，为塔里木盆地碳酸盐岩油气稳产提供技术支撑，为国家能源安全提供技术保障。

2.示范区建设情况

示范区建设稳步推进，技术示范引领中发挥巨大作用（表3-6-4），目前建设形成塔河主体区（4、6、7、8 区）作为缝洞体结构刻画与描述、水驱、注气提高采收率示范区；油藏埋藏深、原油黏度高、开采难度较大的塔河 10 区作为提高采收率配套工艺技术示范区；以凝析气藏为特点的塔中 I 号气田作为凝析气藏提高采收率关键技术完善应用示范区。形成了 9 项成熟的配套示范技术：（1）集成发展缝洞系统结构刻画和剩余油表征技术；（2）缝洞型油藏空间结构井网构建配套技术；（3）缝洞型油藏调流控水及开发优化技术；（4）缝洞型油藏注气提高采收率配套技术；（5）缝洞型油藏多靶点定向钻井技术；（6）缝洞型油藏靶向酸压沟通工艺技术；（7）缝洞型油藏选择性堵水工艺技术；（8）沙漠区高密度地震储层描述技术；（9）碳酸盐岩凝析气藏注水开发技术。"十三五"期间新增可采储量 573×10^4t，实现了塔河油田高效稳产开发，塔中气藏凝析油提高采收率 2.2 个百分点。

表 3-6-4　示范区建设情况表

"十一五"期间	"十二五"期间	"十三五"期间
在塔河油田主体区建设缝洞型油藏钻井、采油和开发等技术示范区，实现了塔里木盆地海相碳酸盐岩油气田规模增储和有效开发	在塔河油田、玉北 1 井区、塔中 I 号气田建设缝洞型油藏描述、注水开发、采油工艺等高效开发技术示范区，实现了碳酸盐岩的储量动用、高效开发和西部资源战略接替	在塔河主体区（4、6、7、8 区）建设缝洞系统剩余油描述、改善水驱提高采收率、注气提高采收率和配套工艺等技术示范区，在塔中 I 号气田建设碳酸盐岩凝析气藏提高采收率技术示范区，实现了塔河油田高效稳产开发

3. 经济社会效益

通过对关键技术的应用与示范，在示范区和推广期，油田企业产生直接经济效益 133 亿元。

应用断控油藏描述技术，在示范区及推广区累计部署新井 377 口，建产率 91.8%，累计增加可采储量 1495×10^4t，累计产油 424×10^4t，产生直接经济效益 20.0 亿元；应用井网构建和改善水驱技术，在示范区及推广区注水增油 23.3×10^4t，产生经济效益 0.9 亿元，注水成本降低 26 元/t，节约成本 0.56 亿元；应用注氮气提高采收率技术，在示范区及推广区增油 154×10^4t，产生经济效益 7.1 亿元，注气成本降低 548 元/t，节约成本 5.1 亿元；应用酸压、堵水等工艺技术，在示范区及推广区增油 45.8×10^4t，产生经济效益 1.9 亿元。

塔里木盆地是"一带一路"倡议能源互联互通重要支撑点之一，项目成果示范应用对推动新疆经济社会和谐发展具有重大意义，以"十三五"为例，具体体现在：大力实施油区基础设施油地共建，2016—2020 年，中国石化西北油田分公司年度上缴税金达 106.22 亿元；油气产品新疆本地转化率高达 80% 以上，带动新疆本地企业 100 多家，间接创造就业岗位 2.2 万多个。为地方经济发展和就业稳定发挥了巨大的作用。

四、知识产权成果

编制《缝洞型碳酸盐岩油藏描述方法》《碳酸盐岩缝洞型油藏开发方案》等标准五

项，申请《碳酸盐岩储层缝洞充填物识别方法及系统》《碳酸盐岩缝洞型油藏地质建模方法》《一种井间连通程度确定方法及系统》《一种缝洞型碳酸盐油藏靶向注气方法及系统》等发明专利 162 件，授权 92 件，申请《深层地震资料的宽频高分辨处理软件》《水驱油藏注采参数智能优化软件》《缝洞型油藏注气数值模拟软件》等软件著作权 26 项，发表《塔河油田碳酸盐岩缝洞型油藏开发理论及方法》《碳酸盐岩缝洞型油藏提高采收率关键技术》等论文 256 篇，出版《碳酸盐岩缝洞型油藏开发理论与方法》《碳酸盐岩缝洞型油藏提高采收率基础理论》等专著 8 部，"海相碳酸盐岩缝洞型油藏精细描述""数值模拟及高效注水开发技术"获得国家技术发明二等奖，获得省部级奖 12 项。

第七节　低渗透气藏开发关键技术与示范工程

一、立项背景、问题与挑战

1. 攻关初期国内外低渗透气藏开发状况

低渗透气藏按照渗透率级别划分，储层有效渗透率主体分布在 0.1～5mD 之间，国外称为近致密气藏，与致密气藏相近，因此对于储层界限不明确，特别是低渗透和致密储层多层系发育的气藏，也可统称为低渗透致密气藏。本节涉及的攻关对象以鄂尔多斯盆地东部气田为主，属于典型的低渗透气藏。国外低渗透致密气藏主要分布在美洲地区，以美国为代表，早在 20 世纪 80 年代，在政府激励政策推动下，加大了低渗透致密气藏勘探开发力度，配套技术逐步成熟，产量持续攀升，2006 年美国低渗透致密气年产量达到 $1700 \times 10^8 \mathrm{m}^3$，进入规模开发阶段。我国 2005 年低渗透气藏勘探取得全面突破，累计提交探明储量 6000 多亿立方米（不含苏里格气田，早期归为低渗透气藏，后明确为致密气藏），初步达到年产规模 $30 \times 10^8 \mathrm{m}^3$ 左右，主要分布在鄂尔多斯盆地东部，以榆林气田、子洲气田为代表，整体处于早期评价与建产阶段。对于大多数低渗透气藏，国外以海相为主，气层厚度大，分布稳定，储量丰度高；我国低渗透气藏以陆相为主，气层厚度小，连续性差，储量丰度低，气水分布复杂，开发初期国内缺乏该类气藏的开发经验，对气层富集规律、开发井型井网设计、气井产能及气田采收率指标等认识不足，给"十一五"期间低渗透气藏规模建产带来挑战（表 3-7-1）。

表 3-7-1　国内外低渗透气藏开发特点对比表

对比指标	美国圣胡安盆地低渗透致密气藏	国内鄂尔多斯盆地低渗透气藏
沉积类型	海相滨岸沙坝	陆相辫状河道砂体
气层厚度	主体 40～200m，厚度大	3～15m
气层分布	连续性好，分布稳定	主砂带相对连续，分布较稳定
天然裂缝	局部地区裂缝发育	裂缝不发育

对比指标	美国圣胡安盆地低渗透致密气藏	国内鄂尔多斯盆地低渗透气藏
储集条件	孔隙度 3%~12% 渗透率 0.001~0.1mD	孔隙度 3%~14% 渗透率 0.1~10mD
埋藏深度	800~3000m	2000~3500m
含气饱和度	>60%	>60%
储量丰度	$>5×10^8 m^3/km^2$	$1.0×10^8 m^3/km^2$

2."十一五"至"十三五"期间技术攻关概述

"十一五"之初，我国低渗透气藏处于早期评价阶段。2000 年以前低渗透气藏产量主要集中在四川盆地，当时全国天然气产量约 $265×10^8 m^3$，之后随着塔里木盆地和鄂尔多斯盆地多个气田的发现，天然气探明地质储量不断增加，为天然气产量快速提升奠定了资源基础。其中，以榆林气田和大牛地气田为代表的低渗透气田是这一时期天然气储量增加的主要类型。由于低渗透气藏有效砂体连续性、连通性较差，横向变化大，同时局部产水，缺乏统一的气水界面，气水分布规律复杂，造成低渗透气藏发育的控制因素多，储层评价和富集区优选成为气田规模建产攻关的重点。"十一五"期间，开展低渗透气藏储层评价、气层识别、产能评价、有利区优选及井型比选与试验研究，形成了低渗透气藏储层描述和富集区优选技术，确立了初步开发井网，解决了低渗透气藏开发选区和井位部署问题。

"十二五"期间，尽管国内低渗透气藏开发已初具规模，但由于我国低渗透气藏储量丰度低、井间连通性差，且具有多层系发育的特点，因此对气藏开发规律认识、井型井网适应性及气田提高采收率技术等均需要深入攻关，这一时期持续深化气井开发规律评价和井网开发效果分析，攻关形成了低渗透气藏动态评价技术和井型井网优化设计技术，有效支撑了低渗透气藏上产和持续稳产，年产量突破 $100×10^8 m^3$。

"十三五"期间，低渗透气藏逐步进入开发中后期，部分气田进入递减阶段，为了延长气田稳产期，亟须开展提高采收率技术攻关。为此设立了"低渗—低丰度气藏稳产技术"国家专项课题，重点开展多层系低渗透气藏井型井网优化提高储量动用程度、气田整体增压开采方式优化等技术攻关，形成了以直井水平井混合井网立体开发和变规模增压开采为主的提高采收率技术，解决了气藏开发后期剩余储量挖潜问题，进一步提高了储量动用程度，提升气田开发效果。

二、研究进展与理论技术成果

1.低渗透气藏富集区优选技术

1）有效储层主控因素评价

通过沉积体系评价，揭示了榆林气田气层发育的主控因素和连通特点。利用岩心、野外剖面观察及室内岩石薄片分析，结合测井相分析，确定榆林气田山二段属辫状河三角洲沉积体系，由辫状河三角洲平原、三角洲前缘亚相组成，且以发育辫状河三角洲平原为主，具有大平原、小前缘的相带展布特征，主要发育心滩、河道充填、洪泛盆地和河漫沼泽四种微相类型。心滩微相主要表现为砂岩粒度粗，单砂体厚度大，相互叠置，厚度5～15m。河道充填沉积分布于心滩沉积之间，砂岩粒度比较粗，单砂体厚度一般大于2m。在物源充足、水动力较强沉积条件下，河道频繁迁移摆动，致使心滩与河道充填沉积垂向叠置、横向叠合连片分布，厚度分布范围10～25m，是有效储层发育的主要类型，表现出较好的稳定性和横向连续性，叠合砂体连通范围可达2～5km。这种连续性好、连通范围大的砂体分布特征的认识，为气田2～3km的井距设计提供依据，也为气田规模建产奠定了基础。

2）储层岩矿组合和储集空间评价

岩矿组合特征揭示石英砂岩是良好的储层，榆林气田山二段三亚段石英砂岩发育，构成气田的主力气层。山二段砂岩储层的碎屑成分以石英为主（包括燧石、石英岩岩屑），其次为岩屑成分，长石含量很少，平均不足2%。从山二段一亚段到山二段三亚段石英颗粒平均含量逐渐增加，岩屑含量逐渐减少。石英砂岩主要分布在山二段三亚段，石英颗粒的平均含量在90%以上。山二段储层孔隙度一般为4%～10%，平均孔隙度6.2%；渗透率分布在0.2～20mD之间，主体平均在4.521mD。石英砂岩以粒间孔为主，其次为晶间孔和粒间溶孔，面孔率最大为11.5%，平均5.0%，石英砂岩由于原生粒间孔发育，储层物性明显变好。

3）储层参数测井精细评价技术

传统测井解释采取分区块、按层段建立模型的办法解决非均质问题。在低渗透储层中由于储层的宏观和微观非均质性大，孔隙中流体对电性参数敏感性降低，为了解决这一问题，在山二段气层测井评价中，采用优化的模型组合技术进行测井评价。其原理是将各种测井响应方程联立求解，计算各种矿物和流体的体积。利用优化技术，通过调节各种输入参数，如矿物测井响应参数、输入曲线权值等，使方程矩阵的非相关性达到最小，最后通过运算得到储层参数。

4）含气砂体地震预测技术

建立适应沙漠和黄土塬的含气砂体地震预测技术，有效预测榆林气田有利区分布。针对榆林气田沙漠和黄土塬的地表条件复杂性、低孔低渗河流三角洲相砂岩气藏的隐蔽性等特点，地震资料叠前目标处理重点采取了交互折射波静校正及分层分频和多次迭代剩余静校正技术、多域信噪分离技术、地表一致性处理技术，为后续岩性反演处理和解释提供了高保真度、高信噪比和高分辨率的地震叠加资料。储层横向预测在层位精细标定的基础上，利用波形波组特征定性分析储层特征，采用地震递归反演、测井约束反演和模拟退火反演、带限波阻抗反演等技术进行储层厚度定量预测。然后，利用不同岩性泊松比差异所形成的AVO特征响应，来区分波阻抗相近的储层与非储层，避免地震岩性解释上的陷阱，结合地震常规剖面的波形分析及岩性反演处理，进一步提高岩性识别和含气性检测的可信度。地震预测技术的综合应用，预测井位部署近百口，储层厚度预测符合率达到91%，开发井预测成功率88.7%。

2. 全生命周期产能评价技术

针对已开发的榆林、子洲气田井数多、生产特征差异大的难点，根据气田生产实际，建立不同开发阶段气井产能预测方法，形成了气井全生命周期分段产能评价技术，为气田生产能力预测提供依据。

1）开发初期

针对低渗透储层特征，优化一点法和简化修正等时试井等初期产能试井技术，落实气井生产能力，指导初期配产。对于均质气藏，利用等时不稳定阶段测试资料建立 A_t—$\lg t$ 关系曲线，同时获得产能方程系数 B，在给定供气半径 r_e 的条件下，计算所需的有效驱动时间，进而求取产能方程系数 A 值，从而达到利用等时不稳定测试资料建立气井稳定产能方程的目的，在榆林南区、子洲气田试采评价和开发早期，准确评价了气井生产能力。同时，依据气田早期14口修正等时试井的气井二项式产能方程、无阻流量计算各井 α，榆林南区 α 值平均为0.5208，子洲气田平均 α 值为0.66，据此分别得到榆林气田南区和子洲气田"单点法"经验产能公式，产能预测符合率达到80%，有效指导了榆林、子洲气田新建井产能评价和合理配产，节约测试时间和费用。

2）稳产阶段

在气井开采过程中，随着地层压力的下降，井周围储层由于受上覆地层的压实作用，渗透率等物性参数变化不大，但是天然气偏差系数和黏度随地层压力的变化对产能方程影响较大，因此，建立了偏差因子和气体黏度随地层压力变化曲线，对产能方程系数进行修正，实时跟踪分析气井生产能力，评价合理配产，为气田产量安排和冬季调峰保供提供技术支持。

3）递减阶段

通过递减理论分析，明确了低渗气田递减类型及规律，预测气田生产后期的能力。低渗透气藏单井合理配产，可以具备5～10年稳产期，"十三五"期间，部分气井已经进入递减阶段，分析表明低渗透气井符合调和递减，初始递减率 I 类井为17.9%，II 类井为14.5%，III 类井为11.7%。通过 ARPS 递减分析、数值模拟法及动态曲线分析法评价单井递减规律，在单井评价基础上，采用产量加权或按单元叠加来评价气田递减率，综合评价气田递减率为10.5%～11.5%。

3. 地层压力与动态储量评价技术

1）不关井地层压力评价技术

地层压力场分布是剩余储量预测的关键。低渗透气藏渗透率低，关井压力恢复速度慢、恢复时间长，一些气井关井半年以上还不能达到压力平衡，关井测压与生产需求存在很大的矛盾。针对上述难题，以实测压力数据为基础，依据低渗透气田气井动态特征和数据特点，建立了拟稳态数学模型法、拓展二项式产能方程法等不关井测压条件下地层压力评价方法（图3-7-1）。

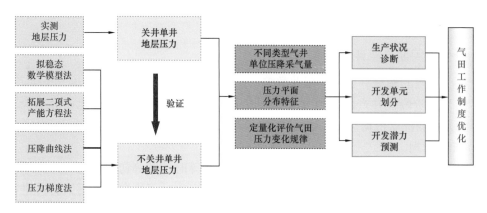

图 3-7-1　不关井测压条件下地层压力评价流程图

利用上述方法获取了榆林气田 152 口单井地层压力数据、子洲气田 132 口单井地层压力数据，对比历年单井压力获取的数据，压力数据点数量大幅度提升，利用地层压力评价方法，结合动态监测资料，精细刻画了榆林、子洲气田压力平面分布规律。低渗透气田开发后期表现出较强的非均衡开采特征，高产高渗透区采气量多，压降快，形成以高、中产井为中心的压降漏斗；低产低渗透区采气量少，压降慢。这主要是储层物性非均质性造成了气藏开采的非均质性。压降漏斗表现为开采初期压降漏斗比较小，随着开采的进行，压降漏斗逐渐加深，但在开采后期随着采气速度减小（递减期），非均衡程度又逐渐减弱。地层压力分布结果可为剩余储量的分布提供直接依据。

2）动态储量评价技术

针对气井不同的生产特征和渗流特征形成低渗透非均质气藏动储量评价技术系列。常规气藏动储量评价方法大多建立在较为理想的条件下，需要气井具有丰富的动态监测资料和较为稳定的生产工作制度。然而由于生产任务重且下游用气需求波动大，造成多数气田动态监测少，气井工作调整频繁，导致常规方法不能使用。另外低渗透气田储层渗透率低、非均质性强、气井渗流特征各异，单一的评价方法不确定性大，需要建立一套适应低渗透非均质气藏动储量评价的系列技术方法。为了有效解决上述问题，针对不同渗流特征和生产动态特征的气井，提出并完善了动储量评价技术方法，对每种方法的适应性和应用条件进行明确的界定，形成了以压降法、流动物质平衡法、产量不稳定法等方法为主，多方法综合的动态储量评价技术系列（图 3-7-2）。

4. 低渗透气藏井型井网优化技术

1）多层系混合井网立体开发技术

鄂尔多斯盆地东部气田以陆相、海陆过渡相为主，发育河流相、海陆过渡相、滨浅海相多种沉积组合，有效储层多层系发育，横向变化大，层间非均质性强，同时与煤矿区重叠，为井网优化设计提出了更高要求。

（1）建立有效砂体叠置模式，为井型井网设计提供依据。

结合野外露头、岩心观察、测井曲线、有效砂体对比剖面开展有效砂体规模分析。有效单砂体厚度变化较大，厚度范围在 2～10m 之间。有效单砂体宽度范围为 400～

1000m 不等，长度范围为 500～1600m 不等，叠合有效砂体规模更大，宽度可达 1000m 以上，长度达 3000m 以上。总体而言，多层系有效砂体规模变化较大，山二段、太原组有效砂体规模大于盒八段、山一段有效砂体规模。依据有效砂体组合结构，可划分为孤立分散型、垂向复合叠加型、侧向复合叠置型三种主要的组合类型（图 3-7-3）。其中孤立分散型指有效储层多层系分散分布，空间上不连通，以彼此孤立、不接触为主，无主力层。垂向复合叠加型指有效储层多期垂向切割连通，多层系复合叠加，垂向厚度大，平面上条带状局部连续分布，主力层集中度低于 50%。侧向复合叠置型指有效储层在同期相互侧向切割连通，多层系复合叠置发育，厚度一般不大，连续性好，平面上局部成片分布，主力层集中度大于 50%。

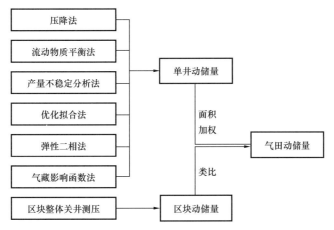

图 3-7-2　低渗透气藏动储量评价技术路线图

(a) 孤立分散　　　　　　(b) 垂向复合叠加　　　　　　(c) 侧向复合叠置

图 3-7-3　多层系有效储层剖面组合样式

（2）基于不同有效储层叠置模式，提出丛式大井组混合井网立体开发模式。

多层系气藏以直丛井井网开发为主，局部优势储层发育区，考虑实施水平井开发，核心是优化直井井网密度和水平／直井混合井网配比关系。

直丛井井网优化的目标是在经济有效开发的前提下，适当加大井网密度，尽量提高气田采收率。为此，基于有效砂体叠置类型，建立不同井网密度下的井控储量、单井累计产量、产量干扰率及采收率的关系，结合经济效益，形成井网评价指标体系，确定合理井网。为充分体现开发效益，构建了可量化的评价指标体系，确定三个关键指标，一是采收率增量，即井网密度每增加 1 口 /km² ，采收率的增加幅度，确保增加井网密度要起到提高采收率的作用；二是平均气井 EUR ，即气井平均最终累计采气量，是开发效益评价的关键，只有该指标大于行业经济效益标准对应的气井 EUR 指标，才能实现效益开发；三是加密井平均增产气量，即井网密度每增加 1 口 /km² 时带来的新增天然气量，用于衡量新钻加密井是否能够收回成本。利用以上可量化的指标，通过有效砂体规模尺度、叠置模式、密井网开发指标评价和数值模拟预测进行井网密度论证，多层分散孤立型和垂向复合叠加型适合密井网开发，井网密度可由目前的 2 口 /km² 加密到 3～4 口 /km² ；侧向复合叠置型有效砂体连通性好，井网密度不易过大，可部署水平井开发。对于这种局部优势储层发育区，通过实施水平井，可以提高单井产量。利用典型井组地质建模和数值模拟论证，在主力层储量占比低于 40% 的情况下，不适合部署水平井；主力层储量占比高于 40% 的情况下，可考虑水平井开发，且储量占比越高，可实施水平井数越多。

2）大位移双分支水平井开发技术

我国气田开发井型一直以来以直井为主，榆林气田是我国最先引入水平井整体开发理念的低渗透气田。为了提升低渗透气田单井产量和开发效果，借鉴国外开发理念和开发技术，在榆林气田北部（长北区块）与壳牌合作，采用大位移双分支水平井开发。水平井可大面积释放储层，达到增产目的，经济效益十分可观。但是水平井施工工艺要求高，必须要解决水平井钻进的一系列技术问题。例如：钻头选型不适应地层，机械钻速低；钻井液体系与地层不配伍，导致井壁不稳定，易引发井下事故。诸如此类问题，需要根据工艺技术的要求，进行包括井身结构优化、钻井液体系优选、钻头优化、钻具组合优选等多方面的配套技术研究。

井身结构优化考虑到造斜点选取的位置、地质构造中目的层的位置、钻具所能达到的增斜率、地层对于井眼轨迹的控制、靶前距等诸多因素，为了达到井眼轨迹易控制、顺利入窗的目的，优选剖面模式。井眼轨迹控制优选适合中硬地层的三扶正器钻具组合，并考虑摩阻、扭矩因素，在钻杆选型、井下马达弯度调节方面进行优化。针对煤层钻进进行了技术攻关，从钻井参数、机械钻速限制、井眼状况、起下钻要求、钻井液性能调整等多方面进行优化，取得了巨大成功，连续多口井施工顺利，并成功将生产套管下至储层内。针对分支水平井侧钻，发展了水平段裸眼下切技术，在多口井使用，取得成功，使长北多分支水平井工艺成为可能。水平段裸眼下切技术，不但减少了报废进尺的概率，同时大大提高了施工效率，降低了钻井成本。水平段钻井液采用无土相低伤害暂堵完井液体系。该体系钻井液特点为低失水、低伤害、低摩阻。水平段机械钻速由此得到提高，井眼稳定性高，减少了井下事故。

5. 大型非均质低渗透气藏增压开采技术

1）预测及调整合理增压时机，划分增压开采单元

根据榆林气田南区夏季、冬季各集气站外输压力、外输温度运行参数，并结合工艺运行参数，考虑气田集输管网系统运行压力，计算榆林气田南区井均地面压力损失，确定各集气站气井最低进站压力，最终计算榆林气田南区井均地面压力损失 0.40MPa ，预计气

田稳产期末井口压力为 5.6MPa。以此为基础，综合运用压降速率折算法、产量不稳定法、数值模拟方法、灰色预测法等，对目前榆林气田南区产量平稳、井口压力大于 5.6MPa 的气井进行稳产期预测。根据单井自然稳产期预测结果，各集气站井间稳产能力差异大，为减小各集气站内气井自然稳产期的差异，最大限度发挥气井和气田的稳产能力，首先利用递减分析法、产量不稳定分析方法调整单井的稳产期，再用数值模拟方法进行区块微调，从而使同一集气站气井增压时机尽量一致。通过以上方法，最终预测榆林气田南区 12 座集气站中 2016 年有 8 个集气站需要增压，2017 年有 4 个集气站需要增压。

2）建立精细气藏模型，多学科结合优选增压方式

气田增压方式包括井场增压、集气站增压、区域增压和集中增压（表 3-7-2）。井场增压优点是能延长气井生产周期，提高单井的采收率，调度灵活，但是井多、压缩机数量大，管理点分散，不利于整个集输系统的管理与维护，投资费用高。集气站增压有利于集中控制和自动化，较单井压缩和独立设置增压站节省建设和操作费用，但同样增压站数量多，管理点多，运行维护费用较高。区域增压优势在于压缩机在集气站外设置，增大了集气半径，可以充分利用地层压力，延缓气田增压时间，加大了管网调度的灵活性，同时压缩机设置位置较集气站内压缩机靠近井口，入口压力高，压比减小，压缩机能耗降低，排气量增大；缺点是压缩机入口为湿气，不利于压缩机可靠、安全运行，且增压站多且分散，设备投资巨大、操作运行费用高。如果将压缩机站设置在集气站之后，就形成了区域性增压方式，与设置卫星增压站方式相比，所辖气井数增加，压缩机数量减少，投资相应降低，由于处理后的天然气较干净，有利于压缩机可靠运行，其站位可设置在集气干线上，数量可多可少，方便调整，形成了井场→集气站→增压站→集中处理厂（净化厂）的三级布站形式。

表 3-7-2 不同增压方式优缺点分析

方案	优点	缺点
单井增压	单井建增压站，有效提高单井产能，管线不需要改造	增压站数量大，管理难度大，总投资高
集气站增压	建设投资最低，总投资最低，地面集输管网不需进行改造	增压站数量最多，管理点多，运行维护费用高
区域增压	增压站数量较少，管理点较少，运行维护费用较低	地面集输管网需进行局部改造，增压能耗较高，总投资较高
集中增压	增压站数量少，管理点少，运行维护费用	需对地面集输管网进行改造，总投资最高

选取典型区块，针对气田开发后期三种不同增压方式（单井增压、集气站增压、区域增压）开展数值模拟预测气藏开发指标，对比增压效果，并结合榆林气田南区集输管网、增压时机等，综合分析不同增压方式的适用性，最终优选增压方式。选取榆林气田南区陕 215 及榆 37 区块（包括榆 9、榆 10、榆 12 集气站），考虑单井增压、集气站增压和区域整体增压三种方式。数值模拟井口压力分别为 6.4MPa、4.0MPa、3.0MPa、2.0MPa、

1.0MPa、0.5MPa、0.25MPa，预测时间 30 年，共计 21 个方案，预测稳产期、采出程度等开采指标，优选增压方式。（1）按照气井的合理产能，并参考生产配产进行调整形成单井配产，确定单井增压时机，以单井为增压单元，进行单井增压效果预测；（2）根据站内单井增压时机预测结果，调整单井配产使站内气井稳产期一致，确定集气站增压时机，以集气站为独立增压单元，进行集气站增压效果预测；（3）选择增压时机相近、区域位置相邻的集气站，划分增压单元，进行区域增压效果预测。三种增压方式共 21 套数值模拟方案，预测指标对比表明，井口压力相同条件下，日产曲线和累产曲线非常接近，指标的差异只是由于增压时间略有早晚引起的。同样对比增压稳产期和采出程度等指标，结果也是一样。不同增压方式下的开发指标接近，增压方式的优选主要取决于经济效益及工程等因素。依据榆林气田南区管网分布、增压时机等，最终优选采用区域增压方式，新建 4 个增压站。

　　3）创新建立变规模增压开采模式，大幅提升增压效益

　　当压力下降气体膨胀，在管网管容一定的情况下，管网集输能力下降，若要维持原有集输能力必须铺设复线。增压井口压力越低，增压规模越大，需要铺设的复线越多，投资越大。需综合考虑管网集输能力、气藏开采效果、经济评价等因素进行增压模式设计（图 3-7-4）。

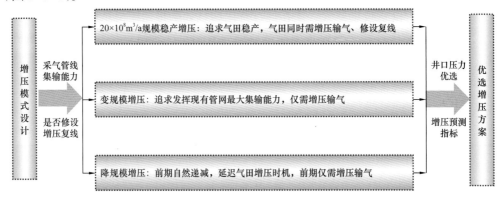

图 3-7-4　增压模式优化设计技术路线

　　不同井口压力，气井采气管道集输能力不同，井口压力越低，同样采气管道，集气能力相应下降。因此在采气管道不变情况下，井口压力越小，气田后期增压年生产规模越小。综合考虑各因素，根据不同的增压开采目标，设计充分考虑气田后期增压地面管线输送能力，形成稳产增压、变规模降产增压、降规模增压三种增压方案，通过对比经济及气藏开采指标优选增压模式。稳产增压模式：通过增压开采，继续保持气田目前 $20 \times 10^8 m^3/a$ 规模持续稳产。在这种增压条件下，井口压力越小，增压力度越大，同时现有管网能力下降也越大，因此，不仅需要增压输气，同时也需要修设复线。变规模降产增压：分阶段降低气田产量规模，并保持不同规模阶段性稳产。优点是始终发挥现有管网最大集输能力，逐步降规模稳产量台阶状增压，仅需要增压输气，不需要修设复线，减少增压投资。降规模稳产增压：待气田产量递减到一定规模后再开始增压开采。比如气田自然递减到 $15 \times 10^8 m^3/a$ 规模时，开始实施增压稳产，前期需增压输气，后期仍需要

修设复线，增加投资。

将三种模式下最优方案进行综合对比（表3-7-3），对比不同增压模式开采指标及内部收益率，最终优选榆林气田南区采用井口压力1.5MPa、变规模逐步降产增压模式为可执行方案，该方案30年累计产气量408.58×10⁸m³。采出程度77.09%，内部收益率达20.49%。相比无增压生产，采气量增加53.66×10⁸m³，采收率提高10.12%，该增压方案总体预测效果好。

表3-7-3　榆林气田南区不同增压方式内部收益率评价结果

方式		增压时机	稳产期规模/ （10⁸m³/a）	最低井口压力/ MPa	累计产气量/ 10⁸m³	税后内部收益率/ %
稳产增压	修复线	2016.12	20	1.5	411.58	4.56
	单井					6.75
变规模 增压	不修复线	2016.12	20.0 → 18.1 → 17.2 → 15.9 → 12.1 → 9.3 → 7.3	1.5	408.58	20.49
降产增压	不修复线	2018.4	15	2.7	398.10	8.11
	不修复线	2020.12	10	1.7	399.40	6.24

三、应用成效与推广前景

鄂尔多斯盆地东部上古生界广泛发育低渗透气藏，以山二段含气层系为主，同时在山一段、盒八段、太原组等多层系中发育气层，仅局部存在相对富水区，单井产量相对稳定，具有一定的稳产期。榆林气田作为最早开发的低渗气田，累计提交地质储量1807.5×10⁸m³，建成53×10⁸m³/a产能规模，持续稳产超过10年，截至2020年底累计产气800×10⁸m³。榆林气田在管理上和技术上均开创了国内低渗透气藏开发的先例。气田分为长北合作区和榆林南区两个部分，长北合作区是国内第一个与国际油公司合作开发的区块，为国际上气田开发先进技术和开发理念的引入搭建了平台，带动了国内天然气开发技术的快速发展。同时，长北合作区是国内唯一采用双分支水平井、大井组整体开发的区块，在井深结构设计、大斜度井段钻穿煤层技术、井轨迹优化和钻井液体系优化等方面都取得了创新。

榆林气田投入开发超过15年，预测气田老区最终采收率可以达到75%以上，近年来加大了纵向上次产层的开发力度，为气田的稳产提供了新的接替层系，从而进一步提升了气田开发效果。榆林气田形成的系列开发技术可以为同类气藏的开发提供借鉴。

四、知识产权成果

低渗气藏开发技术攻关过程中，形成了系列有效化成果。其中，申报《储渗单元划分方法》《富集区优选方法》《动态储量评价方法》等国家发明专利16件；发表《低渗气藏水平井开发》《井网加密提高采收率》《储量分类评价》等文章25篇；登记《多点地质统计学训练图像生成》等软件著作权 18 项；编写《低渗气藏开发评价方法》等专著 10 部；获得省部级科技进步奖 6 项。

第八节 深层碳酸盐岩大型天然气田开发技术与示范工程

一、背景、现状与挑战

1.深层碳酸盐岩大型天然气田开发技术背景及重大意义

四川盆地是世界上最早开发利用天然气的地区，也是我国现代天然气工业的摇篮，盆地油气资源量 $38 \times 10^{12} m^3$，探明率尚不足 10%，勘探开发潜力巨大，是中国最具潜力的含油气盆地之一。目前，盆地常规天然气年产量超 $350 \times 10^8 m^3$，其中深层海相碳酸盐岩气藏天然气年产量占比达 83% 以上，是四川盆地常规天然气产量贡献的压舱石。其最为典型的气藏为安岳气田龙王庙组和灯影组气藏，"十二五"末已申报探明地质储量达 $6575 \times 10^8 m^3$，并展示了广阔的勘探开发前景。但其开发也面临着多项挑战，与中浅层油气藏相比，气藏储层经历了超过 1 亿年的漫长地质历史时期，储层经历了多期的构造运动和成岩改造作用，储层中形成孔、洞、缝多重介质并存的格局，各类介质纵横向分布复杂多变，导致储层具有极强的非均质性，气井产能差异大，地质目标选择困难，储层的渗流机理、气水分布及水侵机理更为复杂。气藏埋藏深，纵向钻揭地层压力系数差异大，且天然气组分中多含有 H_2S、CO_2 等酸性气体，造成储层改造难度大。为此，迫切需要采取多学科、多专业联合攻关的方式，开展储层控制因素分析、储渗体描述研究、产能特征及产能控制因素研究、多重介质渗流规律与开发机理研究、储层特殊渗流规律及可动性研究、地层水活跃性研究，明确制约气藏高效开发的关键地质因素，形成深层复杂碳酸盐岩气藏优化开发的关键气藏工程技术、安全高效钻采工程技术，解决深层碳酸盐岩气藏高效开发的核心问题，为该类气藏规模效益开发奠定基础。

2.深层碳酸盐岩大型天然气田开发国内外发展应用现状

全球主要的碳酸盐岩气田共 104 个，占比 25.5%，储量共计 $0.8 \times 10^{14} m^3$，占全球大型天然气田储量的 45.6%，表现为数量少储量多的特点，其中深层碳酸盐岩气田共 22 个，占比 21.2%，储量共计 $0.14 \times 10^{14} m^3$，占比 17.1%。在国内深层碳酸盐岩气藏主要围绕四川盆地龙岗礁滩气藏开展相关研究工作，"十二五"期间其形成的主要技术包括：（1）完善了复杂礁滩型储层精细描述技术系列；（2）优化了复杂礁滩型气藏流体分布描述技术；（3）创新了超深强非均质有水气藏优化开发技术，延缓了龙岗礁滩气藏递减，实现龙岗礁滩气藏的安全清洁开发；（4）形成了高温高压高含硫深井修井及二次完井工艺技术；（5）形成了高温深井储层改造液体体系和增产改造优化工艺技术。

3. 深层碳酸盐岩大型天然气田有效开发面临的关键问题与挑战

"十二五"期间四川盆地深层（>4500m）碳酸盐岩气藏勘探相继在震旦系灯影组（杨跃明，2019），寒武系龙王庙组气藏（杜金虎，2014），下二叠统栖霞组、茅口组取得突破，获得重大发现，这些深层碳酸盐岩气藏的高效开发将为四川盆地乃至全国的天然气工业发展积累宝贵开发经验，同时也为我国天然气供给、保障国家能源安全提供重要支撑。但是气藏的开发又面临着埋藏深度大，储层非均质性强，气井产能差异大，地质目标选择困难，储层的渗流机理、气水分布及水侵机理复杂，纵向地层压力系数差异大，天然气组分中多含有 H_2S、CO_2 等酸性气体，储层改造难度大等一系列问题。针对这些问题，围绕气藏的高效开发，形成深层碳酸盐岩气藏高效开发技术的总体目标，实现该类气藏的建产目标和长期稳产，在龙岗礁滩气藏攻关形成的技术难以满足气藏开发需要，仍主要面临深层复杂碳酸盐岩气藏储层地球物理识别及预测、深层碳酸盐岩气藏裂缝—孔洞型白云岩储层及流体描述、深层碳酸盐岩气藏特殊渗流规律与储量可动性评价、深层含硫碳酸盐岩气藏钻采等技术问题和挑战。

针对深层碳酸盐岩大型天然气田有效开发面临的关键问题与挑战，开展两轮次持续攻关，创新形成了四项关键技术（表 3-8-1）。

二、研究进展与理论技术成果

1. 形成了两项理论认识

1）揭示了深层岩溶型碳酸盐岩气藏优质储层发育机理

创新建立了古老微生物白云岩"丘滩控有无，岩溶控品质"的双控优质储层发育模式，揭示了有利的沉积相带是优质储层形成的基础，后期的成岩改造是优质储层形成的关键。这一理论认识填补了微生物白云岩小尺度缝洞储层成因机制的空白，有效指导了白云岩岩溶小尺度缝洞储集体的精细刻画，明确了四川盆地震旦系气藏小溶洞发育储集体空间分布，破解了复杂地质背景下开发有利区优选难题，应用成效显著，使安岳气田63 口建产井实钻吻合率由 70% 提高到 92%，有力推动了该气藏高效开发，同时对同类气藏的高效开发具有重要的指导和借鉴意义。

沉积相带不仅决定了岩石的结构组分特征，同时还影响着沉积物后期经历的成岩作用类型及强度等特征，沉积相对有利储层的控制作用尤为明显。震旦系气藏孔洞集中发育于丘滩相控制的微生物成因的藻类云岩中。微生物岩是由于底栖微生物群落捕获和粘结碎屑物质，或者形成利于矿物沉淀的基座，从而导致沉积物聚集形成的有机成因沉积岩（Burne，1987）。此类沉积岩在四川盆地灯影组中表现为受前寒武纪蓝藻细菌控制形成的各类含藻云岩，主要表现为藻纹层、藻叠层、藻凝块、藻砂屑等四类岩性。灯影组丘滩相中藻类的存在，有力地增强了白云岩骨架强度，使得沉积物在沉积作用后保留了大量的原始孔洞，为有利储层的发育提供了基础。

后期的岩溶作用成岩改造是优质储层形成的关键因素。通过对灯四段储层中藻含量大于 50% 的藻凝块云岩和藻含量小于 10% 的藻纹层云岩进行成分可溶性分析发现，含

表 3-8-1 技术发展汇总表

序号	技术	"十二五"期间标志性成果	"十三五"期间标志性成果
1	超深层古老碳酸盐岩地球物理评价技术	形成深层白云岩储层叠后综合定量预测技术。储层预测吻合率由75%提高到80%	形成深层地震资料保幅保真处理攻关技术和深层白云岩储层叠前叠后综合定量预测技术。目的层主频由30Hz提高到35Hz。储层预测吻合率提高到93.4%
2	碳酸盐岩气藏裂缝—孔洞型白云岩储层及流体精细描述技术	(1)初步建立丘滩体刻画和古地貌恢复方法,对正滩体的刻画精度大于30m,同时微地貌差异刻画吻合率达到70%; (2)形成叠前AVO缝洞流体检测画技术,流体预测吻合率由75%提高到80%	(1)形成丘滩体刻画和古地貌恢复技术,实现10m小尺度缝恢复技术,岩溶古地貌恢复集体精细刻画,吻合率达90%以上;岩溶古地貌恢复差误差减小到10%以内;流体预测符合率提高到94.97% (2)形成以叠前AVO与岩石物理学相结合的流体检测技术,流体预测符合率提高到94.97%
3	深层碳酸盐岩气藏储量可动性评价及早期稳产能力评价技术	(1)建立了满足中浅层地层高温高压条件下(70MPa)的实验设备及测定技术; (2)形成针对缝洞型碳酸盐岩三重介质气藏大斜度井、水平井的Blasingame图版	(1)建立了满足高温高压(>126MPa,>90℃)条件下的气水相渗、应力敏感、衰竭模拟等多种渗流实验测定技术; (2)自主建立了大斜度井、水平井产量拟合图版及气井稳产时间预测方法
4	深层含硫碳酸盐岩气藏关键钻采工程技术	(1)水平段长448m,钻进周期最短为105天; (2)震旦系井均测试产量44×10⁴m³/d; (3)研发25MPa无氩压力气举阀,提升气举深度	(1)前水平段长增至1610m,钻井周期缩短14.9%,机械钻速提高37.1%; (2)震旦系井均测试产量74.6×10⁴m³/d,较"十二五"期间提高41%; (3)研发跨隔式气举工具系列和预置式排水采气工具,耐温150℃,耐压差70MPa,实现不动管柱排水采气

藻云岩中发生溶蚀的主要是其中的云质成分，可见云质成分的明显溶蚀及孔洞扩大，而藻类的溶蚀程度整体较低。在定量分析方面，通过对不同藻含量样品在不同溶蚀时间段的溶蚀量进行称重发现，在相同的溶蚀时间内，藻含量较高的样品溶蚀后质量减轻最小，溶蚀速率最低。进一步结合不同藻含量样品的物性统计发现，藻含量最高的藻叠层云岩平均孔隙度达 4.35%，明显高于其他类型的白云岩，同时藻含量相对较高的藻砂屑云岩、藻凝块云岩、藻纹层云岩的孔隙度整体亦高于其他类型白云岩。分析认为灯影组白云岩中由于藻类的存在，增加了白云岩的岩石骨架强度，在发生白云岩大型表生溶蚀过程中，藻含量越高，越有利于岩溶缝洞的保存。灯影组白云岩中藻类的存在，也为后期的岩溶作用留下了良好的流体通道，因此在表生岩溶作用发生后，灯影组内部溶蚀作用强烈，溶蚀孔洞发育。常规的晶粒白云岩，由于岩石骨架强度相对较弱，在强烈的岩溶作用下往往发生垮塌，溶蚀孔洞往往集中分布于岩溶地貌的翼部。而微生物白云岩正是由于岩石骨架强度较高，因此岩溶地貌核部溶蚀孔洞依然能够得以保存（图 3-8-1）。

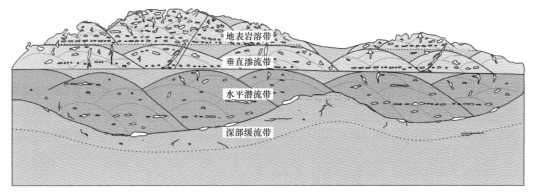

图 3-8-1 微生物白云岩表生岩溶模式图

2）建立了特大型低孔强非均质性碳酸盐岩气藏规模效益开发模式

在全球范围内，前寒武纪地层广泛分布，但因受地质时代古老、储层演化复杂、埋深大等地质因素局限，碳酸盐岩油气勘探开发成功案例极少，可借鉴的开发理论、技术有限（胡文瑞，2008）。新元古界—震旦系规模效益开发是公认的世界性技术难题。安岳气田震旦系灯影组气藏 80% 的天然气储量蕴藏于孔隙度低于 5% 的特低孔储层中，并且受到沉积作用、岩溶作用等多种因素的影响，储层非均质性强，找到开发"甜点区"的难度极大；同时，气藏埋深介于 5000～5500m，纵向上存在多个压力系统，在钻井过程中容易发生垮塌、漏失、井喷等井下复杂情况；目的层钻井安全密度窗口小于 0.1g/cm^3，并且储层薄而分散，实现优快钻井和理想的增产改造效果难度大。因而，该气藏在评价期钻获气井的有效率低于 30%，单井平均配产仅为 13.4×10^{4}m^3/d，气藏内部收益率预测值仅为 11.8%，实现气藏高效开发的难度大，国内外无同类型气藏高效开发先例。

针对安岳气田高石梯—磨溪震旦系气藏复杂地质特征，打破了传统模式基于探明储量和经验采气速度确定气藏建产规模的开发模式，建立以"选区、选井、分期"为核心内容的"三步走"开发新模式，并且取得以下三个方面成果：（1）通过对岩溶缝洞储集体进行精细刻画，优选开发有利区面积达 $700km^2$；（2）开展储量可动用性评价和高效开发目标优化设计，建立五类高产井地质模式和三种井轨迹部署方式（表 3-8-2），优选出 65 口开发井井位；（3）按照"整体部署、分期建产、滚动评价、接替稳产"的方案设计思路，分两期建成年产天然气 $60×10^8m^3$ 的生产能力，有效降低了气藏开发风险。

表 3-8-2　安岳气田震旦系灯影组气藏高产井模式划分表

潜流岩溶模式	丘滩与岩溶特征	储集体发育特征	地震反射特征	轨迹部署方式
藻丘+残丘、藻丘+坡折带	残丘　坡折带　厚层丘滩体、潜流岩溶	水平井　灯四₃小层　灯四₂小层	宽波谷+单亮点	水平井钻至亮点之上
藻丘+残丘+断裂、藻丘+坡折带+断裂	残丘　厚层丘滩体、断裂、潜流岩溶	大斜度井　灯四₃小层　灯四₂小层	宽波谷+扰动	大斜度井斜穿宽波谷扰动区域
藻丘+残丘+断裂	残丘　薄层丘滩体、断裂、潜流岩溶	大斜度井　灯四₃小层　灯四₂小层　灯四₁小层	宽波谷+双亮点	大斜度井斜穿宽波谷下亮点

溶洞　　丘滩　　断裂　　硅质层　　I 类储集体　　II 类储集体　　III 类储集体

2. 创新四项深层含硫碳酸盐岩气藏高效开发关键技术

在 2016 年前主要围绕礁滩型气藏开展研究，2016 年后重点围绕磨溪龙王庙组和高磨灯影组气藏开展攻关研究，并形成了深层碳酸盐岩复杂气藏储层地球物理识别及预测技术、储层及流体描述技术、储量可动性评价技术、关键气藏工程技术和钻采工程技术，突破制约该类气藏高效开发的关键技术瓶颈，通过攻关取得了以下技术成果。

1）超深层古老碳酸盐岩地球物理评价技术

形成了深层碳酸盐岩储层测井评价模型与方法，建立了缝洞连通指数计算模型与多参数储层品质计算模型，实现了碳酸盐岩储层有效缝洞精细刻画与多类型储层产能分级评价。形成了深层地震资料保幅保真处理攻关技术，为陡坎精细成像与缝洞预测提供高质量基础数据。形成深层白云岩储层叠前叠后综合定量预测技术，实现了有效储集体的地震精细识别。形成了深层碳酸盐岩气藏流体检测技术，实现了流体展布特征的精细刻画。该技术成果支撑了四川盆地川中地区灯影组探井及开发井的井位部署，支撑了川中地区龙王庙组开发井的井位部署，支撑了 2015—2019 年安岳气田灯四段新增探明储量，支撑了磨溪主体开发治水方案的编制，支撑了灯影组两期开发方案实施和开发方案调整。

（1）基于井壁缝洞精细刻画和评价、井旁缝洞定量评价、储层分级评价等技术，较好地解决了非均质缝洞性储层的精细刻画及表征问题、不同类型碳酸盐岩储层有效性评价方法、标准及产能预测问题；建立的反射波能量系数计算方法能较好实现井旁缝洞发育定量评价；通过井壁和井旁缝洞定量评价的有机结合，较好地实现了非均质碳酸盐岩储层缝洞的综合评价；结合测试成果建立的产能预测模型，提高了测井解释符合率，有力地支撑了油气田公司勘探开发部署和完井试油选层。技术前后储层有效性判别符合率从 84.96% 提高到 91.32%，流体判别符合率由原来的 87.61% 提高到 94.97%。

（2）基于保护低频、宽频处理研究思路，开展了深层碳酸盐岩高分辨成像处理技术研究，形成了深层地震资料保幅保真处理攻关技术，解决了深层碳酸盐岩高精度成像问题，有效支撑了开发目标靶体的优选；针对叠前去噪在异常振幅衰减、规则噪声压制等方面存在损失有效信号的问题，开展保幅去噪研究，形成了二次信噪分离的保低频去噪技术。开展低频恢复研究，形成低频保护的井控 Q 补偿技术，该技术通过 FFT 变换，结合 VSP 等信息设计低频恢复因子，有效提高低频端能量，实现了相对保真的子波恢复；针对非规则采集，开展数据规则化研究，首次采用五位数据规则化技术，补齐缺失数据，有效提高地震资料信噪比。地震资料主频由 30Hz 提高到 35Hz。

（3）形成深层碳酸盐岩低幅构造地球物理储层精细描述攻关。基于岩石物理分析和缝洞岩石物理模型，形成了针对灯影组台缘带的叠前地震反演流程，预测了灯四段上亚段储层厚度展布图；形成了基于反射波分离的弱信号地震识别技术，实现了岩性强界面下缝洞体的地震有效识别（图 3-8-2）。该技术首先根据岩性界面上下地层速度差异及构造形态等因素，建立岩性界面的三维正演地质模型，将正演模拟结果从实际地震资料进行波场分离，得到消除岩性强界面后的新成果；形成了基于叠前叠后地震多属性的含气性预测技术，首先基于岩石物理实验分析、特殊测井响应分析、储层敏感参数分析，开展地震保幅高分辨率处理、保持振幅与波形特征的振幅补偿，然后通过开展叠前 AVO 属性及叠后振幅敏感属性的优选，形成了基于叠前叠后地震多属性的含气性预测技术。技术应用后缝洞储层预测吻合率由 80% 提高到 93.4%。

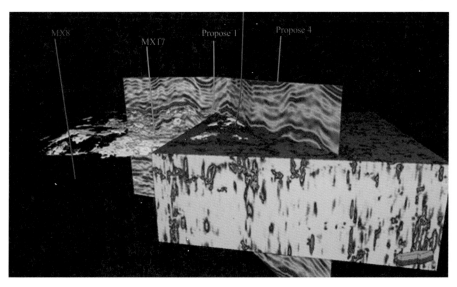

图 3-8-2　缝洞体地震预测效果展示图

2）碳酸盐岩气藏裂缝—孔洞型白云岩储层及流体精细描述技术

形成了多属性融合有利相带预测及双界面古地貌恢复等方法（图3-8-3），实现了深层碳酸盐岩典型气藏有利开发区精准预测；明确了优质储层发育控制因素；提出了"多因素分级约束"的三维地质建模思路；明确了气水分布规律和模式，并量化水体体积和水侵量；对不同类型储渗单元开展分级评价，为实现气藏建产目标提供了技术支持，并为类似气藏的开发提供了借鉴。

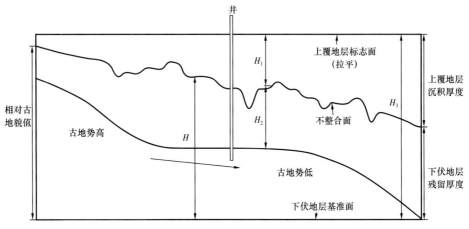

图3-8-3 双界面法古地貌划分原理

（1）形成深层碳酸盐岩储层精细识别技术，明确深层碳酸盐岩储层主控因素，实现了灯四段气藏有利储层发育区精细刻画。形成深层碳酸盐岩储层孔洞结构精细识别技术。在微观层面，利用全直径岩心CT扫描实现孔隙大小、连通性等参数定量描述；在宏观层面，利用成像测井开展缝洞定量识别。灯影组储层可划分为缝洞型、孔洞型和孔隙型，缝洞型和孔洞型储层孔隙度大于3%，渗透率大于0.1mD，为优质储层。形成丘滩复合体精细预测技术，明确了高磨地区灯四段丘滩发育面积1300km²；高石9—高石8井区丘滩最为发育，丘地比达70%左右。采用双界面法开展灯影组顶岩溶古地貌恢复，新完钻井证实古地貌厚度误差在15m以内，坡折带与残丘优质储层厚度较大，具有风化壳岩溶储层特征。

（2）形成基于多因素分级约束的风化壳强非均质性碳酸盐岩气藏储层建模技术。采用构造建模、沉积—岩溶相建模、储层构型建模、储层属性参数建模的思路，有效地解决灯影组风化壳岩溶储层建模难题，气井有效率由30%提高至100%，指导55口建产井部署与轨迹优化，建产井井均气井产能与井控储量较开发之前分别提升了$90\times10^4m^3/d$与$11.9\times10^8m^3$，部署的55口建产井已测试54口，无Ⅲ类气井。

（3）形成定性与定量相结合的水体综合评价技术。明确两类六种地层水赋存模式，采用容积法计算水体总体积为$3.24\times10^8\sim5.73\times10^8m^3$，认为目前龙王庙组气藏存在3个水侵方向和8个水侵通道，以边水均匀推进为主，局部存在裂缝水窜，且目前气藏主体区块不同部位气水界面上升8～60m，有力支撑了综合治水方案编制。

（4）形成大型缝洞型气藏储渗单元划分与评价技术，完成龙王庙组气藏储渗单元划分及分区优化开发对策，支撑气藏长期稳产。动静态结合，分析气藏连通性，将龙王庙组气藏划分为七个不同的储渗单元，以孔隙度 4%、储能系数 1.6、渗透率 1mD 为界划分Ⅰ类和Ⅱ类单元，明确Ⅰ类储渗单元累计储量 $1554.9\times10^8m^3$，平均储量丰度 $3.6\times10^8m^3/km^2$，Ⅱ类储渗单元累计储量 $784\times10^8m^3$，平均储量丰度 $3.5\times10^8m^3/km^2$。考虑到水侵风险和动态储量，提出主体区块年产量由 $90\times10^8m^3$ 降产至 $60\times10^8m^3$，预测产量保持在 $60\times10^8m^3/a$ 以上至 2027 年，开采末期累计产气 $1269\times10^8m^3$，动态储量采出程度 74.5%，较保持 $90\times10^8m^3/a$ 稳产动态储量采出程度可提高 8.5%。

3）深层碳酸盐岩气藏储量可动性评价及早期稳产能力评价技术

针对深层碳酸盐岩储层储集空间类型复杂、非均质性强，渗流规律复杂，高温高压条件下实验计量和标定难、数据误差大，微观渗流模拟节点少、计算精度低、误差较大，气井测试产能差异大、产能变化规律难以预测等问题，建立了深层碳酸盐岩气藏特殊渗流规律与储量可动性评价技术。创建了复杂岩溶储集体渗流能力表征技术（陈克勇等，2020），确定了不同储集体高效开发的技术界限；形成了复杂条件下气藏可动储量分级评价技术，确定了不同生产压差、储层厚度下的储层物性下限；形成了不同类型气井产能及早期动态特征评价技术，深化了多重介质储量可动性、水侵特征等的认识；分层分区提出了优化开发技术对策，为优化不同类型气井配产、制定合理的开发技术指标及确保气藏的长期高产、稳产提供重要指导。

（1）创建了复杂岩溶储集体渗流能力表征技术。针对储层细小孔喉、溶蚀孔洞和微裂缝难以同时表征，孔隙结构定量分析难度大的问题，等效叠加多尺度的数字岩心，对岩心孔隙结构进行三维精细建模，定量表征了孔隙占比、迁曲度、孔洞配位数等关键参数。改进了微米尺度渗流数值模拟方法，通过全直径岩心多重介质中多流态耦合微观流动模拟，明确了主要渗流通道和低孔储层渗流能力突变界限（图 3-8-4），厘清制约气

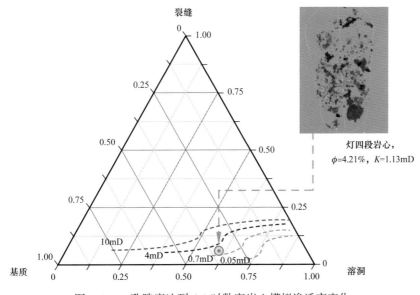

图 3-8-4　孔隙度达到 4% 时数字岩心模拟渗透率变化

井高产的关键因素。形成了高温高压储量可动性评价方法，确定了不同储集体高效开发的技术界限，划分出三类储集体，其中Ⅰ、Ⅱ类储集体的采收率分别介于60%～65%、45%～60%，为主要开发目标。

（2）形成了复杂条件下气藏可动储量分级评价技术。通过开展多重介质数值模拟，确定了不同生产压差、储层厚度下的储层物性下限；建立了不同稳产时间、井控半径、内部收益率等条件下主力储层气井效益开发储层物性下限图版。实验表明，缝洞型储层在初期产能贡献率最高，中后期的产能主要来自孔隙型和孔洞型储层。龙王庙组气藏以 $6\times10^4\text{m}^3/\text{d}$ 为效益开发产能下限，产层厚度30m，孔隙度2%～8%时，渗透率下限为0.05～1.50mD。

（3）形成了不同类型气井产能及早期动态特征评价技术，综合筛选地层条件下的单相和气水两相渗流特征及其影响因素，构建了多重介质条件下不同井型的试井解释模型与产能预测模型，建立了包括双孔复合模型、三孔单渗并行窜流、三孔单渗嵌套窜流、三孔单渗混合窜流等模型在内的17个适合深层碳酸盐岩气藏的不稳定试井分析模型和高级产量递减分析模型，深化多重介质储层不同流动阶段气井稳产性的认识。

（4）明确了气井高产稳产主控因素，优化开发井型、经济极限井距、井数等开发技术参数，分层分区提出了气藏优化开发技术对策，指导井位目标部署和井眼轨道优化，提高储量动用率。安岳震旦系灯影组气藏设计开发井型以斜井为主，局部优质储层或缝洞集中发育区域采用水平井。斜井和水平井无阻流量为直井的2.3倍，产能提高效果显著。优选开发井距在1～2km，基准收益率为8%时单井经济极限产气量为 $5\times10^4\sim14\times10^4\text{m}^3/\text{d}$。

4）深层含硫碳酸盐岩气藏关键钻采工程技术

攻关形成了深层碳酸盐岩气藏大斜度井/水平井优快钻井、强非均质储层长井段差异化分段酸压、配套液体体系、含硫深井排水采气工艺及动态监测配套等五项重点技术成果，达到钻井提速、改造效果、保障气井井筒完整、全生命周期安全受控的目的。

（1）优化形成大斜度井/水平井井眼轨迹优化设计与控制技术，示范应用于震旦系大斜度井/水平井，平均钻井周期136.2天，平均机械钻速4.32m/h，同比优化前，周期缩短33天，机械钻速提高30.1%。形成"个性化钻头+配套提速工具"综合提速技术，个性化PDC钻头在9口井14井次进行现场试验，机械钻速整体较进口钻头提高38.02%，单只进尺较进口钻头提高16.43%，提速效果显著。自研钻井提速工具现场试验5口井7井次，取得预期提速效果。形成的钻头选型图版及时纳入钻井提速模板与钻井工程设计，同比优化前，高磨区块平均机械钻速由3.29m/h提高至4.87m/h，提高48%，ϕ311.2～149.2mm井眼钻头使用只数、平均机械钻速分别同比减少3.67只、提高20.96%～34.83%，起到钻井提速示范作用。配套形成"精细控压钻井+防塌钻井液"安全钻井技术。防塌钻井液体系在灯影组2口井进行现场试验，试验井段未发生井壁垮塌，有效保障试验井段的安全顺利钻进。

（2）基于震旦系裂缝—孔洞型储层地质模型，建立裂缝延伸—酸刻蚀—酸液滤失—蚓孔增长的全耦合酸压软件，酸蚀裂缝长度的预测吻合度从70%提高到81.6%。结合储层品质和施工跨度，形成大斜度井 / 水平井裸眼封隔器分段酸压技术（表 3-8-3），可实现分 10 段改造。技术成果指导大斜度井 / 水平井裸眼封隔器分段酸压应用 61 井次，施工成功率 100%，井均测试产量 $74.56×10^4m^3/d$。

表 3-8-3　水平井"一段一策"差异化分段酸压工艺参数表

储层类型	改造系数	改造目标	改造工艺	酸压施工参数	
				排量 /（m^3/min）	黏度 /（$mPa·s$）
裂缝—孔洞型储层为主	≥1.0	提高裂缝导流能力	缓速酸酸压	1.0～1.3	30（酸液）
孔洞型储层为主	≥0.5、<1.0	增加酸蚀缝长、提高裂缝导流能力	前置液酸压	1.3～1.7	100（前置液）
孔隙型储层为主	<0.5	增加酸蚀缝长	前置液多级交替酸压	1.7～2.0	100（前置液）

（3）通过研发耐酸前置液稠化剂及合成的柠檬酸多羟基醇胺有机锆交联剂，形成了耐酸前置液，具有良好的耐酸能力，5%HCl、160℃下 $170s^{-1}$ 剪切 60min 后黏度大于 $100mPa·s$，残渣含量远小于 150mg/L；通过引入一种以多基团桥接铁离子的多羧基酸及研发的长链黏弹性酸液胶凝剂，形成耐高温低伤害胶凝酸，稳铁能力达到 5000mg/L，酸蚀裂缝导流能力对比评价表明其导流能力较前期提高了 76.8%，酸液降阻率为 70.6%～74.0%，满足了深井大排量酸压技术需求。

（4）通过生产动态跟踪与数据分析，明确龙王庙组气藏 18 口产水气井和 2 口气藏排水井的生产特征；结合产水气井生产特征及气藏特点，优选出以气举为主体的排水采气工艺技术；研发 2 套 4 种排水采气工具，耐温达 150℃，压力等级达 70MPa，耐蚀性能满足气藏要求。优选两相流模型，制定 2 套排水采气方案，提高气井生产动态预测和现场实际的吻合度，针对 8 口重点产水气井和气藏排水井制定"一井一策"气举工艺方案，为后期工艺实施提供技术支撑。

三、示范工程与应用成效

1. 矿场试验目的与目标

在解决深层碳酸盐岩含硫气藏高效开发疑难问题方面原始创新、集成创新取得显著进展，形成了深层裂缝—孔洞型非均质碳酸盐岩气藏开发技术，建成深层碳酸盐岩气藏高效开发产业化示范基地，包括安岳气田龙王庙组大型超压有水碳酸盐岩气藏稳产开发示范、安岳气田灯四段大型强非均质低渗透碳酸盐岩气藏规模效益开发示范，在"十三五"末示范区建成年产气 $130×10^8m^3$ 的生产能力。

2. 示范效果及效益

针对安岳气田龙王庙组气藏，通过流体精细描述技术和排水采气工艺技术等技术的示范，建立了递进式整体治水优化开发模式，提出"早期治水，主动治水，整体治水"的治水思路，制定超压强水侵气藏分阶段差异化防控水侵对策，突破了传统技术难以同时兼顾高产与控水稳产的局限。取得以下 4 个方面成效：（1）通过优化实施井区防水控水措施，实现近一年来无新增产水井；（2）开展主动排水与优化生产组织紧密结合，实现气藏水侵速度减缓，控制气藏综合水气比稳定在 0.4 左右；（3）采取"整体部署、科学控产、强化治水、外围补充、长期稳产"的优化开发原则，确保气藏年产天然气 $90 \times 10^8 m^3$ 连续稳产 5 年，累计生产天然气超 $600 \times 10^8 m^3$；（4）支撑了磨溪龙王庙组气藏整体治水方案的制定与实施，已实现年产 $90 \times 10^8 m^3$ 连续稳产，实现气藏预测期末采收率提高 4%。

针对安岳气田震旦系灯影组气藏，通过地球物理评价、储层精细描述、储量可动性评价及早期稳产能力评价、大斜度井/水平井优快钻井、强非均质储层长井段差异化分段酸压等技术的示范，建立了特大型低孔强非均质碳酸盐岩气藏规模效益开发模式，气藏获气井的有效率由评价期的不足 30% 提高至 100%，开发井平均无阻流量从 $87.1 \times 10^4 m^3/d$ 增至 $127.6 \times 10^4 m^3/d$，百万立方米无阻流量气井的占比达 71%，井均气产量由 $13.4 \times 10^4 m^3/d$ 增至 $23.2 \times 10^4 m^3/d$，预测气藏内部收益率由 11.8% 提高至 29.7%。截至 2020 年 12 月底，该气藏建成年产天然气 $60 \times 10^8 m^3$ 的生产能力，已累计产出天然气 $103 \times 10^8 m^3$，使经济效益接近于边际效益的安岳气田震旦系灯影组气藏一跃成为常规天然气上产的主战场。

3. 取得的经济社会效益

安岳气田龙王庙组、震旦系气藏累计产气 $653 \times 10^8 m^3$，相当于替代标煤 $8705 \times 10^4 t$，减少粉尘排放 $5915 \times 10^4 t$，减少 CO_2 排放 $8673 \times 10^4 t$。2020 年，川渝地区天然气在一次能源消费中的占比达到 17%，远高于全国 8% 的平均水平。推动形成引领天然气行业高质量发展的新样板。在安岳气田开发中注重高质量高水平建设与运营，气田人均产值达到埃克森美孚、BP、壳牌等国际大石油公司水平，形成了可供借鉴的油气行业提升效率新模式，对推动行业高质量发展起到示范引领作用。同时，安岳气田开发形成了集中力量突破"卡脖子"技术与装备，根据国家统计局中国经济景气监测中心统计分析结果，每生产 $1m^3$ 天然气带动相关产业链对地区 GDP 的贡献约为 8.6 元，即可认为天然气对 GDP 的拉动率为 1:8.6，对国民经济贡献 5628 亿元。推动了科技、改革、政策等各领域释放潜能与激发活力，管理运营不断优化，政策环境持续向好，形成改革发展新动能。

4. 推广应用前景

四川盆地深层碳酸盐岩气藏资源潜力巨大，近年来在川西下二叠统、蓬莱气区震旦系也不断取得勘探新突破，是四川盆地未来常规天然气持续上产的重要领域之一，项目形成的相关技术具有很好的推广作用，有效支撑了川西下二叠统栖霞组气藏高产井模式的建立，2021 年底累计投产井 11 口，建成年产 $10 \times 10^8 m^3$ 的生产规模，累计产气 $19.2 \times 10^8 m^3$。

四、知识产权成果

四川盆地深层碳酸盐岩大型天然气田开发技术研究过程中申报《基于二维统计特征

的测井曲线校正方法和装置》《一种古地貌的恢复方法及装置》等发明专利 10 项，授权 6
项；申报《气藏水侵物理模拟实验装置》《用于评价储层流动下限的装置》等实用新型 2
项，均已授权；登记《弹性波动方程地震正演模拟软件》《深层碳酸盐岩气藏气井产能分
析与预测软件》等软件著作权 8 项；撰写《中国海相碳酸盐岩气藏开发理论与技术》等
论著 2 部；发表《缝洞型碳酸盐岩气藏多层合采供气能力实验研究》等论文 21 篇；"寒
武系特大型低孔碳酸盐岩气藏整体高效开发的理论与关键技术创新"成果荣获 2018 年度
四川省科技进步奖一等奖，"安岳气田超深低孔复杂岩溶型气藏高效开发关键技术及规模
化应用"成果荣获 2021 年度中国石油天然气集团有限公司科技进步奖一等奖，修订行业
标准《气田开发调整方案编制技术要求》1 项并荣获中国石油和化工自动化应用协会优秀
科技标准二等奖（表 3-8-4）。

表 3-8-4 知识产权成果统计表

知识产权类型	论文 / 篇	专著 / 部	专利 / 件	软件著作权 / 件	省部级科技进步奖 / 项	行业标准 / 项
知识产权数量	21	2	10	8	3	2

第九节 库车坳陷深层—超深层天然气田开发技术与示范工程

一、立项背景、问题与挑战

1. 深层—超深层气藏开发初期现状

21 世纪以来，全球范围内发现裂缝性砂岩气藏有近百个，占所有天然裂缝性油气藏
的 16%，而超深超高压气藏（埋深＞6000m，地层压力＞103MPa）约有数十个，主要集
中在美国中部地区、墨西哥湾和巴西盐下盆地等地区。国外已经成功开发了一批深层大
气田，如美国西内盆地 Mills Ranch 气田、墨西哥湾近海浅水区的 Davy Jones 气田等，形
成了比较成熟完善的超深层气藏开发技术体系。

"十五"期间，在我国西部塔里木盆地库车坳陷克拉苏构造带的东段，深层—超深层
天然气勘探获得重大突破，并高效建成我国储量和产量规模最大的整装高压大气田——
克拉 2 气田，直接促成了我国"西气东输"工程的建设。在克拉苏构造带的中段和西段，
又相继发现了克深、大北、博孜等超深层（埋深＞6000m）气藏群，据第三次资源评价，
深层—超深层天然气资源量为 $3.16 \times 10^{12} m^3$，占塔里木盆地总资源量的 39.70%，勘探开发
前景广阔。截至 2007 年底，累计探明天然气地质储量 $5400 \times 10^8 m^3$，克拉 2 气田已建成年
产天然气 $107.3 \times 10^8 m^3$ 的生产基地，大北气田 2007 年部分探明，设计建成 $10 \times 10^8 m^3/a$ 试
采区。

与国外气田相比，库车坳陷超深层气藏高温高压、基质致密、高角度裂缝普遍发育，
气水关系复杂，气田效益建产面临钻井周期长、地表地下双复杂构造断裂落实及裂缝预

测困难、稀井网储层精细描述难度大、气井产能和开发规律认识不清、超深超高压气井井下动态监测资料录取难、高压气井安全生产风险大、储层改造工艺不配套等一系列世界级技术难题和挑战，国内尚无开发先例。

2."十一五"至"十三五"期间国家重大专项攻关情况概述

为了尽快推进西部大开发，促进中西部经济协调发展，为"西气东输"工程提供充足的气源保障，国家科技部在2008年启动的"大型油气田及煤层气开发"国家科技重大专项中，设置了三期示范工程和两期科技攻关项目。

中国石油塔里木油田分公司牵头承担了三期示范工程"塔里木盆地库车前陆冲断带油气勘探开发示范工程""塔里木盆地库车前陆冲断带油气开发示范工程"和"库车坳陷深层—超深层天然气田开发示范工程"，中国石油集团科学技术研究院牵头承担了两期科技攻关项目"天然气藏开发关键技术"和"复杂天然气藏开发关键技术"。项目与示范工程紧密结合，通过十五年持续科技攻关（表3-9-1），不断突破关键核心技术，强化成果推广应用，经济和社会效益显著。

"十一五"期间，攻关形成了宽线＋大组合地震采集与处理技术、山前高陡构造防斜快打垂直钻井技术、高压气井井底有缆测试技术、超高压气井高效完井技术等8项特色技术，超级 ^{13}Cr 油管实现国产化，填补了国内空白，超高压气井一次完井成功率95.6%，深层高压气藏高效开发技术迈入国际领先行列，超深层天然气开发保持国内领先水平。

"十二五"期间，攻关形成了复杂山地宽方位较高密度三维地震采集技术、连续循环空气钻井技术、超高压气井投捞式压力监测技术、巨厚裂缝性致密砂岩储层缝网改造技术等9项关键技术，国内首次实现井深7000m、温度175℃、油压85MPa、p_r 大于100MPa测试成功，缝网改造单井产能提高到 $54.6 \times 10^4 m^3/d$，深层—超深层天然气开发继续保持国内领先水平，部分达到国际领先水平。

"十三五"期间，攻关形成了山前超深盐下大斜度井钻井技术、油管柱失效控制和井完整性管控技术、超深裂缝性致密砂岩储层精细化改造技术、裂缝性低孔砂岩气藏精准布井技术等9项关键技术，开发井钻井成功率、产能到位率不断提高，高效井比例由52.2% 提至94.3%，成果整体达到了国内领先水平；形成了高压有水气藏开发优化技术和控水治水提高采收率配套技术，支撑克拉2气田高效开发和开发调整，气藏采收率提高5% 以上，支撑大北—克深超深层气田群 $100 \times 10^8 m^3/a$ 以上规模持续上产，持续引领我国深层—超深层气藏开发水平保持国内领先地位。

二、研究进展与理论技术成果

1.超深层裂缝性气藏"孔—缝—断"多尺度介质渗流理论

1）矿场监测压力传导及恢复特征

为准确评价库车坳陷深层—超深层气藏开发动态特征，攻关形成超深超高压气井投捞式温压监测技术，成功录取了大量井间干扰及压力恢复等关键资料。测试资料分析表明，超深裂缝性低孔砂岩气藏内井间干扰严重，干扰信号十几分钟内能够影响到

表3-9-1 库车坳陷深层—超深层气藏开发技术进展

示范工程	"十一五"期间 塔里木盆地库车前陆冲断带油气勘探开发示范工程	"十二五"期间 塔里木盆地库车前陆冲断带油气开发示范工程	"十三五"期间 库车坳陷深层—超深层天然气气田开发示范工程
主体技术体系 前陆冲断带复杂山地地震勘探技术	宽线+大组合地震采集与处理技术，国际领先	复杂山地宽方位较高密度三维地震采集技术，国际领先	基于波动方程地震正演与成像分析的高密度观测、基于卫星授时单点高密度采集技术，国际领先
	叠前深度偏移成像三维观测与处理技术，国际先进	基于起伏地表的各向异性叠前深度偏移技术，国际领先	"真"地表TTI各向异性叠前深度偏移成像技术，国际先进
复杂地质条件下的提速增效和安全钻井技术	山前高陡构造防斜打快打直垂直钻井和空气钻井技术，国际先进	连续循环空气钻井技术、涡轮+孕镶钻头提速技术，国际领先	多棱齿等新型非平面齿PDC钻头，国际领先
	山前7000m复杂超深井钻井技术，国际先进	复杂深井井身结构优化设计技术，国际领先	山前超深盐下大斜度井钻井技术，国际领先
超深超高压高温气井及储层改造技术	超高压气井高效完井技术，国内领先	超深超高压高温气井完井选材与质量控制技术，国内领先	油管柱失效控制技术和井完整性管控技术，国内领先
	深层高温高压储层改造技术，国内领先	巨厚裂缝性储层缝网改造技术，国内领先	超深裂缝性致密层精细化改造技术，国内领先
异常高压气藏动态监测及评价技术	裂缝性应力敏感性气藏产能评价技术，国内领先	高压有水气藏动态评价、描述及预测技术，国内领先	超深层裂缝性气藏"孔—缝—洞"多尺度介质渗流理论，国内领先
	高压高产气井井底有线测试技术，国内领先	超高压气井投捞式压力监测技术，国内领先	高压气藏井口—井下一体化动态监测，国内领先
		超深层气藏精准布井技术，国内领先	裂缝性低孔砂岩气藏精准布井技术，国内领先
攻关成效 天然气地质储量	新增探明储量 $2050 \times 10^8 m^3$	新增探明储量 $6897 \times 10^8 m^3$	新增探明储量 $4435 \times 10^8 m^3$
天然气产能和产量	新建产能 $50 \times 10^8 m^3/a$，2010年天然气产量 $159 \times 10^8 m^3$	大北—克深新建产能 $68.92 \times 10^8 m^3/a$，2015年天然气产量 $231 \times 10^8 m^3$	新建产能 $71.87 \times 10^8 m^3/a$，2020年天然气产量 $254 \times 10^8 m^3$

相距 1km 左右的邻井，部分区块甚至相距 10km 以上的两口井间的干扰信号响应时间仅为 7～10h，井间渗透率为达西级，连通性好，压力传播早期以裂缝传播为主，在短时间内波及整个裂缝系统，但基质系统向裂缝供气能力有限，造成压力、产量递减快现象。裂缝性低孔砂岩气藏渗流复杂，表现为断层、裂缝、基质不同尺度介质间"逐级动用、流动耦合叠加"的特征。压力恢复双对数曲线后期均出现变平趋势，产生了基质径向流特征，PPD 导数曲线后期变为一条水平线，正常情况下该曲线应随时间逐渐降低。裂缝和断层是主要的渗流通道，而基质是主要的储集空间，由于基质物性致密，存在供给不足的现象。采用常规的双重介质试井模型无法实现其渗流特征的正确表征。

2）"孔—缝—断"多尺度介质气体渗流及试井模型建立

根据库车坳陷多尺度断裂发育且强非均质性特点，形成了裂缝和断裂系统离散非连续性表征方法，精细刻画了不同渗流介质间的流动特征，解决了以往渗流模型在理论上的局限性，建立了"孔—缝—断"多尺度介质复杂地质模式下的试井解释模型，实现了试井资料的合理解释评价。模型假设如下：（1）原始储层中存在三种多尺度介质，分别为基质、裂缝和断层；（2）流体在裂缝和断层中的流动为一维流动，在基质中的流动为二维流动，裂缝和断层均为有限导流裂缝，但导流能力各不相同；（3）忽略气体滑脱效应，考虑气体流动为单相渗流，且满足达西定律；（4）气体压缩系数、黏度、偏差因子等高压物性参数随压力变化而变化，考虑井筒储存效应和表皮效应。对裂缝和断层中流体流动进行降维处理，使裂缝、断层成为一维线单元，储层为二维三角单元。基于混合单元有限元方法对模型进行求解，将整个计算区域划分为流体发生二维流动的基质区域、流体发生一维流动的裂缝区域、断层区域 3 个部分。在求解数学模型时，利用 Galerkin 加权余量法推导出基质和裂缝、断层单元的有限元计算格式，根据有限元计算格式建立求解矩阵。

3）高温高压气藏气水两相渗流物理模拟方法及装置

超深超高压裂缝性砂岩气藏孔喉配置等微观特征更加复杂，流体性质也与常规气藏差异大，采用常规室温低压条件下测得的相渗曲线结果可能与实际偏差较大。为此，创新开展了模拟地层条件下气水相渗测试，首次研制了高温、超高压全直径岩心的渗流驱替装置（压力 200MPa、温度 200℃），建立了考虑气—水相互作用的高温高压气水相渗测试方法，将实验装置的温度、压力分别达到地层条件（温度 160℃、压力 116MPa），实验过程中严格控制生产压差在 2～6MPa 之间，保持装置围压不小于地层压力 + 生产压差 +（0.5～2）MPa，模拟地层条件下水驱气气水两相渗流规律，为超深层裂缝性气藏渗流理论研究奠定基础。

4）超深层裂缝性气藏复杂介质气水两相渗流规律

根据高温、超高压全直径岩心的渗流驱替装置和气水两相渗流物理模拟方法，开展了常温条件和高温高压条件下基质岩心与裂缝岩心水驱气相渗对比实验。结果表明：地层条件下气水相渗曲线左移，即相同岩心在高温高压条件下测得的束缚水饱和度低、残余气饱和度高；相同饱和度下水的相对渗透率上升更快、气的相对渗透率下降更快，束缚水饱和度下气的相对渗透率和残余气饱和度下水的相对渗透率都较高；驱替效率较小；水的渗流能力提高较快。由于裂缝发育的复杂性，带裂缝岩心的相渗曲线与渗透率的相关规律性总体较差。地层条件下，裂缝岩心残余气饱和度偏高，驱替效率普遍偏低，且渗透率越高，其水驱效率越低；裂缝与基质渗透率比值越大，气相相对渗透率下降越快，水相相对渗透率上升越快，共渗区越窄，驱替效率越低。

5）超深层裂缝性低孔砂岩气藏开发机理与技术对策

库车坳陷超深裂缝性气藏渗流机理非常复杂，常规的数值模拟技术难以正确表征裂缝存在下导致的非均匀水侵，以及更严重的"水锁"效应等现象，开发指标预测符合度低。通过攻关，采用非结构化网格划分等方法，形成了离散裂缝网络建模技术，建立了"孔—缝—断"多尺度介质下气水两相流动模型和求解方法，实现了不同尺度介质间渗流的准确计算和表征。根据库车山前不同构造样式下断裂发育特征及规律，将裂缝性有水气藏的断裂发育特征分为裂缝欠发育型、裂缝均匀发育型、大裂缝发育型三种主要类型，明确了不同断裂发育模式、不同水体能量大小、不同采气速度下的水侵特征、气藏开发规律及对气藏采收率的影响，为该类气藏合理开发技术政策研究奠定了基础。

2. 超深层裂缝性气藏静动态表征与三维地质建模技术

1）裂缝性低孔砂岩储层描述技术

超深层储层基质具有沉积背景复杂、砂体岩相变化快、成岩作用复杂、储层非均质、储层孔喉细小的特点，针对成岩压实和构造挤压双重作用下裂缝性低孔砂岩储层表征，构建了宏观岩相预测与微观孔喉表征为一体的裂缝性低孔砂岩储层描述技术。宏观岩相预测主要以露头原型模型为指导，通过建立辫状河（扇）三角洲前缘水下分流河道砂体及夹层地质知识库，来指导巨厚砂岩井间对比与基质储层岩相模型的建立。微观孔喉表征主要是在传统孔隙结构研究技术基础上，通过集成铸体薄片、场发射扫描电镜（FESEM）、激光共聚焦扫描（LSCM）、聚焦离子束扫描电镜（FIB—SEM）、ICT 扫描、纳米 CT 等连续多尺度储层表征技术，并创新应用"多转速离心下的高频、短回波间隔核磁共振 + 高压压汞"联测实验，将储层微观特征描述由原来的定性、半定量转变为定量化和图像化，实现了裂缝性低孔砂岩基质储层孔喉特征、分布及孔喉配位关系的定量表征，孔喉配置关系识别精度由 100nm 提高至 10nm，并建立了裂缝性致密砂岩储层评价实验方案和技术规范。

2）多资料多尺度裂缝静动态表征技术

超深层储层裂缝由于经历构造运动期次多、构造挤压强烈，演化发育规律复杂，呈现"多期、多尺度、多组系、多产状"的特点，为全面评价多期多尺度裂缝发育特征，攻关形成多资料多尺度裂缝静动态表征技术，包括三维激光扫描数字露头裂缝描述、岩心观察及工业 CT 裂缝扫描、镜下微裂缝描述、岩电结合成像测井裂缝识别与有效性评价、裂缝试井及钻井液漏失量评价等。应用该技术对克深、大北等多个典型气田的裂缝进行表征，总结出库车超深层发育"单断叠瓦"和"双断突发"两种构造样式，不同构造样式的裂缝发育规律不同。逆冲叠瓦构造的应力比较集中，纵向上分层现象明显，应力、物性差异大（应力差值 10～15MPa、孔隙度差值 1.5%～2.5%），裂缝性质变化明显，从上到下分别为高角度张性缝→张剪缝→低角度剪切缝，而突发构造由于应力释放、纵向上分层现象不明显，应力、物性差异小（应力差值 0～5MPa、孔隙度差值 0～1.0%），裂缝性质无明显变化，发育高角度张剪缝。

3）超深层裂缝性气藏基质—裂缝复杂网络三维地质建模技术

库车山前气藏储层基质致密，断裂裂缝发育，裂缝成因复杂，裂缝控制因素多样且分布非均质，具有明显的"孔—缝—断"多重介质特征，针对常规气藏建模技术难以准确表征超深层裂缝型气藏储层基质与裂缝特征的问题，攻关形成超深层裂缝性气藏基质—裂缝复杂网络三维地质建模技术。基质孔隙建模采用基于"泥质夹层"目标的基质岩相模拟及相控属性随机模拟技术；断层与大尺度裂缝建模主要采用确定性离散裂缝网络建模技术，通过地震 Structure Cube、Thomsen 各向异性、蚂蚁体等多属性融合技术识别断层及大裂缝，并以此为几何约束剖分非结构网格，进行高精度确定性原样建模，准确描述大裂缝和断层的强非均质性；中小尺度裂缝主要采用基于曲率体、与断层距离体等多属性体约束下的裂缝随机建模方法，对该尺度裂缝进行双孔双渗等效，将相关参数等效至裂缝网格。

3. 超深层异常高压气藏流体识别与描述技术

1）超深层异常高压气藏流体识别技术

库车山前裂缝性致密砂岩储层气藏由于地质特征复杂，依据常规测井技术手段难以实现含水含气饱和度高低的定性判定（如通用的阿尔奇公式等），造成实际完井测试定性结果与测井解释气水层结果吻合率低。通过探索攻关形成碳酸盐胶结物碳同位素气水层识别新技术，并建立了克深 2 区块、克深 5—大北和克深 8—克深 9 三个区块气水层识别模板，根据该模板对克深、大北区块 13 口井进行气水层识别，识别结果与测试结果吻合程度高达 90%。碳酸盐 C、O 同位素气水层识别原理：气藏储层中的碳同位素会在碳酸盐矿物和天然气之间进行置换作用，前者碳同位素明显比后者中的碳同位素重，如果岩石中含气饱和度越高，有机碳置换作用就会越强烈，碳酸盐胶结物中的碳同素就越轻，所以理论上气层中的碳酸盐胶结物碳同位素要比水层明显偏轻。

2）超深层气藏气水分布主控因素与分布模式

超深层气藏宏观气水分布受控于裂缝发育程度和气柱高度，裂缝越发育，气柱高度越高，储层含气性整体越好。微观气水分布主要受储层孔隙结构控制：大孔隙—大喉道型储层气驱水效率高，束缚水饱和度低且主要赋存于小孔隙中；大孔隙—小喉道型储层气驱水效率降低，束缚水饱和度较高，受小喉道控制的大孔隙可以残留部分水，成为束缚水的重要组成部分；小孔隙＋小喉道型储层水最不易被驱替，含气性最差。明确裂缝性致密砂岩气藏存在裂缝、基质两套气水系统，依据裂缝发育模式及其与基质的配置关系，总结超深层气藏主要发育大裂缝型和缝网型两种气水分布模式：缝网型裂缝缝网均质发育，气水过渡带较薄不易识别，具有近似统一的气水界面，典型气藏克深 8、大北；大裂缝型局部发育高角度裂缝，气水界面高低不同，无统一气水界面，存在较厚的气水过渡带，典型气藏克深 2。

3）超深层有效储层识别与划分技术

超深层有效储层发育主要受控于微相—岩相、构造挤压和溶蚀作用，相对优质储层的储集空间由裂缝、残余粒间孔和溶蚀孔隙组成，发育于弱构造挤压带与水下分流河道叠合区。根据岩性、孔隙结构、缝—孔—喉配置特征等多项参数制定不同区块的储层评价标准，将储层划分为Ⅰ—Ⅳ类储层，总体上克拉苏气田储层分为Ⅰ、Ⅱ、Ⅲ、Ⅳ类，其中Ⅰ、Ⅱ、Ⅲ类为有效储层，Ⅳ类为非储层。

4. 深层—超深层异常高压气藏产能评价技术

1）复杂缝网气水两相产能方程建立

天然裂缝型气藏与常规孔隙型储层不同，它由基质和裂缝系统组成，低孔高渗的裂缝系统是流体的主要渗流通道，而高孔低渗的基质系统是气的主要储集场所，其孔喉结构和气水两相渗流机理与常规孔隙型气藏存在明显差异。裂缝—孔隙型边底水气藏的特点是，具有边底水，基质渗透率低，裂缝发育，所以该类气藏普遍存在着快速水侵的风险。在采气过程中，气井生产早期，应力敏感对井底压降和稳产期的变化规律影响不大；但是在气井生产中后期，由于地层压力明显减小，导致有效应力增加，从而引起储层渗透率损失变大，应力敏感作用增强，窜流系数越小，应力敏感对井底压降的影响越早表现出来，对稳产期的影响也就越大。根据超高压裂缝性气藏的不同裂缝分布模式，建立四种不同的物理模型，并由渗流理论推导相应产能方程，可得不同裂缝模式下的气井 IPR 曲线，从而预测气井产能：（1）裂缝—基质型，地层水先经过大裂缝储层再经过基质储层流入井底；（2）基质—裂缝型，地层水先经过基质储层再经过大裂缝储层流入井底；（3）裂缝型，高角度大裂缝直接将井底与水体连通，地层水经过大裂缝储层直接侵入井底；（4）裂缝—微裂缝型，地层水经过微裂缝储层流入井底。

2）深层—超深层异常高压气藏优化配产技术

裂缝性气藏开发过程中如果气井与边底水之间存在裂缝沟通，边底水会沿裂缝快速向井筒突进，同时水在裂缝运移过程中，储层基质会渗吸一部分水，基质渗吸水后减少或封堵气相渗流通道，从而增加储层基质气相渗流阻力，降低气藏稳产能力和最终采出程度。因此，为了延长裂缝性有水气藏无水采气期、提高气藏采收率，需要优化气藏配产，实现防水、控水的目的。边底水发育对气藏开发具有双重影响，一方面可以弥补因采气过程中压力下降而损耗的地层能量；另一方面由于裂缝的沟通和输导作用，容易发生快速水侵，严重影响气田开发效果。因此，在气田开发过程中需要在两者之间建立一种动态平衡，合理优化气田采气速度，控制合理压降，延缓水侵速度，以实现气藏控压控水。气井水侵具有不可逆性，采气速度过快，气井弹性产能下降明显，严重制约气藏高效开发，因此在开发早期应该严格控制采气速度。对于大北、克深 2、克深 8 裂缝—孔隙型气藏，基质致密，具有一定厚度的气水过渡带，裂缝非均匀水侵严重，边底水沿裂缝快速水侵，开发过程中需要根据水侵前缘动态不断优化采气速度，同时考虑裂缝分布、水体能量等因素进行差异化气井配产，实现气井与气藏之间动态均衡开发。构造高部位见水气井按照临界携液流量配产带水生产，降低裂缝水窜风险；无水采气井兼顾气藏采气速度进行合理配产，延长气井无水采气期。针对库车坳陷克深 8 气藏，高部位压差小于 6MPa，高配产；低部位小压差 2～3MPa，低配产，以实现气藏均衡开发。

3）异常高压裂缝性有水气藏动态储量评价技术

动态储量一般是指在现有工艺技术和井网开采方式不变的条件下，以单井或气藏的产量和压力等生产动态数据为基础，用气藏工程方法计算得到的当气井产量降为零和波及范围内的地层压力降为 1 个大气压时的累计产气量。对于裂缝性有水气藏，特别是异常高压裂缝性致密砂岩边底水气藏，动态储量评价的难点主要包括异常高压气藏岩石压缩系数确定困难且随压力变化；边底水存在时存在能量补充问题，影响动态储量评价结果的准确性；基质致密、裂缝发育，基质向裂缝内的气体流动复杂，存在基质供气补充能量问题，同样影响动态储量评价结果的准确性。考虑裂缝性气藏存在水体与基质供气两个因素，建立动态储量评价方法，应用压缩系数修正方法解决压缩系数难以准确确定且随压力变化的问题，通过简单、稳定的线性回归得到较准确的结果。

4）超深层裂缝性气藏水侵动态评价技术

在高压气藏动态储量的物质平衡分析方法分析基础上，建立超深层裂缝性气藏水侵动态评价模型和动态预测模型，评价不同阶段水体活跃程度、水侵量与水侵前缘推进速度，结合气井产水特征，确定水侵路径，为治水政策制定提供依据。形成了生产指数、压力曲线和氯根含量变化的水侵预警综合判别技术，支撑气井见水后综合治理措施的制定。对有水气藏物质平衡方程解剖分析，建立了水侵体积系数（B）与采出程度（R）的关系式，采用水侵常数（B）表征水侵强弱程度，当 $1.0 < B < \infty$ 时，气藏为一般性水驱气藏；B 值越小水驱强度越强；当 $B \geq 4.0$ 时，水侵对气藏开采的影响程度可忽略。对目前库车坳陷已开发的三个区块克深 2、大北、克深 8 进行水侵评价，静态水体倍数为 3～4 倍，动态水体倍数为 2～3 倍，水侵替换系数为 0.2～0.3，属于次活跃水体。

5. 高压超高压裂缝性气藏动态监测技术

1）超深超高压气井投捞式温压监测技术

克拉苏深层气藏埋藏深度达 8000m，地层温度超过 190℃、地层压力可达 144MPa，井筒状况复杂，资料录取难度大。通过持续攻关完善，目前已形成一套适用于超深超高气井投捞式温压监测技术规范，在超深超高压气井推广应用超过 200 井次，实现 8000m 井深、井下 110MPa、180℃条件下井下温压资料安全、准确录取，打破了国内气田安全测试井深纪录、最大承压纪录和最高耐温纪录。

2）超深超高压气井产气剖面监测技术

克深气田除高温高压外，还存在生产管柱内径较小、井筒积砂结垢等问题，对仪器的耐温压、抗腐蚀、最小通过能力、最大作业深度均有较高要求，现有产气剖面测井仪器和工艺不能满足需求。通过优选和改进测试仪器、电缆、井口防喷设备及工艺流程等方面，实现了超深井产气剖面资料的准确录取。测井电缆选用美国罗杰斯特 31MO 型和

S75 型单芯防硫电缆，其中 31MO 型电缆外径 6.32mm、破断拉力 25.4kN，S75 型电缆外径 5.66mm、破断拉力 21.3kN，这两种型号电缆抗腐蚀性强，电缆耐用性能较好，能满足测试需求。选用 ELMAR 进口 105MPa 井口防喷设备，设备耐压指标为 15000psi、通径 3in、FF 级防硫化氢级别。超高压气井产气剖面测井仪选用目前国际上较先进的 Sondex 生产测井仪。其 $\phi35mm$ 的八参数测井仪，仪器外径 43mm/35mm，耐温 177℃、耐压 140MPa。测试过程中，为平衡井口高压需要较长的仪器串及带来的遇阻遇卡风险，在加重杆之间加上适宜的柔性短节，有效降低了相关风险，在控制头底部加了一个除砂装置，有效降低了发生工程事故的概率。目前该技术已在 KeS2-2-10、KeS8-5、克深 203、克深 801、克深 242 等多口超深井应用，录取了可靠的产出剖面资料，为气藏储层动用状况、气水运移规律研究打下了基础。

3）时移微重力气水界面监测技术

时移微重力气水界面方法不仅能定性确定气藏主要水侵的位置和数量，且可以得到气水界面的抬升细节，从整体上监测气水界面的变化及边底水抬升情况，是单井饱和度监测方法的有效补充。地球表面的任何物体都受到地球重力的作用，重力的变化与地下物质密度分布不均匀有关。对于有水气藏，采用高精度的重力仪，通过监测气藏内由于气水运移的不均匀导致的重力值变化或重力异常，可反演重力变化量，得到气藏相应的气水界面抬升高度，为开发动态分析等研究提供依据。当原始气藏未开采时，其产生的重力场为曲线 1，开发一段时间后，气水界面不均匀抬升，测得重力场曲线 2，曲线 2 和曲线 1 间的差异得到曲线 2-1，利用该曲线反推气藏内气水界面的抬升情况。世界首例水驱储藏地面时移重力监测是在美国的阿拉斯加普拉德霍湾实施，用于监测该油田气顶注水，通过多次重力和 GPS 数据现场采集，证实在足够低的噪声水平下可获得真实的时移重力数据，可正确监测到注入水的流向。国内在涩北 2 气田、辽河油田 84-61-59 超稠油油藏有应用。克拉 2 气藏分别于 2017 年度、2019 年度进行微重力数据采集，共完成物理点 5558 个，其中坐标点 1292 个、稳定微重力基点 13 个、微重力基点 41 个，监测面积 122.1km²，各项指标优于设计要求。制定和形成了克拉 2 时移微重力监测处理解释流程图，形成时移微重力地形沉降改正、等效源去噪、处理和反演等配套技术，有效解决了深层气藏时移微重力信号的提取和反演问题。

6. 超深超高压气藏开发优化设计技术

1）裂缝性低孔砂岩气藏精准布井技术与布井模式

库车坳陷深层—超深层气藏具有地表地下双复杂构造、强地应力、强非均质性等特点，构造幅度、断裂组合、裂缝空间预测难度大，严重制约气藏开发井位部署。为实现精准布井和高效开发，在气藏构造、储层精细描述基础上，建立了超深裂缝性低孔砂岩气藏精准布井技术系列：（1）创新设计真三轴应力敏感性物理模拟实验，准确获取应力变化下裂缝渗透率的各向异性变化特征，明确了裂缝渗透率受控于地应力状态，其导流能力与裂缝面所受剪应力及正应力有关（即裂缝活动性）。通过定义裂缝活动性指数，建立了地应力控制产能的数学模型，明确了超深复杂气藏地应力控制裂缝活动性进而控制产能的机理。（2）创新形成了应力—应变耦合的三维地应力场模拟和裂缝预测技术，提高了地应力和裂缝分布的预测精度，明确了有效裂缝"甜点区"分布规律，建立了突发构造、逆冲叠瓦两种典型构造样式下的高效布井及井深优化设计原则：突发构造布井原则为"占高点、沿长轴、避杂乱、避边水"，叠瓦冲断构造布井原则为"占高点、沿长轴、打前锋、避低洼、避杂乱、避边水、避叠置"，筛选"构造落实、有效裂缝发育和避水条件好"的区域部署。（3）建立了裂缝性致密气藏压力波前缘追踪方程，通过求解压力波前缘传播时间及控制半径，进一步量化评价单井控制体积及其变化规律，优选布井潜力区，由面积布井转变为沿轴线高部位集中布井，确保了少井高产和稳产。

2）高温高压井完整性设计与控制技术

研发了首套超高压国产化无顶丝140MPa套管头，配套了140MPa气密封套管，形成了二级井屏障等强度设计技术，已在克深等超高压区块试验推广；系统开展室内评价，结合不同材质现场应用情况，明确了不同环境下油管的材质级别，建立了油管选材图版；创新建立了高温高压气井超级 ^{13}Cr 油管应力腐蚀开裂评价方法，确认了不耐钻井液和氧气污染的磷酸盐完井液是超级 ^{13}Cr 油管断裂的主要原因，优选了适用于高温高压气井的甲酸盐完井液，并制定了相应的质量控制和现场应用企业标准，有效解决了管柱断裂问题；攻关形成了以声波+电磁为核心的多物理场协同的泄漏检测技术，具有检测"微小泄漏、多点泄漏、套后窜流、环空液面以下泄漏点"的能力；以构成环空各组件的安全性评价为基础的环空压力确定方法，解决了气井环空压力如何控制的难题，风险评估及分级管理解决了气井风险如何管控的难题，据此开发了井完整性管理与评价系统，保障了高压气井安全、可控。

3）裂缝性低孔砂岩储层精细化改造技术

创新形成"远探测声波+地质力学裂缝"三维建模方法，将井周储层裂缝认识范围由3m以内扩展到300m以外，储层评估更为精细；研发了关键机械分层工具和暂堵材料，配套了机械硬分层与暂堵分层相结合的改造工艺，实现了厚储层笼统改造向精细改造转变，改造后单井无阻流量提高5倍；分析了最大主应力方位与天然裂缝走向的夹角对改造效果的影响规律，明确了改造提产的主控因素，通过优选"滑溜水+冻胶"液体组合、小粒径支撑剂，实现了更多更小天然裂缝的激活，改造后平均单井无阻流量提高5倍；初步明确了裂缝发育储层加重钻井液污染机理，提出"重晶石解除+加砂压裂"复合复产工艺，实现近井原生通道恢复和远井裂缝带激活、连通，产能恢复率最高达153%。

4）超高压有水气藏控水治水技术对策

建立了裂缝性低孔砂岩气藏高温高压条件下全直径岩心水侵物理模拟实验方法，模拟了地层条件下气水两相渗流规律和水驱气效率，揭示了多尺度介质下气水两相渗流机理，证实地层水在断层、裂缝网络中非均匀快速突进，造成气藏分割、形成"水封气"，采收率降低；动静结合，以动补静，建立了裂缝性气藏四种储层模式，明确了不同模式下水侵特征及试井动态特征；提出了超深层气藏控水治水技术政策，在构造高部位相对集中布井，采取温和的速度开采控水，充分利用天然能量早期排水、整体治水，力争依靠一次井网，在开发早、中期提高采收率，在气藏开发后期采取"高控低排、边部强排"的治水开发对策，有效降低了裂缝性气藏非均匀水侵影响。以大北 12 气藏为例，若在构造的边部部署排水井，投产即排水，预测见水后再排水采收率要提高 5.7%。

三、示范工程与应用成效

通过"十一五"至"十三五"期间持续探索和科技攻关，不断创新深层—超深层天然气藏勘探开发理论和特色技术，突破天然气勘探开发深度界限，创立稀井高产天然气藏开发模式，库车坳陷深层—超深层天然气实现规模高效开发，天然气储量和产量逐年攀升，高效建成克拉 2 超高压气田高效开发和大北—克深超深层超高压气藏效益建产两个示范基地，为我国"西气东输"工程提供充足、稳定的气源保障，促进东西部经济协同发展，具有重要的经济价值和社会价值。

1. 克拉 2 气田高效开发示范基地

克拉 2 气田是我国首个整装高压超大型气田，是"西气东输"的桥头堡。通过攻关，集成创新了超高压气藏安全高效开发技术系列。建立了裂缝性应力敏感砂岩气藏产能评价方法，研制了应用软件，支撑了气井合理开发指标和开发技术政策制定；创新了高压特高产气井井底有缆测试技术，形成了动态监测资料录取和解释方法，填补了国内空白，实现了规模化推广应用，为气藏科学开发和调整提供可靠依据；形成了克拉 2 气田防水、控水、治水配套技术及工艺，支撑克拉 2 气田继续稳产 10 年以上，气藏采收率提高 5%以上；综合考虑开采效益、合理配产、整体治水及产量调控等各个方面，形成克拉 2 气田开发优化调整技术，合理调整克拉 2 气田回归合理开发规模，保证克拉 2 气田在满足下游用气的同时能够"科学、合理、高效"地开发。研究成果全面支撑了克拉 2 气田规模稳产和气藏提高采收率，应用效果显著。截至 2020 年底，克拉 2 气田已累计产气 1200多亿立方米，采出程度 51.6%，优化论证合理采气速度 2.25%，采收率可达 65.2%，预测通过高部位剩余气富集区部署水平井和边部排水，可实现年产 $52 \times 10^8 \mathrm{m}^3$ 继续稳产 5年，气藏采收率可提高至 74.5%，打破了传统强水驱气藏采收率 40%～60%的认识，大幅提升气田开发效果和开发效益，是我国超高压气藏高效开发的成功典范。

2. 大北—克深超深层超高压气藏效益建产示范基地

大北—克深气田群是我国首个储量规模超万亿立方米的超深层大型碎屑岩气藏群，成为继克拉 2、迪那 2 气田之后，"西气东输"新的气源保障。通过"十二五""十三五"期间持续攻关，形成了具有国际领先水平的超深层天然气藏高效开发技术系列。基于理论研究和物理模拟试验，深化了"应力—裂缝耦合控产、孔—缝—断协同供气、断缝水窜切割封气"的开发机理认识，创建了"有效裂缝布井夺高产、适度改造扩大天然缝网促高产、早期整体治水保稳产"三大主体开发对策，形成了地质工程一体化快优效益建产开发模式，高效建成我国第一个超深超高压气藏效益建产示范基地。截至 2020 年底，新投产气田 5 个、试采气田 13 个，快速新建产能 $71.87 \times 10^8 \mathrm{m}^3/\mathrm{a}$，开发井钻井成功率、产能符合率均为 100%，高效井比例由 52% 提高到 94.3%，年产气达 $141 \times 10^8 \mathrm{m}^3$，建成"西气东输"又一主力气田，为我国中东部地区输入源源不断的清洁能源。

四、知识产权成果

编制《超高压致密砂岩压汞法毛细管压力曲线测定方法》《超深超高压裂缝性砂岩气藏投捞式试井工艺及试井技术规范》等标准规范21项，申请《地层裂缝发育区带预测方法及装置》《超深低孔裂缝性砂岩气藏布井方法及装置》等发明专利44件，授权21件，申请《高温高压气藏高效开发研究平台》《裂缝性储层渗流能力评价软件》等软件著作权39项，发表《库车前陆盆地克深气田超深超高压气藏开发认识与技术对策》等论文114篇，出版《异常高压气藏开发》《超深层裂缝性气藏开发机理研究及应用》等专著18部，获得省部级奖19项，其中"库车前陆冲断带盐下超深特大型砂岩气田的发现与理论技术创新"荣获国家科技进步二等奖，"克拉苏深层大气区的发现与理论技术创新"获中国石油科技进步特等奖，"克拉苏构造带天然气勘探理论技术创新与规模新发现"获中国石油科技进步一等奖，引领我国深层—超深层气藏开发理论和技术水平不断创新和发展。

第十节　高含硫天然气藏安全高效开发技术与示范工程

一、立项背景、问题与挑战

国内外勘探发现海相高含硫天然气资源量巨大，全球已发现300多个具有工业价值的高含硫气田，储量就超过$9.8 \times 10^{12} m^3$，但高含硫天然气具有剧毒、腐蚀性强的特性，动用难度较大。从20世纪60年代开始，欧美国家成功开发了一批高含硫气田，如法国拉克、俄罗斯奥伦堡和阿斯特拉罕、加拿大卡罗琳、美国麦迪逊等气田，并且建立了较为完善的开发技术及管理体系。21世纪初期，我国相继发现了罗家寨、普光、元坝及铁山坡等高含硫气田（马永生等，2010）。普光气田是国内发现规模最大的海相整装气田，探明地质储量$4122 \times 10^8 m^3$，含气面积$125.08 km^2$，具有"四高一深"的特点，平均井深近6000m，地下压力达到55MPa以上，气藏平均H_2S含量15%、CO_2含量8%，还具有复杂山地、人口稠密、存在边底水等特殊性，国内尚无成功开发先例。如何大规模安全开发利用成为我国能源领域面临的重大挑战和亟待解决的难题。

为了优化我国能源消费结构、促进东西部地区经济协调发展，国务院把以普光气田为主供气源的"川气东送"工程列为国家"十一五"重大工程（何生厚，2010）。该工程为国内首次建设，是自主创新为主的高风险、高难度、极复杂的大型系统工程，需解决四个方面的世界级难题：一是高含硫气藏开发过程中硫析出会导致渗流规律发生重要变化，且考虑礁滩相储层双重介质发育的特征影响，国内对其理论和实践研究均未取得突破性进展。二是高含硫气藏超深、非均质性强，储层开发精细描述、一次性射孔和酸压增产技术难度极大，大规模深度净化和硫黄回收工艺复杂。三是H_2S/CO_2、S、Cl^-共存条件下的腐蚀规律国内外研究甚少，腐蚀控制、监测难度大；硫黄粉尘易燃爆，大规模储运技术难度大。复杂山地、人口密集地区应急救援十分困难。四是早期我国在抗硫管材和装备领域产品相对缺乏，主要依赖进口，国外公司价格垄断，供货周期长，严重制约气田开发。

针对该情况，国家科技部在 2008 年启动的"大型油气田及煤层气开发"国家科技重大专项中，设立了项目"高含硫气藏安全高效开发技术""高含硫气藏安全高效开发技术（二期）""高含硫气藏安全高效开发技术（三期）"和项目"四川盆地普光大型高含硫气田开发示范工程"，中国石化中原油田分公司制定了明确的攻关目标和技术路线（图 3-10-1），牵头联合大型国有企业、科研院所和大专院校组成近万人次的研发团队，从"十一五"到"十三五"期间持续攻关，取得了系列突出成果，使我国成为世界上少数掌握开发特大型超深高含硫气田开发核心技术的国家之一。截至 2022 年 1 月，普光气田累计安全生产天然气突破 $1000 \times 10^8 m^3$。

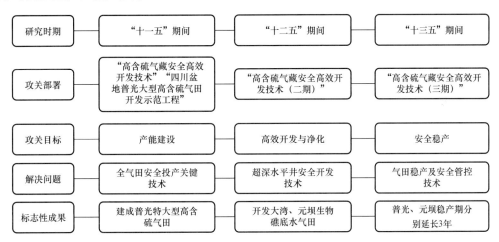

图 3-10-1 "十一五"至"十三五"期间高含硫天然气藏安全高效开发技术与示范工程攻关路线图

二、高含硫气田安全高效开发技术研发成果

1. 气田开发理论及实践

1）高含硫气藏气—液—固相平衡理论模型

结合物理模拟和数学模型，建立了基于状态方程的气—液相热力学模型与以溶液理论为基础的固相热力学模型有机统一的气—液—固三相相平衡模型，形成了酸性混合气体相平衡理论。

（1）酸性混合气体相态研究。

依托西南石油大学油气藏地质及开发工程国家重点实验室，通过升级改造、引进及自主研发，建设了高酸性气藏实验室，利用川东北普光气田普光 2 井井口气样（H_2S 含量 13.79%，CO_2 含量 9.01%，CH_4 含量 76.64%），在 10～55MPa、60～123.4℃ 条件下开展相图、偏差系数、黏度等高压物性参数测试，为相平衡模型的建立提供详实的实验数据。

（2）酸性混合天然气体系气—液—固相平衡模型建立。

在高含硫化氢混合天然气体系中，当压力和温度满足一定条件时会出现气—液—

固三相平衡共存的情况。根据相平衡时混合物各组成同时满足物质平衡方程组和热力学平衡方程组，联立硫沉积的物料守恒方程和热力学平衡方程，建立了描述硫沉积的气—液两相和气—液—固三相相平衡计算模型，与实验测试值对比，符合率达到95%（图3-10-2）。

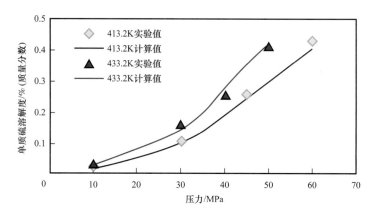

图3-10-2 不同压力下硫溶解度模型计算值与实测值对比曲线

2）高含硫气藏双重介质气—液—固（硫）多相渗流理论模型

高含硫气藏开采过程中，热力学条件的改变致使单质硫在气相中的溶解度降低，当气相的含硫饱和度达到临界值时，单质硫将开始从气体中析出，并在储层孔隙及喉道中运移、沉积，致使孔隙度和渗透率降低（石兴春等，2014）。相比于一般气田，高含硫裂缝性气藏具有复杂的渗流特征，传统渗流理论不再适用，为此采用颗粒动力学方法、气—液—固三相平衡理论模型、基于表面能剩余理论的吸附模型等来计算硫微粒在气流中的运移速度、在酸性气体中的溶解度、在多孔介质表面的吸附量等参数，用以描述多孔介质中硫的析出、运移、沉积、堵塞及固相颗粒（硫微粒）尺寸等因素对高含硫裂缝性气藏渗流的影响，刻画该类气藏复杂渗流动态规律。应用多相渗流理论模型，并耦合流体PVT、相渗模型，研发模拟硫析出、沉积及对储层伤害的开发动态模拟软件模块，对普光气田开发动态及指标进行了模拟预测，指导优化气井生产压差、控制气藏渗流速度，提高携硫能力，减少硫沉积对气藏的伤害，稳产期延长至2020年，采收率提高了6.3个百分点。

2. 高含硫气田开发技术

1）高含硫气藏地质及气藏工程技术

（1）礁滩相双重介质储层精细描述技术。

针对礁滩相储层以微裂缝为主，产状各异，响应特征弱，裂缝识别及预测难度大等突出特点，创新了裂缝测井识别与叠前地震定量预测方法、考虑裂缝因素的储层非均质性评价方法，引入DFN裂缝建模技术，建立了礁滩相双重介质储层三维模型。优选裂缝响应特征明显的深、浅侧向、密度等5条测井曲线，通过多次滤波，放大裂缝响应特征，并去除高孔及泥质影响；经归一化重构为一条反映裂缝发育概率的指数曲线（CFI）。裂缝识别符合率达 81.7%。针对深层、窄方位、弱响应地震资料，创新采用时频域共轭梯度法提高地震分辨率、基于地质统计规律三分方位角定解模型，实现定量预测裂缝密度及方位，符合率达到 80.4%。创新采用渗透率累计频率斜率法评价储层纵向非均质性，解决了裂缝性储层渗透率级差大造成的评价无界性、表征盲点等问题，建立了纵向非均质性定量评价标准。考虑裂缝因素，优选裂缝渗透率、基质渗透率、孔隙度、颗粒岩厚度百分比、隔夹层个数等 5 个参数；采用变异系数法确定各参数权重，计算单井综合指数；采用建模方法建立综合指数数据体，实现储层平面非均质性定量评价。引入 DFN 裂缝建模方法，建立裂缝离散模型；基于流体流动方程实现裂缝系统从几何形态到渗流参数的转换；采用三维 SIGMA 场表征裂缝在基质中的延展，耦合基质与裂缝模型，建立礁滩相双重介质储层三维模型。

（2）高含硫气藏开发方案调整优化技术。

普光气田开发方案按"整体部署、分步实施、跟踪优化"的思路执行，基于新完钻井获取的各项实际资料，深化地质认识，及时优化开发方案，调整井位部署，实现"少井高产"高效开发。

① 气井配产优化。

利用实际完钻的普光 9 井和普光 8 井分别建立边水、底水地质模型，重点研究生产压差、采气速度、气层打开厚度等因素对边底水锥进的影响，指导气井合理配产。为了延缓边水的锥进，延长气藏的无水采气期，不同区域采用不同采气速度开发的配产方式，即：构造高部位边底水影响小的区域采气速度可适当提高，但不宜太高，而边底水影响大的区域采用较低速度开采，以满足气藏稳定生产的要求。底水气井若打开程度过大，则气井见水时间早，无水期采出程度低，底水锥进明显；打开程度过小，虽开发过程中气井无水采气期很长或不见水，但稳产期短。因此，适当控制有底水的气井打开程度，靠近气层顶部层段，打开 30% 左右最佳。为控制和减缓底水锥进，生产压差应控制在 7MPa 以内。

② 气藏分区域差异化采气速度优化。

利用已完钻井的试气资料，确定出各测试段测试条件下和酸压改造后的无阻流量，然后根据测试段无阻流量与地层系数的关系，预测气井全井段（长兴组和飞仙关组气层）酸压后的无阻流量，并综合利用经验公式法、采气指数曲线法和相似气田类比法，初步确定气井按全井段无阻流量的 1/9～1/6 配产，最终采用数值模拟技术确定全气藏各单井的合理产量（孔凡群等，2011）。综合考虑动用储量规模、气田稳定供气及边底水对开发的影响，在单井产量优化调整过程中，结合边底水气井数值模拟研究结果，将构造低部位采气速度控制到 3% 以内以减缓边水锥进，将构造高部位采气速度提高到 6.5%，全区采气速度达到 5.8%，以满足普光气田规模开发的实际需求。

（3）高含硫碳酸盐岩气藏开发动态分析技术。

针对高含硫礁滩相边水气藏存在纵向窜流且受边底水影响的复杂渗流关系，创新了礁滩相厚层状气藏储层动用状况评价方法，建立受硫沉积影响的气井试井数学模型，提出气井临界生产压差计算方法，提高了气藏开发动态规律认识的可靠性。

① 礁滩相气藏储层动用状况评价方法。

以普光气田为代表的碳酸盐岩气藏储层厚度大、非均质性强，生产测试结果反映出储层纵向存在明显的窜流特征，造成气井产气剖面无法代表储层实际动用状况。为此，借鉴砂岩储层动态评价方法，创新提出"渗流特征参数 $F_t=(S_g×CNL)/(GR×电阻率参差比)$"综合表征储层岩性、物性、含气性及微观孔隙结构等特征，区分产出层与非产层；建立渗流特征参数与地层系数双对数关系，结合产剖测试资料确定产出层界限值 F_t 大于等于10；通过建立渗流特征参数三维数据体，实现气藏储量动用状况的三维定量评价，符合率91.5%。

② 高含硫气井不停产试井及解释方法。

随着开发过程中温度和压力下降，高含硫化氢气藏达到临界条件后单质硫将析出、沉积，堵塞流体渗流通道，影响气井产能。考虑气藏析出硫主要沉积在近井附近，划分出硫沉积区和未沉积区两个特征区域，建立以 Warrant—Root 拟稳态窜流模型为基础的双孔介质高含硫气藏渗流数学模型，采用等效半径求解，绘制受硫沉积影响的气井压力恢复试井典型曲线。硫沉积影响导致导数曲线出现两个明显的"凹子"，体现双孔特征，弹性储容比和窜流系数将会对其出现位置和深度产生影响；相应的硫沉积半径由拟合样板曲线得到，为制定相应治硫措施提供理论基础。

③ 边水气藏气井临界生产压差确定。

当气井生产压差超过一定值后，由于部分压力消耗到克服非达西流阻力上，边水区与气井压力梯度增加，会出现气井水侵速度加快的现象。据此提出了非均质边水气藏气井生产压差临界点的概念，即偏离早期近似直线那一点的压差。为防止边水过早突破，气井产量应该控制在临界生产压差以内。通过分析影响边水水侵速度的因素，提出了基于储层渗透率 K、孔隙度 ϕ、储层厚度 h、气井离边水距离 L 四个特征参数的临界生产压差经验关系式

$$\Delta p=0.8291(L\phi h/K)^{0.0889} \tag{3-10-1}$$

2）高含硫气藏钻完井工程技术

（1）高含硫气井钻井和固井技术。

高含硫气井建井过程中面临漏失严重、超临界态导致井控风险大及酸性环境对水泥石腐蚀严重等难题。通过建立考虑腐蚀速率影响的套管柱等效应力计算模型，研究全井综合减应力井身结构设计方法，确定合理钻井液密度安全附加值。建立钻井液高温高压流变调控方法，开发了耐温175℃抗硫低摩阻钻井液体系，优化悬浮稳定性能，提高携砂能力；研制了球形聚合物与双网络凝胶防漏堵漏材料，有效降低了水平段裂缝性漏失，井下故障复杂时效降低32.2%。建立酸性环境下水泥石腐蚀评价实验室，研究 H_2S/CO_2 对水泥石的腐蚀规律，优化耐腐蚀和防气窜添加剂，研发防窜耐腐蚀胶乳水泥浆体系。目的层段固井质量合格率100%、优良率83%。优选胶乳、纳米级惰性填充材料，开发了耐温175℃防气窜、抗 H_2S/CO_2 腐蚀水泥浆体系，研制了碰压关井阀、偏转自导式浮鞋等抗硫固井工具，优化压稳工艺，高含硫水平段固井优良率达87.5%。

（2）高含硫气井完井技术。

综合考虑安全、经济性、产能最优等因素，设计了镍基合金套管+普通抗硫套管射孔完井，酸压、生产一体化管柱投产方式，有效降低了建井成本，避免了储层二次伤害。完井管柱利用永久式封隔器封隔油套环空，封隔器以下井段使用镍基合金套管，封隔器以上井段使用高抗硫管材并加注环空保护液，起到保护封隔器上部套管、延长高含硫气井生产寿命的作用（沈琛，2013）。油管及井下工具均采用合金材质，金属气密封 VAM-TOP 扣型。设计了地面、井下两级安全阀可保障紧急情况下安全可靠关井，配套地面控制系统（ESD）可以分别控制单井和所有气井同时关断。运用节点分析、非线性有限元分析等多种评价方法，根据气井携液临界流量、冲蚀临界流量的计算及管柱尺寸对酸压施工的影响分析，确定了不同内径油管的适用产量范围，一般采用全井 7in 套管，高产井采用 9in 套管悬挂 7in 尾管方式。

（3）高含硫气井射孔技术。

普光气田的主力气层是非均质性很强的巨厚海相储层，Ⅰ、Ⅱ、Ⅲ类储层交互分布，变化较大；气藏发育边、底水，高含硫化氢，钻井液密度高，储层伤害严重。为此，射孔必须以发挥单井产能和气藏产能潜力为目标，同时满足成功率高、作业时间短、起下次数少、耐腐蚀和利于后期改造等要求。研发具有多级延时起爆、传爆功能的铬钼钒合金高抗硫射孔枪，由爆破片深穿透射孔弹、阻尼缓冲式抗冲击安全起爆器、补偿式传爆接头等组成，双向双效多级延时起爆技术首创应用，增强型传爆技术配套研发，解决高含硫气井射孔层位深、井段长及全井段一次性安全射孔的技术难题，创造了一次性射孔段长 1215m 的世界纪录。

（4）高含硫气井酸压技术。

根据高含硫气田的储层巨厚、微裂缝发育、地温高及返排难等特点，进行酸岩反应动力学实验研究，设计了以胶凝酸为主要酸液，同时采用暂堵、多级注入、闭合酸化等多种工艺结合的储层改造工艺。研究酸液滤失机理、酸压工艺实验，建立多级注入数值模拟模型，确定了"多级注入酸压+闭合酸化"模式，有效提高酸蚀裂缝导流能力，实现深度酸压，保障了高含硫气藏超长井段气井的有效改造。研发高强度可降解暂堵剂和清洁型自转向酸，实现多级转向酸压，形成高含硫气井长井段非均质气层重复酸压工艺，Ⅰ、Ⅱ、Ⅲ类储层均匀改造效果作用明显，酸压效果较好，产气剖面改善程度提高。首次采用高强度链环状刚性分子结构的可降解聚酯类材料，研制三种规格的暂堵剂，分别为细粒、纤丝、大粒，可满足酸压暂堵、开启新层的需要。研发了耐高温、无残渣、具有转向功能的清洁转向酸体系，120℃下酸液黏度达 130～275mPa·s。

3）复杂山地集输及特大规模深度净化技术

（1）高含硫湿气集输工艺技术。

高含硫湿气集输工艺是指天然气经节流、加热、计量后，气/液混输至净化厂。具有站场工艺相对简单、污水集中处理、利于环保、投资相对小等优点，但需解决材质选择、腐蚀防护、积液控制等问题。应用多相流体动力学理论，考虑气液流量、管径、倾角、介质物性等影响因素，建立了气液两相流动流型转换模型，实现了集输管路分层流、环状流、段塞流、弥散流等流型的准确预测。通过耦合水力、热力计算公式和闭合方程，形成了基于流型的流动特性预测模型，实现了持液率、压降、温度及水合物生成条件的预测。研发智能绕障和人工干预相结合的路径优化方法，以集输管网建设投资成本最少为目标函数，以天然气压力、温度、流动速度等为约束条件，采用遗传算法进行全局寻优求解，实现集气站场、管网布局优化。根据湿气集输工艺模型和管网（站场）布局优化模拟结果，优选集输工艺参数，优化管网布局，集成三级节流、两级加热、分离计量、保温混输、缓蚀剂和水合物抑制剂加注等技术，形成了复杂山地高含硫湿气集输工艺技术。

（2）高含 H_2S—CO_2—COS 天然气选择性脱硫脱碳技术。

国内外天然气脱硫主流的工艺技术是醇胺溶剂吸收法，特别适用于通过后续的克劳斯装置大量回收硫黄的净化装置。醇胺法脱硫是一种典型的伴有化学反应的吸收－再生过程，醇胺与 H_2S、CO_2 的主要反应均为可逆反应。通过集成醇胺法两级吸收、级间冷却、固定床催化水解有机硫技术，开发半富胺液串级吸收、联合再生技术，实现天然气深度净化及脱硫溶剂的高效循环。研发了固定床低温催化水解有机硫技术，发展了两级吸收、级间冷却深度净化技术，形成了高含 H_2S—CO_2—COS 天然气选择性脱硫脱碳技术，高含硫天然气净化率达 99.99%。净化气中 H_2S 含量小于等于 $6mg/m^3$、CO_2 含量小于等于 2%，总硫含量小于等于 $100mg/m^3$，净化气优于国标"天然气"一类气标准。研发成功特大型克劳斯炉，建成了 $20×10^4t$ 级单列硫黄回收装置，创新了低温加氢水解尾气处理技术。总硫回收率达 99.9%，硫黄产品纯度 99.9%，优于国标"工业硫黄"一等品标准（纯度 99.5%）。

（3）复合脱硫剂及大型硫黄回收高效催化剂研发技术。

针对进口脱硫剂（MDEA）不能有效脱除有机硫和进口催化剂采购周期长、成本高、技术服务滞后的问题，研发了高效复合脱硫剂和大型硫黄回收高效催化剂。设计了具有杂环结构的脱硫剂分子，对羰基硫（COS）和甲硫醇（MeSH）的溶解性和化学吸收性能进行评价，复配环丁砜（SUL）和吗啉（MOR）等 10 余种组分，研发出复合脱硫剂。与进口脱硫剂（MDEA）相比，羰基硫（COS）等有机硫化物的脱除率提高 25% 以上，烃类的溶解性降低约 10%，脱硫选择性高（胺液循环量下降 15%，再生能耗下降 20%），采购成本降低 16.7%。建立硫黄回收催化剂活性评价装置及评价方法，优选催化剂原材料，优化熟化方式、时间、焙烧温度等制备参数，开发制备工艺，研制高效硫黄回收催化剂。物理性质全面达到进口催化剂水平，部分指标更优，采购成本降低 21.67%。

3. 高含硫气田安全生产技术

1）高含 H_2S/CO_2 介质腐蚀评价与防治技术

（1）高 H_2S/CO_2 分压、单质硫共存腐蚀评价技术。

建立了 H_2S 分压 9MPa、CO_2 分压 6MPa、单质硫共存条件的腐蚀评价装置。通过腐蚀产物膜微观分析、电化学腐蚀、硫化氢腐蚀应力敏感性等系统腐蚀评价，明确了高 H_2S/CO_2 分压、单质硫共存条件下抗硫碳钢、镍基合金等管材的腐蚀规律。开展不同管材多因素腐蚀评价试验，创新了高 H_2S/CO_2 分压（10MPa/6MPa）、高温（205℃）、单质硫、氯离子共存环境的腐蚀评价方法，建立了镍基合金（G3、825、718、028）和抗硫碳钢（95S、110SS）的腐蚀预测图版。将抗硫管材选择国际标准 NACE–MR0175 规定的 H_2S/CO_2 分压 3.5MPa 拓展到 10MPa，明确了拓展区域内钢材使用界限，在高温、高压、多介质条件下制定选材标准，设计适合普光气田气井井筒、集输管道、净化厂的抗硫管材。

（2）高含硫气井油套环空长效保护技术。

含硫气田腐蚀环境是由 O_2、H_2S、CO_2 和高矿化度水及滋生的细菌等腐蚀性介质组成（邓洪达等，2008）。研发出适合高含硫气井油套环空腐蚀环境的长效环空保护液，G3、N80、TP110SS 在环空保护液中的腐蚀速率低于部颁标准 0.076mm/a，并能够有效控制 pH 值，解决了高含硫气井油套环空的长期防腐难题。研发的碱金属低碳有机酸盐、有机酸铵、有机酸季铵盐的离子聚合体 [分子式为 XmRn（COO）lM]，在水中电离成独立的阳离子和阴离子，通过强烈的分子与离子吸引力束缚水分子，降低了水的活度，体系的耐高温性与长期稳定性得到了提高。开发了季铵盐缓蚀剂，通过加入无机阴离子改变钢铁表面的电荷状态，增强缓蚀剂在钢铁表面的成膜能力。降低体系的自腐蚀电位 0.15V，抑制电偶腐蚀，降低油套管的 SSC 敏感性。添加除硫剂和提高 pH 值，有效控制硫化氢对体系的影响。

（3）高含硫气田湿气集输系统腐蚀综合评价与控制技术。

攻关形成了高含硫气田湿气集输"缓蚀剂、腐蚀监测、智能检测、阴极保护"四要素综合防腐技术，使腐蚀速率控制在 0.059mm/a 以下（行业标准 0.076mm/a），为气田安全平稳生产提供保障。研发成功咪唑啉和吡啶衍生物预膜 / 有机铵盐和季铵盐复配物连续加注系列高抗硫缓蚀剂，采用预涂膜、连续加注和批处理三部分组成的加注工艺，缓蚀剂均匀和稳定成膜。确定了集输系统在线腐蚀监测方案：站场采用腐蚀挂片（CC）、电阻探针（ER）和线形极化探针（LPR）、氢通量测量仪进行监测，并设置水分析取样点，定期进行铁离子分析。管线采用电指纹（FSM）系统监测（张诚等，2012）。利用清管器 CLP 进行管道清洁和校量、电子测量球 EGP 进行管道内部几何测量和腐蚀探伤球 CDP 进行金属损失检测，准确全面掌握了管道腐蚀发展情况。

2）高含硫气田应急控制与处置配套技术

（1）复杂山地高含硫天然气泄漏监测技术。

高含硫天然气剧毒，一旦泄漏存在极大的伤害性。通过自主研发、引进、集成多种监测技术，实现了站场、管道、净化厂实时泄漏监测与报警，泄漏监测准确率 100%。在集输管道山体隧道等受限空间研发了山地隧道含硫天然气泄漏激光监测装置，监测距离达 1km，响应时间小于 1s，报警值 10mg/L。在集气站、管道及净化厂等固定场所，采用电化学式有毒气体探测器、硫化氢气体探测器、可燃气体探测器用以监测气体泄漏，按照不同的浓度进行区分，为监测和处置提供依据。针对特殊作业施工等过程，利用 AreaRAE 无线多点远程布控监测技术，构建有毒气体泄漏应急监测系统，第一时间捕获硫化氢特征值，并发出预警。

（2）全气田四级关断联锁控制与火炬快速放空技术。

普光气田从生产到外输共分为四个部分：气井、集输、天然气净化及外输，工艺设备庞大、逻辑关系复杂、安全控制要求严格。通常气田井口、集输、净化、外输四大系统的紧急关断控制系统各自独立，将四大系统的控制信息硬线连接，采用多种信息远传方式，实现了上下游的紧急关断信息共享，建立气井—集输—净化—外输系统联锁关断控制系统。一级关断为最高级别，该级别关断为全气田关断，当任何一个系统发生一级关断时，上下游的其他几个系统能自动触发一级关断，从而大大提高系统的安全性。

（3）复杂山地应急救援技术。

高含硫气田交通、通信条件较差，山洪、滑坡等灾害频发，周边多有人员散居，应急救援与疏散难度大（张庆生，2021）。通过复杂山地气体扩散风洞实验，揭示了不同气象条件下高含硫天然气泄漏扩散规律，创立了人体动态毒性负荷理论模型，科学地确定了集输管线、集气站、净化厂"100m、300m、800m"搬迁半径和紧急状态下疏散、预警范围，避免了重大泄漏时可能出现的人员伤亡。应用含硫天然气泄漏山地扩散模型，确定通信覆盖范围，建成有线光缆和5.8G微波通信网络，实现紧急状态及时广播。成功研发特种救援坦克、涡喷消防车、移动卫星通信指挥系统等应急救援装备，建立了覆盖全气田的三级企地联动紧急疏散与应急救援体系，可实现大规模应急疏散与快速救援。

4. 高含硫气田开发装备的研发研制

1）采气系统装备系列

先后研发了高抗硫套管、高镍基合金油管、HH级抗硫采气井口及140MPa级抗硫防喷器等产品。TP110SS高抗硫套管，抗H_2S应力腐蚀性能超过日本同钢级产品。BG 2250-125（G3）高镍基合金油管，纯净度超过同级别的美国特钢和曼内斯曼产品。70MPa和105MPa的HH级抗硫采气井口，性能指标达到国际先进水平，产品价格降低37%。140MPa级抗硫防喷器防腐性能达到API6A标准中HH级，技术性能达到国外同级别产品的先进水平。

2）集输系统装备系列

主要研制了L360QS抗硫输气管、抗硫高压分酸分离器及高含硫天然气三相分离器等产品。开发了DN400和DN500规格的L360QS抗硫输气管，整体性能达到国外同类产品技术水平，价格降低23.8%，已在国内全面应用，并出口到伊朗、沙特阿拉伯等国家。抗硫高压分酸分离器耐压22MPa、日处理气量$100×10^4m^3$，抗腐蚀性能优于国外产品，价格降低31%。高含硫天然气三相分离器处理气量最高$65×10^4m^3/d$，处理固体量最高100kg/d，微米级固体硫颗粒分离率大于等于95%。

3）净化系统装备系列

研制了$20×10^4t/a$硫黄回收反应炉燃烧器、大直径高压差末级硫冷凝器、高含硫天然气净化尾气余热高效回收锅炉及$80×10^4t/a$硫黄颗粒湿法成型机等产品。$20×10^4t/a$硫黄回收反应炉燃烧器采用双锥段预混结构设计，最高处理量$10×10^4t/a$，气鼻不易烧蚀。大直径、高压差末级硫冷凝器创新低应力柔性管板设计，在100%负荷下压降3.3kPa，运行更稳定。高含硫天然气净化尾气余热高效回收锅炉，余热回收效率较国外产品提高3.5%，饱和蒸汽产量提高 28%～35%，且具有露点腐蚀测控功能。80×10⁴t/a 硫黄颗粒湿法成型机，细粉硫黄含量 0.2%，粒径在 2～6mm 范围内的颗粒占比 96%，产品硫黄含水量 1.22%，性能超过国外同类产品。

三、示范工程与应用成效

1. 示范工程

围绕制约高含硫气田开发与天然气净化配套技术瓶颈，设置了六个方面示范攻关任务。"十一五"末，通过精心组织、推广应用研究项目成果、示范任务攻关与集成配套，形成了高含硫气田经济技术政策优化及高产气井设计、安全优快钻井、长井段一次性作业投产及产能测试、复杂山地湿气集输工程建设与运行、百亿立方米/年高含硫天然气净化及特大型散装硫黄储运、天然气泄漏应急控制与处置等六项开发配套技术，丰富了大型油气田及煤层气开发专项技术系列。建成了我国第一个百亿立方米/年高含硫大气田、亚洲最大的高含硫天然气净化厂——普光天然气净化厂（图 3-10-3），处理能力达到 120×10⁸m³/a，生产硫黄 210×10⁴t/a，为国家"十一五"重点工程——"川气东送"工程提供重要气源。形成的配套技术、规范在大湾、元坝等气田开发及产能建设中得到了成功应用。

图 3-10-3　普光气田净化厂全景图

2. 项目攻关成果

"十一五"期间，攻关初步形成了特大型超深高含硫气田高产高效开发技术、特大型高含硫气田腐蚀防护技术、高含硫天然气特大规模深度净化技术、复杂山地高含硫气田安全控制技术，并研发了采气关键装备及管材，使国内难以开发的高含硫气藏首次得到有效动用。成功开发了年产 105×10⁸m³ 的特大型超深复杂山地高含硫气田，自主设计建成了世界第二大超百亿立方米级的高含硫天然气净化厂。

"十二五"期间，攻关形成了礁滩相双重介质储层精细描述、高含硫气藏开发动态评价与监测、高含硫气藏超深水平井钻完井及百亿立方米级净化厂安全运行优化等技术，并研发了集输类关键装备及管材。丰富和发展了高含硫气田安全高效开发技术系列，世界上首次采用水平井整体开发了大湾气田，同时成功开发了元坝 7000m 超深生物礁底水气田，使我国高含硫气田开发水平迈入世界前列。

"十三五"期间，创新形成了高含硫气田稳产、高含硫气藏硫沉积预测与治理和复杂山地高含硫气田安全环保三大技术系列，研发了七项高含硫开发及净化高端装备和仪器，实现了高含硫气田长周期的安全稳产，支撑了普光、元坝气田安全高效开发。项目形成的成果夯实了"川气东送"气源基础，有力支撑了国家油气重大专项总体目标的实现，使我国高含硫气藏开发技术继续保持世界前列。

进入"十四五"时期，普光高含硫气田开发进入中后期，面临新区勘探、老区稳产、控水控硫等新的难题与挑战，需攻关研究深层—超深层高含硫海相气藏安全高效开发关键技术，形成一套高含硫气田全生命周期的勘探开发及安全管控技术系列，持续保持我国高含硫气田开发技术的领先地位。

3. 成果应用情况

重大专项攻关全面保障了年产百亿立方米的普光高含硫气田 11 年稳产，为国家"川气东送"工程提供了主要气源，对国家的能源安全与经济建设做出了重大贡献，走出了一条具有中国特色的高含硫气田安全高效开发的创新之路。（1）攻关形成的深层礁滩相高含硫气藏稳产和安全理论、技术、标准体系，可保障 6500m 以内的高含硫碳酸盐岩气藏高效开发，为国内超过 $2 \times 10^{12} m^3$ 的含硫天然气资源开发提供了技术指导和借鉴，带动了我国酸性天然气大发展。（2）成果直接应用于普光、元坝气田，气田长期高效稳产有力保障了供气稳定，对缓解能源紧张、促进国家经济社会快速发展发挥了重要作用，"川气东送"管道沿线七省两市、70 多个城市、数千家企业、近 2 亿人口从中受益。（3）高含硫气田长周期安全环保运行，实现零泄漏、零事故、零污染。促进我国能源消费结构优化，所产天然气每年可减少 CO_2 排放量 $1680 \times 10^4 t$，减少二氧化硫、氮氧化物及粉尘等有害物 $69.8 \times 10^4 t$，保护了绿水青山。（4）研发的关键管材、装备、仪器及产品，具备规模化生产能力，投入工业化应用，部分产品出口到国外，大幅降低酸性气田开发成本，对提高民族工业的国际竞争能力具有重大促进作用。

四、知识产权成果

编制《天然气净化厂气体及溶液分析方法》《高含硫化氢天然气井环空带压生产风险控制推荐做法》等标准规范 172 项。申请《一种评价碳酸盐岩气藏储量动用状况的方法》《边水气藏见水时间预测方法》《高效泡沫排水剂组合物及其制备方法》等发明专利169 件，授权 77 件，出版《高含硫化氢和二氧化碳天然气田开发工程技术》《普光高酸性气田开发》等专著 7 部，发表《普光高含硫气田开发关键技术》《普光高酸性气田完井管柱设计》《普光气田礁滩相储层表征方法》等论文 307 篇，授权《酸性气井井筒温度—压力分布预测软件》《高含硫气藏数值模拟软件》《考虑启动压力和应力敏感的裂缝性气藏双重介质数值模拟软件等软件》著作权 16 项，获得省部级一等奖以上成果 13 项，其中"特大型超深高含硫气田安全高效开发技术及工业化应用"获得 2012 年国家科技进步特等奖。

第十一节 CO_2捕集、驱油及埋存关键技术与示范工程

一、立项背景、问题与挑战

利用CO_2驱油提高油田采收率具有独特优势，是老油田持续提高采收率和低渗难采储量实现动用的有效方式，也是非常规油气效益开发的重要攻关方向。注CO_2可有效补充地层能量，特别是对那些注水困难（如低渗透油藏）和无法注水（如水敏）开发的油藏，可通过注入CO_2得到有效动用。与其他气体驱油介质比，CO_2在油藏条件下易达到超临界状态，密度近于液体、黏度近于气体，在一定条件下可实现混相驱油，取得较好的开发效果。随着国民经济快速发展，我国碳排放量增长迅速，从2008年开始超过美国成为世界上最大的温室气体排放国家，CO_2减排需求迫切。国内外大量实践证明，利用CO_2驱油在大幅度提高油田采收率的同时可实现CO_2有效埋存，兼具"驱油"经济效益和"减排"社会效益。2020年9月22日，习近平总书记在第75届联合国大会上发表重要讲话，提出我国"二氧化碳排放力争于2030年前达到峰值，努力争取2060年前实现碳中和"，体现了中国作为一个负责任大国的勇气与担当，也为石油行业发展指明了目标和方向。CO_2捕集、驱油与埋存技术不仅是未来保障我国石油能源安全的战略选择，也是我国实现双碳目标不可或缺的关键性技术之一，大力推动该技术在我国的规模化应用意义重大。

国外20世纪50年代开始攻关试验CO_2驱油技术，20世纪80年代在美国得到飞速发展，并迅速推广应用。目前，美国CO_2驱油项目超过140个，是世界上实施CO_2驱油项目最多的国家，占全球总数的90%以上，其年产油量已持续8年在$1500×10^4$t左右，加拿大、巴西、特立尼达也有少数项目在开展。美国实施的CO_2驱油项目以低渗透、低黏度、水驱后油藏混相驱为主，油藏岩性以碳酸盐岩和砂岩居多。经过60多年的发展，国外CO_2驱油防腐、注采和地面工程技术等成熟配套，自动化程度较高；水气交替驱是扩大波及体积的核心主导技术，配套工艺上实现水气交替注入自动化切换，模拟预测上也在持续改进完善；智能CO_2监测技术掌握CO_2在油藏中的动态分布，通过遥控智能井注入采出量，支撑注采及时调整提效；产出气处理与循环利用技术回收富烃用于销售、分离出甲烷用于燃烧发电、捕集CO_2管输回油田用于回注，可实现整体提效和零排放要求。从成功原因看，建成大规模CO_2管道、有低廉稳定CO_2气源供应是前提；以海相沉积为主的油藏混相压力低、储层相对均质是优势；30年持之以恒的攻关试验是关键。

国内20世纪60年代开始关注CO_2驱油技术，开展了CO_2驱油室内研究。但由于认识不足、气源条件限制等原因，2000年之前CO_2驱油技术一直发展缓慢。与国外相比，国内CO_2捕集、驱油与埋存技术无成功应用工程先例，要实现规模化应用面临诸多挑战，主要如下：一是国内尚无大规模CO_2管道及建设规划，油田规模应用CO_2气源保障不足，气源不稳定且成本高；二是国内陆相沉积油藏原油与CO_2混相压力高，储层非均质性强、裂缝更加发育，对提高CO_2驱油效果带来更大挑战；三是国内低渗透油藏单井产液量低、

产油量低，实施 CO_2 驱油对高气油比举升、低成本防腐等工艺技术提出更高要求；四是对 CO_2 埋存机理认识不清，CO_2 埋存潜力评估与长期安全埋存有效监测等方面需攻关。

随着松辽盆地发现大量含 CO_2 天然气资源，以解决含 CO_2 气藏环保开发及 CO_2 综合利用问题为契机，从 2008 年开始，中国石油勘探开发研究院先后牵头承担了国家油气重大专项"含 CO_2 天然气藏安全开发与 CO_2 利用技术""CO_2 驱油与埋存关键技术""CO_2 捕集、驱油与埋存关键技术及应用"三期项目（表 3–11–1）。同时，吉林油田牵头承担国家油气重大专项"松辽盆地含 CO_2 火山岩气藏开发及利用示范工程""松辽盆地 CO_2 驱油与埋存技术示范工程"两期示范工程；长庆油田牵头承担国家油气重大专项"CO_2 捕集、驱油与埋存技术示范工程"第三期示范工程。通过 12 年来的持续攻关试验，在基础理论、关键技术、现场试验示范等方面取得较大进展。

表 3–11–1　CO_2 捕集、驱油与埋存关键技术攻关及示范工程部署

总体部署		"十一五"期间	"十二五"期间	"十三五"期间
项目攻关部署	项目名称	含 CO_2 天然气藏安全开发与 CO_2 利用技术	CO_2 驱油与埋存关键技术	CO_2 捕集、驱油与埋存关键技术及应用
	主要目标	解决含 CO_2 天然气藏的安全开发、利用 CO_2 提高油田动用率和采收率的重大技术瓶颈问题	确定 CO_2 驱油与埋存关键基础参数，初步揭示 CO_2 驱油开发规律，形成油藏工程设计技术，研发分层注气等注采工艺技术，完善地面工程技术，建立动态监测技术	深化解决 CO_2 驱油与埋存共性关键问题，进一步降本增效；发展创新长庆、新疆等油田 CO_2 驱油与埋存特色技术；完善技术体系及标准
示范工程部署	示范工程	松辽盆地含 CO_2 火山岩气藏开发及利用示范工程	松辽盆地 CO_2 驱油与埋存技术示范工程	CO_2 捕集、驱油与埋存技术示范工程
	主要目标	松辽盆地吉林油田含 CO_2 火山岩气藏安全开发技术示范；CO_2 驱提高油田采收率和动用率技术示范；含 CO_2 天然气集输、处理及利用技术示范	松辽盆地吉林油田 CO_2 驱油与埋存油藏工程技术示范；CO_2 驱油与埋存注采工程技术示范；CO_2 驱油与埋存地面工程技术示范	鄂尔多斯盆地长庆油田 CO_2 捕集、驱油与埋存工程示范，实现特/超低渗透油藏 CO_2 捕集、埋存与驱油技术的集成与配套；开展准噶尔盆地新疆油田低渗透砾岩油藏 CO_2 驱油与埋存试验

二、研究进展与理论技术成果

1. 陆相沉积油藏 CO_2 驱油与埋存理论

（1）提出原油中 C_2—C_6 和 C_7—C_{15} 组分对 CO_2 与地层原油混相都有重要贡献的观点，明确了孔隙空间与 PVT 筒中 CO_2—地层油体系相态特征异同，建立了 CO_2—地层油体系关键参数数据库，通过不同类型物理模拟实验深化了 CO_2 驱油机理认识及适合陆相沉积油藏的工程应用方法等，为我国陆相沉积油藏开展 CO_2 驱油提供理论依据。

（2）明确了低渗透砂砾岩油藏 CO_2 驱油渗流及孔隙结构变化特征、CO_2 驱油孔隙动

用下限、CO_2 驱油剩余油分布规律，为新疆油田 CO_2 驱油可行性评价、油藏工程设计和调整提供了依据和关键参数。

（3）完善了适合 CO_2 驱油与埋存的油藏地质体筛选标准，确定了油藏地质体 CO_2 "体积置换、溶解滞留、矿化反应"等埋存机理表征方法与贡献程度，建立潜力评价方法及指标参数快速取值方法等，初步评价出我国 CO_2 驱油与埋存潜力。

2. CO_2 捕集工艺与技术

（1）形成含 CO_2 天然气与油田产出气碳捕集技术。针对吉林长岭气田深层含 CO_2 天然气藏特点，改进了多种脱碳方法，采用改进的胺法工艺捕集处理 CO_2 含量 30% 以下气体，建成三套改进胺法装置捕集碳含量 23% 火山岩气藏，捕集能力达到 1800t/d（图 3-11-1）。针对吉林大情字油田 CO_2 驱油产出气特点，采用变压吸附法捕集处理 CO_2 含量变化范围大的 CO_2 驱油产出气，建成 $8 \times 10^4 m^3/d$ 的变压吸附装置。

图 3-11-1　长岭气田胺法脱碳装置

（2）研发了 CO_2 捕集与液化技术，构建四级碳源保障体系。天然气净化厂排放气：焚烧碱洗净化＋胺液捕集＋增压＋分子筛脱水＋丙烷制冷。轻烃处理总厂尾气：不可再生溶液脱硫＋分子筛脱水＋丙烷制冷。炼油厂尾气：胺液捕集＋增压＋分子筛脱水＋丙烷制冷。含 CO_2 伴生气（为循环注入）：膜／变压吸附捕集＋增压＋分子筛脱水＋丙烷制冷。

3. CO_2 驱油与埋存实验评价技术

（1）研发了核磁扫描、CT 扫描、声波识别、微观可视模型等一批实验新装置（图 3-11-2），形成以先进实验设备和实验技术为支撑，国家标准、行业标准和计量认证等为资质，较全面的 CO_2 驱油与埋存机理研发平台和系列实验技术方法，支撑吉林、长庆、新疆等多个试验区方案编制设计，为技术取得创新突破奠定基础。、

（2）创建了国内首套 CO_2 驱油全过程腐蚀模拟中试装置（图 3-11-3），建立了"室内＋中试＋矿场"一体化腐蚀评价技术方法，厘定出 CO_2 驱油过程工况条件及工作介质腐蚀因素，揭示了 CO_2 驱油各环节的腐蚀规律和主控因素。

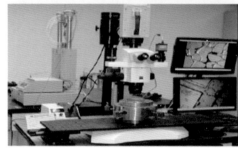

图 3-11-2　CO_2 驱油与埋存基础研究主要实验装备

图 3-11-3　CO_2 驱油全过程腐蚀模拟中试装置

4. CO_2 驱油与埋存油藏工程技术

（1）针对国外 CO_2 驱油流体相态参数计算软件不适合我国陆相沉积油藏及计算速度慢等问题，基于大量实验测试，对 CO_2—地层油体系相态参数及物性参数计算方法进行了多项改进，提高了流体物性参数计算精度一个数量级以上。

（2）建立了适合 CO_2 驱油的油藏精细描述流程和方法。基于国内多个 CO_2 驱油试验区储层的精细描述，通过跟踪实施动态，总结归纳出适合 CO_2 驱油的油藏精细描述流程，包括非均质特征厘定、非均质形成机理、非均质类型识别和非均质表征等 4 个步骤 15 个环节。

（3）形成 CO_2 驱油藏工程方案设计与优化技术。发展形成"井筒—二维机理—三维油藏"一体化组分拟合数值模拟技术，建立了以压力保持为前提，完善井网、优化注入、调控流压实现均衡驱替为核心，不规则水气交替驱扩大波及体积为重点的CO_2驱油藏工程方案优化设计模式，制定了CO_2驱油藏工程方案设计行业标准。

（4）形成CO_2驱油动态分析方法，初步明确CO_2驱油开发规律。基于实验和数值模拟研究，结合CO_2驱油试验区动态，形成了以混相分析为核心，单井、井组、区块一体化的CO_2驱油藏动态分析方法，初步明确了陆相低渗透油藏CO_2驱油开发特征与主要指标变化规律，划分出开发阶段，指导了CO_2驱油试验现场调控方案制定。

（5）初步形成"稳压促混、水气交替、化学调剖"调控技术。针对陆相低渗透油藏地混压差小、非均质性强、储层物性差等特点，建立了控流压、周期生产等稳压促混方法，明确了水气交替驱油储层适应性界限及关键参数影响规律，研发了适合高温油藏调堵、调驱的化学药剂，探索了低黏增稠水与CO_2交替驱辅助扩大波及体积技术等，初步形成全过程控制与阶段调整相结合的扩大波及体积调控方法，构建了CO_2驱油开发调控技术体系。

（6）建立了CO_2驱油开发效果评价方法、指标体系及评价标准。针对CO_2驱油开发特点，立足与水驱开发效果对比，建立了CO_2驱油开发效果评价方法及指标体系，包括技术、经济和安全环保等3个类别15项指标，尤其是提出了地混压力系数、温室气体减排效益和环境监测异常率等3个新指标。

5. CO_2驱油与埋存注采工艺技术

（1）CO_2超临界注入技术。形成CO_2气态压缩相变控制方法，优化了超临界注入工艺及参数；通过绘制泡露点曲线，修正级间参数，确保各级入口处于非两相区和非液相区。吉林油田现场应用表明，超临界注入工艺技术可靠，机组运行平稳。

（2）CO_2密相注入技术。形成密相注入适用温度压力图版，建立了密相注入工艺流程，完成密相注入现场中试试验，具备进一步扩大试验条件。密相注入站优点是占地远小于超临界注入站，与普通注水站相同；投资约为超临界注入站的1/8，注水站的1.5～2.0倍，运行成本低。其缺点是无法实现CO_2循环注入，需另建循环注入系统。

（3）CO_2驱油分层注气工艺技术。研发了分层注气气嘴、分层注气井口、注气工艺管柱等，初步满足三层以上分层注入需要及测试。吉林、大庆油田共试验55井次，开展测调试验14井次。

（4）连续油管笼统注气工艺技术。针对传统注气工艺完井成本高、气密封薄弱点多、作业周期长等问题，创新研发了井下多重插入密封、双体式悬挂器及多功能一体化井口等关键工具，形成连续油管笼统注气工艺，提高井筒完整性、降低完井成本。

（5）CO_2驱油举升工艺技术。建立了不同气液比、产液量和沉没压力条件下的生产井防气举升工艺措施控制图，建立了高气油比油井井筒流体动态模型，研发了气液分离器、控气阀及环空压力控套装置，形成了气举—助抽—控套一体化举升工艺，在高效举升的同时降低了环空带压风险。同时，明确各种防气工艺特点和适应范围，形成适应不同开发阶段的低成本防气举升工艺设计方法，充分发挥各防气工艺作用。

6. CO_2 驱油与埋存地面工程技术

（1）CO_2 长距离管道输送优化设计和运行控制技术。建立国内首套含 CO_2 混合气物性和相态工程图版，揭示了 CO_2 管输相态主控因素变化规律，形成气态、液态、超临界态 CO_2 管输工艺设计与运行控制技术，支撑吉林油田建成并运行 53km 的 CO_2 输送管道。明确了地形高差对 CO_2 相态的影响，初步形成长庆油田复杂山地条件下含杂质 CO_2 超临界长输管道工艺。

（2）CO_2 驱油采出流体集输处理技术。在大量实验和先导试验基础上，认识了 CO_2 驱油采出流体物性特点，研究形成环状掺水、气液混输、集中分离和计量等技术及方法；改进了立式翻斗、卧式翻斗、三相计量、气液分离后流量表计量等多种计量方法；试验形成了满足工业化推广应用的密闭集输流程。针对长庆油田试验区特点，开展了含 CO_2 泡沫原油特性和破乳、不加热集输适应性、采出水水质分析等研究，形成配套技术。

（3）产出气循环注入技术。研究了多因素下最小混相压力敏感性，形成直接回注、混合回注和分离提纯后回注三种方法；提出吉林油田黑 46 产出气混合回注技术路线，形成工艺流程和处理工艺，优选了产出气混合增压压缩机，支撑建成黑 46 循环注入站。

（4）CO_2 驱油与埋存地面工程设备。研发覆盖全流程的一体化集成装置，推动地面工程的工厂化预制、模块化建设、智能化运行。研发了液相 CO_2 注入、单井计量、两相分离、三相分离、采出水处理与回注、腐蚀监控、橇装阴极保护及真空抽吸、压缩、分子筛脱水、制冷、提纯等一体化集成装置，覆盖了注入、集输、处理全生产过程。

7. CO_2 驱油与埋存腐蚀防护技术

（1）创新发展了防腐药剂体系，大幅降低药剂成本。针对 CO_2 驱多因素腐蚀规律，通过缓蚀主剂分子结构、作用机理、协同性能研究，研发了缓蚀与缓蚀杀菌 2 大类、3 种防腐药剂体系，实现从多类型药剂联合使用到一体化综合药剂应用的转变，实现从筛选评价、体系复配到自主研发的跨越，满足矿场防腐要求，药剂成本降低 30% 以上。

（2）研发应用了多种耐 CO_2 腐蚀新材料，提高防腐可靠性。研发新型耐 CO_2 腐蚀 ^5Cr 钢并制备了板材和管材，抗腐蚀性能提高约 30 倍；研发新型耐 CO_2 固井水泥，与常规波兰特水泥比固井质量优质率提高近 12.41%；此外还研发了涂层防腐材料、内衬管材料等；系列新材料在吉林试验区现场得到应用，为 CO_2 驱油与埋存腐蚀防护提供了保障。

（3）形成并不断优化防腐加药工艺技术，加药成本显著降低。针对 CO_2 驱油新/老注采井完井特点及地面系统安全运行要求，形成点滴、间歇、预膜等多种组合式加药工艺；集成了配套移动式、固定式缓蚀剂加注工艺和装备；不断优化防腐加药制度，提高了药剂利用率。

（4）建立了 CO_2 驱油与埋存低成本有效防腐技术路线。选用耐蚀材料（合金钢、非金属）提高材料自身抗腐蚀能力；加注缓蚀剂、降低分压减弱介质腐蚀性；采用工程技术方法减少金属与 CO_2 接触改善服役条件；通过监测优化缓蚀剂加注浓度和工艺；注采工艺与腐蚀防护一体化设计，主体采用加注缓蚀剂防腐，个别工况恶劣的部位采用不锈钢材质等（图 3-11-4）。

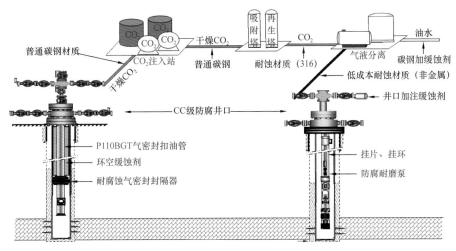

图 3-11-4 CO_2 驱油与埋存各环节防腐工艺技术示意

8. CO_2 驱油与埋存安全评价及控制技术

（1）建立了注采动态、流体运移规律、混相状态等监测方法，掌握 CO_2 驱油动态变化特点和趋势，主要有吸气剖面监测、直读压力监测、井流物分析、气体示踪剂测试、微地震监测等。

（2）形成以缓蚀剂残余浓度检测技术为主的 CO_2 驱腐蚀监测技术系列，建立了存储与在线相结合的腐蚀监测技术和预警系统，及时监测现场腐蚀情况并发出预警，可有效地对腐蚀情况进行跟踪管理。

（3）优化组合 CO_2 浓度监测、碳通量监测及碳同位素监测等 CO_2 埋存安全状况监测方法，建立了"土壤碳通量 + 碳同位素"一体化监测方法，形成监测评价流程；同时，利用已封井作为井筒和地表 CO_2 泄漏观察井，长期监测分析评价井筒安全性，实现对 CO_2 长期安全埋存的有效监测。

（4）建立了井筒完整性风险评价和控制方法。建立了井筒泄漏分析模板和风险评价流程，形成风险评价方法；设计应用了注气井环空带压测试装置，建立了环空带压定性评价方法；形成从方案设计、施工质量到生产管理全流程风险评价和控制方法。

（5）提出地面工程系统风险辨识、评价及控制措施。针对吉林油田试验区特点，考虑含 CO_2 天然气集输处理系统风险评价的需要，借助 HAZOP 分析法和安全检查表法，对生产全流程的风险进行了辨识和分级，明确了 CO_2 驱油地面工程系统涉及的危险源辨识及控制措施；针对长庆油田试验区特点，建立了复杂地形地貌条件下安全环境风险模糊综合评价体系。

9. CO_2 捕集、驱油与埋存潜力评价及发展战略规划

（1）建立评价方法、靠实关键参数，完成主要含油气盆地 CO_2 捕集、驱油与埋存潜

力评价。根据油田区块地质、实验及开发资料完善程度，结合模型计算、数值模拟等方法，初步评价出 5 个含油气盆地 CO_2 驱油与埋存潜力。

（2）形成 CO_2 埋存资源分级管理系统，完成主要油区 SRMS 分级评价。以埋存 CO_2 的油气藏、盐水层、煤层等地质体空间孔隙体积为资源，建立 CO_2 埋存资源分级管理系统（SRMS），对埋存资源进行细分类和分级管理评价；以 CO_2 捕集、驱油与埋存项目总利润现值为零时可承受的 CO_2 极限成本作为依据，完成 11 个油区 230 个油田潜力分级评估。

（3）形成了 CO_2 捕集、驱油与埋存项目经济评价模型及方法，并编制了评价软件。将捕集、压缩、运输、驱油与埋存作为 CO_2 产品完整产业链流程，采取净现值、投入产出等方法对经济、社会等效益进行评价，建立 CO_2 捕集、压缩、运输、驱油与埋存各环节投资成本计算模型；编制了以净现值为基础的效益评价软件，开展了吉林、大庆、胜利等油田项目效益评价。

（4）设定了我国 CO_2 捕集、驱油与埋存发展情景模式及目标。短期：优先考虑 CCUS—EOR 的研发、示范与产业化推进，通过增油经济收益抵消部分增量成本，增加管道网络基础设施，在驱油过程中实现 CO_2 油藏封存。长期：通过技术进步和规模效益逐渐降低总减排成本，建立碳交易等多种市场驱动机制，实现 CO_2 捕集、驱油与埋存产业化发展，最终实现大规模深度减排，为我国实现碳中和提供可行技术路径。

（5）提出了我国主要油区 CO_2 捕集、驱油与埋存发展应用规划建议。近期优先在松辽、鄂尔多斯、准噶尔、渤海湾等源汇条件匹配、驱油提高采收率需求急迫且潜力大的盆地展开。至 2030 年碳排放达峰期间，建成 CO_2 捕集、驱油与埋存百万吨规模工业化推广应用项目，技术具备产业化能力。2030 年后，技术成熟、成本大幅降低，气候政策（碳排放交易）完善，CO_2 捕集、驱油与埋存实现商业化运行，CO_2 捕集、驱油与埋存项目实现广泛部署，建成多个产业集群，成为碳中和有效途径；2040 年后，CO_2 捕集并埋存到潜力巨大的盐水层等地质体，成为碳中和主要途径。

CO_2 捕集、驱油与埋存的潜力评价、源汇匹配、经济评价方法、区域发展规划及政策发展建议等研究成果，提交国家能源局等管理部门；主导形成的碳封存量化与核查评价方法与 ISO 标准稿、CO_2 埋存资源分级管理系统等成果，奠定碳封存量核查基础，扩大了中国在 CO_2 捕集、驱油与埋存领域的国际影响力。

三、示范工程与应用成效

通过国家油气重大专项三期技术攻关和示范工程建设，建成吉林低渗透油藏 CO_2 捕集、驱油与埋存示范区，长庆超低渗透砂岩油藏 CO_2 捕集、驱油与埋存示范区，新疆砂砾岩油藏 CO_2 捕集、驱油与埋存示范区。

1. 吉林低渗透油藏 CO_2 捕集、驱油与埋存试验效果显著

针对吉林低渗透油藏特点，系统认识了 CO_2 驱油开发特征与规律，形成以陆相低渗透油藏改善 CO_2 驱开发效果技术方法为主的油藏工程技术系列，示范区见到明显效果；优化形成了以复杂环境下低成本防腐和高效举升技术为核心的注采工程技术系列，示范

区实现低成本安全高效生产；完整实践了 CO_2 捕集、输送、注入、采出流体集输处理和循环注气流程，形成了适应不同试验阶段和试验规模的地面工艺模式；避免了气田开发过程中向大气中排放 CO_2，促进了吉林油田天然气业务的快速发展，为地方经济社会发展提供了清洁能源。

截至 2021 年 3 月，吉林示范区覆盖储量 $1183×10^4t$，注气井组 88 个，累计注 CO_2 $212×10^4t$、年产油能力 $10×10^4t$、年埋存能力 $35×10^4t$。黑 79 小井距试验区，累计注 CO_2 0.98HCPV，产油量较水驱提高 6 倍，中心区提高原油采收率 20% 以上；黑 46 试验区，累计注 CO_2 0.18HCPV，产油量较水驱提高 2 倍，预测提高原油采收率 15%。

2. 长庆超低渗透油藏 CO_2 捕集、驱油与埋存试验效果初显

针对长庆超低渗透油藏微裂缝发育、矿化度高及地貌沟壑纵横等特点，形成超低渗透油藏 CO_2 驱注采调控与气窜封堵技术，有效控制气窜；形成"涂/镀层管材为主＋缓蚀阻垢剂为辅"的防腐防垢技术，37 口采出井均未发现井筒腐蚀加重情况，可大幅节约油管更换作业费用和套损井治理费用；复杂地形地貌条件下 CO_2 输送技术，为大规模实施 CO_2 驱油项目进行技术储备；CO_2 驱油与埋存泄漏地面工程风险监控技术支撑试验区地面安全设计，保障工程顺利实施。

截至 2021 年 3 月，长庆油田黄 3 示范区开展 9 注 37 采先导试验，覆盖储量 $206×10^4t$，具备 $10×10^4tCO_2$ 年注入能力，累计注 CO_2 $13×10^4t$。试验区单井原油产能由 0.8t 提升至 1.28t，含水率由 53.3% 下降到 39.5%，累计增油 $1.48×10^4t$。

3. 新疆砂砾岩油藏 CO_2 捕集、驱油与埋存试验试注顺利

针对新疆低渗透砂砾岩油藏特点，研发的 CO_2 管柱及关键工具在试验区现场成功应用 10 井次；形成高含 CO_2 伴生气回收与液相注入一体化技术；建立新疆低渗透砂砾岩油藏 CO_2 驱油垢下腐蚀预测模型，确定了环境管道和设备内防腐涂层、缓蚀剂，研发的 KTY-1 缓释阻垢剂已在 80206 井现场施工，总铁含量从 199mg/L 降至 54.8mg/L，防腐效果明显；创新研发 3 种 CO_2 驱封窜体系及制备评价方法，开展封窜体系工艺参数优化、油藏适应性评价，封堵率均在 90% 以上；提出了新疆油田捕集、驱油与埋存产业政策匹配优化模式，构建了新疆地区 CCUS 发展路径。

截至 2021 年 3 月，新疆油田八区 530 示范区开展 9 井次 CO_2 现场试注，编制油田首个 CO_2 混相驱油方案，累计注 $4.06×10^4tCO_2$，显示出 CO_2 混相驱油受效特征。

四、知识产权成果

制定《CO_2 腐蚀实验评价标准》《CO_2 驱油注入及采出系统设计规范》《砂岩油田 CO_2 驱油藏工程方案编制技术标准》《石油天然气开发注 CO_2 安全规程》等标准规范 16 项，申请《一种 CO_2 驱采油井口装置》《一种高压 CO_2 管道泄漏检测系统及方法》《一种 CO_2 驱注气井环空带压测试装置》等专利 141 件，授权 75 件，登记《CO_2 驱提高石油采收率评价系统》《CO_2 驱最小混相压力计算软件》《CO_2 驱油与埋存技术经济评价软件》等软件著作权 18 项，发表《中国 CO_2 驱油与埋存技术及实践》《CCUS 产业发展特点及成本界

限研究》《复杂环境下 CO_2 驱低成本防腐技术研究》等论文 305 篇，出版《注二氧化碳提高石油采收率技术》《二氧化碳驱油与埋存技术及实践》等专著 8 部，获得省部级奖励 12 项。项目成果入选 2012 年中国石油十大科技进展，在"十二五"和"十三五"国家科技成就展、2017 年阿斯塔纳世博会、2018 年华盛顿世界石油天然气大会进行了展示。

第十二节　复杂油气田地质与提高采收率技术

　　我国剩余油气资源大多为非常规、低（特低）渗透及深层、深海等难动用油气，勘探开发难度越来越大；同时，全球原油产量的一多半仍依靠老油田挖潜与提高采收率，潜力巨大，但难度也很大。因此，如何经济有效地勘探开发这些复杂油气田，是面临的亟待研究解决的重大科技难题。为此，以低渗透、致密、页岩等低品位复杂油气田的高效开发为主攻目标，通过油气勘探、油气井工程和油气开发等多学科协同创新，结合"政产学研用"与地质—工程一体化思路，取得了复杂油气藏地质评价与钻采新理论及新技术创新性成果，为有效提高低品位油气田单井产量与采收率及综合开发效益等提供新的理论指导与技术支撑，对实现国家油气重大专项"增储上产、提质增效"宏伟目标发挥必要的促进作用。

一、立项背景、问题与挑战

　　针对高效开发复杂油气田存在的重大技术国际难题，分别剖析了油气勘探、油气井工程与油气开发面临的技术背景、问题与挑战。

1. 陆相油气勘探新领域

　　我国含油气盆地大多进入成熟勘探期，剩余油气资源面临找不到、不好找的难题，迫切需要拓展油气勘探新领域，建立适应新形势的勘探理论和配套技术。"十一五""十二五"期间建立了风场—物源—盆地系统沉积动力学理论（姜在兴，2016），形成了风—源—盆三元耦合油气储集体精准预测技术（Jiang Z et al.，2018），在国内外多个油田和区块得到推广应用，取得了显著的经济效益。"十三五"期间系统建立了陆相页岩油气多元"甜点"形成理论和"天地钻"三位一体密植山区勘探技术，在燕山构造带首次发现工业油气流，打破了滦平盆地乃至燕山构造带无油气发现的历史。上述成果获省部级一等奖 4 项、二等奖 6 项。

2. 复杂油气田油气井工程

　　提高油气采收率可分为化学法和物理法，我国化学法提高采收率技术优势明显，但物理法提高采收率相对比较落后，特别是基于复杂结构井提高单井产能和采收率方面与国际先进水平相比存在较大差距。可以说，"十一五"初期最先进的复杂结构井优化设计与控制核心技术几乎都被外国公司所垄断，其技术服务费昂贵，严重制约了复杂结构井在我国的推广应用。针对复杂结构井对油气储层的最佳钻遇、钻完井优化设计、增产改造优化控制、邻井距离随钻测控等问题，通过理论和方法创新，研发新仪器、新工具及软件系统，形成了复杂结构井大位移延伸极限预测与控制（Huang Wenjun et al.，2018）、磁导向钻井（高德利等，2016；Binbin Diao et al.，2015）、高效破岩工具与钻井提速、完井优化与增产改造等关键技术系列，构成了复杂结构井优化设计、控制与工程作业极限关键技术，打破了国外公司在复杂结构井磁导向钻井方面的垄断，在复杂结构井定向钻完井延伸极限预测等方面达到国际领先水平，并在涪陵、塔里木等得到成功现场试验，支撑了我国复杂油气田的高效开发，推动了复杂结构井、丛式井钻井技术进步，推广应用前景广阔。

3. 高性能环保型钻井液技术

复杂油气的高效勘探开发已成为提高我国油气自给率的重要保障，但在钻井中常遭遇井塌、井漏、高摩阻、储层伤害技术难题，影响成井率，更是高成本、低产量与低效益的重要原因。钻井液是解决这些难题的核心，但国内外原有水基钻井液无法解决，油基钻井液虽在稳定井壁、润滑防卡方面具有优越性，但环境污染风险与初始成本高等缺点制约了推广应用。因此，研发具油基钻井液优点的水基钻井液成为国内外研究热点，但长期未取得突破性进展，成为制约经济规模开发复杂油气的"卡脖子"难题。为此，首次将仿生学引入钻井液领域，分别创建了井下岩石表面双疏理论、仿生与双疏高效能水基钻井液理论与技术（蒋官澄，2018），攻克了国内外10余年无法将油基钻井液优点融入水基钻井液中的国际重大难题（Jiang Guancheng et al.，2021），并在国内外得到规模应用，解决了经济规模开发复杂油气的重大钻井液技术难题，达国际领先水平。

4. 复杂油气资源高效开发

"十一五"初期，我国剩余油气资源大多为特高含水、低渗透—致密等低品位或难动用油气藏，由于非均质性强、渗流机理复杂，导致开采难度大、开发效果差。因此，亟须开展提高采收率基础理论及关键技术攻关，为各类复杂油气藏的有效开发提供理论依据和技术支持。国内外油田开发实践表明油藏描述是提高各类复杂油气藏采收率的关键技术，尽管国际上斯伦贝谢公司推出了 Petrel 地质建模、随钻测井地质导向技术及软件，但价格昂贵并处于市场垄断地位，且不能有针对性地解决我国陆相强非均质复杂油气藏精细表征、"甜点"及剩余油分布预测等世界级难题。此外，低渗透—致密油藏常规水驱效果差、气驱窜流严重、采收率低、渗流机理认识不清楚，基于传统达西渗流理论数值模拟方法难以准确评价产能和正确指导油田开发生产决策，严重制约低渗透—致密油藏有效开发。经过连续三期攻关，形成了多学科、多尺度、多相、多场的低渗透—致密油藏描述新方法，开展了非达西渗流数值模拟及开发模式优化设计，取得了低渗透—特低渗透油藏二维智能纳米硫化钼（黑卡）高效提高采收率机理新认识，创立了陆相复杂油藏描述与提高采收率新技术，研究成果总体达到了国际先进水平，有力支撑了复杂油气田高效开发，具有广阔推广应用前景。

二、研究进展与理论技术成果及应用成效

针对高效开发复杂油气田存在的重大技术难题，揭示其科学问题，取得了丰硕的理论和技术研究成果，并在多个复杂油气田得到成功现场试验，部分成果已得到规模推广应用，社会经济效益显著。

1. 提出了风场—物源—盆地系统沉积动力学理论，研发了"天地钻"三位一体密植山区勘探技术

1）风场—物源—盆地系统沉积动力学理论

首次提出风场对沉积体系形成的控制作用，联合物源、盆地两个重要端元，建立了风场—物源—盆地系统沉积动力学理论（姜在兴，2016）。

在面积广阔的偏离主物源通道的非主物源地区，沉积作用仍然十分活跃，其沉积作用的动力来源主要是风浪。基于此，首次将风场作用与物源、盆地两大作用并列，提出了风场—物源—盆地系统沉积动力学概念。该概念将传统沉积相、沉积模式的一维属性，源汇体系的二维属性，提升到风场—物源—盆地系统的三维属性，为研究整个沉积盆地中不同类型沉积体形成、分布、预测提供了统一理论指导（图 3-12-1）。

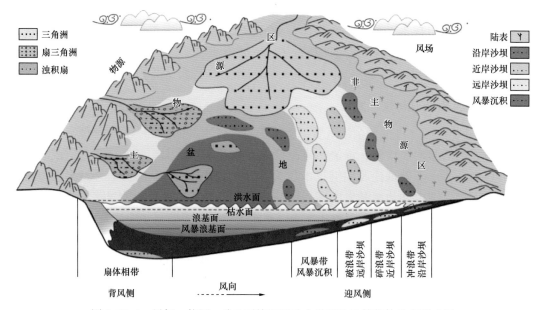

图 3-12-1　风场—物源—盆地系统沉积动力学理论及储集体分布模式图

在风—源—盆三元耦合作用下，典型含油气盆地可划分为冲浪带、碎浪带、破浪带、风暴带和扇体相带五个带。通过对这五个带的限定可确定优质储集体分布（图 3-12-1），形成了风—源—盆三元耦合精准预测技术（Jiang，2018）。

2）"天地钻"三位一体密植山区勘探技术

传统勘探程序适合丘陵、平原、沙漠等地形相对简单的地区。但大量空白探区如燕山构造带植被覆盖茂密、地形地貌复杂，不适合大规模地震勘探，且成本高昂。针对复

杂探区多种深水储集体，集成研发了"天地钻"三位一体油气勘探技术，成功指导了燕山构造带滦平盆地油气勘探。该技术利用无人机对植被覆盖严重、不易抵近观察的剖面进行近距离观察与拍摄，实时观察采集影像，完成数据收集与野外露头筛选。

地表露头观察是地质数据收集最基础的方式。观测过程中使用"点—线—面—体"思想，对露头进行了精细、定量观测。分析露头和地下三维内幕，将野外剖面进行立体分析，精确划分其沉积环境及其演化特征，整体剖析区域沉积体系发育与演化特征。

在无人机空中观察与地表露头观察的基础上，确定有利探区勘探井位部署，具体分为地表浅钻、工程钻探和试油试气求产。

与传统勘探及探井部署方式相比，该技术通过地表浅钻方式对探区进行初步探索，无须大型钻探及工程机械，极大节约人力、物力成本；通过对优选层位进行有针对性钻探、压裂和试油试气求产，极大地提高了勘探成功率，节约了勘探成本。

我国含油气盆地之间存在面积十分广大的造山带，如秦岭—昆仑造山带、兴蒙造山带等。传统观点认为，造山带剧烈的构造运动不利于油气保存。其复杂的地质条件也使得勘探成本高昂，一直未获突破。随着风—源—盆系统沉积动力学理论和"天地钻"三位一体密植山区勘探技术的不断完善，以燕山造山带为研究起点，大范围开展国内多个造山带综合油气研究，突破我国陆域复杂造山带油气勘探理论与技术瓶颈，将实现我国造山带油气勘探的全面突破。

2. 创建了复杂结构井工程优化设计、控制理论与新技术

针对复杂结构井油气井工程存在的关键核心技术难题，开展理论创新与工程技术突破研究，取得了钻井工程理论与技术创新成果。

1）复杂结构井优化设计与工程作业极限理论

随着油气资源勘探开发约束条件变化，对复杂结构井，特别是大位移水平井及其丛式井的需求越来越大，所面临的技术挑战异常严峻。为合理评估与控制工程作业风险、提高开发效益，构建了复杂结构井大位移延伸极限理论。

提出了大位移延伸极限概念，综合考虑地面和井下各种钻井工况和约束条件，建立了大位移钻井延伸极限定量预测模型，揭示了主要约束因素，创建了钻井作业风险定量评估及钻井工程优化设计方法（Huang Wenjun et al.，2018）；建立了复杂缝网结构条件下油藏—裂缝—井筒的耦合流动模型，揭示了长水平井筒产能变化规律，创建了考虑极限产能约束的水平段优化设计方法；建立了井筒完整性力学综合评价模型，揭示了油套管柱与水泥环在复杂工况下的损伤缺陷演化机制，创建了复杂结构井井筒平展结构完整性在极限工况下的安全评估方法。该技术在海洋大位移井、陆地页岩气长水平井等复杂油气井工程中获得成功应用，效果显著。

2）复杂结构井工程优化设计与控制技术

（1）复杂结构井磁导向钻井技术。

磁导向钻井可直接测量钻头到相邻已钻井的距离和方向，避免常规井眼轨迹测量技术的累积测量误差，实现邻井相对位置的精确控制。"十一五"初期，该技术长期

被国外垄断，成为 SAGD 双水平井和 U 形水平井等复杂结构井定向钻井工程的技术瓶颈。

经十余年持续攻关，系统研究了磁短节、高精度探测仪、关键算法和测控软件等（高德利等，2016；Binbin Diao et al.，2015）。主要成果包括：发明了新型近钻头磁短节，在距钻头 60m 处可激励 0.46nT 以上的旋转磁场，造斜能力比国外技术提高 6% 以上，解决了水平井钻头位置准确标识难题；发明了旋转磁场高精度探测仪，突破了近钻头磁短节低频（1～5Hz）弱磁信号（最小磁应强度 0.03nT）的高精度探测，解决了远距钻头 60m 范围内的旋转磁场有效探测难题；建立了水平井轨迹控制算法，开发了测控软件系统，解决了 SAGD 双水平井和 U 形水平井等复杂结构井随钻磁导向测控算法难题；揭示了井下管柱周围空间自身剩余磁场分布规律，研发了兼具随钻测距和井眼轨迹测量的静磁随钻探测测距软硬件系统，解决了在不干预已钻井作业前提下的邻井相对位置随钻测量难题。该技术已在我国重油 SAGD 双水平井和煤层气 U 形水平井定向钻井工程中获得推广应用，在页岩气丛式水平井钻井工程中也成功开展了井眼防碰试验，打破了国外相关技术垄断，技术指标达到国际先进水平。

（2）高效破岩工具与定向钻井提速技术。

针对复杂结构井高效破岩及钻井提速技术难点，提出了地层研磨性测井评价法及 PDC 钻头磨损方程，形成了地层钻井特性定量评估新方法，建立了基于神经网络的定向井钻头智能选型、考虑温度影响的摩阻扭矩计算、旋转导向钻具组合与钻井参数优化设计方法等，形成了复杂结构井优快钻井设计与控制一体化新技术；研发了射流磨钻头、混合齿钻头、液力—磁传动井眼清洁工具、集成式钻井动力马达及定向钻井涡轮钻具等新型破岩工具。该技术在国内外多个油气田获得现场试验与推广应用，总体技术指标达到国内领先水平，为我国复杂结构井破岩及钻井提速提供了一定技术支撑，在非常规及海上油气田中具有良好应用前景。

（3）复杂结构井完井优化与增产改造技术。

利用构建的精细储层三维地应力场，分析了储层裂缝在复杂构造应力作用下的扩展规律；建立了非连续离散裂缝模型，刻画丛式老井生产和注水增能等措施导致地层压力与地应力动态演化规律，分析评价井间裂缝的应力干扰机制，评估该干扰机制对裂缝扩展的影响；最后建立了 SRV 三维刻画及定量评价技术，定量评价丛式井压裂效果。基于射流水力 + 封隔定点致裂机理，发明了无限级可开关多功能拖动喷射压裂方法及井下关键装置，揭示了射流引射作用下水力—机械联合强化封隔机理，建立了连续管水力喷射无限级压裂水力参数设计模型与方法，解决了射流返溅冲蚀作用对井下装置的磨损问题，理论上可实现压裂分段无限级。创新实现了分段无限级、滑套可开关、井筒全通径、可重复压裂的精细储层改造技术。

实践证明，上述研究成果可为我国难动用剩余油气资源高效开发提供核心技术支撑，并具规模化应用前景，获国家科技进步二等奖 1 项、省部级技术发明一等奖 2 项及科技进步一等奖 2 项。未来，随着非常规、深层和深水等油气资源勘探开发的深入，复杂结构井优化设计与工程作业极限将面临更加严峻的挑战，需进一步深入研究管柱、流体、岩屑等因素之间的耦合作用、井间、段间、簇间的压裂裂缝应力干扰，持续攻关复杂结构井安全高效钻完井技术方法，创新发展磁导向钻井和高效破岩提速工具装备，不断提高我国的油气开发效益。

3. 仿生与双疏高效能水基钻井液理论及技术

钻井液性能好坏不仅影响钻井延伸极限，而且直接影响复杂油气资源"安全、高效、经济、环保"钻井目标的实现。近十余年来，国内外热点研究如何将油基钻井液优点融入水基钻井液，但未取得实质性进展。在连续三届国家油气重大专项支持下，首创了仿生钻井液与井下岩石表面双疏理论（蒋官澄，2018；G. Jiang et al.，2021），并在该理论指导下，建立了仿生与双疏水基钻井液新技术，实现了钻井液技术升级换代，解决了国内外学者们长期未解决的钻井液技术难题。

1）仿生钻井液与井下岩石表面双疏性理论

大自然是一切原创性思路的源泉。通过对自然界长期观察、研究，寻找可解决钻井液技术难题的海洋贻贝生物与蚯蚓分泌物、王莲叶片、人类血液、贝壳与猪笼草，以此为模本，探索其作用原理、方法和步骤，发明相应仿生钻井液系列材料和技术，创建了仿生钻井液理论（蒋官澄，2018）。

2000 年研究者们发现井下岩石表面可存在既疏水又疏油的双疏特殊润湿性（又称气体润湿性），定义了井下岩石表面双疏性概念；建立了"停滴和气泡捕获"两种双疏性定量评价方法，探讨了影响双疏性的因素；发明了双疏性材料，揭示了实现双疏机理和控制方法；探讨了双疏性对岩石表面物理与化学性质、油气藏中油/气/水分布和渗流规律的影响，以及在石油工程中的应用，从而创建了井下岩石表面双疏理论（G. Jiang et al.，2021）。

2）仿生与双疏随钻强化井壁水基钻井液新技术

利用创建的仿生钻井液与井下岩石表面双疏理论，发明了仿生固壁剂、纳微米封堵剂、双疏剂与键合润滑剂等，形成了仿生与双疏随钻强化井壁水基钻井液新技术（蒋官澄，2018；G.Jiang et al.，2021），减缓甚至阻止井壁岩石强度遭受破坏、岩石毛细管吸力反转为阻力、井壁高摩阻转变为超低摩阻、废弃钻井液环境可接受，使井壁稳定性、润滑性和储层保护效果达到甚至超过油基钻井液（≤150℃），实现了"成井率高、储层保护效果好、成本低、环境友好"一体化目标。在减缓井塌、井漏、高摩阻与储层伤害核心难题方面效果显著，已在我国页岩与致密油气、煤层气主要油田或区块 70% 以上高难度井，以及海外乍得、土库曼斯坦、厄瓜多尔等国家类似井上得到了验证与规模应用，平均井塌率减小 82.6%、井漏发生率降低 80.6%、摩阻复杂率降低 80% 以上、提速 32.8%、产量较以前提高 1.5 倍以上，并使原来必须使用油基钻井液方可完钻的井转变为水基钻井液高质量完钻，多次挽救了其他高性能水基钻井液面临钻井失败的灾难事故，创造了陆上最长水平段井、最深煤层气井等系列纪录，提高了成井率，已成为规模、效益、环保开发非常规油气资源行之有效的关键核心技术，推动了石油工业与环境保护的协调发展。该成果获 2016 年国家技术发明二等奖 1 项、2020 年中国专利金奖 1 项、部级科技进步特等奖 1 项、省部级科技一等奖 5 项、国内外专著 3 部、国内外授权发明专利数十件等。

随着油气资源勘探开发逐步向更复杂地层推进，地层不确定性急剧增加，导致钻井液设计存在较大盲目性，增加井下复杂率与安全风险。具"自识别、自调节、自适应"能力的智能钻井液是避免钻井液设计盲目性、减少井下复杂情况或事故、实现提质增效的最佳钻井液技术，并必将成为未来发展方向，但目前国内外仅处于初步认识与起步阶段。因此，至"十六五"期间应研发智能钻井液新材料，形成智能钻井液理论与技术，使钻井液技术跨入智能化时代，满足安全、高效、经济、环保、智能钻井需要，为尽早实现以智能钻井、智能油田建设等为特征的第五次石油工业技术革命提供重要支撑。

4. 复杂油气田高效开发模式与提高采收率理论与技术

针对低渗透—致密复杂油气田开发重大难题，开展油藏精细描述、数值模拟及开发模式优化设计一体化的提高采收率新理论、新方法和新技术攻关，研发二维智能纳米硫化钼高效提高采收率新技术，创建复杂油气田高效开发模式。

1）二维智能纳米硫化钼性能与提高采收率原理

二维智能纳米硫化钼是自主研发的片状纳米新材料，其微观形态近似于"黑色卡片"（黑卡），平均尺寸为 $60nm \times 80nm \times 1.2nm$，不同于目前普遍应用的 SiO_2 球状纳米材料与油/水界面的"点—面"接触，硫化钼的片状特征与油/水界面形成"面—面"接触，极大增强了界面作用，使用质量分数 0.005% 即可发挥智能找油、渗吸、剥离油膜、乳化降黏以及聚并油墙等多重功能（Raj I et al., 2019）。由于其柔性的纳米片状结构，可以顺利注入 0.5mD 的低渗透多孔介质，动吸附滞留量仅为油田常用磺酸盐活性剂的 1/100，且具有耐高温（>200℃）、耐高盐（>24×10⁴mg/L）的特性，在低渗透稀油及常规稠油油藏都具有广泛的适应性，可实现油藏深部调驱，智能控水。

纳米硫化钼是一种超强的两亲表面活性材料，克服了活性剂的缺点，强化、升级了活性剂的优点，其驱油原理不同于 ASP 三元或 SP 二元活性剂复合体系通过降低油/水界面张力发挥作用，而是通过高效的楔形渗透作用铲油，降低油与岩石的黏附力（表3-12-1），并将从岩石表面剥离下来的残余油快速乳化成微、纳米级乳液（<10μm）携带运移（ASP 驱乳状液粒径平均值在 40~50μm 之间），矿场通过间停注入纳米片使乳化油滴在大孔道中快速聚集成墙而调整流度，扩大波及，实现自调驱。

表 3-12-1　二维纳米硫化钼驱油与 ASP 化学复合驱油原理的差别

化学驱	纳米硫化钼驱
要求油/水界面张力达到超低，$10^{-3}mN/m$	油/水界面张力一般在 $10^{-1}\sim10^{0}mN/m$ 之间，改变油滴在岩石表面的黏附力；转为不黏附
要求黏度大于油相，一般 30mPa·s 以上	纳米溶液黏度不增加，同水相黏度（1mPa·s）
尽量提高注入速度，如大庆线性推进速度 1m/d，连续注入	必须间停注入，在常规水驱速度基础上间停，现场一般是"昼注夜停"

2）低渗透—致密油藏描述与提高采收率新技术

（1）低渗透—致密砂岩油藏描述及"甜点"预测新方法。

从储层质量差异性出发，创建多组分数字岩心和孔隙网络模型，形成了从孔隙结构、物性、沉积成岩相到油藏多尺度升级的储层质量差异性表征新方法，研发了基于地质过程的沉积成岩数值模拟技术及软件，为低渗透—致密砂岩油藏"甜点"预测提供了关键技术支撑。

针对储层界面难以自动追踪、地层产状无法实时计算的难题，开发了方位随钻测井资料实时解释与地质导向新技术及软件，显著降低了国外技术垄断价格和油公司成本；针对传统方法中数据碎片化、效率低、"甜点"预测精度低的难题，创建了基于深度学习的"甜点"智能预测新方法；在地质成因模式的指导下，研发了岩石物理驱动下低渗透—致密油藏"甜点"测井识别新方法和叠前地震预测新技术及软件，形成了低渗透—致密油藏地质—岩石物理—地球物理—油藏工程的"甜点"综合评价与预测新方法和新技术；针对预测剩余油而提高采收率的关键问题，形成了基于物理模拟实验、复杂储层构型精细建模及模型动态跟踪与油藏数值模拟一体化研究的剩余油形成与分布预测方法和技术。研究成果在胜利、长庆等油田进行了推广应用，"甜点"预测与生产实际情况符合率达 83%、地质导向油层钻遇率达 92%、提高采收率 2% 以上。

（2）基于渗流机理的低渗透—致密油气藏数值模拟新方法。

提出了考虑复杂井结构、复杂干扰、不同缝长与缝间距的大规模压裂水平井 PEBIPEBI 网格划分方法，建立了低渗透—致密储层微纳米孔隙流动的非线性渗流模型，创建了高复用组件、高可扩展性架构，研发了数值试井软件，解决了低渗透—致密油气藏压裂效果评价、产能预测等难题；研发了三维离散裂缝数值模拟器及提高排驱效率数值模拟器，建立了用于提高排驱效率的复杂流体数值模拟表征方法，形成了一套低渗透—致密油气藏高效排驱优化设计方法；建立了反映多尺度、多介质、多流态、多组分复杂渗流机理的低渗透—致密油气藏渗流数学模型，提出了一种新型的可扩展的多重嵌套介质模型；在新一代油藏数值模拟软件平台下，成功研发了一个适用于低渗透—致密油气藏的新型全组分数值模拟器，并应用于开发模式优化研究；开发了嵌入式离散裂缝模型，通过一系列算例测试表明嵌入式离散裂缝模型具有可靠的精度；提出了基于样本集合的迭代数据同化方法，能够处理非线性问题，建立了低渗透—致密油气藏智能历史拟合方法。新一代油藏数值模拟软件在新疆吉木萨尔页岩油、伊拉克哈法亚 Sadi 致密油、长庆、延长等多个低渗透—致密油区块进行了实际应用，模型预测生产动态与实际符合率达到 85% 以上。

（3）低渗透—特低渗透油藏二维智能纳米硫化钼高效提高采收率新技术。

对二维智能纳米硫化钼的岩心驱油注入参数进行优选，对最佳注入浓度、注入速度、注入量、注入方式进行优化，并确定了适应储层的渗透率范围，从而形成二维智能纳米硫化钼高效提高采收率新技术（杨景斌等，2020）。研究表明，岩心渗透率介于 1.20~24.60mD 时，注入浓度、注入速度、注入量分别为 50mg/L、0.3mL/min 和 0.3PV，且至少停 6h 的间注间停注入方式，具有最佳的驱油效果，大幅度提高低渗透油藏采收率。该技术在国内 10 个油田开展先导试验并取得成功，与传统聚合物驱 /ASP 驱相比，具有明显优势。

未来在各类复杂油气藏高效开发与提高采收率技术领域，将油藏地质、岩石物理、地球物理、油藏工程与大数据及人工智能技术进行深度融合、多学科协同创新，实现油藏精细描述、油藏数值模拟及开发方案设计由数字化、智能化向智慧化方向发展，最终达到高效开发各类复杂油气田及大幅度提高采收率的目标，必将成为未来的重要发展方向。

总之，经连续三期持续攻关，使我国复杂油气田地质与提高采收率理论及技术由原来几乎被国外公司垄断反转为总体达到国际先进水平、部分达到国际领先水平的局面，为保障国家能源安全与实现我国能源发展战略目标提供了坚实理论基础与强力技术支撑（表 3-12-2，图 3-12-2）。

表 3-12-2　复杂油气田理论与技术各阶段技术概况

时期		各阶段技术概况
"十一五"前存在的问题		我国剩余油气资源面临找不到、不好找的难题，先进的复杂结构井优化设计与控制核心技术几乎被外国公司垄断，低品位或难动用油气藏开采难度大、开发效果差，制约了我国复杂油气藏的高效开发，亟须理论与技术创新
"十一五"	总体部署	弄清薄互层等六个油气勘探新领域地质特征及成因机制、建立评价和勘探预测方法，初步形成复杂结构井设计与控制理论方法技术，并解决油气层伤害问题，开展油藏精细描述、数值模拟及提高采收率等技术攻关
	取得的成果	形成了非主物源区薄互层储层分布的预测与评价方法，初步形成了复杂结构井优化设计与钻完井控制、油藏表征、增注控水增产新技术，研发了油藏数值模拟软件系统 1.0 版本，初步获得应用实效
"十二五"	总体部署	建立薄互层、致密砂岩气藏等三个重点勘探新领域储层评价和预测方法，基本形成复杂结构井设计与控制一体化技术体系，解决复杂油气田井塌、卡钻、井漏等技术难题，开展特高含水、特低渗透油藏精细描述、数值模拟及提高采收率等技术攻关，并在目标区完成规模性试验，取得应用实效
	取得的成果	建立了风场—物源—盆地系统沉积动力学理论，形成了风—源—盆三元耦合油气储集体精准预测技术，形成了复杂结构井优化设计与钻完井控制技术，创建了随钻强化井壁的仿生钻井液理论与技术，建立了复杂储层剩余油分布预测方法与油藏数值模拟软件系统 2.0 版本与提高采收率技术，并在多个复杂油气田进行现场试验与应用，效果显著
"十三五"	总体部署	系统研究陆相深水储集体成因机理、储集要素和分布规律与预测方法，基本形成复杂结构井与丛式井钻完井设计控制一体化技术体系，开展低渗透—致密油藏精细描述、数值模拟及提高采收率新技术攻关，并在目标区获应用实效
	取得的成果	揭示了陆相深水储集体的成因机理并建立了评价方法、研发了"天地钻"三位一体密植山区勘探技术，创建了非常规油气大型丛式水平井工程设计与控制、双疏钻井液理论和技术，建立了低渗透—致密砂岩油藏描述及"甜点"预测新方法，开发了致密油气藏数值模拟与产能预测软件，研发了二维智能纳米硫化钼提高采收率新技术，并得到成功验证与推广应用

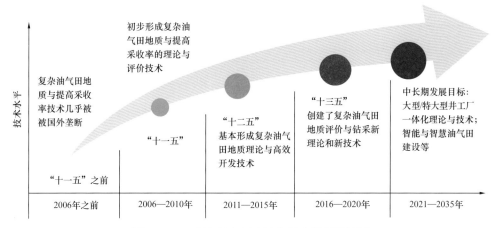

图 3-12-2　复杂油气田理论与技术发展路线图

三、知识产权成果

在连续三期国家油气重大专项研究过程中，累计发表论文 1552 篇（其中 SCI/EI 收录 801 篇），出版专著 21 部，申请发明专利 452 件（其中授权发明专利 174 件，包括国外专利 20 件），计算机软件著作权 167 项，获得国家级科技奖励 10 项，2020 年中国专利金奖 1 项、省部级特等奖与一等奖 53 项、部级优秀图书出版一等奖。部分重要成果清单如下（表 3-12-3、表 3-12-4）。

表 3-12-3　获国家科技奖与中国专利金奖

序号	成果名称	获奖类型	奖别	获奖年度
1	复杂结构井特种钻井液及工业化应用	国家级	技术发明二等奖	2016
2	水力喷砂射孔与分段压裂联作技术及工业化应用	国家级	技术发明二等奖	2012
3	复杂地质条件储层煤层气高效开发关键技术及其应用	国家级	科技进步二等奖	2020
4	多类型复杂油气藏叠前地震直接反演技术及基础软件工业化	国家级	科技进步二等奖	2019
5	高含水油田优势通道定量描述与调控技术及工业化应用	国家级	科技进步二等奖	2010
6	一种仿生钻井液及其制备方法	国家专利	中国专利金奖	2020

表 3-12-4　重要专著

序号	论著名称	出版社	出版刊号	出版时间	作者
1	Sedimentary dynamics of windfield-source-basin system new concept for interpretation and prediction	Springer	ISBN：978-981-10-7406-6	2018	Jiang Zaixing 等

续表

序号	论著名称	出版社	出版刊号	出版时间	作者
2	复杂井工程力学与设计控制技术	石油工业出版社	ISBN：978-7-5183-2890-1	2018	高德利
3	Fundamentals and applications of bionic drilling fluids	Gulf professional publishing	ISBN 978-0-323-90293-9	2021	Jiang Guancheng
4	地震沉积学及其应用实例	中国石油大学出版社	ISBN：978-7-5636-5819-0	2017	林承焰等

第四章　工程技术与装备

中国石油工程技术与装备历经多年科技攻关，发展完善了以地震勘探、电缆测井、水平井、欠平衡钻井、钻井提速、储层改造、带压作业等为核心的常规石油工程主体技术与装备，实现了全面国产化，有力保障了勘探开发重点地区、重大工程的实施，促进了技术服务产业发展。同时，初步形成了石油工程高端技术与装备集群，成为支撑复杂深层、非常规、低渗透低品位油气经济高效开发的技术利器，并在替代进口、平抑价格、提质增效等方面发挥了重要作用。中国石油工程技术与装备已由低技术含量、低附加值产品为主的常规技术与装备体系，向着高技术含量、高附加值的高端技术与装备体系跨越式发展。

第一节　概　　述

石油工程技术与装备不仅关系着油田服务企业的生存与发展，更关系着油气勘探开发和国家能源安全。中国石油天然气集团有限公司、中国石油化工集团有限公司等企业持续加大科技研发投入，特别是通过国家科技重大专项"大型油气田及煤层气开发"攻关，石油工程技术与装备迅猛发展（孙金声等，2021）。我国正从石油工程技术与装备"大国"向石油工程技术与装备"强国"迈进。

一、国外石油工程技术与装备进展

物探领域：高密度高效数据采集、多学科协同、人工智能等向油气田开发延伸已成为全球地球物理勘探技术发展的主要趋势，覆盖密度已达数百万道甚至几千万道／平方千米，最高采集日效已达数万炮，高分辨率处理、各向异性叠前深度偏移、地震地质一体化等处理解释技术得到快速发展和应用，物探技术的进步有效提升了勘探开发目标的成像精度和评价的可靠性。

测井领域：国际先进测井技术垄断的格局依旧存在，以斯伦贝谢为首的世界三大油田技术服务（以下简称"油服"）公司在技术研发和服务市场处于领先地位，从电缆测井发展至随钻测井、生产测井、地层测试等业务领域，以三维成像 Scanner 系列、储层测绘 GeoSphere 系列和解释软件 Techlog 为代表的产品商业化应用，并随着新技术的发展不断提升测井的深度、广度和智能化水平。

深井钻录、测试领域：国际深井超深井钻完井技术已突破 15000m 钻深能力，万米超深井、大位移井钻完井技术已经成为成熟技术。深井超深井钻井装备技术正在向自动化、智能化方向发展；钻井工艺趋于更安全、高效、清洁、快速；钻井液和固井水泥浆耐超高温240℃以上；堵漏向智能定向堵漏技术发展等。

非常规及低渗透油气钻井领域：非常规油气钻井工程技术的突破助推北美地区实现了"页岩油气革命"，其中旋转导向钻井技术是长水平段水平井钻井的关键技术，高造斜率旋转导向钻井系统具有缩短靶前距、提高定向造斜段钻井效率的优势，国外知名油服公司旋转导向系统造斜率已达到15°/30m。依托旋转导向钻井技术，北美页岩气水平井水平段长度不断取得突破，目前已突破3000m，并不断刷新最长纪录。普遍实现了长水平段一趟钻作业。

储层改造领域：自2007年水平井分段压裂技术在北美大面积推广应用，大幅提升了页岩气产量，助力美国实现页岩气革命，并由此改变了世界能源格局。其中，超长水平井（水平段最长为5888m，普遍超过3000m）分段压裂技术已成为主体技术，密切割缩小簇间距（最小间距为3m，普遍为6m）已成为优化设计关键参数，低黏滑溜水和全石英砂支撑成为降本增效的主要做法，非常规储层压裂地质工程一体化优化设计软件已广泛使用，目前北美尽管研发了可溶桥塞，但仍以速钻桥塞为主，其原因在于北美桥塞安全泵送速度快，桥塞钻磨速度达到4min一个，较可溶桥塞而言，其作业效率与成本更有优势。目前2500型、3000型柴驱及5000型电驱压裂车（橇）为主的装备体系，支撑了北美非常规油气高效开发的需要。

二、中国石油工程技术与装备现状和重要挑战

物探领域：油气勘探面临的"低、深、隐、难、非"问题越来越突出，如前陆冲断带成像效果差、岩性体的有效识别技术不过关、老区复杂小断块精细描述精度不够、非常规油气地质和工程"甜点"的认识刚刚起步；同时物探核心装备和软件长期依赖进口，国际市场竞争力不强，CGG、WGC、PGS等大型物探公司形成垄断态势。

测井领域：先进测井装备和软件主要依靠进口，成像测井和组合测井的研究刚起步，还未形成成套装备和软件。主要体现在：国产测井装备研制厂家杂、技术水平低、可靠性不高、系统性不强，国产测井软件功能不全、处理能力差、模块少、规模小、效率慢，处理解释方法和评价技术不成体系。我国测井技术面临着发展落后和缺乏创新产品的巨大挑战。

深井钻录、测试领域：突破形成了8000m超深井钻井技术，使7000m钻井成为成熟技术。然而，钻机智能化、自动化、信息化程度低，深井超深井钻井起下钻时间长，窄密度窗口及复杂地层事故复杂频发，井筒完整性问题日益突出，耐高温高压高盐钻井化学助剂配套技术能力不足，深井随钻测量装置及技术无法满足生产需求。

非常规及低渗透油气钻井领域：旋转导向钻井技术长期以来处于"依赖进口、受制于人"的被动局面，2015年中国海油研发成功了Welleader旋转导向钻井系统，同时中国石化、中国石油等也在推进旋转导向系统研发，但是造斜能力普遍低于8°/30m，高造斜率、可靠性等关键技术在"十三五"之前仍未取得有效突破，距离实现国产旋转导向系统规模化、工业化应用目标差距甚远。

储层改造领域："十一五"之前以单井合层压裂为主，后期逐渐形成了直井封隔器分

层压裂技术，"十二五"期间逐渐攻关形成直井多层、水平井多段的体积改造技术及分段工具。但分段工具性能与作业效率、微地震裂缝诊断解释精度与实时相应速度与北美比还有较大差距，压裂软件仍长期依赖进口，满足矿化度大于 10×10^4mg/L 的耐盐滑溜水及200℃以上超高温压裂液亟待研发，尚无法满足 6000m 以深深井作业及页岩油气超长水平井压裂的连续管装备要求。

三、油气重大专项部署与重大成果

针对中国石油工程技术与装备领域存在的重大技术难题，"十一五"期间国家发改委、科技部、财政部"三部委"设立了"高精度地球物理勘探技术研究与应用""复杂油气藏测井综合评价技术、配套装备与处理解释软件""深井钻录、测试技术和配套装备"等三个项目。"十二五"期间设立了"高精度地球物理勘探技术研究与应用（二期）""油气测井重大技术与装备""深井钻录、测试技术和配套装备（二期）""低渗透油气田高效开发钻井技术"等四个项目。"十三五"期间设立了"高精度地球物理勘探技术研发及应用""高精度油气测井技术与装备研发及应用""深井超深井钻井关键技术与装备""低渗透油气藏高效开发钻完井技术""非常规油气钻井关键技术与装备""储层改造关键技术及装备"等六个项目及"涪陵页岩气开发示范工程"。历经十余年的攻关研究与实践，中国石油工程技术与装备取得了系列重大成果。

1. 自主研发的物探技术与装备创出国际品牌

研发了以 G3iHD 地震仪、eSeis 节点仪、EV-56 宽频高精度可控震源为代表的关键核心装备，支撑实现了全天候、全地表、海陆无缝衔接作业；开发了 GeoEast 大型处理解释系统及其新一代一体化开放式软件平台 GeoEast-iEco、KLSeis Ⅱ 地震采集工程软件系统为代表的覆盖物探全技术领域的大型自主软件系列，实现了对国外主流软件的有效替代。依托自主核心技术与装备打造了国际领先的陆上宽频、宽方位、高密度（简称"两宽一高"）地震勘探技术，大幅提升了中国物探技术的综合服务能力和国际竞争力，在国际领域开创了中国品牌，逐渐成为全球物探行业的领军者和国际物探行业规则的制定者。

2. 高端测井技术与装备不再依赖进口

测井技术发展遵循地层探测透明化、全过程智能化、作业高效环保的发展目标，推动中国测井仪器向耐高温高压、高精度发展，测井软件向多学科融合、一体化方向发展。自主研发了快速与成像测井成套装备 EILog® 和配套的 CIFLog-LEAD 软件，以网络化、模块化、标准化、智能化为核心的 CPLog 测井系统，实现了采集、处理、解释一体化的 CIFLog 测井软件系统。目前，中国已拥有具自主知识产权的系列成像测井装备，并突破万米电缆自适应高速传输、高温电路集成及高精度信号采集等关键技术，耐温耐压达到175℃/140MPa，井下连续工作时间 20h，在塔里木油田 8882m 深井测井成功，创造了亚洲陆上最深测井纪录。

3. 深井钻录、测试技术与装备涌现一批高端标志性产品和服务

研发了具有完全自主知识产权的 7000m 自动化钻机，钻机核心部件基本实现国产化，钻进过程真正实现"两把座椅控全程"，整体技术达到国际先进水平；9000m 四单根立柱钻机突破了钻井管柱稳定作业长度极限，保障井架有限空间内弹性薄壁长管柱安全移运，钻井提速超过 20%，复杂事故时效降低 75%，应用效果显著。自主研发了 PCDS 精细控压钻井装备，可适应钻进、接单根、起下钻等 9 种工况，远程、本地、手动、自动等 4 种控制模式，能实现溢流、漏失等 13 种应急转换的精细控制，有效解决了窄密度窗口导致的涌、漏、塌、卡等井下复杂情况。形成了高性能膨胀管裸眼封堵技术装备，满足 $\phi149.225mm \sim \phi333.375mm$ 井眼，在西南、塔里木、新疆等油气田应用，有效解决了恶性漏失、高低压同层等技术难题，为深井、复杂井钻井提供了有力支撑。研发了具有自主知识产权的自动化固井技术装备，突破了固井装备自动控制核心技术，建立了自动固井装备改造与作业规范，形成了以 AnyCem® 固井软件系统、自动监控固井设备硬件系统等为核心的新型自动化固井技术与系列装备，率先实现"无人操作"固井作业，大幅降低了井口高压区人员安全风险，全面升级了传统固井作业模式，促进固井工程技术数字化、高质量发展。研制了连续管完井作业装备，独创无伤害高性能夹持技术，实现注入头系列化、连续管装备核心技术自主化，结束了中国连续管作业装备长期依赖进口的局面，推动了井下作业方式转变，成为超深井作业的必备手段。研发了耐温 240℃ 淡水基钻井液、耐温 300℃ 以上水基泡沫钻井流体、胺基钻井液、耐温 200℃ 耐 45% 盐水污染高密度油基钻井液、大温差水泥浆、高效隔离液等优质工作液体系，保障复杂地层实现安全高效钻完井。研发了深井录井装备及综合解释评价系统，主要包括无线远程录井系统、实时录井解释评价系统、实时远程钻井和录井工程应用系统，新型录井装备及综合解释评价系统大幅提高了随钻录井服务质量。

4. 非常规及低渗透油气钻井技术与装备取得重要突破

基于对北美页岩油气资源技术革命的充分借鉴，经过十余年的发展，在钻井提速、关键工具、核心装备等方面取得重要突破。自主研发了 CG STEER 和 Welleader 旋转导向钻井系统、i-SPEED 高精度随钻成像系统，CG STEER 和 Welleader 旋转导向钻井系统在微型液压驱动与控制技术、非接触电能 / 信息传输技术、钻井液脉冲双向通信技术、大功率涡轮发电技术等核心领域取得突破，系统稳定造斜能力达 10.5°/30m、零度造斜、近钻头井斜方位和伽马测量等功能稳定可靠；i-SPEED 高精度随钻成像系统中的近钻头伽马成像仪器各项性能参数达到国际先进水平，制造成本约为采购国外产品的 40%，支撑了低渗透油气藏效益开发。自主研发了非常规油气钻井地面和井下控制关键自动化工具与仪器，主要包括 Sentry 钻井液性能在线监测系统、随钻地层识别仪器、页岩地层取心工具及油气捕集现场气组分检测系统、电动转盘 / 顶驱扭矩自动控制系统、非常规油气井斜控制工具等，丰富了中国非常规油气藏高效开发手段，为高效开发非常规油气资源奠定了坚实的基础。形成了页岩气水平井水平段"一趟钻"技术，研制了"一趟钻" PDC 钻头、

长寿命的水力振荡器、顶驱扭摆减阻系统等工具仪器，支撑了页岩气国家示范区产能建设与页岩气资源规模开发。建立了低渗透油气藏水平井精细分段完井技术，基于低渗透储层地质与工程基础和采油工程基础形成了水平井精细分段完井设计技术，研制了典型低渗透油气藏精细分段完井工具。形成了煤层气新型水平井钻完井技术，形成了 L 形、小曲率半径定向井等新型煤层气水平井优化设计方法和实施工艺，研发出具有自主知识产权的煤层气井专用非金属管完井、煤层精确导向钻井等专用工具，形成了一套适合中国煤层气地质特点的水平井高效钻完井工程技术，显著提高了中国煤层气水平井单井产量和整体开采效益。

5. 储层改造研发出适用于中国工况的技术与高端装备

研究形成了适合中国不同类型低渗透油气田与非常规油气藏的直井多层压裂与水平井多段压裂技术（雷群等，2019），形成满足井深超 8000m、地层温度超 200℃、施工压力达 136MPa 的"三超井"压裂酸化技术；形成以大型物模为基础的裂缝扩展模拟技术、气测导流与长期导流实验技术、大型可视化压裂液流变与输砂模拟技术；开发了具有自主知识产权的体积压裂优化设计软件系统，打破国外垄断；形成针对非常规油气水平井体积改造的"三到位"（一次布井到位、一次布缝到位、一次压裂到位）缝控压裂优化设计技术（雷群等，2018）；研发了超低浓度压裂液体系、低成本滑溜水、耐温 230℃高温压裂液、加重压裂液、CO_2 无水压裂液等体系；研发了水力喷砂、双封单卡、油管滑套、快钻桥塞、可溶桥塞等多种水平井多段和直井多层压裂工具；研制出的全球单机功率最大的 7000 型电驱压裂橇，实现了大型电驱压裂橇和压裂泵核心关键技术自主可控；研制成功 8000m 超深层连续管作业装备，满足塔里木等油气田超深井作业的需要；研制出 6600m 长水平井连续油管作业机，解决了 5000m 以深深层页岩气作业难题。

第二节　高精度地球物理勘探技术与装备

一、高精度地球物理勘探技术与装备的背景、现状与挑战

21 世纪以来，随着油气勘探程度的提高和深化，勘探重点发生了重大转移：勘探目的层从中浅层向深层转移，勘探对象从构造油气藏向隐蔽油气藏、非常规油气藏转移，勘探区域从东部向西部新区、新盆地转移，地表地下条件从简单区向复杂区转移，油气勘探面临的"低、深、隐、难、非"的问题越来越突出。在前陆冲断带勘探中，由于地震资料信噪比低、地表起伏剧烈，导致高陡构造成像不准，勘探目标成像效果差；在岩性地层油气藏勘探中，主力砂岩体厚度薄，地震资料分辨率不能满足薄储层预测的需要，特殊岩性体的有效识别、描述技术还不过关；在叠合盆地深层勘探中，地震资料信噪比低、波场复杂、成像精度低，深层构造、断裂的描述难度很大；在老区滚动勘探中，复杂小断块成像精度不高，还不能满足小断块精细描述的需要；在非常规油气勘探中，对地质和工程"甜点"的认识还刚刚起步。

面对新的油气勘探形势和存在问题，急需开展高精度地震勘探技术攻关，以大幅度提升地震资料的信噪比和分辨率、大幅提升地震成像精度和复杂储层预测与描述能力。针对前陆盆地等复杂地区和岩性油气藏成像难，急需针对性的高精度成像配套技术；为了推进老区勘探、评价和开发，急需开展油藏地球物理技术攻关和现场试验，提高油藏评价水平，优化油田开发方案，提高勘探开发整体效益；针对非常规油气地球物理技术攻关才刚刚起步，急需攻关满足生产需求的技术经济一体化配套技术；针对复杂储层预测和流体识别等难题，急需加强多波地震勘探技术研究，加大现场试验，加快生产能力建设；针对物探装备和软件长期依赖进口的被动局面，为了确保国家能源安全和国际化战略的顺利实施，急需自主研发物探核心装备和软件，实现核心装备和软件自主可控，提高国际市场竞争能力。

针对这些挑战，围绕地球物理勘探的核心装备、软件和配套技术开展了十多年的持续研究，突破一系列技术瓶颈和"卡脖子"难题，取得了丰硕成果，打造了百万道级地震采集系统（eSeis+G3iHD）、高精度可控震源 EV-56、多学科处理解释一体化软件系统 GeoEast、跨平台开放式地震采集工程软件系统 KLSeis Ⅱ 及重磁电处理解释软件系统GeoGME 等 5 项核心装备与软件，形成并完善了"两宽一高"地震勘探、油藏地球物理、非常规油气勘探、多波地震勘探和重磁电综合勘探等 5 项油气勘探技术。高精度地球物理勘探技术与装备的研发成功实现了中国物探核心装备和软件的全面自主可控，支撑了油气地球物理勘探开发综合服务能力的大幅提升，引领了物探业务快速发展，保障了东方地球物理公司销售收入持续攀升，于 2015 年起成为并连续保持全球物探行业第一位。成果在国内外得到大规模推广应用并取得显著成效，支撑中国石油取得一系列重大油气发现，"十二五""十三五"累计新增探明石油地质储量 71.1×10^8 t、新增天然气探明储量9.46×10^{12} m^3，促进了中国石油海外五大合作区油气权益产量连续增长，2019 年以来持续突破 1×10^8 t 油当量 /a。

尽管地球物理勘探技术和装备在过去的十年取得了辉煌的成绩，但展望未来，还有更多、更大的挑战需要地球物理工作者去攻克。需要开展以高精度、智能化为特征的新一代地震勘探技术攻关，加强油藏及井中地球物理技术的深化研究，加快自主核心装备与软件研发和应用，重点突破节点有线一体化、数据采集预处理一体化、混源激发一体化、震电磁一体化、地震地质工程一体化等一批关键核心技术，形成高精度、智能化、多学科协同、油藏全生命周期服务能力，实现由并跑向领跑者角色转变，满足油田高效、低成本勘探开发需求，支撑国家油气资源战略目标的实现（李庆忠，1993；凌云，2003；钱荣钧，2010；詹仕凡等，2015；陶知非，2018；王霞等，2019；李向阳等，2021；赵邦六等，2021；匡立春等，2021）。在开展上述关键技术攻关的同时，还应在创新生态的完善、工作模式的转变等方面积极探索：一要做到物探采集智能设计与施工管理等，实现重磁电震一体化综合勘探；二要建设数据处理解释协同工作软件生态系统，发展人工智能框架，自动完成操作密集型工作，实现多学科信息的智能化综合分析；三要建立以油藏为中心的工作模式，实现物探、钻井、测井、储层改造、油藏等各工程技术板块相互融合、数据共享、协同工作；四要建设企业级超算中心，形成配套的弹性波处理解释技术系列，率先实现弹性波速度建模、弹性波叠前偏移工业化应用（戴厚良，2021）。

二、中国石油地震数据处理解释一体化主力软件平台GeoEast

通过十多年的持续攻关，不断突破技术壁垒，攻克一系列"卡脖子"技术难题，GeoEast V4.0可有效管理PB级海量数据，支持大规模并行计算、云计算、多学科协同工作，实现了物探、地质、测井、油藏等数据的统一管理和共享，新平台具备高度的可扩展性和开放性，发展成为中国石油地震数据处理解释一体化主力软件平台，2020年在中国石油各油田的应用率超过70%。

1. 多学科一体化开放生态平台GeoEast-iEco

GeoEast-iEco多学科一体化开放式软件平台是GeoEast产品家族的底层支撑，其采用先进的软件架构，秉持共享、协同、开放的产品理念，以"建设中国物探软件新生态"为使命，具备多学科协同、云模式共享、多层次开放的特点，不仅是支撑应用软件研发、应用的基础平台，更为凝聚软件开发、运营、应用等各方力量打造国产物探软件生态系统奠定了坚实的基础（图4-2-1）。

GeoEast-iEco平台由多学科数据管理系统、开放式开发框架和云计算管理系统组成。综合利用读写分离、连接池等技术，形成基于PG的高可用、高并发部署架构，实现大规模数据并发访问技术，最大并发作业（工作流）数达20000以上。结合作业自动并行、融合存储、并行分选等方式实现了对PB级海量数据的快速存储、管理与高效访问。

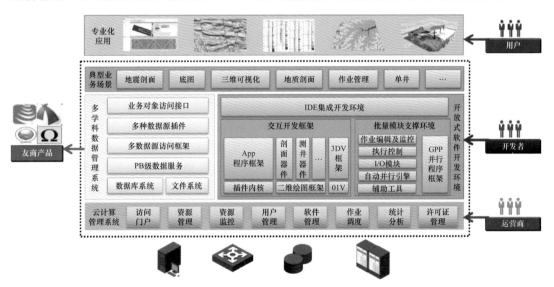

图 4-2-1 GeoEast-iEco 平台体系结构

2. 深度域速度建模与成像一体化

整合深度域多方位速度建模、井震联合建模、VTI/TTI各向异性建模、VTI/TTI/

TORT 各向异性积分法、高斯束、逆时偏移等速度建模及成像新技术，形成深度域速度建模及成像一体化技术系列。

在高精度速度建模方面，具备了适用于无井探区的 VTI 快速层析反演技术，克服了 VTI/TTI 各向异性参数反演多解性瓶颈，形成各向异性速度建模软件，建模精度与国际同类软件相当；在高精度成像方面，具备了基于坐标旋转的旁轴射线正交各向异性积分法叠前深度偏移技术、基于金字塔网格的正交各向异性逆时偏移技术。利用频率域数据压缩、变步长分布式等提高效率的关键技术，大幅度提高了积分法叠前深度偏移软件的运行效率，成像效果相当的情况下，CPU 版本的计算效率是国际同类软件的 1.4 倍，GPU 版本的计算效率是国际同类软件 CPU 版本的 13.6 倍。

在长庆、新疆、大庆等探区，成像深度与钻井误差缩小为原来的 1/7，为储层岩性描述和小断层刻画提供了可靠的技术手段，也为油田的增储上产提供了良好的技术支撑。

3. 宽频宽方位处理解释一体化

为了充分利用宽频宽方位地震数据所提供的信息，研发形成了五维地震数据处理解释一体化技术及软件。在处理方面，具备混叠采集数据分离、高保真噪声压制、宽频处理、5D 插值规则化、OVT 域处理等核心技术。混采数据分离技术基于稀疏反演算法，能够适应高混叠比数据，保真度高；5D 谱解析噪声压制技术利用炮检距、方位角、Inline/Xline 视倾角及时间五个维度的信息实现随机噪声压制，很好地保留方位各向异性信息，为 OVT 域高精度成像及叠前裂缝预测提供可靠的叠前地震数据；低频补偿技术是针对低频段的地震子波整形方法，对数据中低频成分的进行补偿，有效提高资料的成像精度；五维插值规则化是基于真实坐标位置和非规则傅立叶变换重构技术，实现高保真的地震数据规则化处理和插值，改善了炮检距、覆盖次数等属性的不均匀性进而改善成像效果；OVT 处理包括 OVT 面元划分（Vermeer，2002）、OVT 各向异性叠前偏移与螺旋道集、方位各向异性（HTI）速度反演与方位各向异性校正等技术，OVT 处理后的数据可以为后续的宽方位解释提供信息丰富的叠前数据。在解释方面，提供了一套对叠前道集数据进行分析的方法，实现了工区底图、叠前地震道集剖面、道集方位角分布等功能相结合的叠前地震信息分析，可以用来实现面向地质目标的高精度道集叠加、裂缝预测、AVO、FVO 计算等。裂缝预测充分利用叠前地震资料的振幅、速度、频率等属性的方位各向异性，使用椭圆拟合方法进行裂缝预测，同时使用优化模板技术实现高精度裂缝预测；AVO、FVO 油气检测还实现了裂缝导向的油气检测方法，规避了裂缝对 AVO、FVO 检测精度的影响，进一步提高了油气预测精度。

4. 井震一体化地质分析

GeoEast 井震联合地质分析技术，突破井震融合解释的瓶颈，其基于地震解释成果的二维地质模型自动生成、地震信息约束的井间砂体连通图高精度自动绘制、单井综合柱状图、大斜率斜井和水平井显示、井震联合解释、二维地震正演、层序地层学解释等技术，大幅提高了地质分析的精度和效率，为向油气开发延伸奠定了坚实的基础。

5. GeoEast-Lightning 叠前深度偏移

GeoEast-Lightning 形成了 Q 偏移、正交各向异性叠前深度偏移、最小二乘偏移等三大技术系列。Q 偏移技术，具备各向同性单程波 Q 偏移、VTI 各向异性单程波 Q 偏移、TTI 各向异性单程波 Q 偏移、Q 逆时偏移等核心技术。针对黏滞介质对于地震波的频散和吸收，通过在 3D 地震波场中进行 Q 补偿，使得偏移成像结果振幅保真度高，相位更准确，分辨率更高；正交各向异性叠前深度偏移技术，具备了正交各向异性逆时偏移功能，针对宽方位地震资料的水平各向异性问题，成像更加聚焦。基于 3D 角道集的水平各向异性校正技术，能有效改善成像效果，为裂缝分析和预测提供更加可靠的叠前数据；最小二乘偏移技术，具备了最小二乘单程波偏移、最小二乘逆时偏移两项核心技术。并研发了振幅标定、梯度场正则化等反演配套技术，对偏移成像照明不均匀利用反演技术进行补偿，并拓展成像频带，成像保真度和分辨率都进一步得到提升。

6. Q 建模与成像技术

Q 建模技术，包括经验公式法、地面地震法、VSP 数据法、地面地震和 VSP 联合 Q 初始建场、Q 层析反演等 5 种，可以更好地综合利用地震数据波形、VSP 资料、地震层位和速度信息进行初始 Q 模型的创建；基于偏移成像道集的等效 Q 估算和基于中心频率变化的 Q 层析反演方法，解决了 Q 值估算不稳定且敏感度低的技术瓶颈，为后续的 Q 偏移成像提供更精确的 Q 模型。

Q 叠前偏移技术，包括积分法叠前时间 / 深度 Q 偏移、高斯束 Q 偏移和单程波 Q 深度偏移等。对于构造简单地区，可以使用高效的积分法叠前时间 Q 偏移技术得到高精度成像结果；对于复杂构造地区，积分法叠前 Q 深度偏移利用时频双域算法解决了深度域 Q 积分法偏移计算量巨大与 e 指数振幅补偿高频不稳定的难题，获得了可靠的高精度深度成像效果；高斯束 Q 偏移技术效率更高，可与 Q 层析迭代使用，可以用于建立更好的 Q 模型；结合常规单程波偏移框架和独特的波场稳定化技术，使 Q 单程波偏移的用时比常规单程波偏移仅增加 10% 左右，保证了振幅补偿的效果。

GeoEast Q 建模与成像技术及软件填补了国内技术空白。Q 叠前偏移成像技术在进一步提高复杂构造及气云区成像精度的同时，大幅提高了地震成像分辨率，为储层岩性精细描述提供了可靠的技术手段。

三、新一代地震采集工程软件系统 KLSeis Ⅱ

新一代地震采集工程软件系统 KLSeis Ⅱ 是野外地震数据采集环节中的重要利器，贯穿于整个地震采集环节，既可用于施工前对观测系统进行设计和优化，也可在施工中对整个环节进行实时质量监控，还可用于施工后室内静校正计算、数据整理和分析。在中国石油地震采集项目应用率超过 90%，彻底打破了国外技术壁垒，技术性能总体达到国际领先水平。

1. 跨平台开放式地震采集软件平台

首创了物探行业开放式、跨平台、高性能的地震采集软件平台（图4-2-2），突破了高效计算、海量勘探数据快速处理、超大采集数据三维可视化等多项技术瓶颈，形成了全新的插件式架构、快速的开发工具包等软件开发环境。

该平台提供了 KLSeis II SDK 快速开发工具，简化了物探采集软件开发难度，缩短了软件的研发周期；其多机并行计算框架是一套多级别并行的高性能解决方案，在单机内，使用多线程、OpenCL 技术，在节点间采用任务并行；适应地震采集室内和野外处理环境差异巨大，软硬件环境多样的情况。针对地震采集设计、模型正演与照明等领域在千万级炮检点分析显示、三维照明体数据显示等可视化方面的需要，研发了海量背景图的快速加载显示、真地表三维可视化及三维体数据无延迟交互等关键技术，解决了在海量数据与单机环境下的三维可视化应用瓶颈问题。

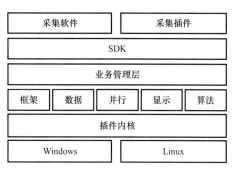

图 4-2-2　KLSeis II 软件平台体系结构图

2. 地震采集量化设计技术

随着"两宽一高"地震勘探采集向更高覆盖密度、更多接收道数、更复杂地表条件发展，地震采集设计推出了理论先进、内容全面、流程完整的地震采集量化设计技术。

（1）首次具备了百万道千万炮级的超大观测系统设计与分析能力。炮检点网格二值化优化布设技术实现了双推拉、大十字等模板的超大观测系统快速布设，布设能力及效率远超同行业软件；SPS 数据快速解析技术优化了文本解析方式及内存数据组织方式，提高了数据访问速度及数据处理效率，顺利加载超 40GB SPS 数据；网格追踪技术实现了大数据量炮检点的快速裁剪；GPU 异构并行技术加速计算覆盖次数，其耗时为其他同类软件的 1/20，大幅提高了超大观测系统面元分析效率。

（2）创新了面向叠前偏移的观测系统量化评价技术。包括偏移叠加响应、噪声压制、波场连续性、均匀性、采集脚印等分析技术，实现了地震采集设计由定性到定量、由叠后向叠前的转变，地震采集设计方案更具有针对性、科学性。

（3）自主打造了复杂地表区物理点高精度预设计技术。解决了大数据量的航片数据加载、地物自动识别、物理点精细设计、震源路径规划等关键技术难题（图4-2-3），实现了大型城区、复杂山地及大沙漠等复杂区炮检点的快速优化布设，降低了施工难度和安全风险。

3. 三维波动照明分析技术

针对复杂地质目标区的地震成像问题，创新了面向复杂目标的高效三维波动方程照明分析技术并率先实现了工业化应用，引领了波动方程照明分析技术在采集观测系统设计中的应用。

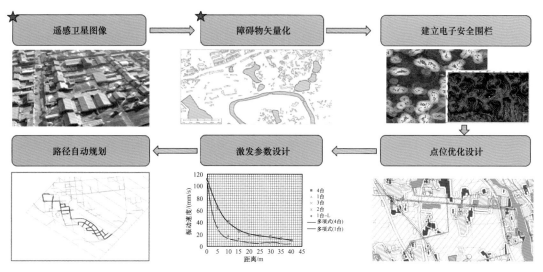

图 4-2-3 复杂地表区物理点高精度预设计流程

该技术突破了传统照明分析方法的限制，根据地质目标层位局部散射点的入射信息和散射信息，实现了面向复杂地下目标的波动照明分析，提高了观测系统对复杂地质目标的分析精度；创新了观测系统炮检点差异化的照明分析技术，充分利用观测系统排列片滚动前后的相互关系，每个炮点或检波点的地震波场只计算、存储一次，减少了冗余计算，提高计算效率 30 倍以上。

首创了基于"降维存储"式的三维角度域波动方程照明观测系统分析技术，将波动方程正演外推过程的三维地震波场，抽取主要目标区进行计算并存储，存储数量减少一至两个数量级，其单炮波动照明分析的效率由原来的十几分钟降低到 10 秒以下。

4. 50 万道级数据实时质控技术

随着超大道数高效采集的逐步推广和应用，给地震采集数据的实时质控带来了巨大挑战。地震采集实时监控技术 KL-RTQC 从无到有、从"十二五"期间 6 万道发展到"十三五"期间 50 万道级能力。

创新了大数据量快速传输技术，通过编程设置多线程并行传输的线程数来控制网络传输和数据高速读写速度，传输速率最高可达到 2.5GB/s，读取速率达到 1.5GB/s 以上；改进了海量数据快速质控并行框架技术，通过采用生产者—消费者并行处理模式将读取文件和数据预处理解耦，最大化发挥磁盘 I/O 的性能；质控算法中按接收排列分线程并行处理，在保证计算精度的前提下，尽量减少计算量，提高质控效率。

5. 多尺度网格层析反演近地表建模技术

层析反演是通过多次迭代逐步提高模型精度的，多尺度层析是在不同迭代次数之间，采取了用不同尺度对模型进行剖分、逐步提高模型精度的策略。在表层结构变化剧烈地区，多尺度层析建立的速度模型稳定、精度高，进而能提高静校正量和速度模型的应用效果。多尺度层析反演是针对生产需求、有效克服常规方法的不足而提出的一种新方法，填补了国内外空白，其不仅为时间域数据处理提供高精度的静校正量，也为真地表偏移数据处理提供高精度的近地表速度模型，在复杂区数据处理中起到非常重要的作用。

四、高精度可控震源 EV-56

研发具有激发频率低、激发能级大、信号频带宽、控制精度高的可控震源已成为高精度地震勘探的迫切需求。2009 年首次完成低频激发试验，2012 年开始进行自主创新研究，采用全新设计理念，突破了诸多技术瓶颈，取得了一大批关键技术成果，形成了高精度可控震源技术，实现了激发频带从常规的 6~100Hz 拓展到 1.5~160Hz（陶知非，2018）。EV-56 高精度可控震源是国际上首款实现工业化应用的高精度宽频地震信号激发源，入选了国家"十三五"科技创新成就展。

1. 振动器扰动抑制技术

本技术通过对可控震源振动控制模型的分析，提出重锤运动的精度将直接决定地面力对参考信号的再现精度。因此，要想提高可控震源低频段的激发精度，减小输出信号的畸变，提高地震资料信噪比，最重要的是减小重锤扰动，提高重锤的运动精度。

在此基础上，提出了一种振动器扰动的检测方法，实现了对重锤运动的检测及分析。该方法通过获取重锤在三个方向的加速度信号，处理得到重锤的运动轨迹，将各自运动轨迹投影在相应的平面上，形成类似李萨如图形的轨迹。通过垂直平面内的投影大小及各投影面相位间的变化来表征扰动的大小。通过分析可知，振动器的扰动主要来自液压冲击，消除液压冲击是解决扰动最直接的方法。

最后，提出了一种活塞杆进油结构来消除振动器扰动。采用活塞杆进油方式，液压油通过活塞杆进入振动器上下油腔，重锤上无须设置任何胶管及油道，重锤的运动也将不再受这些附属结构的干扰，从而重锤的运动稳定性得到了大幅提升。

该结构的振动器降低了输出信号的畸变水平，对压制扰动具有明显的效果。实际应用过程中的 QC 结果分析表明，EV-56 高精度可控震源与上一代可控震源相比，峰值畸变降低了约 10%，地震资料的信噪比得到了大幅提升。

2. 特殊结构振动平板技术

可控震源在振动过程中，平板在不同方向上变形的不同，必然会导致不同方向大地受力的不同，从而引起激发波场在不同方向上的不均匀性。特殊结构振动平板技术提高了平板的整体刚度，从而提升了激发波场的均匀性，得到了更深层高信噪比的地震资料。

本技术首先采用有限元方法，开展可控震源振动器不同结构平板的动力学仿真分析及性能研究。揭示出了振动器平板与大地的互作用机理，和振动器在工作过程中的应力应变规律，主要有：（1）振动器平板与大地的互作用过程中，平板发生"中心向下"和"中心向上"的周期性弯曲变形，不同结构平板的变形情况不同，这将影响激发信号的信噪比；（2）振动器平板与大地的互作用过程中会出现"脱耦"现象并引起激发信号畸变，因此，"脱耦"程度和持续时间是评价平板性能相对好坏的主要指标；（3）平板与大地的接触力的变化规律揭示接触力在平板长轴和短轴方向上存在差异，会导致激发波场的不均匀性；（4）提出了用平均能量传递率及其波动性来评价平板传递激振能量能力的新方法，即在一个振动周期内，平均能量传递率越大，波动性越小，总体能量就越大越集中，下传的深度就越深，影响范围就越大，激震效果就越好。

在上述研究的基础上，提出了以平板变形、脱耦程度、接触力均匀性及能量传递率大小为评价标准的平板设计准则，据此设计了一种新结构的平板，使其变形更小、脱耦程度更低，平板底部接触力更加均匀、能量传递率更高。

最后运用材料屈服强度极限理论，开展了新结构振动器的安全评价，找出了振动器工作过程中的危险点，并通过计算得到了不同结构材料最大应力值和安全系数，对比相应材料的屈服极限应力及许用安全系数，验证了振动器设计满足工作安全的要求。

3. 近源激发波场均匀控制技术

提出了一种波场均匀性的测试方法，即在可控震源平板的正交方向上，等间距布置多个检波器，记录可控震源正交方向上激发的地震波。然后通过对比不同方向上接收的地震波信号的幅值及相位差，来确定波场的均匀性。

创新性地设计了一种全新结构的可控震源平板，平板的各个方向上的应力应变可以最大限度地保持一致，大地在不同方向上的受力基本相同，从而最大程度提升了激发波场的均匀性。

通过采用波场均匀性的测试方法进行测试表明，具有新结构平板的振动器激发的地震波在正交方向上的差异最小，实现了提升激发的波场均匀性的技术目标。

4. 液压合流控制技术

开发液压合流技术解决了可控震源在激发低频及高频信号时流量不足的问题，确保了低频至高频的流量供给，对液压脉动进行了有效压制，实现了可控震源激发频带拓展。

为了实现合流技术，对可控震源的液压系统进行了全新设计，使得液压合流系统结构简单，稳定性强。为了提升合流系统控制的稳定性，摒弃了继电器逻辑控制方式，采用了全数字控制器，实现了对液压合流系统高效的逻辑控制。结合多重冗余安全保护设计，极大地提升了合流系统的稳定性，大大减少了故障率。同时设计了数字化的故障检测功能，使得故障判断及排除更加方便简单。

研发了大功率液压伺服驱动技术，首先，继续采用 EV-56 可控震源驱动泵输出流量作为合流用流量的设计原则。其次，利用液压反馈控制原理，将驱动合流系统进行优化，通过引入外部远程压力控制阀，实现对驱动泵的两级调压，即在合流信号发出的同时给驱动泵远程压力控制阀一个电信号，控制阀工作，将驱动泵输出压力调至和振动系统压力一致后合流至振动系统。需要行驶的时候，合流断开，同时远程压力控制阀断电，驱动泵压力提升，保障野外驱动能力。该大功率液压伺服驱动技术巧妙地解决了可控震源驱动能力不足的问题，驱动能力提升了约30%，增加了 EV-56 高精度可控震源复杂地形的通过性。

国内外主要有三家企业生产可控震源：一是法国的 Sercel 公司，主流产品是

NOMAND 65Neo ；二是 INOVA 公司（东方地球物理公司与美国 ION 公司合资设立），主流产品是 AHV–IV（364）；三是东方地球物理公司，主流产品是 KZ28AS 和 EV–56。由各型可控震源的重要技术指标对比（表 4-2-1），可以看出 EV–56 可控震源的优势。

表 4-2-1　不同型号可控震源重要技术指标对比表

震源型号	NOMAND 65Neo	AHV– IV（364）	KZ28AS	EV–56
可用最低频率 /Hz	5.4	5.7	6	1.5
实际有效输出力 / 磅	45000	45000	42000	51000

五、百万道级地震采集仪器系统

新型 eSeis 节点地震仪器和新型 G3iHD 有线地震仪器作为百万道级采集仪器系统的核心装备，在地震信号接收频带、精度、动态范围等方面都取得了突破，通过节点与有线地震仪器联合或纯节点作业实现百万道级地震数据采集。

1. 新型节点地震仪器 eSeis

eSeis 节点地震采集系统是集电池、采集站与检波器为一体的新型节点地震仪器，具有更高的接收带宽、更低的功耗，在技术、成本、速度等方面能有效满足"高密度、宽频、高效"的施工要求。

1）eSeis 节点组成

eSeis 节点仪器由节点单元、智能充电下载一体机柜、质控单元、高性能服务器、无桩放线单元组成。

图 4-2-4　eSeis 节点单元

2）eSeis 节点性能特点

其性能特点有：

（1）eSeis 节点单元电路功耗低。

eSeis 节点单元总体功耗控制在 200mW 以下。

（2）eSeis 节点单元通过电台通信方式提高了现场质控的效率。

通过 LoRa 电台通信模式，研发现场质控通信单元内嵌 Smart Radio 模块，快速链接节点单元和质控单元，达到 eSeis 节点单元快速远距离质控的目的。

（3）eSeis 节点特色技术。

eSeis 节点地震采集系统共拥有 6 项先进特色技术：

（1）高精度时钟同步技术。通过节点单元内部 GPS 时间与全球定位系统导航卫星（GPS）发送的无线标准时间信号进行"对表"，对节点内部 GPS 时钟进行校正，降低时钟漂移误差，提高了采集数据信号的保真度，最大时间漂移为 66μs，完全满足采集要求。

（2）高精度地震采集技术。eSeis 节点单元由电源、MCU、GPS 模块、LoRa 模块、高灵敏度检波器及 32 位 A/D 模数转化芯片组成。

（3）全方位、立体化节点质控技术。包含手持质控单元、车载质控单元及无人机质控单元等三种。可以同时实施三种质控方式，形成立体化节点质控。

（4）无桩节点放样技术。主要是应用在 eSeis 无桩节点放样装置上，可实现厘米级接收点放样。

（5）模块高度集成技术。利用有限的空间把采集板、锂电池、高灵敏度检波器芯体高度集成到一起。

（6）充电下载一体柜。实现了节点充电、数据下载、节点检测的功能。

2. 高精度有线地震仪器 G3iHD

高精度有线地震仪器 G3iHD 的特点有：

（1）统一 iX1 软件平台。以往的 G3i 有线系统、节点系统、数字系统等都采用了各自独立的应用软件，其数据平台和架构设计各不相同。为了整合软件资源、简化操作流程，突出有线、数字和节点系统联合优势，研发了基于 SQL server 2012 数据库和 Windows Server 操作系统的全新的 iX1 软件系统，整合了有线仪器 G3iHD、数字系统、过渡带设备和节点系统的应用软件，实现同一应用软件完成全产品的控制管理，形成了系统更加优化、功能更加完整、性能更加稳定的 G3iHD 地震数据采集软件，提升 G3iHD 有线系统、节点系统和数字系统的应用效果和产品竞争优势。

（2）硬件产品的多元化。为了满足不同用户的勘探需求，增加产品的多元化能够有效提升产品竞争力。通过技术持续研发，形成了 G3iHD 有线仪器的陆上采集设备、过渡带采集设备、节点数据采集设备、数字检波器（单分量和三分量）等系列产品。同时，还推出了便携式仪器主机、标准仪器主机和大道数仪器主机以满足不同勘探项目的需求；推出了无线激光中继单元、微波无线中继单元等设备以满足复杂环境下排列的布设；推出了高速的 220T RAID 存储阵列、10Gbps 的 24TB NAS 存储阵列等存储设备以满足不同采集道数的需求。

（3）应用软件功能的提升。地震数据多路径自动回传功能有效地解决了由于排列故障导致的停止采集问题；可控震源质量监控软件能够实时显示当前震源性能和导航 GPS 状态，可以完成 T-D 规则检查、当天的震源性能状态统计、生产效率统计和分析等功能并图形化显示；完善了可控震源高效激发控制算法，支持 Flip-Flop、Slip-Sweep、DSSS 等可控震源采集技术。

（4）全新的可控震源管理技术。研发了全新可控震源控制管理模式——HyperSource，其充分利用 G3iHD 有线系统的数传电缆，将多个数据传输电台连接到排列中的电源站或交叉站上。而这些数据传输电台通过无线方式实现与可控震源箱体间的信息交互，形成了基于有线仪器为核心的有线、无线两种通信方式混合的通信网络，实现仪器主机对可控震源的多电台分区管理控制。该创新方式打破了传统的基于电台无线通信方式的控制方法，极大增加了可控震源的管理能力，拓展了仪器主机与可控震源通信距离和范围，大幅缩短了可控震源轮询周期，提高了生产效率。

（5）有线和节点仪器的联合采集技术。联合采集时整个 G3iHD 有线系统必须 GPS 时间授时，通过时序的调整确保每炮都在 8ms 沿触发，使得有线系统和节点系统采集的地震数据的首个样点时间完全一致，自主的数据合成软件会将 G3iHD 有线系统与节点系统的数据进行合成，保证了 G3iHD 有线和节点仪器采集的数据一致性，达到有线和节点仪器联合采集。

六、"两宽一高"地震勘探技术

针对地震勘探目标和地表条件的变化，经过 10 多年技术攻关和系统研究，逐步形成并发展了适合中国实际地质环境的高精度地震勘探技术——"两宽一高"地震勘探技术。与传统的三维地震勘探技术相比，该技术突破了地震波场科学观测、宽频激发装备、海量数据采集、高精度成像及技术经济可行性等难题，具有更宽的接收方位角、更宽的信号频带和更高的激发接收密度，在国内、国外均得到了大规模的产业化应用，有力支撑了国家油气重大发现。

1. 地震勘探空间采样新理念

高密度空间采样地震勘探的目的是得到高信噪比、高分辨率和高保真的地震成像结果。在进行理论研究和实际资料分析的基础上，提出了高密度空间采样三维观测系统的设计理念，即充分采样、均匀采样、对称采样的理念。

1）充分采样的理念

充分采样是按照期望信号无假频的原则，把一个连续的三维波场采样转换为离散波场。满足充分采样的离散波场最大限度地包含了期望的地震信号频率成分。对于高密度三维地震采集而言，应在时间域和空间域同时满足线性噪声和有效信号的充分采样，要求对噪声波场充分采样是高密度地震采集的突出特点之一。Nyquist 频率 f_N 和 Nyquist 波数 k_N 分别决定了时间域和空间域采样率的大小，但在地震数据采集中，要实现对信号和噪声全部波场充分采样，代价是相当昂贵的。因此，地震采样的充分性需要根据不同原则选择折中方案，应遵循以下 5 条原则：

（1）全部波场的无假频采样原则。

全部波场是指由激发引起的所有地震波，包括信号和噪声。全部波场的无假频采样要求对波场中最短波长的地震波要达到充分采样。这一原则对激发引起的任何源致噪声在野外采集阶段不做任何压制，所有源致噪声均在资料处理阶段进行压制。应用该原则设计的采集方案成本极其昂贵，除非有充分证据证明能够显著提高地震勘探能力和充足经费支持这一方案；否则，这一原则只能作为理想参数的设计方法。

（2）有用波场无污染采样原则。

有用波场是指炮集数据中所有有效信号构成的地震波场，这里的有效信号包括反射波和绕射波。有用波场无污染采样是对全部波场的无假频采样做出的折中，这应该是首选的原则。

（3）有用波场无假频采样原则。

当第二条原则对应的采集设计方案也需要昂贵的成本时，可以考虑有用波场无假频采样原则。

（4）最小视速度的绕射波无假频原则。

（5）偏移孔径内的绕射波无假频原则。

2）均匀采样的理念

均匀采样是为了确保叠前偏移波场均匀。工业界使用的偏移方法很多，无论哪种方法都有一些假设条件，其中对于地震数据的要求就是采样的充分性和均匀性。因数据处理要在共炮点域、共检波点域、共 CMP 点域等不同数据域进行，所以要求地震采集数据在这些不同域都是均匀的。要实现数据在各个域都均匀，需要炮点和检波点在纵、横两个方向上都满足空间均匀采样要求，即炮点距、炮线距、检波点距和检波线距均相等。目前，这种均匀性要求从经济角度无法实现，只能在 Inline 和 Crossline 方向分别做到检波点和炮点的充分采样。这种折中的方法，必然会造成其他域内数据采样稀疏、偏移算子所用的地震道分布不均匀。

虽然目前还无法做到完全的充分均匀采样，但是观测系统设计还是要尽可能地考虑。均匀性可通过计算炮点距 / 炮线距、检波点距 / 检波线距、检波点距 / 炮点距、检波线距 / 炮线距的比值进行分析。比值越接近于 1，说明均匀性越好；如果都等于 1，说明完全均匀。

3）对称采样的理念

对称采样的目的是达到各个域中地震波场特征分布的一致性。只要在无假频采样的共炮集数据的基础上做到对称采样，就可以达到地震波场有相同的地震数据特性，依据互逆原理，共检波点道集和共炮点道集应有相同的地震数据特性，则地震数据共检波点域就不会出现假频。只要做到地震数据在各个域中无假频，则偏移时所用的地震波场就是一个连续的波场。

一般来说，对称采样理念要求炮点距等于检波点距、炮线距等于接收线距、横向最大炮检距等于纵向最大炮检距、中心点放炮及横纵比为 1。对称采样要求在接收线方向上对检波点进行密集采样，而在炮线方向上对炮点进行密集采样。

依据对称采样设计的观测系统，面元内的炮检距与方位角等属性分布更好，方位角分布更均匀，在不同方向上相同角度范围内的覆盖次数基本是相同的，因此更利于进行方位各向异性处理。

基于充分、均匀和对称采样的高密度采集观测系统设计，可以有效改善成像面元属性的分布，有利于处理地震数据和提高成像质量，是高密度地震勘探所需遵循的重要原则之一。

2. 数字化地震作业管理系统

数字化地震作业管理系统（Digital-Seismic System），简称 DSS 系统，是一套利用智能化信息控制技术，实现便捷高效勘探作业的震源生产管理系统。其融合现代通讯、数字电路、卫星定位同步及海量数据处理等先进技术于一体，具备高度成熟的信息处理能力，适应于各类高效采集模式，对地震勘探工程中野外施工、生产过程管理和生产质控数据处理等各项工作流程进行了合理简化，达到提高勘探采集效率、降低生产成本的目的。

DSS 系统包括两个子系统：生产指挥子系统 DSC（Digital-Seismic Command Server）和震源自主放炮导航子系统 DSG（Digital-Seismic Guidance）。

DSS 系统具备以下技术：

（1）可控震源电控箱体独立激发技术。

适配主流可控震源电控箱体，支持多台震源在不同采集模式下的独立激发功能，仪器不再控制震源进行激发，完全由震源操作手自主激发作业。系统对震源放炮的时距规则控制精度达纳秒级，支持多台组并行激发。

（2）高速长距离数据链技术。

高速数字电台具备全双工通信技术，能实现多信道并行通信，适用于沙漠、戈壁等无人无信号的复杂地形区域，同时兼容移动 4G 网络传输，是业界唯一满足超高效混叠采集模式下的通信技术。

（3）可控震源高效作业管理技术。

支持交替扫描、滑动扫描、动态分离同步扫描、超高效混叠采集等多种生产模式，具备可控震源智能导航定位技术，实现可控震源任务的实时调度和分配功能。

（4）高效生产质控管理技术。

野外实时质控技术，系统能实时收到放炮数据及相关的 QC 数据，并进行统计分析。支持对排列状态、箱体参数、扫描信号参数和 GPS 状态等生产参数的监控。

DSS 系统自 2011 年首次亮相伊拉克鲁曼拉项目至今，在国内外地震采集项目中得到广泛应用，特别是在中东阿曼项目，创造了 54947 炮的日效纪录。

3. 可控震源动态扫描与超高效混叠采集技术

可控震源动态扫描（Dynamic Sweep）技术通过设计时距规则将交替扫描、滑动扫描和距离分离同步扫描综合在一起（图 4-2-5），根据时距曲线实时计算震源间距并自动执行符合条件的扫描方式，施工效率得到进一步提高。

动态扫描技术主要在两个方面取得了突破：

（1）首次在原有时间域基础上引入空间域理念，通过建立时间空间关系自动将交替、滑动、距离分离同步三种扫描结合在一起，充分利用了三者的各自优势，扩大了可控震源激发的适用范围，特别是扩大了具有最高效率的距离分离同步扫描的应用范围；

（2）首次将滑动扫描的滑动时间由等间隔调整为变间隔，资料品质未受影响，但效率提高。

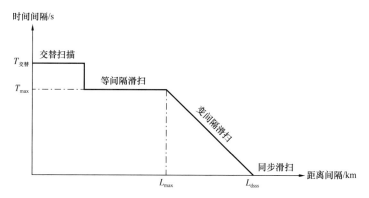

图 4-2-5　时间—距离关系曲线图

　　可控震源超高效混叠采集（UHP：Ultra High Productivity）技术是动态滑动扫描技术与独立同步扫描技术的一种优化。多组可控震源在满足一定时距规则的条件下，进行滑动和自主激发扫描。震源记录每个震次的力信号和扩展 QC 文件，利用包含的位置信息和 GPS 起始时间，从连续母记录中相关分离，提取数据。其优点是减少了每组震源和每个震次的等待时间，有效提高了单位时间内的生产效率。研发了集 KL-RTQC 软件、数字化地震作业管理系统（DSS）和有线仪器于一体的地震采集系统，解决了 UHP 作业效率高、原始数据量大，采用连续记录模式导致仪器不能实时监控排列状态和管理野外作业的难题。

4. 井炮独立激发系统

　　随着"两宽一高"地震勘探技术的广泛应用，传统的井炮激发模式不仅效率低而且易出错，在电台通讯不畅的情况下难以实现复杂区井炮高效激发作业，井炮独立激发控制系统成为了解决这一难题的利器。

　　井炮独立激发系统主要由以下四大技术构成：（1）精确的 GPS 授时技术，获取微秒级井炮激发时刻，确保井炮激发时刻的精确性；（2）GPS 时钟驯服守时技术，使该系统可在 GPS 信号授时失锁后，于 24h 内保持时钟精度不大于 20μs，保证了全天候、全区域、全时段进行高效采集。同比国外 INOVA 公司、Seismic Source 公司最先进的遥爆系统 Shotpro HD 和 BoomBox Ⅲ 而言，尽管国外最新遥爆系统具有独立激发和记录爆炸机起爆时刻的功能，但在 GPS 失锁状态下将无法正常工作。当山地、丛林等复杂区域有线、节点多类型仪器混合采集时，地面设备出现故障，遥爆系统无法在第一时间终止激发，因此可能出现质量事故；（3）时间槽技术，控制爆炸机按照预先设定的时间顺序自主激发，摒弃了传统井炮作业通过电台通讯来控制爆炸机启爆的工作模式，解决了因电台通讯中断，导致生产停滞的问题；（4）北斗通信技术，创新实现了北斗卫星系统与地球物理勘探技术的有效结合，在有线设备出现故障而无法采集的情况下，可以第一时间中断爆炸机启爆，保证了采集质量。

　　自 2017 年在玉门窟窿山项目首次推广应用井炮独立激发控制系统后，至 2021 年底已完成 35 万余炮的生产任务，其中秋里塔格西秋 1 三维勘探采集项目比邻区采用常规井炮的东秋项目，在炮班人员投入数量相比减少 26.7% 的情况下，施工效率却高出 48.9%。

5. TTI 各向异性叠前深度偏移

提出一种新的提高复杂高陡构造成像精度和效率的各向异性速度建模方法和流程。新方法去掉以往 TTI 各向异性速度建模流程中各向同性速度迭代的步骤，直接加入倾角、方位角信息，进行 TTI 各向异性迭代，在提高复杂高陡构造部位空间归位的准确性基础上，通过深度域—时间域—深度域结果的垂直比例，获取空间位置更加准确的深度域的各向同性偏移结果，通过该数据求取更加准确的各向异性 δ 场及 TTI 各向异性速度 V_{p0}，从而有效缩短了 TTI 各向异性场迭代的周期，提高了复杂高陡构造部位空间归位的准确性。应用本方法对库车试验区的地震资料进行处理，缩短了处理周期，获得精度更高的 TTI 各向异性场，复杂高陡构造区的偏移成像精度更高，井震误差更小。

6. 五维地震解释技术

五维解释技术从螺旋道集的方位角信息入手，首次提出了炮检距—方位角域五维数据规则化、方位统计法裂缝表征、优势方位数据自适应提取、方位属性分析等一系列新方法，形成多维数据解释系列技术（王霞等，2019；詹仕凡等，2015）。

炮检距—方位角域五维数据规则化是五维数据解释技术系列的基础，以确保地震道在炮检距—方位角域分布均匀、规则 [图 4-2-6（a）]，进而提高不同方位之间、远近炮检距之间的保真度。

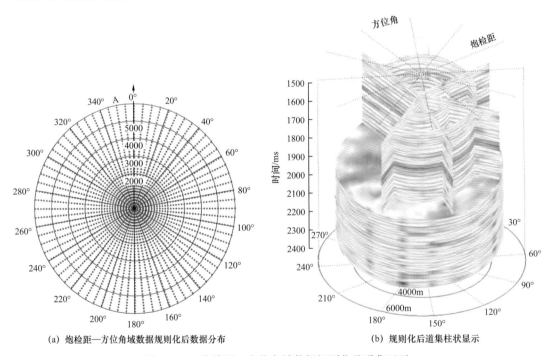

(a) 炮检距—方位角域数据规则化后数据分布   (b) 规则化后道集柱状显示

图 4-2-6　炮检距—方位角域数据规则化及道集显示

规则化后的数据按炮检距炮检距—方位角域进行存储，即可实现 OVG 数据的柱状显示 [图 4-2-6（b）]。在此基础上，也方便炮检距道集、方位角道集和道集切片的抽取和显示。

方位统计法各向异性表征充分发挥全方位、高密度数据优势，攻克常规的椭圆拟合法无法描述多组裂缝的瓶颈，因此能描述多组裂缝发育，大大提高了裂缝预测精度。

优势方位地震数据自适应提取方法是根据地震波传播的速度和能量受裂缝走向影响的原理，实现空间逐采样点提取断层优势方位数据和储层优势方位数据的方法。断层优势方位数据对断层敏感；储层优势方位数据受断层影响小，更适用于进行储层预测。

方位属性分析技术充分利用地震数据的属性值随方位变化而变化的特点，通过不同数学算法对不同方位属性值的取舍，减小上覆异常地质体对目的层的影响，以提高储层预测精度。

方位最大质心频率受盐丘的影响明显［图4-2-7（a）］，基本反映了上覆盐丘的展布；方位最小质心频率则避开了盐丘的影响［图4-2-7（b）］，预测结果与油田生产井的产量基本吻合。

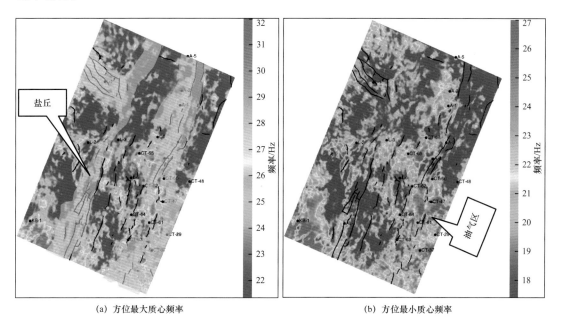

(a) 方位最大质心频率 　　　　　　　　　(b) 方位最小质心频率

图 4-2-7　滨里海盐下方位属性流体检测结果对比

7. 多信息融合解释技术

对于复杂的地下地质构造，往往断裂发育、空间形态复杂，地震资料成像差，解释研究难度大。在解释研究中需要充分合理运用地震、钻井、重力、磁力、电法、地质露头等多种资料，实现多信息融合解释来提供构造解释的准确性。同时要合理利用三维构造建模解释软件，在三维空间精细而直观地描述复杂构造形态及断块间的结构关系，并验证解释方案的正确性。

构造建模要融合应用多种资料，充分收集研究区地震、重力、磁力、电法、地质露头、钻井、地表高程等多种资料，通过多资料融合、多信息约束，使构造模型的建立更为合理。将地表构造、浅层构造与深层构造有机结合，建立几何学上内在协调的、运动学上平衡的与力学机制上可行的构造模型。复杂构造多信息融合建模解释的步骤具体如下：

（1）数据的整合与输入。将搜集到的各种数据进行整理、合并，转为可供建模软件识别的格式并输入，建立数据库。

（2）数据的显示与分析。对所有用于建模的数据通过三维可视化显示，进行浏览和检查，仔细验证它们之间是否相互吻合，是否有存在矛盾或不匹配的地方，并对检查发现的问题进行修正。在地下构造复杂但有露头出露的地区，通过与实测地表露头对比，可以对地震解释进行修正，以弥补浅层地震资料不足。在模型建立过程中，地震层位经过钻井资料的精细标定与约束，不仅可以对地震反射层位进行精细解释，还能将地表露头信息与地下地层对应，特别是在研究区地震资料比较缺乏的地区，可以利用露头信息弥补该区地震资料的不足。

（3）断层空间格架建立。将在地震资料基础上解释的断层边界与控制剖面对比，将断层边缘超出范围切除，对平面和剖面上的偏移量进行校正，以达到平剖吻合。之后建立空间格架，在立体空间上对断层检查分析。

（4）三维空间数据修正与最终模型的建立。通过以上步骤，工区内地层厚度、层面与断层的相互位置与关系得到修正，最终建立起精细的三维地质模型。

七、油藏地球物理技术

围绕开发油藏精细刻画和剩余油预测，发挥地球物理空间预测的优势，通过岩石物理分析，充分融合测井和开发动态信息，发展了井地联合勘探、井震联合的油藏静态和动态精描、时移地震油藏监测、3D-VSP成像、实时微地震压裂监测等技术，升级完善了油藏地球物理软件系统 GeoEast-RE、微地震实时监测系统 GeoEast-ESP。

1. 井震联合多信息开发油藏静动态精描技术

主要包括微断裂识别与刻画、薄储层预测与表征、地震约束的油藏建模与数模，以及多信息融合剩余油预测等技术，并在塔中4、克305、港中、龙西等许多油田应用取得了很好效果。

（1）微断裂识别与刻画技术："定根理枝"梳理宏观断裂体系，明确应力场特征；以宏观断裂解释为约束，以正演模型为指导，利用构造导向滤波、敏感属性融合等方法，开展微断裂井震识别，并利用开发井间连通性分析，指导落实小断层封堵性；井—震—开发多信息多手段识别微小断层。

（2）薄储层预测与表征技术：可用于高精度层序地层划分与对比；基于地震沉积学理论的储层宏观沉积演化分析；相控地质统计学反演预测复合砂体分布；井震联合、模式指导下的复合砂体内部单砂体构型解剖；储层定量评价及随钻滚动储层预测。

（3）地震约束的油藏建模与数模技术：综合测井、岩石物理、地震解释结果、地震属性、储层反演等信息，共同参与约束储层建模，增加模型井间信息的确定性，降低数学方法插值和随机模拟带来的空间不确定性，提高模型与地下实际情况的吻合程度。

（4）地震约束油藏数值模拟及剩余油预测技术（STS），可以减少储层模型的多解性，提高剩余油气的预测精度。创新性形成 Trap3D 地震＋动态断层封堵性分析技术及基于断层封堵性定量评价和地震属性联合的剩余油预测技术。发展了多信息融合剩余油预测技术，包括基于动态精细油藏描述的多信息融合剩余油预测及基于时移地震的剩余油预测。

2. 时移地震油藏监测技术

主要包括时移地震可行性分析技术、非重复性时移地震面元一致性处理技术、叠后互均衡技术、时移地震多波叠前反演技术等，并在加拿大 Mackay 油田、大港港东、塔里木轮南等油田推广应用取得了良好效果。

时移地震可行性分析评价技术利用岩石物理实验数据、测井数据和地震数据对岩石物理模型进行标定，通过油藏数值模拟得出标定后岩石物理模型对应的阻抗体，基于该阻抗体的时移地震正演及地震属性差异求取即可进行时移地震可行性分析。

非重复性时移地震面元一致性处理技术是针对两期地震采集重复性较差情况，只抽取满足炮、检点误差限定范围内的数据进行后续处理，能够显著提高两期数据覆盖次数、炮检距及方位角分布的一致性，形成了 GeoEast 模块，填补了国内该项技术及相关软件方面的空白。

时移地震叠后互均衡技术通过对两期数据振幅、频率、相位、时差、波形匹配等归一化处理，以达到削弱非储层部分的不一致性，突出真实时移地震响应差异的目的。

时移地震多波叠前反演技术是在时移多波地震数据匹配处理、联合地质解释的基础上进行联合反演，得到纵波阻抗、横波阻抗、纵横波速度比、泊松比、拉梅常数等多种岩石弹性参数的差异体，从而综合判别储层岩性、物性及含油气性等情况，是时移地震定量地质解释方面的重要进展。

3. 油藏地球物理软件系统（GeoEast-RE）

GeoEast-RE 油藏地球物理综合评价系统是一个能够满足地球物理学家、地质学家和油藏工程师使用多学科数据（即地震、测井、地质和开发）开展油藏地球物理研究的平台，它包含了油藏描述、油藏模拟、油藏监测和油藏协同工作四个子系统。油藏描述子系统实现地球物理和油藏工程在数据和模型域紧密结合，进行油藏描述研究，通过井震结合认识油藏地质，建立初步的油藏地质模型；油藏模拟子系统通过强化油藏模拟参数控制和历史拟合结果 QC，监测油藏模拟精度与问题，迭代修改和完善岩石物理、油藏模拟参数和初始条件，得到更高精度的油藏模拟结果。油藏监测子系统包括时移地震、地质、储层静态模型、储层动态模拟和开发动态等，为地球物理工程师和油藏工程师开展油藏动态描述和时移地震综合剩余油气预测提供了一个有效的工作平台。协同工作子系统包含了岩石物理模型分析、3D 和 4D 地震合成、模型质量定量评价、地震叠前和多波合成及时移地震误差分析等功能。该系统整合地震数据、油藏动态数据和油藏工程数据等，实现动态数据对地震敏感属性的筛选及解释、地震属性与动态参数的相关性分析，形成地震与油藏模拟、岩石物理、地震约束历史拟合、统计反演、动态分析相融合的油藏分析评价配套技术。

4. 高密度全井段 3D-VSP 井地联合勘探技术

高密度全井段 3D-VSP 井地联合勘探技术克服了复杂井况、井下高温高压等技术难题，获取了高精度、高一致性、全井段、高密度的地层信息，提高了目标地层的分辨能力。主要体现在以下几方面：

（1）高密度全井段采集技术，突破光纤传感多项技术难题及不同井况下光纤布设工程技术瓶颈，实现超深、大斜度、高温高压条件下的井地联合高效采集。

（2）高精度参数提取技术，独创性提出相位域高精度速度反演、TAR/Q 及子波同时提取、基于 VSP 初至的各向异性参数反演等新方法，参数提取精度大幅度提高。

（3）高保真波场处理技术，创新了矢量波场分离、深变子波反褶积等关键技术，波场分离效果显著提升，为后续高精度成像奠定了基础。

（4）井地联合速度建模与成像，包括井控速度建模、四维数据规则化、成像前道集优化、高斯束偏移成像及 RTM 成像等技术，有效发挥了井中全井段、高密度数据优势，实现井旁 3D-VSP 精确成像。

（5）高精度井旁储层预测及多尺度数据联合解释，创新了钻前溶洞高精度定位、多波交会深度预测、测井-VSP-地震多尺度多分辨率数据联合解释、纵横波联合油气预测等技术，有效发挥了井中深度域观测的技术优势，搭建了时间与深度的桥梁。

该技术成果在国内 10 多家油气田广泛应用，完全替代国外技术，实现了 7500m 超深井和 250℃高温情况下连续作业，施工效率提升 30%，处理解释周期缩短 50%。

5. 实时微地震压裂监测技术

实时微地震压裂监测技术及软件 GeoEast-ESP，能够实时处理并展示水力压裂的缝网发育过程，满足非常规油气水力压裂监测需求，为压裂参数调整提供了有力的技术支撑。主要包括：

（1）采集方面创新了基于矩张量的微地震波场正演方法，结合地层岩石的杨氏模量、孔隙度和压裂设计的液量、压力、排量等参数，定量分析可监测范围和定位误差，科学合理设计观测系统。

（2）处理方面创新多尺度网格定位技术，采用基于高斯分布的震源扫描搜索和多核并行处理技术，实现了与压裂进程同步微地震定位，现场指导压裂参数调整。

（3）解释方面创新利用基于微地震事件各种属性和压裂参数、地震属性特征，基于微地震的地震地质工程一体化有效预测人工缝网、天然裂缝，有效降低工程风险。

技术成果在油田水回注、储气库等领域中应用，为工程安全风险长期监测提供可靠保障。

八、多波地震勘探技术

多波多分量地震勘探技术能够记录包含纵波和横波在内的全波场地震信号，通过对多波地震数据的精细处理与解释，获取反映地下地层岩性的弹性参数、各向异性特征及流体类型等信息，从而能够有效降低常规纵波勘探的多解性（Hardage et al.，2011；普济廖夫等，1993）。GeoEast-MC 是目前业界唯一一套同时具备多波资料处理和解释功能的一体化软件系统，集成了最新多波地震勘探技术，可构建完整多波处理和解释流程。

1. 转换波静校正技术

由于横波速度比纵波低，横波不受孔隙流体影响，特别是低速带、裂缝的影响使得横波对表层结构的响应要比纵波复杂得多。初至时差互相关及纵波构造约束法等两种转换波静校正技术能有效计算转换波检波点大的横波静校正量，方法实现简便、稳定且适应性强，结合 GeoEast 系统中常规的静校正功能，可有效改善转换波的成像质量。

2. 多波各向异性参数分析技术

纵波 VTI 各向异性介质双参数迭代分析技术及转换波 VTI 各向异性介质双参数和四参数迭代分析技术，可同时求取纵波/转换波叠加速度和各向异性参数，同时系统还提供了与之相配套的纵波各向异性双参数动校正，以及转换波各向异性双参数、四参数动校正技术，可切实改善纵波/转换波大炮检距数据动校正的效果。

HTI 方位各向异性参数估计在多波多分量处理中有重要作用。当均匀或水平层状介质发育垂直裂缝时，纵波速度 V_p 和转换波速度 V_c 随方位角变化的规律可用速度椭圆来描述。GeoEast-MC 系统可根据数据方位角分布实际情况，对叠前道集数据进行精确分组，支持多方位角速度谱解释、多方位角场数据的速度椭圆拟合、场数据的平滑和重采样、场对数据转换、多参量 TV 数据的多种运算等功能，可切实改善方位各向异性介质中的转换波成像质量，为宽方位多波地震数据的高精度成像提供技术保障。

3. 横波分裂分析及校正技术

利用分裂的快、慢横波是研究裂缝方向及其发育程度的最直接最可靠的方法。GeoEast-MC 系统提供了基于互相关法、切向能量最小法和最小二乘法的层剥离横波分裂分析技术。通过横波分裂分析，可获取地层的裂缝方向和快、慢横波时差等特征参数，并据此对转换横波进行快、慢横波分离，以及对慢横波进行时移校正处理，可有效增强径向分量有效信号能量和改善最终的成像质量，同时为储层预测提供较可靠的裂缝方位和发育强度信息（李向阳等，2021）。

4. 转换波 VTI 各向异性叠前偏移技术

GeoEast-MC 转换波 VTI 各向异性叠前时间偏移成像技术，在方法实现上采用了适于转换波振幅加权及反假频滤波技术来提高成像精度，并采用 MPI 并行与指令并行等多种并行计算措施，提高时间偏移的效率，具有反假频效果好、振幅保真度高、走时计算考虑射线弯曲、适应力强及支持大规模并行计算等特点；转换波 VTI 各向异性叠前深度偏移成像技术，采用了适于转换波的波前构建射线追踪技术，并将动态任务分配、高压缩比数据压缩存储、内核向量化和偏移算子优化等技术有机结合，大大提高了积分法叠前深度偏移的计算效率。

5. 多波多分量地震层位匹配和地震综合解释技术

多尺度的高精度层位匹配技术基于纵波和转换波最大相关属性的高精度匹配方法，并结合运动学和动力学层位匹配技术，可以实现纵、横波剖面匹配参数的交互分析、拾取，能够方便、快捷地对转换波剖面进行匹配，为多波联合反演及综合解释奠定基础。

研发了多波叠后联合反演、转换波弹性阻抗反演、多波叠前联合反演、转换波 AVO 反演、多波 AVO 联合反演等叠前 / 叠后反演技术系列，可为储层预测提供丰富、准确的储层物性参数。

提供了岩石物理分析、多波合成记录制作及时深标定、利用 VSP 数据进行时深标定、多波 AVO 正演、各向异性介质正演、转换波角道集转换、多波构造解释、地震子波估算、多波属性提取及分析等功能，可搭建较完整的多波多分量解释流程，满足 2D、3D 多波解释需求。

九、重力、磁力、电法综合勘探技术

发展了高精度 3D 重力勘探、磁力勘探、电法勘探及大功率时频电磁勘探、海底大功率电磁发射等技术，形成了重磁电处理解释系统 GeoGME 和重磁电采集系统 GMECS 两套软件，成功应用于石油勘探、油气田开发、固体矿产勘查、非常规能源勘查、水资源勘查及工程地质勘查等领域。

1. 高精度 3D 重力、磁力、电法勘探技术

创新三维重磁数据复式采集方法，使重磁数据观测精度提高 15%～20%；小面元三维电磁测深阵列采集技术，具有三维采集特性和复杂地形适应能力，数据观测精度较以往二维电磁采集方法提高 10%～25%；三维电阻率级联反演方法，提高了复杂条件下三维电阻率反演速度和数据处理能力，已成为三维电磁资料处理的主要工具。

2. 大功率时频电磁勘探技术

时频电磁法是一种全新的时间域和频率域统一的可控源电磁勘探方法，统一和优化了频率域电磁法（如 CSAMT）和时间域电磁法（如 LOTEM），并研制和完善了软硬件配套设备，是首次解决了可控源瞬变测深和频率测深的统一方法。经过数百口探井目标的评价，证明该技术是进行圈闭评价及烃类检测有效的非地震方法。主要成果包括：研发了恒流大功率时频电磁仪器系统，第一次使电磁法有效探测深度达到 6km 以上，配套形成了大深度时频一体化多信息电磁采集技术，能够适用于地面、井地等多种方式的电磁数据采集；创新性提出了时域 Bz 和频域 Ex 联合反演方法和高分辨率的井震建模约束反演方法，提高了对低阻和高阻目标的反演精度；首次提出针对油气藏的电磁法油气检测新模式，研发了电阻率和极化率联合油水识别方法技术，形成了"非地震普查—地震精查—电磁、地震联合识别—钻探"的新勘探模式。

3. 海洋电磁技术

突破西方公司技术垄断，攻克海底大功率发射系统、高精度电磁采集站制造等"卡脖子"难题，在国内率先实现海洋电磁勘探装备的工业化制造和作业技术，首次在中国南海气藏区进行了工业化应用。

创新研发海底大功率电磁发射系统，实现了多波形多频率发射、GPS 同步授时、强弱电分离、长距离光电信号控制等关键技术，使海底发射电流峰值达到 1500A，中国成为第三个掌握水下大功率电磁信号发射控制的国家，可实现在 4000m 海深探测海底以下 3000m 目标层的能力。创新研制的高精度海底电磁采集站，具备采样率可调、多通道信号记录、长续航能力、高作业效率和高灵敏度等特点。实际深海电磁场资料采集综合信噪比达 $10\sim14V/Am^2$。在国际上首创利用海洋电磁资料提取极化率异常，创新研发了海洋电磁归一化异常和极化率异常多参数储层预测方法，并研发了利用地震资料约束反演获得储层电阻率分布，形成了独具特色的海底储层综合评价技术。该成果已在中国石油缅甸项目、中国海油南海区域推广应用。

十、知识产权成果

"十一五"至"十三五"期间，授权专利 352 项，登记软件著作权 98 项，制定、修订行业 / 企业标准 28 项，发表论文 400 余篇，出版论著 3 部，获省部级及以上奖励 40 多项。其中，"一种无加速比瓶颈的克希霍夫叠前时间偏移并行方法"和"一种时频域大地吸收衰减补偿方法" 2 项专利获中国专利优秀奖；2009—2020 年，"'两宽一高'地震勘探配套技术""可控震源超高效地震勘探技术""eSeis 陆上节点地震仪器"等 8 项技术成果获中国石油年度十大科技进展；"超大型复杂油气地质目标地震资料处理解释系统及重大成效"获 2013 年度国家科技进步二等奖，"高精度地球物理勘探技术研究与应用"和"陆上'两宽一高'地震勘探技术创新及重大成效"分别获 2013 年、2019 年中国石油天然气集团有限公司科技进步特等奖；高精度有线地震仪器 G3iHD、新型节点地震仪器 eSeis 和高精度可控震源 EV–56 入选了国家"十二五""十三五"科技创新成就展。

第三节　高精度油气测井技术与装备

一、高精度油气测井技术与装备的背景、现状与挑战

测井技术是采用地球物理方法和装备，根据声、电、核、核磁、光等学科原理，在高温、高压的井筒环境下探测地层岩性、物性、含油性及其他相关地质与工程信息，从而精准确定油气层位、准确计算油气含量、有效预测油气产能，被誉为地质家的"眼睛"。1927 年，斯伦贝谢（Schlumberger）兄弟及道尔（Doll）发明了测井技术，20 世纪 90 年代，国际大型油服公司相继分别推出各自的成像测井系统，测井技术由此进入成像测井时代。

我国测井技术起步较晚，21世纪之初，以成像测井为代表的高端测井装备均依赖于进口，价格昂贵，关键技术封锁，极大地制约了我国复杂油气藏评价和海外市场开拓。随着我国对油气需求的快速增长，油气资源品质日益劣质化及非常规油气快速发展和钻井技术的改变，测井面临的地质对象更加复杂，井下作业环境更加恶劣，我国测井技术面临三大挑战：如何准确评价油气藏？如何全面提升测井时效？如何满足国内外测井作业对自主高端装备的需求？这就要求测井装备具有更高精度、更能适应复杂井况、更加安全高效，因此迫切需要发展高性能的成套测井装备和测井软件。

"十一五"以来，依托国家油气重大专项，由中国石油牵头，联合中国海油和国内相关高校，集中优势资源组成测井技术联合攻关团队，产、学、研相结合，历时近20年，成功研制出以 EILog 快速与成像测井系统、CPLog 成套测井装备及 CIFLog 大型测井软件为代表的一批自主知识产权的测井技术与装备，实现了重大装备与软件国产化，实现了由传统常规测井向先进成像测井的重大技术跨越，从根本上改变了我国先进测井装备长期依赖进口的局面，引领测井技术服务发展到定量评价复杂岩性油气藏、非常规油气藏和深层油气藏的新阶段，推动了我国测井技术与装备整体进入国际前列，高端测井技术与装备实现跨越发展。主要成效有：常规测井系列实现一串测并规模应用，作业时效大幅提高，满足了油田"提速、提效、降成本"需要；成像测井装备形成系列，阵列成像系列规模应用，多维成像系列形成样机，有效解决了复杂储层的岩性识别、储集空间评价、油气含量计算等难题，显著提升油气精细评价能力；随钻测井技术实现从无到有，形成地层成像评价系列，为水平井地质导向实时决策、复杂井况测井地层评价提供有效手段；高温高压测井系列，实现耐温耐压性能大幅提升；地层测试系统日臻完善，性能显著提升；开发了大型高精度测井处理解释一体化软件，建成国内规模最大的石油测井数据库，形成了一套复杂储层解释评价技术体系，并与国产测井装备配套应用，在我国重点热点地区的油气勘探开发中发挥重要作用。攻关形成的测井技术与装备取得了显著的经济效益和社会效益，在8个国家、20余个油气田规模应用，降低装备引进成本超40亿元，显著提升油气精细评价能力，探井解释符合率从80%提高到86.5%，开发井解释符合率从90%提高到95.6%，为大庆油田持续稳产、长庆油田5000万吨上产和海洋石油981平台建设提供了有力的技术支撑。累计测井13万井次，识别油气层超104万层，实现技术服务收入超100亿元，相关产品在乌兹别克、伊拉克、俄罗斯等国家销售和服务应用，使我国测井技术实现从进口到出口的历史性转变。海洋测井装备实现高温技术突破，形成了232℃/175MPa超高温高压大满贯电缆测井系列、205℃/140MPa高温高压成像测井仪器、超低渗透地层测试器和大颗粒旋转井壁取心等成套装备解决方案，累计完成200多井次作业，作业区域已实现我国海上油田的全面覆盖。

虽然我国测井技术取得了很大进步，但在超高温高压测井、随钻与井间远探测测井、智能井下实验室等测井装备及成像精细处理、水平井测井数据处理、多学科应用和测井解释等方面仍存在差距。随着我国油气勘探的不断深入，勘探目标的不断拓展，对测井技术领域提出更高的要求，要求地层探测透明化、处理评价智能化、作业高效环保。着力高水平科技自立自强，建设国家战略科技力量和能源与化工创新高地，是一项长期的战略任务。"十四五"期间，我国测井行业将聚焦国家战略需求和石油工业技术需求，加大关键核心技术攻关，凝聚发展的强大合力，加快推进测井行业科技创新。针对我国深层、超深层和非常规油气等勘探开发重大需求，将在超高温高压测井、远探测测井和智能化测井技术方面开展持续攻关，打造高端测井技术与装备，实现测井技术更迭换代，推动由成像测井向智能测井跨越，支撑石油工业跨越式可持续发展。

二、快速测井与成像测井装备

快速测井与成像测井装备是国内主力测井装备，目前在长庆、吐哈等油气田大规模推广应用。快速测井装备主要包括声波、侧向、感应及放射性等10种仪器，成像测井装备包括阵列感应、阵列侧向、微电阻率扫描、阵列声波、超声成像、核磁共振等仪器（图4-3-1）。

图4-3-1 快速测井与成像测井装备仪器图

1.快速测井系列

为了满足油田快速勘探生产需求，中国石油测井公司通过对声、电、核等常规测井仪进行集成化研究，实现了声波、侧向、感应与放射性等仪器一串测。快速测井系列适用于油田生产井、评价井和勘探井的测量，用于划分层位、测量地层电阻率、求取含油饱和度等，包含测量井底温度、钻井液电阻率和仪器张力的测井仪（简称三"参数"）、遥传伽马、连斜、四臂井径、补偿中子（简称"补中"）、岩性密度（简称"岩密"）、数字声波、双侧向、阵列感应和伽马能谱等10种仪器。其中阵列感应、双侧向测量不同深度地层电阻率，补中、岩密和数字声波测量地层孔隙度，自然电位、自然伽马与自然伽马能谱进行层位划分及三参数、连斜、井径进行井眼环境测井等功能，一次下井可测电阻率、孔隙度与井眼参数等共 24 条测量曲线。

创新机电一体化结构设计、一串测通用电源平台设计和内嵌式声系结构设计技术。具备统一机械、电路与软件接口标准，仪器长度短、组合能力强，175℃/140MPa 连续可靠工作 20h 以上，万米长电缆大数据可靠传输及电法仪器高矿化度环境准确测量等特点。仪器在国内近 10 个油田进行推广应用，单井作业时间平均减少 35%，单井口袋平均减少约 5m，创造了 8882m 亚洲陆上最深测井记录，为油田"提速、降本、增效"及测井装备替代进口做出了突出贡献。

2. 成像测井系列

1）阵列感应成像测井仪

具备测量信息多、纵向分辨高、径向探测深，准确获取地层真电阻率等信息，在划分层位、描述复杂侵入剖面、准确计算油气饱和度等方面优势突出（Xiao et al.，2000）。阵列感应成像测井仪由电子仪和线圈系两个部分组成，通过 3 个工作频率、8 对接收线圈，获得 3 种垂向分辨率和 6 种径向探测深度共 18 条电阻率曲线。

首次提出了一体化线圈系结构与创新了陶瓷骨架刻槽工艺，创新了自适应井眼环境校正方法，创新设计了实时幅度补偿和相位校正技术，创新应用电路模块化、平台化、高集成设计技术。服务国内外 20 多个油区，油气层识别准确率提高 5～10 个百分点，探井、开发井解释符合率分别达到 85.0%、95.0% 以上，成为复杂油气储层识别与评价的新利器。

2）阵列侧向测井仪

为克服传统双侧向仪器参考电极 Groningen/TLC 效应、提高薄层分辨率、降低井眼和围岩对测量的影响并提高在盐水钻井液高阻地层电阻率测量精度，创新研制了新型阵列侧向测井仪。一次下井可以取得 6 条不同探测深度的视电阻率曲线并具有更高的纵向分辨率，可用于划分薄层、描述地层侵入特征，精细评价复杂油气储层含油饱和度。仪器由电子线路、阵列电极系和隔离体组成。阵列电极系采用多个电极排列，通过改变主电极两侧的屏蔽电极数量和回路电极位置实现三侧向工作模式，分别采取软件聚焦和硬件聚焦方式实现 6 个不同探测深度的地层电阻率测量。薄层分辨率为 0.3m，探测深度为 0.2～1.2m，测量范围为 0.2～40000Ω·m，1～2000Ω·m 测量精度可达 5%，小于 0.2Ω·m 和大于 5000Ω·m 精度优于 20%。

创新阵列化电极系优化设计技术，实现了 0.3m 高分辨率与不同径向深度电阻率测量，保障了薄互层和油气层侵入指示信息直观性；攻克软硬结合聚焦技术，解决了高矿化度钻井液高阻复杂储层高精度测量问题。仪器于 2012 年投产，已替代国外同类仪器，在长庆、吉林、华北和塔里木等油田规模应用，薄层识别准确，在盐水钻井液碳酸盐岩、火成岩、致密油气地层电阻率测量误差已达到 15% 以内。

3）微电阻率成像测井仪

利用微侧向原理，在推靠器带动下将具有阵列纽扣电极的极板贴靠井壁，仪器通过极板及电极发射交变电流进入地层，测量纽扣电极电流并进行处理，得到井壁地层电阻率图像，通过图像可以识别裂缝、孔洞、划分薄层，进行沉积构造分析，并对地层裂缝等参数进行定量评价。仪器具有 6 个臂，每个臂安装 1 个极板，每个极板错位排列两排 5mm 直径电极，电极间距为 5mm，合计共有 144 个电极；测量时电极发射 16kHz 电流，测量得到 144 电极电阻率信号，获得覆盖率为 60% 的井壁电阻率图像。

国内率先实现了六臂分动机械和液压两种方式推靠技术；突破自适应密封阵列电极高绝缘技术和电极信号并行超采样及滑动滤波技术；应用高可靠高速传输接口控制技术，实现与阵列侧向和阵列声波成像测井组合测量，显著提升探井测井时效。仪器生产 90 多套，在国内外多个油田和地区广泛应用，作为高端成像装备出口销售 10 套，在储层精细评价、地应力分析等方面取得了良好的应用效果，为油气储量和产量的增长发挥了重要的作用。

4）阵列声波测井仪

在较长源距条件下以宽频带阵列式组合，接收多种模式声波信号，能够在裸眼和套管井中通过单极全波、偶极和交叉偶极挠曲波波列的采集，实现地层纵波、横波和斯通利波波速测量，获得地层各向异性信息。在储层地质评价中提供包括岩性、岩石力学参数、孔隙度和渗透率等一系列重要参数，在工程测井中提供压裂效果探测。仪器由发射声系、隔声体、接收声系及配套的发射和接收电路组成，声源频率在 0.5—30kHz 范围，采用单极子、偶极子和四极子共 3 种发射换能器，轴向 8 组呈口字型阵列多极子接收器，一次测井可同时获得 44 道波列数据，实现对地层纵横波速度测量。

创新实现了单极子、正交偶极子、四极子等复合模式声波测井技术、同深度正交偶极子声波换能器安装技术与工艺，创新隔声体的挠性设计提升仪器斜井和水平井作业能力。仪器生产 100 多套，在国内外多个油田和地区广泛应用，在储层精细评价、压裂效果评价和地层力学参数计算等方面取得了良好的应用效果，为油气储量和产量的增长发挥了重要的作用。

5）超声成像测井仪

利用超声波反射原理，由超声换能器接收到井壁反射波后，经过信号处理得到井壁图像，能直观地反映裸眼井的裂缝、孔洞，检测套管腐蚀、变形等状况及射孔效果。由电子线路、声系短节组成，裂缝分辨率为 1mm，套损评价图像分辨率小于 5mm。

形成换能器设计与加工、动力与传动设计和高频信号数据采集处理等创新技术，配套了钻井液排除装置，克服加重钻井液对超声衰减的影响，复杂井筒作业适应能力得到提升。形成专利技术"超声成像测井仪"和"超声成像测井仪器中的泥浆补偿装置"。累计投产 20 余套，其可以与微电阻率成像测井仪组合使用，在井壁成像上互补。在国内华北等 4 个油田，国外孟加拉油田区块投产应用，形成了有效的裂缝识别方法，提高了油气层识别准确率。对射孔质量、套管变形与腐蚀等提供了有效的检测手段。

6）核磁共振测井仪

采用核磁共振原理（肖立志，1998），通过永磁体产生的恒定磁场极化地层中的氢原子，进而施加交变磁场使极化的氢原子发生弛豫现象，产生可被测量的自旋回波信号，通过数据反演处理获得地层孔隙度、孔径分布、渗透率、饱和度等参数，是一种可以有效解决低孔低渗储层及稠油储层的孔隙度、渗透率的求取难题的工程利器。由探测器、电子线路和储能短节三部分组成，能够进行差谱、移谱及二维核磁共振测井。

自主创新特殊传感器磁体制作工艺，有效降低振铃噪声影响；采用梯度磁场、多频测量方式，根据地层环境自动调节发射功率，提升有用信号采集能力；配套不同外径尺寸的传感器，适应不同井眼条件测量；根据不同参数组合，提供5种常用观测模式，满足不同地质条件测量需求。现场推广应用25套，测井2000余口。打破了国外公司对核磁测井技术的长期垄断，降低了油田公司使用成本，推动了核磁共振测井技术在国内的大规模应用。

三、多维高精度成像测井装备

深层超深层、复杂非常规油气藏要求测井具有评价更准确、探测更远、适应更复杂井况且更加安全高效的测井装备。由于在复杂岩性与有机质识别、微观孔隙结构与流体分析及井旁缝洞刻画等方面急需有效的探测分析手段，中油测井公司成功研制了CPLog多维高精度成像测井装备，包括可控源地层元素与孔隙度测井仪、电成像测井仪、三维感应成像测井仪、偏心核磁共振测井仪、远探测声波测井仪、水平井流动成像测井仪，如图4-3-2所示。

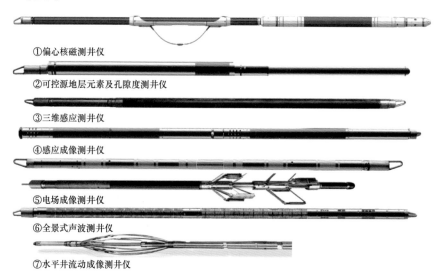

①偏心核磁测井仪

②可控源地层元素及孔隙度测井仪

③三维感应测井仪

④感应成像测井仪

⑤电场成像测井仪

⑥全景式声波测井仪

⑦水平井流动成像测井仪

图4-3-2 多维高精度成像测井装备

1.偏心核磁测井仪

核磁共振测井主要特点是测井响应主要反映孔隙及流体性质，几乎不受岩石骨架的影响，它也是唯一能够提供地层孔隙结构的测井方法。相比居中核磁测井仪，偏心核磁测井仪在最小回波间隔指标和钻井液适应范围更具优势，更加适合于恶劣井眼条件下的非常规油气储层孔隙结构评价及流体识别。主要由探测器、电子仪和储能短节三部分组成。仪器采用井下贴井壁测量方式，共有9个工作频率，根据需要可选用不同的采集参数组合，最小回波间隔为 0.3ms，静态纵向分辨率为 60cm。

在国内率先实现了大型偏心钐钴永磁体核磁制造技术，为仪器实现井下偏心及地层流体样本定向测量提供了技术基础；在电路方面创新攻克了快速能量泄放技术，实现了天线大功率发射和微弱信号接收两个模式的快速切换，为低振铃噪声条件下的 0.3ms 短回波测量提供了保证。仪器在吐哈、青海、长庆等油田进行了小规模试验，显示出了仪器对于致密油气层及盐水钻井液环境下的测量优势，为油田增储上产提供了一项新的技术利器。

2.可控源地层元素及孔隙度测井仪

围绕环保绿色测井需求，使用高性能中子管实现放射性无源测井成为新的发展趋势。随着复杂油气、页岩油和页岩气等非常规油气逐渐成为勘探开发的热点，测井评价需要定量了解这些储层的元素和矿物的含量、孔隙度等信息，为此，中国石油测井公司研制了可控源地层元素测井仪。测井仪主要由可控中子源、一体化的阵列探测器和电子线路三部分组成，一体化的阵列探测器包括溴化镧伽马探测器和 He-3 管。可控中子源向地层发射能量为 14MeV 的快中子，快中子与周围原子核发生非弹性散射、弹性散射、辐射俘获等核反应并产生特定能量的次生伽马，快中子减速为超热中子或热中子（岳爱忠等，2020）。通过分析这些超热中子、热中子计数及非弹散射与俘获伽马能谱可以获得地层中18 种元素的含量、孔隙度、密度和矿物含量等参数。

创新形成基于可控中子源的一体化阵列探测器和多参数测量方法，高计数率下的高稳定快测电路和基于加权直接解调法的可控源地层元素解谱方法等三项关键技术。仪器在吉林油田和西南油气田完成了现场试验，试验结果表明元素含量、密度、中子孔隙度及矿物组分含量与区域地质特征相吻合，准确反映地层岩性变化规律。仪器在解决复杂和非常规油气评价中矿物含量计算、岩性识别和总有机碳烃源岩评价方面具有独特的优势和广阔的使用前景。

3.三维感应成像测井仪

传统电阻率测井难以满足砂泥岩薄互层、高陡构造等复杂储层的准确识别及饱和度评价需求。三维感应采用三轴线圈系，能同时获取地层的水平及垂直电阻率、地层倾角和方位角等信息，实现三维空间电阻率及各向异性状况的测量，已成为非均质复杂储层评价的有效手段（Rosthal et al.，2003）。由线圈系、电子仪及压力平衡短节组成。线圈系由 1 个三轴发射、4 组单轴接收、3 组三轴接收的阵列线圈系组成。仪器采集 3 种频率、7阵列、78 条原始信号，经仪器刻度、温度校正、环境校正及合成匹配等处理，提供 3 种纵向分辨率、6 种径向探测深度、18 条阵列感应电阻率曲线，三维感应的水平和垂直电阻率及各向异性曲线、地层倾角及方位角等信息。

创新形成三轴共点三维线圈设计与实现、高集成一体化三轴分时发射与多通道多频微弱采集系统、三维刻度装置和九分量刻度图版、三维阵列感应测井仪器数据处理系统及方法等关键技术。在大庆、吉林等油田规模应用，在砂泥岩薄互层、页岩油等非均质复杂储层的电阻率准确测量、储层流体识别及含油气评价等方面取得了良好的效果。

4. 感应成像测井仪

随着大斜度井及水平井的不断增加，要求电法测井在测量地层电阻率的同时，提供沿井展布的地层及流体界面信息，从而准确刻画储层构造及用于油藏建模。现裸眼井电法测井仍为传统电阻率测量，不具有地层及流体边界探测能力。为拓展裸眼井电法测井仪器的远探测和边界探测能力，利用多分量电磁信号的深探测能力及方向敏感性，开展了感应成像测井仪研制。由上、下短节组成，短节包含线圈系、电子仪及压力平衡模块。上线圈系由三维发射和八阵列方位接收线圈组成，下线圈系由两阵列三轴接收线圈组成。上电子仪实现扫频发射、阵列方位信号采集、主控及近远信号同步；下电子仪实现三维线圈信号采集及上下采集同步。仪器采集 34 条原始信号，经仪器刻度及联合反演，提供水平及垂直电阻率和地层各向异性、地层异常体方位及距离等信息，实现大尺度油藏成像描述。

自主原创发明了一种感应电场测井仪。该发明提供了一种电磁远探测仪器的线圈系设计，包括线圈系结构、线圈间距、匝数及发射频率大小等，实现井眼周围不同深度的地层信息探测，以 20nV 为测量阈值，最远探边距离可达 30m。仪器进行了现场试验，试验结果表明测量响应与地层岩性、物性特征一致，为大斜度井及水平井的电阻率测量及油藏描述提供新的测井装备。

5. 电场成像测井仪

对于复杂储层和碳酸盐岩储层，提出了相应的均质化地层场论（李剑浩，2015）。该理论提出了适用该类储层的方位阵列侧向与高精度电成像融合的电阻率测井系列——电场成像测井系列，解决计算碳酸盐岩储层的油气饱和度剖面。电场成像测井采用多探测深度电极系和贴井壁极板微电极阵列设计，提供 2 种探测深度井周地层电阻率精细成像和 5 种探测深度 12 方位电阻率，实现对井筒周围 1.5m 范围内电阻率的全空间域测量。由方位阵列侧向仪和高分辨率电成像仪两部分功能融合构成。方位阵列侧向仪可得到 12 个方位 5 种探测深度的 60 条方位电阻率曲线，最终形成 5 个深度的共 12 个扇区井周电阻率图像。微电阻率扫描仪有 8 块极板，每个极板上有 48 个电扣，经处理可形成 2.5mm 高清晰度全井眼覆盖率井周图像。

基于均质化地层电磁场论，首创"利用地层电阻率、原生基质孔隙度和次生孔隙度谱可精确表征碳酸盐岩地层油气含量"；攻克高清探测器及双层分动八极板自适应推靠电成像技术，井周覆盖率达到 86% 以上，达到国际领先水平；突破超低噪声 nA 级 384 道微弱信号并行超采样高精度采集技术，提升井壁图像分辨率，纵向层理信息和周向地质体更清楚更完整，形成原生次生孔隙度谱；首创有源 12 方位电极多频率独立聚焦技术，实现多扇区 5 种探测深度方位侧向探测，实现井旁三维高分辨率精细成像，解决非均质碳酸盐岩储层井旁孔、洞、缝三维定量表征和描述，以及致密油气储层的沉积构造分析与微裂隙识别等难题。

6. 全景式声波成像测井仪

通过对地层近、中、远不同探测深度的全空间、多参数测量，进行孔隙度、岩性判断、气层识别、渗透性、各向异性分析及地层主应力分布评价，满足油气藏精细评价的需要（Pistre et al.，2005）。总体结构包括：电子线路、隔声体和声系三大部分。声系采用多极声学换能器结构和阵列化采集方式，具有一个高频单极、一个低频单极、两对正交偶极发射器及 8 个阵列宽带接收器，采用强制激励、宽频发射技术，增加仪器径向不同深度的探测能力，同时完成地层纵波、正交偶极全波列及声波远探测数据采集。

发明了"一种偶极发射探头"，实现了地层不同径向深度的探测；创新近换能器数字化，实现了高精度、大动态信号采集及处理技术。现场试验表明，仪器具有对地层近、中、远不同深度的探测能力，在复杂岩性及致密储层划分、地层各向异性评价方面具有良好的效果，为满足油气勘探开发对油气藏精细评价日益增长提供技术支持。

7. 阵列声波远探测成像测井仪

是在多极子阵列声波仪器的基础上发展起来的一种新型声波成像仪器，创新了基于反射波的数值模拟、信号采集与配套处理技术，突破超大模型正演模拟、大数据自适应高效采集、数据实时压缩传输和直达波与反射波分离处理及构造定位分析等关键技术，实现测井从井筒测量扩展到井旁探测、从储层评价延伸到构造分析。远探测成像测井技术主要通过提取单极激发的纵、横波和偶极声源激发转换的横波，透射进入地层，遇到声阻抗界面后反射回来被接收器接收到的信号，并对信号进行幅度处理和偏移成像归位（薛梅，2002；唐晓明等，2013）。

通过对井筒声波信息分析，能够提供近井储层特征、岩石机械特性、地层各向异性等信息；可以获取井周围裂缝延伸长度，井旁 80m 范围内缝洞、断层及裂缝隐蔽储层；对反射体的位置、方位和形态分析，定量评价裂缝组的产状及延伸高度。于 2015 年开始推广应用，与国外油服公司同类仪器进行对标，径向探测深度等技术指标处于国际领先水平。在长庆油田、华北油田、吉林油田、塔里木油田、青海油田等进行 100 多口井应用。在提供岩石力学参数、评价井筒稳定性和压裂效果及发现井旁隐蔽构造等方面均见到了较好效果。

8. 水平井流动成像测井仪

水平井的动态监测对测井提出了更高要求，采用多探头阵列测量井筒截面流体组分、流速等参数，通过解释软件可获得水平井直观流动成像，实现水平井产液剖面定量评价。持水率测量分别应用电磁波相移和电容振荡频率变化两种测量原理（余厚全等，2012），流量采用温差热式测量原理。水平井流动成像测井仪包括阵列电磁波持水率测井仪、阵列电容持水率测井仪及阵列温差流量测井仪。持水率测量采用在同一截面布置 12 个探头，流体流经探头时，不同持水率流体介电常数变化使电磁波产生相移，测量相移或频率变化，从而得到 12 条电磁波持水率曲线和 12 条电容持水率曲线。实现了 0～100% 不同含水率全段高灵敏度测量，即阵列电磁波持水率测井仪，在高含水段具备更高分辨率，而阵列电容持水率在低含水段具有较高分辨率；流量测量采用在同一截面布置6探头，流体流经加热的探头时带走不同热量，维持恒温差需要与流速对应的加热功率，从而得到6条流速曲线。温差流量适用于低产液流量测量。

小型化锥状螺旋形探测器使电磁波持水率实现12探头同时测量，恒温差热式流量测量方式实现低产液井流量测量。在长庆油田开展了现场试验与应用，依据测井资料提供堵水措施，实施效果明显。该技术可为水平井找堵水、调剖及加密井的部署提供重要依据，具有良好的应用前景。

四、地层评价随钻测井装备

针对大斜度井、水平井中复杂储层精准地质导向和精细地层评价难题，开展随钻地层评价及成像测井技术与装备技术攻关，形成了一套能够满足油田现场应用需求的"成像化、集成化、系列化"电阻率及孔隙度系列地层评价随钻测井装备，如图4-3-3所示。

图4-3-3 地层评价随钻测井装备

1. 随钻电阻率系列

1）随钻电磁波电阻率及方位电磁波电阻率成像测井仪

随钻电磁波电阻率测井是利用电磁波在地层中传播幅度的衰减和相位的变化反映地层电阻率（Rodney et al., 1983）。方位电磁波电阻率成像通过测量电磁波在地层边界产生的反射强度、相位变化来反映地层边界参数。可用于判断岩性、评价地层渗透率、饱和度等地质参数，描述储层构造，为随钻地层评价和地质导向提供参数支持。电磁波电阻率仪器采用四发双收的对称天线结构，2种发射源距，补偿不规则井眼等因素的影响。采用2种发射频率，测量8条幅度比、相位差电阻率测量曲线。方位电磁波电阻率成像通过方位天线接收地层边界的反射电磁波实现边界探测。可提供电阻率曲线12条，16方位扇区成像图像，计算地层边界距离、提取地层倾角及各向异性等信息。

研发了电磁波 10m 探边正交方位天线系统，攻克微弱信号降噪采集系统，快速反演数据处理技术。建立了方位电磁波仪器海水刻度校验规范及高强度钻铤设计技术。电磁波仪器实现了规模应用，在地质导向作业和地层评价参数方面取得较好成效。方位电磁波电阻率成像仪器可实现大斜度井 / 水平井精准地质导向及地层评价，具有方位敏感性及探测范围广，集成多参数测量等优点，可为钻井施工、储层评价、油田开发提供更加丰富和精确的信息。

2）随钻侧向电阻率成像测井仪

用于白云岩及碳酸盐岩等中、高阻储层电阻率的测量，在大斜度井 / 水平井中通过随钻实时地质导向作业，优化井眼轨迹，提高储层钻遇率；同时在复杂井下作业环境和严格的井控安全风险管控条件下，采用纽扣扫描成像实现裂缝和溶蚀孔洞储层定量解释评价，为后续油气勘探增产措施制定提供依据（李安宗等，2014）。仪器采用内外钻铤结构，包括 4 个伪对称发射天线，4 个象限接收电极，2 个斜交纽扣接收电极及 1 个侧壁开窗伽马探测器。基于电流型侧向测井原理，通过发射天线产生电流信号，进入导电钻井液和地层，然后返回到象限接收电极和纽扣接收电极，实现地层信息采集。该仪器具备方位电阻率测量、方位伽马测量及斜交双纽扣电阻率成像功能。可实现 12 条不同探深的方位电阻率测量，旋转状态下最大 128 扇区斜交纽扣微扫井壁成像，旋转状态下最大 32 扇区的伽马成像，实现随钻双成像地质导向和纽扣微扫储层精细评价。

仪器基于电流感应型侧向测井理论，采用伪对称发射天线及环形方位聚焦接收电极结构，实现了不同探测深度侧向平均和方位电阻率测量；采用斜交小直径纽扣电极结构，电阻率成像数据缺失扇区自动检测及修复技术，成像数据均衡化处理技术及相阵激励定位显微图像增强显示技术实现井周扫描电阻率成像。仪器各项指标尤其是耐温性能整体达到国际同类型仪器先进水平。目前制造仪器 10 支，在国内各油田区块完成 23 口井现场试验及推广应用。在长庆、西南等多口重点风险井、探井开展地质导向商业化应用，实现了找准储层，优化轨迹，缩短作业时间。在塔里木、西南等多口碳酸盐岩复杂井，无法进行电缆测井，采用随钻微扫成像开展地层评价微扫测井资料获取，实现对井下裂缝、溶蚀孔洞结构精准刻画。

3）随钻感应电阻率测井仪

仪器通过测量电磁波在导电地层产生的感生电流来反映地层电阻率，以钻铤为载体，电子线路和线圈系安装在钻铤侧槽中，用玻璃钢作为线圈系外壳，采用两组三线圈的线圈系结构，发射 19.2kHz 的正弦波和分别接收不同区域感生电流，反映深、浅感应电阻率。

利用反射层突破了金属钻铤对测井信号的影响及通过调节线圈内部磁心位置实现感应直耦信号调节等难点技术；利用多芯漆包线提高发射线圈品质因素，增加发射效率，实现低功耗。形成了随钻感应电阻率测井仪，技术达到国际先进水平。提出了电场刻度方法，减少了刻度误差。适用于低电阻率地层的测量，在吐哈、青海、玉门、冀东、吉林等油田及阿塞拜疆低电阻率油区得到广泛应用，取得较好的效果。

2. 随钻放射性系列

1）随钻伽马成像测井仪

利用自然伽马测量原理，通过实时传输数据能及时有效发现地层岩性的变化，控制钻具穿行在油藏最佳位置，保证钻头始终在油层中钻进，适合于水平井地质导向和地层评价，可提高油层钻遇率，大幅度提高进入油层的准确性和在油层内的进尺。除了识别岩性、计算泥质含量等常规伽马测井应用外，还能够对方位伽马测量值进行成像处理，计算地层倾角，用于构造分析研究。

创新钻铤结构设计，攻克轴向空间孔贯穿技术难题，实现多组伽马探头扇区排列；基于大地坐标系近似算法，采用井眼姿态自适应技术，实现滑动或复合钻进时井周成像。目前制造仪器 60 多支，现场应用 200 余口井，累计水平井进尺 230000m，储层钻遇率达 90% 以上。形成了"螺杆 + 伽马成像"低成本水平井随钻测井技术，成为水平井地质导向利器，在长庆致密油和川渝页岩气等重点区域形成规模应用。通过了中国石油天然气集团有限公司成果鉴定，仪器性能达到国际先进水平，打破了国外随钻成像高端装备垄断，有效提升国内随钻测井核心竞争力。

2）随钻可控源中子元素测井仪

采用中子发生器向地层发射快中子，利用快中子与地层物质的核物理反应获得地层中的矿物含量、总有机碳含量及中子孔隙度参数，实现对于复杂岩性和非常规油气层的精细解释评价。仪器中子孔隙度测量使用两组一体化探测器总成 180° 分布于钻铤上，每组含 2 个远热中子 He-3 管，1 个近热中子 He-3 管；地层元素测量使用一体化溴化镧探测器，安装在中子探测器总成侧面。脉冲中子发生器放置于水眼居中，保证测量点位于钻铤的几何中心。

创新采用热中子探测器阵列布局提高仪器灵敏性、中子发生器高压自动补偿提升仪器工作稳定性；通过溴化镧探测器高速采集电路设计、中子孔隙度测量环境校正方法等核心技术提高测量精度，实现了中子孔隙度、地层元素测井资料获取，性能达到国际先进水平。仪器在长庆油田、青海油田及大庆油田等进行了现场试验，测井资料满足解释评价需求。该仪器在复杂井放射性仪器施工中，采用可控中子源，避免了放射性源运输及存储的安全隐患，实现绿色环保测井，具有广阔的应用前景。

3）随钻中子密度井径测井仪

采用一体化中子密度双化学源，向地层发射伽马、中子射线，经过地层散射、减速后被伽马探测器和中子探测器捕捉，结合超声井径和扇区传感器，获得密度及超声井径成像和中子孔隙度资料，提高随钻地层孔隙度评价能力。仪器采用内、外铤结合设计，探测器以总成方式安装在外铤上，所有信号采集、控制电路集成在仪器内铤上，充分利用仪器空间布局。可实时提供 16 扇区密度成像、Pe 值、中子孔隙度及 16 扇区超声成像等丰富信息。

国内首创采用了一体化可打捞化学源结构，实现了中子、密度双测井源可打捞功能；

采用井径时间双加权校正算法，多尺寸的密度探测器稳定器，减少井眼间隙影响，提高了密度测量精度，技术达到国际先进水平。仪器在塔里木油田复杂井施工中替代电缆仪器获得地层密度、超声井径测量等测量参数，取得良好的应用效果。特别是放射源具备可打捞能力，降低了施工风险，在超深复杂井孔隙度参数获取方面具有独特技术优势，应用前景广泛。

3. 随钻多极子声波成像测井仪

采用单极和四极组合声波测井原理，在钻井的同时实时测量地层的纵、横波时差，进行地层岩性分析、岩石力学参数计算、地层孔隙度计算及井壁稳定性评价，通过孔隙压力监测，识别超压地层，指导钻井液的配制，提高钻井安全系数。仪器由发射声系、隔声体和接收声系及配套电路组成，发射声系包含单极子和四极子发射换能器各 1 组；隔声体采用了钻铤内部变径结构；接收声系为 4 个径向 90°均布的接收阵列，每个阵列由12 个等间距全波列信号接收换能器组成，一次测井可同时获得 48 道波列数据，实现所有地层纵、横波速度测量。

基于横向各向同性（TI）声波测井波动理论，创新频散分析方法和激发函数，加入仪器和地层各向异性等参数校准模型，测量值更精确；仪器采用变径隔声技术，大功率宽频单极、四极发射技术一体化阵列接收技术及能量阈值数据处理技术，有效压制钻铤直达波，提高信噪比。测量的声波数据可以确定地层属性，包括孔隙压力、上覆岩层压力梯度、岩性、岩石力学属性等，同时还可以利用声波资料进行天然气检测、裂缝评价和地震资料校验。

五、系列化地层测试装备

随着油气勘探开发向深层、高温、潜山、特低渗等复杂储层领域进军，系列化地层测试装备的研制和应用面临诸多问题和技术挑战。中海油服针对复杂储层识别难、高效开发难等油气勘探开发瓶颈问题，研究电缆地层测试、随钻地层测试及取心测压一体化测井仪，如图 4-3-4 所示，形成了自主知识产权的新一代高精度、高可靠性、高适用性、高时效性的地层测试技术与装备，解决了地层测压与高纯度取样、定量流体识别和分析、大斜度及水平井测压取样和取心难题。

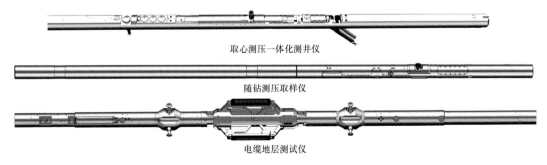

取心测压一体化测井仪

随钻测压取样仪

电缆地层测试仪

图 4-3-4　地层测试系列仪器

1. 电缆地层测试系列

电缆地层测试可进行测压、流体识别、取样、渗透率评价、产能预测、确定油气水界面、判断储层连通性等,是提供储层重要参数的直接手段。包括电源模块、探针模块、井下泵抽模块、井下流体实验室、取样筒模块、液压动力模块、流量控制模块。其工作原理是将仪器下放到指定深度,将探针或封隔器向井壁推靠坐封,并从储层抽吸流体,得到地层压力等储层参数和具有代表性原状流体样品。

形成三项创新技术,即探针推靠坐封技术、高精密大压差泵抽、地层流体光谱扫描组分分析技术。通过该创新技术实现复杂油气藏精确测压取样,实时提供地层流体信息,提高取样效率和样品质量。在175℃的高温井,渗透率大于1mD的油层,成功测压取样,解决了高温、稠油出砂、低渗超低渗等复杂储层的测压取样的难题,为油气勘探开发提供技术支撑。

2. 随钻地层测试系列

随钻地层测试是在钻井过程中进行测压取样作业。在钻开地层后,在较短时间获取地层压力和污染程度最小的原状地层流体样品。节省作业成本,能够解决大斜度井、水平井、大位移井测试时,工具下入困难的问题。采用模块化结构设计,模块包括电源模块、液压动力模块、流体识别模块、探针模块、精密抽吸模块。其工作原理是在钻井过程中将仪器下放到指定深度,将探针向井壁推靠坐封,并从储层抽吸流体。得到地层压力等储层参数和原状地层流体样品。

形成一项创新技术,即一种随钻大功率钻井液涡轮发电机、随钻环境下的高效大排量混合流体泵抽系统。通过该技术实现快速推靠、快速泵抽和高精度抽吸,在钻井过程中实时完成地层压力测量和流体取样。随钻地层测试系列在国内海上150℃井中进行测压作业,能够优化钻井作业、节省钻机时间,节约钻井成本。

3. 取心测压一体化测井仪

可以一次下井,同时完成取心测压作业。大大减少了占用井口的时间,降低了作业成本,能够满足现场对取心、快速测压的需求。仪器由测压和取心模块组成。测压原理与地层测试的测压模块相似。取心原理是采用液压控制技术,通过金刚石钻头垂直钻进井壁,获取大直径岩心。

取得两项创新技术,即取心模块设计及智能取心技术和一种电动机直驱式井壁取心结构技术。通过该电动机直驱式井壁取心技术和采用高可靠高精度钻头运动轨迹控制机构设计等技术,实现精确控制取心动作。一次下井可收获35颗岩心。仪器是全球首创,一次下井可完成取心和测压任务,节省了作业成本,提高了作业时效。

六、万米深井高温高压测井装备

随着我国油气勘探的不断深入,勘探目标从简单油气藏向复杂的地层—岩性油气藏拓展,从浅层向中深层、潜山拓展,从常温常压区向高温高压区拓展,对仪器装备的耐温耐压要求也随之增高，为此中海油服研制形成了 235℃/175MPa 超高温高压大满贯电缆测井系列和 205℃/140MPa 高温高压成像测井技术系列，为我国深水深层高温高压油气藏勘探提供了成套的测井技术装备解决方案。

1. 超高温高压常规满贯测井系列（235℃/175MPa）

超高温高压常规满贯测井系列覆盖声、电、核等仪器门类，可以提供电阻率、放射性、声波等测井作业服务，满足超高温高压区块下岩性识别、储层评价等需求。系列仪器包括高速电缆遥测传输仪、自然伽马能谱测井仪、侧向测井仪、微柱形聚焦测井仪、补偿中子测井仪、岩性密度测井仪、交叉偶极声波测井仪、阵列感应测井仪等，其中自然伽马能谱、补偿中子、岩性密度等核测井仪器主要通过探测中子与伽马射线获取地层信息，侧向、微柱、阵列感应等电法仪器通过测量地层电阻率等参数获取信息，交叉偶极声波仪器通过向地层发射声波并测量各种回波解析地层特性。

系列仪器采用整机热设计与热管理技术，将嵌入式储热单元与导热管及纳米气凝胶隔热方式相结合提升吸热剂工作效率。并且采用了高温小体积低功耗电路设计，降低了电路功耗，提升电路在保温瓶内的工作时间。通过芯片的高温筛选老化工艺，提升了仪器在高温下工作的可靠性。系列仪器已经实现在井温达 193℃的渤海 ×× 井成功作业，并相继在渤海与南海井温高于 190℃井的高温高压区块多次成功作业，其中声波测井仪实现在井温为 206℃的新疆 ×× 井成功作业。超高温高压常规满贯测井系列的研制，解决了极端温度压力下的油气藏勘探开发测井难题，打破了国外长期技术垄断局面。

2. 高温高压成像测井系列（205℃/140MPa）

高温高压成像测井系列仪器可以提供地层电阻率成像、固井质量成像、套管损伤成像、核磁共振成像、井眼轮廓成像等服务。包括阵列侧向测井仪、六臂井径测井仪、井周声波成像测井仪、水泥胶结成像测井仪、多维核磁共振测井仪、多频电成像测井仪等。其中阵列侧向仪器通过测量地层不同深度的电阻率，可用于储层精细划分与薄层评估；六臂井径测井仪通过 6 个分动式机械臂获得井径信息从而形成井眼轮廓成像；井周声波与水泥胶结成像通过声波或超声波探测地层或套管回波信息进行成像；多维核磁可测量地层孔隙度及流体性质等参数；多频电成像通过多频阵列扫描的方式对地层电阻率和介电常数进行测量和成像。

阵列侧向仪器通过创新电极插针密封技术解决了电极系绝缘与耐温问题。六臂井径测井仪采用磁阻传感器非接触式测量提升了可靠性。多频电成像测井仪通过厚膜集成电路技术及耐压工艺提升，实现了电成像测井仪器关键部件的耐高温高压性能。阵列侧向测井仪在井温达 199℃的渤海 ×× 井成功作业，电成像仪器在井温达 194.8℃的青海干热岩 ××× 井成功作业，核磁共振仪器作业最高井温为 162℃，水泥胶结成像测井仪作业最高井温达 198℃，井周声波成像仪器测井作业最高井温为 190℃。高温高压成像测井系列的研制提供了国内油气田增储上产所需的高温高压高精度测井装备。

3. 高温高压小直径测井仪器系列

深层剩余油气资源将成为下一步勘探开发的主要方向之一，要求测井仪器的外径更小，耐温耐压指标更高。目前国产测井装备在常规与成像测井系列方面基本实现配套，但在超高温高压领域，与国外水平相差较大。国内深井超深井测井任务多由国外公司或进口仪器承担，承包价格和进口高温高压仪器价格异常昂贵。中油测井研制成功175℃/140MPa和200℃/170MPa两种系列的φ76mm高温高压小直径常规测井系列，主要包括电缆遥传、自然伽马、双侧向、井径、光纤陀螺、补偿声波、补偿中子、岩性密度等仪器。

200℃/170MPa小直径仪器采用保温瓶加线性电源技术路线，以EILog常规系列为基础，基于MCM设计与实现技术，打造高温高集成、低功耗电路，同时采用保温瓶结构解决仪器耐温问题；基于承压结构仿真、管材优选、高压密封、压力平衡等高温承压结构设计与工艺实现技术，突破结构高温承压技术难题。为满足油田侧钻井生产需求，还通过去保温瓶技术快速研发了175℃/140MPa小直径测井系列。200℃/170MPa小直径系列测井仪器小批量生产4套，共测井30余口。2017年在青海东坪X井完成174℃测井，2021年在吉林长深XX井创造182℃测井高温纪录。175℃/140MPa小直径测井系列，已规模应用24套，至今测井894井次，成为油田侧钻井油气识别的利器。

七、CIFLog1.0—3.0 软件平台

2008年，国家油气重大专项将新一代测井软件列入率先研发的十大关键技术装备，并且是其中唯一的大型软件装备。从"十一五"到"十三五"，先后研发形成了CIFLog1.0、CIFLog2.0、CIFLog3.0三个标志性版本。形成的CIFLog3.0包括单井处理解释系统、多井评价系统和水平井处理解释系统，功能覆盖了测井处理解释全流程各个环节。CIFLog3.0功能框架图，如图4-3-5所示。

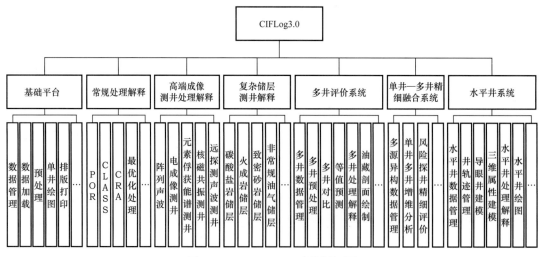

图4-3-5　CIFLog3.0 功能框架图

1. 单井处理解释系统

单井处理解释系统主要针对国内外主流测井仪器资料，将裸眼测井与套后测井解释评价方法完全研发与集成，并以提供元素俘获能谱、成像、核磁测井等处理技术为突出特点，实现了对各种类型单井测井资料的处理解释。结合油田实际应用特点，形成了一系列属地化系统，并实现了大规模的生产应用。单井处理解释系统包括常规处理解释、最优化处理解释、电成像测井处理解释、阵列声波处理解释、核磁共振测井处理解释、元素俘获能谱测井处理解释、远探测声波处理解释、水淹层处理解释、生产测井处理解释等功能，对国际常用仪器和国产测井重大装备全面支持。

单井处理解释系统中研发突破电成像深度应用、逐步剥离解谱和方位远探测声波高清成像等技术，处理效果达到与业界权威软件一致水平，形成了一系列国际先进的核心技术和系列知识产权。研究了针对裂缝储层含气饱和度定量评价、泥页岩有效储层识别及有效压裂层段检测、各向异性地层刚性系数及应力计算等系列专利技术，同时，构建了碳酸盐岩、火山岩地层剖面等处理解释系统，形成了满足我国复杂储层测井评价需求的技术体系。成像测井处理解释技术应用于塔里木 X 探 1、XX 探 1、X 古 1-1X 等重点井评价，特别是为亚洲最深探井 X 探 1 井的井壁、井旁缝洞体识别、烃源岩评价等方面提供了关键技术支持。水淹层精细解释为大庆油田精准挖潜、储量评价、薄差储层的有效开发提供关键技术和软件支撑。生产测井处理解释系统规模应用于国内、外套后测井评价，处理井次占中国石油生产测井总量的 81%，并全面应用于中国石油海外测井解释评价。

2. 多井评价系统

多井评价系统主要是在单井精细处理解释的基础上，实现从工区数据出发，横向、纵向、平面等多角度对油藏进行综合描述和评价。CIFLog 多井评价系统包含 7 大应用，实现了单井解释和多井评价深度融合，充分利用工区多源数据多信息，对工区进行综合评价，大幅度提升工区评价能力。研究了全交互智能感应、非线性交会增维分析和多源异构大数据云搜索引擎等核心技术，构建了分层组件式平台架构体系，研发了多井数据管理、多井地层对比和多井处理等系列模块，实现从横向到纵向，多角度、多图件的工区多井综合评价，构成了 CIFLog2.0 版本核心系统功能。

形成的多井评价系统将测井数据、地质数据、采油数据等多井多源异构多种类数据统一整合，实现高效管理和准确、快速检索与调用，为测井综合评价提供丰富信息。首次将智能感知成功应用于测井解释软件领域，实现应用模块快捷交互，增强平台多模块间的实时响应与通信协同，利用多个模块、多个图件，从多角度进行测井综合评价，有效提高了平台交互能力。多井评价系统及技术体系在新疆油田、四川盆地川西、川中、川东等关键井和关键区块评价及老井复查中全面应用，为解释人员提供多维度、多角度辅助解释支持。

3. 水平井处理解释系统

CIFLog 水平井处理解释系统突破了随钻仪器快速正演、三维水平井属性建模、水平井环境校正等核心技术，研发了 9 个核心功能模块，实现了水平井处理解释全流程功能，软件在交互性和处理解释效率方面达到国际先进水平。水平井处理解释系统包括水平井数据管理、导眼井建模、地层属性三维建模、水平井曲线快速响应正演、水平井曲线参数反演、水平井曲线校正、水平井数据可视化、水平井产能分级评价与储层预测等功能。

首次提出并研发了水平井地层横向非均匀地层建模方法。利用工区多井数据，基于克里金、最小曲率半径等插值方法构建三维工区地层属性模型，通过水平井空间轨迹与地层模型进行切面，形成三维地层剖面，并沿着井轨迹展开，建立反映地层横向变化特征的二维地层模型，提高了横向非均匀地层水平井模型构建精度。研发的随钻电磁波测井响应快速正演方法，全面支持斯伦贝谢、哈里伯顿等 5 大公司 16 支主流随钻仪器，测井响应正演计算速度可达每秒 16000 个测井点，满足水平井实时解释应用需求。CIFLog 水平井处理解释系统在大庆古龙页岩油、新疆吉木萨尔页岩油和伊拉克 AHDELB 等油田开展水平井处理解释系统应用，完成水平井地质建模、曲线校正、储层参数及工程参数计算和储层分级评价，为"水平井 + 大规模体积压裂"提供了很好的技术支撑，该系统性能稳定，功能满足油田生产需求。

八、网络协同化采集与控制技术

随着互联网和信息技术的发展，对测井采集作业采用远程协同作业成为可能，同时测井技术发展也对可靠的大数据量通信提出更高要求，这些都迫切需要发展网络协同化采集与控制技术，主要包括网络协同采集技术和高速采集与传输控制技术，通过这些技术研究，实现测井的远程采集作业，降低测井作业成本，提高测井服务能力。

1. 网络协同采集技术

网络协同采集技术是利用物联网技术改造地面模块和井下仪器，通过搭建地面和井下的一体化网络，实现基于远端的测井仪器和地面箱体的控制，达到远程测井采集和控制的目的。该技术主要包括地面井下全网络架构技术、井下仪器智能控制技术、电源模块网络化控制技术、高精度深度和时间同步技术、网络模块身份识别技术等，如图 4-3-6 所示。

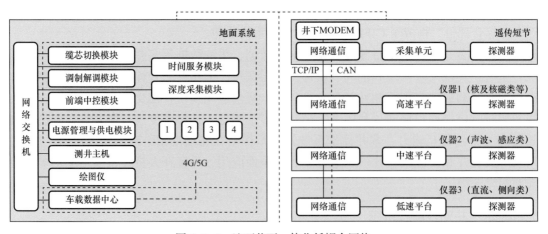

图 4-3-6　地面井下一体化低耦合网络

2. 高速采集与传输控制技术

高速采集与传输控制技术是利用高速数据采集技术与 COFDM 调制技术，根据电缆信道评估状态，对相互正交的子载波使用不同的调制方法，采用功率控制与自适应调制相协调的工作方式，提高创新点：地面井下一体化低耦合网络设计、多模式测井实时采集处理技术。网络协同采集技术分别在大庆油田、吉林油田完成 200 井次远程协同采集作业，完成了异地远程大数据量超深井测井验证，采集数据完整性、重复性、一致性符合现场作业要求，可满足多种作业任务需求，国内外市场前景广阔。

频谱的利用率，最大程度提高电缆的传输能力，实现井下兆级遥传仪器与地面系统大数据量的实时交互通讯。采用高速采集与传输控制技术的井下兆级遥传仪器主要由高速数据采集模块、调制解调模块和电缆驱动模块组成，实现 7000m 电缆不低于 1Mb/s 的传输速率，误码率小于 1×10^{-7}。该技术主要包括正交频分复用技术、自适应频域均衡技术、时钟同步捕获和跟踪处理技术、比特分配技术等。

高速采集与传输控制技术突破了井下高温极限环境下长电缆信号畸变、衰减、延迟造成 64QAM 调制数据误码率高的难题，同时采用熵编码数据压缩算法提升了大数据实时传输能力。现场试验应用表明，使用该技术能够满足高温为 175℃，电缆长度为 5000～10000m 数据传输需求，市场应用前景广阔。

九、地层成像测井新技术

随着测井成像技术的快速发展，高分辨阵列感应、三维感应、阵列侧向、方位侧向、正交偶极声波和地层元素等新型成像测井仪及新的地层测试等现代测井技术为地层成像测井提供了强有力的技术手段。为了准确获取地层成像测井参数，研究了复杂仪器结构高精度数值模拟、环境成像数据高保真校正、多尺度数据处理与成像和井下流体光谱扫描分析技术，实现新型成像测井仪现场工业化应用。

1. 复杂仪器结构高精度数值模拟技术

复杂仪器结构高精度数值模拟技术，主要实现电磁、电极、声波和放射性数值模拟测井与数字化仪器结构参数设计、数字地层构建、模拟连续测井、复杂仪器物理环境响应模拟，为仪器设计和数据处理提供全流程技术支撑。

数值模拟软件主要包括电磁测井模拟、侧向测井模拟、声波测井模拟和放射性测井模拟模块，通过地层和仪器结构建模，选择具体仪器仿真器，实现电磁、侧向、声波和放射性测井模拟仿真。软件具备统一接口、统一规范，高效计算数值模拟包括测井领域中电、声、核多个方面的复杂仪器结构高精度数值模拟集成计算平台，极大提高了仿真计算效率。

基于复杂仪器结构高精度数值模拟技术，打造自主知识产权的测井模拟平台，支持多用户、多任务的并行计算，为新方法、新技术、新装备的研发提供了计算环境，有力支撑了测井方法研究、仪器研制、现场应用的各个环节。

2. 复杂环境成像数据高保真校正技术

为提高测井装备及时有效地适应非常规油气勘探开发对高质量测井数据处理的需求，立足于提升CPLog测井装备质量和测井效率发展的理念，提出了复杂环境成像数据高保真校正技术。该技术针对测井数据环境影响，校正还原真实地层测量响应问题，创新感应测井环境校正技术、侧向阵列侧向测井环境校正技术、微电阻率扫描成像处理技术，为储层参数准确计算和综合解释提供基础。

为了适应现场恶劣井眼环境，开发出复杂环境成像数据高保真校正软件，包括感应测井环境校正、侧向测井环境校正和微电阻率扫描成像处理等模块。感应测井数据处理模块，包括倾角影响校正、大斜度井和水平井等复杂环境校正处理功能。开发出适应阵列侧向测井的数据处理和测井响应分析模块，包括基于趋势面拟合的复杂井眼校正技术、有约束迭代反演技术等。开发出适应微电阻率扫描成像速度校正技术，针对仪器遇卡遇阻严重，导致图像出现扭曲变形，研发了加速度校正算法，消除图像扭曲。针对井眼出现渗透垮塌、仪器偏心等因素导致井径出现变化，采用椭圆重映射技术，采用查表法计算椭圆弧长，从而准确计算各极板在井周的分布位置，提高了CPLog测井装备采集数据质量。

创新感应测井自适应井眼校正技术以消除复杂井眼环境影响，分辨率匹配技术均衡径向探测深度与纵向分辨率矛盾，利用阵列电阻率曲线反演从侵入带到原状地层电阻率，实现径向电阻率成像；针对基于阵列侧向视电阻率曲线通过反演算法计算储层真实电阻率方法中，构建的3参数或5参数台阶状径向模型与实际地层侵入渐变特征不符的现状，创新提出了一种渐变地层模型及地层径向电阻率连续方法，可以得到地层径向任意位置的电阻率；创新基于图像纹理特征的高精细沉积倾角自动提取方法，实现毫米级别层理精细自动提取，提高了微电阻率扫描成像处理质量。

该技术的研究成果完善了阵列感应、三维感应、阵列侧向、微电阻率扫描成像等仪器的环境校正处理软件，实现了准确测量地层参数。

3. 多尺度数据处理与成像方法

多尺度声波处理方法指联合井壁斯通利波反射处理、近井滑行纵波径向速度成像和井旁纵横波反射处理，建立从井壁到井旁几十米范围内的声波测井地层信息提取和构造成像处理技术，实现了缝洞等复杂储层径向多尺度评价。

声波多尺度数据处理方法与软件包括斯通利波裂缝分析、纵横波径向速度成像、纵波反射和偶极横波反射成像处理模块。斯通利波反射模块包括基于波场分离的直达波和上、下行反射斯通利波处理技术。纵横波径向速度成像处理模块包括基于近、远单极波形组合和基于变时间慢度相似相关法（STC）的纵横波径向速度成像处理技术。纵波反射处理模块包括基于纵波直达波与反射波的分离、上、下行反射分离和偏移成像处理技术。偶极横波反射成像处理模块包括方位合成、直达弯曲波和反射横波分离、上下行反射横波分离、偏移成像和构造产状分析技术。

通过多方位阵列反射波到时总和差异确定裂缝、断层等构造走向方位，实现构造定量评价。综合斯通利波反射、纵波径向速度成像和纵横波反射形成了由井壁到井旁几十米范围内的多尺度储层及构造处理分析技术。该技术填补了石油测井与地震探测尺度之间的空白，在华北深层潜山油气发现起到关键作用，打破了廊固凹陷超深地层多年勘探空白；在塔里木油田应用该技术对碳酸盐岩和深层碎屑岩地层井旁隐蔽缝洞、断层构造进行分析，救活了一批报废井。在土库曼斯坦及国内塔里木、西南、华北、新疆等油气田推广应用。

十、测井大数据技术与应用

测井数据是集团上游业务的核心数据资产，具有类型多样、专业性强、数据操作复杂等特点，其使用贯穿油气田勘探开发全生命周期，是认识和评价油气藏的关键基础资料。测井大数据技术是测井数据资源管理与服务的一项综合解决方案，包括基础云平台环境、测井数据库系统（包含七大子库）及一套大数据基础平台，在大数据存储及安全保障、多场点数据采集传输、网络化协同等方面具备创新性，为仪器设计、数据采集、处理解释、综合应用及数据挖掘提供数据服务，如图4-3-7所示。

图4-3-7　测井大数据基础平台

1. 测井大数据高效存储访问及安全保障技术

该技术能够将测井数据存储能力提升到百 TB 级，"亿条级"数据检索效率提升到秒级，并保障数据的高可靠存储，主要包括总分式架构存储、区块级联映射、高安全备份等技术。通过采用总分式架构及井唯一身份识别技术，解决网络、地域限制导致的异构网络环境传输、用户个性化需求难满足等问题，攻克数据异地同步难题，为异地高效存储访问、数据安全提供保障。该技术保障了 16 个油气田超过 50 万井次数据安全存储，超过亿条曲线数据的高效应用。在油藏区块综合评价、风险（重点）探井的测井跟踪解释中提供数据服务，在海外测井解释评价业务中提供数据支撑。

2. 多场点数据采集及加密传输技术

该技术通过采用 WITSML 协议、ICE 等中间件技术，将各地区子系统的数据进行采集及自动推送，打通了测井现场、解释中心、决策中心及数据中心的数据通道，解决现场采集、数据处理解释、决策支持等多种应用场景之间的数据传输、共享与监控问题。在复杂网络环境下井场数据传输方面实现创新。在数据监控方面，通过子码流、降频等技术，基于标准 RTSP 协议，实现低带宽网络环境下井场施工状态、测井数据及音视频监控的高稳定和连续性。在数据传输方面，采用多服务分布式架构，实现井场成像大数据的高效传输。该技术支撑随钻地质工程一体化、电缆远程测井，在长庆油田、西南油气田等规模应用，实现 7×24h 远程实时传输与监控，现场值守人员数量减少 30%，提供了实时地质导向分析决策、实时工程状况分析与仪器维保预警服务，导向决策时效提升50% 以上，对水平井地质导向、远程测井作业等业务提供重要技术支撑。

3. 网络化协同应用技术

该项技术通过对测井资料的接收、预处理、处理、成果审核、成果提交、成果自动统计等全流程进行协同支持，实现测井数据自动流转、任务动态调度、成果快速提交，改变了原有人工分配任务的管理流程，建立协同处理解释新流程。通过多任务自定义及动态调度技术，采用任务自定义配置方式，按照工作流需求定制更为详细的任务流程，结合人员角色分工，采用调度优化技术，实现任务的自动分配、数据的自动流转。该技术在处理解释业务中规模应用，数据流转时效提升 50% 以上，单井次平均节约 3h，处理时效提高 20% 以上，在节省人力的同时大幅降低数据手工操作的差错率，改变了以往的处理解释工作及管理模式。

通过测井大数据应用技术，形成统一的测井数据服务能力，为集团公司提供专业的测井数据湖资源，服务油气勘探开发；为物探、钻井、录井等工程服务板块业务提供多尺度综合信息，进一步提升工程技术整体服务能力；为油气田公司开展区域老井复查研究、挖潜增效提供大数据支持，激活高效油藏。将推动测井与其他专业的深度融合、跨领域综合研究，助力测井数字化转型、智能化发展。

十一、知识产权成果

"十一五"至"十三五"期间，共计申报并授权专利 433 项，登记软件著作权 113 项，制定、修订行业／企业标准 100 余项，发表论文 400 余篇，出版专著 6 部，获省部级及以上奖励 40 多项。其中，"阵列侧向成像测井仪"等两项成果获国家战略性创新产品和重点新产品称号；"多极子阵列声波测井仪"等 20 项成果获中国石油集团公司自主创新产品称号。"地层元素测井仪""随钻电阻率成像测井仪""三维感应成像测井仪""一体化网络测井处理解释软件平台"等 10 项成果获中国石油集团公司十大科技进展。"大型复杂储层高精度测井处理解释系统 CIFLog 及其工业化应用"获国家科技进步二等奖；"全新一代高端测井处理解释 CIFLog2.0 及规模化应用"获 2018 年度中国石油集团公司科学技术进步特等奖；核磁共振测井仪获中国石油"十二五"十大工程技术利器、中国石油集团公司自主创新重要产品。

第四节　深井钻录、测试技术与装备

一、深井钻录、测试技术与装备的背景、现状与挑战

高效开发深层、超深层油气资源是实现中国能源接替战略的重大需求，也是当前和未来油气勘探开发的重点和热点。"十一五"至"十三五"，依托国家科技重大专项项目持续攻关研究，中国深井、超深井钻完井技术发展迅速，2019 年钻成井深为 8882m 的亚洲最深井——轮探一井，形成了陆上 8000m 油气井的钻完井技术体系，7000m 钻完井技术体系成熟配套，有力支撑了深层超深层油气勘探开发。

油气资源深埋于地下数千米乃至近万米。在不同埋藏深度条件下，地层岩体的温度、压力、岩性及组分、孔隙流体及特性等不同。一般来说，埋藏深度越大，地质条件越恶劣，钻完井技术面临的挑战越高。按油气藏的埋藏深度即钻井垂深划分为几个层次，能大致地反映和衡量钻完井技术难度。中国的国家标准是：4500m≤垂深<6000m 为深井，6000m≤垂深<9000m 为超深井，垂深≥9000m 为特深井。这与国际通行标准基本一致，只因单位制及数据换算而略有差异。就深井、超深井而言，主要的评价指标是垂深；对于水平井、大位移井等复杂结构井，除垂深外还要考虑水垂比（水平位移与垂深之比）指标，当水平位移较大时水垂比往往更为重要。此外，分支井还需要考虑完井级别等指标。总之，这些指标主要是用于衡量钻完井技术难度，不同情况使用的评价指标及数量不同。

在全球范围内，深层油气发现及产量不断增加。全球发现埋深为 4500～6000m 的油气藏有 1290 个，埋深为 6000m 以深的有 187 个，其中 6500m 以深的有 55 个。中国深层油气资源丰富、潜力大。据统计，中国深层超深层油气资源达 $671×10^8$t 油当量，占油气资源总量的 34%，有 39% 的剩余石油和 57% 的剩余天然气资源分布在深层（赵文智等，2001）。截至 2018 年底，中国累计发现深层油田 21 个，探明地质储量为 $40.66×10^8$t，年产油为 $5.66×10^8$t，占总产量的 8%；累计发现深层气田 14 个，探明地质储量为

$46500×10^8m^3$，年产气为 $4351×10^8m^3$，占总产量的 21%。加快深层、超深层油气勘探开发，已成为中国油气接替战略的重大需求（贾承造，2014）。

深井、超深井面临更为复杂的超高温超高压、坚硬难钻地层、多压力体系及酸性流体等地质条件，安全高效钻完井更具挑战性。深井、超深井钻完井安全风险高、周期长等问题仍然存在，深层、超深层油气增储上产、降本增效任务依然严峻。因此，必须持续创新深井、超深井钻完井技术，加速技术迭代，不断打造工程技术利器，才能发挥好工程技术的支撑和保障作用。

1. 总体现状

中国深井和超深井钻井开始于 20 世纪 60 年代和 70 年代，到 90 年代末实现了规模化增储上产。1966 年，在大庆油田钻成中国第 1 口深井——松基 6 井，井深为 4719m。1976 年，在西南油气田钻成中国第 1 口超深井——女基井，井深为 6011m。1978 年，在川西北中坝构造钻成第 1 口超过 7000m 的超深井——关基井，井深为 7175m。自 2000 年以来，深井、超深井钻完井技术快速发展，不断刷新井深纪录。2006 年，钻成塔深 1 井，井深 8408m。2016 年，钻成马深 1 井，井深为 8418m。2017 年，钻成顺北评 2H 井，井深 8433m。2019 年，钻成顺北鹰 1 井，井深为 8588m。2019 年，钻成亚洲最深井——轮探 1 井，井深达 8882m。

中国陆上深井尤其是超深井主要分布在塔里木盆地和四川盆地，由中国石油和中国石化主导油气勘探开发业务。从深井、超深井钻井指标上看，中国石油深井的平均井深为 5540m 左右，超深井的平均井深为 6748m；平均钻井周期逐年缩短，深井已不足 105天，超深井为 125 天左右；平均机械钻速逐年提高，2019 年深井达到 5.66m/h，超深井达到 4.64m/h。截至 2019 年底，中国石化已完钻 7000m 以上的有 272 口井、8000m 以上的有 33 口井，中国石油已完钻 7000m 以上的有 427 口井、8000m 以上的有 8 口井。截至 2021 年 6 月底，中国石油已完钻 8000m 以上的有 27 口井、正钻 8000m 以上的井有近 30口。深井、超深井的钻井周期显著缩短，平均机械钻速较 2018 年提高 1 倍左右。

2. 面临的挑战

中国陆上深井、超深井地质条件复杂，钻井安全风险大、周期长。尤其是塔里木盆地和四川盆地，超高温超高压、多压力体系、地层坚硬、可钻性差、富含酸性流体等问题共存，面临一系列世界级的深井、超深井钻完井技术难题，其中，安全优质高效钻井最具挑战性（苏义脑等，2020）。

（1）地质条件复杂，钻井时效低，安全风险大。塔里木盆地地层古老，存在山前高陡构造（地层倾角高达 87°）、断裂破碎带，发育复合盐膏层（厚达 4500m）、巨厚泥页岩、煤层、异常高压盐水层、缝洞型高压油气层等。四川盆地陆相地层胶结致密，须家河组高压、自流井地层易漏，海相地层发育高压盐水层，地层压力高（压力系数高达 2.4以上）。单井复杂故障及处理时间高达 470 天，甚至有些井未能钻达地质目标。

（2）钻井目标地层普遍存在超高温、超高压，导致钻井仪器及工具、钻井液及材料等面临严峻挑战。大庆徐家围子地区古龙 1 井井底温度高达 253℃、地温梯度高达 4.1℃/

（100m）；顺托1井钻遇地层压力达170MPa。超高温超高压带来的主要问题有：套管及水泥环封隔地层失效，致使环空带压；钻完井工具及井下仪器等对耐温耐压能力要求高，故障率显著上升，有些地区井下仪器的故障率曾高达60%；钻井液处理剂及材料易失效，流变性和沉降稳定性调控、井壁稳定、防漏堵漏等难度大；水泥浆控制失水、调控浆稠化时间等困难，增大了固井施工难度及风险。

（3）地层压力体系多，钻井液密度窗口窄，井身结构设计和安全钻井难度大。深部地层存在多套压力系统，易漏失层、破碎带、易垮塌、异常高压等地质条件复杂，必封点多，井身结构设计难度大；缝洞型储层溢漏共存，溢漏规律尚待认识，油气侵及溢流发生快且早期特征不明显，安全钻井风险高。

（4）地层坚硬可钻性差，机械钻速低，钻井周期长。元坝地区上部陆相地层、西北地区麦盖提等，地层硬度多为2000～5000MPa，可钻性级值为6～10级，有些地层的平均机械钻速只有约1m/h。二叠系火成岩地层漏失严重、志留系泥岩井眼易坍塌等，导致岩屑上返困难，蹩跳钻、阻卡等现象严重。塔里木博孜砾石层巨厚（达5500m），砾石含量高、粒径大（10～80mm，最大为340mm），岩石抗压强度高（目的层为180～240MPa）、研磨性强（石英含量为40%～60%），致使常规PDC钻头进尺少、寿命短，牙轮钻头机械钻速低、蹩跳钻严重。

（5）地层富含酸性流体，对固完井及井筒完整性等要求高。深部碳酸盐岩地层富含硫化氢、二氧化碳等高酸性流体，四川元坝地区储层硫化氢含量为3.71%～6.87%、二氧化碳含量为3.33%～15.51%。高酸性环境对套管及固井工具性能、水泥环长期密封性、井筒完整性等都提出了更高要求。

3. 深井超深井钻井技术发展方向

目前全球有80多个国家具备钻深井的能力，有30多个国家能钻超深井，表明深层、超深层已成为全球油气资源勘探开发的重大需求，深井、超深井钻完井技术已成熟配套。国际先进水平的深井、超深井钻完井技术早已突破12000m垂深，钻机等主要装备具备15000m钻深能力，正在向自动化、智能化方向发展。

中国的深井、超深井钻完井技术取得了突破性进展，总体达到了国际先进水平，但是与国际领先水平的钻完井水平相比还有一定差距，当前主要面临两大任务：一是围绕深层、超深层油气勘探开发需求，以"降本保质增效"为目标，从"安全提速"入手，不断打造工程技术利器，加速技术迭代和装备配套，降低复杂时效，缩短工程周期，支撑油气勘探开发的重大发现和突破；二是围绕特深井和深地研发计划，强化安全高效钻完井基础研究和重大技术攻关，将油气勘查技术能力提升到10000m及以上，支撑特深井和深地资源规模化勘探与效益化开发。深井、超深井钻完井技术正在向更深、更快、更经济、更清洁、更安全、更智能的方向发展。

1）主要攻关方向

（1）研制钻深12000m以上的钻机、高强度钻杆及配套装备，提升钻完井作业能力。

（2）强化地球物理、测井、录井、压裂、测试与钻井工程得多学科多专业融合，进一步准确预检测地层岩体的断层、地应力、缝洞展布、岩性及组分、地层压力系统等地质环境要素，优化钻完井工程设计，保障作业安全。

（3）发展高效破岩长寿命钻头及工具、耐高温随钻测量仪器、垂直钻井工具、固完井工具等井下工具及仪器，提高机械钻速和井身质量，缩短钻井周期。

（4）提高钻井液、水泥浆、压裂液等耐高温能力，提升综合性能调控技术，满足超高温超高压、复杂地层等需求。

（5）发展超深水平井、分支井、鱼骨井等钻完井技术，提高储层钻遇率、单井产量和最终采收率。

（6）打造地面作业、井下测控等一体化平台，提高钻完井作业效率，防控作业风险。

（7）加快智能钻完井、仿生井等技术研发，支撑油气井高产和稳产。

2）主要部署建议

（1）做好顶层设计，科学制定发展战略和规划。围绕国家油气发展战略，立足钻完井技术现状，对标国际先进水平，明确发展目标和方向。基于顶层设计制定发展战略和规划，按国家和企业分层次实施，形成产、学、研、用一体化研发体系。重点支持基础前瞻研究和关键共性技术攻关，并侧重成果转化及推广应用，解决生产技术难题的个性化工艺及装备配套等。

（2）强化基础前瞻研究，着力解决钻完井关键科学问题。交叉融合力学、化学、机械、电子、材料、控制等相关学科的理论和方法，持续研究机理、机制、规律、特征等基础问题，解决钻完井关键科学问题，夯实钻完井技术基础；追踪钻完井技术发展方向和国际同行先进技术，关注人工智能与钻完井的融合，加速推进前瞻技术研究，早日实现从"跟跑"到"领跑"的历史跨越，引领行业发展。

（3）聚焦关键共性技术攻关，全力打造钻完井核心技术。围绕深层超深层油气勘探开发重大需求和深井、超深井钻完井技术瓶颈，集中优势科研力量，聚焦攻关万米深井自动化钻机、旋转导向钻井系统、200℃随钻测量仪器、260℃井下工具及钻井液、水泥浆等关键共性技术，发展完善深井超深井钻完井技术，突破特深井和深地钻完井技术瓶颈。

（4）推广应用新技术及装备配套，提升勘探开发保障力。加快井震融合钻井技术、井下自动化安全监控等新技术现场试验，推广应用高效钻头及提速工具、175℃/185℃随钻测量及地质导向钻井系统、防漏堵漏及井筒强化、高温高密度钻井液及泡沫水泥浆、测试资料解释及产能评价等成熟技术，配套升级深井高效钻机、精细控压钻井等钻完井装备及工具，不断打造工程技术利器，解决支撑油气勘探开发的钻完井技术难题，以"降本保质增效"为目标持续提升保障力。

二、新型超深井钻机与配套装备

1. 国际首台9000m、8000m四单根立柱超深井钻机

1）9000m四单根立柱钻机

建立了四单根立柱三维空间移运轨迹分析计算模型，揭示出四单根立柱轴向、径向、周向运动机理，发明四单根立柱施工工艺方法和特殊的钻机结构，突破了钻井管柱稳定

作业长度极限（38m），保障了井架有限空间内弹性薄壁长管柱安全移运。创建了超高井架及底座起升下放、大荷载施工动态响应模型，形成液压高支架辅助钻机起升下放施工方法，解决了国际最高 K 型井架（74.5m）细长重荷结构件安全作业难题。四单根立柱钻机可显著降低超深井钻井下钻频次、减少钻井泵的停泵时间，减少钻具在井下的静止时间和停止循环时间，从而减少井下复杂事故；延长了连续钻进时间，可提高快速钻过盐膏层和缩径井段的概率，降低复杂地层钻井事故多发风险；节省起下钻时间，缩短钻井周期，降低钻井综合成本，提高综合经济效益。在塔里木油田超深井应用，四单根立柱施工井段提速超过 20%，复杂事故时效降低 75%。

2）8000m 四单根立柱钻机

突破了小钻具四单根立柱的移运及靠放技术，形成小钻具四单根立柱的移运及靠放解决方案和四单根立柱钻机管柱自动化处理方案，实现二层台、管柱堆场无人值守。钻机配备全套四单根一立柱管柱自动化系统、大功率直驱绞车、新型倾斜立柱式双升底座等新型设备（图 4-4-1），实现了大、小钻具四单根立柱自动化作业，双司钻安全、高效操控，可适用于戈壁、山地、平原及海洋等多地形地区进行钻井作业。达到名义钻深（127mm 钻杆）为 8000m，最大钩载为 5850kN，平均起下钻速度为 608m/h。2020 年

图 4-4-1　8000m 四单根立柱钻机

在塔里木博孜 11 井开钻，安全钻井 7510m，完井周期为 267.55 天，比设计的 350 天减少 82.45 天；起下钻最快速度为 630m/h，平均为 608m/h，同比常规三单根立柱施工提高 23.8%。作业人员远离高危区域，降低了作业风险；井口作业可实现自动化控制操作，基本无人工直接操作，减轻了人员劳动强度；可减少生产班组人员在露天环境作业时间，改善操作人员作业环境；可在恶劣天气施工，确保施工进度；管柱自动操作系统作业可减员 2 人。

2. 新型 8000m 钻机

8000m 超深井钻机应用了 BOMCO 多项自主创新技术，采用了 5850kN 钩载的天车、游车，配套了大功率绞车、钻井泵等新产品，井架有效高度为 48m。其结构紧凑、重量较轻、操作安全。相对 ZJ70/4500 钻机而言，ZJ80/5850 钻机钩载增加了 1350kN，在保证提升能力的前提下，既不能使绞车结构外形尺寸增加过大，又不能使绞车的输入功率增加太多，将天车主滑轮由 6 个增加到 7 个，提升系统最大绳系由 7×6 增加到 8×7。尽管载荷增加了 30%，快绳的拉力只增加了 11.5%，绞车输入功率的增加量明显减少。钻机配套的 2200HP 或 1600HP 高压钻井泵（F-2200HL 或 F-1600HL）使整个钻井过程实现了大排量、高泵压钻进，提速效果明显。

其技术先进性主要表现在以下方面：采用 5in 钻杆钻深 8000m，钻机提升钻柱能力强。采用了最大承载能力为 5850kN 的井架和底座，JC80DB 绞车和 JC80D 绞车，ZP375Z 加强型转盘，新型 5850kN 的天车和游车等，压实股钻井钢丝绳首次应用于深井大吨位钻机。新型 8000m 钻机解决了 7000m 钻机大套管深下时承载能力不足、9000m 钻机成本过高的难题，减少了起下钻次数，实现了大套管深下一次性封堵盐层和施工的提速增效。相比 9000m 钻机节省成本 20%，节省综合日费 27%。

3. 顶驱钻井装置与顶驱下套管装置

顶驱钻井装置共研发了 7 大类 12 种型号，可为 3000～12000m 陆地、海洋、车载等钻机提供顶驱及个性化设计特殊用途顶驱，形成了大扭矩技术、主轴旋转定位控制技术、导向钻井滑动控制技术、转速扭矩智能控制（软扭矩）技术、智能钻机连锁控制接口技术等特色技术。为适应非常规油气长水平井强化参数钻井提速的需求，研制出耐高压大扭矩专用顶驱。

顶驱下套管装置是一种基于顶部驱动钻井系统，集机械、液压于一体的新型下套管装置，可代替套管钳等下套管设备（图 4-4-2）。不仅可实现套管柱的自动化连接，而且还可以实现旋转套管作业，大大减少下套管遇卡、遇阻等潜在的安全危害，极大地提高了下套管作业的质量、效率及成功率，降低钻井综合成本，同时还减少了下套管需要的人员，具有安全、高效等特点。顶驱下套管装置可在下套管作业的同时循环钻井液，以减少或避免复杂事故的发生，成为水平井、复杂井、超深井下套管的利器，可以覆盖全系列套管。BPM 顶驱钻井装置与顶驱下套管装置实现了在国内外商业推广应用。

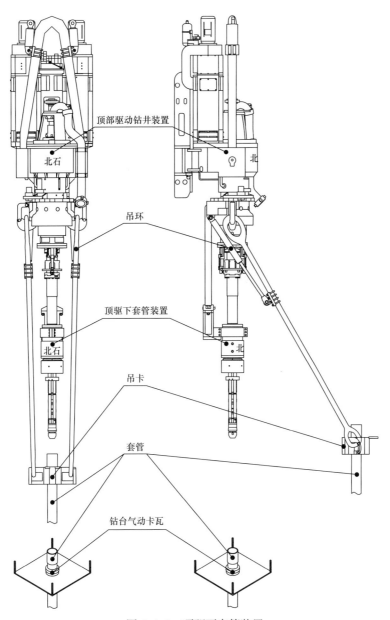

图 4-4-2　顶驱下套管装置

顶部驱动钻井装置

吊环

顶驱下套管装置

吊卡

套管

钻台气动卡瓦

三、精细控压钻井技术与装备

针对窄压力窗口、高压盐水侵等复杂地层钻井的难题，研制了 PCDS-Ⅰ、PCDS-Ⅱ、PCDS-S 系列精细控压钻井装备，集恒定井底压力控制与微流量控制于一体，压力控制精度为 0.2MPa，有效解决了窄压力窗口导致的井下"溢漏同存"等技术难题（周英操等，2018）。取得了以下创新点：

（1）发明了控压钻井工况模拟装置及系统评价方法，建立控压钻井实验室。

该装置可完成溢漏同存模拟钻井等 10 类测试，实现多种实验参数的自动模拟、采集、处理和控制，属国内外首创，进而建立全尺寸全参数物理模拟、测试与评价的控压钻井实验室装置（图4-4-3），为精细控压钻井技术与装备研发、保证产品质量、安全生产和规模应用提供了重要保障。

图 4-4-3　控压钻井实验室

（2）自主研发了国内首套精细控压钻井大型成套工艺装备。

具有微流量和井底恒压双目标控制功能，可实现自适应、快速响应、精确控制。有别于国际公司的单一控制功能，适用性更广，控制精度更高，实现了9种工况/4种控制模式/13种应急转换的精细控制。装备包括自动节流、回压补偿、监测及自动控制、实时水力计算及控制软件等系统，井底压力控制精度为0.2MPa，井底压力控制精度优于国际同类技术，形成规范和行业标准，全面替代国外产品（图4-4-4）。

（3）创新建立了集钻井、录井、测井于一体的控压钻井方法。

针对碳酸盐岩地层缝洞发育导致压力分析、实时控制等难题，独创了融合井筒压力、流量双目标监测、控制钻井技术，有效解决碳酸盐岩水平井段压力控制难题，实现了穿越深部碳酸盐岩水平井多套缝洞组合，水平段延伸能力增加210%，显著提高了单井产能。实现了作业现场多种数据采集、处理与实时控制；深井井下复杂预警时间较常规钻井提前10分钟以上，为安全控制赢得时间。

（4）发明了压力流量双目标融合欠平衡精细控压钻井方法。

首次突破国际上控压钻井采用微过平衡的作业理念，率先开展欠平衡控压钻井应用，同时解决储层发现与保护、提速增效及防止窄窗口井筒复杂的世界难题，为国际首创。针对欠平衡进气、重力置换进气等多种溢流现象难于分析的瓶颈问题，创新形成欠平衡溢流与重力置换溢流判别、控制方法，攻克了这两种典型溢流的理论分析难点，建立了边界条件，保证了钻井安全。

形成窄压力窗口精细控压钻井技术、缝洞型碳酸盐岩水平井精细控压钻井技术、低渗特低渗欠平衡精细控压钻井技术、高压盐水层精细控压钻井技术、海洋平台精细控压钻井等优势特色技术。其中，"蹭头皮"裂缝溶洞型碳酸盐岩水平井精细控压钻井技术，避免了压力波动压漏储层，集成工程地质一体化技术，精细雕刻油藏形态，采取 30～50m "蹭头皮"策略，水平穿越大型缝洞储集体；适时进行随钻动态监测，及时调整井眼轨迹，避免直接进洞，始终保持"蹭头皮"作业；待完井时进行大型酸化压裂，有效沟通油气通道。在中国石油、中国石化、中国海油等国内外 15 个油气田现场应用 300 余口井，有效解决了"溢漏同存"等钻井难题，经济与社会效益显著。在塔里木碳酸盐岩地层 TZ721-8H 井上创造最长水平段为 1561m、日进尺为 150m 的纪录。在印度尼西亚 JABANG 区块 Basement 基岩层采用欠平衡精细控压钻井技术，油气发现取得重大突破。在克深 9-2 井、克深 21 井（井底为 190MPa/170℃，安全窗口小于 0.01g/cm^3）实现实时流量监控和压力控制，有效解决了高压盐水层安全钻井难题。在新疆南缘高探 1 井成功应用，有效解决了复杂压力窄窗口钻井难题，保障了钻井安全高效。在中国海油海洋平台上应用，解决了窄压力窗口溢漏复杂问题，提速效果显著。与国际著名公司同台竞技、同台竞标中胜出，展示出较强的技术实力及国际竞争力。

自动节流控制系统

回压补偿系统

精细控压钻井控制中心

图 4-4-4　精细控压钻井成套装置

四、基于钻井地质环境因素的优化钻井技术与钻井工程设计及工艺软件

1. 钻井地质环境因素描述与优化钻井技术

1）钻井地质环境因素描述技术

通过长期系统研究，揭示了优化钻井关键作用机制与原理，发展了复杂地层钻井地质环境因素描述理论和方法，解决了传统描述方法不系统、不连续、计算精度低、描述周期长等问题。发明了基于流体声速、成因贡献和压差响应的高精度碳酸盐岩孔隙压力预测、监测、检测技术体系；提出了岩石力学参数动态变化规律表征、岩石可钻性连续刻画求取和研磨性评价方法，提出了基于测井资料的钻井模型基础数据求取方法；形成了低场核磁共振地层流体实时识别方法及钻井地质灾害量化预测技术，精度为 90% 以上，实现了由传统试验描述到综合描述的跨越。

2）基于钻井地质环境因素的优化钻井技术

提出了"临界井径"概念和环空状态表征方法，形成基于地层特性与环空状态的水力参数优化技术；结合新兴数据技术和钻井工程理论，将经典理论与人工智能深度融合，开展了钻速预测与钻井参数优化研究；构建了以成本最低为目标、以安全钻井为约束的钻井技术适应性量化评价技术，使机械钻速提高 20%～40%，复杂时间减少 34%。拓展了优化钻井技术应用的广度与深度。

3）待钻地层基于井震信息融合的随钻描述与钻井动态优化技术

针对传统方法邻井外推到施工井地质环境因素描述误差大及无法超前描述的问题，采用"模型分区"的思路，基于已钻井段的钻测录等多源井筒数据与井周地震数据协同重构，发明了待钻地层地震速度与成像体快速修正方法，创建了钻井地质环境要素随钻描述方法，形成钻头前方井下风险防控与动态优化钻井技术。该成果使得预测精度提高到 93%，数据更新速度提高 16 倍以上，提升了现场决策效率。实现了由邻井或已钻地层综合描述到待钻地层超前动态预测的跨域。

4）钻井地质环境因素描述与优化钻井技术体系

钻井地质环境因素描述技术实现了由静态到动态、由钻后分析到实时超前预测的重大突破；优化钻井技术实现了由传统方法到地质—工程深度融合、由静态设计到动态优化的重大跨越。研究成果在国内外深井、超深井、高酸性油气田及常规油气、海洋油气等领域规模应用 3210 口井，支撑了顺北鹰 1 井等一批重点超深井钻井施工，钻井周期平均缩短 32%，工程成本降低 21%。

2. 钻井工程设计及工艺软件

1）钻井工程数据库

创新设计组合插件式平台架构体系，开发了国内最完善的一体化钻井工程数据库，将钻井工程设计和钻井作业施工数据集成到统一平台，解决了钻井工程数据表征不统一、已有数据库相互独立不兼容和数据重复录入等难题。

2）超深井钻井设计和工艺软件系统

建立高温高压深井摩阻压降计算等新模型，研发了超深井钻井设计和工艺软件系统，满足复杂地质与工况下深井钻井设计与分析需求，实现设计、施工一体化，钻井风险预警与决策实时化，提升了深井钻井设计与施工科学性，降低了超深井钻井作业风险。完成深井、超深井钻井工程设计与分析系统 V3.0 与 V3.2 版本的开发和发布，完成现场应用 1377 井次（其中深井为 220 井次）。在塔里木油田、西部钻探、青海油田等单位应用部署钻井工程一体化软件 57 套。

3）钻井工程一体化软件平台

突破了自动化持续集成、多数据库支持等技术难题，升级了一体化软件平台，开发了地质工程一体化三维可视化模块，研发钻井工程设计集成软件 AnydrillTM V3.0，在统一的数据库平台下运行，能够完成直井、定向井、水平井等井型钻井工程设计；在井眼轨迹设计、井身结构设计、水力参数计算等常规钻井设计方面，钻井工程设计集成系统具有与国际先进软件相同的功能，现场测试应用 1600 余井次。研发了井下复杂工况早期识别预警、钻井远程实时监测与技术决策系统，包括重点井钻井作业风险远程实时预警、水平井地质导向作业监测、钻井参数监控与动态优化等模块，形成了钻井工程一体化软件，实现了钻井工程设计与分析、"卡钻、井漏、溢流"等钻井风险早期预警等功能，在长城钻探、辽河油田、大港油田等应用数千井次。

五、随钻测量、录井、测试技术与装备

1. 司钻导航仪系统

利用井场录井仪或钻参仪实时数据，通过模型分析井下地层变化、振动情况等，创新形成了钻井参数强化寻优技术，具备井下振动评估、地层压力监测、钻头磨损评价、井筒清洁度监测与评估等功能，优化工艺参数，实时以电子表盘形式显示最优钻压、转速、排量等数据。在四川、玉门、大庆等油田试验应用上百井次，同比机械钻速提高16%～46.8%。2015年1月，钻井节能提速导航仪获得第45届美国E&P工程创新奖。

2. 井下安全监控系统

井下安全监控系统通过井下工具实时测量钻井动态参数，经过井下数据处理后以钻井液无线脉冲的方式将这些参数实时传输到地面，再通过地面数据采集、综合分析软件对这些数据进行实时分析，对井下钻井作业进行风险预测、评估，进而给出风险提示及消减措施，实现井下监测、井上控制，避免风险发生，实现无风险钻井。在进行数据测量、传输的同时，井下安全监控系统具备数据存储功能，待仪器出井后进行井下存储数据的分析及井下工况的进一步判断。该系统形成了多参数归类、模块化对接、单总线通讯的结构设计技术，研制了5-7/8in～6-5/8in井眼用小尺寸工具井下安全监控系统，耐温175℃、耐压150MPa，测传及评价关键参数包括：钻压、转速、扭矩、弯矩、振动、井斜、方位、钻柱内压、环空压力等9参数。在塔里木、青海等油田现场应用，最大下深为5249m，最长工作时间为223h，有效监测了井漏、溢流、涡动等异常与复杂，优化了钻井参数，形成集钻井风险预测、参数优化于一体的智能安全预警系统，有效提高了机械钻速，保障了钻井安全。井下安全监控系统现场试验6井次，试验井区域复杂事故实时诊断准确性提高55%，井下复杂事故时率降低25%。

3. 非化学源随钻中子孔隙度测量系统

非化学源随钻中子孔隙度测量系统采用可控中子发生器源实现在钻井过程中获取地层孔隙度参数，并与其他随钻测量参数一起用于实时地层评价，尤其适用于碳酸盐岩地层的地质导向和随钻地层评价。常规随钻中子孔隙度测量系统采用性能稳定的天然放射源，其井下测量仪器结构及其测控电路系统相对简单，但存在安全和环保巨大风险。该系统选用非化学源，可克服上述不足，但由于中子发生器的中子产额没有化学源稳定，系统模型、测控电路和数据处理相对复杂，标定刻度要求高，产品开发难度大。

创新突破了基于可控中子发生器源随地层孔隙度测量的理论建模和测量方法，突破了中子产额动态监测、热中子高灵敏探测和孔隙度换算高速处理等关键技术，形成随钻多参数测量仪器模块化集成设计方法，研发出与孔隙度参数融合的多参数综合测量仪器，实现在钻井过程中获取地层孔隙度参数。

该系统分别在任平19井、官1503井完成现场试验，取得了良好效果。分析两台仪器采集到的有效数据，表明3道中子计数率变化趋势一致，数据较为稳定，随钻测量曲线能够反映地层孔隙度变化情况。地层孔隙度是用于随钻地层评价和随钻地质导向钻井的重要参数，该系统容易扩展径向尺寸形成系列产品，满足各种井眼尺寸、不同区块水平井钻井的需要，将为中国提供高性价比的非化学源随钻中子孔隙度测量产品，具有广阔的应用前景。

4. 随钻环空压力测量装置

实现了随钻测量井底环空压力、管内压力、温度参数，并实时传输，为井底压力控制和导向作业提供基础数据。井下压力测量工具可单独使用，随钻数据实时测量存储、地面回放，或者随钻上传。在冀东、大港、四川、玉门和塔里木油田应用20多口井，可以为欠平衡钻井和控压钻井作业提供基础数据。现场应用井钻进最长井段为986m、最长连续工作时间为324h。4-3/4in工具在中古301H井试验最大井深为7380m、最高工作温度为148℃、最高工作压力为76.36MPa。

5. 高速信息传输钻杆系统

完成国内首套4500m高速信息钻杆工业样机的研制，有缆钻杆为G级5in规格，传输速率为100kpbs，实测无中继距离为210m。突破搭载压力、温度、拉力、扭矩、倾角、转速、三轴振动等7种传感器的关键技术，实现全井筒、分布式、沿钻柱参数测量。完成吉林油田红168-11-13井、大庆油田杏78-33-2井、杏78-34-1井等5井次现场试验，最大井深为4542m，单井最大工作时间为312h，实现了通信速率为100kbps、大容量数据的高速稳定传输。

6. 175℃地质导向电阻率和伽马成像系统

突破了井下高温下多扇区动态方位精确检测、微型纽扣电极电阻率测量、基于旋转阀组合编解码等关键技术，探索了电阻测量系统的天线系设计方法，建立了电阻率成像系统模型，研制出耐175℃电阻率与伽马成像系统下井样机和高温无线传输系统样机。数据传输速率为3~5bps，传输深度大于6000m，电阻率测量范围为0.2~2100Ω·m，自然伽马测量范围为0~512API，耐温为175℃，耐压为140MPa，方位动态扫描扇区数量为24。完成现场试验3井次，连续工作时间为220h。

7. 150℃随钻地震波测量系统

突破了井下同步精确计时、微弱信号检测采集和测量数据现场自动快速卸载等关键技术，探索了地震波在地层中的传播机理与速度型检波器频响特性，形成了随钻地震波测量的现场配套工艺，研制出耐150℃随钻地震波测量系统样机。震源频率5~1500Hz，激发能量400000J，耐温为150℃，耐压为140MPa，存储容量为8GB，前探距离为800m，地层深度预测精度为±1%。完成石探1井、峰51井、兰37井等8口井现场试验，连续工作时间为220h。获得所钻井段完整垂直地震剖面资料，解决了及时获取地层速度难题，结合地面地震资料准确刻画溶孔溶洞空间位置，具备地质目标钻前探测功能。

8. 深井新型录井装备及综合解释评价系统

自主研制的新型综合录井仪，由现场采集处理、网络平台、基地服务器、基地监控终端等组成。开发了智能实时录井解释评价系统，主要包含岩性地层油气藏录井油气水响应特征、非常规储层录井识别与评价方法、储层流体性质评价方法三部分。其中，岩性地层油气藏录井油气水响应特征主要包括常规地质录井油气水响应特征、气测录井油气水响应特征、定量荧光录井油气水响应特征和地球化学录井油气水响应特征；非常规储层录井识别与评价方法主要包括非常规储层识别和非常规储层的优选，通过综合页岩油气的形成和富集条件的特点及薄层致密油藏的特点，结合录井技术自身的特点，形成了产生高产油气的非常规储层的优选方法；储层流体性质评价方法主要包括气测录井储层流体性质评价方法、气测解释图板、定量荧光录井储层流体性质评价方法、地化录井油气水评价方法和录井解释评价标准等。开发了实时远程钻井、录井工程应用系统，系统分为硬件和软件两部分，硬件主要指远程监控中心，软件分为实时监控、轨迹跟踪、防碰监测、钻具组合、数据曲线、三维展示、预警中心、轨迹预测和工程应用等。

9. 高温高压井测试与酸性气层测试技术及工具

突破了井下环境自适应阻抗匹配技术，研发出井下无线传输装置，实现了井下远距离无线传输，实时采集测试阀以下的温度和压力数据。研制了适合酸性气层的测试阀、封隔器、安全解脱装置、230℃压力计和选层器等系列酸性气层测试工具。形成了200℃套管井 APR 测试管柱、210℃ MFE 选层锚测试管柱和230℃裸眼井测试管柱等7种酸性气层测试工艺，在塔里木、华北、吉林、冀东等油田进行了多井次的地层测试，测试一次成功率为98.3%，解决了深井及酸性气层测试技术难题。库车山前测试工艺成功率达100%，支撑了克拉苏构造带万亿立方米气田群的勘探持续突破，保障了超7000m测试"下得去、坐得住、起得出、测得准"。研制出集除砂除屑、精确控压、精准计量于一体的试油测试成套装备，核心部件国产化率为100%，具备8000m含硫天然气井测试能力，在塔里木、川渝等地区成功应用。

研制了140MPa旋流除砂器、远程控制节流管汇、105MPa/200℃地层测试工具，实现了返排液高压除砂和地面流程远程控制功能，解决"三高"气井试油测试面临的井口超高压、流程冲蚀严重等难题，满足了试油测试需求。在川渝地区磨溪—高石梯、双鱼石、塔里木、库车等现场试验和应用30井次，测试成功率90%以上，具备7000m含硫天然气井测试能力，保证了深井测试作业的高效安全。

六、复杂地质条件下深井钻井液技术

1. 高温高密度高抗盐油基钻井液技术

揭示了超高密度油基钻井液盐水污染流变性突变规律，发明了乳化剂等处理剂，首次形成同时满足抗45%盐水污染、抗温为200℃、实钻密度为2.58g/cm³、压井密度为

2.85g/cm³ 的油基钻井液，突破了高温高压盐水污染引起钻井液失效的重大技术难题。高温高密度高抗盐水侵油基钻井液体系在克深 1101 和克深 21 等井成功应用，成本同比降低 30%。其中，克深 1101 井共侵入 1129.98m³ 高压盐水，油水比最低达到 12 : 88；克深 21 井创库车山前钻井液密度最高（2.58g/cm³）、温度最高（185℃）等纪录，通过 15 次控压排出高压盐水污染油基钻井液达 1700m³，钻井液密度从 2.53g/cm³ 降至 2.46g/cm³ 后成功恢复钻进，电测、下套管和固井作业时间长达 42 天，电测一次成功，下套管顺利。

2. 化学成膜水基钻井液技术

系统开展了不同地层井壁失稳的力学和物理化学影响因素、井壁坍塌机理研究，发现了化学材料对岩层相互作用规律，提出化学材料与井壁地层发生吸附、嵌入及化学反应，形成适用于不同孔隙、微裂缝的致密化学膜，有效防止钻井液中各种组分进入地层，既防止井壁坍塌又保护油气储层的水基钻井液化学成膜理论，发明了兼具磺酸基和胺基官能团的聚合物新材料，攻克了钻井液淹没并高速冲刷条件下在井壁难以形成化学膜的技术难题，该材料与地层黏土矿物迅速反应和强烈吸附形成完全隔离水的化学膜，研发成功化学成膜防塌与保护油气储层的钻井液，为解决深层钻井井壁坍塌和储层损害重大技术难题提供了一种新的有效技术。在新疆等 17 个主力油田应用 5000 余口井，井壁坍塌引起的复杂事故损失时间减少 90%，储层损害率小于 5%，平均单井产量提高 10% 以上，取得了重大成效，国内外已推广使用，成为稳定井壁与保护储层的主体技术（孙金声等，2013）。

3. 耐温 240℃ 高密度水基钻井液技术

揭示了超高温度对钻井液中活性黏土去水化失稳的作用机理，提出了除抗热氧降解外，钻井液处理剂应以保持和增强超高温条件下黏土表面束缚水能力的技术思路。研发了热稳定性达 300℃ 以上的新型高分子聚合物耐高温保护材料 GBH，该新型材料将国内原有耐高温能力最好的磺化钻井液体系的耐温能力（180℃）提高了 60℃，大幅度提高了原有磺化钻井液体系的耐温能力。以耐高温保护材料 GBH 为主剂，配套耐高温降滤失剂 GJL–1、GJL–2、防塌封堵剂 GFD–1 等处理剂，优化形成了耐温为 240℃、密度达 2.5g/cm³ 的超高温高密度水基钻井液，其耐温能力比国外依靠系列耐超高温处理剂组配形成的钻井液技术提高 30℃ 以上、成本仅为国外技术的 30%。耐超高温水基钻井液技术先后在我国大庆、吉林、塔里木，乌兹别克斯坦及哈萨克斯坦等国内外 10 个油田的超高温深井推广应用 200 余口井，取得重大经济技术效益。尤其是通过国际竞标，进入乌兹别克斯坦、哈萨克斯坦等中亚国际市场，实现了从依靠引进国外技术到使用自主研发技术并占领国际市场的重大转变，显著提升了中国深井钻井液技术水平。

4. 堵漏技术及堵漏处理剂

发明了随钻防漏、"一袋化"承压、复合凝胶、交联成膜、高滤失固结、化学固结等堵漏核心处理剂，形成了交联成膜堵漏技术、高滤失固结堵漏技术和化学固结堵漏技术。其中，交联成膜堵漏技术，耐温为 180℃、承压大于 20MPa、抗返排能力大于 4MPa，可解决裂隙性漏失层堵漏和薄弱地层承压难题；高滤失固结堵漏技术，封堵时间小于 30 秒、承压强度大于 10MPa、体积膨胀率为 30%～40%，可解决漏失尺寸不明确的渗滤性漏失和毫米级裂缝堵漏难题；化学固结堵漏技术，耐温达 180℃、强度可达 20MPa、膨胀率为 1% 左右，可解决大裂缝、溶洞漏失层难滞留、地层骨架强度低的难题。在塔里木、西南、西北、青海、冀东等国内外地区成功应用，应用井最高钻井液密度为 2.46g/cm³、抗温为 200℃，提高承压能力为 10MPa 以上，有效解决了孔隙及 10mm 以下裂缝的漏失难题，堵漏时间大幅减少，有效地降低了深井超深井事故复杂时率，缩短了钻井周期。

七、深井高温高压固井技术

1. 耐高温水泥浆体系

针对深井、超深井井底高温高压导致的水泥浆失水量大、稠化时间难以调节、稳定性差等综合性能差的技术难题，开发了适用于高温高压条件下的降失水剂及缓凝剂，克服了水泥浆高温条件下失水量大及稠化时间难以调节的难题，同时优选耐高温的水泥浆稳定剂，提高高温条件下水泥浆的沉降稳定性，保证深井超深井固井施工安全，满足高温高压固井封固要求。攻克耐高温、浆体稳定性差、强度衰退等难题，研发了新型聚合物型耐高温降失水剂和高温缓凝剂。高温降失水剂温度适应性好，从中温至 240℃高温，均具有良好的控制失水能力；高温缓凝剂具有温度适用范围广、较好的分散性能、良好的缓凝效果等特点，在 240℃高温下水泥浆稠化时间可达 300min 以上，24h 水泥石抗压强度达到 21MPa 以上。

针对深井超深井气层压力和温度高、气层活跃、安全密度窗口窄、压稳与防漏矛盾突出的问题，系统开展研究，形成了超高温环境下水泥环强度衰退抑制技术；研制了密度最高达 3.0g/cm³ 的超高密度和 0.8g/cm³ 的超低密度水泥浆体系，有效地解决了超深复杂地层的压稳和防漏难题。

耐高温水泥浆体系可以有效地解决深井超深井面临的高温高压对水泥浆性能要求高的难题，为高温高压深井、超深井固井施工安全提供了技术保障，并且通过深井、超深井安全下套管、提高固井顶替效率、平衡压力固井、耐高温高压配套固井工具等技术集成，形成高温高压深井、超深井固井综合配套技术，为深层、超深层油气资源安全高效开发提供技术支撑。保证了塔里木库车山前、川渝地区、华北杨税务等地区高温高压深井固井质量，其中，克深 21 井胶结测井合格率为 100%，为深层油气勘探开发提供了工程技术保障。

2. 高温大温差固井技术

针对深井长封固段大温差固井水泥顶面超缓凝、层间窜流、固井质量差等技术难题，通过水泥水化机理研究，结合水泥外加剂分子结构设计，开发出适用于长封固段大温差条件固井的水泥浆降失水剂及缓凝剂，攻克水泥外加剂抗高温难题及缓凝剂晶相转化点两侧的吸附难题，设计适合不同温差范围的水泥浆体系，满足长封固段大温差固井封固要求。攻克缓凝剂适用温差范围窄、超缓凝的技术难题，发明适用高温温差大于 100℃的缓凝剂。突破降失水剂耐温耐盐能力差的技术瓶颈，开发了2种耐200℃高温降失水剂。形成3套适用于不同温度段（50～120℃、80～180℃、90～190℃）的大温差水泥浆体系及配套技术，开发了耐温达180℃、沉降稳定性小于0.03g/cm³的高效隔离液体系。大温差水泥浆体系技术的创新点有：

（1）优化设计了聚合物分子结构，在缓凝剂分子链中引入宽温带缓凝控制基团及特殊功能基团，研发了适用温差高于80℃的2种高温大温差缓凝剂DRH–200L与BCR–260L，克服了常规缓凝剂适用温差范围窄、大温差条件下水泥顶面超缓凝的难题。

（2）优化设计了聚合物分子结构，降失水剂分子链中引入了链刚性及强吸附性官能团，研发了耐温达200℃的高温降失水剂，可有效控制水泥浆在高温条件下的API失水量低于100mL。

（3）通过紧密堆积理论优化设计，形成了3套大温差水泥浆体系，解决了高温条件下水泥浆体系稳定性差、抗压强度发展缓慢、胶结质量差的难题，达到国内领先与国际先进的水平。大温差水泥浆体系可以有效解决长封固段大温差条件下水泥顶面超缓凝技术难题，为深井、超深井、长封固段水泥浆一次上返固井提供了新的水泥浆技术，并且通过套管安全下入、大温差水泥浆体系、高效冲洗隔离液体系、提高顶替效率技术、平衡压力固井等先进适用技术的集成，形成大温差固井配套工艺技术，为简化井身结构、节约成本、缩短建井周期、提高固井质量提供了技术保障。在塔里木、西南、长庆、大港、辽河、华北、冀东、吐哈、海外中亚地区等油气田推广应用超过1000口井，固井成功率为100%。水泥浆抗温能力由150℃提高到200℃、适用温差由40℃提高到100℃以上。具备8000m以深高温深井固井和7000m一次上返固井的作业能力。

3. 韧性水泥及固井密封性控制技术

在优选高性能增韧材料的基础上，通过紧密堆积技术，优化水泥浆配方，在保证水泥石高抗压强度的条件下，实现水泥石低弹性模量，提高井筒密封能力。开发了高强度韧性水泥，形成了固井密封完整性控制技术。高性能增韧材料、韧性改造水泥浆体系及水泥环密封改性是保证水泥环密封性能，预防环空带压的关键技术。韧性改造水泥浆体系需要解决水泥石韧性与抗压强度之间的矛盾、与增韧材料及配套外加剂配伍性之间的矛盾问题。为提高水泥浆的浆体性能及水泥石的韧性，设计水泥浆由增韧材料、超细活性材料及配套外加剂组成。增韧材料主要用来提高水泥石的韧性，同时增韧材料和水泥浆具有良好的配伍性，和其他外加剂体系兼容；在水泥浆中加入超细活性材料的目的是提高水泥浆的悬浮稳定性及综合性能，同时提高水泥石抗压强度。在此基础上，根据具体的井况对水泥浆及水泥石的性能进行具体调整，既要满足安全施工的需要，又要满足对环空封隔及长期交变载荷条件下长期安全运行的需要。根据以上原则，实验研究，开发出多种水泥石增韧材料，最高使用温度可达200℃，水泥石弹性模量较常规水泥石降低20%～40%，线性膨胀率为0～2%。韧性膨胀水泥技术总体达到国际先进水平。

胶乳与乳胶粉都能起一定的防窜和增韧的作用，在温度低于120℃时，乳胶粉能保持较好的弹性，并能起一定填充作用；而胶乳在高温下依然能有较出色的性能，故考虑在中低温条件下使用乳胶粉、高温下使用胶乳，提高水泥浆的防窜与增韧性能。弹性材料是利用橡胶颗粒填充降低水泥石的脆性。其"拉筋"作用能很好地阻止裂缝发展，自身具有较好的弹性，材料本身抗高温性能强，可达200℃。增韧材料可改善水泥石韧性，在50～150℃条件下该水泥具有一定的膨胀性；且掺入4.5%增韧剂后，水泥石的抗冲击功能提高16.2%。通过采用聚合物充填并与水泥石基体形成"互穿"结构，同时以复合矿物纤维的"增韧阻裂"作用增强水泥石的抗冲击韧性，提高水泥石的抗拉强度，降低水泥石的弹性模量。适量刚性膨胀增加水泥石在限制条件下的膨胀应力，提高水泥石抗载和化解外力的能力；开发出密度为1.20～2.40g/cm³的韧性防窜水泥浆体系，适用于170℃井底温度以下的油气井，水泥石的弹性模量小于6.0GPa，抗拉强度较原浆提高50%，抗冲击韧性提高30%以上，抗压强度大于18MPa。水泥石的密实性显著提高，气测渗透率达1×10^{-3}mD水平。

根据每口井的具体情况，通过水泥环密封完整性模型，对水泥环进行分析，确定能承受井生产寿命期内钻完井、增产和生产作业时应力变化的水泥石的力学性能（如弹性模量、泊松比等）。川渝高石梯—磨溪地区ϕ177.8mm尾管钻完井期间环空带压率由38.2%降至0；新建储气库井6轮注采后井口无异常带压，强力支撑高压气井安全高效开发和储气库安全注采运行，为复杂天然气井、页岩气井、致密油气井安全高效开发提供了固井技术支撑。

八、库车山前复杂地层安全高效钻井技术

1.苛刻井井身结构优化设计技术

井身结构设计是否合理直接影响到钻井的成败。针对钻井地质环境因素存在不确定性的问题，建立了地层压力可信度表征、钻井工程风险类型识别和风险概率评估等方法，构建了井身结构合理性评价和动态设计准则，形成基于地质环境因素不确定和工程风险评价的井身结构设计和动态调整技术。特别是针对塔里木山前复杂地质环境，在同一裸眼井段往往钻遇多套压力系统和两套及以上盐层等复杂地层，常规ϕ508mm×ϕ339.7mm×ϕ244.5mm×ϕ177.8mm×ϕ127mm（20″×13 3/8″×9 5/8″×7″×5″）结构难以满足7000m以上超深井勘探开发的需要，为此创新提出了苛刻井井身结构优化设计方法，形成并规模推广塔标Ⅱ系列井身结构（图4-4-5），解决了巨厚复合盐层、多套压力系统条件下的井身结构设计难题，形成适合西部山前的复杂超深苛刻井井身结构优化设计技术，满足更深更复杂条件下钻井安全和提产增效需求（石林等，2019）。

2.深井盐膏层与高压盐水层钻井工艺

盐膏层钻井，特别是深井盐膏层和复合盐层钻井，是一个世界级的技术难题。而盐膏层是塔里木油田钻井过程中经常钻遇的地层，从盐层分布看，塔里木油田盐膏层的类型最全，有潟湖沉积的新近系—古近系盐膏层，也有滨海沉积的石炭系和寒武系盐膏层，其中，新近系—古近系复合盐层最复杂、钻井难度最大。

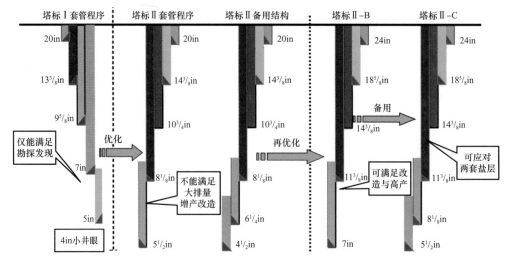

图 4-4-5 塔里木油田典型优化后的井身结构

通过深入分析盐内特殊岩层岩性特征、成因及分布，以及盐膏层在不同条件下蠕变规律、蠕变机理，优化盐膏层地质卡层技术，研发和推广应用盐膏层钻井相适应的钻井液体系，确定合理的钻井液密度。针对最厚为 5600m 的超深复合盐膏层，首次揭示最大压力系数达到 2.59 的超高压盐水侵入机理，形成以放水降压、控压钻井为主体的超高压盐水层安全控制工艺。形成了高压盐水层钻井工艺技术和盐膏层安全钻井工艺技术，实现盐膏层及高压盐水层安全快速高效钻井。

3. 复杂盐下砂岩气藏高效钻井工艺

提出基于重磁电法进行成岩性分析的巨厚砾石层提速方法，研制非平面齿 P 天 C 钻头等新型钻头，博孜地区 6000m 巨厚砾石层钻井工期由 458 天缩短至 231 天，单井节约钻井成本近亿元。形成盐下强研磨目的层提速模板，目的层钻井工期由 52 天缩短至 27 天。在前陆冲断带完成 7000m 以深超深井 43 口，钻井周期缩短 50.1%，事故复杂时效下降 68.6%，钻井成本降低 63.7%，7695m 超深井为 260 天完钻。攻克强研磨极硬地层提速世界级难题，创新形成超深复杂盐下砂岩气藏综合提速技术，支撑克深 9 等新区高效勘探与开发。

4. 盐底中完卡层技术

针对库车山前古近系盐底中完卡层，形成了系列技术，主要采用地层对比、元素录井、盐底标志组合、微钻时变化等技术措施，进行综合分析卡盐底。遇不能准确判断盐底的情况，采用小钻头钻进。基本解决了库车山前盐底中完卡层不准的问题。创新应用 XRF 元素录井法形成盐膏层精细卡层技术，盐顶、盐底最大埋深分别为 7371.0m、7947.5m，盐层卡层成功率由 13.3% 升至 100%，保障了盐层钻井安全作业。

九、钻井提速工具

1. 自动垂直钻井系统系列化产品

自动垂直钻井系统是集机电液一体化的井下闭环系统，在钻井过程中，不受钻压的影响，能够精确控制钻头在垂直方向的轨迹，钻出垂直而平滑的井眼，减少钻井复杂和事故的发生。自动垂直钻井系统由电源分系统、测控分系统、执行分系统3部分组成。电源分系统主要包括钻井液涡轮发电机、整流逆变单元及旋转变压器；测控分系统由电子节构成，包含有测量模块和控制模块；执行分系统主要包括液压模块及护板。通过推靠方式纠斜，在塔里木、新疆、玉门等油田应用，提速防斜效果显著，最深下深为7140m，单次入井工作时间为242.6h，井斜控制在0.5°以内，整体性能达到国际先进水平，在库车山前规模试验应用350井次以上，机械钻速提高3～6倍，成为中国高陡地层提速标配技术。

2. 高效PDC钻头

针对砾岩/砂砾岩、火山岩等难钻地层提速难题，突破深度脱钴工艺、金刚石粉料处理与封装工艺，断裂韧性提高40%，脱钴深度提高40%，国际首创凸脊型非平面齿PDC钻头，研制并定型9类22种型号非平面齿PDC钻头，在塔里木、大庆、川渝等油田难钻地层应用100余井次，机械钻速同比提高20%～250%，单只钻头进尺提高30%～518%。凸脊型非平面齿PDC钻头在博孜8井实现山前巨厚砾石层700m进尺突破，单只钻头砾石层一趟钻最高进尺725m，创造了博孜区块ϕ333.4mm井眼、井深超3000m康村组成岩段含砾地层的单只钻头进尺的最高纪录，比同井段其他钻头进尺提高258%，机械钻速提高27.6%。

开发了兼具PDC齿切削作用和牙轮齿的冲击作用的PDC-牙轮复合钻头、提高地层吃入能力的异形齿PDC钻头、改变破岩方式不增加布齿密度的耐磨混合钻头、适用于强研磨性硬地层的孕镶金刚石钻头、提高地质录井地层岩性识别的微心PDC钻头，产品覆盖ϕ88.9～ϕ914.4mm等各种井眼尺寸。

3. 新型长寿命抗高温大扭矩螺杆

螺杆钻具由等壁厚向等应力发展，依据应力幅值调整橡胶壁厚，应力幅值降低30%以上、提高效率、增大输出扭矩，螺杆扭矩功率较常规产品提升30%，机械效率提升20%，橡胶耐介质性能提升70%，在油基钻井液中平均使用时间为193h。

4. 频率可调脉冲提速工具等辅助破岩工具

主要包括：

（1）液动旋冲工具，通过在钻头施加高频动态轴向冲击力提高破岩能量，已形成4个规格型号的系列产品，成为深层提速关键利器，在大庆、吉林、塔东、塔河、川渝、淮南、中东等地区现场推广应用550余支。

（2）频率可调脉冲提速工具，利用机械装置将连续流动钻井液转换成脉冲射流，脉冲射流经谐振脉冲腔后，脉冲幅值增大，提高对井底的作用力，达到提高破岩效率的目的，射流式冲击器在硬地层机械钻速提高 30% 以上。可形成压力脉冲为 2.5～4.5MPa（外径为 7-3/4in），全金属密封，耐温大于 165℃，使用寿命大于 300h，单只钻头进尺最大为 3756m（YM2-3-6 井），在塔里木台盆区应用 13 井次，机械钻速对比邻井提高22%～56.8%。2013 年频率可调脉冲提速工具入围《世界石油》最佳钻井技术奖，是我国在该奖项中的首次突破。

十、碳酸盐岩、火成岩及酸性气藏高效安全钻井技术

1. 气体钻井技术与装备

形成包括高压增压机、大排量雾化泵、自转式空气锤、气体钻井分离及循环系统、大通径旋转防喷器、高压力级别旋转防喷器等 6 套气体钻井核心装备，国产化率提升至98%，可实现空气钻井、氮气钻井、雾化钻井、泡沫钻井等。在四川磨溪、高石梯推广应用，使 5000m 以深深井钻井周期同比缩短 49.2%；在川渝、塔里木、大庆等地区的出水地层应用，单井平均进尺为 714.57m，提高了 34.61%；单井平均减少漏失 9000m³，减少井漏复杂时间 9.5 天。

2. 含酸性气藏安全优快钻井关键技术

针对高酸性、高压、高产气井钻井风险高、速度慢等难题，开发了气体钻井技术、控压降密度钻井技术、高效破岩工具及配套技术，形成了三高气井安全快速钻井技术体系。通过应用扭力冲击器和直螺杆配合 PDC 钻头的复合钻井技术、延伸气体钻井深度等技术优化，实现了陆相致密砂岩硬地层的有效提速；采用等壁厚直螺杆配合 EM1316 PDC钻头，实现了海相高强度低研磨均质地层直井段有效提速；采用双效防磨技术，减少了套管磨损，保证了管柱密封性能；建立了基于随钻测量的溢流早期监测技术，为井控措施的采取赢得时间，保证井控安全；形成了管材失效机理、管柱强度与防腐性能匹配、与螺纹匹配等管材选用技术，管柱失效率同比降低 30% 以上。元坝 101-1H 井完钻井深为 7971m、垂深为 6946.44m，创元坝工区高含硫超深水平井完钻井深纪录，钻井周期为380 天，较设计周期缩短 54 天、较前期开发评价水平井平均周期缩短 149.92 天。

3. 超深缝洞型海相碳酸盐岩油气藏高效钻井工艺

针对碳酸盐岩储层埋藏深（普遍大于 6800m）、钻井周期长、"串珠"中靶精度要求高、产量衰减快等瓶颈，建立覆盖"钻井、试油、改造、生产"全生命周期关键工况的深井套管设计与强度校核方法，自主研制新型 ϕ200.03mm 套管与 C110 系列防 H_2S 腐蚀套管，非常规井身结构应用比例由 17.2% 提升至 82.8%。形成长裸眼段提速模板，在哈—热—新地区 7000m 以深直井应用，钻井周期缩短 38.2%，成本节约 37.8%。

针对小型缝洞体成层展布特征，集成应用精细控压钻井、井眼轨迹优化设计、"四节点"随钻伽马导向、水力振荡器等技术，形成连接多个缝洞体的超深大延伸水平井钻井

工艺，在塔中地区完成 7000m 以上水平井应用比例由 31.6% 提高至 97.7%，平均井深增加 897m，钻井周期缩短 12.1%，保障超深层碳酸盐岩油气藏经济高效开发。

十一、膨胀管技术与工具

1. 膨胀管新材料

高性能膨胀管管材研发取得重大突破，冲击韧性、屈服强度等指标达到国际先进水平。管材胀后冲击韧性大于 100J。建立膨胀管管材测试评价体系，通过室内工况模拟测试评价，定型 6 种管材。通过高强度和高延伸性能材料研发，研制出膨胀管强度可达 P110 级套管及抗硫化氢膨胀管，延伸率由原来的 27% 提高到 35%。

2. 膨胀管封堵技术

形成了适用于深井复杂地层的膨胀管钻井封堵系统及配套完井技术，可解决井漏、井壁坍塌、泥岩缩径、高压层等复杂井段井壁稳定问题，封堵复杂地层，形成人工井壁，接续了未钻遇地层的完井及老井加深。突破国内深层侧钻井无法下入技术套管进行二开次钻井的技术瓶颈，可对侧钻井进行完井封堵：封堵侧钻井段易漏、垮塌层；完井内径大，满足后续钻完井、增产、采油及修井作业需要；TH12124CH 井施工成功，侧钻点选择在石炭系巴楚组 5607m，下入 ϕ139.7mm 膨胀管固井，膨胀后膨胀管外径为 149mm，内径为 133mm；下入深度为 5557～6041m，封隔卡拉沙依组和巴楚组；二开采用 130mm 钻头钻至完钻井深为 6229.15m（斜深）/5923m（垂深），裸眼完井。在塔河油田应用 3 口井，累计使用膨胀管近 1300m，在塔河油田 TH12124CH 井应用创造了 ϕ140mm 膨胀管连续膨胀长度为 527m、入井深度为 6065m 的国内纪录，对邻近塔北侧钻井具有重要借鉴意义。创造了国内应用管径最大（219mm）、单次作业长度最长（756m）和应用钻井液密度（2.05g/cm³）最高三项新纪录，为复杂井井身拓展提供新的解决方案。2020 年 12 月 7 日，在川渝页岩气长宁区块宁 209H33-3 井实施裸眼封堵，ϕ194mm 膨胀管 2000m 井深创造连续膨胀长度为 756m 的纪录，创年度世界裸眼封堵作业最好成绩。2021 年 3 月 4 日，在宁 209H33-2 井实施裸眼封堵作业 685.81m，验证了膨胀管材料、工具及工艺的安全性和可靠性。2019 年成功进入沙特阿美国家石油公司国际高端市场，签订联合研发应用服务合同。

十二、超深水平井定向钻井技术

针对超深水平井钻井技术难题，攻关形成集工程设计方法、高端随钻仪器和工艺技术优化于一体的超深水平井钻井技术体系。基于地球椭球的真三维定位方法，规避了现行基于地图投影定位方法存在的固有误差、不考虑地球椭球面弯曲等缺陷，可提高靶点定位和井眼轨道设计精度达 20m 以上；考虑各测点的空间位置和测量时刻不同、磁偏角沿井眼轨迹变化等问题，提出了基于地磁场时空变化的实钻轨迹测斜计算方法，可提高超深、大位移、长钻井周期等水平井的实钻轨迹监测精度达 10m 以上；发明了交互式井眼轨道设计方法，不限井段数及井段组合，可任选造斜点、造斜率等作为设计参数，无需拼凑井段和试算，能一步完成剖面设计；针对高陡构造、强各向异性等地层致使方位漂移严重的问题，提出了考虑地层自然造斜影响规律的漂移轨道设计方法，突破了大钻压快速钻进工艺的技术瓶颈，能减少扭方位作业、提高钻井速度、降低钻井成本。研发了耐175℃、耐185℃高温 MWD 仪器，最高耐压达207MPa，已在顺北油气田成功应用13口井。形成了以超深硬地层裸眼侧钻、摩阻扭矩控制和工具面高效调控为核心的超深水平井轨迹控制技术，保障了元坝1-1H井、顺北鹰1井等重点井的顺利完钻。

十三、知识产权成果

"十一五"至"十三五"期间，授权发明专利126件，登记软件著作权57项，获技术秘密22项，发表论文475篇，出版专著7部，制定技术标准与技术规范103项，获省部级及以上奖励14项。其中，"化学固壁与保护油气储层的钻井液技术及工业化应用"于2009年获得国家科技进步二等奖。"超高温钻井流体技术及工业化应用"于2012年国家科技进步二等奖；"精细控压钻井装备与技术"获得国家重点新产品、中国专利优秀奖、中国优秀产品奖，省部级科技进步特等奖，获得中国石油"十二五"十大工程技术利器，于2013年在国家科技重大专项中被列为优秀案例，于2017年至2020年连续4年获得中国石油十大科技进展。

第五节 非常规及低渗透油气钻井技术与装备

一、非常规及低渗透油气钻井技术与装备的背景、现状与挑战

以页岩气、致密油气、煤层气为代表的非常规油气资源储量非常丰富，北美地区页岩油气成功商业化开发掀起的"页岩油气革命"证明了非常规油气资源具有广阔的开发前景，这场革命重塑了全球能源版图，影响了各国能源战略格局。国内自"十一五"以来，经过十余年的发展，非常规油气资源已逐步成为保障国家能源安全的战略接替资源，加快非常规油气资源的开发动用进程有助于缓解我国日益严峻的油气供需形势。

但是非常规油气资源的规模效益开发需要依赖于低成本、高效钻井工程核心技术来支撑。事实上，北美地区的"页岩油气革命"实质是石油天然气工程领域的一场技术革命，对于我国页岩气开发具有重要借鉴和参考价值。但是我国的页岩气储层条件不同于北美，如美国页岩储层埋深通常在1500～3500m、且储层厚度大，而我国页岩气储层埋深普遍大于3500m、且储层厚度较薄，因此不宜完全照搬北美页岩油气开发的工艺技术。在借鉴北美页岩油气资源工程技术革命基础上，依托"十一五"至"十三五"的国家科技重大专项项目，围绕加快钻井速度、降低工程费用、有效开发和利用非常规油气资源，开展了非常规油气资源低成本快速钻井技术、装备、工具等攻关，已解决以下四个方面的难题（路保平等，2019）：

（1）我国非常规油气资源地质条件复杂，水平井趟钻次数多、机械钻速慢。

我国非常规油气资源地质条件复杂，特别是页岩气资源相较于北美地区具有埋藏深、

地质构造复杂的特点。"十二五"期间，长宁—威远页岩气示范区钻井实践表明，水平井钻井垮塌、卡钻现象突出，井下复杂情况多发，严重制约了钻井速度。此外，非常规油气以丛式三维水平井为主，存在横向位移大、摩阻扭矩高的问题，导致滑动定向托压严重。针对上述难题，急需研发适用于非常规油气的钻井关键技术和核心装备、工具来降低井下复杂风险。

（2）非常规油气开发中建井工程成本高，低成本核心工程技术亟待突破。

在页岩气水平井钻井中已形成以旋转导向系统为核心的长水平段钻井技术，但是长期以来旋转导向系统处于"依赖进口、受制于人"的被动局面，不仅引进国外产品成本高而且作业服务费高，一方面导致建井工程成本高昂，另一方面制约了我国页岩气等非常规油气产业高质量发展，亟须自主研制适用于页岩气的国产化旋转导向系统，打破国外技术垄断降低成本，提高工程技术服务能力，实现小规模量产、具备工业化应用能力。

（3）非常规油气开发中井筒寿命短。

非常规油气资源关键核心技术包括水平井和大型体积压裂，前期的压裂实践表明页岩气水平井固井过程中存在前置液加量大、未建立定量评价方法问题，造成固井水泥石强度受到极大影响；同时高密度条件下的水泥石综合力学性能设计困难、部分井区（例如威 204 井区）地温梯度大，井底温度高，高温差处理剂尚未配套，缺乏分段改造高性能水泥浆体系；现有水泥环完整性数学模型未考虑井下复杂工况，水泥石本构方程适应性差，已成为制约页岩气安全高效开发的瓶颈难题。例如，"十二五"期间，长宁—威远页岩气示范区完成的 24 口井（直井 11 口，水平井 13 口）压裂改造共计 144 层 / 段，出现了 10 口井（直井 2 口，水平井 8 口）不同程度的套管变形，1 口井试压泄漏，已成为制约页岩气安全高效开发的瓶颈难题。同时，复杂的地质条件导致页岩气井套管损坏变形的现象突出，保障井筒完整性、延长井筒产气寿命对于实现页岩气规模效益开发至关重要。

（4）非常规油气钻井自动化程度低。

"十一五"至"十二五"期间虽然在钻机自动化方面取得了部分成果，但仍需在井下信息采集和控制方面、钻井地面和井下信息融合、优化钻井工艺、实现自动控制钻井方面开展研究，解决井下测量数据高速上传瓶颈，提高对井下及地面数据的利用效率，为井下复杂故障实时诊断、有效寻找"甜点"、准确评估原位地层油气含量、提高定向效率和机械钻速提供技术支撑。

因此针对上述非常规油气资源钻井中所存在的工程技术难题，重点对旋转导向钻井系统、连续管侧钻钻井装备、钻井液性能在线监测系统、页岩气"一趟钻"钻井技术、"井工厂"钻井技术、长水平井优快钻井技术、保障井筒完整性技术等开展攻关研究，形成了适合于我国非常规油气资源钻井的关键技术和装备，提高了我国非常规油气资源钻井关键技术的竞争力，为实现我国非常规油气资源的高效开发奠定了装备和技术基础。

二、CG STEER 静态推靠式旋转导向钻井系统

旋转导向系统是集机、电、液、控一体的高端石油装备，用于实现在钻柱旋转状态下的导向钻进和轨迹控制，可通过下传指令及时调整井下仪器的工作状态，不需进行起

下钻操作，大幅提高了施工效率。同时旋转导向钻井具有摩阻小、井壁光滑、机械钻速高等优点，是页岩气等非常规油气资源勘探开发的关键核心装备。依托"十三五"项目，针对旋转导向系统这个卡脖子技术，通过攻关突破了导向模块设计与制造、微型液压驱动与控制等六项核心技术瓶颈，造斜能力和工具可靠性显著提升，研制成功了 CG STEER 静态推靠式旋转导向钻井系统，并实现了在陆上非常规油气勘探开发中的工业应用。

1. CG STEER 旋转导向系统技术原理

CG STEER 旋转导向钻井系统采用静态推靠模式，导向模块由一个非旋转套和中心主轴组成，非旋转套均布三个推靠翼肋，通过液压系统驱动翼肋并通过三个翼肋合力产生指定方向的侧向力，实现导向功能、保证钻头沿着预定井眼轨迹方向钻进。

CG STEER 旋转导向系统由地面和井下两部分组成，其中地面部分功能主要是下传操作指令和解码井下信息，实现对井下仪器的有效监控，井下部分包括静态测量、发电机 / 双向通讯、中枢控制、挠性短节、导向 / 近钻头测量等 5 个模块。井下系统与地面系统之间的双向通讯通过钻井液通道实现，同时配备大功率小体积钻井液涡轮发电机为井下仪器供电。钻井液循环后，井下各分系统之间通过单总线电源载波的方式实现电气与通讯连接。中枢控制模块采集井下各分系统的测量结果及状态参数，汇总编码后，控制脉冲器动作，实现井下信息的上传。信息下传时，通过改变进入井筒的钻井液排量，进而改变发电机转速，实现下传指令的编码发送。中枢控制模块采集发电机转速并按照协议进行解码后得到下传指令，并转发给导向模块，结合近钻头单元的测量结果进行导向力分解，向液压单元发出输出力的大小控制指令。液压单元动作后，井壁的反作用力将钻头推向需要钻进的方向，实现旋转状态下的导向钻进。

2. 系统特点及创新点

建立了适合于静态推靠式旋转导向工具的平衡趋势造斜率预测模型，支撑实现系统造斜率 10.5°/30m。针对现有造斜率预测模型吻合度不高的缺陷，中国石油大学（华东）提出了一种平衡趋势造斜率预测方法，综合考虑旋转导向钻具组合（RSBHA）力学模型、钻头—地层交互作用模型，分析了 RSBHA（含导向头、柔性短节等）结构参数、钻进参数、钻头和地层各向异性、井眼参数对造斜率影响。基于静态推靠式旋转导向系统结构和工作原理，将导向翼肋等效为偏心稳定器、柔性短节的台阶面等效为虚支座，建立 RSBHA 的纵横弯曲连续梁力学模型，基于该力学模型能够求出钻头侧向力及钻头转角。

平衡趋势造斜率预测方法的基本原理是在钻头—地层交互作用模型中，综合考虑钻进趋势方向、钻头合力方向、钻头轴线方向三者关系，计算钻进趋势方向与当前井眼方向的钻进趋势角 A_r，见式（4-5-1）。

$$A_r = \tan^{-1} \frac{P_b(1-I_b)\tan A_b + N_{bP}(\tan^2 A_b + I_b)}{P_b(1+I_b\tan^2 A_b) + N_b(1-I_b)\tan A_b} \qquad (4-5-1)$$

式中　A_r——钻进趋势角，rad；

　　　P_b——钻压，kN；

I_b——钻头各向异性指数；

A_b——钻头转角，rad；

N_b——钻头侧向力，kN；

N_{bP}——钻头侧向力分量，kN。

在三维空间中，钻进趋势角 A_r 分解到井斜平面 P 和方位平面 Q 上分别称为井斜趋势角 A_P 和方位趋势角 A_Q。平衡趋势造斜率预测方法计算流程是先给出造斜率估计值，然后求解 RSBHA 力学模型，求出井斜平面 P 和方位平面 Q 对应的钻头侧向力和钻头转角；再求解钻头—地层交互作用模型，求出井斜趋势角 A_P 和方位趋势角 A_Q；然后判断是否满足 $|A_P| \approx 0$ 且 $|A_Q| \approx 0$；若满足该条件则停止试算，试算结果对应的井眼曲率就是给定钻井条件的造斜率；否则就重新估计造斜率并重复上述过程，直至满足试算终止条件。

基于平衡趋势法，综合分析了导向工具、钻具组合、钻压、导向力、钻头及地层参数对造斜率影响规律，分析了影响静态推靠式旋转导向钻井系统造斜率的关键因素及规律。结果表明，推靠力越大，造斜率越高；钻头各向异性越高，造斜率越高；扶正器位置越短，造斜率越高；当挠性短节长度为 2.8m 时，造斜率最高。

3. CG STEER 旋转导向钻井系统应用情况及前景

建立了 CG STEER 旋转导向钻井系统的生产检验标准体系，配套建设了测试、检修、维保基地，实现了小规模量产及产业化应用。"十三五"期间 CG STEER 旋转导向系统功能试验 12 口井、工业化应用 18 口井，实现了在四川页岩气、川中致密气和长庆页岩油的现场工业化试验应用，18 口全井段工业化应用井作业成功率为 100%、累计进尺为 30088.29m，页岩气水平井作业趟次从 4 趟逐步减少到 2 趟、平均作业周期为 25.51 天，创多项新指标（如宁 209H23-5 井工具造斜率达 11.2°/30m，秋林 209-8-H1 井单趟进尺达到 2149m），同比进口，CG STEER 旋转导向钻井系统单价为 1809 万元，相比立项前进口产品的 3800 万元，成本节约 52.4%。同时，CG STEER 旋转导向系统打破了国外技术垄断，实现了石油钻井行业关键核心技术的自主，有力保障了国家能源战略安全。

三、i-SPEED 高精度随钻成像系统

低渗透油气藏存在非均质性强，地层物性差异大，提高油气钻遇率难度大等难题。随着储层物性更差的油气田、深部储层、复杂地质条件储层的不断被开发动用，对低渗油气藏开发随钻测量技术提出了更高的要求和更多挑战。高精度随钻成像测量技术可满足随钻成像储层描述评价和精细化地质导向需求，为开发复杂地质和油藏条件的低渗储层提供有效手段。高精度随钻伽马和随钻电阻率采集技术构成的高精度随钻地质导向技术，能提高储层钻遇率、准确监测井下环境，在钻井作业环节及时得到井下工程和地质信息。

1. 系统技术原理

随钻伽马成像仪器主要部件装在钻铤内部，采用一个 NaI 晶体探测器，探测晶体的"背部"采用屏蔽材料钨来屏蔽探测方位以外的伽马射线。探测器在随钻铤转动的过程中采集来自井下不同方位的伽马射线，以提供方位伽马成像。其中随钻电阻率成像仪器利

用内置铁芯环形线圈在钻铤和地层回路中激发电流的方式来进行测量。电流在导电杆轴向相向流动，于两发射电极中间某一点汇流，垂直的射入地层中。接收螺绕环作为电流监督和测量电极，调节发射电极的激励电压，使得接收螺绕环测得电流大小相等。此时电流汇流于两接收螺绕环中点，并垂直射入地层。此时测得的电流和地层电阻率有关。

2. 系统特点及创新点

i-SPEED 高精度随钻成像系统的特点及创新点主要有：

（1）发明了提高优质储层钻遇率的近钻头地层成像探测技术（李会银等，2010）。

为了提高储层随钻刻画精度，确保井眼轨迹在优质储层中穿行，创建了井下高分辨率高速地层扫描及大数据压缩处理技术，发明了跨动力钻具数据无线短传技术，建立了三维精细刻画地层的近钻头伽马成像探测系统，实现了钻头周边地层属性实时成像识别，系统耐温 175℃，分辨率为 16 扇区。

（2）突破了基于磁偶极子的无线高速短传技术。

研发了磁偶极发射接收天线，发明了磁偶极子跨螺杆信号传输方法，研制了跨动力钻具收发短节，突破了井下超高、超低阻抗钻井液中高速传输衰减瓶颈，实现了全类型钻井液条件下的成像数据回传。传输速率达到 100bps，探测点距钻头为 0.4m。

（3）建立了多尺度数据融合的随钻储层评价技术（林永学等，2017）。

提出了基于模式识别的轨迹与地层关系判别方法，建立了地震剖面约束、地震与测井多尺度数据动态校正技术，形成了地层特征自动提取、层位智能追踪与边界定位评价技术，确保了井眼轨迹在优质储层中穿行。钻头距地层界面误差小于 0.2m。

（4）研发了高精度近钻头随钻伽马和电阻率地层成像探测系统。

创制了高温电路的设计与封装方法，创建了井下窄空间内探测短节设计技术，开发了井下高分辨率高速地层扫描及大数据压缩处理技术，研制了近钻头伽马成像、高分辨电阻率成像探测系统（高杰等，2008），测点离钻头为 0.4m，耐压 140MPa，整体耐温 150℃，实现了钻头周边地层属性实时成像识别与上传到地面。

3. 系统应用情况及前景

研制 i-SPEED 高精度随钻成像系统中的近钻头伽马成像仪器 6 套，各项性能参数达到国外先进产品水平，国外同类产品售价约 400 万元。建立的生产线，年产能 10 套，制造成本约为采购国外产品的 40%。三维成像随钻解释评价软件系统已经在中国石化西南地区规模化应用，产生直接经济效益 271 万元，节约钻井成本 1.6 亿元，支撑了涪陵气田 $100 \times 10^8 m^3/a$ 产能建设。

四、LZ900/73-3500 连续管侧钻复合钻机

连续管钻井技术是以一根能连续盘卷数千米的钢制连续管代替钻杆的钻井技术，通过在连续管底端连接螺杆马达和钻头，钻井液通过连续管驱动井下螺杆马达并带动钻头旋转进行地层钻进，主要用于钻浅层气井、老井加深和侧钻。"十二五"期间，开发形成了由动力系统、控制系统、连续管滚筒、注入头、钻台等组成的单模式连续管钻机，进

行老井侧钻时需一台修井机或小型钻机进行钻前准备、钻后完井等作业，因此在钻井过程中需准备两套机组进行不同功能的转换，作业效率低。"十三五"期间，针对进一步提高连续管钻井效率的目标，研制成功了适合中国老井侧钻的 LZ900/73-3500 连续管侧钻复合钻机，实现单模式连续管钻机和常规修井机（小型钻机）功能复合，兼容连续管钻井和常规管柱起下功能，能实现连续管开窗侧钻、下套管固井、井下复杂处理等作业，满足侧钻全过程施工要求。

1. 连续管侧钻复合钻机组成及技术优势

LZ900/73-3500 连续管侧钻复合钻机由以下五部分组成：（1）滚筒车，由自走式底盘车、滚筒、连续管及附件组成，自走式底盘车用于对滚筒及上装部件的运输，滚筒主要用于对连续管进行缠绕；连续管主要用于循环钻井液、连接井下工具和传输信号。（2）井架车，由井架系统、注入头、绞车、动力系统及附件组成，井架系统包含门型井架、天车、游车大钩、钢丝绳及注入头支撑底座等，用于进行常规管柱作业及支撑注入头；注入头用于对连续管起/下作业；绞车与井架系统配合进行常规管柱起/下作业；动力系统为整机提供动力源及控制油源。（3）钻台总成，主要作为井口工作平台，配置液压转盘为常规管柱的旋转提供动力。（4）司钻房，作为操作与控制中心，整机远程控制均在司钻房内进行精准控制。（5）井控系统，主要包含防喷器、防喷管、防喷盒等井控部件。

通过与国外同类产品对比表明，LZ900/73-3500 连续管侧钻复合钻机整机性能达到世界先进水平，填补了国内空白；其中质量为 $20×10^4$lb 的注入头在外形尺寸、重量、最低稳定速度等方面均优于国外同类产品。连续管侧钻复合钻机在以下四个方面具有优势：

（1）发明了自适应高效率弹性夹持块，提高了夹持块与连续管外表面的贴合度，减小接触压力集中，增大有效正压力 20%～39%，夹持块当量摩擦系数提高 23% 以上。在分析计算夹紧液缸间距、推板刚度、夹持块刚度、连续管规格、连续管残余弯曲半径等参数对夹持系统载荷分布影响的基础上，优化设计注入头夹持系统，解决了注入头夹持区域内各夹持块受力不均，影响链条轴承寿命的难题。基于逻辑控制，将旋转技术和三折叠理念应用于导向器研制，发明了三折叠导向器；优化注入头结构，实现了轻量化 $20×10^4$lb 注入头的成功研制。

（2）发明了连续管注入头移动装置。创新天车、绞车及快绳偏置的布置方式，避免了连续管钻井与常规管柱起下的相互干涉，成功研制了连续管钻井用伸缩式门型井架，实现了连续管钻井和常规管柱的快速柔和转换、一体化运行。创新开发的液压绞车采用液压马达进行驱动，实现无级调速控制，冗余设计可根据不同工况进行扭矩和速度的无缝切换，进一步提升施工效率。

（3）创新研制后桥驱动重载专用底盘车。通过对比分析及理论计算，改变大容量滚筒的驱动方式，创新研制电液一体化旋转接头、下沉式信息化滚筒；解决了现有道路条件运输难题，与同尺寸车装式连续管作业机相比连续管容量增加 22.5%。

2. 连续管侧钻复合钻机应用情况及前景

利用连续管侧钻复合钻机及相关配套在长庆油田、江汉油田等区域现场试验 6 口井，实施了通洗井、注水泥塞、钻塞、打捞、下 5-1/2in 套管、固井、测井、下完井管柱、射孔等 10 余种工艺试验；验证了连续管侧钻复合钻机满足老井侧钻全过程的连续管低速钻进、快速起下，游动系统起下完井管柱、处理井下复杂工况的性能要求。设备累计安全运行 3785 小时，单井裸眼最大进尺为 1015m，最高机械钻速为 18m/h；作业过程中连续管钻井与常规管柱起下切换时间少于 5min，实现两套系统优势互补。

五、非常规油气钻井地面和井下控制关键自动化工具与仪器

针对中国非常规油气资源勘探开发中地面信息和井下信息采集、控制和融合方面存在的问题，"十三五"期间开展了钻井液在线监测系统、随钻声波仪器、随钻伽马能谱仪器、连续波脉冲发生器、油气自动捕集系统、页岩油气井斜控制工具、电动转盘顶驱扭矩自动控制系统等研究，搭建了基于地面和井下信息的信息融合平台，实现了地面和井下信息的自动采集，初步实现了钻井协同控制，达到了降低非常规开发成本、提高钻井效率、降低安全风险的目的，提高了中国自动化钻井技术水平。

1. Sentry 钻井液性能在线监测系统

目前，石油行业基于 API 标准的现场钻井液常规性能测试程序复杂，受环境和人为影响因素大，难以保证实时监测；国内外钻井液自动化测量技术不成熟，主要存在未真正实现在线实时监测，以及产品成熟度不高的问题。依托"十二五"油气重大专项攻关，研发出具有自主知识产权的 Sentry 系列钻井液性能在线监测系统，能在线实时监测 10 项钻井液参数；且在"十三五"期间进行了产业化应用研究，填补了国内该领域空白。

该系统可实现钻井液流变性、密度、离子参数的在线监测、自动数据采集、远传。建立了变径异型管式在线监测钻井液流变性方法，首次实现了钻井液流变性实时监测。基于平板层流压差法原理，利用多段不同截面尺寸的变径管，在流量不变的情况下产生不同速度梯度；通过监测各管段压差，计算出不同管段切应力，进而得到被测体系流变性。其次，形成了双压力振动管式钻井液密度在线测量方法，可有效计算出气体含量和钻井液真实密度，保证了在气侵情况下的测量精度在 0.01g/cm³ 范围内。实现了 pH 值与离子含量的在线监测；建立了离子电极点斜式温度补偿模型，解决了离子测量受温度影响问题，测量温度达到 80℃。开发了数据采集分析与在线传输系统、软件系统、应急保护系统与自清洗维护系统，实现了各测量模块优化与集成，系统工作温度范围为 -20℃～80℃；连续工作时间不小于 90 天。

该系统在胜利桩西采油厂 ZH12 井组的 3 口水平井进行应用，测试精度高、稳定性好，与 API 法测得结果相比，密度测量误差不大于 0.01g/cm³，pH 值测量误差不大于 0.05，表观黏度测量误差不大于 1%FS；在中国海油 LD 区块现场应用 4 口井，在井底最高温度为 203℃、密度为 2.30g/cm³ 情况下运行稳定，单井稳定运行超过 125 天。

2. 随钻地层识别仪器

研发成功了随钻声波测井仪器、随钻自然伽马能谱测井仪器、连续波钻井液高速数据传输仪器，实现地层准确评价、地层对比及储层描述，形成适用于非常规油气藏高效

开发的随钻测量及地层评价技术，为中国非常规油气田高效开发提供技术支撑。

1）随钻声波测井仪器

设计了分体式声系结构，建立了随钻声波数据处理方法，开发了随钻声波测量系统软件，研制了2套仪器。仪器分为发射、接收和隔声3个独立部分。形成了仪器分体式结构及内外凹槽式隔声体结构设计技术，解决了仪器隔声及声波时差提取难题，开展了地面实验系统及标准刻度井技术指标验证。

2）随钻自然伽马能谱测井仪器

研发了自动稳谱技术、自然伽马能谱解析和刻度方法，编制了自然伽马能谱刻度软件。通过电路和仪器结构设计，研制了2套测井仪器。形成了高计数率探测器优化设计和伽马能谱自动稳谱解谱技术。

3）连续波钻井液高速数据传输仪器

在高速钻井液脉冲器转子和定子、电机、发电机、动密封系统等关键部件结构设计的基础上，完成了整体机械结构设计优化。研制了2套数据传输仪器，形成了高速钻井液脉冲激励与控制和高噪声背景下弱信号模式识别及处理关键技术，配套了水力循环模拟测试系统。

其中随钻声波测井仪器现场应用2口井，随钻声波曲线与电测测井补偿声波曲线吻合较好，能够有效分辨小层，测量误差为±6.8μs/m；随钻自然伽马能谱测井仪器现场应用2口井，测量井段的K、U、TH与总GR测量数据符合区块响应规律，保障储层钻遇率超过95%；连续波钻井液高速数据传输仪器现场应用3口井，数据传输速率达到6bit/s。

3. 页岩地层取心油气捕集技术

储层岩石的流体饱和度的准确评估在油田勘探开发中具有十分重要的作用，是计算油气储量、分析开发动态及提高最终采收率等不可缺少的参数。长期以来，岩心流体饱和度采用常规技术取心、在室内进行常规分析，岩心取出地面后由于压力降低，岩心孔隙里溶解于残余油的气体和原生水会全部或部分被排掉而与实际地层条件产生差异。油气捕集技术是采用随钻捕集气体的方法，即在起钻过程中收集岩心逸出的油气。允许在安全的工作压力下，在起钻过程中100%原位收集岩心逸出的油气，所提供的岩心除了标准岩心分析数据，还可以分析原始含油气量、气油比、直接测量的饱和度、无损失气体含量等其他技术不能获得的数据及增强的储层数据。

在常规取心工具的基础上，增加了油气捕集系统。取心钻进结束后，利用自锁式岩心爪进行割心，卡断岩心柱，然后地面丢球液力憋压，启动工具差动机构，上提工具内筒串，将岩心柱上提过密封阀盖板，密封阀盖板在扭簧作用下自动关闭，密封取心内筒。起钻过程中，环境压力逐渐降低，岩心柱内高压流体渗出，导致岩心内筒内部压力升高，岩心释放的气体经过一个单向阀向上运移进入储气筒系统，完成油气收集。

在梓页1、蚌页油1、LF12-3油田等6口井开展了现场应用，岩心平均收获率为95.4%，实现起钻过程中岩心逸出气收集和气组分、含气量在线测量，提高了储层含气量评价准确度。

4. 电动转盘 / 顶驱扭矩自动控制系统

为经济有效地解决滑动托压问题，开展了电动转盘 / 顶驱扭矩自动控制系统研发。应用该系统定向从井口到井底分为三段，即扭转控制区、静摩擦区和反扭矩区，通过延伸扭转控制区，缩短静摩擦区，最大限度地降低摩阻，提高滑动定向速度和效率。研发成功国内首套电动转盘扭矩自动控制系统，并经不断优化升级，现可匹配各型号交流变频电动转盘及顶驱，开发了具有自主知识产权的扭矩控制算法和软件，形成了钻柱双向扭转定向工艺技术。电动转盘及扭矩自动控制系统主要由司控箱、通讯箱、传感器、各种线缆及接插件等组成，已定型基于 Profibus DP 和 Profinet 两种通讯方式的产品。攻克了无传感器幅值扭转控制技术，扭矩自动控制系统与电动转盘 / 顶驱原控制系统快速切换技术等，对标国内外其他同类产品，在通讯适配性、扭转控制算法先进性、系统安装便利性、应用效果等方面处于国内领先、国际先进水平。

推广应用 70 余口井，取得了较好的减阻提速效果。应用最大井深为 7135m，最长水平位移为 2035m，最长裸眼段为 4100m。据统计分析，应用井段可降低摩阻 30%～80%，提高定向速度 20%～200%，提高定向效率 20%～50%，减阻提速提效效果明显。

六、山地"井工厂"钻井技术与装备

1. "井工厂"钻井技术的概念

"井工厂"技术是指在同一地区集中布置大批相似井，使用标准化装备和服务，以生产流水线作业方式进行钻井、完井的一种高效低成本作业技术。通过"群式布井、规模施工、整合资源、统一管理"的方式，把钻前施工、材料供应、电力供给及储层改造等工序，按照工厂化的组织模式，以流水线方式，对多口井各个环节进行标准化批量作业，从而实现整合资源，提高效率，降低管理和施工运营成本的目的（张金成等，2014）。"井工厂"作业模式具有节省用地面积、提高钻完井设备作业效率、降低工程施工成本、提前风险预警等技术优势。

2. "井工厂"钻井技术国内外现状

"井工厂"技术最早由美国提出，2008 年应用于页岩气开发领域，已形成较为成熟的技术体系。在前期常规"井工厂"钻井模式的基础上，国外（主要是北美）页岩气开发正向单井场多产层立体开发转变，通过增加单个作业平台井数，实现总体效益提升。Laredo 石油公司在 Permian 盆地采用单井场钻 60 口水平井，开发 4 个层位，作业成本降低 6%～8%。再就是灵活的井工厂模式，即通过实钻地质、钻井等数据，实时调整后续井的井位和井身结构，以提高开发经济效益。Permain 盆地 12 口井组通过采用该模式开发效益提高 30% 以上（周贤海等，2015）。

国内在 2010 年开始应用"井工厂"钻井技术，相继在鄂尔多斯盆地大牛地气田、胜利油田盐 227 区块、苏里格气田苏 53 区块、涪陵、南川、威荣等区域开展了应用。国内探索形成了组合式钻机"井工厂"模式，即中型钻机（30/40 钻机）施工上部一开和二开

井段，大型钻机（50/70 钻机）施工三开井段的组合钻机模式。胜页 2 平台采用该模式单井节约 135 万元。涪陵页岩气田开展了立体开发井工厂作业模式的应用，探索了三层立体开发模式，焦石坝区块采收率可从 12.6% 提高到 23.3%，其中三层立体开发区采收率为 39.2%。

3. "井工厂"步进式 360° 快速移动钻机

步进式钻机可实现整机在工作状态（井架和底座不下放，满立根）下 360°移动至目标井位，主要由钻机、步进移运装置和控制橇组成。移运装置分布在钻机四角，通过举升油缸将钻机同步举升离地面一定距离，然后平移油缸将钻机整体向前或向后推拉一定距离，举升油缸缩回，钻机落地；举升油缸回缩，将橇座提离地面，前移橇座，如此循环，将钻机从一个井位移至下一井位。钻机移动方向可以实现 360°，移动速度提升 30% 以上（张金成等，2016）。

4. "井工厂"钻井技术作业流程

基于"井工厂"流水线作业的理念，根据不同地区井身结构和钻井液体系特点将施工流程分为若干阶段，根据井筒尺寸相同、钻井液体系相同或相近的原则对钻井施工流程进行重新组合，以实现同平台中相同井段采用相同的钻具组合和钻井参数施工，节省换钻具时间。多口井依次一开、固井，依次二开、固井，从而使钻井、固井、测井设备连续运转，减少非生产时间，提高作业效率。同时，钻井液重复利用，减少钻井液交替，大大减少了油基钻井液回收及岩屑处理时间，降低了单井钻井液费用。以涪陵页岩气三开次井身结构为例，"井工厂"作业可以分为四个流程：（1）立井架和导管与一开作业；（2）二开钻井作业；（3）三开钻井作业；（4）完井作业与试气准备。

5. "井工厂"钻井技术应用效果与推广前景

2014 年，国内在涪陵页岩气田焦页 30 号平台率先开展了"井工厂"钻井作业模式试验。该平台共布置 4 口井，成单排排列，井口间距为 10m，采用一台轮轨式横向移动的 50 型钻机。整个平台仅用 118 天完成钻井作业，四口井平均建井周期为 53.7 天，比同期井缩短了 28.1 天，缩短了 34.35%。平均使用油基钻井液 240m³，比同期井减少 170m³。

此后中国石化涪陵页岩气田、南川页岩气田、威荣等页岩气田规模化应用在 157 个平台 632 口井，同时中国石油长宁—威远、昭通—永川等地区推广应用近 700 口井，形成了一套适合我国山地特点的"井工厂"钻井技术模式。

七、页岩气水平井水平段"一趟钻"技术

"一趟钻"是指一个钻头一次下井打完一个开次的所有进尺，可显著缩短钻井周期、降低作业成本。在 2015 年油价暴跌并持续低油价的形势下，国外凭借钻井优化设计、高效钻头、优质钻井液等技术突破，形成页岩气水平段"一趟钻"技术，推动了开发成本的大幅度下降。美国西南能源公司在 Appalachia 区块平均水平段长度由 1097.9m 增加到 1872.1m，钻井周期从 25.6 天缩减至 9 天。2016 年，美国 Eclipse 公司在 Utica 区块实现

了水平段长度达5652.2m的超级水平井斜井段和水平段一趟钻。国外页岩气开发经验表明，大力推广和完善"一趟钻"技术是助推钻井提速提效的良好手段。

1. 井身结构和井眼轨迹设计

井身结构采用三开三完，造斜段和水平段均为三开ϕ215.9mm井眼，为旋转导向"一趟钻"打完造斜段和水平段提供了条件。工厂化平台丛式井组普遍采取三维剖面设计，为提高钻速、降低摩阻，保证管柱的顺利下入，对井眼轨迹进行了优化，将靶前位移扩大到400m以上，将井眼曲率设计为4.0°～5.0°/30m；先以20°井斜稳斜，再以3°/30m曲率小井斜调整方位，最后以5°/30m曲率增井斜到目标A点，通过上述措施三维水平井摩阻可降低30%以上。

2. 页岩气水平井钻井关键工具

1）"一趟钻"PDC钻头

川渝页岩气水平井主要以龙马溪组页岩为目的层，龙马溪组页岩抗剪强度为9MPa、抗压强度为90MPa、可钻性PDC级值高于5。针对龙马溪组特点，在钻头肩部创新采用进口异型齿设计，同时将复合片与地层的平面接触转换为线接触或点接触，提高了钻头攻击性；钻头保径采用低摩阻点接触替代耐磨面接触结构，降低钻头与地层之间摩擦阻力。现场试验10余口井，平均单只钻头进尺从1258m提高至1726m，满足1500m水平段"一趟钻"需求。

2）顶驱扭摆减阻控制系统

针对三维水平井摩阻扭矩大、钻具屈曲、井眼净化差等导致滑动钻进"托压"等技术难题，利用控制顶驱摇摆上部钻柱，而保持下部钻具工具面部不改变，将滑动钻进的静摩擦转化为动摩擦，降低滑动钻井过程中摩阻的技术原理，实现三维水平井降摩减阻提速目的。研发的顶驱扭摆减阻控制系统，可控制北石、VARCO等主流顶驱扭摆钻柱降摩减阻滑动钻进，控制精度不小于90%，在浙江昭通、四川长宁、泸州页岩气区块应用30余口井，滑动钻井作业时效提高20%，钻井速度提高30%～150%。

3）"一趟钻"关键工具匹配

页岩气水平井井漏频发，常规MWD仪器采用小型电磁阀，抗堵漏能力差，阀体组件易被冲蚀，故障率高。将原来的蘑菇头+油囊的脉冲发生器更换为旋转阀式脉冲发生器。采用四瓣式阀孔，增加截流孔面积，在堵漏材料粒径达到2～3mm、桥浆浓度18%工况下仍能正常工作，单趟钻作业能力达到312h，故障率达到2%以下国际先进水平。同时为保证井下仪器工具等寿命，配套了长寿命的水力振荡器、顶驱扭摆减阻系统等工具仪器，为1500m水平段"一趟钻"的顺利完成提供了设备保障。

3. 页岩气水平井水平段"一趟钻"提速技术

该技术通过简化井身结构，井眼轨迹优化设计，更好地满足了旋转导向、螺杆钻具等钻井提速需求。创新提出了岩石表面双疏改性、纳微毫封堵等新技术方法，形成了页岩气油基和水基钻井液体系，替代国外进口，降低作业成本。通过高造斜率旋转导向系统、旋转阀 MWD、水力振荡器、大扭矩长寿命螺杆钻进、近钻头伽马成像等钻井提速工具配套，形成旋转导向钻井提速技术和螺杆减阻导向技术，实现井下工具仪器等寿命匹配，满足 1500m 水平段钻井需求。同时优化排量、转速等钻井参数，合理安排钻压，加大钻头水眼，减少压耗，尽量提高泵排量，充分发挥中空螺杆的效率和减少岩屑床，提高钻速。

4."一趟钻"技术应用情况

页岩气水平井水平段"一趟钻"钻井技术在长宁、威远、昭通区块开展现场应用，53口井实现页岩气水平井 1500m 水平段"一趟钻"，平均进尺从 1258m 提高到 1918m，同比提高 52.5%，平均机械钻速从 7.45m/h 提高到 12.5m/h，同比提高 62.5%。立项前水平段长不超过 1300m，需要 5~6 趟钻才能完成，立项后水平段长增加了 300m，最长水平段长延伸超过 3000m，平均 2~4 趟钻就能完成 1600m 水平段。"一趟钻"1000m 以上的井占钻井总数的占比从立项签的 35% 提高到 57%，"一趟钻"1500m 以上的井占钻井总数的占比从 4% 提高到 25%。"一趟钻"钻井技术的推广应用，促进了长宁—威远、昭通页岩气示范区整体钻井速度的加快，支撑了页岩气国家示范区产能建设与页岩气资源规模开发。

八、长水平段水平井钻井提速技术与工具

1.长水平井井眼轨迹精准控制技术

1）井眼轨道优化设计

井眼轨道剖面形状和设计参数对长水平段水平井的摩阻扭矩有明显影响，以摩阻扭矩最小来优选井眼轨道剖面，并对造斜率、靶前距、偏移距等设计参数进行优化，降低钻柱屈曲程度、摩阻和扭矩。长水平段水平井主要目的是充分暴露储层，因此为了获取较长的水平段，靶前距不宜过大。井眼曲率半径要和钻具组合的造斜率及套管柱刚性相适应，保障起下钻和后期下套管安全顺畅。对于"井工厂"开发模式，井眼轨道确定也应考虑压裂的影响，并做好防碰扫描分析确定合理的分离系数，降低与邻井的碰撞风险。同时结合所钻地层地质力学参数进行井壁稳定评价，确定最优井眼轨道延伸方位。提出了正反向对称型和"鱼钩"型三维井眼轨道设计方法，形成了丛式水平井组三维井眼轨道优化设计技术，解决了开发盲区大、碰撞风险高的难题（图 4-5-1）。因此，长水平段井眼轨道设计应充分利用不同设计方法的优势，在满足约束条件的情况下选择合适的轨道设计方法，减少二开扭方位工作量，同时不影响三开顺利着陆，且摩阻扭矩在可控范围内，以达到提速的效果。

2）井眼轨迹控制技术

井眼轨迹控制主要采用滑动导向钻井和旋转导向钻井两种方式。旋转导向系统可以实现连续旋转钻进，同时所钻井眼规则、井壁光滑，对于降低钻柱摩阻扭矩具有显著优势，也可以高效控制长水平段井眼轨迹，而且可以满足高造斜率的要求。国外已经开发出商业化旋转导向钻井系统，如斯伦贝谢的 PowerDrive、贝克休斯的 AutoTrak 和哈里伯

图 4-5-1 鱼钩形三维井眼轨迹

顿的 Geo-Polit 等系统。国内目前仍以引进租用为主，使用成本高昂。旋转导向系统被国外垄断且难以实现低成本应用情况下，采用滑动导向钻进是一种经济高效的水平段井眼轨迹控制方法，但是调控合理的复合、滑动钻进比例对于钻进效率和轨迹控制有效性至关重要。目前国内广泛使用了低成本 "PDC 钻头 + 大功率螺杆 +MWD+ 自然伽马" 的常规导向工具，定向段钻具组合使用大功率螺杆、欠尺寸单扶正器、水力振荡器匹配钻井参数计算，水平段钻具组合使用小角度单弯螺杆、欠尺寸双扶正器匹配 BHA 导向能力及钻井参数计算，涪陵工区目前定水平段复合钻井比例超过 90%。

2. 长水平井钻井提速技术

1）高效破岩钻头及钻井提速工具

为提高钻头的研磨性、导向性和稳定性，设计定制化 PDC 钻头，能够大幅提高机械钻速和使用寿命。针对涪陵页岩气地层研磨性强，钻头寿命短、进尺少的问题，在常规固定刀翼 + 滚动牙轮混合钻头基础上，开展了高性能复合片、高承载轴承、多级切削等关键技术研究，研制了长寿命多级切削混合钻头，提高了钻头在高研磨性地层的适应性和机械钻速。

在螺杆钻具方面，深层、复杂储层对螺杆的抗温耐油性要求不断提高，目前国外已经研制出了抗 170℃ 高温等壁厚耐油螺杆，在提高使用寿命方面效果显著。国内研发了 Φ172 长寿命等应力螺杆钻具，提出了等应力马达设计理念，等应力马达衬套应力峰值较传统等壁厚马达降低 33.3%，开发了高性能橡胶材料，输出扭矩提高 30%～50%、定伸强度提高 235%、撕裂强度提高 46.5%，耐温 170℃，平均使用寿命大于 300h。

2）水平段降摩减阻技术（郭元恒等，2013）

对井下摩阻扭矩的分析和控制是长水平段水平井钻井的关键，长水平段水平井降摩减阻不仅需要优化井眼轨道、采用旋转钻进、提高钻井液润滑性能等措施，还要优化钻具组合、采用降摩减阻工具等方法，开展井下摩阻扭矩反推摩阻系数、钻头扭矩等参数的监测，判断钻柱屈曲状态，以保障水平段施工安全；同时在导向马达钻具组合中加入水力振荡器能够有效减缓滑动钻进过程中的托压问题。中国石化研制的 φ172 型低压耗长寿命涡轮式全金属水力振荡器，压耗 2.5～3MPa，寿命可达 800h，定向钻井平均提速 30% 以上，焦页 23 平台应用 4 口井实现三开长水平段"一趟钻"。

3. 应用效果及推广前景

国内近年来先后在胜利、涪陵、长庆、苏里格等油气田钻成了 3000m 水平段的长水平井，其中焦页 2-5HF 井为国内首口水平段长度超 3000m 的页岩气水平井，水平段长为 3065m；苏里格气田靖 50-26H1 井完钻井深为 7388m，水平段长为 4118m，是目前国内陆上油气井水平段最长纪录。长水平段水平井钻井技术是促进低渗透、非常规油气资源经济有效开发的关键技术之一，也是今后钻井技术发展的重要方向，我国目前与国外先进技术相比差距较大，不仅在钻井工程设计基础理论和长水平段水平井高效钻井技术方面仍需试验摸索改进完善，而且更要加快多井段"一趟钻"、地质工程一体化等技术、核心装备的攻关试验，形成更为完善的 4000～5000m 长水平段水平井技术体系，为中国非常规油气规模化开发提供技术支撑。

九、页岩地层高性能水基钻井液体系

1. 高性能水基钻井液的研究背景与目的

页岩地层黏土含量高，裂缝较为发育，在页岩气水平井钻井施工中，普遍存在的漏失严重、井壁失稳风险高等问题，严重时导致卡钻、井眼报废等故障。同时，长水平段钻井，井眼清洁难度大、井筒润滑要求高等，对钻井液的性能提出了较高的要求。虽然国内外在页岩气水平井钻井过程中使用油基钻井液能很好地解决页岩地层井眼失稳和长水平段摩阻高的问题，是页岩气水平井开发较为可行的钻井液技术，但是油基钻井液单价成本高昂，同时使用过程中带来的一系列环保问题也进一步提升了应用成本，制约了页岩气开发的顺利开展。

因此，针对页岩地层水平井的裂缝发育、井壁失稳、井眼清洁和润滑防卡等方面性能进行深入研究，重点研发相关处理剂，提升水基钻井液的防漏堵漏、井壁稳定、携岩带砂、润滑等性能，以满足水基钻井液的页岩地层水平井钻井施工，实现环保、低成本开发页岩气。

2. 高性能水基钻井液设计理念及关键处理剂

针对页岩地层井壁失稳情况和室内评价结果，结合井壁失稳相关的理论，高性能水基钻井液设计要满足以下关键性能（林永学等，2019）：

（1）强抑制性。页岩地层硬脆性页岩，以伊利石为主，属非膨胀型破碎性岩石，但吸水能力仍较强，滤液进入地层后将与页岩地层所含黏土矿物发生相互作用，导致水化膨胀，产生膨胀压，因此，钻井液必须采用聚胺类、有机盐类强抑制剂，提高钻井液的强抑制性。

（2）有效封堵和优良的造壁性。由于页岩地层的层理、微裂缝发育，因此钻井液的封堵能力是页岩地层井壁稳定技术的关键。通过研发和应用微米、纳米级等封堵材料，利用其合理粒径级配，改善滤饼质量，阻缓滤液渗入页岩地层带来的坍塌压力增加。同时，大量钻井液滤液渗入页岩微孔缝产生水力尖劈作用，削弱页岩之间的联结，降低岩石强度，通过提高钻井液的封堵作用，可降低这方面导致的地层破碎、诱发井壁失稳。

（3）合理的钻井液密度。页岩层被打开后，岩层应力释放，会造成井壁坍塌，因此，合理确定钻井液密度，平衡岩层坍塌应力，是保证页岩井段井壁稳定的先决条件。

（4）良好的润滑性。因页岩层理胶结疏松、脆性大，若钻井液本身及滤饼的摩阻大，就会使钻进中扭矩大，起下钻摩阻大，易发生黏附卡钻事故，因此钻井液采用高效润滑剂保持良好的润滑性，也是保证页岩井段井壁稳定的特殊要求。

3. 高性能水基钻井液配套技术

在现场应用过程中，为了保持高性能水基钻井液的综合性能，随着水平段的延伸，需要加强钻井液劣质固相含量的控制，以保持钻井液流变性、润滑性等。钻井液劣质固相控制主要是及时清除钻屑含量，需要采用固相清除技术，主要依靠振动筛、除泥器、除砂器和离心机，尤其是采用双级离心机提高对钻井液劣质固相的清除效率（唐文泉等，2017）。

4. 高性能水基钻井液的应用与效果

高性能水基钻井液在威页23平台进行了现场应用，取得了较好的效果。威页23平台井所在区块是典型的深层页岩气井，目的层埋深达3800m，地层温度为140℃，地层压力达1.9g/cm³。高性能水基钻井液在现场实施，关键是通过井壁稳定技术措施：（1）采用重浆循环加重，维持储层段钻井液出口密度为2.04~2.06g/cm³，保持合理的液柱压力，形成有效的密度支撑。（2）循环加入1%化学封堵剂SMNP-1+1%温敏型防塌沥青SMShield-2+1%液体防塌剂SMLS-1+1%液体防塌剂SMLS-2，持续增强钻井液封堵能力，封堵开启的裂缝，阻止钻井液继续向裂缝中渗透，恢复原始的应力状态。同时做好降摩减阻的技术措施，循环加入1%SMJH-1+1%SMLUB-E，保证体系中高润滑剂含量，增强体系润滑性能。

通过关键技术措施的实施，在威页23-3HF井三开仅用17.29天两趟钻完成水平段的钻进任务，整个钻进过程顺利，无掉块返出。威页23-4HF井采用高性能水基钻井液顺利完成了造斜段和水平段的钻井施工，完钻起钻摩阻仅30t，与同样井身结构、油基钻井液施工的威页23-1HF井摩阻相当。高性能水基钻井液在威页23平台的实施，表现出极强的井壁稳定性能、润滑性能和良好的体系稳定性，具有较好的推广前景。

十、页岩气水平井固井成套技术

围绕页岩气井固井过程中存在的套管下入困难、居中度差、固井顶替效率低、固井技术不配套、水泥环长期封隔性能不易保证等问题，有针对性地开展了页岩气水平井固井方面的新材料、新工具、新工艺研究，优化设计水泥浆技术及固井工艺技术等，形成了页岩气水平井固井配套工程技术，保证固井质量，满足体积压裂的实施，达到提高大型体积压裂页岩气井的开发效益的目的。

1. 页岩气水平井下套管工艺技术

随着页岩油气勘探的不断深入及水平井钻井技术的进步，水平井数量越来越多且水平段长度越来越向钻井、下套管延伸极限方向发展。页岩气水平井下套管时，因井眼轨迹复杂、偏移距大，常出现套管下入摩阻大、时间长和不易下到位等难题，采用常规下套管工艺通常无法将套管下至设计井深。旋转下套管和漂浮下套管能有效解决水平段套管下入难的问题。

1）旋转下套管

旋转下套管是一种用顶部驱动钻井装置进行下套管作业的方法，主要包括提供驱动的液压系统、传递载荷的卡瓦机构、实现循环的密封机构、可靠连接的连接机构。该方法不需要使用套管钳等下套管设备，能充分发挥顶部驱动钻井装置的优越性，不仅实现套管柱的自动化连接，而且在下套管作业时，能同时实现旋转套管和循环钻井液，大大减少卡钻、遇阻等潜在的安全危害，提高下套管作业的成功率。

2）漂浮下套管

漂浮下套管是将漂浮接箍安装在套管柱上，漂浮接箍下部套管为空气段，也可是其他密度比水小的液体，来减轻下部套管串的重量，降低套管与井壁之间的正压力，降低套管下入摩阻，达到套管安全下入的目的。漂浮接箍是漂浮下套管工艺的关键工具，因常规漂浮接箍存在提前开启、替浆过程中异常起压，严重时胶塞滞留造成留塞、"灌香肠"、替空等缺点和不足，研制出能精确控制开启压力的全通径漂浮，主要由接头本体、盲板和保护套组成。接头本体为圆柱体形，有中心孔，在接头本体的上端有内螺纹，下端有外螺纹。在接头本体上端中心孔内有环形台阶，在环形台阶上安装有环形保护套和圆形盲板。

2. 油基钻井液界面冲洗隔离技术

油基钻井液前置液体系主要由清水及多种添加剂组成。外加剂主要包括加重剂、螯合剂、悬浮剂与冲洗剂。固井前，油基水泥浆在井壁和套管壁上残留一层油浆、油膜，油膜的存在将导致界面冲洗效果差、顶替效率低，进而损害水泥环界面胶结性能，严重影响固井质量。因此，以高效的油基冲洗液为核心的油基钻井液前置液体系是高质量固井的重要保障。

以高效洗油冲洗剂为核心的外加剂、悬浮稳定剂 SD85、水和加重剂形成了高密度驱油隔离液体系，适用于页岩气水平井固井。通过实验对隔离液体系的综合性能进行了评价，结果显示隔离液的密度在 $1.50\sim2.40g/cm^3$ 的范围内可以任意调节，浆体的流变性和稳定性能够得到保证，浆体在 90℃下养护 20min 后静止 2h 上、下密度差均小于 $0.02g/cm^3$，在常温下的流动度均在 22cm 以上，满足固井期间安全泵送的要求。

对于隔离液体系来说，较为重要的评价指标是体系的悬浮稳定性。如稳定性不好，隔离液就会出现分层现象，容易形成环空堵塞，造成注替困难，且不能达到有效隔离、顶替钻井液的效果。$1.90g/cm^3$ 密度的隔离液在室温下 80℃、100℃、120℃下静置 6h 后，上、下无密度差；其余各密度的隔离液 80℃、100℃、120℃下静置 6 小时后，上、下密度差小于 0.02g/cm³。说明该体系具有良好的悬浮稳定性，在井下不会发生固相颗粒沉降堆积影响固井施工。

3. 油层固井大温差微膨胀韧性水泥浆体系

1）大温差膨胀韧性水泥浆体系

以高温增强材料、膨胀增韧材料 DRE-8S 及抗高温大温差外加剂（缓凝剂 DRH-8L）等材料为基础，研发了大温差膨胀韧性水泥浆体系，体系密度范围为 1.90～2.40g/cm³，适用温度范围为 50～150℃，适用温差范围为 50～100℃，24h 抗压强度大于 26MPa，弹性模量小于 7GPa。对于不同密度的大温差膨胀韧性水泥浆体系而言，均容易配制、流变性能好、浆体高温稳定、失水量小、稠化过渡时间短、强度发展快，且水泥浆稠化时间可通过调整缓凝剂加量进行有效调节；此外，该水泥浆体系的稠化时间对温度和密度变化不敏感，且在大温差条件下水泥浆柱强度发展迅速，弹性模量低，故该大温差膨胀韧性水泥浆体系综合性能优良，能够满足页岩气井固井作业要求。水泥浆配方：水泥 +30%石英砂 +5% 微硅 +0.5% 稳定剂 DRK-3S+2% 增韧材料 DRE-8S+1% 分散剂 DRS-1S+2%DRT-1L+1.3% 缓凝剂 DRH-8L+0.5%DRX-1L+ 水。

2）防窜微膨胀水泥浆体系

通过优选加重剂、降失水剂、缓凝剂、超细矿粉增强剂和柔性防窜剂等外加剂，研发出防窜微膨胀水泥浆体系。该体系密度在 1.89～2.40g/cm³ 范围可调，稠化时间可调、早期强度发展快、实现以快制气、降低了胶凝体渗透率，具有韧性高、防窜性能优异等特点。

4. 页岩气水平井固井技术现场试验与应用

形成了旋转下套管工艺技术和标准规范，在长宁威远地区累计应用 125 口井，其中长宁区块 33 口井生产套管使用旋转下套管技术，均下送到位，并成功固井。长城钻探威202、204 区块完钻 91 口井，采用旋转下套管技术 80 口井，占比 88%，下套管平均用时1.96 天，下套管用时总体减少，有力保障了套管安全顺利下入。

十一、低渗透油气藏水平井精细分段完井技术

1. 水平井精细分段完井技术现状

低渗透油气藏通常单井产量较低，能量补充困难，采收率低。普遍采用水平井多级分段压裂，提高储量动用程度和采收率。实际开采中，低渗透储层的完井要综合考虑储层展布、储层物性、流体性质、钻井方式、储层改造方式、能量补充方式、提高采收率手段、地面条件等因素，确定最优的完井方式、完井工艺及完井参数，保证低渗油气藏的开发效益。

水平井精细分段完井工艺和工具研制与应用主要集中在贝克休斯、威德福、哈里伯顿等公司，针对低渗透油藏水平井自然产能低的问题，国外普遍开展多级分段压裂改造

措施，特别是随着页岩气的开发，多级大规模分段压裂工艺迅猛发展，最高压裂级数不断刷新，成为页岩气开发的主体关键技术。目前主要的多级分段压裂技术有多级投球滑套分段压裂工艺技术、水力喷射分段压裂工艺技术、泵送复合电缆桥塞分段压裂工艺技术、OptiPort 滑套压裂技术等。

水平井精细分段完井技术的发展趋势：一是尽可能多的分段数或任意级分段，最大限度提高改造体积，提高单井产能；二是多级分段压裂施工快速连续进行，大幅度降低完井周期和完井费用；三是工艺简单可靠，施工风险低；四是能够同时实现分段压裂、分段控水，延长油井生产寿命，提高单井采收率和累计产量；五是分支水平井的多级分段完井，实现单井立体井网压裂，减少钻井费用和占地面积；六是智能化、数字化、信息化，实时掌握井下完井信息，精准压裂，降低无效施工费用，提高完井针对性。

2. 水平井精细分段完井设计技术

适用于低渗透油气藏的水平井精细分段完井优化设计技术应该基于低渗透储层地质与工程基础和采油工程基础。地质与工程基础包括油气藏储层结构、岩性、流体性质、孔隙结构和渗流特征等，这是选择完井方式和防止储层伤害的理论依据。

1）基于缝网渗流的压后产能预测分析

由于地应力在水平井长度方向上的差异及压裂工艺技术的限制，导致形成的多条裂缝在长度、导流能力等方面不尽相同，加之生产过程中各条裂缝间要发生相互干扰，进一步增加了压裂后水平井产能计算的复杂性。需要结合水平井压裂后裂缝形态和生产过程中油气在裂缝中的渗流机理，应用复位势理论和势叠加原理等基本渗流理论，得出压裂水平井多条裂缝相互干扰的产能预测新模型。

2）井筒压降计算方法

很长时间里，人们都是把水平井筒假设为无限导流能力。Dikken 首次在理论上研究了水平井筒内的压力降对水平井生产特性的影响后，研究者们开始水平井井筒压力降的研究，特别是考虑井壁径向流入或流出的实验研究。

根据现有研究，建议将考虑径向流入效应的影响，即混合压降，引入修正摩阻系数来考虑对于径向流入效应影响，同时主要考虑射孔完井情况。

3）基于产能预测模型的裂缝参数优选

利用上述建立的致密气藏水平井多裂缝渗流裂缝参数优化设计理论，基于现场获取的基础数据进行裂缝参数优化。裂缝参数包括裂缝条数、长度、导流能力、间距优选。

精细分段完井设计方法以砂体展布的精细刻画为基础，以产量和低施工风险为目标，这种基于砂体展布的非均质储层水平井分段压裂设计技术最大的特点是实现轴向裂缝组合优化，多级多缝，控制非均质的复杂储层，以及横向优化缝长控制砂体。轴向布缝优化以优质储层实施充分改造，兼顾可动用储层为原则，基于砂体精细刻画，利用储层品质、完井品质"双甜点"来划分初分段单元。以降低施工风险为目标划分最小分段单元，确定起裂点位置，即射孔位置。最后基于产能、经济评价优选致密储层水平井精细分段压裂裂缝参数（缝长、缝高、导流能力）。

3. 典型低渗透油气藏精细分段完井工具

无限级水平井分段压裂完井技术分为套管固井全通径滑套分段压裂完井技术和油管全通径多级滑套压裂完井技术两种，其中套管固井全通径滑套分段压裂完井技术主要用于固井完井后的压裂投产完井。油管全通径多级滑套压裂完井技术用于后期在套管内压裂。

1）套管全通径分段完井工具

全通径固井滑套技术具有施工压裂级数不受限制、管柱内全通径、无需钻除作业、利于后期液体返排及后续工具下入、施工可靠性高等优点。全通径固井滑套随管柱下入井底，施工时从井口投入滑套开启工具，泵送推动滑套开启工具下行。趾端滑套作为全通径固井滑套技术的第一级压裂滑套，需在完成固井替浆、全井筒试压等工艺环节后，再开启趾端滑套建立第一段压裂通道。

2）油管全通径分段完井工具

油管全通径分段完井工具由滑套、封隔器、喷射工具组成。喷封压工具随油管管柱下入井底，施工时从井口投入喷嘴滑套开启工具，泵送推动喷嘴滑套开启工具下行。可实现不动管柱、不拆装井口、不压井完成所有层段的喷射、压裂改造作业。全通径喷封压一体化工具集喷射、封隔、压裂、生产于一体，满足不限级分段、密封可靠、防固井水泥浆干扰的套管固井滑套及配套压差滑套。系列化产品在中浅层水平井已推广应用，固井滑套工艺无分段级数限制，地层破裂压力较射孔工艺可平均降低 0.5～1MPa，单井平均增产倍比为 1.9 以上。

4. 应用效果及推广前景

精细分段完井设计方法在川西现场应用 12 井次，平均破裂压力降低 7%（2.5MPa），施工成本降低 22%，产量较邻井提高 26%。全通径无限级分段压裂工具在川西应用 14 井次，成功率为 100%，缩短作业周期 2～3 天；与"十二五"相比，同区块产量平均提高 30% 以上，其中新蓬 204–2 井创同井组产量最高纪录。智能分段开采工具在济阳坳陷 HLKD55–P1 等 17 口井现场应用，分段堵水增油效果显著，平均降低含水 15%。精细分段完井设计技术及工具的成功应用表明该技术在低渗透油气藏的高效开发方面具有广阔的应用前景。

十二、煤层气新型水平井钻完井技术

1. 煤层气水平井钻完井技术发展历程

经过"十一五"和"十二五"的攻关，煤层气井在直井钻完井和多分支井钻完井技术方面有了显著进步，但开发效果不尽人意，多分支水平井钻井复杂情况时有发生，有效生产周期短。"十三五"期间针对这些难题，以提高煤气井单井产量为目标和主线，研究形成了 L 型、小曲率半径定向井等新型煤层气水平井优化设计方法和实施工艺，研发出具有独立自主知识产权的煤层气井专用非金属管完井、煤层精确导向钻井等专用工具，形成一套适合中国煤层气地质特点的水平井高效钻完井工程技术，显著提高了中国煤层气水平井单井产量和开采效益。

2.煤层气新型水平井钻井工艺技术

1）新型水平井设计技术

基于量纲分析和回归分析方法，综合考虑有效应力、温度、煤岩热膨胀系数、煤岩表观密度，建立煤岩渗透率半经验半理论预测模型，形成了复杂结构水平井、单支L水平井、L型多分支水平井和水泥封堵多分支井四种新井型。针对煤层气低效老井，绘制"入靶井斜—靶前距—井眼狗腿度"优化计算图板，提出"小曲率半径定向井"设计方法。

2）煤层气水平井井眼延伸及复杂结构水平井钻井技术

开展了郑4-76井组大位移水平井试验，其中郑4-76-32L水平段进尺达2001m，纯煤进尺为1836m，煤层钻遇率为92%，水垂比为2.6，创造国内煤层气水平井水平段最长纪录。通过该井组试验，建立了针对煤层气水平井水平段延伸极限分析模板。创新提出"主支疏通、分支控面、脉支增产"的仿树形水平井理念，开展现场试验——沁试12-1-H井（图4-5-2），解决了煤层多分支水平井无法重入、无法维护等问题，日产气量较邻井提高20倍。

图4-5-2　沁试12平1-H井实钻井眼轨迹示意图

3）煤层气无固相可降解钻井液、可降解清洁聚膜钻井液

通过对可降解稠化剂、润滑剂、消泡剂进行优选，形成了一套配方简单、施工简单的无固相可降解钻井液体系。该体系具有煤粉膨胀率低，侵入煤层速度慢，破胶效率高等特征。试验的郑试79平2井和樊67平1-1L井日均产气量分别达到4700m³和8000 m³以上。研制了适用于煤层的可降解清洁聚膜钻井液体系，该体系是基于超分子聚合物处理剂的降解性（Polymer Degradation）、独特流变性发展起来的一种清洁环保煤层气专用钻井液技术。在一定的外界条件下（温度、酸碱性等），聚合物将降解为小分子化合物，而钻井液体系的性状将再次接近于清水，达到保护储层的目的（刘云亮等，2019）。

3. 新型水平井配套完井工艺

1）煤层气非金属完井技术

为解决煤层气裸眼水平井储层受浸泡易发生井眼垮塌的问题，形成了玻璃钢、PE筛管完井技术，与钢制筛管相比，耐腐蚀性强，柔度较高，能够适应井眼圆滑度较差的水平井。

2）分段喷砂压裂技术

为加强L型水平井储层改造，提高煤层渗透能力，提出"分段喷砂压裂"的储层改造措施。实施分段喷砂压裂措施可增大煤层的裸露面积，使煤层应力得到释放，达到增大改造体积的目的。采用油管底封拖动井下工具，逐段依次完成"喷砂射孔—封堵—加砂压裂"等全部工序，具有成本低、能够实现低渗透储层改造的优点。

3）机械＋氮气扩孔治污增产技术

针对部分产气不理想的筛管完井煤层气井面临的携岩难度大、煤层不规则垮塌、管串下入困难的问题，实施氮气扩孔，通过反复憋压放喷，使煤岩在压力激动下产生微破裂并形成裂缝，沟通远端的裂隙，起到扩孔作用，提高了储层的渗透率。

4. 煤层气新型水平井钻完井配套工具与装备

"十三五"期间以L型水平井为主体井型，研制了精确磁导向工具、玻璃钢筛管悬挂器、自膨胀封隔器及可控多级完井滑套等煤层气新型水平井钻完井系列工具，强化了煤层气新型水平井钻完井高效施工。

1）精确磁导向钻井工具

建立了精确磁导向测量机理模型和方位算法，完成了井下微弱磁场测量探管、放电系统研制，在DRMTS–Ⅱ型精确磁导向装备的基础上，研制了DRMTS–Ⅲ精确磁导向控制装备，有效定位距离达120m，具有点对点精确定位导向能力，可完成水平井与排采直井连通作业（申瑞臣等，2016）。

2）玻璃钢筛管悬挂器

研制出一种适合玻璃钢筛管完井的悬挂器，可实现玻璃钢筛管和冲管的内外双层连接。且在管柱下入过程中遇阻时，实现开泵循环冲洗，有效处理下筛管过程中的遇阻现象，保障筛管下至设计位置，同时降低作业过程中对储层的损害。

3）自膨胀封隔器

开发了自膨胀封隔器，自膨胀封隔器以遇水自膨胀橡胶材料作为密封胶筒，封隔器下入井底预定位置后，利用其吸收井下油或水后体积发生膨胀而坐封。该封隔器具有胶筒膨胀速率可调，性能可调，基体强度高，耐压差性能强等优点，适用范围广。胶筒可适应155℃、50MPa的井下环境，清水中膨胀率达到700%～1000%。

5. 现场应用与效果评价

形成了一套适合中国煤层气地质特点的水平井高效钻完井技术与工具，并在沁水、鄂东盆地煤层气田规模推广应用，效果显著，实现了煤层气的效益开发。近钻头地质导向试验与完井工艺试验表明，水平井钻井周期显著降低、煤层钻遇率明显提高。通过研制"低伤害、防垮塌钻井液"体系，实现了煤储层的保护与井眼稳定，从后期生产数据来看煤储层基本实现零污染，钻井垮塌埋钻等复杂事故明显降低，由"十一五"期间的35.6%降低到目前的5%以下。单井完钻时间由30天缩短至平均15天，相比于"十二五"钻井成本下降5.1%，沁水和鄂东煤层气开发整体效益得到提升。

十三、总结与建议

"十三五"期间形成了CG STEER旋转导向钻井系统和连续管侧钻复合钻机、页岩气"一趟钻"、"井工厂"钻井技术、长水平井优快钻井技术、高效固井工艺技术等非常规油气钻井重大装备与关键技术，基本实现了装备、工具、工作液和软件自主、国产化，提升了页岩气、煤层气、致密油气非常规油气钻井的关键技术水平与装备能力。总体而言，取得的进步与突破主要有：

（1）CG STEER旋转导向钻井系统稳定造斜率10.5°/30m，零度造斜、近钻头伽马等功能完善，建立了完备的产业化基地，实现了小规模量产、具备在陆上非常规油气水平井全面工业化应用的能力，突破了旋转导向"卡脖子"技术，工程应用指标同区块进口产品相当。

（2）成功研制了具备全过程侧钻能力的连续管侧钻复合钻机，整机性能达到世界先进水平，其中$20×10^4$lb轻量化注入头最大提升力为925kN，并且在外形尺寸、重量、最低稳定速度等方面均优于国外，连续管滚筒容量2-7/8in满足3500m、2-3/8in满足4500m，为致密油气的高效开发及提产增效提供了新途径。

（3）研制了钻井液在线监测、随钻地层识别关键仪器、页岩油气自动捕集和钻井协同自动控制系统4类钻井信息化、自动化关键工具、仪器，实现了井下复杂故障实时诊断、有效寻找"甜点"、准确评估原位地层油气含量、提高定向效率和机械钻速，为钻井数字化、自动化、信息化提供了技术保障。

（4）形成了页岩气工厂化钻井配套技术，钻机作业效率提高23.9%，钻井周期缩短18.3%，53口井实现了1500m长水平段"一趟钻"，支撑了四川盆地页岩气资源的效益、环保开发。

（5）创新形成了套管剪切变形和水泥环密封失效机理，形成了套变防治方法和页岩气水平井固井工艺技术，实现固井质量合格率为100%、固井优质率为97.69%，压裂后井筒完整性比例为91.43%，强力支撑了页岩气井大型体积压裂和规模高效开发。

但是我国非常规油气资源进一步开发将面临埋藏更深、温度更高、地质工程条件更极端的开发环境，亟待解决高端装备可靠性、井下工具耐高温、钻井周期长、技术普遍适用性不足等重大科学问题和工程技术难题，需要进一步开展高端装备产业化、超大井丛布井及超长水平井优快钻井、抗高温工具仪器、材料及工作液体系、钻井自动化关键技术等核心装备、关键技术的攻关、研发，为高难度非常规油气资源效益开发提供技术保障。

非常规及低渗透油气钻井技术与装备未来面临的挑战，主要有以下四个方面：

（1）旋转地质导向系统等高端装备产业化及可靠性提升。

CG STEER 旋转导向系统已具备工业化应用能力，但还未形成多尺寸系列化产品，系统的地质、工程参数测量仍需进一步扩展，部分国产化部件稳定性不足。CG STEER 旋转导向系统的接续实施重点包括产品系列化、工程适应性、可靠性提升、深度国产化等，进一步提升系统稳定工作时间，形成成熟、工业化的静态推靠式旋转导向系统产品。

（2）非常规油气钻完井关键自动化工具的完善、升级。

继续完善低成本、适用性强的专用技术和工具，解决非常规深层长水平段钻具黏滑振动、井眼托压、轨迹控制和井口环空带压的技术难题。重点开展井下测量数据压缩及高速稳定传输技术、随钻前探 / 远探系统、闭环钻井系统等攻关研制，提高井下测量数据的稳定传输速率，实时准确获取地质、工程参数，助力实现安全、无风险钻井。

（3）抗高温工具仪器研发、连续管侧钻技术接续攻关。

针对连续管侧钻复合钻机主机尺寸大、质量大（60t 及以上）、设备移运困难，连续管侧钻复合钻机对于沟壑纵横、地表破碎的恶劣道路环境仍不完全适应，亟需解决连续管侧钻复合钻机的模块化、小型化难题，同时适应连续管侧钻的配套设备、低摩阻钻井液体系等仍存在不足，需通过开展更多现场试验验证。此外，深层非常规油气资源的高温（135～155℃）极端环境导致钻井随钻测量 MWD/LWD、旋转导向系统等井下工具、仪器寿命急剧降低，故障率高，需要频繁更换工具仪器，造成非生产时效增加、工程作业效率降低。因此，需重点开展隔热降温、高温电子元器件、高温橡胶与密封组件等工具仪器、材料攻关、研发，提高工具仪器抗高温性能、适应超 175℃的极端工况环境；开展小型化橇装式电驱动连续管侧钻钻机的研制和设备配套，提升连续管侧钻完井工艺技术的普遍适用性。

（4）超大井丛布井及超长水平井优快钻井技术。

超大井丛井眼轨迹复杂、摩阻扭矩高、套管下入困难，工程参数强化的空间受限、制约机械钻速的进一步提高，3000m 以上超长水平段"一趟钻"受制于井下"短板"工具的寿命、实现困难，造成钻井周期长。需重点开展超大井丛布井及井眼轨迹优化设计、长寿命井下"短板"工具研制、高性能油 / 水基钻井液体系、高效堵漏技术、低成本优快钻井技术、超长水平段提高固井质量技术等方面的攻关与试验，实现 3000m 以上超长水平段"一趟钻"，提高钻井作业效率、缩短钻井周期。

十四、知识产权成果

"十一五"至"十三五"期间，授权专利 232 项，登记软件著作权 56 项，制定、修订行业 / 企业标准 76 项，发表论文 312 篇，出版专著 11 部，获省部级及以上奖励 10 多项。其中"CG STEER 旋转地质导向钻井系统"获中国石油年度十大科技进展并入选了国家"十三五"科技创新成就展。2017 年，"涪陵大型海相页岩气田高效勘探开发"获国家科技进步一等奖，2016 年，"涪陵海相页岩气高效开发关键技术及工业化应用"获中国石化集团公司科技进步一等奖，"涪陵页岩气田水平井组优快钻井术研究及应用"获重庆市人民政府科技进步一等奖。2018 年"川渝高磨地区高压气井及页岩气固井密封完整性关键技术与规模应用"获中国石油集团公司科技进步一等奖。

第六节 储层改造关键技术与装备

一、储层改造关键技术与装备的背景、现状与挑战

1. 技术背景与现状

近年来，在全球进入"非常规时代"的背景下，北美储层改造技术的持续发展助力非常规油气产量的稳步攀升，不断改变着世界能源的格局。据美国能源署（EIA）数据，2020年，美国原油年产量为5.67×10^8t，致密油为3.73×10^8t，占比为65.8%；天然气总产量为9596×10^8m^3，页岩气产量为6557×10^8m^3，占比为68.3%，页岩气已成为天然气产量的绝对主体。

2002年美国开始尝试水平井分段压裂（水平段长为450~1500m），水平井产量是垂直井的3倍多。2005年首次尝试两井同步压裂，产量比单独压裂提高20%~55%；2007年北美大面积推广应用水平井分段压裂技术，参数指标明显提高（水平段长普遍为1000~1500m，分段为8~15段压裂，每段液量为1000~1500m^3，支撑剂为100~200t），页岩气产量得到大幅度攀升（达447×10^8m^3，较2006年增加164×10^8m^3），"页岩气革命"的作用开始凸显。总体上，"十一五"前，国外以裸眼封隔器分段压裂为主，哈里伯顿公司发展了水力喷射分段压裂技术，但应用较少，桥塞分段压裂技术处于试验应用阶段。进入"十一五"后，北美水平井分段压裂技术发展迅猛，桥塞分段压裂技术逐渐成为主体，2009年桥塞分段压裂技术应用占比达到95.7%。

2004年哈里伯顿公司针对钻井提出了"期待的知识工厂（eKnowledge Factory）"，强调数据存储仓库（Data Warehouse）、知识存储空间（Knowledge Buckets——知识"桶"）、知识价值链的作用，建立知识价值链模型（Knowledge Value Chain），以及数据流分析与处理方法。"期待的知识工厂"的概念提供了一种通过不同"桶"和"桶"来存储和检索知识的机制。通过优化的数据挖掘机制及定义的约束，可以在整个组织中共享不同阶段与用户相关的存储知识。这将最终帮助企业克服未来几年石油行业将面临的海量知识（数据）流失问题。该文理念与后期平台作业模式下的"工厂化"无关。2009年加拿大的恩卡纳公司第一次将钻井、压裂、生产、销售一体化考虑，构建了"气工厂（Gas Factories）"作业与管理模式，并在加拿大霍恩河区块进行实践取得显著成效。恩卡纳公司从2007年的单井压裂（一口井压3段）到2009年开始实施平台压裂（每个平台压裂154段，11口井，每口井14段，常规水平井完井），再到2011年的平台压裂大幅提升技术水平（每个平台440段，16口井，每口井27.5段，全采用"后勺子"井完井），建立起系统完整的"气工厂"作业模式，单井井口气价成本下降90%。2012年加拿大相关能源公司与中国石油进行国际技术交流，第一次将该理念与做法，以及取得的显著效果展示在中国人的面前。鉴于中国石油当年已启动页岩气与致密油示范区的先导试验，故而中国石油相关专家将其转换为"井工厂"的叫法，并建立起以"逆向设计"为指导的

"工厂化"作业模式。至此，"工厂化"成为业内在非常规油气开发中将技术、成本、效率发挥到最佳的一种作业模式。其次，阿帕奇公司是北美在工厂化作业中将技术与装备应用创新发挥得最好的公司之一，平台井数最多超过 30 口井，建立了"D-70-K"井场经典的冬季工厂化作业模式（16 口井，压裂 274 段，井深为 4500m；每天施工 3.09 段，2010 年的冬季进入，2011 年早春完工；压裂施工 110 天，压裂液超过 $89.0 \times 10^4 m^3$，支撑剂 $5.0 \times 10^4 t$），其冬季作业模式，技术实施与管理，超大规模压裂的材料与后勤物流保障，全产业链的系统工程架构与设计值得借鉴与学习。

　　总体上，哈里伯顿公司在压裂设备领域的研发、贝克休斯公司在分段压裂工具方面的创新，威德福公司及品尼高公司在微地震监测与裂缝诊断技术方面具有领先的技术水平，品尼高公司还发明了测斜仪裂缝诊断技术，斯伦贝谢在地质建模技术等方面技高一筹。国外各大服务公司具有各自的优化设计软件、装备、工具与液体体系与特色技术，水平井桥塞分段压裂技术成为主流技术。

　　中国储层改造技术在不断发展与进步中形成了各个时期的技术特色，基本满足了低渗透油气田的压裂需要。"八五"以前，压裂设备大多使用 300 型、500 型、水泥车及 1400 型压裂车，压裂工艺基本上采用直井单层或合层压裂，压裂液主要为田菁胶、魔芋胶及甲叉基聚合物压裂液，支撑剂基本上使用石英砂，规模较小。当时的压裂技术支撑了玉门老君庙 M 油藏、长庆马岭和吉林扶余等油田的全面开发。"八五"至"十五"期间，以低渗透油藏（区块）为单元，建立水力裂缝与开发井网优化组合系统，形成了整体压裂和开发压裂技术，改变了以往仅仅针对单井进行压裂改造，弥补了油藏非均质性、水驱扫油效率与开发效益的总体考虑。截至"十一五"前，中国压裂酸化技术取得了长足的进步，形成了适合各类储层的水力加砂压裂技术与多级注入酸压技术，形成了以瓜胶压裂液、稠化酸为主的各类液体体系，耐温达到 120～150℃。压裂井型基本为直井压裂。1965 年在四川完钻我国第一口水平井——磨 3 井，1994 年 10 月在长庆油田的塞平 1 井实施了中国第一口水平井分段压裂，水平段长度为 236.2m，分 4 段压裂，采用填砂 + 液体胶塞进行分段，传统瓜胶压裂技术，排量为 2.2～2.5m³/min，平均单段液量为 107.8m³、砂量为 21.4m³，压后测试产量为 89.4m³/d，是安塞油田直井压裂产量的 5～6 倍。2005 年 8 月在川中公 66H（沙一段，横截缝）和西 71（须四段，纵向缝）两口水平井实施水力加砂压裂取得成功，探索了致密气水平井压裂技术的应用。截至 2005 年底，国内水平井压裂仅实施 8 口井，由于国内缺乏国产分段压裂工具，多采用笼统压裂、填砂分段或引进外国分段压裂工具进行施工。同时，国内并未开展水平井分段压裂技术的系统研究与攻关，未建立水平井水力裂缝优化设计方法，压裂优化设计多以进口国外软件为主，中国石油及相关石油院校进行了一定程度的自主软件研发，但均未实现商业性应用。中国石油最早建立了小型测试压裂分析方法与硬件系统，开展了压前评估分析，有效指导了压裂优化设计与现场施工参数优化调整，但裂缝诊断与压后评估技术与手段缺乏。压裂装备以进口的哈里伯顿公司的 2000 型压裂车为主，国内装备制造研发能力薄弱，以苏里格与须家河等致密气为代表的水平井分段压裂技术与工具多以引进为主，由于技术与工具垄断使得引进工具与国外技术人员服务费极高。

2. 技术挑战

"十一五"前中国缺乏水平井分段压裂技术的系统性研究，对比北美水平井压裂技术发展现状，确定了研发适合中国不同类型储层的压裂技术面临以下挑战：

（1）水平井分段压裂应用基础理论研究相对薄弱。水平井裂缝起裂与扩展机理不清，如何优化水平井井眼轨迹与箱体控制程度，井眼轨迹与砂体展布，水平主应力之间的关系如何实现最佳匹配，缺乏相关理论支撑与实践验证。

（2）水平井完井方式与改造效果之间的关系尚未明确。缺乏研究裂缝形态、裂缝条数影响压后产量的相关实验物模与理论研究方法，对油藏改造体积与产量效果的关系认识不清，未找到使裂缝复杂化的技术手段，尚未建立优化水力裂缝条数的科学方法。

（3）压裂装备与水平井分段压裂工具依赖进口，技术发展受制于人。国内缺乏水平井分段压裂工具设计与制造经验与可供参考资料，如何借鉴直井分层压裂工具自主研发水平井分段工具，通过引进北美水平井分段工具进行技术服务学习国外的工具研发与应用经验成为关键。

（4）工作液体系不能满足不同类型储层增产改造的需要。以常规瓜胶原粉为稠化剂的压裂液体系，普遍存在稠化剂使用浓度高，残渣高，耐温流变性差，地层伤害大等问题。亟待攻关耐温180℃的高温压裂液、加重压裂液、低浓度低伤害压裂液，以及适用于水平井分段压裂的滑溜水压裂液。

（5）裂缝诊断与压后评估技术落后，手段缺乏。小型测试压裂，压后压力恢复试井，井温测井等在直井上的诊断与评估技术不能满足水平井分段压裂对复杂裂缝的诊断与评估，需研究和引进新的水力裂缝诊断技术。

3. 技术发展概述

为了进一步转变发展方式，经济有效地开发低渗透及非常规油气资源，扭转储层改造核心技术受制于人的被动局面，2006年中国石油启动"水平井低渗透改造重大攻关项目"，制定了"两院三公司"联合攻关模式，并不断持续进行攻关。同时"十一五"至"十二五"期间，在国家科技重大专项《大型油气田及煤层气开发》的项目13——"低渗、特低渗油气田经济开发关键技术"中设置储层改造课题进行相关研究。形成了双封单卡、套内封隔器滑套、裸眼封隔器、水力喷射、速钻桥塞五套水平井分段压裂技术与工具，打破了国外垄断格局；形成了耐温180℃的超低浓度低伤害羧甲基瓜胶压裂液体系，形成耐温170℃，密度为1.32g/cm³的加重压裂液体系，为超深、超高温、超高施工压力的"三超井"提供了新技术与新液体，性能达到国际先进水平；形成了以大物模为基础的裂缝扩展模拟实验装备与技术，形成了长期导流能力实验评价物模，透明平行板物模及水平井流变模拟实验物模等7套实验装置，其中3套性能指标达到国际先进水平，提高了自主创新能力。通过攻关水平井分段改造技术获得突破，促进了水平井在低渗透油气藏的规模应用，自2007年自主研发工具成功起，"十一五"至"十二五"期间，中国石油水平井分段压裂4974口，2014年达到最高为1117口，为长庆、大庆、吉林和西南等低渗透油气田及非常规油气开发提供了技术利器，大幅提升了低品位储量的有效动用率。"十三五"期间，国家科技重大专项《大型油气田及煤层气开发》中首次设立有关储层改造技术的国家级项目《储层改造关键技术及装备》，凸显了国家对储层改造技术发展的重视，也体现了储层改造技术在中国油气勘探开发中的作用与地位在日渐提升。该项目由中国石油科学技术研究院牵头，联合23家单位（2个研究院、9所大学、6个油田公司、4个工程公司、2家企业），组成共320人的"产—学—研—用"攻关团队。以长宁—威远、昭通页岩气，鄂尔多斯、新疆准噶尔、大庆古龙页岩油等国家示范区为研究对象，以重大生产需求为导向，通过5年攻关，在体积改造理论，优化设计软件与工艺技术，国产化压裂装备及工具，连续管配套等方面取得长足进步，形成了全三维水力压裂物理模拟实验系统、200℃低成本压裂液、7000型电驱压裂装备、全可溶桥塞系列、8000m连续管等标志性成果，实现了储层改造设计的自主化，大幅提升了国内储层改造技术水平，实现了由引进为主导自主创新的跨越发展，满足了中国埋深超8000m，温度超200℃，渗透率为纳达西级页岩气、致密油等非常规油气资源的动用，目前成功建成长宁、威远、昭通共3个页岩气示范区。深层、非常规等低品位资源得到大幅度动用。

总结"十一五"以来储层改造技术发展历程，可以划分为4个阶段：

（1）2006—2008年，中国石油通过水平井重大项目攻关，实现水平井分段压裂工具从无到有的突破，大幅提高核心技术竞争力，促使外国工具与技术服务费用大幅度降低（降幅50%~90%）。同时，中国石油提出用于提高低渗—特低渗油气田压裂改造效果的"缝网压裂"技术，已认识到构建复杂缝网是提高低渗致密储层改造效果的关键（胥云等，2009）。

（2）2009年借鉴北美微地震监测发现裂缝形态不是单翼对称裂缝，而是复杂网络裂缝（Maxwell et al.，2002）的结果，参考北美提出的"油藏改造体积（SRV）"（Mayerhofer et al.，2006，2010）概念，中国石油提出了"体积改造技术（Volume Stimulation Technology）"理念，给出了体积改造技术的定义，构建了相应的技术内涵与技术体系（吴奇等，2011，2012，2014；胥云等，2016）。促使压裂理论从经典走向现代，页岩气以"打碎"储层，形成网络裂缝为目标进行压裂，现场应用初见成效。

（3）2013年借鉴北美平台作业及拉链式压裂的技术方法，在长宁区块H2、H3平台试验拉链压裂与同步压裂，探索"工厂化"作业模式，低成本开发初见端倪。自2006年到2020年，中国石油累计压裂10681口水平井，平台模式的水平井分段压裂成为页岩气、致密油效益开发的关键技术。

（4）2018年提出"缝控"压裂技术（雷群等，2018），该技术理念不再纠结储层是否能够被"打碎"，不再以形成"缝网"为终极目标，而是通过"密切割"缩小簇间距，最大限度增加单位裂缝长度中的裂缝条数来实现接触面积最大化，实现对可采储量的"全波及"，破解了塑性特征强，应力差大的储层不易形成缝网的难题，大幅度提升与丰富了体积改造技术的内涵与应用范围。缝控压裂技术以裂缝控藏为关键要素，形成以"三到位（布井一次到位，布缝一次到位、压裂一次到位）"为目标的优化设计方法，助力页岩油水平井压裂见到显著效果。

二、体积改造关键技术与应用成效

1. 体积改造基础理论

1）体积改造理论内涵

体积改造技术是现代理论下的压裂技术总论，"缝网"是体积改造追求的裂缝形态，"缝网压裂"技术是体积改造技术的一种表达形式。体积改造技术是针对非常规油气勘探开发领域，以不同视角对经典达西定律的诠释，其核心理论是（胥云等，2018）：（1）一个方法："打碎"储层，形成网络裂缝，人造渗透率；（2）三个内涵：裂缝壁面与储层基质的接触面积最大，储层流体从基质流至裂缝的距离最短，基质中流体向裂缝渗流所需压差最小；（3）三个作用：提高单井产量，提高采收率，储量动用最大化。研究表明，非常规油气的基质渗流无论考虑非达西流动、启动压力流动还是多尺度流动等，非达西流动特征的表述模型仍是达西定律的表达形式，只是用不同参数进行修正，其渗流特征仍受渗流面积、流动距离、驱动压差控制。这些研究从理论上证实了用"最大、最短、最小"诠释体积改造技术核心理论内涵的合理性。因此，可以说达西定律是构建体积改造技术的理论基础，"最大、最短、最小"是达西定律在储层改造领域的全新表现。体积改造技术不仅可以在非常规储层广泛应用，在低饱和度油藏、稠油油藏，甚至常规油气藏的开发中也可应用。体积改造技术对于深层非常规储层同样适用，其主要的技术瓶颈是深井作业技术能力与作业水平，井口与设备的耐高压能力及更大的投入，如何降本增效是深层页岩气有效开发的重要研究方向。

2）体积改造重大实验装备与方法

（1）全三维水力压裂物理模拟实验系统。

全三维水力压裂物模实验技术是研究裂缝起裂延伸机理的有效科研手段，通过室内实验，基于相似理论设计，将现场井、储层及施工工艺搬进实验室，直观揭示不同地质条件和工程条件下的裂缝起裂与延伸形态（Warpinski et al.，2008），深化对裂缝起裂延伸机理的认识规律，为数值模型建立和工艺优化设计提供实验依据，最终的研究目的是指导现场建立更高效的储层改造工艺技术。2012 年中国石油率先建立国内首套大物模实验系统，成为储层改造重点实验室的标志性实验设备。进入"十三五"以来，依托该实验系统，结合非常规储层改造复杂裂缝起裂扩展机理问题，持续创新升级压裂实验装备，创新 4 项大物模关键实验技术：模拟真实射孔、层间水平应力加载压裂、天然裂缝/层理模拟实验法（Wu et al.，2013），形成了全三维压裂裂缝实时监测技术，为页岩储层地质条件下的复杂水力裂缝延伸机理研究提供有效技术手段，支撑了"十三五"储层改造机理研究。

该系统作为国家项目储层改造形成的标志性设备，实现了我国储层改造裂缝起裂模拟的自主化，指导了国内 6 个盆地，页岩油气、深层、低渗致密砂岩、煤层气等不同类型岩石压裂优化设计，并为国外斯伦贝谢公司等提供了技术服务，实现了技术再创新与升级。实验系统主要部件包括：应力加载框架、围压系统、井筒注入系统、数据采集及控制系统和声发射监测系统（图4-6-1）。其中应力加载框架允许岩样的最大尺寸为762mm（长）×762mm（宽）×914mm（高）。围压系统可对岩石样品实现三向主应力的独立加载，井筒注入系统可实现前置液—携砂液—顶替液多级流体交替连续泵注，还可以模拟纤维暂堵压裂、段塞式加砂压裂等特殊泵注工艺。实时控制系统可以对压力曲线、泵注排量、围压数据进行实时采集，也可对泵注压力和排量进行实时控制。声发射系统可实现水力裂缝扩展过程中声事件的实时定位，进而达到对水力裂缝扩展形态实时监测的目的。主要技术指标如下：最大应力为69MPa；层间最大应力差为14MPa；工作液为常规压裂液；井眼压力为82MPa；井眼流量为12L/min；最大的实时声发射监测通道数为24道。

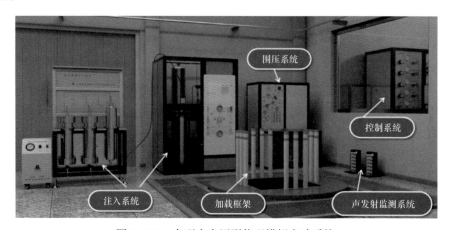

图4-6-1　大型水力压裂物理模拟实验系统

（2）长期导流能力实验评价系统与实验研究。

支撑剂流短期导流能力测试装置解决了单相液体介质达西流动的测量（图4-6-2），但该装置使用不锈钢钢板模拟岩心板，测试时间也比较短，温度也仅限于室温。支撑剂长期导流测试装置采用砂岩岩板代替短期导流装置中的不锈钢钢板。该设备闭合压力最大可达150MPa，管路可耐回路压力最大为40MPa，导流测试范围为0～5000cm²·μm，测量精度为1%，可模拟地层温度高达200℃，设备可持续运转300小时以上。为减少获得平行数据所需的时间，组装时将2个以上的导流室叠加在一起。

在参与国际长导标准（压裂支撑剂充填层长期导流能力评价推荐方法——ISO/WD 1350-2）制定的同时，借鉴国外长导实验经验（Roussel et al.，2011），纠正了以往用恒定压力测试50小时进行长导实验的不足，新实验方法考虑了现场压后生产过程中裂缝不断闭合导致闭合应力变化的实际情况，设计了不同闭合应力下导流能力随时间变化的测量方法，得到的实验结果更符合现场生产实际。研究表明长期和短期导流能力差值并非是常规认为的1/3，两者差别随着闭合压力的增加而增大，当闭合应力从10MPa上升到60MPa时，短期导流能力与长期导流能力之比从1.2上升到5.5，说明短期导流能力实验数据用于压裂设计得到的结果趋于乐观。因此，在闭合压力较高区域作业时，更应进行支撑剂长期导流实验。另外长期导流能力实验表明，支撑剂嵌入对导流能力的影响十分明显，并随着闭合压力的增加而增加，闭合应力在60MPa时，嵌入与破碎对导流能力的影响是不考虑嵌入与破碎的 3 倍。建立依据长期导流能力实验，并引入长期导流能力递减指数，气测导流能力、非达西效应等参数，可以形成提高增产改造有效期的压裂优化设计新方法，可以更好地用于指导气藏压后产量预测研究及指导支撑裂缝剖面优化。

图 4-6-2　长期导流能力装置

2. 水平井压裂设计优化系统（UFrac1.0）开发与应用

1）软件研发背景

国内压裂优化设计软件以引进为主，自主研发零星分散，数据共享性差，一体化和商业化程度不高。亟需以非常规致密储层为研究对象，紧密围绕压裂优化设计系统功能需求，攻关储层应力场预测、压裂地质建模、储层评价与射孔优化、裂缝扩展模拟、产能预测与评价等 5 项特色软件功能，最终开发一套水平井压裂设计优化系统，填补国内压裂软件空白，为提高单井产量提供强有力的技术支撑。

2）理论模型与核心模块开发

自主开发了国内首套页岩气水平井压裂设计优化系统（UFrac），具备数据存储分析、储层质量评价、压裂缝网预测、压裂设计优化、压后产能评价、压裂实时决策等 7 大功能模块（图 4-6-3）。

（1）数据库与大数据分析模块。

建立了地质—工程一体化数据库，可实现基础数据、地质数据、井况数据、设计数据、施工数据及生产数据等 8 大类，60 小类数据存储，数据格式多样，与 FracPT、Petrel、Eclipse 等商业软件数据格式兼容，当前存储了 41 口井、810 段的地质工程数据。同时可实现用户自主管理，可实现数据存储、检索、编辑、调用、备份、集成等操作的可视化。

（2）地质建模模块。

基于数据库支持，采用概率统计和高斯序贯模拟，开发了地质建模软件模块，可实现区域、剖面及井筒的地应力、天然裂缝、物性等的建模与三维显示。通过地质建模可输出构造、地应力、天然裂缝、物性、井筒等 5 大类 22 小类参数的分布结果，为用户认识储层提供可视化参考，也为后续模块分析提供地质基础。

图 4-6-3　软件界面及主体功能模块

（3）储层评价模块。

基于 DPEI（开发潜力评价指数）、ACE（交替期望条件变换法）、油田经验法开发形成，具备储层质量定点与综合评价、压裂甜点优选与自动分段等功能。

（4）裂缝网络预测模块。

基于页岩压裂缝网动态扩展预测模型（A–FNPM 模型）开发，具备天然裂缝建模、三维压裂裂缝网络几何尺寸（Xiong et al.，2019）、支撑剂浓度分布预测、裂缝扩展动态仿真模拟等功能。

（5）压裂产能预测模块。

该模块基于页岩气藏压裂水平井气水两相流动模型开发形成，根据裂缝扩展模块得到的数据体采用 EDFM 法进行产能计算及生产动态模拟、预测。

该模型产能计算结果与实测数据平均符合率为 82.3%，较稳态吸附双重介质模型和稳态吸附多尺度裂缝模型精确度分别提升 21.3% 和 15.5%。

（6）压裂设计优化模块。

基于储层评价模块的结果，实施多方案缝网与产能预测模块，基于缝网、经济效益、产能多结果寻求压裂方案的最优化。

（7）压裂实时决策模块。

基于现场工程师需求，对压裂施工数据实时采集处理，综合应用软件模型及算法，实现三维井筒—裂缝扩展动态仿真、施工压力实时分析、施工风险实时预警等，以指导现场施工控制及决策。压裂设计施工符合率由 77% 提升到 95%。

3）软件应用与成效

水平井压裂设计优化系统 U-Frac 在昭通、威远国家级页岩气示范区应用 40 井次，单段模拟时间不大于 2min，单井模拟时间不大于 50min，设计符合率不低于 95%，裂缝网络预测模型 A-FNPM 模拟结果与微地震监测对比平均符合率为 87.1%。产能预测结果符合率大于 85%。

3. 体积改造关键工艺技术与应用

压裂工具服务于压裂工艺，国内外压裂工具紧密围绕着直井分层压裂、水平井分段压裂两大主题开展工具的研发，以"下得去、分得开、全通径、智能化"为目标，经过多年的攻关研究，基本实现了规模化应用。"十一五"以来，依托国家项目，中国石油持续进行项目攻关，解决了从无到有的难题，自主研发形成了五套水平井分段改造主体技术，特别是自主研发的系列化可溶桥塞分段工具，解决了国外压裂工具产品长期垄断的"卡脖子"难题，服务价格比国外技术降低 50%～80%，价格优势明显，促使压裂工具大幅度降本，适宜大规模工业化推广应用。

1）双封单卡分段压裂技术

工艺管柱具有通过能力强、改造针对性强、施工效率高、安全可靠的特点，耐温、承压指标分别达到 120℃、80MPa，一趟管柱最多压裂 15 段，单井多趟管柱组合可实现任意段数压裂，改进后单趟管柱加砂规模突破 450m^3，最大卡距达到 70m。

2）套内封隔器滑套分段压裂技术

工艺管柱耐温 150℃、耐压差 70MPa，施工全过程液压动作，对各层段改造针对性强，不受卡距限制，一趟管柱可以实现套管内 15 段的分段压裂施工，能够满足浅、中、深水平井中短射孔段针对性压裂改造。

3）水力喷砂分段压裂技术

在理论与实验研究的基础上形成了油田水力喷砂与小直径封隔器联作拖动压裂工艺，实现了井控条件下多段压裂改造，一趟管柱拖动可分压 8 段；气井不动管柱多级滑套水力喷砂分段压裂工艺，一趟管柱不动可分压 15 段，缩短了施工周期，提高了施工效率。

4）裸眼封隔器滑套分段压裂技术

适用于气藏的分段压裂技术，工具耐温 160℃、耐压差 70MPa，单井可分压 15 段，具有施工简便的优点。

5）桥塞分段压裂技术

2014 年，国内提出了以"金属封隔、免钻投产"为核心的球座分段压裂技术，经过 5 年持续攻关，历经 3 次方案调整，技术水平持续提升，实现了锚封一体、无胶筒、全可溶，新一代自主体积压裂工艺基本定型。2018 年以来，针对前期球座需预置工作筒、工艺复杂等技术问题，提出了 DMS 可溶球座体积压裂工艺研发思路。分析认为 DMS 可溶球座主要面临结构研究、可溶金属密封材料研发、丢手方式选择等技术难题。根据力学分析及实验测定，对可溶球座结构进行多次改进与优化，形成了以上锥体、密封环、卡瓦、尾座为主体结构的球座，满足自锁、密封、锚定、丢手功能，工具长度较常规桥塞缩短 30%。近年来自主研发了可溶桥塞、可溶球座、模块化多簇射孔器等新型压裂及关键配套工具，并致力于提升性能指标和应用规模，助推水平井体积改造的规模应用和非常规油气开发提质增效。

可溶桥塞性能提升：研发了耐温性能更优越（20～180℃）的全金属桥塞（可溶合金延伸率为 60%），工具全为可溶（图 4-6-4），溶解时间可控（5～12 天）。推动了非常规油气作业方式的转变，产品价格由 15 万～20 万元降低至 2 万～3 万元，提高了公司分段压裂技术核心竞争力。

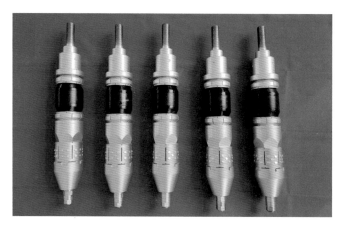

图 4-6-4　自主研发可溶桥塞

可溶球座规模化应用：承压为 70MPa（70℃），7 天内可全部溶解，长庆油田规模应用 535 口井共 6633 段，实现单井压裂 43 段和 28 小时清理 24 个球座技术指标，压后免钻，技术指标总体达到国际领先水平。

长水平井多簇射孔工具实现提速：研制并推广模块化分簇射孔器，多簇点火能力由 14 簇提高至 20 簇，配合插拔式井口装置，作业提速 54.6%（平均换装时间 24min），成功应用于深层页岩气井（黄 203 井，水平段长 2150m）。

目前桥塞分段压裂技术已成为水平井分段压裂的主体技术。目前中国石油年改造井数达 1600 口，段数达 2.3 万段，90% 的分段压裂水平井采用桥塞 + 射孔联作技术。其中可溶解桥塞分别在长庆、大庆、吐哈、四川、吉林等油田开展现场试验，累计完成分段压裂现场试验 48 口井次共 389 段。试验获得巨大成功，推广应用前景广阔。

4. 储层改造液体体系与应用

1）超低浓度瓜尔胶压裂液体系

"十二五"期间，随着国内外油气田压裂增产技术需求的不断增加，瓜尔胶用量急速增长，瓜尔胶价格波动异常，压裂液成本大幅增加，因此在降低伤害、平抑供求矛盾，满足性能要求的前提下，如何降低瓜尔胶用量是亟待解决的难题。超低浓度羟丙基瓜尔胶压裂液技术应运而生，该压裂液体系关键难点在于交联剂的研发，通过分子设计和结构优化，使用长链多点螯合技术增大了交联剂链的长度并实现多极性头多点交联，使得交联剂在更低浓度溶液中可以形成三维"牵手"网络冻胶，使羟丙基瓜尔胶最低使用浓度低至 0.15%，突破国外同类产品交联下限（0.18%）。

该体系优点主要体现在：形成了 50~150℃压裂液配方体系，相应耐温条件下，瓜尔胶用量可降低 30%~50%；残渣少伤害低，压裂液配方残渣最低为 51mg/L，相同温度配方体系残渣降低 30%~40%；基液黏度低、泵注摩阻低，0.3% 羟丙基瓜尔胶延迟交联 1~3min，耐温能力达 120℃；弹性好，在瓜尔胶浓度为 0.25% 的压裂液中加入砂比为 40% 的支撑剂陶粒，保持 4h 不沉降。超低浓度羟丙基瓜尔胶压裂液在长庆、华北、吐哈、浙江等油田投入使用，施工成功率为 100%，在现场应用中展示了良好的造缝和携砂性能，增产效果显著，通常为邻井的 2.5~5.3 倍。

2）耐超高温 240℃清洁压裂液体系

耐超高温压裂液攻关的技术难点主要是耐高温稠化剂的合成及配套交联剂的研制。耐高温稠化剂以丙烯酰胺类单体为主，同时添加耐高温及耐盐单体，采用三元共聚溶液法进行合成，最终得到耐高温聚合物稠化剂 P240。采用瑞士梅特勒托利多公司 TGA/DSC1 专业型同步热分析仪对聚合物进行分析，聚合物本身的耐温性可达 325℃。同时研制有机锆交联剂，配合其他添加剂，形成耐超高温 240℃的清洁压裂液体系。该体系优点主要体现在：适用于超高温储层 180~240℃，残渣含量较低，配制方便，破胶彻底，对储层伤害低（表 4-6-1）。

表 4-6-1　耐超高温 240℃清洁压裂液体系综合性能

项目	液体性能
基液黏度	0.6% 稠化剂，黏度为 69mPa·s
交联时间	1~10min
耐温耐剪切性	170s-1 连续剪切 2 小时后，黏度大于 50mPa·s
残渣含量	小于 50mg/L
静态滤失	200℃配方体系：滤失系数 $CIII=8.94\times10^{-4}\mathrm{m}/\sqrt{\min}$ 静态初滤失量 $Q_{sp}=8.80\times10^{-3}\mathrm{m^3/m^2}$，滤失速率 $V=1.49\times10^{-4}\mathrm{m/min}$
破胶性能	破胶时间为 1~8h，水化液黏度降小于 5.0mPa·s
伤害率	200℃配方，伤害率为 17.3%

3）CO_2 无水压裂液体系

CO_2 无水压裂液体系的优势主要体现在对储层伤害低，超临界 CO_2 具有较强的破岩作用，能够渗入微小储集空间，并依靠自身的膨胀能，将孔喉撑开，提高储层连通性，是压裂液体系岩心伤害率低的主要因素。另外，CO_2 干法压裂增稠剂加量小，且主要成分无残渣，无吸附，对储层伤害影响较弱。

"十三五"期间研发新型 CO_2 增稠剂，在低温液态 CO_2 中能够迅速分散，流动性良好，分散增稠时间可通过增稠剂的加入比例控制，在 $0.5\sim5$ 分钟可调。由此形成的 CO_2 无水压裂液体系黏度可保持在 $12\sim18mPa\cdot s$，对致密岩心的造壁滤失系数较小，相对纯 CO_2 流体，该体系在施工中具有一定的造壁降滤失效果，对致密储层和微小孔隙的造壁降滤失效果相对明显。CO_2 无水压裂液在苏里格气田、延长气田、神木气田完成了 6 井次的现场应用，最大井深为 3454m，最高井温为 104℃，最大单层加砂量为 $30m^3$，最高砂比为 25%（平均砂比为 15.3%），刷新了国内 CO_2 干法加砂压裂最大井深、最大单层加砂量和最高砂比三项技术指标。

4）滑溜水压裂液体系

滑溜水压裂液即使用淡水或 2% 的 KCl 盐水作为主压裂液，主要添加剂聚丙烯酰胺（PAM）类聚合物，其使用浓度一般为 $0.08\%\sim0.2\%$，根据减阻剂相对分子质量的不同，现场施工过程中浓度不同。滑溜水压裂液具有黏度低、摩阻低、地层伤害小、成本低等特点，适用于非常规油气藏大规模、大排量施工。"十二五"以来，国内加大滑溜水压裂液体系研发及应用力度，形成了粉剂型、乳液型和变黏滑溜水等体系，目前已成为非常规油气藏储层改造的主要液体体系。

（1）粉剂型滑溜水体系。

为进一步减少水平井体积压裂施工组织难度和提高回收利用效率，长庆油田攻关研发了低摩阻、高携砂、无残渣的全过程携砂低分子聚合物 EM 系列滑溜水压裂液，可替代交联瓜尔胶，实现单一体系的全程低黏低阻加砂。EM 系列滑溜水压裂液可以采用连续混配的方式进行配制，且实现了重复利用，可使用回收液直接配液。该体系耐温 120℃，携砂液黏度可达 $30mPa\cdot s$ 以上，减阻率大于 60%，残渣含量少，对地层伤害小，岩心渗透率伤害率小于 15%。EM 系列压裂液在长庆油田规模应用，2018 年累计使用 748 口井，2358 层（其中水平井 122 口，1732 层）入地液量达 $150\times10^4m^3$，返排液回收利用大于 $40\times10^4m^3$。

（2）乳液型滑溜水体系。

通过反相乳液聚合法制得减阻剂。将单体水溶液逐滴加入油相，借助油包水乳化剂将其乳化并分散于油中，加入引发剂引发聚合，遵从自由基反应机理，发生链引发、链增长和链终止三个基元反应，最终得到水溶性聚合物粒子均匀分散于油相中的乳液。W/O 型反相聚合物相对分子质量较大，固体含量为 $25\%\sim40\%$，内相为水溶性聚合物，外相为石油烷烃，稀释时，聚合物在水中可以快速水化释放。具有良好的溶解性和增稠能力，合成路径易操作，原料来源广泛，现场应用最多。2018 年川南页岩气压裂滑溜水占比达到 95% 以上，单井液量呈逐年上升趋势，2018 年平均单井液量为 $46078m^3$；单段液量基本保持稳定，2018 年平均单段液量为 $1807m^3$；用液强度逐步升高，2018 年平均用液强度为 $31m^3/m$，最大为 $41.2m^3/m$（长宁 H18–6）。

（3）变黏滑溜水体系。

变黏减阻剂（High Viscosity Friction Reducers，HVFRs）是近年来发展的非常规油气井压裂液新技术，该技术在国内具有成熟现场应用。在北美非常规油气田水平井压裂中，HVFRs取得了良好的应用效果和经济效益，北美重要的7个油田（或盆地）26口井施工情况统计显示，HVFRs使用后化学用剂成本下降30%～80%，耗水量减少30%，产量增幅30%～80%。中国石油勘探开发研究院开发的FA低浓度变黏滑溜水体系，在新疆油田、浙江油田和大庆油田成功应用，取得较好效果。四川川庆井下科技有限公司研发了一种多功能降阻剂，已经开展现场应用。变黏减阻剂能够实现在线配制，且可以通过在线调整减阻剂浓度实现即时调整压裂液黏度。变黏滑溜水体系在四川盆地页岩气X-1井成功开展现场试验。X-1井一口深层页岩气水平井，垂深约为4070m，水平段长为2030m，裂缝相对发育，水平主应力差约为13MPa，平均脆性指数为48.6%，较难形成缝网压裂。设计主体采用可变黏多功能压裂液滑溜水体系，以形成主缝＋分支缝的复杂裂缝为目标。该井施工排量为16m³/min，泵压为76～84MPa，各段降阻率均超过81.5%，40/70陶粒最高砂浓度为260kg/m³，最高米加砂强度为5.56t/m，远高于常规深层页岩气井1.5t/m的加砂强度，该井加砂强度和最高砂浓度均创下了深层页岩气井滑溜水加砂的最高纪录，同时节省配液成本约170万元。

三、储层改造关键装备与应用成效

1. 超高压、大功率油气压裂机组

1）概述

"十二五"期间，随着国内"井工厂"压裂模式的规模化实施，对单机大功率、车载移运和长时间大规模作业等提出了巨大的挑战。研制超高压大功率油气压裂机组（工作压力为140MPa、单机功率不小于1860kW（2500hp）具有极为重要的意义。

超高压大功率油气压裂机组突破了高压力耐腐蚀材料、大功率压裂泵、多介质高效混配和装备集成控制等关键技术。建成了超高压耐冲蚀材料、大功率压裂泵、高压流体管汇、成套压裂装备等试验平台。研制出适应国内油气开发压力高、排量大和山区作业要求的系列压裂装备，为中国大型油气田开发提供了重要装备支撑。通过国家项目的实施，形成了由企业和高校合作模式下的压裂装备自主创新的研发体系；通过压裂装备核心部件试验和检测平台建设，建成了具有国际领先水平的压裂泵、控制系统、高压管汇等试验室和成套压裂机组试验场；国内形成了柱塞泵、高压管汇等核心部件生产线，实现了大型压裂成套装备全部国产化。超高压大功率油气压裂机组在国内油田得到推广应用，尤其在川渝页岩气和长庆致密油气开发中发挥出巨大功效。所形成的关键技术在系列压裂装备上得到成功应用，国产化大型压裂装备的成功研制实现了中国大型油气田开发中高端装备的突破，解决了中国深层、高压油气资源、复杂地形油气田勘探开发所急需的重大装备。

2）技术成果与装备

超高压、大功率油气压裂机组的技术成果与装备主要有：

（1）超高压、大功率压裂车设计制造技术。

① 超高压压裂泵设计与分析理论体系及可靠性评价方法。

通过建立压裂泵动力学模型和泵阀运动数学模型，揭示压裂泵稳定性和吸排性能的影响规律，提出了压裂泵缸数、冲程、连杆负荷、传动结构和材料的"五因素"性能优化设计方法。攻克了大功率压裂泵制造技术，研制了用于泵壳自动焊接、连杆磨削等专用设备，建成了系列压裂泵加工、装配生产线。首次提出了全功率、最高压力下"百万冲次"可靠性试验方法，建成了最大输出功率为 6000hp 的压裂泵性能试验中心，形成了压裂泵性能及可靠性评价体系，获国家实验室 CNAS 的认可。创新研制出 2800hp、3300hp 等系列大功率压裂泵，最高工作压力达 140 MPa，质量功率比达到 3.58kg/kW。

② 压裂承压件材料安全性评价方法及性能调控技术。

通过模拟压裂工况（高应力、腐蚀性、多介质冲蚀）下的承压件材料优选实验方法，研制了压力脉动 0～200MPa 的试验装置，创新形成了材料可靠性评价技术。通过系列实验与应用，建立了压裂承压件性能数据库，揭示其失效机理，提出了基于断裂韧性的选材设计方案。制定了"精确化学组分、精细显微组织"的高可靠性材料制造标准，突破了压裂承压产品性能不稳定的关键技术瓶颈。研制出系列高强高韧性材料，其平均强度提高 5% 以上，平均韧性提高 150% 以上，为产品的安全性与耐用性奠定了重要基础。

③ 大功率压裂装备集成技术。

创建大型压裂车动力系统、散热系统、车架底盘系统的优化集成技术，形成有限空间和质量条件下压裂车整车约束规范。提出发动机、液力变速箱最优匹配方法与六大子系统集中冷却模式。采用多级温控技术，研制出多通道自动调速散热系统，较国外同类技术重量减少 35%。建立了重载底盘动力学及运动学模型，形成了压裂车底盘主、副车架科学改制规范，实现了大功率密度压裂车轻量化集成。针对弹性底盘基础上复杂动力系统振源多、主频多、振动控制难度大等问题，首次创建"弹性底盘—压裂动力—压裂泵"多体耦合动力学模型，采用随机子空间模态识别技术，揭示了低频、多主频、大振幅激励下压裂车的振动规律，发现共振频率区间为 2.1～15.5Hz，形成了双向隔振控制方法及振动评价体系，有效避免压裂车服役时的共振问题。率先研制出世界首台单机输出功率 2500hp、3000hp 压裂车，整车质量为 45t，转弯半径为 14m，适应国内山地、丘陵道路行驶。

（2）高压管汇设计、制造、在线检测及使用安全保障技术。

创立了高压管汇冲蚀试验方法，通过试验揭示出高压下管件冲蚀磨损速率随应力增加呈指数增长的规律，确定了管汇材料强度和弹性模量与其冲蚀抗力之间的强相关性；首次提出高压厚壁弯头应力解析计算公式，确立了针对冲蚀、应力腐蚀和疲劳等失效的设计准则，建立了结合管件强度计算、应力腐蚀临界强度分析、流体动力学模拟、冲蚀磨损预测的超高压管汇优化设计方法；攻克了超高纯净度镍基合金钢冶炼技术和厚壁零件淬火工艺技术，保证了本体金属材料高强度、高韧性的综合机械性能；研制出压力等级达 140MPa 的旋塞阀、活动弯头、直管等管汇系列产品。

3）应用成效

大型成套压裂机组研发涉及设计技术、材料研究、控制技术、加工制造技术及配套技术领域。以石化机械为代表的装备制造企业与国内外研发机构和高校开展合作，通过科技攻关相继建立了高压材料、冲蚀试验装置，压裂泵、高压管汇、控制系统等核心部件试验室及压裂、混砂、配液、机组试验场。从 2008 年开始，大型压裂装备全部实现了国产化并批量出口国外。图 4-6-5 为超高压、大功率油气压裂机组及应用现场，国内压裂装备产业化能力达到 1000 台以上，项目的实施使中国成套大型压裂技术装备跨入国际领先行列。

图 4-6-5　超高压、大功率油气压裂机组及应用

2. 高效全电动大型压裂成套装备

1）概述

"十二五"期间，随着国内"井工厂"压裂模式的规模化实施，对单机大功率、车载移运和长时间大规模作业等提出了巨大的挑战。研制超高压大功率油气压裂机组（工作压力为 140MPa、单机功率不小于 1860kW（2500hp）具有极为重要的意义。从 2009 年开始，中国石油、中国石化先后承担了国家"863"项目和国家科技重大专项。产品填补了中国大型压裂装备的空白，并带动了国内相关产业的发展，研制的系列产品在中国油气开发过程中发挥出巨大的功效。同时也解决了压裂装备长期以来"发动机、底盘、变数箱"三大件长期依赖进口的"卡脖子"不利局面，实现了压裂装备的自主化，推动了压裂装备的绿色、环保发展之路。

"十三五"期间，压裂工程与装备面临五大难题：一是连续作业工况下压裂装备需要提升功率动用率及可靠性；二是超高压、长时间作业下要提升高压管汇安全裕度和使用寿命；三是大排量、强加砂工艺条件下有效提高混输装备能力并实现自动化；四是解决大型压裂电力系统快速、安全构建及全电动压裂装备集群控制难题；五是全电动压裂国内外均无成熟经验借鉴，需要建立全电动压裂装备应用技术规范。依托国家重大专项"深层页岩气开发关键装备及工具研制"项目，突破了大功率多相电机及变频控制、40m³

电动混砂装置研制、全电动压裂装备远程集群化应用、大功率压裂供配电等多项核心技术，成功研制出高效全电动大型压裂成套装备。与燃油驱动压裂设备相比，所需设备数量减少 50%，设备维护成本下降了 30%，噪声降低了 23%，作业人数压减 40%，装备在连续工况下综合运营成本可降低 30% 以上。

超高压大功率油气压裂机组突破了高压力耐腐蚀材料、大功率压裂泵、多介质高效混配和装备集成控制等关键技术。建成了超高压耐冲蚀材料、大功率压裂泵、高压流体管汇、成套压裂装备等试验平台。研制出适应国内油气开发压力高、排量大和山区作业要求的系列压裂装备，为中国大型油气田开发提供了重要装备支撑。通过国家项目的实施，形成了由企业和高校合作模式下的压裂装备自主创新的研发体系；通过压裂装备核心部件试验和检测平台建设，建成了具有国际领先水平的压裂泵、控制系统、高压管汇等试验室和成套压裂机组试验场；国内形成了柱塞泵、高压管汇等核心部件生产线，实现了大型压裂成套装备全部国产化。超高压大功率油气压裂机组在国内油田得到推广应用，尤其在川渝页岩气和长庆致密油气开发中发挥出巨大功效。所形成的关键技术在系列压裂装备上得到成功应用，国产化大型压裂装备的成功研制实现了中国大型油气田开发中高端装备的突破，解决了中国深层、高压油气资源、复杂地形油气田勘探开发所急需的重大装备。

2）技术成果与装备

（1）5000 型电动压裂装置。

结合中国页岩油气压裂施工参数，统计分析压裂装备负载特性（施工压力和单机排量分别集中在 60～120MPa，$1.6～2.2m^3/min$），以提高单机功率动用率和单机额定排量、降低总配置水功率为目标，建立电动压裂装置多目标匹配优化数学模型，确定单机输出功率等级为 3725kW（5000hp）。基于大连杆负荷长寿命压裂泵和低速大扭矩动力系统，创建排量、受限重量及疲劳寿命复合优化方法；采用双排高弹离合器，实现压裂泵 1～2 秒快速离合并单泵运行，有效降低装备故障对排量、电网冲击的影响；创新电动压裂装置振动测试，形成整机和部件振动烈度评价方法，提出振动烈度不大于 18mm/s 的运行准则，保障设备平稳运行，研制出单机双泵和单机单泵多结构 5000 型压裂装置，单机功率较柴驱提升 67%，功率动用率不小于 65%。

（2）7000 型电驱压裂橇。

7000 型电驱压裂橇形成了大功率、长寿命电驱压裂橇研制和自动控制与在线监测预警等多项技术创新。功率可达 5520kW，电压为 6.6kV，最大施工压力达 138MPa，最大排量可达 $2.03m^3/min$。单台可替代 2～3 台 2500 型柴驱压裂车，作业排量达 $2.6m^3/min$，井场高压区占地减少 50%。同时国产化率已达 100%，可降低采购成本 30%，降低能耗 25% 以上，人员减少 28%，占地减少 31%，大幅减少污染物排放，噪声由 110dB 以上降至 90dB 以内，施工时间可延长 3 小时以上，主要部件也达到 3 年免日常维护，展示出"降本、环保、高效、国产化"四大优势。

3）应用成效

自 2017 年以来，超大功率电动压裂装备样机投入试验以来，先后在重庆、新疆、大庆、四川等油气区块进行推广应用，累计完成压裂施工 1000 多段。与传统柴油驱动压裂设备相比，电动压裂装备实现了压裂工程的 24 小时连续施工作业，施工效率提升至 6～9 段／天，作业人数减少 40%，噪声降低 23%，能耗降低 20% 以上。全电动成套压裂装备的全面推广，标志着中国压裂装备从"机械驱动时代"向"电动、高效、绿色、智能"迈进。

通过国家项目的实施，国内形成了年产电动压裂装备 100 台制造能力，电动压裂装备产业化规模达 30 亿元。为工程服务商节约采购成本及运维费用 30% 以上，交付周期缩短 60%。项目推动了压裂工程电动化革命，使 7～24 小时连续施工成为现实，项目成果推广中形成的标准、规范，为电动压裂工程技术实现国际领先奠定了基础，图 4-6-6 为高效全电动大型压裂成套装备及应用。装备国产化率提升至 95%，形成的超高压材料与密封、电力及变频传动、加工控制、物联网应用等技术，对促进产业结构调整、工业能力提升发挥了重要作用。

图 4-6-6　高效全电动大型压裂成套装备及应用

3. 深井超长连续油管装备

针对中国油气勘探开发对象体现的资源品质劣质化、复杂化等严峻挑战，围绕页岩气、致密油等非常规储层改造及 8000m 深层连续管作业的瓶颈问题，紧密结合长宁—威远和昭通页岩气，鄂尔多斯致密油气等国家示范工程，通过联合攻关，在储层改造研究、关键技术、核心软件、工具及装备研发上取得重要进展。深层连续管作业装备的成功研制配套标志着中国在 6000～8000m 深井连续管装备技术应用领域有了重大突破性进展，填补了深井、超深井连续管作业装备技术的空白，多项技术指标达到国际先进水平。

1）8000m 深层连续管作业装备研制

首创一拖三橇结构型式，开发了道路适应性更强的国内最大的运输拖装式滚筒车，世界最大的作业用注入头，创新了遇阻停机主动安全控制技术，研发了重载支撑井口快速定位塔架，受限道路运输适应性达到世界领先水平。

（1）2″-8000m 作业机半挂车结构研究。

国内首台 2″-8000m 装备样机试验，成功解决了高压深井常规管柱带压作业的难题。陆续在新疆区域推广同类机型 5 台套，广泛应用于塔里木、新疆玛湖、长庆致密气等油气区域深井作业 66 口井。其中，塔里木连续管解堵技术作为老井复产的重要技术手段，具有广泛的推广应用前景。

半挂车上装主要包括控制室、滚筒、连续管、注入头控制软管滚筒、防喷器控制软管滚筒、备胎支架、工具箱、梯子等（图 4-6-7）。

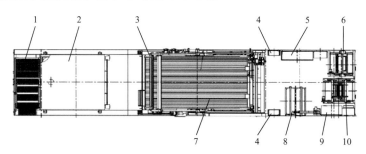

图 4-6-7　半挂车布局

1—控制室登车梯；2—控制室；3—滚筒；4—登车梯；5—工具箱 1；6—防喷器控制软管滚筒；7—连续管；
8—备胎；9—工具箱 2；10—注入头控制软管滚筒

（2）680kN 注入头夹持块研究。

为满足大规格注入头的提升力需求，深层连续管装备需配备最大提升力为 680kN 的注入头。目前通用的做法有两种，一是增大单夹持块上的夹紧力，二是增加注入头夹持长度和夹持区域内夹持块数量。这两种做法都存在弊端，前者会引起单位长度内连续管受力增大，可能造成轴承寿命缩短和连续管受损或挤毁；后者会导致注入头尺寸和质量增大，增加转运和安装难度。而通过一系列的分析和对比试验可知，弹性夹持块具有接触面积大、压力总值大、对连续管损伤小及管径适应性强等优势。将弹性夹持块用于大提升力的注入头，相比较使用常规夹持块的注入头，可提升注入头能力 20% 以上。

（3）恒钻压自动控制技术研究。

在注入头驱动闭式液压系统中，通过研制双向限压阀块对闭式液压泵的变量机构进行压力控制。双向限压阀块包括两个先导式高压顺序阀、两个低压顺序阀、一个梭阀、两个可调节流孔。先导式高压顺序阀为液压泵进出口的压力限制阀，通过远程直动式溢流阀对其压力进行设定；低压顺序阀设定的压力对闭式液压泵变量机构的承压进行限制起保护变量机构作用；梭阀为对闭式液压泵进出口进行选择，使直动式溢流阀遥控设定的为高压端顺序阀的压力；节流孔为对恒钻压控制系统的响应时间进行调节，以满足现场实际使用要求。分别从闭式液压泵的进口和出口取压力油液进入双向限压阀块，梭阀进行高压和低压侧选择，再通过远程直动式溢流阀对高压侧先导式顺序阀进行压力调节，对闭式液压泵出口的压力进行限定，从而使注入头方向控制手柄对闭式液压泵的斜盘摆角进行预设，仅实现对起管或下管进行方向选择，方向选择后由双向限压阀块对闭式液压泵出口压力进行限制实现连续管起管或下管过程中维持恒定的压力。

2）6000m 页岩气水平井连续管作业装备研究

采用两车一橇（注入头橇）方案（图4-6-8），该方案从辅车底盘取力，既可更好满足山区道路运输要求，成本低，综合优势更好。两车一橇作业机分为滚筒车、控制车和注入头运输橇，其中滚筒车由下沉式底盘车、滚筒、连续油管、监控系统、滚筒维护平台、工具箱等组成；控制车由底盘车、液压传动与控制系统、控制室、动力软管滚筒、控制软管滚筒和发电机等组成；注入头运输橇由注入头、导向器、防喷器、防喷盒等组成。其中，注入头最大拉力为450kN，最大注入力为225kN，最大起升速度为60m/min，适用于 2″ 外径的连续管；滚筒底径 × 长度 × 直径为 2030mm×2200mm×3760mm ；液压防喷器采用双联防喷盒 + 复合双闸板防喷器 + 四闸板防喷器，额定工作压力为105MPa，控制压力为 10～21MPa ；滚筒底盘选用 MAN TGS 41.4808×8 底盘，大梁采用框架式结构，前桥轴荷为 13000kg，后桥轴荷为 17500kg，配置最大输出扭矩为 2000Nm 的全功率取力器；控制车底盘选用 MAN MAN TGS 41.4408×6 底盘，前桥轴荷为 7500kg，双后桥轴荷为 18000kg，配置最大输出扭矩为 700Nm 取力器。

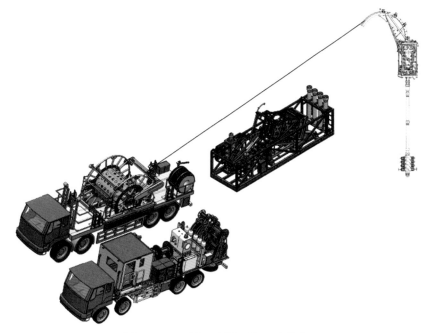

图 4-6-8 两车一橇作业机工作状态

3）复杂地貌致密油水平井连续管作业装备研究

LG360/60-2000 连续管作业机为一车一橇装产品，由主车和井口橇组成，其中主车由下沉式底盘车、液压传动与控制系统、控制室、滚筒、连续管、软管滚筒等组成；井口橇由橇体、注入头、导向器、防喷器、防喷盒和附件等组成。注入头最大拉力为360kN；注入头最大注入力为180kN；适用外径为 1″–2-3/8″ 的连续管；滚筒容量为2200m（2-3/8″）；防喷器工作压力为70MPa；防喷盒工作压力为70MPa（侧开门式）。其基本功能是在作业时向油气井、生产油管或套管内下入和起出连续管，开展计划的井下作业，并在作业开展前后把连续管紧紧地缠绕在滚筒上以便移运。

4）应用成效

2″–8000m拖装超深井连续管作业机共推广5台套，在塔里木、新疆玛湖、苏里格等多个区域进行了应用，共计开展66口，作业工艺包括老井加深、钻塞、打捞、解堵、拖动压裂等，最大作业深度为6920m（克深805井），助力塔里木油田上产 3000×10^4t。

2″–6000m车装连续管设备已经发展成为3000m级水平段深层页岩气作业重要支撑：威远、长宁等页岩气区块应用共计34口，作业工艺包括通洗井、射孔、钻塞等，最大作业深度为6295m（足203H1-3井），最大水平段达到2766m（威202H14-4井）。

四、储层改造技术未来发展方向

1. 物理模拟与数模结合的基础研究将成为推动技术创新的基石

针对"十四五"常规、非常规持续勘探，特超深、干热岩等新领域拓展需求，实施基础研究创新工程，进一步加强压裂地质力学、裂缝起裂与扩展、支撑剂运移规律、人工裂缝条件下油气渗流规律等基础研究，为不同领域储层改造提供理论基础，推进理念创新，推动技术升级换代并实现引领。

在压裂地质力学方面，需研究超高温岩石力学性能演化机理，研究区域天然裂缝与应力场建模及变化规律等科学问题；在裂缝起裂与扩展机理方面，依托大型物理模拟技术，研究复杂岩性下的岩石破裂机理与多尺度裂缝延伸规律，建立物模与数模耦合技术下的裂缝刻画与表征新技术；研究立体压裂技术下的多井裂缝作用与纵向应力干扰机制，三维空间演化模型；在支撑剂运移规律方面，建设可视化大型输砂流变模型，研究滑溜水压裂下的支撑剂沉降规律，以及分支缝、层理缝等复杂裂缝系统支撑剂运移及铺置机理；研究长井段水平井动态裂缝、支撑裂缝、有效裂缝的变化规律。解决从物模与数模结合表征裂缝形态，到准确描述多尺度裂缝扩展形态和支撑剂铺置形态的科学问题，揭示多尺度裂缝扩展机理和支撑剂运动规律，指导压裂定量优化设计，进一步提升压裂优化设计技术的理论水平。

2. 大平台多井立体压裂将成为非常规油气实现高效开发的核心技术

北美二叠纪盆地采用大平台式多层水平井立体开发，单井成本降低15%～30%，增产15%～25%，已成为应对低油价使非常规油气实现效益开发的技术关键。国内新疆、长庆、大庆等页岩油，以及涪陵页岩气等也开始试验了多层水平井立体压裂，并取得了较好效果。但相应的科学问题并未得到有效解决，如多井立体压裂中的"甜点"识别与水平井轨迹设计技术，效益最大化的最佳井密度（平台模式下的最优井距与井数）优化技术，立体开发布井与最佳井距优化，多井立体压裂中考虑纵向应力阴影作用的最佳压裂方式，如何防止子母井的裂缝碰撞等。因此，研发立体开发压裂优化设计软件，研究纵向应力干扰与提高波及体积方法、纵向多尺度渗流与平面渗流耦合表征技术，研究最优裂缝控藏方法，以及实现可采储量"全波及"立体压裂技术等是"十四五"的主要攻关方向。

3. 水平井重复改造技术将成为大幅提升非常规油气采收率的重要手段

早期水平井分段压裂技术多以裸眼封隔器分段压裂为主，大多存在井间距大（大于400m）、簇间距大（大于30m，裸眼完井压裂簇间距可达100～200m）、施工排量较低（5～8m³/min），压裂液规模小（单段为400～600m³），多采用冻胶压裂等特点，难以形成复杂缝，油藏改造体积有限，使得裂缝控藏能力不足，导致储层改造不彻底。通过水平井重复压裂增大裂缝复杂程度，提高裂缝波及体积，是实现老井挖潜的重要技术手段。水平井重复压裂技术研究与应用所面临的科学问题与技术瓶颈主要表现在：剩余油分布特征描述难度大，渗流场表征重构难；复压前应力场变化规律复杂，动态应力场重构难；已压井筒有效封隔工具缺乏，水平井井筒重构难；评价复压时机技术手段欠缺，确定复压时间点难；重复压裂效果评价方法局限，效果再评估需创新。研究与发展提高储量有效动用率的水平井重复压裂技术，在剩余油刻画、重构渗流场、重构应力场、重构改造对象，重复压裂工具等方面需要深化研究。

4. 满足极限工况条件苛刻下的压裂材料与装备是支撑未来压裂技术发展的保障

针对目前中国非常规油气及深层油气的发展态势，以及超长水平井技术的发展应用趋势，非常规油气的储层改造技术已经面临着超长水平段（大于4000m）、页岩气超深（大于4500m）、超高温（大于1800℃）、超高压（大于120MPa）等"四超"难题，结合塔里木、西南等超深（大于8000m）、超高温（大于200℃）井的现状，以及未来万米超深井，250℃以上的干热岩等极限工况，如何解决压裂装备及压裂材料的耐高温、耐高压技术难题，如何在深层页岩气水平井套变井段进行有效分段压裂，或为了防止套变给桥塞分段压裂带来困难等问题，成为应对"四超"特征的技术关键。研究高性能材料、提高压裂装备在高温高压下的使用寿命，分段工具的有效性，以及真正全可溶桥塞的关键材料与结构设计成为新的科学问题，亟待持续攻关破解。未来研究方向主要体现在：耐温250℃的超高温压裂液体系，免通井全可溶桥塞，大功率（7000型）、长寿命、气电多功能压裂车（橇），模块化的超长水平井（水平段大于4000m）的分簇射孔工具与安全快速泵送技术，满足超深井作业连续油管（深度大于8000m、压力大于70MPa，注入头提升力大于70t，下推力大于30t）与配套技术等。

5. 创新物联网大数据云计算技术，智能压裂技术成为未来发展方向

在以全生命周期作为油田乃至单井生产与管理实现提质提效新目标的背景下，如何构建大数据物联网与智能技术体系成为21世纪压裂技术发展的必然趋势。依托储层改造技术应用与生产动态管理的海量数据，厘定复杂储层改造数据结构体系，通过物联网实现各个环节的信息采集、交流、集成、指挥并赋予其人工智能，就成为储层改造下步发

展方向和目标，最终实现储层改造的人工智能化。因此，研发智能化压裂装备与控制系统，人工智能与仿真模拟技术、大数据挖掘分析技术，压裂优化设计与专家决策系统，构建企业到全国的压裂数据库与管理体系成为形成智能压裂技术的关键，也是亟待从"十四五"启动攻关研究的方向。

五、知识产权成果

"十一五"至"十三五"期间，授权专利57项，登记软件著作权10项，制定、修订行业/企业标准23项，发表论文179余篇，出版专著7部，获省部级及以上奖励5项。其中"水平井钻完井多段压裂增产关键技术及规模化工业应用"获2013年国家科技进步一等奖；"深层油气藏靶向暂堵提高导流多缝改造增产技术与应用"获2017年度国家技术发明二等奖；电驱压裂机组入选了国家"十三五"科技成就展；"DMS可溶球座分段压裂工具"获第二十三届全国发明展览会金奖。

第五章　海洋油气勘探开发理论、技术与装备

中国海洋油气勘探开发历经多年科技攻关，形成了两个油气带、富油盆地深层天然气成藏、浅层"汇聚脊"油气运移、高温高压盆地天然气成藏及潜在富烃凹陷评价等中国近海大中型油气田勘探理论与技术体系，支撑发现40多个大中型油气田，累计探明地质储量20余亿吨油当量；发展完善了海上稠油高效水驱、聚合物驱及热采等技术系列，有效提升了中国海上稠油开发水平；构建了包括深水钻完井工程、浮式生产装置、水下生产系统、深水流动安全等海洋深水工程技术体系，突破了1500m深水油气开发工程关键技术，建成流花油田群等示范工程，自主设计建造了世界首个带凝析油储存功能的深水半潜式平台"深海一号"，支持了中国深水油气勘探开发。海洋油气勘探开发理论、技术与装备攻关成果支撑了"海上大庆"的建成与稳产，也带动了海洋深水工程技术装备产业的发展。

第一节　概　　述

2006年2月发布的《国家中长期科学与技术发展规划纲要（2006—2020年）》明确实施16个科技重大专项，2008年6月，国务院常务会议审议通过国家科技重大专项"大型油气田及煤层气开发"实施方案，海洋油气勘探开发及工程技术装备等方面研究启动。在国家发展改革委员会、科技部和财政部的组织下，海洋油气行业践行以企业为主体、产学研用相结合的科技攻关模式，集聚全社会优势力量协同创新，强化项目与示范工程结合，全面完成了"十一五""十二五""十三五"任务和目标，在近海油气田勘探、海上稠油高效开发、海洋深水油气勘探开发及工程技术装备等方面取得重大成果，支撑我国"海上大庆"的建成及之后的持续稳产。

一、立项之初国外海洋油气勘探开发现状

全球海洋石油和天然气资源丰富，其中石油资源量约 $1350 \times 10^8 t$ ，截至2005年底探明储量约 $380 \times 10^8 t$ ；天然气资源量约 $140 \times 10^{12} m^3$ ，截至2005年底探明储量约 $40 \times 10^{12} m^3$ （江怀友等，2008）。从区域上看，海洋石油勘探开发形成三湾、两海、两湖的格局。"三湾"即波斯湾、墨西哥湾和几内亚湾；"两海"即北海和南海；"两湖"即里海和马拉开波湖（江怀友等，2008）。海洋油气勘探是陆上油气勘探的延续，但受海洋自然环境、海水物理化学性质的影响，诸多勘探方法与技术受到了限制。鉴于海洋油气勘探的高风险和高投入，"十一五"之初国外各大石油公司为提高海洋油气勘探效益，广泛发展和应用三维地震等勘探技术（乔卫杰等，2009）。

深水油气勘探始于20世纪60年代，1975年获得第一个深水油气发现。进入21世纪，

深水油气已成为全球油气勘探的重点领域。"十一五"之初国外深水油气勘探取得了突飞猛进的发展，在大西洋两侧陆坡深水区、澳大利亚—孟加拉湾—阿拉伯海深水区、西太平洋陆坡深水区及环北极深水区，多个国家和多家大型跨国公司都在进行勘探活动。其中墨西哥湾深水区、西非大陆边缘深水区、巴西东部大陆边缘深水区及澳大利亚西北大陆架深水区等全球四大深水区，油气探明储量和产量都很大。2010年全球深水油气日产量约 700×10^4bbl 油当量，约占海上油气总产量的 30%。深水勘探开发的核心技术主要掌握在巴西国家石油公司、埃克森美孚公司、壳牌公司及道达尔公司等国际巨头的手中。虽然取得战略性突破，但深水油气勘探开发仍处于早期阶段，剩余资源潜力大。

"十一五"之初，国外陆上稠油油田开发多采用三次采油模式，已在美国、委内瑞拉、加拿大等地广泛使用。但由于海上油田的特殊性，传统的陆上稠油开发模式并不适合海上稠油油田开发的实际情况，尤其是很难满足海上稠油油田高效开发的需求。"十一五"初期，美国、阿根廷、加拿大等国的部分海上稠油油田也曾实施过聚合物驱试验，但注入量及规模都很小、试验时间短，未见明显效果。

"十一五"之初，世界各国持续开展了深水工程技术及重大装备的系统研究，欧美发达国家的大型石油公司（如美国雪佛龙、英国 BP、挪威国家石油公司、荷兰壳牌等）及大型服务公司已经具备深水油气田开发工程技术和重大装备研发能力，国外投产油气田的水深纪录为 2714m，钻探水深为 3095m，海上油气田回接到岸上处理厂的最远距离约 143km。

二、立项之初中国海洋油气勘探开发现状与挑战

中国近海发育有渤海湾（海域）、北黄海、南黄海、东海、台西、台西南、珠江口、琼东南、北部湾、莺歌海等 10 个新生代含油气盆地。根据全国第二轮油气资源评价结果，中国近海石油资源量为 245.6×10^8t，天然气资源量为 8.4×10^{12}m³（张宽等，2004）。在中国近海油气勘探过程中，针对成盆、成烃、成藏特征开展了研究，形成了一些近海特色成藏理论，如"新构造运动控制晚期成藏理论""沿构造脊长距离运移理论""底辟带幕式成藏理论"和"中转站运移理论"等；也形成了海上高分辨率地震勘探等地球物理勘探技术。随着勘探程度的不断提高，为保持近海油气勘探的可持续性，发展相应成藏理论和勘探技术，开拓潜在富烃凹陷、中深层、高温高压、深水、隐蔽油气藏等新领域势在必行。

中国深水区主要位于南海，"十一五"以前由于中国深水勘探技术薄弱、勘探作业成本高，以合作勘探为主，仅在珠江口盆地白云凹陷获得荔湾 3-1 气田。由于南海位于西太平洋和新特提斯两大构造域交接部位，在欧亚板块、印度—澳大利亚板块和太平洋板块 3 大板块的汇聚作用下，地质条件复杂，没有可借鉴的成盆模式。多家国际石油公司认为南海北部深水盆地规模小、优质烃源岩和储层缺乏，勘探风险极大。"十一五"之初，中国深水油气藏开发技术和国外相比存在着很大差距，近海无深水油气田投入开发。

中国海上稠油资源量大。"十一五"初期，中国海上稠油开发技术处于初步探索阶段，海上稠油油田水驱采收率为 18%，相对于陆地类似油田提高采收率潜力巨大。海上

稠油开发具有特殊性，受到平台服役期限、工程建设难度大、投资规模大等限制，陆上成熟技术无法直接应用，亟待解决耐盐、抗剪切、速溶和高效增黏的驱油剂及其长效驱油体系，适用于海上平台驱油剂低剪切、大排量和在线监测的速溶配注系统，适应海上平台生产和作业特点、大井距高速开发、安全环保和经济性等特殊要求和条件的大井距热采平台开发配套工艺和装备等，从海上油田开发生产特点出发，开展整体井网加密及综合调整，建立海上稠油高效开发新模式。

在深水工程技术装备方面，我国深海装备整体水平与国外比落后 10 到 20 年，自主开发的海上油气田水深纪录是 200m，合作开发水深纪录为 333m，钻探水深纪录为 505m。另外，我国海上复杂的油气藏特性（如高温、高压）及恶劣的海洋环境条件（如频繁的台风、内波流、复杂的海底地形和工程地质条件等）决定了我国深水油气田开发工程面临更大的挑战。

三、海洋油气勘探国家专项取得的主要成果

近海油气勘探方面，中国近海大中型油气田勘探理论技术体系支撑发现 40 多个大中型油气田。在潜在富烃凹陷评价技术指导下，2010 年在珠江口盆地恩平凹陷钻探发现恩平 24-2 油田，在北部湾盆地乌石凹陷钻探发现乌石 17-2 油田；在高温高压盆地天然气形成与富集成藏认识指导下，2010 年至 2012 年在莺歌海盆地莺歌海凹陷钻探发现东方 13-1、东方 13-2 气田；在富油盆地深层大规模天然气成藏理论认识指导下，2016 年在渤海海域渤中凹陷钻探发现渤中 19-6 大型整装凝析气田，2019 年在珠江口盆地惠州凹陷钻探发现惠州 26-6 油气田；在浅层"汇聚脊"油气运移理论指导下，2019 年至 2020 年在渤海海域莱北低凸起和莱州湾凹陷钻探发现垦利 6-1 油田和垦利 10-2 油田。

深水油气勘探方面，在深水区的构造、沉积相、烃源岩、大型储集体形成机理与时空分布等方面取得重要认识，并指导发现了一批油气田。在白云凹陷陆架坡折带控制深水区优质储层认识指导下，2009 年发现流花 34-2 气田和流花 29-1 气田；在琼东南盆地中央峡谷水道优质储层形成与成藏模式指导下，2014 年在琼东南盆地中央峡谷水道发现陵水 17-2 大型气田；在陆缘大型拆离作用控制南海北部深水盆地形成和演化等认识指导下，2015 年在珠江口盆地深水区发现流花 20-2 油田群。

深水油气开发方面，面对复杂的地质条件和多变的海底环境，形成了深水区产能和开发指标预测、气田群一体化在线监测评价等重大成果。2014 年中国首个深水气田——荔湾 3-1 投产，目前已建成流花 34-1、流花 29-2 等 9 个气田，彼此依托，形成我国第一个深水气田群，天然气年产量超过 $60 \times 10^8 m^3$，占粤港澳大湾区天然气消费总量的近 1/4。2020 年投产的流花 16-2 油田群是我国首个自营深水油田群，日产量超万吨，已成为我国南海第一大油田群。

海上稠油开发方面，"十一五""十二五"期间构建了海上大井距丛式井网整体加密及综合调整技术体系，在绥中 36-1 油田、旅大 5-2 油田、秦皇岛 32-6 等 20 个油田的整体加密及综合调整中得到应用，可提高水驱采收率 5%～10%。"十三五"期间在高含水后期稠油油藏精细描述技术、油藏层系细分及井网与注采结构优化调整技术等方面取得了

系列成果，并形成了具有海油特色的海上稠油热采技术体系，成功应用于旅大21-2、锦州23-2、垦利9-5/6和旅大5-2北等油田热采方案编制，大幅度提高海上稠油动用程度和产量规模。

深水油气田开发工程技术方面，形成深水开发钻完井工程、深水浮式平台、水下生产系统、流动安全保障与水合物风险评价、海底管道和立管、大型FLNG/FLPG、FDPSO等的设计、建造、安装、运行管理和完整性评价技术系列。2012年中国海油"五型六船"深水勘探开发工程系列装备先后投入使用；2018年10月成功钻探西太平洋第一深水井——荔湾22-1-1超深水井，作业水深2619.35m；2021年6月我国首个自营1500m超深水大气田——"深海一号"正式投产；2021年8月我国首个自营深水油田群——流花16-2全面投产。

第二节　近海油气勘探地质理论与技术

一、背景、现状与挑战

中国近海发育有渤海湾（海域）、北黄海、南黄海、东海、台西、台西南、珠江口、琼东南、北部湾、莺歌海等10个新生代含油气盆地，发现的油气储量主要集中在6个盆地，即渤海、东海、珠江口、琼东南、北部湾和莺歌海盆地。

中国近海油气勘探始于20世纪50年代，至"十一五"国家油气重大专项实施前，经过50年的勘探研究和实践，针对近海盆地成盆、成烃、成藏特征开展了相关研究，形成了一些近海特色成藏理论，如富油气凹陷成藏理论、新构造运动控制晚期成藏理论、沿构造脊长距离运移理论、底辟带幕式成藏理论和"中转站"油气运移模式等，指导中国近海发现了一大批大中型油气田，推动了国家海洋石油工业的蓬勃发展。

但随着国家经济社会发展对油气资源需求的紧迫，以及近海盆地油气勘探程度的不断提高，过去的理论技术已经不能完全满足新形势的需要，而油气地质研究本身也具有不断探索、不断深入的过程，因此亟须创新理论技术，以推动获得更多油气发现。针对中国近海油气勘探现状和勘探形势，主要面临以下问题和挑战：

（1）中国近海油气分布格局和控制因素认识不清。中国近海各个盆地之间油气地质条件相差很大，有些盆地内不同坳陷的构造、沉积环境、生烃条件也相差很远。中国近海新生代盆地发育91个凹陷，至"十五"末期，累计探明石油地质储量$29×10^8m^3$、天然气地质储量$5500×10^8m^3$。经分析，已发现石油储量中90%集中分布在辽中、渤中、黄河口、南堡、歧口、惠州、文昌和涠西南8个富油凹陷及邻近凸起上；天然气储量中75%分布在白云、崖南和莺中3个富气凹陷及邻近凸起上。要实现储量增长，必须寻找新的富油凹陷和富气凹陷，但富油凹陷和富气凹陷有何分布规律？受到哪些因素控制？认识尚不明确。亟须开展研究，以指导勘探实践。

（2）中国近海潜在富烃凹陷评价技术有待建立。潜在富烃凹陷是指尚未获得商业性油气发现，但研究表明其具有一定勘探潜力、有望通过钻探证实为富烃凹陷的凹陷。中国近海要实现储量、产量不断增长，就必须拓展勘探新领域，潜在富烃凹陷是重要战略接替领域。烃源岩研究是潜在富烃凹陷评价的核心。过去在预测湖相和煤系烃源岩分布时，常以沉积相分析为主要手段，方法单一，可靠性不高。中国近海潜在富烃凹陷大多资料少、钻井少、烃源条件争议大，亟须建立少井、无井条件下的近海潜在富烃凹陷湖相和煤系烃源岩预测方法，提高潜在富烃凹陷评价的可靠性。

（3）中国近海富油盆地天然气勘探需要创新理论认识。天然气勘探是中国石油践行绿色低碳发展的重要选择，过去多年，南海是海上天然气主力产区，而在渤海湾盆地海域、珠江口盆地珠一坳陷等典型富油盆地或坳陷内，过去钻探也有少量天然气发现，但普遍规模较小，无规模性天然气发现。中国近海富油盆地能否发现大规模天然气田，面临诸多难题和挑战，以渤海为例：第一，渤海湾盆地为典型的油型盆地，天然气形成机理及资源潜力是亟待解决的难题；第二，研究表明渤海湾盆地深埋变质岩潜山是探索天然气的主要领域，但传统观点认为储层主要分布在潜山顶部，厚度有限，难以形成大型气田；第三，渤海海域构造活动强烈，而天然气分子小、易逸散，保存条件苛刻，常规观点认为难以形成大气田。

（4）中国近海浅层岩性油气藏成藏模式需要深化和完善。以渤海海域为例，浅层新近系（主要包括馆陶组和明化镇组）是其主力储层和产层，但油气主要来源于深层沙河街组烃源岩，属于典型的"下生上储"式成藏体系，油气运移条件是该体系的核心问题。传统的油气运移模式主要强调切源断层对油气垂向运移的重要性（龚再升等，2001；张善文等，2003；邹华耀等，2010），主张沿着切源断层开展油气勘探；前人总结出了断层—砂体配置"中转站"油气运移模式（邓运华，2005），指出断层与沉积砂体的有机配置是控制浅层油气成藏的关键。上述认识和模式指导渤海浅层获得大量油气发现，但随着勘探程度的不断提高，渤海浅层获得规模性储量发现的难度越来越大，需要深入分析浅层油气成藏主控因素，深入研究和系统建立浅层油气藏成藏模式。

（5）中国近海高温高压盆地天然气形成与富集机理尚需探索。莺歌海和琼东南盆地（简称莺琼盆地）高温高压领域天然气资源潜力大，是未来天然气增储上产的重要领域。然而历经多年的艰辛探索，天然气的储量发现与预测资源量极不相称，勘探方向仍不明晰。探索莺琼盆地高温高压下天然气成藏规律和勘探的突破方向，必须解决以下难题：高温高压条件下烃源岩生烃动力学特征与生烃模式如何？能否发育优质储层？成藏主控因素和富集模式是什么？只有解决这些问题，才能为莺琼盆地天然气勘探提供理论指导。

针对上述问题与挑战，自"十一五"至"十三五"期间，中国海油以国家油气重大专项为依托，以企业为主体，集聚全社会优势力量，开展了一系列深入系统的研究和协同创新，提出和建立了中国近海两个油气带地质理论、以烃源岩研究为核心的潜在富烃凹陷评价技术、近海富油盆地深层大规模天然气成藏理论、渤海海域浅层"汇聚脊"油气运移理论及近海高温高压盆地天然气形成与富集成藏理论等理论认识和技术创新，通过应用与实践，支撑了中国近海发现40多个大中型油气田，累计探明地质储量超过$20×10^8$t油当量，取得了显著的勘探成效。

二、近海两个油气带地质理论

通过对已发现油藏和气藏的展布、油气源成因类型、生烃母质、沉积环境、盆地类型、盆地形成时期、大地构造等综合分析表明，中国近海存在两个不同特征的油气带。油藏主要分布在靠近陆地的渤海湾盆地（海域）、南黄海盆地、台北坳陷、台西盆地、珠一坳陷、珠三坳陷及北部湾盆地，即内含油带；气藏主要分布在东海盆地的浙东坳陷、珠江口盆地的珠二坳陷、琼东南盆地和莺歌海盆地，即外含气带，呈现出内"油"外"气"的带状分布特征。

中国近海存在两个油气带是地质家看到的现象，而其本质和成因在于地质条件的差异性。两个油气带在盆地类型、沉积特征、烃源岩特征和油气成藏方面均存在显著差异，使得内含油带的盆地或坳陷以生油为主，富含石油；而外含气带的盆地或坳陷以生气为主，富含天然气。

1. 盆地类型差异性

中国近海两个油气带的形成与盆地的类型密切相关。内含油带为陆壳湖相断陷盆地，而外含气带为陆壳—洋壳过渡带的海相坳陷盆地。

中国近海内含油带的渤海湾盆地、南黄海盆地、台北坳陷、珠一坳陷、珠三坳陷、北部湾盆地分别位于华北、华南大陆板块内，古近纪盆地之下为陆壳，地壳厚度为24~40km，地温梯度为2.8~3.5℃/hm。中国近海外含气带的浙东坳陷、珠二坳陷、琼东南盆地和莺歌海盆地位于东海、南海大陆架—大陆坡上，盆地下的地壳为陆壳—洋壳过渡带，地壳厚度为18~28km，地温梯度为3.5~5.5℃/hm。

中国近海内含油带的盆地主要发育期为古新世—始新世，凹陷以箕状半地堑断陷结构为主，凹陷面积为800~10000km²，凹陷内新生代地层厚度变化大，地温较低，地温梯度为2.8~3.5℃/hm。中国近海外含气带的盆地主要形成期为始新世—渐新世，比内含油带的盆地形成晚，且外含气带的凹陷面积普遍较大，为1500~45000km²，凹陷整体沉降，沉积岩厚度变化不大，为坳陷型结构，地温较高，地温梯度为3.5~5.5℃/hm。

2. 沉积特征差异性

中国近海两个油气带沉积环境的差异性主要表现在古近纪，其新近纪沉积环境相似。古近纪是烃源岩形成期，中国近海内含油带与外含气带沉积环境完全不同。

中国近海内含油带古近纪以湖相为主。渤海湾盆地始新世—渐新世发育半深湖—深湖相，南黄海盆地古新世发育半深湖—深湖相，是主要烃源岩形成期；台北坳陷沉积环境有一定特殊性，古新世早期月桂峰组发育半深湖—深湖相，形成了湖相烃源岩，古新世中期—始新世为海陆交互相；珠一坳陷、珠三坳陷始新世发育半深湖—深湖相，形成了文昌组主力烃源岩；北部湾盆地始新世发育半深湖—深湖相，形成了流沙港组湖相烃源岩（图5-2-1）。

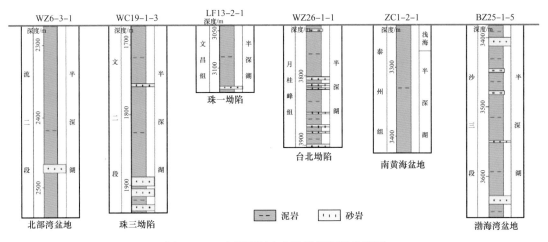

图 5-2-1　中国近海内含油带烃源岩柱状图

中国近海外含气带古近纪以海相为主。浙东坳陷内钻井揭示最老的地层为始新统平湖组，为滨—浅海沉积，海岸煤层及碳质泥岩为主要烃源岩（图 5-2-2），已发现的气藏均为煤型气。珠二坳陷内目前最深的探井（PY33-1-1 井）揭示了渐新统恩平组海相—三角洲沉积，坳陷内及邻区隆起上发现的番禺 30-1、荔湾 3-1 等气田全部为煤型气。琼东南盆地和莺歌海盆地发现的崖城 13-1、东方 1-1、陵水 17-2 等气田均为煤型气，没有发现湖相泥岩生成的油和气，钻井只揭示了渐新统崖城组、陵水组海陆过渡相煤系烃源岩。

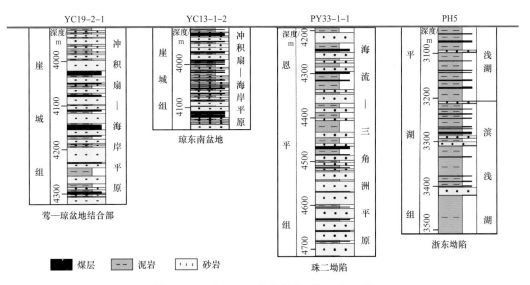

图 5-2-2　中国近海外含气带烃源岩柱状图

3. 烃源特征差异性

中国近海内含油带烃源岩为湖相泥岩。渤海海域始新统—渐新统沙河街组、东三段，南黄海盆地古近系泰州组、阜宁组，台北坳陷古新统月桂峰组，珠一、珠三坳陷始新统文昌组，北部湾盆地始新统流沙港组均为半深湖—深湖相暗色泥岩、油页岩，干酪根类型主要为Ⅰ型和Ⅱ₁型（图5-2-3），有机碳含量一般为1.0%～4.0%，以富含4-甲基甾烷湖相标志性化合物为特征，以生油为主。

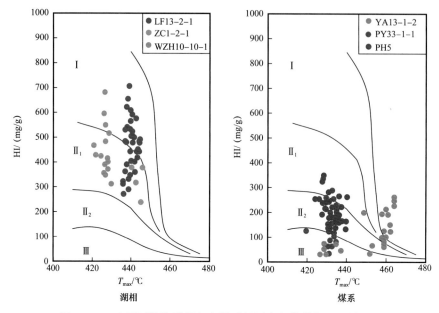

图5-2-3 中国近海海域湖相和煤系烃源岩氢指数与T_{max}关系图

中国近海外含气带烃源岩为煤层、碳质泥岩及海相泥岩（图5-2-2）。如浙东坳陷PH5井揭示始新统平湖组煤层厚为56.3m，单层厚为0.5～2.0m；琼东南盆地的YC13-1-2井揭示渐新统崖城组煤层厚为14.2m，单层厚为0.5～1.0m。外含气带烃源岩干酪根类型主要为Ⅱ₂型和Ⅲ型（图5-2-3），以生气为主。

4. 油气成藏差异性

近海内含油带盆地烃源岩以生油为主，发现了丰富的石油。如渤海海域内发现的绥中36-1、锦州25-1、蓬莱19-3等10余个大型油田和一批中—小油田；珠一坳陷内发现的陆丰油田群、惠州油田群、西江油田群、番禺油田群；珠三坳陷内发现的文昌油田群；北部湾盆地内发现的涠洲油田群等。近海外含气带烃源岩以生气为主，发现了丰富的天然气。如浙东坳陷内的平湖、春晓气田，珠二坳陷内的番禺30-1、番禺34-1、荔湾3-1等气田，琼东南盆地内的崖城13-1等气田，莺歌海盆地内的东方1-1、乐东15-1、乐东22-1等气田。

中国近海两个油气带储盖组合也有一定差异性。内油气带内储层主要有湖相三角洲、扇三角洲、近岸水下扇、滨—浅湖滩砂和海相三角洲，盖层为河—湖相泥岩、浅海相泥岩。外含气带内储层主要为海相三角洲、滨—浅海滩砂及海底扇、峡谷水道，盖层多为海相泥岩。

中国近海两个油气带圈闭类型、大小及油气藏规模也不相同。内含油带为陆相断陷湖盆，断层发育、构造破碎，圈闭类型主要有披覆型、逆牵引、断鼻和断块。外含气带内为海相坳陷型盆地，断层相对较少，圈闭较完整，尤其是巨厚的深海相泥岩发育面积广，易于形成岩性圈闭。

三、潜在富烃凹陷评价技术

烃源岩研究是潜在富烃凹陷评价的核心。通过分析湖相烃源岩和煤系烃源岩的形成环境、地球化学特征、地球物理响应特征等手段，建立了湖相烃源岩预测技术和煤系烃源岩预测技术；通过对中国近海已证实富烃凹陷解剖分析，建立了潜在富烃凹陷评价指标体系和油气优势运移方向分析技术。

1."四相合一"湖相烃源岩预测技术

湖相优质烃源岩主要发育于半深湖—深湖相环境，其为正常浪基面以下的湖底范围，水体安静，整体处于还原环境（姜在兴，2003）。依据其沉积特征，建立了半深湖—深湖相烃源岩地震相、沉积相、有机相、地球化学相"四相合一"评价技术（图5-2-4），为优质湖相烃源岩的预测提供了依据。

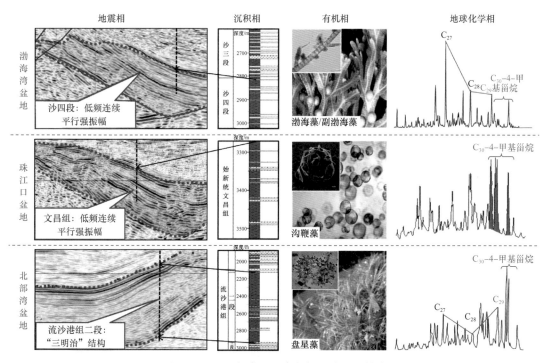

图5-2-4 "四相合一"湖相烃源岩预测技术

（1）地震相。由于海域钻井少且主要分布在凹陷周缘及凸起上，凹陷中心优质烃源岩的分布和规模难以预测。通过总结已钻遇优质烃源岩的地震相特征，可识别烃源岩的分布和规模。近海湖相优质烃源岩的地震相特征基本上可以归结为三类：① 低频连续平行中强反射地震相，如珠江口盆地的文昌组；② 低频连续平行弱反射地震相，如渤海湾盆地沙三段；③ "三明治"反射地震相，如北部湾盆地的流二段。

（2）沉积相。断陷盆地内优质烃源岩的形成与泥岩的发育程度、水体深度及水体盐度有着密切的关系。研究表明，湖相优质烃源岩主要发育于半深湖—深湖相环境，一般泥岩含量高于 60%，沉积水体深度大于 20m。此环境中所形成的烃源岩具有较高的有机质丰度和较好的保存条件。

（3）有机相。有机相是具有一定丰度和特定成因类型的有机质单元。研究表明内含油带断陷盆地始新统湖相烃源岩均含有丰富的藻类和无定形有机质，说明中国近海古近纪湖泊具有高生产力，水生藻类是有机质的主要来源，有机质类型以 I—II$_1$ 型为主。

（4）地球化学相。烃源岩的生物标志化合物是被广泛应用的表征烃源岩地球化学相的指标。近海不同盆地具有不同的地球化学相特征：渤海湾盆地为较高的 C_{30}-4 甲基甾烷、伽马蜡烷、C_{19}/C_{23} 三环萜烷和 C_{24} 四环萜烷含量；珠江口盆地珠一坳陷文昌组湖相烃源岩以高丰度 C_{30}-4 甲基甾烷为典型特征（陈长民等，2003；黄正吉等，2011），但珠三坳陷 C_{30}-4 甲基甾烷含量偏低；北部湾盆地流沙港组湖相烃源岩表现为高丰度 C_{30}-4 甲基甾烷。

2. "三古"与井震相结合煤系烃源岩预测技术

地质历史时期煤系烃源岩的发育主要受控于古地形、古气候和古环境。就古地形而言，平缓、较封闭的古地形有利于煤系发育。平缓地形条件下，海平面的微小上升即可波及全盆地，容易形成大范围浅水覆盖的沉积环境，有利于沼泽化和成煤；在较封闭的条件下，水体安静，有利于泥质沉积物堆积和植物生长，有机质得以保存。就古气候而言，湿热的气候有利于陆生高等植物的生长和发育，有利于煤系烃源岩形成。就古沉积环境而言，三角洲是近海成煤的主要沉积体系，东海盆地西湖凹陷、珠江口盆地和琼东南盆地煤系烃源岩的形成均与三角洲密切相关。

通过古地形、古气候、古环境"三古"分析可以明确煤系烃源岩发育的地质条件，但要预测煤系烃源岩分布范围，还需与地震和测井资料相结合。

在有钻井揭示煤系地层的地区，可通过测井方法进行预测。近海盆地煤层层数多，单层厚度薄，横向分布不稳定。针对这些特点，首先基于取心段煤层测井响应标定，总结煤层测井响应特征，继而综合利用数值分析方法对煤系和煤层进行识别，建立煤层识别可信度模板，从定量化角度提高煤层识别结果的可靠性，进而可以指导无取心段煤层的识别，可大大提高煤层预测准确率。

应用地震属性预测薄煤层厚度包含两个方面：一是薄煤层地震属性的提取；二是薄煤层厚度与属性的关系研究。研究表明，煤地比与地震属性之间具有良好的相关性。地震属性分析技术可以较好地预测薄煤层组合的分布规律，而多属性回归分析技术可以有效地提高煤层组合总厚度的预测精度。以该技术为代表的技术系列可以用于钻井较少、地震资料较差地区的煤层分布预测。

3. 富油凹陷和富气凹陷评价指标体系

通过定量—半定量指标判别富油气凹陷，是近海潜在富烃凹陷评价过程中探索的一项重要内容。研究表明，能否成为富油和富气凹陷主要取决于凹陷形成条件、烃源岩规模和质量、潜在石油和天然气资源规模等。

1）富油凹陷评价指标体系

凹陷形成条件方面，包括控凹断层活动速率、控凹断层生长演化模式、沉降速率、沉积速率、物源供源面积／洼陷面积（源洼比），其中富油凹陷控凹断层活动速率一般大于 100m/Ma，控凹断层生长演化模式一般为硬连接，沉积速率一般在 200～600m/Ma 之间，源洼比一般大于 2。

烃源岩规模方面，包括半深湖—深湖相烃源岩体积、烃源岩占凹陷体积比例、半深湖—深湖相烃源岩面积、烃源岩占凹陷面积比例及凹陷长宽比，其中富油凹陷半深湖—深湖相烃源岩体积一般大于 $200km^3$，烃源岩占凹陷体积比例一般大于 25%，半深湖—深湖相烃源岩面积一般大于 $200km^2$，面积占比一般大于 25%，凹陷长宽比一般大于 2。

烃源岩质量方面，包括有机碳含量（TOC）、游离烃和裂解烃（S_1+S_2）、有机质类型、无机元素含量、氢指数（HI）、热演化程度（R_o），其中富油凹陷主力烃源层段有机质含量一般大于 2%，游离烃和裂解烃一般大于 10mg/g，主要有机质类型一般为 Ⅰ 和 Ⅱ$_1$ 型，无机元素铁（Fe）含量大于 3.7%、硫（S）含量大于 0.7%，氢指数大于 320mg/g，烃源岩热演化程度为成熟—过成熟。

在凹陷（洼陷）资源规模方面，富油凹陷石油资源量大于 $5×10^8t$，资源丰度大于 $20×10^4t/km^2$；富油洼陷石油资源量大于 $3×10^8t$，资源丰度大于 $30×10^4t/km^2$。

2）富气凹陷评价指标体系

凹陷形成条件方面，包括沉降速率、沉积速率、沉降速率／沉积速率，其中富气凹陷沉降速率一般大于 300m/Ma，沉积速率为 300～800m/Ma，沉降速率／沉积速率一般大于 0.8。

烃源岩方面，包括烃源岩面积、最大厚度、有机碳含量（TOC）、游离烃和裂解烃（S_1+S_2）、有机质类型、氢指数（HI）、热演化程度（R_o）及烃源岩最大排气强度。分为海陆过渡相烃源岩和陆源海相烃源岩两类。

海陆过渡相烃源岩富气凹陷烃源岩面积一般大于 $10000km^2$，烃源岩最大厚度大于 5000m，有机碳含量（TOC）大于 3%，游离烃和裂解烃含量（S_1+S_2）大于 60mg/g，有机质类型一般为 Ⅱ$_2$ 型和 Ⅲ 型，氢指数（HI）大于 300mg/g，热演化程度（R_o）大于 1.3%，烃源岩最大排气强度大于 $50×10^8m^3/km^2$。

陆源海相烃源岩富气凹陷烃源岩面积一般大于 $10000km^2$，烃源岩最大厚度大于 5000m，有机碳含量（TOC）大于 1%，游离烃和裂解烃含量（S_1+S_2）大于 2mg/g，有机质类型一般为 Ⅱ$_1$ 型和 Ⅱ$_2$ 型，氢指数（HI）大于 250mg/g，热演化程度（R_o）大于 1.3%，烃源岩最大排气强度大于 $50×10^8m^3/km^2$。

成藏条件方面，包括汇烃面积、区域盖层厚度、运聚匹配条件、垂向输导和断—盖配置关系，其中富气凹陷汇烃面积大于 $500km^2$，区域盖层厚度大于 500m，运聚匹配关系为"晚生晚排"，且垂向输导条件和断盖配置关系好。

资源规模方面，富气凹陷资源量大于 $15×10^{11}m^3$，资源丰度大于 $0.6×10^8m^3/km^2$。

4. 油气优势运移方向和路径分析技术

1）油气优势运移方向

油气的优势运移方向受多种地质因素影响，但主要由烃源岩产状和汇油面积决定。依据烃源岩产状和主力油田位置关系，可将中国近海新生代生烃凹陷划分为：缓坡富集型、陡坡富集型、缓坡—陡坡均衡富集型（图5-2-5）。

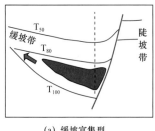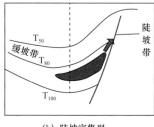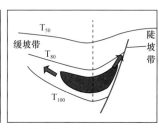

(a) 缓坡富集型   (b) 陡坡富集型   (c) 缓坡—陡坡均衡富集型

图 5-2-5 富烃凹陷烃源岩产状与油气富集关系分类示意图

缓坡富集型凹陷：凹陷内烃源岩主体向缓坡上倾，缓坡带是油气主要富集区。如辽中凹陷缓坡带发现了锦州25-1S、锦州20-1、绥中36-1等大—中型油气田，约占已发现储量的81%；文昌凹陷缓坡带发现了文昌13-1、文昌13-2、琼海18-1等中型油田，约占已发现储量的67%。

陡坡富集型凹陷：凹陷内烃源岩主体向陡坡上倾，陡坡带是油气主要富集区。如珠江口盆地惠州凹陷，经过多年的勘探，在其陡坡带及邻近隆起上发现了西江30-2、惠州26-1、流花11-1等油田，约占已发现储量的83%。

缓坡—陡坡均衡富集型凹陷：烃源岩以凹陷中心为对称轴向两侧上倾，油气在凹陷两侧均衡聚集。典型凹陷如渤海湾盆地歧口凹陷，在其南部的歧南断阶带上发现了歧口17-2、羊二庄、赵东、埕海、张东等油田；在其北部的歧北断裂带发现了港东、港西、唐家河、马东、白东等油田。

2）油气优势运移路径

断裂作为油气纵向运移的通道，在油气运聚过程中起着非常重要的作用，可谓"断至则运至，断止则运止"。研究发现，珠江口盆地晚期断层在中浅层普遍发育"二元结构"，从而导致其在油气输导过程中具有"输导—封堵"双重性，即晚期断层既可以靠下降盘一侧的诱导裂缝带纵向输导油气，同时又可以靠上升盘一侧的滑动破碎带横向封堵油气。

以二元结构断层为核心，油气从烃源岩到圈闭，其运移路径具有"立体—螺旋"特征，即烃源岩生成的油气，首先沿向源型/源内型晚期断层下降盘诱导裂缝带纵向运移到中层，并在运移动力分量（f_2）的作用下，自然的进入下降盘回倾地层中，然后沿构造趋势在立体空间绕过断层运移到上升盘一侧，最终在上升盘反向断鼻中聚集成藏（图5-2-6）。

典型实例为珠江口盆地惠州凹陷的惠州25-4和惠州25-11油藏，其成藏过程为：西江24洼恩平组和文昌组烃源岩生成的油气，首先沿向源断层及其Y字形分支断层的诱导

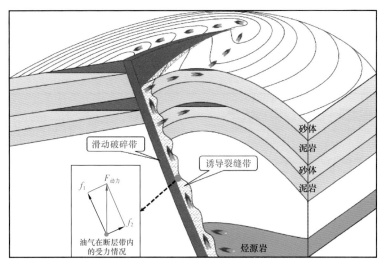

图 5-2-6　"立体—螺旋"油气运移过程示意图

裂缝带运移到中层，并进入下降盘汇流脊上的砂体中，然后沿构造趋势分两路分别向高部位运移成藏。

四、近海富油盆地深层大规模天然气成藏理论

传统观点认为，在富油盆地难以形成大规模天然气藏。在富油盆地寻找大规模天然气藏，需要突破天然气形成、储层、运移、保存等多个难题。通过开展湖相烃源岩生气机理研究、潜山成山成储研究、天然气运移和封盖研究等，建立了以渤海湾盆地（海域）和珠江口盆地珠一坳陷为主的富油盆地（坳陷）天然气成藏理论。

1.渤海湾盆地深层大型整装凝析气田成藏理论

通过深入研究和模拟实验，提出渤中凹陷晚期快速沉降控制大面积爆发式生气机理，丰富了湖相烃源岩经典生气模式（薛永安等，2018）。烃源岩是生油还是生气，生成油气量的多少，取决于烃源岩的规模、类型和热演化程度。在规模方面，渤中凹陷发育沙三段、沙一段和东三段 3 套优质烃源岩，有机质类型好、丰度高，分布面积约为 7000km^2，纵向累计厚度达 1500m，规模可观。在类型方面，渤中凹陷的烃源岩有机质类型以 II 型为主，既能生油又能生气。在热演化程度方面，渤中凹陷埋深大，处在渤海湾地壳最薄的区域，地下热传导效率高，烃源岩热演化程度高，有利于"爆发式"生成大规模天然气。通过模拟计算，渤中凹陷天然气潜在资源量为 $1.5 \times 10^{12} \sim 1.9 \times 10^{12} m^3$，展现出巨大的天然气勘探潜力。

通过储层发育条件分析，提出受"岩性—应力—流体"三因素控制，渤中 19-6 古潜山发育大型储集体。岩性方面，渤中 19-6 是变质花岗岩潜山，富含长石和石英，长英质局部含量可达 91%，岩性脆，易形成网状裂缝。应力方面，该潜山经历了印支期挤压成缝、燕山期走滑缝网化与喜马拉雅期走滑拉张再活化等多期构造和应力演变，并被郯庐大断裂分支断层切割，利于形成多组裂缝。流体方面，地质历史时期大气淡水的淋滤作

用改善了潜山储集物性，地下幔源流体和烃类流体进一步优化早期缝网系统。最终在渤中 19-6 古潜山形成了顶部风化裂缝带、中部裂缝带及下部溶蚀裂缝带总厚度超过 1000m 的立体缝网状储集体，"净毛比"平均为 42%，最高为 68%（图 5-2-7）。

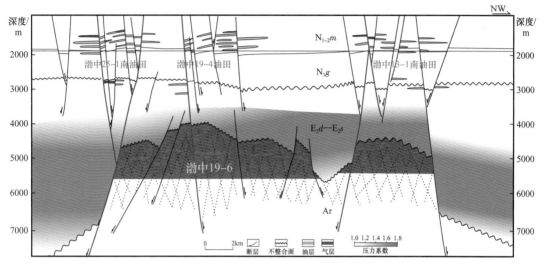

图 5-2-7　渤中 19-6 潜山凝析气藏模式图

　　通过盖层发育条件分析，提出渤中凹陷晚期构造强活动区发育东营组超压"泥被子"，可有效封盖天然气。渤海地质条件复杂，构造活动强烈，传统观点认为受断裂活动影响，古潜山封盖条件较差。渤中 19-6 古潜山之上覆盖了东营组和沙河街组厚 800～1200m 的湖相泥岩，且地层压力大于正常地层压力，具有明显超压特征。超压泥岩封盖能力强，如同"泥被子"罩住下部地层中的天然气，突破了以往认为断裂强活动区难以形成大气田的传统认识（薛永安等，2018）。

2. 珠江口盆地"古潜山 + 古近系"双古油气复式成藏理论

　　珠江口盆地惠州凹陷惠州 26 洼为已证实富生烃洼陷，其主力烃源岩为文昌组半深湖—深湖相泥岩，最大厚度超过 2000m，最大埋深 7400m，有机质丰度较高，TOC 为 0.5%～6.31%，平均值为 1.86%；有机质类型为 Ⅰ—Ⅱ₁ 型，且以 Ⅱ₁ 型为主。根据高温高压物理模拟试验结果，惠州 26 洼现今大范围进入高成熟阶段，主排油期为距今 23～10Ma，主排气期为 10～0Ma，先油后气，晚期大量排气，为惠州 26-6 古潜山—古近系油气成藏奠定了坚实的物质基础。

　　中生代太平洋板块向华南板块多期俯冲，在南海北部形成陆缘岩浆弧背景，以复合火山岩—深成侵入岩组合形成盆地基底并发育 NEE 和 NWW 两组断裂体系，惠州 26-6 构造位于两组断裂的交会处。受断裂多期活化影响，该构造长期以来处于活动区和薄弱带，在潜山内部形成由上部风化裂缝带和下部内幕裂缝带共同构成的立体网状裂缝体系（田立新等，2020）。古近系储层受到同样影响，形成远源搬运、埋藏浅的扇三角洲沉积，储层物性相对较好。

从油气运移的角度来说，惠州 26-6 构造位于惠州 26 洼油气向惠西低凸起运移的路径上，其近洼断裂直接沟通中深层高成熟烃源岩，供烃窗口厚达 3000m。该断裂活动强度大，持续时间长，与烃源岩地层倾向相同，时空匹配好，烃源岩生成的油气可沿断裂垂向运移至惠州 26-6 构造成藏。同时，潜山内部裂缝发育，既可作为储层，也可以作为油气从低部位向高部位运移的通道。

总体上，惠州 26-6 构造具有多层系、多相态复合成藏的特点，揭示了惠州 26 洼双古油气藏巨大潜力（田立新等，2020）。在惠州 26-6 相关认识引领下，惠州 26 洼周缘惠州 27-5、惠州 21-7 "双古" 勘探相继获得成功，共发现三级地质储量超 $1 \times 10^8 m^3$（油当量）。

五、渤海海域浅层 "汇聚脊" 油气运移理论

为推动渤海海域浅层油气勘探，通过对千余口探井成败原因的深入对比剖析，结合三维地震资料及大量物理模拟实验，系统研究不同构造带新近系油气成藏特征和富集规律，提出 "汇聚脊" 控制源外浅层油气成藏与富集理论（薛永安，2018）。

1. "汇聚脊" 成因与类型

"汇聚脊" 是指浅层构造下方的深层渗透性脊状地质体，其本身为有利于油气聚集的低势区，以输导通道与烃源灶大面积接触，使油气从四面向低势区长期汇聚。"汇聚脊" 注重研究烃源岩内与其大面积接触的高效渗透性脊状地质体（不整合面和砂体）对油气运移的汇聚作用，强调 "汇聚脊" 与断层的联控作用是浅层油气运移成藏的关键。

断陷湖盆按照构造带类型可划分出陡坡带、缓坡带、凸起区和洼陷区等，且不同构造带的油气汇聚通道类型及其相互组合样式存在差异，据此可将 "汇聚脊" 细分为 4 种汇聚样式共 11 种类型（图 5-2-8）。

陡坡带 "汇聚脊" 包括大规模储集体型、陡坡断阶型和分割槽中心型 3 种类型。陡坡大规模储集体型 "汇聚脊" 主要由深层大规模储集体和边界大断层及其派生断层组成 [图 5-2-8（a）]。该类型的油气汇聚能力受控于储集体与烃源岩及断层面的接触面积。陡坡断阶型 "汇聚脊" 由多条呈阶梯式的断裂组成，因断层规模较大，分隔槽的轴线向盆地中心偏移，陡坡油气汇聚量增加 [图 5-2-8（b）]。分隔槽中心型 "汇聚脊" 是由后期构造活动将箕状断陷内与烃源岩接触的区域不整合面双向抬升而成 [图 5-2-8（c）]，陡坡带的汇聚能力增强，但该类型较不常见。

缓坡带油气大多 "汇而不聚"，汇聚能力整体较弱，但在局部也可发育古隆起型、缓坡断接型、挠曲坡折型 3 类汇聚脊。古隆起型 "汇聚脊" 是指源外斜坡上的古地貌隆起形成的有效油气汇聚，经断层沟通，垂向运移至浅层成藏 [图 5-2-8（d）]。缓坡断阶型类似于陡坡断阶型，表现为系列小规模 "汇聚脊" 的组合 [图 5-2-8（e）]。挠曲坡折型 "汇聚脊" 是由地层或储层在挠曲坡折处变化而导致油气有效汇聚 [图 5-2-8（f）]，但因晚期断裂多不发育，油气很难进一步垂向运移至浅层成藏。

凸起区是大规模 "汇聚脊" 的主要发育区，可细分为背斜型和隐伏型 2 种类型。背斜型 "汇聚脊" 因油气沿不整合面和渗透性储集体向高部位汇聚，汇聚面积大、能力强，

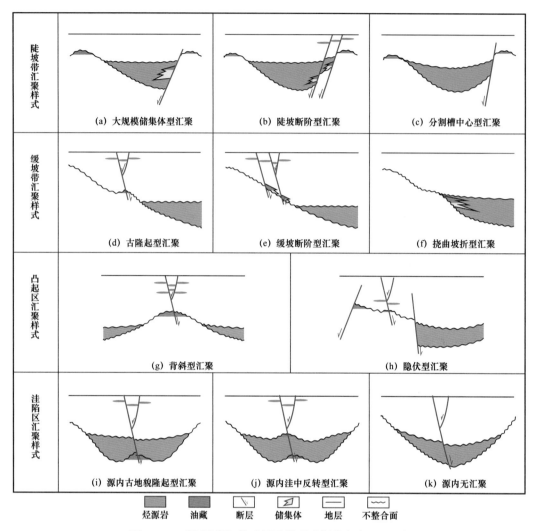

图 5-2-8 "汇聚脊"的成因及类型（据薛永安，2018）

且易经断层联通，在浅层砂体内大规模成藏 [图 5-2-8（g）]。隐伏型"汇聚脊"呈单面下倾，汇聚能力较弱 [图 5-2-8（h）]。

　　洼陷区"汇聚脊"主要包括源内古地貌隆起型、源内洼中反转型和源内无汇聚型 3 种类型。源内古地貌隆起型"汇聚脊"因隆起区被烃源岩包围而长期接受油气运移，汇聚能力强 [图 5-2-8（i）]。源内洼中反转型"汇聚脊"因晚期构造反转作用，在烃源岩内或被烃源岩围限的地区形成反转构造，而接受油气汇聚 [图 5-2-8（j）]。源内无汇聚型虽然断裂活动强度大，浅层构造发育，但因深层无汇聚导致浅层没有好的油气发现 [图 5-2-8（k）]。

2. "汇聚脊"对浅层油气富集的控制作用

　　浅层目标能否获得从深层运移而来的油气，并形成大规模商业聚集，取决于浅层目标之下是否发育"汇聚脊"及与其有效配置的油气运移断层。"汇聚脊"的分布对浅层油气聚集具有明显的控制作用，且在不同构造带对浅层油气分布的控制作用存在一定差异。

在"汇聚脊"发育区，浅层油气发现较多。凸起区发育典型的巨型背斜型"汇聚脊"，汇聚油气的面积大、能力强，且其上浅层多发育背斜、断背斜和断鼻等构造圈闭类型，常由切脊断层沟通，易形成亿吨级大油田。但因凸起区的油气运移距离长、埋藏深度浅，油质通常较稠。陡坡带常发育近源扇体、三角洲等沉积，形成"汇聚脊"，其汇油面积中等，但常紧邻或处于烃源岩之中，油气汇聚能力相对较强，多通过边界断层及伴生断层与浅层圈闭沟通，形成大—中型油气田，油质多为中—重质油。凹中隆起区发育源内古地貌隆起型"汇聚脊"，其汇油面积通常较凸起区小，但由于不整合面可能切割烃源岩，汇油能力较强，由断层与浅层圈闭相沟通，常形成中型油田，油质多为中—轻质油。相比而言，在"汇聚脊"不发育区，规模性油气发现相对较少。

3."汇聚脊"油气成藏模式

根据渤海海域不同构造带浅层油气分布及成藏规律的认识，建立了3类由"汇聚脊"控制的浅层油气成藏模式，即凸起区背斜型"汇聚脊"接力式、陡坡沉积砂体型"汇聚脊"中转站式和凹中古地貌隆起型"汇聚脊"贯穿式（图5-2-9）。

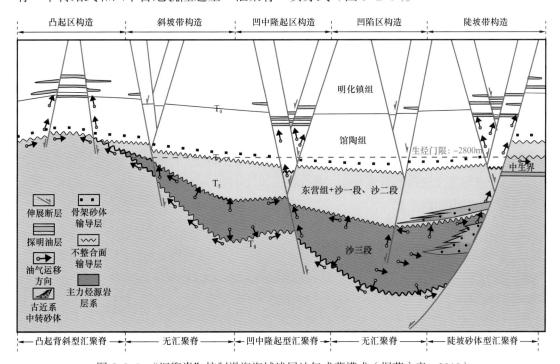

图5-2-9　"汇聚脊"控制渤海海域浅层油气成藏模式（据薛永安，2018）

在凸起区背斜型"汇聚脊"成藏模式中，油气沿不整合面及其上高渗性砂体和大断裂运聚至凸起区，并经晚期断层沟通，突破东营组至浅层圈闭汇聚成藏，呈"接力式"特征（图5-2-9）。

在陡坡沉积砂体型"汇聚脊"成藏模式中，从烃源岩中发生初次运移的油气在陡坡边界断层附近的近源扇体和三角洲等沉积砂体中聚集，随后断层晚期活动，发生二次运移至浅层成藏，陡坡沉积砂体为浅层提供了充足的油气源，呈"中转站式"特征（图5-2-9）。

在凹中古地貌隆起型"汇聚脊"成藏模式中，油气沿不整合面不断向凹陷区内次级中、小型古隆起横向聚集，并经晚期大量发育的、贯穿次级古隆起的断裂发生垂向运移至浅层成藏，呈贯穿式特征（图5-2-9）。

六、近海高温高压盆地天然气形成与富集成藏

莺琼盆地高温高压领域富含天然气，是天然气增储上产的重要领域。为实现高温高压领域天然气勘探突破，开展了高温高压天然气生烃动力学模拟和实验、高温高压条件下有效储层的发育规律等研究，并在此基础上剖析了高温高压条件下天然气成藏的主控因素，建立了高温高压条件下天然气的富集模式，取得了认识与理论创新，为莺琼盆地天然气勘探提供了重要理论支撑。

1. 高温高压天然气生烃动力学

1）开放体系下的热模拟实验方法与原理

开放体系热模拟实验是国内外早期研究烃源岩生烃作用的常用手段，本次采用Rock-EvalVI仪器进行恒速升温、开放体系的岩石热解实验：分别在5℃/min、15℃/min、25℃/min、40℃/min升温速率下，将样品从300℃加热到650℃，每隔10℃记录对应的实时热解生烃量S_i，S_i与S_2峰总面积的比值可作为生烃率，从而获得每个温度点的生烃率。由于恒速升温实验难以得到成熟度（R_o）与温度间的关系，而成烃率—温度关系难以被直接应用到地质条件下，需要建立有机质生烃动力学模型。本次生烃动力学计算方法遵循平行一级反应模型，活化能服从离散分布（采用Kinetics软件）。

2）开放体系生烃动力学特征

（1）黄流组泥岩。

黄流组泥岩样品动力学参数计算结果表明，活化能分布于35～52kcal/mol之间，分布较集中，主活化能45kcal/mol，数值较低，且随埋深增加而逐渐集中。LD10-1-5井4033m样品的活化能存在双峰特征，峰值分别是44kcal/mol和37kcal/mol，可能与水生生物来源有机质有关。转化率—温度曲线呈现"转化率随升温速率增大而集中"的特征，表明主生烃期较短，且生烃期的热模拟温度较高。LD11-1-1井3555～3560m和LD22-1-7井4382～4380m样品的活化能相对集中，缺乏低值，表明升温速率曲线在早期生烃阶段走势较一致，转化率均较低，而在后期生烃阶段曲线走势差异大。

（2）梅山组泥岩。

梅山组泥岩样品动力学参数计算结果表明，活化能的分布范围较宽，为28～49kcal/mol，主活化能为44kcal/mol、36kcal/mol和30kcal/mol，活化能值较低。LD11-1-1井3790～3795m、LD10-3-1井4070.2m、LD10-3-1井4089m样品的活化能分布较为集中，数值

较低，表明有机质类型倾向于陆源高等植物生源，且较易生烃。LD10-3-1 井 4136m 的泥岩样品的活化能分布范围为 72～96kcal/mol，主活化能值为 72kcal/mol，可能与该样品的高成熟度或有机质类型差有关。转化率—温度曲线也呈现受升温速率影响的特征，在相同热模拟温度下，升温速率越高，生烃转化率越低。

（3）三亚组泥岩。

三亚组泥岩样品动力学参数计算结果表明，活化能分布于 35～57kcal/mol 之间，范围较宽，随深度增加，主活化能依次为 43kcal/mol、45kcal/mol 和 49kcal/mol。主活化能随深度增加而增大，且整体较低，分布集中，表明生烃期短。在早期生烃阶段均呈现生烃曲线走势较陡的特征。

3）不同类型烃源岩生烃动力学模式

开放体系热模拟实验结果表明，烃源岩生烃动力学特征与烃源岩生源组成有关。研究区烃源岩生烃动力学特征与生源组成模式相对应，可归纳为三种模式：

（1）海相藻类生源为主。在低成熟阶段，活化能分布相对集中且相对滞后，主频活化能较为突出，生烃曲线走势较陡，生烃速率快。在烃源岩达到成熟至过成熟阶段时，可能受成熟度影响，活化能相对靠前分布，部分样品的活化能分布较为分散，生烃曲线走势相对平缓。

（2）陆源有机质近源为主。活化能分布较分散，靠前分布，生烃曲线走势较平缓，易于早期生烃。

（3）陆源高等植物与海相藻类混合生源。受混合生源影响，活化能分布相对分散，呈近似双峰型分布，生烃曲线走势相对更平缓，生烃速率慢、周期长。

2. 高温高压条件下有效储层发育规律

储层孔隙演化受有机质成熟及成岩演化阶段的控制。通常在有机质成熟阶段（$R_o >$ 0.5%）中成岩阶段 A_1 亚期，有机质进入生烃门限，同时生成大量有机酸，溶蚀储层形成次生孔隙，至成熟阶段（$R_o < 1.3\%$）有机酸的生成基本完成。故次生孔隙发育带通常分布在早成岩阶段 B 期—中成岩阶段 A_2 亚期（R_o 为 0.35%～1.3%）。但由于超压能抑制有机酸的生成和保护次生孔隙，因此超压发育区的次生孔隙发育带可延至有机质高成熟阶段。

在正常温度、压力条件下，储层物性随成岩作用增强而逐渐变差。在莺歌海盆地，各粒级砂岩在早成岩阶段皆可作为优质储层；而进入中成岩阶段，极细砂岩和细砂岩在中成岩 A_1 阶段前可作为优质储层，但至 A_2 阶段仅为有效储层；中砂岩在中成岩 A_2 至中成岩 B 阶段可为有效储层；但粗砂岩至中成岩 B 阶段仍可为有效储层。在超压环境，优质、有效储层对应的成岩阶段后延，如在压力系数达 1.8 左右的地层中，细砂岩优质储层分布带可延至中成岩 A_2 阶段。在正常温度、压力条件下，细砂岩优质储层的埋深下限分别为 2600m 左右；而在异常高压条件，细砂岩优质储层的埋深下限可增至 3400m 以深。

在琼东南盆地，不同粒级砂岩发育优质储层对应的成岩阶段不同，细砂岩储层早于粗砂岩储层。在正常情况下，粉砂—极细砂岩的中孔中渗优质储层仅分布在早成岩 B 期；细砂岩中孔特高渗—低孔中渗优质储层可延至中成岩 A_1 期；而中、粗砂岩中—低孔、高渗优质储层更可延至中成岩 A_2 期。若存在不整合面和超压影响，细—粗砂岩优质储层可延至中成岩 A_2 期早期和中成岩 B 期。细、中、粗砂对应优质储层的埋深下限分别为 3300m、3600m 和 4100m。若存在构造抬升剥蚀或超压异常，细、中砂岩优质储层的埋深下限可分别增至 3900m、4700m，粗砂岩在 4800m 以深。

3. 高温高压条件下天然气成藏主控因素与富集模式

1）高温高压条件下天然气成藏主控因素

（1）烃源规模大且排气高峰期晚。

梅山组二段和三亚组一段烃源岩是莺歌海盆地浅层天然气的主要来源，主要分布于中央坳陷带内，为巨厚的三角洲—半封闭浅海沉积，厚为 4000～6000m，泥岩厚度占 70%。钻遇中新统的探井大多位于盆地边缘和斜坡带，有机质丰度总体不高，TOC 为 0.4%～0.5%。但位于中央坳陷带的 LD30-1-1A 井钻揭的莺歌海—黄流组下部及梅山组中，TOC 值明显增高，其中黄流组 TOC 为 0.39%～2.60%（平均值为 1.06%），梅山组 TOC 为 0.44%～3.17%（平均值为 1.45%）；另外，中央坳陷带中新统 64 个样品的 TOC 均值为 1.12%，氯仿沥青"A"和总烃均值分别为 0.036% 和 $319 \times 10^{-6} \mu g/g$，属于好烃源岩级别；有机质以 II_2 型、III 型为主，灰色无定形占比高（30%～60%），镜质组和惰质组含量也较高（30%～50%）。有机质丰度明显受沉积环境控制，浅海—半深海明显高于滨浅海、三角洲。

生排烃模拟结果表明，莺歌海盆地烃源岩以生气为主，三亚组和梅山组烃源岩分别在梅山组沉积期和莺歌海组沉积期进入排烃高峰期，且延续至今；另外，黄流组和莺歌海组也有部分烃源岩开始排烃。考虑到天然气易于散失的特点，烃源岩较晚的排烃高峰期缩短了气藏的扩散周期，利于天然气保存。

（2）发育多套储盖组合，且存在超压保护储层原生孔隙。

莺歌海盆地乐东区中深层发育黄流组、梅山组和三亚组三套储盖组合，其中中央坳陷带低位海底扇及凹陷斜坡带水道或水道化海底扇为两大储集体类型，分布广、规模大；莺歌海组二段、梅山组二段和三亚组一段为区域盖层。盆地中深层普遍发育超压，压力系数可超过 2.0，超压泥岩盖层可封堵的气柱高度超过百米，利于中深层天然气的保存。

在早成岩阶段，压实和胶结程度不高，超压形成导致孔隙水排出受阻，原生孔隙得以大量保存。中深层储层因后期溶蚀而改善物性，如 LT26-2-1 井梅山组二段细砂岩样品（深度为 2902m）发育次生溶孔，LT26-2-1 和 LD8-1-7 井表明从斜坡带到底辟带都存在有机酸溶蚀作用。

（3）具备天然气垂向运移高效输导通道。

早中新世左行走滑运动在莺歌海盆地南段莺中凹陷表现为旋转伸展，控制着乐东区深部鼻状凸起的发育，诱导深部天然气向构造脊上倾方向富集。乐东 10 区伴生多期张性 T 破裂，且其活动上限止于梅山组顶界面 T_{40}，同时 LD10-3-1 井梅山组壁心在镜下也可观察到沥青充填的微裂缝（小于 24μm），表明微裂隙是乐东 10 区天然气晚期超压充注的有效通道。

基于以上认识，建立"早期左行走滑褶皱 +T 破裂 + 晚期超压复活"垂向通道新模式，揭示非底辟区的凹陷斜坡带具备良好的运移条件。乐东 10-1 气田是深部高熟天然气在超压驱动下，沿大型构造脊、微裂隙垂向运移和大型储集体横向运移，进而在岩性圈闭高部位聚集的高温超高压气藏。

2）高温高压条件下天然气富集模式

（1）非底辟带封闭型超压系统"垂向输导""水相脱溶"成藏模式。

莺歌海盆地中央坳陷带的非底辟带位于封闭型超压流体系统，流体难以长距离运移，烃类在中深地层中大量积累，为后期成藏提供了物质基础。由于强超压致中深层发生水力破裂，形成了大量小型断裂或裂隙，充当天然气跨层运移的隐形通道。当地层压力大于岩石破裂压力时，隐形通道开启，流体释放，而后压力降低；隐形通道闭合时，地层压差是流体运移的主动力。当隐形通道将中深层储层与源岩或其他烃类聚集体相连时，即可形成天然气藏。此外，天然气亦可以水溶相穿越盖层运移，并在温度、压力降低时从水中析出，若遇合适圈闭即可形成游离气藏（图 5-2-10）。

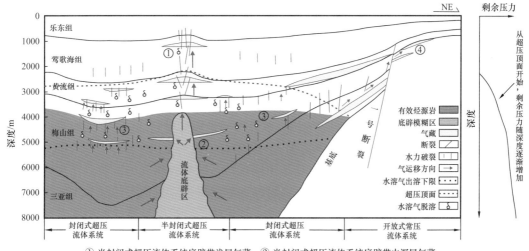

① 半封闭式超压流体系统底辟带浅层气藏；② 半封闭式超压流体系统底辟带中深层气藏；
③ 封闭式超压流体系统非底辟带中深层气藏；④ 开放式常压流体系统莺东斜坡带气藏

图 5-2-10 莺歌海盆地天然气成藏模式

（2）底辟带半封闭型超压系统"幕式快速"成藏模式。

莺歌海盆地底辟带气藏是在底辟活动期、圈闭形成期及烃源岩大量排烃期良好配置的基础上形成的。在底辟静止期，断裂或裂缝闭合，天然气在深层大量累积；在底辟活动期，断裂或裂缝开启，深层混相流体沿着断裂或裂缝向较浅层快速充注，形成气藏（图 5-2-10）。目前底辟带浅层已发现众多气藏，如 DF1-1-11 井在埋深约为 2800m、压力系数为 2.1 的中深层发现日产量达 $11 \times 10^4 m^3$ 的气层。

（3）莺东斜坡带开放型常压系统"侧向输导"成藏模式。

莺歌海盆地莺东斜坡带是常压区，距离烃源灶较远。天然气在浮力作用下沿输导层向构造高部位低势区运移。经分析，莺东斜坡带南段是天然气侧向运移的主指向，大量地表气苗证明了这一点。

（4）琼东南盆地"箱缘聚集"成藏模式。

琼东南盆地是高温高压盆地，盆地西区具双层压力结构，但分布有限，局限于崖21-1、崖19-2构造一带，上部为传导性超压系统，超压在深部大、浅部小，向上逐渐过渡为正常压力。洼陷区为超压中心，崖城、乐东、中央和宝岛四大凸起是区域性泄压带和油气汇聚区。从流体势模拟来看，10.5Ma前以垂向运移为主，其后为侧向运移，北部和南部隆起带为泄压带，是有利的油气聚集区。

始新统和崖城组烃源岩具有两个排烃期：第一次主排烃期为15.5Ma（梅山组沉积期），15.5Ma前油气运移路径稀疏、路线较短，主要在中央坳陷带内，运移方向为两侧向凹陷内运移；15.5~5.5Ma期间，油气运移路径增多、路线增长，运移方向转为从凹陷内向盆地两侧运移，并在一些低凸起构造圈闭中局部成藏。第二次主排烃期是5.5Ma（莺歌海组沉积期），油气运移增强，主生烃凹陷为乐东—陵水凹陷及宝岛—长昌凹陷，油气主聚集区为崖城凸起、陵南低凸起、松南低凸起等。

在相对低势的源外圈闭中，只要超压幕式排出的水溶气进入其中，温度、压力下降，天然气离溶聚集成藏。在源外圈闭发育区，异常超压不利于成藏；箱缘常压带或相对低势区为天然气有利聚集场所。

七、应用成效与知识产权

在上述近海油气田勘探地质理论与技术的指导下，拓展了中国近海油气勘探新领域，支撑中国近海发现40多个大中型油气田，累计探明地质储量超$20×10^8$t油当量，取得了显著的勘探成效，为国家贡献了油气资源，为经济社会发展做出了贡献。

中国近海两个油气带地质理论明确了中国近海石油和天然气的宏观分布规律，所提出的内含油带以生成石油为主、主要富含石油，外含气带以生成天然气为主、主要富含天然气，为中国近海石油和天然气勘探提供了理论依据，指导了富油凹陷和富气凹陷的优选与评价。

基于以烃源岩为核心的潜在富烃凹陷评价技术，"十一五"至"十三五"期间经过系统研究和评价，在中国近海共优选出22个潜在富烃凹陷（洼陷）。经勘探实践，共有9个凹陷（洼陷）获勘探突破，在其中获得商业性或潜在商业性油气发现、被证实为富烃凹陷（洼陷）的，包括辽西凹陷、渤东凹陷、庙西凹陷、莱州湾凹陷、黄河口东洼、阳江东洼、恩平17洼、陆丰15洼和乌石凹陷，使中国近海富烃凹陷（洼陷）的数量从"十一五"前的11个增加到"十三五"末的20个，并在其中发现了锦州25-1、恩平24-2、乌石17-2等多个大中型油气田。

基于中国近海富油盆地深层大规模天然气成藏理论，指出渤海海域渤中凹陷深埋变质岩潜山是天然气有利勘探领域，指导发现了渤中19-6大型整装凝析气田，单井钻遇气层最大厚度为440m，测试单井最高日产气$33×10^4$m³、日产油338m³，三级地质储量约$8×10^8$m³油当量；指出珠江口盆地珠一坳陷惠州凹陷中生界潜山和古近系具备天然气成藏优势，指导发现了惠州26-6油气田，测试最高日产油321.1m³、日产气$43.5×10^4$m³，探

明地质储量超 $5000 \times 10^4 m^3$ 油当量。

基于渤海浅层"汇聚脊"油气运移理论，转变浅层勘探思路，指出渤海海域南部的莱州湾凹陷和莱北低凸起是浅层岩性油气藏有利勘探领域。在过去认为无勘探目标区或钻探失利的凹陷区和斜坡区浅层进行岩性领域探索与实践，成功发现垦利 6-1、垦利 10-2 浅层大中型优质油田，开辟了渤海海域浅层岩性油气藏勘探新领域。

基于近海高温高压盆地天然气形成与富集成藏认识，进一步明确了莺琼盆地高温高压领域富含天然气，建立了莺歌海非底辟带封闭型超压系统"垂向输导""水相脱溶"成藏、莺歌海底辟带半封闭型超压系统"幕式快速"成藏、莺东斜坡带开放型常压系统"侧向输导"成藏和琼东南盆地"箱缘聚集"成藏共 4 种成藏模式，研究成果为莺琼盆地东方 13-1、东方 13-2 和陵水 25-1 等大中型天然气田的勘探提供了有力支撑，指导发现天然气三级地质储量 $4957 \times 10^8 m^3$。

依托近海油气田勘探地质理论与技术，出版专著 7 部，获授权发明专利 4 项，获软件著作权 8 项。

第三节　海上稠油高效开发技术

一、背景、现状与挑战

海上稠油持续上产稳产是国家能源安全保障的重要战略需要，在海上平台有效期内，稠油油藏采收率每增加 1 个百分点，就相当于在未新增勘探投资情况下发现了一个亿吨级储量大油田。由此可见，海上稠油油藏提高采收率意义重大。

海上稠油油藏油稠、水硬，开发受到海上工程条件、经济门槛、供给保障和环保要求等多重制约，提高海上稠油采收率挑战极大，陆地油田成熟的技术无法使用，世界海上油田也没有可借鉴的先例。中国海油深入调研、审慎决策，认为聚合物驱油技术是海上油田最有可能应用且潜力最大的提高采收率技术。通过技术攻关，突破关键技术，取得了一系列创新性成果。

通过"十一五""十二五"研究，目前已构建"海上大井距丛式井网整体加密及综合调整"技术体系，该技术体系已在绥中 36-1 油田、旅大 5-2 油田、秦皇岛 32-6 油田等 20 个油田的整体加密及综合调整中得到应用，这些油田可提高水驱采收率为 5%～10%。但是，从目前监测资料来看，海上油田整体加密调整后层间、平面矛盾仍然突出，层间水淹程度差异大，未水淹或弱水淹油层比例仍然很高，平面局部剩余油仍很富集，加密调整后潜力仍然很大。一次加密后的蓬莱 19-3 油田，油田储量大，产量高，但油藏地质特征更为复杂，剩余油潜力大，因此有必要进一步深入开展复杂河流相油田综合调整研究，建立海上稠油油田开发模式。

二、海上稠油高效水驱开发关键技术

针对海上高含水稠油油田开发面临的层内剩余油分散、层间储层动用不均的问题

（朱江等，2009），从高含水后期稠油油藏精细描述技术、高含水后期稠油油藏剩余油定量描述技术、油藏层系细分及井网与注采结构优化调整技术等方面开展了系统研究，取得了系列成果。

1. 高含水后期稠油油藏精细描述技术

海上稠油油藏构造复杂，油田进入高含水期后，提高储层预测精度和储层刻画精细程度，实现精细储层表征和地质建模是进一步挖潜的关键。

1）基于地质信息约束的智能化储层预测技术

三维地震信息中蕴含着地层、构造、岩性、物性、流体等丰富信息，使储层预测成为可能。但振幅、频率、相位、时间及其演变相关属性等地震信息翻译为地质语言存在多解性，同时开发阶段描述对象更精细，其尺度往往低于地震分辨能力（四分之一波长），传统后验式储层预测，缺少过程地质约束，储层预测精度受影响。

通过测井的桥梁作用，首先构建典型砂体空间叠置样式地震响应模板库，实现地质信息和地震响应的智能化耦合关系；其次通过研发的储层地震敏感参数智能化组合优化方法，构建不同地质模式地震敏感属性集；最后利用地质信息—地震相的转换分析技术、地质信息约束的概率神经网络模式识别技术，实现储层智能化预测技术。该技术包含3项关键方法：

（1）地质信息与地震响应耦合评价方法。

通过构建孤立及接触型、叠置型、侧叠型、多层叠置型砂体模式，利用地震正演技术，建立地震可分辨特征模式和完备的不同地质模式地震响应模板库，实现地质信息与地震响应的智能化耦合。

（2）储层地震敏感参数组合优化方法。

地质类、地球物理类或开发类专家对某个区块的储层信息特征比较了解，可凭经验在剖面和水平切片上，借助计算机可视化技术对地震属性的视觉异常进行选取。但对于复杂储层的大量地震属性集，专家只能相对简单地提出几种较优的特征或特征组合，因此需要通过基于数学算法的计算机智能优化。建立储层地震敏感参数组合优化指纹图谱，用来解决局部或全局寻优问题，寻优过程与寻优结果结合专家知识来控制、分析和评价。

（3）储层分步智能化地震相识别方法。

主要利用构建的砂体叠置模式地震响应模板库和优选的储层地震敏感参数组合参数，利用地质信息约束的概率神经网络模式识别技术，实现复杂地质条件下地震相预测的智能化、可约束化、有序化等。基于地质信息约束的智能化方法储层预测结果，较常规方法的储层吻合率提升10%，效率提高30%。

2）基于垂向细分单砂体、平面细分能量相控制的储层精细刻画技术

针对海上油田储层沉积模式认识不清、厚砂层内部叠置关系复杂等问题，一是提出了井震高分辨率层序细分至单砂体河坝的划分方法和一致性对比方法，实现对大开发井距、窄河坝体系进行高精度层序对比。二是通过对海上油田加密后，在短期基准面旋回

时期平面沉积微相图的精细刻画，将平面沉积微相细分至能量相级别。

该技术应用于渤海断陷盆地斜坡三角洲前积层序模式建立，即分支条带状、朵状、片状河口坝及断崖扇 4 种前缘带沉积模式。揭示了辫状河三角洲前缘存在大量条带状河口坝砂体，改变了三角洲前缘大面积朵状连片砂的认识，对注采关系、剩余油分布具有重大意义。对加密后主力厚砂体进行内部构型分析，建立了辫状河三角洲相前缘带 3 类单砂体组合立体叠加模式，包括水下分流河道"近水平垂积"构型模式、中等水深河控三角洲"指状河口坝"前积构型模式、主力厚砂体"河、坝复合切叠"构型模式。揭示了厚砂成因及其内部构型，其单砂体间夹层具有重要遮挡作用。储层刻画精度提升，垂向达到单期河道规模级，平面相达到微相级别，微相符合率达 85% 以上。

3）多源变尺度储层精细表征技术

对于地质条件复杂的油藏，不同区块资料特点和丰富程度存在较大差异，给油田精细地质建模带来很大挑战。提出了多源变尺度储层精细表征技术。针对不同区块特点，应用不同资料分别建立独立的相模型；基于多资料融合地质建模原则，应用模型融合方法将多个相模型组合在一起，形成复合相模型，并以此为基础开展地质建模，进行储层精细表征。

由于不同区块的特点和资料丰富程度不同，通过对区块局部更精确资料的深入研究，得到局部精确地质认识成果：（1）边部及浅层地震资料品质较好，主力砂体可实现地震砂描；（2）核心区地震资料品质较差，但井网较密，主力层具备构型解剖条件；（3）结合井震、生产动态及钻井地质导向探边资料，对水平段近井储层特征做出合理的地质解释；（4）采用分类透视的方法，描述不同类型薄层的展布特征。

根据不同资料基础可以分为以下几种储层表征模型，每种模型均有其优缺点：基于全区单砂体厚度图的基础地质模型基本反映了当前的综合地质认识，可用做后续数值模拟及其他研究工作，缺点是模型的随机性相对较强，对主力砂体的空间形态和内部构型的刻画不明确；基于地震砂描成果的地震砂描模型、基于构型解剖成果的构型地质模型及水平井精细表征三种模型的确定性强，但是模型是局部的，不能独立完成后续的相关研究工作。

基于多资料融合地质建模原则，应用分区过滤替换的方法将不同类型模型融合到一个模型中，形成新的三维地质模型。首先通过井震耦合、动静结合建立全区单砂体图，并以此为基础完成对油田全貌的整体研究；然后通过对边部及浅层地震资料品质较好区域主力砂体的地震砂描、密井网核心区主力层的构型解剖、水平井近井地质解释和薄层透视分类描述等方法，对油田储层进行更精细的局部描述，达到逐渐提升复杂储层描述精度的目的。

通过多源变尺度储层精细表征技术，一是可以实现多个基于不同资料的地质模型的自由组合，使地质模型能更准确地反映地质认识的综合成果；二是随着油田开发的深入，如果有其他更精确的地质认识出现，也可以基于更新更精确的地质认识建立新的地质模型，并将其融合到三维融合模型当中，使地质模型更准确地反映地质认识的变化。

2. 高含水后期稠油油藏剩余油定量描述技术

数值模拟是油田生产动态分析、开发指标预测、剩余油定量计算等工作的重要手段。对于海上在生产高含水期稠油油藏，一方面考虑稠油的非线性特征进行油藏数值模拟，从而对零散剩余油进行精细描述；另一方面考虑油田平面及层间非均质性和多井组开发的特征，进行平面、纵向的产量合理劈分，并对剩余油进行快速定量描述。

1）基于非线性渗流的稠油油藏剩余油精细描述技术

由于稠油油藏的渗流规律比常规油藏复杂得多，使得这类油藏剩余油分布更加复杂，预测难度更大。以往大部分油藏数值模拟未考虑启动压力梯度，少数考虑启动压力梯度的也并未考虑网格物性的双重各向异性，与实际油气藏中油气的渗流特征不符。因此，有必要对稠油非线性渗流的数值模拟技术进行研究，并研制相应的数值模拟器，从而更精确地对水驱稠油油藏的剩余油分布做出预测。

开展稠油非线性渗流规律的室内研究，在水驱稠油非线性渗流规律精细描述的基础上，编制了非线性渗流模拟器。该模拟器扩展了黑油模型，考虑了气溶解于油和油挥发于气、非线性渗流模型（包括非牛顿流特征和启动压力梯度）及储层的双重各向异性（正向和反向流动的渗透率可以分别设置，以体现河道沉积相的方向性）。采用全隐式求解方法，通过了退化测试与非线性渗流测试，并相对于商业软件显示出其优越性与准确性。

2）基于B-L驱油理论和等值渗流阻力法的剩余油快速定量描述技术

高含水油田面临的井网复杂、产液结构不均衡、纵向注采矛盾大等难点，油田平面及层间非均质性和多井组开发的特征为剩余油定量描述带来挑战。基于B-L驱油理论和等值渗流阻力法，采用"先劈分单元、后预测指标"的思路，实现了高含水稠油油藏平面、纵向的产量合理劈分和剩余油快速定量描述（张金庆，2019）。

在合理注采单元劈分的基础上，基于B-L驱油理论和等值渗流阻力法，建立了一套基于注采控制单元动态劈分的剩余油快速预测方法。考虑开发过程中各小层各注采劈分单元的渗流阻力和注水量不断发生变化，采用迭代计算生产步长内各小层各注采劈分单元的含水量和含水饱和度，从而快速得到各小层各注采单元的剩余油饱和度。

该方法计算速度快，且能满足一定的计算精度要求，可用于海上高含水稠油油藏平面、纵向的产量合理劈分和剩余油的快速预测，以提高工作效率。

3. 油藏层系细分及井网与注采结构优化调整技术

基于陆地油田开发实践回归得到的三个水驱砂岩油藏采收率经典经验公式，适用于陆地较密井网阶段水驱采收率预测，不适用于预测油田开发全井网密度阶段水驱采收率变化趋势。针对海上油田开发过程中井网逐步加密的开发过程，创新了海上多层砂岩油藏开发全过程合理井网密度优化方法。

采用动态法和数值模拟方法综合确定基础井网水驱采收率后，可以拟合得到的砂体规模中值，进而最终确定该油田全井网密度阶段的水驱采收率变化趋势。

1）适于不同含水阶段的油田分层系开发技术图版

传统观点认为层间干扰只与渗透率和原油黏度级差等静态因素有关，考虑因素不全面（刘晨，2019）。从矿场统计数据出发，明确了层间干扰影响因素，并基于灰色关联法和熵权法确定了层间干扰主控因素及各因素的权重，在此基础上，充分考虑油层物性参数和生产工作制度的影响，建立了考虑层间干扰机理的产能预测和层间干扰系数计算数学模型和计算方法，编制了产能预测和层间干扰系数计算软件，完成了对绥中 36-1 油田 6 口典型井的层间干扰系数的计算，与实际值吻合率达到 86.5%。基于该模型，明确了储层物性参数和生产工作制度对油层动用情况的影响，并针对不同含水阶段给出了相应的调整对策，形成了适于海上油田不同含水阶段界限图版，为油田开发提供理论依据（图 5-3-1）。

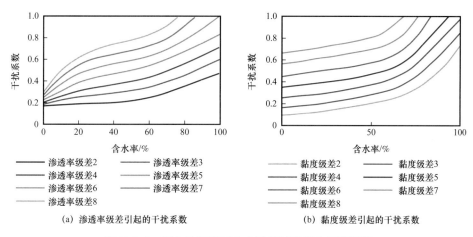

图 5-3-1　海上油田不同含水阶段层系划分界限图版

陆地油田一般采取早期细分层系开发，早期投入大，投资风险及回收期长，早期层间干扰相对小；当含水高于 60% 后，干扰加剧。考虑海上的实际情况，早期可采用一套开发层系，在含水 60% 左右开始细分，既能提高经济效益又能减缓层间干扰。该项成果用于指导蓬莱 19-3 油田、绥中 36-1 油田等综合调整的层系细分，并推广应用于 57 个陆相砂岩稠油油田，其中主力油田水驱采收率从 24.5% 提高到 38.6%，实现了油田的高速高效开发。

　2）基于低效循环高渗通道定量表征的注采优化技术

油田进入高含水期后，注入水的长期冲刷会在地层中形成高渗通道，造成注入水低效循环。综合考虑利用多种油藏工程方法，形成基于油水井动态响应的高渗通道定量表征技术，在此基础上，以实现净现值最大化为目标，考虑压力、含水率等状态变量约束，形成注采优化技术，实现问题井组 / 区块的注采优化调控，为制定增产措施提供技术支撑。

首先，综合指标计算法、吸水图版法和连通性分析法等，建立了以多种方法对比为基础的低效水驱高渗通道判别体系。综合指标计算法是通过计算井组的每吨油耗水量确定问题井组，再计算单井的千吨油含水上升值，确定连通性较强的单井，通过产油与产水的对应关系实现高渗通道的识别。吸水图版法是以相对吸水（产液）量和吸水强度比两个参数为横纵坐标，绘制吸水图版，通过计算每口井的指标，判断该井周围是否存在高渗区域。连通性分析法是基于系统与信号分析的思想，考虑多口注水井和生产井同时生产情况，建立油藏动态连通性分析模型，利用自适应遗传算法进行模型求解，实现注采连通关系的定量表征。

然后，针对存在低效循环高渗通道的问题井组/区块进行注采优化。以实现净现值最大化为目标确定目标函数，考虑压力、含水率等状态变量约束，建立注采优化数学模型并求解，从而得到低效循环高渗通道井组/区块的注采优化方案。

最后，将新方法应用到绥中36-1目标区块中，经过均衡注采优化方案（1500天），含水率相对降低，区块产油量增加 23.8×10^4t，相比原方案增产 33.23%，整体驱替效果更加均衡，达到了控水增油的效果。

三、海上稠油聚合物驱开发关键技术

通过现场实践探索，建立了早期注聚模式，使得含水率能够在较长时间内保持在较低水平，实现海上油藏在平台寿命周期内早拿油、快拿油、多拿油的目标。水驱开发早期，聚合物溶液和水对地层驱动能力的效用相当（主要形成流动通道），在注入水突破后，水替油的作用虽然在缓慢增加，但其效率下降，在充分发挥水驱效用（适量注水）后，再利用聚合物驱作用，可以扩大波及效率。注聚前适量注水，有利于保持稠油油藏注聚能力，同时快速拓宽驱替界面，从而获得更好的波及效果。早期注聚效果更好，但并非越早越好，存在最佳注聚时机。基于聚驱两相渗流机理，发现含水上升率高峰期为最佳注聚时机，原油黏度越大，最佳注聚时机越早。在含水率上升速度达到最大值之前进行聚合物驱，有利于控制油水流度比，减缓含水率的上升。在早期注聚模式建立基础上，通过技术攻关，取得一系列稠油开发关键技术的突破。

1. 油藏综合评价技术

1）海上多层聚合物驱油藏聚窜预测机制与方法

海上油田纵向上物性差异很大，在高强度聚合物驱条件下，将形成窜流通道，导致部分油井出现见聚早、产聚浓度高的问题。通过剖析聚合物驱动态特征，建立了聚合物窜流强度表征公式，并利用灰色关联理论获得了影响聚合物窜流的主控因素，建立了包括变异系数、渗透率、累计注入量、累计产液量等10余个指标在内的聚合物窜流评价指标体系。

结合控制变量法和数值模拟技术确定了各指标的界限和权重，提出了基于模糊综合评判模型的聚合物窜流判别方法，据此建立了基于灰色预测和支持向量机预测的动态指标预测方法，进而建立了较为完整的聚合物窜流预测模型。

基于锦州9-3油田的基础参数，对锦州9-3油田西区聚合物窜流优势渗流通道进行了预测和验证。图5-3-2为2013年2月聚合物窜流情况的实际结果和预警结果的比对，从图中可以看出，全区28口井，仅有4口井的窜流判别不同，预测精度为85.7%。

2）海上多层油藏聚合物驱试井解释技术

现有试井模型均将聚合物溶液视为幂律型流体，幂指数恒定，该黏度模型不能准确

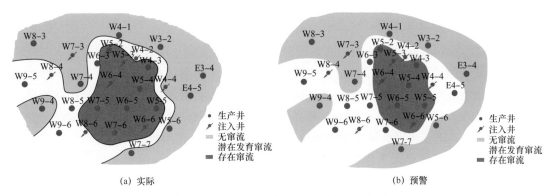

（a）实际　　　　　　　　　　　　　（b）预警

图 5-3-2　锦州 9-3 窜流实际与预警对比图

描述聚合物溶液在地层复杂的渗流情况。因此在考虑聚合物溶液存在剪切、扩散和对流等物化作用的基础上，改进了聚合物驱试井解释参数模型，包括聚合物的黏度模型、渗透率下降系数模型、不可及孔隙体积模型。

　　结合聚合物驱试井解释参数模型，建立了单层均质、两层、多层窜流聚合物试井解释模型，采用有限差分算法对数学模型进行差分离散，形成了相应的典型曲线图版（图 5-3-3）。据此编制了一套聚合物驱数值试井解释软件（PSWT）。

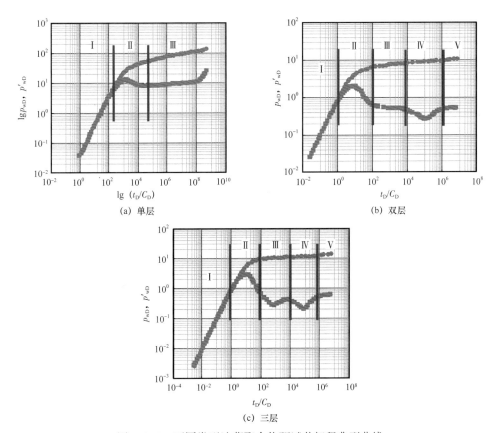

图 5-3-3　不同类型油藏聚合物驱试井解释典型曲线

2. 聚合物高效速溶技术

聚合物溶胀颗粒在机械作用下有效地分散、混合并变成小尺寸的溶胀颗粒。一方面，聚合物溶胀颗粒尺寸在强制拉伸过程中变小，露出更多与溶剂水接触的新表面，增大了水与聚合物溶胀颗粒的接触概率和接触面积，加速聚合物溶解；同时，聚合物在超重力环境下与水在多孔介质中流动接触，相界面产生快速更新，使相间传质速率提高，分散强度极大强化，进一步提高聚合物溶解速度，实现聚合物快速溶解。

聚合物快速溶解单元主体由强制拉伸速溶装置和强力分散速溶装置组成，强制拉伸速溶装置采取两级磨结构，由一个动齿盘和两个定齿盘（上定齿盘、下定齿盘）组成，通过动齿盘和定齿盘的相对运动而产生的摩擦力使聚合物溶胀颗粒有效地分散、混合，从而增大水与溶胀颗粒之间的接触面积，加快水分子向溶胀颗粒内部的扩散速度，缩短溶胀与溶解时间，加速聚合物的溶解。强力分散速溶装置由传质单元、集液腔和电机三个部分组成。电机带动装置高速旋转，从而创造一个超重力场，超重力环境下配液水和未完成溶解的聚合物溶胀颗粒被装置内部的填料分散、混合，形成多个高效混合微单元，增大配液水和聚合物溶胀颗粒的相际界面，加速聚合物溶解。

为了保证海上平台现场聚合物配注系统的正常运行，并尽可能少占用平台空间，考虑将强力分散速溶装置安装在强制拉伸速溶装置尾端，强力分散速溶装置与强制拉伸速溶装置采用共轴串联结构，两套装置共用一台电机。

按照渤中 28-2 南油田新型化学驱先导试验 2 口注入井的排量需求，设计并建造了高效配注单元橇（图 5-3-4），装置排量为 35m³/h，为了确保高效配注单元橇满足海上平台使用需求，对其进行了船级社认证。

图 5-3-4　高效配注单元橇实物图

为了掌握高效配注单元橇在加速聚合物溶解方面的性能情况，2020 年 10 月，在天津采用聚合物配注工艺系统模拟渤中 28-2 南油田现场配液条件，对高效配注单元橇的使用性能进行测试。使用高效配注单元橇后，聚合物溶解时间由 45min 缩短至 15min，证实其可以有效加速聚合物的溶解速度，并且高效配注单元橇对聚合物溶液黏度几乎不产生影响。

3.聚合物驱采出液一体化处理技术

针对海上油田聚合物驱采出液处理面临的瓶颈制约，即原油脱水困难、油水处理剂用量大、为保水质附带大量油泥、后续处理成本高等，在持续开展此类复杂聚合物驱采出液现场处理技术研发及应用的基础上，通过思路创新和技术迭代，提出了海上油田聚合物驱采出液处理一体化模式，并形成了相应技术手段。

1）强化油系统——高频高压稳静电聚结技术

传统的原油系统处理工艺为一、二级热/聚合物破乳重力沉降和三级电脱水处理。一、二级热/聚合物破乳重力沉降效果，依赖系统温度、破乳剂协同效果、沉降时间、油水界面的实时调控等方面。强化油系统需要从上述角度开展提升工作。其中，在沉降时间和升高温度有限的约束条件下，推荐应用强化分离技术，如紧凑型静电预聚结技术、电场强化电脱水技术等。

基于"高频/高压交流电场+绝缘涂层电极"研制了高频高压稳静电聚结器，在海上油田聚合物驱采出液处理流程中开展了直接处理油田井口综合来液的破乳脱水试验，试验结果表明，平台原油来液最佳高频交流脱水频率在3500Hz以上，在停留时间为25min，加入在用破乳剂时，设备进口含水为90%，出口含水在10%以内。由于综合来液含水较高，高频高压稳静电聚结器能保持稳定运行，因此其适应范围较广。但考虑到综合来液含气量较高，本技术更适于替换二级分离器使用。

2）增级水系统与分级复合加药

对于源头强化油系统，在实现多脱水、脱清水目的基础上，于生产水处理系统前新增高效紧凑在线预除油处理单元，以减轻原有生产水处理系统压力，从而减少生产水系统阳离子清水剂用量，从源头上消减含油污泥的产生，也是必要有效的补充措施。海上稠油油田聚合物驱采出水具有乳化严重、粒径小、含油量高、乳化油密度高等特点，常规重力沉降、旋流分离、气浮分离等单元处理技术都无法满足预除油要求，因此需要引入化学作用改善油滴可分离因素。基于上述认识，项目组研制了化学—物理作用耦合的高通量微细气泡强化型低剪切管式动态涡流分离技术，并在海上稠油油田中心处理平台开展了样机试验，在团聚剂的作用下，实现了生产水系统含油量85%的脱出率和60%的有效回收率。该系统与非阳离子型团聚剂的共同作用下，可大幅减少甚至可完全避免阳离子清水剂的使用，从而有效减少污油泥量。

聚合物驱生产水中油滴稳定的主要原因包括油滴间静电排斥和高强度的油水界面膜，非离子清水剂的设计理念是通过非离子嵌段聚醚降低油水界面膜强度、促进油滴聚并长大来实现聚合物驱生产水的油水分离。

非离子嵌段聚醚清水剂对温度敏感，可以通过结构设计调整其浊点，通过浊点絮凝作用实现清水除油，因此不会产生黏性油泥，是目前海上油田聚合物驱生产水处理为避免产生含聚油泥的优先选择。但其在除油率、加量、絮凝速率等方面较其他类型有一定差距，在使用过程中视情况辅以其他类型清水剂，进行分级复合加药。因此发挥各种药剂优点，在保障水质的同时，避免黏性含聚油泥的产生。

3）污油单独处理

海上平台油水处理工艺传统的设计思路是生产水系统处理设备顶部收集的污油返回原油系统一级分离器进行二次处理，这样可以最大限度地利用已有设施，使处理流程更加紧凑高效。新工艺通过流程调整，使生产水处理系统顶部污油汇集单独处理，从而保障原油处理系统脱水效果。工艺调整前后，加热器效果提升，原油处理系统电脱水器运行温度由81℃提升至87℃，油相含水由10%～12%降至4%～7%，为进一步提升聚合物驱采出液脱水效果奠定了坚实的基础。

生产水处理过程形成的含剂老化油与产出原油性质具有显著差异，虽然污油量只有原油量的1/5～1/10，但含水量高，脱水困难，混合外输必然造成整体含水量升高，是聚合物驱原油整体脱水效果较差的原因。基于老化油重组分多的特征，项目组以分子结构设计与分子功能调控为基础，提出了多苯环、多胺基、多支化的"三多"老化油破乳脱水剂设计理念，通过以价格低的天然多酚类单宁酸为起始剂，创新合成工艺，研制了脱水率高、脱水速度快的TAA系列老化油高效破乳脱水剂，以填充无老化油处理剂的空白。海上平台试验表明，10min以内脱水率80%，40min以内脱水率95%。污油系统老化油含水36%以上，每天800～1000m³，使用老化油脱水剂，平台原油含水整体可再降低5～6个百分点。

四、海上稠油热采高效开发关键技术

渤海黏度350mPa·s以上的探明稠油储量近6×10⁸t，若能实现50%的储量有效动用，则增加可采储量5700×10⁴t。因此，海上稠油规模热采开发对扎实推进"七年行动计划"，实现"十四五"发展规划产量目标意义重大。

海上稠油面临着复杂多样的稠油油藏类型，从2009年开始，先后在南堡35-2和旅大27-2油田成功开展热采先导试验，实现了单井安全有效热采，积累了单层稠油热采经验。但在海上稠油热采技术和经济的双重挑战下，全球尚无海上平台规模化热采先例。海上平台寿命有限、热采成本高，需要采用大井距、高注采强度的蒸汽吞吐方式，因此温压场发育规律、渗流模式、动用界限、储层时变特征均与陆上存在较大差异；有限的平台空间和严苛的安全标准，对热采井筒防砂寿命、平台工艺流程和平台总装集成技术也提出了全新的要求。针对以上问题，开展海上稠油油藏规模化热采开发技术的攻关与应用研究非常有必要（郭太现等，2013）。

1. 海上大井距稠油热采开发理论

基于不同热采方式（热水驱、蒸汽驱和多元热流体驱）效果的室内评价实验，分析温度、渗流速度对稠油热采效果的敏感性，开展了海上稠油流变性及剪切应力—剪切速率特性实验研究，明确蒸汽、热水、非凝析气多元注入介质与地层原油的耦合作用机理，首次给出不同热采方式产出物的组分变化特征；总结归纳出水平井注多元热流体的吞吐机理及气体组成对开发效果的影响；系统对比分析热水、蒸汽和多元热流体的开采效果，从机理上解释了多元热流体的技术优势，为海上稠油油田开发提供理论指导。

1）物理模拟实验研究

通过室内物理模拟实验，开展了不同类型驱替实验，详细地探究了多元热流体开发过程中的耦合作用机理，为现场的多元热流体技术的使用提供技术依据与理论指导。不同热采方式下的开采机理如下：（1）热力降黏和热膨胀是热水驱开采的主要机理，油水流度比的改善有助于提高驱油效率；（2）热力降黏和蒸馏作用是蒸汽驱开采的主要机理，重质组分的转化和萃取作用利于提高驱油效率；（3）热力降黏和重质组分的转化是多元热流体开采的主要机理，溶解降黏和气水混合驱也非常重要；（4）多元热流体通过热/物理/化学机理，改变芳烃—胶质—沥青质胶溶体系的平衡，强化原油中沥青质组分的采出程度，进而提高原油采收率。

2）多元热流体吞吐的数值实验研究

（1）加热与气体溶解降黏。

多元热流体中 CO_2 易溶解于原油中，将液—液之间较大的作用力转化为气—液之间较小作用力，从而降低原油黏度；温度是影响原油黏度的主要因素，随原油中 CO_2 摩尔分数增加，原油黏度降低；多元热流体吞吐兼具了加热与气体溶解降黏的作用。

（2）扩大波及系数。

多元热流体能明显增大加热腔体积，并维持油藏压力，因为气体的黏度、密度小，更能到达高渗区域；多元热流体吞吐加热腔热量波及体积是蒸汽（热水）吞吐的 1.96 倍，高温区域温度比蒸汽（热水）吞吐温度高约 10℃。

（3）气体辅助重力驱动。

气体在油藏顶部富集，有利于加热腔向两侧扩展；同时气体有明显的增压效果和向下驱动（气驱、溶解气驱）作用；稠油在气体向下驱动和气油重力差异下流入井底；多元热流体周期峰值产油量高，累计产油量增加明显。

（4）提高热效率。

气体的导热系数远低于热水，整个多元热流体吞吐阶段，主要依靠热水（蒸汽）加热油层；注入气体易于在油层顶部聚集，明显降低热量向上覆地层的损失。

（5）多元热流体组成对开发效果的影响。

随气水体积比增加，采油速度和累计采油量增加，但当气水体积比增加到 $250m^3/m^3$ 时，受气水体积比的影响很小，建议多元热流体吞吐最佳的气水体积比控制在 200～250m^3/m^3。随着 CO_2 体积比例增加，有利于增加前 3 个轮次的采油速度和累计采油量，使稳产、高产周期延长，随着吞吐轮次的继续增加，气体比例对开发基本无影响，提高 CO_2 比例，使水平井跟端更易发生"气窜"。

2. 海上稠油热采钻采关键技术

1）适合多轮次吞吐的热采井口装置及井下封隔器

针对井下蒸汽吞吐作业环境，完成热采井口和井下工具常用材质如 30CrMo、1Cr13、304、42CrMo 及 40CrMnMo 等的冲蚀试验、高温腐蚀试验、高温力学性能试验，确定各种金属材质的耐冲蚀性能和高温腐蚀和力学特性，所有金属材质的性能随着温度的升高均有不同程度的下降。结合材质的高温性能试验，研究多种金属表面强化处理方法，并进行试验评价和优选，通过不同的强化工艺比较，结合项目所研究的热采井口关键零部件的工况，建议采用等离子喷涂表面强化处理工艺。此类工艺所制备的涂层具有较高的硬度和较好的耐蚀性能，适合于工业生产，且性价比较好。热采井口装置中的高温密封元件主要存在于法兰盘连接处、侧翼阀门连接处、热采平板阀内部、可调式热采节流阀内部和热采气动安全阀内部等，主要材质为304不锈钢、膨胀石墨、改性聚四氟乙烯等，热采封隔器工具内部密封采用金属O形圈密封和高碳纤维密封，与套管的环空采用新型耐高温胶筒密封（郑伟等，2014）。

完成了370℃承压保护短节及双通道耐高温井口装置的设计试制，和370℃高温胶筒、高温悬挂、隔离封隔器的设计试制。

2）井下套管补偿器工程样机和耐高温水泥浆体系

由于套管在井下受水泥环、地层的约束，且承受内部流体压力、外部地层作用力等影响，受力条件较复杂，因此将套管、水泥环、地层作为整体系统进行分析。考虑到目标热采井多为水平井，因此建立水平段套管—水泥环—地层系统模型，开展海上热采井套管柱力学分析及损坏机理研究。对于热采井水平段套管，在固井质量良好的前提下，根据有限元分析可以发现：（1）相比单轴作用力，套管在多轴力系作用下（即套管内外有围压），套管应力降低，强度增加；（2）相比软地层，硬地层套管的应力有所减小，即硬地层更有助于保护套管；（3）降低水泥环弹性模量，有助于减小水泥环的最大剪应力。

热应力补偿器用于稠油热采作业中，它一般安装在油层套管顶部封隔器附近，主要用来补偿油层套管在高温蒸汽的作用下受热而产生的伸长量，使套管不至于产生过大的热应力而损坏。针对海上热采井实际工况，研制了一种热熔式热应力补偿器。针对研制的热熔式热应力补偿器开展了室内实验，实验表明，热熔材料在熔点附近温度范围内（设计热熔材料熔点为120℃）熔化，第1轮次升温过程中加载推力2.2t，升温至125℃后开始产生位移，与热熔材料期望熔点一致，最终位移为623mm；第1轮次降温至25℃后，加载拉力从0.2t增大至1.3t后完成拉伸位移为624mm；相比第1轮次，第3～5轮次需要的拉压加载力明显降低，升温结束后的推力在0.5t以内，降温结束后的拉力在1.2t以内，每个轮次升温和降温结束后的补偿位移超过600mm。综合本实验过程中的补偿位移和实验轮次，研制的海上热采井热应力补偿器功能可靠，工作温度达350℃，补偿位移不低于600mm，样机满足室内实验5轮次吞吐。

对热采井的传热类型进行分析后，结合热采井的井筒结构，建立了套管—水泥环—地层的三维物理模型，然后利用ANSYS有限元软件对套管—水泥环—地层组合体的温度场进行了模拟分析，得到了热采井温度沿井眼半径方向变化分布图，得出套管—水泥环—地层的温度随半径指数递减这一规律。在厚壁筒理论下，建立了新的套管—水泥环—地层系统力学分析模型，在套管—水泥环—地层均为弹性材料、各材料之间胶结完好、应力和位移连续的前提下，在系统中引入温度随半径指数递减的指数函数，研究了由套管内蒸汽温度及水泥环参数作用下系统的应力分布。发现温度升高，水泥环受力急剧增大，这是水泥环破坏的主要原因，水泥环各项应力与水泥环弹性模量和泊松比正相关。

海上热采井耐高温水泥石是保证热采井长效安全的重要方面。经过各外加剂优选实验，确定了构建热采井高温弹性水泥石液体体系添加剂材料和加量。经过实验研究，确定了热采井水泥浆体系密度为 1.40～1.90g/cm³ 的配方。热采井在生产过程中，会长期持续地受到高温的作用，为考察水泥浆体系在高温下长期的强度衰减性能，室内评价了 350℃养护温度下，水泥石经 28 天养护后的力学变化性能。在热采井作业过程中，往往会进行多轮次的加热，水泥石会反复受到高温和低温的交变加热和冷却的作用，相应的水泥石与套管之间就会受到交变的应力作用。为了考察这种交变应力作用对水泥石与套管之间胶结强度的影响，在实验室进行了模拟实验，实验中高温温度设定为 350℃，经 24h 高温养护后，降温至 80℃，在 80℃保持 24h 后再升温至 350℃，经过八轮次的升温和降温实验后，取出试样进行性能测试。

经过多轮次高低温养护后，水泥石的抗压强度呈现先上升后下降的趋势。但总体来看，对水泥石的力学性能影响不大，水泥石的弹性模量保持在 4000MPa 以下，说明水泥石仍能保持较好的弹性。水泥石经 350℃与 80℃高低温养护后，水泥环与套管胶结的声波波幅百分比基本上在 15% 以下，说明水泥环与套管的胶结良好。图 5-3-5 为水泥环与套管高温养护脱模后水泥环的外观图，可以看出水泥环与套管经过高低温养护脱模后，其外观保持着较好的完整性，水泥石与套管的胶结处也没有明显的裂缝，说明该水泥浆体系形成的水泥石能够承受高低温养护引起的交变应力作用。

图 5-3-5　水泥环经高温养护后的外观

3. 海上稠油热采平台关键工艺技术

1）海上稠油热采开发生产水处理及回用技术

针对海上稠油热采生产水处理和回用难题，采取"预处理—精滤—高效蒸发"的组合技术方案，形成海上稠油热采关键技术之一。重点研究了气浮—动态膜耦合预处理技术、抗污染无机超滤膜精细过滤技术、防垢高效蒸发技术及技术集成，设计并建造中试试验装置，开展了中试试验，形成适合海上稠油热采污水常规处理及深度处理的"三段式"高效集成工艺技术和装备。

（1）动态膜过滤含稠油污水研究。通过实验证明选择廉价易得的高岭土作为动态膜的涂膜材料；选用高岭土进行动态膜涂膜实验并考察动态模纯水通量，确定最佳涂膜工艺条件，金属基载体平均孔径为35μm，高岭土粒径为45μm，涂膜液浓度为1.0g/L，涂膜压差为0.02MPa，涂膜液温度为60℃；在该条件下所制备的动态膜，纯水通量可以达到13928L·m^{-2}·h^{-1}；研究了动态膜过滤稠油污水工艺条件的影响，过滤速度为20m/s、分离压差为1.0MPa、水温为50℃为最佳的处理条件。

（2）气浮—动态膜耦合预处理工艺研究。进行了气浮设备和混凝药剂的优选，研究了药剂用量、气体流量和回流量等参数对气浮过程的影响，本项目优选效率高、结构紧凑的新型气浮设备，紧凑旋流气浮装置（Compact Floatation Unit，CFU），回流比为15%、排浓比为2.0%，气液比为1.2∶10，选择PE2157+PAC（1∶1）的加药方式时具有最好的出水水质；并对气浮—动态膜耦合装置进行了中试试验的研究。经过30天长周期稳定性试验，现场稠油黏度（50℃）为3739mPa·s，稠油密度（20℃）为965g/L，原水油含量为120mg/L，悬浮物固含量为90mg/L，产水油含量小于3mg/L，悬浮物固含量小于4mg/L。说明原水经过气浮—动态膜耦合处理，产水水质良好，达到进入精细过滤单元的水质要求。

（3）精细过滤技术和设备研究。完成陶瓷超滤膜载体的优选，本项目优选α-Al$_2$O$_3$为主要原料，采用挤出成型和固态粒子烧结法制备载体，采用溶胶—凝胶法技术在优选的载体上制备超滤膜，并对制备的陶瓷超滤膜进行改性，研制出抗稠油污染型陶瓷基超滤膜材料；进行陶瓷超滤膜工艺的设计与优化，并建造陶瓷超滤膜工艺设备，利用自主开发的工艺设计包完成处理量为3～5m^3/h的中试装备建造，并分别在渤海和南海油田相关平台进行试验，取得良好的试验效果，为后期工程项目建造提供宝贵的试验数据。

（4）防垢高效蒸发技术和设备开发。设计和建立防垢高效蒸发装置，运行周期相比传统蒸发技术提高50%，单次自动清垢时间不大于4h，产水水质满足SY/T 0027—2007规定的热采锅炉补水标准要求。相比传统装置，防垢高效装置清洗周期延长50%，清洗费用降低30%。开展现场试验。

（5）"三段式"高效工艺技术集成。集成气浮—动态膜耦合装置、精细过滤装置和防垢高效蒸发装置，形成"新三段式"高效工艺技术集成，在中国石化胜利油田分公司孤东采油厂东四联合站进行中试试验。油田联合站稠油（20℃、密度为965g/L，50℃、黏度为3739mPa·s）的污水以3～5m^3/h的流量依次通过气浮—动态膜预处理单元、抗污染陶瓷基超滤膜精细过滤单元和防垢高效蒸发单元进行处理。在为期36天的试验过程中，各单元设备运行稳定，产水水质稳定，试验效果达到预期。油田联合站内稠油热采生产含油量为36～246mg/L，悬浮物含量为45～168mg/L，电导率为45000μS/cm。

2）海上稠油超临界水气化多元热流体热采新技术探索

海上稠油传统多元热流体开发技术依赖柴油，且海洋平台含油采出水处理工艺复杂，均消耗大量资金和能源。超临界水气化多元热流体稠油热采新技术基于含油采出水超临界水气化的多元热流体发生方式，能够摆脱对柴油的高依赖性，并极大简化水处理工艺。

通过本项目实施，开展该技术关键单元和主要部件及主要流程的基本规律、核心技术、运行控制与实验系统集成等技术研究，形成一种基于超临界水气化产生多元热流体的海洋稠油开发的综合技术路线，提供相应的工程开发的技术应用方案，可有效节省海洋平台投资和能源消耗，减小环境污染。

（1）超临界水气化规律。

在宽参数范围下系统研究不同物料（稠油生产水/柴油/原油/含聚污泥）在超临界水中的气化特性，获得了气化温度、停留时间、浓度、催化剂等主要因素对气化过程的影响规律。实验结果表明：稠油生产水/柴油/原油/含聚污泥在超临界水中气化的主要产物为 H_2、CO、CH_4、CO_2、C_2H_4、C_2H_6，碳气化率均超过 95%。温度是影响气化效果的关键因素，提高温度能极大地促进超临界水气化效果，提高碳气化率；浓度对气化效果有负面影响，增大物料浓度气化效果下降；增加停留时间有助于提高碳气化率，但提高幅度有限；碱类催化剂（K_2CO_3）的添加能提高产物产量，同时极大地提高碳气化率。

（2）氢氧化放热规律。

研究 H_2、CH_4、CO_2 等气体在超临界水中的扩散规律，理论计算表明，对于任意不同浓度的混和气体，较高的温度都对应着较大的自扩散系数，同时，在一定温度条件下，自扩散系数会表现出随着第二元气体浓度升高而下降的趋势，并提出超临界水二元混合物扩散系数公式。结果表明，公式预测值与计算值的相对误差均较小；为探究超临界水中氢氧化放热的规律，对实验室已有气化反应系统进行改造，增加了氢氧化放热反应器及相应配套设备。在氢氧化放热反应器上开展了系列实验，包括动力学参数测定和对压力波动和污染物产生的评估。实验结果表明，氢在超临界水中的氧化在高浓度下具有更低的活化能。氢在超临界水中的温和氧化过程对系统压力稳定和清洁运行不产生负面影响，并提出了适合工业级耦合计算的反应新模型。

（3）超临界水气化与氢氧化放热耦合规律。

分别以柴油和原油为物料，考察了预热水及物料流量影响因素对空气流量、多元热流体体积流量及组成和多元热流体质量流量及组成的影响。实验结果表明当物料流量维持不变，逐渐增加预热水流量时，所消耗的空气流量基本保持不变，多元热流体（25MPa，400℃）组分中，超临界 CO_2、N_2 体积分数逐渐降低，超临界 H_2O 体积分数逐渐升高；当预热水流量维持不变，逐渐增加物料流量时，所消耗的空气流量逐渐增加，超临界 CO_2、N_2 体积分数逐渐升高，超临界 H_2O 体积分数逐渐降低。随着物料流量的增加，超临界多元热流体发生反应器的外加热电耗就逐渐降低。当柴油浓度分别为 6.2%（质量分数）与 7.3%（质量分数）时，相比于超临界水气化与氢氧化串联反应器，可分别节省大约 75% 与 85% 的电能。

在超临界水气化规律及氢氧化放热规律的基础上，成功研制出国际首台超临界多元热流体发生实验室样机，并已完成 72 小时安全运行，稠油生产水碳气化率达 95%，产出的超临界多元热流体最大压力 25MPa、温度 400℃、流量 50L/h。并基于此形成了适用于海洋平台的超临界多元热流体热采系统集成优化与设计方案，同时开发了多元热流体过程分析软件。

五、应用成效与知识产权

海上稠油高效水驱开发技术为海上高含水油田的持续高效挖潜提供了有力的技术保障，直接指导了绥中 36-1 油田、秦皇岛 32-6 油田、蓬莱 19-3 油田等大型油田的综合调整，增加水驱可采储量 $5000 \times 10^4 m^3$ 以上，有效改善了在生产油田开发效果，提升了我国海洋石油工业开发水平。

海上油田聚合物驱油技术自 2003 年 9 月 25 日起，历经单井先导试验→井组试验→扩大试验与应用，逐步在渤海三个油田（绥中 36-1、旅大 10-1、锦州 9-3）实施，共注入 44 口井，动用地质储量达 $1.01 \times 10^8 t$。截至 2021 年 6 月底已实现增油 $769 \times 10^4 t$，提高采出程度 7.1%，平均每口注入井已增油 $16.1 \times 10^4 t$；预计最终增油 $780 \times 10^4 t$，提高采收率 7.2%。

海上稠油热采高效开发技术推动实现了海上稠油油藏平台规模化热采工业化应用，多专业技术集成创新实现了旅大 21-2 油田热采经济有效开发，建成全球首座海上规模化热采集成平台。2020 年 9 月投产，连续百天稳产 100t 以上，创国内外历史新高。标志着中国海油海上热采已进入规模化工业应用阶段，表明我国自主攻关形成的海上热采高效开发技术走在了世界前列。该技术推广应用到旅大 5-2 北、锦州 23-2 和垦利 9-5/6 等稠油油田，为实现经济有效开发提供了技术支撑，有力支撑"七年行动计划"和渤海油田上产 $4000 \times 10^4 t$。

上述成果发表学术论文 75 篇，授权发明专利 21 件，授权软件著作权 29 件，发布企业标准 8 项。依托海上稠油聚合物驱技术成果，共获得国家奖 2 项、省部级及行业奖 10 项。

第四节　海洋深水油气勘探开发关键技术

一、背景、现状与挑战

1. 世界深水油气勘探开发产业背景

20 世纪 70 年代末期，世界油气勘探开始涉足深水海域。1975 年荷兰皇家壳牌（Shell）公司首先在位于密西西比峡谷水深约 313m 处发现了 Cognac 油田，揭开了墨西哥湾深水油气勘探的序幕。全球海洋油气资源非常丰富，深水、超深水的资源量也不容小觑，占全部海洋资源量的 30%。2008 年左右全球获得重大勘探发现中，有 50% 来自海上，特别是深水海域。在南美巴西东部被动陆缘、西非大西洋沿岸、墨西哥湾、澳大利亚西北陆架及东南亚等深水海域相继有一些大型和巨型油气田发现。当时最大钻井水深为 3272m（墨西哥湾的 Trident 油田），开发最大作业水深为 2851m。深水油气勘探与开发已成为当今世界油气增储增长及油气勘探开发发展的趋势与新亮点。我国深水油气勘探历史较短，1993 年于神狐隆起钻探了第 1 口水深超过 300m 的 BD26-1-1 井（水深 352m），没有获得油气发现。2008 年以前中国海油长期通过对外合作在南海北部深水区钻探了一批深水探井，在珠江口盆地白云凹陷获得荔湾 3-1 气田的发现，其他钻井均没有获得规模性发现，深水区整体属于低勘探程度区。

2. 中国海域深水油气勘探开发研究现状

"十一五"之初，一大批国际知名石油公司在南海北部深水历时 10 余年，耗资 31 亿元人民币，钻探井 15 口，全部失利，外方普遍认为南海北部深水盆地构造演化复杂、缺乏发育大中型油气田的石油地质条件，油气勘探风险极大并相继退出。南海的对外合作进入低潮期，深水区块的对外合作招标也因此搁浅。随后，在没有国外技术的支持下中国海油进入了自主研究和探索阶段。在油气重大专项研究基础上，从理论认识和勘探技术两方面入手，分析制约南海深水区油气发现的重点问题，并开展联合攻关研究，在琼东南盆地中央峡谷水道和珠江口盆地白云凹陷先后获得一批重要的油气发现，截至目前深水区荔湾 3-1 气田、流花 16-2 油田和陵水 25-1 气田均获得开发，标志着我国深水油气勘探发开进入了世界较为先进的行列。

3. 中国海域深水油气勘探开发面临的挑战

南海位于欧亚板块、印度—澳大利亚板块和菲律宾海板块 3 大板块交会处，构造演化复杂，世界上没有可借鉴的成盆模式，深水盆地油气成藏更为复杂。但是我国深水资源潜力大，勘探开发前景广阔，要实现规模勘探开发，面临以下诸多挑战：

（1）南海深水区陆源海相烃源岩评价。新生代陆源海相烃源岩成因机制与预测是世界级难题。南海深水区烃源岩主要是新生代陆源海相烃源岩，与研究水平较高的海源海相烃源岩相比，研究程度总体较低，主要表现在深水区新生代海相烃源岩形成机理不清，尚未形成有效的陆源海相烃源岩分布预测技术。

（2）南海深水区规模有效储集体和天然气运聚成藏研究。深水区浅层沉积以泥岩为主，碎屑岩储层主要集中在中深层，但是受高变地温背景等多个因素影响，深层碎屑岩储层普遍低孔低渗，有效储层形成机理不清，研究及预测难度大；南海深水区深层油气勘探潜力巨大，但中深层普遍具有高温高压的特征，目前研究仅限于对已钻探证实成藏模式的定性描述，深层高温高压天然气运聚成藏机理和定量运聚预测的研究开展难度较大。

（3）在深水油气田开发方面，"十一五"初期，全球投入开发的深水油气田主要分布于大西洋两岸、墨西哥湾深水区、地中海海域和东非深水区，开发技术由国际大石油公司掌握，包括深水油气藏与海工一体化布井优化技术、深水油气藏高效开发技术等。而中国深水油气藏开发技术和经验严重不足，无深水油气田投入开发。

二、琼东南盆地深水区大型轴向峡谷水道油气成藏

1. 大型轴向峡谷水道沉积充填演化特征

中央峡谷自西向东发育，其源头位于莺歌海盆地东南缘，流经琼东南盆地中央坳陷

后进入双峰盆地，全长 525km。在平面上，中央峡谷呈低曲率 S 形，峡谷走向平行或亚平行于琼东南盆地晚中新世时期的陆架边缘，峡谷东段与西沙海槽轴部重合。中央峡谷沉积物来源于红河和越南东部（Li C et al.，2017；Li C et al.，2019；Lyu C F et al.，2021；Su M et al.，2019）。

中央峡谷的充填过程可以划分为 5 个阶段：早期侵蚀阶段、埋藏阶段、二次侵蚀阶段、充填阶段及废弃阶段。早期侵蚀阶段是中央峡谷形成的初始阶段，重力流侵蚀黄流组半深海泥岩形成深切谷；埋藏阶段的时间可能在 10.5～5.5Ma 时（Li C et al.，2021；Li C et al.，2017；Su M et al.，2014a、2014b），此时重力流较少甚至不发育，半深海泥岩充填于早期中央峡谷—天然堤体系的顶部，并逐渐将其覆盖和埋藏；二次侵蚀阶段大约发生于 5.5Ma，大规模重力流的再次发育；充填阶段，在二次侵蚀形成的深切谷限定内，重力流持续充填，完成中央峡谷的主体充填；废弃阶段对应中央峡谷晚期充填，重力流很少发育或规模很小，主要在中央峡谷的顶部充填半深海泥岩。

2. 大型轴向峡谷水道优质储层分布特征

中央峡谷充填的储层岩性以细砂岩和粉砂岩为主，峡谷充填的底—中部以细砂岩为主，上部主要由粉砂岩构成，而在次级水道充填内，同样表现为砂岩在下，向上渐变为粉砂岩的正旋回特征。

中央峡谷砂岩储层的岩石类型以岩屑石英砂岩为主，其次为石英砂岩，岩石成分成熟度相对较高。中央峡谷砂岩储层的孔隙度为 5%～36%，绝大部分样品的孔隙度为 16%～35%，平均孔隙度为 27.79%；渗透率主要分布在 0.05～1300mD 之间，绝大部分样品的渗透率在 50～1100mD 之间，平均渗透率为 433.14mD，储层物性总体表现为中孔—特高孔、中渗—特高渗的特征，孔隙度和渗透率之间具有较好的正相关性。

3. 大型轴向峡谷水道天然气成藏模式

深水区新近系储集体与古近系烃源岩之间隔着上千米泥岩地层，油气运移条件是形成大气田的重要条件。新近系琼东南盆地深水区陆坡快速推进，物源供应充足，沉积速率大，盆地快速沉降，从而造成了欠压实，与生烃增容、水热膨胀等作用一起共同导致了强超压，陵水凹陷中心的地层压力系数可以达到 2.2，深部高压及浮力可作为油气运移动力。中央峡谷的下部发育大量底辟，底辟发育刺穿上部地层，伴随着应力的释放天然气发生垂向运移，这些底辟垂向上可以从崖城组延伸至黄流组下部地层，沟通着深部崖城组烃源与浅层黄流组储层。垂向上随着压力的减弱，底辟规模也逐渐减小，在上覆未刺穿的地层中产生了一些高角度断裂和垂向微裂隙，同样可作为油气穿层运移的通道，底辟、小断层和微裂隙共同作为垂向运移通道为中央峡谷天然气成藏提供了条件。

据此建立了琼东南盆地深水区中央峡谷大气田成藏模式，具有"裂隙垂向输导、峡谷水道砂岩储集、块体流泥岩封盖、高效充注"的特征（图 5-4-1）。中新统黄流组中央峡谷水道从东向西横贯陵水凹陷，峡谷水道内砂体与半深海—深海相泥岩形成了优质的储盖组合，水道砂岩与深水泥岩构成的岩性圈闭被后期侵蚀充填和差异压实作用改造，形成岩性—构造复合圈闭群，通过热流体底辟及伴生的微断裂沟通深部渐新统煤系烃源岩，以高压和浮力为油气运移的主要动力，垂向运移形成天然气藏，天然气分布横向连片，纵向多层叠置，近源垂向晚期快速高效复合成藏。该模式指导了中国第一个自营深水超千亿立方米的陵水 17-2 大气田和陵水 25-1 等一批大中型气田的发现。

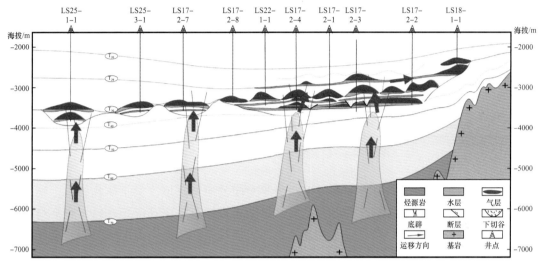

图 5-4-1　中央峡谷水道天然气成藏模式

　　在上述理论与技术指导下，开展琼东南盆地深水有利油气聚集区带的评价，优选了一批重点钻探目标，首钻发现了陵水 17-2 千亿立方米大气田，实现了中国深水区首个千亿立方米大气田勘探突破。随后又相继发现了陵水 25-1、陵水 18-1 和陵水 18-2 气田。

三、白云凹陷大型煤系三角洲与烃源岩

1. 白云凹陷大型煤系三角洲特征

　　白云凹陷大型煤系三角洲主要发育在珠江口盆地早渐新统恩平组沉积晚期，恩平组沉积期是白云凹陷断坳转换期，凹陷物源丰富，地层分布广泛且凹陷坡度相对平缓，深水区普遍发育海陆过渡相三角洲—海湾沉积环境。白云凹陷恩平组沉积晚期主要有两个方向的物源供给：北部缓坡带和西南断阶带，其中北部缓坡带是主要物源方向。白云凹陷北部番禺低隆起带、西南部云开低凸起及南部隆起带上发育河流相；北部斜坡带及西南断阶带河流相前方发育煤系三角洲，其中以北部斜坡带煤系三角洲规模最大，地震剖面上可以看到明显的 S 形前积反射特征，可推进至白云南洼半封闭海湾附近。随着南海裂开进程的推进，白云凹陷海平面不断上升，恩平组沉积范围由下至上不断扩大，三角洲沉积范围也不断扩大，三角洲平原的煤系地层发育规模在恩平组上段达到最大（图 5-4-2）。

2. 大型煤系三角洲控制烃源岩的形成和展布

　　白云凹陷恩平组大型煤系三角洲与海湾共同控制了煤系与陆源海相烃源岩有机质的

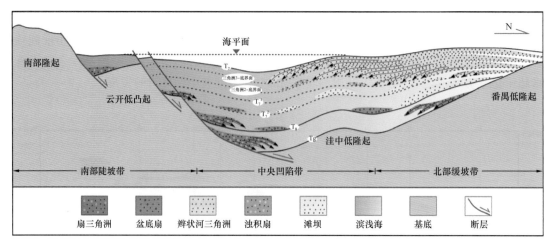

图 5-4-2 白云凹陷恩平组沉积相发育模式图

富集。珠江口盆地深水区白云凹陷恩平组为半封闭的海湾环境。黏土矿物、古生物、古地貌的分析表明，白云凹陷恩平组在经历了早期短暂的海陆交互沉积之后，恩平组沉积中、晚期凹陷经由荔湾凹陷与广海相通，在凹陷周缘东沙隆起、南部隆起、云荔低隆起的围限下形成限制性的海湾沉积环境。孢粉资料显示，恩平组沉积时期白云凹陷属热带—亚热带气候，炎热潮湿有利于高等植物和藻类的繁盛（雷菲等，2012），水量充沛，沉积环境为弱氧化—弱还原环境。

三角洲原地生长及河流输入的大量陆生高等植物形成了煤系与陆源海相两类烃源岩，煤系烃源岩主要分布于近岸的三角洲平原，为好烃源岩，表现为煤系地层发育，煤和碳质泥岩有机质类型主要为 II$_2$ 型，共生的泥岩有机质类型主要为 III 型；在三角洲前缘和前三角洲，煤与碳质泥岩减少或消失，陆源海相泥岩成为主要烃源岩，为中等—好烃源岩，有机质类型主要为 II$_2$—III 型；在相对安静的海湾滞水环境，水生藻类混入后，有机质类型以 II$_2$ 型为主。

珠江口盆地深水区煤系与陆源海相烃源岩含有较高含量的壳质组和无定形等富氢组分。恩平组煤系与陆源海相烃源岩总体为 II$_2$—III 型，其中偏 II$_2$ 型的煤、碳质泥岩及部分陆源海相烃源岩生烃母质富含壳质组分，平均含量 30%～40%，在海湾环境滞水条件下的陆源海相烃源岩无定形组分比例较高，平均含量 12%～18%，壳质组与无定形组分两种富氢显微组分的增加使有机质在生油窗内生油能力增强，生烃模拟实验发现在 0.7%＜R_o＜1.3% 时，富氢煤系烃源岩是油气兼生、以油为主的生烃阶段，可大量生油；恩平组煤系烃源岩与陆源海相烃源岩中含有的大量镜质组、丝质组、部分壳质组等有机显微组分在高熟—过熟阶段则能生成大量天然气。

3. 大型煤系三角洲控制油气田的分布

烃源岩类型与其所处的热演化阶段共同控制了深水区油气呈"内气外油"分布。珠江口盆地深水区恩平组海陆过渡相烃源岩现今成熟度自白云凹陷中心至边缘呈现过熟—

高熟—成熟—未熟特征，白云凹陷东洼、西洼处于成熟阶段。根据已钻井恩平组烃源岩干酪根分析结果，结合煤系和陆源海相烃源岩发育模式及恩平组沉积相展布，可预测白云凹陷恩平组烃源岩类型分布。白云北坡三角洲平原区和西南断阶带三角洲平原区主要为Ⅱ₂—Ⅲ型、以Ⅱ₂型为主烃源岩，白云主洼三角洲前缘和前三角洲区为Ⅱ₂—Ⅲ型、以Ⅲ型为主烃源岩，白云东洼、西洼远离三角洲朵叶的静水海湾区为Ⅱ₂型烃源岩，其余海相泥岩发育区主要为Ⅲ型烃源岩发育区。预测珠江口盆地深水区资源量可达 $40 \times 10^8 t$ 油当量，其中天然气为 $2.8 \times 10^{12} m^3$，石油为 $12 \times 10^8 m^3$，气油比约为 $2.5 : 1$。

白云凹陷及周缘发育的 9 条主要的构造脊与珠海组、珠江组区域输导层联合控制了油气的汇聚方向，主要构造脊包括北部斜坡带 4 条构造脊、东部构造脊、东南构造脊及西南缘 3 条构造脊。

珠海组沉积期白云凹陷北部为正常的陆架三角洲沉积，向南至陆架坡折带附近发育规模巨大的陆架边缘三角洲—深水扇沉积，输导体系发育。珠海组从早至晚，珠海组陆架—陆架边缘三角洲向南东方向推进。受控于主物源通道，珠海组陆架边缘三角洲东窄西宽，西段深水扇—水道体系发育。云开低凸起珠海组发育南西北东向的"源—汇"体系，南部发育近源（扇）三角洲沉积，北部以滨浅海沉积环境为主。珠海、珠江组输导砂体的差异分布控制了白云凹陷 9 个主要构造脊的油气输导能力。其中北部 4 条构造脊、东部构造脊珠海组、珠江组的输导砂体发育，油气输导能力优越，为有利的油气聚集方向；西南缘中部、南部 2 条构造脊珠海组输导条件良好；西南缘北部构造脊、东南构造脊则因砂体欠发育油气输导能力较弱。

珠江组沉积早期白云凹陷北部发育陆架边缘三角洲，南部陆架坡折带以南发育半深海泥质沉积，与白云凹陷东部的深水扇—水道复合体构成良好的储盖组合。珠江组晚期三角洲退积至番禺低隆起，白云凹陷整体为半深海沉积，形成良好的区域盖层，凹陷东部发育一条南北向的大型深水水道沉积。

在上述理论认识指导下，开展白云凹陷深水有利油气聚集区带的评价，优选了一批重点钻探目标，发现了中国首个深水大型气田荔湾 3-1 气田，推动了中国深水勘探技术进步，提升了南海深水勘探开发的地位。

四、深水气田开发关键技术

1. 深水气田产能和开发指标预测方法

随着海上勘探开发的不断深入，一批深水气田相继进入开发评价、方案实施和生产阶段。而目前对其开发方案设计研究较少，针对产能评价、开发指标预测等关键内容没有形成统一方法，因而确定深水气田合理产量及开发指标，确保开发方案技术及经济可行至关重要（丁帅伟等，2013）。

1）产能评价及开发指标预测方法

（1）产能评价方法。

气井产能指气井的产气能力。气田开发方案中涉及气井配产，即确定气井的合理产量。深水气田气井配产方法主要包括 DST 测试法、IPR/TPR 曲线和流出动态曲线法、采气速度法，并考虑工程设计和市场需求。气井配产一般根据上述方法综合确定。

① DST 测试法。

通过气井 DST 测试，产能试井，建立产能方程（庄惠农等，2021）。考虑海上深水气田测试管柱中易产生天然气水合物和深水作业费用高等困难和挑战，使得深水气田测试不同于常规气田，测试设计时须考虑天然气水合物的形成条件预测及防治。因此，深水气田气井测试设计时需重点关注 3 个问题：a. 天然气水合物的形成条件和时机的判断。将测试产气量提高到生成水合物的临界产气量之上，避免水合物的产生。b. 测试流程优化。为了避免初关井时可能产生的天然气水合物堵塞测试管柱，导致二开时可能不能打开生产的风险，采取一开一关的测试流程，分 4 个阶段：返排流动阶段、低流量取样阶段、变流量阶段、关井恢复阶段。c. 测试时间优化。通过缩短测试时间来减少水合物的生成量，降低管柱被水合物堵塞的风险，同时节省费用，并能满足测试要求，需对各个阶段的测试时间进行优化，缩短测试时间（戴宗等，2012）。

② IPR/TPR 曲线和流出动态曲线方法。

气井配产不仅要考虑地层中的流入能力，还要考虑井筒中的流动及井筒携液对气井产能的影响。可由流入动态和油管动态分析获得气藏产量和管流的关系。给出不同油管尺寸、油藏压力和井口压力下的一系列 IPR/TPR 曲线。在固定的油管尺寸下，不同的油藏压力和井口压力决定气体的稳定流量。根据这些关系，如果确定了其他参数，就可以确定气体的稳定流量和油管尺寸。

③ 采气速度方法。

合理的采气速度取决于原始地质储量、井筒和管线的限制、市场需求和经济效益等因素，可以通过数值模拟和经济评价来进行确定。合理采气速度确定后，可得到气井产能。

（2）开发指标预测方法。

① 开发方案设计。

气田开发方案包括气田开发规划方案、新区开发方案、老区开发调整方案，这里主要介绍新区开发方案气藏工程研究部分（李士伦等，2004），主要包括：开发原则、动用地质储量、开发层系、井网及井型、开发及开采方式、产能分析及配产、采收率预测、开发指标预测、潜力及风险分析、开发方案实施要求，具体编制技术要求参考《海上砂岩气田总体开发方案编制指南》（SY/T 10014—1998）与《气田开发方案编制技术要求》（SY/T 6106—2014）。

针对深水气田需考虑以下内容：遵循少井高产、高速开采的原则；制定天然气水合物预防措施，考虑评价井再利用；考虑压缩机的合理安装时间；深水气田一般具有很好的储层物性及流动性能，产能较高，配产需考虑出砂影响；如果有断层，需考虑断层封堵性，断层不连通时，井控储量受影响，可能增加部署井数，断层连通状况下，开发效果往往较好。所有开发井都下入井下永久压力计，生产井动态监测，保证均衡开采。

② 动态指标预测方法。

动态指标预测一般有两种方法：油气藏工程方法和油藏数值模拟方法。油气藏工程方法通常只能预测初期或稳产期的开发指标，作为概念开发方案。油藏数值模拟方法利用油藏数值模拟软件计算开发指标，适用于开发的任何阶段，可以得到每口井预测产量数据。深水气田动态指标预测一般采用油藏数值模拟方法。

2）荔湾 3–1 深水气田产能和开发指标预测

荔湾 3–1 气田位于中国南海珠江口盆地白云凹陷深水合作区，距香港东南约 310km，所处海域水深 1300～1500m。气田构造为大型南北边界断层遮挡的大型断裂背斜。气层分布于新近系珠江组和古近系珠海组两套海相砂体中，埋深为 3040～3500m，气层孔隙度为 17%～25%，渗透率为 73～1049mD，非均质性为一般—较强，属于中孔隙度、中—特高渗透率储层。

据 DST 测试结果，荔湾 3–1 气田共有 3 口评价井显示气田具有很好的储层物性及流动性能，所有井都能达到 $140 \times 10^4 m^3$ 以上的日产气量，且压降小于 1%。二项式法计算无阻流量为 2702×10^4～$4384 \times 10^4 m^3/d$，具有很高的产能。通过 IPR/TPR 曲线和流出动态曲线显示，如果气田采用 5.5in 的油管，在生产初期气井的最小携液气量约为 $70.8 \times 10^4 m^3/d$。通过数值模拟和经济评价确定气田推荐方案的稳产期年采气速度为 7.8%，稳产 6 年。生产井合理产能综合考虑上述结果，结合工程设计和市场需求，推荐生产井配产为 169×10^4～$181 \times 10^4 m^3/d$。

荔湾 3–1 气田开发方案：遵循合适采气速度，分层开采、均衡开采；避免地层水产出；考虑天然气水合物防治的开发原则。基础方案动用 3 层探明地质储量，分层开发，采用非规则井网，定向井型。生产井配产为 169×10^4～$181 \times 10^4 m^3/d$。数值模拟预测气藏开发动态指标，高峰年产气为 $36.2 \times 10^8 m^3$，稳产 6 年，最终累计产气量为 $335.1 \times 10^8 m^3$，干气采收率为 71.9%。

2. 深水气田一体化在线监测评价技术

目前气藏动态分析往往仅从气藏角度出发，对井筒、管网等因素的综合影响和限制考虑不够，导致气藏工程、采气工程和集输工程专业需要多次配合才能得出合理结果。因此，进行气藏—井筒—管网一体化在线监测评价，可提高动态预测精度和工作效率（计秉玉，2020）。深水气田一体化在线监测评价技术包括数据存取与管理技术和地层—井筒—管网在线监测评价技术。

1）深水气田一体化在线监测评价技术

（1）数据存取与管理技术。

在气田开发过程中，除了油、气、水的产量之外，还需要关注气田各个生产节点的压力、水气比等的变化。因此，一个稳健、强大的数据库是实现气藏管理必不可少的工具。在对深水气田现场监测数据存取管理模式调研和技术研究的基础上，开发了深海气田监测数据管理系统，包括数据整合和数据成果管理两大部分功能。具体包括：① 数据储存技术：以行业标准及石油公司数据库为基础的数据存储结构技术；以分布式存储方法为基础的实时数据存储机制技术。② 数据处理技术：以数据模型研究为基础的数据适配技术；以并行处理、数据泵等技术为基础的解决多任务、大数据、异地数据同步等问题的数据处理技术。③ 数据管理技术研究：以业务分析为基础的数据分类管理技术；以确保数据正确性及数据完整性为目的的数据校验及数据计算规则技术；以实时监测数据为数据基础的自动报表生成规则技术。

对于数据建设、管理应用，建立深水气田监测数据管理系统，包括四个部分：① 实时数据采集适配器：将自动定时从智能井获取数据并入库保存；基于井筒生产模型及专家知识，对模型数据进行处理，及时获取动态报表数据、发现生产异常问题。② 非实时数据采集适配器：将开发生产数据库相关数据连接导入到项目数据库中，存储格式包括各类数据库、Excel 文件等。③ 数据管理：主要针对数据库中的实时数据、非实时数据、成果数据的管理，可进行数据的查看、编辑、导入、导出操作。④ 成果管理：可以查看、管理由各模块上传的成果，包括计算结果图表、结论、模型、功能实例。

（2）地层—井筒—管网在线监测评价技术。

对深水气田动态监测与评价技术研究，具体包括：① 管网分析技术，确保满足现场各种类型管网计算分析的需要；② 管线模拟技术，可通过管线压力、温度的计算分析，得到管线内流体的状态模拟，从而监测管线状态的变化；③ 泵特性分析技术，可为泵站结构的调整提供依据；④ 监测评价技术，包括基于实时监测数据的自动预警机制技术；基于动静态数据与监测数据的现状评价、对比分析、统计分析等生产动态分析技术；基于实时数据的管网监测与分析对比技术。

建立深水气田动态监测与评价系统，包括实时生产监测和生产动态分析两个部分。① 实时生产监测：包括井口监测、井筒监测、平台监测、管网监测 4 个功能，实现实时数据的报表和曲线查询，并能够进行实时预警。② 生产动态分析：包括生产曲线（采气井日、月；单元日、月；采气井日指标关系、单元月指标关系）、统计分析（采气井日、月分级统计；采气井日、月综合统计）、对比分析（采气井日、月分级对比；采气井日、月综合对比）、单元分析（单元日、月开采现状图；单元日、月对比现状图；单元日、月生产曲线叠放图；单元日、月指标等值线图）。

2）一体化在线监测评价技术在荔湾 3-1 气田的应用

基于荔湾 3-1 气田的实际数据建立数据库，实现了数据导入和数据编辑，提高了数据质量。同时，基于荔湾 3-1 气田的监测数据，通过监测设置功能设定了各类监测参数，具体包括井口设置井口压力、井口温度；平台设置气流量、油流量、水流量；井筒设置井底测试压力和测试温度。并分析气田监测数据，诊断是否发现生产异常情况。

3. 深水气田群耦合优化预测技术

鉴于深水气田开发要兼顾供气指标和高效生产，考虑地层、井筒、管网协调的气田群整体优化规划技术，对指导气田高效开发具有重要意义（黄万书等，2014）。深水气田耦合优化技术包括地层—井筒—管网联合系统动态耦合预测技术，和地层—井筒—管网系统优化规划技术。

1）地层—井筒—管网联合系统动态耦合预测技术

针对气藏开发指标预测中，由于对井筒、管网等因素的综合影响考虑不充分，而导致气藏工程、采气工程和集输工程专业需要多次配合才能得出合理结果的问题，研发了地层、井筒、管网等多因素动态耦合预测方法，可提高动态预测精度和工作效率。具体研究思路为：根据地层流体流动的过程，考虑地层—井筒—管网流动的互相制约和影响，进行动态耦合预测。整个耦合系统可划分为 3 个流动系统：地层—井底的地层渗流、井底—井口的单相或多相垂直管流、井口—管网终端的集输管流。3 个系统流动模型联合求解，即可实现整个系统的耦合预测，进而实现稳产期及给定稳产期条件下最大产量的预测。

2）地层—井筒—管网系统优化规划技术

如何将地层—井筒—地面设施建立统一的系统，并对这个系统统一求解，是气藏优化的关键问题。经调研研究，采用 MDO 方法和多学科设计优化方法将复杂问题简单化，把整体流动系统从气藏到井筒分别考虑，同时相互作用，应用枚举法、遗传算法求解，最终得到最优产量分配方案。优化过程中综合考虑均衡开采、采气速度、气藏类型、井当前的产量、无阻流量、生产压差等因素，给出自动产量分配方案；智能方案设计可减少方案准备的烦琐性，对各个分配方案进行生产预测，充分考虑地层的复杂性，结果更加真实可靠。

3）深水气田地层—井筒—管网联合系统耦合预测系统

深水气田地层—井筒—管网联合系统耦合预测系统包括 5 个功能：（1）耦合预测：包括地层系统预测、地层井筒系统耦合预测、地层井筒管网系统耦合预测三个方面。分别设定最小井底流压、最小井口压力和外输压力为限制，优化目标定为规定产量计算稳产期、规定稳产期计算最大产量。（2）管网建模：建立一个通用的管网模型。允许用户进行管网的创建、读取、修改等操作，可以对各种元件的状态、属性等进行设置，能够进行管网模型的结构检测、保存。（3）PVT 拟合：可以根据高压物性实验测得数据，包括一定测试条件（T，p）下天然气压缩因子 Z、气体黏度 μ 等，使用多种计算关系式进行拟合，并自动进行修正，使结果更符合用户现场实际。气井 PVT 拟合功能可以计算气体黏度、天然气压缩因子等物性。（4）井筒压力拟合：包括干气井的单相流计算模型和凝析气井的井筒多相流计算模型，可基于测试压力数据，实现对计算模型的修正。（5）地层参数拟合：采取拖动数据点拟合典型曲线的方式，计算相关参数，包括原始地质储量、含气面积、渗透率、气井表皮系数及裂缝井的裂缝半长等。

4）耦合优化预测技术在荔湾 3-1 气田的应用

在荔湾 3-1 气田生产井进行耦合预测。首先建立地面管网模型，计算单井 PVT 流体物性参数，基于生产数据求得单井控制储量、渗透率、表皮系数等参数，计算井筒压力剖面，最后进行耦合预测。可以采用规定产量预测稳产期，或者规定稳产期预测最大产量。对于地层、井筒、管网联合生产优化规划系统应用，建立深水气田生产优化规划系统，包括井方案生成、智能方案设计和优化规划 3 个功能。

针对荔湾 3-1 气田合同产气量分配和最大产气量生产两类目标，根据实际数据选择采气速度限制、生产压差、当前日产量、无阻流量、产水限制等因素，确定目标产气量，给出各因素权重分配，自动生成若干组产量分配方案。通过数值模拟软件对各方案进行预测，自动解析数模方案预测结果，根据目标及约束条件，高效选择最优分配方案。制定最大产气量优化模型，根据无阻流量给出合理分配范围，选择无阻流量的 1/5～1/4 为合理区间，生成若干组分配方案。同样，通过数值模拟软件对各方案进行预测，根据选择目标，及设定约束条件，优选出最优方案。该项工作可由专业技术人员与计算机人员协作完成，开发相应软件，与前述数据管理系统、在线监测评价系统整合，形成气田群开采系统评价技术和优化预测软件系统。

五、应用成效与知识产权

在上述理论与技术的指导下，在琼东南盆地首钻发现了陵水 17-2 千亿立方米大气田，随后又相继发现了陵水 25-1、陵水 18-1 和陵水 18-2 大中型气田。截至 2021 年，琼东南盆地深水区天然气三级储量累计 $2500 \times 10^8 m^3$。其中陵水 17-2 气田于 2021 年 6 月正式投产，对于推动中国油气增储上产，保障粤港澳大湾区能源供应，促进海南自贸区（港）能源绿色发展具有重要意义。在珠江口盆地白云凹陷发现了中国首个深水大型气田荔湾 3-1 气田，该气田在 2014 年 4 月建成投产，为国家清洁能源供应做出重要贡献。

自立项以来，在深水油气勘探开发技术研究方面形成了一批知识产权和成果：发表论文 121 篇，出版专著 10 部，国际发明专利 1 项，获国家科技进步二等奖 1 次，国土资源部科技进步一等奖 1 次，国家能源局科技进步二等奖 1 次，中国地球物理学会科学技术一等奖 1 次，中国海洋石油总公司科技进步特等奖 1 次、一等奖 4 次。

第五节　海洋深水重大装备及配套技术

一、背景、现状与挑战

随着世界范围内深水油气田勘探开发的规模和水深在不断增加，深水油气田开发正由 1500m 朝着 3000m 超深水发展，深水海洋工程装备和技术迎来了飞速发展的阶段，涌现出一批新技术、新工艺、新装备，支撑了全球 3400m 水深最大探井、2900m 水深水下生产系统等深水油气的开发。经历"十一五"至"十三五"科技攻关，中国实现了海洋油气开发从 300m 水深向 1500m 水深的跨越。

2008 年以前，中国海洋油气资源开发建设还停留在 300m 水深以内，最深的即是采用水下生产系统回接半潜式平台的流花 11-1 油田，该油田的设计由国外公司主导，水下生产系统、单点、系泊系统等关键设备或材料均为国外进口。我国在深水油气田开发建设工程设计技术、标准和规范、实验/试验和测试技术、小试、中试实验/试验装置、试验平台上基本全面匮乏，不具备自主开发建设深水油气田能力和运维经验。与国外领先水平存在巨大差距，严重制约了我国向深水油气田进军的步伐。

中国南海深水油气田与北海、墨西哥湾、西非、巴西等相比，面临着内波和台风等恶劣海洋环境条件、陆坡/沙波沙脊/断层/浅层气和沟壑等复杂海底地形和工程地质、油气田储量小、离岸距离远、流动安全保障和远距离控制/供电等巨大挑战；面临着应对高温、高压、高腐蚀油气藏，水下设施、过流阀门/连接器、海底管道、海洋立管等材料选择难题；面临着高性能材料、关键设备和零部件依赖进口的窘境，在技术、材料和装备上严重被国外"卡脖子"，亟待打破国外技术封锁和垄断。

二、深水油气田开发工程设计技术体系

深水油气田开发与浅水油气田开发最大的不同，在于常规导管架开发模式已经不再适用，必须采用张力腿平台（TLP）、单立柱平台（Spar）、半潜式生产平台（Semi）、FPSO、圆筒FPSO、顶张紧式立管（TTR）、钢悬链式立管（SCR）、挠性立管（Flexible）、复合立管（Hybrid riser）等新的开发模式。由于这些平台结构形式不能向导管架平台那样通过桩基固定在海床上以限制平台运动，而是需要采用张力腿或系泊系统等实现其在海面上的相对限位，因此，其与常规导管架开发模式最大的区别便是受海洋环境影响存在浮体、立管、脐带缆、系泊系统等多单体流固耦合作用。这种耦合作用为浮体、立管、脐带缆、系泊系统疲劳、干涉、安装设计提出了巨大挑战，同时南海内波或台风等恶劣海况、深水低水温、高静水压、海床浅层气或河谷沟壑或沙波沙脊等灾害性地质、输送介质复杂性等现状又为海底管道、立管安装期间屈曲、运营期流动安全保障等设计提出了更高的要求。

为了破解上述难题，"十一五"至"十三五"期间，中国海油联合国内攻关团队通过引进、消化、吸收、再创新，突破了1500m深水油气田开发工程关键共性技术，构建了深水油气田开发工程设计技术体系，形成了涵盖水面、水中和水下，包括深水钻完井工程、浮式生产装置、水下生产系统、深水流动安全、深水海管及立管等系列化和一体化的设计技术体系，形成了20余种设计方法，编制了10余套设计标准和指南，开发了近40套涵盖深水钻完井、深水浮式平台、水下生产系统、深水流动安全及深水海管和立管等专业的设计软件，初步建立了1500m水深深水工程设计技术体系，为深海油气田开发奠定了技术基础。

三、深水工程实验／试验技术及体系

仅依赖商业软件，深水油气田开发浮式平台和立管系统设计很难真实模拟浮体、立管、脐带缆、系泊系统等单体或多单体流固耦合作用的情况，若单纯采用商业软件中的水动力系数开展数值分析，其结果往往给工程设施的安全服役带来过于保守或暗藏风险的不确定性。必须通过缩比尺、实比尺水池实验／试验寻找与设施服役条件较为吻合的水动力系数；深水工程所需的材料研发和产品研制，必须经过小试、中试、工厂接受试验（FAT）和现场集成测试（SIT）等充分验证才能实现工程应用。国内这些实验／试验系统和中试平台在"十一五"之前尚属空白，通过"十一五"至"十三五"攻关，构建了深水工程实验／试验系统和中试平台，形成了国内深水工程实验／试验技术及体系，具备了试验和测试能力，为深水工程材料、设备及产品研发等提供了性能试验与测试平台。

1. 浮式生产装置水动力性能实验装置

通过三个五年的国家科技重大专项，完成了浮式生产装置的深水水池试验研究，掌握了深水生产装置水动力性能实验模拟技术，建立了一套各类型浮式生产装置水动力性

能试验、涡激运动试验和内波与浮式平台相互作用的实验方法，形成了各类型浮式生产装置水动力性能实验指南，验证了 SPAR、SEMI、TLP、FLNG、FDPSO 和深水不倒翁等新型浮式平台的设计方案（图 5-5-1）。

(a) SEMI平台水池试验　　　　　　　　　(b) 深水不倒翁平台水池试验

图 5-5-1　浮式生产装置水动力性能试验

2. 水下生产系统测试及试验系统

建成了国内首套水下阀门及执行机构设计、制造、测试为一体的水下阀门产业基地，建成了国内首套水下阀门及执行机构开启力/扭矩试验、总成高低温负载循环试验、总成高压舱负载循环试验系统，并完成了相关产品测试。该系统主要包括 ROV 模拟液压马达深水测试连接工装、高低温负载循环试验装置、深海高压舱负载循环试验装置、阀门推力及扭矩测试装置等（图 5-5-2）。

图 5-5-2　水下阀门及执行机构试验体系

3. FLNG 液化工艺试验系统

液化工艺是海上 FLNG 装置的关键技术之一，也是 FLNG 区别 FPSO 的主要部分之一。目前，FLNG 液化工艺及关键设备由欧美公司垄断，我国经自主攻关研发了适用于南海目标深水气田 FLNG 装置的丙烷预冷双氮膨胀液化新工艺，建成了天然气规模为 2000Nm³/d 的小型 FLNG 液化装置和 20000Nm³/d 的 FLNG 液化中试装置。并通过实验验证了该液化工艺在南海深水气田 FLNG 装置中具有较好的适应性，液化率高于 85%、能耗低于 0.45kWh/m³，装置自动化程度高、快速启动和停止性能强，具有海洋环境适应性好、抗晃荡性能优等优点，可为大型 FLNG 装置提供验证和参考（图 5-5-3）。

（a）小型FLNG液化试验装置　　（b）FLNG液化中试装置

图 5-5-3　FLNG 液化工艺试验系统

4. 深水海底管道和立管实验 / 试验系统

突破了深水立管涡激振动试验模拟技术，研制出可模拟最大相对流速为 4.5m/s 的均匀来流和剪切来流的深水立管涡激振动试验装置，为深水立管涡激振动设计提供了实验模拟手段。突破了深水海底管道屈曲模拟关键技术，成功研制出可模拟 4300m 水深压力、压力舱外径为 1.6m、长度为 11.5m、实尺度深水海底管道屈曲压力舱，并完成了轴向力和水压作用下的管道局部屈曲、管道屈曲传播和带有止屈器管道的屈曲穿越等 3 类全尺寸试验，为深水海底管道屈曲压溃设计提供了试验基础。破解了金属和非金属材料组成的深水柔性软管原材料、各层 / 层间摩擦、原型实验 / 试验和测试技术（图 5-5-4），为柔性软管材料、软管国产化生产和工程化应用奠定了基础。

5. 高黏易凝多相流动试验系统

建成了中国首个工业级高黏易凝多相流动试验系统（占地为 4200m²、设计压力为 15MPa、温度为 -10℃～100℃、管径为 4in、长为 210m、±5° 起伏管段），为海上高黏、易凝、高含蜡原油提供试验模拟手段和安全运行决策依据，为新工艺、新设备、新药剂等提供评价和验证平台（图 5-5-5）。

(a) 深水立管涡激振动试验装置   (b) 深水柔性软管疲劳试验装置

图 5-5-4　深水海底管道和立管试验系统

图 5-5-5　高黏易凝多相流动试验系统

四、深水工程设施监测系统

自主研制了深水钻井隔水管监测系统、深水工程现场监测网络化远程实时监测系统、深水油气田流动安全管理系统、水下结构气体泄漏监测系统等，成功实施了现场监测，为保障海上深水工程设施安全作业、优化工程设计提供了技术支撑和保障，填补了多项国内空白。

1. 深水钻井隔水管监测系统

自主研发了中国国内首套设计水深为 3000m、监测误差小于 6% 的深水钻井隔水管在线监测系统（图 5-5-6）。该监测系统主要包括水下的监测装置、近水面的声呐信号接收装置和地面数据显示，主要用于获取测点处隔水管振动、位移、应力的参数数据。依托海洋石油奋进号，在LH36-1-1井完成海试，成功实现了水面及水下双向信号的传输和控制，成功获取了相关监测数据，实现了深水钻井平台隔水管作业状态的实时监测和关键参数的预警功能。隔水管监测系统先后应用于8口井，取得了预期效果。

图 5-5-6　深水钻井隔水管监测系统

2. 深水工程现场监测网络化远程实时监测系统

自主研制的深水工程设施现场监测系统可在台风环境下获取海洋环境信息和平台响应信息，并通过北斗系统将数据实时传输到陆地，为优化平台设计、平台人员复台等提供重要的数据支持。建立了流花11-1油田FPS（半潜式浮式生产系统）远程控制实时监测系统，获取了两年的实时监测数据，为流花11-1油田的安全生产提供了支持保障。利用中国北斗卫星导航系统，开发了远程独立传输的海陆空监测系统，建立了一套深水工程监测系统网络化信息管理平台系统，并服务于海上设施安全生产运行的风险评估与预警研究和生产设施完整性管理及本质安全研究（图5-5-7）。

图 5-5-7　深水工程监测系统网络化信息管理平台示意图

3. 深水油气田流动安全监测与管理系统

建立了一套深水气田流动安全监测与管理系统（图5-5-8），实现井筒、水下生产系统及海底管道流动状态的实时监测及危险工况预警，达到国外同类产品先进水平。完成了海上油气田流动管理系统研制，首次实现了海管流动状态在线监测及水合物生产风险监测功能。自主开发的水下虚拟计量系统已应用于流花19-5和文昌9-2/9-3气田。

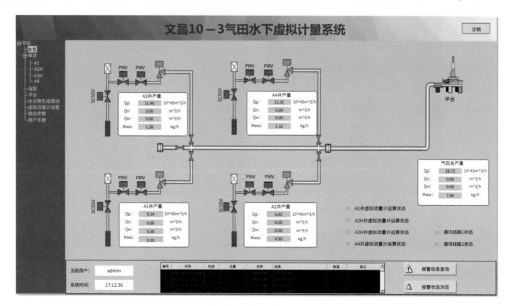

图 5-5-8　自主开发的水下虚拟计量系统

4. 水下结构气体泄漏监测系统

对管汇、法兰、海底管道等水下结构来说，存在因腐蚀、外物撞击、密封垫老化等原因造成局部气体泄漏的风险。当水下结构发生气体泄漏时，会发出不同于生产噪声的异常声音，对这些异常声音信号进行采集和分析，可以获得气体泄漏位置和气体泄漏量信息，可以为水下结构气体泄漏风险评估和泄漏点修复提供依据。开发的气体泄漏信号提取技术、基于向量机识别方法和人工神经网络识别方法的气体泄漏位置和泄漏量评估技术，结合研制的基于主被动联合方式水声定位、水声探测的水下基阵气体泄漏监测装置，经泄漏信号提取与除噪、信号光电变换与传输，识别出泄漏量和泄漏位置。实现了水下生产系统阀门、连接器、管道等泄漏实时监测，为水下生产系统、海底管道等数字化、智能化转型提供数据基础（图5-5-9）。

五、标志性国产化产品、设备和工程应用

通过13年的攻关，在深水钻完井、深水水下生产系统、深水海底管道和海洋立管及水合物开采方面，研制了国产化材料、部件、产品和设备，打破了国外垄断，驱动了国内相关产业的发展，为中国油气田开发建设起到了提储增产、降本提效的作用。

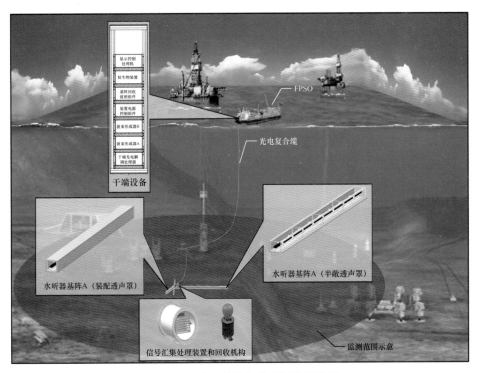

图 5-5-9　水下结构气体泄漏监测装置

1. 深水钻完井关键机具和设备

1）深水弃井井口切割工具

自主研制国际首套外悬挂式三合一功能的水下井口高效深水弃井井口切割工具，实现了钻柱不旋转的提拉切割，避免了钻柱受压和旋转甩动导致的事故，形成了水下井口切割回收装置的配套工具。针对海上作业要求，研制新型高效水力割刀及配套装置，开发了深水弃井水下井口切割回收的施工技术，提高了设计和作业的效率及安全性。在YL8-1-2 井现场，应用最大水深达到 1930m，耗时仅 11h，创造了南海水下井口切割回收的纪录。该系统彻底打破了国外在深水水下井口切割回收方面的垄断，迫使国外提供的水下井口切割回收服务降价 40% 以上。"十三五"期间，水下井口切割作业 78 口，实现了工程化应用的目标（图 5-5-10）。

2）井口连续循环钻井系统

自主研发一套阀式流道转换连续循环钻井系统装置，实现接立柱，起下钻，划眼、倒划眼工况下的连续循环钻井作业，有效控制 ECD 值，减少井下复杂情况，提高钻井效率。连续循环钻井技术解决了接立柱期间保持井下连续循环的难题，有效减少压力激动，保持井内压力稳定，高效安全钻进复杂地层。连续循环钻井技术在海上 8 个平台 25 口井成功应用，提高井眼清洗效果，稳定井底压力，很好控制 ECD 为顺利钻深水窄窗口复杂地层，大位移复杂井，安全过断层等都取得好效果，实现工程化应用（图 5-5-11）。

图 5-5-10　深水弃井井口切割工具海上作业

图 5-5-11　井口连续循环钻井系统

2. 水下生产系统产品

1）水下阀门及配套执行机构

国内首次完成了深水大口径、高压力等级、多种材料方案、ROV 和液压双操作方式的国产化水下阀门研制。国内首创加工工艺及制造技术体系，研制专用工装、夹具；完成了所有产品的测试，并通过了国际权威第三方 DNV 认证，各项技术指标达到国际同等产品水平，即将进行海试。技术指标参数的参考标准为 API 17D、API 6A、API 6DSS；设计水深为 1500m；压力等级为 34.47MPa；公称通径的闸阀为 130.18mm，球阀为304.80mm；可液压及 ROV 操作的单作用形式；执行机构液压控制压力为 34.47MPa；ROV 操作要求符合 ISO 13628–8 4 级（图 5–5–12）。

图 5–5–12　水下阀门及配套执行机构

2）水下控制模块

国内首次完成了深水高压力等级、可回收式水下控制模块及其水下安装工具产品的研制。建立了一套完整的水下控制模块专用测试系统，各项技术指标达到国际同等产品水平（图 5–5–13）。SCM 正在开展 DNV 第三方认证，即将进行海试。技术指标参数的设计标准为 API 17F；SEM 冗余配置；设计水深为 1500m。

图 5–5–13　水下控制模块

3）水下多相流量计

国内首次完成了深水紧凑式、高压力等级、关键部件可更换式国产化水下多相流

图 5-5-14　水下多相流量计工程样机

量计产品研制。已通过国际权威第三方 DNV 认证，各项技术指标达到国际同等产品水平。技术指标的设计标准为 API 17S；设计水深为 1500m；设计压力为 34.47MPa。水下多相流量计已在流花 16-2 油田和流花 29-2 气田项目实现了工程应用，并且已获得俄罗斯国际订单，打入国际市场（图 5-5-14）。

3. 海上水合物专用取心工具

突破了水合物保温保压取心技术，自主研制了水合物保温保压取样装置（图 5-5-15），主要包括绳索打捞回收系统、锁定释放系统、保温保压系统、压力补偿系统、阀门密封、控制及温压监测系统、取样系统。该取心工具分别在奋斗 5 号和海洋石油 708 勘察船进行了海上取样试验，在 2017 年 5 月利用该工具成功获取了海洋天然气水合物样品，并在全球范围内首次成功实施了海洋浅层非成岩水合物固态流化试采作业并点火成功。技术指标参数：单次取心长度不小于 1m；4h 内，岩心保持压力不低于原始压力的 70%，温度不高于原始温度 10℃。

图 5-5-15　海上水合物专用取心工具

4. 深水海底管道和海洋立管产品

1）深水柔性保温输油软管

保温输油软管是深水油气田开发重要的结构形式，国际上一直由 Technip、GE、NOV 三家公司垄断，给国内油气田开发带来采办周期长、成本高、服务不到位等弊端。为了打破国外垄断，自 2011 年起经过 10 年攻关突破了保温输油软管国产化关键技术，建立了完整的保温输油软管设计、制造、性能测试和工厂接收试验技术体系，建成了国内首条动态保温输油软管生产线，成功研制了适用于 500m 水深的动态保温软管（图 5-5-16）。其技术参数如下：适应 500m 水深，国产聚偏氟乙烯（PVDF）和保温材料，长度为 30m，内径为 304.8mm，设计压力大于等于 25MPa，设计温度为 120℃，总传热系数小于 2W/（m²·℃）。软管研究成果已成功应用于国内文昌 9-2/9-3/10-3 气田群、东方 1-1 油田、涠洲 6-13 油田、锦州 31-1 油田、锦州 25-1 油田等 10 多个油气田，动态软管产品已成功出口马来西亚，国内外软管应用总长度达 100km 以上。

图 5-5-16　柔性保温输油软管生产线

2）深水湿式海底管道保温管

深水湿式保温管是深水油气田开发重要的海底管道结构形式，可实现单壁钢制海底管道的保温，满足深水油气输送的保温要求，降低管道投资成本。中国海上深水湿式保温管主要依赖欧美国家提供，本项目突破了深水湿式保温管国产化关键技术，研制了适用于 500m 水深的 PVDF 湿式保温材料，建成了国内首条复合聚氨酯湿式保温管生产线，成功研制出了深水湿式保温管道，实现了保温材料的国产化（图 5-5-17）。相关研究成果

图 5-5-17　复合聚氨酯湿式保温管道涂覆、预制生产线

已应用于蓬莱 19-3 油田项目，填补了国内空白。其技术参数如下：适应 500m 水深、基于研发的玻璃微珠合成的复合聚氨酯保温材料、长度为 24m、直径为 203.2mm、保温层厚度为 75mm、总传热系数小于 3W/（m²·℃）、设计温度为 110℃。

5. 国产化材料

1）聚偏氟乙烯（PVDF）

通过对国外苏威（solef 60512）和阿科玛产品（kynar 400 HDC M 800）的结构、性能和聚合工艺剖析研究，提出不含小分子添加剂的化学改性共聚技术开发耐高温聚偏氟乙烯（PVDF）树脂材料的新思路，通过多次反复对材料反应机理、悬浮工艺、聚合工艺研究与试验，建立了 PVDF 悬浮共聚反应自由基反应机理，在 5L 小试反应釜、100L 中试反应釜反复试验后，优化确定了搅拌速度、分散剂、引发剂、链转移剂和造粒工艺，成功研制了满足深水海底管道工程应用要求的耐高温 PVDF 共聚树脂原材料配方、聚合工艺、造粒工艺和产品，自主研发材料的相对密度为 1.77、拉伸强度为 25.4MPa@120℃、熔点为 169.01℃、熔融指数为 2.8g/10min，与法国 Arkema 同类材料性能指标相当，达到国内领先水平。

2）非粘接柔性软管热塑性聚酯弹性体保温材料（TPEE）

TPEE 材料由硬段和软段组成，软硬段含量对 TPEE 材料性能的影响非常敏感，而满足柔性软管的海上应用，必须在 TPEE 材料中加入适当的玻璃微珠，两种材料混合时需要考虑玻璃微珠的可填充性。经过大量试验，确定了粒径为 40μm、壁厚为 2μm 的玻璃微珠材料作为填充料，及 TPEE 基材与玻璃微珠的质量比为 95∶5，研制了单螺杆挤出机，开发了单螺杆挤出工艺，研发了密度为 820kg/m³、温度为 122℃、拉伸强度为 20.27MPa、导热系数为 0.159W/（m·K）的 TPEE 保温材料（图 5-5-18），与瑞典特瑞堡公司 PT3000 产品性能指标相当，达到国内领先水平。

图 5-5-18　TPEE 性能测试

3）中空玻璃微珠与复合聚氨酯保温材料

针对深水保温管道面临的高静水压问题，结合中空玻璃微珠材料的使用环境、加工环境、输送环境等条件，攻克国产中空玻璃微珠材料的真密度、等静压强度、粒径、导热系数等难题，开发了非啮合型双螺杆挤出机和国产中空玻璃微珠与聚醚多元醇预混设备，成功研制了满足国内设备成型工艺和海底管道保温性能要求的国产中空玻璃微珠，实现了国产中空玻璃微珠破泡率不大于 4% 的目标，为深水海底管道用湿式保温材料全部国产化奠定了基础（图 5-5-19）。

预混液取样

预混液密度测试

钢管温度测试

管端温度测量

模具温度测量

模具温度监控

预混操作

浇注操作

图 5-5-19　中空玻璃微珠与聚醚多元醇预混流程

6. 工程示范应用

"十一五"至"十三五"期间建成的深水工程技术体系，研制的国产化材料和产品、建立的试验技术平台和体系成功实现了在荔湾 3-1 深水气田、流花 16-2/20-2/21-2 油田、陵水 17-2 深水气田开发建设中的转化和工程应用。

1）荔湾 3-1 深水气田

荔湾 3-1 深水气田位于 1500m 水深处，采用水下生产系统回接浅水平台开发模式。天然气首先通过水下生产系统汇集后由 79km 深水海底管道回接至 200m 水深的陆架区固定平台增压处理，然后经 261km 浅水段管道混输至陆上终端。荔湾 3-1 深水气田于 2014 年 3 月建成投产，荔湾 3-1 深水气田周边的流花 34-2 深水气田也于 2014 年 12 月建成投产，流花 29-1 气田于 2020 年 11 月建成投产。流花 29-1 气田通过水下回接管道回接到流花 34-2 深水气田混合后，再回接到荔湾 3-1 深水气田的东部管汇（图 5-5-20）。

荔湾 3-1 深水气田开发项目是中国首个深水油气田开发工程项目，面临南海陆坡地区复杂工程地质条件和恶劣水文气象环境条件、深水水下生产系统设计和安装、大高差长输管道流动安全保障、超大型固定桩基式平台设计/建造和安装、深水工程技术和设备的国外技术垄断等诸多挑战。

首次将重大专项研发成果进行转化。提出"深—浅—陆"区域开发模式开发的创新概念，突破 79km 深水海底管道回接至 200m 水深的陆架区固定平台远距离流动安全保障、大高差/复杂地形陆坡区域海底管道稳定性、高压/大直径深水油气水混输管道材料选择等技术难题，创新性地提出了复杂地质条件下超大超长桩的设计及安装技术，创造了直径、长度和重量的世界纪录。

研发应用了 3 万吨级组块陆地建造、组块称重、整体重量转移与下放对接技术、大型模块整体提升滑移安装技术，解决了 1000 吨级大型模块陆地提升滑移安装、3 万吨级

图 5-5-20　荔湾 3-1 及周边气田开发工程项目示意图

超大型组块整体建造、整体称重与重量转移的难题。自主研发的 4 万吨级组块称重系统精度达 0.5%～0.7%，处于国际领先水平。国内首次研发 3 万吨级组块在南海 200m 水深浮托安装的精确定位及载荷转移技术，解决了在南海开敞海域进行超大型组块浮托安装的技术难题，其技术整体达到国际先进水平，其中自主研发的浮托整体设计专用软件系统和非连续铰接同步拖拉技术达到了国际领先水平。

首次构建了南海水文气象、工程地质灾害监测、循环验证技术体系。借助南海陆坡区 6 个测点、2 个断面的深水环境监测示范系统，在荔湾深水区域获得了水文气象的多点长期连续数据，为浮托工程施工提供了准确、可靠的数据支持。在国内首次进行了南海深水工程地质勘察作业方法和装备研究，研制了深水海床 CPT 测试及取样综合系统，达到国际先进水平。并以荔湾 3-1 深水气田及其周边气田海域为研究区域，开展多学科的灾害地质综合勘察与研究，识别研究区地质灾害风险因子，圈定灾害地质体分布，构建多维区域地质模型，开发了适合南海深水工程地质灾害风险评价辅助决策系统，为南海深水油气田开发提供工程地质基础支持。同时，首次完成了重大深水装备集中应用，首次将中国自主研发的深水半潜式钻井平台、深水铺管起重船、深水工程勘察船、深水三用工作船等深海大型作业装备成功应用于示范工程。

2）流花 16-2/20-2/21-2 油田

流花 16-2/20-2/21-2 油田联合开发项目位于中国南海东部，油田区水深分别为 404m、392m 和 437m，该项目新建 1 艘 15 万吨级 FPSO、3 座水下生产系统、6 条海底混输管道、9 条海底电缆和 3 条海底脐带缆，水下生产系统回接 FPSO（图 5-5-21）。海域开发产量最大的油田群，高峰年产量可达 $420 \times 10^4 m^3$。流花 20-2 油田和流花 16-2 油田分别于 2020 年 9 月 20 日和 10 月 26 日投产，流花 21-2 油田于 2021 年 8 月 2 日投产。

流花 16-2/20-2/21-2 油田群开发建设工程技术面临的挑战：（1）该油田群所在海域是中国南海环境条件较为恶劣的海域，百年一遇有义波高达 13.6m，最大内波流速达

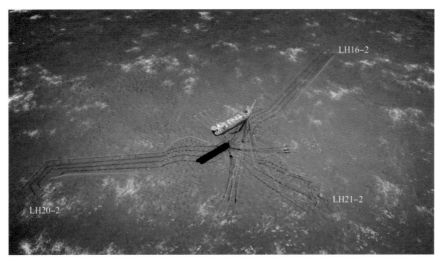

图 5-5-21　流花 16-2/20-2/21-2 深水油田工程开发方案

1.55m/s，恶劣海洋环境条件给 FPSO、系泊系统、立管、海底管道、海上安装和运维等带来巨大的挑战。（2）该油田群存在井数多、原油含蜡且伴生气量大、井温高、电潜泵回接距离远等特点，给长距离电潜泵变频供电、水下含蜡原油长距离输送流动安全保障、高温深水海底管道侧向屈曲等带来巨大的挑战。

通过总体开发方案比选，提出了流花油田群采用水下生产系统汇接到海洋石油 119 FPSO 的工程开发模式。自主设计、建造和集成了国内最深、最复杂、最庞大的 FPSO 及滑环数量最多的系泊系统：船体总长约为 256m，宽约为 49m，甲板上集成了 14 个油气生产功能模块和 1 栋能够容纳 150 名工作人员的生活楼。"海洋石油 119"满载排水量达 19.5×10^4t。作业水深 420m 是目前国内作业水深最大的深水 FPSO；单点系统是中国首次建造集成的世界上技术最复杂，集成精度最高，滑环数达最多（19 个）的单点系泊系统之一，且在综合考虑可操作性和对油田生产的影响，系泊系统按照台风期不解脱设计，其水下部分按照国际公认的设计规范进行设计，最终确定采用 3×3、系泊半径约为 1250m 的锚腿布置方案。

突破了国内最长的水下含蜡原油长距离输送流动安全保障技术。流花 16-2/20-2/21-2 油田群的原油都属于低凝点含蜡原油，且析蜡点高。尤其流花 16-2 油田的原油，析蜡起始点为 25.2℃，而油田最低环境温度达 8.1℃，从水下管汇到 FPSO 的水下回接距离为 23.1km，是国内目前最长的含蜡原油由水下井口直接输送到依托设施的长距离汇接管道。通过研究分析，提出了流花 16-2/20-2 油田采用单层钢管，流花 21-2 油田采用软管，推荐双管输送、环路清管方案。通过开展水下含蜡原油管径优化和流动安全保障技术专题研究，通过相关模拟得到典型年份下蜡沉积位置、蜡沉积量及蜡沉积后引起的压力变化等，提出了含蜡原油不同生产年份下的清管周期及清管操作建议。

突破了世界最远距离的水下供电关键技术。从 FPSO 上部模块至流花 16-2 井下电潜泵直接变频驱动供电电缆总长达 27km，而目前国际上为水下电潜泵直接变频驱动的最远距离只有 21km。对于 27km 直接变频驱动方案，利用软件潮流分析及理论公式对比计算提出的前端电压补偿的控制策略，以及在变频器启动过程采用可变压频比控制方式，能够实现远距离电潜泵变频启动，解决了启动难度大的问题。通过流花油田群深水工程项目，形成了中国 500m 深水油田自主设计、建造和安装能力，实现了中国南海深水油田的自主开发。

通过方案优化和降本增效措施，降低投资约 20 亿元，预计经济年限内，累计产油量约为 $2300 \times 10^4 m^3$，高峰年产油量约为 $422 \times 10^4 m^3$。

3）陵水 17-2 深水气田

陵水 17-2 深水气田是 2014 年中国自主勘探开发的第一个大型深水气田，该气田位于琼东南盆地北部海域，距离海南省三亚市约为 150km，距离西北侧已生产的崖城 13-1 气田约为 160km，距崖城 13-1 气田至香港输气管线约 87km，气田水深 1220～1560m，采用水下生产系统回接半潜式生产平台开发模式。该气田已于 2021 年投产，每年将为粤港琼等地区稳定供气 $30 \times 10^8 m^3$，助力粤港澳大湾区、海南自贸港建设，可以满足大湾区四分之一的民生用气需求。陵水 17-2 深水气田采用水下生产系统回接至半潜式生产储运平台（"深海一号"），进行油气分离处理，凝析油存储在半潜式平台立柱内，由游轮运输至岸上，气体通过 30in 立管和海底管道接入崖城至香港管道。

陵水 17-2 深水气田开发建设工程上面临的挑战：（1）气藏分散，南北跨度约为 30.4km、东西跨度约为 49.4km，水下生产系统优化布置艰难；（2）所处海域存在内波、台风和海底陡坡陡坎、沙波沙脊，除海底管道路由和平台、系泊系统、立管、脐带缆多浮体涡激振动、疲劳、干涉设计挑战前所未有外，还面临着海上多工程船舶协调作业保障各设施安全挑战；（3）气体中含有凝析油，世界上尚无半潜生产平台立柱储油和外输经验可借鉴；（4）10 万吨级"深海一号"上部组块与下部浮体大合龙精准对接技术；（5）10 万吨级"深海一号"长距离海上湿拖作业。

针对油藏分散特点，采用分块集中原则，优化井位靶点和钻井中心，以减少管汇数量、管道长度为目的，提出了水下生产系统采用东、西分支单独回接至半潜式生产平台方案，减少大型中心管汇及大口径钢悬链式立管登临平台安装作业难度、释放半潜式生产平台承载能力，实现了油藏、钻完井和工程一体化设计创新。通过将平台偏移和垂荡、系泊缆数量和张力、立管水中构型和重量整体考虑、反复迭代设计，最终确定了 4×4 系泊缆定位、平台北部 1 根 18in 立管、平台南部 2 根 12in 立管、平台西部 2 根 10in 立管，且相邻立管、脐带缆在平台处采用不同脱离角和立管整体绑扎螺旋列板装置抑制涡激振动的设计方案，从而优化了平台尺度、避免了平台、立管、脐带缆、系泊系统相互干涉，并确保了立管生命周期的动态服役安全。

自主完成了世界首座具备凝析油储存和外输功能半潜式平台的设计，通过在船体立柱中布置储油舱，在储油舱周围设置 1.8m 的隔离空舱来实现凝析油的保温，实现满足安全性要求的前提下提供储油功能，确定了采用 DP 油轮进行原油外输的方案，节省长距离输油管线费用 7.9 亿元。自主实现 10 万吨级"深海一号"上部组块与半潜平台立柱高精度大合拢，在对船体定位精度、坞底承载能力等进行反复论证和风险分析后，实现了上面立柱和甲板下结构只有 5mm 偏差,精准、安全、高效合拢,在中国深海工程发展史上创造了里程碑奇迹。

通过半潜式平台的储油功能,取消长距离输油管线节省项目工程投资 7.9 亿元;通过采用半潜式生产平台为主体的油气开发模式和国际领先的深水平台设计技术,大幅降低开发工程投资。现有方案和导管架平台等其他开发方案相比,气田投资降低 10 亿~13 亿元;水下生产系统回接半潜式生产平台的工程模式可多生产天然气 $29 \times 10^8 \text{m}^3$,创造直接经济效益超过 40 亿元。

通过国家科技重大专项 13 年的攻关,突破了深水工程共性技术,掌握了 1500m 深水油气田开发建设设计、建造、安装、调试技术,建立了实验、试验、测试装置和平台,自主研制的国产化材料和产品打破了国外垄断、改变了关键技术受制于人的被动局面、带动了国内相关企业的发展,实现了从 300m 水深向 1500m 水深的重大跨越,有力地支持了荔湾 3–1 和周边气田、流花油田群、陵水 17–2 深水气田及尼日利亚 OML、墨西哥湾和刚果等海内外深水油气田开发建设。编写专著 13 部,申请发明专利 273 项(其中授权发明专利 92 项),申请软件著作权 71 项,获得国家级科技奖励 2 项,其中"海洋天然气水合物分解演化理论与调控方法"获得国家自然科学二等奖,"海上油气田油气水高效分离技术研发与应用"获得国家能源科技进步三等奖。

第六章　海外油气合作勘探开发理论技术

1993 年中国油公司响应国家"两种资源和两个市场"号召走出国门，在区块获取、勘探开发技术水平、创效能力等方面与国际油公司开展同台竞技时，面临起步晚、差距极大等一系列问题，中国油公司勘探开发工作者面对挑战，敢于拼搏、不断积累经验、总结教训，逐步发展壮大，在全球油气资源评价与选区研究、裂谷与含盐盆地理论技术、被动大陆边缘盆地理论技术、重油油砂理论技术和海外大型碳酸盐岩油气藏开发理论技术等方面取得长足进展，在中亚—俄罗斯、中东、非洲、美洲和亚太等地区建立了相当规模的油气生产基地，形成了权益油气年产量超过 $1.8 \times 10^8 t$ 油当量的产量规模，为保障国家油气供应，维护国家能源安全作出了重要贡献。

第一节　概　　述

一、海外油气勘探开发合作背景

随着国民经济的快速发展，我国的能源需求增长迅速，自 1993 年成为石油净进口国以来，我国油气的对外依存度增速迅猛，2022 年我国石油对外依存度已达 71.2%、天然气对外依存度达 41.2%。为缓解国内油气供需矛盾、保障国家能源安全，中国油公司积极响应政府号召，纷纷跨出国门投资油气勘探开发和相关产业，参与国际油气市场竞争。

1. 发展历程

国际油气勘探开发市场已经历了 100 多年的激烈竞争，大部分市场份额已被国际大油公司和参与较早的国家油公司所瓜分。中国油公司由于长期专注于国内业务，且与外界沟通交流较少，当其于 1993 年走出国门，首次置身于国际竞争行列之时，面临起步晚、差距极大等问题，要想跻身其中、并争得一定份额，必须奋起力争、倍速奔跑、付出超人的代价，才能有所收获。20 多年的实践证明，中国油公司海外油气合作的历程是一部艰难的创业史，参与其中的油气勘探开发工作者面对挑战，敢于拼搏、不断积累经验、总结教训，逐步发展壮大，现已成为国际油气勘探开发行业中一支重要的新生力量，受到了国际同行的瞩目。中国油公司海外油气勘探开发历程共经历了四个主要发展阶段。

1）探索起步阶段（1993—1997 年）

以中标秘鲁 6/7 区塔拉拉油田为标志，中国石油开始了海外油气合作的探索起步。由于资金有限，经验缺乏，故采取了较为稳妥的投资方式，即从自身具有较大技术优势的领域入手，参与常规砂岩老油田综合挖潜。勘探方面，中国石油与雪佛龙等公司联合竞标，获得巴布亚新几内亚 PPL174 区块勘探许可，开始尝试与国际油公司合作，从中积累经验，培训人员，为后续发展奠定了一定基础。中国海油通过资产收购，拥有了印度尼西亚马六甲项目、缅甸海上 M7/M9 项目和墨西哥湾 5 个区块。

2）基础发展阶段（1997—2003 年）

以苏丹 1/2/4 区、哈萨克斯坦阿克纠宾和委内瑞拉陆湖等项目为代表，中国石油油气合作进入了较大规模油田开发兼顾滚动勘探和外围甩开勘探的发展阶段。苏丹 1/2/4 区、哈萨克斯坦阿克纠宾、委内瑞拉陆湖等几大规模油田快速建产，油田周围滚动勘探和外围甩开勘探成果显著（薛良清等，2014），且与开发建产相得益彰；海外作业产量在 2003 年突破了 2500×10^{4}t，苏丹 1/2/4 区滚动勘探大幅增储保障了油田规模上产，苏丹 3/7 区风险勘探获重大发现，为又一个规模油田的建设打下了坚实基础。

3）规模发展阶段（2003—2015 年）

继几个大型油田快速建产，中国石油在 2003 年之后又相继建成了苏丹 3/7 区和 6 区等大型规模油田，并进入哈萨克斯坦 PK、叙利亚和厄瓜多尔安第斯等项目，开始了土库曼斯坦阿姆河右岸大型天然气开发项目，2008 年后相继进入伊拉克鲁迈拉、哈法亚等大型碳酸盐岩油田开发项目，2015 年作业产量突破 1.2×10^{8}t 油当量，权益油气产量超 6000×10^{4}t 油当量；勘探方面受苏丹项目风险勘探大发现的鼓舞，先后进入尼日尔、乍得、哈萨克斯坦滨里海中区块和南图尔盖盆地、土库曼斯坦阿姆河右岸等多个大面积、全盆地风险勘探项目，勘探总面积一度达到 80 多万平方千米，形成了连续 6 年新增可采储量超亿吨的海外勘探高峰期，实现了海外勘探开发业务的高速发展。另外，中国海油在此期间收购 Repsol 公司在印度尼西亚 5 个项目、澳大利亚西北大陆架项目及尼日利亚 OML130 区块的权益，收购了阿根廷 Bridas 公司 50% 的权益，挺进中东签订伊拉克米桑油田技术服务合同，收购乌干达 1、2、3A 区块 33.33% 的权益，并担任 Kingfisher 油田的作业者，2013 年中国海油高价收购加拿大尼克森公司后，陆续中标巴西利布拉、Espirito Santo 盆地 592 区块、巴西 Búzios Surplus、墨西哥 1/4 等深水勘探开发项目，开启了海外业务的快速发展。

4）效益发展阶段（2015 年至今）

受 2014 年下半年全球油价断崖式下跌的影响，全球油气行业纷纷调整经营策略，以应对前所未有的严峻挑战。为顺应宏观形势的变化，中国油公司及时调整海外经营策略，将发展思路由原来的高速规模发展转变为优质效益发展，进一步优化了投资结构（刘合年等，2020），勘探上更加重视效益增储和具有较大成长潜力的风险勘探，开发上除加大现有项目稳产上产外，还重视开发新项目的开拓。中国石油加大乍得和尼日尔等重点探区滚动增储并适度甩开，同时稳妥进入巴西深海等国际勘探热点地区，均获得了稳健扎实的重要进展；进入俄罗斯北极地区天然气项目和巴西里贝拉深水油田开发项目等新领域，油气作业产量进一步提升，作业产量达 1.77×10^{8}t 油当量、权益产量超 1×10^{8}t 油当量。在此期间中国海油和中国石化也进入快速发展阶段，2020 年，中国海油和中国石化海外油气权益产量分别达到 2812×10^{4}t 油当量和 3565×10^{4}t 油当量。

2. 面临的挑战

中国油公司在明显落后于国际大油公司和一些先期国际化的国家油公司的前提下，

奋起直追，在一个相对较短的时间内，经过不懈努力，已成为全球油气勘探开发行业举足轻重的重要力量。在这一过程中，遇到的困难和挑战可想而知，除投资决策、运营管理和国际商务等方面遇到的问题外，在油气地质理论认识和勘探开发技术上也存在极大差距和挑战，主要体现在以下几个方面。

1）在勘探开发项目获取的激烈竞争中不具技术优势

中国油公司跨出国门晚，合作项目的机会少，且对全球主要资源国油气地质条件和勘探开发潜力的知识储备不足，快速评价项目的水平低，在激烈的竞争中抢占先机的能力不够，极大地影响了国际竞争力。以往，中国石油地质行业很少系统研究国外沉积盆地和油气田，即使有少数研究人员开展这方面工作，也只是为了借鉴和论证国内相关问题，因此，对全球含油气盆地勘探和油气田开发潜力缺乏系统认知和知识储备，跨出国门后，对合作机会的选取存在盲目性，缺乏主动性，即使在被动等来的不多机会面前，由于评价效率低，准确性差，在激烈的国际项目招投标竞争中不具优势。

2）对陌生的勘探开发对象没有足够的理论技术储备

国外沉积盆地和油气田与国内具有相似性，但更多的是差异性。中国油公司跨出国门后首先选择的是自己熟悉的领域，如国内常见的陆相裂谷盆地、常规砂岩油气田等，但当这些领域本来不多的合作机会枯竭后，不得不面对陌生的领域，如复杂裂谷盆地、大型含盐盆地、深海沉积盆地、古老克拉通盆地、前陆盆地、海相复杂碳酸盐岩油气田、超重油/油砂等。对这些陌生领域，不仅地质理论认识不足，导致勘探开发理念和思路不清，技术上也存在较大的差距，缺乏相应的勘探开发经验。

3）对国际油气勘探开发合作的运行方式缺乏了解，以往的经验难以适用

国际项目招投标自公布到结标往往只有3~6个月甚至更短的时间，如果没有超前系统的知识储备和高效的评价方法，很难在短时间内给出准确的评价意见，并完成公司的决策流程。另一方面，中标的勘探开发项目都受严格的合同限制，勘探需要在最短的时间内找到最多的油气储量，开发需在有限的合同期内以最合理的油气产量实现最大化的经济效益。因此，无论在哪一个环节，都要与时间赛跑，要实现效率和效益的高度统一，而长期在"自家地"里开展勘探开发业务的中国油公司，习惯于长期耕耘一个或几个沉积盆地或几类油气田，虽然取得了骄人的业绩，但相同的工作思路和方式不能完全适应海外油气合作。

针对上述挑战和面临的问题，中国油公司纷纷开展科研攻关，以弥补自身短板，攻克陌生领域遇到的地质理论和勘探开发相关技术难题。采取自身力量加相互协作，并充分利用国内外科研院所技术资源的方式，长期保持较大规模的科研投入，特别是"十一五"以来，在国家油气重大专项中设立海外攻关项目，涉及海外重点探区油气勘探理论技术攻关、全球油气资源评价与超前选区选带、海外特殊油藏（高凝油、重油/超重油、复杂碳酸盐岩等）特色开发技术攻关、前沿领域理论技术储备（深水/超深水）等（表6-1-1）。三大油公司分别根据各自海外油气勘探开发理论技术需求，以问题为导向，设立了相关研究内容，参与攻关。

表 6-1-1　海外油气勘探领域项目总体部署表

项目 / 示范工程名称	责任单位
全球剩余油气资源研究及油气资产快速评价技术	中国石油集团科学技术研究院
海外重点风险项目勘探综合配套技术	中国石油集团科学技术研究院
西非及亚太大陆边缘盆地大型油气田勘探开发一体化技术	中海油研究总院
中东中亚富油气区大型项目勘探开发关键技术	中国石油化工股份有限公司石油勘探开发研究院
重油和高凝油油藏高效开发技术	中国石油集团科学技术研究院
大型边底水高凝油油藏经济高效开发技术示范工程	中国石油集团科学技术研究院
委内瑞拉奥里诺科大型重油油田开发示范工程	中国石油集团科学技术研究院
全球剩余油气资源研究及油气资产快速评价技术	中国石油集团科学技术研究院
海外重点风险项目勘探综合配套技术	中国石油集团科学技术研究院
海外大陆边缘盆地勘探开发实用新技术研究	中海油研究总院
中东中亚富油气区大型项目勘探开发关键技术（二期）	中国石油化工股份有限公司石油勘探开发研究院
重油和高凝油油藏高效开发技术（二期）	中国石油集团科学技术研究院
苏丹 3/7 区块 Palogue 油田大型高凝油油藏经济高效开发技术示范工程	中国石油集团科学技术研究院
阿姆河右岸中区天然气开发示范工程	中国石油集团科学技术研究院
全球油气资源评价与选区选带研究	中国石油集团科学技术研究院
丝绸之路经济带大型碳酸盐岩油气藏开发关键技术	中国石油集团科学技术研究院
美洲地区超重油与油砂有效开发关键技术	中国石油集团科学技术研究院
海外重点区勘探开发关键技术研究	中海油研究总院
南大西洋两岸被动陆缘盆地油气勘探开发与关键技术	中国石油化工股份有限公司石油勘探开发研究院

二、海外油气勘探开发理论技术的发展

1. 海外油气勘探开发理论技术攻关

在国家油气重大专项的统领下，中国油公司科研攻关取得了丰硕成果，大力支撑了海外油气勘探开发业务的优质高效发展（穆龙新，2017）。主要包括以下几个方面。

（1）夯实理论基础，做好技术储备，提升获取勘探开发合作机会的国际竞争力。

持续开展全球油气资源评价研究，不断完善重点盆地区带评价和目标优选，系统建立全球主要沉积盆地和油气田基础数据库，提前掌握油气勘探开发潜力的全球分布和动态变化规律，研发一套适合自身特点的勘探开发新项目评价方法和流程体系，在勘探开发合作机会的激烈竞争中抢占先机。

（2）开展重点地区区域研究和共性特征联合攻关，共享区域认识和共性成果，避免简单重复和以偏概全。

自"十一五"以来，中国石油将苏丹、尼日尔和乍得勘探区块共同所处的中西非裂谷系作为重点区域研究对象，持续开展区域性的构造、沉积与石油地质综合研究；将中亚地区大型含盐盆地（如滨里海和阿姆河盆地等）作为共性特征研究对象，系统研究盐岩层系与盆地油气成藏的关系和相关的勘探技术。

（3）积极进入前沿领域，弥补自身短板，努力跻身世界先进行列。

被动大陆边缘盆地，特别是深水／超深水是全球油气勘探开发的前沿领域，也是未来油气资源争夺的焦点，现已成为世界油气勘探的热点区。我国深水油气勘探起步较晚，勘探开发技术还不成熟，自"十一五"以来，中国油公司已经在大西洋两岸被动大陆边缘盆地的深层、深水／超深水区拥有多个重要勘探、开发资产，中国海油针对性地开展相关地质和地球物理研究，研发了系列勘探技术，并取得多项标志性成果。

（4）开展特殊油藏集中攻关，攻克技术盲区，实现特殊油藏效益开发。

海外超重油和油砂与国内稠油油藏差异明显，国内成熟的稠油开发技术和经验不能完全适应其经济有效开发和提高采收率的需要，同时现有开发技术和油价下以及特殊的海外经营环境下，实现效益开发困难，以委内瑞拉中深层超重油 MPE3 区块和浅层超重油胡宁 4 区块以及加拿大麦凯河油砂区块为研究对象，攻关有效开发关键技术，推动现场试验及应用。

（5）加大核心技术攻关，发展碳酸盐岩油气开发关键技术，支撑丝绸之路经济带油气合作。

中亚和中东地区主要涉及三类典型碳酸盐岩油气藏：以伊拉克哈法亚、艾哈代布、鲁迈拉、西古尔纳为代表的孔隙型生物碎屑灰岩油藏，以哈萨克斯坦让纳若尔、北特鲁瓦和卡沙甘为代表的裂缝孔隙型碳酸盐岩油藏，以土库曼斯坦别—皮、扬—恰为代表的裂缝孔隙（洞）型边底水碳酸盐岩气藏。与国内缝洞型碳酸盐岩油藏相比，海外碳酸盐岩油气藏类型更为复杂多样，并且还受到合同模式制约，国内碳酸盐岩油气藏开发经验相对不足，需要创新适应海外特点的油气开发理论和技术体系，支撑碳酸盐岩油气藏持续稳产上产和经济高效开发。

2. 海外油气勘探开发理论技术进展

"十一五"期间，中国石油开始自主开展全球油气资源评价研究，从全球宏观地质研究出发，开展了全球五大成盆期关键成藏要素分布规律研究，结合重点盆地解剖初步掌握了全球主要含油气盆地油气地质特征。以含油气系统为基础，以成藏组合为评价单元，开展了第一轮全球油气资源评价，从无到有建成了全球油气资源信息库平台。"十二五"以来，创新形成了地质要素古位置重建技术，首次系统编制 13 个地质历史时期系列基础图件，揭示了全球构造、沉积演化对油气富集的控制作用，形成基于概率分析和分段累乘法的储量增长评价技术，建立了 12 个储量增长模型，预测全球已发现油气田储量增长潜力，并针对不同勘探程度盆地优选资源评价方法，全面完成常规待发现资源评价；创新形成了非常规油气技术可采资源量评价方法体系，全面完成了全球 7 个矿种非常规技术可采资源潜力评价与有利区优选；建成了集数据、应用软件、GIS 制图于一体的全球油气资源信息系统 3.0；构建了海外油气资产全周期快速评价与优化技术，有效支撑了海外新项目获取。

针对中西非裂谷、中亚含盐盆地开展了理论技术攻关，在中西非叠合型和反转型裂谷油气主控因素与油气富集规律、中亚含盐盆地石油地质理论以及碳酸盐岩台缘斜坡缓坡礁滩复合体发育模式等方面取得一系列创新认识，发展和完善了复杂断块圈闭识别、复杂裂谷岩性地层圈闭勘探评价、盐下构造识别和盐下储层预测等四项技术系列，创新建立了盐下岩性地层圈闭评价、盐伴生圈闭刻画、复杂构造演化与岩相古地理恢复、缓坡礁滩体与岩性圈闭综合预测以及碳酸盐岩气层综合识别与评价等五项技术系列（范子菲，2018），有力支撑了中国石油海外风险勘探的突破和规模发现。

以全球深水被动大陆边缘盆地（特别是大西洋两岸盆地）为主要研究对象，从烃源岩形成机理出发，提出河流—海湾与河流—三角洲两大体系分别是深水被动大陆边缘盆地石油与天然气聚集的两大主要场所，进而分别阐述了两大体系的构造—沉积演化、有机母质来源、类型划分、有机质分布与后期演化、生烃灶空间展布以及油气成藏和分布规律，这些地质理论认识在深水勘探新项目评价、勘探过程中的选区选带、钻探目标综合评价等方面起到了重要的理论指导作用。在攻克瓶颈技术的制约方面，形成了包括基于盐变形机制的盐下构造解释模型、针对性地震采集处理与综合应用、复杂盐下界面识别与断裂解释等深水盐下复杂构造分析技术，加上深水盐下烃源岩早期评价和盐下砂岩储层盐胶结预测等技术，针对性地形成了深水盐下碎屑岩勘探领域综合评价技术系列；以巴西里贝拉区块盐下湖相碳酸盐岩为靶区，形成盐下大型湖相生物灰岩油气勘探理论新认识，明确巴西大坎波斯盆地大型湖相生物灰岩成因机理、储层发育控制因素和有利储层分布规律，进一步丰富了碳酸盐岩的岩石学理论和认识，创建湖相生物灰岩储层综合预测评价技术（范子菲，2018）；针对尼日利亚深水浊积岩复杂油气藏，建立了深水浊积岩复杂油气藏精细评价技术组合（吴向红，2018），形成了深水复杂断裂全方位多尺度精细刻画新技术，提出了基于储层构型分析的宏观外形 + 微观内幕结构相结合的高效沉积体识别技术和基于敏感参数分析的"甜点"储层预测技术（穆龙新等，2020）。这些技术在西非加蓬和尼日利亚，巴西坎波斯、桑托斯等盆地深水勘探中发挥了重要的技术支撑作用。

针对委内瑞拉超重油油藏和加拿大油砂经济有效开发开展了理论技术攻关，阐明了超重油冷采与油砂 SAGD 开发机理认识，揭示了超重油提高采收率与油砂提高 SAGD 效果新技术开发机理（陈和平，2018）。发展了辫状河和河口湾沉积砂岩储层预测与隔夹层定量表征技术，超重油地震储层预测符合率提高到 88%，水平井油层钻遇率比重油带同类区块高出 8% 以上，油砂水平井钻井成功率达到 100%。形成了超重油油藏水平井冷采高效开发技术、冷采稳产与改善开发效果技术，委内瑞拉中深层超重油 MPE3 区块储量动用程度提高 10% 以上，冷采采收率提高 2 个百分点，实现了千万吨级产能规模下的持续效益开发；浅层超重油胡宁 4 区块多元热流体吞吐技术室内研究，相比冷采单井初产提高近 1 倍，推动胡宁 4 区块有效动用。形成了油砂 SAGD 开发优化与提高 SAGD 效果新技术系列，麦凯河油砂区块实现了增油降汽，产量稳步上升至 $1.4×10^4$bbl/d。

以改善和提高中国石油海外大型碳酸盐岩油气藏开发效果为目标，深入开展了以伊拉克大型孔隙型生物碎屑灰岩油藏注水开发、哈萨克斯坦裂缝孔隙型碳酸盐岩油藏注水注气、土库曼斯坦裂缝孔隙（洞）型碳酸盐岩气藏高效开发为核心的开发关键技术攻关，丰富了低渗透孔隙型生物碎屑灰岩油藏水驱油机理、带凝析气顶裂缝孔隙型碳酸盐岩油藏注水注气开发机理和边底水裂缝孔隙型碳酸盐岩气藏水侵机理等三项油气开发理论，发展了复杂结构井井筒油气水多相管流动态预测方法、碳酸盐岩储层酸蚀裂缝与壁面蚓孔耦合优化方法等两项采油采气新方法，攻关配套形成了碳酸盐岩油气藏精细描述技术、大型生物碎屑灰岩孔隙型油藏注水开发技术、裂缝孔隙型碳酸盐岩油气藏注水注气开发调整技术、边底水碳酸盐岩气藏高效开发技术、复杂碳酸盐岩油气藏高效安全快速钻完井技术、复杂碳酸盐岩油气藏采油和采气工程关键技术等 6 项碳酸盐岩油气开发关键技术系列，支撑海外碳酸盐岩油藏开发特色技术研发迈上新台阶、油气权益产量占中国石油海外"半壁江山"以上。

第二节　全球油气资源评价与选区研究

一、研究背景、现状与挑战

1. 研究背景

我国油气对外依存度快速攀升，2022 年我国石油对外依存度达 71.2%，天然气对外依存度达到 41.2%。为保障国家能源安全，合理有效利用海外油气资源，支持中国油公司海外业务可持续发展，需不断自主开展全球油气资源评价与选区选带研究，系统掌握全球主要油气产区地质特征与油气分布规律，熟悉重点盆地和重点区带资源与勘探开发潜力，超前评价海外油气勘探开发对象，并不断加深现有探区地质理论认识，攻克技术瓶颈，为效益勘探开发部署和科学制定海外可持续发展规划提供技术支撑。

2. 研究现状

世界油气资源仍然非常丰富，勘探程度中等，海外油气合作仍大有可为。常规油气仍然是海外油气合作的主体，非常规油气可以作为有效补充，特别是页岩油气。常规油气勘探逐渐走向深水 / 超深水、深层 / 超深层，"两深"将是未来最为重要的勘探领域。USGS 分别于 2000 年和 2012 年发布了全球常规油气资源评价结果，后续仅对部分盆地更新评价 (共计 256 个盆地省) (USGS，2000，2012)。国内中国海油和中国石化对已进入区块所在盆地进行了资源评价，中国石油从 2008 年开始，经过 3 个"五年计划"，系统完成了海外全部盆地的油气评价工作，获得了自主知识产权的系统数据，并先后于 2017 年和 2021 年向社会发布，得到了社会广泛关注和引用。国际能源署（IEA）也曾在对世界能源供需模型分析时，披露其采用的全球油气资源数据，但其细节不得而知（IEA，2021）。总体而言，中国石油开展的全球油气资源评价工作评价范围广、采用数据新、评价结果相对较可靠，包含了海外 425 个盆地、829 个常规油气成藏组合和 512 个非常规油气成藏组合（RIPED，2021；窦立荣，2022）。

3. 面临的主要挑战

针对被动大陆边缘盆地、特提斯构造域、前陆盆地和克拉通盆地四大领域及常规—非常规整体评价、海外油气投资环境评估和勘探资产评价、全球油气资源信息系统建设、海外现有探区理论技术创新等方面，主要面临以下五个方面挑战：

（1）全球重点领域的油气地质与富集规律还需要不断完善认识，尤其是在特提斯构造域前陆盆地的叠加改造、西太平洋弧后盆地形成演化与沉积充填、被动大陆边缘盆地烃源岩的形成与分布、深水砂岩储集体的成因等方面还存在许多认识不足或不清的问题。

（2）盆地常规与非常规油气资源量以往均为单独计算，计算参数取值合理性很难保证，需要在同一个盆地中实现常规—非常规油气资源的整体评价，使评价结果更具客观性；需要分析总结常规与非常规油气资源共生富集规律，并针对不同矿种超前优选有利区带。

（3）开展海外油气投资环境评估和勘探资产评价，需要解决中国油公司如何低成本获取海外优质勘探资产，摸清国际油公司勘探业务发展方向、方式和策略等方面的关键性问题。

（4）研制集地质信息、资源评价与数据挖掘于一体的全球油气资源信息系统（GRIS 3.0），需要解决数据挖掘与大数据分析软件研制和应用技术的实用性问题，以及海量数据管理与查询检索、大数据分析与知识获取技术的软件实现等。

（5）海外选区选带评价方法、流程和规范不统一，需要建立海外勘探选区选带快速评价方法与规范；同时，海外现有探区复杂裂谷、含盐盆地盐下与前陆盆地斜坡带的目标评价技术等还需要完善和发展。

二、主要地质理论认识与进展

1. 全球重点领域油气地质认识

1）特提斯域油气地质与富集规律

古特提斯洋和新特提斯洋形成与闭合，控制了特提斯域原型盆地与沉积充填演化过程。构造演化上，中东、北非受控于古特提斯洋及新特提斯洋形成，主要处于被动大陆边缘—前陆演化阶段；中亚与南亚受控于古特提斯洋消亡及新特提斯洋形成，主要处于弧后裂谷—前陆演化阶段；墨西哥湾受控于新特提斯洋形成，主要处于裂谷—被动大陆边缘演化阶段；东南亚受控于新特提斯洋消亡，主要处于弧后裂谷演化阶段，部分挤压反转。按照特提斯域地质特征差异性，自西向东将特提斯划分为西段加勒比构造区、西地中海构造区、东地中海构造区、扎格罗斯（西亚）构造区、喜马拉雅构造区、东南亚构造区 6 个构造带。上述 6 个构造带共性特点为成藏要素的发育受控于特提斯洋的形成与闭合所控制的盆地原型演化阶段，从而控制了油气的富集。其差异性主要表现在以下五个方面：（1）西段加勒比构造区盆地原型演化主要受控于新特提斯洋形成，油气主要富集于被动大陆边缘—前陆演化阶段；（2）西地中海构造区盆地原型受控于古特提斯洋的闭合及新特提斯洋的残留，油气富集于前陆演化阶段；（3）东地中海构造区盆地原型受控于古特提斯洋消亡与新特提斯洋的残留，油气富集于被动大陆边缘阶段；（4）扎格罗斯（西亚）构造区盆地原型受控于新特提斯洋的形成与闭合，油气富集于弧后裂谷—前陆演化阶段；（5）东南亚构造区盆地原型受控于新特提斯洋消亡及印度洋板块俯冲作用，油气富集于前陆演化阶段。

2）被动大陆边缘盆地油气地质与富集规律

全球被动大陆边缘盆地是伴随中—新生代大西洋、印度洋、北冰洋和新特提斯洋的形成而生成的，均经历了陆内裂谷（裂谷期）—陆间裂谷（过渡期）—被动大陆边缘（漂移期）三个原型阶段（Bryant et al.，2012），沉积充填明显受构造环境（原型盆地）和古气候条件影响。

被动大陆边缘盆地经过三个原型盆地的垂向叠加，每套沉积层系都可能成为优质烃源岩，加上裂谷前层系，目前勘探已经证实最多可能发育五套烃源岩层系（Cichin-Pupienis et al.，2020）：裂谷期湖相/海相烃源岩、过渡期海相/潟湖相烃源岩、漂移早期海相烃源岩、漂移晚期三角洲相烃源岩和裂谷期前烃源岩。其中裂谷期湖相/海相烃源岩、漂移早期海相烃源岩、漂移晚期三角洲相烃源岩是储量贡献最多的烃源岩。

依据全球被动大陆边缘盆地结构构造差异将其划分为7个亚类，其油气富集规律明显不同。断陷型盆地受控于裂谷层系，形成裂谷层系构造型油气藏；断坳型盆地受控于两套层系，其中无盐断坳型盆地形成坳陷层系斜坡扇型成藏模式，含盐断坳型盆地形成盐上坳陷层系斜坡扇/盐下裂谷层系碳酸盐岩型模式；无盐坳陷型盆地易形成坳陷层系裙边状海底扇群型模式；含盐坳陷型盆地属于坳陷层系自生自储自盖组合，受沉积相和盐构造控制，形成坳陷层系多类圈闭型富集模式；三角洲改造型盆地形成了油气富集程度最高的三角洲层系四大环状构造带型成藏模式；反转改造型盆地形成以反转层系挤压背斜型为主的大油气田模式。

3）太平洋西岸弧后盆地油气地质与富集规律

太平洋西岸弧后盆地的发育在构造地理位置、区域构造特征和动力学背景等方面存在相似性，但在成盆动力机制、扩张作用、盆地形成演化与沉积充填等方面存在明显差异。弧后盆地具有弧后裂谷、弧后坳陷、弧后小洋盆、弧后反转四个演化阶段，可据此划分为四种盆地类型，即裂谷型弧后盆地、断坳型弧后盆地、反转型弧后盆地和小洋盆型弧后盆地，控制了不同盆地的沉积充填体系。

太平洋西岸弧后盆地裂谷期的发育控制了烃源岩的分布，以生气型为主，叠加高地温梯度，总体气多油少。始新世至早渐新世多为湖相沉积，以生油为主，晚渐新世至中新世多为海陆过渡煤系地层与海相泥岩沉积，以生气为主，储层主要发育于中新统和上渐新统，其分布受裂谷期海陆过渡相的影响，岩性以砂岩储层为主，局部发育碳酸盐岩储层；裂后坳陷期海侵作用形成的含煤泥页岩为各盆地主要盖层。

已发现油气资源量的统计结果表明，太平洋西岸新生代各盆地距大陆边缘或陆架越近越富油，远离之则越富气，中浅层以富油为主，深层富气。油气分布主要受早期裂谷的垒堑相间结构控制，断陷构造层规模决定油气富集程度，后期反转具有正负双重作用。

4）克拉通内盆地油气地质与富集规律

克拉通内盆地沉积体系通常以浅海相、海陆过渡相和陆相三相叠加的沉积体系为主（Glakochub et al., 2006），易发生隆升剥蚀。寒武纪—早白垩世均发育烃源岩，主要为泥岩、页岩和碳酸盐岩，厚度为 20～1000m，薄层富有机质烃源岩和厚层差有机质烃源岩都可大量生烃，有机质丰度差异悬殊，母质类型较好，大多为 I 和 II 型干酪根，地温梯度变化较大，一般在 1.8～4.2℃/100m 之间。储集岩多而广，不连续且常被分隔。克拉通内盆地早期储层以碳酸盐岩为主，储集空间主要为裂缝、溶缝、晶洞、洞穴、针孔、晶间孔等；中、晚期储层以砂岩为主，砂体主要为河道、三角洲、浅海砂体、浊流砂体等，砂体厚度大，储集性能好。圈闭类型以构造、岩性、地层—构造复合型等为主，圈闭分布受隆起构造与斜坡构造的控制。

依据盆地结构，将克拉通内盆地划分为深碟稳定型/活动型、浅碟稳定型/活动型四种类型。深碟型油气相对富集，其中深碟稳定型主要形成以近源致密油气、页岩油气为主的非常规油气藏，深碟活动型以网格状多次运移为主，形成多种类型常规油气藏。

2. 全球常规—非常规油气资源分布规律

全球常规油气可采资源总量为 $10966.5×10^8$t 油当量，主要集中在中东、俄罗斯、中南美和非洲。全球非常规油气技术可采资源总量为 $6352.3×10^8$t 油当量，主要集中在北美、中南美和俄罗斯。

1）常规油气资源分布

全球常规可采资源量石油为 $5277.8×10^8$t，凝析油为 $534.8×10^8$t，天然气为 $603.0×10^{12}$m³；油气累计产量为 $2391.8×10^8$t 油当量，采出程度为 21.8%；剩余油气可采储量为 $4262.7×10^8$t 油当量，占总量的 38.9%；已发现油气田储量增长为 $1104.8×10^8$t 油当量，占总量的 10.1%；油气待发现可采资源量为 $3207.2×10^8$t 油当量，占总量的 29.2%。

全球剩余油气可采储量主要分布于 82 个国家（邹才能等，2015）、39 个盆地内。其中俄罗斯、沙特阿拉伯、卡塔尔、委内瑞拉分别占 12.7%、11.9%、10.9% 和 10.4%。石油主要集中于沙特阿拉伯和委内瑞拉，分别占全球的 19.7% 和 20.5%；天然气主要集中在卡塔尔和俄罗斯，分别占全球的 20.3% 和 15.5%（图 6-2-1）。阿拉伯、东委内瑞拉和西西伯利亚三个盆地的剩余油气可采储量占全球剩余可采储量的 55.5%（图 6-2-2）。

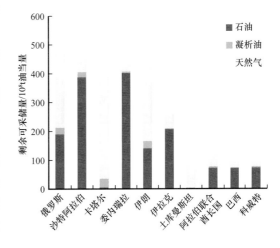

图 6-2-1　全球主要国家剩余可采储量柱状图

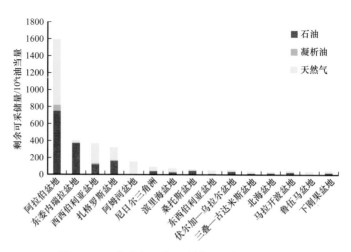

图 6-2-2　全球主要盆地剩余可采储量柱状图

未来 30 年，全球已发现油气田储量增长量为 $1105×10^8t$ 油当量，其中石油占 43.2%、凝析油占 5.7%、天然气占 51.1%。中东地区储量增长量最大，占全球总量的 36.1%，其次为非洲和俄罗斯，分别为 15.0% 和 12.0%，亚太、北美、中亚、中南美地区储量增长潜力相当，欧洲地区储量增长潜力最低。俄罗斯已发现油气田储量增长潜力最大，为 $132.5×10^8t$ 油当量，占全球总量的 12.0%，石油和天然气储量增长量相当，分别为 48.1% 和 49.0%；其次为沙特阿拉伯，油气储量增长占全球总量的 9.3%；卡塔尔和伊朗油气储量增长潜力相当，各占全球总量的 7.0% 和 6.7%；美国和土库曼斯坦占比分别为 5.7% 和 5.4%（图 6-2-3）。全球油气田储量增长主要来自阿拉伯、扎格罗斯、西西伯利亚、阿姆河、鲁伍马、尼罗河三角洲和墨西哥湾深水等 22 个盆地的已发现油气田。其中，阿拉伯盆地、扎格罗斯盆地、西西伯利亚盆地储量增长占全球总量的 42.0%（图 6-2-4）。

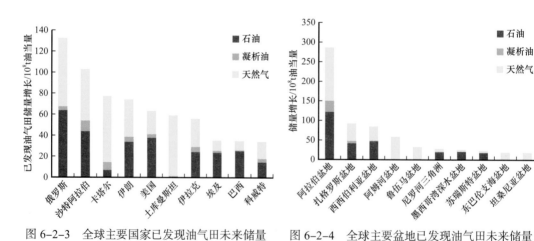

图 6-2-3　全球主要国家已发现油气田未来储量
增长柱状图

图 6-2-4　全球主要盆地已发现油气田未来储量
增长柱状图

全球待发现油气可采资源量为 $3207.2×10^8t$ 油当量，其中石油占 40.8%、凝析油占 7.6%、天然气占 51.6%。主要富集于中东地区，待发现油气可采资源量占全球总量的

21.1%，其次为俄罗斯和中南美地区，占比分别为18.5%和17.2%，再次为北美和非洲地区，中亚、亚太和欧洲所占比例相对较低。从国家分布来看，俄罗斯待发现可采资源潜力最大，为594.0×10^{8}t油当量，以天然气为主，占68.5%，石油和凝析油各占25.1%和6.4%；巴西位居第二，为331.4×10^{8}t油当量，石油占主体，达80.0%，凝析油和天然气分别为0.8%和19.2%；美国为259.0×10^{8}t油当量，油气占比相当，其中石油占37.3%，凝析油占16.8%，天然气占45.9%（图6-2-5）。从盆地分布来看，全球待发现油气可采资源主要分布在阿拉伯、西西伯利亚、扎格罗斯、桑托斯、阿姆河、坎波斯、墨西哥湾深水、东西伯利亚、东巴伦支海等71个盆地中，其中阿拉伯盆地、西西伯利亚盆地、扎格罗斯盆地资源潜力位居前三，上述三个盆地待发现可采资源量占全球总量的28.5%（图6-2-6）。

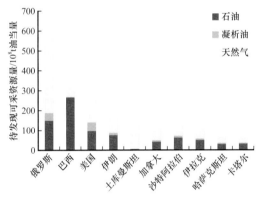

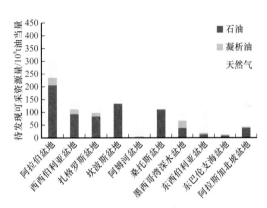

图6-2-5　全球主要国家待发现油气 可采资源量柱状图

图6-2-6　全球主要盆地待发现油气 可采资源量柱状图

2）非常规油气技术可采资源潜力与分布

全球非常规石油分布在50个国家（地区），超过80%的可采资源量富集在美国、俄罗斯、加拿大、委内瑞拉、沙特阿拉伯、巴西、墨西哥、乌克兰、法国和哈萨克斯坦等国家。美国等资源排名前三的国家占全球非常规石油资源总量的52.4%，其中，美国非常规石油技术可采资源量为1024.3×10^{8}t，占全球总量的25.3%，以油页岩、重油和页岩油为主；俄罗斯非常规石油技术可采资源量为683.1×10^{8}t，占比16.9%，以油页岩、油砂和页岩油为主；加拿大非常规石油技术可采资源量为413.9×10^{8}t，占比10.2%，以油砂资源为主（图6-2-7）。全球非常规石油主要分布在124个盆地中，70%的可采资源分布在阿尔伯达、东委内瑞拉、阿拉伯、美国尤因塔和西西伯利亚等17个盆地。阿尔伯达等排名前三的盆地占全球非常规石油技术可采资源总量的23.2%。其中，阿尔伯达盆地非常规石油技术可采资源量为411.3×10^{8}t，占全球总量10.2%，以油砂和油页岩为主；东委内瑞拉盆地重油技术可采资源量为266.5×10^{8}t，占比6.6%；阿拉伯盆地非常规石油技术可采资源量为260.0×10^{8}t，占比6.4%，以重油、油页岩和页岩油为主（图6-2-8）。

全球非常规天然气分布在32个国家，超过80%的可采资源量富集在美国、俄罗斯、加拿大、阿根廷、阿尔及利亚、澳大利亚、沙特阿拉伯、巴西、印度尼西亚和阿拉伯联合酋长国等 10 个国家。美国等资源排名前三的国家占全球非常规天然气资源总量的 47.7%，其中，美国非常规天然气技术可采资源量为 $70.5×10^{12}m^3$，占全球非常规天然气技术可采资源总量的 26.1%，以页岩气为主，其资源量占美国非常规天然气技术可采资源总量的 82.8%；俄罗斯非常规天然气技术可采资源量为 $33.1×10^{12}m^3$，占比 12.3%，以页岩气和煤层气为主；加拿大非常规天然气技术可采资源量为 $25.6×10^{12}m^3$，占比 9.5%，以页岩气和煤层气为主（图 6-2-9）。全球非常规天然气可采资源主要分布在 80 个盆地，其中 80% 的可采资源量分布在阿尔伯达、海湾、阿巴拉契亚和内乌肯等 26 个盆地。阿尔伯达等资源排名前三的盆地占全球非常规天然气资源总量的 26%，其中，阿尔伯达盆地非常规天然气技术可采资源量为 $25.5×10^{12}m^3$，占全球该类资源总量的 9.4%，以页岩气和煤层气为主；海湾盆地非常规天然气技术可采资源量为 $25.0×10^{12}m^3$，占比 9.2%，以页岩气为主；阿巴拉契亚盆地非常规天然气技术可采资源量为 $19.9×10^{12}m^3$，占比 7.4%，以页岩气和致密气为主（图 6-2-10）。

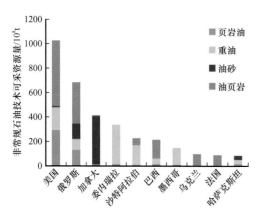

图 6-2-7　全球非常规石油技术可采资源量
主要国家分布柱状图

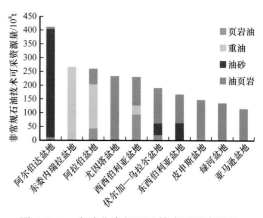

图 6-2-8　全球非常规石油技术可采资源量
主要盆地分布柱状图

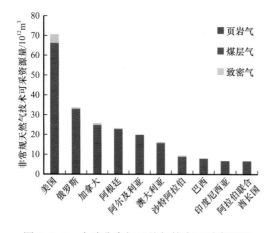

图 6-2-9　全球非常规天然气技术可采资源量
主要国家分布柱状图

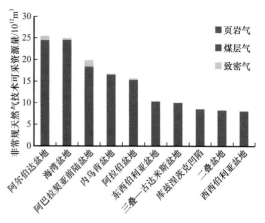

图 6-2-10　全球非常规天然气技术可采资源量
主要盆地分布柱状图

3. 中西非裂谷系油气地质认识

1）苏丹—南苏丹穆格莱德盆地裂谷旋回差异性与油气聚集

构造演化研究明确了穆格莱德盆地早白垩世、晚白垩世及古近纪三期裂谷演化差异形成早断型、继承型和活动型三类叠加凹陷，差异性控制油气平面和纵向分布，继承型油气最为富集，进而明确了不同地区勘探重点层系。受大西洋张裂、中非剪切带影响，穆格莱德盆地经历三期断陷—坳陷裂谷演化旋回、三期断裂发育、三次抬升剥蚀，形成垂向继承叠合、平面相对分割的构造格局。

受构造活动控制的三类叠加凹陷形成多套成藏组合，进而造成不同类型凹陷的主力成藏组合不同。早断型以下白垩统近源下组合为主，继承型以上白垩统中组合为主，活动型以古近系上组合为主力成藏组合。在早断型凹陷内，由于只发育第一裂谷旋回期，后两期裂谷不发育，区域盖层在该类凹陷中不是太发育，形成以源内自生自储为主的下组合。在继承型凹陷内，发育第一裂谷旋回期和第二裂谷旋回期，第三期裂谷不发育，区域盖层在该类凹陷中最为发育，形成以下生上储为主的中组合。在活动型凹陷内，发育三期裂谷，形成多套成藏组合，但由于第三期强烈裂谷的作用，油气多分布于古近系的上组合中。

2）乍得多赛欧走滑裂谷盆地油气成藏模式

多赛欧坳陷发育下白垩统 Doba 组、Kedeni 组和 Mangara 组顶部三套湖相烃源岩，有机质均以层状藻和无定形体为主，为 I—II 型，有机质丰度高。Kedeni 组下段和 Mangara 组达到成熟—高成熟阶段，前者为主力烃源岩。油源对比表明，Kapok 地区和 Ximenia 地区的原油大部分来自坳陷中心具有较高藻类和细菌生源有机质的成熟烃源岩。

下白垩统 Doba 组、Kedeni 组和 Mangara 组均发育储盖组合。Kedeni 组下段泥岩为成熟烃源岩，发育下生上储和自生自储组合；Doba 组烃源岩成熟范围很小，仅能形成下生上储组合；Mangara 组烃源岩成熟度较高，但是烃源岩厚度和丰度相对较差，以自生自储和上生下储组合为主。目前已发现北部断阶带和中央低凸起带两个油气富集带和南部缓坡带一个潜力区。根据构造沉积特征、储盖组合和油气发育情况，建立"扇体控砂、反转控圈、断盖控藏"油气成藏模式（图 6-2-11）。坳陷北部陡坡带油气沿控凹断裂及伴生断裂纵向输导，在 Ximenia 断阶带发育的系列背斜和断背斜圈闭内聚集，但靠近沉积中心储层发育相对较差，成为最大的风险。在坳陷东部 Kedeni 中央低凸起带，发育一系列断背斜和断块圈闭，走滑活动较强，造成油藏油水关系复杂，油气成藏主要受断裂—盖层组合控制。向南部缓坡带，地层砂地比变高，烃源岩质量和成熟度均大幅下降，油源和盖层是成藏的主要风险。

3）乍得邦戈尔盆地低潜山岩性复合体油气成藏模式

邦戈尔盆地低潜山数量众多，占基岩圈闭总量的 80% 以上，具有埋深大、幅度小、盖层条件好和储层风险较大等特点。

根据构造特征和沉积模式，认为在高潜山翼部和低潜山顶部存在潜山风化形成的近

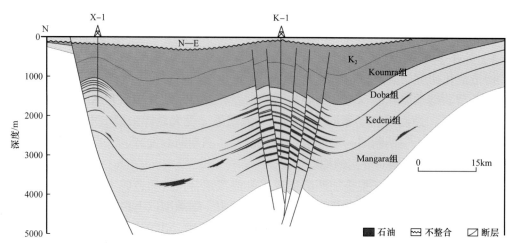

图 6-2-11　乍得多赛欧坳陷油气成藏模式图

源砂体，与潜山共同成藏，据此建立潜山构造—岩性复合成藏模式。潜山顶部底砂岩与其下伏低潜山裂缝储层形成复合体；幕式断裂，高—低潜山梯次发育，高潜山风化产物随盆地裂张可为低潜山顶坡覆砂体供源，与低潜山和翼部砂体共同组成低潜山复合体。低潜山以早埋型为主，储层以内幕裂缝型储层为主，在断层发育带仍可形成有利裂缝型储层。油气以侧向运移为主，储层是成藏的主控因素。受埋深热演化影响，总体气油比较高，部分为凝析气藏或气藏，考虑目前已发现的油藏古埋深并未达到油藏裂解破坏程度，因此仍可探索气顶之下的油藏。低潜山因幅度较低，潜山风化砂体展布范围有限，各潜山复合体间砂体对接几率较小，相对孤立，具有"一山一藏"的特点。另外，潜山还可与 P 组砂体形成复合体，潜山之上的下组合 P 组砂岩常与潜山裂缝—溶蚀孔洞型储层对接，封存于 P/M 组厚层泥岩之中，具有统一油水界面，形成潜山复合体整体含油。

4）尼日尔特米特盆地 Trakes 斜坡带油气富集规律

特米特盆地 Trakes 斜坡在上白垩统 Donga 组顶部—Yogou 组底部普遍发育厚度 100～700m 不等的好—极好烃源岩，平均 TOC 为 1.26%～4.13%，平均 S_1+S_2 为 5.44～36.68mg/g，平均氢指数为 266～797mg/g，有机质类型以 II_1—I 腐泥型为主，生烃潜力大，成熟度为低熟—成熟，有较大生烃贡献，成熟深度由北往南有增大的趋势。

原油样品饱和烃色谱—质谱分析表明，Trakes 斜坡发育两类原油。一类原油具有极丰富三环萜烷完整分布（C_{23} 为主峰），高伽马蜡烷，Ts/Tm 大于 1，一定丰度的孕甾烷、低重排甾烷、规则甾烷呈反 L 型（C_{29} 甾烷绝对优势），与盆地主力原油类型类似。另一类原油为斜坡带新发现的类型，具有丰富三环萜烷完整分布（C_{23} 为主峰），低伽马蜡烷，Ts/Tm 趋近 1 或小于 1，一定丰度的孕甾烷、低重排甾烷、规则甾烷呈 L 型（C_{27} 甾烷绝对优势）。

特米特盆地主力烃源岩为受海侵影响的 Yogou 组中下段以咸化有机质输入为主的偏腐殖型的泥质烃源岩，Yogou 组上段为次要烃源岩。发育古近系 Sokor 组、白垩系 Yogou 组和 Donga 组三套成藏组合。古近系 Sokor 组为主力成藏组合，原油（主力类型原油）

源自斜坡西侧凹陷 Yogou 组偏腐殖型的泥质烃源岩经 Madama 组砂岩长距离运移和断层纵向输导，在 Sokor 组断块、断背斜圈闭内聚集成藏。新类型原油推测源自斜坡本地受海侵影响较弱的发育于 Yogou 组下段—Donga 组顶部的偏腐泥型的泥质烃源岩近距离运移至 Yogou 组和 Donga 组成藏（图 6-2-12）。

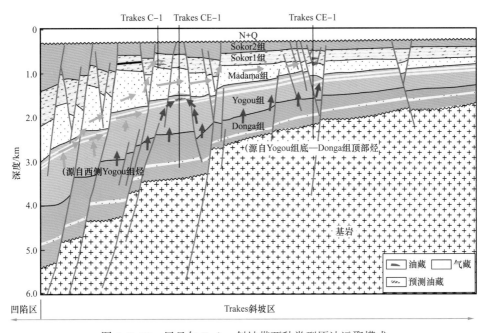

图 6-2-12 尼日尔 Trakes 斜坡带两种类型原油运聚模式

4.海外含盐盆地油气地质认识

1）巴西深水湖相碳酸盐岩储层发育模式与成藏主控因素

桑托斯盆地位于南大西洋中段西缘，为含盐断坳型被动大陆边缘盆地，主力目的层为白垩系 Barra Velha 组和 Itapema 组深水盐下碳酸盐岩。介壳灰岩发育于裂谷晚期 Itapema 组淡水滨浅湖高能滩相沉积环境，沉积古地貌位置高，主要分布于盐下古隆起顶部或中上部；球粒灰岩发育于坳陷早期 Barra Velha 组咸水浅湖低能沉积环境，古地貌位置相对较低，主要分布于盐下古隆起中下部；藻丘灰岩形成于坳陷晚期 Barra Velha 组咸水滨浅湖高能沉积环境，古地貌位置相对较高，主要分布在盐下古隆起中上部；热泉钙华灰岩为富含 CO_2 的热液沿断裂出露地表形成的钙华，主要沿断裂分布（图 6-2-13）。

通过分析已发现油气藏特征和分布规律，认为盐下具有"古地貌控储、今构造控藏、深大断裂控制 CO_2 分布"的成藏特点。在里贝拉区块，盐下继承性古隆起控制了储层发育和油气运聚，西块和东块为继承性古隆起，西块地层未发生剥蚀，储层发育，为油气运聚的有利指向区，油气大面积分布，而东块地层发生剥蚀并受碎屑岩注入影响，储层不发育，暂无商业发现；中块古地貌低，储层不发育，流体中的 CO_2 来源于深部幔源气晚期充注，往东 CO_2 含量变高，由西向东基底断裂晚期活化越来越强，为幔源 CO_2 运聚提供通道。

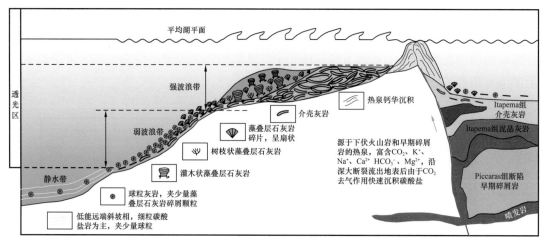

图 6-2-13　巴西桑托斯盆地盐下湖相碳酸盐岩沉积与储层发育模式

2）土库曼斯坦阿姆河盆地盐下缓坡礁滩沉积演化与储层分布规律

阿姆河右岸侏罗系卡洛夫阶—牛津阶礁滩体纵向上由粘结丘滩复合体、障积丘滩复合体、生屑滩以及砂屑滩等各种沉积微相叠置形成。局限台地低能台内滩自下而上发育低能丘滩间—微晶生屑/砂屑滩—潟湖泥等沉积序列，开阔台地高能台内滩自下而上发育低能丘滩间—亮晶生屑/砂屑灰岩—微晶颗粒灰岩等沉积序列，斜坡带障积丘滩复合体自下而上发育低能丘滩间—粘结丘—障积丘—泥晶生屑/砂屑滩等沉积序列，中高能粘结丘滩复合体台内滩自下而上为低能生屑/砂屑滩—障积/粘结丘—障积丘—泥晶生屑/砂屑滩等沉积序列，低能粘结丘滩复合体自下而上发育低能丘滩间—粘结丘—泥晶生屑/砂屑滩等沉积序列。

卡洛夫阶—牛津阶优质碳酸盐岩储层主要受层序、高能沉积微相和深层断裂共同控制。层序界面或层序中上部是优质储层相对发育的有利层段，高能沉积微相是高孔储层发育的基础，断至深层的新生代断层控制了缝洞储层的分布。

礁/滩微相为孔隙型、孔洞型储层发育奠定了物质基础，多期次溶蚀则是次生孔/洞发育的关键（Sopher et al., 2016；Rosentau et al., 2017）。孔洞型储层主要分布于布什卢克（Bushluk）、奥贾尔雷（Ojarly）等地区，呈点状，且一定程度上受到裂缝的影响。孔隙型储层主要分布于卡拉别克（Karabek）凹陷带，以低能的粘结丘滩复合体为主，受裂缝影响小，储层物性较差。裂缝—孔隙型储层所在相带为中—低能缓坡相，优质储层主要为在成岩过程中受裂缝改造后的古地貌高地上的点礁/滩体。裂缝—孔隙I型储层主要分布于别—皮（Bereketli-Pirgui）气田区，为高能滩体在裂缝的改造和溶蚀作用下形成。裂缝—孔隙II型储层主要分布于桑迪克雷（Sandykly）隆起鲍塔乌（Bota-Taugygui-Uzyngui）、扬—恰（Yangui-Chashgui）、桑迪克雷以及东部霍贾古尔卢克（Hojagurluk）—东霍贾古尔卢克（East Hojagurluk）地区，是障积礁滩复合体在裂缝作用和溶蚀作用下形成的。孔隙—裂缝型储层主要分布于扬古伊（Yangui）以东地区，储层物性差。缝洞型储层主要是受北东向断裂的破裂作用形成的裂缝，经后期酸性流体和深部热液等成岩流体沿裂缝溶蚀形成孔洞而形成的储层，临近北东向断层和北西向走滑断层分布，储层孔隙度低但渗透率高。

3）滨里海盆地东缘盐下碳酸盐岩油气富集规律

多套烃源岩双向供源是油气富集的物质基础。滨里海盆地东缘发育中—上泥盆统、中—下石炭统及下二叠统烃源岩，其中石炭系烃源岩厚度大、有机碳含量高，油源充足。石炭系维宪阶原油来自盆内维宪阶烃源岩，让纳若尔台地上石炭统原油来自前乌拉尔盆地上石炭统的烃源岩，具有双向供油特征。

构造、沉积和溶蚀作用共同控制了岩性圈闭发育。滨里海盆地东缘发育沉积型、成岩型和超覆型三类岩性圈闭，主要分布在中区块东部构造高部位以及西部斜坡区。受构造控制，盆地东缘发育碳酸盐岩台地，中区块石炭系 KT–Ⅱ 层发育开阔台地台内滩和台内海，横向上的相变有利于岩性圈闭的形成。高能环境下形成的滩相为优质储层，控制了岩性圈闭的规模。溶蚀作用明显改善了储层，差异岩溶造成的物性变化同样有利于油气封堵。

层序控制不同沉积的发育，沉积相控制有利储层的分布。有利储层主要为石炭系最大海泛面之下发育的台地相白云岩和颗粒灰岩。局限台地内的蒸发台地相是白云岩化作用最为发育区，直接控制着石炭系顶部 KT–Ⅰ 层油气的聚集。KT–Ⅰ 层不同成因类型的地层常出露于水面，促进了有利孔隙空间形成。KT–Ⅱ 层中部发育一套开阔台地台缘滩相的生物碎屑灰岩，原生孔隙较发育。

盐丘对盐下油气的聚集具有重要控制作用：一是盐层为优质盖层，阻挡了油气向上运移；二是盐岩密度小，导致盐下地层压实程度低，有利于储层的保护；三是盐丘促进了盐下构造圈闭的形成；四是盐层是热的不良导体，有利于减小盐下热量的散失，促进生油岩的成熟。

厚储层、断层和裂缝等形成的有效输导体系控制油气运聚。中—下石炭统储层以生物碎屑灰岩为主，有效储层厚度大，横向分布广泛且连通性好，是油气侧向运移的主要通道。油气的垂向运移得益于断层与烃源岩层的有效沟通。孔、洞、缝具有辅助性作用。

三、海外油气合作机会评价关键技术

1. 油气资源评价方法与技术体系

1）油气资源分类体系

1972 年，美国联邦地质调查局（USGS）的麦凯尔韦（V. E. Mckelvey）提出了以地质可靠程度和经济可行性两个维度为基础的麦凯尔韦油气资源分类体系，成为此后大部分油气资源分类方法的框架基础。2007 年，由美国石油工程师学会（SPE）、美国石油地质学家协会（AAPG）、世界石油大会（WPC）与石油估值工程师学会（SPEE）联合发表的石油资源管理系统（PRMS），成为国际行业学会层面最具权威性与影响力的油气资源 / 储量分类体系，也成为美国证券交易委员会（SEC）油气储量报告的重要参考。1987 年和1995年USGS沿袭了1972年麦凯尔韦提出的油气资源分类体系，并进行了适当更新后沿用至今。

2）常规资源评价方法体系

以地质评价为基础，合理划分成藏组合单元，充分利用已发现油气田储量、远景圈闭数、勘探成功率等信息，根据各成藏组合勘探程度与资料掌握程度，选用与之相适应的评价方法并合理确定基于综合地质评价的参数，计算各成藏组合的待发现资源量。对于高勘探程度评价单元，采用发现过程法进行评价；对于掌握资料较多的海外现有探区，采用圈闭加和法；对于中等勘探程度评价单元，采用基于地质分析的主观概率法；对于没有油气发现或资料较少的评价单元，采用多参数类比法，再采用蒙特卡洛模拟法将不同成藏组合的评价结果进行加和汇总，从而得到盆地、大区直至全球的常规待发现资源量（表6-2-1）。

表6-2-1　全球待发现资源量评价方法选用表

评价单元	评价方法	评价方法大类
高勘探程度（有地震解释构造图）	圈闭加和法	统计法
高勘探程度（无地震解释构造图）	发现过程法	统计法
	油气藏规模序列法	统计法
中等勘探程度	主观概率法	统计法
低勘探程度	资源丰度类比法	类比法

3）非常规资源评价方法体系

针对全球非常规油气资源评价，依据盆地资料的详实程度、资源类型、勘探开发程度、评价需求和评价技术适用性等将盆地划分为一般评价盆地、详细评价盆地和重点评价盆地三个级别，分别采用参数概率法、GIS空间图形插值法、成因约束体积法和双曲指数递减法进行评价。一般评价盆地多为勘探开发程度较低、基础数据和基础参数图件缺乏的盆地，统一采用参数概率法进行评价；详细评价盆地为已有勘探开发活动、基础地质资料丰富但生产井产量数据缺乏的盆地；重点评价盆地为勘探活动和商业开发活跃、基础地质资料丰富、资源规模较大和生产井产量数据详实的盆地。对于重油、油砂、油页岩、致密气和煤层气五种类型的资源，采用GIS空间图形插值法进行评价，重点评价的盆地还需要结合资源丰度、可采性及经济性等进行综合评价，优选出有利区块；对于页岩油和页岩气这类以烃源岩为核心的源控型资源富集的详细评价盆地和重点评价盆地，则采用成因约束体积法评价；而对于勘探开发程度高、生产井产量等开发数据详实的重点评价盆地则利用基础地质参数成图厘定有效评价区，采用双曲指数递减法评价，计算有利区块的最终可采储量。

2. 海外油气投资环境评价技术

我国经济持续高速发展，油气资源需求快速增长，能源供应安全，特别是油气供应安全将成为我国未来能源安全战略中的主要保障方向。全球地缘政治、资源国政治经济、油气行业、油气政策与财税条款等形势的重大调整，导致海外油气资源开发与利用面临日趋复杂的合作环境风险形势，科学评价油气合作环境风险，已成为影响海外油气投资效益的关键因素。基于以上认识，创新性将海外油气合作环境风险评价划分为4个步骤和1个模块，即风险指标库构建、风险评价指标体系构建、风险评级模型构建、风险应对和专家系统模块。

1）海外油气合作环境风险评价指标体系

构建了适应油气行业及中国国情的海外油气合作环境风险评价指标体系。结合我国国情，根据评价对象的特殊性，在综合考虑指标重要性、相关性及数据可获取性等因素的基础上，从政治风险、经济风险、运营环境风险、油气行业风险及中国因素五大维度优选45个评价指标建立了综合指标体系。

2）海外油气合作环境风险评价建模

首先根据指标体系中各指标的属性特征，将指标分为效益型和成本型指标两类，其中效益型数值越大、评级得分越高（风险越低），成本型数值越大、评级得分越低（风险越高）。通过归一化处理，使得各指标值介于［0，1］。采用主成分分析法分别对政治风险、经济风险、运营环境风险、油气行业风险、中国因素五个子指标体系进行降维分析，得到各子指标体系的主成分。在构建高、低风险国家临界面基础上，建立资源国风险排序的支持向量机模型。

3）海外油气合作环境风险国别评价

结合资源可获取性及中国企业海外油气投资分布，选取36个典型资源国开展油气合作环境风险国别评价，结果表明在政治风险类里，政治延续性和政治暴力事件成为权重最大最为重要的指标；在经济风险类里，金融稳定和通货膨胀指标的权重较小，其余8个指标权重相对一致；在运营环境风险类里，除了营商便利指数的权重极其低之外，其余11项指标权重相当；油气行业风险类里，所有指标表现大致相当，油气基础设施和炼化产能动用率近几年权重增加，表现更为重要；中国因素里，5个指标表现大致相当。

3. 全球油气资源信息系统

全球油气资源信息系统包含多层次全球油气资源信息数据库、常规与非常规资源评价软件系统、数字制图与管理系统、资源评价协同研究平台和全球含油气盆地知识库五大模块。具有以下四大特点：基于纯网络环境运行，可在浏览器中运行与应用；在油气行业内首次实现信息系统、资源评价应用软件与研究工具软件、资源评价协同研究平台的集成；可实现各类信息资料快捷查阅与数据挖掘分析；采用先进的组件式、平台化开发技术。

全球油气资源信息数据库包含公开文献、主流资源评价数据、空间数据、自有数据四大层次，在不同格式结构化、非结构化数据统一管理与查询应用基础上，创新形成了多源数据融合建库技术，研制建成多层次、多数据源、多种数据查询与应用分析工具在内的全球油气资源信息数据库，为全球油气资源评价、海外新项目评价、海外业务决策支持提供支撑。

常规与非常规资源评价软件系统，针对常规油气待发现资源评价，研制形成了圈闭加和法、发现过程法、油气藏规模序列法、主观概率法、资源丰度类比法五套软件，针对非常规技术可采资源量评价形成了参数概率体积法、GIS图形网格体积法、基于井产能法三套软件。

数字制图与管理系统采用两种方法进行了ArcGIS软件扩展开发，DmapServer1.0采用ArcGIS Engine软件开发独立运行的GIS桌面端应用程序，包括简单的制图功能和ArcGIS Desktop ArcMap制图软件的调用；DmapServer2.0采用ArcGIS Desktop软件扩展开发方式，包含所有制图功能。

全球油气资源评价协同研究平台由三大核心组件构成，分别实现全球油气项目运行管理及数据管理、常规与非常资源定量评价、快速规范制图与成果图形管理功能。

全球含油气盆地知识库是基于已有全球油气资源信息系统开发平台研制建设的专门针对全球、大区、主要含油气盆地的油气地质与资源潜力相关的各类数据、信息、知识的规范化、卡片式在线管理、展示与应用系统，涵盖GIS导航、系统管理、知识采集、知识审核、知识展示、知识检索、数据统计、个人中心八大功能。

四、海外油气资源战略选区

1. 战略选区原则与方法体系

1）战略选区原则

海外油气勘探过程中，区带评价面临诸多困难。一是受合同区限制，区带边界不明确；二是海外项目或区块可能包含多个区带或仅为一个区带的部分区域；三是受资料获取和评价时间的限制，地质评价参数定量化难；四是除评价地下地质因素外，还需重视地上风险和经济价值等因素的影响。因此，战略选区原则上要求评价指标选取要合理、评价过程易于操作、评价结果地下与地上多因素综合，以方便快速作出是否投资的决策。

2）选区选带多因素评价指标体系

建立了由地质风险、资源潜力、资源可转化性、投资风险和公司战略契合度等5个一级指标和17个二级指标组成的综合评价指标体系，采用层次分析法确定各指标的权重，基于专家打分综合优选区带或区块。

3）区带综合评价与优选流程

采用"七步走"评价流程，包括区带或评价单元划分、评价方法选取、资源潜力评价、地质风险评价、地上风险评价、单个区带评价结果汇总和多区带综合排队与优选。针对现有项目区带优选，以纵坐标为区带的地质风险（地质成功率）、横坐标为资源的可转化性指数，气泡大小代表资源潜力指数，作出区带分类评价图（图6-2-14）。对地质风险低、资源可转化性强的区带（Ⅰ类区带），应加快评价和钻探；对地质风险低、资源可转化性差的区带（Ⅱ类区带），应稳步推进；对地质风险高、资源可转化性强的区带（Ⅲ

类区带），应择优部署；对地质风险高、资源可转化性差的区带（Ⅳ类区带），应暂缓部署。针对勘探新项目超前选区评价，不仅要考虑地下因素，还要综合考虑地上因素。把地质风险和资源潜力指数按照相应的权重计算得到地下因素综合得分，把资源可转化性指数、战略契合度指数和投资风险系数按照相应的权重计算得到地上因素得分，然后从地上和地下两个维度综合评价勘探新区块，提出差异化获取策略。

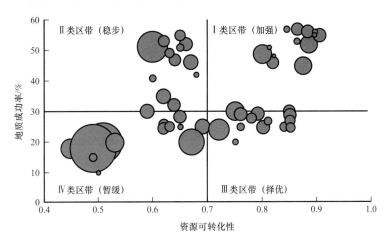

图 6-2-14　区带多因素综合评价和差异化部署示意图

资源可转化性值越大表示发现后投产周期越短

2. 全球各地区未来重点勘探领域

基于"十三五"全球油气勘探新发现分析，结合全球油气地质、待发现资源潜力以及合作环境分析，中国油公司近期应重点关注圭亚那、加勒比海、南大西洋两岸、南非海域和东地中海等勘探领域。

1）圭亚那滨海盆地及其周边

2015 年以来埃克森美孚持续推进在圭亚那滨海盆地的石油勘探，新发现了 Liza 等 18 个油田，并带动了塔洛石油公司在其相邻区块获得两个新发现、道达尔在苏里南海域 58 区块于 2020 年初取得了 Maka Central 等多个重要石油新发现（含凝析油及少量天然气），这将继续引领该海域的储量增长。该区域证实成藏组合以上白垩统浊积砂体为主，其次为中新统浊积砂体，而上侏罗统—下白垩统生物礁成藏组合勘探潜力有待进一步探索。

2）加勒比海周缘

总体上，加勒比海周缘勘探程度整体较低，构造复杂，不同盆地间成藏条件差异大，油气成藏规律认识不清。2019 年开始，加勒比海周缘的巴巴多斯、圣文森特和格林纳丁斯、古巴等国家纷纷开展海域勘探区块招标，必和必拓正在进一步评价特立尼达和多巴哥超深水领域上新统浊积砂体的勘探潜力。该区发育多种类型远景圈闭，例如在巴巴多斯和多哥盆地发育大型背斜构造及中新统水道异常体反射特征。随着多用户资料的陆续采集和认识的不断深入，未来该区也是非常重要的勘探新领域。

3）南大西洋两岸盐下

近些年，随着巴西盐下勘探区块招标的持续开展，以及巴西国家石油公司、埃克森美孚、中国石油等在该海域取得的勘探成效，吸引大批油公司前来竞标，并积极开展所获区块的钻前评价，将加剧南大西洋两岸盐下勘探区块招标的竞争态势。南大西洋两岸盐下成藏组合仍是近期需要重点关注的勘探领域。

4）南非海域

道达尔在南非海域奥特尼瓜盆地陆续获得两个大型凝析气田发现，证实了白垩系重力流砂岩成藏组合的勘探潜力，进一步提振了南非、纳米比亚海域、莫桑比克南部以及与之共轭的阿根廷海域的勘探信心，有望成为未来一段时期的勘探热点。目前，壳牌、塔洛石油和 Serica 等众多油公司已经完成了在纳米比亚海域的勘探资产布局，并识别出礁体、浊积砂体在内的多种类型成藏组合。未来开启的莫桑比克海域新一轮招标和阿根廷海域第二轮勘探区块招标，也将吸引更多的油公司积极参与。

5）东地中海海域

埃克森美孚在塞浦路斯发现的 Glaucus 气田证实，东地中海普遍存在类似埃及 Zohr 巨型天然气田的白垩系—中新统大型生物礁成藏组合（Kontorovich et al., 2011）。以色列、黎巴嫩、塞浦路斯等资源国政府快速响应，开展区块招标活动，油公司通过参与区块招标，快速布局周边领域，并且取得不错的勘探成效。道达尔和埃尼石油公司将联合作业钻探埃拉托色尼海山（Eratosthenes Carbonate Platform）大型构造圈闭，值得重点关注。整个东地中海白垩系以下深层热成因油气系统也是下步需要积极探索的方向。

6）西北非海域

自 2015 年以来，在塞内加尔海域先后发现了 SNE 和 Fan 两种类型的成藏组合后，Kosmos、英国石油、道达尔等多个油公司快速跟进，拿下了周边几乎所有的勘探区块，并通过钻井证实了西北非海域发育的碳酸盐岩台地背景下的水道复合体和盆底扇两类重要的成藏组合（冯国良等，2012）。可以预见，西北非海域和与之共轭的美国东部海域将是下一步重点勘探领域。目前英国石油已布局该领域，计划建设成为新的 LNG 供应基地，未来该领域仍有众多合作机会值得关注。

7）东非索马里海域

索马里海域沉积盆地面积 $58 \times 10^4 km^2$。截至 2020 年底已发现 14 个油气田，11 个位于陆上，3 个位于海域浅水区，200m 以深的海域尚未钻探，勘探程度极低。结合区域地震资料并与陆上欧加登盆地已证实成藏组合类比，认为索马里海域发育侏罗系生物礁、白垩系断块和滚动背斜等多种成藏组合，具有纵向潜力层系多、横向有利目标叠合连片的特点，是未来需重点关注的勘探领域。

8）扎格罗斯盆地深层

扎格罗斯盆地由于强烈的构造挤压，发育大型长轴状北西—南东向构造背斜圈闭，垂向上多个逆冲推覆构造叠置。早期油气勘探主要针对浅层的侏罗系—新近系目的层。山地和高陡地层地震采集处理及复杂构造建模等技术的进步，使得该盆地三叠系及以下深部地层的复杂逆冲构造成像更加准确，新的地震资料揭示深层发育大量远景圈闭，以天然气为主。随着伊朗等国对天然气清洁能源的日益重视，盆地深层天然气的勘探潜力将逐渐得到释放。

9）俄罗斯北极地区

由于极寒地理条件和极地工程技术的限制，俄罗斯北极地区的油气勘探程度非常低。2014 年以来，西西伯利亚盆地北极圈内的南喀拉海海域陆续获得重大天然气勘探新发现，主要成藏组合与盆地陆上一致，但由于烃源岩埋深较大，热演化程度较高，油气类型以天然气为主。地震资料显示南喀拉海海域还存在大量未钻圈闭，勘探潜力巨大。亚马尔、北极 LNG–2 等项目的成功运作，使得"冰上丝绸之路"的设想成为现实，未来该领域的油气勘探进程必将进一步提速。

10）东非裂谷系

东非陆上裂谷系为中新世开始形成的系列陆内裂谷盆地，发育东、西两支。其中，西支从北向南主要发育阿尔伯特、坦葛尼喀和马拉维等六个裂谷，总面积超过 $11\times10^4km^2$；东支主要发育图尔卡纳、洛基查和马加迪等系列小型裂谷，总面积超过 $9\times10^4km^2$。截至 2020 年底，仅在西支北段的阿尔伯特裂谷东侧（乌干达境内）和东支中段的洛基查盆地（肯尼亚境内）分别发现 19 个油田和 10 个油田，探明石油可采储量 2.36×10^8t 和 0.76×10^8t，探井成功率均超过 60%（窦立荣，2004）。随着外输管道协议逐渐明朗，已发现油田投入开发，未来该领域具有相似成藏条件的其他裂谷盆地合作机会值得重点关注。

五、选区与新项目获取成效

2016 年以来，在"十二五"研究基础上，进一步聚焦重点领域、重点盆地超前优选有利合作目标，针对巴西、古巴、黎巴嫩、阿根廷、索马里等地区重点目标，深耕细作持续深化地质认识，快速有效支持海外新项目评价，为成功获取海外新项目提供强有力技术支持。例如，针对巴西海域湖相碳酸盐岩勘探领域，通过深入研究，提出了新构造及火山活动晚且期次多是以往盐下探井失利的根本原因，坳间隆起型和坳间断隆型两类孤立台地控制盐下三类碳酸盐岩储层沉积建造，咸化湖盆过程控制盐岩及盐下碳酸盐岩沉积充填与分布等新的地质认识，指导开展巴西新项目投标详细技术经济评价并提出了具体的投标建议，助力中国石油成功中标巴西项目。截至 2020 年底，超前评价了 465 个区块，优选了 156 个有利合作目标区块，开展新项目技术经济评价 39 项，支撑中国石油成功中标或签约新项目 9 个，新增权益可采储量石油约 5.6×10^8t、天然气 $2095\times10^8m^3$，新增勘探面积 $1.3\times10^4km^2$，为公司进一步优化海外油气资产结构和战略布局，高质量发展海外油气合作区建设作出了重大贡献。

六、知识产权成果

软件编制方面，实现沉积盆地地质要素古板块位置重建技术软件化；建成集地质信息、常规—非常规资源评价、数据挖掘于一体的全球油气资源信息系统 3.0 版（GRIS 3.0）。

申请国内专利 25 项，其中获得国内发明专利 10 项，形成企业内部技术规范 5 项，获得软件著作权 31 项，出版专著 23 部，发表论文 136 篇，获得省部级奖项 24 项。

第三节　深水被动大陆边缘盆地油气勘探地质理论技术

一、研究背景、现状与挑战

1. 研究背景

海洋油气勘探从浅海发展到深海，深水已成为全球油气勘探重要的接替区。近年来，特别是 2005 年以后，随着世界深水油气理论和技术的发展，深水油气勘探不断取得重大突破。国际大型油公司在大西洋两岸的西非—南美海域、墨西哥湾、东非大陆边缘、南非大陆边缘、地中海海域东段、加拿大东部和挪威西部海域以及环北极地区的深水区接连获得巨型油气发现，深水油气发现可采储量超过 1240×10^8bbl 油当量。其中，深水、超深水油气新增储量发现分别占全球同期油气储量发现的 45% 和 58%。

2. 研究现状

世界多家能源权威机构对全球深水油气资源进行了预测评估，评估数据虽然存在一定差异，但一致认为全球深水油气资源丰富，油气探明率低，是未来国际油公司积极投资布局的战略重点之一。

全球深水油气勘探实践表明，深水油气在世界油气发现中占的比重越来越大。2019年全球新发现可采储量在 1×10^8bbl（约 1360×10^4t）油当量以上的油气田共 28 个，总储量约 14.2×10^8t 油当量，占当年发现总量的 79.2%。其中，深水油气发现 11 个，储量为 5.7×10^8t 油当量，占比 40%。另外从新发现油气田的储量规模来看，近 10 年，海洋油气田平均储量规模远高于陆地。其中深水、超深水油气田平均储量为 4.8×10^8t 油当量，是陆上的 16 倍。

3. 面临的挑战

目前，国际地缘政治和国际能源格局发生了巨大变化，我国石油产业面临着国际环境、油价波动、市场竞争、境外资产保值增值等诸多挑战。中国油公司海外勘探面临着区块接替不足，后劲乏力，资产组合差，深水、非常规、难动用资产配置较大等突出问题。

深水 / 超深水是当前世界油气勘探的热点区，其剩余资源量大、勘探潜力巨大，是未来油气资源重要的竞争领域。"十一五"以来，中国油公司在大西洋两岸被动大陆边缘盆地已获得多个深水 / 超深水资产，理论技术攻关也取得多项标志性成果，如丰富了被动大陆边缘盆地深水沉积层序地层学理论，提出了深水"二元结构"体系域划分方案，形成了深水重力流沉积分析、深水碎屑岩储层分类评价以及"微盆控源、断裂控藏"的油气成藏等多项理论新认识，建立了深水复杂构造—岩性圈闭识别与描述技术组合、深水浊积水道圈闭内储层精细表征技术与建模方法以及深水碎屑岩圈闭综合评价等关键技术，但仍面临着诸多技术难题和挑战。例如在深水地层—岩性油气藏勘探领域，还存在沉积及储层类型多样，圈闭落实难度大，油气成藏及富集规律不明，油气水关系复杂，相关勘探评价技术存在瓶颈等问题；在盐相关构造的油气成藏方面，还存在盐下地震采集、成像难度大，资料多解性强，复杂盐构造样式解析与形变恢复异常困难，盐岩活动对沉积过程的控制和对储层影响认识不清以及盐相关油气运聚成藏机制与输导体系不清等问题；在深水盐下钻完井技术方面，也面临着巨厚盐岩层蠕动危害大、石灰岩储层漏失严重、地层可钻性差、超深水钻井装备可靠性等技术难题。这些问题和技术挑战严重制约着我国油企海外勘探业务的可持续发展。

我国的深水油气勘探起步较晚，勘探开发技术还不成熟，但是我国南海海域深水区油气资源丰富，是未来重要资源接续区。根据国土资源部2010年油气资源动态评价成果，我国南海海域18个盆地石油地质资源量为 $169.8 \times 10^8 t$，天然气地质资源量为 $14.1 \times 10^{12} m^3$。其中，深水区石油地质资源量为 $83.0 \times 10^8 t$，天然气地质资源量为 $7.49 \times 10^{12} m^3$，分别占总资源量的49%、53%。我国油企通过参与全球深水油气资源勘探开发，学习积累相关勘探开发经验，对我国南海深水区的油气勘探开发有着重要的引领和借鉴作用。

二、勘探地质理论与技术成果

1. 深水被动大陆边缘盆地油气生成地质理论与认识

1）河流—海湾体系是海相石油分布的主要场所

石油形成于海洋和湖泊两种环境。海相烃源岩沉积有机质富集机理和形成模式一直是学术界研究的热点问题。在研究中国及全球海相含油气盆地油气富集规律过程中，逐渐认识到河流—海湾体系是控制海相石油分布的主要因素（Deng，2012）。

（1）河流—海湾体系沉积特征。

世界海相石油主要分布在河流—海湾体系，比如波斯湾盆地、西西伯利亚盆地、墨西哥湾盆地、北海盆地等是全球主力产油区。盆地基底岩性为火成岩或变质岩，能形成丰富的营养物质，包括磷、铁、锌以及微量元素（镍、钒、钴等），这些营养盐为藻类勃发提供了先决条件，有利于优质海相烃源岩的发育。在海湾环境下的淡水河流注入为盆地内发育海相烃源岩提供了丰富的营养物质。海湾处于半封闭环境，波浪作用相对于广海较弱，能保持较高的营养物质浓度，保证水生生物的大量生长；海湾环境也有利于有机质的保存，形成优质烃源岩。同时，河流带来丰富的碎屑物，沉降速率快，地层厚度大，形成的富有机质烃源岩往往埋深较大，有利于烃源岩的热演化。

受河流—海湾体系控制，中东—北非地区在古生代早志留世沉积了一套全球重要的海相烃源岩。奥陶纪末—早志留世，古特提斯洋的陆表海（宽度约为2000km），东、南、西三面为冈瓦纳古陆，北接古特提斯洋，是一个大型的海湾体系。古隆起导致海湾沉积环境水体产生分层，形成了有利于有机质保存的缺氧底水环境，而笔石更容易在微含氧或亚氧化的水体进食，因而形成了志留系热页岩的常见化石。晚侏罗世，在低纬度波斯湾盆地、墨西哥湾盆地形成了优质海相碳酸盐岩烃源岩；而在中纬度西西伯利亚盆地和北海盆地则形成高丰度的海相页岩烃源岩。早白垩世，波斯湾盆地和墨西哥湾盆地基本继承侏罗纪古地理和古气候格局，沉积了一套优质的海相碳酸盐岩烃源岩。

（2）河流—海湾体系对海相烃源岩的控制。

中东地区志留系热页岩有机碳含量一般介于2%~20%，厚度介于4~75m，生成的油气主要赋存在古生界储层，North气田是全球第一大气田，气源主要来源于志留系热页岩。中东地区下志留统优质海相烃源岩控制着沉积盆地油气藏分布范围及资源规模。

波斯湾盆地上侏罗统Hanifa组海相烃源岩有机碳含量介于2.0%~8.4%，最高可达14%，氢指数（HI）介于400~770mg/g，厚度为30~150m。侏罗系海相烃源岩生成的石油主要分布在中生界和新生界储层，全球最大的油田——Ghawar油田位于波斯湾盆地内基底拼合隆升形成的大型背斜构造带。西西伯利亚盆地上侏罗统Bazhenov组烃源岩形成于一个大型的、缺氧海湾沉积环境，有机质丰度呈近似同心圆状向盆地中心增高（图6-3-1）。Bazhenov组TOC平均值为5%，TOC变化较大，盆地边缘为2%~3%，盆地中心可超过10%（Peters et al.，2007）。上侏罗统Bazhenov组海相烃源岩生成的油气在盆地大型背斜圈闭聚集成藏，比如盆地中部的Urengoyskoe长垣，形成了世界上著名的巨型油气田，比如Samotlor等油田和Urengoyskoe等气田。

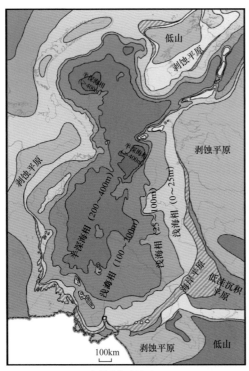

（a）提塘期古地理

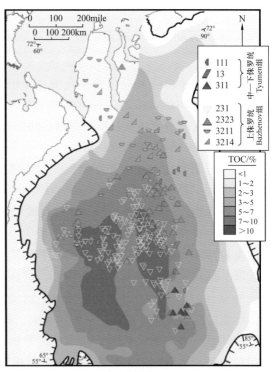

（b）有机碳分布

图6-3-1　西西伯利亚盆地晚侏罗世提塘期古地理及海相烃源岩有机碳分布图
（据Kontorovich et al.，2011；Peters et al.，2007）

墨西哥湾盆地苏瑞斯特次盆揭示了高丰度的上侏罗统提塘阶海相烃源岩，TOC主要为0.89%~15.6%，平均值为4.07%，达到好—优质烃源岩标准。HI为397~818mg/g，平均值为 677mg/g，为 Ⅰ/Ⅱ 型干酪根。墨西哥湾盆地提塘阶分布广泛，陆上、浅水区和深水区均有分布，是墨西哥湾盆地油气的主力烃源岩，为墨西哥湾盆地形成众多巨型油气田奠定了雄厚的物质基础。

南大西洋两岸盆地上白垩统塞诺曼阶—土伦阶海相烃源岩质量以好—优质烃源岩为主。塞诺曼阶—土伦阶海相烃源岩生成的油气向上运移至上白垩统或古近系浊积扇和浊积水道。南大西洋非洲海岸宽扎、下刚果、加蓬等盆地，盐下湖相与盐上海相烃源岩形成了大量油气，发现了许多油气田。

2）河流—三角洲体系是天然气分布的主要场所

世界上多数产气区与三角洲伴生，三角洲盆地成为重要海相含油气盆地类型之一。大型河流—三角洲的发育是导致海陆过渡河口区烃源岩复杂化的重要影响因素（邓运华，2010；Deng，2016）。河流携带大量的陆源有机物质，同时河流—三角洲沉积环境下的河口区生物群类型控制烃源岩类型，影响了烃源岩类型、生烃潜力及其分布特征。

依据有机质来源的不同，可将河流—三角洲环境下发育的烃源岩分为三角洲平原—滨海平原沼泽煤系烃源岩和前三角洲—浅海泥质烃源岩两种类型。发育在三角洲平原—滨海平原沼泽环境的煤系烃源岩，岩性主要为煤和碳质泥岩，有机质来自陆源高等植物。该种类型烃源岩的形成主要受控于气候、构造、地貌和水文条件等因素的共同作用。在气候潮湿的大陆边缘盆地大型三角洲平原沼泽环境，高等植物繁盛，在盆地沉降、相对海平面变化周期、植物遗体供给速率达到一定的平衡状态时，易于发育大规模的煤系地层。一旦这种均衡状态遭到破坏，泥炭层的堆积也就随之终止。在前三角洲—浅海环境下发育的烃源岩有机质生源多样，受到陆地河流和海洋作用的共同影响。河流不仅可以带来大量的陆源有机质，而且由于河流淡水径流量大，与之相关的河口作用极大地影响了陆源物质的输送和埋藏范围。该种类型烃源岩主要受到古气候、构造活动、海平面变化、古地理环境的制约。在烃源岩中多以河流携带入海的陆源有机质为主，远离岸区方向，烃源岩中海相自生有机质呈逐渐增多的变化趋势。

受沉积环境影响，海陆过渡相烃源岩分为两种类型，三角洲平原—滨海平原沼泽煤系烃源岩和前三角洲—浅海泥质烃源岩。煤系烃源岩地球化学特征复杂，受成煤植物、沉积环境、沼泽覆水程度、水动力条件、水介质酸碱度、氧化还原性等因素的综合影响。以库泰盆地中新统 Balikpapan 组煤系烃源岩为例阐述这一问题。

库泰盆地的主力烃源岩以煤为主，存在两种类型，即黑煤和褐煤。黑煤发育于上三角洲平原沼泽环境，乔木植物经过成煤作用形成，TOC 为 50%～80%。褐煤来自下三角洲平原低位沼泽，由细菌、苔藓、蕨类植物的孢子、莎草以及沼泽和湖中的少量水藻经成煤作用形成，S_1+S_2 最高达 288mg/g（HC/岩石）。其中，下三角洲间湾流水沼泽相及开阔水体沼泽相是成烃性最好的煤相（程克明等，1997），水质偏碱性，利于细菌等微生物繁殖，植物群落以富含蕨类植物的灌木为主及部分裸子植物。富氢的菌类对高等植物改造强烈，凝胶化过程彻底，煤样具有富氢的特点，HI 可达 500mg/g，属于Ⅱ型干酪根。在显微组分上表现为基质镜质组及碎屑壳质组的含量较高，具有生油潜力。

前三角洲—浅海泥质烃源岩是三角洲盆地普遍发育的烃源岩类型，多种因素的共同作用，形成了生源多样的烃源岩，不同沉积相带陆源有机质含量、生烃潜力有明显差异（图6-3-2）。例如北卡那封盆地三叠系Mungaroo三角洲平原发育的暗色泥岩有机质含量均很高，特别是远端三角洲平原相带，层段中薄煤层和富含陆源有机质的厚层碳质泥岩发育，可以作为很好的烃源岩，泥岩中平均有机碳含量可达4.11%，主要为中—好烃源岩，显微组分惰质组含量较低，是良好气源岩。近端三角洲平原，碳质泥岩不发育，薄层泥岩中有机碳含量也相对较高，平均可达1.16%，主要为中—好烃源岩，局部还夹有少量的煤质碎片，且有机质显微组分中惰质组含量高，生烃潜力中等。三角洲前缘的陆源有机碳含量则相对较低，烃源岩品质较差，而且Mungaroo三角洲前缘沉积相带发育较窄，不能作为该区有利的烃源岩相带。

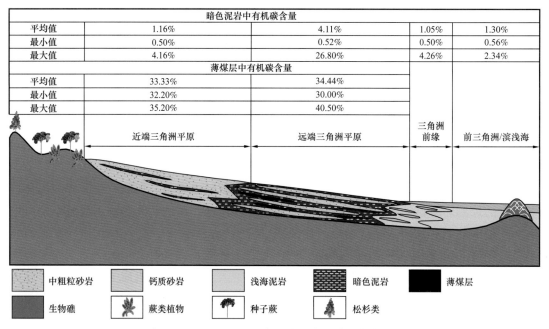

暗色泥岩中有机碳含量				
平均值	1.16%	4.11%	1.05%	1.30%
最小值	0.50%	0.52%	0.50%	0.56%
最大值	4.16%	26.80%	4.26%	2.34%
薄煤层中有机碳含量				
平均值	33.33%	34.44%		
最小值	32.20%	30.00%		
最大值	35.20%	40.50%		
	近端三角洲平原	远端三角洲平原	三角洲前缘	前三角洲/滨浅海

中粗粒砂岩　钙质砂岩　浅海泥岩　暗色泥岩　薄煤层
生物礁　蕨类植物　种子蕨　松杉类

图6-3-2　Mungaroo三角洲陆源有机质分布模式图

3）被动大陆边缘盆地海相烃源岩油气勘探理论新认识

以往国内外学者基于干酪根类型的烃源岩类型划分，不能客观反映中—新生代大陆边缘盆地海相烃源岩有机质性质复杂和生源输入二元性的特点。烃源岩的显微组分组成和生物标志化合物具有明确的生源和沉积环境指示，因而可以更好地表征海相烃源岩的成因。所以，本书在确定海相沉积环境的前提下，分析海相烃源岩形成环境与有机岩石学和分子地球化学特征的耦合关系，以显微组分组成为主，辅之以生物标志化合物参数，划分出中—新生代大陆边缘盆地海相烃源岩的三种成因类型，并提出其相应的判识标志。成因类型以"海相××型烃源岩"命名，冠之以"海相"，突出其沉积环境；"海相"后续为有机质生源的指代。

根据生源输入和沉积环境，将大陆边缘盆地海相烃源岩划分为海相内源型、海相混合生源型和海相陆源型三种成因类型（图6-3-3）。海相内源型烃源岩的显微组分组成以腐泥组为主，大于 80%。正构烷烃一般呈前峰型，类异戊二烯烷烃类的植烷优势明显，C_{27}—C_{29} 规则甾烷呈 L 型或线型分布。其有机质生源以低等水生生物为主，该类烃源岩主要分布在大陆边缘海湾环境。海相陆源型烃源岩的显微组分组成以来源于陆生高等植物的组分为主，镜质组、惰质组和壳质组之和占显微组分的 80% 以上，腐泥组很少（小于20%）。正构烷烃通常呈后峰型，C_{27}—C_{29} 规则甾烷以反 L 形分布为主。其有机质生源以高等植物的陆源输入为主，该类烃源岩主要发育在大陆边缘三角洲体系。

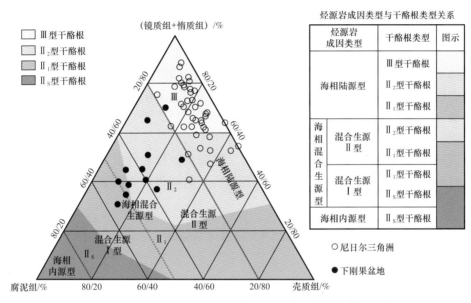

图 6-3-3　海相烃源岩成因类型与干酪根类型关系的判识图版

介于上述二者的过渡类型，根据海洋内源物质和陆源高等植物贡献的比例关系，可将其进一步划分为海洋低等水生生物贡献较多的混合生源 I 型和陆源高等植物贡献较多的混合生源 II 型。其中，混合生源 I 型烃源岩显微组分组成中，陆生高等植物成因的组分较少，镜质组、惰质组和壳质组之和占显微组分的 20%～50%，腐泥组在 50%～80%之间；正构烷烃呈双峰态前峰型，C_{27}—C_{29} 规则甾烷呈不对称 V 型分布，反映烃源岩中以海洋低等水生生物占优的双重生源输入特点。该亚类烃源岩主要分布于大西洋两岸、中东和北海等盆地。混合生源 II 型烃源岩的有机质来源主要为高等植物，但低等水生生物也有一定的贡献，烃源岩显微组分组成中镜质组、惰质组和壳质组之和占显微组分的50%～80%，腐泥组较少，在 20%～50% 之间；正构烷烃呈双峰态后峰型，C_{27}—C_{29} 规则甾烷呈不对称 V 形分布，晚白垩世以后的烃源岩样品奥利烷等生物标志化合物明显。该亚类烃源岩广泛分布于西非和亚太大陆边缘的各盆地。

海相烃源岩的发育与构造、古地理、古气候等诸多因素相关联，就直接因素而言，主要受到古地理背景和营养物质条件的影响。古地理背景是指烃源岩沉积期的古地貌、古气候、古氧度等环境条件，对海相烃源岩的发育有决定性的影响。大西洋两岸大陆边缘盆地的板块构造重建表明，晚白垩世土伦期—圣通期西非板块和南美板块尚未完全分离，加之南部沃尔维斯海岭（Walvis Ridge）的阻挡，西非中段整体处于半封闭的局限海湾环境，期间发生数次大洋缺氧事件，有机质保存条件优越，因此南大西洋两岸在该时期发育了一套优质海相烃源岩。从沉积水体的微观角度来看，黄铁矿矿化度和微量元素含量是判断氧化还原条件的常用指标。西非下刚果盆地土伦阶—圣通阶Madingo组优质烃源岩发育层段黄铁矿和微量元素含量远高于其他层段，反映为强还原环境，保存条件好。

营养物质供给是烃源岩形成的物质基础，大量营养物质形成高的生产力条件不仅能提供烃源岩直接的成烃母质，而且有利于形成还原条件，有利于有机质的保存。海洋生物的分布和丰度会受到参与生物化学反应的关键营养元素的控制，被称为限制性营养元素，如C、N、O、Si、P、Ba、Fe等。磷元素是生物生息繁衍的必需营养元素，生物死亡后遗体中所含的磷元素随生物体一起沉积，并主要以有机磷的形式转移到沉积物中，磷酸盐矿物是鉴别具有高有机质产率的指标之一。西非下刚果盆地Madingo组优质烃源岩段中磷含量明显高于其他两套品质变差的烃源岩层段。同时，对陆源营养物质的供给研究表明，间歇性陆源悬浮供给，有利于海洋生产力的勃发和有机质的富集，最有利于形成优质海相烃源岩。从陆源供给强度来看，陆源欠供给和过供给均不利于优质烃源岩发育，而间歇性供给最有利于形成优质烃源岩。从陆源供给方式来看，陆源悬浮供给方式最有利于形成优质烃源岩。

2. 深水盐下碎屑岩勘探领域综合评价技术（加蓬）

中生代冈瓦纳大陆裂解，大西洋扩张在南大西洋两侧形成一系列共轭的被动大陆边缘盆地。这些盆地都经历了裂谷、过渡和漂移三大构造演化阶段，在过渡阶段早白垩世阿普特期发育了一套蒸发盐沉积，将盆地沉积充填划分为盐下陆相河—湖沉积和盐上海相沉积两个沉积序列。自2006年开始，南美一侧的桑托斯盆地深水盐下相继发现了一系列大型油气田，累计可采储量达330×10^8bbl油当量。西非一侧也陆续发现多个大中型油气田。南大西洋两岸深水盐下成为全球油气储量的主要增长点之一。

西非加蓬盆地也属于该类型盆地，且盆地深水盐下勘探程度极低，是一个高潜力与高风险并存的勘探新区，盐下油气勘探面临复杂盐下构造解释与圈闭落实、盐下湖相烃源岩预测以及盐胶结型储层预测等重大地质难题和技术挑战。

1）深水复杂盐下构造分析技术

盐岩极易发生塑性变形，对地震信号的传播造成干扰，盐下圈闭落实是目前盐下油气勘探面临的世界级难题。加蓬盆地含盐层段不仅厚度大，变形复杂，且成分复杂（以石盐为主，包括硬石膏、泥岩、光卤石和杂卤石等），导致盐下构造落实难度更大。从盐岩变形机制及其对盐下地震成像影响分析入手，结合对地震资料的分析、甄选，通过系列攻关研究，形成了复杂盐下构造解释技术组合。

分析表明盐构造的形成、演化往往与区域构造应力场、沉积负载、盐下古构造密切相关，同时在变形过程中盐下地层、盐岩及盐上地层往往存在一定的耦合关系。在区域应力场和构造沉积分析的基础上，结合对全球典型的盐构造进行系统解剖，建立了五种适合加蓬盆地的盐下构造解释模型（表6-3-1），有效指导盐下构造解释。

表 6-3-1　加蓬盆地主要盐构造解释模型

盐构造模型		构造解释实例	对盐下构造解释指导意义
三角底辟			三角底辟通常指示盐下发育拉张作用，可以指导盐下正断层解释
盐背斜			盐上、盐下构造变形耦合性较好，可以通过盐岩及盐上构造特征指导盐下构造解释
坡—坪式滑脱			盐岩沿坡—坪式底板滑脱时，倾向于在断坡顶部发生底辟作用，该类盐构造可以指导盐下（断）坡—坪构造解释
推覆滑脱			挤压作用形成沿盐岩滑脱的逆冲推覆构造，并在逆冲断层下盘形成盐底辟；可以通过对盐上推覆构造的分析辅助构造复杂区盐岩识别及盐底解释
盐焊、盐窗			盐焊接、盐窗区盐上、盐下构造变形耦合性较好，可以通过盐岩及盐上构造特征指导盐下构造解释

2）针对性采集、处理并组合应用地震资料

受复杂盐岩的影响，单一采集、处理方式获得的地震资料难以解决盐下地震成像差的难题，为此采用了垂直构造走向的窄方位（NAZ）、基于斜缆技术的宽频带（BroadSeis）以及平行构造走向的双方位（DAZ）等三种地震采集方式，和逆时偏移（RTM）、克希霍夫偏移（Kirchhoff）及单程波波动方程偏移（Flater）等三种地震处理方法，获得了多套地震资料。不同地震资料在解决特定地质问题时具有各自的优势，针对性地使用不同采集和处理方法获得的地震资料并相互印证，可极大降低盐下构造解释的不确定性。逆时偏移处理资料对盐岩边界成像效果较好，特别是复杂盐丘下方的成像归位较好；克希霍夫偏移处理资料画弧较严重，但改进后的单程波波动方程偏移处理资料则易于识别断层，因此组合使用不同处理方法的成果资料，能大大提高盐下构造解释的可靠性。

3）复杂盐下界面识别与断裂解释技术

盐岩底界面的解释是落实盐下构造的关键之一。由于加蓬盆地盐岩成分复杂，常常形成假盐底界面，通过分析总结"脏盐"内各类岩性体的地质—岩石物理特征，结合速度分析与地震反演等技术手段，建立各类岩性体的识别图版及对应的地震相特征，从而指导盐底解释，甄别真假盐底界面。在此基础上，针对盐下关键界面进行多层联动解释追踪，通过互相印证以进一步提高盐下地层界面解释的可靠性。此外盐下断裂十分发育且构造样式复杂，再加上盐下地震品质不理想，仅仅依靠地震资料进行断裂解释难度大。而重、磁资料覆盖范围大，重力异常可反映基底起伏，磁异常中的线性异常能指示同裂谷期断裂，因此将重力异常、高精度磁异常与区域二维地震测线相结合进行区域一、二级断裂解释；利用三维地震资料，采用多属性融合、导向滤波等先进的三维地震解释技术，进行盐下中、小断裂精细解释。结合不同尺度资料对不同级别断裂进行刻画，较好地解决了盐下断裂解释难题。

4）深水盐下湖相烃源岩早期预测技术

"定源"在一个新区、新盆地或新凹陷油气勘探研究中尤为重要。目前在加蓬盆地深水区还未有钻井去证实烃源岩层。面对这个难题，探索出用地球化学相、有机相、沉积相及地震相"四相结合"的方法预测烃源岩，该方法的思路是在"四相"资料丰富的勘探成熟区探索方法，检验技术，用于新区烃源岩预测。

石油中的地球化学分子、有机质丰度、有机质类型、古生物群落、古沉积环境、沉积岩相组合及地震相类型之间有一定的关联，乃至成因上的联系。据此可将分子地球化学、生物标志化合物、有机质类型、沉积相与地震相建立密切的联系。

通过从南美、西非收集的钻井、化验及地震资料综合分析表明，南大西洋被动大陆边缘盆地盐下地层的沉积环境、沉积岩性、有机质类型、有机质丰度和地震相也具有较好的关联性，可以应用地震资料来预测盐下生烃条件。虽然受到复杂盐岩的影响，加蓬盆地盐下地震资料信噪比低，成像差，给预测结果增加了难度和不确定性，但经过系统的对比发现盐下下白垩统地震相仍存在明显不同（图6-3-4）。在有些地区，低频连续平行强反射地震相依然很明显，推测其代表了早白垩世中—深湖沉积，是烃源岩层的反射；而在其他地区，杂乱反射和低频连续亚平行反射地震相也很清晰，很可能代表了滨浅湖沉积，是非烃源岩反射特征。研究表明加蓬盆地盐下烃源岩分布不均一，横向变化大，烃源岩分布的不均一性是盆地盐下勘探的主要风险。

5）盐下砂岩储层盐胶结预测技术

钻井表明加蓬盆地深水盐下下白垩统分为三角洲前缘砂泥岩互层和三角洲平原厚砂岩夹泥岩两种岩性组合。在同一套地层里，相似的沉积环境厚砂岩储层物性较薄砂岩好。但L-1探井厚砂岩储层物性明显比薄砂岩差。上部为三角洲前缘砂泥岩互层，砂岩平均孔隙度约16%，下部为三角洲平原厚砂岩夹泥岩段，砂岩平均孔隙度为7.1%。

通过录井、测井、取心等资料的深入研究，发现L-1井厚砂岩中含有较多的岩盐等矿物，平均含量达7.5%。后期岩盐等矿物填充了厚层砂岩孔隙，导致储层物性变差。这是加蓬盆地乃至整个西非盐下首次揭示的特殊地质现象。综合分析认为，当断层两侧砂岩与盐岩对接时，盐岩中的卤水会越过断面，进入孔隙中，形成岩盐矿物填充砂岩孔隙；砂岩厚度大，孔隙度高，则卤水更容易进入；砂岩地层产状越平缓，卤水侵入的宽度越大，致密带越宽（图6-3-5）。

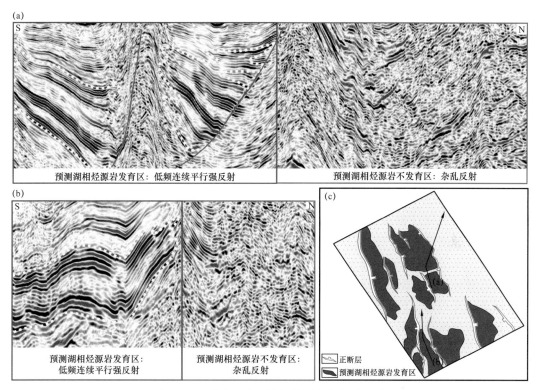

图 6-3-4 研究区盐下湖相烃源岩分布预测图

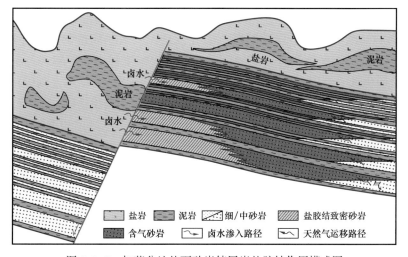

图 6-3-5 加蓬盆地盐下砂岩储层岩盐胶结作用模式图

砂岩经岩盐矿物胶结后，孔隙度降低，岩石密度增大，速度增大，在地震资料上会表现出振幅异常。因此，通过地震剖面结合振幅属性分析和波阻抗反演，可以预测岩盐胶结致密砂岩的分布范围。分析表明，目的层段强阻抗异常分布在主断层附近，远离主断层，不存在强振幅异常，这与岩盐胶结的机理分析相吻合。通过该项技术优选了评价井 L-2 井井位，钻探结果与钻前预测一致，厚砂岩段不发育盐胶结作用，钻遇储层比 L-1 井更厚。证明了岩盐胶结机理分析、预测技术、预测成果可信。

在西非加蓬盆地，通过深水复杂盐下构造分析、盐下湖相烃源岩早期预测和盐下砂岩储层盐胶结预测等技术的应用，指导中国公司在深水盐下勘探新领域发现、评价了 L 大型气田，并优选了一批圈闭规模大的后续钻探目标。

3. 深水浊积砂岩油气藏勘探评价技术（尼日利亚）

OML130 区块位于西非尼日尔三角洲盆地深水区，水深 1100～1800m，中国海油拥有 45% 的权益。区块目前面临最大问题是急需寻找储量接替目标。通过研究分析认为区块内 Preowei 构造是最有潜力的接替目标。中国海油进入区块前，道达尔已经在 Preowei 构造钻探了 2 口井，发现 2 个储量规模较小的断块油藏。其中，位于构造高部位的 Preowei-1B 井揭示了油水界面。作业者道达尔前期研究认为，该构造断层破碎，储层非均质性强、厚度变化大，已钻井揭示油层较薄，造成油水关系复杂、单个断块油藏储量规模较小，在深水环境下没有开发经济性。

中国海油项目组针对勘探研究难题，以构造、沉积储层、储层含油气性、油气成藏等为重点研究内容，以寻找大规模整装"甜点"油藏单元为核心，以落实商业性储量为任务目标，部署井位钻探，以地质认识创新及地球物理技术创新为指导，积极开展油田评价。

1）复杂断裂多尺度精细刻画技术

对不同敏感属性进行沿层信息提取，可以有效刻画不同类型断层的展布规律。通过属性优选分析，沿层方差属性对主构造区断层的平面交切关系刻画比较直观，但南北向因水道内部反射特征引起的两个方差异常条带，使得对水道内部断层的走向刻画存在多解性，从而影响对断层整体走向的判断。研究发现，引入空间优势方位显影技术之后，沿层属性对断层的平面刻画具有更好的效果，可以大幅度提高断层解释及组合效率。通过大量参数试验优选，沿层方差属性在北偏东 15° 的显影之后，断层之间的搭接关系更为清晰，水道内部的断层刻画效果进一步提高，断层的整体走向更清晰。

对于局部平面交切关系复杂的断层，提出了运用基于全息谱反演重构 CMY 融合的技术方法。在原始地震数据中计算方差属性，在此基础上提取蚂蚁体属性，提高了细节的刻画效果，然而对于晚期发散状正断层的刻画，仍具有一定的不确定性，运用地震复谱分解和重建方法，从原始地震数据中提取分频地震数据。该方法可以在谱分解过程中拓宽频宽，利用重建过程获得可靠的分频地震数据，最终优选 15Hz、30Hz 和 60Hz 的主频地震数据。低频（15Hz）数据的属性有助于描述大尺度断层，高频（60Hz）数据的属性有助于描述小断层和断层细节。为了集中凸显不同主频段断层刻画的优势，引入 CMY 融合技术，低、中、高频数据属性 CMY 融合效果比直接使用原始数据将断层刻画得更加清楚，进一步提高了不同尺度复杂断裂的刻画效果（图 6-3-6）。

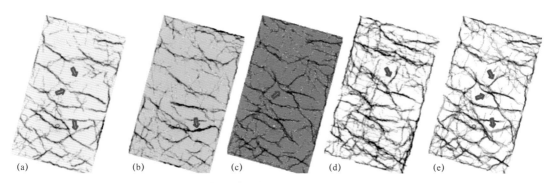

图 6-3-6　基于全息谱反演重构 CMY 融合的断层识别效果

（a）由原始地震数据得到的方差蚂蚁体属性；（b）—（d）分别为由 15Hz、30Hz 和 60Hz 主频地震数据得到的方差蚂蚁体属性；（e）分频断层属性 CMY 融合，C 为 15Hz、M 为 30Hz、Y 为 60Hz

2）深水浊积砂岩储层预测技术

通过岩石物理与正演分析，深挖影响岩性信息、含油气信息的敏感参数，通过技术攻关，创新性地提出了基于敏感参数分析的有利储层预测技术。AVO 正演结果表明，油层具有远道振幅增强的Ⅲ类或Ⅱ类 AVO 特征。改变油层厚度得到的正演结果表明，随着油层厚度的增加，油层的振幅响应随之变强。随着油层厚度减薄至 5m，油层的振幅随之变弱。因此，强振幅可能代表厚油层。改变孔隙度参数得到的正演结果表明，随着油层孔隙度的增加，油层的振幅响应随之变强，随着油层孔隙度逐渐减少至 15%，其相应的振幅逐渐变弱。因此，强振幅更有可能代表孔隙度较大的油层。

基于敏感参数分析认为，远道强振幅属性区有可能代表油层比较厚或孔隙度比较高的优势"甜点区"。中—弱振幅反射区可能代表油层厚度比较薄或孔隙度较小的含油区。在此基础上，利用 RMS 振幅以及地震"甜点"属性，有效刻画出 Preowei 多期水道复合体和朵叶的平面展布特征以及水道复合体和朵叶内部储层的差异化发育特征。

3）深水浊积砂岩储层烃类检测技术

通过地层压力统计、砂泥岩阻抗趋势分析、正演分析、流体替代、孔隙度替代、厚度变化正演、构型变化正演、孔隙度与埋深和相带的关系统计等技术手段，对 AVO 响应影响因素进行单变量分析，明确了研究区 AVO 响应规律和主控地质因素。流体类型是决定 AVO 异常的主导类型，孔隙度是引起 AVO"假象"的主要因素，调谐厚度对应的 AVO 异常最为明显。埋深是控制孔隙度变化的主要因素，不同层系和相带下的孔隙度随深度变化有所差异。地层压力趋势和砂泥岩阻抗趋势影响 AVO 适用范围。

当仅有分角度叠加资料，且同相轴不齐、频带不统一时，资料条件限制了 AVO 叠前属性定量分析，通常仅能进行近、远道振幅对比，多解性强。为了进行准确的 AVO 定量分析，建立了基于分角度叠加的 AVO 叠前属性提取流程：第一步，基于非刚性匹配方法对分角度叠加资料进行频率和时移相位的校正，使其满足了叠前 AVO 属性提取的需求，同时保证了 AVO 属性提取的准确性；第二步，基于校正后的分角度叠加资料，提取多个 AVO 叠前属性进行井震对比，优选与已钻井匹配最好的 AVO 流体因子作为敏感属性，指示潜在的含油气储层，该流体因子突出了烃类压制非烃类反射。

运用基于空间变尺度扫描的信号聚焦含油范围预测技术，减少背景噪声，将倾斜地层中平反射信号进行叠加聚焦，凸显平点反射效应，从而更精确地进行烃类检测，高效识别油水界面。处理结果表明平点增强剖面提高了平点的识别能力，从而为确定油水界面提供了可靠的依据。此外，平点位置与所对应的远道强振幅边界以及构造等值线的吻合度很高，说明平点为油水界面的可靠性高。

4）基于逆冲成藏模式的油藏单元描述技术

Preowei 油气成藏以早期逆冲断层为主运移通道、晚期正断层再分配的垂向运移模式为主。Akata 组烃源岩是尼日尔三角洲盆地深水区主要的烃源岩。Preowei 构造下部发育较厚的 Akata 组烃源岩层段。深大逆冲断层沟通下部 Akata 组烃源岩与中新统圈闭，是有效的油气运移通道。除了断块圈闭面积和储层发育程度，单个断块圈闭成藏规模与距离逆断层的远近和晚期正断层的输导能力密切相关。通过 Preowei 油田含油层系与断层断过地层一致这一特征，结合油气运移模拟研究认为，逆冲断层和晚期正断层构成的断裂体系为区域油气二次运移的输导体系。Preowei 油田的油气通过逆冲断层初次运移聚集后，又不断受到泥拱作用，进一步被泥拱产生的正断层复杂化，使得晚期正断层对油气调节产生作用，在不同断块圈闭内聚集成藏。地球物理创新技术的应用表明，在油水界面之下，仍然存在代表油水界面的地震平点响应。表明靠近逆冲断层的断块得以优先充注，而远离逆冲断层的断块通过正断层进一步充注。

针对 Preowei 油田复杂的构造和沉积特征，在复杂断块圈闭的识别方面，建立了"四要素"封堵断层定量评价技术，以沉积体边界、沉积体厚度、断层断距以及断层延伸长度四种要素的空间耦合关系，定量识别封堵断层。当断层断距大于沉积体厚度，并且其延伸长度超过沉积体边界时，断层能将沉积体完全错开，断层具有封堵性。以 R759c 油组为例，落实空间封堵断层 16 条（图 6-3-7）。以封堵断层为关键要素，综合考虑储层厚度、储层含油气性等要素，精细划分 3 个油组的"甜点"储量单元。结合油气成藏规律的创新认识，形成了新的勘探思路，沿构造低部位逆断层附近寻找规模较大的整装断块圈闭实施勘探。

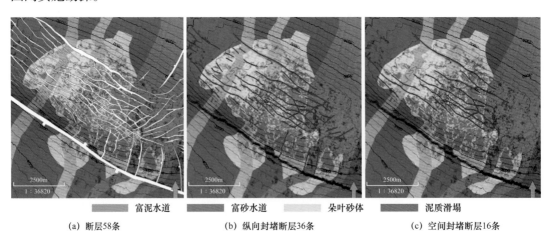

富泥水道　　　富砂水道　　　朵叶砂体　　　泥质滑塌

（a）断层58条　　　　　（b）纵向封堵断层36条　　　　　（c）空间封堵断层16条

图 6-3-7　Preowei 油田 R759c 油组封堵断层

4. 深水盐下大型湖相碳酸盐岩储层综合评价技术（巴西）

近 10 年来，在巴西桑托斯盆地深水盐下陆续发现了多个大油田，成为全球油气勘探的热点，而湖相碳酸盐岩储层发育程度是该领域油气能否富集成藏的关键。但因其储层类型多样、岩性复杂使其难以预测，且储层往往与多种类型岩浆岩相伴生，常规手段难以识别，严重制约了勘探部署。同时，国内也没有一套成熟的理论认识与有效技术可借鉴。因此，以中国海油在巴西桑托斯盆地现有合同区块为依托，开展了大型湖相生物灰岩储层攻关研究，并取得了一系列勘探理论认识与技术成果。

1）大型湖相碳酸盐岩储层成因机理新认识

（1）湖相碳酸盐岩岩石学特征。

桑托斯盆地盐下湖相碳酸盐岩储层岩石类型较多，基于对盐下湖相碳酸盐岩岩心、岩屑等宏观样品和薄片的分析，在宏—微观结构表征基础上，建立了基于生物—机械双重成因的湖相碳酸盐岩岩石学分类方案，将桑托斯盆地盐下湖相碳酸盐岩划分出三大类 12 小类（表 6-3-2），其中三大类分别为机械—生物化学沉积碳酸盐岩、微生物碳酸盐岩和交代成因碳酸盐岩。桑托斯盆地盐下湖相碳酸盐岩以 BV 组叠层石灰岩和 ITP 组贝壳灰岩为主。

表 6-3-2　桑托斯盆地盐下湖相碳酸盐岩岩石类型

分类	岩石类型
机械—生物化学沉积碳酸盐岩类	内碎屑灰岩（砂屑、砾屑灰岩）
	鲕粒灰岩
	贝壳灰岩
	微晶颗粒灰岩
	含颗粒微晶灰岩
	微晶灰岩
	颗粒灰岩
微生物碳酸盐岩类	层纹石灰岩
	叠层石灰岩
	核形石灰岩
	球状灰岩
交代成因碳酸盐岩	白云岩

① 贝壳灰岩（Coquina）是一种以生物壳体及碎屑为主的颗粒灰岩（生物碎屑灰岩）。岩石主要由双壳类生物的壳体组成，介形类和腹足类壳体为辅。在岩心尺度可以识别出明显的铸模孔和溶孔、溶洞等构造，其成因与原地堆积或近距离搬运有关，沉积时期水

动力较强。

② 叠层石灰岩由湖盆中的底栖微生物通过生物化学作用在原地形成，样品薄片中可观察到叠层石上下连续与左右连片生长形成的多孔生长格架，其原生格架孔发育，且保存较好，局部还因溶蚀作用而扩大。

（2）湖相碳酸盐岩沉积相类型及特征。

基于单井岩石学特征、测井和地震资料分析，同时结合钻井取心和薄片的岩石学研究，提出桑托斯盆地盐下湖相碳酸盐岩沉积相划分方案，并系统总结出各微相的岩性、电性、微观特征、环境标志及地震相特征。ITP 组生屑滩亚相可进一步划分为贝壳滩、滩间、滩缘、滑塌体、滩斜坡五种微相。微生物礁亚相为 BV 组主要沉积亚相，其可进一步细分为礁核、礁间、礁前和礁斜坡四个微相。

通过研究，明确桑托斯盆地盐下湖相碳酸盐岩储层发育的主要控制因素为古地貌、古湖水盐度和古水体能量。

① 古地貌控制湖相碳酸盐岩宏观发育规模。通过对桑托斯盆地区域钻井结果统计分析，发现生屑滩和微生物礁仅在一定的古高程范围内有所发育，而在此范围之外发育程度均有降低。如 Lula 和 Franco 等油田钻探表明，ITP 组沉积期，在低凸和缓坡区沉积厚度相对较大，地层厚度一般在 274～380m 之间，岩性主要为贝壳灰岩，夹薄层泥岩，沉积类型主要为贝壳滩微相。缓坡带水体较深，水动力较弱，岩性以泥质贝壳灰岩或泥质叠层石灰岩与泥灰岩或薄层深灰色泥页岩互层为主，生物灰岩储层发育程度较低。而陡坡带由于水深变化大、可容纳空间小，不利于贝壳生物及造礁生物附着生长，生物灰岩一般不发育。

② 古湖水盐度控制湖相碳酸盐岩岩石类型。在 ITP 组贝壳灰岩样品中，以偏负的碳氧同位素指标为主，这表明在沉积贝壳灰岩时期，沉积水体盐度相对较低，为正常盐度水体，适于贝壳类生物群落发育；而在 BV 组微生物礁灰岩样品中，以显著正偏的氧同位素指标为特征，指示水体中因轻同位素组分流失而使得沉积物中富集重同位素组分，也即表明在叠层石灰岩沉积时期，由于蒸发作用和海侵作用导致湖盆水体咸化，盐度相对较高，而这样的水体环境不适宜贝壳类生物的生存，但可以促进造礁微生物的繁盛。

③ 古水体能量变化和水深控制湖相碳酸盐岩微相平面变化。储层发育的有利位置位于开阔湖盆中隆起带之上，隆起带可能是先存的基底高，也可能是火山喷发冷却后形成的局部高地。这些区域因为靠近迎浪面，水体较为动荡活跃，因此无论在早期生屑滩沉积时期或晚期微生物礁建隆时期，都有利于碳酸盐岩的发育，而部分区域受基底高及火山喷发高地的障壁作用，处于较为局限且低能的封闭湖湾环境，营养物质不足，不利于碳酸盐岩生长。

2）大型湖相碳酸盐岩储层综合评价关键技术

（1）基于生物生长速率差异的古地貌恢复技术。

常规的古地貌恢复多集中于碎屑岩领域，并不适用于具有生物生长建隆特征的大型湖相碳酸盐岩。为此，本次研究创新提出了以残余地层厚度为基础，考虑建隆生长/沉积速率和地层负载压实，在岩相、沉积相和地震相控制下的古地貌恢复方法。筛选并明确碳酸盐岩古地貌恢复需围绕生物生长速率差异与地层负载压实两个主要因素开展，同时结合不同微相生物生长速率差异，采用地层趋势延伸法对礁滩体生长及建隆结构进行地震解释校正。采用碳酸盐岩地层骨架厚度不变压实模型对地层负载压实作用进行校正恢复，从而再现湖相碳酸盐岩沉积各个时期的活动古地貌。

（2）生物生长特征主导的储层地震相分析方法。

首先基于已钻井所揭示碳酸盐岩岩相—沉积相，对礁滩建隆和生长期次进行分析，从而总结出贝壳滩与微生物礁核两类适宜石灰岩储层发育相带的地震反射特征，其中贝壳滩在地震相上为滩状几何外形，内幕则为多期次的侧积—叠加生长结构，垂直生长方向两侧双向下超，平行生长方向向地貌高部位上超减薄，向翼部—低部位纵向叠加增厚下超，底部具强反射基座。微生物礁核则为丘状几何外形，内幕为多期次建隆生长结构，边缘两侧下超，底部基座明显。最终基于生物生长/建隆特征导向的岩相—沉积相—地震相综合对比分析，围绕地震反射特征中的外部几何形态和内幕生长结构双重因素，对盐下碳酸盐岩储层地震相进行平剖面配对刻画解释，从而明确有利湖相碳酸盐岩储层空间分布。

（3）基于相控建模的强非均质碳酸盐岩储层定量地震解释技术。

① 相控约束地质统计学驱动低频模型构建技术。首先，以地震反射构型为基础，优选表征几何结构、振幅能量、频率特征的地震属性，充分利用多属性融合方法，实现不同地震相类型及边界的宏观定性刻画，为沉积体平面边界约束刻画提供依据。然后，以FWI（全波形反演）提供速度细节信息作为井间克里金约束参数，结合典型钻井得到空间变差函数，在地震相控边界的约束下，基于地质统计学构建反演低频模型。经盲井验证可知，基于该建模方法的反演结果对强横向非均质储层的井间预测效果更好。

② 基于贝叶斯岩性判定实现湖相碳酸盐岩储层的定量地震解释。首先选取典型井资料，根据测井数据提取弹性参数，统计训练数据的先验概率，然后利用核函数估算法计算弹性参数和岩性参数的联合分布函数，继而计算条件概率；最后，利用统计的先验概率和估算的条件概率，构建贝叶斯分类器，输入地震弹性参数作为条件数据，计算得到其物性参数的后验概率，提取最大后验概率，获得各个岩相的概率数据体，并实现不确定分析，得到P50、P90条件下的碳酸盐岩和岩浆岩发育范围，同时根据孔隙度与纵、横波阻抗的较高相关度，利用多元拟合、神经网络等数学方法，可将弹性参数转化为孔隙度，进而明确优质储层发育区。

（4）储层相关各类型岩浆岩识别与剔除技术。

① 基于绕射波体雕刻的储层相关侵入岩预测技术。桑托斯盆地目前钻遇的侵入岩普遍较薄，如NW1井侵入岩厚度仅有43m，明显低于盐下地震资料的分辨率（75m），无法在地震剖面上直接识别侵入岩。针对盐下地震资料分辨率较低，侵入岩发育厚度较薄，通常低于地震分辨率，导致侵入岩在地震剖面上难以识别的难题，提出一套侵入岩预测技术方法。利用高精度波动方程模拟技术，通过分析岩性替代前后波场特征，为后续属性分析提供了理论依据。基于调谐厚度振幅曲线，完成侵入岩厚度预测。在以上工作基础之上，开展基于绕射波识别技术，突出由侵入岩引起波的绕射。依据叠后地震资料中

绕射波运动学及动力学特征，采用主成分分析技术进行绕射波信息提取。由于绕射波预测侵入岩存在多解性，以振幅属性预测的平面分布范围为约束，在绕射波属性数据体中提取连续分布绕射能量进行体雕刻，进一步分析侵入岩在叠层石灰岩储层段的分布规律。

② 形成一套追根溯源式喷发岩地质分析方法。应用地震正演模拟进行喷发岩发育模式分析，全面总结出研究区内喷发岩典型地震相特征，从而形成火山通道—溢流相地震相解释模板。根据不同类型岩浆岩发育模式，结合地震相分析刻画，建立基于背景能量差异的反射特征增强技术，进一步凸显地层与喷发岩背景能量的差异。经过喷发岩反射特征强化，其与围岩的边缘特征和不整合接触关系进一步清晰，可以采用边缘检测的方法开展喷发岩的平面分布识别。在边缘强化数据体的基础上，进一步利用三维体雕刻技术刻画喷发的空间展布，从而有效识别盐下喷发岩分布形态和特征，并完成目标储层相关岩浆岩空间展布刻画，有效规避目标评价及井位部署中的岩浆岩风险，同时也确保储量计算中喷发岩体积的精细落实和剔除。

三、应用成效与知识产权成果

1. 全球深水战略选区与新项目评价成果

"十一五"至"十三五"期间，中国海油在非洲、美洲、亚太、中东等战略重点区累计优选有利盆地16个、有利区带51个和有利区块108个，提交上钻目标60个，累计获得12个海外勘探区块和12个油田资产，在尼日利亚、刚果、加蓬、巴西等累计发现15个油气田，其中大中型油田8个；获得权益新增探明＋控制地质储量石油 $5.18 \times 10^8 t$，天然气 $3545 \times 10^8 m^3$；为中国海油2020年海外油气产量达到 $2812 \times 10^4 t$ 油当量提供了强有力技术支撑。

2. 加蓬、巴西、尼日利亚深水勘探成效

（1）创新加蓬盐下裂谷层系烃源岩预测与盐胶结储层新认识，实现深水新领域勘探重大突破。

通过攻关研究，建立了深水盐下裂谷烃源岩"四相结合"早期预测技术，提出了"断层诱导、卤水渗透、差异胶结"的盐胶结储层成因机理新认识，研发了西非盐胶结型储层定量预测技术，创建了基于多维度信息迭代的处理解释一体化复杂盐相关构造分析技术，解决了深水无井区烃源岩识别、复杂盐下构造落实和盐胶结储层预测等世界级技术难题。指导加蓬勘探取得突破，发现并成功评价了 Leopard 大型整装天然气田，获得权益探明天然气地质储量 $2395 \times 10^8 m^3$，权益探明＋控制天然气地质储量 $3545 \times 10^8 m^3$。

（2）形成巴西深水盐下大型湖相生物灰岩沉积理论与勘探评价技术，探明特大型油田。

以巴西 Libra 区块盐下湖相碳酸盐岩为靶区，形成盐下大型湖相生物灰岩油气勘探理论新认识。明确巴西大坎波斯盆地大型湖相生物灰岩成因机理、储层发育控制因素和有利储层分布规律，进一步丰富了碳酸盐岩的岩石学理论和认识。创建湖相生物灰岩储层综合预测评价技术，在巴西 Libra 油田指导部署8口勘探评价井，发现油层厚度137.5～408.7m，新增权益探明＋控制石油地质储量 $11.69 \times 10^8 bbl$（折合 $16538.27 \times 10^4 t$）。

（3）建立尼日利亚深水浊积岩复杂油气藏精细评价技术，实现搁置构造增储6×10^8bbl。

针对尼日利亚深水浊积岩复杂油气藏构造、储层预测、含油气性预测及油气藏评价的难题，建立深水浊积岩复杂油气藏精细评价技术组合。形成了深水复杂断裂全方位多尺度精细刻画新技术，提出了基于储层构型分析的宏观外形＋微观内幕结构相结合的高效沉积体识别技术和基于敏感参数分析的"甜点"储层预测技术。指导部署 Preowei-3 井进行钻探，累计钻遇油气层厚度达80.7m，其中油层厚度55.9m，新增探明＋控制石油地质储量达9245.7×10^4m³，落实 Preowei 油气发现探明＋控制石油地质储量14264.8×10^4m³，权益6419.2×10^4m³，使得原本没有经济效益的含油气构造升级成可经济开发的油田，重获生机。

3. 知识产权成果

共申请专利74项，获得授权专利28项，注册登记软件著作权22项；出版专著5部，发表各类学术论文627篇，获得省部级、集团公司级科学技术进步奖15项。

第四节　超重油与油砂开发技术

委内瑞拉奥里诺科（Orinoco）重油带和加拿大阿萨巴斯卡（Athabasca）油砂区是世界上两个规模最大的非常规重油富集区，中国石油在这两个地区的超重油和油砂项目储量超过120×10^8t，是公司重要的战略资源。"十三五"期间，围绕委内瑞拉超重油油藏和加拿大油砂有效开发关键技术需求，通过技术研究与攻关，丰富和发展了超重油油藏和油砂开发理论认识，形成了超重油油藏冷采稳产和改善开发效果、提高油砂 SAGD 开发效果及关键配套工艺技术系列，为公司海外超重油与油砂项目"十三五"建成1200×10^4t/a 产能规模和可持续有效开发提供了技术支撑与技术储备。

一、研究背景、现状与挑战

1. 研究背景

海外超重油和油砂与国内稠油油藏差异明显，国内成熟的稠油开发技术和经验不能完全适应其经济有效开发和提高采收率的需要，同时在现有开发技术与油价以及特殊的海外经营环境下，实现效益开发非常困难。以委内瑞拉中深层超重油 MPE3 区块和浅层超重油胡宁4区块以及加拿大麦凯河油砂区块为研究对象，攻关有效开发关键技术，推动现场试验及应用，进一步提高开采效果与经济效益。

2. 研究现状

"十一五"期间，以委内瑞拉 MPE3 中深层超重油为研究对象，系统揭示了泡沫油微观形成机制、非常规 PVT、渗流以及驱替特征，形成了超重油冷采高效开发配套技术，包括辫状河沉积砂岩油藏描述、整体丛式水平井冷采开发以及钻采集输配套等 3 项技术系列 10 项特色技术，如直井与水平井联合地震反演、辫状河单砂体定量表征、泡沫油物理模拟和数值模拟、整体丛式水平井大排距平行布井优化、长水平段丛式水平井钻完井工艺、泡沫油冷采举升工艺、掺稀降黏集输处理工艺等，支撑 MPE3 示范区高效建成 $600 \times 10^4 t/a$ 产能规模。

"十二五"期间，以加拿大麦凯河油砂和委内瑞拉 MPE3 中深层超重油为研究对象，攻关油砂建产和超重油规模高效上产关键技术。在油砂 SAGD 建产方面，形成了油砂储层表征与建模、浅层油砂储层高温高压 SAGD 过程中盖层完整性评价等方法，制定了油砂 SAGD 开发技术政策，优化了长水平井段 SAGD 热采完井方式、高温大排量 SAGD 举升工艺等，指导了麦凯河油砂区块一期 $200 \times 10^4 t$ SAGD 开发方案编制。在中深层超重油规模高效上产方面，揭示了泡沫油流变特征和黏度随温度与压力的变化规律，厘清了非常规 PVT、渗流特征随压力衰竭速度与温度的变化规律，形成了重油油藏储层表征及建模、泡沫油冷采油藏工程评价等方法，建立了整体丛式水平井 300m 排距平行布井模式，大幅提高了采油速度，发展了超重油水平井冷采开发技术，支撑 MPE3 区块快速建成 $1000 \times 10^4 t/a$ 产能规模的中国石油海外最大的非常规油生产与供应合作区。

3. 面临的主要挑战

"十三五"期间，海外超重油和油砂项目有效开发面临诸多技术挑战，主要包括：

（1）中深层超重油冷采稳产期有限、采收率低。冷采无能量补充，随地层压力降低，原油黏度升高、产量递减、储量动用与剩余潜力分布不均，调整挖潜难度大，同时接替稳产与提高采收率技术缺乏。

（2）浅层超重油冷采产量低、效益差。浅层超重油压力和溶解气油比低，原油黏度高，流动能力和驱动能量弱，缺乏经济有效提高单井产量的开发技术。

（3）油砂 SAGD 热采成本高，复杂储层流体条件下，实现 SAGD 有效开发难度更大。复杂油藏地质条件下，储层预测表征方法、气顶/顶底水/隔夹层存在情况下的 SAGD 开发策略缺乏，开发部署和开发优化设计难度大。同时，油砂传统 SAGD 开发热效率低，需研究提高 SAGD 开发效果新技术。

二、超重油与油砂开发理论进展

"十三五"期间，通过室内物理模拟实验和流体渗流理论分析，充实了浅层超重油冷采机理，深化了油砂 SAGD 蒸汽腔发育控制因素与汽液界面有效控制机理认识。

1. 浅层超重油油藏泡沫油冷采机理

由于赋存条件差异，重油带中深层超重油和浅层超重油在地质特征、油藏流体性质等方面差异明显，后者地层压力低、溶解气油比低、地下原油黏度高（陈和平等，2019）。通过室内实验，对比了典型的中深层 MPE3 区块与浅层胡宁 4 区块超重油泡沫油微观渗流特征与驱替特征的差异性，用以指导这两类超重油油藏开发方式的选择和开采策略的制定。

1）微观渗流特征差异

胡宁4区块和MPE3区块的泡点压力分别为3.5MPa和8.6MPa，拟泡点压力分别为0.4MPa和2.1MPa，二者泡沫油微观渗流特征差异见图6-4-1。中深层超重油油藏模型气泡个数较多，气泡形状为规则圆形，尺寸较小，高度分散，表现出富泡沫油现象；浅层超重油油藏模型前期气泡个数较少，气泡直径较大，难以形成泡沫油现象，后期气泡数量逐渐增加，表现出贫泡沫油现象。

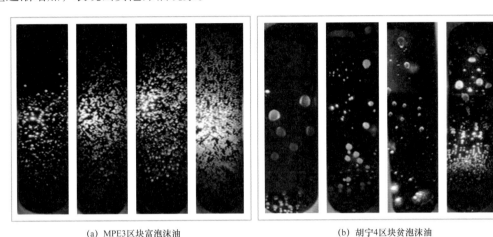

(a) MPE3区块富泡沫油   (b) 胡宁4区块贫泡沫油

图6-4-1 中深层与浅层超重油油藏泡沫油微观渗流特征差异对比

2）驱替特征差异

存在泡沫油作用时，压力与采出程度关系曲线呈三段式特征，即弹性阶段、泡沫油流阶段以及油气两相流阶段。相比浅层超重油，中深层超重油降压冷采过程中泡沫油现象更明显，作用时间更长，形成范围更广，三段式生产特征更加明显，衰竭式开发效果更好。中深层超重油油藏模型冷采驱油效率为19.81%，比浅层超重油油藏模型高9.38个百分点（图6-4-2）。

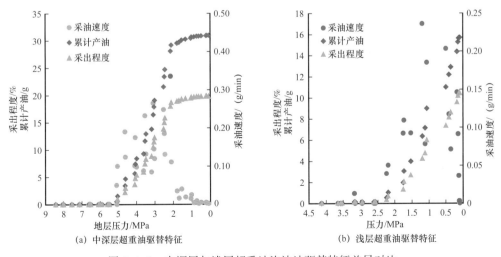

(a) 中深层超重油驱替特征   (b) 浅层超重油驱替特征

图6-4-2 中深层与浅层超重油泡沫油驱替特征差异对比

出现上述差异的原因在于：（1）原始溶解气油比对于气泡成核过程具有重要影响。中深层超重油油藏原始溶解气油比更高，降压后可析出更多溶解气，并分散在重油中，形成更为明显的泡沫油现象。此外，原始溶解气油比越高，临界含气饱和度增加，有利于降低气相流度。（2）中深层超重油沥青质含量更高，沥青质是原油组分中极性最强的组分，具有最强的界面活性，有利于保持泡沫油稳定。（3）中深层超重油油藏温度更高，重油黏度更低、流动性更强。虽然高温不利于泡沫油稳定，但该温度依然能保持泡沫油作用。与前人研究相一致，即泡沫油现象更易发生在中等温度区间。（4）中深层超重油油藏压力高，油气界面张力低，有利于气泡成核形成泡沫油现象；此外，高压力下泡沫油作用时间更长。

2. 油砂 SAGD 蒸汽腔扩展和汽液界面运移规律

1）油砂 SAGD 蒸汽腔扩展规律

根据麦凯河油砂区块泥披层分布位置、频率及与注采水平井的相对位置，划分四类夹层组合：均质无泥披层（A 类）、注汽井上方分布泥披层（B 类）、注采井间分布泥披层（C 类）、注采井间和注汽井上方均分布泥披层（D 类），并通过二维物理模拟研究四类夹层组合对 SAGD 蒸汽腔扩展的影响规律。实验结果表明，蒸汽腔扩展受泥披层分布位置的影响明显（图 6-4-3）。对于均质模型，蒸汽腔垂向发育多近似呈现倒三角形。而与均质模型相比，无论是井间泥披层还是注汽井上方泥披层都会造成蒸汽腔未波及区。对于

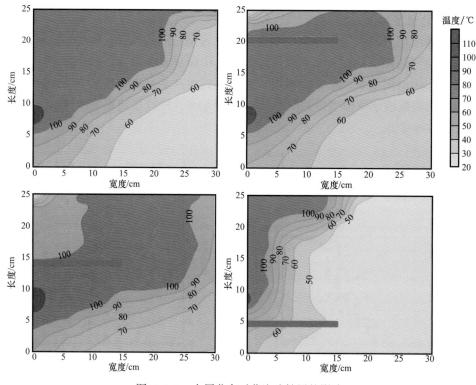

图 6-4-3　夹层分布对蒸汽腔扩展的影响
灰色条带表示夹层

注汽井上方泥披层，其越靠近注汽井，蒸汽腔绕流难度越大、未波及区范围越广；相比注汽井上方泥披层，井间泥披层会阻碍泄流通道，导致蒸汽腔难以形成，因而对 SAGD 生产动态的不利影响更大。

2）油砂 SAGD 汽液界面运移规律

油砂 SAGD 开发过程中，会在注采井间形成一定高度的汽液界面，实施注采井间温度差（Subcool）控制的目的即是使汽液界面处于注采井间合理位置，预防蒸汽突破的发生，提高热量利用效率。然而，现场操作中汽液界面位置并不能直接监测，只能通过监测 Subcool 进行间接估测。为了准确预测汽液界面运移位置，将蒸汽腔内液池垂向剖面形状简化为扇形（图 6-4-4），根据流体渗流理论建立汽液界面高度随 Subcool、注采压差和产液速度变化的数学模型，该模型从理论上证实了稳定生产条件下汽液界面与产液速度、注采压差（与 Subcool 直接相关）和蒸汽腔扩展角存在非线性函数关系，通过 Subcool 调控可以实现汽液界面的有效控制。

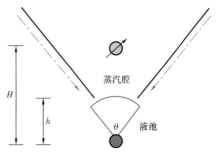

图 6-4-4　蒸汽腔与液池形状示意图

三、超重油与油砂有效开发关键技术

"十三五"期间，围绕超重油与油砂有效开发关键技术瓶颈问题，攻关形成了疏松砂岩储层定量表征技术、超重油冷采优化与提高采收率技术、油砂改善开发效果技术以及关键配套工艺技术等。

1. 疏松砂岩储层定量表征技术

1）疏松砂岩多波地震储层预测技术

多波地震储层预测的核心是多波联合反演，其包括多波叠后联合反演和多波叠前联合反演。多波叠后联合反演分为两种方法：一种是纵波和转换波叠后联合分步反演，即先分别反演纵波阻抗和横波阻抗，再计算其他地震弹性参数；另一种是纵波和转换波叠后联合同时反演，即同时反演出纵波阻抗（AI）、横波阻抗（SI）、密度（ρ）、纵横波速度比（v_P/v_S）等重要的地震弹性参数，并进而可以计算出泊松比（σ）、拉梅常数（λ）、剪切模量（μ）等流体因子及岩石弹性模量。纵横波叠后联合同时反演精度比联合分步反演方法精度高，但二者计算所使用的数据为叠加数据，削弱了纵波、转换波包含的岩性与流体的叠前 AVO 信息，降低了反演结果的精度。

多波叠前联合反演是在多波多分量地震勘探技术和叠前 AVO 反演技术的基础上发展起来的，充分利用多波资料中的纵波和转换波的叠前 AVO 信息，全波列测井的纵横波时差、密度数据联合起来进行反演，可以获得更稳定、更丰富的岩石物理参数，如纵波阻抗、横波阻抗、密度、泊松比、拉梅常数等弹性参数，解决了单一纵波反演结果的多解性问题，有效提高了储层预测的精度，尤其在疏松砂岩储层研究中越来越显示出其优越性。

图 6-4-5 为纵横波叠前联合反演的一条南北向连井剖面，反演属性剖面中叠合的测

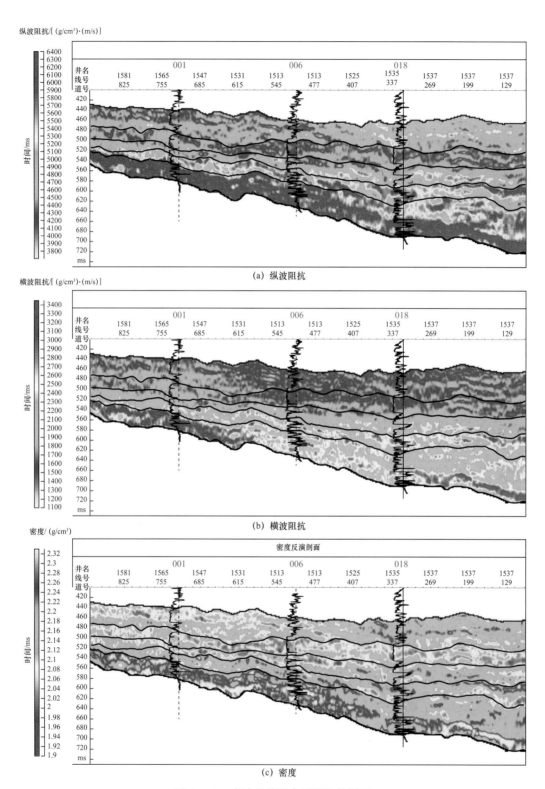

(a) 纵波阻抗

(b) 横波阻抗

(c) 密度

图 6-4-5　多波叠前联合反演连井剖面

井曲线为自然伽马（GR），由左向右曲线值增大。反演结果表明，无论纵波阻抗还是横波阻抗与 GR 曲线匹配性较差，二者均不能反映目的层岩性的横向变化；而多波叠前联合反演得到密度属性不仅具有较高的信噪比，并且与 GR 曲线具有较好的对应关系，准确反映了目的层岩性的变化特征：红色低密度区域对应低 GR 曲线段，指示砂岩分布；蓝绿色高密度区域对应高 GR 曲线，指示泥岩分布；反演结果横向及纵向分辨率较高，较好反映了储层段岩性的横向和纵向分布特征。

纵波、转换波叠前联合反演得到稳定、可靠的密度属性，根据岩石物理分析可知，密度属性能较好区分砂泥岩，岩石物理与叠前联合反演结果相匹配，证实了多波叠前联合反演的可行性及适用性。

2）疏松砂岩储层各向异性表征

疏松砂岩储层各向异性表征，主要指的是疏松砂岩储层内泥质纹层分布特征、描述方法和各向异性表征等。

（1）泥质纹层表征方法。

泥质纹层表征的重点在于，一是如何利用各类参数，如纹层厚度、泥质含量、发育频率等，来体现纹层的空间分布规律；二是如何采用合理的建模方法实现泥质纹层的空间分布预测。而泥质纹层的表征目标在于，如何综合利用多尺度的信息，特别是建立岩心尺度的取样分析结果与测井尺度数据之间的联系，进而建立符合储层实际的渗透率模型。

（2）渗透率各向异性计算方法。

常规的粗化方法如几何平均法等不考虑夹层的非渗透影响，仅将其作为一个低渗或者非渗透率零值参与渗透率计算，不能表征夹层对气驱的影响。研究表明，在油砂储层开发中，垂向渗透率与平面渗透率比值是影响气驱效率最为关键的因素。而如何表征这种非渗透泥质夹层的影响一直是难题。因此以流线法为基础，将砂岩追踪方法引入来追踪泥岩分布，进而统计泥岩的空间几何学参数，获得流线法计算等效渗透率所必需的参数，准确表征夹层影响下垂向渗透率值分布的预测。

具体而言，对于图 6-4-6 中的网格块体，假设黑色为夹层，而白色为孔隙，则流体的流动路径可以近似为一条条折线，仅需要将这些折线距离求出，则单个流管的渗透率值就可以获得，将一个粗网格内所有流管渗透率值加权平均，即可以获得等效渗透率。

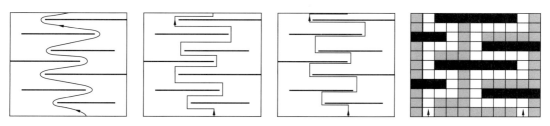

图 6-4-6　夹层影响下流体流动路径（迁曲路径）示意图

整体上看，迁曲路径计算等效网格粗化方法考虑了夹层的遮挡影响，其数值模拟结果与精细地质模型更为接近，也更能代表实际地质条件的影响，该方法是有效的。

3）疏松砂岩储层冲刷带测井评价技术

超重油疏松砂岩冲刷带地层与油层相比，在原状地层电阻率数值二者差别不大，但是冲刷带地层的微球形电阻率测井曲线数值明显高出很多。通过对奥里诺科重油带发育冲刷带地层的常规测井数据、核磁共振测井数据、流体黏度、岩心分析数据及油田生产数据的综合分析，明确了冲刷带地层形成的最主要原因是原油稠化，原油稠化的成因是地表淡水入侵油藏。

冲刷带地层受到过地表淡水的冲刷，地层水电阻率变化大。利用阿尔奇公式计算地层水饱和度时，需要提供准确的地层水电阻率数值。阿尔奇及其衍生公式在冲刷带地层的适用性受到限制。常规测井解释中需要根据测井曲线的响应特征改变地层水电阻率数值，给测井解释人员带来了很大的工作量，且解释精度不高。基于最优化方法的双水模型饱和度计算以及介电、核磁共振结合的可动流体分析方法是两种不同的解决办法。其中，基于最优化方法的双水模型，是以阿尔奇公式和双水模型为基础，利用最优化的方法，进行饱和度的计算，其特点是不需要提供准确的水电阻率，只需要给出一个大致范围，程序会在该范围内求取最优化的饱和度数值。介电测井的特点是能够准确区分水与油，核磁共振测井能够区分稠油、束缚水的体积，而自由水与稀油信号无法准确区分。利用介电测井与核磁共振测井相结合，能够有效地区分原油中轻质信号、重质信号、束缚水信号、自由水信号的体积，进而准确计算地层含油、水饱和度。

4）疏松砂岩储层多信息约束建模技术

以奥里诺科重油带 MPE3 区块为例阐述疏松砂岩储层多信息约束建模方法和流程。针对 MPE3 区块新近系 Oficina 组下部 Morichal 段三角洲平原辫状河沉积储层，在沉积概念模式的指导下，以地层格架和沉积相等大尺度对象建模为基础，对储层内部界面和单元开展更细级次研究，运用地震沉积学地层切片手段，提取和分析构型成因单元随时间的演化过程，并将这些信息转化为控制地质建模的概率体。以水平井和直井识别结果为硬数据，以概率体作为协约束，建立受储层构型模式控制的地质模型，有效降低了建模过程中存在的不确定性。

针对辫状河具有非均质性强、演化迅速的特点，重点开展成因演化过程方面的研究，恢复其沉积演化历史，重建储层沉积过程。将沉积信息转化为建模的约束条件，同时结合储层构型的控制作用开展地质建模。利用地震沉积学地层切片手段对沉积演化信息进行分析，提取得到局部变方位角数据体和砂泥岩发育概率数据体，用于对后续建模过程进行约束。同时，利用基于目标的随机建模方法生成符合沉积模式的训练图像，采用 DeeSse 多点地质建模算法协同前述辅助趋势数据体，建立最终反映地下储层实际的三维地质模型。该思路可以很好地体现辫状河沉积储层的细节，砂体成因单元间的相互配置关系得以揭示，储层在空间上的发育模式可以得到较好还原。

采用水平井和直井上的成因单元（复合心滩坝、辫状河道、洪泛平原泥岩）解释结论作为网格粗化的原始硬数据，并对其进行数据分析，得到各成因单元模拟时需要的分布比例。

选取 DeeSse 多点地质建模算法开展模拟，该算法适用于模拟带有复杂各向异性地质特点的储层，且参数调整较为灵活，能够有效利用一维、二维和三维辅助趋势进行控制。以前述成因演化信息提取转化得到的方位角数据体和概率趋势体进行约束，建立成因单元地质模型。

2. 超重油冷采优化与提高采收率技术

1）中深层超重油油藏冷采开发优化设计

中深层超重油 MPE3 区块采用重油带传统的丛式水平井东西向平行布井冷采开发方式，水平井排距 600m 和 300m，导致储量动用不均、采油速度受限，为进一步提高超重油水平井冷采储量动用程度，增加采油速度和合同期采出程度，制定了平台丛式水平井立体井网布井模式（图 6-4-7），并优化了未开发区布井方式和已开发区水平井加密技术政策，优化结果如下。

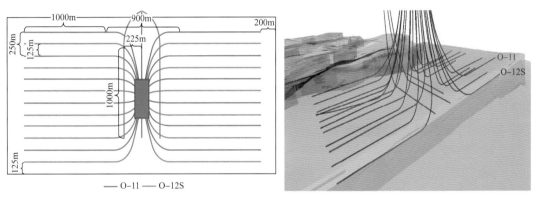

图 6-4-7　平台丛式水平井立体井网

未开发区东西向水平井布井方式：排距缩小至 200～250m，层间同侧水平井侧向错位半个排距，降低井间干扰。

南北向水平井部署优化：最多部署 3 口 / 平台；平面上，与东西向井靶点间和彼此间水平间隔 225m，降低干扰；纵向上，叠置关系与隔夹层展布匹配。

600m 排距已开发区水平井加密技术政策：单井经济极限累计产量大于 60×10^4bbl，井间压力水平大于 0.65，下部油层加密为主、尽早加密。

该布井方式用于 MPE3 区块千万吨产能冷采开发调整方案编制，与原方案（600m 和 300m 排距东西向平行布井）相比，合同期可采储量可增加 1450×10^4t，冷采稳产期可由 5 年延长至 9 年。

2）浅层超重油油藏冷采开发优化设计

以委内瑞拉奥里诺科重油带胡宁 4 区块为典型的浅层超重油油藏，其地质特征与该重油带上的典型中深层超重油油藏 MPE3 区块类似，同为构造—岩性圈闭的河流相疏松砂岩储层。但因储层埋深仅 350～450m，约为 MPE3 区块中深的一半，原始油藏压力和温度更低，原油重度更低（7.3°API），溶解气油比更低（8.9m³/m³），黏度更大（地下原油黏度 8000～12000mPa·s），导致水平井冷采产能低，区块冷采试采平均单井初产仅 40t/d。

为提高单井产能，达到最大油藏供液能力与水平井筒流动能力最佳结合，水平井须保证1100～1200m的油藏接触长度，且为满足资源国环保要求须采用丛式井集中建水平井井口平台。但是钻井实践表明，对于埋深在350～450m之间的浅层超重油油藏，大偏移距长水平井钻井实施过程难度大，在偏移距超出300m后，难以实现1000m以上的X向位移，且水平井Y向偏移距越大，钻井工程安全可钻长度越短，导致丛式水平井呈现中间长、边部短的掌型模式。

将水平井入靶点上移，并将二开套管鞋设置在水平井入靶点，可保证水平井接触油藏长度（图6-4-8轨迹加粗段）满足油藏工程设计要求。但是如果按常规设计，丛式井中心位置正对部署时［图6-4-8（a），平台正对］，由于大偏移距水平井不能钻到设计位置，将形成较大范围的未动用区。优化将掌型平台井场中心错开［图6-4-8（b），平台错位］，使零偏移距水平井与最大偏移距水平井对齐，可以有效减少中心未动用区。按该掌型平台错位部署方式，300m排距下井网平面控制程度可提高10.3%，200m排距下井网平面控制程度可提高12.7%。

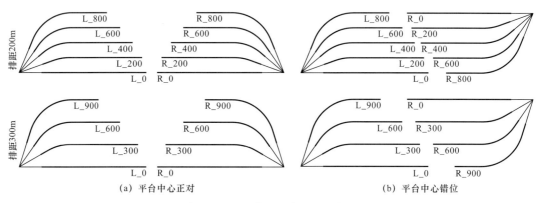

图6-4-8　浅层超重油油藏丛式水平井平台中心相对位置

3）二次泡沫油提高采收率技术

超重油泡沫油冷采衰竭开发，无能量补充，随地层压力降低，原油黏度升高、流动能力下降，产量递减、采收率低，无法实现可持续规模效益开发。常规天然气回注难溶易脱，不能恢复泡沫油驱油作用，难以实现有效驱油。针对性地开展了超重油冷采后二次泡沫油提高采收率技术。

通过大量室内实验评价，确立了轻烃溶剂+气体+二次泡沫油促发体系段塞式注入形成二次泡沫油的技术路线，并筛选出石脑油+甲烷+发泡剂E+稳泡剂HKS配方体系，其中发泡剂为碳氢类表面活性剂，稳泡剂为多元醇和聚合物的复配体系，该体系可在高含油饱和度条件下长期成泡和稳泡。

该技术的技术原理包括：首先注入的轻烃溶剂段塞，可大幅提高原油流动能力，减少二次泡沫油促发体系与气体进入油层深部的阻力；随后注入的气体段塞可直接进入油层深部，再后注入的二次泡沫油促发体系进一步顶替气体进入油层更远的深部，以降黏和驱动更大范围的超重油。在回采过程中，较高黏度的二次泡沫油促发体系阻挡了气体从井底的快速脱离，并与返回生产井底的气体剪切起泡，形成泡沫，进一步封堵脱气，从而有效起到油层保压的作用，并通过延缓气体的快速脱出，大幅延长气体滞留在原油中的时间，提高含气原油的弹性能量，从而达到延长生产时间、提高原油产量和采收率的目的。

二次泡沫油室内二维微观实验表明，在促发体系作用下，油气两相流成为高度分散的油气泡沫拟单相流，大幅提高原油流动能力和弹性能量，再现和恢复泡沫油驱油作用，并且多孔介质的剪切作用对二次泡沫油的形成具有重要作用。

岩心驱替实验评价表明，采用二次泡沫油吞吐开采方式，可在天然能量基础上提高驱油效率 30 个百分点、动用储量范围内提高采收率 10 个百分点。

通过室内二维微观实验和一维岩心吞吐实验，研究了注入方式、注入时机、气液比和发泡剂及稳泡剂质量分数对二次泡沫油稳定性与驱油效率的影响。实验结果表明，气体和二次泡沫油促发体系同时注入，可有效抑制气窜，增强泡沫油流的稳定性；衰竭开发至拟泡点压力附近时转二次泡沫油吞吐，可兼顾一次泡沫油驱油作用和二次泡沫油吞吐增能降黏作用，整体驱油效率最高；气液比过大将导致气体以自由气形式窜流，推荐合理的气液比为 1.2～2.0；发泡剂和稳泡剂质量分数增加有利于二次泡沫油的稳定性，推荐发泡剂质量分数为 1%～3%、稳泡剂质量分数为 0.5%～1%。

4）多元热流体吞吐开采技术

多元热流体是一种高温、高压混合流体，主要成分为水蒸气、氮气（N_2）和二氧化碳（CO_2），由多元热流体发生器产生。利用高压燃烧机理，将注入发生器的燃料（柴油或天然气）和氧化剂（空气）在燃烧室中燃烧，依靠产生的高温高压烟道气将混合掺入的水汽化，从出口排出高温高压的烟道气及水蒸气。

与常规蒸汽吞吐相比，多元热流体吞吐具有两个优点：（1）由于发生器无废气排放，设备热效率可达到 97%～99%，高于常规蒸汽锅炉的 80%～91%；（2）在常规蒸汽吞吐提高采收率机理外，由于注入流体中含有 CO_2 和 N_2，多元热流体吞吐技术还具有气体溶解降黏、扩大波及体积、增能保压等作用。

多元热流体吞吐对地层压力低、原油黏度高但具有一定地下流动性的浅层超重油油藏适用性强。较常规蒸汽吞吐，其动用范围和增产幅度大，注入成本低。CO_2 和水蒸气初期主要作用于近井地带，在多元热流体持续注入过程中，N_2 受热膨胀在近井地带形成高压区，使得注入流体向渗流阻力大的区域扩散。因此，相较于常规蒸汽吞吐，多元热流体吞吐的水平段蒸汽分布更加均匀。注入后期 N_2 趋于分布在油层上部，由于 N_2 导热系数低，可形成隔热层，降低了注入流体向盖层的传热速度，减少热损失。

但同时，由于 N_2 波及速度最快、波及范围最广，排距若过小则会有气体突破的风险。因此，水平井排距和周期注入强度是水平井注多元热流体吞吐开发效果最敏感参数。胡宁 4 区块好、中、差三类储层典型丛式井平台多元热流体吞吐数值模拟结果表明，不同类别储层在相同的注入强度下，200m 排距累计油 / 多元热流体比最高，因此推荐 200m 排距；同时，以累计净增油幅度以及累计油汽比为目标函数，优化出不同类型储层 200m 排距下的多元热流体注入强度分别为 10t/m、7t/m、6t/m。

3. 油砂开发优化设计与提高 SAGD 效果技术

1）浅层油砂 SAGD 开发优化设计方法

结合类比分析、数值模拟与麦凯河油砂区块开发实践，制定 SAGD 布井方式与井位优化原则，优选水平段长度与井距，并优化设计操作压力、Subcool 和蒸汽干度等注采参数，指导麦凯河油砂区块开发调整方案编制与现场调控。

（1）双水平井 SAGD 井对与平台布井优化设计。为降低汽油比、最大限度提高采收率，双水平井 SAGD 井对井位部署和井轨迹控制需遵循以下原则：① 生产井应部署在油层基底储层较为平坦的区域；② 生产井避免钻遇储层基底或泥岩发育的区域，以免降低有效水平段长度；③ 井对应尽量避开底水或底部过渡带，确保井轨迹位于纯净油层中；④ 沿水平段方向注采间距尽可能保持一致，以免增加后期生产调控难度；⑤ 当油层底部发育底水或底部过渡带时，可视其影响程度调整避开高度为 3～5m，以降低或延缓蒸汽或冷凝液漏失。

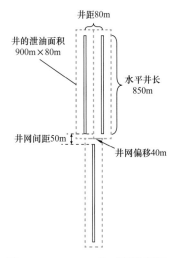

图 6-4-9　SAGD 井对泄油范围、水平井长、井距和偏移距离示意图

井长与井距方面，结合加拿大油砂项目类比分析、耦合井筒、油藏数值模拟与经济评价等手段开展优化设计，推荐水平井长度为 1000m，水平井距为 80m；平台设计如图 6-4-9 所示。考虑钻完井的需要，相邻平台沿水平井方向距离设计为 50m；此外，为防止相邻井对钻井冲突和满足人工举升所要求的切线段，相邻平台井对横向偏移距离设计按照半个井距设计，即为 40m。

（2）油砂 SAGD 操作参数优化设计。油砂 SAGD 操作参数主要包括操作压力、Subcool 调控、蒸汽干度等。SAGD 最优操作压力因储层而异，实际现场应用中不同井对会采用差异化操作压力：当受气顶、底部过渡带/气顶影响时，一般会采取与之相平衡的操作压力；如不存在漏失则采用目前地层允许的最大操作压力 2.5MPa 作为操作压力。

SAGD 汽液界面调控往往是直接通过施加合理的 Subcool 控制来实现的。目前众多油砂 SAGD 开发区块在生产井上安装了流入控制（ICD）工艺，当接近饱和状态的流体通过 ICD 时，低 Subcool 更易引起较大的附加压差和发挥更好的限流作用，因而现场应用中多施加更低的 Subcool 控制，维持在 5℃以下甚至 0℃（Becerra O et al.，2018）。

对于蒸汽干度，在相同压力下，干度越低，注汽速度（水当量）越高，但携带的潜热相对较少，导致日产油量相对较低。在允许的前提下，尽可能提高蒸汽干度，有效利用蒸汽潜热、提高热效率，达到加快蒸汽腔扩展和提高产能的目的。

2）长水平段提高动用程度技术

通过油砂 SAGD 均匀注蒸汽预测理论与方法、不同注汽工艺优化理论及方法等研究，得到不同注汽工艺技术和工作参数下蒸汽在井筒及地层中传热、传质规律，形成了长水平井段 SAGD 均匀注汽与采油关键理论及工艺技术。

（1）SAGD 水平井均匀注蒸汽室内实验研究。SAGD 常规、双管和多点注汽过程室内物理模拟结果表明，与常规和双管注汽方式相比，多点注汽生产中后期采油速度高，含水率低，采出程度高。常规注汽，蒸汽腔只在跟端发育，吸汽剖面不均匀；双管注汽，蒸汽腔在跟端和趾端发育，吸汽剖面均匀程度有所提升（图 6-4-10）。

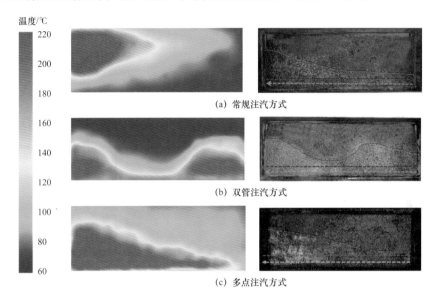

图 6-4-10　不同注汽方式温度场和饱和度场分布图

（2）SAGD 水平井不同注汽工艺井筒与储层耦合模型。考虑 SAGD 常规注汽水平井井筒变质量流和割缝筛管结构、注汽过程中井筒内蒸汽双向汇合流动和液体双向分流流动，以及多点注汽过程中流动控制阀节流压差的特点，建立了注汽井筒内流体流动与传热模型，以及 SAGD 井筒与油藏耦合模型，可预测常规、双管和多点注汽过程中油藏内压力、温度、饱和度、注入流量等参数的变化规律。采用全隐式处理和不完全 LU 分解的预处理 BICGSTAB 算法对模型进行求解，全隐式方法与常用求解方法（隐压显饱法）相比，计算精度高，稳定性好，保证了模型计算精度和稳定性，同时，由于高斯消元等常用解法无法求解，因此采用不完全 LU 分解的预处理 BICGSTAB 算法求解，保证了矩阵方程求解精度。与实验数据对比，计算平均误差为 1.42%；与典型区块监测数据对比，计算平均误差为 8.55%，验证了模型的可靠性。

（3）SAGD 水平井均匀注汽工艺技术优化方法。建立 SAGD 水平井均匀注汽指标评价体系，以蒸汽均匀注入为目标，从注汽管柱、注汽方式和注采参数多角度实现 SAGD 水平井均匀注汽工艺的系统优化，提供了有针对性的水平井均匀注汽优化方案。与常规和双管注汽相比，多点注汽累计产油量更高，注采剖面和蒸汽腔分布更均匀。注入井和生产井井筒同时安装流动控制阀，可提高注采剖面和蒸汽腔均匀程度以及累计产油量。多点注汽为最佳 SAGD 水平井注汽方式。

3）非凝析气辅助 SAGD 技术

非凝析气辅助开采油砂技术是在 SAGD 开发的基础上，融合了蒸汽加热、溶剂萃取等多重驱油机理，相比SAGD技术可降低地面蒸汽发生和处理成本、提高经济效益、提高油砂储量动用程度（Yongrong Gao et al., 2017）。针对麦凯河油砂区块，非凝析气采用的是天然气。

天然气辅助SAGD开发机理包括改善渗流特征、形成气顶维持气腔压力、促进蒸汽波及区横向发育和协同促进蒸汽突破低渗透夹层（图6-4-11）。天然气辅助SAGD蒸汽波及区发育相对较快且不规律，前缘呈不规则"指状"，天然气主要集中分布于蒸汽波及区前沿。因为天然气黏度相对低于湿蒸汽黏度，所以蒸汽波及区前沿的天然气与稠油黏度差异相较于湿蒸汽与稠油黏度差异大，天然气在一定程度易形成指进现象促进蒸汽纵向"二次发育"，提高了纵向波及系数。天然气在稠油中扩散系数比蒸汽大，使其向稠油中运动更容易，进一步促进指进现象。另一方面，天然气与稠油间界面张力低于湿蒸汽与稠油界面张力，所以位于蒸汽波及区前沿的天然气能够辅助蒸汽提高SAGD采收率。

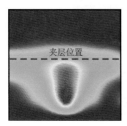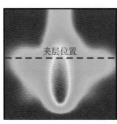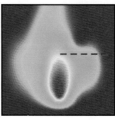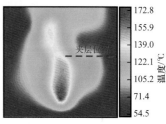

(a) 100%夹层遮挡，常规SAGD　(b) 100%夹层遮挡，天然气辅助SAGD　(c) 50%夹层遮挡，常规SAGD　(d) 50%夹层遮挡，天然气辅助SAGD

图6-4-11　泥质夹层遮挡下常规SAGD和天然气辅助SAGD蒸汽腔发育形态对比

4）过热蒸汽辅助SAGD技术

与湿饱和蒸汽相比，过热蒸汽有着更高的比容，可有效提高蒸汽波及体积；可以携带更高的热量，具有更好的降黏作用。同时，由于过热蒸汽的温度可以达到油砂沥青水热裂解的温度，从而可对原油组分进行重构，使沥青组分的分子结构变得更加简单，达到对原油进行改质的目的（徐可强等，2011）。

过热蒸汽条件下的井筒热损失分析表明，蒸汽过热后，随着温度的增加，在井筒内的能量损失会增加，蒸汽携带至地下的能量会打折扣，过热蒸汽到达油藏的温度降低较多。为满足人工举升温度要求，过热蒸汽应低于350℃；考虑管材钢级与强度，过热蒸汽温度不应超过370℃，否则需更换选用更高级别油管，将大大增加成本。

4. 油砂开发配套工程技术

1）高温沥青反相分离技术

利用SAGD采出液油水密度随温度变化速率不同的机理，研发反相分离工艺，解决在不掺入稀释剂情况下实现油砂采出液的油水分离，形成了适应反相分离要求的高温预处理剂及破乳剂药剂体系、反相分离处理工艺，并制定了主要控制参数。室内实验研究表明，该工艺处理后原油含水率达到交油指标要求。同时，与常规掺稀释剂工艺相比，该工艺可大幅降低运行费用。

根据油砂SAGD采出液的特性及确定的反相分离主要参数，反相分离工艺设计为三级脱水流程,具体流程为:油区来液进入三相游离水脱除装置,脱出绝大部分的游离水、伴生气,脱出后的饱和含水原油经加热至设计的处理温度后进入反相分离器进行进一步的油水分离,反相分离器分出的低含水原油经调压后进入闪蒸处理器,利用减压过程中释放出的热量将原油中的水以蒸汽的形式进行分离,处理后合格原油进入净化油缓冲罐,净化油经提升后进入外输管道进行外输。事故状态下处理后的合格原油经换热后进入净化油事故储罐,事故解除后事故罐内的净化油经泵提升后进入外输系统。

分离出的采出水经换热后进入采出水处理装置。三相游离水脱除装置分离出的伴生气及闪蒸分离器闪蒸出的蒸汽经换热、分离后,伴生气进入伴生气分离器,分离出的油回到原油处理系统,分离出的采出水进入采出水处理系统。此外,在三相游离水脱除装置的进口加入反相破乳剂,在其出油口管道上加入正向破乳剂。

2)低油水密度差高温沥青采出水处理技术

采用前置除硅技术,在采出水净化处理同时协同除硅,确保过热锅炉安全运行。优选 R10 复合膜,产水率大于等于 70%,实现短流程深度处理高矿化度采出水。针对复合膜浓水及锅炉排放的高温废水(矿化度≥30000mg/L),采用自主研发的改性钛板降膜蒸发器,实现垢自动剥离,解决蒸发装置结垢难题。研发形成的除硅净化+高温反渗透+MVC 采出水深度处理工艺,实现低密度差高温采出水锅炉回用率 90%。

(1)除硅—净水一体化技术。去除稠油污水中的二氧化硅有利于提高热采锅炉运行效率,选取成本低、处理效果快的化学混凝法作为除硅的主要方向,其反应机理为:根据水中溶解硅和胶体硅的特性,在水中加入一种带正电胶体的高价离子,与水中的溶解硅发生反应,发生电中和,降低吸附层和水溶液间的电位差,生成硅酸盐沉淀而除去。再向水中投加水质净化药剂,吸附、卷扫水中的硅酸盐沉淀、胶体硅、悬浮物、含油,达到除硅和水质净化的效果,硅含量由 360mg/L 降至 50mg/L 以下,锅炉饱和运行和反冲洗频次降低 80%。

(2)高效低成本板式蒸发除盐技术。开展了 MVR 除盐技术在高矿化度稠油采出水中的应用研究,通过处理规模为 $10m^3/h$ 的板式降膜蒸发除盐装置在新疆某油田的运行,验证了自主研发的低成本板式降膜蒸发除盐装置的可靠性,确定各生产阶段的控制参数,出水矿化度小于等于 50mg/L,脱盐率大于等于 98%。

(3)膜法深度处理技术。创新微絮凝过滤+高温反渗透组合工艺,微絮凝结合多孔微砂吸附技术快速去除 5μm 以下悬浮物,净化水污染指数(SDI)下降 80%;应用反渗透膜处理高温高矿化度采出水,装置产水率大于等于 70%,出水矿化度由 6000mg/L 降低至 630mg/L,脱盐率为 90%,实现短流程深度处理回用过热锅炉。

四、应用成效与知识产权成果

1. 技术指标提升

以实现海外超重油与油砂有效开发为目标,丰富开发理论认识,攻关形成 3 项开发技术系列,各项成果的技术指标均得到提高。发展了辫状河和河口湾沉积疏松砂岩储层定量表征技术，超重油地震储层预测符合率由 69% 提高到 88%，水平井油层钻遇率比重油带同类区块高出 8% 以上，油砂水平井钻井成功率达到 100%。形成了超重油油藏冷采稳产与改善开发效果技术，委内瑞拉中深层超重油 MPE3 区块储量动用程度提高 10 个百分点以上，$1000×10^4$t/a 冷采稳产期延长 4 年；浅层超重油胡宁 4 区块冷采储量动用程度提高 12 个百分点以上，多元热流体吞吐相比冷采单井初产可提高近 1 倍。形成了油砂开发优化与提高 SAGD 效果新技术，与常规 SAGD 技术相比，在保持同等产量条件下，混注天然气辅助 SAGD 开采技术节约蒸汽注入量 52%；应用产液剖面改善技术水平段动用程度提高 25 个百分点；采用反相分离工艺，沥青处理及外输部分与常规掺稀释剂工艺相比可节约建设投资 22%。

2. 技术应用成效

研究成果为中国石油海外超重油与油砂项目建成 $1200×10^4$t/a 产能规模和效益提升提供了技术支撑。

（1）支撑了委内瑞拉中深层超重油 MPE3 区块持续效益开发。"十三五"期间，MPE3 区块年均新建产能 $86×10^4$t，老井年递减率由 2015 年的 13.5% 降至 2020 年的 11.1%，油藏产能保持在千万吨级，技术新增利润 21 亿元，实现中方权益净利润 42 亿元，桶油操作成本 3.45 美元。

（2）推动了浅层超重油胡宁 4 区块有效动用。编制多元热流体吞吐先导方案，较冷采方案，采收率提高 12%、IRR 提高 2%；较常规蒸汽吞吐累计油汽比增加 1.86；推动中国石油专有技术进入委内瑞拉超重油开发领域，支撑公司最终投资决策进程。

（3）支撑麦凯河油砂区块一期 SAGD 顺利投产，技术措施应用效果明显，实现了增油降汽，产量稳步上升至 $1.4×10^4$bbl/d。实施四口加密井，高峰平均单井日产油达到 600bbl/d，为同期邻井的 1.5 倍，实施多点注汽（ICD）、非凝析气辅助 SAGD 等技术措施 54 井次，累计增油 $52×10^4$t、降汽 $298×10^4$t。

3. 知识产权成果

依托技术研发，授权发明专利 25 项，研发工艺新材料新装置 7 项，制定企业标准/规范/技术秘密 6 项，登记软件著作权 12 项，出版著作 7 部，发表论文 122 篇，获部级科技奖励 3 项。

第五节　丝绸之路经济带大型碳酸盐岩油气藏开发关键技术

中国石油海外碳酸盐岩油气藏勘探开发业务主要位于丝绸之路经济带沿线的中亚和中东地区，2015 年油气权益产量突破 $3000×10^4$t 油当量，并具备持续上产空间，是未来海外油气的主要拓展领域和核心业务。"十三五"期间，以改善大型碳酸盐岩油气藏开发效果为目标，围绕孔隙型生物碎屑灰岩油藏、裂缝孔隙型碳酸盐岩油藏、裂缝孔隙（洞）型边底水碳酸盐岩气藏高效开发的关键瓶颈技术问题，通过科技攻关与实践，丰富和发展了碳酸盐岩油气藏开发理论，配套形成了不同类型碳酸盐岩油气田开发技术系列，支撑碳酸盐岩油气藏油气权益产量 2020 年达到 5000×10^4 t 油当量以上，占到中国石油海外权益总产量的半壁江山以上。

一、研究背景、现状与挑战

1. 研究背景

中亚和中东地区主要涉及三类典型碳酸盐岩油气藏：以伊拉克哈法亚、艾哈代布、鲁迈拉、西古尔纳为代表的孔隙型生物碎屑灰岩油藏；以哈萨克斯坦让纳若尔、北特鲁瓦和卡沙甘为代表的裂缝孔隙型碳酸盐岩油藏，以土库曼斯坦别—皮、扬—恰为代表的裂缝孔隙（洞）型边底水碳酸盐岩气藏。与国内缝洞型碳酸盐岩油藏相比，海外碳酸盐岩油气藏类型更为复杂多样，并且还受到合同模式制约，国内碳酸盐岩油气藏开发经验相对不足，需要创新适应海外特点的油气开发理论和技术体系，支撑碳酸盐岩油气藏持续稳产上产和经济高效开发。

2. 研究现状

"十二五"期间，针对海外碳酸盐岩油气藏上产和高效开发面临的关键技术瓶颈问题开展科技攻关，取得了一些理论和技术进展（范子菲等，2019）。

伊拉克孔隙型生物碎屑灰岩油藏以新油田规模建产和推进注水试验为主要目标，初步揭示了生物碎屑灰岩储层水驱油机理，发展了生物碎屑灰岩储层预测及多信息一体化相控建模技术，形成了大型碳酸盐岩油田整体化优化部署技术，支撑了中国石油海外中东油气合作区原油权益产量快速上产到 1100×10^4 t 规模。

哈萨克斯坦带凝析气顶裂缝孔隙型碳酸盐岩油藏以气顶油环协同开发为目标，初步揭示了气顶油环同采时流体界面的运移变化规律，厘清了影响流体界面稳定的主控因素，建立了不同开发方式下气顶油环协同开发技术政策图版，支撑阿克纠宾项目形成了"油气并举"新格局。

土库曼斯坦裂缝孔隙（洞）型边底水碳酸盐岩气藏以快速建产和高效开发为目标，初步形成了边底水气藏整体大斜度井网多参数优化技术和基于产品分成合同模式下的气田群整体优化技术，实现阿姆河右岸气田群快速建产 130×10^8 m³ 规模。

碳酸盐岩油气藏钻完井工程以高效安全钻完井为目标，初步形成了巨厚盐膏层及缝洞型储层安全快速钻完井技术和孔隙型生物碎屑灰岩储层分支井钻完井技术，实现了土库曼斯坦阿姆河右岸项目和伊拉克哈法亚项目钻井周期分别缩短 8% 和 25%；碳酸盐岩油气藏采油采气工程以提高单井产量为目标，初步形成了长井段水平井非均匀注酸优化设计技术、复杂结构高产水平井气举管柱结构设计和电潜泵快速诊断技术，实现了伊拉克艾哈代布和哈法亚油田水平井酸化后产量增加 1.3～1.4 倍和直井产量增加 2.5 倍。

3. 面临的主要挑战

经过前期的快速上产或长期稳产，海外不同类型碳酸盐岩油气田开发面临诸多挑战，难以满足持续稳产上产和优质高效发展的需求。

伊拉克孔隙型生物碎屑灰岩油田开发主要面临两个方面的挑战：一是衰竭式开发地层压力下降速度快，预测合同期内采出程度仅有7%，无法满足合同规定的达到高峰产量后还需稳产7~16年的目标；二是储层纵向存在高渗透"贼层"，注水开发后采油井含水快速上升，控水稳产难度大。哈萨克斯坦裂缝孔隙型碳酸盐岩油田开发主要面临两个方面的挑战：一是低压力保持水平弱挥发性油藏注水恢复地层压力与含水上升矛盾突出；二是低渗特低渗油田存在注水困难、注气提高采收率技术储备不足，油田稳产上产难度大。土库曼斯坦裂缝孔隙（洞）型碳酸盐岩气藏开发主要面临两个方面的挑战：一是受上覆剧烈形变盐膏层的影响，盐下礁滩体刻画和裂缝预测难度大，高产井部署难度大；二是高速开发造成地层压力快速下降，裂缝发育及边底水活跃造成底水锥进，气藏长期稳产难度大。

碳酸盐岩油气藏钻完井工程主要面临三个方面的挑战：一是复杂碳酸盐岩储层漏失机理复杂，尚无有效预防和快速治理漏失技术；二是缝洞型储层易漏、易喷，导致水平井水平段钻进困难；三是低压力保持水平油藏储层保护难度大，优质储层钻遇率低。

碳酸盐岩油气藏采油采气工程主要面临四个方面的挑战：一是受高气液比影响，电泵和气举井等人工举升方式效率低，接替工艺技术储备不足；二是碳酸盐岩储层纵向动用程度低，老井重复改造增产效果逐年变差；三是地层水矿化度高达 $8.2×10^4$~$20×10^4$mg/L，现有调剖堵水体系适应性差；四是采气井出水影响气田稳产和安全生产，高矿化度酸性气藏排水采气工艺技术仍需完善。

二、不同类型碳酸盐岩油气藏开发关键技术

"十三五"期间，围绕海外三类典型碳酸盐岩油气藏高效开发的关键瓶颈技术问题，通过科技攻关与实践，丰富和发展了碳酸盐岩油气藏开发理论，配套形成了不同类型碳酸盐岩油气田开发技术系列，包括不同类型碳酸盐岩储层非均质性表征技术、孔隙型生物碎屑灰岩油藏注水开发技术、裂缝孔隙型碳酸盐岩油藏注水注气开发技术、边底水裂缝孔隙型碳酸盐岩气藏开发技术、复杂碳酸盐岩油气藏安全快速钻完井关键技术、复杂碳酸盐岩油气藏采油采气关键技术。这些技术支撑了丝绸之路经济带碳酸盐岩油气藏开发形势持续改善，助推中国石油海外油气权益产量突破 $1×10^8$t 油当量。

1. 不同类型碳酸盐岩储层非均质性表征技术

强化不同类型碳酸盐岩储层精细描述，发展了孔隙型生物碎屑灰岩油藏隔夹层与高渗层定量识别技术、裂缝孔隙型碳酸盐岩储层分类评价技术、裂缝孔隙（洞）型储层礁滩体内幕刻画和裂缝预测技术，实现孔隙型生物碎屑灰岩油藏隔夹层与高渗层厚度表征精度达到2m，裂缝孔隙型碳酸盐岩储层分类结果与成像测井符合率在80%以上，裂缝孔隙（洞）型优质储层纵向分辨率由15m提高到5m和地震裂缝预测符合率由60%提高到87.5%。

1）孔隙型生物碎屑灰岩油藏隔夹层与高渗层定量识别技术

伊拉克哈法亚、艾哈代布、鲁迈拉和西古尔纳四个油田储层类型以孔隙型为主，具

有物性夹层及高渗条带广泛分布等强非均质性特征，对油田注水开发产生较大影响。通过建立隔夹层和高渗层定量识别标准，精细表征隔夹层和高渗层的分布规律，为油田细分层系开发奠定了基础。

（1）孔隙型生物碎屑灰岩油藏隔夹层定量识别技术。

① 隔夹层类型。综合岩心描述、铸体薄片鉴定分析，按岩性可划分为颗粒灰岩、泥粒灰岩、粒泥灰岩、泥灰岩和泥岩等五类生物碎屑灰岩隔夹层；按成因可划分为沉积型和成岩型两种隔夹层类型，结合发育环境进一步划分为潮下低能型、沼泽碳质泥型、潮道堤坝型/下切谷型、潟湖型和强压实/强胶结型等五种亚类。

② 隔夹层的定量识别与预测。基于不同类型隔夹层和储层的声波时差—中子孔隙度、声波时差—密度交会图，明确声波时差与中子孔隙度、声波时差与密度均具有很好的相关性，且不同类型隔夹层和储层的分布区域明显不同，由此建立了不同类型隔夹层的测井识别标准（表 6-5-1）。

表 6-5-1 不同类型隔夹层测井识别标准

岩性类型	声波时差 / $\mu s/m$	中子孔隙度 / %	密度 / g/cm^3	自然伽马 / API	MDT 测试	气测
颗粒灰岩	<246	<15	>2.40	—		
泥粒灰岩	<213	<16	>2.58	—		
粒泥灰岩	<197	<10	>2.62	—	邻井生产造成压力突变	气测值低
泥灰岩	<213	<10	>2.6	—		
泥岩	—	—	—	>50		

建立了以岩心刻度和产吸剖面为约束的地质+测井隔夹层识别与评价技术，精细刻画隐蔽隔夹层空间展布特征。首先，利用岩心和测井资料评价不同类型隔夹层的成因及特征，在单井上进行隐蔽隔夹层的识别；其次，采用沉积相约束的高精度薄层反射系数反演来提高地震分辨率，识别隔夹层在井间的位置；最后，利用产液剖面和吸水剖面资料进行校正。

地震反射系数剖面可清晰反映隐蔽隔夹层的展布特征，与单井的识别结果对应较好。对于厚度较小的隔夹层，反射系数剖面响应特征不明显，需要在层序格架和已识别隔夹层的约束下，刻画其井间展布特征。

（2）孔隙型生物碎屑灰岩油藏高渗层定量识别技术。

① 高渗层的类型与成因。受高渗层存在的影响，生物碎屑灰岩油藏具有新井初产高、注水后见水快等特点。根据成因可将高渗层划分为四类，包括沉积作用主导型高渗层、成岩作用主导型高渗层、构造控制型高渗层和生物扰动型高渗层。

② 高渗层的定量识别。目前对于高渗层的定义没有形成统一的标准。对于沉积型、成岩型和构造控制型高渗层，反映高渗层的测井响应敏感曲线包括电阻率（ILD）、自然伽马（GR）和孔隙度（PHIE），根据此特征建立了高渗层识别特征参数 RPG。基于岩心

渗透率与 RPG 关系（图 6-5-1），按照渗透率分布区间建立了高渗层的常规测井识别标准
（表 6-5-2）。

$$RPG=\frac{ILD}{GR}\times PHIE \qquad\qquad (6-5-1)$$

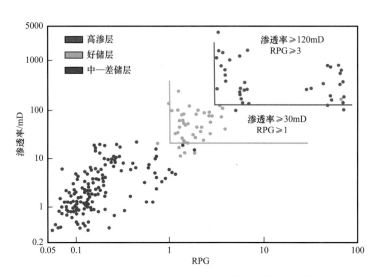

图 6-5-1　岩心渗透率与高渗层识别特征参数 RPG 关系图

表 6-5-2　西古尔纳油田 Mishrif 组油藏高渗层常规测井识别标准

类型	自然伽马 GR/ API	电阻率 ILD/ Ω·m	高渗层识别特征参数 RPG	渗透率 K/ mD
高渗层	<10	>100	≥3	>120
好储层	10～15	30～100	1～3	30～120
中—差储层	>15	<10	<1	<30

2）裂缝孔隙型碳酸盐岩储层分类评价技术

哈萨克斯坦滨里海盆地的让纳若尔、肯基亚克盐下、北特鲁瓦和卡沙甘油田为裂缝孔隙型低渗或特低渗碳酸盐岩油藏，储层孔、缝、洞组合关系复杂，水驱油效率和波及程度差异大。为了进一步挖潜剩余油，深入开展储层分类研究，建立了裂缝孔隙型碳酸盐岩储层分类定量评价标准，将储层类型由以前的四类划分为六类，利用常规测井确定的储层类型与成像测井符合率在 80% 以上。

（1）裂缝孔隙型碳酸盐岩储层类型划分。

综合岩心和成像测井资料，考虑储集空间类型和储层孔隙连通性，根据不同类型储层在孔隙度和渗透率交会图上分布的特有位置，将储层划分为孔洞缝复合型、孔洞型、裂缝孔隙型、孔隙型、裂缝型和弱连通孔洞型等六种类型（图 6-5-2）。孔洞缝复合型、孔洞型储层物性好，为高级别储层类型；裂缝孔隙型和孔隙型储层物性中等，为中

等级别储层类型，弱连通孔洞型和裂缝型储层物性差，为低级别储层类型（Craig D H，1988）。

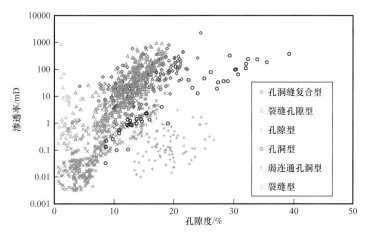

图 6-5-2　不同类型碳酸盐岩储层岩心孔渗关系

（2）裂缝孔隙型碳酸盐岩储层类型定量判别。

为了定量识别储层类型，利用常规测井曲线建立不同类型储层的定量识别标准。通过岩心分析结果结合岩石物理模型建立不同类型储层孔隙度解释模型，可以分别计算出总孔隙度 ϕ、裂缝孔隙度 ϕ_f、孔洞孔隙度 ϕ_c、非连通孔洞孔隙度 ϕ_{nc}；同时，利用声波时差与基质孔隙度的经验公式计算出基质孔隙度 ϕ_b（图 6-5-3）。在此基础上，根据不同类型储集空间的孔隙度大小，建立六类储层类型的定量划分标准。

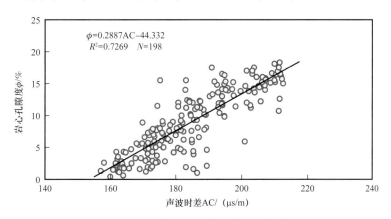

图 6-5-3　声波时差与岩心孔隙度关系图

① 当 $\phi_b < 6\%$，且 $\phi_f > 0.12\%$ 时，为裂缝型储层；

② 当 $\phi_b \geqslant 6\%$，$\phi_f < 0.12\%$，$\phi_{nc} > 0.75\phi$ 时，为弱连通孔洞型储层；

③ 当 $\phi_b \geqslant 6\%$，$\phi_f < 0.12\%$ 时，为孔隙型储层；

④ 当 $\phi_b \geqslant 6\%$，$\phi_f \geqslant 0.12\%$，$\phi_c < 3\%$ 时，为裂缝孔隙型储层；

⑤ 当 $\phi_b \geqslant 6\%$，$\phi_f \leqslant 0.12\%$，$\phi_c > 3\%$ 时，为孔洞型储层；

⑥ 当 $\phi_b \geqslant 6\%$，$\phi_f \geqslant 0.12\%$，$\phi_c \geqslant 3\%$ 时，为孔洞缝复合型储层。

3）裂缝孔隙（洞）型储层礁滩体内幕刻画和裂缝预测技术

土库曼斯坦阿姆河右岸裂缝孔隙型碳酸盐岩储层生物礁滩体平面连续性较差，纵向上多期叠置，受盆地经历多期构造运动影响，裂缝也较为发育，储层非均质性强。针对优质储层的识别与精细表征开展研究，形成巨厚盐膏层下缓坡型礁滩体刻画技术、五维OVT域多参数裂缝预测技术，精细表征生物礁滩体和裂缝的分布规律。

（1）巨厚盐膏层下缓坡型礁滩体刻画技术。

多级次相控高分辨率反演技术与生产动态资料相结合精细刻画生物礁滩内幕优质储层的分布特征。

① 低频模型建立。综合分析已钻井的地质及生产动态资料，明确地层厚度、地层顶面反射强度等敏感地震属性与生物礁滩储层相关性强。在此基础上，开展地震多属性模式识别，预测生物礁滩带平面展布规律，并将其作为平面约束条件，建立相控约束的阻抗低频模型。

② 岩相概率模型。基于相控阻抗低频模型开展波阻抗反演，结果显示生物礁滩体外部轮廓清晰，但是分辨率较低，无法有效刻画礁滩体内幕储层。为了进一步提升反演结果的分辨率，根据不同岩相阻抗值统计规律，建立估算岩相概率体模型，并将其作为高精度反演的空间约束条件开展精细储层反演研究。

③ 相控高精度反演。将岩相概率模型作为空间约束条件，开展地质统计学随机反演，并结合开发井的压力、试井、生产数据等动态资料，优选最终反演结果开展储层描述。多级次相控反演结果显示储层预测结果的分辨率明显提升，生物礁滩体形态更为合理，预测结果与各采气井的生产特征基本吻合。

（2）五维OVT域多参数裂缝预测技术。

结合阿姆河右岸岩心分析、区域地质、构造解释、电缆测井与FMI成像测井的研究成果，建立了基于"两宽一高"地震资料的叠前五维（即三维空间位置和偏移距、方位角）地震裂缝预测评价技术流程（图6-5-4）。

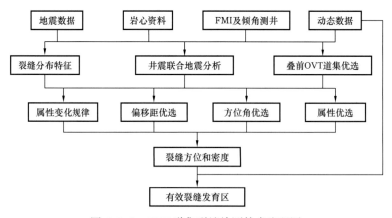

图 6-5-4 OVT 道集裂缝检测技术流程图

OVT域偏移处理得到的螺旋道集提供了更为精细的方位角划分，方位各向异性特征反映更为明显。通过单井成像测井裂缝识别结果与五维OVT域地震裂缝预测联合分析，建立测井识别裂缝与地震裂缝预测之间的关系，从而实现准确预测全区裂缝，裂缝展布方向和裂缝强度预测结果与 FMI 成像测井和采气井产能测试结果具有较好的一致性。

2.孔隙型生物碎屑灰岩油藏注水开发技术

伊拉克艾哈代布、哈法亚、鲁迈拉和西古尔纳油田均为孔隙型生物碎屑灰岩油藏，前者主要开发层系为 Kh2 组薄层油藏，后三者主要为 Mishrif 组巨厚油藏。生物碎屑灰岩油藏孔隙结构复杂，呈多种模态类型；纵向及平面受高渗条带分布影响，非均质性强。四个油田初期采用衰竭式开发，地层压力保持水平低（62%～66%）。注水开发后均出现含水快速上升，对油田稳产和上产造成较大影响。通过技术攻关，形成薄层油藏水平井整体注水稳油控水技术和巨厚生物碎屑灰岩油藏注水开发技术，支撑了中东油气合作区原油权益产量由 2015 年的 1110×10^4t 增加到 2020 年的 3503×10^4t。

1）薄层油藏水平井整体注水稳油控水技术

艾哈代布油田 Kh2 组为薄层中高孔中低渗孔隙型碳酸盐岩储层，储层中上部发育较薄的亮晶砂屑灰岩高渗层（厚度 0.5～3m，渗透率 762mD，渗透率级差 40 倍），局部区域发育断裂带和高黏油，导致水平井顶采底注开发模式下的注入水水窜严重。

艾哈代布油田 Kh2 组剩余油分布模式可划分为三类：高渗层全区分布主控模式、高渗层＋断层裂缝＋底水主控模式、高渗层＋高黏油局部分布主控模式（图 6-5-5）。高渗层剩余油分布控制模式的综合挖潜对策为控制注采强度，实施温和注水、差异化注水、不稳定交替注水，开展老井侧钻、堵水调剖等措施；高渗层＋断层裂缝＋底水剩余油分布控制模式的综合挖潜对策分为断裂带沟通天然水体较弱的区域和较强的区域，对于水体能量较弱的区域，适当增加油井两侧注水井注入水量，驱动两侧原油向中间生产井流动，对于断裂带沟通水体较强的区域，采用机械封堵和差异化注水方式；高渗层＋高黏

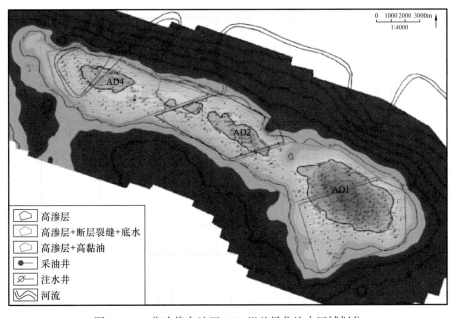

图 6-5-5　艾哈代布油田 Kh2 组差异化注水区域划分

油剩余油分布控制模式的综合挖潜对策为更加严格地控制注采强度减缓含水上升，新打注水井水平段避开高黏油富集小层，采取差异化注水、不稳定交替注水方式，开展老井侧钻、堵水调剖等措施。

通过优化水平井注采和差异化精细注水，艾哈代布油田 Kh2 组注水已由"点强面弱"转变为"面强点弱"，地层压力保持水平由 60.4% 恢复至 76% 以上，含水上升率控制在8% 左右，产量综合递减率由 2015 年注水前的 17% 下降至 2020 年的 10%。

2）巨厚生物碎屑灰岩油藏注水开发技术

哈法亚等油田 Mishrif 组为具有层状特征的巨厚生物碎屑灰岩油藏，有效厚度超过100m，纵向上存在分布稳定的物性夹层和高渗透"贼层"，笼统注水水窜严重，稳产难度大。

基于综合地质研究和生产特征分析，确定隔层、夹层、低渗透非储层的空间分布及组合模式，将哈法亚油田 Mishrif 组油藏由一套开发层系划分为 MB1-2A&B 层、MB1-2C 层、MB2-1 层和 MB2-2—MC1 层等四套开发层系。

基于平面上储量丰度及储层叠置模式分布特征、纵向上隔夹层及储层类型分布特征，制定平面分区、纵向分层细分层系注水开发策略。平面上分三期开发：一期动用油藏中部油层厚度较大区域，新建 $500×10^4$t/a 产能；二期动用一期东南侧区域，新建 $500×10^4$t/a 产能；三期动用油藏西北和边缘油层厚度较薄区域，新建 $1000×10^4$t/a 产能（图 6-5-6）。注水部署与产能建设保持一致，初期在一期集中注水，随后向二期、三期逐步扩展。纵向上细分为四套开发层系（图 6-5-7），其中 MB1-2A&2B 和 MB1-2C 两套开发层系为层状边水油藏，采用五点直井井网注水开发；MB2-1 开发层系为层状边水油藏，采用排状注采井网，油藏中部水平井采油，边部直井注水；下部 MB2-2 开发层系为块状底水油藏，采用油藏内部五点注采井网 + 边部注水的开发方式，水平井顶部采油，直井底部注水。

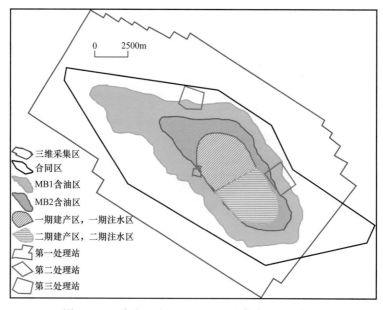

图 6-5-6 哈法亚油田 Mishrif 组油藏分区开发部署

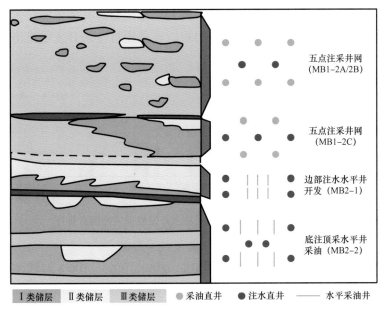

Ⅰ类储层　Ⅱ类储层　Ⅲ类储层　● 采油直井　● 注水直井　—— 水平采油井

图 6-5-7　哈法亚油田 Mishrif 组油藏细分层注水井网

哈法亚油田 Mishrif 组油藏自 2018 年开始实施规模注水，截至 2020 年 12 月底，共完成 45 个井组的转注工作，其中 23 口注水井实施了 MB1—2 层和 MB2—1 层的分层注水，10 口注水井实施了 MB2 层的底部注水。实施注水后，Mishrif 组油藏开发效果得到明显改善，地层压力保持水平由 2016 年的 62.2% 恢复至 2020 年的 71.7%，综合递减率由 2016 年的 28.3% 下降至 10% 以内。

3. 裂缝孔隙型碳酸盐岩油藏注水注气开发技术

哈萨克斯坦北特鲁瓦和卡沙甘等碳酸盐岩油田为裂缝孔隙型（弱）挥发性油藏，储层储集空间类型复杂，非均质性强。北特鲁瓦油田初期采用衰竭开发，导致地层压力保持水平仅有 50.9%，注水开发后恢复油藏压力与油井含水快速上升矛盾突出。卡沙甘油田为异常高压碳酸盐岩油藏，地层压力系数为 1.8，溶解气中 H_2S 摩尔含量为 17.8%，CO_2 摩尔含量为 5.1%，天然气处理能力不足制约了油田上产。通过技术攻关，形成了低压力保持水平弱挥发性碳酸盐岩油藏注水开发技术、低渗透碳酸盐岩油藏注气开发提高采收率技术，支撑阿克纠宾项目油气产量 $1000×10^4t$ 油当量长期稳产，卡沙甘项目快速建成 $1600×10^4t$ 油当量产量规模。

1）低压力保持水平弱挥发性碳酸盐岩油藏注水开发技术

北特鲁瓦油田转注水开发后，受储层裂缝发育影响，导致采油井过早水淹。以改善注水开发效果为目标，揭示影响不同类型储层注水开发效果的主控因素，建立两种类型储层注水开发技术政策图版，支撑北特鲁瓦油田开发形势持续改善。

（1）低压力保持水平弱挥发性碳酸盐岩油藏注水开发主控因素。

根据北特鲁瓦带凝析气顶边底水碳酸盐岩油田地质油藏特征，优选气顶指数、水体倍数、裂缝与基质渗透率比值、裂缝密度、井距、注采比、注水时机、注水方式等 8 个地质和开发因素，针对五点和反九点注水井网开展影响裂缝孔隙型储层注水开发效果主控因素研究。明确受应力敏感影响，注水时机、注采比对注水开发效果影响最大，裂缝密度、注采井距次之（图6-5-8）。

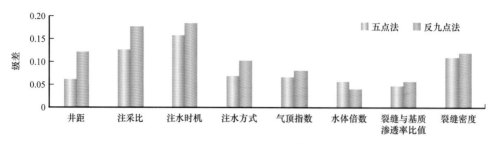

图6-5-8 裂缝孔隙型储层注水开发效果主控因素排序

（2）低压力保持水平弱挥发性油藏注水开发技术政策。

针对地层压力保持水平分别为60%、70%、80%、90%、100%时转注水开发，对采油速度、注采比、地层压力恢复水平、地层压力恢复速度等参数的合理取值进行论证，并建立相应的开发技术政策图版（图6-5-9至图6-5-12）。

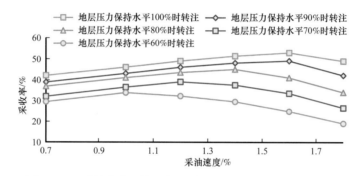

图6-5-9 裂缝孔隙型储层合理采油速度与转注时机关系图版

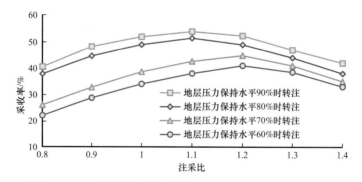

图6-5-10 裂缝孔隙型储层合理注采比与转注时机关系图版

2017年以来，北特鲁瓦油田通过不断完善和优化注采系统，改善注水结构，实现了地层压力保持水平由2015年的50.9%回升至2020年的60.0%，自然递减率由2015年的31.5%下降到2020年的11.7%，综合递减率由23%下降到10.6%。

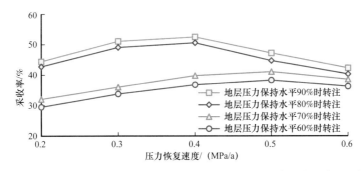

图 6-5-11 裂缝孔隙型储层合理地层压力恢复速度与转注时机关系图版

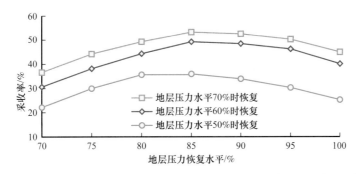

图 6-5-12 裂缝孔隙型储层合理地层压力恢复水平与转注时机关系图版

2）低渗透碳酸盐岩油藏注气开发提高采收率技术

哈萨克斯坦卡沙甘油田发育低孔、低渗透储层。针对低渗透储层注不进水、高含 H_2S 溶解气资源丰富、酸性气体处理费用高等挑战，明确影响注气开发效果的主控因素，确定伴生气回注开发技术政策，支撑卡沙甘油田实施酸性产出气直接回注开发。

（1）注气开发主控因素分析。

基于渗流理论，优选 10 个地质和开发参数，应用正交实验设计和数值模拟方法开展裂缝孔隙型油藏注气开发主控因素分析，明确影响注气开发效果的主控因素排序为：注采比＞井距＞采油速度＞注气时机＞基质渗透率＞地层倾角＞裂缝体积密度＞储层有效厚度＞裂缝与基质渗透率比值＞垂向与水平渗透率比值。

（2）低渗透碳酸盐岩油藏注湿气混相驱油开发技术政策。

根据前面的注气开发主控因素分析，基质渗透率、地层倾角、储层有效厚度主要反映基质储层物性特征，裂缝与基质渗透率比值、裂缝体积密度反映裂缝特征。为了在注气开发技术政策图版中充分反映基质储层物性和裂缝特征，分别建立了表征基质储层物性和井网特征的无因次系数 f_1、裂缝特征参数的无因次系数 f_2：

$$f_1 = \frac{L \times \cos\theta}{h} \times \frac{K_v}{K_h} \qquad (6-5-2)$$

$$f_2 = \frac{K_f}{K_m} \times \omega \qquad (6-5-3)$$

式中 f_1——储层井网特征参数；

f_2——裂缝特征参数，m^{-1}；

L——井距，m；

θ——地层倾角，(°)；

h——有效厚度，m；

ω——裂缝体积密度，m^2/m^3；

K_v——垂直渗透率，mD；

K_h——水平渗透率，mD；

K_f——裂缝渗透率，mD；

K_m——基质渗透率，mD。

建立了卡沙甘油田异常高压油藏数值模拟机理模型，并利用正交实验方法，确定了注采比、采油速度等开发参数与 f_1 和 f_2 两个无因次系数不同取值条件下的合理匹配关系，从而建立了基于 f_1 和 f_2 无因次系数的湿气回注技术政策图版（图 6-5-13 和图 6-5-14）。

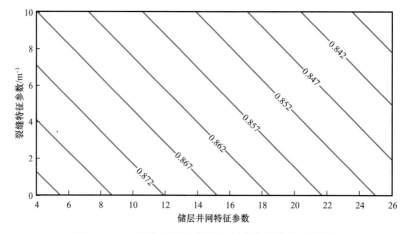

图 6-5-13　异常高压油藏注气开发合理注采比图版
图中数值为注采比

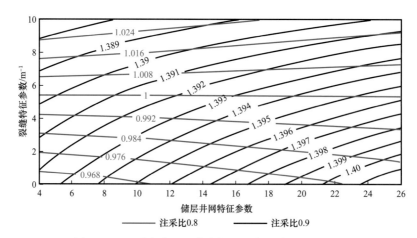

图 6-5-14　异常高压油藏注气开发合理采油速度图版
图中数值为采油速度 /%

卡沙甘油田自 2018 年以来实施了高含 H_2S 和 CO_2 伴生气直接回注，陆续有 6 口井转为注气井，油田日产油量从注气前的 2.7×10^4t 上升至 5.1×10^4t，动用地质储量采油速度达到 1.36%，年注采比为 0.82，建成了 1600×10^4t/a 产能规模。

4. 边底水裂缝孔隙型碳酸盐岩气藏开发技术

土库曼斯坦阿姆河右岸气田为边底水礁滩型碳酸盐岩气藏，储层类型以孔隙（洞）型、裂缝孔隙型、裂缝孔洞型为主；气藏边底水较活跃，水体倍数为 3～20 倍。气田群高效开发主要面临裂缝孔隙（洞）型碳酸盐岩边底水气藏水侵机理认识不清和控水稳产难度大等技术瓶颈。通过技术攻关，揭示边底水碳酸盐岩气藏水侵机理，制定不同类型气藏控水稳产技术对策，形成裂缝孔隙（洞）型边底水气藏控水稳产技术，支撑阿姆河右岸项目年产气由 2015 年的 134×10^8m³ 上升至 2017 年的 141×10^8m³ 并持续稳产，水气比控制在 60×10^{-6}m³/m³ 以内。

1）裂缝孔隙（洞）型边底水气藏水侵机理

阿姆河右岸项目气藏储层类型主要包括孔隙型、孔洞型、裂缝孔隙型和裂缝孔洞型等四种储层类型（成友友等，2017）。利用可视化驱替实验，揭示了裂缝孔隙型储层孔隙渗吸、裂缝突进、缝间锁气的水侵机理，明确孔隙型储层残余气主要封闭在细小孔喉中，裂缝孔隙型和裂缝孔洞型储层残余气主要分布在缝网间（表 6-5-3）。

表 6-5-3　裂缝孔洞型气藏水侵可视化实验结果

类型	水侵特征				无水期末地质储量采出程度 /%	采收率 /%
裂缝孔洞型气藏（模型 1）					51	66
裂缝孔洞型气藏（模型 2）					23	61

2）裂缝孔隙型边底水气藏控水稳产技术

边底水气藏开发过程中，气藏的水气比与采出程度的关系呈现三个阶段特征，即无水采气期、水气比快速上升期和高水气比生产期。研究显示：在无水采气期阶段，采气井射孔的避水高度 / 气柱高度对无水采出程度影响较大，因此在气田开发早期需要合理论证气井避水高度，延长气井见水时间；在水气比快速上升阶段，采气速度对水气比影响较大，因此在开发中期需要优化采气速度，控制水气比上升速度；在高水气比阶段，水体倍数决定最大水气比，因此气田开发中需要根据水体倍数设计地面配套污水处理设施，以保障气田平稳生产。

基于裂缝孔隙型边底水气藏不同开发阶段气藏开发调整策略，提出"早期避水、中期控水、晚期排水"的气藏整体治水对策。早期避水是综合考虑气藏储层的裂缝倾角、水体倍数等地质因素，优化新井井位部署，避开储层裂缝与边底水直接沟通区域；优化大斜度井的井轨迹，优化合理的避水高度，提高气藏的无水采出程度。中期控水是通过优化气藏采气速度、调整单井配产，实现气水界面整体均衡缓慢地抬升，避免边底水快速锥进。晚期排水是边底水气田开发后期气井必然会不同程度出水，优化排水采气工艺是延长采气井生产周期和提高气藏采收率的主要手段。目前国内外较常用的排水采气工艺主要有泡沫排水、连续气举、柱塞排水、电潜泵排水和速度管柱排水等。

基于边底水气藏控水稳产对策，阿姆河右岸项目边底水气藏获得了较好的控水稳产效果。别列克特利底水气田通过优化单井产量和采气速度实现地质储量采出程度约41%时的水气比控制在 $50×10^{-6}m^3/m^3$ 左右，扬古伊边水气田通过降低采气速度和内控外排实现水气比长期稳定在 $350×10^{-6}m^3/m^3$ 左右。

5. 复杂碳酸盐岩油气藏安全快速钻完井关键技术

碳酸盐岩油气藏钻完井作业过程中主要面临碳酸盐岩储层易漏失、土库曼斯坦阿姆河右岸盐膏层造斜稳斜及水平段延伸困难、哈萨克斯坦北特鲁瓦油田优质储层钻遇率低、伊拉克哈法亚油田泥页岩易垮塌等难题。通过一系列技术攻关研究，形成了复杂碳酸盐岩油气藏钻完井关键技术，包括碳酸盐岩储层防漏治漏技术、缝洞型碳酸盐岩气藏延长水平段钻井技术、低压碳酸盐岩油藏提高水平井优质储层钻遇率技术，实现了中亚和中东地区复杂时效降低30%以上，阿姆河右岸缝洞型碳酸盐岩气藏水平段由300m提高至600m以上，北特鲁瓦油田超低压碳酸盐岩优质储层钻遇率由20.75%提高到71.43%。

1）碳酸盐岩储层防漏治漏新材料

针对中亚和中东地区碳酸盐岩储层漏失机理不清，无法有效预防和快速处理漏失的难题，研发两种防漏治漏储层保护新材料，解决了缝洞型储层钻井液密度窗口窄导致的易漏瓶颈问题。

（1）响应型可控固化堵漏材料。

堵漏浆配方优化为清水 +50% FFPM–1+3.5% 的 1～3mm 桥堵颗粒 +2.5% 的 3～5mm 桥堵颗粒，评价该配方在 5mm、10mm 缝板模拟漏层中的封堵性能，在 5mm、10mm 缝板模拟漏层中可以形成有效驻留，且随着挤注量的增加，承压封堵能力逐渐升高，5mm、10mm 缝板中封堵承压能力分别高达 19MPa 和 10.1MPa。

（2）响应型可酸溶固结堵漏材料。

可酸溶固结堵漏配方：水灰比为 1：1.5，固化剂比例为 4：6～6：4，缓凝剂Ⅰ加量 0.6%～0.8%，缓凝剂Ⅱ加量 0.1%～0.25%，悬浮剂加量 1%，助滤剂加量 70%。

固化段塞在 150℃下的长期养护强度，固化段塞的高温稳定性可达 15 天，满足现场施工要求；平均酸溶率超过 80%，满足储层保护要求。

2）缝洞型碳酸盐岩气藏延长水平段钻井技术

阿姆河右岸卡洛夫阶—牛津阶缝洞型碳酸盐岩储层钻井漏失严重，水平井因造斜段无法避开上覆巨厚膏盐层导致井轨迹控制难度大，通过研发压力敏感型碳酸盐岩气藏钻井液体系、井眼轨道优化与轨迹控制技术，保障阿姆河右岸碳酸盐岩气藏安全钻井。

（1）压力敏感型碳酸盐岩气藏钻井液体系。

研发适用于缝洞型储层可酸溶复合屏蔽暂堵剂（QSY-3），在150℃下与混合酸（10%HCl+3%HAc+1%HF）和20%HCl反应3小时后彻底溶解，酸溶率大于90%。

以可酸溶复合屏蔽暂堵剂为基础，优化形成压力敏感型储层钻井液体系配方：6%预水化土浆+0.5%FA-367（强包被剂）+0.5%XY-27（降黏剂）+1.0%JT-888（降滤失剂）+1%～1.5%QS-2（增塑剂）+1.5%EP-1+3%QSY-3（复合屏蔽暂堵剂）。

（2）井眼轨道优化与轨迹控制技术。

① 井眼轨道优化。阿姆河右岸缝洞型碳酸盐岩气藏上覆巨厚膏盐层，水平井造斜段无法避开膏盐层。选择膏盐层上的欧特里夫阶泥岩层进行造斜，ϕ311.2mm井眼造斜率为4.5°～5.5°/30m，ϕ215.9mm井眼造斜率为5°～6°/30m。确定了"直—增—稳—增—稳"五段制井眼轨迹剖面。优化后造斜点下移150m，靶前位移缩短200m，定向井段缩短150m，节约钻井周期约10天。

② 井眼轨迹控制技术。造斜井段井眼轨迹控制重点是在不同的井眼条件下，选择不同角度的弯螺杆动力钻具来获得需要的造斜率，通过研究与之相关因素的影响规律，优选了固定角度为1.25°、1.0°的螺杆。通过模拟优化，采用以动力钻具为主钻进的增斜井段获得了较高造斜率。根据随钻测量工具（MWD）获取的定向参数，严格监控井眼轨迹，并实时调整和控制动力钻具的工具面，获得了较稳定的井眼全角变化率。典型钻具组合为：ϕ311.2mm钻头+ϕ215.9mm弯螺杆+配合接头+止回阀+定向接头+ϕ203.2mm随钻测量工具（MWD）+ϕ203.2mm钻铤6根+ϕ177.8mm钻铤6根+ϕ158.8mm钻杆60根+ϕ127mm钻杆。

水平井段采用异向双弯定向工具（DTU）组成了导向钻井系统，典型钻具组合为：ϕ215.9mm钻头+ϕ165mm弯螺杆+配合接头+止回阀+ϕ210mm稳定器+异向双弯定向工具（DTU）+ϕ165mm随钻测量工具（MWD）+ϕ127mm无磁承压钻杆1根+ϕ127mm钻杆+ϕ127mm加重钻杆60根+ϕ127mm钻杆。基于压力敏感型钻井液体系、井眼轨道优化与控制技术，实现了水平段钻井长度由初期300m增加至600m以上。

3）低压碳酸盐岩油藏提高水平井优质储层钻遇率技术

常规随钻中子测量采用化学中子源，其仓储、运输、安装、调试等全程存在辐射，作业风险高。因此，基于中子输运理论模型，自主研发非化学源随钻电激发式可控中子孔隙度测量系统，实现化学中子源的有效替代，保障了地层孔隙度参数的准确获取。

（1）基于加速器中子源随钻中子孔隙度测量方法。随钻中子仪器采用He-3探测器记录热中子和超热中子（图6-5-15），He-3计数管为一封闭的不锈钢管，管中充填He-3气体。中子入射到管壁进入管内与He-3发生（n，p）反应产生带电粒子，这些带电粒子具有很强的电离作用，从而产生大量的离子对，这些离子对会产生脉冲电流，产生脉冲的个数正比于与He-3发生反应的中子数量。

（2）中子孔隙度测量灵敏度。以可控中子源置于钻铤壁上（距离水眼中心7.5cm）为例，钻铤水眼内径为 7.6cm、外径为 17.2cm，源距位置分别为 25cm、28cm 和 55cm，在孔隙度为 0、10%、20% 和 35% 的条件下，随地层孔隙度增加，中子通量减小。

随钻可控中子孔隙度测量技术在哈萨克斯坦北特鲁瓦油田 H7205 井、H817 井等 4 口水平井中应用，实现北特鲁瓦油田储层钻遇率由 20.75% 提高至 71.43%。

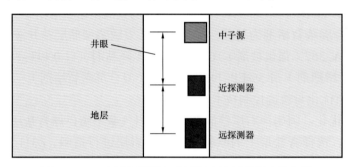

图 6-5-15　中子探测器与中子源在地层井眼中的位置

6. 复杂碳酸盐岩油气藏采油采气关键技术

中亚和中东地区碳酸盐岩油气藏在采油采气工程方面主要面临以下挑战：一是高气液比导致电泵和气举井人工举升效率低；二是碳酸盐岩储层纵向动用程度低，长井段水平井产液剖面不均；三是碳酸盐岩油气藏地层水矿化度高（$8.2×10^4 \sim 20.0×10^4$mg/L），调剖堵水难度大；四是边底水碳酸盐岩气藏堵水及排水采气难度大。针对上述难题，发展高气液比油气水多相管流动态预测方法、酸蚀裂缝与壁面蚓孔耦合优化方法，形成四项碳酸盐岩油气藏采油采气工程关键技术。

1）高气液比井举升工艺技术

哈萨克斯坦让纳若尔油田已经步入开发中后期，地层压力保持水平低导致高气液比特征，对井筒举升影响严重。基于实验建立井筒油气水多相管流动态预测方法，形成气举后期举升优化和接替技术、高气液比辅助电泵采油技术。

（1）复杂结构井井筒油气水多相管流动态预测方法。基于单井井斜角、生产气液比、液量、含水率等实际条件，采用多相管流实验平台，开展油、气、水三相注入实验模拟，建立段塞流、搅动流和环状流三者之间的转变关系，建立了不同流态压降预测模型，多相管流压降综合预测方法与常规模型相比，平均压力预测精度由 60% 提高到 84%。

（2）低压油藏气举后期举升优化和接替技术。哈萨克斯坦让纳若尔油田连续气举井数据分析表明，采用消除多点注气、加深注气深度及优化注气量等方法可实现气举效率的提升。另外，针对高气液比低产液量井可选择柱塞气举作为接替工艺。完成 2 口井柱塞气举和 3 口井智能控制间歇气举先导性试验，其中柱塞气举增产 20%～30%，日注气量节省 12%～62%；智能间歇气举井增产 60%～125%，日注气量节省 30%～42%。

（3）高气液比井气举辅助电潜泵采油技术。考虑气体影响的电泵特性，以常规电泵举升设计方法为基础，改进了多级离心泵设计过程，引入电泵合理工作区判定条件，建立了适用于高气液比条件下的电泵举升工艺设计方法。气举辅助电泵模拟实验表明，随着注气量的增加，产液量先增加后趋于平缓，但进一步增大注气量时，井筒降压有限，产液量趋于定值。不同频率下室内模拟产液量增幅分别为 44.78% 和 24.74%。

2）复杂碳酸盐岩储层酸化酸压工艺技术

基于拟三维裂缝延伸模型（Palmer，1993），考虑蚓孔、天然裂缝对酸压人工裂缝参数的影响，建立了裂缝孔隙型碳酸盐岩油气藏人工裂缝拓展模型，优化了碳酸盐岩酸蚀裂缝与壁面蚓孔耦合优化设计方法，研发了转向、暂堵、深穿透等工作液体系，形成了复杂碳酸盐岩储层酸化酸压技术，实现了单井增产。

（1）酸蚀裂缝与壁面蚓孔耦合优化方法。考虑储层中裂缝对蚓孔生长的影响，剖析裂缝壁面酸蚀蚓孔发育及酸液滤失行为，建立碳酸盐岩储层酸蚀裂缝参数与壁面蚓孔耦合模型，包括酸蚀裂缝与壁面蚓孔动态滤失模型、裂缝孔隙型碳酸盐岩储层酸化优化设计方法、酸压裂缝与酸化蚓孔耦合优化设计方法。该方法指导现场实施 505 段 / 层，酸压有效缝长等裂缝参数的预测准确度提高 10% 以上，设计与施工符合率从 85% 提升到 96.7%。

（2）复杂碳酸盐岩油气藏控水改造技术。注水开发导致井间油水关系复杂，水淹层与油层交错存在，缝高失控压窜上下水层或层内底水易导致暴性水淹。针对这些问题，研制纳米相渗调节和乳状液暂堵体系，两相流动实验数据表明，纳米相渗改善剂对油相渗透率影响较小，但能有效降低水相渗透率。乳状液暂堵体系在地层高含水区域的黏度不断提高，在孔隙中的流动阻力随之增加，从而起到较好的转向作用。2017 年到 2020 年间实施控水改造 77 井次，单井日均增油 6.4t，是改造前的 3.5 倍。

（3）复杂碳酸盐岩油藏提高改造体积关键技术。

① 自生酸与暂堵转向材料。

自生酸压裂液体系实现了酸压全裂缝的有效酸蚀及无残渣等问题；颗粒型转向剂容易进入裂缝较深部位形成桥堵；纤维型转向剂容易在裂缝端部集聚形成暂堵。暂堵转向系列改造材料耐温性达到 170℃，残渣率小于 3%，暂堵压力大于 30MPa。

② 长井段水平井暂堵转向分段改造工艺。

暂堵分层分段工艺主要包括转向球 + 大小颗粒暂堵分层分段和小颗粒、粉末、纤维组合暂堵转向改造。实验表明组合暂堵材料可以在缝内形成有效暂堵，最优配比为大颗粒 : 小颗粒 : 粉末 =2 : 1 : 2。

哈萨克斯坦让纳若尔和北特鲁瓦油田、伊拉克哈法亚油田局部采用水平井开发，实施提高改造体积深度酸压 58 井次，实现单井日均增油 36.8t，是改造前的 2.6 倍。

3）高矿化度碳酸盐岩油藏堵水调剖技术

哈萨克斯坦和伊拉克碳酸盐岩油藏地层水矿化度高（$8.2 \times 10^4 \sim 20.0 \times 10^4$ mg/L），储层非均质性强，储层动用差异大，含水上升快。针对这些挑战，开展抗盐耐温新型堵调体系研发、不同井型堵调工艺优化，形成高矿化度碳酸盐岩油藏堵水调剖技术。

（1）抗盐耐温堵调体系。引入耐温抗盐单体与长链烷基疏水单体，抑制自由基热氧化及水解；加入低温复合引发体系，控制聚合温度（11~12℃），合成了耐温抗盐聚合物。利用模拟盐水，基于耐温抗盐聚合物、耐高温交联剂与稳定剂，优化出抗盐耐温堵调体系配方：0.4%~0.6% 聚合物 +0.3%~0.5% 交联剂 +0.2%~0.3% 稳定剂。

（2）高矿化度碳酸盐岩油藏直井调堵工艺技术。该工艺首先注入适量水层暂堵剂，暂堵剂优先进入裂缝、高渗透条带等高含水层，然后二次注入适量油层暂堵剂，保护含油饱和度高的潜力层。基于热降解交联剂在温度作用下缓慢降解原理合成热敏暂堵剂，在 80～90℃温度条件下，固化时间可控制在 3～8h 之间；改变交联剂用量控制降解时间在 1～30 天之间，满足现场施工工艺要求。哈萨克斯坦北特鲁瓦油田现场试验，调堵实施后注水井注入压力升高 12～15MPa，视吸水指数下降 80%，对应油井平均含水下降 15 个百分点、日增油 9t，累计增油 2.28×10^4t。

（3）水平井控水增油工艺技术。碳酸盐岩油藏的水平井完井方式以筛管、裸眼为主，可以采用分段注入工艺和笼统注入工艺，解决水平井局部出水、全井水淹难题，实现控水增油。出水段明确的条件下，向裸眼井筒或管外环空注入高触变性的特殊流体，使其在局部水平空间形成全充填、高强度不渗透的固体阻流环即环空化学封隔器（ACP），且可实现分段注入；出水段不明确的条件下，根据物性差异，可笼统注入抑制局部出水。

环空化学封隔器材料利用片层结构脂基材料与多功能基团耦合交联形成，具备剪切变稀、剪切静止后结构迅速恢复的高触变特性，使其可实现对水平环空的立体完全充填，满足偏心、倾斜环空等不同井况的施工要求，与常规环空化学封隔器材料相比，性能大幅提升（孙德军等，2001）（表 6-5-4）。

表 6-5-4 环空化学封隔器材料性能对比

样品	类型	耐盐 / 10^4mg/L	耐温 / ℃	固化时间 / h	抗压强度 / MPa/m	适用井型
第一代 ACP	单官能团交联	<5	40～90	3～5	0.5～0.8	筛管完井
高性能 ACP	多功能团耦合交联	>12	40～130	3～24	2～4	筛管、裸眼完井

4）高矿化度碳酸盐岩酸性气藏排水采气技术

阿姆河右岸 A 区主力气藏地层压力系数已逐步降至 0.5～0.6，井底产生的积液导致产量下降；B 区表现为天然裂缝发育，高速开采导致边、底水快速突进。研发适用于高矿化度、酸性、高温气藏的泡沫排水剂体系，形成高矿化度碳酸盐岩酸性气藏排水采气技术。

（1）排水采气工艺适应性分析与优选。针对阿姆河右岸碳酸盐岩酸性气藏出水情况，对于产水初期或产水小于 $50m^3$/d 的井，推荐使用泡沫排水、连续油管排水以及二者组合工艺；对产水中后期或出水量大于 $50m^3$/d 的井推荐采用常规气举排水。

（2）高抗盐、酸性气体泡沫排水剂体系优选与性能评价。阿姆河右岸气田具有高温、高矿化度、高含酸性气体等特征，针对该气藏特点研发了 Gemini 表面活性剂主剂 + 纳米粒子稳泡剂 + 特征助剂的泡沫排水剂体系，测试表明该泡沫排水剂的抗盐可达 25×10^4mg/L，耐温达 150℃，抗 CO_2 达 100%，抗 H_2S 达 400mg/L。

2017—2020 年，优选连续油管通井、钻磨、喷洗 + 定点喷射与拖动酸化 + 排液复合工艺，在阿姆河右岸气田共实施 14 井次，治理后平均日产量增加了 127.9%，由 $25.8 \times 10^4 m^3$/d 增加到 $58.8 \times 10^4 m^3$/d，累计增气 $2.8 \times 10^8 m^3$。

三、应用成效与知识产权成果

1. 技术指标提升

以改善碳酸盐岩油气藏开发效果为目标，丰富了碳酸盐岩油气藏开发基础理论，攻关配套形成了 6 项碳酸盐岩油气藏开发技术系列，各项成果的技术指标实现了明显提升。

不同类型碳酸盐岩储层非均质性表征技术：建立孔隙型生物碎屑灰岩隔夹层及高渗层定量识别标准，实现隔夹层及高渗层厚度表征精度由 5m 提高至 2m；建立裂缝孔隙型碳酸盐岩储层分类评价技术，储层分类结果与开发动态符合率达到 81% 以上；创新基于窄方位的五维 OVT 域多参数裂缝预测技术，实现裂缝综合预测符合率由 60% 提高到 87.5%。

孔隙型生物碎屑灰岩油藏注水开发技术：制定生物碎屑灰岩薄层油藏分区差异化注水开发技术对策，实现地层压力保持水平由 60.4% 回升到 76% 以上；创新巨厚生物碎屑灰岩油藏基于内部隔夹层的分层系注水开发技术，实现水驱纵向波及系数从 60% 提高到 80%。

裂缝孔隙型碳酸盐岩油藏注水注气开发技术：明确影响裂缝孔隙型油藏注水开发效果的主控因素，建立低压力保持水平油藏注水技术政策图版，支撑北特鲁瓦油田自然递减由 2015 年的 31.5% 下降到 2020 年的 11.7%；明确影响注气开发效果的主控因素，建立低渗透油藏注气技术政策图版，支撑卡沙甘油田成功实施酸性湿气回注，快速建成 $1600 \times 10^4 t/a$ 产能规模。

边底水裂缝孔隙型碳酸盐岩气藏开发技术：揭示裂缝孔隙型储层孔隙渗吸、裂缝突进、缝间锁气的水侵机理；厘清不同开发阶段调整技术对策，提出"早期避水、中期控水、晚期排水"的边底水气藏整体治水对策，支撑阿姆河右岸项目气田群天然气上产和稳产 $140 \times 10^8 m^3$。

复杂碳酸盐岩油气藏钻完井关键技术：研发可控固化、可控酸溶防漏堵漏响应型新材料，支撑钻井复杂时效降低 30% 以上；建立缝洞型储层水平井轨道优化方法，研发可酸溶两性复合离子压力敏感型暂堵钻井液体系和抗盐高密度水泥浆体系，阿姆河右岸项目水平井首次实现盐膏层内造斜达到 80°、水平段长度由 300m 提高到 600m 以上；自主研发非化学源电激发式可控中子孔隙度测量系统，实现优质储层钻遇率由 20.8% 提高到 71.4%。

复杂碳酸盐岩油气藏采油采气关键技术：创新复杂结构井井筒油气水多相管流动态预测方法，发展高气液比井举升接替技术，注气效率提高 12%；揭示转向酸流变行为影响规律，研发新型泡沫转向酸和高性能多形态暂堵材料，实现单井产量提高 2.6～3.5 倍；研发新型苯环结构耐高温抗盐调剖体系，实现油井含水下降 15 个百分点；研发新型双亲结构的高抗盐泡沫排水剂，支撑阿姆河右岸项目平均单井日产气提高 1.3 倍。

2. 技术应用成效

研究成果有力支撑了中国石油海外复杂碳酸盐岩油气开发业务规模发展，助推中国石油海外油气权益产量突破 1×10^8t 油当量。碳酸盐岩油气权益产量由 2015 年的 3087×10^4t 油当量最高增加到 2020 年的 5390×10^4t 油当量，占中国石油海外总权益产量的"半壁江山"以上。

（1）有力推动了中国石油伊拉克碳酸盐岩油藏注水规模持续扩大，支撑了中东油气合作区碳酸盐岩持续规模上产。碳酸盐岩原油权益产量由 2015 年的 1110×10^4t 增加到 2020 年的 3503×10^4t，自然递减率由 2016 年的 16.5% 下降到 2020 年的 8.4%。

（2）有效保障了中国石油哈萨克斯坦裂缝孔隙型碳酸盐岩老油田产量递减减缓和新油田快速建产。哈萨克斯坦阿克纠宾项目老油田自然递减率由 2015 年的 15.1% 下降至 2020 年的 11.1%；卡沙甘项目成功实施高含 H_2S 产出气回注，节约了地面工程建设费用，解决了天然气处理能力不足的难题，快速建成了 1600×10^4t/a 产能规模。

（3）支撑了中国石油土库曼斯坦阿姆河右岸项目天然气持续上产和稳产 $140 \times 10^8 m^3$ 规模，水气比基本保持稳定。差异化治水对策实现总体水气比稳定在 $60 g/m^3$ 以下，气井出水形势得到有效遏制，项目年产气由 2015 年的 $134 \times 10^8 m^3$ 增加到 $141 \times 10^8 m^3$。

3. 知识产权成果

研究取得了丰富的有形化成果，形成 214 项有形化成果，其中发明专利 52 件、新材料和新装置 12 项、规范标准 8 项、软件著作权 21 项、专著 9 部、论文 112 篇；另外，获省部级及以上科技奖励 6 项，其中国家科技进步一等奖 1 项。

第七章 非常规油气（煤层气）
勘探地质理论与开发技术

煤层气是非常规油气资源类型之一，也是全球和中国最早实现工业生产的非常规油气资源。煤层既是烃源岩又是储层，煤层气主要以吸附状态赋存于煤层之中。煤岩按演化程度可分为低煤阶煤、中煤阶煤和高煤阶煤，低煤阶煤是指煤在热演化变质过程中最大镜质组反射率小于 0.65% 的煤，中煤阶煤是指最大镜质组反射率为 0.65%～1.90% 的煤，高煤阶煤是指最大镜质组反射率大于 1.9% 的煤。国外煤层气工业生产主要集中在中低煤阶煤层，而中国首先是在高煤阶煤层气工业生产获得突破，通过国家油气重大专项攻关，不仅形成了成熟的高煤阶煤层气勘探开发核心技术，提高了高煤阶煤层气的开发效率，并且中低煤阶煤层气工业生产取得重大突破，同时对煤层多气共采技术进行了现场示范，在煤层气与煤炭协调开发方面也取得了重要进展。煤层气作为一种清洁能源，开发前景广阔。

第一节 概 述

一、国外煤层气勘探开发进展

全球煤层气地质资源量可能超过 $260 \times 10^{12} m^3$，90% 分布在 12 个主要产煤国，其中俄罗斯、加拿大、中国、美国和澳大利亚的煤层气资源量均超过 $10 \times 10^{12} m^3$。目前美国、澳大利亚、加拿大等国家已进入了工业化开采阶段，实现了煤层气商业化生产，在全球产生了积极的示范作用，促进了煤层气工业的迅速发展。

1. 美国煤层气勘探开发现状

美国煤层气勘探开发始于 20 世纪 30 年代，前期勘探开发以粉河盆地中部为主；于 1953 年在圣胡安盆地钻探出第一口高产煤层气井，产量高达 $12000 m^3/d$。20 世纪 70 年代前美国煤层气以井下抽放为主，主要为煤矿井下安全生产；随后，美国加大了对煤层气的基础研究，通过对全美多个含煤盆地开展煤层气基础研究，在煤层气的储运机理和开采工艺方面取得一定新认识、新理论，在新认识的指导下初步完成 14 个含煤盆地的煤层气资源调查评价（Thakur et al.，2017）。20 世纪 80 年代，美国开始了大规模的煤层气勘探开发试验研究，在圣胡安、黑勇士等多个含煤盆地中开展煤层气综合调查评价，随后，开始进行大量煤层气井钻探开发。美国在其煤层气开发过程中，综合运用了当前最先进的油气钻完井技术，并根据煤层气产层埋藏深度及相应的储层特征、产出机理等与常规天然气储层的差异，研究开发出了一套适合煤层气勘探开发的地质选区和钻完井工艺技术，为经济高效地开发煤层气起到了巨大促进作用（傅雪海等，2005）。美国是最早开发煤层气资源的国家，截至 2012 年美国煤层气钻探井总数达 38000 口，年产量约 $540 \times 10^8 m^3$，占美国天然气年产总量的 10% 左右（Thakur et al.，2017）。目前美国煤层气勘探开发比较成功的主要有圣胡安盆地（上白垩统）、黑勇士盆地（石炭系）、粉河盆地（上白垩统—古新统）、拉顿盆地（上白垩统—古新统）、皮申斯盆地（白垩系）、阿科马盆地（石炭系）、尤因塔盆地（白垩系）、阿巴拉契亚盆地（石炭系）等 8 个区域，其中低煤阶盆地有粉河、尤因塔和拉顿盆地，粉河盆地已形成规模化生产，其中尤因塔和拉顿盆地为近年来发现的勘探新区。2011 年之后，美国非常规油气开发重点转向页岩气领域，煤层气产量开始下降，到 2019 年产量降至约 $240 \times 10^8 m^3$。

2. 澳大利亚煤层气勘探开发现状

澳大利亚的煤层气勘探始于 1976 年，是继美国成功开发利用煤层气之后在煤层气勘探方面进展较快的国家之一，主要原因是澳大利亚充分吸收美国煤层气资源评价和勘探、测试方面的成功经验，同时针对本国煤层含气量高、含水饱和度变化大、原地应力高等地质特点进行深入研究，开发水平井高压水射流改造技术，从而在煤层气勘探上取得了重大突破。澳大利亚煤层气主要分布于东部悉尼盆地、鲍恩盆地和苏拉特盆地，主要目的层为二叠系—三叠系。勘探开发开始于 20 世纪 80 年代，通过综合分析美国煤层气勘探开发成功经验，结合国内地质特征，形成于适用于国内特色钻井技术，大大提高煤层气开发的效率。截至 2010 年共钻探煤层气井 5200 口，年产量达到 $65.50 \times 10^8 m^3$，2011 年年产气量达到 $73.50 \times 10^8 m^3$，钻探施工和煤层气的产气量主要分布于鲍恩盆地和苏拉特盆地（Lau et al.，2017）。其中，鲍恩盆地面积约为 $20.00 \times 10^4 km^2$，二叠系为盆地内的主要烃源岩，变质程度较高，煤类以肥煤为主，储层以低渗透储层为主，煤层埋深普遍浅于 1000m，厚度适中，区内以 U 形井为主，单井日产气量最高为 $60000m^3$，最低为 $3000m^3$，资源条件良好。苏拉特盆地面积约为 $30.00 \times 10^4 km^2$，为白垩纪—第三纪含煤盆地，煤类以褐煤和长焰煤为主，盆地内煤层埋深浅于 650m，煤层厚度适中，储层以高渗透储层为主，目前为全世界范围内低煤阶煤层气勘探开发最成功的盆地之一，区内累计煤层气钻井约有 2500 口，单井日产气量最高为 $28000m^3$，最低为 $3000m^3$，开发前景广阔（Thakur et al.，2017）。随着开发领域拓展，澳大利亚煤层气产量逐年增加，2019 年产量增长至约 $401 \times 10^8 m^3$。

3. 加拿大煤层气勘探开发现状

加拿大晚古生代以来沉积岩系广阔发育，含煤岩系主要形成于晚古生代和中生代，全加拿大有 17 个赋煤区域，主要分布于阿尔伯塔省（Drobniak et al.，2004）。加拿大煤层气勘探开发起步比较晚，20 世纪 80 年代在其西部的阿尔伯塔盆地开展了一系列的煤层气勘探工作，初步对阿尔伯塔盆地煤层气开展了资源评价，估算地质资源储量为 $5.16 \times 10^{12} \sim 16.66 \times 10^{12} m^3$，可采储量约为 $3 \times 10^{12} m^3$。初期区内钻探煤层气井约 250 口，大部分产量较低，仅有 3 口井产气量达到 3000m^3/d（Towler et al.，2016）。21 世纪以来，加拿大煤层气勘探开发快速发展，政府和当地石油公司对煤层气投入大量勘探开发先导性试验，钻探数量不断增加，产量逐渐增加，2010 年产量为 $140 \times 10^8 m^3$。2011 年之后，跟美国一样，非常规油气开发重点转向页岩气领域，煤层气产量开始下降，到 2019 年产量降至约 $47 \times 10^8 m^3$。

二、中国煤层气勘探开发进展和现状

我国是煤层气资源大国，煤层气资源量位居世界第三。根据最新的油气资源评价资料显示，我国 2000m 以浅的煤层气资源量达 $30.05 \times 10^{12} m^3$，1500m 以浅可采资源量约为 $10.90 \times 10^{12} m^3$（徐凤银等，2021）。其主要分布于东部、中部、西部和南部等四大区域。主要富集于海拉尔盆地群、二连盆地群、鄂尔多斯盆地、沁水盆地、准噶尔盆地、滇黔贵、吐哈、塔里木和伊犁盆地等盆地（李景明等，2009；刘志逊，2018）。

我国煤层气资源勘探开发开始于 20 世纪 60 年代，前期以矿井瓦斯抽放为主（康德忠，1993）。20 世纪 90 年代结合美国煤层气勘探开发经验在国内开展煤层气资源评价和技术的探索，在国内部分区域开展煤层气勘探试验，经过几十年的探索，在煤层气资源评价、储层表征、增产和排采技术等方面取得一定的成果。21 世纪初期，为加快推进煤层气勘探开发进程，设立"973"煤层气专项，从基础理论和工程技术开展全面系统的研究。在沁水盆地、阜新盆地和鄂尔多斯盆地东南部的韩城地区初步实现了煤层气的商业化开发，取得了煤层气勘探开发重大突破（李登华等，2018），2007 年全国累计探明储量 $1343 \times 10^8 m^3$，年产量 $3.2 \times 10^8 m^3$。

2008 年国家油气重大专项实施以来，我国煤层气产业进入快速发展时期。经过国家专项三个五年计划的攻关，中国煤层气的储量和产量大幅提升，高煤阶煤层气勘探开发适用性配套技术已形成，中低煤阶煤层气勘探开发适用性技术初见雏形。在"十一五"后期，煤层气钻井每年增加约 1000 口，发现了沁水煤层气田和鄂东煤层气田两个超过千亿立方米的煤层气气田（桑逢云，2015），"十一五"末全国累计探明储量 $2619 \times 10^8 m^3$，年产量 $15.67 \times 10^8 m^3$。我国"十二五"期间煤层气勘探开发工作不断深入，产量也不断增加，截至 2015 年底累计完成煤层气钻井直井 17103 口，水平井 709 口。"十二五"末全国累计探明储量 $5638 \times 10^8 m^3$，年产量 $41.96 \times 10^8 m^3$。"十三五"期间将低阶煤煤层气勘探列入计划，截至 2020 年底，中国累计钻直井 19540 口、水平井 1677 口，投产 12880 口，累计探明储量 $7259 \times 10^8 m^3$，产量 $67 \times 10^8 m^3$（徐凤银等，2021）。

三、中国煤层气面临的挑战

2008 年国家油气重大专项立项之前，我国煤层气虽已进入规模建产期，但存在诸多理论技术问题制约着煤层气产业的发展。

1. 整体资源探明率低，后备产业接替区缺乏

我国煤层气资源具有成煤条件多样、成煤时期多、煤变质作用叠加、构造变动多样和复杂、储层非均质性强、等一系列特点，与美国、加拿大相比，我国煤层气总体开发难度要大得多，尽管高煤阶煤层气产量有所突破，进行了樊庄 $5.5 \times 10^8 \mathrm{m}^3/\mathrm{a}$、潘庄 $5 \times 10^8 \mathrm{m}^3/\mathrm{a}$ 煤层气产能建设，但整体来看，2008 年资源探明率仅为 3‰，不同煤阶后备建产区块缺乏。

2. 单井产量低，整体处于低效开发

受资源禀赋、开发技术水平、不同煤阶煤层产气机理及产能差异性大等因素影响，我国煤层气单井产量偏低。据统计，项目立项前，我国煤层气生产井平均单井产气约 $580 \mathrm{m}^3/\mathrm{d}$，产能到位率约 29%，实现效益开发任重而道远。

3. 勘探开发适用性配套技术缺乏

整体上看我国的大多数煤层气开发方案是从常规油气田开发方案中套用过来的，开发技术是从国外开发技术中"移植"过来的，具有开发方案的针对性不强、开发技术的适应性差的特点，难以有效开发煤层气资源。针对不同煤阶煤层的含气性、物性、储层可改造性、产能等适用性的井型优选、井网井距、增产措施及排采等适用性技术对策缺乏。

4. 煤矿区煤层气与煤炭协调开发技术亟须构建

煤矿区煤层气赋存条件复杂，开发利用技术保障困难，煤矿区煤层气地面和地下抽采还存在许多基础理论和关键技术难题，煤矿瓦斯治理已是煤矿安全的头等要务。煤矿区煤层气开发与煤炭开采关系密切，两种资源同源共生但又相互影响，如何发展煤矿区煤层气抽采和利用关键技术、形成煤层气与煤炭一体化协调开发技术和模式，已成为煤矿区煤矿瓦斯治理和煤层气开发必须攻克的科技难题。

四、煤层气国家科技重大专项立项情况

针对中国煤层气面临的挑战和瓶颈问题，2008 年国家科技部设立了"大型油气田及煤层气开发"国家科技重大专项，"十一五"至"十三五"期间连续滚动支持煤层气（包含煤矿区）勘探开发理论、关键技术和装备及进行科技攻关。"十一五"期间设置了 10 个项目和 6 个示范工程，重点对沁水盆地和鄂尔多斯盆地高煤阶煤层气勘探开发理论、关键技术和装备及晋城、两淮和松藻煤矿区煤层气与煤炭协调开发和瓦斯抽采利用关键技术装备进行科技攻关。"十二五"期间设置了 10 个项目和 6 个示范工程，在"十一五"研究基础上，进一步凝练攻关目标，突出煤层气（包含煤矿区）核心技术攻关，新增了深煤层煤层气开发技术研究及装备研制攻关项目，并开始了中低煤阶煤层气的前期研究和技术攻关。"十三五"期间设置了 5 个项目和 4 个示范工程，在前期研究的基础上，重点加强中低煤阶煤层气勘探开发和煤系多气共采理论、关键技术和装备的攻关（表 7-1-1）。

表 7-1-1　"十一五"至"十三五"期间煤层气项目／示范工程立项情况

项目／示范工程名称	责任单位	时间
山西沁水盆地南部煤层气直井开发示范工程	中联煤层气有限责任公司	"十一五"至"十二五"期间
山西沁水盆地煤层气水平井开发示范工程	中国石油华北油田公司	
鄂尔多斯盆地石炭—二叠系煤层气勘探开发示范工程	中国石油煤层气有限责任公司	
山西晋城矿区一体化煤层气开发示范工程	晋城煤业集团	
两淮矿区煤层群开采条件下煤层气抽采示范工程	淮南矿业集团	
重庆松藻矿区复杂地质条件下煤层气开发示范工程	松藻煤电公司	
煤层气富集规律研究及有利区块预测评价	廊坊中石油科学技术研究院	
煤层气储层工程与动态评价技术	中国矿业大学	
煤层气地球物理勘探关键技术	中国石化勘探开发研究院	
煤层气钻完井技术及装备研制	中国石油集团钻井工程技术研究院	
煤层气完井与高效增产技术及装备研制	廊坊中国石油科学技术研究院	
煤层气排采工艺与数值模拟技术	中国石油煤层气有限责任公司	
煤层气田地面集输工艺及监测技术	中联煤层气有限责任公司	
煤层气与煤炭协调开发关键技术	煤炭科学研究总院	
煤矿区煤层气高效抽采、集输技术与装备研制	煤炭科学研究总院	
煤层气开发技术经济评价及产业支撑研究	中联煤层气有限责任公司	
深煤层煤层气开发技术研究及装备研制	中联煤层气有限责任公司	
鄂尔多斯盆地东缘煤层气开发示范工程	中国石油煤层气有限责任公司	
中低煤阶煤层气规模开发区块优选评价	中国石油集团科学技术研究院	"十三五"期间
煤层气高效增产及排采关键技术研究	中国石油煤层气有限责任公司	
新疆准噶尔、三塘湖盆地中低煤阶煤层气资源与开发技术	新疆维吾尔自治区煤田地质局	
滇东黔西煤层气开发技术与先导性试验	中联煤层气有限责任公司	
煤矿区煤层气抽采利用关键技术与装备	煤炭科学研究总院	
沁水煤层气一体化高效开发示范工程	中国石油华北油田分公司	
鄂东缘深煤层煤层气与煤系地层天然气整体开发示范工程	中国石油煤层气有限责任公司	
临兴—神府地区煤系地层煤层气、致密气、页岩气合采示范工程	中联煤层气有限责任公司	
山西重点煤矿区煤层气与煤炭协调开发示范工程	晋城无烟煤矿业集团有限责任公司	

第二节　高煤阶煤层气地质理论与开发技术

一、背景、现状与挑战

1.高煤阶煤层气产业背景

我国高煤阶煤层气地质资源量约 $9.3 \times 10^{12} m^3$，可采资源量 $3.6 \times 10^{12} m^3$。从地质条件、资源潜力和开发条件等综合考虑，沁水盆地（樊庄、郑庄、潘河）、鄂尔多斯盆地东缘南部（韩城、延川南、大宁—吉县）及川渝滇黔（织纳、筠连）地区高煤阶煤层气均具有可开发建设的条件。在项目立项前，沁水盆地由于勘探早、建产早，已成为国内相对成熟的高煤阶煤层气产业基地，尤其是沁水盆地南部，基本实现了产、运、销一体化，开展示范工程建设具有典型引领作用。沁水盆地位于山西省东南部，在上古生界石炭系—二叠系广泛发育煤层，由上到下共有 15 个煤层，其中工业化可采煤层主要是二叠系山西组 3# 煤层和石炭系太原组 15# 煤层，均为最大镜质组反射率大于 1.9% 的高煤阶煤储层。

沁水盆地煤层气勘探工作始于 1994 年，中国石油股份有限公司煤层气勘探项目经理部、晋城矿务局、中联煤层气有限责任公司（以下简称中联公司）三家单位合作，进行整个沁水盆地和以晋城、阳泉地区为核心的综合评价、富气条件和选区研究，开展了煤层气勘探和开发试验评价，取得了突破性进展，到 2005 年时：晋城矿务局在潘庄区块钻探井 7 口，获得工业气流；中联公司在樊庄区块钻探井 4 口，其中 TL007 井最高日产气量超 $1 \times 10^4 m^3$；中国石油钻井 12 口（含排采井组一个），投入排采试气井 11 口，单井日产气在 1000～3500m³。2005 年，中国石油授权华北油田开始对沁水盆地南部煤层气进行工业化开发，截至项目立项前（2008 年底），累计完成二维地震测线 124 条 1284.6km，二维地震测网密度达到（0.5×0.75）～（2×4）km，累计完成三维地震 4.16km²，面元 20m×40m，在樊庄—郑庄—潘庄区块探明含气面积 344.86km²，煤层气地质储量 $665.86 \times 10^8 m^3$，在樊庄—郑庄—潘庄区块钻探直井 774 口、水平井 53 口，投产直井 528 口，水平井 53 口，合计建产能 $7.77 \times 10^8 m^3/a$，日产气 $88 \times 10^4 m^3/a$ 左右。初步建成中国第一个数字化、规模化煤层气田产业化开采基地，并在沁水县端氏镇开始建设煤层气处理中心，为快速进行商业化运营做准备。

2.高煤阶煤层气地质研究现状

在油气重大专项立项前，通过国家煤层气"973"项目研究，建立了中国高煤阶煤层气的地质理论，主要包括：（1）煤层气吸附理论，建立了温压综合作用下煤吸附甲烷量模型，解决了深部较高温度和压力条件下煤层气含量和资源预测参数问题；（2）高煤阶煤层气富集理论，阐明了构造、水动力条件和封盖条件是高煤阶煤层气藏成藏三大关键控藏因素及其控藏作用机制，建立了中国高煤阶煤层气成藏模式，提出了煤层气向斜富集理论；（3）煤储层弹性自调节效应理论指出，排采过程中煤储层渗透率变化机制是地应力增加引起裂隙闭合和煤层气吸附／解吸引起的煤基质膨胀／收缩的综合效应，揭示了开发过程中煤储层微观变化的根本（赵贤正等，2016）。

通过高煤阶煤层气勘探实践，基本搞清楚了沁水盆地南部的地质情况。一是沁水盆地的构造格局得到认识，沁水盆地东依太行山隆起，南接中条山隆起，西邻吕梁山隆起，北靠五台山隆起，整体形态为一大的复式向斜构造，盆地内部构造变形相对简单，以平行展布、相间排列的次级背、向斜为主，断裂构造次之。二是认识到沉积控制煤储层分布规律，石炭系—二叠系为三角洲间湾活水泥炭沼泽沉积，具有沉积环境稳定、成煤母质类型好、利于煤层气生成的特点。三是地层认识清楚，含煤地层主要是上石炭统太原组和下二叠统山西组。本溪组、下石盒子组均只含薄煤层或煤线，未发现具经济价值的可采煤层。其中，主要可采煤层为二叠系山西组 3# 煤和石炭系太原组 15# 煤，平面上分布较为稳定。四是煤层埋深变化大，从 3# 煤层顶面埋深情况看，总体呈盆地中部埋藏深、周边埋藏浅的格局，潘庄区块、樊庄区块及郑庄区块南部等埋深小于 1000m。四是对储层特征认识清楚：山西组 3# 和太原组 15# 煤层中主要发育两组外生裂隙，密度可达 530～580 条 /m，宽度大于 1μm，割理充填不明显，两组裂隙构成的网络，为煤层气和水的运移提供了通道，但割理长度和网络性差，成为抑制本区煤层气产量的主要因素；煤层物性差、非均质性强，煤岩孔隙度平均 5.24%，渗透率总体小于 0.5mD；煤岩显微组分以镜质组为主，为中—低灰分优质煤。五是煤层普遍含气，生气量大小随煤阶增高而增大，含气量一般在 20m³/t，局部受水动力及断裂影响含气量下降。六是煤层气藏模式是单斜承压水封堵成藏，顶底板岩性对气藏保存影响较大，斜坡带高部位为甲烷风化带，中部为饱和吸附带，断槽区为低解吸带。七是煤层气富集主控因素受构造及热演化、煤阶、水动力、顶底板封盖性等因素综合控制（邹才能等，2015）。

3. 高煤阶煤层气开发技术现状

经过前期试采及开发工作，在开发技术方面取得了较多突破，获得了一批开发技术成果：一是形成山地浅层二维地震采集、处理及解释技术，通过叠前偏移处理、针对煤层强反射轴目标层处理成果，深化了开发地质认识，为进一步搞清楚开发区构造格局、储层分布提供了依据。二是形成了煤层气实验评价技术方法系列，通过开展煤层气含量测定、等温吸附实验等，深化了煤储层评价、煤层含气性评价等开发认识。三是形成了有利目标区优选技术，依据煤储层含气量、含气饱和度、资源丰度、储层渗透率、临储压力比及试采等资料，确定有利建产目标，提升了开发针对性。四是形成了直井、多分支水平井等井型为核心的井型组合、井位优化等井网部署技术，直井为正方形井网、300m×300m 井距，多分支水平井在主支长度优化（800～1200m）、水平井控制面积、分支长度（0.2～0.5m）、主支与分支的夹角（15°～30°）、分支之间的距离（80～150m）及主分支方向与地应力之间的关系等优化设计技术。五是形成了适合山地地形的"枝上枝"集输管网设计及地面建设技术。六是形成了相关配套排采工艺技术系列及"五段三压"排采管理方法，自主设计研发自动化控制设备，实现了煤层气井排采自动化控制（秦勇等，2012）。

4. 高煤阶煤层气开发面临的挑战

尽管取得了煤层气产量的突破，进行了樊庄 $5.5 \times 10^8 m^3/a$、潘庄 $5 \times 10^8 m^3/a$ 煤层气产能建设，但在立项前，沁水盆地南部的开发工作仍面临较多挑战：一是对煤储层高渗透区带、含气性预测和认识还比较欠缺，沁水盆地煤岩储层具典型"三低"特征：低压力、低渗透率、低饱和度，且非均质性强，缺乏相应的预测技术手段和方法。二是"甜点区"预测参数求取难度大、精准度偏低，分析与产量密切相关的有利区参数，煤体结构平面预测准确度低、天然裂缝预测手段及方法适应性差、基于大区研究的地应力结果与局部地应力差异大等。二是对中高煤阶煤层气的合理井型、井距还需进一步研究，以保证储量的最大控制及有效动用。三是还没有形成一套适合高煤阶煤层特点的压裂技术，煤层为有机质储层，塑形强、可压缩，泊松比高、杨氏模量低，压裂时造缝困难、易砂堵，需要创新压裂改造工艺技术，提升有效控制储量面积。四是多分支水平井推广应用还存在多个方面的技术难题，表现为钻井难度大、成本高，由于水平井井型结构复杂、煤岩破碎、易坍塌、局部地质构造复杂、钻井事故多、后期改造难度大，影响排采及产气效果，需要进一步优化适于高煤阶煤层气的水平井井型。五是目前排采制度还不完善，排采过程控制参数不够合理、排采周期长、效率低，排采技术还需要进一步量化提升。六是自动化技术需要转型升级，以适应煤层气排采井生产到后期时井口流压低的现状（朱庆忠等，2015；朱庆忠等，2018）。

二、高煤阶煤层气地质理论

1. 高煤阶煤层气富集高产靶区成因机制

通过解剖典型单元，建立全尺度微观孔隙结构测试和气体流态表征技术，从富集、可采、产出机制等三个方面开展攻关，提出高产靶区成因机制地质认识。

断裂系统和水动力作用控制煤层气富集。室内实验及分子模拟结果表明，高煤阶无烟煤壁面存在"亲水位点"和"疏水位点"；水分子优先吸附在"亲水位点"，并聚集成簇；甲烷优先吸附在"疏水位点"。从微观机制上来说，水的侵入抢占煤表面的亲水位点，解吸附的甲烷溶解于水并被活跃水体带走。当大量水挤占甲烷吸附位，造成煤层含气量降低。

水体通过活跃通道调节了气体富集。从宏观机理上来说，由于水动力的调节，在断裂系统、地面露头和水体相对活跃的高含水向斜区带附近，含气量不同程度降低。断裂系统的存在，会使相邻富水层与煤层连通，对煤层气封存极为不利，造成煤层气散失，影响煤层含气性，是制约煤层气富集和开发重要因素之一。当煤系地层中发育有含水层或导流层，且煤层上覆或下伏岩层密封性差，甲烷在浓度差作用下，会以扩散方式进入含水层，并被流动着的地下水持续带走，导致区域煤层含气量下降。根据地下水对煤层气富集的影响程度，可以划分为补给区、强径流区、弱径流区和滞留区（图7-2-1），不同类型的地下水分布造成煤层含气量差异（宋岩等，2007）。

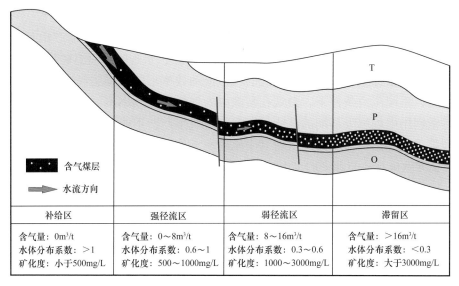

补给区	强径流区	弱径流区	滞留区
含气量：0m³/t 水体分布系数：>1 矿化度：小于500mg/L	含气量：0~8m³/t 水体分布系数：0.6~1 矿化度：500~1000mg/L	含气量：8~16m³/t 水体分布系数：0.3~0.6 矿化度：1000~3000mg/L	含气量：>16m³/t 水体分布系数：<0.3 矿化度：大于3000mg/L

图 7-2-1　地层水分区示意图

　　煤体结构和微构造形态控制煤层气可采。煤体结构体现煤层各组成部分颗粒大小、形态特征及其组合关系，对煤储层改造效果有重要影响，按被破坏程度划分为原生结构、碎裂结构、碎粒结构和糜棱结构四类。以原生结构为主的煤层可改造性强，压裂易形成单缝、长缝。以碎粒—糜棱结构为主的碎软煤层可改造性差，压裂造缝困难，实验研究和现场实践表明，碎软煤区渗透率一般小于 0.01mD，是天然的渗透分割带，同时由于其破碎程度高，形成煤岩特殊的"岩性界面"。微构造发育区应力集中，煤储层可改造性差。复杂微构造形态在强挤压应力作用下形成，煤储层波状起伏且构造形态陡而窄，易造成碎裂煤和断层发育，不利于布井和改造（杨延辉等，2015）。

　　微观孔裂隙结构和气体流态控制煤层气产出。纳米级空间占主导地位，微裂隙孔喉分布制约着动用能力。高压压汞实验测试煤岩孔隙结构数据表明，煤岩内 10nm 以下孔隙含量大于 60%，100nm 以下孔隙含量大于 85%。75% 的渗透率贡献来自微米级孔隙或者微裂缝，说明储层动用过程中纳米级空间是主要储集空间，但是对渗流的贡献较弱。从主流喉道及平均喉道关系可以得出，主流喉道随着渗透率的增大呈现增大趋势，而且主流喉道大部分大于 1μm，其中 1.5~2μm 之间分布比较密集，说明渗流过程主要依靠微裂缝。平均喉道半径同样随渗透率增大有增大的趋势，大部分集中于 20~40nm，平均喉道半径小，制约着煤储层的动用能力（Qingzhong Zhu et al.，2019）。

　　煤层气主要以吸附态赋存于 2nm 以下孔隙中。基于分子模拟的煤层气微观赋存状态研究结果表明，对于 3nm 孔隙，密度在壁面附近存在峰值，说明受壁面相互作用影响，有相对较多的甲烷吸附在壁面附近形成吸附相。对于 2nm 和 1nm 孔隙，自由相消失，只存在吸附相和溶解相。2nm 孔隙存在两个明显的吸附层（即第一吸附层）和两个微小的吸附层（即第二吸附层，较高压力时才存在），是自由相恰好消失的临界孔隙尺寸。1nm 孔隙中，由于两侧壁面对甲烷相互作用的叠加，两个吸附层逐渐合并为一个吸附层，且受叠加作用的影响吸附层的密度明显大于 3nm 和 2nm 的情况。也就是说，在小于 2nm 的孔隙中，煤层气以吸附态存在，大于 2nm 的孔隙中，开始出现游离态甲烷。

利用低场核磁共振技术对煤层气生产过程中不同赋存状态甲烷产出量进行测试（图 7-2-2），结果表明，生产的煤层气是以吸附气为主，呈现吸附—游离复杂的转换流动状态。不同压力条件下，微观孔裂隙内的气体流动效率不同。煤层气流态曲线测试与分析结果表明，不同压力条件下，微观孔裂隙内的气体流动效率不同。煤层气在采出过程中，要尽量利用甲烷解吸早期的高能量期进行放气生产，不能进行长期憋压而导致有限的微观裂隙中的能量因损失而降低对其中水的驱动作用，尤其是在解吸早期，发生长时间的停产会导致微观孔裂隙中的水无法有效驱替，从而降低排采效率（姚艳斌等，2016）。

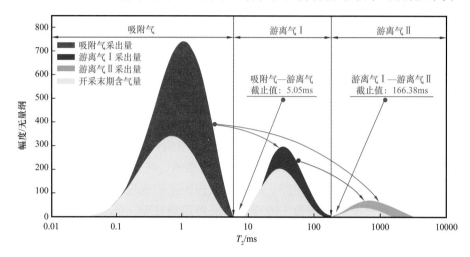

图 7-2-2　甲烷赋存状态 T_2 截止值标定结果

2. 高煤阶煤层气系统弹性自封闭成藏机理

在煤层气成藏过程中，煤基块吸附煤层气使其自身发生膨胀，对煤储层中天然裂隙面形成相对挤压，导致裂隙相对闭合；吸附煤层气的直接原因是流体压力增大，使得相同构造应力场条件下煤储层所受有效应力减小，对煤储层中天然裂隙面造成相对拉张，导致裂隙相对开张。这两种效应都是煤的自身弹性能分别对不同地质诱因响应的结果，可以将前者称为煤储层弹性自调节负效应，后者称为弹性自调节正效应。在地层条件下，煤储层天然裂隙开合程度的变化，正是这两种效应直接综合作用的结果，称为煤储层自调节综合效应（秦勇等，2013；吴财芳等，2012，2014）。

煤体的弹性自调节效应受到流体压力、煤级的控制。通过渗透率改变来对其度量，煤储层孔隙、裂隙流体压力增大，综合效应逐渐减弱。煤级与煤储层弹性自调节综合效应呈负相关关系，且这一关系严格受到煤结构演化的控制。煤储层弹性自调节综合效应存在"平衡点"，在这一煤化程度位置，在埋深及构造应力产生的有效应力作用下，无论流体压力怎么变化，煤基块自调节综合效应始终是负值。在该点不仅是中煤级煤与高煤级煤的分界，而且正对应于第 3 次煤化作用的跃变点。在该平衡点附近，煤的物理结构和化学结构均出现阶跃式变化，如角质体最大反射率超过镜质组最大反射率，水分含量与碳含量或氧含量的关系分别达到极小值，大分子基本结构单元延展度突然增大，指示煤化作用从中煤级煤阶段跨入了高煤级煤阶段。

基于上述规律，可以认为高煤级储层的弹性自调节作用呈综合负效应，导致其中裂隙的导流能力降低。而且储层压力降低幅度越大，高煤级煤储层的弹性自调节负效应就越为显著。在此影响下，高煤级煤层中形成了仅依赖自身弹性调节就与外界隔离并独立成藏的地质作用，即"弹性自封闭效应"。这种效应是我国高煤级煤地区煤层气普遍富集的重要地质原因，在相当大的程度上抵消了其他不利地质条件对煤层气聚集的破坏作用，使得煤层气在构造、水文、沉积等动力学条件不利的情况得以保存。其主要的动力学因素是异常高热地热场条件，内在原因则在于受煤地球化学结构所控制的煤的特殊力学性质。

从地层能量的角度来看，高煤阶煤储层弹性自封闭效应，是地层弹性能控制的煤层气成藏过程中的重要部分。煤层气的成藏过程，可以看作是围绕着地层压力场和地层弹性能量场的动态平衡过程。地层弹性能由固、液、气三相物质弹性能综合而成，固体的煤基块弹性能由煤岩岩石力学性质（煤基块体积压缩系数、泊松比等）和地应力决定；煤层中水体弹性能由地层水的温压条件、压缩系数和地层束缚水饱和度决定；储层的气体弹性能包括游离态和吸附态气体两部分，由气体的温压条件、压缩系数和含气量决定。与低煤阶相比，高变质程度使煤岩弹性模量降低，在泊松比变化不大的情况下，高煤阶的煤岩基块弹性能远高于其他煤种。同时弹性模量的降低也增高了煤岩体破裂所需的能量，使得裂隙发育程度并不会高于同等地应力条件下的其他煤层。气体能量占比越高，说明流体能量越充足，将对煤体内裂隙系统产生更好的支撑作用，难以形成封闭。而较高的地层弹性能，使得相同含气量、气体弹性能相近的条件下，气体弹性能的占比降低，裂隙的封闭性更好，能使得更多的气体得以保存。

3. 高煤阶煤层气渗流及煤储层动态地质效应

煤层气藏开发过程中，储层动态研究的核心内容之一为渗透率变化特征及控制机理，渗透率变化主要受有效应力效应、基质收缩效应和气体滑脱效应等因素的多重作用控制，造成储层孔隙度、渗透率、束缚水饱和度等参数发生规律性变化，进而直接影响煤层气吸附、解吸、渗流过程。开发过程中，垂向上有效应力造成的应力敏感往往造成渗透率的下降；甲烷解吸排出后有效裂隙体积的增大及气体分子在通道中的渗流运动，提高了煤储层的渗透性能。基于物理实验、理论模型建立及数值模拟等手段，重点考察有效应力、基质收缩、气体滑脱作用机制，分析各因素对煤储层渗透率的影响，得到煤储层渗透率与有效应力、基质收缩、气体滑脱因素的函数关系，深刻揭示煤层气储层渗透性的变化机理。

实际生产中涉及的相关因素是影响煤储层动态地质效应的又一重要指标，鉴于此，研究了生产过程中各种因素与产能的变化关系，分别分析了煤储层力学参数（弹性模量、泊松比）在排采过程中的变化规律、煤层气井排采过程中气压传播规律、煤层气井排采过程中水压传播规律、单井排采面积内煤储层水系统重力水量动态变化规律、单井排采面积内煤储层中三相态含气量动态变化规律，充分揭示了煤层气开发工程中储层动态地质效应。同时，以煤储层排采渗流动态数学模型为支撑，首次建立煤储层气压传播、重力水量、三相态含气量等动态模型，分别阐明了煤储层含气性、压力、力学性质、孔渗等关键因素动态变化关系，揭示了煤储层排采主控地质因素与产能、煤储层流固之间耦合作用规律，降低了传统模型过多假设带来的表达结果不确定性，建立的排采地质动态数学模型被成功应用于煤储层流固耦合动态规律分析及数模软件研制，为煤层气井生产提供了地质动态诊断与管理优化决策工具（汤达祯等，2014）。

煤层气藏开发过程中气井需要经历较长时间的排水降压过程，才能实现煤层气由吸附态向游离态的转化，这一过程直接影响产能的动态变化。煤储层内流体相态—相渗及煤层气开发动态受储层压力与临界解吸压力配置关系的控制，以临界解吸压力为关键参数节点，揭示单相排水阶段物质动态平衡机制和两相共流阶段物质动态平衡机制对煤层气开发过程的控制作用，实现了储层压力和含水饱和度实时监测、储层渗透率（包括绝对渗透率、相对渗透率、有效渗透率）动态预测、产能动态数值模拟、煤层气井单井可采储量计算等需求；阐明煤层气相对含气量、储层压力、含水饱和度与煤层气解吸、储量计算之间密切关系，并用欠饱和相渗模型反映煤储层正负效应及气体滑脱效应，实现产能的高精度预测（汤达祯等，2015）。

4. 高煤阶煤层气低伤害输导式工程改造理论

高煤阶煤储层具有三大特性：一是泊松比高、易压缩，其泊松比一般大于0.33，而砂岩泊松比一般小于0.25；二是煤储层多为欠压地层，临储比一般小于0.7；三是孔喉配置差，0.1μm以下的微孔裂隙占比超过80%。而压裂改造工程作业与煤储层之间存在三大矛盾：压裂造缝与压实煤层、高压造开裂缝与降压开采、压裂疏通地层与高压外来水留存地下造成的毛细管水锁。其工程伤害机理主要有，一是由于煤岩易压缩，高压注入液体后会造成煤储层微裂隙闭合，基质孔喉与可动流体平衡孔径缩小；二是外来高压水造成煤储层压力抬升厚，会减缓甲烷的解吸，增大煤层气开采难度；三是压裂过程中形成的大量煤粉与外来高压流体，会堵塞孔喉，流体可动平衡孔径缩小（朱庆忠等，2018）。

通过开展系统储层伤害实验，证实外来水进入地层后，由于煤层压力发生抬升效应，煤岩中的天然裂缝总压缩量可以达到30%；且裂缝宽度越大，其压缩率越高，最大可压缩85%以上。水对甲烷解吸、扩散有明显抑制作用，与干煤样相比，湿煤样解吸气对产量的贡献率降低10个百分点以上，同时，解吸甲烷的扩散系数下降了12.3%。分布于煤储层纳米级别的孔—裂隙空间中的液相，在近3MPa压力作用下难以发生流动。压裂返排研究表明，当前置液比例大于30%后，液体效率大幅降低、改造效果开始变差（Qingzhong Zhu et al.，2019）。

在此基础上提出了高煤阶煤层气低伤害输导式工程改造理论。煤层气井在进行储层压裂改造时，要沟通、启动各级割理裂隙，建立多级联动缝网；要合理优化入井液，控制流体走向、控制压力抬升，尽量减少外来流体大量进入地层造成的压力抬升；要采取压后快速返排的方式，缩短作用时间，尽量减少外来水在地下的存量，引导高压液体和煤粉快速排出，保持缝网清洁畅通，降低对甲烷解吸和流动的抑制，最终提高单井产气量（朱庆忠等，2017）。

5. 高煤阶煤层气立体缝网输导排采控制机理

建立了气体流态测试、气体流动机理评价、煤储层导压能力评价技术，提出了排采是个软工程，采取输导式排采可提高煤层渗透率。

高压流动气体可驱替微孔束缚水，全面启动三级缝网。根据恒速压汞、高压压汞、低温氮气吸附测试、超高分辨率显微观察结果，结合无烟煤分子动力学模拟模型，可以表征煤岩微观孔—裂隙结构特征，建立高煤阶煤储层微观孔裂隙结构模型。认为煤储层在开发后形成三级缝网，一级缝网为人工水力压裂缝或钻的水平井眼，二级缝网为天然割理裂隙，三级缝网为微观观察系统下可见的微、纳米级孔裂隙。利用去离子水—氦气—甲烷分别模拟煤岩中的达西渗流、达西渗流 + 滑脱效应、达西渗流 + 滑脱效应 + 表面扩散效应等不同机理作用下的渗透率曲线，再确定出每一种机理对渗透率的贡献率，微米级孔裂隙渗透率贡献大于 75%。利用核磁在线成像结合 T_2 谱，检测气体赋存方式，模拟煤层气解吸产出全过程，表征煤层气微观赋存规律及对采出气构成贡献。首次将分子动力学模拟技术引入煤层气领域，建立真实的煤分子模型，采用计算速度更快的分子动力学（MD）方法，研究煤层气在纳米空间内的吸附规律。煤层气主要以吸附态赋存于 2nm 以下孔隙中，2nm 以上孔隙开始出现游离气。形成煤岩表征—气体赋存—流动特征—储层伤害全方位、定量化综合测试评价表征技术系列，建立高阶煤储层孔隙、赋存、流动和伤害的机理。高压时（>3.2MPa），甲烷以高效达西流流动；小于 1.7MPa 时，甲烷以表面扩散为主；高压气体（饱和度高）可驱替微孔束缚水。排采时利用微孔隙中气体的动能驱动微孔束缚水，引导流体产出，提高排采效率。

不同阶段储层流体的导压能力确定排采参数。单相水流阶段以平均地层压力整体下降为原则。压力传播考虑双重介质的渗透率及压缩系数，煤岩基质渗透率低，煤岩压缩系数大，综合导压速度减小 10^{-5}，故改造区域以外视为封闭储层，单相流井底流压降平均压力快速下降。两相流期以调控地下气水饱和度，维持气水稳定产出通道，进一步扩大解吸面积为原则。解吸后，气体弹性能补充，导压流体由水变成气水两相，压缩性增大 4500 倍，黏度减小 50 倍，综合导压速度减小 10^{-3}，井底流压下降，区域平均地层压力下降缓慢。

6. 多层叠置含气系统及其共采兼容性

含煤层气系统的实质是其内部发育统一的流体压力系统。若煤层群（组）处于统一的流体压力系统，则压力梯度基本一致，煤储层流体压力随层位降低而增高，煤层含气量呈现出递增或递减（在临界饱和深度之下）的规律，这种称之为"多层统一含煤层气系统"。"多层叠置含煤层气系统"则强调系统之间的封闭性和独立性，表现为同一煤系内部垂向上发育两套及两套以上相互独立的含气系统或流体压力系统，系统之间以致密岩层为阻隔层且无动力学联系。层序地层格架特点奠定了叠置含气系统的物质基础，限定了系统之间地层流体在垂向上的连通特性。具体而言，层序地层格架通过边界层（关键层）控制煤系渗流能力的垂向变化，通过频繁交替的旋回结构控制储盖组合、储水隔气条件及含气系统的层级、规模与叠置频率，进而影响含气系统之间流体能量差异（秦勇等，2008，2016）。

叠置含气系统兼容性问题的客观存在必然导致系统之间的流体能量和供给量出现差异，导致共采地质条件复杂化，限制了多煤层煤层气产能的充分释放，成为共探共采所面临的首要地质难题。共采时，井眼贯通不同的叠置含气系统，系统之间流体能量动态平衡状态遭受破坏，流体会从高势含气系统向低势含气系统转移，以寻求新的动态平衡。如果不同含气系统之间流体能量差异显著，则会导致初始压力差较大，较高能势系统的流体会屏蔽或封堵较低能势系统中流体向井眼方向的流动，甚至造成对较低能势系统的"倒灌"和水锁效应，两个或多个含气系统的产能被相互消耗而无法充分释放，这是造成共采叠置含气系统产气能力往往不尽如人意的实质原因。

叠置含气系统共采兼容性受控于诸多地质因素，如储层埋深、储层厚度、含气饱和度、含水饱和度、压力状态、孔渗特征、供液能力、系统间跨度等，也与储层改造和排采措施密切相关。实践显示，合采煤层渗透率差、储层压力差、地层供液能力、排水强度是控制合采效果的四大主控因素，为此建立"五步法"合采最佳匹配条件预测法，首次实现合采可行性量化评价。叠置煤层气系统合采兼容性地质预测"五步法"通过递进开展单井排采史拟合、含气系统兼容性分析、多系统产层组合产能分析、合层排采工艺设计优化、多系统合采有利区优选，有效预测了系统间干扰，实现了合采井布置和产层组合选择从盲目试错向优化设计的重大转变。在"五步法"的理论指导下，贵州煤田地质局在六盘水松河井区实施抽采井组（5口定向井），取得了日产气6000m³的良好效果；黔西水城杨梅树向斜杨煤参1井对5-2、7、13-2煤合层开发、分层射孔，获得日产气4700m³稳定试产效果。

三、高煤阶煤层气开发技术

1.高煤阶煤层气建产精准选区及高效开发优化技术

1）高煤阶煤层气建产精准选区

沁水盆地和鄂尔多斯盆地是我国高煤阶煤层气地面开发战略基地，近些年虽在沁水盆地无烟煤地区取得煤层气商业性开发突破，但仍存在直井的单井平均产量较低、产量不稳、中—后期产量动态不明等问题。受地质条件非均一性和工程因素耦合控制，即便是同一区块内，不同地段煤层气井产能也差异极大，且布井成功率较低，严重约束了两大基地煤层气生产规模的扩大，亟待发展评价技术以指导煤层气井优化部署。煤层气井开发效果及产能级别受多因素制约，可用储层地质特征参数和工程特征参数来概括。基于沁水盆地和鄂尔多斯盆地高煤阶煤层气井开发实际，系统总结了煤层气井产气产水特征和开发模式，构建气井产能的构造和水文控制模式，探讨了高产、低产井形成的地质和工程原因，定量表征了高产煤层气井的地质和工程参数模型（秦勇等，2014）。

耦合煤岩物性特征、储层渗透性、煤岩力学性质、构造水文背景、煤层埋深、储层压力、地应力、煤体结构等地质因素和压裂裂缝高度、裂缝半长等工程参数两类主控因素，首创了以模糊隶属度为核心、单井平均产气量为目标函数的高煤阶煤层气有利建产区（"甜点区"）综合评价技术，将单纯地质评价发展为煤储层地质—改造工程综合评价，实现了两大基地煤层气井部署从单纯考虑地质因素到地质—工程因素耦合的重大转变，有效解决了勘探开发部署过程中潜力评价及产能优化问题。具体而言，煤层气选区评价过程分为以下三个步骤：（1）评价指标体系构建。通过对高产井区产能主控因素剖析，建立地质因素和工程因素两项准则（评价要素），其中地质因素进一步厘定了含气性、渗透性和可采性三项子准则，并进一步划分成若干个方案层（评价参数），最终以层次分析法和模糊数学方法为核心，构建了适用于煤层气选区评价的四层次模糊综合评判模型。（2）参数隶属度函数定义。隶属度函数构建是对评价参数标准的量化表征，结合煤层气勘探开发基本地质认识和研究区高产主控因素分析，将定性评价指标参数化，定量评价标准函数化，进一步提高选区评价系统的科学性。（3）区块煤层潜力评价。多层次模糊综合评判可在地理信息系统平台下实现，评价时遵循从底层到顶层逐级评价的方法，对各个评价参数按照各自的隶属度值进行了矢量求和，获得每个评价区块内的煤层潜力值。

基于该项技术的推广与适用，沁水盆地南部、鄂尔多斯盆地东缘1310余口煤层气井完成部署优化，提高了布井成功率和单井产量。

2）高煤阶煤层气高效开发优化

（1）多维度因素法划分开发单元。从影响可采的五大关键因素：微构造、煤体结构、裂缝发育、地应力及含气饱和度，进行多维度精细单元划分，明确各自的地质特征（表7-2-1）。

表 7-2-1　多维度精细开发单元划分表

主控因素	使用的主要技术方法	开发单元模式划分结果	单元模式主要地质特点
微构造形态划分法	微构造精细描述技术： （1）地震多属性联合精细解释构造； （2）地震相干体提取方法； （3）构造倾向曲率精细刻画构造形态	单斜构造单元	构造相对简单，形态平缓、起伏小，对煤岩破坏小，利于煤层气成藏、改造及流体采出
		缓褶曲构造单元	构造较复杂，形态上一般背向斜交替分布，转折段对煤储层破坏严重，其与向斜部位均不利于煤储层改造、开采
		高角度褶曲构造单元	地层产状陡，形态起伏大，对煤储层破坏严重，低部位水动力强，含气性差，难以有效开采
煤体结构划分法	煤体结构精细预测技术： （1）地震振幅属性正演预测法； （2）地震声波反演预测法； （3）地质因素成因判别方法； （4）测井成果判别层内煤体结构方法	煤体结构原生单元	煤体结构为原生结构或以原生结构煤为主，易于压裂改造、形成有效缝网，合理开采技术易于实现单井高产
		煤体结构破坏单元	煤体结构以构造软煤为主，平面上易形成不渗透界面，压裂造缝难，开采难度大

主控因素	使用的主要技术方法	开发单元模式划分结果	单元模式主要地质特点
天然裂缝形态划分法	煤层裂隙发育精细描述技术： （1）煤岩微观电镜扫描； （2）宏观煤岩、煤质观察描述； （3）地震EPS模块裂缝精细预测方法； （4）裂隙发育指数预测方法； （5）压裂裂缝与天然裂隙组合预测方法	裂缝串接型发育单元	为亮煤—半亮煤，天然割理、裂隙发育，不同裂缝之间相互链接，储层渗透率一般在1mD以上
		裂缝串接—孤立型过渡单元	半亮煤—半暗煤为主、亮煤为辅，天然割理、裂隙较为发育，但裂缝之间相互链接性差，储层渗透率一般在0.1～1mD之间
		裂缝孤立型发育单元	以半暗煤—暗淡煤为主、半亮煤为辅，天然割理、裂隙呈孤立状发育，储层渗透率一般在0.1mD以下
地应力差值划分法	单元地应力初步预测技术： （1）成藏史地质演化方法； （2）水平应力差判别方法	利于改造单元	水平压力差系数大于0.6，为拉张应力型
		过渡带单元	水平压力差系数0.5左右，地层为拉张—挤压应力混合型
		难改造单元	水平压力差系数小于0.5，为挤压应力型
含气饱和度划分法	煤储层室内测试评价技术： （1）煤层气解吸及流体测试分析方法； （2）煤层压力及露头高差分析方法	过饱和单元	含气饱和度90%以上，含气量20m³/t以上，煤层压力低于正常静水柱压力
		饱和单元	含气饱和度80%以上，含气量16m³/t以上，煤层压力与静水柱压力相符
		欠饱和单元	含气饱和度低于70%，含气量16m³/t以下

（2）开发单元划分及适应性评价。建立定量化—半定量化评价标准，基于开发难易程度，划分为易输导、可输导、难输导和暂不开发4类（表7-2-2），明确了每一类开发单元类型的开发适应性（杨延辉，2018）。

表7-2-2　开发单元类型及开发适应性评价表

开发单元类型	单元定量化+半定量化判别标准					输导式开发技术适应性评价
	微构造	煤体结构	天然裂缝	地应力差系数	含气饱和度	
I	单斜、缓褶曲、背斜	原生单元，原生煤厚度>90%	裂缝串接型	>0.6	过饱和、饱和单元	易输导，对开发技术均适应
II	单斜、缓褶曲、背斜	原生单元，原生煤厚度>70%	裂缝串接—孤立型	0.5～0.6	饱和单元	可输导，需优化开发技术
III	单斜构造、缓褶曲构造背斜	原生单元，原生煤厚度<70%	裂缝孤立型	<0.5	饱和单元	难输导，需优化开发技术、储层改造及排采技术
IV	高角度褶曲构造	破坏单元			低饱和单元	暂不开发

（3）高煤阶煤层气开发优化设计。基于"井缝匹配""固流耦合"的开发设计理念。针对不同类型开发单元，以"输导式"开发为核心，综合应用数值模拟、动态分析等技术，优化井型、井网井距、水平段长及压裂点等。形成各类区域输导开发主体技术及优化的开发设计指标（表7-2-3），在选区、选井、提高单井产量方面成效明显（赵贤正等，2015；朱庆忠等，2017）。

表 7-2-3　开发优化设计表

开发类型	输导开发优化设计				方案开发指标优化设计				
	适应井型	设计井网	合理井距	改造方法	单井配产/m³	稳产时间/a	井控储量/10⁴m³	采气速度/%	采收率/%
I类（易输导）	定向井	菱形，丛式井组	320m×260m	中小规模活性水压裂	1800	5	1250	4.80	60
	筛管L形水平井	"巷道式"，丛式井组	水平段1000m，井距240m	裸眼完井	5500		4600	3.90	
	套管L形水平井	"巷道式"，丛式井组	水平段1000m，井距300m	低前置比、快排、中规模压裂	10000		5800	5.70	
II类（可输导）	定向井	菱形，丛式井组	240m×180m	低前置液、快排、中大规模压裂	1500	4	1100	4.50	50
	套管L形水平井	"巷道式"，丛式井组	水平段1000m，井距220m		8000		4100	6.40	
III类（难输导）	套管L形水平井	"巷道式"，丛式井组	水平段1000m，井距200m	低前置液、快排、大规模/体积压裂	6000	3	3700	5.40	40

2. 高煤阶煤层气新型水平井优化设计及钻完井关键技术

围绕低污染优快钻井、长水平段获取、提高煤层钻遇率，创新了二开全通径井身结构设计、漂浮下套管及配套工具、近钻头导向等工艺，实现井眼、成本、储量三项可控（刘立军，2019）。示范完钻国内首口水平段2000m煤层气水平井。

1）新型水平井优化设计

（1）井身结构设计。二开全通径井身结构，一开采用ϕ311.2mm钻头，下入ϕ244.5mm表层套管，封固上部疏松层、漏失层和地表水层；二开采用ϕ215.9mm钻头，钻完煤层水平段后，下入ϕ139.7mm完井管串，采用半程固井方式封固煤层以上地层。

（2）井眼走向设计。新型水平井走向应综合考虑最大主应力、天然裂隙、压裂工艺、压裂段间距等因素，判定影响区块裂缝延伸主控因素，设计井眼走向垂直于最大主应力或天然裂隙发育方向，以扩大压裂改造范围、沟通更多裂隙。

（3）井眼倾向设计。新型水平井采用无杆泵举升工艺，泵筒多下至着陆点附近，为利于煤储层中水的产出，设计井眼沿煤层整体上倾，且尽量井斜不低于90°，以防形成凹槽易聚集岩屑和水。

2）新型水平井钻井轨迹控制

上直段的重点是防斜打直，采用钻井常规防斜技术。造斜段轨迹控制采用导向钻井技术。水平段轨迹控制主要采用"登梯法"，以消除钻井中井眼轨迹起伏变化大形成的U形管效应。利用近钻头综合地质导向控制解决煤层走向起伏大、倾角稳定性差的需求，近钻头方向伽马导向工具通过上下伽马精确确定地层上、下边界，通过无线信号短传传输技术，近钻头测量工具＋综合地质导向将测点距由15m缩短至0.6m，优质煤层钻遇率提高10%。

3）新型水平井漂浮下套管及半程固井工艺

研制专用漂浮下套管工具，降低套管下入摩阻68%，实现长水平段（2000m）、高水垂比（＞2.5）大位移水平井的安全成井。在二开快速钻井基础上，利用分级箍和管外封隔器实现对煤层上部地层固井，对煤层段不固井。研制了免钻塞半程固井工具，将盲板、封隔器、分级箍一体化设计，液压开关循环孔，固井结束后，工作芯筒打捞后实现全通径。

4）新型水平井井壁稳定及污染解除

研制专用可降解清洁聚膜钻井液体系，实现成膜封堵和仿生固壁。配方为：清水＋0.1%纯碱＋0.5%可降解聚合物DPA＋1.0%水基润滑剂WLA。渗透率恢复率98.4%，钻井事故复杂率下降21%。通过煤层气旋转分段射流洗井，促使钻井液破胶残留物脱落，煤层垮塌解除近井地带污染。氮气负压洗井疏通，采用氮气对井内注、憋、放产生压力波动，对煤层施加交变载荷，产生负压诱吐疏灰解堵（岳前升等，2015）。

3. 高煤阶输导式煤储层压裂改造工艺关键技术

1）优质储层段集中射孔压裂

针对沁水盆地南部3#煤层普遍存在层厚1.0m左右的构造煤，常规全井段射孔笼统压裂模式导致压裂难以造长缝，排采容易出煤粉，生产过程中容易卡泵，严重制约提产稳产。由全煤层段笼统射孔压裂，改为生产层中部2.0m左右优质层段集中射孔，压裂施工时变排量、组合加砂，减少裂缝弯曲摩阻，降低煤层破裂压力，压裂能量更集中，造长缝，提高导流能力。

2）低前置液—快速返排压裂

根据煤层气低伤害输导式工程改造理论，外来水及地层压力抬升对煤储层形成较大伤害。提出"低前置液"压裂工艺思路，以大幅度减少压裂液量；提出"快速返排"压后控制放喷思路，加快液体返排减少水滞留时间，同时反冲洗改善煤层渗透性。通过模拟计算煤岩压裂滤失、压裂液效率、前置液比例对应关系，小于0.1mD低渗透的煤层压裂前置液比例在15%左右可满足要求，低于常规设计40%～50%的水平。根据煤岩力学特点，通过模拟计算不同闭合压力—支撑剂临界流速—油嘴尺寸对应关系，开展室内实验校核，确定不同闭合压力条件下压裂后快速放喷油嘴控制图版（刘向君等，2004；杨延辉等，2016）。

3）一体化分段压裂改造工艺

（1）底封拖动分段压裂。改制"长孔距、高抗磨蚀、防掉嘴"固定喷枪和"高承压、反复耐用"K541 封隔器，逐层验封、喷射射孔、环空压裂。管柱结构：导向底球 + 水力锚 + 封隔器 + 水力喷射器 +ϕ73mm 油管（或无接箍油管）+ 安全接头 +ϕ73mm 油管（或无接箍油管）至井口。

（2）扩径喷枪一体化分段压裂。研制喷封一体化工具，双孔径喷枪射孔，油管喷砂压裂、套管补液管柱结构：导向底球 + 扩径式水力喷射器 1+ϕ88.9mm 油管 + 扩径式水力喷射器 2（滑套）+ϕ88.9mm 油管 + 扩径式水力喷射器 3（滑套）+ 安全接头 + ϕ88.9mm 油管至井口。

4. 基于高煤阶煤储层导压特征的智能排采控制技术

根据煤层气井产气规律与不同地区煤层的现场排采特点，将煤层气井排采控制作为一种工程技术手段，依据储层压力传播及渗透率变化特征，将控制过程分为四个阶段：平衡产水期、解吸提产期、控压稳产期、自然递减期（王生维等，2019）。

以储层压力管控为核心，针对不同排采阶段，利用流体动能疏通渗流通道，扩大解吸面积，实现单井高产稳产的排采控制。单相水流阶段，形成压降漏斗，基质裂隙气驱水，疏通渗流通道。气水同流阶段，液相导压扩大解吸面积，气相导压维持地层能量，放压稳产（肖宇航等，2018）。

区分气水渗流强弱，平衡地下气水比，保持气水连续产出稳定通道，建立两种渗流状况下的定量化排采控制模式。模式一：气相渗流强，见气后低套压放气，降低储层含气饱和度，进一步扩大解吸面积。模式二：水相渗流强，见气后，憋压提参数，提高储层含气饱和度，维持气体稳定产出通道（朱庆忠等，2017，2020）。

针对排采控制人工干预较大、误差性和不规律性强的问题，研制了智慧排采分析决策技术：利用多维煤层气生产数据除噪技术与数据挖掘技术实现数据有效获取，通过煤层气井人工智能历史拟合软件，实现机器深度学习与调参，进而通过排采智慧决策算法实现煤层气井排采智能控制。

5. 高煤阶煤储层原位探测及开发动态模拟关键技术

1）煤储层特性精细描述技术

常规压汞、低温液氮、扫描电镜等物性测试方法在反映煤储层物性的"原位性"和"完整性"方面存在局限。通过将具备"快速、无损检测"特点的低场核磁共振技术和焦点 X 射线 CT 扫描技术引入煤储层物性研究，构建了具有"原位现场适用性"和"储层动态变化适用性"的煤储层特性精细描述技术，实现了对低、中、高煤阶煤储层孔隙度、孔裂隙发育、孔隙结构、渗透性、可动流体含量、矿物含量、孔裂隙及矿物空间配置等参数的半定量—定量化表征。

2）煤储层渗流动态物理模拟试验

自主研发了多场耦合煤层气开采物理模拟试验系统、含甲烷煤热流固三轴渗流系统、多功能真三轴流固耦合试验系统、含甲烷煤岩细观剪切实验装置、多层叠置煤层气藏开采层间干扰模拟实验系统等一系列技术装备，实现了煤层气开发地质动态物理模拟关键装备研制的重要突破，为深入探讨多煤层条件下煤层气排采过程中煤储层物性动态演化规律、多场耦合条件下煤储层渗流及岩石力学规律、细观角度煤储层渗流网络形成机制及煤层气抽采机理、不同含煤层气系统层间干扰形成机制提供了实验平台，并据此揭示了煤储层流固耦合动态演化规律及其对物理场（应力场、裂隙场、渗流场）的响应，为建立排采地质动态数学模型、指导现场生产提供了科学依据。

3）煤层气储层开发动态地质评价系统

基于排采过程中煤储层力学性质、流体压力、气水数量动态模型，开发了煤储层开发动态评价软件系统（CBMDPS V1.0），实现了煤储层开发地质动态数值分析技术重大突破，促进了众多理论模型向实用化迈进。该软件系统具备其他国内外相似软件不能实现的诸多功能，包括将煤储层数据库作为后台数据支撑、适用于中高煤级的煤储层排采动态变化、历史拟合评价、煤粉运移临界水产量计算等，可实现煤层含气量与相态、渗透性、储层压力三个关键煤层参数的动态分析，满足产气量、产水量两个井筒关键流量的预测，是我国首套煤层气生产地质动态诊断与管理优化工具。该软件系统能够较好地适用于我国中—高煤级煤储层的特点，已有效地应用于沁水盆地、鄂尔多斯盆地、准噶尔盆地煤层气勘探开发工程部署、设计与技术决策等工作。

6. 高煤阶煤层气低产低效井区有效盘活技术

1）构建低效成因类型判别及产能潜力评价技术

建立了基于煤工业组分的朗格缪尔体积和压力预测模型，实现了柿庄南3#煤层含气量和含气饱和度的平面分布认识，西部好于东部、北部好于南部。引入岩层封闭性指数，建立顶底板封闭性评价模型，定量评价柿庄南3#煤层低效井区顶底板封盖能力。建立地质强度因子（GSI）与煤体结构的对应关系，形成了煤体结构测井定量识别方法，精细刻画了有利煤体结构发育区。建立了由区到井的低产主控因素综合识别方法，形成低效井低产主控因素评价体系，将各参数进行层次划分及地质、工程、排采多参数组合，形成低效井区低产主控类型。

2）提出基于井间干扰定量评价的井组耦合降压技术

基于沃伦—茹特渗流模型，构建了压裂后渗透率预测模型，根据排采过程中气水比差异性，建立了不同排采阶段水相相对渗透率模型，并嵌入经典的无越流补给的库萨金水压影响模型中，得出了不同排采阶段水压传播距离的数学模型，制定了渗透率—压力梯度和影响距离图版。结果表明，在储层压力梯度不变的情况下，随着渗透率增加，影响距离呈指数型增加；渗透率不变的情况下，随着储层压力的增加，影响距离呈线性增加。据此提出柿庄南低效井区采用水平井＋定向井耦合降压模式，实施加密调整井21口井（15口水平井＋6口定向井），井距220m，水平段长度800～1000m，单井最高产量

$10094m^3/d$，单井平均产量 $3106m^3/d$，取得了较好治理效果，该技术在郑庄区块盘活过程中应用效果明显（刘忠等，2013；朱庆忠等，2019；鲁秀芹等，2019）。

3）形成二次压裂裂缝暂堵转向及横向延伸扩展技术

（1）建立煤层二次改造可压性评价方法。通过开展原地应力、压裂诱导应力及生产诱导应力的地应力场数值反演实验，柿庄南区块垂向应力差较大，多形成垂直缝，且煤层与顶底板层间应力差大时，缝高容易得到有效控制；压后生产地层压力亏空（3MPa），最小水平主应力和最大水平主应力减小，有利于形成复杂缝。考虑煤岩脆性指数、天然裂缝发育程度、水平地应力差及抗张强度等因素，建立了基于地质力学的煤层可压性评价方法（综合可压性指数），可压性指数越高越有可能达到较好的增产效果，柿庄南 3 号煤层可压程度为 1 类或 2 类的井占 83%，可压性较好。

（2）揭示煤层气二次压裂裂缝暂堵转向及横向延伸扩展规律。通过真三轴水力压裂物理模拟实验和有限元数值模拟，发现煤岩裂缝扩展方向是水平应力和天然裂缝双重作用结果。二次压裂中水平应力差较小（2MPa）时，天然裂缝影响大，转向缝随机扩展，不易控制难以形成新的水力裂缝；中等水平应力差（4~6MPa）下，裂缝会发生转向，形成新的分支缝，转向缝垂直于一次压裂裂缝，延伸至边界，转向半径大；高水平应力差（8MPa）下，应力差对裂缝扩展限制较大，易形成水平缝，难以转向成功。结合可压性评价结果及二次裂缝扩展影响指标，综合考虑地质、工程因素，建立了煤层二次压裂选井选层模型，明确了二次压裂提高施工规模的重要性，优化了二次压裂裂缝参数及施工参数。在柿庄老区试验 41 口井，见效率 73.2%，单井平均增产 $590m^3/d$（"十二五"期间平均不足 $300m^3/d$），增产 2.3 倍。推广应用于寿阳区块煤层气井 16 口，见效率 62.5%，单井平均增产 $540m^3/d$，增产 3.4 倍（张建国等，2016）。

4）形成煤层气井一体化动态调压增产技术

考虑煤层气井资源潜力、储层连通性、地层水条件和地层压力等因素，确定了五类17 项选井指标，创新建立了基于剩余地质储量的动压选井指标体系，模拟了不同产量煤层气井的储层压降传播规律。构建复杂流场压降模型，模拟计算不同压降模式下动压调节的增产效果，采用线性压降和指数压降动态调节方式，研制了动压增产技术设备。完成柿庄南区块 169 口井现场试验，平均单井增产 $452m^3/d$；推广应用于潘河区块 109 口，平均单井增产 $1307m^3/d$。

四、高煤阶煤层气勘探开发装备

1. 免钻塞大通径半程固井工具

1）结构组成

打捞式免钻塞半程固井工具（图 7-2-3），由打捞总成、注水泥总成和封隔总成三部分构成，集套管外封隔器、注水泥器和盲板于一体，能够完成分段注水泥的施工要求。注水泥结束后，用打捞矛打捞出工作芯筒，实现井眼畅通，节约了钻塞作业。

2）性能参数

打捞式免钻塞半程固井工具具有大通径的优点，主要技术参数见表 7-2-4。

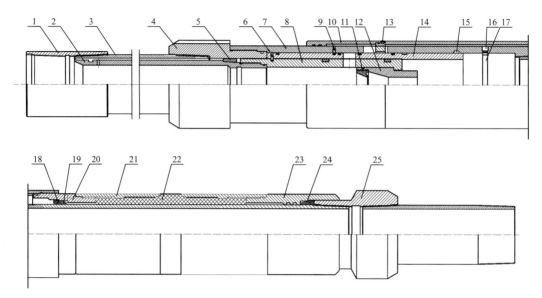

图 7-2-3　打捞式半程固井工具结构示意图

1—接箍；2—打捞套；3—套管短节；4—上接头；5—扶正环；6—四级剪钉；7—筒体；8—打开套；9——级剪钉；
10—压帽；11—堵头；12—球座；13—二级剪钉；14—关闭套；15—限位卡环；16—三级剪钉；17—定位环；18—顶环；
19—皮碗；20—过流接头；21—胶筒上接头；22—胶筒；23—胶筒下接头；24—皮碗；25—下接箍

表 7-2-4　免钻塞半程固井工具技术参数表

规格	$5\frac{1}{2}$in	7in
最大外径 /mm	190	210
内通径 /mm	120	156
联接扣型	$5\frac{1}{2}$ LCSG	7 LCSG
封隔器开启压力 /MPa	7	7
封隔器关闭压力 /MPa	10	10
循环孔打开压力 /MPa	16～18	16～18
总长 /mm	3960	3960
打捞附加悬重 /kN	100	150

3）工作原理及操作方法

工作原理：通过井筒内液压变化控制 4 级限位剪钉的动作，来实现封隔、打开、循环和关闭，以及打捞来实现免钻塞半程固井目的。

操作方法：（1）胀封封隔总成，封隔地层。工具下放到指定位置后，控制压力剪断一级剪钉，使关闭套带动打开套和打捞套动作至定位环，实现封隔器进液，胀封胶筒。（2）开启循环孔，注水泥固井。控制压力剪断二级剪钉，打开循环孔，实现固井注水泥作业。（3）永久关闭循环孔。投关闭塞，实现三级、四级剪钉的剪切动作，并通过限位卡环实现循环孔的永久关闭。（4）打捞工作芯筒。下打捞矛将工作芯筒捞出。

2. 双孔径水力喷射扩径喷枪

1）设计原理

依据压裂施工技术需求，工具要兼备喷砂射孔、大排量压裂双项功能。射孔喷嘴为小孔径喷嘴，为确保有效的射孔效果，喷嘴出口液体流速应大于170m/s，因此，射孔时应选用孔径在8mm以下的喷嘴孔径。在此孔径以下的施工排量范围为0.8～2.8m³/min，此排量不能满足5～7m³/min施工排量需求。

将水力喷射器的喷嘴设计成内外双喷嘴结构，外喷嘴为可磨损小喷嘴，内喷嘴为耐磨大喷嘴，喷射初期采用小孔径喷嘴进行射孔作业。小喷嘴采用可磨损软质金属材料，在完成喷砂射孔作业后，随着逐渐加砂的磨蚀，小喷嘴逐渐扩径，随扩径的出现，在保证油、套不出现超压的情况下，逐渐提高施工排量，小喷嘴在不断喷射磨蚀下逐渐扩径，直至完全磨损至与大喷嘴孔径相同。经过计算分析，将扩径式水力喷射器小喷嘴孔径设计为6mm，大喷嘴孔径设计为22mm，喷嘴数量6个。当喷嘴孔径为6mm、射孔排量为2.2m³/min时，喷嘴出口流速约为194m/s，此时施工为较理想射孔状态；射孔作业后，小孔径喷嘴被完全磨蚀后，水力喷射器喷嘴孔径停留在22mm，此时喷嘴过流面积为22.8cm²，可以满足7m³/min的施工排量需求。

2）结构组成

双孔径水力喷射扩径喷枪（图7-2-4）由喷枪本体、内衬管、喷嘴三部分构成。

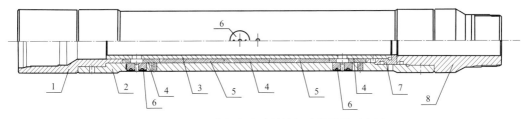

图 7-2-4　双孔径水力喷射扩径喷枪结构示意图

1—上接头；2—喷枪本体；3—内衬管；4—内喷嘴（大喷嘴）；5—隔环；6—外喷嘴（小喷嘴）；7—防转换；8—下接头

3）性能参数

双孔径水力喷射扩径喷枪具有结构简单，本体耐磨蚀、喷射效果好的优点，主要技术参数见表7-2-5。

表 7-2-5　双孔径水力喷射扩径喷枪技术参数表

工具名称	扩径式水力喷射器		规格型号		KSPQ–108/50
工具外径 /mm	108	工具内通径 /mm	59	工具长度 /mm	850
耐温 /℃	120	承压 /MPa	70	枪体外径 /mm	113
喷嘴初始孔径 /mm	6	喷嘴扩径后孔径 /mm	22	连接丝扣	3¹/₂ "TBG"

五、高煤阶煤层气勘探开发成效

1. 沁水盆地高煤阶煤层气探明储量情况

截至 2020 年底，已在沁水盆地高煤阶煤层气探明面积约 3190km²，探明煤层气地质储量约 5430×10⁸m³。其中中国石油华北油田分公司探明面积约 1439km²，探明煤层气地质储量约 2833×10⁸m³；中联公司探明面积约 1147km²，探明煤层气地质储量约 1725×10⁸m³；地方企业探明面积约 610km²，探明煤层气地质储量约 865×10⁸m³。

2. 沁水盆地高煤阶煤层气产量增长情况

随着沁水盆地高煤阶煤层气开发工作的持续深入，煤层气年产气量得到了大幅增长，截至 2020 年底，年产气量达到 42.76×10⁸m³，与项目立项前相比，年产气量增加了 27.1×10⁸m³，增幅比例达到 173%。其中华北油田分公司煤层气年产气量由 3.8×10⁸m³ 增加到 12.9×10⁸m³，年产气量增加了 9.1×10⁸m³，增幅比例 239%；中联公司煤层气年产气量由 2.4×10⁸m³ 增加到 12.6×10⁸m³，年产气量增加了 10.2×10⁸m³，增幅比例 425%；其他企业年产气量由 9.5×10⁸m³ 增加到 14.9×10⁸m³，年产气量增加了 5.4×10⁸m³，增幅比例 57%。

3. 沁水盆地高煤阶煤层气产业区建设情况

1）樊庄—潘庄区块浅层裸眼多分支水平井开发示范区建设

樊庄—潘庄区块，埋深浅、一般小于 600m，渗透率高、一般大于 1mD，天然割理、裂隙发育、含气饱和度在 90% 以上、易于解吸产气。在"十一五"和"十二五"初期，采取裸眼多分支水平井型进行开发，该井型一般由两口井组成，分别为一口洞穴排采垂直井，一口水平工艺井，当工艺井与垂直井连通后，在煤层中钻 2 个主支 /6 个分支井眼后裸眼完井，单井控制面积 0.4km² 以上，控制煤层气地质储量 6500×10⁴m³ 以上。由于分支穿越煤层裂缝系统，增加了泄气面积和地层导流能力，在渗透率高值区，单井产气量高，开发效果好（李学博等，2018）。

2006—2013 年，沁水盆地共在潘庄—樊庄—郑庄区块实施裸眼多分支水平井 110口左右，高峰日产气量 150×10⁴m³ 左右，平均单井日产气量 1.3m³，建成产能 6.6×10⁸m³/a，总体产能到位率 75%。分区块来看，产量差异较大，潘庄区块平均单井日产气 2.3×10⁴m³，产能到位率 127%；樊庄区块平均单井日产气 0.75×10⁴m³，产能到位率 42%（刘国伟等，2014）。

2）马必东—郑庄区块中深层高效开发示范区建设

针对马必东—郑庄区块处于中深层，地质条件变差，埋深大，一般大于 800m，物性差，渗透率小于 0.1mD 的情况，"十三五"期间，创新了高煤阶输导式煤储层压裂改造工艺技术、研制了下套管、可支撑的 L 形可控水平井，在马必东—郑庄区块中深层 3×10⁸m³ 高效开发示范区建设中取得了较好成效。

建成了马必东—郑庄高效开发示范区，产能建设到位率超计划 10%～37%。马必东示范区钻井 248 口，建产能 $2.07 \times 10^8 m^3/a$。投产 193 口，产气 187 口，单井平均日产气 1336m³（含水平井），产能到位率 70%，正处上产阶段。郑庄示范区钻井 173 口，建产能 $1.51 \times 10^8 m^3/a$。投产 166 口，产气 164 口，单井平均日产气 2134m³（含水平井），产能到位率 95%，仍处上产中。

（1）大幅提高了单井产量，提升了产能到位率。马必东示范区先后投产开发井 193 口（丛式井 185 口，水平井 8 口）。目前定向井单井最高日产气量为 3175m³，平均单井日产气 1149m³，产气量处于提产阶段。目前水平井产气井 6 口，平均单井产量 6495m³。MP63 井组 2 口井（图 7-2-5、图 7-2-6）日产气量达到 $1 \times 10^4 m^3$ 以上，实现了马必东深层（埋深近 1300m）煤层气产量突破，示范意义重大。

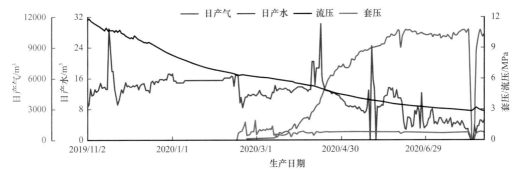

图 7-2-5 MP63-3-2S 井排采曲线

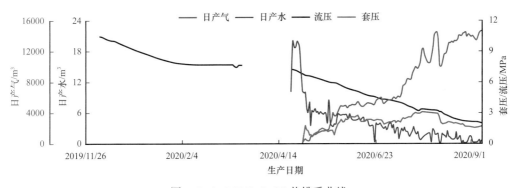

图 7-2-6 MP63-3-3S 井排采曲线

郑庄示范区钻井 173 口，建产能 $1.51 \times 10^8 m^3/a$，投产 166 口，单井平均日产气 2134m³（含水平井），产能到位率由 "十三五" 以前的 24% 提高至 93%，目前仍处上产中。郑庄低产低效区水平井取得了产量突破：累计完钻水平井 70 口，投产 45 口，水平井平均单井日产气 8000m³，其中 Z1P-3L 井日产气量 17000m³ 以上（图 7-2-7）。

（2）大幅降低了低产井比例，控制了产建风险。由于对煤储层非均质性认识不足，对煤层气产量主控因素把控不够到位，地质特征描述及选区方法不够成熟，产能建设中低产井比例高且连片出现。经过艰苦攻关研究，创新了高产靶区成因机制新认识，明确了煤层气产量主控因素；建立了建产精准选区及高效开发优化技术，大幅提高了产能建设选区科学性、开发技术适应性，在新的产能建设中得以应用，取得了良好的效果，日

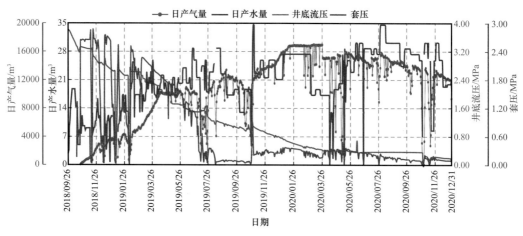

图 7-2-7　Z1P-3L 井产量曲线

产气小于 500m³ 的低产井比例由"十三五"以前的 34%～56% 降低至"十三五"以后的 5%～17%，有效降低了产能建设的风险（秦利峰等，2016）。

3）柿庄低产低效区块有效盘活示范区建设

通过开展井组耦合技术、储层二次改造、动压调节增产技术等措施，柿庄示范区低效井区综合治理成效明显，共实施 245 井次，日产量从 18.7×10⁴m³ 增至最高 42.3×10⁴m³，增产 1.26 倍。

（1）井组重构技术应用效果良好。投产 4 口调整水平井，3 口井产气，单井产量 2213m³/d。投产 4 口调整定向井，3 口井产气，单井产量 1169m³/d，均处于产量上升阶段。

（2）二次压裂改造效果成功。实施的脉冲加砂、暂堵转向、同步压裂等造新缝二次压裂改造工艺，在示范区完成 40 口井，已投产 33 口，见效率 86.7%，平均单井增产 809m³/d。

（3）动压调节增产技术试验成功。建立了基于剩余储量的动压选井指标体系，确定五类 17 项选井指标，在示范区试验 40 口井动压调节设备，见效率 100%，平均增产 479m³/d。

六、知识产权成果

1. 形成的主要高煤阶煤层气标准

制定发布标准规范 116 项，其中形成行业标准 13 项，成为国内外高煤阶煤层气勘探开发的标准制定者，为高煤阶煤层气产业有序发展奠定了良好基础。

2. 发表的高煤阶煤层气论文和著作

出版专著 5 部《煤层气勘探开发方法与技术》《煤层气水平井成井系统》《高煤阶煤层气勘探开发新技术与实践》《沁水盆地高煤阶煤层气水平井开采技术》及《煤层气低效井成因类型判识理论与应用》。发表学术论文 138 篇，其中 SCI/EI 共计 43 篇，中文核心期刊 90 篇。引领了高煤阶煤层气技术发展和学术水平。

3. 形成的高煤阶煤层气专利和软件

形成高煤阶煤层气各类专利共计 110 件，其中发明专利 86 件，已获得授权 55 件。获得软件著作权 15 项。

4. 高煤阶煤层气获奖情况

获得省部级及以上成果奖励共计 30 项，其中获得国家级成果奖励 4 项。

第三节　中低煤阶煤层气地质理论与开发技术

一、背景、现状与挑战

1. 中低煤阶煤层气产业背景

我国 2000m 以浅的煤层气资源量约 $30.05 \times 10^{12} m^3$，其中中低煤阶煤层气约占 77%，勘探开发前景广阔（徐凤银等，2021）。中低煤阶煤层气在我国中部、西北部、东北部区域广泛分布，以鄂尔多斯、准噶尔、吐哈、辽河等盆地为主（穆福元等，2015；皇甫玉慧等，2019）。20 世纪 80 至 90 年代，美国相继在黑勇士盆地、圣胡安盆地和粉河盆地实现中低煤阶煤层气商业性生产，带动了全球中低煤阶煤层气勘探开发热潮（冯三利等，2003）。专项立项前，我国中低煤阶煤层气处于探索阶段，在鄂尔多斯盆地、新疆和东北地区进行初步资源评价，实施探井 52 口，探明地质储量 $77 \times 10^8 m^3$，阜新盆地小规模试采 32 口井，日产气量 $3.5 \times 10^4 m^3$（赵庆波等，2008；晋香兰等，2012）。专项实施以来，通过中低煤阶煤层气技术攻关和示范工程建设，推动鄂尔多斯盆地东缘和准噶尔盆地南缘等地区中低煤阶煤层气实现了规模商业开发，截至 2020 年累计探明地质储量达 $1074 \times 10^8 m^3$，累计实施产能建设 $15.6 \times 10^8 m^3/a$，年产量达 $7 \times 10^8 m^3$ 以上。

2. 中低煤阶煤层气地质研究现状

我国中低煤阶含煤盆地地质背景相对复杂，目前在地质成因、储层特征、成藏模式等方面取得初步研究进展。地质成因方面，多借鉴天然气成因类型的分类方案，认为煤层气具有生物成因和热成因两种机制，低煤阶煤层气以生物成因气为主，特别是褐煤阶段尚未达到快速热解生气阶段，以生物气为主，热解气较少；而中煤阶煤层气则以热成因气为主（戚厚发等，1997；秦勇等，2000；康永尚等，2020）。储层孔渗特征方面，中低煤阶以大中孔为主，孔隙连通性好，基质孔隙控制渗透率，较大的孔隙也为产甲烷菌的生存和繁殖提供了空间，利于次生生物气的生成（桑树勋等，2001；陈振宏等，2007；杨曙光等，2011）。含气性特征方面，中低煤阶气藏吸附平衡时间短而集中，初期相对解吸率与相对解吸速率高，但储层含气量一般较低（马东民，2003；陈振宏等，2008）。富集成藏模式方面，中低煤阶煤层气成藏，具有煤层厚度大、层数多、含气量低、渗透性较好、煤层气资源量和资源丰度大的特点，厚煤层弥补了含气量低的缺点（李五忠等，2008；王勃等，2008）。勘探开发实践发现，煤层气生成条件和储层存储特性是中低煤阶煤层气富集成藏的关键（傅雪海等，2005）。

3. 中低煤阶煤层气勘探开发技术现状

早期国内中低煤阶煤层气的开发方式主要沿用中高煤阶直井加砂压裂的传统钻完井技术。随着煤层气产业的快速发展，中低阶煤层气勘探开发技术也在不断地更新和完善（徐凤银等，2019），根据煤层气地质和工程特点，在鄂尔多斯盆地东缘和准噶尔盆地南缘等地区开展了一系列技术攻关与试验，逐步由直井发展到丛式井、水平井，继续发展到多分支水平井、远端对接井、径向井、倾斜井及多类型组合井（鲜保安等，2010；张遂安等，2016）；由单一压裂煤层向压裂煤层底板或煤层顶板、由直井单煤层压裂向水平井分段压裂，压裂规模不断增大甚至朝着"压裂工厂"方向发展，形成了中低煤阶煤层气勘探开发技术系列，有效提高了单井产量，助推了中低阶煤层气产业的快速发展（叶建平等，2016；张遂安等，2021）。

4. 中低煤阶煤层气勘探开发面临挑战

随着我国煤层气勘探开发工作地不断深入，中低阶煤层气储量、产量明显提升，成为我国煤层气发展的主要接替领域。但我国中低煤阶煤层普遍埋藏较深、渗透率偏低、煤层气吸附饱和度偏低，要实现规模效益开发，面临以下诸多挑战：

（1）中低煤阶煤层气盆地类型多元，不同构造演化背景导致煤层气成藏过程复杂，富集机制差异大，加大了评价难度。因此，需要加大中低煤阶煤层气赋存状态构成及其具体控气模式研究、不同赋存状态空间分布规律及地质控制因素的研究，并根据不同富集类型开展关键参数指标优化及综合选区指标体系研究，完善地质选区评价体系和方法。

（2）适合国外高渗透储层的裸眼洞穴完井技术已经证实不适用于我国中低煤阶低渗透储层。目前直井加砂压裂的传统钻完井工艺，虽然取得了一定效果，但存在厚煤层煤层气资源有效动用不足的问题，如果增加压裂层数，则会增加改造成本。总体而言，关于中低煤阶煤层气开发尚无成熟工艺，需要针对我国不同地质条件开展钻完井及增产改造工艺技术攻关。

（3）中低煤阶煤层气生产效果受排采强度影响较为明显，不合理的排采强度会直接导致煤粉堵塞、应力闭合、渗透率降低，导致排采潜力无法有效释放。目前中低阶煤层气排采过程中渗透性的变化规律、排采参数相关性的阶段化特征、煤粉产出对煤层气井产能影响等研究系统性仍不足，对现场生产实践缺乏有效指导。

二、中低煤阶煤层气地质理论

1. 中低阶煤层气"多源共生"富集成藏理论

围绕中低阶煤层气游离态占30%以上，甲烷赋存状态变化较大，成因来源多样，特别是我国中低阶煤层气盆地一般经历多期构造活动等关键地质控制因素，研究揭示良好的封盖条件与后期气源补充对中低煤阶煤层气富集成藏至关重要，创立了以"多源共生"为核心的中低煤阶煤层气富集成藏理论，引领我国煤层气勘探重点向中低煤阶转移。

中低阶煤煤层气"多源共生"富集成藏理论以气源成因为核心，以局部构造为主线：低煤阶盆地形成后，受构造运动的影响，煤层中吸附的气体随着盆地的抬升，压力的降低，大量散失，特别是低煤阶储层大孔约50%，原始气藏遭到破坏更严重，加上自身生气能力弱，因此良好的封盖条件是低煤阶富集的关键。之后盆地再次沉降，接受沉积，但煤层已不再生气，由于上覆地层压力的增大，煤层含气能力加大，但煤层气缺失，含气饱和状态极低。因此，后期气源补充对低煤阶煤层气富集成藏非常重要，特别是次生生物气的补给。故低煤阶煤层气藏水文地质条件尤为关键，一方面影响着低煤阶煤层气的保存，另一方面在合适条件下还能促进低煤阶次生煤层气的生成。"多源共生"富集成藏理论包含三种富集模式（图7-3-1）。

类型	构造部位	成因	形成机制			成藏模式	勘探领域	特点
			分布	科学含义	主控因素			
缓坡带淡水补给生物气富集模式	盆缘	生物气	连续型	富集区连续分布；高渗透带受埋藏深度、沉积微相及局部构造控制，呈带状规律分布	沉积相：控制煤储层孔系结构		盆地边缘缓流区	能够向外围连续拓展
斜坡区正向构造带状富集模式	单斜或宽缓向斜一翼	热成因气+生物气补给			局部构造：影响裂缝发育		裂缝发育的高渗透区，煤层与薄层砂泥岩互层	
					埋藏深度：转换带以浅为高渗透带			
断层控制多气源补给混合成因富集模式	冲断带+残留断块	生物气+外源气	非连续型	煤层不连续，富集区规模较小；受高应力影响，高渗透带总体受构造控制明显，呈独立断块分布	沉积体系：高位体系域煤相对稳定；断块控制富集规模；外生裂隙发育程度控制高渗透带展布	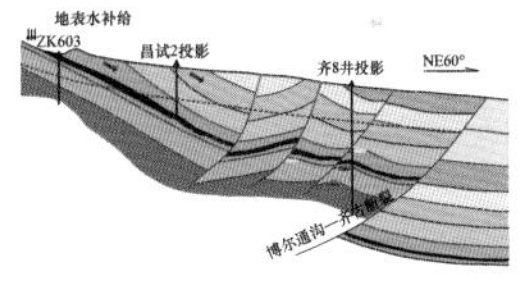	具备外源气补给的局部构造，中深层煤系立体勘探	不能向外围连续拓展

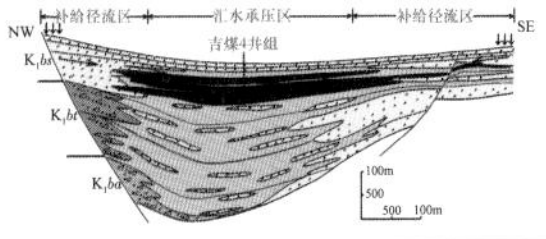

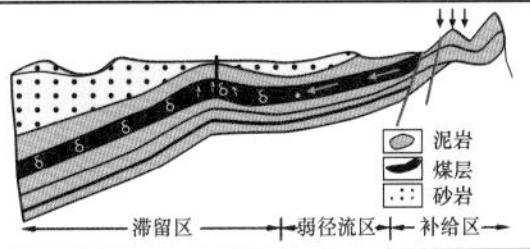

图7-3-1　低煤阶"多源成藏"富集理论的内涵及3种富集模式

一是浅层缓坡带淡水补给生物气富集模式。二连盆地吉尔嘎朗图凹陷为典型，浅层地表水通过大气降水流入煤层，有利生物气生成。$\delta^{13}C_1$为$-59.4‰\sim-65.3‰$，显示生物气特征。富煤区泥岩发育，封盖条件好。汇水承压区，水动力侧向封堵利于煤层气富集。

二是斜坡区正向构造带状富集模式。保德气田为典型，总体上表现为向西倾的单斜，构造格局相对稳定，发育倾角5°～10°的鼻隆。主要为热成因气为主，存在生物气补充。在弱滞留区形成煤层气富集。4#+5#煤层含气量平均6m³/t；8#+9#煤层含气量平均8m³/t。鼻隆区煤层埋深较浅，处于张性低应力场，裂隙系统相对发育，渗透性好。

三是断层控制多气源补给混合成因富集模式。准南白杨河区块为典型，以混合成因气为主，气源为来自深部侏罗系煤系地层暗色泥岩和煤层，大量生气后气体沿山前大断裂向浅部大量运移，上部煤层在背斜轴部容易变形破裂形成有利储层。构造高点、相对高压的封闭区是煤层气富集的有利部位。

2. 中低阶煤层气生物工程强化开发理论

从 2000 年 Scott 提出煤层甲烷微生物强化概念开始，微生物提高煤层含气量已成共识。围绕微生物提高煤层气产量的科学问题，积极探索低煤阶煤层气增产的新途径，研究提出中低阶煤层气生物工程强化开发理论，拓展煤层气勘探开发范围，以提升低阶煤层气开发潜力。

煤层甲烷生物工程强化开发（Coalbed Gas Bioengineering）是将营养液或经过驯化改良的菌种注入地下煤层或通过地面发酵产气的方式把煤的部分有机组分转化为甲烷（图 7-3-2）。实现微生物强化煤层气产出的一种特殊发酵工程，涵盖了能源、环境、材料三大领域。煤是杂环大分子化合物，主要为芳香族及木质素衍生的包含氮、硫、氧的复杂碳水化合物，可以作为碳源被微生物降解。煤的生物降解首先是煤分子中官能团或共价键的断裂，使煤分子转变为较小的分子结构片段；然后，在一系列微生物胞外酶的作用下产生中间代谢产物；这些中间产物经微生物发酵后转化为产甲烷底物，最后被产甲烷菌利用生成甲烷。

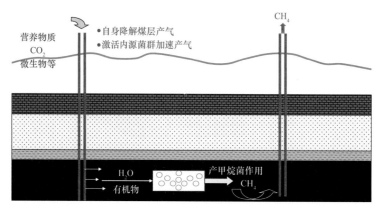

图 7-3-2　煤层气生物工程示意图

煤层甲烷生物工程强化开发还处于室内模拟实验研究阶段，主要包含培养驯化更高效产甲烷菌群，如何有效提升中低阶煤层含气量，以及如何实现煤储层改质改性，提升煤储层渗透性等。实验发现 CO_2 还原途径是我国低阶煤次生生物甲烷气化的最主要途径，经过原位模拟产甲烷实验，煤样中的微生物群落结构也发生了很大变化。研究确认原位煤层水菌系吨煤最大甲烷增产量可达 $2.7m^3$，高温（55℃）条件下的焦煤和褐煤的生物气化潜力都大于中温（35℃）条件，特别是褐煤的生物气化潜力总体上高于焦煤和无烟煤。更重要的是，氧发酵处理前后，储层物性明显变好，总孔隙度、连通孔隙团孔隙度增加，确认微生物降解提升煤储层渗透性 300% 以上。

3. 中低煤阶大倾角储层煤层气渗流与排采机理

新疆准噶尔盆地南缘煤层气开发区块具有主力煤层多、煤层倾角大、厚度大的特点。由于煤层倾角大，煤层气开发过程中的渗流机理与平缓地层存在显著差异。通过对中低煤阶大倾角储层煤层气渗流与排采机理研究，揭示了大倾角储层煤层气渗流机理的控制作用——气、水分异作用，并明确了大倾角储层煤层气渗流特征。

1）气、水分异作用

气、水分异一方面是由两相流体之间的密度差异造成的，密度较大的一方向下运移，密度较小的一方向上运移；另一方面是由毛细管力和贾敏效应产生的附加阻力造成的两相流情况下，其中一相以液滴或气泡状分散在另一相中流动时，其饱和度越高，越容易形成连续性流动，毛细管力及贾敏效应所产生的附加阻力就越小，若流体流动的两个方向均有流动压差，并存在两相流体饱和度的差异，流体会趋向于阻力最小的方向，即向饱和度较大的方向运动。流体流动的两个方向饱和度差异越大，则气、水分异现象越严重。在大倾角煤层中，气体在渗流过程中主要受到浮力、压差驱动力及表—界面张力的共同作用，向煤层上部运移，而水则主要受重力作用向煤层下部运移。且由于煤层中气、水流动的两个方向存在气、水饱和度的差异，气相饱和度较高的方向更有利于气体的运移，而水的运移方向相反。因此，形成气体向上运移，煤层水在重力作用下向下运移的现象。

2）大倾角煤层渗流特征

基于气、水分异作用，并根据新疆煤层的地质特点和参数，建立大倾角煤层模型，通过数值模拟研究，明确了大倾角煤层直井的渗流特征和剩余含气量分布特征。

对大倾角煤层直井的渗流情况和剩余含气量分布模拟的结果如图7-3-3和图7-3-4

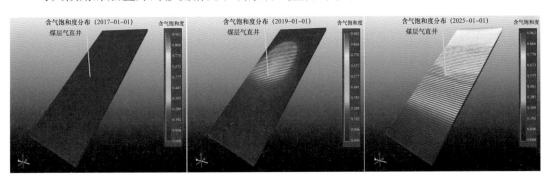

图 7-3-3　大倾角煤层直井生产煤层气渗流特征图

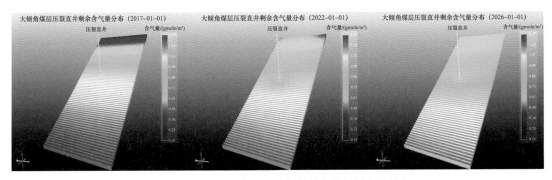

图 7-3-4　大倾角煤层压裂直井剩余含气量变化特征

所示。从模拟结果可以看出，大倾角煤层直井在排采过程中，受气水分异的影响，表现为逐渐形成以直井射孔为扇轴向煤层浅部扩展的扇形煤层气富集区，最后在煤层浅部形成气相富集区，在深部形成水相富集区。剩余含气量分布方面，表现为随着排采的进行，煤层中部甲烷大面积解吸，深部煤层仍然保留未解吸甲烷，而浅部由于大量甲烷聚集造成重新吸附的现象。

三、中低煤阶煤层气勘探开发技术

1. 中低煤阶煤层气资源有效性评价技术

目前煤层气勘探有利区优选评价结果尚不能直接指导勘探，需要充分考虑地质条件、资源量、供气环境及下游工程、投资效益等因素，来确定可供开发利用的煤层气区块。因此，研究形成了一套符合我国中低阶煤层气勘探开发特点的资源有效性评价技术。

首先明确提出中低煤阶煤层气有效资源基本含义：当前经济技术条件下，具备一定规模、丰度和可动用性，通过改造能实现有效开发的煤层气资源。相比于资源评价而言，更注重可动用性（可流动性）、可改造性等参数指标评价。

其次是确定了有效资源评价包括三大类十三小类评价指标。其中，含气性包括构造条件，含气量，主力煤厚，资源丰度，生物气条件，保存条件六小类；可动用性包括吸附饱和度，基质渗透率，扩散系数三小类；可改造性包括显微硬度，脆度，煤体结构，埋深四小类。

最核心的是，以单井产量为考核指标，突出有利单元开发地质与开发动态评价，综合煤层气含气性、技术可采性、经济性三类要素，优选相关性大的煤层含气量、渗透率、地解比等参数，测算资源有效性评价的指标下限，建立了一套系统的煤层气有效资源的分类分级评价标准（表 7-3-1）及多因素综合评价方法体系。

表 7-3-1 煤层气有效资源指标体系

参数名称	等级划分	分值	参数含义	权重	高煤阶评价标准	中煤阶评价标准	低煤阶评价标准
埋深 / m	I	10~8	煤层气钻井工程费用	0.25	500~1000	500~1000	300~500
	II	7~4			1000~1500	1000~1500	500~800
	III	3~0			>1500	>1500	>800
煤层厚度 / m	I	10~8	煤层厚度、稳定性；资源量大小	0.15	>5	>10	>20
	II	7~4			3~5	5~10	10~20
	III	3~0			<3	<5	<10
含气量 / m³/t	I	10~8	煤阶（吸附能力）、封盖条件、构造条件和水文地质条件的综合反映	0.2	>20	>15	>2
	II	7~4			10~20	5~15	1~2
	III	3~0			<10	<5	<1

续表

参数名称	等级划分	分值	参数含义	权重	高煤阶评价标准	中煤阶评价标准	低煤阶评价标准
压力梯度 / kPa/m	I	10～8	从地表起算的压力梯度，能量场	0.1	>9.8		
	II	7～4			7～9.8		
	III	3～0			<7		
渗透率 / mD	I	10～8	渗透性；产气能力	0.25	>1		
	II	7～4			0.1～1		
	III	3～0			<0.1		
地面条件	I	10～8	煤层气钻井工程费用	0.05	平原、戈壁		
	II	7～4			丘陵		
	III	3～0			山地		

该技术适用于煤层气资源评价后，在目标评价的基础上，充分考虑地质条件、资源可采性、地面可动运行、供气环境及下游工程、投资等条件，来确定可供开发利用的煤层气区块。

2. 中低煤阶煤层气经济技术一体化三维地震采集技术

我国中低煤阶煤层气开发主战场位于鄂尔多斯盆地东缘和准噶尔盆地南缘等地区，地表地形多起伏剧烈、近地表结构，地震采集成本高。煤层气开发具有多井低产的特点，地震技术必须适应低成本开发需求，需要发展高性价比的经济有效的煤层气地震采集技术。

以煤层"低密度、低速度、低波阻抗、高反射系数"为依据，紧密结合研究区目的层地下地质构造及其地球物理响应特征，进行面元大小、覆盖次数、最大炮检距、接收线距、方位角等不同观测系统参数论证及属性分析，建立地质模型，进行正演分析、照明分析、AVO 分析等（图 7-3-5），优选形成满足地震成像及偏移要求的观测系统方案。同时，开展观测系统方案的经济性评估，在满足煤层气地质需求的前提下实现经济技术一体化。

地质模型　　　　　20m道距照明分析　　　　　30m道距照明分析　　　　　40m道距照明分析

图 7-3-5　煤层气三维地震观测系统设计

（1）面元边长。煤层稳定，地层倾角较小（一般小于 10°），单炮信噪比较高，不同面元煤层反射特征及构造形态差异较小，采用较大面元不会产生空间假频，能够保证较好的分辨率及小倾角归位成像，三维地震采集面元一般采用（20m～30m)×(20m～60m)。

（2）覆盖次数。煤层具有强反射和高信噪比特点，可采用较低的覆盖次数。三维覆盖次数一般选择30～48次，所获地震资料品质较好，信噪比较高，能够满足地震资料成像精度。

（3）最大炮检距。煤层速度低、密度小，与围岩波阻抗差异大，较大炮检距能较好避开强面波、折射波干涉区，有利于成像，最大炮检距一般选择为目的层深度的1.5～2倍。

（4）接收线距。一般不大于垂直入射时的菲涅尔带半径，有利于精确的速度分析、AVO分析及DMO分析。煤层气三维地震采集接收线距一般为120～240m。

（5）炮道密度。应满足叠前偏移成像需求。根据煤层气地震地质条件和技术要求，道炮密度一般为20000～50000道/km²。

（6）炮检方位角。煤层各向异性特征明显，裂缝较发育，宜采用宽方位角观测。方位角应大于0.5°，针对煤层的方位角应大于0.85°。

根据不同地区的地震地质条件及地质任务要求来确定合理的煤层气三维观测系统方案。地表及地下构造条件简单、资料信噪比较高的地区可采用面元较大、覆盖次数较低的观测系统。表层及深层地震地质条件复杂的地区应采用较小面元、较高覆盖密度的观测系统。

3. 中低煤阶大倾角多煤层丛式井快速钻完井技术

新疆地区煤层气钻井存在如下难点：（1）煤层倾角大，钻井过程中易发生井斜和方位漂移，井身质量易超标；（2）煤演化程度低、埋深浅、孔隙度较高，易发生井漏、污染储层的问题；（3）主力煤层多、煤层间距较大、倾角大，不同目的层的井间距不同。针对上述问题，研究形成中低煤阶大倾角多煤层丛式井快速钻完井技术。

以五段制丛式井来保证各目的煤层的井间距，通过钻具组合及钻头选型优化技术提高钻井防斜能力和钻速，保证井身质量，通过无固相钻井液降低漏失，减小对储层的伤害。

（1）井眼轨迹优化。为适应新疆大倾角、多煤层的地质特点，部署上首先考虑利用丛式井实现多煤层的充分动用，并对丛式井进行优化，采用五段制井（井眼轨迹为直—增—稳—降—稳）与直井结合，实现在多厚煤层沿倾向上钻井的等间距分布。

（2）钻具组合及钻头选型优化技术。① 底部钻具组合优化技术。建立底部钻具组合分析方法，对原底部钻具组合进行了优化设计，增加一段 ϕ165mm 钻铤 5m 和一个 ϕ123mm 稳定器。通过对斜向力的计算确定稳斜段、造斜段、直井段的钻具组合优化设计，优化后的底部钻具组合可提高在稳斜段的稳斜效果和直井段的防斜效果。② 钻头选型优化技术。通过室内可钻性实验确定钻头钻速方程，计算理论机械钻速；利用已钻井测井数据，建立地层抗压强度、硬度和可钻性随井深变化的剖面；并结合现场机械钻速较快的井的钻头适用情况，优化钻头选型。最终确定在新疆地区，一开钻进采用牙轮钻头比较合适，二开定向造斜初期，可选用 ϕ215.9mm 的三牙轮钻头，在顺煤层段可选用 ϕ215.9mmPDC 钻头实现快优钻进。

（3）低伤害钻井液体系。以降低漏失、提高机械钻速、减少井下复杂事故、提高储层保护效果为目标，针对低固相钻井液体系，通过进一步提高岩屑回收率和抑制泥页岩水化分散能力，优化形成无固相钻井液体系。其主要技术指标为：① 岩屑滚动回收率不小于85%；② 页岩膨胀率不大于15%；③ 岩心渗透率恢复值不小于85%；④ 抗温能力不小于130℃；⑤ 抗土侵能力不小于15%；⑥ 极压润滑系数不大于0.095（表7-3-2）。

表 7-3-2　无固相钻井液体系基本性能表

配方	测试条件	AV/ mPa·s	PV/ mPa·s	YP/ Pa	Gel/ Pa/Pa	pH 值	FL_{API}/ mL	固相含量 / %
无固相	老化前	22.5	15	6.5	0.25/0.5	9	10.5	1.5
钻井液体系	130℃/16h 后	26	17	7	0.25/0.5	9	12	

五段制井型主要适用于大倾角多煤层的地质条件，而钻具组合及钻头选型优化与低伤害无固相钻井液体系则主要适用于中低煤阶煤层气的钻完井工程。

4. 中低煤阶斜井连通双煤层多分支水平井钻完井技术

柳林示范区山西组含有 3/4#、5# 两套主力煤层，都具备含气量高、开发条件好的特点，前期单层多分支水平井取得了巨大突破。如果多煤层合采，产量将会大大提高，但在地表沟壑纵横的柳林地区很难找出适合钻多分支水平井的井场。

创新了一种斜井连通的双煤层多分支水平井工艺，在一个井场向不同方向钻 2 口排采定向井，工程井和生产井位于同一井场，地面距离为 10～30m，排采的水平位移为290m，工程井在煤层顶板着陆后，距煤层连通点约 100m，工程井三开与排采井连通成功后在第一层煤钻水平段，每钻完一个分支下入筛管完井，钻完一层煤的多个分支后退回到连通点前，在主井眼下入筛管完井，然后在另一层煤再次连通，重复此前的工程施工。两层煤的所有分支、主支全部下入筛管完井。在一个井场上有三个井口、煤层段水平进尺 16000m，控制煤层面积 $2×2×0.86km^2$。

通过斜井连通双煤层多分支水平井、全井段筛管完井技术，水平井和排采井的井口距离从常规的 300m 缩短到 10m，实现同一井场部署。适合于多煤层合采及地表条件差难以找的合适井场的地区。

5. 中低煤阶大倾角多厚煤层高效压裂技术

由于新疆地区中低阶煤具有煤层多、厚度大、倾角大等特点，导致压裂改造存在煤层上部裂缝支撑难、改造不充分、分层压裂工艺周期长等问题，针对上述问题，主要从压裂液研发、射孔优化、压裂工艺优选等方面入手，形成中低煤阶大倾角多厚煤层高效压裂技术。

（1）低伤害、低摩阻压裂液体系。以低摩阻、低伤害、高造缝携砂性为目标，优化压裂液体系。通过对压裂液稠化主剂、交联剂、防膨剂、助排剂、破胶剂、低温激活剂的优选，提高压裂液黏度（降低滤失，提高造缝效果），扩大压裂施工规模（降低入井压裂液摩阻，提高施工排量）与裂缝沟通效果（提高砂比与砂量，增大压裂沟通体积），降低支撑剂嵌入、煤粉返吐等造成的储层伤害。根据不同压裂液配方的实验评价，最终形成了低伤害、低摩阻的微电荷交联压裂液（MEC 压裂液）体系，推荐配方为：0.20% 四元共聚物稠化剂 +0.20% 烷基磺酸盐类交联剂 +0.3% 复配型防膨剂 a+0.3% 氟碳类助排剂 a+0.1% 过硫酸铵 +0.1%～0.3% 复合胺盐类破胶激活剂。压裂液性能见表 7-3-3，MEC 压裂液伤害率仅 15.6%、摩阻为清水的 31.5%、悬砂能力为清水 20 倍以上，具有抗滤失能力强、携砂能力强、残渣少、吸附性伤害低的特点。

表 7-3-3　压裂液性能对比表

压裂液类型	防膨率 /%	伤害率 /%	摩阻 /%	携砂性能 /s	破胶黏度 /（mPa·s）
活性水	83.61	11.72	100	2	1
MEC	86.89	15.62	31.5	>120	2.1

（2）厚煤层压裂层段优选与暂堵压裂技术。对于厚煤层、巨厚煤层，射孔段过长则裂缝长度和改造范围难以保证，射孔段较短又无法保证厚煤层段得到充分改造。因此，需要合理优化射孔段，采用合适的压裂工艺。射孔段的优化主要根据测井参数，结合岩石力学试验结果与压裂施工压力分析，优选煤岩煤质、物性好的层段，形成多、厚煤层压裂选段原则：射孔尽量靠近煤层上部，射孔厚度 6～12m，段数不大于 3 段，单段 3～6m。对于厚煤层多段的压裂工艺，主要采用暂堵压裂技术，包括投球暂堵压裂和绳结暂堵压裂。投球暂堵压裂是在施工中途加入暂堵颗粒或暂堵球来实现暂堵老缝开启新缝。绳结暂堵压裂是采用绳结式暂堵剂来堵老缝开新缝，其优点是绳结细丝可随压裂液穿过孔眼，能有效地封堵圆形或不规则形状的孔眼，井筒内压力越高，绳结越紧，封堵性能越好。

（3）多煤层分层压裂技术。对于新疆多煤层的压裂来说，常规的填砂分层压裂工艺施工效率低，不仅影响施工周期，还存在投产进度慢导致压裂液的长时间浸泡对储层造成伤害。因此，引进两项成熟技术解决该问题。一是采用连续油管压裂技术，并优化其配套工艺，形成连续油管喷射 + 底封拖动分层 + 油套环空压裂技术，实现高效分段压裂。二是针对煤层埋深浅、温度低的特点，形成低温环境下盐水 / 清水中可完全溶解，适用于不同尺寸套管的全可溶桥塞分层压裂工艺。

6. 中低煤阶煤层气杆式泵不压井修井技术

中低煤阶煤层气井排采上产—稳产阶段具有套压高、产量高的特点，为了降低修井对煤储层造成伤害，通常煤层气井修井前要缓慢放产卸套压为零再修井作业，修井后又缓慢提产。这种工艺造成产气量恢复周期很长，一般 3～4 个月，高产井用时更长。因此，研发适合中低煤阶煤层气井的带压修井技术是现实需要。

考虑到煤层气井套管产气、油管出水的排采工艺特点，实现煤层气井不压井作业的关键是作业过程中如何密封油套环空。在油管不存在漏失的条件下，若将检泵作业从套管内转移到油管内，便可实现油管内作业的同时套管继续产气，于是提出了使用杆式泵工艺管柱的技术方案。

1）杆式泵结构及特点

杆式泵主要由杆式泵、工作筒及机械支撑部分组成，如图 7-3-6 所示。当杆式泵下入预定位置后，锁爪固定杆式泵，防止泵筒出现轴向位移。机械密封环与工作筒的支撑环配合形成机械密封，同时软密封环起到密封泵筒和油管之间环空的目的。

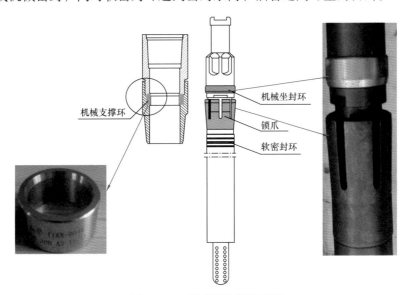

机械支撑环

机械坐封环

锁爪

软密封环

图 7-3-6　杆式泵结构示意图

2）工作原理

泵由抽油杆连接，下入油管内的预定位置固定并密封，当需要检泵作业时，将泵随抽油杆柱一块起出，不需起下油管柱，实现不动管柱作业。

如图 7-3-7 所示，当杆式泵正常工作时，油管内充满液柱。当起出杆式泵后，套管与油管连通，油管内液面依靠自身重力平衡套管压力，起到对井筒的密封作用，实现不压井作业。在油管不漏的情况下，杆式泵可实现多次重复坐封。这种工艺可以节约放产卸压时间，实现安全快速修井并提高修后产量恢复速度，保证气田高效开发。

7. 中低煤阶煤层气模块化橇装化集气处理建站技术

鄂尔多斯盆地东缘中低煤阶煤层气开发区为黄土高原山地环境，地形复杂，煤层气集气站按照常规气田建站方式，土建和安装工程量大、施工周期长、建设成本较高。为了实现快速低成本开发建设目标，提出了模块化橇装化集气处理建站技术。

模块化、橇装化建站技术把工程建设阶段的重点从现场向工厂转移，各工艺橇块在供货商工厂内进行设计、制造和检验，出厂验收合格后运至现场与其他工艺橇块进行组装，实现"工厂化预制，模块化安装"的快速建站目标。相比常规装置，一体化橇装装置具有集成度高、工厂制造质量较高、现场施工量小和占地小的特点，橇装化建站平均可缩短建设工期 20%、减少站场占地面积 40%、节约工程投资约 20%。

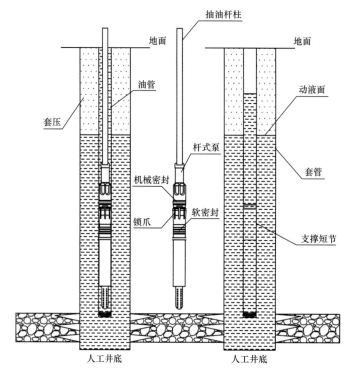

图 7-3-7　杆式泵不压井作业原理示意图

模块化、橇装化集气处理建站技术适用于按照"滚动开发、阶段建设"思路规划设计的煤层气开发项目，具有实施安装工程量小，建设周期短、投资成本低等特点。

四、中低煤阶煤层气勘探开发装备

1. 低阶煤层含气量测试系统

低阶煤层热演化程度低、渗透性好，含气量测试过程中容易发生氧化干燥和气体逸散，导致含气量测试结果偏差较大。为了提高低阶煤层含气量测试精度，研制了专用的低阶煤层含气量测试系统及测试方法。

该系统由中国石油勘探开发研究院自主研制，包括解吸样品罐、压力温度控制系统、解吸数据实时采集、损失气测量与数据处理分析系统5个部分。采用电加热解吸罐的方法，将解吸罐加热至地层温度后进行快速解吸，并采用气体流量检测器计量每分钟气体的流量来实时监测气体的解吸过程，根据气体解吸曲线的形态来确定解吸时间。

该系统已经由第一代发展至第五代。第五代含气量在线智能测试仪（图 7-3-8）具有自动化程度高、自动变温控制、多组分气体体积校正和自动化数据处理等特点：（1）全密闭条件下样品的快速、精细粉碎；（2）防氧化与过干燥处理工艺；（3）设备成功实现小型化、便携化，便于现场携带和应用；（4）设备测试系统温控的自动化。

含气量测试精度由 1mL/min 提高到 0.01mL/min，仪器重量由 80kg 以上降低到 20kg左右，现场含气量测试人员数由 3 人降低到 1 人，每块岩心现场解吸时间均为 2.5 天，大

第一代	第二代	第三代	第四代	第五代
人工、精度1mL	自动、精度0.1mL	自动变温、精度0.1mL	便携式、精度0.01mL	智能化、微纳米级

图 7-3-8　第一代至第五代便携式低阶煤层含气量测试系统

幅缩短了含气量测试周期与气井勘探评价周期，测试成本降低 40%。形成的样本采集、实验测试、分析处理及质量评估技术，实现了煤层含气量测试技术的国际统一。

2. 煤层气井循环自动补水排采设备

中低煤阶煤层气开发过程中，部分井煤粉多、产水量低，煤粉容易堵塞吸入阀或沉积在井筒中造成埋泵，导致频繁检泵作业，严重影响煤层气井的稳定排采。因此，研发了煤层气井循环自动补水排采设备。

该设备主要由地面控水、分离、补水系统和井下抽油泵组成。通过抽油机—抽油杆—抽油泵或者螺杆泵等，将井下液体通过杆管环空抽吸到地面橇装系统中，地面系统由地面采出液管道、采出液流量计、分离罐、注入控制阀、出入液流量计、注入改装井口等组成。采出液通过采出液管道，由流量计计量后，进入分离罐，颗粒通过沉降、离心等作用进行分离排出。分离后的清水，一部分通过注入循环控制阀，注入流量计，沿油套环空的套管壁注入井下，补充井下液体，使得采出液量满足煤粉等固性颗粒排出的条件；另一部分，通过排出系统，排出综合处理罐，外排到制定的运输系统中，集中到给定的采出液处理系统中。利用补水系统可充分携带煤粉，减少煤粉卡泵故障。

3. 煤层气恒温露点控制橇

中低煤阶煤层气井产水量变化大，常规三甘醇脱水装置对宽幅变化的处理量适应性不足，脱水效果较差，且占地面积大，难以满足煤层气低成本开发需要。根据中低煤阶煤层气处理温度低、压力低、处理量变化较大的特点，研发了恒温露点控制橇。

恒温露点控制是指通过制冷工艺冷却煤层气，使气体所含气态水冷凝成液态水，再通过气液分离，控制煤层气水露点为符合要求的恒定值。恒温露点控制橇集成了制冷、换热、甲醇注入、气液分离等单元模块，如图 7-3-9 所示，主要工艺流程如下。

（1）主流程。经压缩机增压后的高温煤层气经一级空冷器和绕管换热器后，与注入的甲醇（防冻用）一起进入二级空冷器和外冷装置进行冷却脱水，通常冷却至 −5℃，冷凝水与甲醇形成溶液，与低温煤层气共同进入脱水分离器进行气液分离，分离后的低温干气再进入绕管换热器与增压后高温煤层气进行复热后外输。

（2）气提流程。在压缩机增压后的煤层气经一级空冷器冷却后（约为 65℃），作为气

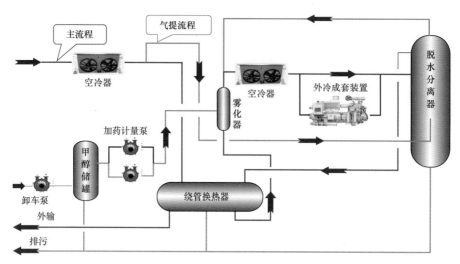

图 7-3-9　煤层气恒温露点控制橇工艺流程示意图

提气，进入脱水分离器内的气提塔，其目的是利用高温煤层气将甲醇—水溶液中大部分甲醇（约为 98%）气提出来，再循环至二级空冷器前继续进入冷却流程。同时，气提后得到含少量甲醇（约 1%）的水溶液进入排污管线排放至站内污水池。

（3）主要性能。① 操作弹性在 10%～120% 范围，能够适应煤层气生产工况；② 甲醇 99% 回收再生，循环利用；③ 处理过程中无明火、无甲烷损耗、不产生污染物，安全环保；④ 自动化运行，降低了能耗和运行维护成本；⑤ 装置集成度高，整体工厂预制，缩短建设周期。

五、中低煤阶煤层气勘探开发成效

专项实施以来，我国中低煤阶煤层气勘探开发理论、技术、装备研究取得了较大进展，指导发现和探明了保德、三交、柳林等一批中低煤阶煤层气田，累计新增煤层气探明地质储量 $996.81 \times 10^8 m^3$，有效支撑了鄂尔多斯盆地东缘和准噶尔盆地南缘中低煤阶煤层气产业基地建设，累计实施产能建设规模 $15.6 \times 10^8 m^3/a$，年产量达 $7 \times 10^8 m^3$ 以上，实现了中低阶煤层气规模商业开发。

1. 保德煤层气田

保德煤层气田位于鄂尔多斯盆地东缘晋西挠褶带北段，总面积 $476.462 km^2$，总体为向西倾的单斜构造，断层和褶皱不发育。主力煤层为山西组 4#+5# 煤和太原组 8#+9# 煤，R_o 范围 0.70%～0.98%，属中低煤阶。主力煤层 4#+5# 煤厚度 4～13m，8#+9# 煤厚度 4～18m；含气量 4.0～10m³/t（田文广等，2012；张雷等，2020）。埋深 450～1200m；渗透率 2.0～11.92mD。立项前，进行了区域勘探评价工作，实施煤层气探井 14 口，初步摸清资源条件，但试采效果不理想。立项后，依托项目和示范工程，以中低煤阶煤层气斜坡区正向构造带富集理论为指导，应用中低煤阶煤层气资源有效性评价技术、三维地震勘探技术、丛式井钻完井和排采配套工艺、橇装化建站技术等，开展大规模勘探开发工作，取得了显著成效。截至目前，累计完成钻井 1141 口，探明煤层气地质储量 $343.54 \times 10^8 m^3$，实施产能建设规模 $10.64 \times 10^8 m^3/a$，建成了我国首个中低阶煤煤层气示范基地，丛式井单井产量突破 $1 \times 10^4 m^3/d$，年产气量 $5 \times 10^8 m^3$ 以上。

2. 三交煤层气田

三交煤层气田位于鄂尔多斯盆地东缘晋西挠褶带中段，总面积 $383.202 km^2$，总体为向西倾的单斜构造。主力煤层为山西组 3#+4#+5# 煤、太原组 8#+9# 煤，R_o 范围 $0.9\% \sim 1.4\%$，属于中煤阶。主力煤层 3#+4#+5# 煤厚度 $2.2 \sim 10.1m$，8#+9# 煤厚度 $1.78 \sim 10.41m$；含气量 $4.0 \sim 14m^3/t$。埋深 $270 \sim 1100m$；渗透率 $0.1 \sim 5.6mD$。立项前，进行了小规模勘探评价工作，实施煤层气探井 25 口，试采获得气流显示。立项后，依托项目和示范工程，应用中低煤阶煤层气资源有效性评价技术、煤层气水平井钻完井技术和排采配套工艺等，开展勘探开发工作，取得了显著成效。截至目前，累计完成钻井 73 口（多分支水平井 39 口），探明地质储量 $435.43 \times 10^8 m^3$，实施产能建设规模 $1.66 \times 10^8 m^3/a$，建成了我国首个中阶煤煤层气示范基地，年产气量达 $1 \times 10^8 m^3$。

3. 柳林煤层气田

柳林煤层气田位于鄂尔多斯盆地东缘晋西挠褶带中段，面积约 $183 km^2$。主力煤层为山西组 3#+4#+5# 煤、太原组 8#+9#+10# 煤，R_o 范围 $1.3\% \sim 1.5\%$，属于中煤阶。含气量 $9.74 \sim 12.49m^3/t$，最高 $23.45m^3/t$。煤层埋深 $490 \sim 1200m$；3#+4#+5# 煤层渗透率为 $0.02 \sim 3.44mD$，8#+9#+10# 煤层渗透率为 $0.01 \sim 24.8mD$。立项前，钻直井 8 口，初步摸清资源状况，但单井产量一直较低。立项后，依托项目和示范工程，应用斜井连通双煤层多分支水平井钻完井技术、控制煤层水敏及盐敏伤害的单流体循环压裂技术、多煤层合采速敏控制连续不间断排采工艺，实现了山西组、太原组煤层气合采，取得了显著成效。截至目前，累计完钻多分支水平井 27 口和直井（定向井）150 口，探明地质储量 $217.84 \times 10^8 m^3$，实施产能建设规模 $3 \times 10^8 m^3/a$，日产气量超过 $36 \times 10^4 m^3$。

4. 白杨河煤层气田

白杨河煤层气田位于准噶尔盆地南缘大黄山—二工河向斜北翼，面积约 $18.23 km^2$。总体为南倾的单斜构造，地层倾角 $30° \sim 58°$，断层不发育。主力煤层为八道湾组下段 39# 煤、41# 煤和 42# 煤，平均厚度分别为 $9.92m$、$7.79m$ 和 $18.59m$。R_o 范围 $0.6\% \sim 1.01\%$，属于中低煤阶，含气量 $4.0 \sim 18.7m^3/t$。埋深 $500 \sim 1200m$，渗透率 $0.1 \sim 1.54mD$。立项前，实施煤层气井 5 口，开展了试采评价，见气流显示但稳产效果较差。立项后，以大倾角储层渗流机理为指导，应用大倾角多煤层丛式井快速钻完井技术、大倾角多厚煤层高效压裂技术，开展井组试验获得工业气流，高效完成了白杨河矿区煤层气开发利用先导性示范工程项目建设，取得了显著成效。累计完钻丛式井 60 口，实施产能建设规模 $0.3 \times 10^8 m^3/a$，日产气量 $5 \times 10^4 m^3$ 左右，初步建成新疆地区第一个煤层气开发利用示范基地，证实了新疆煤层气规模开发可行性，成功带动新疆地区煤层气开发。

六、知识产权成果

立项以来，在中低煤阶煤层气地质理论和勘探开发技术研究方面形成了一批知识产权成果：发表论文 426 篇；出版著作 12 部，为《煤层气勘探开发技术》《煤层气开发理论与工程实践》《非常规油气勘探与开发》等；发布国际标准 2 项，为 ISO 18871–Method of determining coalbed methane content；ISO18875–Coalbed methane exploration and development–Terms and definitions；申请发明专利 79 项，为《测定原煤渗透率的实验装置及方法》《一种煤层气 L 型水平井的储层改造方法》《煤层气井自洁防卡管式泵》等；申请软件著作权 15 项，为《煤层气井排采动态分析软件》《煤层气液压驱动多机联动排采系统设计软件》《煤层气水平井产能预测软件》等；获省部级以上奖励 3 项，为 2016 年中国石油和化学工业联合会科技进步一等奖、2017 年山西省科学技术进步二等奖、2017 年中国石油天然气集团公司科学技术进步二等奖。

第四节　煤层气与煤炭协调开发技术

一、背景、现状与挑战

1. 煤层气与煤炭协调开发产业背景

中国煤炭及煤层气资源丰富，埋深在 2000m 以浅的煤炭资源总量达 5.9×10^{12}t，煤层气地质资源量达 36.8×10^{12}m³。我国资源禀赋相对富煤，煤炭资源将在相当长的时期占我国一次能源的消费比重 50% 以上。煤矿区煤层气生于煤层、储于煤层，与煤炭同源共生，是宝贵的能源资源。煤矿区煤炭开采与煤层气抽采相互影响、密切相关。2007 年全国煤炭产量高达 25.2×10^8t，煤矿区煤层气抽采量 46.1×10^8m³，煤矿每年排放到大气中的瓦斯量超过 150×10^8m³，不仅造成巨大的能源资源浪费，而且形成大量温室气体排放，严重污染大气环境。因此，加快煤矿区煤层气抽采，实现煤层气与煤炭协调开发，煤炭和煤层气两种能源资源共采，对充分利用清洁能源、防治煤矿瓦斯灾害和保护大气环境具有重要意义。

国家高度重视煤矿区煤层气的开发利用，相继出台了一系列鼓励煤矿区煤层气开发利用的政策，推进煤矿区煤层气产业迅速发展。2005 年 3 月，国务院第 81 次常务会议成立煤矿瓦斯治理部及协调领导小组，对煤矿瓦斯治理工作做出全面部署。随后，国家八部委联合颁布了《煤矿瓦斯治理与利用实施意见》明确提出了坚持"可保尽保、应抽尽抽、先抽后采、煤气共采"的原则和瓦斯治理"先抽后采、监测监控、以风定产"的"十二字"方针。2006 年国务院发布了《国务院办公厅关于加快煤层气（煤矿瓦斯）抽采利用的若干意见》，进一步明确了坚持采气采煤一体化的具体措施。煤矿区煤层气开发作为清洁优质能源，是煤层气开发的重要组成形式，具有节能、环保、安全、社会效益显著等特点，具有广阔的发展前景。

2. 煤矿区煤层气（煤矿瓦斯）地质研究现状

20 世纪 60 年代开始进行较为科学的煤矿瓦斯地质研究工作。70 年代开始，采用瓦斯地质学理论和编制矿井瓦斯地质图的方法，提出煤层瓦斯含量与采、掘瓦斯涌出量受地质构造定量控制的认识（杨力生，1997）；在瓦斯地质研究的实践基础上，逐步形成区域控制矿区，矿区控制矿井，矿井控制采区和采煤工作面的瓦斯地质研究方法，推动了瓦斯地质学科的应用与发展。我国复杂的煤层地质条件决定了国外现有的以地面开发为主的煤层气开采模式和技术在国内不能完全适应（张群，2007）。晋城矿区率先在高煤阶勘探区获得产气突破（申宝宏等，2007），两淮矿区提出在碎软低透气性突出煤层中进行瓦斯抽放及防治瓦斯突出，并初步建立复杂地质条件下的煤炭与煤层气共采技术体系和瓦斯治理工程保障技术体系（袁亮等，2006）。

不同地质条件下实现采煤采气一体化的煤炭与煤层气协调开发，需在区域分级瓦斯地质基础上创新性的理论研究，在对全国煤矿开采揭露的瓦斯地质资料系统梳理基础上，深入开展全国重点煤矿区瓦斯赋存分布规律和控制因素的研究，成为保障煤层气与煤炭协调开发实现的重要路径，具有重要的理论和实践意义。

3. 煤层气与煤炭协调开发利用技术现状

中国煤矿区煤层气开发可追溯到 20 世纪 50 年代的煤矿井下瓦斯抽采。70 年代末，原煤炭工业部煤炭科学研究院抚顺煤研所曾在抚顺、阳泉、焦作等高瓦斯矿区以解决煤矿瓦斯突出为主要目的施工了 20 余口地面瓦斯抽排试验井。90 年代，随着美国地面开发煤层气的成功技术的传入，煤层气地面开发逐步进入了产业化勘探开发阶段。煤矿瓦斯抽采由最初为保障煤矿安全生产的"抽采"发展到"抽采—利用"的技术开发理念。

我国煤矿区煤层气地质条件特殊，决定了我国的煤矿区煤层气开发必须走煤层气与煤炭协调开发的道路，且实行煤层气地面开发和井下抽采相结合的煤层气资源开发利用方式（申宝宏等，2007）。全国 70% 以上的煤田不适合地面大规模煤层气开发，针对不同地质条件，在"先采气、后采煤、采煤采气一体化煤层气开发"原则的指导下，主要采用煤层气地面开发、煤矿井下抽放和地面—井下综合抽放等多种抽采方式。煤层气地面开发技术基本形成了垂直压裂井、分支水平井、定向羽状水平井等开发技术，煤矿井下抽放技术基本形成了适合我国特点的煤矿顺煤层、邻近层和采空区瓦斯抽放技术体系与成套装备。煤矿区煤层气抽采技术由早期的本煤层抽采、邻近层抽采和采空区抽采单一技术，正在逐渐发展到地面井下相结合、井上下立体抽采、地面预采、采动区抽采及井下各种抽采技术综合应用的技术体系。

煤矿区煤层气利用途径主要有民用燃料、发电、液化天然气（LNG）、汽车燃料等。国内外对 15% 浓度以上可燃气体、有机废气焚烧技术有较多研究，并形成了较为完善的装备和技术标准，但还没有低浓度煤层气直接焚烧装置，抽出的低浓度煤层气都是直接排空（哈瑞斯多等，2004）。澳大利亚等开展了乏风热氧化和催化热氧化等技术的相关研究，但大规模的商业应用还未见报道。国内 VAM 转化领域还处于起步阶段，相关技术装备还在试验阶段（马瑞康，2005）；在蓄热材料、热交换器、催化剂及热能利用方面的研究取得了长足进展，为研制开发煤矿乏风瓦斯利用技术及装备提供了有利的支撑。

4.面临的挑战

煤矿区煤层气资源亟待大规模开发利用。以往的煤矿生产以开采煤炭资源为主，没有把伴生在煤层中的煤层气作为能源资源进行开发，而是把其当作煤矿主要的危险有害因素进行抽放和管理，确保煤矿生产安全。随着国民经济的发展，对能源、环境等提出了更高的要求，清洁能源的需求量大增，煤矿区煤层气的开发与利用已成为保障清洁能源供应的重要补充。

煤矿区煤层气赋存条件复杂，开发利用技术保障困难。我国大多数煤矿的煤层渗透性低，抽采煤层气效果差，给煤矿区煤层气资源开发带来了困难。煤矿生产实践表明，伴随着煤炭开采，采场顶板岩层下沉破坏，将促使地应力发生改变，煤层中吸附态煤层气将迅速解吸转化为游离态煤层气，部分游离态煤层气会涌入采掘场所，成为危险有害因素，煤矿瓦斯治理已是煤矿安全的头等要务。

煤矿区煤层气抽采和利用关键技术有待持续突破。煤矿区煤层气产业是一个技术密集型行业，许多基础理论和关键技术还存在关键性难题，如煤层气赋存、运移和抽采理论问题、煤层气勘探技术、煤层气与煤炭一体化协调开发技术、低浓度煤层气安全浓缩提纯技术等都需要加大研究力度。对于已经成熟的煤层气技术需要加大推广力度，对适用于不同条件的煤层气抽采技术需加大示范范围。

煤矿区煤层气与煤炭协调开发机制和模式亟须构建。煤矿区煤层气开发与煤炭开采关系密切，相互影响。如何从时间和空间上合理安排煤矿的采掘部署和煤层气开发的时序有机衔接，提升煤矿区煤层气抽采利用技术水平，构建煤层气与煤炭协调开发机制和模式，从而降低煤层气含量和涌出量，提高采掘的安全性，促使两种资源的开发效果最大化，已成为煤矿区煤层气开发必须攻克的科技难题。

二、煤层气与煤炭协调开发理论

1.煤矿区煤层气（煤矿瓦斯）富集地质理论

地质构造作用控制着瓦斯赋存和分布，一方面造成瓦斯赋存分布不均衡，另一方面形成瓦斯储存或排放的有利条件。不同地质构造背景、构造应力场、岩浆、水文、埋藏深度等造成不同类型的构造形迹，地质构造的不同部位会形成不同的瓦斯赋存状态。依据地质构造及演化应力场，地质构造直接控制瓦斯赋存的可分为隆起控制型、坳陷控制型、逆冲推覆构造控制型、造山带推挤作用控制型、隆起剥蚀控制型和裂陷控制型等类型；地质构造间接控制瓦斯赋存的方式分为浅埋深简单构造形成低阶煤层的水平构造低煤阶控制型和地质构造控制瓦斯逸散途径的区域水文地质作用控制型两类。挤压剪切构造控制区，易于形成构造煤、高应力带，利于瓦斯保存，煤层瓦斯风化带浅、始突深度浅，即挤压剪切构造控制煤层瓦斯富集区和煤与瓦斯突出危险区。区域地质构造挤压隆起控制型、克拉通岩石圈控制型、逆冲推覆构造控制型、造山带推挤作用控制型和区域岩浆作用控制型控制着我国煤矿区高突瓦斯区的分布，同时也是煤层气富集的主控地质因素。

煤层瓦斯含量、瓦斯涌出量、煤与瓦斯突出危险性、煤层渗透性等存在分区分带的特征受地质构造形迹及其不同块段控制。构造应力场的大小及性质控制着构造形迹的范围、性质和强度。板块构造运动的时间、性质、范围、规模和强度，控制着区域构造运动的性质、范围和强度，影响煤层瓦斯的生成、储存、运移与逸散等作用过程，控制煤层瓦斯赋存。根据板块构造理论和区域地质构造演化理论，区域地质构造和构造应力场演化历史及构造形迹分布特征，区域构造应力场、构造形迹控制矿区构造，矿区构造应力场、构造形迹控制矿井构造及采区采面构造，高级别构造应力场及构造形迹控制低级别构造应力场及构造形迹，通过大量的瓦斯地质信息资料揭示瓦斯地质规律，对瓦斯赋存高低、煤层渗透性和煤与瓦斯突出危险性等进行预测和区带划分，形成瓦斯赋存构造逐级控制理论体系。

2. 煤层气与煤炭协调开发作用机制

煤层气与煤炭协调开发的关键在于协调煤炭开采与煤层气开发的时空关系，煤层气与煤炭两种资源同源共生的特点决定了煤炭开采与煤层气开发密切相关且相互影响，合理进行煤炭采掘部署和煤层气开发规划以协调煤炭开采与煤层气开发的时空关系，才能实现煤层气与煤炭协调开发（申宝宏等，2015；刘见中等，2020）。煤层气与煤炭协调开发模式有三种模式：单一煤层条件下三区联动井上下整体抽采模式、煤层气条件下保护层卸压井上下立体抽采模式、复杂地质条件下井下三区配套三超前增透抽采模式。

煤与煤层气共采过程中采煤工程与采气工程无法完全分布，煤炭资源、煤层气资源、开发时间顺序三者密切耦合，资源开发过程满足最基本的质量守恒定律。从现有的煤层气开采技术体系和生产区煤炭开采技术体系中选择规划区煤层气抽采技术、开拓区煤层气抽采技术、生产区煤层气抽采技术和采煤方法，以资源量守恒模型为本构方程，结合各区时长控制机制、煤层气逸散量计算模型、各区采用煤层气开采技术所对应的煤层气开采量BP神经网络预测模型，构建煤与煤层气协调开发的全生命周期资源量守恒模型，将抽采达标临界指标作为方程求解约束条件，时长为基本待求解变量，形成了煤与煤层气开发全生命周期资源量守恒模型流程。

通过构建和运用煤与煤层气协调开发技术适应性与煤层气开发利用的大数据平台，建立煤矿区煤层气开发利用全生命周期综合评价方法和模型，进一步形成矿井"抽建掘采"系统布局与评价的成套技术，为煤矿区煤层气开发利用设计与"抽建掘采"时空接续优化提供支持。结合煤与煤层气协调开发动态模拟与辅助设计技术，形成煤与煤层气协调开发模式的优化决策系统，为煤矿区煤与煤层气协调开发过程中的技术优选与评价决策奠定重要基础。在协调开发技术在示范矿区的集成应用与效果评估中，进一步优化我国煤矿区煤与煤层气协调开发模式与技术体系，如图7-4-1所示。

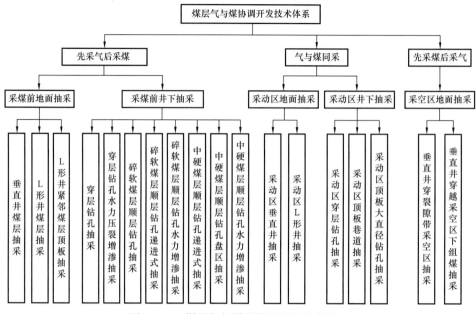

图 7-4-1　煤层气与煤炭协调开发技术体系

3. 碎软低渗煤层水力压裂增渗机理

我国煤层多数经历过强烈构造破坏，塑性较强、渗透性低，绝大多数属于碎软低渗难抽煤层，压裂实施过程中常常表现出裂尖钝化、缝长变短、易滤失、易携砂等一系列问题，碎软低渗煤层水力压裂增渗有效提升增透效果。碎软低渗煤层水力压裂增渗机理存在如下三个方面的作用机制：（1）改变地应力的分布规律。水力压裂可以使煤层应力通过水压的传递作用而产生局部应力集中；（2）改变煤层的物理力学性质。通过水力压裂可以使裂隙不断贯通、扩大，扩大润湿半径，并产生"膨胀—收缩—膨胀"的反复作用，最大范围地改变煤层的物理力学性质；（3）改变瓦斯的赋存特征。压裂后侵入煤体内的水将置换一部分吸附瓦斯，降低吸附瓦斯含量，发挥驱替瓦斯的作用，增加游离态瓦斯含量，与此相反，微孔毛细作用造成水锁效应，对于瓦斯流动起到抑制作用。

碎软煤层水力压裂机制不同于岩石与硬煤，碎软煤层起裂压力明显小于弹性理论起裂压力，压裂水压超过微缝网的起裂压力即可起裂，泵注压力只有弹性理论计算的起裂压力的 46%～90%，且压力曲线无明显的起裂压力峰值点，而表现出往复波动。这种压力曲线的波动可视为碎软煤层内的压力降值较小的起裂、延伸、再起裂、延伸的过程。碎软煤层"微缝网"颗粒胶结结构和应力传递与演化规律，显示碎软煤层微缝网循环延展的特征。钻孔产生孔周破碎圈，压裂水渗入破碎圈和胶结物，降低煤的力学强度，改变受力状态，导致应力集中，进而破坏煤体→扩展裂隙→塑性圈扩大→应力集中外移，依次循环直至力的平衡，在此过程中伴随着置换瓦斯和水驱瓦斯；压裂后，裂隙会逐渐压合、缓解集中应力。

三、煤层气与煤炭协调开发技术

1. 煤矿区煤层气井上下联合抽采技术

煤矿区煤层气井上下联合抽采技术是指地面和井下均施工煤矿区煤层气开采的采气或增透工程，并最终采用地面井（地面）或钻孔（井下）抽采煤矿区煤层气的技术。煤层中的井上下联合抽采技术主要有：直井与井下钻孔联合抽采技术、L 形井与采动影响联合抽采技术、多分支水平井和井下钻孔联合抽采技术等。

1）直井与井下钻孔联合抽采技术

直井与井下钻孔联合抽采技术是采用地面直井压裂、井下钻孔排水降压和地面直井采气工艺，形成"地面直井 + 煤层压裂区 + 井下钻孔"的立体化抽采通道，实施"井下水平孔集中排水、地面直井无动力采气"，形成的适用于矿井开拓区和准备区的煤层气高效抽采技术。在"煤层气资源开发方式、施工技术、抽采通道和抽采工艺"上实现了地面与井下联合，可有效提升低产、停产地面直井的挖潜，增加了煤层气有效供给范围；使钻进轨迹设计与控制更加灵活；降低成本，提高产气浓度，达到改造低产井或重启废弃井的生产目的。

2）L 形井与采动影响联合抽采技术

L 形井与采动影响联合抽采是一种新型煤层气开采技术，是在竖直地面井的基础上加一段井下水平长孔，形成了 L 形的地面井煤层气抽采方式。地面 L 形井与采动影响联合抽采技术融合了"地面垂直井""地面采动区井"和"井下水平井"三种抽放技术优点，发挥了煤炭开采对覆岩应力场与裂隙场的改变作用，以及地面钻井施工简便和抽采集输优势，主要对受卸压和煤体破坏影响的回采工作面及前方涌出的（随采过程中的）煤层气进行高效抽采，降低煤炭开采过程中的工作面煤层气浓度，实现采煤促采气和煤与煤层气共采。通过对 L 形地面井与采动影响区的合理优化布置，可以达到覆盖范围广、抽采煤层气效果优的目的。

3）多分支水平井和井下钻孔联合抽采技术

多分支水平井和井下钻孔联合抽采技术是由地面垂直向下钻井直至事先设计的造斜点，以中、小曲率半径侧斜钻进目的煤层，然后沿煤层施工主水平井，再从主井两侧不同位置水平侧钻分支，进而形成多分支水平井。多分支井井眼在煤层中形成网状通道，促进煤体裂隙的扩展，并使裂隙系统连通，提高单位面积内气液两相流导流能力，大幅度提高井眼波及面积，降低煤层瓦斯和游离水的渗流阻力，提高气液两相流的流动速度，进而提高瓦斯抽采效率。多分支水平井和井下钻孔联合抽采技术实现井下控水控产，有利于局部瓦斯综合治理，同时降低钻孔施工成本。

2. 采动区煤层气抽采技术

采动区地面井抽采充分利用了采动卸压作用，是煤矿区煤层气地面开发的一种重要方式。采动区地面井抽采包括采动活跃区地面井抽采和采动稳定区地面井抽采，主要技术包括：重复采动区煤层气地面直井抽采技术、采空区煤层气资源评估技术、大倾角多煤组煤矿区煤层气开发利用技术等。

1）重复采动区煤层气地面直井抽采技术

针对采动区地面井抽采，发现采场裂隙"椭抛面"与地面井交会发生剪切变形，呈S形形态，揭示了重复采动下地面直井剪切位移变形"增大—减小—增大—减小"的反复错动特征。基于岩层运动时间迟滞特性的采场覆岩移动时空演化模型和煤层气富产区域计算模型，通过创建"兼顾井筒防护和高效抽采"的地面井井位布置方法，发明采动区地面井高危破坏位置判识方法和自适应柔性等局部防护装置，解决了重复采动地面直井抽采失效难题，形成重复采动区煤层气地面直井抽采技术。

2）采空区煤层气资源评估技术

针对采空区可抽资源量评估难题，根据矿区资料多寡选择使用的煤层气可抽量资源构成叠加及气量守恒扣减评估模型，以采空区遗煤量、残余煤层气含量、游离气浓度、裂隙体积、采收率等6大关键参数取值方法及模型为适用判识准则（文光才，2018）。通过应用"吸附—游离双系数采收率法"估算可抽气量，形成采空区煤层气储量评估及片区优选技术；通过采用层次分析法，构建了"1+4+17"煤层气开发片区评价指标体系。

3）大倾角多煤组煤矿区煤层气开发利用技术

针对新疆大倾角煤层群煤层气偏向于裂隙带高位侧的赋存特点，揭示大倾角煤层非对称卸压特征。大倾角采动地面井三种模式的提出及失稳机制的揭示，宜采用大倾角多煤组"避、抗、让、疏、护"采动区地面井抽采成套技术、大倾角碎软低渗井下区域化成套抽采工艺与技术，有效降低了生产投入和"采—掘—抽"接替时间，形成煤矿区大倾角煤层气开发利用三位一体技术模式，实现煤矿区煤层气协调开采的定量分析与评价。先导试验中大倾角采动区地面井工作面平均抽采率53.13%，倾角（30°~50°）煤层下向顺层长钻孔单孔深度达到216m，初步形成符合新疆主要高瓦斯矿区特点的煤层气抽采、利用关键技术和典型模式。

3. 煤矿井下煤层气抽采技术

煤矿井下抽采是煤矿区煤层气高效开发的重要组成部分。煤矿井下定向钻孔可实现超前、区域、精准煤层气采前预抽和采动卸压抽采，基于煤矿井下定向钻孔，建立了全域化煤层气精准抽采技术体系。结合矿井采掘部署进行抽采钻孔布置，利用定向钻孔轨迹精确可控、可沿目标地层长距离延伸、多分支超前覆盖区域广的优势，在煤矿井下大区域范围内实现"中硬煤层、碎软煤层、顶板岩层"全区域精准覆盖、"采前—采中—采后"全时段连续抽采，最大限度实现全域快抽、应抽尽抽。根据抽采空间和时间不同，基于定向钻孔的全域化煤层气精准抽采技术体系主要包含以下三种技术：中硬煤层大盘区煤层气抽采技术、碎软煤层区域递进式煤层气抽采技术和采动卸压煤层气"以孔代巷"集中抽采技术。

1）中硬煤层大盘区煤层气抽采技术

针对大型矿井中硬煤层煤层气抽采需要，开发了中硬煤层大盘区煤层气抽采技术。在盘区大巷形成后，从盘区大巷沿工作面走向施工超长定向孔群覆盖整个盘区，超前预抽达标后，再布置盘区内巷道和工作面。其钻孔施工和抽采不依赖于盘区内采掘工作面布置和施工，可超前开始抽采，既延长了抽采时间，又提高了煤层气抽采范围，实现了盘区整体性煤层气治理，为后期工作面布设、矿井增产上产、降本增效提供了技术支撑。

2）碎软煤层区域递进式煤层气抽采技术

针对碎软煤层煤层气抽采需要，开发了碎软煤层区域递进式煤层气抽采技术，包括煤巷条带煤层气预抽和回采工作面煤层气预抽，即：首先沿煤巷条带延伸方向，施工集束型定向长钻孔群均匀覆盖待掘巷道前方及两侧一定范围，要求掩护距离达300m以上，煤层气抽采达标后进行安全掘进；然后利用已掘煤巷，施工横穿工作面定向钻孔群或集束型定向钻孔群，覆盖待采工作面，并覆盖下一工作面的待掘巷道，煤层气预抽达标后，进行工作面回采和下一个工作面巷道掘进，实现抽、掘、采接续交替，大幅缩短碎软煤层区域煤层气抽采周期。

3）采动卸压煤层气"以孔代巷"集中抽采技术

针对工作面煤层回采时卸压煤层气高效抽采需要，开发了基于顶板高位定向钻孔的采动卸压煤层气"以孔代巷"抽采技术。在工作面回采之前，在回风巷一侧布置钻场，从煤层开孔向顶板目标地层中施工定向钻孔，工作面回采时进行采动卸压煤层气集中抽采，具有钻场布设灵活、轨迹精确可控、有效孔段长、施工周期短、抽采效率高等优点，可为"以孔代巷"抽采提供技术支撑。

4. 煤矿区碎软煤层低透气性煤层增渗技术

我国煤层渗透率普遍较低，其中渗透率小于0.1mD的约占35%，0.1~1.0mD的约占37%，对低渗透煤层如何增加煤的渗透率已成为制约煤矿区煤层气抽采的瓶颈。国内外大量研究表明，通过各种技术手段强制沟通煤层内的原有裂隙网络或产生新的裂隙网络，可促使煤层渗透率显著增加。对于无采动卸压开采条件的低渗透煤层，被认为属于难抽煤层，必须通过地面井或井下的其他人工强制增渗措施来提高煤层渗透率。煤矿区碎软煤层低透气性煤层增渗技术主要包括：难抽煤层水力化增渗技术、难抽煤层气体增渗技术及煤层增渗设计与效果评价技术。

1）难抽煤层水力化增渗技术

针对正常区、构造区、构造异常区等煤矿区不同地质环境，如图7-4-2所示，提出对应的增渗技术。针对构造区，开发水射流割缝、羽状水力冲孔和造穴等技术，人为制

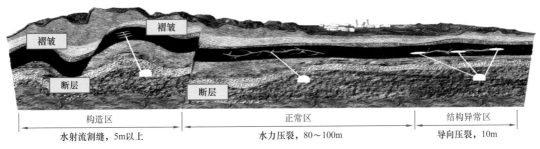

图 7-4-2　全域化碎软低透气性煤层增渗技术示意图

造卸压增渗空间，形成煤层气通道；针对构造异常区，开展水射流定向水力压裂、小曲率自进式拐弯钻孔增渗等技术，导向控制形成增渗空间；针对煤层赋存正常区，开发顺层水力压裂、分段压裂、多孔同步自动控制水力压裂等，增加煤层渗透率，提高煤层气产量与质量，为煤矿区煤层气开发提供技术与装备支撑。

2）难抽煤层气体增渗技术

针对构造区煤层增渗需求，开发了高能空气爆破致裂、二氧化碳相变致裂、氮气注入促抽等井下气体增渗技术措施，使煤层发生冲击、震动等动力学效应，改变煤体结构并形成微裂隙，增加煤层透气性。通过远程控制释放系统、高能气体脉冲爆破释放系统等，达到智能化、安全可靠高能气体爆破致裂；通过本安型二氧化碳致裂器、微差控制起爆等技术与装备，达到二氧化碳多管联爆致裂；利用压力氮气注入煤层后的促流驱替与扩缝增渗双重效应提高煤层瓦斯流动速率，达到井下注氮强化煤层瓦斯强化抽采。

3）煤层增渗设计与效果评价技术

针对不同地质环境和开采条件，根据构造分布、煤层特征参数等，提出不同地质环境和开采条件适宜的增渗措施及其工艺参数设计方法。针对增渗技术适用、高效、安全等需求，引入应力监测、微地震监测、含水率、瓦斯含量等参数，开发煤层可压性评价、增渗过程监测、增渗效果评价技术体系，给出评价指标临界范围，划定有效增渗范围，为煤层气抽采提供支撑（胡千庭等，2014）。

低透气性煤层煤层气流动困难，预抽煤层气效果差、抽采成本高、抽采达标时间长，需要采用煤层增渗技术措施，降低煤层煤层气流动阻力，提高煤层预抽煤层气效果，实现提高煤层气开采效率和有效预防瓦斯事故的目的。煤矿陆续试验了水力压裂、水力割缝、水力冲孔、炸药爆破、二氧化碳相变致裂、电脉冲爆破等井下增渗技术措施，均取得了良好的效果。在无构造区域形成了以多孔同步压裂技术、预置缝槽控制压裂技术、羽状水力造穴压裂技术等方法，在构造区域内，运用液态二氧化碳相变致裂技术，使煤层发生冲击、震动等动力学效应，改变煤体结构并形成微裂隙，均达到了增加煤层透气性的目的。全域化碎软低透气性煤层增渗技术示意图，如图7-4-2所示。

针对煤矿区碎软低透气性煤层，为研究井下水力压裂增渗效果及有效范围评价技术，按照"全面、全程、可操作"的评价思想，建立了包含煤层可压性评价、水力压裂影响范围评价、煤层气抽采效果评价在内的煤层水力压裂效果评价体系，给出了评价指标临界范围，制定了完整的煤层水力压裂效果评价流程，形成了一系列能够适用于不同地质环境和开采条件的增渗措施和井下增渗工程设计方法。

5. 低浓度煤层气高精度智能混配技术

将不同浓度的抽采煤层气混配、抽采煤层气与乏风（空气）进行混配，提高气源甲烷浓度及其稳定性，从而提高煤层气利用项目的安全性和经济性，是提高低浓度煤层气利用率的重要手段。高精度智能混配技术就是通过监测抽采煤层气流量、浓度等参数，智能调节进入混配器的气体流量，保持混配后气体浓度稳定，满足利用系统最佳运行的需求。高精度智能混配核心技术包括低阻力、高均匀度混配技术，快速响应高精度计量技术和智能控制技术。

1）低阻高均匀度混配技术

利用计算机仿真软件对混配入口区、倒流区、混合区和出口区建模，模拟两路或多路气源通过螺旋叶片加速形成的湍流流场，分析各个截面的气体浓度值，并结合试验反馈数据，拟合出了阻力和均匀度计算模型，形成了低阻力、高均匀度、大气量动态对旋混配技术，设计的混配器阻力小于 500Pa，气体均匀度大于 97%。

2）快速高精度计量技术

研发了采用激光空分复用、激光自稳频和温压补偿的激光甲烷检测技术，实现了八路测量气室同步测量；采用了快速响应气室设计技术，使激光甲烷检测反应时间由小于50s 提高到小于 10s。采用了超声波发射端"自干涉 + 变压器"驱动技术和在接收端"窄带 AGC + 滤波"结合分步互相关检测算法的超声波气体流量检测技术，提高了信号收发过程中的信噪比，解决了互相关算法稳定性和一致性发生周期性偏差的问题，使超声波气体流量检测精度由 1 级提高到 0.5 级。

3）智能控制技术

智能控制技术采用具有趋势控制功能的 PLC 算法，利用前馈控制、后反馈控制及复合 PID 控制，实现了混配浓度自适应闭环控制调节。前端流量计和浓度传感器检测并将进气流量和甲烷浓度传输给控制系统，控制系统与历史数据进行对比分析后，输出预调节信号，初步调节气源管道调节阀开度；后端仪器检测到混配后气体流量和甲烷浓度信号后，通过控制系统与调控模型进行对比后，输出信号给调节阀，调节混合气体甲烷浓度达到设定范围内。通过前馈的介入，大幅减少混合气甲烷浓度波动范围，从而实现均匀混气和系统的运行稳定。

四、煤层气与煤炭协调开发装备

1. 煤层气地面抽采车载钻机

地面车载钻机是煤矿区煤层气高效开发的重要基础装备，研制了 ZMK5550TZJF120型煤层气地面抽采车载钻机，首次采用了两体式车载钻机的结构形式，兼顾结构的紧凑型和行驶的机动性，钻机的最大提升力 1200kN、最大回转转矩 30000N·m。该钻机采用分体式车载钻机结构和模块化设计思路，整机由主机车及动力泵站两部分组成，两部分之间采用快速接头连接，通讯线缆采用防水快速插头连接，连接便捷，1h 以内即可完成管路连接工作，主机车重量 55t，高度 4m，运输较为便捷，该钻机主要特点有：（1）液压系统结合多种钻进工艺需求，兼顾操作的安全性，重要回路均采用多泵多阀同时控制的冗余设计，防止因液压元件故障停机造成的钻井事故，具有多种保护功能；（2）动力头通孔直径达到 150mm，具备浮动功能，可满足钻井液正循环、空气正循环和空气反循环等多种钻进工艺需求；（3）给进装置采用油缸—钢丝绳倍速传动机构，运输结构紧凑，工作行程可达到 15m，最大提升力 1200kN，具备强力施工和事故处理能力。

2. 煤矿井下大功率定向钻进装备

大直径超长定向孔是大型现代化矿井煤层气高效开发的重大需求。以中硬煤岩层煤层气大盘区预抽和"以孔代巷"采动卸压抽采为目标，从突破钻进装备设计理念、革新随钻测量信号传输方式、创新定向钻进工艺等方面开展科技攻关，形成了煤矿井下大功率定向钻进技术装备（李泉新等，2019），主要包括：

首创了煤矿井下大功率定向钻进成套装备，攻克了巷道空间内钻进装备小体积、大能力、高可靠输出难题，实现了井下大直径超长定向孔高效钻进。整套装备由可满足多种钻进工艺的大功率高可靠性定向钻机，如图7-4-3所示，满足长距离循环供液的液压柔性驱动高压大流量钻井液泵车和具备高韧性高强度随钻测量钻杆和无磁钻具组成。

图 7-4-3　煤矿井下大功率定向钻机

（1）煤矿井下防爆型钻井液脉冲无线随钻测量系统，实现了超长定向孔随钻测量由"有线传输"到"无线传输"的跨越。开发了钻井液脉冲信号流量自适应发射技术、孔内仪器低功耗智能控制技术和多级数字滤波与分段同步解调技术的形成，联合小直径一体式钻井液脉冲信号发生器和流量监控装置，攻克了小排量、宽范围、低压差条件下钻井液脉冲信号近水平长距离稳定传输、可靠解调的难题，填补了国内外煤矿井下无线随钻测量技术空白。

（2）创建3000m近水平孔复合定向钻进技术体系。开发了螺杆钻具水力加压技术和正反扭转减阻技术、复合回转倾角控制技术与复合侧钻分支方法、多动力分级一次性扩孔技术和复杂破碎煤岩层主动防塌钻进技术，形成复杂地质条件煤岩层"钻—扩—护"协同复合定向钻进技术体系，攻克了超长延伸、精准定向、快速钻进、大直径成孔难题。通过现场试验，先后4次刷新煤矿井下定向钻孔孔深世界纪录，最大孔深达到3353m，显著提升了煤矿井下中硬煤岩层煤层气开发定向钻孔施工技术水平与装备能力。

3. 碎软煤层气动定向钻进装备

顺煤层定向钻孔是实现碎软煤层区域递进式抽采的基础，但受碎软煤层地质构造发育、煤体结构破碎、煤层气含量高、压力大等制约，传统钻进方法长距离成孔困难、轨迹不可控，现有液动定向钻进技术装备难以成孔。碎软煤层气动定向钻进装备实现了碎软煤层煤层气区域递进式抽采，突破传统定向钻孔施工方法，基于空气螺杆马达的气动定向钻进技术思路，围绕钻孔轨迹调控机具、定向钻机、随钻监控仪器、钻进工艺与完孔技术，形成碎软煤层气动定向钻进装备，主要包括：

（1）研制煤矿井下用小直径空气螺杆马达及润滑装置。联合低压启动减振变量输出技术、轴承自润滑与定转子油雾润滑联合的主动润滑技术、多级排渣防制动技术，突破了低压启动、长寿命工作、强排渣防卡钻等技术瓶颈，奠定了气动定向钻进机具基础。

（2）研制顺槽 T 形窄体定向钻机。窄履带紧凑型车体平台、T 形前挂机身结构、转盘式多自由度变幅机构，实现开孔倾角、开孔方位和开孔高度大范围精确调节，无须专门设置钻场，即可满足碎软煤层狭窄巷道内垂直工作面定向钻进施工需要。

（3）研制气动定向钻进用矿用电磁波无线随钻测量系统、矿用有线随钻测温测斜系统。压风监控系统、压风冷却控制系统和钻渣分离系统，解决气体钻进钻孔轨迹随钻测量和施工安全控制保障难题。

4. 煤矿井下自动化定向装备

煤矿井下自动化钻机的成功研制是钻探装备呈现自动化施工的迫切需求。研制了由 ZDY25000LDK 型电液控制定向钻机、BLY800/12 钻井液泵车、ϕ133mm 小直径旋转导向钻进系统和基于动态方位伽马的随钻地质导向测量系统等组成的国内首套煤矿井下自动化定向钻探装备，如图 7-4-4 所示。该装备的主要特点有：（1）创新了随钻"测、导、控"一体化钻进工艺，突破了煤矿井下定向钻进无线遥控操作、机械辅助加杆、实时参数监测与故障诊断、随钻煤岩识别、轨迹旋转纠偏等核心技术难题；（2）钻进过程中可以实现 50m 范围内的遥控控制，单次自动装卸钻杆时间小于 45s，单根钻杆自动钻进施工时间小于 55s；（3）可通过遥控器实现一键全自动施工和一键自动提钻卸杆，通过全自动钻进功能，可以有效提高钻进施工效率，同时降低劳动强度。

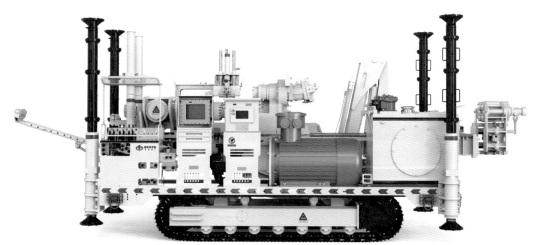

图 7-4-4　ZDY25000LDK 型大功率电液控制自动化定向钻机

5. 碎软低渗透煤层煤层气增渗装备

碎软低渗透煤层煤层气增渗装备主要包括顺煤层压裂装备、水力割缝装备、二氧化碳多管联爆控制装备等，如图7-4-5所示。该装备的主要特点有：（1）顺煤层钻孔水力压裂封隔器，封孔承压可达80MPa，适用孔径42~133mm；通过多孔同步水力压裂控制系统，应用胶囊封孔器和改性压裂液，实现三孔同步压裂，可实现软煤双封、硬煤单封的整体压裂以及软煤分段压裂、硬煤拖动压裂四种顺煤层系列水力压裂工艺；（2）超高压水力割缝设备，割缝半径达2~2.5m，缩短抽采时间30%以上，顺层钻孔割缝深度80~100m，穿层钻孔割缝深度80~120m，部分解决煤巷快速掘进、不具有保护层开采条件的煤层及突出危险首采层区域卸压增渗问题；（3）二氧化碳多管联爆控制的致裂器本安起爆装置，起爆距离达400m，瞬时电压9V，启动点火电极的最大电流10mA，顺煤层爆破时致裂器串联个数达到60根，深孔爆破深度达到125m，预裂影响半径9.5m，二氧化碳致裂器在高瓦斯突出矿井应用的效果与安全性较高，通过建立系列增渗范围评价体系，实现碎软煤层煤层气装备增渗效果与范围的探测评价。

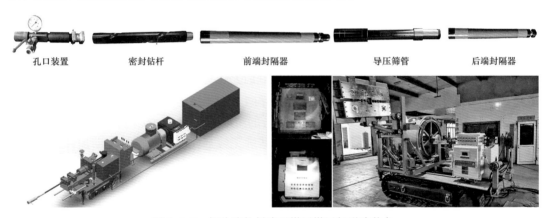

| 孔口装置 | 密封钻杆 | 前端封隔器 | 导压筛管 | 后端封隔器 |

图7-4-5 部分碎软低渗透煤层煤层气增渗装备

6. 低浓度煤层气提浓与利用装备

提高低浓度煤层气利用经济性的装备主要包括：低浓度煤层气短流程提质装备、低浓度煤层气蓄热氧化装备、低浓度煤层气脱水提质提效装备。

1）低浓度煤层气短流程提质装备

低浓度煤层气橇装式短流程提质装备由提质变压吸附塔、分离阀组橇、防爆电控柜及自动控制系统组成。吸附塔四柱气缸压紧装置，可增强吸附塔压紧力，防止吸附剂窜动、磨损。防爆电控柜及故障在线诊断切塔技术，可实现系统不停车、短停重启、紧急放空、在线单塔切出，保障系统稳定运行。橇装式短流程提质装备适合15%~30%以上的低浓度煤层气低压短流程变压吸附提质工艺（李雪飞，2018）；以吸附CH_4型吸附剂为核心（张进华，2020），在0.15~0.30MPa吸附压力下，经两级变压吸附提浓至92%以上。通过采用橇装式变压吸附装置和四柱气缸压紧装置，提高空间利用率，易于灵活移动。

2）低浓度煤层气蓄热氧化装备

低浓度煤层气蓄热氧化系统包括新型四床式结构蓄热氧化装置和高可靠性综合运行安全控制系统。系统处理规模 $16 \times 10^4 m^3/h$、原料气甲烷浓度 1.2% 的蓄热氧化系统额定供热能力 11000kW，系统运行能耗 $26.8kW \cdot h/10^4Nm^3$，满足井筒 21000m³/min 进风量供热需求（Bo，2018；Chen，2020），该系统具有远程监控及故障专家诊断功能，可实现减人提效。通过示范矿区试验，每年可新增低浓度煤层气利用量 $691 \times 10^4 m^3$，利用率由 0 提升至 26%，相当于减排 CO_2 当量 $33 \times 10^4 t$，完全替代了燃煤热风炉和燃煤锅炉的使用。

3）低浓度煤层气脱水提质提效装备

脱水提质提效装备采用发电尾气余热驱动溴化锂机组制冷，使原料气中气态水冷凝，再通过"折流板 + 丝网除沫"组合装置深度脱水，通过缸套水余热适当升温，实现进入发电机组的煤层气"无液态水"。已建成原料气处理规模 7200m³/h、八台 1MW 发电机组的低浓度煤层气发电提效示范工程，通过深度脱水，原料气含水量降至 13.2g/m³；同时原料气温度降低，发电机组进气密度及质量流量增加，运行负荷提高，单方纯甲烷发电量由 $2.89kW \cdot h$ 提高到 $3.337kW \cdot h$，发电效率提高 15.47%，开机率提高 24%。

五、煤层气与煤炭协调开发成效

煤矿区煤层气项目形成了煤层气与煤炭协调开发技术体系、煤矿区煤层气高效抽采、有效利用等成套技术系列，为山西晋城、两淮示范工程等试验基地提供技术和装备支撑，进而带动全国煤矿区煤层气开发利用。

1. 山西晋城矿区煤层气与煤炭一体化开发示范工程

山西重点煤矿区依托国家科技重大专项开展高端科研项目优势科研平台，通过产学研用相结合，开展了煤层气与煤炭协调开发基础理论与关键技术工艺研究，创建以"煤矿规划区地面预抽全域快降、准备区联合抽采高产高效、生产区井下抽采精准达标、采空区地面钻采消患减排"为核心的全矿区、全层位、全时段的煤矿区煤层气"四区联动"（即规划区、准备区、生产区、采空区）井上下联合抽采模式，形成地面超前预抽、井上下联合抽采、井下精准抽采、采空区地面钻采等关键技术工艺，有效实现安全高效、科学有序地开采煤层气和煤炭两种资源，实现了降低温室气体排放、补充绿色能源、保障采煤安全三重功效。

1）晋城矿区地质条件及抽采模式概述

（1）晋城矿区煤炭与煤层气资源条件概述。

晋城矿区位于山西省东南部，属于国家规划的晋东大型煤炭基地，位于沁水煤田南端。晋城矿区主要含煤地层为下二叠统山西组（P_1s）和上石炭统太原组（C_3t），共含煤 16 层。晋城矿区主要煤层对甲烷具有很强的吸附能力。煤层气含量高，一般在 $10 \sim 30m^3/t$ 之间，最高可达 $40m^3/t$。

（2）煤炭与煤层气一体化抽采模式。

"十一五""十二五"时期，煤矿区划分为规划区、准备区、生产区 3 个区间，分别采用地面钻井预抽、地面与井下联合抽采及煤矿井下本煤层钻孔抽采等不同的煤层气抽采技术以保证煤炭安全高效生产，创立了"三区联动"的区域递进式井上下联合抽采模式（都新建等，2011）。"十三五"期间，在"三区联动"井上下联合抽采的基础上，持续开展煤与煤层气共采理论和关键技术攻关，着力解决煤层气与煤炭两种同源共生资源的安全高效协调开发难题。创新研发了全矿区、全层位、全时段的煤矿区煤层气"四区联动"（即规划区、准备区、生产区、采空区）井上下联合抽采模式，如图 7-4-6 所示。

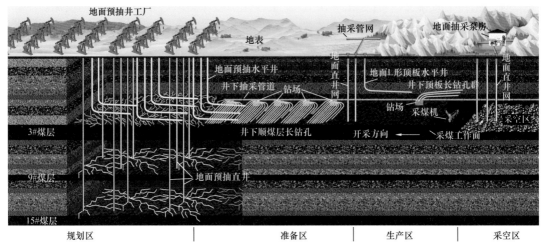

图 7-4-6 "四区联动"井上下联合抽采模式

2）关键技术及示范

（1）规划区煤层气地面预抽关键技术及示范。

生产规划区煤层气地面预抽是晋城矿区煤层气开发的主要方式，煤层气井型由垂直井发展到丛式井、L 形 /U 形水平井、多分支水平井等多种井型，形成了以群式布井、规模施工、统一管理为特点的井工厂优化设计方法和快优钻井技术，大幅度提升了钻井集输效率、降低了成本、节约了土地。晋城矿区规划区大规模地面预抽，实现了规划区煤层气含量的全域快降，矿井瓦斯超限次数由 2008 年的 141 次，降低到 2020 年的 0 次，提高了生产效率，节约了生产成本。寺河矿东五盘区，预抽效果最为明显，该盘区原始煤层瓦斯含量 18.98～29.02m³/t，平均 23.68m³/t，经十五年的地面预抽，东五盘区 3 号煤层剩余含气量降到 8m³/t 以下，降幅达 45%～69%，平均 55%。该盘区的 5310、5311 工作面已顺利完成安全高效采煤，实现了高瓦斯煤层的低瓦斯开采。

（2）准备区井上下联合抽采关键技术及示范。

井上下联合抽采技术主要应用于开拓准备区的煤层气开发，是煤矿井上下整体煤层气开发模式的重要组成部分，主要包括地面压裂井下定向长钻孔抽采技术和地面 L 形井与采动影响联合抽采技术。准备区介于规划区与生产区，一般三年左右即将转化为生产区，急需快速降低煤层煤层气含量。准备区的井下巷道工程已进入开拓阶段，将地面钻井的压裂或排采影响区与井下定向长钻孔抽采相互配合，高效快速抽采准备区范围内的煤层气，可快速降低开拓巷道和煤炭生产区内煤层气含量，实现提高井巷工程施工的安全性、缩短开拓准备区施工时间。

（3）生产区煤层气井下精准抽采关键技术及示范。

煤层气井下抽采关键技术主要应用于煤炭生产区的煤层气开发，是煤与煤层气开采相互影响的重要阶段，也是煤层气强化抽采阶段，主要包括顶底板梳状长钻孔抽采技术、高位钻孔抽采技术及模块化区域递进式抽采技术（贺天才等，2014）。井下精准抽采关键技术在寺家庄矿开展了顺层钻孔分段压裂现场示范显示，压裂半径大于30m，压裂区抽采浓度提升至原来的3.9~5.9倍，压裂区抽采纯量提升至原来的4.3~11.2倍；在阳泉新景矿开展穿层钻孔压裂现场示范，压裂半径大于40m，压裂区抽采浓度提升至原来的1.9~2.2倍，压裂区抽采纯量提高至原来的3.2~3.5倍；在阳泉平舒矿开展了水射流定向切槽与变频脉冲水压致裂联合压裂现场示范，钻孔煤层气流量提高2.3倍，钻孔的煤层气抽采影响半径提高2倍。

（4）煤炭采空区煤层气抽采关键技术及示范。

煤炭采空区煤层气抽采技术通过研究采空区煤层气富集规律、煤层气资源评价及井位优化研究，形成了适应煤矿采空区地面抽采工艺和技术体系，为采空区煤层气开发提供技术依据。通过建立采空区垮落带和断裂带内岩体孔隙体积模型，揭示采空区煤层气资源赋存状况，建立废弃矿井采空区煤层气资源量计算方法。煤矿采空区垂直抽采井三开井身结构，形成氮气安全揭露含气裂隙带的钻井工艺；提出采空区煤层气配套抽采工艺，形成低浓度煤层气分布式提纯系统，并建立采空区煤层气地面分级抽采利用体系。

山西重点煤矿区寺河、成庄等矿区基本破解了高瓦斯矿井安全高效开采难题，实现了高瓦斯煤层，低瓦斯开采，2020年底建成了成庄矿区，是山西省绿色开采试点煤矿中唯一的一座煤与煤层气共采试点矿井。"四区联动"井上下联合抽采模式已推广应用至山西阳泉、西山、潞安、大同等矿区，正在向河南平顶山、甘肃窑街、贵州新田等矿区进行推广应用。

2. 两淮矿区煤层群煤层气与煤炭抽采示范工程

1）两淮矿区煤层群赋存条件及抽采模式概述

两淮矿区位于安徽中北部，煤炭、煤层气资源丰富，含煤地层分布面积17950km^2。2000m以浅，煤炭探明储量877×10^{8}t，占全省煤炭资源总量的98%，煤矿区煤层气储量9088×10^{8}m^3。两淮矿区现有生产矿井全部为高瓦斯或煤与瓦斯突出矿井，是我国高瓦斯、高地应力、煤层群、开采条件特别复杂的典型矿区。两淮矿区是松软低透气性煤层条件下的煤矿瓦斯治理和煤层气地面开发，是世界性技术难题。

2）关键技术与示范

（1）低透气性煤层井上下立体抽采卸压瓦斯模式。

煤气安全共采现场测定和试验研究表明，不论原始渗透系数怎样低的煤层，受采动的影响煤层卸压后，其渗透系数会急剧增加，煤层内气体渗流速度大增，抽采钻孔的煤层气量也随之增大。两淮矿区含煤地层处在深厚表土层（300~500m）高地应力覆岩层下，原始煤层透气性极低，原始煤层瓦斯抽采效率低，两淮矿区低透气性煤层井上下立体抽采卸压瓦斯模式是地面钻井卸压瓦斯抽采技术。通过首采层的开采，对邻近煤层形成膨胀卸压作用，大幅提高邻近煤层的透气性，大量卸压煤层气向某一特定区域富集。通过采动区地面钻井、煤层气抽采专用巷道、顶板走向长钻孔及穿层钻孔等技术方法，对富集区煤层气进行有针对性的抽采，不仅高效抽采低透气性煤层的煤层气资源，同时消除邻近层的煤层气含量和压力，保障煤炭资源的安全高效回采。对于未采动区煤层，通过地面钻井水力压裂、井下穿层和顺层钻孔水力压裂、深孔预裂爆破、CO_2 预裂增透等技术方法，大幅提高煤层的透气性，将难抽采的煤层转变为可抽采甚至易抽采煤层，实现煤层气资源的有效开发。

（2）两淮矿区重大专项示范工程系列技术。

"十一五"期间，两淮矿区开展中阶煤、松软煤层群采煤采气一体化抽采，未采区、采动区、采空区煤层气抽采，采动区地面倾斜钻井、水平型钻井煤层气抽采，高瓦斯特大型矿井安全高效煤层气抽采、井下松软煤层钻进技术与煤层气强化抽采五项示范任务，初步形成了符合两淮矿区松软、低透气性、中厚、多组煤层群开采条件下煤层气立体抽采技术；"十二五"期间，两淮开展中煤阶、松软煤层群采煤采气一体化抽采技术，未采区、采动区煤层气抽采技术，松软煤层钻进技术与煤层气强化抽采技术，高瓦斯特大型矿井煤层气高效抽采与就地利用系统，形成两淮矿区 700～800m 埋深煤层群煤层气立体高效抽采模式（安士凯，2016）；"十三五"期间，两淮示范区开展了地面水平井分段压裂煤层气抽采技术、地面采动区井卸压煤层气抽采技术、井下松软煤层煤层气强化抽采技术、煤层气抽采巷道盾构及以孔代巷施工技术、低浓度煤层气利用技术应用示范。形成煤矿用盾构机施工专用煤层气抽采巷道成套技术、高压低透气性条件下地面水平井分段压裂施工工艺、"以孔代巷"煤层气抽采钻孔施工工艺、采动区 L 形井抽采煤层气施工工艺、松软煤层水力化增透施工工艺等新工艺及装备（李琰庆等，2020），实现了深部碎软低渗透煤层群地面煤层气抽采技术突破。

（3）重大专项示范工程的示范与成效。

通过两淮矿区煤层群开采条件下煤层气抽采示范工程的实施，煤层气抽采量、抽采率和利用率均显著提高，2020 年煤层气年抽采量稳定在 $5.51 \times 10^8 m^3$，煤层气年利用量达到 $2.21 \times 10^8 m^3$。矿区新增发电机组 46 台，合计装机功率 38450kW，10%～30% 浓度煤层气利用率提高到 40.1%。在示范工程的有力保障下，两淮矿区煤炭产量稳步提升。

煤矿区煤层气项目在"协调开发、提质增效、梯级利用、技术支撑、集成示范"总体思路的指导下，通过山西晋城、两淮等示范工程的成功实施，带动项目成果在全国煤矿区得到良好推广应用，有效推动了全国煤层气产业建设。在全国高瓦斯矿井大量关闭、煤矿数量减少 56%（由 2015 年的 10800 处降到 2020 年的 4700 处）的背景下，煤矿井下煤层气抽采量仍稳定在 $130 \times 10^8 m^3$ 左右，利用量和利用率稳步提升；同时，缩短了采气工程建设和采气时间，为采煤工程创造了更多的时间和空间，提高了煤炭安全生产能力，矿井单产从 2015 年 $30 \times 10^4 t$ 提升到了 2020 年 $83 \times 10^4 t$，为煤矿企业创造了显著的直接经济效益。

煤矿区煤层气项目成果强有力地推动了煤矿安全形势根本好转。煤矿百万吨死亡率由 2015 年的 0.162 降到 2020 年的 0.059，全国瓦斯事故起数和死亡人数由 2015 年的 45 起、171 人降到 2020 年的 7 起、36 人，全国首次实现全年未发生一次死亡 10 人以上的重大瓦斯事故；同时，促进节能减排、减少温室气体排放，为推动每年近 $200 \times 10^8 m^3$ 乏风排瓦斯利用、促进"碳达峰、碳中和"提供了技术途径，社会效益显著。

六、知识产权成果

依托"大型油气田及煤层气开发"国家科技重大专项，煤矿区煤层气项目在标准（含国家标准、行业标准、企业标准）、论文和著作、专利和软件（含发明专业和实用新型专利）、获奖及人才培养等方面取得丰硕成果。项目实施期间，健全完善了我国煤矿区煤层气行业具有特色优势、先进实用的开发利用技术谱系，参研单位覆盖广泛、技术攻关涵盖完善、研发示范配套齐全，形成了学术界、科技界、产业界一体化的科技创新系统。煤矿区煤层气项目集聚多方力量，产出了一系列有形化的科技成果，形成了一系列产业化的技术体系和重大装备，实现了科研、经济、社会效益的最大化。

1. 标准

煤矿区煤层气项目形成标准共计 219 项，其中包括"煤矿区煤层气地面抽采效果检测与评价""煤层气含量测定用密闭取心方法"等国家标准 9 项，"煤矿采动影响区瓦斯抽采地面直井设计规范""矿用定向钻进随钻测量装置技术条件"等行业标准 61 项，"二氧化碳多管联爆致裂技术规范""CD4Z 矿用钻孔多参数测定仪"等企业标准 150 项。

2. 论文和著作

煤矿区煤层气项目发表论文共计 1063 篇，其中 SCI 论文 89 篇，EI 论文 193 篇；出版专著 27 部，形成的代表性专著有《煤层气与煤炭协调开发理论与技术》《煤矿区煤层气超前预抽理论与技术》《煤矿井下随钻测量定向钻进技术与装备》等。

3. 专利和软件

项目实施期间，煤矿区煤层气项目申请专利 767 项，授权专利 582 件，其中授权发明专利 454 件，实用新型专利 128 件，登记软件著作权 73 件。形成"煤矿井下近水平钻进用指向式旋转定向钻进工具及方法""煤矿井下岩层定向孔双动力大直径阶梯式扩孔钻具与钻进方法"等专利技术系列，登记"随钻伽马测井煤岩界面识别软件"等行业专有软件著作权。

4. 获奖

项目实施期间，煤矿区煤层气项目获科技进步奖 117 项，其中"低透气性煤层群无煤柱煤与瓦斯共采关键技术""煤层气储层开发地质动态评价关键技术与探测装备""中国煤矿瓦斯地质规律与应用研究"等国家科技进步二等奖 6 项，"无烟煤煤层气开发利用关键技术与产业化示范"采动区煤层气地面抽采井优化设计技术及应用""煤矿井下碎软煤层气动定向钻进技术与装备"等省部级科学技术奖励41项，以及"矿井大盘区瓦斯抽采定向钻进技术与装备"等行业协会相关科学技术奖励70项。

第五节 煤系地层煤层气、致密气及页岩气共同开发理论和技术

一、背景、现状与挑战

1. 产业背景

煤系既发育烃源岩，也发育储层，其中可形成多种类型天然气藏，上下多气叠置赋存，包括煤层气、致密砂岩气、页岩气等。我国煤系分布范围广、厚度大，煤系气资源占全国天然气地质资源总量的60%以上，其中，评价2000m以浅煤层气地质资源量约为$29.8 \times 10^{12} m^3$（2016年国土资源部油气资源动态评价），估算$2000 \sim 3000m$煤层气资源量约为$18.5 \times 10^{12} m^3$，估算3000m以浅煤系致密砂岩气与页岩气资源约$52.0 \times 10^{12} m^3$（傅雪海，2016）。煤系气资源十分丰富，是煤系多目的层多气综合开发非常有利的领域，将煤层气与致密砂岩气、页岩气作为一个整体目标，开展煤系多目的层多气立体勘探开发的示范研究，可实现综合效益最大化，具体表现在四个方面：一是拓展煤层气开发深度，实施过程中延伸到了2000m以深区域，达到2400m。二是提高区块资源的丰度，由单一气种的$1 \times 10^8 \sim 2 \times 10^8 m^3/km^2$提升到三气的$3 \times 10^8 \sim 5 \times 10^8 m^3/km^2$，单井控制储量增加3倍以上；三是增加单井累计产气量，多层重复利用，有效延长气井经济生产时间，提升气井效益。四是提高地面工程利用率，对井网、地面系统统一布局和综合利用，降低开发成本。煤系气综合勘探开发对于我国天然气增储上产、保障国家能源安全具有重要的战略意义。

2. 煤系多气共同开发地质研究现状

国家油气重大专项从"十三五"开始了煤系地层煤层气、致密气及页岩气共同开发理论和技术科技攻关，在此之前，我国以单一气藏勘探开发为主，例如，在煤层气方面，建立起了不同煤阶煤层气富集地质理论，其中以"三元耦合"机制为核心的高煤阶煤层气富集地质理论，有效指导沁水盆地煤层气规模增储及发现蜀南煤层气田；以"多源共生"为核心的中低煤阶煤层气富集地质理论，指导发现我国第一个整装中低煤阶煤层气田——保德气田。致密气作为最先规模化利用的非常规天然气资源，经过15年的探索与攻关，对多类型盆地致密气富集主控因素和分布规律有了初步认识，支撑了储量规模增长，在鄂尔多斯盆地和四川盆地的产量也已初具规模。在页岩气方面，初步建立了海相页岩气成藏超压理论，建立高部位"构造型"、斜坡"连续型"两类页岩气富集模式，支撑了川东涪陵"构造型"页岩气和蜀南长宁—威远"连续型"页岩气的发现，而对海陆

过渡相页岩气成藏机理和富集规律认识尚未开展系统研究。

在煤系气综合开发方面，谢英刚等针对鄂尔多斯盆地东缘临兴地区主煤层埋深较深、致密砂岩产气层数较多的特点，分析了区内煤储层特征，评价了深部煤层气及致密砂岩气的资源潜力，圈定了深部煤系煤层气与致密砂岩气多层合采的有利区域（谢英刚，2015）；秦勇等针对煤系"三气"地质条件客观存在的六大基本特点，认为层序地层格架、流体能量系统和岩石力学性质是影响叠置含气系统兼容性的三个关键地质要素（秦勇，2016）。梁冰等从煤系地层岩性分布特征、煤系气体成藏机理、不同类型含气储层特征和开采特征等方面分析煤系"三气"共采可能性及共采急需解决的难点（梁冰等，2016）。

3. 煤系多气共同开发技术现状

"十三五"之前，在单一气藏的勘探开发方面形成了系列的配套技术，而在煤系气共探合采技术方面尚未开展相应的攻关和实践。在煤层气勘探开发方面，建立起了经济有效的煤层气三维地震评价技术，形成了煤层气丛式浅造斜钻井技术、水平井钻完井技术，形成了煤储层量化高效压裂技术，成功开展了煤层水平井套管固井完井 + 分段压裂试验，建立了多煤层排采方法和排采技术，形成了分阶段量化排采的控制技术和配套工艺等，形成了煤层气低成本地面集输工艺技术和一站多井、井间串接、低压集气低成本建设模式。在致密气勘探开发方面，致密气井多层多段合采产能评价技术，直井多层压裂、水平井多段大规模压裂、排水采气和老井挖潜工艺，基本满足了提高单井产量的需求，支撑了致密气的快速发展。在页岩气勘探开发方面，通过引进、吸收、自主创新，海相页岩气勘探开发关键技术取得突破，建立了埋深 3500m 以浅页岩气勘探开发技术系列与配套装备，形成了以"地质工程一体化技术""水平井体积改造技术"为主的勘探开发主体技术，支撑建成四川盆地涪陵、长宁—威远和昭通三个页岩气示范区，而对海陆过渡相页岩气尚未进行系统的勘探开发技术攻关。

4. 面临的挑战

由于煤层气、致密砂岩气和页岩气的赋存状态、成藏特征、储层敏感性、生产方式和关键技术存在较大差异，多种气体资源有效合采技术体系尚未建立，储层组合类型及层间渗流机理仍不清楚，工程自身相互伤害的多产层开发方式、多产层条件下储层改造控制技术、效益最大化的采气、合采、集输工艺技术等技术难题尚未攻克，要实现资源的整体共同开发，需开展深入的攻关研究。

二、煤系多气共同开发地质理论

煤系地层煤层气—致密气—页岩气同源共生是指以煤层和富有机质泥页岩为烃源岩，致密砂岩层、泥页岩层与煤层均可作为有利储层，它们在空间上共生叠置，且可以互为盖层，同源共生形成独特的煤系地层天然气系统。

1. 煤与砂岩共生组合类型

煤系气主要储存在煤层及附近的砂岩中，可将煤层与砂岩互层段统一作为目的层进行综合评价，根据煤层与附近砂岩的组合关系，提出了四种煤与砂岩组合类型。

Ⅰ类组合：多层煤＋多层砂岩组合。该组合类型反映聚煤环境旋回式演变，形成多套煤与多套砂岩纵向旋回性互层叠置，煤层既可作为气源岩，又可作为煤层气储层，煤生成的烃类气体直接在附近砂岩中储存，配合良好的区域盖层，形成源储互动式煤系气成藏组合。

Ⅱ类组合：多层煤＋少层或无砂岩组合。该组合类型煤岩发育，砂岩不发育，反映沉积环境长期处于沼泽化环境，陆源碎屑供给不充分，往往泥岩较发育，具备良好的封盖条件，利于煤层气的保存。

Ⅲ类组合：单层或少层煤层＋多层砂岩组合。该组合类型煤层层数少，煤层上下多套砂岩发育，反映陆源碎屑供给充分，煤层分布局限，煤岩生成的烃类气体可直接在附近砂岩中储存，由于砂体发育，煤系是否存在良好的区域盖层决定该区煤系气能否富集成藏。

Ⅳ类组合：单层、少层或无煤层与少层或无砂组合。该组合类型总体反映水体较深，封盖条件好，砂体不发育，如有煤层，利于形成单一煤层气藏，如无煤层或煤层较薄，则不利于煤层气富集，如页岩发育则可形成页岩气藏。

2. 煤系气富集成藏组合模式

首先提出封闭体系概念，是指由上盖层、下底板及侧向稳定带组成的，具有一定煤层（系）气富集规模的地质单元。具有以下特点：（1）煤层或煤系上、下具有良好的封盖层，即上盖层和下底板，能够阻止煤层气向上、下运移；（2）体系内地层势能低、势差小、流体压力差别不显著、地层能量相对稳定，能够气藏侧向稳定；（3）体系边界多为超低储层物性、煤层（系）尖灭带或岩性变化带等。

通过对区域性盖层的稳定性、直接盖层顶底板岩性的组合关系、后期构造运动的改造强度及地层倾角等封闭体系要素进行组合分析，认为可形成以下富集模式。

1）三明治式煤层气藏富集模式

区域性泥岩盖层及泥岩底板发育稳定、连续，直接顶、底板岩性致密，突破压力高，后期构造抬升、回返幅度小。煤层既是储层又是烃源岩层，从结构上看，煤层位于致密岩性之间的"夹层"，储盖组合呈现出自生自储结构，上、下封盖层均为区域性泥岩，形成了良好的封闭体系，利于气藏大面积分布，呈广覆式分布的特征，如图7-5-1所示。

2）煤层气—砂岩气共生气藏富集模式

区域性泥岩盖层及泥岩底板发育稳定、连续，直接顶、底板岩性为砂岩，煤层是烃源岩层，煤层和砂岩层是共生储层，兼有"自生自储"及"内生外储"的特点。构造抬升、剥蚀引起压力降低，煤层及直接顶、底板砂岩层产生一定的裂隙，为煤层吸附气解吸、扩散及运移至砂岩层提供了储集空间，上、下封盖层均为区域性泥岩，形成了良好的封闭体系。具有煤层吸附气连续分布、砂岩游离气藏局部发育的特点，如图 7-5-2 所示。

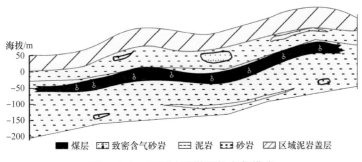

图 7-5-1 三明治型煤层气富集模式

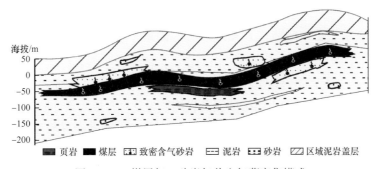

图 7-5-2 煤层气—砂岩气共生气藏富集模式

3）煤层气—砂岩气（页岩气）共生气藏富集模式

区域性泥岩盖层及泥岩底板发育稳定、连续，直接顶、底板岩性为砂岩或页岩，煤层是烃源岩层，煤层和砂岩层是共生储层，兼有"自生自储"及"内生外储"的特点。构造抬升、剥蚀引起压力降低，煤层及直接顶、底板砂岩（页岩）层产生一定的裂隙，为煤层吸附气解吸、扩散及运移至砂岩（页岩）层提供了储集空间，上、下封盖层均为区域性泥岩，形成了良好的封闭体系。具有煤层吸附气连续分布、游离气藏局部发育的特点，如图 7-5-3 所示。

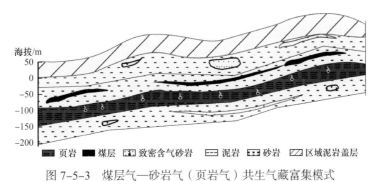

图 7-5-3 煤层气—砂岩气（页岩气）共生气藏富集模式

4）煤成砂岩气藏富集模式

煤系地层区域性泥岩盖层及泥岩底板发育稳定、连续，但是煤层薄，资源规模小，不具备煤层气经济开发价值。构造抬升剥蚀产生构造裂隙和小规模的开放性断层形成良好的运移通道，又使得煤层产生的气体运移、聚集在煤层附近上下的砂岩，砂岩含气性好，物性好，在以泥岩为围岩的岩性圈闭条件下形成砂岩气藏，如图 7-5-4 所示。

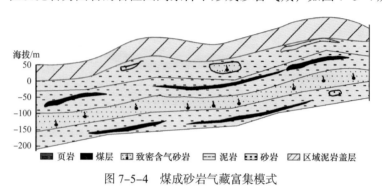

图 7-5-4　煤成砂岩气藏富集模式

3. 鄂东缘煤系气富集成藏模式和成藏主控因素

鄂东缘上古生界本溪组—太原组—山西组，广泛发育了多套海陆过渡相三角洲前缘—潮坪—潟湖相暗色泥页岩，岩性主要为黑色泥页岩、碳质泥岩夹泥质粉砂岩及煤层、煤线。从南到北，本溪组、太原组和山西组的泥页岩均较为发育，最大累计厚度可达 140m，大部在 70m 左右，泥页岩相对不发育的地区，如准噶尔区块，成藏条件较差，泥页岩厚度整体表现为"南厚北薄"的分布格局，太原组和山西组为一套海陆过渡相含煤地层。煤层作为煤系天然气主要烃源岩，其发育程度决定了区域煤系气生烃和成藏潜力，太原组和山西组煤层厚度介于 4~30m，其中太原组 8# 煤层和山西组 5# 煤层全区分布稳定。

鄂尔多斯盆地东部处于伊陕斜坡东段，整体呈西倾斜坡，埋深超过 1500m 以深的地层倾角一般都在 1° 左右，断层不发育，利于煤系天然气的保存。目前大宁—吉县测井解释和勘探开发实践表明，获得工业气流井埋深一般大于 1900m。产气量大于 $2 \times 10^4 m^3$ 的井，气藏埋深一般大于 1900m。鄂尔多斯盆地东缘煤系地层埋深一般在 1800~2500m，适合煤系气富集成藏。鄂东缘大面积发育河流三角洲沉积体系，储层受沉积优势相带控制，有利于煤系气共生成藏。大宁—吉县区块位于三角洲前缘，以中细砂岩和砂泥岩、泥岩为主，典型的"泥包砂"砂岩和煤储层相对含气饱和度高，一般高于 50%。

三、煤系多气共同开发技术

1. 煤系多目的层"甜点"评价技术

从精细剖析示范区煤系储层的地质特点和富集高产主控因素入手，深入开展深层煤层气、致密气、海陆过渡相页岩气"甜点"评价攻关研究，形成五项发明专利、三项标准规范，创建了"煤系三气""甜点"评价技术体系，破解了"甜点区"评价优选难题。

1）深层煤层气"甜点"评价技术

通过开展示范区深部（>1000m）与浅部（<1000m）煤层富集产气机理、试采效果等对比研究，厘清了深层煤层气富集高产主控因素，形成了以煤层厚度、含气性、煤体

结构、顶底板条件、可压性和可改造性等关键参数为核心的深层煤层气地质工程"甜点区"评价标准。在"甜点"评价标准基础上，采用多层次模糊数学方法，建立了深层煤层气富集区和高产区评价指标体系，指导划分出深层煤层气富集高产"甜点区"。

2）煤系致密气"甜点"评价技术

以区域地质、地震、钻井、录井、测井、测试分析和压裂试气资料为基础，研究建立了储层分类评价标准和富集"甜点"分类评价指标体系，针对强煤层屏蔽下致密砂岩储层"甜点区"地震识别及预测难题，研究形成"两步法"叠后反演砂体预测、微古地貌恢复、多属性分析与融合等技术，形成了煤系多目的层地震勘探技术系列，优选出有利勘探开发目标区。通过对储层系统研究与评价，选取储层条件、资源条件、保存条件等静态地质参数，结合动态试气成果，建立了致密气山二段三亚段、山一段、盒八段和本溪组富集"甜点区"评价指标体系。

3）海陆过渡相页岩气地质"甜点"评价技术

通过对大吉区块页岩段全井段取心岩样的密集取样分析化验，以 TOC、脆性指数、含气量等为主要评价指标，确定了鄂东缘海陆过渡相页岩"甜点段"，对比分析南方海相页岩气有利区选择标准，形成了大宁—吉县区块海陆过渡相页岩气有利区指标体系和选区标准，初步形成其地质"甜点"优选技术。

页岩气"甜点段"具有高有机碳、高孔隙度、高含气量的"三高"特征。依据鄂尔多斯盆地东缘大宁—吉县区块山西组海陆过渡相页岩储层发育特征，初步建立过渡相高产富气页岩层段评价指标，即含气性优，包括高 TOC 含量、高孔隙度、高含气量；可压性优，包括脆性好和微裂隙较发育。各项参数评价指标见表 7-5-1。

表 7-5-1　高产富气页岩层段评价指标

特征	属性	判别指标
含气性优（甜）	高 TOC 含量 /%	＞3
	高孔隙度 /%	＞2
	高含气量 /（m³/t）	＞2.0
可压性优（脆）	脆性矿物含量 /%	＞60
	微裂隙发育程度	发育

2. 煤系多目的层钻完井与储层保护技术

针对示范区煤系地层开发井型单一、钻完井周期长、成本高、地表条件复杂等难题，从精细研究示范区钻井井型和钻完井工艺的地质适应性入手，重点开展深层煤层气优快钻井、水平井钻井优化设计攻关研究，形成了五项发明专利，完善了煤系地层钻完井技术，破解了示范区煤系地层快速钻井、低成本开发难题。

1）深层煤层气优快钻井技术

研发获得高强度高吸水可降解堵漏剂、凝胶堵漏剂等五项专利技术，形成示范区优快钻进的钻井液体系和堵漏技术，有效解决了 2000m 以深煤层气水平井长裸眼段、高含气（全烃峰值 93.75%）和漏失严重等钻进难题。深层煤层气钻井液体系见表 7-5-2。

表 7-5-2　深层煤层气钻井液体系

井段	钻井液体系	配方
第四系—纸坊组上部	膨润土浆钻井液	清水 +6%～10% 膨润土 +（1%～2% 堵漏剂）
纸坊组—山西组	膨润土浆钻井液 + 聚合物钻井液	聚合物井浆 +0.3%～0.5%K–PAM+7%～8%KCl+1%PAC+2%～4% 防塌剂 +0.05%～0.1%XC+1%～2% 液体润滑剂 +3%～5% 超微粉 + 0.5%～1% 聚合醇 +2%～3% 润滑剂 + 重晶石粉
水平段	低固相钻井液	井浆 +0.1%～0.2%KPAM+1%～2%PAC–LV+1%～2%NPAN+0.1%XC+ 1%～2% 防塌剂 +2%～3% 润滑剂 +2%～3% 超微粉 + 重晶石粉

2）水平井钻井优化设计技术

针对煤层气 L 形水平井钻井成本高、钻井周期长、托压严重的问题，优化井身结构由三开转为二开，一开钻穿延长组，进入纸坊组，实现提速、降本要求，平均单井直接投资比三开结构降低 20% 以上。

开钻程序：ϕ311.2mm× 一开井深 +ϕ215.9mm× 二开井深（图 7-5-5）。

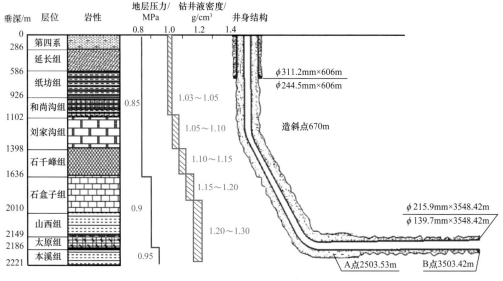

图 7-5-5　二开水平井井身结构示意图

套管程序：ϕ244.5mm× 一开套管下深 +ϕ139.7mm× 二开套管下深，各开次水泥返至地面。

通过对完钻的深层煤层气水平井统计分析，单井平均机械钻速明显提高，钻井周期、完井周期大幅缩短，深层煤层气钻井提速效果显著。完钻的 JS6-7P01 水平井完钻井深 3601m，水平段长 1000m，煤层段长 948m，煤层钻遇率 94.8%。钻井周期 30.83d，相比三开井身结构的钻井周期缩短了 44.4% ；完井周期 34.40d，水平段钻井周期 12.38d，平均日进尺 80.77m。一开进尺 606m，使用钻头 1 只，平均机械钻速 10.51m/h，二开进尺 2995m，使用钻头 6 只，平均机械钻速 7.52m/h。

除此之外，"十三五"期间还开展了井身质量控制、井壁稳定与储层保护钻井液、钻井复杂情况处理、山地工厂化作业优化设计等技术攻关，形成了煤系地层水平井安全、快速钻井技术，建立了"1+3+4"施工模板，实现了技术增效。2016—2020 年，鄂东缘示范区水平井平均水平段长 1229m，最长 2100m，较"十三五"初期提高 51%，平均机械钻速 3.55m/h，提高 6%，钻头用量缩减 48%。

3. 煤系多目的层增产改造技术

从深入研究示范区储层地质特点入手，重点开展深层煤储层体积酸压、海陆过渡相页岩气体积压裂等攻关，发展完善了煤系储层改造技术体系，破解了煤系致密低渗透储层有效改造难题。

1）深层煤层气复合酸化压裂液体系

研发获得清洁压裂液及其制备方法的专利技术，形成活性水 + 酸 + 清洁液的复合酸化压裂液体系，较好解决了割理裂隙被方解石填充的深煤层有效造逢问题。

示范区深层煤岩取心资料揭示，深层 8# 煤割理裂隙发育，割理裂隙中多被方解石、滑石、高岭土等酸可溶物质填充，填充物不具备酸敏感性。岩样室内溶蚀实验表明，酸液对填充物质溶解明显，基质渗透率能有效提高。实验发现，煤样与工作液反应后，方解石的衍射峰强度骤然降低，且大量的方解石衍射峰已经消失，高岭石的衍射峰部分降低，孔隙连通性明显增大。割理裂隙中填充物滴酸液后反应剧烈，10% 酸液浸泡后平均渗透率提升 11.67 倍，基质渗透率有效提高。

由于深层煤存在上述的地质特点，采用常规低浓度瓜尔胶压裂液具有一定局限性。在酸性条件下，不能有效解决瓜尔胶交联和大排量施工压力高的问题，需研发一种适应于高温条件下，缓速酸蚀性能强、吸附伤害低、实现大排量施工的压裂液体系。

深层煤岩吸附能力强，随压裂液材料分子量增加，伤害率也快速增加。分子量越高的煤层吸附量越高，最高吸附量达 80%，虽较低分子量动态伤害率较低，但静态吸附量较高，影响长期效果。研发耐酸清洁稠化剂，解决常规清洁压裂液耐酸性和携砂能力差的问题。为减低酸反应速率，提高酸液效率，优选固体酸浓度。清洁稠化剂包括按质量百分数比计的下列组分：8%～12% 的叔胺、5%～10% 的无水乙醇、20%～25% 的十八烷基失水甘油基二甲基氯化铵、10%～15% 的丙烯酸、10%～15% 的丙烯酰胺、4%～8% 的 1,3- 丙烷磺内酯、17%～20% 的 AMPS、8%～12% 的 N- 乙烯基 -2- 吡咯烷酮、0.02%～0.05% 的引发剂过硫酸钾，其余为水。将 0.3%～0.4% 的清洁稠化剂、0.2%～0.3% 的交联剂、0.8%～1.5% 的缓蚀剂、0.4%～0.5% 的铁离子稳定剂、0.3%～0.5% 的酸用助排剂，混合制成所述深层煤层气井的清洁压裂液。通过试验固体酸缓速性能，形成了"活性水 + 0.3%～0.4% 清洁液 + 固体酸"复合酸化压裂液体系。该体系与储层配伍性较好，长期放置无絮状物及沉淀产生，对煤层伤害率小于 8%。且缓速性能优良，同等条件下较盐酸反应速度降低 4 倍以上，可有效实现深度酸化。该压裂液体系指标为常温下基液黏度 12～20mPa·s，交联后 60℃、170s^{-1} 剪切 60min，黏度大于 20mPa·s；降阻率大于 60%，缓速率大于 55%，腐蚀速率小于 3g/（m^2·h），铁离子稳定能力大于 85mg/mL，遇地层水、气破胶，破胶液运动黏度小于 5mm^2/s，表面张力小于 28mN/m，界面张力小于 2mN/m，煤心伤害率小于 15%，各项指标都能很好地符合行业标准，通过深层 8# 煤井筒取心的压裂液伤害实验表明：1%KCl 溶液对深层 8# 煤层的伤害为 5.992%，清洁液破胶液对深层 8# 煤层的伤害为 7.956%，远低于行业标准伤害率，防膨效果较好，该成果形成了一项发明专利"一种深层煤层气井的清洁压裂液及其制备方法和应用"。

2）深层煤体积酸压技术

通过室内实验和体积酸压反演评估，评价深煤层有效改造工艺适应性，研发获得"油管传输定向定面射孔管柱"专利技术，形成直井跨顶板酸压、水平井顶板定向射孔酸压的深煤层体积酸压工艺技术。深层煤埋深大于 2000m，闭合压力高（36.0～42.0MPa）和塑性较强（泊松比 0.3 左右），且煤层顶板多为石灰岩，底板多为泥岩，应力遮挡能力强，施工压力高，加砂难度大，裂缝延伸困难。但与中浅层煤层相比较，深层煤体结构较好，煤岩抗压性也更好，适合超大规模的体积压裂。酸液对煤岩强度影响较大，通过酸液的作用，煤岩局部强度降低有利于压裂过程中裂隙的起裂与延展，更加促进多裂缝的产生，提高改造效果。深层煤射孔位置不同，压裂改造体积差异性较大。充分利用深层煤顶板灰岩的特性，探索顶板酸化压裂工艺试验。

（1）顶板压裂工艺机理。同时射开煤层和顶板压裂，使裂缝在顶板和岩性界面中延伸，大幅提高裂缝长度，同时减少煤粉产出。通过水力压裂形成高速通道，使煤层水以最优的"通道"渗流进入裂缝，再经裂缝快速流入井筒，显著增大压降面积，确保煤层气井高产稳产。在顶板压裂这种压裂方式下，压裂裂缝通过"弱面"位置起裂。弱面是指煤层与顶、底板间存在的明显低应力区，压裂裂缝易沿其水平延伸。煤层顶板压裂的排采渗流模型不同于直接压裂，关键在于毗邻层与煤层的沟通程度，即垂向导流能力。

（2）直定向井顶板酸化压裂工艺。煤层顶板为石灰岩采用酸压工艺，随着酸液浓度的变化，对顶板石灰岩形成不均匀刻蚀，在胶结面处形成具有一定导流能力的溶蚀通道，实现提高裂缝长度，同时释放煤层应力，提高煤层基质渗透性。通过对比，跨顶板石灰岩射孔的试验井对比，裂缝规律性强，主裂缝发育明显；与只在煤层射孔的井相比，裂缝发育无规律且复杂，主裂缝扩展效果差，如图 7-5-6 所示。煤层射孔井施工规模为顶板射孔井的 70%，而裂缝规模为煤层射孔压裂井的 106%，表明顶板射孔具有明显提高裂缝长度的作用。跨顶板石灰岩射孔试验井，裂缝规律性强，主裂缝发育明显；只在煤层射孔的试验井，裂缝发育无规律且复杂。

（3）深煤层水平井顶板定向射孔酸压工艺。针对水平井钻遇顶板石灰岩井段（距离煤层 0.5～2m），构建顶板水平井酸化水力裂缝扩展模型，采用"顶板定向向下射孔 +（活性水 + 盐酸）+（清洁液 + 固体酸）"工艺，实现石灰岩开缝和固体酸液在远端酸蚀作用机制形成"支撑 + 剪切 + 溶蚀"组合压裂"通道"的体积酸压工艺，增大水力改造的有效控制体积，提高改造效果。试验水平井压裂 9 段 24 簇，采用固体酸体积酸压工艺，排

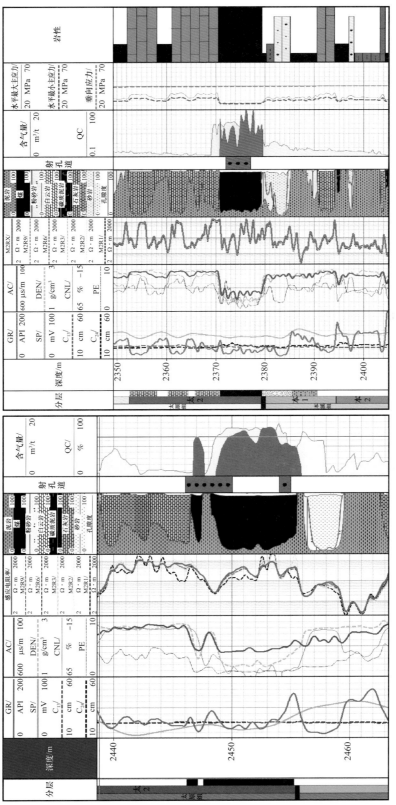

图 7-5-6　顶板射孔和煤层射孔煤层射孔井对比（左边顶板射孔，右边煤层射孔）

采 26d 开始产气，日产气最高 $1.1 \times 10^4 \text{m}^3$，展现出较强的稳产、上产潜力。

此外，"十三五"期间，以提高煤系地层单井产量、降低开发成本为目标，还集中攻关形成了煤系多目的层分压技术、煤系地层水平井分段压裂技术、低伤害压裂液体系优化技术、压裂裂缝诊断及评估技术，进一步完善了煤系气增产改造技术系列。

4. 煤系多气合采工艺技术

煤层气为吸附气藏，以排采降压解吸为主要采气方式；而致密气气藏为游离气藏，依靠生产压力差自喷生产，二者开采方式不同（梁冰，2016）。各气藏之间压力场不同，可能存在层间干扰，影响产气能力（魏虎超，2020）。各产层生产周期和产气规律存在差别，难以实现同步开发（曹代勇，2014）。当前，除美国皮森斯盆地白河隆等少数先导性现场试验外（Olson et al.，2002；Spivey，2008），国内外鲜有煤系多目的层多气合采的相关报道。

针对上述问题，研发形成适合鄂东缘煤系多目的层合采的工艺技术，为鄂东缘及同类油气资源盆地的整体开发提供重要的技术借鉴。

1）多气合采技术思路

从深层煤层气、致密气等不同气藏的生产特征来看，多气种存在明显的优势互补，具备两气综合开发的有利条件（琚宜文，2011）。利用现有煤系地层致密气开发井网，在煤系致密气层高压、高产的生产阶段，通过工艺攻关实现致密气回注，对煤层进行排水降压；在生产末期能量衰竭、产量不具备携液能力时，则采用机抽的方式辅助排液。两气综合开发可有效延长气井生产周期、减少整体开发投入、提高单井产量和资源利用率，进一步提升项目开发的经济效益。

根据上述合采技术思路，制定了精细的攻关技术方案，在井下分采工具、管柱材料特性、井口通道分离密封、气举流态模拟计算等多个方面，设计制造相应的采气装置和工具。通过多次方案论证和室内实验验证，优选井位并开展现场试验，在煤系多目的层多气合采技术领域实现了突破。

2）同心管两气合采工艺

（1）技术原理及方法。

根据气举工艺和生产特征需求，基于常用生产管材，通过管柱设计，在井筒内重构三个独立生产通道，通道一为中心连续管内通道，通道二为外层管与中心管环空通道，通道三为外层管与油层套管的环空通道，形成了以油套环空、油油环空、中心油管为生产通道的三通道"同心管两气合采工艺"。该技术原理是通过合采管柱将煤系致密气、煤层气在井下进行分隔，致密气通过油套环空生产，在井口节流控制后回注，气举排水，注入气、煤层气、煤层水经中心管产出，在生产后期，深层煤层气与煤系地层致密气压力接近后，封隔器解封，两气通过中心管生产，进入气体携液的稳定生产阶段。

合采工艺设计主要针对上部为砂岩气、下部为煤层气的井筒。在完成分层压裂后，分两趟下入并悬挂两根不同尺寸的油管，形成同心管管柱重构的两个生产通道，主要实现的工艺流程为两气在井下实现层位封隔，独立生产。油套环空产出砂岩气，一部分外输，另一部分经地面流程实现节流和计量进入油油环空，经中心油管气举排液。排采前期通过上部煤系致密气回注对深层煤层进行气举排液，后期待两层压力接近后，合层开采，通过混合天然气进行自携液生产。上述工艺原理如图7-5-7所示。

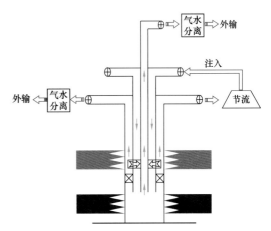

图7-5-7　同心管两气合采工艺原理示意图

该技术的优势体现为管柱结构简单（常规管材）、需要的注入压力低、管柱摩阻小，通过一口井、一套系统，解决了通常需要两口井、两套系统开展的工作，通过同心连续管实现了单井两气合采，降低了建井费用和运行成本。

在管柱设计的基础上，对注入方式（油油环空注入、中心管注入）进行了模拟分析，对不同参数进行了敏感性分析，研究了各参数对生产状态的影响程度，从而建立了合理的生产制度，优化形成了最终注气工艺方案。综合考虑上部煤系致密气生产特征及稳产能力，以及小油管后期有效携液的优势，最终形成了环空注入，油管生产的生产方式。

（2）同心管合采工艺现场试验。

针对上部为砂岩气、下部为煤层气的井筒，在完成分层压裂后，分两趟下入并悬挂同心管柱及配套工具，利用产出的砂岩气举升并排出同井煤层的产出水，直至煤层正常采气，实现同井筒两气合采。选取鄂东缘大吉区块具有典型储层特点的气井开展了现场工艺试验，试验期间重点测试了不同产液条件下所需的注入压力和注入产量，评价该工艺在煤系地层综合开发的推广应用条件。

该井采用同心管合采工艺完井，利用同心管带工具串（堵塞器、封隔器、气举阀、机械丢手）进行完井作业。同心管工艺试验井完井后关井，选取邻井作为气源井通过节流后，向ϕ60.3mm油管和ϕ31.75mm连续管环空注气，ϕ31.75mm连续管气水同出。该井于2020年10月27日正式投产，气液排采运行平稳，合采工艺试验取得成功。

3）集束管多气合采工艺

（1）技术原理及方法。

该技术原理与同心管工艺相近，技术特色在于多增加了一个通道，构成四通道生产工艺。另外，还具有一次性带压完井、增加测试通道、可交替生产（防止煤粉堵塞通道）等技术优势，属前沿储备技术，形成发明专利"集束管两气共采生产管柱（公开号：CN111963094A）"（胡强法，2020）。该技术将对煤系地层多气合采工艺的完善和提升具有重要意义。

工艺原理主要为：煤系致密气通过油套环空生产，在井口节流控制后回注，注入气从一根内管注入，从另一根内管（或油油环空）产出。生产后期，深层煤与煤系致密气压力接近后，封隔器解封，两气通过内管（或油油环空）生产，进入气体携液的稳定生产阶段，如图7-5-8所示。

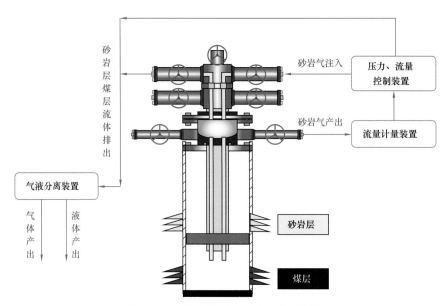

图 7-5-8　集束管两气合采工艺原理图

① 井内四个独立通道。

上部砂岩气采出：经油套环空或油油环空采出。

深部煤层气气举排液：由 1 根内管注入，经另外 1 根内管举升煤层采出水。

集束管内管与外管之间环空：砂岩气段积液，通过砂岩气采出口泵压，气举阀打开，通过集束管环空举升砂岩采出积液。

② 地面流程三个基本功能。

原有流程：砂岩气集输流程。控制流程：砂岩气分流，控制压力 / 流量，注入。分离流程：煤层气采出水分离。

在集束管柱设计的基础上，与同心管柱分析方法类似，对不同参数进行敏感性分析，研究各个参数对生产状态的影响程度，从而建立合理的生产制度，优化形成最终注气工艺方案。考虑上部煤系致密气生产特征及稳产能力，以及小油管后期有效携液的优势，最终形成以环空注入和油管生产的生产方式，并形成测试评价控制制度。

（2）集束管合采工艺现场试验。

该井采用三段压裂方式，先采用光套管压裂方式对 8# 煤进行改造，测试评价后封层，再采用管柱压裂方式对煤系致密气盒七段、山二段一亚段分压合试，试气评价后起出压裂管柱。打捞桥塞后，下入两气合采生产管柱进行合采试验。集束管完井前，为保证井筒清洁，避免砂埋井下封隔器等工具和堵塞气举阀口等风险，因此压裂后，先进行排液放喷和通洗井工序，然后下入集束管。

集束管两气共采生产管柱中的外接四通位于原井四通的上端，四个接口分别为：上接口为集束管环空采气口，下接口与原井集束管连接器相连，左接口为集束管内管进气口，右接口为集束管内管采气口。集束管环空采气口位于四通上口中，其作用为采集集束管环空中的砂岩气。其为外接四通上口与集束管井口分流堵头所形成的空心部分，通向集束管环空采气口，为集束管井口分流堵头。集束管井口分流装置位于四通中心位置，将集束管的三个通道分流到四通的三个通道中，其对应关系为：集束管内管与集束管内管采气口连通，集束管内管与集束管内管进气口连通，集束管环空与集束管环空采气出口连通。其作用是将集束管两内管和分流，互不干涉。集束管内管进气口与集束管内管采气口分别连通集束管内管和集束管内管。油套环空采气口的作用是采集砂岩气。油套环空为集束管外管与套管形成的环形空间，作为砂岩气的采集通道。

为方便实施集束管合采工艺，试验过程也以邻井作为气源，通过节流后通过向一根 ϕ31.75mm 连续管注气，另外一根 ϕ31.75mm 连续管气水同出。该井于 2020 年 10 月 27 日正式投产，气液排采运行平稳，工艺试验取得成功。

4）致密气与煤层气接替开采技术

在同井两气合采技术的基础上，为配套和完善示范区煤层气和致密气综合开发技术，对于致密气储层较差或产量递减、水淹的井，通过深层煤层气补充，借鉴机械采油方式，辅助排水降压，实现致密气、煤层气同井同采。

5）配套设备及工具

煤系气井所处的示范区内以山地为主，大部分井场道路狭窄，转弯半径小，路基为村级公路，不适应大型重型连续管作业车（李五忠，2011）。设备配套选择上除考虑技术要求外，还需要考虑设备的通过性与安全性，同时满足现场施工的要求。因此需要针对以上问题研制专用的集束管投捞设备。

按照煤系地层两气合采投捞设备及技术需求开展了技术调研分析（朱森，2019），研究了投捞设备总体参数和设备方案，制定了多功能专用滚筒的研究方案。针对深层煤层气、煤系致密气所在的地质地貌及现场设施情况，优选了橇装式或车装式连续管配套设备，下文以橇装式设备为实施方案进行说明。充分考虑煤层气现场施工条件，协调橇装设备配合集束管投捞现场作业。橇装设备由 4 个橇组成，分别为动力橇、控制橇、滚筒橇与运输橇组成，如图 7-5-9 所示。

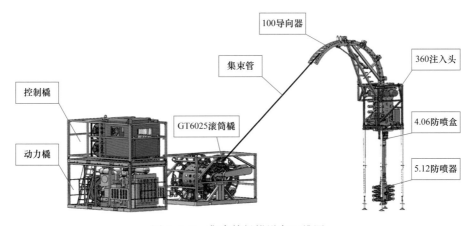

图 7-5-9　集束管投捞设备三维图

动力橇含橇体、动力系统（含卡特柴油机、分动箱、泵）、油源系统（含液压油箱、阀门、管线）。控制橇含橇体、操作室（含电气系统、操作控制系统、监控系统、采集系统）、控制软管滚筒及液压管线。滚筒橇含橇体、可拆卸滚筒、集束管、润滑系统。井口橇含橇体、注入头、导向器、防喷器、防喷盒、防喷管、长短支腿、动力软管滚筒。防喷管、长短支腿水平安装。

橇装连续管设备优势为多块橇装模块组合，有效分散了设备重量及体积，满足空间狭小井场布置，便于设备运输。配套了70MPa放喷系统，井口防喷盒与防喷器，10m防喷管满足现场施工需求。

此外，还完成了井下气举阀、多通道管柱井口悬挂及分流工具等研制，形成发明专利"集束管井口割管对接内通道连接装置"（CN111946291A），"集束管井口多通道分流装置"（CN111946289A）。

5. 煤系多气合采一体化集输技术

针对不同产层、不同生产阶段集输压力不平衡，多气合采产出水矿化度高等问题，攻关形成多气合采集输系统安全和高矿化度产出液处理技术，高低压气体集输压力协调处理技术，完成三个方面创新：针对多气合采中的管道积液和水合物生成问题，提出了积液的临界速度公式，实现了水合物微观生长、聚并过程的可视化，发展了水合物生成分解规律；针对多气合采产出液矿化度高的问题，形成了多气合采超高盐产出水处理与回用工艺技术集成；针对不同产层、不同生产阶段压力不平衡问题，研发了锥心可调型引射、气波引射技术和装备，提出了多气合采引射集输工艺模式和一体化优化方法，实现了多气合采不同压力条件下产出气的高效集输。

四、煤系多气共同开发成效

通过五年的攻关示范，对鄂东缘煤系多气共同开发技术进行了攻关和集成创新与应用，形成多层、多气共同开发的配套技术，支撑建成了鄂东缘大宁—吉县、临兴—神府深层煤层气、致密气、海陆过渡相页岩气共同开发示范基地，在示范区合计新增探明地质储量 $2574 \times 10^8 m^3$，完成了 $31 \times 10^8 m^3/a$ 产能建设，对鄂尔多斯盆地和同类资源开发起到了示范和引领作用。

1. 大宁—吉县区块示范成效

大宁—吉县示范区位于鄂东缘中段，其面积为5784km²，区内稳定发育二叠系太原组8#煤和山西组5#煤两套煤层，煤层埋深1000～2400m，其上下发育多套煤系含气地层，包括致密砂岩气、页岩气等，具有典型的煤层气、致密气和页岩气多气叠置赋存特征。通过"十三五"攻关形成了深部煤系储层甜点评价技术、煤系地层钻完井技术、煤系多目的层改造技术、煤系多目的层分压合采技术、煤系多目的层生产优化技术等五项重大技术，研发了配套设备及装置，建立起了鄂东缘煤系多目的层整体开发技术体系，支撑建成了鄂东缘大宁—吉县深层煤层气、致密气、海陆过渡相页岩气整体开发示范基地，截至2020底，示范区投产227口井，日产气 $260 \times 10^4 m^3$，单直井平均日产 $1.4 \times 10^4 m^3$，支撑打造水平井规模开发区，水平井平均单井日产超 $12 \times 10^4 m^3$。2016年以来，支撑在大宁—吉县示范区提交国内首个2200～2400m深度煤层气探明储量 $762 \times 10^8 m^3$，累计探明

地质储量 $1564 \times 10^8 m^3$（其中煤层气 $984 \times 10^8 m^3$、致密气 $580 \times 10^8 m^3$），建产能 $10 \times 10^8 m^3/a$（其中煤层气 $2 \times 10^8 m^3/a$、致密气 $8 \times 10^8 m^3/a$），2020 年实现产量 $7.2 \times 10^8 m^3$，为我国同类资源的开发提供成功范例，推动了国内煤系气清洁能源规模效益开发。

2. 临兴—神府区块示范成效

临兴—神府区块鄂尔多斯盆地东缘，神府区块位于陕西省东北部，神木市与府谷县境内，区块面积 $2998km^2$，临兴区块位于山西省西部，临县与兴县境内，区块面积 $2465km^2$，区内含煤岩系纵向上煤层、致密砂岩层、泥页岩层等储层多层叠置，横向上连续成藏，总体呈厚层状复合型天然气产层。通过"十三五"攻关形成适宜于含煤岩系复合型天然气产层的多气合采技术体系，包括含煤岩系多气合采地质保障技术、多气合采钻完井与储层保护技术、多气合采储层增产改造关键技术、多气合采产能预测与采气技术、多气合采一体化集输技术、多气合采全开采周期环境保护技术发等 6 项重大技术，研发了配套关键设备及装置。在临兴—神府地区，集成示范深煤层煤层气勘探开发技术、致密砂岩气勘探开发技术、多气合采技术攻关及现场试验，截至 2020 年底，示范区共投产 398 口井，日产气能力 $520 \times 10^4 m^3$，单井平均日产量 $1.3 \times 10^4 m^3$。通过示范工程的建设，支撑提交 $1010 \times 10^8 m^3$ 天然气探明储量，建成年产能 $21.1 \times 10^8 m^3$，有力支撑了中国海油"1534"总体发展目标，助力从常规到非常规、从海上到陆上的跨越。

五、知识产权成果

申请国家发明专利 52 项（授权 16 项），获得软件著作权 9 项，制定标准规范 9 项，发表学术论文 150 篇，出版专著 4 部。

第八章　非常规油气（页岩油气与致密油气）勘探地质理论与开发技术

非常规油气是近年快速发展的新类型油气资源，具有大面积连续分布，传统技术无法获取自然工业产能，需要新技术改善储层渗透率或流动性，才能经济开采的基本特征；包括重油和油砂，致密油气与页岩油气、煤层气、天然气水合物和油页岩等，其中页岩油气与致密油气产业规模在北美和中国获得快速发展，理论技术取得重大进展。国家油气重大专项对页岩油气与致密油气勘探开发理论技术进行了重点部署，并取得突破与重大进展，有力地推动了我国非常规油气产业的快速发展。

第一节　概　　述

非常规油气是地质特征、富集规律、成藏机理、开发技术与开发机理完全不同于常规油气的新型资源，主要包括致密油、页岩油、重油与油砂、致密气、页岩气、煤层气和天然气水合物等。非常规油气资源的有效开发改变了全球油气供给格局，其中页岩油气和致密油气是开发的资源主体，非常规天然气已经成为全球天然气产量增长的主力，非常规油也成为全球原油产量的重要组成部分。非常规油气勘探开发理论技术发展迅速，美国作为非常规油气发展的引领者，在理论技术和产量规模方面均走在前列。针对非常规油气开发面临的理论技术困难，国家油气重大专项进行了全面规划和部署，煤层气领域从"十一五"至"十三五"进行系统部署外，从"十一五"开始对鄂尔多斯盆地致密油和致密气地质理论与勘探开发技术进行攻关，"十二五"开始部署页岩气地质理论与勘探开发技术研究项目，"十三五"针对页岩油气和致密油气进行重点部署，专项共包括 11 个研究项目和 13 个示范工程（表 8-1-1）。中国石油、中国石化联合大学、科研院所及相关单位在国家油气重大专项组织下努力攻关，非常规油气地质理论取得重大进展，开发工程技术取得重大突破，示范工程顺利建成，形成了系列特色理论技术，有效推动了致密气、煤层气和页岩气的相继开发，已成为中国天然气产量增长的重要组成部分，致密油页岩油等勘探开发在多盆地取得重大突破，成为未来国内原油稳产增产的主要领域。

非常规油气的定义是：大面积连续分布，传统技术无法获取自然工业产能，需要新技术改善储层渗透率或流动性，才能经济开采的连续性油气资源，包括重油和油砂、致密油气与页岩油气、煤层气、天然气水合物和油页岩等（SPE、AAPG、WPC 等，2007）。目前在全球页岩油气与致密油气术语使用中，实际上存在广义和狭义两种场景。广义页

表 8-1-1　页岩油气与致密油气项目 / 示范工程立项情况

时间	名称	牵头承担单位
"十一五"期间	鄂尔多斯盆地大型岩性地层油气藏勘探开发示范工程（含长 6、长 8）	中国石油长庆油田分公司
	鄂尔多斯盆地大牛地致密低渗气田勘探开发示范工程	中国石油化工股份有限公司华北分公司
"十二五"期间	页岩气勘探开发关键技术	中国石油集团科学技术研究院
	鄂尔多斯盆地大型低渗透岩性地层油气藏开发示范工程（含长 6、长 8）	中国石油长庆油田分公司
	鄂尔多斯盆地大牛地致密低渗气田开发示范工程	中国石油化工股份有限公司华北分公司
"十三五"期间	页岩气资源评价方法与勘查技术攻关	中国地质调查局油气资源调查中心
	四川盆地及周缘页岩气形成富集条件、选区评价技术与应用	中国石油集团科学技术研究院
	页岩气区带目标评价与勘探技术	中国石油化工股份有限公司勘探分公司
	页岩气气藏工程及采气工艺技术	中国石油集团科学技术研究院
	延安地区陆相页岩气勘探开发关键技术	陕西延长石油（集团）有限责任公司
	页岩气等非常规油气开发环境检测与保护关键技术	中国石油集团安全环保技术研究院
	致密油富集规律与勘探开发关键技术	中国石油集团科学技术研究院
	致密气富集规律与勘探开发关键技术	中国石油集团科学技术研究院
	低丰度致密低渗油气藏开发关键技术	中国石化华北油气分公司
	中国典型盆地陆相页岩油勘探开发选区与目标评价	中国石油化工股份有限公司石油勘探开发研究院
	鄂尔多斯盆地大型低渗透岩性地层油气藏开发示范工程（含长 6、长 8）	中国石油长庆油田分公司
	涪陵页岩气开发示范工程	中国石化江汉油田分公司
	彭水地区常压页岩气勘探开发示范工程	中国石化华东油气分公司
	长宁—威远页岩气开发示范工程	中国石油西南油气田分公司
	昭通页岩气勘探开发示范工程	中国石油浙江油田分公司
	鄂尔多斯盆地致密油开发示范工程	中国石油长庆油田分公司
	准噶尔盆地致密油开发示范工程	中国石油新疆油田分公司
	松辽盆地致密油开发示范工程	大庆油田有限责任公司
	渤海湾盆地济阳坳陷致密油开发示范工程	中国石油化工股份有限公司胜利油田分公司

岩油气与致密油气是同义的，泛指致密储层（空气渗透率≤1mD）中的非常规油气，包括了狭义的致密油气与页岩油气，类似"页岩油气革命"等。狭义的"页岩油气"和"致密油气"是分别指赋存于致密黑色细粒沉积岩（包括粉砂岩和泥岩，空气渗透率≤1mD，一般TOC较高，具生烃能力），和赋存于致密碎屑岩与碳酸盐岩（空气渗透率≤1mD，一般不具有生烃能力）中的连续性分布，需压裂改造才能经济开采的油气资源（表8-1-2）。我国已颁布了狭义页岩油气与致密油气的行业标准（邹才能等，2018，2020），认识已经逐渐统一。值得注意的是，根据科学定义与规范，鄂尔多斯盆地延长组长6段与长8段致密砂岩储层，空气渗透率不大于1mD，应是致密油。

表 8-1-2　碎屑岩分类及非常规油气定名

粒级		粒径/mm	岩石名称		TOC/%	油藏类型	
砾		2～256	砾岩		0	常规油气	致密油气
砂	粗砂	0.5～2	粗砂岩				
	中砂	0.25～0.5	中砂岩				
	细砂	0.0625～0.25	细砂岩				
粉砂		0.0039～0.0625	粉砂岩	页岩	1～20		页岩油气
泥		<0.0039	泥岩				

$k \leqslant 1mD$　0.0625（1/16）　0.0039（1/256）

一、全球非常规油气（页岩油气与致密油气）开发成就与理论技术进展

在非常规油气地质评价、水平井钻井及体积压裂技术快速进步的推动下，全球非常规油气迅速发展，其中以页岩油气和致密油气为主体，目前产量主要集中在美国（表8-1-3）。

表 8-1-3　全球、美国及中国非常规油气资源量及产量

	类型	资源量	可采资源量	2020年产量
全球	致密油（页岩油）	$9368.35 \times 10^8 t$	$618.47 \times 10^8 t$	$3.8 \times 10^8 t$
	致密气	$428 \times 10^{12} m^3$	$209.6 \times 10^{12} m^3$	$3020 \times 10^8 m^3$
	页岩气	$456.2 \times 10^{12} m^3$	$187.5 \times 10^{12} m^3$	$7700 \times 10^8 m^3$
美国	致密油（页岩油）	$828 \times 10^8 t$	$153.75 \times 10^8 t$	$3.5 \times 10^8 t$
	致密气	$19.5 \times 10^{12} \sim 42.5 \times 10^{12} m^3$	$13 \times 10^{12} m^3$	$1707 \times 10^8 m^3$
	页岩气	$58.4 \times 10^{12} m^3$	$24 \times 10^{12} m^3$	$7330 \times 10^8 m^3$
中国	致密油（页岩油）	$74 \times 10^8 \sim 372 \times 10^8 t$	$43.93 \times 10^8 t$	致密油 $1242 \times 10^4 t$（含长6、长8）页岩油 $172 \times 10^4 t$
	致密气	$21.82 \times 10^{12} m^3$	$10.92 \times 10^{12} m^3$	$465 \times 10^8 m^3$
	页岩气	$80.4 \times 10^{12} m^3$	$36.1 \times 10^{12} m^3$	$200 \times 10^8 m^3$

勘探开发实践证明，非常规油气资源十分丰富，开发潜力巨大，是全球未来油气增长的主要领域，但是其成功开发面临地质理论、评价技术、开发工程技术方面的挑战，目前已在非常规油气开发和技术研发中取得重大进展与突破（图 8-1-1）。由于非常规油气的成功开发，全球油气资源量大幅增加，石油可采资源量增加一倍，天然气可采资源量增加了数倍，从而彻底解除了石油工业长期发展的资源枯竭的威胁，保证了全球油气产量长期增产和稳产。仅以美国为例，美国页岩气 2020 年产量达 $7330 \times 10^8 m^3$，页岩气未来 30 年仍将是美国天然气增长的主力，2050 年前都将保持增长趋势。2050 年美国页岩气产量预计为 $9600 \times 10^8 m^3$，页岩油致密油将从 2020 年产 $3.9 \times 10^8 t$ 稳定增长至 $4.7 \times 10^8 t$。页岩油气与致密油气的成功开发，关键是在理论技术方面的重大进展与突破，目前已基本形成了较成熟的非常规油气勘探开发理论技术系列。

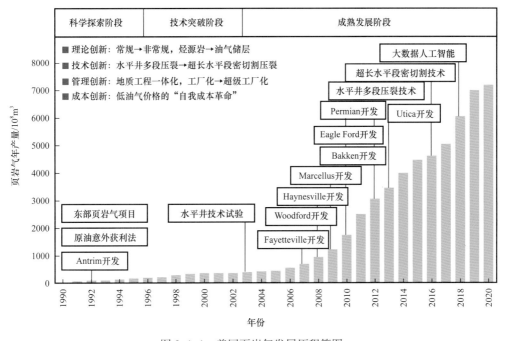

图 8-1-1　美国页岩气发展历程简图

1. 非常规油气连续性成藏理论

美国石油地质界超前瞄准勘探"禁区"页岩储层内的油气资源，建立了非常规油气连续成藏理论，提出纳米级孔隙油气赋存机制，指导发现了 Marcellus、Barnett 和 Antrim 等一批主力页岩油气田，开启"页岩油气革命"。非常规油气突破了石油地质学理论的许多传统认识，主要体现在以下四个方面：（1）致密储层中发现纳米级孔喉，打破了页岩、致密砂岩"磨刀石"基本无储集空间的局限认识，突破了传统的储层界限，发现了非常规油气储层新类型；（2）打破了传统圈闭成藏的概念，提出了连续型油气聚集理论，油气可大面积连续分布，"甜点"富集；（3）非常规油气运聚并不遵循传统的烃类浮力运聚模式，而是受有机质生烃膨胀压力或扩散等非浮力作用在源内成藏；（4）非常规油气的分布受原型盆地烃源岩层系沉积、成岩相带控制；页岩油气源储一体，致密油气储盖一体，突破了"储盖组合"概念。

2."甜点"评价技术

北美勘探开发实践发现非常规油气具有大面积连续分布特点，但仍然具有很强非均质性，其中高产富集区被称为"甜点"。"甜点"评价技术是勘探阶段优选高产富集区，进而实现高效开发的关键技术。"甜点"评价技术综合地质、钻井压裂测试、三维反射地震、先进测井和录井评价资料，根据油气高产富集规律与地质条件研究确定高产富集主控因素，优选压裂主力层段、TOC、生烃岩热演化程度、储层物性、烃类流体性质、地层压力、地应力、岩石可压裂性等关键参数，形成各盆地的"甜点"评价参数体系，指导页岩油气与致密油气的开发选区与井位确定工作。从而在页岩油气与致密油气高产富集规律的深化认识指导下，大幅提高高产井成功率，成功地开发了 Barnett、Eagle Ford、Marcellas 等页岩油气田。

3. 水平井与体积压裂技术

水平井与体积压裂技术是页岩油气与致密油气开发的核心技术。以页岩气为例，页岩气井需要采取压裂等增产措施沟通天然裂缝提高井筒附近储层导流能力。水平井分段压裂可以对不同层位分级、单独实施对应的压裂技术，适用于水平井段长、储层结构复杂的页岩气井。目前已形成的成熟水平井分段压裂技术主要包括：裸眼封隔器投球滑套分段压裂、泵送桥塞与射孔联作分段压裂、套管预置滑套无限级分段压裂。通过压裂改造实现人工裂缝体系，增加裂缝网络，提高裂缝导流能力，目前正在发展新的重复压裂技术、超高导流能力压裂技术、"工厂化"压裂技术等。

4. 精细地质力学建模及地质工程一体化技术

精细地质力学建模是水平井压裂取得高产的基础，岩性复杂的致密储层或多旋回沉积的砂泥岩薄互层，存在大量的岩性界面或层理面。通过高精度岩心描述及完善的室内实验，将致密储层的地质力学模型精度提高到厘米级，以此为基础的高分辨率压裂模拟可以很好指导水平井着陆点优化与压裂设计。厘米级分辨率岩心特征描述，可精确识别薄互层储层快速变化的岩性。在此基础上，进行地质工程一体化压裂优化设计，获得最佳产量效果。

5. 开发优化技术

近十年北美页岩油气开发技术和管理不断升级换代。Marcellus 气田页岩气开发技术多次革新，地质工程一体化和工厂化等管理模式不断创新，页岩气开发效率大幅度提升。页岩气单井最终可采储量（EUR）由 $1.2 \times 10^8 m^3$ 提高至 $4.0 \times 10^8 m^3$。页岩油气采收率由 10%～15% 提高至 35% 以上。通过持续优化井间距技术，获得了较高的单井产量。水平井井距主要集中在 180～420m 之间。

页岩气井水平段长是井控面积和储量的关键因素之一。单井 EUR 与水平段长总体上呈线性变化趋势，水平段越长，单井控制储量越大，可采储量越高。北美页岩气田不断试验更长的水平段，目前为 2500～3500m，并成功实施了"超长水平井"计划，水平段长 3048～5639m。为提高纵向上的储量动用程度，北美针对隔层发育和厚储层两种类型开展多层立体开发试验，在 Wolfcamp、Bakken、Marcellus 等区块采用 W 形立体井网开发页岩油、气，有效提高了储量纵向采出程度，可提高采收率10%以上。二叠纪盆地近3000 口水平井统计数据表明：有效簇间距是能够控制的最关键参数，减小有效簇间距能够有效提高单井产量。

生产制度优化方面，放压高产和控压限产两种生产制度在目前开发的页岩气田均有应用，美国 Barnett、Marcellus 页岩气通常采用放压、大压差的生产方式，而 Haynesville 页岩气由于地层压力高，考虑页岩薄层状储层强压敏效应，气井采用控压限产的方式进行生产。

6. 提高采收率技术

正在发展进一步提高采收率技术。北美致密油和页岩油原始采收率在 5%～10% 之间，且其产量递减快。为有效开采巴肯组丰富的原始地质储量、提高单井产量，进行了有效的 EOR 技术实验，已在巴肯致密储层先后尝试了注水、注气、二氧化碳驱、化学驱等 EOR 技术研究与试验，并取得了丰富的研究成果。对 Eagle Ford 凝析页岩油气采取天然气回注，保持地层压力生产的措施，成功地大幅度提高凝析油采收率。页岩气的采收率集中在 10%～35% 之间，总体偏低，北美地区主要从提高井控面积、提高裂缝控制体积和提高基质采出效率三个方面发展提高页岩气采收率技术。

二、我国非常规油气（页岩油气与致密油气）开发成就

我国共有 500 多个沉积盆地，其中含油气大盆地包括松辽盆地、渤海湾盆地、准噶尔盆地、塔里木盆地、鄂尔多斯盆地、四川盆地和南海盆地等，油气资源十分丰富。我国含油气盆地的类型多样、结构复杂，地层包括古老海相和中生代—新生代陆相沉积，后期经历了喜马拉雅构造运动改造，且已发现的油气资源以陆相为主，由此构成一个独具特色的大油气区。由于其油气资源勘探和开发所需的理论技术具有独特性，为我国石油工业带来了重大挑战。我国石油工业以铁人创业精神自励，艰苦奋斗，建起了完整独立的工业体系，并在半个多世纪的发展中保障了国家油气供应安全，支撑了国家建设和经济快速发展。2020 年，我国的原油产量达 1.95×10^8t，天然气产量达 $1925 \times 10^8 m^3$。

由于我国经济高速增长，油气需求持续旺盛，石油对外依存度不断上升，国内长期面临着油气增产的巨大压力。由于国内含油气盆地石油勘探程度已相对较高，石油生产以老油田为主。天然气勘探虽然近年来不断有大气田发现和投产，但是也面临地质条件复杂、常规油气资源有限的问题。美国石油工业在 21 世纪初开始"页岩油气革命"，大力推动页岩油气和致密油气的技术研发和勘探生产。基本同时我国也开始非常规油气的

勘探和科技攻关，取得了巨大的非常规油气理论技术成果和勘探开发成就。特别是 2008 年国家油气重大专项开展以来，页岩油气取得重大突破，致密油气开发取得重大进展，我国已成为拥有自主技术的全球第二大页岩油气与致密油气勘探生产国。

我国非常规油气勘探开发历史始于 1999 年中国石油长庆油气田鄂尔多斯盆地苏格里气田，并在其后成功开发成为我国最大的天然气田。随后长庆油田 2008 年开始对鄂尔多斯盆地延长组长 6 段和长 8 段致密油进行开发技术攻关，成功地研发了直井压裂和注水开发技术，至 2014 年长 6 段和长 8 段致密油产量达到年产 800×10^4t，并持续稳产至今。其后 2017 年在准噶尔盆地发现了玛湖致密砾岩油藏，正在开发高潮中，预期建产能 500×10^4t/a。值得注意的是，长 6 段和长 8 段致密油藏在我国油气开发界被定名为超低渗透油藏，因此在国内并未被统计入非常规油气产量。其开发科技成果也被列入低渗透油藏开发技术序列。因此本章中没有包括长 6 段和长 8 段这一我国最大的致密油开发工程的科技成果，主要总结了松辽盆地、准噶尔盆地玛湖凹陷和渤海湾盆地济阳凹陷致密油开发的理论技术成果。

我国页岩气勘探开发始于中国石油 2010 年的四川盆地志留系龙马溪组页岩气勘探，标志性成果是中国石化 2012 年涪陵页岩气田的发现和成功开发。我国页岩油的研究和探索几乎和页岩气同时开始，标志性成果是准噶尔盆地吉木萨尔页岩油 2012 年的发现和 2018 年技术突破，以及鄂尔多斯盆地长 7 段页岩油 2018 年重大突破。据统计，至 2020 年我国探明致密油地质储量 43.19×10^8t（含长 6 段、长 8 段），页岩油 6.91×10^8t；2020 年，生产致密油 1242×10^4t，页岩油 171.5×10^4t；已探明致密气地质储量 5×10^{12}m^3，页岩气地质储量 2×10^{12}m^3，2020 年生产致密气 465×10^8m^3，页岩气 200×10^8m^3。页岩油气致密油气已占我国原油产量 7.2%，天然气产量 34.5%。非常规油气拥有巨大剩余资源量和广大发展前景，因此被列为我国未来剩余油气资源主体"深层、深水、非常规"的重要组成部分，是未来我国勘探开发的主要领域。

三、我国非常规油气（页岩油气与致密油气）地质理论与开发技术研究重大进展

1. 非常规油气基础地质理论

（1）在石油天然气地质学基础理论方面认为，非常规油气是对经典理论的重大突破，提出"全油气系统"理论；提出非常规油气的成藏机理是油气自封闭作用，其力学机制是分子间作用力。

（2）在我国首次发现了储层微纳米孔喉系统与连续分布油气，发展了非常规油气地质理论。

（3）发现和总结了小克拉通盆地古老海相地层高热演化程度页岩气地质特征与富集规律。

（4）发现和总结了陆相页岩油地质特征与富集规律。

2. 致密气地质理论与开发技术

通过 20 余年研发攻关和技术创新，形成了针对我国致密气的理论认识和开发关键技术，有力支撑了致密气的规模有效开发。理论认识主要有三个方面：（1）广覆式、高成熟煤系源岩持续生气理论；（2）源储大面积紧密接触、近源运聚理论；（3）致密气"多级降压"开发理论。关键技术进步可概括为四个方面：（1）致密气藏精细描述技术（包含致密气储层地震预测及含气性检测技术、致密气测井评价及气层识别、复合砂体分级构型与井网优化部署）；（2）提高单井产量技术（包含直井分层压裂技术、水平井优化设计和水平井分段压裂技术）；（3）提高采收率技术（包含剩余气分类评价和致密气提高采收率技术）；（4）低成本开发技术（包含快速钻井技术、井下节流与中低压集输技术和数字化生产管理）。

3. 致密油地质理论与开发技术

我国致密油开发技术攻关的主要领域包括鄂尔多斯盆地长 6 段与长 8 段、松辽盆地大庆油田外围和吉林油田、准噶尔盆地玛湖凹陷及渤海湾盆地济阳凹陷。其中，鄂尔多斯盆地长 6 段与长 8 段成果在超低渗透油藏开发部分总结，准噶尔盆地玛湖凹陷等三个区域的致密油攻关理论技术成果包括：

1）陆相致密油"甜点"地质评价与分类技术

玛湖砾岩致密储层成储成藏机制研究：提出三叠系百口泉组砾岩为湖盆粗粒大型退覆式扇三角洲沉积体系，砾岩储层以贫泥砾岩物性最好，油气来源为二叠系风城组，通过断裂系统纵向运移至百口泉组砾岩致密储层成藏。

"甜点"分类评价研究：建立了以储集空间类型、物性、含油性、可动油饱和度、地层压力系数为主的"甜点"分类评价标准，成功开发了玛湖砾岩致密油。

松辽盆地扶余薄层致密油"甜点"评价：依据致密砂岩油藏小层多、层间跨度大、平面砂体错叠分布、单层厚度薄、非均质性强的特点，开展了区域沉积微相和开发区精细地质研究，明确了薄层"甜点"组合；通过致密油储集性、含油性、流动性、可压性与初期产量回归分析，建立了以产量分类为目标函数的致密油"甜点"评价标准。

济阳坳陷致密油藏评价：发育了三种成因类型的致密储集体，分别为砂砾岩、浊积岩和滩坝砂。基于储层岩性特征、沉积特征、空间展布特征分类开展致密油藏"甜点"地质评价，并以试油、试采特征、开发方式和产能差异作为验证，优选地质"甜点"和工程"甜点"。

同时建立了致密油"甜点"地球物理表征与预测技术、复杂砾岩储层识别测井表征技术，包括薄互层叠前叠后多级频带拓展技术、薄互层智能相控储层预测技术。建立了地质工程一体化建模技术，包括构造—孔渗—饱和度耦合下的三维地质建模，与脆性—断裂韧性—地应力—孔压耦合的三维工程建模技术。

2）致密油开发理论与地质工程一体化部署优化技术

针对准噶尔盆地玛湖致密砾岩油田岩性复杂、非均质性强、含油饱和度低、两向水平应力差大、天然裂缝不发育、油层有效动用率较低等特点，开发理念上提出了"初期控压、延长相对高产稳产时间、在满足一定投资回报率条件下尽可能提高采收率"的开发策略。在前期开展系列矿场试验基础上，进行了系统的理论探索，确立"水平井＋多级压裂"为主体开发技术。针对砂砾岩地层特征，通过室内物理模拟实验和理论研究，提出"绕砾成缝"和"井间主动干扰"等理论，为玛131小井距立体交错井网高效开发示范区提供了有力的理论指导。

3）工程技术

发展了水平井钻完井技术，包括玛湖砾岩水平井小三开井身结构、砾岩钻完井提速机理及配套技术、济阳凹陷水平井储层精细识别技术、异型齿PDC钻头及储层保护钻井液。

发展了水平井压裂技术，包括玛湖凹陷"四参数五区域"压裂模式选择方法、砾岩体积压裂裂缝扩展规模、松辽盆地薄互体积压裂工艺技术。

发展了工厂化作业技术，建立了玛湖凹陷工厂化拉链式作业模式、松辽盆地集中式分散式独立式三种工厂化作业模式、济阳坳陷"井工厂"集约式作业模式。

4. 页岩气地质理论与开发技术

页岩气基础理论取得重要进展：（1）四川盆地五峰组—龙马溪组海相页岩储层具有高有机质含量和高纳米级孔隙度特征；（2）层理类型控制页岩气储层的品质，四川盆地五峰组—龙马溪组海相页岩发育五类层理；（3）揭示海相深水陆棚笔石黑色页岩形成机理，建立页岩气"甜点区"和"甜点段"地质理论；（4）川南地区深层优质页岩厚度大、保存条件好、发育微裂缝与异常超高压，页岩气富集高产；（5）基于"人造气藏"理念，多段压裂形成缝网体系、构建流动系统，初步构建页岩气开发理论。关键工程技术取得重大突破：（1）水平井多段压裂等关键工程技术指标大幅度提升，深层页岩气开发技术日趋成熟；（2）通过地质—工程一体化，实现页岩气开发最优化，是实现页岩气高效开发的关键；（3）借助于地下光纤监测、人工智能大数据和数字化井场等新技术，页岩气开发成本有望继续降低。

在地质储层方面，明确了四川盆地及邻区龙马溪组底部$3\sim5m$高脆性富有机质页岩是最优的水平井"黄金靶体"，"黄金靶体"厚度、压裂改造水平段长、"黄金靶体"钻遇率、加砂强度等是控制气井高产的最主要因素，川南深层页岩储层与深水沉积环境高度叠合，川南深层靠近I级断层的水平井测试压力系数2.0左右，深层页岩储层裂缝发育具有常规—非常规复合裂缝气藏特征；在开发技术方面，形成了地质—工程一体化评价技术、水平井多段压裂等关键工程技术实现了第一代向第二代的技术发展跨越。川南地区页岩气平均单井最终可采储量（EUR）由最初的$0.5\times10^8m^3$，提高至目前的$1.0\times10^8\sim1.2\times10^8m^3$。经过十余年的勘探开发攻关，四川盆地海相页岩气基础地质理论认识取得了重要的进展。

5. 页岩油地质理论与开发技术

近年来中国陆相页岩油理论技术研发和勘探开发实践取得三方面研究进展：（1）初步创立中国陆相湖盆细粒沉积、富有机质页岩分布、有机质富集理论，创新中国陆相纳米油气连续聚集、"甜点区"形成与富集理论，揭示了中国陆相致密油（页岩油）地质特征与富集规律，阐明纹层状富有机质页岩是主力烃源岩，发育陆源碎屑、内碎屑等多种类型有利储层，初步建立夹层型、纹层型、页岩型三类页岩油分类标准，明确有利储集相带、近烃源中心、一定构造背景是富集高产共性主控因素。（2）揭示了致密油（页岩油）开发非线性渗流及 L 形生产规律，建立非线性渗流数学模型，形成了非线性渗流理论；提出了有效动用系数概念，形成了井网适应性快速评价方法；研发了非线性渗流数值模拟软件，填补国内外空白；井网优化调整技术在长庆、大庆、吉林、华北、新疆五大油区应用效果显著。（3）初步形成页岩油勘探开发关键技术系列，包括多尺度储层孔喉系统与储层表征、资源分级评价、"七性关系"测井评价方法，选区与目标评价优选体系，"六性三质""甜点区"评价指标体系、地震响应及工程评价与"甜点区/段"评价预测技术，水平井优快钻完井、水平井细分切割体积压裂改造技术与"工厂化"作业新模式，首次形成基于非线性渗流理论为基础的井网优化调整、长水平井小井距大井丛布井与有效开发技术。

6. 页岩气等非常规油气开发环境检测与保护技术

在国家保障能源安全和生态文明建设战略指导下，针对非常规油气资源规模大、丰度低、面积大，同时开发生产需要大规模钻探水平井和水力压裂，对环境的扰动和影响远大于常规油气的现状，进行了非常规油气开发环境检测与保护技术攻关，取得重大进展，包括：（1）非常规油气开发环境政策法规建立和完善，环境监管体系优化；（2）非常规油气开发环境效益及环境承载力监测评价技术；（3）非常规油气开发甲烷逸散检测评价及回收技术；（4）地下水环境风险监控及保护技术；（5）非常规油气开发污染（钻井废弃物、压裂返排液、采出水）防治技术装备。

7. 我国页岩油气与致密油气理论技术未来攻关方向

我国未来的油气勘探方向集中在"深层、深水、非常规"三大领域，非常规油气具有巨大的资源潜力，页岩油气与致密油气将是今后储量和产量增长的主力之一。我国页岩油气与致密油气勘探开发理论技术装备已经取得重大突破，但是仍然属于发展初期阶段，非常规油气地质理论与开发理论有待发展完善，技术装备面临国际的激烈竞争、生产发展中的新挑战新难题、高成本与低投资回报率等问题。同时伴随着非常规油气的长期开发推进，还有很多新领域与新类型非常规油气资源等待我们探索。我国页岩油气与致密油气勘探开发领域，未来需要持续科技攻关，主要攻关的方向包括：（1）非常规油气地质理论，包括含油气盆地全油气系统理论、非常规油气成藏机理与成藏模式、非常规油气储层与流体建模与开发理论；（2）我国陆相和海相页岩油气与致密油气地质特征、资源评价、富集规律与"甜点"评价技术装备（包括物探、测井等）；（3）以水平井钻井与体积压裂为主的非常规油气勘探开发先进技术与装备；（4）页岩油气与致密油气提高采收率技术；（5）非常规油气新领域新类型，包括深层超深层及海洋页岩油气、低丰度致密气页岩气等。

第二节　四川盆地及周缘页岩气地质与开发气藏工程

一、背景、现状与挑战

与美国相比，我国页岩气具有储层类型多样、构造作用强、热演化程度不一、储层横向展布差异大、地应力条件相对复杂等特点。（1）北美页岩储层以海相沉积为主、构造稳定；中国页岩海相、陆相和过渡相均有沉积，成藏过程中受多期构造改造。（2）美国页岩储层成熟度适中，处于最佳产气阶段，R_o 值为 0.8%～2.0%；中国海相页岩处于高—过成熟阶段，R_o 值为 2.5%～4%，陆相 R_o 值为 0.8%～1.5%。（3）北美页岩储层"甜点段"厚度大（30～150m），"甜点区"储层大面积连续分布（上万平方千米）；中国页岩储层"甜点段"厚度相对薄（10～40m），储层分布差异大（上百到上万平方千米）。（4）北美页岩储层地应力简单，水平主应力差不明显，压裂改造易于形成体积缝网；中国海相页岩储层应力相对复杂，局部地区水平主应力差超过 10MPa，体积改造难度较大。（5）北美部分页岩储层油气共生、共采；中国海相页岩生气为主，陆相生油为主。

四川盆地是我国页岩气主产区，在上产过程中面临五个方面挑战。一是页岩气形成与富集机理。由于不同地区的形成环境存在着差异，因而目前对于页岩有机质的物质来源及组成、不同类型有机质生烃潜力、页岩气赋存形式、封存机制及其与含气性的关系等方面的认识还处于初步阶段，从而影响了对页岩气资源及页岩气"甜点"的正确评价。二是页岩储层成岩过程与评价体系。页岩成岩过程影响储层生烃、储集性能和保存性质，而评价体系决定页岩气资源量计算和有利区带目标选择的可靠性。对于成岩作用类型、成岩阶段划分研究，目前仍处于尝试阶段，并且不同地区储层特征差异明显，因而需要针对每个区块具体地质情况，优选关键评价指标，在实验观察的基础上，紧密结合页岩气开发实践，开展不同地区储层特征对比和规律总结，从而更好地指导页岩气开发。三是页岩气层地球物理识别与预测。页岩储层地球物理关键参数评价多以定性为主，缺乏定量评价，因页岩气层地球物理响应差异小，造成在气层识别、有效储层划分、参数识别、展布预测等方面仍然存在着较大的挑战。四是页岩气多尺度、多机制、多场耦合渗流理论。页岩气耦合流动机理与产气规律认识不清，页岩气开发方案编制与生产制度优化多依赖传统技术方法，制约页岩气开发水平的提高。五是页岩气气藏工程方法与数值模拟技术。页岩气开采是多尺度传质过程，页岩的宏观渗透率跟微观结构有关。现有微观模型对页岩的复杂特点考虑不充分。为准确表征页岩基质的传质规律，需要从微观尺度开始研究，但微观模型不能直接应用于油藏尺度模拟，需要研发等效的宏观模型。复杂裂缝全生命周期演化规律的表征和模拟是难点问题，需要进行重点攻关。

通过十年科技攻关，中国石油集团科学技术研究院牵头承担的国家科技重大专项《页岩气勘探开发关键技术》《四川盆地及周缘页岩气形成富集条件、选区评价技术与应用》和《页岩气气藏工程及采气工艺技术》形成了两项理论认识和三项评价技术，支撑了四川盆地页岩气快速上产。

二、四川盆地及周缘页岩气形成富集条件、选区评价与开发技术

1. 超压页岩气形成条件与富集机理

1）多地质事件耦合富有机质页岩成因机理

在奥陶纪—志留纪之交，全球及华南扬子地区主要发生了构造运动、海平面升/降、气候变冷（冈瓦纳冰期）、火山喷发、海水硫化缺氧、生物灭绝/勃发六大重要地质事件，其沉积耦合作用对页岩气"甜点段"形成与时空分布产生重要影响（图 8-2-1）。最为直接的两个影响因素：一是沉积时期海洋表层较高的初级生产力，是有机质大量生成的重要前提条件；二是海洋底部发育硫化缺氧水体，是有机质有效保存的关键条件。在奥陶纪末凯迪阶晚期及赫南特中期，全球发生了显生宙第一次生物大灭绝事件，造成了海洋底栖动物如珊瑚、腕足类、三叶虫等、游泳动物如牙形石类和笔石类及浮游藻类不同程度属、种消亡。而得以存活的海洋生物如笔石类型相对单一，可能因竞争者减少出现"勃发"现象，沉积后形成富笔石页岩。这些笔石生物不仅为页岩气形成提供一些有机质，它们本身富含有机质孔、且能够形成笔石纹层，有利于页岩气储存及开发过程中页岩气流动。在生物大量灭绝之后，全球气候逐渐变暖，藻类等浮游生物因捕食者减少开始繁盛，海洋表层初级生产力大幅度提高，生成大量有机质；同时，海洋陆棚广泛发育硫化缺氧底部水体，将有机质有效保存下来，沉积后形成富有机质页岩，为"甜点段"页岩气大量生成及纳米级孔喉系统发育提供了物质基础。研究认为，富有机质页岩"甜点段"形成是多地质事件沉积耦合作用的结果，志留纪早期大规模硫化缺氧和奥陶纪末

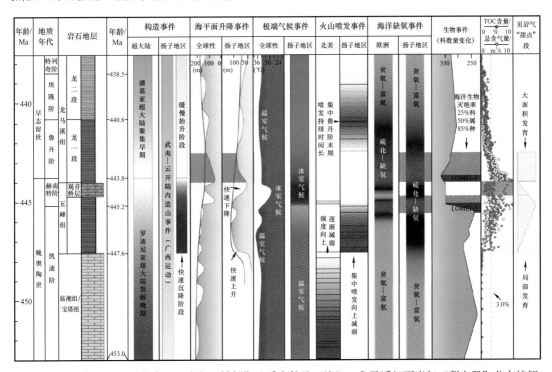

图 8-2-1　华南扬子地区奥陶纪—志留纪转折期地质事件及五峰组—龙马溪组页岩气"甜点段"分布特征

期局部硫化缺氧水体有利于富有机质页岩大面积沉积发育。两个规模硫化缺氧之间存在冰期事件，加剧生物灭绝，冰期事件和硫化缺氧生物大灭绝，是"甜点段"形成的大背景。硫化缺氧沉积条件是"甜点段/区"形成的关键因素，控制了页岩气的高资源丰度（普遍大于 $5 \times 10^8 m^3/km^2$）分布，这为大面积"甜点"发育提供了理论解释。

2）页岩气差异富集条件与机理

五峰组—龙马溪组页岩气在纵向上和区域上均具有一定差异富集特征，有利（富集）段与"甜点段"在厚度、含气量、TOC含量等方面具有明显差异（图 8-2-2）。五峰组—龙马溪组页岩层系厚度一般可达 300m 以上，其中龙马溪组可分为 2 段，即龙一段和龙二段。页岩气非富集段分布于龙一段中上部和龙二段，岩性主要为灰黑—灰绿色页岩夹泥质粉砂岩，总体上厚度较大，一般为 100～250m；页岩气有利（富集）段主要位于龙一段底部和五峰组，由黑色页岩组成，厚度一般为 10～60m；而页岩气"甜点段"则位于有利（富集）段中下部，由黑色富硅质页岩组成，厚度一般为 10～40m。页岩纵向上含气量变化较大，低者几乎不含气，高者可达 9.0m³/t。有利（富集）段含气量一般为 2.0～4.5m³/t，其中最富集段含气量一般为 3.0～7.5m³/t；非富集段含气量一般低于 1.5m³/t 或 2.0m³/t。页岩层系纵向上 TOC 含量变化较大，低者可在 0.5% 以下，高者可达 10% 以上。有利（富集）段 TOC 含量变化范围较大，主体分布为 2.0%～5.0%；"甜点段"作为页岩气有利段中最优质含气量富集段，其 TOC 含量主体为 3.0%～6.5%；非富集段 TOC含量一般低于 2.0%。

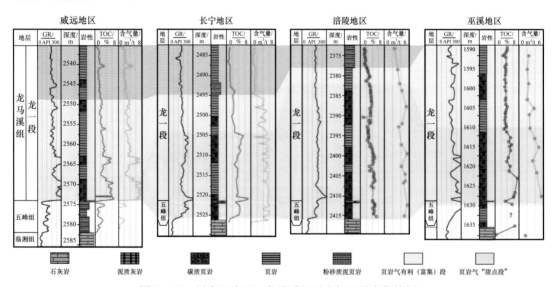

图 8-2-2　川南五峰组—龙马溪组页岩气差异富集特征

基于长宁、威远、涪陵、泸州、渝东南等地区海相页岩勘探开发实践，总结中国南方海相页岩气差异富集演化主要经历四个阶段：第一阶段构造抬升初期，埋深远大于2000m，页岩气以垂向扩散运移为主，正向部位与负向部位均可富气；第二阶段抬升中期，埋深大于2000m，抬升幅度适中，页岩气以垂向与侧向扩散、侧向渗流运移为主，正向部位相对富气；第三阶段抬升中晚期，埋深小于2000m，抬升幅度略大，页岩气以垂向与侧向扩散、垂向与侧向渗流运移为主，负向部位相对富气；第四阶段抬升晚期，抬升幅度大，埋深浅，页岩气以垂向与侧向扩散、垂向与侧向渗流运移为主，发生向地表的垂向渗流和散失，正向和负向部位均贫气。总体上，抬升时间晚、抬升幅度适中的正向部位更有利于页岩气的富集；焦石坝、长宁地区主要处于第二阶段；威远、昭通地区处于第二、三阶段；渝东南地区处于第三、四阶段。

3）高—过成熟页岩气甜点形成与控制机理

五峰组—龙马溪组页岩高 TOC 含量和高硅质含量的形成与局限海盆沉积环境及富硅水体有关。晚奥陶世赫南特阶晚期—早志留世鲁丹阶，全球气候变暖，全球海平面快速上升。该时期四川盆地为半封闭的陆表海，发育缺氧的半局限海盆环境。含条带状粉砂纹理页岩和砂泥递变纹理页岩的形成，同样表明沉积时期水动力弱，陆源碎屑供给不足。且水体中大量溶解态硅造成放射虫、硅质海绵及浮游藻类大量繁盛，并以"海洋雪"方式缓慢沉积。现代海洋调查结果也显示，水体中硅元素含量高低直接决定初级生产力的高低，硅质生物大量发育时藻类也一同繁盛，从而造成 TOC 和硅质富集。非"甜点"段发育的赫南特阶早期，由于全球气候变凉，两极冰川广泛发育，海平面下降，大洋循环条件变好，陆源碎屑供给增加，海水处于充氧的凉水状态，故硅质含量和 TOC 含量降低。非"甜点"段页岩发育的鲁丹阶晚期—埃隆期，陆源碎屑供给增大，硅质生物生长受到抑制，沉积速率增大，TOC 含量和硅质含量降低。

2011 年，邹才能等人首次在威 201 井页岩中发现有机纳米孔，改变了毫米—微米孔是油气储层唯一孔隙的传统思维，证实了南方海相页岩能够成为储层。高—过成熟阶段海相地层原油二次裂解气是主要的页岩气来源，成熟度 R_o 在 2% 以上仍然有大量天然气生成，我国南方海相页岩中存在大量沥青纳米孔，孔隙尺度从几纳米到上千纳米不等，是页岩气富集的主要空间。生物成因硅中的放射虫、硅质海绵等生物体内发育小孔和空腔，其在成岩过程中会残余大量孔隙，且硅质颗粒抗压实能力较强，有利于各类孔隙保存。"甜点段"页岩微裂缝密度高，且顺层缝和非顺层缝相互交切，在空间构成三维裂缝网络体系，从而大大提高了"甜点段"页岩渗透率。

良好的顶底板条件是页岩气"甜点"形成的重要因素。五峰组—龙马溪组顶底板条件明显优于筇竹寺组。前者富有机质页岩之上为大段黏土质及含粉砂质页岩，厚约150m，裂缝不发育，之下为奥陶系宝塔组致密灰岩，溶蚀孔洞不发育；后者富有机质页岩之上为厚层粉砂质页岩，天然裂缝较发育，之下为震旦系灯影组，二者间为区域不整合，灯影组发育溶蚀缝洞，有利于筇竹寺组生成的天然气向上、向下运移。南方海相页岩气属于超压页岩气。高压力系数区气体能量更大、封闭程度更强，具有孔隙度更大、孔隙结构更优且含气性更好的特征。高储层压力形成孔内支撑、高强度石英矿物形成刚性骨架支撑、封闭成岩环境有机酸长期溶蚀钙质矿物等因素共同作用，造成深层页岩具有较高的孔隙度 4%～6%。

基于中国南方川南五峰组—龙马溪组页岩气"甜点段/区"地质特征解剖，提出了页岩气"甜点段"形成需具有四项基本条件：（1）缺氧陆棚环境发育富有机质沉积，有利于页岩气大量生成；（2）有机质发育纳米孔喉系统，有利于页岩气大量储集；（3）相对稳定陆棚环境发育封闭的顶板与底板，有利于页岩气有效保存；（4）低沉积速率控制纹层发育与富硅质沉积，易于形成微裂缝，有利于页岩气有效开采。

2. 复杂构造演化、高—过成熟页岩气地质评价技术

1）页岩气储层物性、含气性、脆性等关键参数实验技术

研发高压压汞实验 + 低温 N_2 吸附实验 + 低温 CO_2 吸附实验三种流体注入分析技术、页岩样品孔隙热演化物理模拟技术、基于压力衰减的页岩颗粒基质渗透率测试技术、页岩颗粒样品孔隙度测试技术、页岩含气性核磁共振测试技术，建立了多尺度孔隙结构精细评价方法。利用 CO_2 吸附表征微孔，N_2 吸附表征中孔，高压压汞表征宏孔，利用加权平均表征两种方法的叠合区间，创新了基于流体注入的页岩孔隙全孔径表征技术。通过高分辨率 FE-SEM 孔隙图像的滤波、阈值分割，实现孔隙、有机质和无机矿物的图像识别和定量评价，创新了基于扫描电镜的页岩孔隙自动识别技术。

经过十余年的技术攻关，研发了系列页岩气现场含气量测试技术，测试精度由 1mL 提高到 0.1mL，仪器重量由 80kg 降低到 5kg 左右，现场测试人员数由 3～5 人降低到 1 人。近年来通过岩心保压内筒排水降压 + 多次集气 + 自然解析 + 加热解析计量，研发了新型保压取心含气量测试系统，实现地下原位页岩含气量测试，为页岩气资源、储量评价提供更科学依据。

2）基于"层序地层、化学地层、生物地层"的小层对比与评价技术

将龙马溪组划分为 SQ1、SQ2 两个三级层序。SQ1 为龙马溪组沉积早期深水相笔石页岩沉积建造，富含有机质和生物硅质；SQ2 为龙马溪组沉积中晚期的半深水—浅水相沉积建造，有机质丰度明显低于 SQ1，黏土含量明显高于 SQ1。按笔石带序列可将五峰组和龙马溪组黑色页岩划分为 13 个笔石带，"甜点段"6.85Ma 形成 20～40m 富笔石页岩段。这 13 个笔石带化石特征明显，其中龙马溪组鲁丹、埃隆和特列奇 3 阶 9 个笔石带；五峰组凯迪、赫南特 2 阶 4 个笔石带，以赫南特贝动物群准确标定龙马溪组 / 五峰组界线，高精度时间标尺对比精度达分米级，平均时限小于 1Ma，并可全球范围广泛应用，对比标准意义重大。建立笔石带—伽马等时测井响应的对应关系，厘定典型区域五峰组—龙马溪组笔石地层四种笔石带测井响应模式。武隆—巫溪区块，处于深水环境，沉积期构造稳定，测井曲线呈现四个明显尖峰，形成易于识别的涧草沟组与五峰组界线、LM1、LM4 与 LM5 界线、LM5 与 LM6 界线。威远—永川区块，凯迪期水体相对较浅，页岩与石灰岩互层，测井曲线中缺失 GR1，呈现 3 个明显尖峰，形成易于识别的 LM1、LM4 与 LM5 界线、LM5 与 LM6 界线。长宁—昭通区块，受广西运动影响，测井曲线中缺失 GR4，呈现 3 个明显尖峰，包括宝塔—五峰组、LM1、LM4 下部特征曲线。宜昌—来凤区块，受宜昌上升影响，测井曲线中缺失 GR3，测井曲线呈现 3 个明显尖峰，形成易于识别的宝塔—五峰组、LM1、LM5-LM6 特征曲线。

结合沉积、层序、测井、生物带，形成了五峰组—龙马溪组页岩储层的地层综合划分对比方案和与国际接轨的黑色页岩储层工业化分层标准。五峰组划分为五一段和五二段；龙马溪组划分为龙一段和龙二段，龙一段分龙一$_1$亚段和龙一$_2$亚段；龙一$_1$亚段进一步

细分为龙一$_1^1$、龙一$_1^2$、龙一$_1^3$和龙一$_1^4$；五一段对应于 WF1–WF3，五二段对应 WF4；龙一$_1^{1-4}$分别对应于 LM1、LM2–LM3、LM4 和 LM5。利用分层划带新方案，对示范区页岩气储层展布研究取得了新认识。

3）页岩气"双厚度、十参数""甜点区"优选评价技术

页岩气"甜点区"构成要素主要体现在生烃条件、储集条件、保存条件、易开采性四个方面。前三个方面主要属于地质"甜点"范畴，后一个方面主要属于工程"甜点"范畴。生烃条件方面主要包括沉积环境、TOC、R_o等因素。储集条件方面主要包括富有机质页岩厚度、储层厚度、孔隙度、脆性矿物含量、含气量等因素。保存条件方面主要包括构造类型及改造程度、压力系数、距剥蚀线距离、距大型（Ⅰ类）断层距离、顶底板条件等。易开采性方面主要包括埋藏深度、地面条件、可压性（岩石脆性、地应力差）等。

建立了复杂构造区页岩气"双厚度、多参数"叠合法选区评价方法及流程，针对不同勘探开发程度的区块（如勘探程度低的区块、关键参数难获取），采用以变权有利区优选法为主导的分级分类优选有利区。所谓"双厚度"，是指 LM1–LM3 厚度和Ⅰ+Ⅱ类储层厚度，选区评价中首先考虑最佳层段 LM1–LM3 厚度及储层关键参数平面展布、综合考虑五峰组—龙马溪组Ⅰ+Ⅱ类储层厚度及关键参数平面展布。所谓"多参数"，是指经济开采的重要参数"储层埋深"、平台实施作业的基础参数"地表城镇及地形"、储层游离气及孔隙保存关键参数"储层压力"、不同构造分区保存条件有利区参数"断层发育"等。通过页岩气"双厚度、多参数"叠合优选有利区。根据上述流程与参数指标体系，指导有利勘探方向优选及富集区带（区块）、目标（"甜点"）区综合评价。优选出四川盆地及周缘五峰组—龙马溪组、筇竹寺组页岩气有利区 43 个，总有效面积 $4 \times 10^4 km^2$，资源量 $17.37 \times 10^{12} m^3$。

3. 页岩气优质储层地球物理识别评价技术

1）页岩气储层的岩石物性及弹性参数变化规律

岩石物性岩心岩石物理测试 100 块，研究发现优质页岩储层具有高含气饱和度、高干酪根含量、低泊松比、较高石英含量、高脆性指数的响应特征（图 8-2-3）。龙一段孔隙度分布在 4%～10% 之间，黏土含量在 10%～40% 之间，有机质含量小于 8%，其中黏土矿物—孔隙度关系受到有机质含量（含气饱和度）的影响，有机质的赋存直接/间接地提供了大量的孔隙空间（游离气/游离水）。脆性指数与脆性矿物含量较为一致，含气层具有较高的石英含量和脆性指数。龙二段孔隙度集中在 3%～7% 之间，黏土含量在 15%～35% 之间，不含气的黏土矿物提供了大量的孔隙空间（束缚水），有机质含量与孔隙度呈负相关。

对于富有机质页岩段页岩样品，TOC 值随着石英含量的增加总体呈现较弱的正相关关系；而贫总有机碳页岩段样品，两者之间则不存在明显的相关关系。石英含量尤其是生物成因石英含量反映古海洋有机质的初级生产力，同时生物成因的石英可起到早期胶结的作用增大沉积物骨架的刚性（抗压性），致使原生粒间孔隙得以保存，提高了有机质的保存率。上述原因造成石英含量与 TOC 值具有一定的耦合关系，表现为龙一$_1^1$小层、

龙一$_1^2$小层样品具有相对较高的TOC值。页岩孔隙度与TOC值总体呈现出较弱的正相关关系。页岩样品孔隙度变化范围为4.0%～8.7%，非储层段样品也具有较高的孔隙度。研究区的地层超压也可能对孔隙的保存有一定的积极作用。在中浅层页岩中，富有机质页岩孔隙度一般不超过5%，而贫有机质页岩孔隙通常低于2%，同时中浅层优质页岩中有机质孔隙对页岩总孔隙贡献较大，孔隙度与TOC值通常表现出明显的正相关关系（徐中华，2020）。

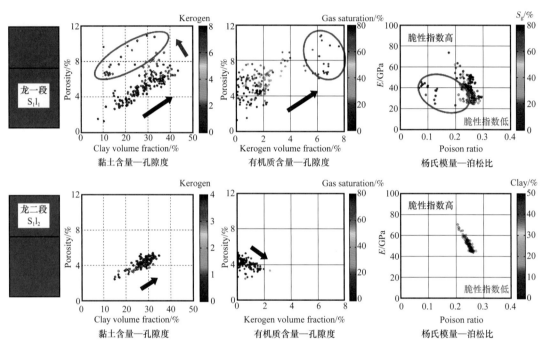

图 8-2-3　长宁示范区五峰组—龙马溪组页岩有机质与黏土含量及孔隙度的关系

由于TOC值具有低密度与低弹性模量的特征，较多的实验结果表明TOC值的增加会明显降低页岩的弹性模量及增大泊松比，造成页岩的塑性增大。而对于优质页岩，硬度与TOC呈现正相关关系。主要原因是在TOC值的增加过程中页岩样品的支撑骨架发生了变化，从塑性的黏土颗粒作为支撑骨架转变为以脆性的石英颗粒作为支撑骨架，同时过成熟页岩样品的有机质主要赋存与石英原生粒间孔隙之间而不作为受力载体，TOC增加对样品硬度的降低作用小于支撑颗粒弹性性质变化对样品硬度的增加作用，致使高TOC值的优质页岩硬度（脆性）整体偏高。

首次制作了人工页岩物理模型，并完成地震数据采集模拟，形成了基于各向异性的地震数值模拟新方法，实现了页岩储层高精度地震波场响应特征模拟；物理模拟及数值模拟结果表明：（1）页岩层地震波速度具有明显的极性各向异性（TTI介质）特征，速度受各向异性参数的影响，随偏移距增大而增加；（2）当对称轴大于60°时（TTI介质），地震波速度随炮检距的增大而减小。

2）页岩气高精度测井评价及预测技术

建立了适合川南区块龙马溪组页岩气储层的TOC、含气量、孔隙度等地质储层品质参数，脆性指数、破裂压力等工程品质参数模型。TOC 关键参数的精细计算，符合率由 70% 提高至 95.2%。建立了斯通利波能量衰减、裂缝发育指数、增强型差分变密度干涉、XMAC–F1 远探测横波成像、高分辨率纵波成像，共计五种由近到远、探测距离逐渐增加的页岩裂缝识别方法。建立了水平井"极值方波旋回对比法"钻遇小层对比方法；通过不同小层钻遇长度与单井产量关系分析，确定龙一$_1^1$段为主要高产层段，厚度 1～5m。川南龙马溪组龙一$_1^1$高产层段主控因素：高 TOC 含量、高游离气含量、高脆性矿物含量、高孔隙度。在页岩气储层测井分类评价标准的基础之上，确定了页岩气储层综合品质因子 ZQ 的单项权重。建立了以 TOC、含气量、孔隙度、脆性指数和气测全烃为关键参数的页岩气产能预测模型。在页岩气产能预测模型的基础上，采用层控岩相三维建模方法，实现了页岩岩相分布的三维可视化，揭示了页岩气产能非均质分布的岩相成因。

3）复杂山地页岩气高精度地震成像技术

利用高密度的三维地震资料进行退化测试，对观测系统各项参数进行测试与评价，形成优化方案，实现页岩气三维观测系统方案设计的技术经济一体化。按照研究的结果，近期布设的页岩气三维均采用了较小面元、高覆盖次数、大炮检距、高炮道密度的方案。深化研究起伏地表各向异性叠前深度偏移技术，提高微幅构造、小断层的成像精度，地震资料与实钻更吻合，成为提高靶体钻遇率的重要手段。形成叠前叠后相结合的提高分辨率技术，地震资料目的层主频由 30Hz 提高到 45Hz。结合叠前井控褶积和叠后宽频带反射系数反演，提高地震剖面分辨率，高分辨剖面上小断裂断点更清晰，优质页岩层内部结构更清楚。

4）页岩气藏储层参数精细预测技术

构建多参数时深转换速度场，构造深度预测误差率由平均 0.8% 降低至 0.5%，深度绝对误差由 30m 降低至 10m 以下。优化页岩储层地质参数（孔隙度、TOC、含气量）地震预测方法，地质参数与弹性参数之间的关系由单一的线性拟合优化为空间变差函数协模拟，提升了两者之间的相关度，预测符合率由 70% 提高到 85%。基于高分辨率地震数据，通过基于叠前地质统计学反演的薄层预测技术研究，提高了页岩气开发的靶体龙一$_1^1$小层预测精度。形成针对薄小层的高分辨率储层预测，预测的纵向分辨率从 30m 提高到 10m 以内，小层厚度预测符合率达到 87%。脆性原采用杨氏模量 1～8GPa，泊松比 0.15～0.4 的国外经验值，不适合川南地区。改进的脆性指数预测技术：利用川南地区实测值（杨氏模量：2～7GPa，泊松比 0.1～0.3），改进了基于泊杨法的脆性指数预测技术，预测的符合率由 68% 提高到 82%。优选能反映不同级别断裂的属性，通过属性融合，综合预测裂缝，小断裂预测的符合率从 65% 提高到 80%。由地震层速度计算地层压力，在面积较大的地区进行压力系数预测，预测与实测误差率为 2%。

4. 页岩气多尺度、多机制、多场耦合渗流理论

"十三五"之初，页岩气耦合流动机理与产气规律认识不清，页岩气开发方案编制与生产制度优化多依赖传统技术方法，制约页岩气开发水平的提高，通过五年攻关建立了

页岩气复杂介质多场耦合渗流理论。本章介绍了研究团队近几年，针对页岩气多孔介质的致密性、开发对象的吸附性、输运机制的多样性和产出规律的复杂性等特征，建立的适合我国页岩气资源特性的页岩气多尺度、多机制、多场耦合的渗流理论。

1）页岩储层微观特征与气体高压赋存规律

页岩储层孔隙尺度分布范围非常广，矿物组成和孔隙结构复杂，需要采用具备多种测试原理、测试精度更高的分析设备，项目组整合 CO_2 吸附、低温氮吸附、高压压汞、FIB-SEM、CT 扫描等手段，实现了纳米—微米—毫米级的全尺度孔隙定量表征（图 8-2-4）。

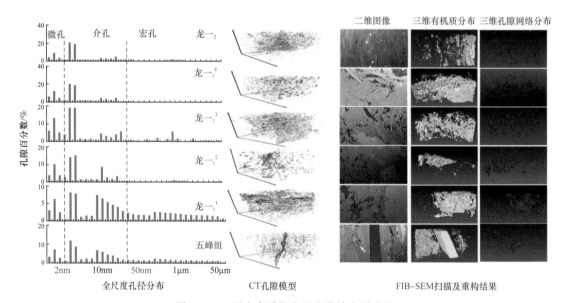

图 8-2-4 页岩多手段全尺度孔隙定量表征

我国川南龙马溪组页岩孔隙发育，从 0.5nm 到上百微米均有分布，50nm 以下的孔隙是气体主要的赋存空间，50nm 以上、甚至微米级孔隙是气体主要的流通通道。龙一$_1^1$小层、龙一$_1^3$小层和五峰组的孔隙较为发育，为气体赋存提供了广阔空间，尤其是龙一$_1^1$小层宏孔比例最为发育，有机孔含量高、比表面大，储层物性和可动性最佳，是最优靶体位置。

针对页岩储层条件，建立了高温高压条件（70MPa，170℃）吸附规律测试技术和分子动力学模拟技术，揭示气体赋存机理，明确气体高压赋存规律，明确了页岩吸附层总厚度在 0.62～0.7nm 之间，吸附相密度远大于游离相密度，发现了页岩高压吸附存在饱和压力，在 12MPa 左右，形成了不同地区、温度、TOC 和含水条件吸附规律图版（图 8-2-5）。

2）页岩气扩散—解吸—渗流多机制传质输运机理

页岩气藏开采中，基质纳米孔隙中气体的流动能力是制约页岩气开发的瓶颈问题。除了连续流态，还包括滑移流、过渡流和自由分子流，扩散现象普遍存在，微尺度效应明显，描述常规尺度的流动方程已不再适用。

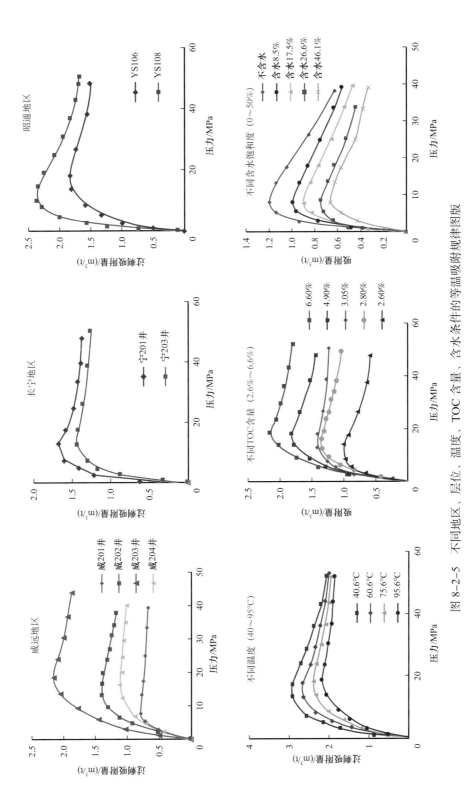

图 8-2-5　不同地区、层位、温度、TOC 含量、含水条件的等温吸附规律图版

项目组建立了高压扩散—渗流耦合物理模拟系列技术，结合分子动力学模拟，揭示了气体输运机理，明确了气体流动规律。稳态法流动能力测试装置，测试了 0～40MPa 范围内页岩气的流动能力的变化。随着平均压力降低，扩散作用逐渐增加，岩心视渗透率迅速增大，可高于常规压力梯度测渗透率 1 到 2 个数量级（图 8-2-6）。近平衡实验证实随平均压力降低，扩散作用逐渐增大，渗流对流量贡献不断降低（图 8-2-7）。综上，扩散作用随储层压力水平、压力梯度、孔隙尺度的减小不断增强，传统渗流方程无法表征储层渗流能力，基于实验建立了多尺度传质输运数学模型，模拟证实主力储层（0.0005mD）压力降低至 15MPa 时，扩散作用对流量的贡献超 50%，是页岩气中后期开发动用的重要机制。

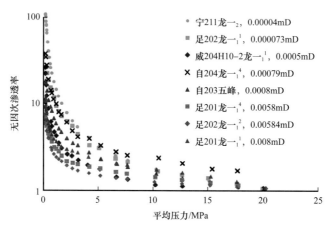

图 8-2-6 基质扩散—渗流耦合流动曲线

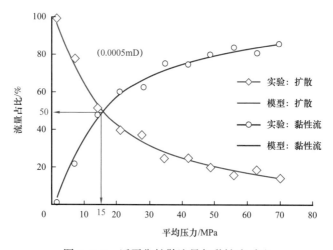

图 8-2-7 近平衡扩散流量与黏性流对比

3）页岩气微观动用特征与动用规律

为进一步研究页岩衰竭开发规律，项目组在现场保压取心，采用与现场相同的衰竭开发模式，在室内开展物理模拟，实验自 2012 年 9 月开展至今仍在产气，结果证明，页岩气衰竭开发过程可以分为两个主要阶段：开发早中期以产出游离气为主，比例达到

87.74%，990 天压力降至 12MPa 吸附气开始供给，采出程度 69.9%，游离气占比 74.5%（图 8-2-8）。同时自主研制高温高压（30MPa，100℃）核磁共振分析仪，实现了吸附气与游离气的定量表征与实时监测，实验证实，页岩气井开发初期主要产出游离气，游离气动用与压降呈线性关系，吸附气在压力降至临界解吸压力（12～15MPa）之后开始参与供给（图 8-2-9），物理模拟实验揭示了页岩基质气体微观动用特征，明确了解吸、扩散作用在生产中后期不断增强，是支撑长期稳产的重要因素。

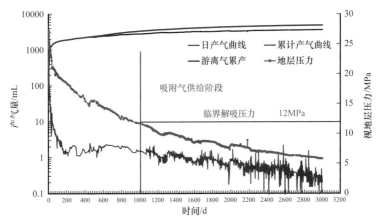

图 8-2-8　全生命周期开发模拟实验

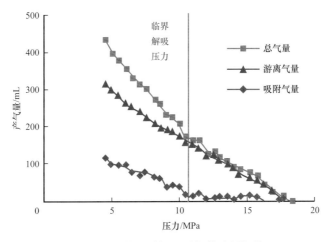

图 8-2-9　核磁共振监测气体动用规律

4）页岩储层裂缝扩展力学机制及表征

利用自主研制的具备声发射、超声层析等多种监测手段的大尺度真三轴裂缝扩展实验系统，开展龙马溪组露头页岩的水力压裂实验。实验证实了裂缝分叉、转向与穿透层理等现象（图 8-2-10），发现水力裂缝与层理弱面相互作用时，存在六种不同的扩展方式：直接穿过层理、开启层理后停止扩展、开启层理后穿过层理沿原有方向扩展、开启层理后穿过层理并发生转向、开启层理沿层理方向扩展后穿过层理弱面按原有方向扩展、开启层理后沿层理方向扩展最后穿过层理并发生转向。实验获取了一手的裂缝形态信息，明确其影响因素，并建立了裂缝启裂、扩展、转向的断裂能量和拉剪复合损伤力学准则，揭示了裂缝遇层理扩展模式及其定量判据。基于物理模拟认识，结合近场动力学等理论，建立了裂缝扩展模型与数值模拟方法，并开展地应力、层理方位、液体黏度等因素对裂缝扩展规律影响的模拟，模拟结果与实验结果吻合度达到 75% 以上。裂缝扩展机理研究为压裂设计提供了理论依据，为形成复杂缝网、获得更大 SRV、更高流动能力提供支撑。

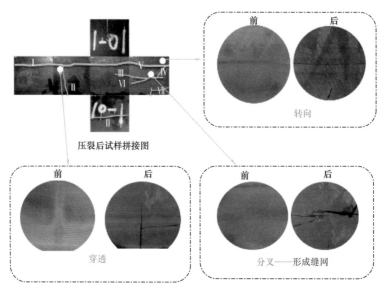

图 8-2-10　试样 L-1-1 压裂前后裂缝细节对比

5）页岩复杂介质多场耦合数学模型

考虑超临界吸附、多机制传质等页岩气特征，建立了页岩基质多尺度、多机制耦合渗流数学模型，并实现模型验证与簇间距优化模拟等计算，为建立气藏工程方法奠定基础。

页岩基质多尺度、多机制耦合渗流数学模型

$$\frac{\partial}{\partial t}\left[\rho_g\phi+\left(1-\phi\right)\left(1-\delta\rho_g\right)\left(\frac{V_L\rho_{dc}P_m}{P_L+P_m}\right)\rho_{sc}\right]=\alpha\frac{\beta K_m\rho_g}{\mu_g}\left(P_m-P_f\right)$$

（8-2-1）

$$\Downarrow \qquad\qquad \Downarrow \qquad\qquad\qquad \Downarrow$$

游离气项　　　　解吸附项　　　　　　扩散—渗流耦合项

基岩高压吸附校正系数

$$\delta=\frac{4\pi}{3M}N_A r^3$$

（8-2-2）

基质渗透率校正系数

$$\beta=1+AK_n^B$$

（8-2-3）

5. 页岩气气藏工程方法与数值模拟技术

1）页岩气生产动态表征和产能评价方法

页岩气生产过程完整的流动演化分为五个阶段（Yunsheng Wei et al.，2020）：（1）在开井生产初期，压力响应只波及裂缝系统内压力及导数表现为双对数斜率为 1/2 的 HF 线性流；（2）随着生产进一步进行，SRV 区域内的流动开始发生流动，此时表现为斜率为 1/4 的 HF-SRV 双线性流；当 XRV 区域内的流体受到影响时，XRV 内流体参与流动，表现为斜率为 1/8 的三线性流；（3）当裂缝内的流动到达裂缝边界后进入拟稳态流阶段，此时井底压力表现为斜率为 1/4 的 SRV-XRV 双线性流；（4）当 SRV 内生产动态受到裂缝干扰进入拟稳态流以后，井底压力响应为斜率为 1/2 的 XRV 线性流；（5）当整个流动区域都受到裂缝干扰或边界影响以后，将完全进入拟稳态流动阶段，此时斜率为 1（图 8-2-11）。

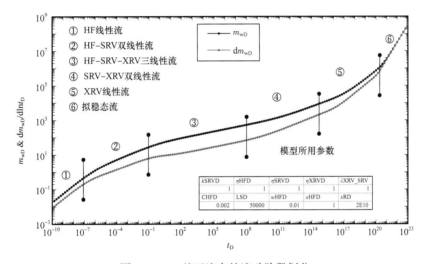

图 8-2-11　基于流态的流动阶段划分

项目组基于类比法、统计法、解析法，建立了页岩气开发全生命周期产能评价与 EUR 预测技术。首先编制了页岩气井数据分析管理平台，集成国内外页岩气 10 万余口井资料，建立了基于大数据的气井分析技术，可以在钻井之前，根据地质和工程参数，预测不同概率水平下页岩气井产能，预测精度 85.7%，降低钻井风险，实现未钻井区域产量概率趋势的预测。其次引入分形模型描述 SRV 复杂区，建立具有分形特征的流态识别图版，克服关键参数准确获取的难题，引入拉丁超立方随机模拟技术，形成页岩气井概率性产能评价技术，并编制页岩气生产动态评价软件，实现开发早期页岩气井概率性产能评价。再次基于大量物理模拟获得衰竭开发规律和数学模型，建立解析模型的产能评价方法，计算页岩气井 EUR，生产曲线历史拟合达 90%，建立长宁—威远区块归一化气体动用特征与 EUR 预测图版（图 8-2-12），可以计算 20 年气井的产量、递减率、吸附气和游离气的贡献率等，实现气井中后期产量构成与递减规律的高精度预测。

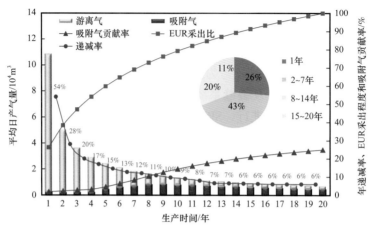

图 8-2-12　长宁区块归一化递减曲线模式

2）页岩气"云"数值模拟平台建设与应用

项目组基于耦合渗流模型，开发了具有自主知识产权的页岩气藏模拟软件，可以处理千万级别网格、强非均质的模型，实现并行，搭建配套的云计算服务器，解决了页岩天然裂缝和水力压裂缝网模拟的难题，实现了页岩气开采数学模型的高效、高精度求解，同时，研发了具有丰富数据接口的图形界面和适于模拟器运行的硬件平台，软件计算速度超过或与国外商业模拟器持平，在常规功能上不亚于国外软件，而针对页岩气的功能更健全，完全可以取代国外商业软件。形成了模式化、规范化的页岩气平台建模与数模流程，通常包含六个步骤：数据收集、地质建模、裂缝与井建模、模型初始化、历史拟合、影响因素分析。在威远、长宁、昭通地区多个页岩气平台开展了实际应用，证明了数值模拟平台运行稳定、结果可靠、实用性强，以昭通黄金坝井区 YS108H11 平台为例，模拟计算结果与生产认识拟合精度高、预测结果可靠，并形成三点认识：（1）压裂效果对初期产能的影响比较大，较好的压裂效果会造出导流能力高的人工裂缝网络，开发过程中会产生较高初产；（2）裂缝应力敏感程度控制单井的递减速率，最终影响单井的 EUR，应力敏感程度较弱时 EUR 较大；（3）由于地层状态随着开采而变化，裂缝有效支撑减少，裂缝导流能力对压力的敏感性强，可在生产初期采用控压方式生产。数值模拟平台首次实现了核心软件国产化，可以支撑页岩气开发方案编制、提高页岩气开发效果。

三、应用成效与知识产权成果

1. 支撑有利目标优选、"甜点区"优选和储量落实

围绕四川盆地及周缘，优选出有利目标区 43 个，总资源规模大于 $17 \times 10^{12} m^3$。在五峰组—龙马溪组页岩气优选有利目标区 36 个，面积 $4.05 \times 10^4 km^2$，有效面积 $2.6 \times 10^4 km^2$，地质资源量 $10.35 \times 10^{12} m^3$；优选出筇竹寺组页岩气有利目标区 7 个，面积 $2.05 \times 10^4 km^2$，有效面积 $1.38 \times 10^4 km^2$，地质资源量 $7.02 \times 10^{12} m^3$。重点评价了单个资源规模大于 $1000 \times 10^8 m^3$ 的目标区 16 个，主要包括威 203—威 205 井区、自 201 井区、自贡北、内江东、自贡西、富顺西、富顺北—荣昌、大足、大足东—江北、渝西江津、重庆南—綦江、泸州南、泸州

北—永川、高县—长宁西、长宁（珙县南）、宁 210—宁 212 井区。支撑阳 102、YS118、威204、威 202H9、威 208、宁 216- 宁 209 等井区探明储量申报 $8975×10^8m^3$。

2. 支撑开发方案编制和产能建设

支撑《威远页岩气田年产 50 亿立方米开发方案》《威远页岩气田年产 40 亿立方米稳产阶段开发方案》《昭通国家级示范区太阳—大寨区块龙马溪组 8 亿立方米 / 年浅层页岩气开发方案》《太阳气田海坝区块年产 7 亿立方米开发方案》《自 201H62 井区五峰组—龙马溪组页岩气试采方案》《太阳区块浅层页岩气开发试验井组设计》等开发方案编制。示范区勘探开发技术水平大幅提升，开发效果逐轮提高，长宁、威远气田关键技术指标和产量较立项前大幅提升，长宁井均 EUR 由 $0.53×10^8m^3$ 增至 $1.23×10^8m^3$，威远井均 EUR由 $0.41×10^8m^3$ 增至 $1.09×10^8m^3$，支撑长宁—威远和昭通国家级页岩气示范区产能建设，钻水平井 962 口，建成产能 $150×10^8m^3/a$。

3. 论文、著作、专利、软件、获奖等

编制 "微束分析致密储层样品微纳米级孔隙结构 CT 成像分析方法""页岩氦气法孔隙度和脉冲衰减法渗透率的测定"等标准规范 12 项，申请海相页岩地层破裂深度的预测方法和装置、页岩气保压取心现场含气量测试装置等发明专利 141 件，授权 69 件，申请"页岩气开发建产区综合评价软件系统"等软件著作权 59 项，发表《四川盆地五峰组—龙马溪组页岩气勘探进展、挑战与前景》等论文 416 篇，出版《四川盆地五峰组—龙马溪组页岩储层特征及开发评价》等专著 24 部，获得省部级奖 22 项。项目成果入选 2020年中国石油十大科技进展：大面积、高丰度页岩气富集理论指导川南形成万亿立方米大气区，并在第 27 届世界天然气大会（WGC）进行展示，"页岩气富集规律和分层划带标准"获得勘探开发技术创新奖，这是本届会议唯一上游勘探开发奖项，充分肯定页岩气勘探开发成果。

第三节　川南地区志留系龙马溪组页岩气开发技术

本成果来源于"长宁—威远页岩气开发示范工程"和"昭通页岩气勘探开发示范工程"项目，分别由中国石油天然气集团有限公司西南油气田分公司和浙江油田分公司牵头，历经五年技术攻关，形成了本土化的页岩气勘探开发主体技术，建立了地质工程一体化高产井培育方法。"十三五"期间，示范区累计提交页岩气探明地质储量超 $1×10^{12}m^3$，2020 年产量达到 $100×10^8m^3$，建成了集规模、技术、管理、绿色为一体的页岩气产业化示范基地。

一、背景、现状与挑战

1. 设立示范区

为加快川南页岩气勘探开发技术集成和突破，形成相应的开采工程技术系列标准和

规范，探索适应川南页岩气更经济的开发技术政策和更有效的环境保护方法，实现我国页岩气规模效益开发，国家发展和改革委员会、能源局在 2012 年批复设立"长宁—威远国家级页岩气示范区""昭通国家级页岩气示范区"（表 8-3-1）。

表 8-3-1　国家级页岩气示范区设立时间和承建单位

示范区名称	设立时间	承建单位
长宁—威远国家级页岩气示范区	2012 年 3 月	中国石油西南油气田公司
昭通国家级页岩气示范区	2012 年 3 月	中国石油浙江油田公司

1）长宁—威远国家级页岩气示范区

长宁—威远国家级页岩气示范区（以下简称"长宁—威远示范区"）位于四川南部地区（以下简称"川南"）（图 8-3-1），总面积为 6534km²，其中长宁区块 4230km²、威远区块 2304km²。长宁区块位于四川盆地西南部，横跨四川省宜宾市长宁县、珙县、兴

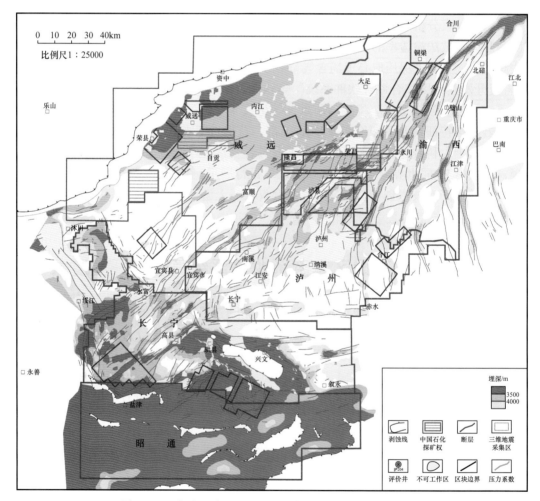

图 8-3-1　长宁—威远、昭通页岩气示范区地理位置示意图

文县、筠连县，属于水富—叙永矿权区；区内地表属于山地地形，地貌以中低山地和丘陵为主，地面海拔一般在400～1300m，最大相对高差约900m。威远区块位于四川盆地西南部，行政区划属内江市威远县、资中县和自贡市荣县境内，涵盖内江—犍为矿权区；区块北部为山地地貌，中南部大部分区域为丘陵地貌，地势自北西向南东倾斜，低山、丘陵各半，海拔300～800m。

2）昭通国家级页岩气示范区

昭通国家级页岩气示范区（以下简称"昭通示范区"）跨四川、云南和贵州三省，分布于四川省宜宾市筠连县、珙县、兴文县和泸州市叙永县、古蔺县，云南省昭通市的盐津县、彝良县、威信县、镇雄县，贵州省毕节市、威宁彝族回族苗族自治县、赫章县等市县境内（图8-3-1）。示范区地表属山地地形，地貌以云贵高原山地—丘陵地貌为特征，北部云贵高原地区海拔可达1000～3500m，北部地区海拔400～1200m。

2. 面临的挑战

四川盆地页岩气目前最有利目的层为志留系龙马溪组和寒武系筇竹寺组，开发条件与北美相比存在较大差异。一是地质条件方面，四川盆地经历多期构造运动，断层发育，保存条件和含气性总体较差，目的层地质年代老，成熟度高，不产油，有机碳、孔隙度、含气量等储层关键评价参数较北美差；二是工程条件方面，目的层埋藏深，构造复杂，地层可钻性差，纵向压力系统多，地应力复杂，钻井和压裂难度大；三是地面条件方面，四川盆地山高坡陡，人口稠密，人均耕地少，环境容量有限。

在"十三五"初期，长宁—威远示范区已提交页岩气探明地质储量$1108.15 \times 10^8 m^3$，年产气量$10.7 \times 10^8 m^3$，投产井80口，但井均EUR仅$0.5 \times 10^8 m^3$，我国页岩气开采技术整体处于探索阶段。壳牌、BP等国际知名油公司利用北美技术在川南地区钻井35口，整体效果不佳，水平井井均测试日产量仅$12 \times 10^4 m^3$，故先后退出合作。地质、工程、地面条件的较大差异导致北美技术"水土不服"、难以照搬，我国亟须攻关形成本土化的页岩气勘探开发理论、技术和方法，持续提高单井产量及开发效益，实现页岩气的高效、清洁开发。

二、川南地区页岩气勘探开发主体技术

1. 页岩气地质综合评价技术

页岩气勘探开发初期，地质评价面临着诸多挑战，例如储层精细表征难度大，测井关键参数计算精度低，铂金靶体识别不准确，复杂山地地震采集、处理、解释和"甜点"预测识别精度不高等。通过五年的技术攻关，形成了适应于复杂山地海相页岩气的地质综合评价技术，包括页岩数字岩心储层精细评价、海相页岩气储层三品质测井综合评价、页岩储层"双甜点"地震预测和有利区优选等。

1）页岩数字岩心储层精细评价技术

数字岩心技术是指基于扫描电镜、CT和核磁共振等技术扫描成像，运用计算机图像处理技术，通过一定的算法重构数字岩心的技术。目前已建立了"高精度、多维度、跨

尺度"数字岩心技术，突破了孔隙结构定量表征和三维可视化技术瓶颈。

该技术具有四大特色及优势：

（1）基于首次提出的岩屑、柱塞和立方样线切割制样方法，建立了"颗粒—柱塞—立方样三位一体"物性测量方法，解决了原有不规则样和机械制样孔渗测量误差大的难题。

（2）创新形成大面积高分辨率图像微—纳米级孔隙结构定量表征，首次建立吸附—电镜联测全尺度孔径分布表征技术，形成孔隙结构系统评价方法。

（3）创新形成了含水页岩的吸附气量测量方法，实现了地层条件下页岩含气量表征。

（4）建立了基于"跨尺度三维数字岩心重构技术"的任意地层条件下页岩物性和流动能力的评价方法，揭示了不同类型孔隙的微观流动规律，明确了长宁和威远区块纵横向微观流动差异性，并探讨了微观流动与产能的关系，为有利区优选、铂金靶体设计、中长期规划方案提供了有力支撑。

2）海相页岩气储层三品质测井综合评价技术

川南地区页岩气测井评价的主要挑战来自复杂的地质工程条件，以及与常规油气藏不同的评价思路、方法。针对页岩气地质与工程评价需求，通过自主研发，实现了国产化测井采集仪器配套完善，形成了一套完善的川南地区海相页岩气水平井国产测井采集系列。在此基础上，开展以七性关系为核心的烃源岩品质、储层品质及工程品质评价技术攻关，实现了页岩储层矿物组分、总有机碳含量、孔隙度、饱和度、含气量、脆性指数和岩石力学等关键参数的精细评价（马新华，2018；刘文平等，2017），页岩气储层测井综合解释误差由 15% 降低到 8% 以内。

3）页岩储层"双甜点"地震预测技术

页岩储层"双甜点"是指有利于页岩气效益开发的地质"甜点"和工程"甜点"，其中，地质"甜点"是指含气量较高、物性较好的区域，工程"甜点"是指有利于低成本、高效率压裂施工的区域。

川南地区页岩气地震勘探的主要挑战来自复杂的地表、地腹条件带来的成像精度不够和地震预测不准。针对"准确入靶、地质导向、建产有利区优选"等生产需求，发展了以山地页岩"两宽一高"地震采集、高精度各向异性处理为核心的地震成像技术（聂海宽等，2016；马新华等，2020；聂海宽等，2012），地震资料成像品质大幅提高，目的层主频从 30Hz 提高到 40～45Hz。针对深度预测不准、断裂预测分辨率不够、储层表征不精细等地震预测难题，形成了以动态深度预测、小尺度断裂和地质力学参数预测、叠前相控反演和模拟为核心的"甜点体"地震识别与综合评价技术（苏文博等，2007；王同等，2015；潘仁芳等，2014），深度预测误差率平均由 1% 降低至 0.3%，断裂分辨率由 20m 整体提升至 5～10m，储层预测符合率超过 90%，实现了页岩埋深、断裂、储层物性和含气性的高精度表征，有力支撑了川南页岩气的高效勘探开发。

4）有利区优选技术

有利区优选技术是综合运用多专业知识，创新形成川南地区多期构造运动背景下的页岩气富集高产理论，综合沉积环境、储层条件及保存条件三大要素对页岩储层进行分级评价，在原选区评价指标体系基础上，新增"强还原环境连续沉积厚度、I 类储层连续厚度、压力系数、距剥蚀线距离、距Ⅰ级断层距离"等指标，完善了川南高—过成熟、多期构造演化海相页岩气的评层选区指标体系，明确了有利勘探开发区带。

2. 开发优化技术

开发优化是整个页岩气勘探开发的核心环节，涉及井位部署优化和开发技术政策优化。通过自主技术攻关，创新建立了水平井开发优化设计技术，以"储层品质＋天然裂缝＋地应力场＋压裂缝网＋压后产能"的一体化模拟技术为基础，形成了"区块、平台、井位、轨迹"一次井网优化部署模式，实现了包括靶体、井轨迹方位、水平段长及井距的开发技术政策优化设计。

1）井位部署优化技术

川南地区地质条件复杂，受多期构造运动影响，局部构造复杂、断裂发育，地应力变化大，储层非均质性强；地形多为丘陵、低山，平原占比小，考虑到就近用水、运输成本，人口密集等因素，可部署平台有限。因此，需要开展考虑地下、地面条件影响的井位部署优化。

（1）地面平台优化。

综合考虑构造条件、断层发育情况、地应力方向等因素，结合地面可实施平台踏勘位置，以合理、充分动用页岩气资源为原则，按照方案要求的井距、布井模式、水平段长，轨迹方位部署平台（图 8-3-2）。长宁地区采用兼顾地面、地下条件的井位目标优选及跟踪优化技术，平台井数由 4～6 口增加到 6～12 口，Ⅰ＋Ⅱ类井比例达到 90%，区块采收率由 24.6% 提高到 32%。

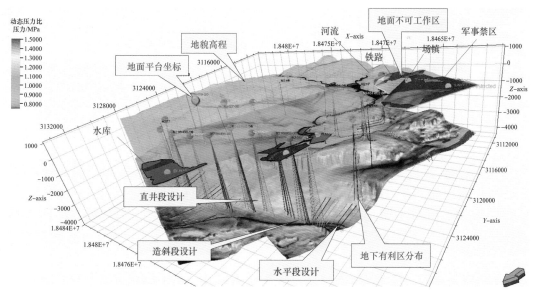

图 8-3-2　长宁区块地面—地下一体化三维空间井位部署

（2）水平井组优化。

结合不同地面地形条件及现有工程技术水平，形成了双排型布井、单排型布井、勺型布井和交叉型布井四种常用的布井模式。四种布井模式各具特点：双排型布井较为成熟，工程实施难度适中，单井占用井场面积小，平台利用率高，但平台正下方存在较大盲区，资源动用程度低；单排型布井工程难度适中，井场面积小，资源动用程度高，但地面平台利用率低，单平台布井数量有限，平台数量需求多；勺型布井既能够充分动用地下资源，又能适用崎岖地表条件，但工程难度较大；交叉型布井资源动用程度高，但工程难度较大，对地面条件要求高，适用于地层倾角较小、地表平整、平台位置较为规则的区域。

2）开发技术政策优化设计

在井位部署优化的基础上，需要进一步开展开发技术政策设计优化，从而达到最佳的开发效果。页岩气水平井开发技术政策优化主要包括靶体优选、轨迹方位优化、水平段长优化、井距优化等几个方面。

（1）靶体优选。

最优靶体的确定必须兼顾地质与工程两个条件，既要位于优质储层发育层段，又要利于形成复杂裂缝网络。优选U/Th、Si/Al等作为识别指标，结合产气贡献，建立了不同区块"黄金靶体"识别标准，靶体由10~28m缩小到3~5m（图8-3-3）。

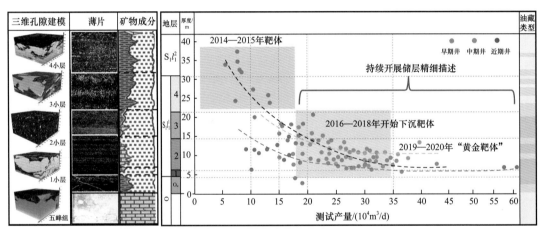

图8-3-3 宁201井区水平井箱体中心位置与测试产量相关性图

（2）轨迹方位优化。

不发育大尺度天然裂缝带时，井轨迹方位主要根据地应力方向优化，井轨迹方位垂直最大水平主应力方向时，压后改造体积最大，累计产气量最高。发育大尺度天然裂缝带时，大尺度裂缝带会阻碍人工裂缝延伸，为获得最大改造体积，井轨迹方位必须兼顾地应力方向与大尺度裂缝走向，一般建议井轨迹方位与最小水平主应力方向呈30°夹角。

（3）水平段长优化。

从一体化数值模拟结果来看，页岩气井EUR总体随水平段长增加而增加，水平段长越长，单井EUR越高；但从现场试验效果来看，超长水平段在工程实施中出现钻柱屈曲、阻卡等风险较大，且经济成本更高。因此，水平段长优化既要考虑单井EUR、生产效果，也要兼顾现有工程技术水平及成本。以长宁地区为例，从经济效益角度出发确定水平段长主体为1500~2000m。

（4）井距优化。

井距是影响页岩气井开发效果和效益的关键指标，井距太小易造成井间干扰，不利于提高单井 EUR，井距太大则会造成井间储量动用不充分。因此，合理井距既要考虑单井 EUR 最大化，又要实现井间储量的有效控制（图 8-3-4）。

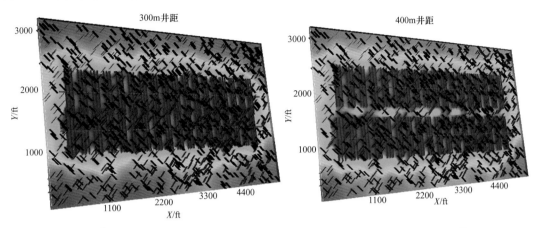

图 8-3-4　不同井距下的资源动用示意图

针对不同地质条件，结合地面实际情况，形成了适应南方复杂山地地貌的地面—地下一体化三维水平井组部署模式，通过井位部署优化，单个平台部署井数从 4～6 口提高至 8～12 口，地面资源集中程度及地下资源动用程度显著提升。针对不同区块、平台实现了开发技术政策的差异化、定量化设计，通过技术政策优化，单井 EUR 及开发效果均有大幅提升。

3. 页岩气水平井钻井技术

水平井在拓展泄气面积、提高采气效率、优化单井产能方面优势突出，是实现页岩气效益开发的关键。为实现川南地区页岩气水平井安全、优质、高效、低成本钻井，采取国外技术引进吸收、主体技术集成配套和关键技术自主研发相结合的思路，开展了井身结构、三维井眼轨道、油基钻井液体系、钻井提速、固井配套等方面的技术攻关，构建了川南页岩气水平井优快钻井技术体系。

1）井身结构优化技术

页岩气作为一种非常规油气资源，在进行井身结构设计时，除了满足安全、快速钻井要求外，还需要充分考虑区域地质特征、大规模体积压裂改造需要及完井、采气等后期作业的要求。通过三轮实践优化，形成了满足页岩气有效开采需求和优快钻井需求的井身结构设计方法。以长宁区块为例，现主体采用三开三完井身结构，钻头程序为 $\phi406.4\text{mm}\times\phi311.2\text{mm}\times\phi215.9\text{mm}$，套管程序为 $\phi339.7\text{mm}\times\phi244.5\text{mm}\times\phi139.7\text{mm}$（图 8-3-5），在部分易漏、易垮地区增下 $\phi508\text{mm}$ 导管防止表层漏失，实践证明，该结构既能满足气藏开发、储层改造及后期作业的要求，又利于安全、快速钻井。

2）三维井眼轨道优化设计技术

页岩气钻井采用丛式井组，早期采用下部集中增扭三维井眼轨道设计，施工中存在直井段防碰风险大、摩阻扭矩大和轨迹控制难度大等问题。针对这一系列难题，创新形成了"双二维"井眼轨迹设计方法，将井眼轨道设计在2个相交的铅垂面中（图8-3-6），每个铅垂面中分别为一段二维轨迹，使复杂的三维水平井轨道二维化。相对于三维水平井，双二维水平井在第一铅垂面内造斜点深度浅，一般为50~170m，主动增斜降低了碰撞风险；进入第二铅垂面时，轨迹的井斜角降至0°左右，可直接摆正方位二次造斜，避免了常规三维水平井的大幅度扭方位作业。理论模拟和实钻情况表明，该轨迹设计方法解决了直井段防碰问题，同比降低大横向偏移距水平井的起下钻摩阻30%左右，为页岩气优快钻井奠定了轨迹设计基础。

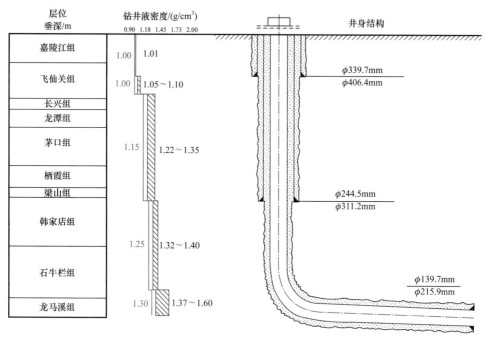

图 8-3-5　长宁区块井身结构示意图

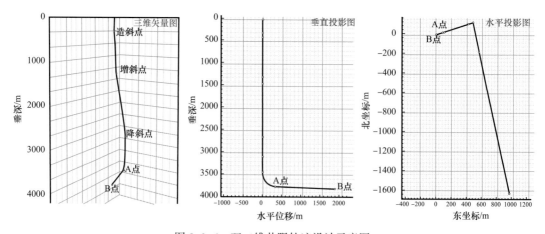

图 8-3-6　双二维井眼轨迹设计示意图

3）页岩气水平井油基钻井液技术

为减少压裂难度、提高改造效果，页岩气井水平段方位多平行于最小主应力方向或小角度相交，加之页岩层理、裂缝发育，钻进过程中容易发生井壁失稳、井漏等井下复杂，井眼净化和摩阻扭矩问题也非常突出，对钻井液的润滑性和封堵性等关键性能提出了很高要求。

通过攻关，自主研发了流型调节剂、封堵剂和降滤失剂等六种油基钻井液关键处理剂，优化构建了与国外主体性能指标相近的油基钻井液体系，具有抑制防塌性能好、润滑性好、热稳定性好和抗污染能力强等优点。结合现场实践认识，配套形成了一套页岩气水平井油基钻井液性能指标控制体系，在现场应用中性能稳定，黏度切力适中，携砂效果好，高温高压滤失量低，起下钻摩阻小，井下未发生复杂，综合应用效果好，大幅度降低了使用成本。

4）钻井提速配套技术

页岩气建产区地层老、部分层段岩石可钻性差，龙马溪组页岩段地层压力系数高，造成钻井速度慢、钻井成本高。经过多轮探索、试验、优化，形成了以钻井装备升级、高效 PDC 钻头研制、关键提速工具研选、钻井参数优化、故障复杂综合防治为一体的钻井提速配套技术，大幅提高了机械钻速和生产时效，缩短了钻井周期。

在井漏防治方面，采用岩溶勘察查明溶洞暗河，优化井位部署，降低表层井漏风险；采用清水强钻或气体钻井等特殊工艺，降低上部地层井漏风险；综合采用三压力剖面、裂缝精准预测、控压钻井降密度、微纳米封堵和井底 ECD 监控等手段，有效降低下部油基钻井液井漏风险。在钻井提速方面，采用"个性化 PDC 钻头 + 大扭矩螺杆 + 低密度钻井液"配套技术，突破韩家店—石牛栏等难钻地层提速瓶颈；采用"页岩 PDC 钻头 + 旋转导向 + 极限钻井参数 + 高性能油基钻井液"，实现"造斜段 + 水平段"快速钻井，多次刷新页岩气水平井"一趟钻"纪录。

5）固井工艺关键技术

针对页岩气水平井固井安全下套管难度大、顶替效率提升难度大和井筒完整性保障难度大的问题，建立多因素耦合条件下的下套管摩阻计算模型，根据井况实时模拟优化套管串设计和下入工艺，保障套管安全下入；建立了考虑流体扩散和井壁冲刷的固井顶替效率评价数学模型，分析了固井顶替效率的主控因素和影响规律，优化了提高顶替效率的工艺技术措施，编制了施工模板，现场应用良好，大幅度提高了油基钻井液条件下的固井顶替效率；通过对套管—水泥环—地层组合体进行力学分析，建立一套评价水泥石性能优劣的密封安全系数法，并以此为评价标准，以增韧机理和紧密堆积理论为指导，开发了韧性水泥浆体系，提高了大型体积压裂下的水泥环密封完整性。

4. 页岩气水平井压裂技术

川南地区页岩储层埋藏深，地应力高，水平应力差异大，压裂难以形成复杂缝网。通过自主攻关和研发，形成了适合海相页岩的压前综合评价技术、压裂设计与实施优化技术和压后评估技术，实现了储层的有效改造。

1）压前综合评价技术

针对页岩压裂实验评价，国内主要形成了基于物性、地球化学、矿物组成、岩石力学与地应力、储层敏感性等评价指标的相关技术。为满足页岩体积改造的需要，国内近年来先后建立和发展了基于岩石力学和矿物组成的脆性指数评价、基于CST比值的储层敏感性评价、基于大型物模实验的裂缝扩展评价、基于平板流动的支撑剂运移评价等方法，较好地支撑了压裂工艺的发展。

近年来，国内外学者建立了页岩可压性评价方法和指标体系，李文阳等（2013）认为可压性评价的主要内容是评价裂缝和层理、页岩脆性、水平应力差。唐颖等（2012）将成岩作用有机质镜质组反射率（R_o）指标引入到页岩的可压性评价指标中。由于影响可压性的因素较多，且相互存在关联性，因此，基于缝网可压性演化机制，考虑储层层理、脆性矿物和天然弱面发育特征等关键影响因素，引入综合脆性指数、储层层理与裂缝指数和缝网扩展指数，整合为缝网压裂"甜点"指数，建立四川盆地龙马溪组页岩气缝网压裂改造"甜点"识别方法。层理发育明显、基质碳酸盐矿物较多、天然裂缝发育适度且充填程度高的页岩可获得较好压裂改造效果，最具改造潜力，能有效改造储层，实现缝网压裂，是缝网压裂改造的"甜点"。

2）压裂设计与实施技术

压裂设计目标是基于井的地质工程特征，通过优选入井材料、优化压裂参数，实现单井储层资源的最大化动用及单井开发效益最大化。针对川南页岩储层天然裂缝发育、非均质强等特征，只有采用地质工程一体化模式进行压裂优化，才能确保对储层的有效改造。压裂设计与优化应基于一体化模型开展，一体化模型包含地质模型、天然裂缝模型、地应力模型。压裂设计应充分考虑地应力、天然裂缝、储层非均质性对裂缝扩展的影响，制定个性化的压裂方案。

压裂实施优化方面，受限于压前不能对储层特征全面准确掌握，压裂实施期间可能导致砂堵、井间压窜、套管变形等井下复杂，需根据施工压力、邻井压力、微地震事件点响应等进行综合评估，实时优化调整排量、液量、砂浓度等参数，降低压裂井下复杂，确保储层得到有效改造。

3）压裂后评估技术

压裂后评估是根据施工资料和配套监测数据来评价压裂工艺及技术参数的适应性，从而为压裂方案和开发技术政策的优化提供支撑。压裂后评估的内容主要包含：基于测试压裂的储层参数评价、射孔工艺及参数适应性评价、井下工具及入井材料适应性评价、裂缝形态及参数评价、基于压裂施工参数的综合评价、压后返排特征及返排制度合理性评价、压后生产特征评价、基于大数据的压裂主控因素及产能预测评价等。

目前运用较为广泛的压裂后评估方法主要包括：施工压力分析、裂缝监测、生产测井、压裂示踪剂、试井分析、生产动态分析及数值模拟、数据挖掘等方法。通过开展综合评估能够支撑评价储层参数、裂缝扩展形态、裂缝参数、各压裂段产能贡献、地质及工程参数对压裂效果的影响、开发技术政策和压裂工艺及参数优化等。近年来又发展了三维电磁监测、井下电视监测、基于压后停泵数据分析等方法，可评价压裂液展布情况、射孔孔眼磨蚀及开启情况、裂缝尺寸等指标参数。

4）山地环境工厂化压裂技术

工厂化压裂主要有拉链式压裂和同步压裂两种模式，不同压裂模式对比如图 8-3-7 所示。受井场面积、道路条件、物料保障能力、人居环境、设备利用率等因素影响，川南页岩气建产区主要采用拉链式压裂模式（图 8-3-7）。

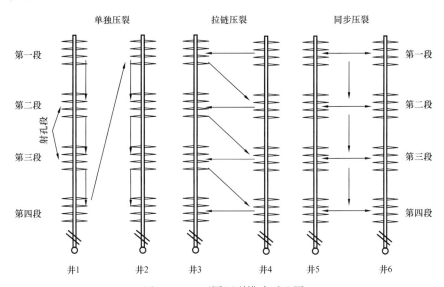

图 8-3-7　不同压裂模式对比图

（1）压裂作业场地标准化布置。

受山地环境影响，一般页岩气井场尺寸为 120m×80m。为确保工厂化压裂的顺利实施，必须优化井场布置，实现井场功能分区优化，从而提高作业效率。山地环境工厂化压裂井场区域主要划分为高压泵注区、水罐区、电缆作业区、测试流程区、物资储存区、加油区等。井场布置要充分考虑安全通道和安全距离等因素，确保紧急情况下满足应急处置要求。

（2）大排量连续混配。

工厂化作业压裂液用量大，施工过程中压裂液采用连续混配方式注入。为了满足连续混配施工的需要，压裂液体系必须满足连续混配的要求。同时需要配套相应的连续混配设备，设备应满足粉剂、液体添加剂等不同类型、多种添加剂连续混配需要，配套混合系统、搅拌系统、自动控制系统等，能够按照设计的比例进行混合，满足不同黏度的压裂液的连续混配的需要。

（3）连续供液和供砂。

页岩气井压裂作业压裂液和支撑剂用量大，施工排量和加砂量也较高，对连续供液和供砂能力提出了较高的要求。施工排量一般在 16m³/min 左右，单段液量一般在 2000m³，单段加砂量一般在 200～300t，高砂浓度阶段加砂速度一般在 3～5t/min。川南页岩气井一般采用储水池 + 液罐的供液方式，采用砂罐 + 连续输砂装置供砂的方式。

（4）大排量、高泵压连续泵注。

页岩气井压裂施工作业排量大，一般在 16m³/min，部分深层页岩气井施工泵压可达 100MPa 以上，需优化配套多路进液装置，优化高压管汇布置，确保大排量、高泵压施工作业过程中的施工安全。

三、地质工程一体化高产井培育方法

1. 地质工程一体化思路

针对页岩气规模效益开发问题，通过多年不断探索实践，探索出适应于不同地质条件、不同储层特征、不同工程条件，以地质工程一体化为核心的一体化高产井培育方法：以地质工程一体化关键技术为基础，在井位部署、钻井设计和实施、压裂设计和实施、气井生产管理等页岩气井全生命周期中，开展"一体化研究、一体化设计、一体化实施和一体化迭代"，做到"定好井、钻好井、压好井和管好井"，达到"高储层品质、高钻井品质、高完井品质"（郭旭升，2014），实现"高产量、高 EUR、高采收率"目标（图 8-3-8）。

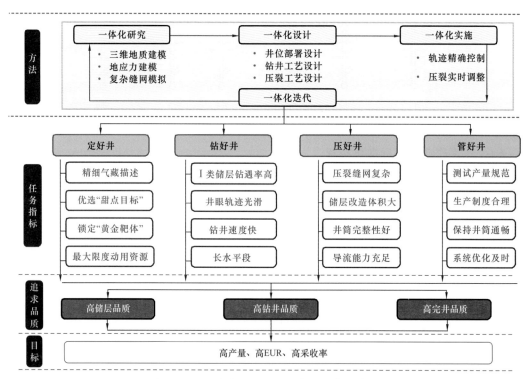

图 8-3-8　页岩气地质工程一体化工作思路图

1）地质工程一体化工作方法

一体化工作方法是开展地质工程一体化高产井培育的必备条件，具体包括地质工程一体化研究、地质工程一体化设计、地质工程一体化实施和地质工程一体化迭代。

（1）地质工程一体化研究。

通过三维地质建模、三维地应力建模，建立同时具有地质和工程属性的一体化三维模型，实现精细化、定量化标准。

（2）地质工程一体化设计。

开展水力裂缝精细模拟和气井生产动态预测，结合生产实际，进行开发技术政策优化、井位部署、钻井设计、压裂设计、生产动态预测。

（3）地质工程一体化实施。

针对钻井实施，利用精细的三维地质导向模型和地质导向流程，提前预判和调整，确保Ⅰ类储层钻遇率高；针对压裂实施，结合复杂缝网预测模型和压裂施工数据，实时调整压裂工艺参数，确保压裂实施效果。

（4）地质工程一体化迭代。

根据钻井的实钻资料迭代更新时深转换的速度场模型；根据实钻的水平井轨迹数据和更新后的深度域模型迭代更新三维构造和层面模型；根据现场地应力测试、压裂施工数据、三维地质模型迭代更新三维地应力模型；根据压裂施工曲线和微地震监测数据、三维地应力模型迭代复杂缝网模型；根据气井生产数据、复杂缝网模型迭代更新气井产能预测模型。

2）地质工程一体化任务

地质工程一体化任务是开展地质工程一体化高产井培育的实施保障，具体包括页岩气井全生命周期中的井位部署、钻井设计和实施、压裂设计和实施、气井生产管理等。

（1）井位部署任务。开展精细气藏描述，优选"甜点目标"，锁定"黄金靶体"，最大限度动用资源。

（2）钻井任务。确保Ⅰ类储层钻遇率高、井眼轨迹光滑、钻井速度快、水平段长。

（3）水力压裂任务。确保缝网复杂、改造体积大、井筒完整性好、裂缝导流能力充足。

（4）生产任务。确保测试产量规范、生产制度合理、保持井筒通畅、系统优化及时。一体化目标是气井测试产量高，全生命周期的累计产量高，气田整体采收率高。

2. 地质工程一体化关键技术

在页岩气勘探开发过程中，依据地质工程一体化研究需要，逐步探索形成了三维地质建模技术、三维地质力学建模技术、地质工程一体化复杂缝网模拟技术和地质工程一体化数值模拟技术等四项关键技术（陈更生等，2021）。通过以上技术的综合应用，可实现复杂页岩储层"地质＋工程"全要素定量化、可视化表征，为有利区优选、开发技术政策论证及压裂优化设计提供支撑（图8-3-9）。

1）三维地质建模技术

三维地质建模技术主要是指三维精细构造建模、三维属性建模和天然裂缝建模技术。井震结合的精细构造建模技术是将单井构造信息（例如成像测井构造倾角信息和真地层厚度 TST 域小层精细对比构造信息等）与地震解释层面相结合，建立精细三维构造模型；井震结合的属性建模技术是在岩心资料、特殊测井资料及地震属性资料指导下通过地质统计学方法建立反映储层品质的属性模型，如 TOC、孔隙度、饱和度、含气量等；基于多尺度信息的天然裂缝建模技术充分利用成像测井资料、微地震检测资料和地震属性资料，进行从单井、井周边到区块的裂缝分析与预测，建立三维多尺度天然裂缝模型。

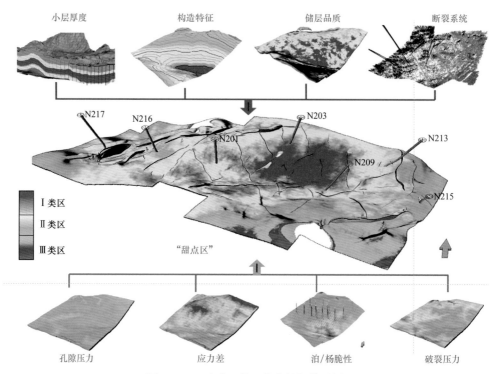

图 8-3-9　地质工程一体化精细模型图

2）三维地质力学建模技术

三维地质力学建模技术主要是指单井地应力建模技术和三维地应力建模技术。单井地应力建模技术以测井数据、岩石力学测试和现场地应力测试数据为基础，建立孔隙压力模型、岩石力学参数模型和地应力模型；三维地应力建模技术以三维地质模型为基础，根据研究对象的不同建立不同尺度的三维有限元模型，以单井地应力预测结果为约束，综合考虑天然裂缝、断层对地应力场的影响，开展三维有限元数值模拟，反复迭代求解，确定复杂地质构造下应力场的展布。

3）地质工程一体化复杂缝网模拟技术

地质工程一体化复杂缝网模拟技术主要是复杂缝网预测技术和复杂缝网拟合技术。复杂缝网预测技术以三维地质模型（包括天然裂缝模型）、三维地质力学模型、三维空间的井眼轨迹为基础，综合考虑储层非均质性、复杂天然裂缝、应力阴影、地应力的各向异性和非均质性的影响，定量预测不同地质工程参数下的复杂缝网形态。复杂缝网拟合技术是在压裂施工后，以微地震监测数据、停泵压力、压裂施工曲线等现场实测数据为基础，开展水力裂缝拟合校正和精细刻画，得到更加逼近真实的裂缝形态。模拟的复杂缝网与微地震、施工压力等数据吻合度达 80%，支撑了压裂设计优化，为量身定制工艺参数奠定基础。

4）地质工程一体化数值模拟技术

地质工程一体化数值模拟技术主要分为非结构化网格剖分技术、多尺度流动耦合技术和 AMG-CPR 巨型稀疏矩阵求解法三个部分。其中，非结构化网格剖分技术将模拟得到的水力裂缝及天然裂缝的复杂缝网系统用于非结构生产网格模型建立，为压后油藏数值模拟研究提供基础，实现从压裂到生产数据的无缝对接；多尺度流动耦合技术耦合考虑解吸、应力敏感、滑脱、扩散等多种效应，模拟过程更加趋近页岩气的真实流动特征；AMG-CPR 巨型稀疏矩阵求解法实现 CPU 千核并行计算，在短时间内完成千万级网格的模拟计算，利于对不确定参数进行敏感性分析和校正。

3. 地质工程一体化应用实践

经过地质工程一体化高产井培育方法的攻关、研究、应用和推广，在长宁、威远及昭通区块取得了显著效果。在现场试验阶段，长宁地区井均测试日产量由初期的 $10.9 \times 10^4 m^3$ 提高到 $26.3 \times 10^4 m^3$，最高测试日产量 $62 \times 10^4 m^3$，井均 EUR 由初期 $0.5 \times 10^8 m^3$ 提高到 $1.24 \times 10^8 m^3$；威远区块井均测试日产量由初期的 $11.6 \times 10^4 m^3$ 提高到 $23.9 \times 10^4 m^3$，最高测试日产量 $71 \times 10^4 m^3$，井均 EUR 由初期 $0.5 \times 10^8 m^3$ 提高到 $1.1 \times 10^8 m^3$；昭通区块实现 2000m 以浅浅层页岩气勘探突破，井均测试稳定日产量为 $4.62 \times 10^4 m^3$，井均 EUR 由初期 $0.27 \times 10^8 m^3$ 提高到 $0.45 \times 10^8 m^3$。

全面推广应用地质工程一体化高产井培育方法，长宁、威远、昭通区块和川南地区深层页岩气生产效果进一步取得了突破。长宁区块页岩气井最高测试日产量达 $76 \times 10^4 m^3$，威远区块页岩气井气井最高测试日产量达 $83 \times 10^4 m^3$，昭通区块垂深 2000~3500m 中深层气井测试日产量提高至 $32.6 \times 10^4 m^3$。川南地区深层页岩气井泸 203 井（垂深 3893m）测试日产量 $138 \times 10^4 m^3$，成为我国首口日产超百万立方米的深层页岩气井；足 202-H1 井（垂深 3957m）、黄 202 井（垂深 4082m）、阳 101H2-8（垂深 4129m）井测试日产量 $20 \times 10^4 \sim 50 \times 10^4 m^3$，部分 EUR 达到 $1.6 \times 10^8 m^3$，深层页岩气勘探开发实现了由点到面的战略突破，展示了巨大的勘探开发潜力。

四、应用成效与知识产权成果

"十三五"以来，中国石油作为"大力提升我国油气勘探开发"的忠实践行者，在川南地区建成了国内首个"万亿立方米储量、百亿立方米产量"页岩气大气田，落实了第二个"万亿立方米储量、百亿立方米产量"目标区，实现了"从低产到高产、从零星到规模、从无效到有效"三个跨越。

1. 示范区建设成效

"十三五"期间，中国石油在长宁、威远、昭通区块累计提交探明储量 $10610.5 \times 10^8 m^3$。其中，长宁区块累计提交含气面积 $525.3 km^2$，探明地质储量 $4446.84 \times 10^8 m^3$；威远区块累计提交含气面积 $562.59 km^2$，探明地质储量 $4276.96 \times 10^8 m^3$；昭通区块累计提交含气面积 $281.8 km^2$，探明地质储量 $1886.7 \times 10^8 m^3$。

2020 年川南地区页岩气产量为 $116.3 \times 10^8 m^3$（图 8-3-10），占全国页岩气年产量的 58.1%，增量占全国天然气增量的 31%，截至 2020 年底累计产气 $298.17 \times 10^8 m^3$，助力我国成为全球第二大页岩气产气国。

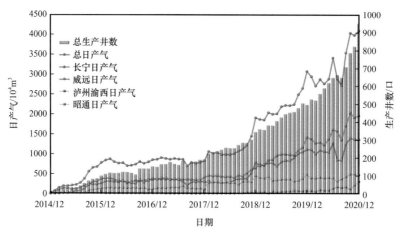

图 8-3-10　川南页岩气采气曲线图

2. 知识产权成果

依托"长宁—威远页岩气开发示范工程"和"昭通页岩气勘探开发示范工程"项目，中国石油天然气集团有限公司与西南石油大学、四川省地质工程勘察院集团有限公司、长江大学、重庆大学等单位开展联合攻关，取得了丰富的成果。申报专利 135 项、软件著作权 15 项、发表学术论文 212 篇、出版专著 4 部、制定国家、行业及企业标准 63 项、获得省部级及行业学会奖励 25 项，技术引领和示范作用显著提升，我国已成为全球第三个掌握页岩气开发核心技术的国家。

第四节　南方深层页岩气地质评价与工程技术

"十二五"期间，我国页岩气勘探开发主要集中在中浅层（埋深≤3500m）。据资源评价，四川盆地五峰组—龙马溪组深层页岩气（埋深 3500～6000m）资源量约 $27×10^{12}m^3$，占总资源量 70% 以上，走向深层是中国页岩气可持续发展的必然之路。本节主要创新成果来自"页岩气区带目标评价与勘探技术"项目，项目长、副项目长分别由郭旭升院士和胡东风教授担任，重点介绍在涪陵页岩气田发现后，针对深层页岩气高效勘探面临的理论和技术瓶颈问题，通过"十三五"期间的持续攻关取得了重要进展，揭示了深层页岩仍然能发育"高孔"优质储层，创新形成深层页岩气"超压富气"新认识及针对性的预测评价和压裂工艺等关键技术，实现了深层页岩气勘探重大突破。

一、深层页岩气勘探现状与面临的挑战

1. 勘探现状

2012 年涪陵 JY1 井取得我国页岩气战略性突破后，在"十二五"期间探明页岩气储量 $5441.29×10^8m^3$，2015 年年产页岩气 $44.71×10^8m^3$，历年累计产气 $57.18×10^8m^3$，基本

实现了埋深 3500m 以浅页岩气资源勘探工程技术与装备的国产化。在中浅层取得良好开局之下，国内不同石油企业的勘探团队、专家和学者发现了四川盆地及周缘五峰组—龙马溪组（图 8-4-1）页岩埋深 3500m 以深的面积为 $12.6 \times 10^4 km^2$，是中浅层的 2 倍，页岩气资源潜力更大，是页岩气增储上产的重要领域（马永生等，2016）。

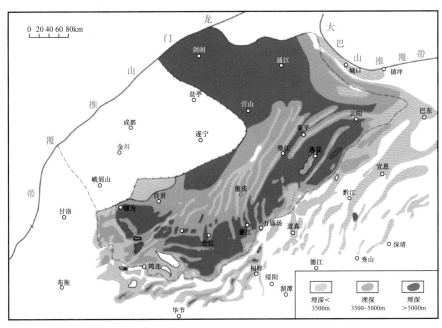

图 8-4-1　四川盆地及其周缘五峰组底界埋深图

　　然而，"十二五"期间，国内及北美成功开发的页岩气田针对埋深大于 3500m 的深层页岩气富集规律和开发机理尚无可借鉴的成功经验。为了早日实现深层页岩气勘探突破，2013 年，中国石化勘探分公司在 2013 年即针对深层页岩气开展了勘探实践，优选了丁山地区针对五峰组—龙马溪组实施 DY2HF 井，于 2013 年 12 月测试获日产 $10.52 \times 10^4 m^3$ 页岩气流，取得国内埋深大于 4000m 深层页岩气的首次发现（刘虎等，2014），为后期深层页岩气评价和体积压裂提供了良好的借鉴作用。

　　在 DY2 井的带动下，在川石油企业也在不同地区针对深层页岩气开展积极探索，其中中国石化西南分公司于 2015 年 3 月威荣地区针对五峰组—龙马溪组部署实施的 WY1HF 井，压裂测试获 $17.5 \times 10^4 m^3$ 页岩气流，实现了威荣地区深层页岩气勘探突破；另外"十二五"期间中国石化在永川、南川、涪陵外围等针对深层页岩气部署一批探井，力争早日实现新的突破。中国石油西南油气田分公司同样瞄准深层页岩气领域在泸州区块实施了 Y101 井，该井测试获日产 $43 \times 10^4 m^3$ 页岩气流，取得了埋深 3500m 左右深层页岩气勘探突破，但后期由于对中浅层页岩气加大商业性开发，因此在"十二五"及"十三五"的早期针对该领域投入的工作量相对较少，没有实现扩大。

2. 面临的挑战

　　深层页岩气领域经过"十二五"期间的勘探评价研究和实践取得了积极进展（郭旭

升，2014），但从实际效果来看，普遍具有测试产量低、稳产效果较差的特点，距实现规模商业开发存在较大的差距，因此为了形成高效勘探开发的有利阵地，迫切需要开展基础理论研究和技术攻关破解难题：（1）深层页岩储层发育机理、页岩气赋存状态及富集规律不清，制约了深层页岩气目标评价优选；（2）深层页岩气"甜点"相关的敏感参数及其随深度的变化规律尚不明确，针对性的"甜点"地震预测技术尚未成形；（3）深层页岩力学特性复杂，破岩机理不清，现有的体积压裂工艺技术难以复制。（4）中浅层页岩气井配套的压裂装备、工具，不能完全满足深层页岩气井压裂施工需要。

二、深层页岩气地质理论与勘探关键技术

为了解决上述难题，中国石化依托国家重大专项等研究课题，积极在丁山、东溪、威荣、永川、等地区进行深层页岩气地质、地球物理和工程技术的不断探索，在"十三五"取得重大进展（郭旭升等，2020；蔡勋育等，2020），为深层页岩气高质量勘探提供了有力的保障。

1. 深层页岩气"超压富气"认识

本部分主要介绍在"十二五"以来，通过对四川盆地五峰组—龙马溪组深层页岩气富集机理研究，明确了深层发育"高孔"优质储层发育机理，揭示了深层页岩气"甜点"目标的关键要素（郭旭升等，2020，2021），建立了深层页岩气高产富集模式，指导了深层页岩气的目标评价优选。

1）深层页岩气藏普遍具有"高压、高孔、高含气量"的"超压富气"特征

研究表明，与中浅层页岩气相似，深层页岩气同样具有良好的成藏物质基础，具备富集高产的基本地质条件。川南实钻井揭示，保存条件较好的 DY4、DY5、DYS1 等井深层优质页岩气层（总有机碳含量 TOC≥2%）压力系数分别为：1.42、1.47、1.58；平均孔隙度分别为 5.90%、4.78%、6.34%（表 8-4-1），有机质孔发育，面孔率高（一般介于 10%～40% 之间）；平均含气量分别为 5.17m³/t、6.16m³/t、5.06m³/t；总体具有"高地层压力、高孔隙度、高含气量"的"超压富气"特征。

表 8-4-1　深—浅层页岩气井目的层段关键参数对比表

井名	JY1 井	DYS1 井	DY5 井	DY4 井	DY3 井	DY1 井
埋深 /m	2415	4278	3818	3731	2272	2054
孔隙度 /%	4.65	6.34	4.78	5.90	3.2	3.01
平均含气量 /（m³/t）	5.85	5.06	6.16	5.17	3.09	2.12
压力系数	1.55	1.58	1.47	1.42	1.08	0.98

（1）深层深水陆棚相页岩孔隙发育与保持机理。

研究发现，"石英抗压保孔"和"储层流体超压"联合作用是深层页岩孔隙得以发育和保持的关键，在两个因素联合作用下，发现了页岩埋深达 6000m 依然发育高孔优

质储层。

① 深水陆棚生物硅质对于页岩有机质孔的形成、保持具有重要的作用。

五峰组—龙马溪组优质页岩发育于深水陆棚相环境，页岩层中见大量放射虫、海绵骨针等生物化石，硅质含量高，以生物成因为主。孔隙度与硅质矿物含量具有一定的正相关性［图 8-4-2（a）］，明确了生物成因的硅质含量是影响优质页岩孔隙度的一个重要影响因素（郭旭升等，2020）。研究表明随着成岩演化过程中，伴随着干酪根、液态烃裂解生气，有机质孔伴生发育，同时深水陆棚相生物成因的硅质（蛋白石 A），在埋藏成岩早期转化成高硬度晶态石英［图 8-4-2（b）］，高硬度石英抗压实作用强，为优质页岩储层早期原油充注及纳米级蜂窝状有机孔的发育和保持提供了空间和保护，是有机孔得以保存的关键因素（郭旭升等，2020）。

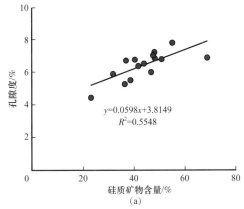

（a）

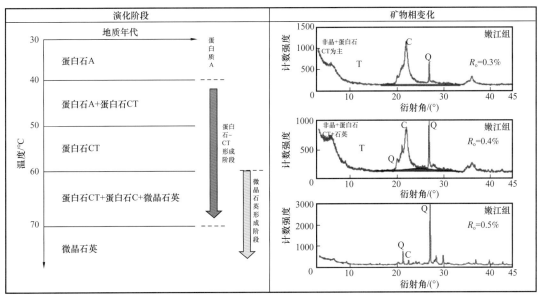

C—方英石；Q—石英；T—磷石英

（b）

图 8-4-2 DYS1 井硅质含量与孔隙度关系图（a）和蛋白石 CT 向石英晶体转化演化阶段图（b）

② 深层页岩储层高压有利于有机质孔的保持。

高压对于页岩孔隙的发育与保持具有明显的保护作用，抵消了上覆地层有效应力对页岩储层的机械压实，从而使已形成的塑性有机质孔保存下来，有利于有机质孔的维持。高压页岩气层压力系数、含气量较大，孔隙度明显较大（图 8-4-3）；而保存条件较差的井，压力系数、含气量明显较小，孔隙度同样较小，典型的 RY1 井，该井保存条件较差，压力系数小于 1.0，优质页岩实测孔隙度平均小于 1%。这也进一步证实了深层非超压条件下有机孔隙不能有效保存（郭旭升等，2020）。

而在"石英抗压保孔"和"储层流体超压"联合作用下，近期发现了 PS1 井五峰组—龙马溪组埋深近 6000m 的优质页岩（5923.5～5967.5m）依然具有高孔、有机质孔发育的特征，优质页岩厚 44m，平均 TOC、孔隙度分别为 3.66%、5.22%（图 8-4-3），孔隙结构与中浅层、深层相似。

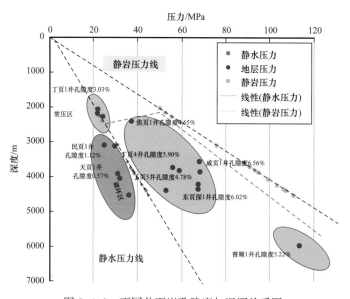

图 8-4-3　不同井页岩孔隙度与埋深关系图

（2）深层页岩气赋存机理。

研究表明深层深水陆棚相优质页岩气层盆内深层后期抬升改造弱，剥蚀量少，保存条件好，普遍为高压—超高压特征，深层页岩气在高压情况下，以游离气为主，利于产出。JY1 井模拟不同埋深及不同压力系数下吸附气和游离气的变化规律表明，五峰组—龙马溪组页岩随着埋深增加，吸附气呈现先增大，在埋深 1000m 后明显减小的趋势；而游离气量则表现出随着埋深、压力系数增大而不断增大的趋势（图 8-4-4），由此表明埋深越大，越有利于游离气的富集，压力系数越大，游离气量越大。

　2）深层页岩气"甜点"评价的关键要素

深层页岩气普遍具有埋深大、温压高、施工改造难度大的特点，要获得高产，多方面因素共同控制，通过勘探实践和理论研究，揭示了"优质页岩发育、高流体压力、微裂缝发育、低地应力"是深层页岩气"甜点"评价的关键要素（郭旭升等，2020）。

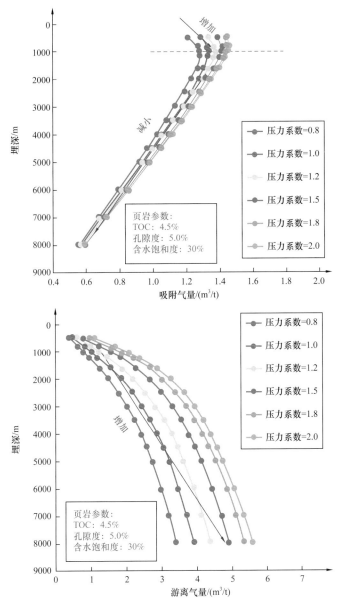

图 8-4-4 不同埋深下页岩吸附气—游离气变化曲线图

（1）优质页岩发育是"成烃控储"的基础。

五峰组—龙马溪组深层深水陆棚相优质页岩具有高的生烃能力、适中的热演化程度和良好的页岩储层品质，实测优质页岩具有较高的有机碳含量和硅质含量，TOC 值平均为 3.50%，硅质含量一般大于 40%，总体表现出高 TOC 值、硅质含量高的良好耦合特征，是深层页岩气"成烃控储"的基础。

（2）高流体压力不仅有利于页岩气富集，同时降低页岩储层有效应力，增强页岩脆性。

高流体压力是深层页岩气富集的前提。不同围压下三轴实验揭示，围压对页岩脆一延转化起主导作用，随着试验围压的不断升高，峰值强度、弹性模量、残余强度等岩石力学参数不断增大，破碎程度逐渐降低。但是对于超压地层而言，由于高流体压力的存在，能够有效降低实际作用在岩石骨架上的有效应力，即实际围压降低，进而改善页岩脆性，增强可压品质。

（3）超压背景下页岩气层微裂缝发育，不仅可降低深层页岩气破裂压力，有利于高产。

勘探实践表明，页岩发育大量的微细裂缝、微层理结构，与大量的孔隙联合，形成裂缝—基质孔隙网络系统，在超压情况下，微裂缝有可能为弱理面，更容易降低页岩起裂压力。小断层及微裂缝引起应力释放，一定程度上可以降低地应力。目前，国内深层页岩气测试产量在 $30 \times 10^4 m^3$ 以上 3 口探井（DYS1 井、L203 井、Z202-H1 井）都位于微裂缝相对发育区。

（4）低地应力，明显降低施工难度。

深层页岩气普遍具有高地应力特征，因此寻找低地应力的目标，可明显降低施工难度。通过研究表明，现今地应力主要受埋深、现今区域应力、古地应力及断裂等诸多因素的影响。其中随埋深增大，地应力总体变大，不同地区两向应力差和地应力梯度差异大；受现今区域应力影响，靠近控盆断裂地应力梯度较高，远离大型控盆断裂地应力梯度低；在同等埋深条件下，宽缓构造应力差及应力梯度相对较小；小断层及微裂缝的存在会引起应力释放，一定程度上可以降低地应力。

3）深层页岩气"超压富气"模式

深层页岩普遍具备富集高产的基本地质条件，同时后期差异抬升剥蚀造成其保存条件总体较好。通过对典型深层页岩气藏解剖分析，建立了深层页岩气"超压富气"模式。

（1）盆缘单斜构造型深层页岩气超压富集模式。

该类目标最典型的为丁山鼻状构造目标，整体受齐岳山断裂控制，沿着齐岳山断裂带向鼻状构造带延伸，构造变形强度、构造抬升剥蚀作用呈现逐渐变弱的趋势，浅埋藏带页岩气发生"垂向 + 横向联合"逸散，深埋藏带页岩气滞留富集，随着埋深增加，页岩气层孔隙度、含气量及压力系数呈现出逐渐变好的趋势。总体为"齐岳山断裂带主体控制、浅埋藏区垂向、横向联合逸散、深埋逸散较弱"的盆缘单斜构造型深层页岩气超压富集模式（图 8-4-5）。

（2）盆内高陡构造型深层页岩气超压富集模式。

该类目标最典型的为东溪高陡构造。该类目标主要包含盆内受延伸短、在盆内消失的北西向断裂控制的高陡构造和受延伸长、与盆缘断裂相接北西向断裂控制的高陡构造，两类高陡目标都具有纵向分层滑脱相似的特征，差异性则主要为构造形变强度造成的、构造整体冲起幅度的差异、断裂规模的差异。分析认为，下、上分层滑脱、上构造层断裂是否通天、下构造断裂规模大小则是控制盆内高陡构造型深层页岩气是否富集的关键因素（图 8-4-6）。

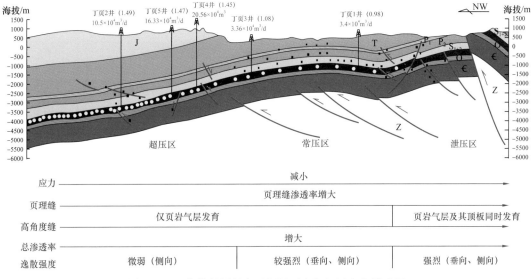

图 8-4-5　盆缘低缓断鼻型深层页岩气超压富集模式图

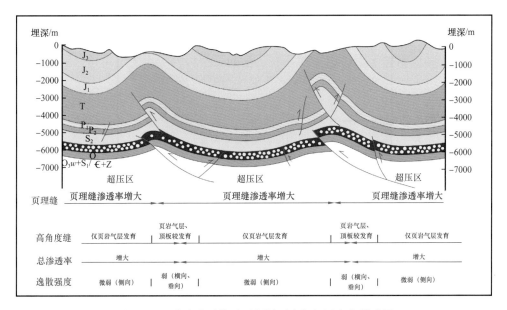

图 8-4-6　盆内高陡构造型深层页岩气超压富集模式图

2. 深层页岩气"甜点"地震预测及压裂监测新技术

深层页岩气可压性变化规律不清，预测难度大，压裂信号弱，监测难。以模拟原位岩石物理实验为基础，明确深层页岩岩石物理特征，构建压力系数、地应力、裂缝等预测模型，攻关压裂监测新技术，提高深层页岩气"甜点"预测及压裂监测精度。

1) 基于扰动体积模量的压力系数地震预测技术

通过岩石物理研究，发现了体积模量是压力的敏感参数，揭示了扰动体积模量（饱和流体体积模量与固体矿物体积模量的差）与压力系数呈对数正相关，根据实钻井数据建立基于扰动体积模量的压力预测模型，如下式所示，基于叠前体积模量反演实现压力系数预测。

$$P_c = a\ln\Delta K + b \qquad\qquad (8-4-1)$$

式中　P_c——压力系数；

　　　ΔK——扰动体积模量；

　　　a、b——回归系数，可由实测数据回归得到。

图 8-4-7 为丁山—东溪地区优质页岩气层压力系数连片预测平面图，丁山断鼻 DY1 井、DY3 井靠近齐岳山断层，预测压力系数小于 1.1，为常压区；远离齐岳山断层的深层 DY4 井、DY5 井、DY2 井，预测压力系数大于 1.5，为高压区；东溪地区整体位于齐岳山断层的下盘，且东斜坡与齐岳山断层断洼相隔，四口实钻井揭示具有较好的保存条件，预测结果与实测结果相一致。

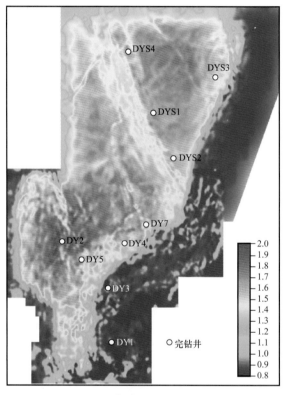

图 8-4-7　丁山—东溪地区压力系数预测平面图

2）应力背景约束的水平应力差地震预测技术

水平地应力差越小越易于压裂形成复杂缝网。目前的地应力预测方法多以水平差异系数预测为主，无法实现水平应力差绝对值的预测。通过对川东南地区构造特征分析及重点探井解剖，明确了现今地应力受构造作用、埋深等因素影响，靠近控盆断裂的强烈挤压区现今应力总体较高，在埋深相同条件下，受构造变形较弱的宽缓构造水平应力差相对较小，发育的小断层及微裂缝引起应力释放，一定程度上可以降低地应力。因此，将地应力分解为背景应力与局部应力扰动，分别基于组合弹簧理论与各向异性理论计算背景应力与水平应力差异系数（马妮等，2017；马妮等，2018），最后将二者融合，实现水平地应力差预测。DYS1HF井水平应力差预测剖面（图8-4-8）可以看出，3~7段、11~13段、18~21段水平应力差较低，微地震监测事件数局部明显增加，该技术为水平井设计提供了一定的支撑作用。

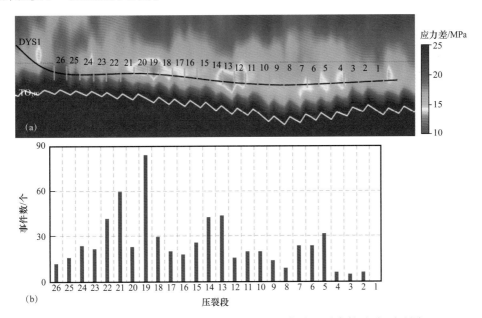

图 8-4-8　DYS1HF 井应力差预测结果（a）与微地震事件（b）对比图

3）各向异性增强的裂缝五维地震预测技术

天然裂缝具有结构弱面，强度较低，易于被压裂。随着页岩气勘探向深层领域迈进，页岩储层裂缝发育对工程压裂的积极作用逐渐被体现出来。但不经过反演直接利用振幅或属性（频率、衰减等）的裂缝预测方法仅能得到界面两侧地层的综合响应，预测精度偏低。基于 Rüger（1996）提出的方位 AVO 近似方程，推导了方位弹性阻抗方程，将裂缝介质的界面信息转化为地层内部弹性信息，进一步将方位弹性阻抗进行傅里叶级数展开：

$$\ln\left(EI_A\left(\theta, \phi\right)\right) = A_0 + A_2\cos2\phi + A_4\cos4\phi \qquad (8\text{-}4\text{-}2)$$

其中，A_0 为零阶傅里叶系数，与观测方位无关；A_2 与 A_4 分别为二阶与四阶傅里叶系数，只与入射角和各向异性参数有关，均反映了裂缝的各向异性特征。

通过公式（8-4-2）剔除各向同性信息，提取各向异性信息，实现裂缝预测。DYS1HF 井水平井 10~19 段裂缝较为发育，其余段裂缝不发育（图 8-4-9）。裂缝发育段地层破裂压力相对其他段较低，其中 14~16 段为裂缝密度最大处，该段破裂压力最低，预测与实际情况较为吻合（图 8-4-9、图 8-4-10）。

4）基于广域电磁法的深层页岩气压裂监测新技术

我国著名应用物理学家、中国工程院院士何继善及其团队通过求解电磁波在地下传播方程的"严格解"，发明了高精度电磁勘探技术装备及工程化系统，打破了国外电磁法仪器装备的长期垄断，具有分辨率高、抗干扰能力强、探测深度大、工作效率高等优势（何继善，2010）。

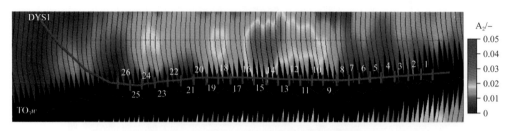

图 8-4-9 过 DYS1HF 井裂缝预测剖面图

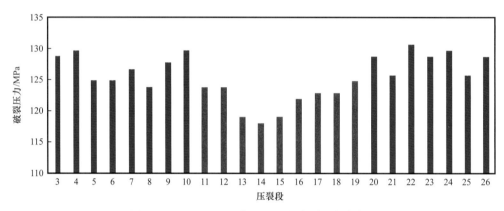

图 8-4-10 DYS1HF 井 3～26 段破裂压力直方图

　　压裂液相对围岩电阻率低。因此，将广域电磁技术引入到深层页岩气压裂监测，求取并分析压裂前、后电阻率变化特征，推断压裂波及范围。DY5HF 井第 11 段垂直井轨迹施工段前后电阻率变化幅度达到 5%～10%［图 8-4-11（c）］，两侧几乎没有差异［图 8-4-11（a、b）、图 8-4-11（d、e）］。DY5HF 井所有段压裂前后的电阻率差异表征了压裂波及范围，有效反映了压裂主缝和缝网在空间的展布情况［图 8-4-11（f）］。

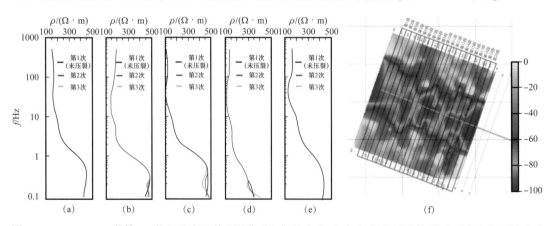

图 8-4-11 DY5HF 井第 11 段电磁法压裂监测前后电场的变化（a）-(e)和压裂储层平面波及范围图（f）

3. 深层页岩气非线性破裂机理及压裂关键技术

"十二五"期间，在引进北美页岩气成功经验的基础上，结合南方海相五峰组—龙马溪组页岩特点，国内探索形成了"复杂缝网＋支撑主缝"等压裂模式及配套工艺技术，为涪陵等大型页岩气田的勘探开发提供了有效支撑（王志刚，2015）。"十三五"期间，国内页岩气走向3500m以深领域，能否形成适合深层页岩储层的高效压裂工艺技术，是深层页岩气能否实现高产、稳产的关键。

1）深层页岩破岩及复杂缝网形成机理

（1）深层页岩非线性破岩特征。

高温高压三轴实验研究表明随着围压的增大，页岩应力应变关系的非线性特征越来越明显（图8-4-12）。根据对比实验前后岩心破裂情况及应力—应变实验曲线分析表明，加载140℃高温后，页岩的塑性变形占总变形的比例增大，页岩的强度略有降低，非线性特征局部显现。而在常温时，到达峰值压力时，页岩瞬间破坏，显现劈裂多缝特征，残余应力高；高温时，达到峰值压力前的塑性变形持续显现，剪切缝破坏显著，残余应力低。

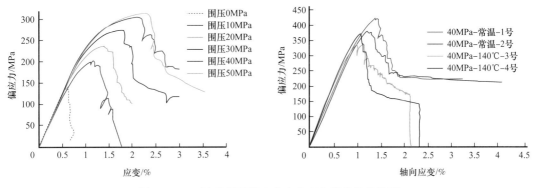

图 8-4-12　随着围压增大应力应变曲线变化趋势图

（2）深层页岩复杂缝网形成机理。

通过物理模拟实验的总结分析，揭示了深层页岩复杂缝网形成机理，大幅提高缝内净压力是提高深层页岩裂缝复杂程度和改造效果的关键。

① 深层页岩压后裂缝形态受层理影响大。根据层理影响程度的不同，主要有三种裂缝形态：横切缝、层理缝及台阶状裂缝，裂缝形态相对单一。当层理不发育或者层理胶结强度较高时，易穿透层理形成单一横切缝；当近井筒层理发育且层理胶结强度较弱时，主裂缝易沿层理面起裂并扩展。在适中层理胶结条件下，主裂缝扩展过程中压裂液易沿层理滤失。

② 两向应力差影响裂缝复杂性。在应力差4～8MPa条件下基本沿最大地应力方向起裂、逐渐扩展，先形成开度较大的主裂缝，延伸过程中主裂缝沟通上下层理面，并与周围天然裂缝交互作用形成网缝。在应力差大于8MPa条件下页岩容易沿层理缝起裂、滤失、扩展，裂缝形态相对单一。

③ 前置低黏滑溜水压裂容易在近井筒进入层理，沿层理起裂延伸，起裂压力及延伸压力较高，加砂难度大。前置中、高黏压裂液体，近井筒裂缝沿最大地应力方向起裂延伸，控近扩远效果明显。

2）深层页岩气"密切割、增净压、促缝网、保充填"压裂工艺技术

针对深层页岩气两向地应力高、应力差异大，裂缝转向困难，裂缝复杂性低，实现大砂量压裂难度高等难点，创新形成了深层页岩气"密切割、增净压、促缝网、保充填"压裂工艺技术。

（1）短簇距射孔，大排量施工，尽可能使裂缝复杂化。

基于深层页岩气地层随埋深增加塑性增强、水平应力差异大、复杂缝网形成难度大的特点，形成密切割分段分簇压裂技术。水平井密集分段，减小段间距、簇间距，增加压裂缝数量，提高段内簇间裂缝干扰强度，提高裂缝复杂性和横向覆盖区域。段长由 70～80m 优化到 50～60m，簇间距由 25m 优化到 5～10m，段裂缝复杂性达到 60%～80%；另外不同射孔簇数与排量下的净压力研究表明，在相同的排量下，簇数越多，单孔排量越低，净压力越低。实验表明，要达到 8.0MPa 以上的裂缝净压力，对于分别 3、4 簇射孔，排量分别需达到 $12m^3/min$、$14m^3/min$ 以上。为此，深层页岩要实现裂缝充分转向，在施工压力允许的条件下，应尽可能提高施工排量。

（2）前置胶量，变黏度压裂液多尺度造缝。

为提高裂缝的纵向改造程度和改造体积，模拟计算了不同前置胶液量对缝高的影响，结果表明，前置胶液对于提高纵向改造程度非常有利，单段三簇优化前置胶液量为 $150m^3$ 较为合适，缝高 60m，平均缝宽 0.13cm 单段两簇优化前置胶液量为 $120m^3$ 较为合适，缝高 64m，平均缝宽 0.17cm（图 8-4-13）。而远井筒采用中黏滑溜水（9～12mPa·s）+ 高黏滑溜水（20～25mPa·s）+ 胶液（50～80mPa·s）组合对缝宽与改造体积的影响分析结果表明，滑溜水与胶液的比例在 8：2 时对提高改造体积是有利的。

（3）大规模加砂与高排量施工。

深层页岩大规模加砂与高排量施工均是一个难题，但对于提高改造体积非常有利。单段支撑剂用量 70～90m^3，单段液量达到 2200～2600m^3，排量 16.0m^3/min 条件下单段改造体积可以达到 $280×10^4$～$310×10^4m^3$，排量对提高改造体积也是有益的，初期压裂施工排量 12～14m^3/min，后期在压力允许的情况下可提至 16～18m^3/min（图 8-4-14）。

（4）微粒径支撑剂充填微裂缝，提高有效改造体积。

深层页岩的分支缝及微小裂缝缝宽小，40/70 目主体支撑剂很难进入这些微小裂缝，这些微小裂缝如得不到支撑，在高闭合压力下很容易闭合失去导流能力，即这部分的改造体积是无效的。因此，采用 100 目以下的微支撑剂充填微小裂缝，对提高压后产量和长期稳产均有利。依据微小裂缝宽度与支撑剂粒径的匹配关系，选用 100 目以下粒径支撑剂占比 20%～30% 来充填微裂缝较为合适。

3）应用效果

丁山—东溪地区五峰组—龙马溪组深层页岩与焦石坝地区同层位的中浅层页岩品质

差异性不大，但由于丁山—东溪埋深更深，页岩气层地应力高、两向应力差异大，储层破裂压力高、延伸压力高、泵送压力高，压裂施工难度大，针对难点，采用上述"密切割、增净压、促缝网、保充填"压裂工艺技术，试验应用井压裂增产效果显著（表8-4-2），为该地区深层页岩气勘探取得重大突破提供了有力技术支撑。

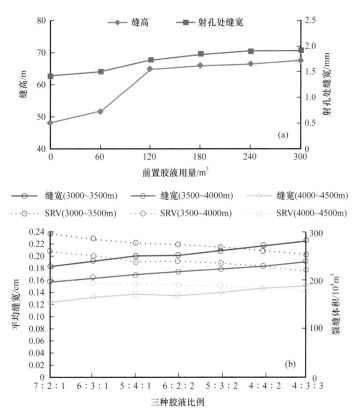

图 8-4-13　前置胶液对裂缝高度的影响（a）和不同液体比例对缝宽与改造体积的影响（b）

表 8-4-2　丁山—东溪地区四口深层页岩气井压裂实施效果表

井号	水平段长 / m	水平段垂深 / m	分段数 / 段	压后测试气量 / 10⁴m³/d	主要配套压裂工艺
DY2	1034.23	4417.36	12	10.50	前置酸＋胶液＋滑溜水＋胶液
DY4	1234.00	4095.46	17	20.56	前置酸＋胶液＋滑溜水＋胶液，超高压，高黏滑溜水
DY5	1520.00	4145.41	20	16.33	前置酸＋胶液＋滑溜水＋胶液，超高压，高黏滑溜水，控近扩远
DYS1	1452.00	4248.07	26	31.18	密切割，前置酸＋胶液＋高黏滑溜水＋胶液，超高压，高黏滑溜水

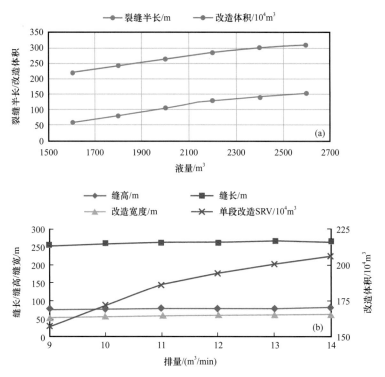

图 8-4-14　不同用液量对改造体积的影响（a）和不同施工排量对改造体积的影响（b）

三、深层页岩气地质理论与勘探关键技术应用成效

通过"十三五"深层页岩气理论和关键技术的攻关和勘探实践，在中国石化矿权区内落实凤来向斜、石龙峡等一批深层页岩气勘探有利目标 23 个，埋深小于 5000m 合计勘探有利面积 2171.7km²、资源量超 2×10^{12}m³，取得了丁山—东溪地区深层页岩气重大突破，发现并探明国内首个深层页岩气田——威荣页岩气田，累计提交深层页岩气探明储量 1481.31×10^8m³，取得显著的经济与社会效益。

1. 取得了丁山—东溪地区深层页岩气重大突破，实现页岩气向 4000m 以深的跨越

丁山构造为四川盆地东南部一个大型鼻状构造，五峰组—龙马溪组埋深介于 3500～4200m，优质页岩厚度介于 26.0～35.5m。DY2 井获稳定日产 10.42×10^4m³ 的工业气流后，"十三五"期间继续加大丁山构造的勘探部署，实施的 DY4 井、DY5 井在 4000m 左右于 2017—2018 年相继测试获日产 20.56×10^4m³ 和 16.33×10^4m³ 页岩气流，取得丁山地区深层页岩气商业发现。

2018 年中国石化成立东溪深层页岩气试验区，在东溪构造部署探井——DYS1 井，该井 2019 年 1 月放喷测试获日产 31.18×10^4m³ 高产气流，取得深层页岩气重大突破，该井是国内首口埋深大于 4200m 的高产页岩气井。初步控制丁山—东溪有利面积 712km²、资源量 5584×10^8m³。

2. 发现并探明了中国首个深层页岩气田，提交千亿立方米探明地质储量

威荣页岩气田位于四川盆地威远隆起南部斜坡白马镇向斜轴部。五峰组—龙马溪组埋深介于 3550~3880m，优质页岩厚度介于 25.0~39.0m。WY1HF 井 2015 年在井口压力为 26.20MPa 条件下测试日产气量为 $17.50 \times 10^4 m^3$，发现了威荣页岩气田。2018 年提交页岩气探明储量 $1247 \times 10^8 m^3$，探明了国内首个深层千亿立方米级的页岩气田，同年，启动了气田一期 $10 \times 10^8 m^3/a$ 产能建设，截至 2020 年底，气田累计投产井数 59 口，页岩气年产量达 $5.40 \times 10^8 m^3$，历年累计产气量为 $6.90 \times 10^8 m^3$。

3. 取得了永川地区深层页岩气商业发现

永川地区位于川中地区稳定构造带，发育新店子背斜，五峰组—龙马溪组埋深介于 3800~4200m，优质页岩厚度介于 22~25m。2016 年 1 月完成对 YY1HF 井长度为 1502.06m 的水平段压裂，测试日产气量为 $14.12 \times 10^4 m^3$。2019 年提交探明储量 $235 \times 10^8 m^3$，并启动永川南区产能建设，新建产能 $5 \times 10^8 m^3/a$。截至 2020 年底，永川区块完钻井 25 口，累计投产 16 口，已建成产能 $1.3 \times 10^8 m^3/a$，2020 年产气量为 $1.00 \times 10^8 m^3$，历年累计产气量为 $2.77 \times 10^8 m^3$。

4. 形成了多项知识产权成果

针对深层页岩气公开发表了《四川盆地五峰组—龙马溪组深水陆棚相页岩生储机理探讨》（郭旭升等，2020）、《四川盆地深层—超深层天然气勘探进展与展望》（郭旭升等，2020）等 31 篇文章；获国家授权发明专利 3 项，实用新型专利 5 项；"深层页岩气勘探关键技术及威荣大气田的发现"和"四川盆地深层页岩气富集机理及勘探关键技术"分别荣获中国石化集团公司和中国石油和化学工业联合会科技进步一等奖，引领和推动了我国深层页岩气产业发展。

第五节　四川涪陵页岩气开发工程技术

本节内容是"十三五"国家科技重大专项"涪陵页岩气开发示范工程"的研究成果，承担单位是中国石化江汉油田分公司，攻关目的是建立页岩气开发评价和工程工艺技术系列，形成页岩气绿色开发的技术标准和规范，建成涪陵国家级示范基地，促进我国页岩气产业发展。经过五年的技术攻关、集成及应用，形成了四川盆地海相页岩高效开发评价及方案优化、复杂山地环境高效钻井、差异化复杂缝网压裂、岩溶山地绿色开发等四项核心技术，丰富了我国页岩气开发理论与技术系列，实现了我国页岩气高效开发技术由跟跑到并跑，支撑了油气重大专项"6212"总体目标的实现。

一、涪陵页岩气田开发概况

2012 年 11 月 28 日，涪陵页岩气田因焦页 1HF 井测试日产气 $20.3 \times 10^4 m^3$ 而被成功发

现，是中国石化在重庆成功发现并高效开发的我国首个大型页岩气田，涪陵页岩气田的成功开发，使我国成为北美之外首个实现规模化开发页岩气的国家，为全球页岩气开发提供了中国样本。涪陵页岩气田位于重庆市涪陵区，构造位置属川东高陡褶皱带万县复向斜。气田开发大体可以分为三个阶段：

一期产能建设阶段（2013—2015年）。2013年焦页1HF井投入试采，国家能源局设立涪陵国家级示范区，启动气田试验井组评价，实现当年开发、当年投产、当年见效，新建产能 $5×10^8m^3/a$。2014年，国土资源部批准设立页岩气勘查开发示范基地，启动一期 $50×10^8m^3/a$ 产能建设。到2015年，用三年时间建成一期 $50×10^8m^3/a$ 产能，涪陵国家级示范区、示范基地建设通过国家能源局、国土资源部验收。

二期产能建设阶段（2016—2017年）。2016年涪陵页岩气田启动二期 $50×10^8m^3/a$ 产能建设；到2017年底，圆满建成 $100×10^8m^3/a$ 产能。

立体开发调整阶段（2018年至今）。2017年启动开发调整单井试验，2018年开展井组试验，2019年至今推进立体高效开发调整。

二、复杂地质条件下页岩气高效开发评价及方案优化技术

页岩气藏赋存和渗流机理不同于常规气藏，针对页岩气渗流规律认识尚不清楚、常规气藏工程方法难以准确分析预测页岩气井产能等主要问题，开展页岩气流动机理、气井产能评价和动态分析方法、开发方案优化技术等研究。建立了页岩气开发实验评价技术，揭示了页岩气流动机理，建立了页岩气压裂水平井产能评价及动态分析预测新方法，形成了复杂地表—地质条件下页岩气开发技术政策及方案优化技术，优化确定了涪陵构造稳定区、构造复杂区针对性的开发技术政策，为涪陵页岩气的高效开发提供了有力支撑。

1. 模拟储层条件的页岩气开发实验评价及流动机理

研发了全直径页岩高温高压（150℃、70MPa）等温吸附解吸装置和页岩气衰竭开采模拟装置，建立了模拟储层条件的页岩气开发实验评价技术。使用全直径岩石样品（岩心直径、长度大于10cm），可以在地层温度和压力条件下，测定页岩气降压开发过程中游离气和吸附气产量，以及解吸、扩散、渗流规律（赵春鹏等，2016）。

研究表明，页岩气降压开采过程中，产出气初期以游离气为主，吸附气的贡献逐渐增加。涪陵气田页岩地层压力低于12MPa时，页岩气开始大量解吸（刘华等，2018），井底压力达到7.5MPa时吸附气产量占累计产气的11.2%，在增压开采时可达到累计产气的21.6%（井底压力1.2MPa）（图8-5-1）。页岩吸附气含量与有机质含量、湿度和温度等有关，页岩TOC越大，吸附量也越大，含水页岩的吸附量小于烘干页岩的气体吸附量，孔隙越小，单位表面积上的吸附量越大。储层条件下测试的等温吸附曲线与常温条件下的差异较大（图8-5-2），页岩气吸附解吸特征基本满足 Langmuir 等温吸附方程，温度越高，吸附量越低，随温度升高，兰氏体积降低，兰氏压力增加。

甲烷气体在页岩基质中流动表现出扩散及滑脱效应，页岩储层孔径越小，渗透率和孔隙压力越低，扩散、滑脱效应越明显。采用降内压的方法，改进实验装置，开展模拟

页岩储层开发过程中天然裂缝、压裂剪切缝和不同铺砂裂缝的应力敏感实验（胡小虎，2021）。实验结果表明，页岩气储层应力敏感性较强，开发过程中铺砂裂缝渗透率损害率40%，剪切和天然裂缝岩样渗透率损害率60%～80%，不同岩样渗透率应力敏感系数在0.01～0.06之间，渗透率变化总体符合指数关系。基于努森数（k_n）建立了页岩气在多尺度纳米孔隙中流动类型划分图版，在涪陵储层温度压力条件下（82℃、37.7MPa），页岩气在不同尺度孔缝介质中表现出不同的流动特征，在大于1μm的孔径中为达西流，在孔径100nm～1μm中主要是达西流，存在滑脱，20～100nm孔中以滑脱流为主，1～20nm孔中为滑脱流及过渡流，低压下小于1nm孔中以扩散为主。涪陵页岩中4～16nm的孔隙发育，开发过程中，气体扩散引起渗透率增大1～2倍，扩散滑脱效应对累计产气贡献占5%左右（井口压力6MPa）。

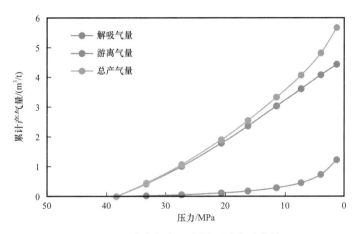

图 8-5-1　全直径岩心衰竭开采实验曲线

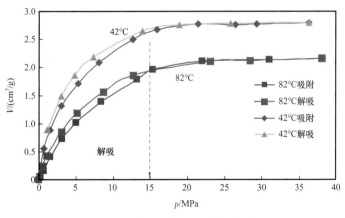

图 8-5-2　全直径岩心吸附实验结果

2. 页岩气井产能评价及动态分析预测新方法

根据不同生产阶段和测试资料，在深入研究页岩气流动机理、涪陵页岩气井生产动态特征的基础上，建立了页岩气多段压裂水平井产能评价、动态分析、可采储量评价新方法，总结了涪陵页岩气井不同阶段的生产规律。

1）非均匀压裂水平井非稳态产能评价解析方法

该方法综合考虑吸附气解吸、扩散、应力敏感、不等长不等距非均匀裂缝分布的影响，通过源函数方法建立单条有限导流压裂裂缝的压力解，然后通过势叠加方法建立各裂缝满足的压力方程组，求解压裂水平井在定产量生产下的压力解及各裂缝产气量。非稳态产能评价解析方法可预测页岩气不均匀分段压裂水平井产量压力变化及各压裂段产出气量变化，实现压裂水平井裂缝参数分布定量描述。应用该方法评价涪陵200余口页岩气井产能（郑爱维等，2018），单井产量预测符合率达到90%以上。

2）基于"产能系数"的不稳定线性流产能评价方法

压裂水平井渗流特征与实际动态研究表明，涪陵页岩气压裂水平井生产长期处于不稳定线性流阶段，根据线性流特征，建立了定产页岩气水平井不稳定线性流产能方程和页岩气井产能评价图版，提出了"页岩气井产能系数"概念，形成了基于"产能系数"的不稳定线性流产能评价方法。

不稳定线性流定产条件下产能方程为：

$$m\left(p_i\right) - m\left(p_{wf}\right) = \frac{1}{A\sqrt{K}\dfrac{\sqrt{\theta\mu C_t}}{6.63T}}\left(Q_g\sqrt{t}\right) \tag{8-5-1}$$

式中 $m\left(p_i\right)$——拟地层压力，$MPa^2/mPa \cdot s$；

$m\left(p_{wf}\right)$——拟井底流压，$MPa^2/mPa \cdot s$；

Q_g——日气产量，$10^4 m^3$；

T——地层温度，K；

C_t——综合压缩系数，1/MPa；

K——压裂后基质渗透率，mD；

t——生产时间，d；

A——裂缝截面积的一半。

由上式可知，在直角坐标系中 $m\left(p_i\right) - m\left(p_{wf}\right) \sim \left(Q_g\sqrt{t}\right)$ 为一条直线（图8-5-3），直线斜率的倒数称为页岩气井的"产能系数"。气井技术可采储量与产能系数具有很好的正相关性（图8-5-4）。气井连续稳定生产6个月，就可获取较可靠的"页岩气井产能系数"。涪陵主体区产能系数24.4～38.1，西南区10.9。

3）涪陵页岩气井全过程规律及动态预测新方法

涪陵页岩气田大量气井生产动态特征表明，页岩气井生产可分为稳产降压和定压递减两个阶段。稳产降压阶段气井压力—产量符合不稳定线性流规律，规整化产量（单位压差产量）与物质平衡时间在双对数图上均呈现明显的1/2直线段。定压递减阶段气井产气量变化符合调和递减特征，不同地区气井第一年的递减率为56.1%～66.8%，平均60.5%，与北美页岩气递减特征基本一致（50%～80%）。根据涪陵页岩气井初期定产量生产特点，利用建立的不稳定线性流方程［式（8-5-1）］，提出了页岩气井稳产期动态指标及可采储量预测方法，预测在定产生产条件下井底流压变化、稳产时间、稳产期和递减期累计产气量、可采储量。应用在涪陵 200 口定产降压生产气井的动态预测，符合率达到 90% 以上。

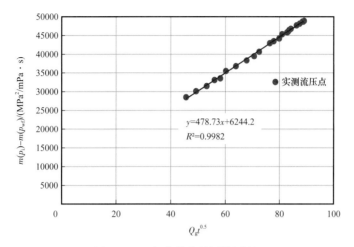

图 8-5-3　气井井产能评价图版

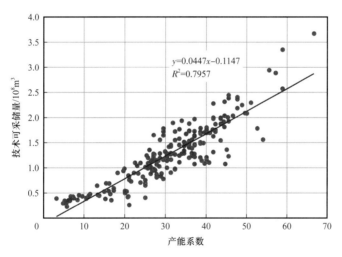

图 8-5-4　气井可采储量与产能系数关系图

3. 复杂地表—地质条件下页岩气开发技术政策优化技术

针对气田山地地表、气层非均质性强的特点，通过地质评价与产能测试相结合、现场开发试验与产能评价相结合、室内试验与经济评价相结合，以提高单井产量和地面平台最优化、地下资源动用最大化为原则，形成了页岩气田开发技术政策优化技术方法与流程，优化确定了涪陵页岩气田不同地质条件（构造平缓区、构造复杂区）的合理开发技术政策（梁榜等，2018）（表 8-5-1），该技术全面应用于涪陵焦石坝、江东、平桥产建开发方案中。

表 8-5-1 涪陵页岩气田不同区块开发技术政策优化技术表

项目	构造平缓区	构造复杂区	
		江东区块	平桥区块
开发方式	水平井大规模压裂、衰竭式开发	水平井大规模压裂、衰竭式开发	
配产方式	定产生产	定产生产	
水平井长度	1500m	1500m 水平段为主，部分地区增加长度	
布井方式	主体采用规则井网，局部考虑条带状裂缝发育特征调整	根据构造变形特征及裂缝发育特征，差异化布井，水平段方位与条带状裂缝平行区域，距离不小于压裂半缝长	
井距	300～500m	400～500m 为主	
水平井方位	水平段方位设计与最大水平主应力方向垂直	综合考虑构造走向与主应力方向，与最大主应力方向夹角大于45°，AB 靶点高程差小于200m	
穿行层位	①～③小层	①～③小层	③小层

三、山地环境页岩气田钻井优化设计与轨迹控制技术

涪陵页岩气田为典型的山地地形海相页岩气藏，针对页岩气丛式井组偏移距靶前距大的特点，提出"井工厂"钻井开发井网部署方案，以不同目标函数为基础建立三维井眼轨道设计模型，考虑地层、入井工具等因素，优化造斜率及造斜点深度，形成了山地环境交叉井网三维井眼轨道设计技术（牛新明，2014）；通过优化钻具组合，提出了以常规 LWD 为导向工具的低成本井眼轨迹控制技术，研发了国产化系列破岩及辅助工具，基于等寿命理念优选大功率螺杆，形成了"一趟钻"技术；以防碰扫描理论及影响因素分析为基础，建立多因子防碰模型，制定了涪陵页岩气田防碰技术流程及标准，确保安全高效低成本钻井。

1. 丛式水平井交叉式三维井眼轨道设计技术

焦石坝区块上奥陶统五峰组—下志留统龙马溪组下部最大水平主应力方向近东西向，水平段设计方位与最大水平主应力方向垂直，为南北向。水平井间距以 600m 为例，水平段端点间距100m，为提高资源动用，采用交叉布井井工厂作业模式，合理的轨道设计是长水平段水平井取得成功的关键（周贤海，2013）。

通过优化"井工厂"井场布局，建立丛式井组井口—井底对应关系，充分考虑靶前距、偏移距的影响，提出了以降摩减扭、提延伸能力为目标的多种轨道设计模型，优选造斜点及造斜率，保证长水平段水平井高效成井。

为了满足开发井网要求，根据水平井钻井工艺技术水平结合山地条件钻井平台建造特点，提出了"米"字形与平台交叉布井两种平台布局模式，形成了三套"井工厂"平台轨道设计模型方案：方案一：一台 6 井，并排"米"字形井网布井，垂直靶前距离 400m，如图 8-5-5（a）所示；方案二：一台 3 井，相邻平台交叉布井，垂直靶前距离

400m，如图 8-5-5（b）所示；方案三：两套"米"字形井网叠合，形成交错井网布井，垂直靶前距离 850m，如图 8-5-5（c）所示。

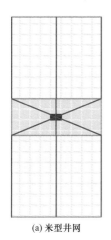 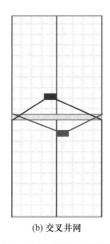 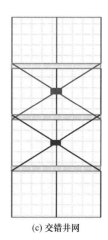

（a）米型井网 （b）交叉井网 （c）交错井网

图 8-5-5 "井工厂"平台轨道设计模型方案

三维水平井轨道设计模型主要有：三维五段制轨道、五点六段制轨道和双二维轨道。三维五段制轨道适用于旋转定向技术条件，五点六段制轨道能有效提高常规 LWD 施工效率，双二维轨道适用于垂深大、防碰风险高的水平井。

轨道设计优化方法主要分为：以钻进时间最短优化和以轨道长度最短优化两种方法。以钻进时间最短优化方法根据给定的约束条件设计轨道，结合每个分段的垂深、曲率等确定层组、开次和钻进方式等，检索、计算每个分段对应的机械钻速；计算分段钻进时间，并累加得到总钻进时间，如式（8-5-2）所示：

$$T = \sum_{i=1}^{n} T_i \qquad (8-5-2)$$

以轨道长度最短进行优化轨道设计模型的求解基于假设已知稳斜角 α_B 和造斜方位角 φ_B 的值，因此可将所有可能的组合都代入轨道设计模型中依次进行设计，井斜角 α_B 取值范围为 0°～90°，方位角 ϕ_B 取值范围为 0°～360°，然后在所有的设计结果中选出满足整段轨道长度最短结果。

$$\alpha_B = \left\{ \alpha_{Bi} \mid \alpha_{Bi} = \alpha_{B1} + (i-1)k_\alpha, i = 1, 2 \cdots \right\} \qquad (8-5-3)$$

$$\phi_B = \left\{ \phi_{Bj} \mid \phi_{Bj} = \phi_{B1} + (j-1)k_\phi, j = 1, 2 \cdots \right\} \qquad (8-5-4)$$

（1）造斜点。由于造斜率受井眼大小和地层情况的影响，为了有利于造斜和方位控制，造斜点一般选在地层较稳定的井段。受大靶前位移的影响，造斜点一般都选在二叠系茅口组或栖霞组地层。（2）造斜率。考虑到页岩气层分段压裂改造时泵送桥塞工艺的要求，在不影响生产管柱下入和满足管材抗弯能力前提下，结合地层影响因素，选在尽量低的造斜率，定向造斜井段设计（15～18）°/100m，为了多使用复合钻进方式，实际操作应控制在 22°/100m 以内，单个点最大不超过 25°/100m；水平段调整轨迹时设计造斜率 10°/100m。（3）稳斜角。二维井稳斜角控制在 40° 以内；三维井稳斜角控制在 35° 以内。

2. 基于常规导向的页岩气水平井低成本井眼轨迹控制技术

焦石坝区块地层为海相地层，可钻性差。因此直井段钻进时，可采用塔式钟摆钻具，增加大尺寸钻铤数量和扶正器，加大钻具底部刚性，减缓增斜趋势，并且在进入韩家店组后，进行加密测斜，随时监控易斜地层的井斜变化趋势，必要时，提前下入定向仪器进行纠偏，避免因直井段井斜过大导致后期定向工作量加大，影响轨迹质量及后期完井作业施工。在适合 PDC 钻进的层段，如飞仙关组、韩家店组，可采用 PDC+ 小度数螺杆 + 欠尺寸扶正器钻具组合，在起到防斜作用的同时，提高机械钻速。这两种钻具稳斜效果都比较理想，具体采用何种钻具，应根据现场地质情况进行合理选择。

ϕ311.2mm 井眼长稳斜段一直是涪陵焦石坝页岩气水平井，同时也是国内定向技术方面的难题。涪陵焦石坝区块以三维水平井为主，一般在井斜 25° 左右以后需要稳斜或微增进尺达到 600~1400m，稳斜段非常长，钻具组合的选择和调整非常关键。采用 PDC 钻头 + 单弯螺杆 + 短钻铤 + 欠尺寸扶正器 + 浮阀 + 无磁钻铤 ×1+LWD 组件 + 加重钻杆。该钻具采用单弯螺杆 + 欠尺寸扶正器，并且在螺杆与欠尺寸扶正器之间设置了一根短钻铤。在实际施工中，复合钻平均增斜率（0.01~0.02）°/m，比较稳定，非常符合井眼剖面中井斜微增的要求。

增斜是着陆控制的主要特征，进靶控制是着陆控制的关键和结果。技术要点可概括为：略高勿低、先高后低、寸高必争、早扭方位、微增探顶、动态监控、矢量进靶。水平段轨迹控制技术要点可概括为：钻具稳平、上下调整、多开转盘、注意短起、动态监控、留有余地、少扭方位。通过前期的研究和实践，目前总结出了一套适合涪陵区块页岩气长水平段穿行的钻具组合：PDC 钻头 + 小度数单弯螺杆 + 常规 LWD+ 欠尺寸扶正器 + 倒装钻具。该钻具组合稳斜效果明显，复合钻平均增斜率只有（0~0.01）°/m，在保证井眼轨迹平滑、在减少定向纠斜工作量的同时，提高了机械钻速。该钻具组合在涪陵页岩气田 300 余口井应用，常规导向工具最长水平段 2832m。

3. 页岩气水平井"一趟钻"高效钻井技术

以地层岩石的岩石力学与可钻特性为基础，结合焦石坝区块"三开次"井身结构，将地层纵向分成 7 个段，基于钻头、螺杆和随钻测量仪器等使用寿命的设计理念，建立分段一趟钻的技术模版（杨海平等，2013），形成"导管 1 趟钻、一开 1 趟钻、二开 4 趟钻、三开 2 趟钻"的"11411"一趟钻钻井提速技术方案。2020 年实施水平井 110 口，一开"一趟钻"100%，二开四趟钻占比 56.8%；三开两趟钻占 39.2%，44 口井完成水平段一趟钻，占比 40%，与往年相比，水平段一趟钻覆盖率大幅提高。

4. 页岩气大平台丛式水平井组防碰技术体系

通过分析最小距离法、法向平面法、分离系数法防碰扫描方法原理，优选适合涪陵页岩气田水平井不同井段防碰扫描方案，以井眼轨迹误差影响因素为变量，建立了井眼轨迹测量误差模型，计算分离系数，创立了涪陵页岩气田丛式井组防碰扫描设计流程，制定了防碰标准，有效防止钻井相碰事故（艾军等，2014）。

1）平台地面布局要求

（1）合理的地面井口距离。井间距 10m，排间距 12m。

（2）优选井场方向。有条件的情况下，井场方向尽可能选择与水平段垂直。

2）水平段防碰设计要求

相邻平台由于交叉钻探，为了避免水平段着陆前相碰和水平段趾端压裂干扰，要求同层位同排水平段横向偏移 50m（图 8-5-6），相邻水平段的靶点（A 靶与邻井 A 靶，或 A 靶与邻井 B 靶）间距 100m。

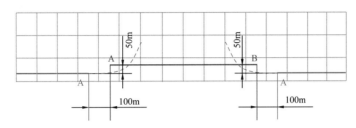

图 8-5-6 同层水平段安全距离要求示意图

3）防碰井段与防碰安全距离要求

防碰井段。指与相邻井分离系数小于 1.5 或与相邻井空间最近距离小于防碰安全距离的井段（陈海力等，2014）。以井眼轨迹测量误差理论的基础，充分考虑压裂波及距离等因素，形成了涪陵页岩气田丛式水平井防碰安全距离要求，分井段的防碰安全距离要求如表 8-5-2 所示。

表 8-5-2 涪陵页岩气田丛式水平井防碰距离要求

井段 /m	0~500	500~1000	1000~1500	1500~2000	2000~3000	3000~4000	>4000
防碰安全距离 /m	≥5	≥10	≥20	≥30	≥40	≥60	≥80

4）丛式水平井防碰设计实施流程

丛式水平井防碰设计应根据收集的邻井资料、设计井口坐标和靶点坐标进行平台的整体优化设计，统一确定各井绕障方案，确保平台所有井的施工安全。

实施流程的具体要求如下：（1）完成全平台轨道设计初步方案，分析整个平台设计井的防碰形势。（2）对部分井在上部直井段采用预增斜（井斜角<3°，降低后续施工难度）轨道设计，实现提前预绕障。（3）对所有邻井进行防碰扫描，若满足表 8-5-2 的安全距离要求，则提交轨道设计；若存在相碰风险，则进行防碰绕障设计。（4）进行防碰扫描时，井眼方位角须使用当时、当地的方位修正角统一修正为网格方位，各井井深均要修正到统一基准面；误差分析模型采用矢量误差 ISCWSA 分析模型，扫描方法采用最近距离扫描法。（5）对防碰绕障设计方案进行工程适应性评价。主要从摩阻、滑动定向

工作量、钻井周期等方面进行分析。如果防碰绕障设计方案对工程实现影响小（工作量、工期影响不大），则可提交实施；如果绕障轨道的工程实现难度高，钻井效率低，严重影响钻进周期，则考虑微调靶点的方式进行绕障设计，在不影响开发目的前提下，降低工程施工难度。

四、差异化复杂缝网压裂工艺及压后评估技术

1. 不同构造单元差异化复杂缝网压裂工艺技术

涪陵页岩储层分焦石坝主体区、江东区块、平桥区块等不同构造单元。各区块受构造、埋深、断裂带发育情况的不同，而具有不同的地质特点。针对不同构造单元地质特征采取针对性的分段压裂工艺，可以更大程度地沟通未动用的气层，极大地提高气藏的采出程度，实现有效改造体积最大化。

1）储层可压性评价

随埋深、应力、力学参数、裂缝发育等情况的变化，结合岩石破坏全过程的应力—应变曲线，通过分析岩心断裂过程中弹性能、峰前耗散能、峰后断裂能等应变能的演化规律（图 8-5-7），建立了能够综合反映岩石破坏前后力学特征的综合脆性评价指数。

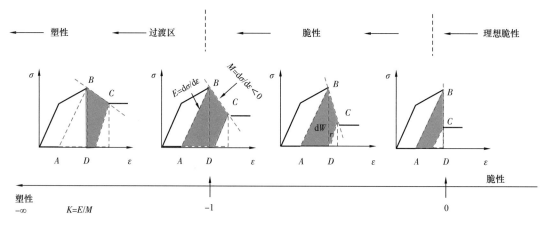

图 8-5-7　岩石破坏过程中各种能量转化示意图

涪陵页岩气储层①～⑤号层的纵向应力差异小，涧草沟组为较好的下部应力遮挡层，裂缝在高度上的扩展表现为向上延伸的趋势。⑥～⑨号层及浊积砂组应力逐渐增加，裂缝向⑥～⑨号层扩展困难。区块页岩的脆性较高，杨氏模量较高，泊松比较低，天然裂缝发育，涪陵地区静态岩石力学计算脆性指数为 54.6%，矿物成分计算脆性指数为 61.3%。形成复杂缝（缝网和多缝过渡）的可能性较大。结合岩石力学参数与产气剖面对应关系分析，得出了三因素九参数的页岩可压性评价方法表 8-5-3，从而为选取优质页岩储层进行措施改造奠定了基础。

2）不同构造单元差异化复杂缝网工艺

（1）焦石坝主体区。

焦石坝主体区储层需要保证主裂缝带长度与井距匹配、横向波及宽度覆盖全水平井

筒、段内多尺度人工裂缝扩展与支撑。针对①号层层理缝与发育及顶部存在观音桥段高应力区等情况，首先利用高黏度胶液延伸主裂缝，使裂缝高度在储层中充分扩展，然后大量注入低黏减阻水延伸所有已压开的层理缝，形成网络裂缝系统；针对③、④和⑤号层层理缝发育的情况，缝高扩展相对较好，可利用低黏度滑溜水和高排量相结合的办法，增加储层的横向波及体积，从而增加裂缝的复杂度，提高措施效果。

表 8-5-3　缝网形成条件各参数定量化评价推荐原则

三因素	缝网形成评价参数	评价指标
储层参数	① 石英含量	>45%
	② 密度	<2.65g/cm³
	③ 黏土含量	<40%
岩石力学及地应力	④ 泊松比	<0.25
	⑤ 杨氏模量	>36GPa
	⑥ 水平应力差异系数	<0.25
	⑦ 力学脆性	>50%
结构弱面	⑧ 层理发育状况	层理密度大、胶结适中
	⑨ 天然裂缝发育状况	曲率斑点状分布

（2）江东区块。

江东区块①～⑤号小层页理缝发育，①、⑨小层构造缝发育。相对主体区而言，黏土含量增大，泊松比增大，地层塑性增强，水平应力差和各项应力增加，增大了形成复杂缝的难度。同时江东区块地质条件复杂，分3500m以浅张性应力区，3500m以深张性区，以及挤压应力区。针对江东区块应力及埋深变化，采用"控近扩远促复杂"的工艺改造思路。北区埋深不大于3000m井区采用前置酸液预处理地层，降低施工压力；减阻水＋胶液的混合压裂液体系；80/100目＋40/70目＋30/50目支撑剂组合，应用段塞式加砂工艺。埋深3000～3500m井区，增大前置胶液量，减小簇间距增加减阻水和胶液的黏度，优选低密度陶粒为支撑剂。埋深大于3500m井区提高前置酸用量，前置胶液，减阻水造缝。江东南区分南1区和南2区，南1区前置胶液，阶梯提排量，促进人工裂缝在构造变化区域的扩展，大排量、多段少簇，长段塞加砂提高净压力增大诱导应力促进裂缝剪切。南2区快提排量形成高净压力、促进多缝开启，段塞转向提高砂液比保持高净压力、提高导流能力。

（3）平桥区块。

平桥区块位于大焦石坝西南部，构造单元为平桥背斜带，受断层控制。整体地层形变较弱，在边界断裂附近曲率值高，裂缝不发育。与焦石坝区块主体区相比，平桥井区观音桥段缺失，纵向上无明显的应力遮挡；储层高角度缝发育。储层埋深增加，垂向应力差和水平应力差增大，层理缝开启困难。泊松比增大，地层塑性增强。工艺上以提高改造体积和裂缝复杂度为目标，以控压、扩大储层改造体积，提高支撑强度为核心，通过大排量、高砂比，前置胶液降率促缝，达到提高单井产能的目标。

2. 压裂动态分析与压后综合评估的裂缝定量化描述技术

在页岩水平井分段分簇压裂过程中，水力裂缝将对地层应力和储层压力产生扰动效应，导致天然裂缝发生破坏，形成剪切破坏区与张性破坏区，即为页岩气水平井压裂缝网体积（REN L et al.，2018），缝网体积内储层表观渗透率将显著提高。

1）水力裂缝延伸模型

水力裂缝延伸参数可根据缝内流动压降方程与连续性方程利用有限差分求解：

$$\frac{\partial p}{\partial x} = -\frac{64\mu}{\pi h_{\mathrm{f}} w_{\mathrm{f}}^3} q; \ \frac{\partial q}{\partial x} = \frac{2c_{\mathrm{L}} h_{\mathrm{f}}}{\sqrt{t - \tau(x)}} + \frac{\partial w_{\mathrm{f}}}{\partial t} h_{\mathrm{f}} \qquad （8-5-5）$$

式中　p——裂缝内流体压力，Pa；

　　　q——缝内流量，m^3/s；

　　　w_{f}——裂缝缝宽，m；

　　　h_{f}——裂缝缝高，m；

　　　μ——压裂液黏度，Pa·s。

　　　c_{L}——压裂液综合滤失系数，$m/s^{0.5}$；

　　　τ——裂缝长度 x 处开始滤失时间，s；

　　　t——时间，s；

2）地层应力场模型

基于位移不连续方法（DDM），利用裂缝不连续单元应力—位移平衡方程计算裂缝开度（Crouch S，1976），进而利用诱导应力方程即可计算出坐标平面域内任一点的诱导应力分量和应变分量

$$\left(\sigma_{\mathrm{t}}\right)_i = \sum_{j=1}^{N}\left(A_{\mathrm{tt}}\right)_{ij}\left(D_{\mathrm{t}}\right)_j + \sum_{j=1}^{N}\left(A_{\mathrm{tn}}\right)_{ij}\left(D_{\mathrm{n}}\right)_j; \left(\sigma_{\mathrm{n}}\right)_i = \sum_{j=1}^{N}\left(A_{\mathrm{nt}}\right)_{ij}\left(D_{\mathrm{t}}\right)_j + \sum_{j=1}^{N}\left(A_{\mathrm{nn}}\right)_{ij}\left(D_{\mathrm{n}}\right)_j \qquad （8-5-6）$$

式中　$\left(\sigma_{\mathrm{t}}\right)_i$、$\left(\sigma_{\mathrm{n}}\right)_i$——裂缝 i 单元在局部坐标系内所受切应力和正应力，Pa；

　　　$\left(D_{\mathrm{n}}\right)_j$、$\left(D_{\mathrm{s}}\right)_j$——裂缝 j 单元的法向位移量与切向位移量，其中法向位移量即为裂缝缝宽，m；

　　　$\left(A_{\mathrm{tt}}\right)_{ij}$、$\left(A_{\mathrm{nt}}\right)_{ij}$、$\left(A_{\mathrm{tn}}\right)_{ij}$、$\left(A_{\mathrm{nn}}\right)_{ij}$——$j$ 单元切向位移和法向位移不连续量分别在 i 单元上引起的切向应力分量和法向应力分量，i，j 取值 $1\sim N$。

3）储层压力场模型

压裂过程中，储层压力场增量随时间的变化（Ozkan E et al.，1991）可由下式求解：

$$\Delta\overline{p}(x,y,z,s)=\frac{2\mu h_{r}}{\pi k_{m}h_{rD}s}\sum_{n=1}^{\infty}\frac{1}{n}\sin n\pi\frac{h_{f}}{2h_{r}}\cdot\sin n\pi\frac{z_{w}}{h_{r}}\cdot\sin n\pi\frac{z}{h_{r}}\cdot$$

$$\int_{-L_{f}/L}^{+L_{f}/L}\tilde{q}K_{0}\left[\sqrt{u+\frac{n^{2}\pi^{2}}{h_{rD}^{2}}}\sqrt{\left(x_{D}-x_{wD}-\alpha\sqrt{k_{m}/k_{mx}}\right)^{2}+\left(y_{D}-y_{wD}\right)^{2}}\right]d\alpha \qquad (8-5-7)$$

式中　$\Delta\overline{p}$——Laplace 域内压力场，MPa；

　　　L——水平井长度，m；

　　　h_{r}——油藏厚度，m；

　　　h_{rD}——无因次油藏厚度，无量纲；

　　　k_{mx}——基质系统 x 方向上渗透率，mD；

　　　k_{m}——基质系统等效渗透率，mD；

　　　$\tilde{q}$——裂缝壁面任意点单位面积流量（随缝长方向变化），m/min；

　　　Q——泵注排量，m^{3}/min；

　　　s——Laplace 变量；

　　　α——岩块形状因子，无量纲；

　　　L_{f}——裂缝半长，m；

　　　K_{0}——0 阶 Bessel 函数；

　　　u——自定义函数；

　　　z_{w}——井底 z 坐标，m；

　　　x_{D}——无因次 x 坐标，无量纲；

　　　y_{D}——无因次 y 坐标，无量纲；

　　　x_{wD}——井底无因次 x 坐标，无量纲；

　　　y_{wD}——井底无因次 y 坐标，无量纲。

4）天然裂缝破坏准则

根据 Warpinski 准则（Warpinski N R et al.，1987），天然裂缝张性破坏与剪切破坏判别式为：

$$张性破坏：p_{nf}>p_{n}+S_{t} \qquad 剪切破坏：p_{\tau}>\tau_{0}+K_{f}\cdot(p_{n}-p_{nf}) \qquad (8-5-8)$$

式中　K_{f}——天然裂缝摩擦系数，无量纲；

　　　p_{nf}——天然裂缝内流体压力，Pa；

　　　S_{t}——天然裂缝抗张强度，Pa；

　　　τ_{0}——天然裂缝内聚力，Pa。

首先利用水力裂缝延伸模型计算裂缝延伸参数，同时对地层应力场与储层压力场分布进行耦合求解，随后根据天然裂缝破坏判别式对储层内任意位置处的天然裂缝破坏状态与类型进行判断，最后利用空间数值积分方法，分别计算张性破坏缝网体积和剪切破坏缝网体积，并将两者的空间并集算作总体缝网体积。

3. 基于温度压力测试的页岩气产气剖面解释模型及方法

在气井生产过程中，利用气井的温差曲线，可以修正气井的地质剖面，确定产气层位，估计每一生产层的产气量，确定岩层及地下气体的某些物理性质及形成水合物的井段深度。从理论上讲，温差曲线应该反映出影响井身中上升气流温度的全部主要因素，主要包括气体和岩层的热交换、焦耳—汤姆逊节流效应、上升气流的位能和动能的变化、重烃凝析的热效应及热交换的稳定问题等（周治岳等，2013）。

页岩气水平井一般都是采用多段射孔进行生产，地层流体在地层压力和井筒压差的作用下向低压井筒渗流，在分段压裂施工中形成的人工裂缝导流作用下通过射孔孔眼进入井筒，从水平井的趾端流向跟端（Olmstead S M et al.，2013）。在整个流动过程中，气流的温度在某一时刻会发生明显的异常变化，即进入井筒时的焦耳—汤姆逊节流效应过程，使气流温度在射孔簇位置处突降，而气流温度的降低幅度是由该射孔簇位置处的出气量大小所决定的（Galloway E et al.，2018）。当气从储层的高压状态进入井筒后，由于压力降低，气体分子扩散，体积膨胀而吸收出气口附近的热量，引起井筒温压场的变化，再综合考虑地层温度场、井身结构、井眼轨迹、增产措施、井筒积液、产出流体物理化学性质等因素对井筒温压场影响，以物质质量守恒与能量守恒为理论基础，建立数学解释模型对水平气井各射孔层段产气量进行定量解释。气井生产时，利用连续油管+高精度温度压力测试仪在水平井段进行连续拖动，监测射孔簇孔眼附近温度的变化，获取全井温度、压力剖面来进行水平井产气剖面定量解释。

温度法产气剖面测试技术方法在涪陵页岩气田累计应用五十余井次，工艺成功率100%，覆盖涪陵页岩气田主要区块。为评价压裂效果、了解气井生产状况和规律提供了重要支撑，为优化压裂方案、生产管理提供了依据。该技术的应用，使页岩气井产气剖面测试费用下降40%，作业时间缩短1/3，为页岩气井产气剖面测试提供了低成本、高效率的解决方案。

五、岩溶山地页岩气绿色开发技术

1. 岩溶山地页岩气开发土地集约化利用技术

针对喀斯特岩溶地貌特征，从气田自然环境与社会经济发展实际出发，研究和实践总结出了针对涪陵页岩气田的一整套土地复垦技术，有效恢复和提高了土地生产力，维护了岩溶山地的区域生态安全，其技术流程包括：确定复垦范围、划分复垦单元、确定复垦种类和后评价方式等。主要的复垦工艺包涵平台表土剥离与利用、土壤重构工程设计、配套工程与生物工程的实施等。完成了大规模钻井平台及部分集输管线的复垦工作，复垦面积 $61.04×10^4m^2$，其中平台复垦面积 $8.44×10^4m^2$，管线复垦面积 $52.60×10^4m^2$，平台复垦率达到100%，恢复了区域土地生产力。在平台施工和管线施工过程中，对表土进行剥离保存，土壤保证率在30%~90%，总体上土壤保证率较好。

针对页岩气区域污染土壤的修复治理需求，采集了页岩气开采场地及周边地区污染土壤样品，明确了污染区土壤污染特征。在此基础上，通过富集培养—划线分离的方法，筛选出了可以去除污染区土壤特征污染物的高效降解微生物菌株，同时研究了功能微生物对污染物的降解效率及其调控机制，探讨了功能微生物修复技术与工艺参数（杨德敏等，2019）。以有机废弃物为原料，通过热裂解工艺制备了生物碳基材料，进一步探讨了生物碳基材料负载高效降解微生物的技术方法；研制了生物炭材料和高效降解微生物复合的污染土壤修复调理剂，开发出了复合修复调理剂在污染土壤修复的应用技术，明确了复合修复调理剂与污染物的作用机制及其关键因子。在上述研究认识上，研发出了污染土壤复合修复调理剂的生产装备，通过实践应用确定了复合修复调理剂的制备工艺参数，构建了页岩气区域受污染土壤修复技术集成体系，形成了适合我国西南岩溶山地页岩气产区污染土壤修复与场地重建的解决方案。

2. 页岩气开发水资源节约与污染防控技术

页岩气勘探开发过程中水资源的利用和污水的有效处置是行业可持续发展的重要内容。针对涪陵地区页岩气勘探对水资源利用的巨大需求，充分开展了压裂返排污水预处理及重复利用的工艺研究和工程应用，实现了所有早期压裂返排液集中收集及原位处理后重复用于后续井的压裂配水，减少了清水的用量，解决了气井勘探早期高浓度返排液的环境污染风险。针对气井稳定生产期产出水经济高效处置问题，系统评价了涪陵页岩气田产出水化学特性，开展了污水处理工艺的技术与经济性能比较，总结出了一整套经济高效的污水达标处理技术措施，建立了页岩气产出水物化预处理—脱盐的小试与中试处理工艺，总结出一系列有效的运行操作经验，同时开展了产出水物化—生化联合处理小试工艺，实现了产出水的耐盐生物脱氮处理目标，分别建成了移动式产出水达标处理示范装置，以及我国首座大型集中式产出水处理厂，处理能力达到 $1600m^3/d$，采用"混凝沉淀—高级氧化—双膜过滤—结晶蒸发"组合工艺，排放水水质达到地表水Ⅲ类标准，形成了区域页岩气开发产出水处理技术的典型示范。进一步深入分析了页岩气产出水环境排放与处置过程中难降解有机物的环境行为与综合毒性演变规律，获得了产出水溶解性有机物环境迁移与物化处理过程超高分辨有机质谱的详细信息，加深了对此类行业工业污水典型污染物转化行为的充分认识。

针对产出水处理过程大量浓水和化学污泥后续处置问题，建立了页岩气产出水膜分离浓缩液有效处理工艺，完成产出水与浓缩液处理工艺过程中固体产物特性的评价，并建立有效的固废处置工艺，创新性地研究与开发了新型膜分离浓缩液的处理处置技术，实现了膜分离浓缩液中溴碘、放射性物质、高浓度有机污染物的有效与安全处置，浓缩液的整体处理成本在现有成熟技术上得到大幅降低。

3. 页岩气油基钻屑处理与资源化利用技术

钻井液可分为清水、水基钻井液、油基钻井液。页岩气水平段主要采用油基钻井液，废弃钻井油基钻屑的有效处置与资源化利用已成为页岩气生产的一项重要环保内容。

全面分析页岩气钻井工程不同钻井阶段产生岩屑的化学组成、物理性质以及环境毒性等基本数据，并提出有针对性的岩屑综合利用及最终处理方式，其中清水钻屑和水基钻屑通过钻屑"不落地"技术使得钻屑回用于建筑材料；油基钻屑经过热解炭化处置有效减容，热解灰渣制备出了钻井用的压裂砂，实现了气田内部的危险固废资源化再利用，为涪陵页岩气开发钻井岩屑的处置提供技术支撑和示范。

全面深入地开展了油基钻屑高效热解工艺关键参数的确定，以及成套工业化设备的研制与现场应用，形成了两种低耗高效页岩气开采油基钻屑处理与回用技术工艺，研制了两套 $4m^3/h$ 装备，使得页岩气钻井油基钻屑处理率达到 100% 且处理后各项指标达到国家标准。回收柴油达到钻井液用油指标，残渣零排放，固体物符合相关国家标准，其中含油量低于 0.2‰，浸出液中 COD 不大于 100mg/L，主要重金属溶出浓度达到地表水环境质量标准（GB3838—2002）中Ⅳ类，铬浓度不大于 0.05mg/L，镉、汞和铅未检出。在详细研究攻关基础上建成了国内首座页岩气油基钻屑热解处理站，热解灰渣率先实现了水泥窑无害化协同处置，有效解决了油基钻屑中价值资源高效利用及废弃物无害化处理难题。

4. 页岩气开发碳减排技术

涪陵页岩气的特点有丰度高、分布稳定、储层厚度大、埋深适中，中间无夹层，是一种典型的优质海相页岩气，CH_4 含量超过 98%，不含 H_2S、CO 等有毒有害物质，燃烧产物无 SO_2，是优质的高热值清洁能源。

全面计算分析了气田能源消耗状况，明确了主要能源消耗单元为钻井、试气、采气，分别占总能耗的 99.58%、0.03%、0.09%，采气过程能源消耗以燃料气和电为主，试气过程能源消耗以燃料油为主，钻井过程能源消耗以电和柴油为主，钻井施工过程中使用网电是减少能耗的重要措施。针对涪陵工区生产特点，削减能耗的生产方案应重点放在网电的推广使用及降低页岩气放空量等环节。基于此，开展了碳排放核算及碳减排评价，明确了气井试气过程直接与间接碳排放规律，确立了气井碳排放因子并建立了排放模型，全面开展了网电钻机碳减排核算，研发应用了井下节流技术，创新形成了"试—采一体化"工艺技术，实现"边测试，边回收"，提高了资源回收利用率，碳排放量减少 40% 以上，实施效果明显。

六、实施效果与知识产权成果

1. 应用成效

研究成果在涪陵页岩气田进行了全面推广应用，有效支撑了气田稳产上产。涪陵页岩气田"十三五"新建产能 $77×10^8m^3/a$、2020 年产量 $67×10^8m^3$，气田累计产量超 $400×10^8m^3$，创造中国页岩气田累计产量新纪录。同时形成了一系列可复制、可推广的页岩气高效开发技术体系，在我国海相、陆相多个盆地页岩气开发中得到推广应用，特别是以提高水平井优质储层穿行率为核心的轨迹追踪技术，解决了四川盆地页岩气上产难题，为中国石化威荣、永川、复兴，中国石油威远等页岩气区块的开发评价提供借鉴，充分彰显了涪陵页岩气田的示范效应。

涪陵页岩气田的开发有效推动产业发展，引领和带动了川渝地区页岩气全产业链的发展，直接带动就业近 5000 人，经济和社会效益显著。涪陵气田开发还得到同行专家高度关注：涪陵气田已接待各级各类来宾 1775 批次 27183 人次（其中院士 50 人次）进行经验交流、技术研讨，建设成果获得国家优质投资项目特别奖，得到中国中央电视台、人民日报等主流媒体报道。气田产出的优质页岩气通过"川气东送"管道源源不断地输往华中、华东等地，为长江经济带发展提供清洁能源，惠及沿线 6 省 2 直辖市共 70 多个大中型城市、上千家企业，两亿多居民从中受益。根据热值换算方法测算，$400 \times 10^8 m^3$ 页岩气可替代燃煤约 $8100 \times 10^4 t$，可减少二氧化碳排放 $4800 \times 10^4 t$。

2. 知识产权

在涪陵页岩气开发示范工程研发过程中，全面加强知识产权建设。2016—2020 年国家发明专利授权 39 项，制定国家、能源行业及企业标准 8 大类 34 项，发表核心期刊论文 162 篇，登记软件著作权 11 项，出版页岩气专著 7 部。荣获省部级以上奖项合计 17 项。

第六节　中国页岩气地质资源与新区新类型勘探

一、概述

中国页岩气资源丰富，有海相、海陆交互相和陆相三种类型 18 个富有机质页岩层系。目前仅四川盆地五峰组—龙马溪组海相页岩气取得工业开发，而盆外复杂构造区、新区、新层系、新类型页岩气勘探还处于探索阶段。同时，不同机构对页岩气资源量评价差别较大，可采资源量 $10 \times 10^{12} \sim 30 \times 10^{12} m^3$ 不等。究其根源：一是对我国页岩气富集成藏理论认识的差别；二是评价方法和参数优选差异；三是缺乏有针对性的勘探开发技术。聚焦上述关键问题，"十三五"期间，中国地质调查局油气资源调查中心、中国石油化工股份有限公司华东油气分公司、陕西延长石油（集团）有限责任公司等单位，依托国家科技重大专项"页岩气资源评价方法与勘查技术攻关"、"彭水地区常压页岩气勘探开发示范工程"和"延安地区陆相页岩气勘探开发关键技术"，在我国页岩气富集成藏理论、资源评价与有利区优选、低成本高效勘探开发技术等方面，取得了一批重要的创新性成果，实现了盆外复杂构造区龙马溪组、古老层系震旦系—寒武系和北方陆相页岩气勘探突破，开辟了我国页岩气勘探开发新区新层系。

聚焦盆外复杂构造区页岩气富集成藏机理，从富有机质页岩形成环境、成岩—成烃热演化和构造保存三方面特征和机理研究，总结提出"岩相控炭、成岩控烃、构造控藏"页岩气富集成藏模式（表 8-6-1），指导盆外复杂构造区页岩气勘查，在湖北宜昌震旦系—寒武系获得新区新层系页岩气勘查重大突破，在贵州正安和云南大关志留系勘查获得重大突破。针对彭水常压页岩气提出"沉积相控烃、保存条件控富、地应力场控产"的三因素控藏地质理论（何希鹏等，2017），建成南川常压页岩气田。提出"湖相优质泥页岩是物质基础、多类型跨尺度的复杂孔隙网络决定赋存条件、厚层泥页岩自封闭性是保存关键""三元"成藏富集理论，促进鄂尔多斯陆相页岩气勘探开发。

表 8-6-1　页岩气富集成藏模式

环境类型	岩相控碳（七岩相）	成岩控烃（四模式）	构造控藏（七构造）
海相	深水陆棚 裂隙海槽	缓降缓升—快降深埋生烃—快速抬升（W形） 快速深埋生烃—持续深埋生烃—快速抬升（U形） 快速深埋生烃—中晚期持续抬升（V形）	隐伏背斜控藏型 逆断背斜控藏型 隐伏向斜控藏型 残留向斜控藏型 逆断向斜控藏型 逆断单斜控藏型 基底隆起控藏型
海陆交互相	沼泽 潟湖 潮坪	快速深埋生烃—持续深埋生烃—快速抬升（U形） 快速深埋生烃—中晚期持续抬升（V形）	
陆相	深湖 半深湖	快速深埋生烃—中晚期持续抬升（V形） 持续沉降生烃（L形）	

基于我国页岩气成因类型、层系和勘探程度的差异性，提出了"成因分类、勘探程度分级"的分类分级页岩气资源评价思想，建立了"地质—技术—生态—经济"四位一体页岩气资源评价方法和参数体系，体现了不同类型、不同层系、不同勘探程度资源评价方法和参数的差异性，建立了以含气量为主因素的页岩气资源评价参数体系。在1:25万地质调查的基础上，对我国南方震旦系—侏罗系等八个层系页岩气资源潜力进行了评价，为我国页岩气勘探开发规划，提供了重要的基础资料。

二、中国页岩气地质资源评价

1. 页岩气资源评价现状与问题

不同机构对我国页岩气资源量评价差别较大，原国土资源部评价为 $25 \times 10^{12} m^3$、中国石油工程院评价为 $10 \times 10^{12} \sim 12 \times 10^{12} m^3$、美国 EIA 评价为 $31 \times 10^{12} m^3$。主要原因体现在：一是资源评价方法与参数选择不合理，未能区别不同类型页岩气和不同的勘探程度。二是前期评价资料有限，缺乏关键参数，页岩气可采资源量存在争议，可靠性不足。

2. 分类分级的资源评价方法体系与参数体系

1）评价方法与参数体系建立的原则

针对我国南方地区页岩沉积类型多、构造活动强烈、页岩气形成条件差异性大、勘探程度差异性大等特点，按照成因分类（分海相、陆相、海陆交互相）和勘探程度（开发、勘探、调查）分级的原则，建立适合我国地质特点的不同类型页岩气资源评价方法体系和参数体系。

2）评价方法优化与选择

综合我国页岩气赋存地质特征和勘探情况，确定采用类比法、概率体积法和动态法（表 8-6-2）开展资源评价。对已开发的勘探区，具有丰富的生产数据，采用生产曲线法；

对已有探井和含气量参数地区，采用概率体积法，根据含气页岩厚度、面积、密度和含气量进行页岩气资源评价。对工作程度相对较低地区，采用类比法，从沉积、构造、有机地化、储集性能等要素，与工作程度较高地区进行比较，计算相似系数，预测评价区页岩气资源量。

表 8-6-2 分级分类页岩气资源评价方法

勘查程度	资料情况、勘查程度划分依据	评价方法
高	有三维地震资料，大量预探井、评价井及相关分析化验、测井资料等，地质条件及页岩气富集规律清楚，可较全面获取关键评价参数	生产曲线法
中	有二维地震资料，有少量预探井或区域探井等资料，有部分分析测试资料，基本地质条件较清楚，可获得该地区部分评价关键参数	概率体积法
低	仅有重、磁、电等非震物化探资料，没有针对目的层的地震资料、钻井等一系列资料数据，地质条件不清楚，评价关键参数缺乏	类比法

3）典型刻度区建立与评价参数优选

（1）典型刻度区建立。

基于我国现今页岩气勘探开发，优选了焦石坝、长宁—威远和彭水志留系，鄂西震旦系—寒武系—志留系，紫云—湘中石炭系，川东南二叠系，川东北侏罗系等三种类型、六套层系，建立了九个典型页岩气刻度区。编制了区域页岩气基础地质图件（埋深、厚度、TOC、R_o 等），并最终形成不同类型、不同层系、不同地质条件和勘探程度的刻度区的基本参数表。

（2）以含气量为主因素的不同类型页岩气资源评价参数体系。

页岩气资源量评价的本质是含气量评价，资源量是含气量和体积的积。研究证明，含气量和 TOC、热演化程度等存在一定的相关性，在缺乏含气量数据时，可以通过相关方程求得含气量。

① 海相页岩气资源评价参数确定。参考页岩气国家资源评价标准和企业勘探开发采用标准，分别以含气量 $1.0m^3/t$ 和 $2.0m^3/t$ 作为页岩气远景区和有利区下限。依据大量数据统计与生烃模拟，利用含气量和 TOC 关系确定远景区和有利区 TOC 下限值分别为 1.0% 和 2.0%（图 8-6-1）。通过统计分析 R_o 和含气性之间的关系，确定 $1.5\% \leqslant R_o \leqslant 3.5\%$ 作为页岩气有利区、远景区评价的上限。

② 陆相选区评价参数确定。根据数据统计和生烃模拟，确定陆相页岩 Ⅱ、Ⅲ 型有机质页岩气选区 TOC 下限值分别为 0.5% 和 2.0%，Ⅱ 型干酪根远景区 R_o 下限为 1.0%；有利区 R_o 下限为 1.6%；Ⅲ 型干酪根远景区 R_o 下限为 0.9%；有利区 R_o 下限为 1.3%。（表 8-6-3）。

③ 海陆交互相选区参数确定。根据数据统计和生烃模拟，确定海陆交互相页岩气 TOC＞2.0%，$1.3\% < R_o < 3.5\%$（表 8-6-3）。

基于典型刻度区含气量与其他参数相关关系，建立海相、海陆交互相、陆相页岩气选区参数：页岩生储能力：厚度、TOC、成熟度和孔隙度；保存条件：含气量、压力、构造背景（断裂裂缝、渗透率）；开发条件：地表条件、脆性度、埋深、区块面积（表 8-6-3）。

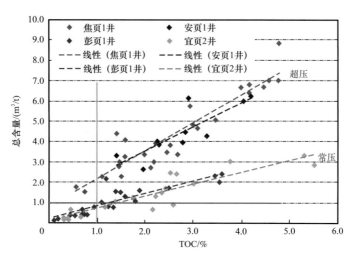

图 8-6-1 海相页岩含气量与 TOC 关系图

表 8-6-3 不同类型页岩气资源评价参数体系

类别	评价参数	海相		海陆交互相		陆相	
		远景区	有利区	远景区	有利区	远景区	有利区
页岩分布	累计厚度 /m	≥20					
	夹层厚度 /m	—	—	≤5			
	泥地比 /%	—	—	≥60			
	埋深 /m	500～6000	1500～4500	500～6000	1500～4500	500～6000	1500～4500
含气性	含气量 /（m³/t）	1.0					
有机地化	TOC/%	1.0	2.0	2.0	2.0	1.0	2.0
	R_o/%	0.8～3.5	1.0～3.5	Ⅱ型：1.3～3.5 Ⅲ型：0.5～3.5	Ⅱ型：1.6～3.5 Ⅲ型：1.5～3.5	Ⅱ型：1.3～3.5 Ⅲ型：0.5～3.5	Ⅱ型：1.6～3.5 Ⅲ型：1.5～3.5
储层物性	孔隙度 /%	>2.0	>2.0	>3.0	>3.0	>2.5	>2.5
	含水饱和度 /%	<60					
矿物组成	脆性矿物含量 /%	—	—	30～70	30～70	30～70	30～70
	黏土矿物含量 /%	—	—	30～70	30～70	30～70	30～70
保存条件	断裂距离 /km	1.0	3.0	1.0	3.0	1.0	3.0
	露头距离 /km	>3.0	>5.0	>3.0	>5.0	>3.0	>5.0

3. 有利区优选与资源评价

1）远景区和有利区优选

采用"沉积相带＋构造保存＋评价要素"等条件综合分析的思路和方法，依据表 8-6-3 确定的参数体系。以评价要素编图为基础，采用叠图法，完成我国南方震旦系—侏罗系共八套层系的远景区和有利区评价。共优选页岩气远景区 142 个，总面积 48.84×10⁴km²，有利区 132 个，总面积 25.84×10⁴km²。其中志留系龙马溪组页岩气远景区和有利区分布最多，分别占 38% 和 33%。依次为二叠系、寒武系、泥盆系、石炭系、三叠系、侏罗系和震旦系（图 8-6-2）。

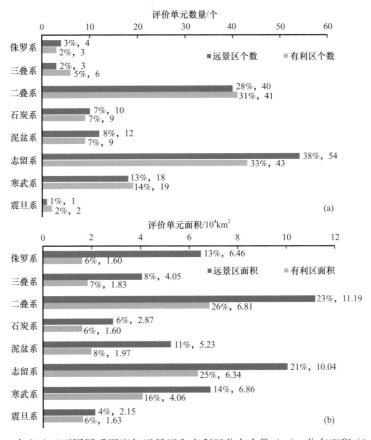

图 8-6-2　南方地区不同层系页岩气远景区和有利区分布个数（a）、分布面积（b）及比例

2）资源潜力评价

针对南方地区震旦系、寒武系、奥陶系—志留系、泥盆系、石炭系、二叠系、三叠系和侏罗系等八套含气页岩层系，评价单元分布于我国南方四川盆地及其周缘、武陵山、中扬子、下扬子和滇黔桂等地区，在评价过程中分为远景区和有利区两个序列。根据远景区和有利区页岩气资料丰富程度，分别采用概率体积法和类比法进行资源量计算。结果显示，南方地区八套层系远景区页岩气地质资源总量 113.99×10¹²m³；有利区页岩气地质资源总量 70.77×10¹²m³（表 8-6-4）。

表 8-6-4　南方地区页岩气地质资源量汇总表

层系	远景区		有利区	
	面积 /10^4km^2	地质资源量 /$10^{12}m^3$	面积 /10^4km^2	地质资源量 /$10^{12}m^3$
震旦系	2.15	5.64	1.63	4.64
寒武系	6.86	20.60	4.06	13.44
志留系	10.04	36.10	6.34	25.02
泥盆系	5.23	7.68	1.97	3.46
石炭系	2.87	6.96	1.60	4.58
二叠系	11.19	18.78	6.81	12.76
三叠系	4.05	8.38	1.83	3.91
侏罗系	6.46	9.86	1.60	2.96
合计	48.83	113.99	25.84	70.77

三、中扬子地区彭水常压页岩气勘探

1. 常压页岩气勘探背景、现状与挑战

2012 年 8 月，彭水区块彭页 HF-1 井压裂测试获日产气 $2.5×10^4m^3$，实现南方常压页岩气战略突破。与涪陵、长宁、威远等已商业开发的高压页岩气相比，常压页岩气具有构造变形强烈、吸附气占比高、应力差异系数大等特点，商业开发面临三大挑战。一是经历了多期构造改造，对页岩气富集成藏影响较大，需加强富集理论及目标评价研究；二是气藏渗流规律复杂，单井产能差异大，需建立气藏地质—开发工程—经济评价一体化开发技术体系；三是地表、地下双复杂，压裂难以形成复杂缝网，工程建设难度大、投资高等难题，需要加大物探、钻完井、压裂、地面等高效低成本技术攻关，支撑常压页岩气效益勘探开发（方志雄，2019）。

2. 常压页岩气地质理论与勘探开发技术系列

"十三五"期间，中国石油化工股份有限公司华东油气分公司联合中国石化石油勘探开发研究院、石油工程技术研究院、中国石油大学（华东）等 10 家单位，依托国家科技重大专项"彭水地区常压页岩气勘探开发示范工程"，紧密围绕增产和降本两大主线，强化"产学研用"一体化攻关，取得了常压页岩气富集高产地质理论重大创新，形成了配套的勘探开发技术序列，建成了国内首个大型常压页岩气田——南川常压页岩气田。

1）创建了常压页岩气"三因素控藏"地质理论

（1）形成页岩气"三因素控藏"地质理论。

通过页岩气聚散机理分析，提出常压页岩气"三因素控藏"地质理论（图 8-6-3）。主要内涵为：① 沉积相控烃。深水陆棚相古生产力高，优质页岩厚度大、有机质丰度高，

生烃能力强，有机质孔隙发育，控制了页岩气资源规模（吴赟元等，2020）；② 保存条件控富。保存条件越好，地层能量充足，孔隙度、压力系数、含气量和游离气占比越高，页岩气越富集。③ 地应力场控产。古应力场形成的天然缝沟通页岩基质孔隙，有利于游离气富集；现今地应力适中的中等曲率带利于压裂形成复杂缝网，提高单井产量和经济可采储量。

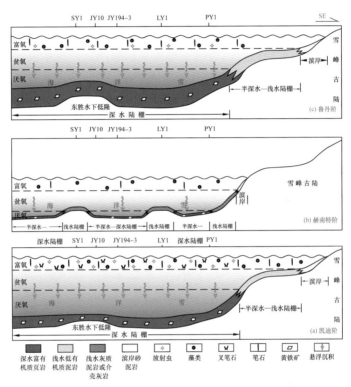

(a) 沉积演化模式

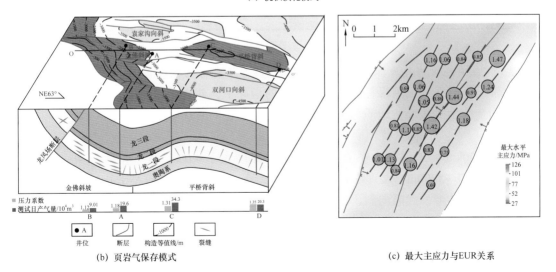

(b) 页岩气保存模式

(c) 最大主应力与EUR关系

图 8-6-3　常压页岩气三因素控藏模式图

（2）建立四种页岩气藏成藏模式。

基于天然缝与页岩气聚散机理认识，通过对渝东南地区构造样式、典型井解剖，建立了背斜型、斜坡型、向斜型和逆断层下盘型四种页岩气藏成藏模式。① 背斜型页岩气藏，天然微裂缝发育，具有短距离运移聚集的优势；核部发育"V"字形劈理缝，人工裂缝纵向延伸大，横向延伸小，体积改造难度大；翼部发育伴生断裂，"E"字形天然层间缝发育，与人工缝交割沟通，压裂易形成复杂缝网，易高产。② 斜坡型页岩气藏（图 8-6-4），页岩气易横向顺层逸散，富集主要受侧向断层封堵和剥蚀边界远近控制；主要发育顺层"E"字形层间缝，压裂缝易形成复杂缝网，产量中高。③ 向斜型页岩气藏，具有环带滞留、向斜中心富集的特点，易形成"A"字形缝，压裂较难形成复杂缝网，单井产量较低。④ 逆断层下盘型页岩气藏，主要受逆断层侧向封堵，页岩气横向运移减弱，滞留于下盘成藏，下盘发育"X"字形剪节理，利于压裂形成复杂缝网。

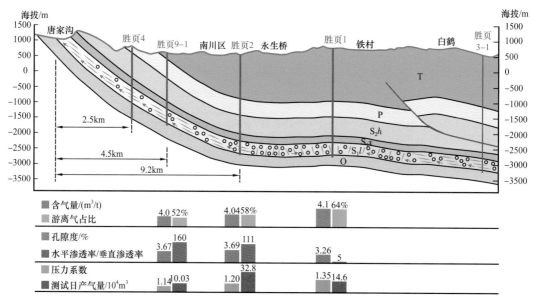

图 8-6-4　斜坡型页岩气成藏模式图

2）建立常压页岩气目标评价体系和标准，指导了目标区优选

在常压页岩气"三因素控藏"地质理论的指导下，建立了以静态指标为基础，保存条件和构造应力为核心，地质与工程"甜点"相结合的常压页岩气目标评价体系和标准（表 8-6-5）。一类目标区优质页岩厚度大于 30m、TOC 大于 3.0%、硅质含量大于 50%，面积大于 100km²，地层压力系数大于 1.1、孔隙度大于 4.0%、含气量大于 4m³/t，页岩埋深介于 1500～3800m，层理缝和微裂缝发育，水平应力差异系数小于 0.2。据此优选出平桥、东胜构造带，武隆向斜，道真向斜等 I 类有利目标，有效指导了勘探突破和商业建产。

3）创新形成了常压页岩气经济开发技术政策，有效指导气田建设

基于物质平衡原理和复杂渗流数学模型，建立了常压页岩气井动态储量评价、生产数据分析和可采储量（EUR）预测方法，对南川区块不同分区页岩气井压裂改造效果和

单井 EUR 进行了评价，单井改造体积 $2.28 \times 10^6 \sim 13.87 \times 10^6 m^3$，单井 EUR $0.34 \times 10^8 \sim 1.47 \times 10^8 m^3$。明确了常压页岩气井具有见气晚、排水期长、返排率高、气液比低、低压稳产能力强、递减缓等特点（何希鹏等，2018）。建立了气井全生命周期不同阶段的产能评价方法。最终以提高单井 EUR 和资源动用率为核心，结合常压页岩气渗流机理及生产规律，采用地质—工程—经济一体化思路，制定了"小井距、长水平段、小夹角、低高差、强改造"的常压页岩气经济开发技术政策。

表 8-6-5 常压页岩气选区评价标准

评价参数（权重）		I 类（0.75，1]	II 类（0.5，0.75]	III 类 [0，0.5]
物质基础（0.4）	优质页岩厚度 /m（0.15）	>30	20～30	<20
	优质页岩分布面积 /km²（0.05）	>100	50～100	<50
	储层分级评价（0.15）	I、II 类储层占比 >60%	I、II 类储层占比 40%～60%	I、II 类储层占比 <40%
	资源丰度 /10⁸m³/km²（0.05）	>8	4～8	<4
保存条件（0.3）	保存条件分级评价（0.3）	I 类保存单元	II 类保存单元	III 类保存单元
构造应力场（0.3）	地应力 /MPa（0.03）	<80	80～95	>95
	应力梯度 /（MPa/100m）（0.03）	<2.5	2.5～3.0	>3.0
	应力差异系数（0.04）	<0.2	0.2～0.3	>0.3
	曲率（0.05）	中等	大	小
	埋深 /m（0.04）	<3800	3800～4500	>4500
	层理缝（0.04）	发育	较发育	不发育
	微裂缝（0.02）	发育	较发育	不发育
	硅质含量 /%（0.05）	>50	30～50	<30

4）形成了常压页岩气低成本工程工艺技术

（1）常压区低密度三维地震勘探技术。

一是创新建立低密度三维地震采集技术，提高单炮品质，降低施工成本。定量揭示不同岩性、构造条件下地震成像对观测系统参数的需求，创新形成"统一排列片接收、分区变炮点设计"的低密度三维观测方法，三维炮道密度下降 17.3%～69%，采集单价下降 13.6%～32.5%。综合利用高清航测影像、全局寻优原则、模型正演等技术，优化复杂山地地震激发点设计，使激发点位、药量预设计符合率提高 12%、22%，工作效率提高 94%，单炮一级品率提高 10%。优选基于地表岩性的变激发与接收参数，单炮平均能量、信噪比提高 109%、29%。

二是形成 TTI 各向异性地震高精度成像技术，实现高精度地震成像。形成以微测井约束层析静校正、分岩性差异化组合去噪、弱信号补偿处理、一致性处理、五维数据规则化等为主的预处理技术体系，保障地震信噪比与提高分辨率。针对地下逆掩断裂发育、地层高陡、构造紧闭的复杂深层地质特点及页岩层强各向异性介质条件，利用"井约束旅行时恒定层析成像"技术，求取准确的各向异性速度场，开展 TTI 叠前深度偏移，提高地震成像精度；三维地震目的层信噪比大于 5，主频提高 5~8Hz，主要产建区地震深度预测误差小于 1%（刘厚裕，2020）。

（2）常压页岩气优快钻井和复杂缝网压裂技术系列。

一是创新以"二开制"井身结构为代表的优快钻井技术，钻井效率大幅提高。基于常压地层压力剖面，综合开孔层位、地层漏失及必封点等，井身结构由"多开制"优化为"二开制"，一开套管封住茅口组以上易漏失层，可节省一层技术套管及固井费用，同时缩小井眼尺寸，有效提高机械钻速。2017 年 LY2HF 井成功实现二开制完井，与 LY1HF 井相比，水平段长增加 483m，完钻井深增加 235m，钻完井周期缩短 25.43%，钻井成本减少 33%。

二是形成"中段多簇、段内转向、高强度加砂"压裂工艺，有效提升改造效果。针对常压页岩地应力较小、水平应力差异大、施工压力窗口大的特点，采用"中段多簇密切割射孔、投球转向、高强度加砂"等工艺促进缝网复杂化，形成页岩气流动"快速通道"。在 LY2HF 井成功试验，每段射孔 4~6 簇，投 35~50 个可溶暂堵球，投球后净压力升高 6~16MPa，较 LY1HF 井有效改造体积 ESRV 提高 7%~10%，测试日产气 $9.22 \times 10^4 m^3$。

三是创新形成"全电自动化"压裂施工技术，大幅降本减排。克服山地井场限制，在国内率先实践 6000 型电动压裂泵，形成电动压裂泵、机械压裂车组、页岩气发电供电、电网优化配置工艺技术，攻克解决了高谐波电压难题，由 20% 降低到 5% 以下，实现了 6000V 直流电直供，同时研发了高排量的配套电动混砂橇。单段施工费用降低 18%，单段减排 1.66t 标准煤。JY211-4HF 井首次采用全电动压裂泵施工，单井压裂直接成本减少 300 万元。截至 2020 年底，华东分公司规模应用电动压裂累计完成 52 口井施工，节约施工费用 1.56 亿元。

（3）常压页岩气实用的地面工艺技术系列。

基于常压页岩气中低压、高含水和安全的需要，形成了"中压集气、集中脱水"的工艺路线，集输半径大于 15km，满足滚动开发需要；形成"井下节流 + 两相计量 + 不加热输送"的集气站标准化工艺流程，平均单井地面投资降低 22.35 万元，生产运行费用降低 55.6%。推行工厂化预制和现场机械化作业联合，大幅提升工程效率和质量；通过推广应用"五化"，示范区建设了一批标准化场站，建成集气站 12 座、脱水站 1 座；建成各类集输管线约 80km，管线信息化监测覆盖全气田，平台投资降低 15%、施工周期缩短 30%，节约用地 20%。

3. 应用成效与知识产权成果

"十三五"以来，上述理论及配套技术有效指导了渝东南常压页岩气商业突破和开发建产，落实了平桥、东胜、阳春沟三个千亿立方米增储区带，发现国内首个大型常压页岩气田，提交探明储量近 $2000 \times 10^8 \mathrm{m}^3$，建成产能 $15.6 \times 10^8 \mathrm{m}^3/\mathrm{a}$，累计产气 $22.62 \times 10^8 \mathrm{m}^3$，经济、社会效益显著。同时实现盆外褶皱带武隆、道真、彭水等常压页岩气勘探多点突破，初步落实 I 类资源量 $4548 \times 10^8 \mathrm{m}^3$，为"十四五"提供增储上产阵地。先后制订标准 24 项，出版专著 3 部，发表论文 130 篇，登记软件著作权 6 项，申报发明专利 99 项。获省部级科技进步奖 9 项，其中 5 项为一等奖；获中国石化油气勘探开发奖 26 项，其中特等奖 5 项；"南川地区探明我国首个千亿方级常压页岩气田"获自然资源部优秀找矿成果奖。

四、延安地区陆相页岩气勘探

1. 陆相页岩气勘探背景、现状与挑战

鄂尔多斯盆地陆相页岩气地质资源 $2.42 \times 10^{12} \mathrm{m}^3$（国土资源部，2016），具有良好的发展前景。陕西延长石油（集团）有限责任公司（以下简称"延长石油"）页岩气探区位于鄂尔多斯盆地东南部。中生界延长组长 7 段（埋深 500～2000m）和上古生界山西组（埋深 2400～2600m）作为目前主要的勘探开发层系具有良好的页岩气成藏地质条件及资源基础（图 8-6-5）。与海相页岩相比，陆相页岩非均质性强，具有"高吸附气含量、高黏土矿物含量及低热演化程度、低地层压力、低脆性矿物含量"的特点，这些特征为其相关的地质理论及认识、钻井工艺、压裂技术等方面研究与应用带来严峻的挑战。

2. 地质理论认识与特色技术进展

"十三五"期间，延长石油联合西安石油大学、中国石油集团测井有限公司、北京大学等六家单位，依托国家科技重大专项"延安地区陆相页岩气勘探开发关键技术"，开展地质理论与工程工艺一体化联合攻关，形成一项理论新认识和五项关键技术系列：创新建立陆相页岩气源储保"三元"成藏富集理论和"甜点"预测技术、形成"三品质"测井综合评价技术体系、创建高效低成本水平井钻完井技术、水平井 CO_2 混合体积压裂技术及配套工艺、产能评价及采气工艺技术，应用于延安地区陆相页岩气勘探开发实践中，实现陆相页岩气产量突破。

1）创新建立源储保"三元"成藏富集理论

（1）湖相优质泥页岩是页岩气生成富集的物质基础。

根据延长探区陆相页岩气研究（王香增，2012，2014），延长组长 7 段和山西组泥页岩作为生烃基础，在沉积环境、物质基础及生烃方面具有不同的演化特征，均为优质烃源岩。根据生烃热模拟实验建立动态生烃过程，揭示了长 7 段页岩低热演化背景下催化降解生气机理，长 7 段页岩有机质富含陆源倾气性显微组分（镜质组和惰质组含量平均 43%），富集的自生黄铁矿对低活化能有机质生烃具有催化作用，可提高低熟—成熟阶段生烃速率，现今累计最大生气强度 $9 \times 10^8 \mathrm{m}^3/\mathrm{km}^2$。揭示山西组泥页岩煤系页岩多阶段裂解生气机理，页岩中干酪根、热降解形成液态烃及杂原子化合物（NSOs）经过成熟、高成熟和过成熟的裂解作用形成重烃气和干气，现今累计最大生气强度 $3.8 \times 10^8 \mathrm{m}^3/\mathrm{km}^2$，生气强度中心亦是高产井分布地区。

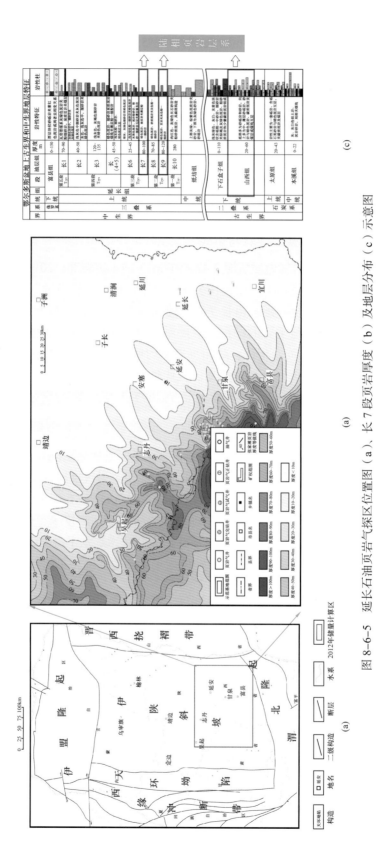

图 8-6-5 延长石油页岩气探区位置图（a）、长 7 段页岩岩厚度（b）及地层分布（c）示意图

（2）多类型、跨尺度的复杂孔隙网络决定页岩气赋存条件。

长7段和山西组泥页岩中无机孔的粒间孔、溶蚀孔、黏土矿物晶间孔、有机孔和微裂隙较发育。孔径从纳米到微米均有，多种类型孔隙跨尺度发育，形成多尺度复杂孔隙网络。游离气和溶解气富集于纹层微米级孔隙，吸附气富集于厚层泥页岩纳米级孔隙内（图8-6-6），粉砂质纹层可改善物性。长7段深湖相纹层型泥页岩含气量0.3～3.8m³/t，以吸附气为主（＞70%）。山西组"浅湖相夹层型泥页岩"薄夹层及纹层发育，含气量0.1～1.6m³/t，吸附气与游离气并重。

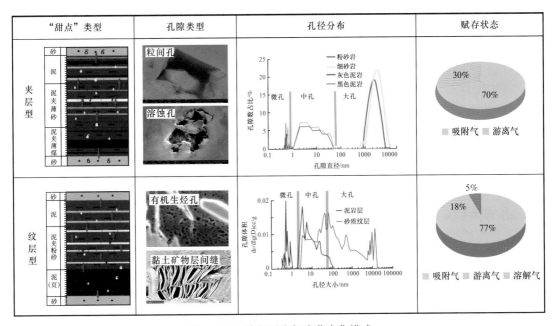

图 8-6-6　陆相页岩气成藏富集模式

（3）厚层泥页岩自封闭能力及高压是页岩气保存的关键。

我国海相页岩气保存条件主要受构造和裂缝控制（郭旭升，2016），在鄂尔多斯盆地稳定构造背景下，连续沉积的厚层泥岩对页岩气保存具有重要控制作用。根据室内实验、气测录井、测井解释等各个参数结论的分布特征，泥页岩层内存在排烃差异，研究区延长组和山西组陆相泥页岩厚度较大（40～120m），超过研究区有效排烃厚度界限（8～12m），具有"厚度自封"的特点。早白垩世末期长7段泥页岩过剩压力在3MPa以上，山一段泥页岩过剩压力在5MPa以上。目前产量较高的云页平3、4、5等井均分布在最大埋深时期具有较高过剩压力区域内。"厚度自封，高压保持"是页岩气保存的关键因素。

（4）陆相页岩气成藏富集模式。

"源、储、保"的差异匹配使陆相页岩气在相态和规模上存在差异富集成藏特征，可分为两种模式（图8-6-6）。纹层型（厚层泥页岩纹层）模式和夹层型（泥页岩夹薄层砂岩）模式，根据两种成藏模式，将"甜点"划分为两种类型，Ⅰ类为泥页岩中薄砂质夹层发育型"甜点"，Ⅱ类为厚层泥页岩含砂质纹层发育型"甜点"，提出薄砂岩夹层型、厚层泥页岩纹层发育型的陆相页岩气"甜点"预测技术。

2）形成陆相页岩储集性、含气性、可压性"三品质"测井综合评价技术系列

基于成像测井的纹层提取和自动分类技术，创新形成砂质纹层定量识别与表征技术；建立核磁孔隙度校正新方法和双截止值渗透率新模型，使得孔隙度预测的相对误差降低到 6.8%，渗透率预测误差较常规技术降低了 40% 以上。应用盲源分离的核磁共振 T_2 谱处理方法，实现陆相页岩孔径结构定量评价。首创了陆相页岩气等温吸附—声波联测实验及基于分子动力学模拟的吸附量和有限元模拟的游离气量计算方法。建立陆相高频相变储层可压裂性评价技术。应用"三品质"测井综合评价技术识别优质页岩气符合率达到 93.7%。

3）建立高效低成本钻完井技术体系

针对陆相页岩气水平井直井段、斜井段坍塌、漏失严重的问题，建立井壁稳定分析技术研制可变形、强韧性的自适应随钻防漏剂、纳微米级复合抑制剂、延迟膨胀堵漏剂及"可膨胀材料 + 刚性颗粒 + 纤维"的复合堵漏剂和"易注入、堵得住、高承压"超强度自交联凝胶堵漏剂，研发纳米增韧水泥浆及抗压强度大于 15MPa、上下密度差小于 0.008g/cm^3 的低密高强水泥浆。形成低成本、强抑制的水基钻井液体系。基于井筒多相流体顶替效率大型模拟结果，应用钻井液 + 隔离液 + 冲洗液 + 领浆 + 尾浆的浆柱结构，建立适用于陆相页岩水平井的固井水泥石弹塑性力学模型，为固井水泥组分选择、固井质量是否满足压裂要求提供依据。

4）形成 CO_2 混合压裂工艺技术

针对常规水力压裂存在水锁伤害、压后返排率低等问题，提出"以 CO_2 压裂引导形成复杂缝，混合水体积压裂扩大改造体积"的思路，研发"前置 CO_2 压裂 + 体积压裂"的混合压裂工艺技术，实现 CO_2 压裂增产与地质封存一体化。通过物模、数模、矿场试验研究，CO_2 压裂可降低岩石破裂压力 35% 以上（图 8-6-7），有助于形成复杂缝网，增加波及体积 1.5 倍以上，同时 CO_2 的吸附能力是 CH_4 的 4～20 倍，可有效置换 CH_4，实现页岩气增产。通过注入体积分数小于 50% 的液态 CO_2，有效增加地层能量，提高返排效率，既增能助排，结合大规模水力压裂扩展、支撑裂缝的作用，配套建立了针对陆相

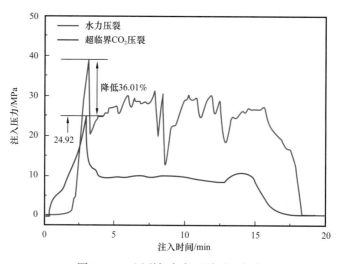

图 8-6-7　压裂与水力压裂泵压曲线

页岩的以"压力衰减法"和"微观渗吸"为主的伤害评价技术，研发适合陆相页岩的自成胶一体化压裂液体系配方、超密切割段簇参数优化技术。

3. 应用成效与知识产权成果

1）理论指导评价选区，明确资源潜力及勘探方向

以源、储、保"三元"成藏富集理论为指导，建立陆相页岩气"甜点"识别方法和评价参数体系，划分"甜点"类型，建立"甜点"评价地质标准，优选页岩气勘探开发有利区 28 个，其中 I 类目标区 12 个。评价延安地区页岩气资源潜力 $1.88 \times 10^{12} m^3$、可采资源量 $3155 \times 10^8 m^3$。

2）关键技术应用取得多口井产量突破，实现商业开采

通过五方面技术实践应用，较"十二五"末，平均单井无阻流量达到之前的 3 倍（由 $2.1 \times 10^4 m^3/d$ 增加到 $6 \times 10^4 m^3/d$）。部分试验井实现商业化开采，其中延页平 1 井组 3 口水平井 2018 年 7 月 CNG 橇装站建成，开始商业化生产，截至 2021 年 8 月底累计产气 $1062.55 \times 10^4 m^3$。山西组有利区内形成 6~8 个水平井组的小型建产区。其中云页平 6 已并入天然气集输管线，连续 3 个供暖季为陕北当地居民调峰供气，截至 2021 年 3 月，累计产气 $651 \times 10^4 m^3$。

3）知识产权成果

目前研究成果涵盖成藏富集理论、"甜点"预测、测井评价、钻完井、压裂改造及产能评价等 5 个方面，形成 1 项理论、共计 18 项关键技术，申报发明专利 28 件，授权 15 件，获得软件著作权 8 项，制定地方标准 4 项，企业标准 3 项，出版专著 2 部，发表核心及以上论文 79 篇。

五、宜昌地区震旦系—寒武系页岩气勘探

1. 震旦系—寒武系页岩气勘探背景、现状与挑战

针对寒武系的页岩气勘探，2009—2014 年，国土资源部、中国石油企业与壳牌、雪佛龙等公司合作，在我国南方部署 20 余口探井，均未取得成效。2014—2019 年，在深入研究寒武系页岩热演化规律基础上，创新提出"古隆起边缘"控藏模式（翟刚毅等，2017；Gangyi Zhai et al., 2018），认为古隆起周缘页岩埋藏浅、深埋时间短，热演化程度低。相继在黄陵背斜南翼、汉南古陆南缘，部署一批钻井，均获页岩气发现（Gangyi Zhai et al., 2019；翟刚毅等，2020）。其中，鄂西鄂阳页 1HF 井和鄂阳页 2HF 井分别在牛蹄塘组和陡山沱组获得日产 $7.83 \times 10^4 m^3$ 和 $5.53 \times 10^4 m^3$ 高产工业气流，开辟了页岩气新区、新层系。

2. 古隆起边缘成藏模式与震旦系—寒武系页岩气勘探突破

1）创新古隆起边缘古老层系页岩气控藏模式

（1）冰期后海平面快速上升与裂陷海槽局限环境叠加为有机质形成提供了条件。

继南华纪"雪球地球"事件后，大陆拉张裂陷，冰川消融，海平面快速上升，导致裂

陷槽水体缺氧、上升流扰动频繁，以及物源的欠补偿，陡山沱组二段沉积了巨厚富有机质泥页岩。早寒武世，继承震旦纪台地、裂陷相间格局。裂陷槽内海水分层、硫化—贫氧，有利于有机质的形成和保存。按照"岩相控碳、成岩控烃、构造控藏"页岩气富集成藏理论，通过地质调查和研究，查明鄂西震旦系—寒武系富有机质页岩受控于裂陷海槽分布（图8-6-8），黄陵背斜古隆起晚沉降、浅埋深、早抬升为古老层系页岩生排烃提供了合适的热演化条件，古隆起刚性基底晚近时期弱构造，为页岩气保存提供良好条件。

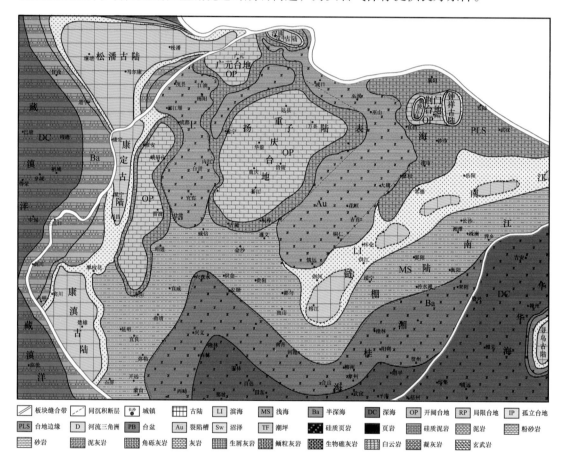

图 8-6-8　南方早寒武世牛蹄塘组沉积期构造—岩相古地理图

通过对比钻遇震旦系的鄂阳页1井、秭地1井和秭地2井，富有机质页岩厚度90～110m，由海侵体系域和高位体系域组成为深水相，主要发育黑色页岩，可见大量的黄铁矿纹层、页理和磷质结核发育。通过对岩心 X- 射线衍射全岩分析，结果显示，陡山沱组页岩主要为富灰 / 硅混合质页岩，其次是富硅灰质页岩和灰质页岩。

对钻遇牛蹄塘组的鄂阳页1井、秭地1井、秭地2井、武地1井等岩心 X- 射线衍射全岩分析结果显示：富有机质页岩主要为硅质页岩，其次是富灰 / 硅混合质页岩、富硅 / 泥混合质页岩及富泥硅质页岩（图8-6-9）。"甜点"层段为牛蹄塘组下部，可见较多硅质纹层、黄铁矿透镜体和磷质结核，以及薄层的斑脱岩，表明该时期火山活动喷发。"甜点"层段为海侵体系域—高水位体系域，其中海侵体系域 TOC 最高，早期高水位体系域次之。

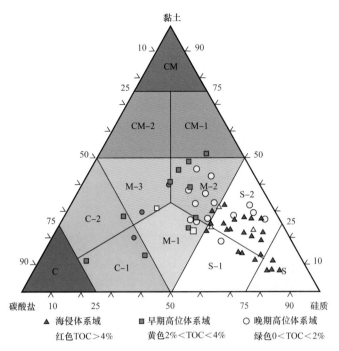

图 8-6-9　牛蹄塘组页岩 TOC 与沉积体系域关系图

（2）古隆起"晚沉降—浅埋深—早抬升"为有机质生烃提供了适宜的热演化。

鄂阳页 1 井、秭地 1 井等页岩样品的等效镜质组反射率（R_o）值结果显示，陡山沱组 R_o 为 2.4%~3.49%，平均值为 3%；牛蹄塘组 R_o 为 2.17%~2.72%，平均值为 2.69%。构造热事件恢复显示（图 8-6-10），与广大扬子地区震旦纪—中三叠世快速持续沉降不同，鄂西晚古生代处于相对隆起，震旦系—寒武系最大埋深小于 4km，故生烃较晚；晚三叠世至早—中侏罗世为快速沉降时期，陡山沱组和牛蹄塘组埋深达 6km，为主生烃期。中侏罗世末至早白垩世黄陵隆起发生了持续的大规模隆升（早于渝东南）古生界至中生界被剥蚀。因此鄂西地区晚沉降、浅埋藏（小于 7km）、早抬升，为震旦系—寒武系页岩气形成了合适的热演化条件。

（3）古隆起刚性基底弱改造为页岩气保存提供了良好的条件。

页岩气保存取决于页岩埋藏深度、区域盖层和断裂褶皱等因素。陡山沱组页岩围绕黄陵背斜周缘放射状分布，厚 0~4000m，鄂西南、荆门—京山地区的向斜及江汉盆地埋深较大，一般超过 4000m。牛蹄塘组埋深小于 3000m。秭地 1 井在深度 800m 获得良好的页岩气显示，说明此深度下的页岩仍具有良好的保存条件。从盖层上讲，牛蹄塘组厚度 100m 页岩，就是陡山沱组良好的盖层；牛蹄塘组上覆的奥陶系庙坡组、志留系龙马溪组泥页岩构成良好的区域盖层。从构造上看，黄陵背斜上覆构造楔沿志留系页岩滑脱层逆冲变形，并未对页岩气保存形成较大影响。因断裂主要表现为挤压性质，具有较好的封闭性，位于天阳坪断裂下盘的鄂阳页 1 井两套页岩获得重大发现即是例证（图 8-6-10）。

2）化学地层学页岩气"甜点"定量评价技术

针对鄂西震旦系—寒武系高灰质页岩，探索创新化学地层学评价方法，开展精细页岩气"甜点段"定量评价。通过对典型钻井的 XRF 元素、Roqscan 矿物等地球化学数据进行聚类分析，优选与富有机质有关的元素组合为 U、Mo、V、Ni。对单井页岩层段进行地球化学聚类分析，预测评价"甜点"层段。从鄂阳页 1 井牛蹄塘组化学地层相的对比结果来看，可识别 3 套海侵和海退的沉积旋回变化规律。通过进一步精细划分，可将 3030～3050m 段作为优质页岩"甜点"的 I 类段，3020～3030m 段和 3050～3060m 段可作为优质页岩"甜点"的 II 类段。

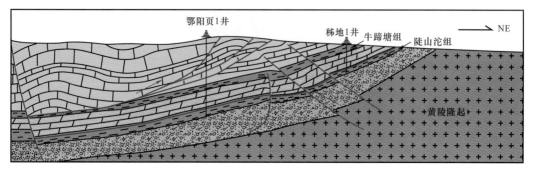

图 8-6-10　鄂阳页 1 井页岩气富集模式图

3）常低压页岩储层压裂改造与试气求产技术体系

针对鄂西地区陡山沱组和牛蹄塘组页岩低温、常压、高钙、水平应力差异大的储层特征和常低压页岩储层压后无法形成自然产能的难题，创新应用"密分切割、多簇射孔、大排量、低液量、高砂比、裂缝转向和储层增能"的压裂改造工艺。采用密分切割分段和多簇射孔工艺，有利于形成复杂裂缝网络；采用"主缝 + 复杂缝"改造思路，段内利用应力干扰促进裂缝复杂化，段间降低干扰；利用前置酸处理、高黏液造缝、粉陶降滤打磨等手段，实现近井造简单缝 + 远井造复杂缝。通过变排量、高砂比粉砂段塞 + 暂堵剂转向、停泵二次加砂等措施，最大限度提高裂缝复杂程度。鄂阳页 1HF 井 1830m 水平段分 33 段压裂，创造了当时压裂段数最多、施工排量最大、单段加砂量最多等多项纪录，取得良好的压裂改造效果。

针对鄂西震旦系—寒武系常压页岩气，探索采用膜制氮气举与电潜泵排采结合工艺流程，取得良好的效果。膜制氮气举快速提高返排率，有利于页岩气排出。采用电潜泵排采工艺，随着井筒液面不断下降，返排液量逐渐减小，产气量逐渐增加，最终形成稳定气流。从排采曲线结果来看，电潜泵排采期间返排液量降低和产气量增加呈明显的台阶状。

4）勘探突破与资源量评价

（1）勘探突破。

鄂西地区钻遇震旦系陡山沱组的稀地 1 井、稀地 2 井、鄂阳页 1 井等 5 口钻井均实现了页岩气重要发现。其中鄂阳页 2HF 井水平井段长 1410m，分 23 段压裂试气，试气获稳定产量 $5.53×10^4m^3/d$ 高产页岩气流，首次实现全球最古老页岩层系重大突破。

鄂西地区钻遇寒武系牛蹄塘组的稀地 1 井、鄂阳页 1 井、鄂宜页 1 井等 9 口钻井均实现了页岩气重要发现。其中，鄂阳页 1HF 井水平段长 1834m，分 33 段压裂改造，试

气获稳定产量 $7.83\times10^4m^3/d$ 的高产。鄂宜页 1HF 井水平段长 1838m，分 26 段压裂改造，试气获 $6.02\times10^4m^3/d$ 的高产，实现了盆外寒武系页岩气重大突破。

根据多因素叠合法，评价鄂西地区震旦系有利区两个，面积 18100km²，评价页岩气地质资源总量（P50）为 $51591\times10^8m^3$。有利区可采资源量（P50）为 $6965\times10^8m^3$。优选鄂西地区牛蹄塘组有利区三个，面积 10316km²，评价页岩气地质资源总量（P50）为 $45663.39\times10^8m^3$，页岩气技术可采资源量（P50）为 $8012.21\times10^8m^3$。

（2）成果应用。

鄂阳页 1HF 井和鄂阳页 2HF 井压裂试气成功后，成果引起了社会各界的广泛关注，成果转化效果明显，已被自然资源部批准为页岩气勘探开发试验区。带动陕西煤田地质集团在陕南地区勘探投入，依托"古隆起边缘"控藏理论指导，部署实施了陕镇页 1HF 水平井，实现了产能突破，形成新的页岩气勘探开发基地。

第七节　中国陆相页岩油勘探地质理论与鄂尔多斯盆地长 7 段页岩油开发技术

"十三五"期间，中国石油探区通过大力推进页岩油地质工程一体化，为页岩油整体快速发展提供了有力理论技术支撑，中国石油探区页岩油勘探在鄂尔多斯、松辽、准噶尔、三塘湖、渤海湾等盆地取得了重要进展。理论技术创新指导页岩油勘探取得重大突破与进展，综合评价落实 20×10^8t 以上规模"甜点区"，助推了国内规模最大页岩油田——庆城大油田的快速发现。

一、概述

围绕鄂尔多斯盆地延长组长 7 段页岩油，加强页岩油形成地质条件研究，建立陆相湖盆深水环境致密砂体沉积模式，明确页岩油砂体成因及分布规律；揭示致密砂岩储层储集空间特征，建立页岩油储层评价标准，评价与预测致密砂岩储层；探讨页岩油成藏机理，明确页岩油成藏主控因素和分布规律，完善和发展页岩油成藏理论与认识；开展页岩油资源潜力分级评价，形成页岩油"甜点区"预测方法，提出 3～5 个有利勘探目标区，落实 4×10^8t 页岩油储量规模，为油田 5000×10^4t 油气当量可持续稳产提供资源保障。研究与生产应用结合，强化"甜点区"评价，持续推举目标，推动页岩油领域规模储量落实，发现庆城十亿吨级大油田和五个亿吨级页岩油区；新建长庆百万吨级产能建设区和四个五十万吨级产能区。

二、地质理论与开发技术进展

创新形成了陆相淡水湖盆大型页岩油成藏理论。重构了鄂尔多斯盆地延长组长 7 段沉积期"盆缘火山喷发频繁、盆内热液事件活跃"的古环境；揭示了泥页岩富有机质和广覆式分布的形成机理；提出了深水区"四古"控下的大面积沉积富砂的新认识；创建了"高强度生烃、微纳米孔喉共储、持续充注富集"的页岩油成藏模式。

1. 陆相页岩油地质理论认识

1）中国陆相页岩油地质理论进展

贾承造等（2012）认为页岩油是指以吸附或游离状态赋存于生油岩中，或与生油岩互层、紧邻的致密砂岩、致密碳酸盐岩等储集岩中，未经过大规模长距离运移的石油聚集。页岩油储层邻近富有机质生油岩，源—储互层或紧邻，储层致密，覆压基质渗透率不大于 0.1mD（空气渗透率小于 1mD），单井无自然产能或自然产能低于商业石油产量下限，但在一定经济条件和技术措施下可获得商业石油产量。

（1）中国陆相页岩油形成条件与分布特征。

近年来，我国陆相页岩油勘探开发取得重大进展，地质资源量为 178.2×10^8t，技术可采资源量为 17.65×10^8t，截至 2018 年底，中国陆相页岩油已建成产能 315.5×10^4t/a，2018 年年产量约 105×10^4t。中国陆相页岩油储层类型包括主要有碎屑岩、碳酸盐岩、凝灰岩、混积岩，不同类型储层主要形成于不同湖泊类型的半深湖—深湖环境，其次是于三角洲前缘或滨浅湖环境。与常规储层相比，致密储层非均质性强、物性差；以纳米级孔喉系统为主，孔喉半径小，主体直径 40～900nm，孔隙结构复杂；压力系数 0.7～1.8，既有超压，也有负压；地层能量、原油品质变化大，原油密度 0.75～0.92g/cm^3。中国陆相页岩油主要赋存于湖相盆地中，广泛分布在鄂尔多斯盆地三叠系延长组 7 段、松辽盆地白垩系青山口组与嫩江组扶余油层、准噶尔盆地二叠系（芦草沟组、风城组、平地泉组）、三塘湖盆地二叠系（芦草沟组、条湖组）、渤海湾盆地古近系沙河街组—孔店组、柴达木盆地古近系—新近系下干柴沟组—油砂山组、四川盆地侏罗系大安寨段等层系，其中以中新生界层系为主（图 8-7-1）。

我国陆相页岩油形成的地质条件主要包括：① 广覆式分布、成熟度适中的富有机质烃源岩，这为页岩油大面积整体含油提供物质基础。烃源岩的有机含量演化特征、成因纹层结构与组分（黏土矿物含量、火山物质）、横向展布规模等源岩性质决定了烃源岩的质量品质，其中排烃效率是能否形成页岩油的重要前提。② 大面积分布的致密储层；陆相湖盆页岩油储层类型丰富，主要发育陆源沉积和内源沉积两大类储层。陆源沉积为主的页岩油储层，主要发育水下分流河道、滩坝、河口坝、远沙坝等三角洲前缘—滨浅湖相储层，以及重力流、砂质碎屑流、滑塌体、浊流等半深湖—深湖相储层。③ 页岩油源储配置与成藏组合；不同源储组合的复杂性决定了成藏机制与富集规律的差异性，揭示了源内与近源页岩油运聚机理特征。中国陆相页岩油主要分为源内和近源两种成藏组合，因致密储层岩性复杂，源储组合类型多样，呈现强非均质富集的特点。

（2）淡水和咸水两类源岩生聚烃规模控制因素。

① 淡水环境烃源岩生聚烃控制因素。

鄂尔多斯长 7 段沉积期湖盆水体以淡水环境为主，沉积物是在强还原条件下形成的。长 7 段烃源岩的有机碳含量分布范围为 3%～17%，S_1 和 S_2 与 TOC 之间呈现良好的正相关关系，说明了有机质丰度对泥页岩生排烃的控制作用。干酪根以矿物—沥青基质、壳质体（藻类体和无定型体）和镜质体为主，属于 II_1—II_2 型干酪根，具有较高的生烃潜力。这些有机质多呈纹层状分布，相互交联形成可供烃类运移的三维通道。通过物质平

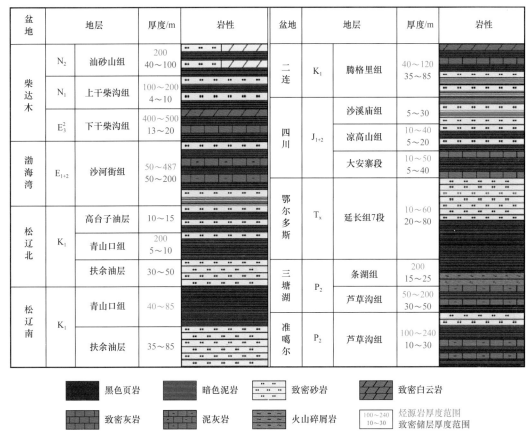

盆地	地层		厚度/m	岩性	盆地	地层		厚度/m	岩性
柴达木	N₂	油砂山组	200 40~100		二连	K₁	腾格里组	40~120 35~85	
	N₁	上干柴沟组	100~200 4~10		四川	J₁₊₂	沙溪庙组	5~30	
	E₃²	下干柴沟组	400~500 13~20				凉高山组	10~40 5~20	
渤海湾	E₁₊₂	沙河街组	50~487 50~200				大安寨段	10~50 5~40	
松辽北	K₁	高台子油层	10~15		鄂尔多斯	Tₓ	延长组7段	10~60 20~80	
		青山口组	200 5~10		三塘湖	P₂	条湖组	200 15~25	
		扶余油层	30~50				芦草沟组	50~200 30~50	
松辽南	K₁	青山口组	40~85		准噶尔	P₂	芦草沟组	100~240 10~30	
		扶余油层	35~85						

图例：■ 黑色页岩　▦ 暗色泥岩　⊡ 致密砂岩　▨ 致密白云岩　▥ 致密灰岩　▤ 泥灰岩　▧ 火山碎屑岩　100~240／10~30 烃源岩厚度范围／致密储层厚度范围

图 8-7-1　中国陆相页岩油分布

衡法计算可得，长 7 段泥页岩的排烃效率处于 –260%～77% 之间，平均排烃效率为 34%。高丰度有机质泥页岩是页岩油发生源内排烃的主体；陆相中高丰度烃源岩不仅向源岩内部的致密储层排烃，形成源储互层型页岩油，也在烃源岩自身滞留，构成了以纯泥页岩为主的源储一体型页岩油。其中，高丰度有机质泥页岩是发生源内运聚的主体，有机质丰度含量偏低的泥质粉砂纹层、粉砂岩、泥质云岩、细砂岩、云质粉砂岩等不但没有发生排烃作用反而作为储层进行蓄烃，因此排烃效率为负值，均是富集的"甜点"。可以发现，发生储烃作用的层段一般分布在物性较好，砂质含量较高的层段，类似常规储层。排烃作用较高的层段主要在 TOC 较高，纹层发育的层段。因此，低有机质丰度的泥质粉砂纹层、粉砂岩、泥质云岩、细砂岩、云质粉砂岩具有更高的可动性和较好的开发潜力，可作为勘探主力目标层。

② 咸水环境烃源岩生聚烃控制因素。

三塘湖盆地二叠系芦草沟组沉积期的水体盐度偏高，属于咸化湖盆。沉积物中普遍发育火山物质，形成了以泥质白云岩、云质泥岩、凝灰质泥岩、凝灰质粉砂岩等多种频繁互层的混积岩石组合。其有机碳丰度质量分数介于 1.1%～13.4%，平均 4.9%，R_o 为 0.5%～1.3%，氢指数主要分布在（600～800）mg/g TOC，有机质中腐泥组占比高于 70%，母质类型为 Ⅰ—Ⅱ₁ 型，生烃能力强。厚度分布在 100～240m，具有厚度大、品质好的地质特征。同样，通过物质平衡的计算方法获取三塘湖芦草沟组泥页岩的排烃效率。结果显示，咸化湖相烃源岩（三塘湖盆地芦草沟组）平均排烃效率更高，为 40%～50%。其中，TOC 大于 4% 纹层状凝灰质泥岩 / 泥晶云岩，排烃效率高，是页岩油最佳烃源岩；低有机质丰度的泥质白云岩、云质粉砂岩具有更高的可动性和较好的开发潜力，可以作为勘探主力目标层。

咸水湖相烃源岩平均排烃效率和排烃量高于淡水湖相烃源岩，推测有以下几个原因：a. 芦草沟组泥岩的成熟度略高于长 7 段泥页岩的成熟度。陈建平等的研究表明，烃源岩成熟度越高，排烃效率越大；b. 咸水湖相烃源岩排烃门限早，排烃周期长；c. 芦草沟组泥页岩中黏土含量低于长 7 段泥页岩，对烃类的吸附相对较小。

（3）四类有利储集体分级评价标准。

我国陆上页岩油储层岩石类型复杂，类型多样，分布较广，主要发育碎屑岩型、混积岩型、沉凝灰岩型和湖相碳酸盐岩型四种沉积成因的储层。

我国陆相页岩油在晚古生代至新生代陆相盆地广泛分布，储层物性较差。尤其是四川盆地侏罗系大安寨段介壳灰岩，岩性致密，孔隙度普遍小于 1%，渗透率普遍小于 0.1mD。总体上除四川大安寨与束鹿泥灰岩外，基本上孔隙度低值在 5% 左右。

通过实钻井含油性与储层物性关系，储层基本可按物性划分为三级，如吉木萨尔与三塘湖凹陷（图 8-7-2）Ⅰ级储层孔隙度大于 8%，Ⅱ级储层孔隙度 5%～8%、Ⅲ级储层孔隙度小于 5%。不同盆地不同类型页岩油差别较大，很难有统一标准。各油田考虑到生产实际建立了各自划分标准，如松辽扶余油层，鄂尔多斯长 7 段Ⅰ级储层孔隙度大于 10%，三塘湖凹陷条湖组凝灰岩页岩油Ⅰ级储层孔隙度甚至在 18% 以上。但从页岩油目前定义来看，一般孔隙度应在 10% 以下，且松辽、鄂尔多斯等盆地Ⅰ级储层含油级别达到了富含油，明显高于吉木萨尔与三塘湖的油浸。

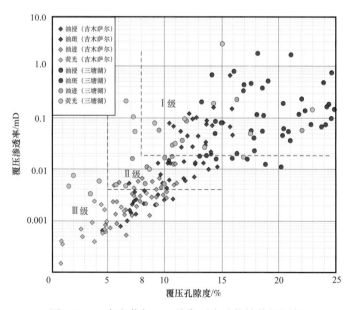

图 8-7-2 吉木萨尔、三塘湖页岩油物性分级图版

通过对比不同刻度区孔隙度中值分布特征与含油性对应关系，确定为Ⅲ级 ϕ 小于5%、对应荧光，资源富集程度低，品位较差，需要长期探索有效开发技术的远景资源；Ⅱ级 ϕ 为5%～8%、对应油迹，资源规模较大，物性、含油性较差，动用难度也较大的资源；Ⅰ级资源 ϕ 大于8%，对应油斑以上，资源富集区，多数地区现有技术易动用。

（4）页岩层系"源—储—缝"三要素组合与页岩油分布富集。

页岩油的富集受烃源岩—储层—裂缝的综合影响。页岩油的运移渗流机制和动力来源决定了页岩油近源聚集和强烈源控的特征。优质烃源提供物质和动力基础，控制页岩油纵、横向分布和富集的边界，主力烃源岩总生烃强度与页岩油产井的具有较好的叠合关系。已有条件表明，当其他条件相似时，生烃强度受热演化程度和烃源岩有机质丰度控制，这两个因素的值越大，生烃增压就越大。生烃作用越强、超压越大，提供给页岩油的运移动力就越充足，该区域页岩油以"拟线性流"运移的概率越高。然而，烃源岩条件只能控制大范围区带级边界，无法精准控制每个"甜点区"的分布。控制更小尺度"甜点区"的关键在于储层"甜点"、断层和裂缝等。

对于非常规油气的富集，储层"甜点"是一个重要的控制因素。储层"甜点"对页岩油"甜点"的控制体现在两个方面：① 可以容纳更多的烃类，形成富集"甜点"；② 作为优势运移通道可促进页岩油运移。在这两方面的作用下，优质储层越发育，页岩油单井产量就越高。借助运移模拟实验，可揭示不同物性储层的石油富集程度和运移效率（图8-7-3）。

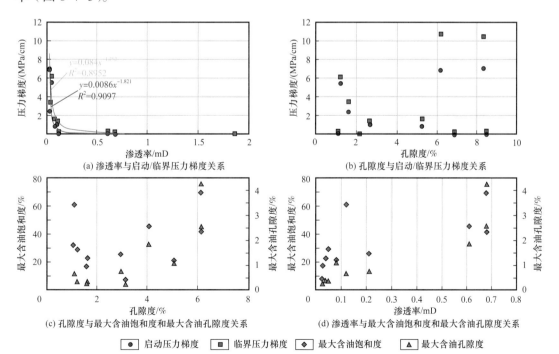

图 8-7-3　储层孔渗与运移渗流特征参数及含油饱和度关系

在页岩油的开发过程中，裂缝的存在往往能够形成高产。前人在川中侏罗系的勘探中亦发现裂缝发育区常获高产。生产动态表明，川中地区侏罗系的页岩油储层具有典型的双重介质渗流特征，裂缝是初期高产的主控因素，多数高产井分布在裂缝孔隙度大于0.08%的区域（图 8-7-4）。裂缝的控制作用和影响表现在两方面：① 运移方面，裂缝作为优势运移通道沟通更多基质孔隙，提高储层整体的含油饱和度，实现裂缝发育区页岩油局部富集；② 生产环节，裂缝作为优势渗流通道，既可提高产油速率又可扩大可动用范围，最终实现初期高产和累产高产。

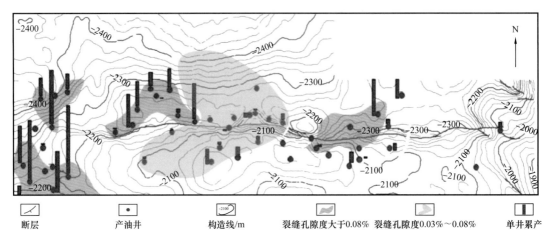

图 8-7-4　G 油田单井产量与裂缝孔隙度预测结果叠合

2）陆相页岩油实验技术与成藏机理

（1）页岩油储集空间多尺度、定量化表征技术。

页岩油储集空间尺度从宏观到微观跨越了 12 个数量级（千米至纳米），用单一方法很难将全孔径的储集空间特征完整地表征出来。页岩油储层微观孔喉结构，主要包括孔喉大小及分布、孔喉空间几何形态、孔喉间连通性及配置关系等。二维图像表征在储层表征中是最直接有效的技术方法，根据页岩油储层强非均质性的特征，可以利用以下步骤进行图像表征：第一步是应用光学薄片及 XRF 分析对样品进行大面积扫描，划分物相单元；第二步是应用扫描电镜分析，统计不同物相单元分布范围与面积比例；通过逐级建立选区逐级升高采集分辨率，即可实验页岩油储层孔隙、矿物的多尺度精细表征。获得页岩油地层的储集空间基本特征。

瞄准二维技术无法揭示孔隙连通性等难题，开发了多尺度三维孔隙表征技术。其中，多尺度三维分析的部分涵盖了医用 CT、微米 CT、纳米 CT 及 FIB-SEM 设备，分辨率从毫米级到纳米级，样品尺寸从岩心尺寸到立方微米尺寸。由于地质样品具有强烈的非均质性，又开发了多尺度选区精细表征的方法。逐级选区定位，逐级高分辨测试（图 8-7-5）。

瞄准页岩油储集空间难定量难题，开发了数字岩心技术孔喉系统定量评价方法，实现了对页岩油储层孔隙特征及连通性特征进行定量。本书提出一种连通域分类方法。首先将上节得到的连通域分为活连通域和死连通域两类。通常来说，三维数字模型只能表征有限体积范围内的岩石孔隙信息，死连通域是那些没有任何像素落在模型边界上的连通域。由于未能与其他孔隙相连通，这些死连通域对于有限表征范围来说，对有效孔隙度、渗透性没有任何贡献，因此需要加以区分。孔隙连通域检测和分析不仅能了解孔隙特性，也为数字建模和数值模拟提供重要的参考。

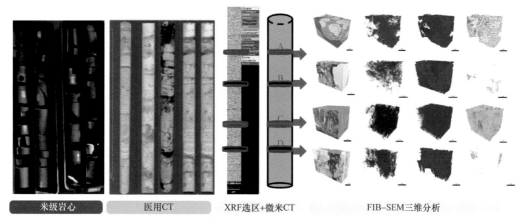

图 8-7-5 页岩油储层多尺度三维定量化综合表征技术流程

（2）页岩油充注聚集精细化、可视化物理—数值模拟技术。

为了反映不同类型页岩油充注特征，本次选取不同岩性的致密储层进行物理模拟充注实验。实验装置主要包括流体注入系统、流体驱替系统、流体测定系统（或核磁共振信号测定系统）与数据采集和处理系统，各系统均由计算机全程自动控制。

物理模拟展示不同类型页岩油充注聚集的结果，揭示了页岩油充注特征及控制因素，而数值模拟能进一步从机理上认识和揭示页岩油充注聚集特征。本研究利用岩心三维表征实验，建立了代表性储层的数字岩心，结合格子玻尔兹曼模拟技术，进行两相流模拟，揭示了页岩油充注和聚集机理。本次研究采用三维格子玻尔兹曼方法模拟三维数字岩心的岩石的驱替特性，选用流体连续的运动速度方向离散为三维空间中 27 个速度分量的 D_3Q_{27} 模型，对石油在致密储层中的运聚过程进行数值模拟。

（3）"甜点区/段"页岩油聚集经历三种渗流汇聚过程。

在致密储层中，原油中的极性物质附着在孔道表面造成孔道中心方向石油黏度减小，孔道边缘方向石油黏度增大，使得小孔喉介质中孔道边缘的高黏度石油达到不可忽略不计的程度，这是导致流体在致密储层中呈现低渗透非达西渗流的根本原因（黄延章，1997）。致密储层中低速非达西渗流模型可以简化为三段式：

$$v = \begin{cases} 0 & 0 \leqslant \dfrac{\Delta P}{L} < a \\[2ex] \lambda \left(\dfrac{\Delta P}{L} - a \right)^3 & a \leqslant \dfrac{\Delta P}{L} < b \\[2ex] 3\lambda (b-a)^2 \left(\dfrac{\Delta P}{L} - b \right) + \lambda (b-a)^3 & \dfrac{\Delta P}{L} \geqslant b \end{cases} \qquad (8\text{-}7\text{-}1)$$

式中包括一个自变量 $\dfrac{\Delta P}{L}$，以及启动压力梯度 a、临界压力梯度 b 和特征系数 λ 三个参数。设定当压力梯度 $\dfrac{\Delta P}{L}<a$ 时，石油的流态为滞流；$a<\dfrac{\Delta P}{L}\leqslant b$ 时，流态为非线性渗

流；当 $\dfrac{\Delta P}{L}>b$ 时，流态为拟线性渗流。由于地质过程非常漫长，可认为地下流体的流动

是稳态的，因此不考虑高速非达西渗流及以上流态。石油从烃源岩排出到充注进入致密
储层后，随着距离烃源岩越远，压力梯度逐渐降低，在空间上呈现出 3 个区段，即拟线
性渗流、非线性渗流和滞留三个区段（图 8-7-6）。

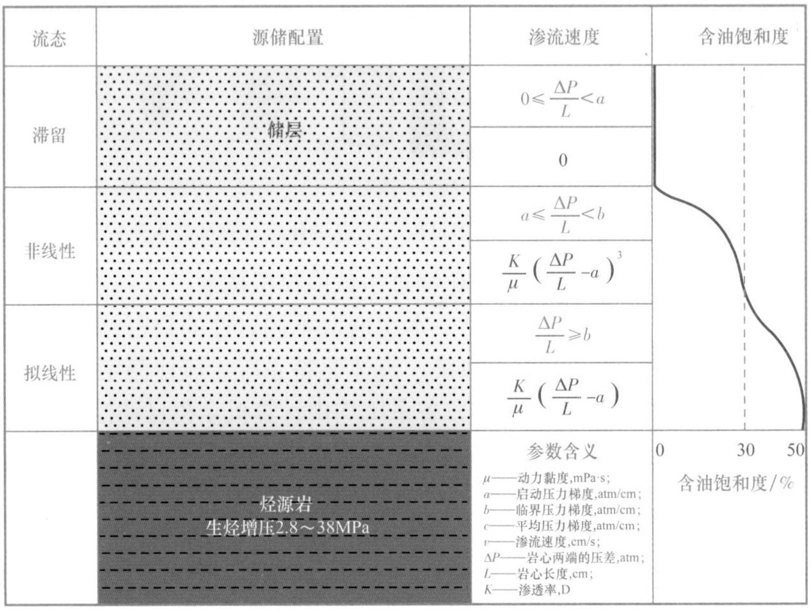

图 8-7-6　侏罗系致密储层渗流机理及含油饱和度变化模式图

（4）页岩各向异性和岩石润湿性控制页岩油运聚效率。

由于页岩中有大量的纹层发育，故而其各向异性特征明显，水平方向的渗透率较垂
向渗透率高，导致运聚时顺层理的启动压力相对较低，更易于充注，这也是页岩油大面
积分布的重要原因。此外，润湿性也是影响页岩油运聚效率的一个不容忽视的因素，它
通过油—水—岩三相的界面作用力影响页岩油的运移聚集。我国吉木萨尔凹陷芦草沟组
混积岩普遍含油饱和度较高，松辽盆地高台子致密砂岩含油饱和度偏低，Ⅰ类储层在
50% 左右，两个区块含油饱和度明显差异的一个重要原因是前者储层亲油，后者更亲水。
然而，岩石的润湿性对储层的影响较为复杂，在成藏期间，亲油储层更利于页岩油的高
效聚集，而在页岩油开采阶段，亲水储层更利于页岩油的开发。

3）鄂尔多斯页岩油地质特征与富集规律

（1）长 7 段淡水湖盆富有机质页岩形成机制。

湖盆沉积水体的富营养特征是引起高生产力的重要控制因素。盆地长 7 段烃源岩的
有机质丰度（TOC）与 P_2O_5、Fe、Mo、V、Cu、Mn 等营养元素存在着良好的正相关关系，
反映水体中丰富的营养物质是引起生物勃发和有机质高生产力的关键因素。

火山活动促进生物高生产力。晚三叠世长7段沉积期凝灰岩种类多样，但总体上以中、酸性为主，因而同期火山喷发活动以中酸性普林尼（Plinian）式喷发为主（张文正等，2009）。火山灰等火山浮尘降落进入湖盆水体后，很快会发生水解作用，使得 Fe、P_2O_5、CaO 等一些生命营养物质进入水体中，大大提高了水体营养水平，促进了生物勃发和初级生产力的提高。

热液活动促进有机质富集。鄂尔多斯盆地长7段优质烃源岩中不仅发现了硅质岩、白铁矿、裂缝中的自生钠长石，而且 Cu、U、Mo 等微量元素显著正异常等热液活动的证据（张文正等，2010），揭示长7段烃源岩发育期可能存在湖底热液活动，热液活动进一步促进有机质的富集。

（2）长7段深水重力流沉积模式与规模储集体有效预测。

三叠纪鄂尔多斯盆地为大型内陆坳陷湖盆，盆地周缘发育众多水系汇入盆地内，具有多物源控制、湖平面进退交替频繁、沉积类型复杂、砂体叠合分布的沉积特征。该时期西南部三角洲前缘砂体在地震、洪水等促发机制下沿斜坡下滑动、滑塌，可形成规模砂质碎屑流与浊流成因重力流砂体。由于砂质碎屑流流体密度较大，砂质碎屑流沉积物主要集中在滑塌的根部，即斜坡带下部及靠近斜坡带的半深湖区，而浊流沉积较少；至半深湖—深湖区，水流强度逐渐减弱，浊流沉积密度增加，但碎屑流沉积仍为主体（图8-7-7）。在重力流沉积新认识指导下，结合二维及三维地震砂体预测技术，精准部署，加大钻探力度，在湖盆深水区发现并落实了大规模重力流沉积砂体，突破了传统深水区砂体不发育的认识，为页岩油规模勘探发现打开了突破口。

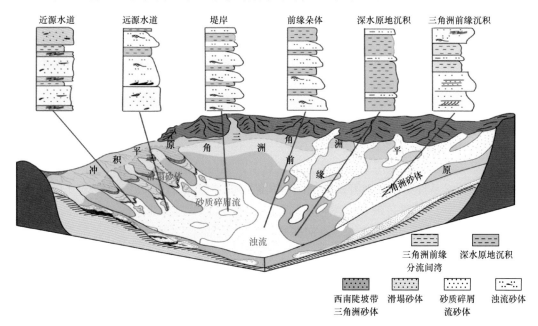

图 8-7-7　鄂尔多斯盆地三叠系延长组长7段页岩油沉积模式图

（3）强生烃、超压充注、优势储集空间决定长7段页岩油有效聚集。

长7段烃源岩具强生烃特征。基于生烃模拟实验，对长黑色页岩和暗色泥岩的生烃强度进行评价，结果表明：黑色页岩平均生烃强度 $235.4×10^4t/km^2$，生烃量 $1012.2×10^8t$；暗色泥岩平均生烃强度 $34.8×10^4t/km^2$，生烃量 $216.4×10^8t$，合计 $1228.6×10^8t$。强生烃特征，是页岩油规模富集的重要条件。

长 7 段页岩油具超压充注特征。烃源岩在生烃演化过程中固体干酪根转化为气态和液态烃类的体积膨胀，会产生异常高压。生烃超压，为页岩油成藏提供了充足动力。

长 7 段致密储层微米孔隙发育，为页岩油有效聚集提供了有效的优势储集空间。长 7 段储层孔隙度平均 8.5%，渗透率平均仅 0.1mD 左右。通过 CT、扫描电镜等测试揭示长 7 段致密储层以 2～8μm 孔隙为主（图 8-7-8），孔隙并不是以更小的纳米孔为主。以微米孔隙为主的优势储集空间，为石油有效聚集提供了有利条件。

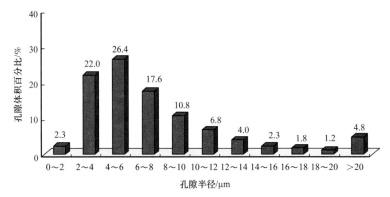

图 8-7-8　鄂尔多斯盆地延长组长 7 段储层不同尺度孔隙体积百分比构成图

2. 鄂尔多斯盆地长 7 段页岩油开发技术与工程

鄂尔多斯盆地页岩油开发历经十余年的探索。为攻关页岩油规模效益开发，长庆油田联合国内外知名科研院所、国际知名公司，形成产学研用一体化攻关团队，在陇东开展页岩油开发示范区建设。结合黄土塬地貌及长 7 段页岩油特征，通过集成创新与现场实践，有效开发技术体系和组织管理模式取得重大突破。

1）页岩油多学科优选评价技术

陆相页岩油在烃源岩层系内整体含油背景下，相对更富含油、物性更好、更易改造、在现有经济技术条件下具商业开发价值的有利储层即"甜点"（焦方正等，2020）。鄂尔多斯盆地长 7 段整体以暗色泥岩、黑色页岩为主，其中上段内含油粉砂—细砂岩属于典型夹层型页岩油，平面展布不连续、垂向多薄层发育，"甜点"评价优选需地震、测井、地质等多学科综合统筹。

（1）黄土塬地震"甜点"评价技术。

为了攻克地震勘探世界级难题，在陇东页岩油开发示范区开展三维地震"甜点"评价技术攻关。首先通过可控震源、井震混采、单点接收等三维地震采集技术，获得宽方位、高覆盖、高密度原始数据体；其次针对黄土塬地震资料特点和"甜点"预测地质需求，建立高保真、高分辨率、高精度处理流程；最后创新应用微测井约束网格层析静校正、近地表 Q 补偿和叠前 Q 深度偏移等，获得较高清晰成像资料。中生界目的层视主频达到 30～35Hz、有效频宽为 6～70Hz，波形特征活跃，振幅保真性好。以此为基础，形成长 7 段烃源岩品质、砂体厚度、物性预测、含油性、储层脆性和小断层裂缝的预测关键技术，并与井点地质信息进行神经网络融合，为井位部署和储量面积圈定提供依据（图 8-7-9）。同时研发水平井三维地震导向系统，形成经过入靶校正后的各种深度域地震叠加、波阻抗和弹性参数，进行水平井轨迹导向及断层带堵漏预警等。

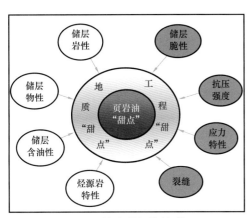

(a) 页岩油"甜点"综合评价

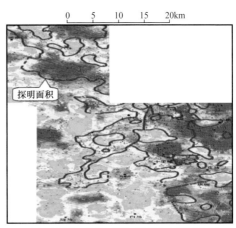

(b) 庆城北—庆城—环县三维区长7₁"甜点"图

图 8-7-9　页岩油"甜点"综合评价和庆城三维地震预测"甜点"分布图

（2）测井"三品质"定量评价技术。

页岩油测井解释有别于常规解释的难点在于定量评价储层品质、烃源岩品质及岩石力学品质。通过构建反映烃源岩中有机质富集程度的评价参数（$TOC \times H$），建立高精度岩石脆性指数多矿物成分模型、地应力与岩石脆性各向异性模型，提出基于元素俘获测井和 X- 衍射全岩分析标定的全剖面岩石组分计算、基于高精度核磁测井的孔隙结构定量评价等新参数体系；实现了烃源岩品质量化评价，压裂改造岩石力学参数支撑，单砂体储层品质定量表征和油层产能分级预测。

（3）页岩油"甜点"集成优选技术。

按照页岩油"甜点"多学科集成优选理念，通过小断层裂缝识别、微幅度构造起伏刻画、薄储层地震预测、砂体结构和孔隙结构精细评价，以及有机碳丰度和脆性、地应力等分布特征研究，综合地震相、测井相、地质相，进行分析类地质概率评价、融合类储层表征评价（图 8-7-9）；大幅提高了页岩油平面、剖面、水平段等三维"甜点"优选的可靠性，有力支撑了页岩油 $10 \times 10^8 t$ 新增探明储量的提交，为后续水平井布井、油层钻遇率提升、储层体积压裂改造奠定基础。

2）页岩油开发油藏工程技术

鄂尔多斯盆地长 7 段页岩油储层物性差，孔喉细小，非均质性严重，裂缝发育（杨华等，2013），需采用水平井开发。为了克服油层多薄层叠合及黄土塬地貌井场受限的不利因素，实现地质储量的最大化控制和非常规能源的经济动用，探索形成了长水平井、小井距、大井丛开发技术。

（1）页岩油渗吸驱油机理研究。

长7段储层发育大量的微纳米级喉道，孔喉半径小，具有渗吸的特性（屈雪峰等，2018）。页岩油开发示范区生产动态表明，在低矿化度压裂入地液初期返排阶段，采出液含水快速下降、含盐逐渐升高至接近原始地层水矿化度（图8-7-10），并且生产井见油时压裂入地液返排率远远低于常规油藏压裂入地液返排率，都说明原始地层水与压裂入地液发生了置换；再结合室内核磁共振渗吸实验结果，长7段储层渗吸驱油机理（吴志宇等，2021）是页岩油开发实践取得成功的重要理论指导。同时结合鄂尔多斯盆地低压特点，通过体积压裂大规模入地液量进行超前补能，可有效缓解天然能量不足。数值模拟及矿场实践，压裂改造后地层压力可提升约60%，保障了页岩油开发效果。

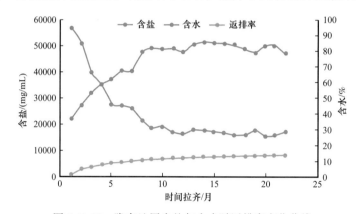

图8-7-10　陇东地层含盐与含水随返排率变化曲线

（2）水平井井网立体开发技术。

为实现用最少的投资取得井间储量最大化动用的目标，通过多角度论证井网空间参数，综合数值模拟、矿场实践、油藏特征、钻井工程、压裂工程、井间干扰及经济效益等因素，优化确定水平段一般长1500～2200m、井距为300～400m；同时为避免加密井网时产生严重的井间干扰，大幅度提高纵向上多个小层动用程度，采用"纵向立体错隔，平面规模覆盖"，形成水平井多层系立体式布井方式（李国欣等，2021）。现场按照"标准化设计、动态化调整"的思路，在经济可行的条件下优化实施，目前平均单井控制储量约30×10^4t，可保证单井EUR在2×10^4～3×10^4t之间，具有良好的经济效益指标。例如华H100平台，两个小层位建设水平井31口（单层井距350m）（图8-7-11），水平段长1500～3000m，平台控制地质储量1000×10^4t，实现了单平台部署井数最大化、平台控制储量最大化。

针对环境敏感区、平台靶前距等储量动用的问题，创新性提出了水平井扇形井网开发技术。水平井扇形井网试验平台合H9位于子午岭自然保护区边部（图8-7-12），共建设水平井30口（其中扇形井网14口），动用地质储量约930×10^4t。根据平台靶前距区域内近平行于最大主应力试验水平井（华H60-21、华H60-22）取得良好效果的经验，扇形井网区储层改造根据不同等应力、等储量分区采用不同强度交错压裂，建立新型"人工油藏"、探索新型采油系统，以提高整体储量动用程度。

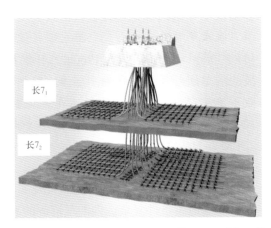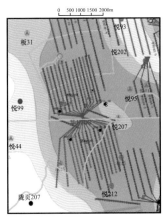

图 8-7-11　华 H100 平台立体布井方式示意

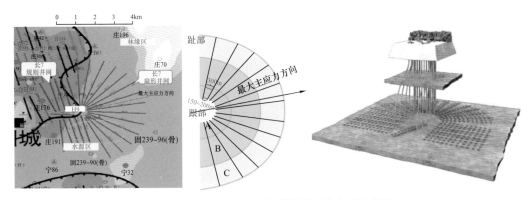

图 8-7-12　合 H9 平台扇形井网试验布井示意图

（3）页岩油油藏生产技术政策。

基于页岩油储层渗吸驱油机理，改变传统生产制度，提出压裂后、投产前的主动关停井制度，有效地发挥压裂入地液的能量补充和渗吸驱油作用。综合岩心渗吸实验、数值模拟、矿场实践等，优化压后合理关停井时间为 30～60 天左右。同时返排强度对水平井生产影响较大，应避免高返排速率造成的井筒砂堵或低返排速率造成的人工裂缝导流能力降低。统计规律表明，含水 60%～100% 期间水平井单段放喷返排量在 1.5～2.0m³/d 时，初期单井产油量、达产年产油量较高，开发效果较好。

3）三维水平井钻完井技术

为满足页岩油效益开发要求，页岩油三维水平井钻完井升级攻关过程中，积极应对梁峁交错、沟壑纵横地形限制等困难，在大偏移距、长水平段、技术配套等方面取得突破性进展。

（1）大偏移距钻井技术。

三维水平井钻井既需要增斜又需要扭方位（图 8-7-13），大偏移距条件下造斜点、扭方位点、增斜点、钻井参数等多参数、多变量的优化设计难度大、实钻摩阻扭矩高、三维轨迹控制困难（江胜宗等，2002）。结合国内螺杆钻具造斜能力及力学分析，创新了

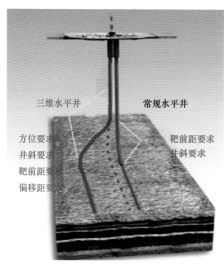

三维水平井
常规水平井

方位要求
井斜要求
靶前距要求
偏移距要求

靶前距要求
井斜要求

图 8-7-13 常规水平井与三维水平井

三维水平井剖面优化设计方法，攻关实现大偏移距三维水平井技术突破。三维水平井偏移距由最初的 300m，目前已达到 1266m。开发层系也由最初的单层开发到现在的多层系，单平台完钻井数不断突破，平台最多完钻水平井井数由 6 口、12 口，到目前最多可实现 31 口水平井大井丛（图 8-7-11）。

（2）长水平段钻井技术。

为了进一步提高单井控制储量及实现水源林缘城镇等地表条件复杂区内油气资源的有效动用，开展页岩油超长水平段钻完井试验。长 7 段页岩油，储层致密、泥质含量高、层间微裂缝发育，水平段钻进泥岩遇水膨胀易发生垮塌、卡钻，形成井下复杂（孙永兴等，2020）。通过研发新型复合盐防塌堵漏钻井液体系，降低失水量、提高井壁稳定性，形成了不同水平段长度、满足不同地层特点的二开、三开井身结构优化设计，实现了超长水平段建井的突破。最长水平段由初期的 1500m 到 3000m，2019 年突破 4088m，2021 年最长水平段达到 5060m，不断刷新国内纪录。

（3）钻井固井配套技术。

针对鄂尔多斯盆地地层易漏失、易坍塌特点，在投资降控、井身优化的前提下，为提高井筒质量，形成了强抑制防塌钻井液、长裸眼一次上返固井等配套技术。

通过优选甲酸盐抑制剂、无机盐抑制剂，优化配比形成强抑制防塌钻井液体系。该体系具有低黏高切性，漏斗黏度 40s 时的动切力达到 6Pa，漏斗黏度 55～60s 时动切力可达 14～15Pa，漏失当量密度不断提升（图 8-7-14）。现场试验，返出岩屑形状规则、无大掉块，起下钻顺利，电测一次成功；解决了水平段滑动黏阻、长时间地质循环及钻遇泥岩易坍塌等复杂难题，平均钻井周期缩短了 13%。

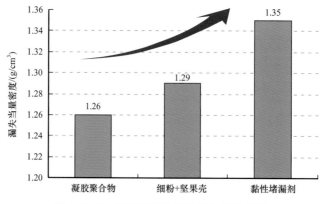

图 8-7-14 页岩油堵漏关键添加剂优选图

创新研发球型化可变型材料、聚丙烯纤维等水泥添加剂，形成高强韧性水泥浆体系，水泥石抗压强度提升 40% 以上、弹性模量降低 10%～30%（表 8-7-1）。在施工过程中，将长水平段水泥浆体系细分为三凝或多凝体系，分段确定稠化时间、分批注入，提高了水泥浆顶替过程的性能稳定。页岩油开发示范区水平段固井优良率由前期 75% 提高至 90% 以上，为体积压裂提供了良好的井筒条件。

表 8-7-1　页岩油水平井固井韧性水泥与常规水泥性能对比表

序号	水泥浆体系	7 天力学性能指标对比（1.88g/cm³）				
		抗压强度 /MPa	抗拉强度 /MPa	弹性模量 /GPa	泊松比	流动度 /cm
1	常规	30.2	2.4	12	0.24	24
2	韧性	28.3	2.8	7.2	0.17	20

4）细分切割体积压裂技术

针对长 7 段裂缝复杂、地层压力系数低等特点，坚持缝控体积压裂理念，进一步提高储量动用程度、延缓产量递减等，攻关形成了鄂尔多斯盆地页岩油长水平段细分切割体积压裂技术。

（1）体积改造集成设计模式。

结合长 7 段页岩油地质特征，创新提出"集成压裂"设计模式，由常规的压裂单一造缝向页岩油造缝、补能、渗吸驱油升级，形成细分切割裂缝、压裂补能、渗吸驱油的一体化集成设计。

压裂细分切割裂缝设计：前期裂缝形态综合评价表明，长 7 段页岩油体积压裂形成主裂缝为主、分支缝为辅的条带状裂缝系统，为此提出细分切割设计提高缝控程度和单井产量技术思路（慕立俊等，2019）。综合复杂裂缝扩展、油藏工程及数值模拟方法，将裂缝密度由 2～4 条 /100m 提高到 8～10 条 /100m，裂缝间距由 20～30m 缩短到 5～15m，实现裂缝对储层的高效覆盖。细分切割体积压裂微地震裂缝监测结果显示，微地震事件覆盖程度由前期 50%～60% 提升至 90%，缝控储量大幅提升。

压裂补能设计：为了增强原油流动能力、延缓产量递减和提高 EUR，在大数据分析、数值模拟研究的基础上，优化得到不同类型储层页岩油水平井进液强度范围。根据储层品质，不同进液强度划分为 22～25m³/m、20～22m³/m、18～20m³/m。陇东页岩油开发示范区水平井压后地层压力系数由原始的 0.7～0.8 提高到 1.2 以上，第 1 年产量递减控制在 30%。

压裂渗吸驱油设计：长 7 段页岩油为"微纳米孔喉"，常规注水开发难以见效，优化压裂渗吸驱油设计，在前置液中加入高效渗吸改善剂，通过改善表界面性质，强化渗吸置换速率，降低残余油饱和度。在示范区规模应用，见油时平均返排率由 6.7% 下降至 4.2%、平均见油时间由前期 40～60 天下降至 20～30 天，预测采收率提高 2～3 个百分点。

（2）细分切割压裂主体工艺。

在水平井压裂多年攻关基础上，创新形成了页岩油水平井"多簇射孔密布缝 + 可溶球座硬封隔 + 暂堵转向软分簇"的体积压裂工艺，实现了无限级细分切割压裂和压后井筒快速清洁。该工艺具有可溶柔性金属密封、封隔可靠、溶解速度快、免钻投产等特点。陇东页岩油开发示范区全面推广应用，平均单井压裂 22 段、入地液量 27165m³、加砂量 2995m³，单井初期产量由前期 9.6t/d 上升到 15.0t/d 以上，平均 12 个月累计产油 4883t，第一年递减率由前期 42.5% 下降至 30.0%，预测单井 EUR 达 2.8×10^4t，展现出良好的增产和稳产态势。

（3）体积压裂关键工具材料。

通过现场试验和自主攻关，成功研制了具有自主知识产权的 DMS 可溶球座、多功能变黏滑溜水压裂液体系等关键工具与材料。DMS 可溶球座，打破了"卡脖子"技术，性能指标达到国际领先水平，被评为中国石油工程技术新利器，实现体积压裂关键工具升级换代。多功能变黏滑溜水压裂液体系，在传统压裂液造缝、携砂的基础上增加了渗吸、变黏和降阻功能（范华波等，2019）；添加剂种类由 8 种减少为梳状分子结构减阻剂、疏水缔合变黏型稠化剂、润湿反转型渗吸改善剂 3 种，油水置换渗吸效率提高了 27%、携砂性能提升了 20%，并实现连续混配和循环利用。

5）页岩油规模效益开发工程

面对长 7 段页岩油规模效益开发多项非常规挑战，长庆油田创建了以平台化生产组织、工厂化施工作业、全生命周期过程管控为核心的页岩油开发管理体系。

（1）页岩油开发平台化管理。

根据长 7 段页岩油开发水平井大井丛特点，以平台为具体单元，每个平台设立台长，推行可视化管理。按照"一平台一方案"原则，从设计部署、产能建设到生产运行全过程，全面升级平台责任、设计、质量、投资、安全环保等，建立大井丛平台责权下沉式常态化管理，提升整体开发水平。以华 H100 为代表的五个典型大平台，共组合水平井 130 口，可动用地质储量 4000×10^4t，百万吨产能建设土地征借大幅节约 60% 以上，返排液和采出水全部 100% 回收再利用；页岩油开发工程建设质量稳中有升，平均单井产建投资较前期试验阶段下降 400 余万元。

（2）黄土塬地貌工厂化作业。

陇东页岩油开发示范区黄土塬地貌干旱缺水、交通不便，天然裂缝发育、井间干扰严重等，在施工作业过程中，形成了"平台小工厂、区域大工厂"的统筹协调机制。采用同向钻井、同向压裂、同向投产（图 8-7-15）及生产保障提前就位、分区同步作业、加强安全管控等措施，实现了"钻井、试油、投产"单工序提速提效、多工序安全同步作业，提高了生产组织效率。其中，钻井工厂化创新了"一队多机"组织模式（图 8-7-15），通过管理架构升级、资源与保障共享，人员精简 25%，设备减少 36%，平台钻井效率再提高 20%；压裂工厂化将传统作业需要的多支队伍整合（图 8-7-16），多机组联合作业、多专业联合保障，总体人员减少 20%，平台整体效率由 2.2 段 /d 提升至 8.8 段 /d（平均每天入地液量 1.36×10^4m³、加砂量 2200t），综合效率国内领先。

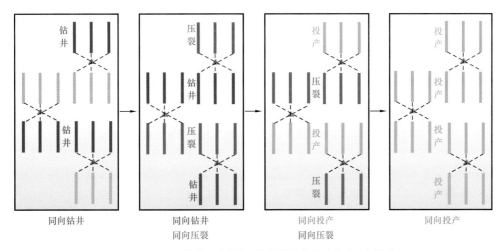

图 8-7-15 "钻井、压裂、投产同向作业"组织示意图

图 8-7-16 页岩油平台华 H100 工厂化钻井作业

（3）全生命周期扁平化管理。

页岩油开发示范工程攻关中，积极探索实践"方案单审、投资单列、成本单核、产量单计、效益单评"的全生命周期闭环管理。自主研发地质工程一体化决策系统（GEDS），实现现场钻井、压裂、采油数据实时传输，建立集生产监控、智能预警、生产动态、调度运行、生产管理、应急处置于一体的智能化生产指挥平台，进行大数据统计和规律分析，实施全要素、全过程管控，实现地质工程多专业多学科高效融合，大幅提高了技术管理水平和质量管控能力。同时以平台为单元，逐步建立智能化联合站直管平台单井的劳动组织新架构，对井、站、管线实行集中管理，陇东页岩油开发示范区百万吨年产油用工控制在 300 人以内。

三、陆相页岩油核心关键技术应用成效与知识产权成果

1. 形成页岩油规模效益开发技术体系

根据"新技术、新理念、新思路"的指导思想，进行攻关研究与试验，创新完成了

"甜点"预测、立体布井技术、三维钻完井、体积压裂及地面系统配套等五大系列 18 项配套技术。技术成果整体达到国际先进水平，多项指标刷新国内指标纪录。与北美海相页岩油相比，鄂尔多斯盆地长 7 段页岩油开发在单平台布井数、加砂强度、进液强度等多项指标保持先进（表 8-7-2）。再如亚太陆上油井最长水平段华 H90-3 井 5060m，国内陆上最大偏移距华 H100-29 井 1266m，国内页岩油最大水平井平台华 H100 平台等。

表 8-7-2 鄂尔多斯盆地长 7 段页岩油与北美开发技术参数对比表

指标参数	鄂尔多斯盆地长 7 段页岩油	北美二叠纪盆地	指标对比
沉积相	湖相	海相	
油层厚度 /m	5～15	40～240	
压力系数	0.77～0.84	1.05～1.5	
开发方式	补充地层能量开发	自然能量开发	
单平台布井数 / 口	6～8 居多，最大 31	6～10 居多，最大 24	接近
水平段长度 /m	以 1500～2000 为主，最长 4088	平均 3000	接近
井距 /m	以 300～400 为主，试验 150、200	100～300	
加砂强度 / (t/m)	3.5～5.5	3～5	相当
进液强度 / (m^3/m)	20～25	15～25	相当
施工排量 / (m^3/min)	10～14	14～16	接近
单井初期日产油 /t	18.6	78.6	
每米油层单井日产 /t	1.73	0.8	优势
第一 / 二 / 三年递减率 /%	30/24/20	72/34/22	优势

2. 构建黄土塬地貌生产组织管理模式

结合鄂尔多斯盆地黄土塬地貌实际情况，通过现场探索与实践，创建了以平台化生产组织、工厂化施工作业、全生命周期管控为核心的页岩油开发生产组织管理模式，实现陇东页岩油开发示范区建设高效率高质量推进。例如国内水平井最短钻井周期华 H100-30 井 7.75 天，国内单钻机最高效率华 H40 平台水平井当年 11 开 11 完，国内单机组连油拖动压裂最高效率华 H62-1 井 24h 压裂 11 段，国内单平台体积压裂最高效率华 H40 平台 23.8h 压裂 18 段、泵注液量 2.8×10^{4}m^3、加砂 4455t 等。

3. 率先建成百万吨整装页岩油示范区

通过页岩油开发一体化集成创新，应用先进技术与管理成果，推进陇东页岩油开发示范区实现规模效益开发。2018—2021 年，以"水平井、多层系、立体式、大井丛、工厂化"为思路，在庆城油田华池、合水区规模应用关键技术进行示范区建设，共完钻水平井 580 口，平均水平段长 1681m，优质油层钻遇率 75.7%。已累计投产水平井 347 口，初期日产油 15.0t 以上，平均一年累计产油 4883t，预测单井 EUR 达 2.8×10^4t。示范区内部收益率 6.16%～8.07%，超过行业基准收益率。如期建成我国首个百万吨整装示范区，实现了规模效益开发，2021 年当年生产原油达到 133.7×10^4t。按照"十四五"规划，2025 年陇东页岩油开发示范区年产量达到 300×10^4t 规模。

4. 助推 10×10^8t 级庆城油田顺利发现

理论技术创新指导页岩油勘探取得重大进展，页岩油开发示范工程促进"资源向储量"的转变，对我国非常规石油资源的勘探开发具有重要战略意义。助推了国内规模最大页岩油田——庆城油田的快速发现，2019—2021 年仅三年时间新增探明石油地质储量 10.52×10^8t。目前，鄂尔多斯盆地长庆探区长 7 段页岩油共提交石油三级储量 18.38×10^8t，其中探明储量 11.53×10^8t、控制储量 0.56×10^8t、预测储量 6.93×10^8t，为保障国家能源战略安全做出贡献。

鄂尔多斯盆地长 7 段页岩油开发示范工程解放思想、集成创新，持续坚持地质工程一体化，持续开展低成本条件下的实践，优化完善黄土塬地貌全生命周期页岩油开发新模式，不断提升鄂尔多斯盆地页岩油开发水平，形成的理论与技术创新成果，有力引领、推进我国页岩油的下一步规模效益开发，为保障国家能源战略安全做出贡献。

5. 知识产权成果

"十三五"期间，依托国家科技重大专项，长庆页岩油勘探开发攻关团队，积极迎接挑战、克服困难，坚持集成创新、敢为人先，申请国家发明专利 34 项、发表论文 12 篇，出版专著 7 部，形成 4 项评价方法，制定企业标准 4 项，获得省部级奖 5 项。这些知识产权成果强力支撑了鄂尔多斯盆地页岩油开发技术系列的形成、我国首个百万吨开发示范区的如期建成，同时成功催生了十亿吨级庆城页岩油田的顺利发现，为引领、推动我国陆相页岩油非常规革命，奠定了坚实的理论技术基础和现场实践经验。

第八节　典型盆地陆相页岩油地质与开发

一、背景、现状与挑战

页岩油是指蕴藏在以富含有机质页岩和页理与纹层发育的碳酸岩盐，具有超低孔隙度和渗透率的烃源岩层系中的石油资源，包括泥页岩孔隙和裂缝中的石油，也包括泥页岩层系中的致密碳酸岩或碎屑岩夹层中的石油资源，其开发需要使用与页岩气类似的水平井和水力压裂技术。

美国在 2000 年到 2007 年间陆续突破页岩油勘探开发系列关键技术，并从 2010 年起进入页岩油快速发展阶段，引领了全球范围内的页岩油革命。凭借近些年美国页岩油产量的持续攀升及完全成本的快速下降，美国有史以来第一次获得了原油自给能力。相比之下，我国原油对外依存度近些年持续升高，2020 年已突破 75%，能源安全形势严峻，页岩油勘探开发是保证我国能源安全的必由之路。

1. 我国典型盆地陆相页岩油资源概况

我国陆相盆地发育多套湖相泥页岩层系，分布范围广、有机质丰度高、厚度大，具有巨大的页岩油资源潜力。从大区分布看，我国页岩油资源主要分布在东部地区和中西部地区，页岩油资源量分别为 $98.27×10^8t$、$84.69×10^8t$，分别占我国页岩油资源量的 52.8% 和 45.5%，勘探开发潜力巨大；南方地区页岩油资源量仅 $3.15×10^8t$，勘探开发潜力较小。从资源丰度比较，东部页岩油资源丰度为 $3.373×10^8t/km^2$，中西部 $1.54×10^8t/km^2$，东部页岩油勘探开发前景好于中西部。页岩油资源量相对集中在几个大型含油气盆地中，其中页岩油资源量大于 $40×10^8t$ 的盆地有渤海湾、松辽、鄂尔多斯三大盆地，$20×10^8$～$40×10^8t$ 的盆地有准噶尔盆地。纵向上，页岩油主要分布在古近系、白垩系、三叠系、二叠系等四套层系中。

2. 陆相页岩油勘探开发技术现状与挑战

在"十三五"油气重大专项页岩油项目启动之初，我国陆相页岩油勘探仍在沿用常规油气勘探思路，开发及工程技术针对性差，导致在济阳坳陷、泌阳凹陷等地的一批陆相页岩油专探井初期产量低、稳产时间短。虽然学习借鉴了美国页岩油成熟技术经验，但中国陆相页岩油与北美海相页岩油地质条件差异巨大，面临诸多勘探开发难题，注定要走自力更生之路。总的来看，我国陆相页岩油勘探开发面临的挑战主要表现在以下六个方面（金之钧等，2021）：

（1）陆相页岩油沉积相变快、非均质性强，赋存机理认识不清，评价手段亟待完善。

（2）陆相页岩油矿物成分和储集体孔隙结构类型复杂多变，"甜点"构成要素不清，预测技术尚未建立。

（3）陆相页岩油以游离、吸附等多种形式赋存于微纳孔缝、有机质内部等多种孔缝空间中，不同赋存状态原油流动机理和有效动用条件还需进一步认识。

（4）陆相页岩油储层塑性强，地层压开难度大，难以形成有效的压裂缝网。

（5）陆相页岩油有机质成熟度低、流体黏度高、驱动能力不足等难题导致流动能力差，采出困难。

（6）井深、异常高压、储层强敏感、盐间储层失稳带来系列工程技术复杂问题。

二、我国典型盆地陆相页岩油勘探开发技术研发成果

1. 陆相页岩油地质评价关键实验技术与方法

1）陆相页岩油实验地质评价技术

（1）泥页岩冷冻密闭碎样热解含油性分析技术。

泥页岩冷冻密闭碎样热解含油性分析技术的核心在于新鲜岩心样品的超低温冷冻以及液氮持续充注下进行密闭碎样。钻井现场采集刚出筒的泥页岩样品，直接放置于超低

温（−50℃以下）冰柜内冷冻保存。在现场分析实验室，取超低温冷冻的泥页岩样品 10g 以上，粗碎成 10mm 左右的小块样，装入冷冻研磨仪碎样罐中，将液氮罐与冷冻研磨仪连接，开启冷冻研磨仪，在液氮持续充注条件下，将碎样罐中的样品粉碎至 0.15mm 左右，称取粉碎好的样品 65mg 左右，立刻按 GB/T 18602—2012 规定进行热解分析，获取游离烃 S_1 含量等参数信息，为含油性"甜点"层段快速优选提供依据。

（2）泥页岩中游离油和束缚油快速表征技术。

利用岩石热解仪，通过对热解程序升温条件的优化，在不同温度段热释烃热解色谱分析和二氯甲烷抽提前后热释烃分析验证基础上，建立了泥页岩中游离油和束缚油快速表征技术。泥页岩样品按冷冻密闭碎样热解分析流程进行样品制备，称取 65mg 左右样品立即放入热解仪坩埚中。启动岩石热解仪，升温至 200℃恒温 1min，检测泥页岩中轻质游离油（S_{f-1}）含量；然后按 25℃/min 升温至 350℃，350℃恒温 1min，检测泥页岩轻质—中质游离油（S_{f-2}）含量；再按 25℃/min 升温至 450℃，450℃恒温 1min，检测泥页岩中束缚油（S_a）含量。该技术与溶剂抽提相比，具有快速、经济与环保的优势。

（3）页岩孔隙连通性表征技术。

目前针对页岩孔隙连通性的表征方法较少，研究方法主要有图像法与流体法两种。在前人工作的基础上，将流体法与图像法有机融合，建立了基于氯金酸钠流体吸入实验的页岩孔隙连通性表征技术。氯金酸钠在加热条件下，容易分解生成 $AuCl_3$ 固体，而 $AuCl_3$ 在光照或 160℃条件下可以分解生成更加稳定的金，便于在 CT、扫描电镜下进行分析。另一方面，Au 是沉积岩石中的非常少见的元素，其原子序数高，因此在扫描电镜背散射图像中衬度很高，具有很好的辨识度。单个氯金酸钠分子的直径远小于 1nm，因此理论上通过自吸能够进入绝大部分的孔隙中。

（4）不规则页岩岩样总体积测定技术——变密度法。

针对纹层状、层状页岩难于快速制备规则柱塞样等难题，利用专利技术研制了岩石样品总体积测定系统，建立了不规则页岩岩样总体积测定技术——变密度法，有效解决了不规则页岩样品总体积的精确测定，为不规则页岩样品孔隙度表征提供了保障。

2）陆相页岩含油性与可动性动力学表征方法

（1）开放体系生烃动力学研究技术。

开放体系岩石热解分析是含油气系统烃源岩评价中的一种经济、快捷、有效的常规手段，也是目前页岩含油性快速评价的主要技术方法之一。近年来，在利用开放体系岩石热解技术进行含油性评价资料解释方面，中国石化石油勘探开发研究院无锡石油地质研究所与加拿大联邦地质调查局联合提出了基于生烃动力学模型的热解资料解释、无纲量成图等方法，用热解曲线和动力学参数建立烃源岩非均质模型，以应对非均质页岩油储层资料解释中的诸多难题。

传统的生烃动力学主要关注干酪根的热稳定性和随温度（时间）的转化特征，而相态动力学研究关注烃源岩初次裂解产生的流体组分演化过程及二次裂解反应的产物、组分及烃类流体物理性质的演化。实际上，在进行开放体系岩石热解的过程中，页岩油分子热释过程遵循分子热分馏规律，赋存在裂缝及大孔隙中的页岩油相对微孔中的容易热释出来、小分子的化合物相对大分子的化合物容易热释出来、游离态的化合物相对吸附态的化合物容易热释出来，其热挥发过程中的挥发速率和温度的关系同样满足阿伦尼乌斯方程，利用动力学参数可以描述该过程。另一方面，研究发现，动力学参数的获取受热解速率的影响很小，这使得利用常规热解数据进行生烃动力学研究成为可能。在传统生烃动力学的基础上采用常规热解数据进行生烃动力学的研究，并直接用常规热解参数通过反演的方法求取烃源岩生烃动力学参数，可以解决传统动力学模型在非均质性明显的烃源岩体系中没有代表性，以及传统方法无法对热演化程度较高的烃源岩求取动力学参数的困难。

（2）页岩"单步"热解总含油率计算方法。

页岩中总含油量"单步"热解数值计算法的核心是通过化学动力学参数数值运算，把岩石热解中得到的 S_1b 肩峰进行合理分解，求得其中重质烃挥发产物和干酪根低温热降解产物的相对比例。其基本步骤是：将两者都看作是热解实验过程中的两个虚拟热解产物，从而把它们分别当作一系列独立的平行化学反应来近似表达，通过阿伦尼乌斯方程[式（8-8-1）]，将 S_1b 肩峰按式（8-8-2）分解为假干酪根热解产物（重质烃组分）和真干酪根热解产物；在固定升温速率的常规热解实验中，烃类转化率可以用温度的函数来描述[式（8-8-3）]；再将热解实验中干酪根裂解用一系列独立的平行一级反应来表达[式（8-8-4）]，就可以实现重质烃和低温热解烃比例的有效估算。

$$k_j = A \cdot \exp\left(-\frac{F_j}{RT}\right) \qquad (8-8-1)$$

式中　k_j——反应速率；

　　　j——组分编号；

　　　A——频率因子；

　　　E_j——干酪根第 j 组分的活化能，kcal/mol；

　　　R——气体常数，kcal/（mol·K）；

　　　T——绝对温度，K。

$$-\frac{\mathrm{d}x}{\mathrm{d}t} = \sum_{i=1}^{p} a_i k_i f(x_i) + \sum_{k=1}^{q} a_k k_k f(x_k) \qquad (8-8-2)$$

式（8-8-2）中右手第一项代表烃源岩中重烃热挥发产物（假干酪根部分），第二项代表干酪根热分解产物，p 和 q 分别代表重质烃和干酪根活化能分组的数目。

$$-\frac{\mathrm{d}x}{\mathrm{d}T} = \sum_{i=1}^{p} \frac{A}{\xi} \cdot \exp\left(-\frac{E_i}{RT}\right) \cdot f(x_i) + \sum_{k=1}^{q} \frac{A}{\xi} \cdot \exp\left(-\frac{E_k}{RT}\right) \cdot f(x_k) \qquad (8-8-3)$$

$$x = x_0 \int_0^{\infty} \exp\left[-\frac{A}{\xi} \cdot \int_0^T \exp\left(-\frac{E}{RT}\right)\mathrm{d}T\right] D(E)\mathrm{d}E \qquad (8-8-4)$$

其中 x 和 x_0 是烃源岩中能够转化的初始和现今 TOC 值，$D(E)$ 是活化能分布。

（3）页岩中运移烃与原生烃热解识别方法。

热解基础参数综合识别法：含有运移烃的页岩样品通常显示出异常高 S_1、低 S_2 和低 T_{max} 值。运移烃的存在使低温下（小于 300℃）FID 检测到的 S_1 值偏高；而重质原油组分由于吸附作用会在较高的温度下以 S_1b 峰的形式出现。这些烃类与干酪根热降解烃混合会拉低 S_2 峰温，从而压低 T_{max} 值。同时，受运移烃的影响，油饱和指数 OSI 和产率指数 PI 呈现异常高值，并与 T_{max} 值呈现负相关性。因此，依据热解基础参数综合分析，可以有效识别页岩中是否存在运移烃。

烃类热解曲线和估算的表观活化能值：多种因素会使 Rock-Eval 热解 S_1 峰值变高，包括富硫干酪根形成的早期低成熟沥青、钻井泥浆添加剂污染、运移烃浸染等。样品中是否存在非原生烃造成的 S_1 高值，可以通过同一烃源岩单元中相似成熟度样品的烃类热解曲线对比加以判识。受油浸染样品的活化能分布一般表现为分散状、活化能分布直方图偏左，而正常未成熟样品的活化能分布范围窄、直方图左右对称。

（4）基于生烃化学动力学的运移烃校正方法。

富有机质页岩中运移烃的热解扣除方法包含两个重要步骤，一是将运移烃和热解烃的信号分开，二是对热解参数进行校正。

从 S_2 峰中扣除残余油 S_1b 的信号：通过改进的 Rock-Eval 升温程序，可在热解曲线中得到三个峰：S_1a 代表样品中已有的游离烃挥发产物，S_1b 代表重质烃挥发产物和干酪根低温热降解产物的混合物，S_2 代表干酪根热裂解产物。通常未受运移烃和吸附烃影响的岩石样品热解曲线中没有 S_1b 峰，为了将 S_1b 中的重质烃和低温热解烃分开，以往通常的做法是将全岩热解，然后把等分样品经过溶剂抽提再热解，并将热解结果进行比较。已有石油组分热挥发的物理过程和干酪根热降解化学反应在化学动力学上存在显著差异，因此奠定了利用化学动力学对两种产物进行数值求解的基础。采用热解曲线把干酪根划分为多个化学动力学组合，将具有相似热稳定性和热反应行为的干酪根归为一组，每组干酪根与特定温度区间生成的烃类产物相对应。因此，可把热解产物按照既定的热稳定性范围和热反应行为进行重新组合。不论它们的形成机制如何，把 S_1b 中两类热解产物的混合物当成是多个具有特定活化能范围的虚拟热解产物的组合。根据受运移烃影响的热解曲线重建 S_2 峰需要经过 4 个步骤：① 区分样品是否受到运移烃影响；② 利用生烃动力学优化软件，通过热解曲线估算活化能和频率因子；③ 明确运移烃相关的活化能组分特征，并从受影响样品的活化能中予以扣除；④ 利用恢复的活化能分布，通过正演模型，得到校正过的热解曲线。

Rock-Eval 热解参数校正：热解 S_2 校正是将运移烃的影响扣除，以得到更客观准确的 S_2。校正后的 S_2 表达式为：

$$S_2^c = (1-f_{S_1b}) S_2 \tag{8-8-5}$$

式中　　S_2^c——校正后的 S_2，mg/g；

　　　　f_{S_1b}——运移烃的比例。

热解 S_1 可以根据校正过的 S_2 和转化率 TR 计算得到。S_1 校正表达式为：

$$S_1 = S_2^{\circ} - S_2^{c} \, S_1 = S_2^{\circ} - S_2^{c} \tag{8-8-6}$$

其中：

$$S_2^{\circ} = \frac{S_2^{c}}{1 - TR} \tag{8-8-7}$$

式中 S_1——现今 S_1，mg/g；

S_2°——干酪根热降解前的初始 S_2 值，mg/g；

TR——干酪根转化成烃率。

TOC 校正。通过从原有的 S_1 和 S_2 之和中减去运移烃，就可以得到校正后的 TOC，即：

$$TOC_c = PC_c + RC = PC + RC - 0.083 \, (S_1 - S_1^{c} + S_2 - S_2^{c}) \tag{8-8-8}$$

式中 PC_c——去除运移烃之后有效碳含量，%；

RC——残余碳含量，%；

PC——有效碳含量，%。

HI 校正。HI 校正的表达式为：

$$H_i^{c} = 100 \frac{S_2^{c}}{TOC_c} \tag{8-8-9}$$

式中 H_i^{c}——校正后的氢指数，mg/g。

将溶剂抽提前后全岩样品的热解实验结果进行比较发现，Rock-Eval 热解参数校正不仅节约成本，而且行之有效。

2. 陆相页岩油"甜点"地球物理识别与预测方法

"甜点"评价方法、参数指标及其优选，是陆相页岩油勘探开发面临的重要科学技术问题。同海相页岩气相比，陆相页岩油"甜点"要素更为复杂，岩相、黏土矿物、纹层结构和裂缝等的控制作用强，薄夹层发育，可压性与流体可动性差。近年来的勘探开发实践表明：黏土矿物、纹层发育、薄夹层、裂缝、流体可动性、可压裂性等是关键的"甜点"要素地球物理表征是世界级难题，部分技术方法缺乏，已有的技术方法精度低，有效性和针对性差。

经过"十四五"国家重大科技专项攻关研究，以岩石物理计算为基础，从地震正演和岩石物理等效两个方面，厘清了页岩油层地震波传播尺度响应特征，明确了关键"甜点"要素敏感参数，进一步研究了基于岩石物理反演的表征预测技术，通过各向异性分结构解耦，实现关键"甜点"要素及裂缝多尺度融合协同表征。以叠前地震资料处理成像为基础，研究了纹层发育和水平层理缝、高精度曲率大尺度裂缝、正交各向异性小尺度裂缝预测方法，探索了裂缝参数和流体性质定量反演。基于非线性叠前反演，构建了"甜点"预测模型，正反演结合，实现了薄夹层和压力预测，集成一套页岩油"甜点"地球物理预测软件系统。

1）陆相页岩油关键"甜点"要素岩石物理特征

围绕陆相页岩油关键"甜点"要素，基于岩石物理实验测试分析，通过构建各向异性岩石物理模型，研发岩石物理正反演技术，初步明确了岩石物理特征和敏感属性，获得测井尺度关键物理参数，为"甜点"识别和预测，奠定研究基础和数据基础，指导甜点预测。

（1）岩石物理实验与测试分析。

充分利用岩石物理实验，对胜利油田河口地区 8 口井沙三段 52 块岩样、江苏油田 5 口井共 12 块、鄂尔多斯长庆油田上三叠统延长组和松辽盆地白垩统青山口组富有机质页岩样品 30 块，进行了实验测试分析，基本明确了几个关键"甜点"要素的岩石物理和地球物理响应特征与规律。

测试分析表明，纹层状页岩具有强固有各向异性，需要利用地震各向异性预测纹层结构特征。也就是说对于纹层结构而言，各向异性参数是敏感属性，反映纹层结构的各向异性成分。物性参数与纵波速度、波阻抗等弹性参数呈现负相关的关系，可以利用弹性参数反演进行 TOC 和有效储层参数的预测。

基于岩石破裂实验的脆性评价是最接近实际压裂脆性的脆性指数。实验室对样品进行了破裂实验计算了脆性指数，也通过动静态弹性参数测量计算了各种脆性指数，基于岩石破裂实验的脆性指数与基于弹性参数的脆性指数呈现出很强的正相关关系。测试分析表明：弹性参数可以较好表征脆性，为利用地震资料进行脆性预测奠定了坚实的岩石物理基础。

基于地震岩石物理计算和岩石物理模板分析，裂缝密度变化与各向异性参数、弹性参数密切相关，一般裂缝密度增大，弹性参数减小，Thomson 参数 ε 增大，参数 δ 变小。弹性参数和各向异性参数可以表征小尺度群集裂缝的发育程度及其分布形态为利用各向异性理论进行裂缝预测夯实了岩石物理基础。

地震岩石物理计算也表明，TOC、裂缝密度、纹层结构、黏土含量等预测敏感属性为各向异性，具有正相关关系。

岩石物理分析表明，页岩关键"甜点"要素的敏感参数为各向异性和弹性参数，相应地，岩石物理模型和预测模型要充分考虑细分黏土矿物、纹层结构发育和裂缝问题。项目研发了新的岩石物理模型及其正反演技术，能够预测测井尺度页岩关键岩石物理性质参数，实现页岩关键岩石物理性质参数的地震表征预测。

（2）各向异性分结构解耦岩石物理正反演。

页岩的岩石物理实验测量及理论研究发现，黏土矿物一般以混合物的形式存在，包括伊利石、蒙脱石等固体矿物颗粒，以及体积模量接近水剪切模量不为零的粒间软物质。这些组分的定向排列使得页岩呈现纹层结构并具有 VTI 固有各向异性。这些组分比例的变化，以及沿层理发育的水平裂缝的存在，使得页岩弹性各向异性具有较大的变化范围（蒋启贵等，2016）。

针对黏土、纹层、裂缝等问题，构建黏土混合物和页岩整体两个模型，黏土混合物的岩石物理模型，由各向异性Backus理论计算伊利石、蒙脱石矿物颗粒的弹性各向异性，并应用各向异性等效场理论计算粒间软物质的影响，得到黏土混合物的VTI各向异性的弹性模量。各向异性页岩储层岩石物理模型，应用岩石物理HS界限理论计算石英、白云石及钙芒硝等非黏土类矿物的体积模量和剪切模量，并应用改进的各向异性Backus理论计算黏土混合物与非黏土类矿物组成固体基质的VTI各向异性。应用各向异性等效场理论，将有机质干酪根填充到VTI固体基质中。最后，利用Chapman裂缝介质理论，计算固体基质背景中发育水平裂缝引起的附加VTI各向异性。

黏土混合物垂直方向的纵、横波速度，以及水平缝纵横比作为待反演参数，通过寻找岩石物理模型计算的速度与井中实测速度的最佳拟合来预测这些待定参数。目标函数的求解过程应用粒子群粒子滤波方法实现多参数寻优。基于黏土混合物模型，分别以黏土混合物纵、横波速度作为目标函数的拟合参数，预测黏土混合物中的伊利石比例以及粒间软物质含量等参数。基于整体岩石物理模型，已知伊利石比例、粒间软物质比例和水平缝纵横比，可以确定各个结构的各向异性参数，通过寻找岩石物理模型计算的速度与井中实测速度的最佳拟合来预测这些待定参数。通过三步法反演，得到测井尺度岩石物理性质参数，可表征页岩油关键"甜点"要素。通过页岩油井横波预测，可验证模型的正确性和有效性。

岩石物理反演可以得到测井尺度弹性参数、裂缝纵横比、伊利石含量、粒间软物质含量、各个结构各向异性参数，为地震预测奠定基础。

2）陆相页岩油"甜点"测井识别与评价方法

在"甜点"测井识别与评价方面，形成陆相页岩油含油性、储集性、可动性及可压性测井综合评价技术。

（1）TOC、孔隙度、含油饱和度分岩相评价方法。

根据地质家对岩相划分，建立不同岩相的典型测井响应模式，利用人工神经网络进行岩相自动划分。针对不同岩相，需采用不同基线，以排除岩性背景对评价精度的影响。

① 分岩相TOC测井评价，变基线$\Delta \lg R$法，识别精度提高10%。

② 分岩相孔隙度测井评价，针对不同岩石相，确定混合密度骨架值，变骨架孔隙度计算精度提高7%。

③ 含油饱和度分岩相测井评价，不同岩石相，受矿物组分（基岩电阻率）、钙芒硝充填程序（孔隙联通性）、渗透性（导电路径复杂程度）等影响，岩电关系并不一致。孔隙度与电阻率半对数坐标下，显示出不同的岩电关系趋势，依据趋势线斜率、截距，确定岩电参数。针对不同岩石相，采用不同的岩电参数，提高了含水饱和度评价精度。

（2）基于核磁—热解实验的页岩油组分与可动性定量评价方法。

将"不同赋存状态页岩油定量表征"问题由"地球化学实验阶段"向"指导井下实际测井资料解释评价"推进，研究设计实施了"地球化学—测井联合实验"。研制了针对核磁测量页岩质量需求的多温阶绝氧加热专用设备。建立岩心核磁与井下核磁T_2特征值刻度关系，实现可动油定量评价。

（3）考虑孔隙成因机制的地层压力测井评价方法。

利用孔隙度随深度变化规律，评价欠压实作用形成的"背景孔隙压力"，利用有机质孔隙发育程度，评价生烃形成的"附加孔隙压力"，新的压力计算公式，压力计算精度提高35%。

3）陆相页岩油关键"甜点"要素地震预测方法

（1）关键黏土矿物含量及纹层结构发育协同预测方法。

基于岩石物理等效，将页岩各向异性进行分级解耦，页岩层整体各向异性由固体基质和水平缝引起的各向异性组成，固体基质的各向异性由黏土混合物定向排列及 TOC 共同引起，一般反映纹层结构的发育程度。因此，可以用各向异性参数表征纹层结构的发育程度（蒋启贵等，2016）。但是通过地球物理反演，只能得到宏观背景地震各向异性，很难得到测井尺度各向异性参数，无法反映页岩层纹层结构的相对变化。如前文所述，通过测井尺度的岩石物理反演，得到黏土混合物弹性参数、裂缝纵横比、伊利石含量、粒间软物质含量、分解的各向异性参数。首先利用井旁地震道的纵横波速度、密度与测井岩石物理反演得到的上述待反演参数，通过机器学习建立非线性回归关系，然后将地震叠前反演的空间纵横波速度和密度，转化为待反演的参数。

（2）高精度曲率及正交各向异性属性不同尺度裂缝预测技术。

高精度曲率考虑振幅横向变化，能够明显提高页岩层系中高角度大尺度裂缝的预测精度（刘喜武等，2019）。基于相位梯度结构张量、多窗估计主分量分析，减少强断层屏蔽，多尺度拟合一阶空间偏导数，获得高精度稳定多尺度地层曲率属性。利用各种相空间方法或结构自适应滤波等方法对地震数据进行噪声衰减。基于傅立叶变换的拓展特性，对地震数据进行拓频预处理，提高地震资料的分辨率。通过 Hilbert 变换或者小波变换获得复地震道，提取瞬时振幅及瞬时相位。利用基于相位的梯度结构张量技术或平面波催毁滤波器并结合多窗分析准确估计地层倾角。计算振幅沿倾角方向的一阶、二阶空间导数：振幅的一阶、二阶导数及曲率不能直接从倾角信息获得，而需要从沿倾角方向进行。提取振幅曲率的关键在于沿地层倾角方向稳定准确地求取振幅的一阶、二阶导数，而求取导数会放大噪声的影响。采用主分量分析求取振幅的一阶、二阶导数，并结合多窗分析技术，以提高结果的稳定性，降低断层的影响。振幅曲率的多尺度提取：振幅空间一阶偏导数通常有两个，而二阶偏导数通常有四个，因此需要综合考虑着多个二阶偏导数。振幅曲率属性可通过综合二阶偏导数获得，可用于刻画振幅横向的微小变化。基于多个二阶偏导数可容易获得不同的振幅曲率属性，但需要根据不同需求下选取振幅曲率的类型及尺度。振幅曲率的多尺度特性可以通过主分量分析中的分析窗大小来控制。

针对小尺度群集裂缝，各向异性研究从一个方向到两个方向，基于各向异性岩石物理模型，推导建立正交各向异性介质反射系数新的简化公式，实现各向异性预测（刘喜武等，2019）。页岩层系属于正交各向异性介质，用传统 HTI 介质描述，存在误差。研究建立了正交各向异性介质两项反射系数近似公式，利用研发的岩石物理模型模拟 AVAZ

地震响应，提取频变 AVAZ 特征，表明两项公式具有可靠的精度。成像测井表明，较 HTI 方法，OA 方法取得较为可靠的预测结果。

（3）页岩薄夹层厚度预测技术。

以测井数据为基础，设计高频地质地球物理模型，考虑页岩薄层速度、厚度的可能变化，由传播矩阵理论计算高精度合成地震记录，建立波形特征库。目标层反射波形的变化反映页岩薄层速度、厚度的变化，以速度和厚度为待求解参数，设计目标函数，求取实际地震数据与模拟数据的最大相关。在页岩薄层速度通过地震反演方法得到的情况下，目标函数中的待反演参数为页岩薄层厚度。潜江凹陷盐间页岩油薄韵律层厚度预测经 9 口井验证，平均误差 0.0166m，具有较高的精度，平面分布的趋势与测井解释的趋势分布一致。

（4）地层压力及地应力地震预测技术。

在单井孔隙压力及地应力评价计算的基础上，首先利用三维密度反演体积分计算上覆岩层压力三维体，进一步利用声波时差反演体、泥岩声波时差趋势反演体、上覆岩层压力体通过伊顿公式计算孔隙压力体。叠前弹性参数反演得到杨氏模量体、泊松比体，以及上述计算得到上覆岩层压力体、孔隙压力体，通过多孔弹性模型，计算最大水平主应力体、最小水平主应力体、水平应力差异系数体。最大水平主应力的方向可以通过构造曲率计算。岩石物理建模获得高精度横波，进一步获得高精度岩石力学参数；根据井眼崩落和拉张，采用应力多边形约束最大最小水平主应力及岩石力学参数，获得崩落点相对精确的最大最小水平主应力，再反演得到空变应变系数。

3. 陆相页岩油流动机理及开采关键技术

针对陆相页岩油基质内流动规律认识不清、动用困难及缺乏单井生产动态预测方法的问题，通过攻关研究建立了陆相页岩油赋存及运移规律跨尺度分析技术，认识了陆相页岩油流动机理，提出并初步形成了陆相页岩油压—注—采一体化有效动用方法。深化了陆相页岩油缝控压裂裂缝形态认识，提出了三维协同增效密集缝网构建方法，形成了陆相页岩油水平井水基复合密切割压裂改造技术。建立了考虑储层复杂非均质性、多相多尺度流体运移及流固相互作用过程的储层流动数值模拟方法，研制形成页岩油井生产动态模拟预测软件平台。

1）陆相页岩油储层流体流动机理分析技术

（1）纳米级到米级的跨尺度流动分析计算方法。

针对典型区带陆相页岩油组分特征及有机、无机孔隙分子特征，建立包括 26 种不同类型小分子的页岩油分子模型、有机干酪根纳米孔隙分子模型和无机微纳孔隙分子模型，基于页岩油、有机孔隙、无机孔隙分子间作用力模型，依托分子动力学模拟分析，证明了无机孔隙内可不考虑吸附作用、有机孔隙内不存在边界滑移，提出有机微纳孔隙内页岩油吸附模型、无机微纳孔隙内页岩油水两相滑移流动模型及微纳孔隙内页岩油流动启动压力模型，形成了陆相页岩油储层微纳孔隙内流动描述方法。

为克服常规微纳数字岩心对陆相页岩油强非均质性描述的不适应问题，基于机器学习方法，将陆相页岩油基质内的微纳尺度有机质及矿物、有机质孔隙、晶间孔隙、矿物间孔隙、粒内孔隙对应的 CT 扫描图像进行聚类分析，得出不同类型的灰度值分布，并在厘米尺度 CT 低分辨率扫描图像中进行对比、匹配，标定并填充该类型，构建了页岩油厘米级数字岩心，基于厘米级数字岩心建立孔隙网络模型，形成页岩油储层流动关键参数计算方法。基于上述系列方法实现了陆相页岩油储层内从纳米级到米级的跨尺度流动分析计算。

（2）高温、高压衰竭开采及注水注气效果评价技术。

页岩储层开采效果室内实验评价的关键在于微纳孔隙流体的精确识别和定量表征。目前，核磁共振技术是孔隙流体量化表征的主要技术手段之一。由于页岩储层微纳孔隙发育，常规核磁共振技术受到信噪比、背景信号等因素的影响无法满足流体的识别精度。通过提高核磁信号接收精度、减少系统死时间，形成了短弛豫核磁共振技术，在此基础上建立了短弛豫核磁共振二维谱油水识别方法，准确识别页岩微纳孔隙内油、水信号，定量表征页岩储层有机质、无机孔中可动油、水和不可动油，形成了目标区油、水赋存状态理论图版。结合高温高压岩心流动实验方法，在油藏条件下通过在线监测微纳孔隙内油、气、水动态变化，定量表征衰竭开采、注气、注水等不同开采方式下流体的赋存规律，明确不同开采方式的动用效果及孔隙动用下限，揭示页岩油藏注气、注水微观开采机理，确定目标区有效开采方式，为页岩油藏高效开发提供重要的理论支撑。

（3）陆相页岩油压—注—采一体化有效动用方法。

通过系列室内实验研究证明了超临界 CO_2 陆相页岩油增产方面具备显著众多优势：超临界 CO_2 易致裂，其黏度小，可进入微裂隙及天然裂缝尖端，较水力致裂压力降低 15%～46%；超临界 CO_2 体积应变增量高，破坏层理及矿物颗粒间胶结，大幅提高裂缝复杂程度；超临界 CO_2 能够萃取原油中的轻质组分、补充地层能量、增孔扩缝。

基于系列室内实验和数值模拟研究，提出了陆相页岩油压—注—采一体化有效动用方法。通过实施大规模缝控压裂改造，把储层"打碎"，大幅度增大裂缝面积及缝控储量，充分发挥弹性开采条件下的短距离运移及渗吸置换作用。通过在压裂过程中压入 CO_2 和功能性压裂液，充分发挥超临界 CO_2 在陆相页岩油增产方面的系列优势，大幅提高地层能量和原油流动性。在压后试采过程中通过焖井及优化工作制度"控制式"采油，延长超临界 CO_2 作用及渗吸原油置换作用时间，提高页岩油井初期产量，延长稳产时间。

2）陆相页岩油压裂改造与增产技术

（1）纹层状页岩压裂品质综合评价方法。

页岩可压裂性评价的目的即是评价所考察页岩资源可开采候选区，判断哪些地带或层段适于压裂，从而提高油气采收率，提高经济效益。以纹层状页岩储层特征与压裂改造工艺需求为基础，充分体现页岩油储层含油性、储集性、可动性、可压性等评价指标，优选录井含油级别、有效厚度、砂岩/石灰岩夹层厚度、自然伽马、声波时差、渗透率六项地质参数，天然裂缝发育指数、纹层开启难易程度、水平应力差异系数、脆性指数、断裂韧性指数五项工程参数，作为纹层状页岩储层地质—工程一体化压裂品质综合评价参数集。层次分析法最显著的特征就是计算简便，以及在处理综合评价问题上可以主观确定多重因素的权重。通过利用层次分析法，计算各参数所占的权重大小，最终建立纹层状页岩储层可压裂性评价的量化解析模型。纹层状页岩压裂品质综合评价方法可有效指导压裂选井选段及射孔位置的优化。

（2）纹层状页岩三维密集缝网起裂延伸数值模拟技术。

大量现场的微地震监测数据和室内物理模拟实验结果表明，由于天然裂缝、层理等不连续面的存在，页岩油气等非常规储层压裂过程中可能形成复杂的裂缝网络。发展复杂裂缝模拟技术，综合考虑地质、工程参数对压裂改造效果的影响，实现纹层状页岩地质工程一体化高效压裂模拟与优化设计，将有助于探索细分密切割、限流压裂、投球暂堵转向等压裂工艺的有效性与适应性，指导现场压裂施工参数的优化。

基于岩心观测和测井统计分析结果，刻画储层纵向变化特征，将储层分为多个应力、物性差异的纵向属性小层。根据曲率、蚂蚁体等裂缝地震预测结果描述天然裂缝空间分布特征，采用蒙特卡洛方法控制天然裂缝空间分布。纹层状页岩储层层理缝发育，层理裂缝的渗透率要显著高于页岩基质的渗透率。利用渗透率等效方式描述"显式"分布的层理裂缝。构建了基于摩尔库伦准则和应力强度因子的不同倾角裂缝和层理面间相互作用判别预测方法，实现沿层理/天然裂缝扩展、滑移转向、穿过层理/天然裂缝动态过程判别模拟。对于纹层状页岩储层而言，层理缝的开启是影响储层纵向改造效果和三维复杂裂缝网络形态的关键。模拟结果表明，垂向应力与水平最小主应力差越小、层理面黏聚力和摩擦系数越小、层理与水力裂缝之间的逼近角度越小，层理面越容易发生剪切激活。

（3）复杂裂缝网络内支撑剂运移模拟技术。

提高复杂裂缝网络系统的全尺度支撑效果是保持陆相页岩油储层长期压裂改造效果的关键。因此，需要了解复杂裂缝系统中的支撑剂运移铺置规律，指导压裂加砂参数的优化与设计。通过建立复杂裂缝网络支撑剂运移物理模拟实验系统与数值模型实现支撑剂运移规律的可视化、定量化。

（4）陆相页岩油压—注—采一体化压裂液体系。

陆相页岩油储层压—注—采一体化有效动用方法的技术内涵包括以下三个方面：大幅度增大裂缝密度，增大缝控储量，充分发挥压差短距离运移及渗吸置换作用；压入 CO_2/ 功能性压裂液，渗吸置换页岩油，同时有效补充地层能量并改善原油流动性；焖井，优化工作制度"控制式"采油，延长渗吸及原油置换作用时间。在线混配变黏滑溜水 $+CO_2+$ 渗吸剂的复合压裂液体系是陆相页岩油压—注—采一体化压裂液体系核心。室内实验证明了超临界 CO_2 压裂页岩储层具备显著优势。CO_2 有利于降低破裂压力，较水力致裂压力可降低 15%~46%；同时，CO_2 的低黏易扩散特性使其容易进入微裂隙及天然裂缝尖端，破坏层理及矿物颗粒间胶结，增加裂缝的复杂程度；另外，也具有增孔扩缝、补充地层能量、萃取轻质组分等优势。压—注—采一体化复合压裂液体系可以充分发挥不同类型压裂液的优势，通过前置 CO_2，添加渗吸剂，对地层起到改造、补能、流体降黏、置换等作用；利用在线混配变黏滑溜水的在线黏度调节改变裂缝延伸形态与加砂强度，从而实提高储层的有效动用。

3）陆相页岩油储层流体流动数值模拟技术

（1）陆相页岩油储层多尺度孔缝及流体运移表征方法。

将陆相页岩油储层内流体运移分解为三大部分：页岩基质微纳孔缝内流体运移、宏观尺度天然裂缝和人工裂缝内流体运移及入井和井筒内流体运移。

页岩基质微纳孔缝内流体运移采用双重孔隙介质模型，表征基质孔隙和微裂缝结构，考虑解吸、扩散、渗流三种流体运移方式，建立数学模型。天然裂缝和人工裂缝采用嵌入式离散裂缝模型进行描述，提出了新的嵌入式裂缝剖分和传导率的计算方法，支持有错层和尖灭的角点网格，兼容双重孔隙模型和 MINC 模型，可以在裂缝附近加密基质网格，实现对裂缝设置非均质渗透率。针对入井和井筒内流体运移描述，建立多段井模型，适应任意井眼轨迹。

（2）陆相页岩油储层流固耦合模拟计算方法。

以压力和体应变为关联参数，建立了开采过程中储层流体流动与岩石骨架变形耦合数学模型。研发形成了双网格分别模拟流体和固体。固体网格为一阶六面体有限元，网格覆盖区域在纵向上从地表直至油藏底板，横向上包含油藏区域及围压岩石区域。流体为角点网格或非结构柱线网格。针对流固耦合的双网格系统提出了局部守恒插值算子，以保证两套网格之间参数映射的精准度。

为保证求解效率、稳定性与精度，提出一种可用于双网格的流—固迭代隐式解法。该方法基于"固定应力分解"，先求解流体方程，解流体方程时假设有效应力不变，然后求解固体方程，并在求解过程中假设流体压力不变。

三、应用成效与知识产权成果

应用陆相页岩油赋存机理与富集主控因素新认知，以及初步形成的中高成熟度陆相页岩油甜点预测和有效开发工程技术，在济阳坳陷、苏北溱潼、四川盆地和潜江凹陷获得了重大突破：

在济阳坳陷截至 2020 年 12 月 31 日，共测试直斜井 15 口井，累计产油 13123.11t。完成水平井钻探 2 口，其中义页平 1 井峰值日产超 $100m^3$，樊页平 1 井峰值日产 $200m^3$，6 个月累计产油 9801.9t，是"十二五"期间最高累计产油井的 15 倍。其中，樊页平 1 井 2020 年 12 月压后采用 8mm 油嘴放喷，峰值日产油 $200.89m^3$，是目前国内初产油最高的页岩油井，日产气 $14491m^3$。截至 2021 年 6 月 24 日，采用 3mm 油嘴放喷，日产油 $31.4m^3$（26.4t），累计产油 $11663.4m^3$（9801.9t）。义页平 1 井 2019 年底顺利完钻，压裂峰值日产油 $105m^3$，累计产油量 $3530m^3$，突破工业油流关，初步落实页岩油地质资源量 $1.2 \times 10^8 t$。

在溱潼凹陷深凹带部署了沙垛 1 井，在阜二段压裂后初试日产油 50.89t，经过 200 多天生产，仍稳定在 27t/d，显示了断裂发育盆地仍有页岩油勘探的巨大潜力。

在四川盆地复兴地区针对侏罗系三个重点层段开展探索，均取得突破。其中，针对大安寨段大一亚段部署的涪页 8–1HF 井压裂试油获日产油 25m³，日产气 1.1×10⁴m³，目前累计产油 3157m³，累计产气 230.73×10⁴m³。针对东岳庙段部署的涪页 10 井压后获日产油 17.6m³，日产气 5.57×10⁴m³，累计产油 2214.8m³，累计产气 482.95×10⁴m³，压力系数 1.75。针对凉高山部署的泰页 1 井压后获日产油 9.8m³，日产气 7.5×10⁴m³，累计产油 1208.08m³，累计产气 164.03×10⁴m³。

在潜江和泌阳凹陷开展系列现场实践工作，明确了平面有利区，其中潜江凹陷 Eq3⁴–10 韵律、潜四段下亚段和泌阳凹陷深凹区为三个亿吨级有利区带。其中潜江凹陷页岩油主要分布在蚌湖向斜及周缘，面积 360km²，资源量 8.0×10⁸t。其中潜 3⁴–10 韵律资源量 1.85×10⁸t，潜四段下亚段复韵律资源量 1.65×10⁸t。泌阳凹陷页岩油主要分布在泌阳凹陷深凹区东南部，面积 58km²，资源量 2.12×10⁸t。

在鄂尔多斯盆地中国石化探区开展系列工作，认识到鄂南长 7³ 属中低成熟度页岩油，有机碳含量高，总资源量 18.3×10⁸t、游离油资源量 9.2×10⁸t，资源量大且分布稳定，现有技术条件下鄂南页岩油难以有效开发，原位改性及热解开采是未来发展方向。

通过研究明确了中国石化页岩油地质资源 84.89×10⁸t，可采资源 10.49×10⁸t，主要分布于渤海湾盆地、江汉盆地。优选中国石化页岩油亿吨级有利区带 6 个。优选中国石化页岩油有利勘探目标 28 个。促进中国石化进一步加大了陆相页岩油勘探力度，战略展开济阳、复兴和溱潼，攻关突破元坝、阆中和高邮，研究准备泌阳、潜江和鄂尔多斯。

研究成果推进我国陆相页岩油年产量首次突破 100×10⁴t，改变了"十二五"期间停滞不前的局面，走向了加速发展之路，推动了陆相页岩油成为国家发展战略，编制完成了我国第一份页岩油发展规划，在油价 70 美元 /bbl 的条件下将我国陆相页岩油发展分为三个阶段：战略准备（第一阶段）"十四五"（2021—2025 年），落实高成熟度页岩油可采资源量 20×10⁸～30×10⁸t、中低成熟度页岩油可采资源量 30×10⁸～40×10⁸t，预计期末年产量 500×10⁴～800×10⁴t，重点突破陆相页岩油长水平井精确钻井和压裂技术等，有效动用我国高成熟度高压区页岩油资源。战略突破（第二阶段）"十五五"（2026—2030 年），落实高成熟度页岩油可采资源量 5×10⁸～10×10⁸t、中低成熟度页岩油可采资源量 40×10⁸～50×10⁸t，预计期末年产量 1000×10⁴～1500×10⁴t，重点突破陆相页岩油地下原位物理化学改质技术，有效动用常压低压高成熟度页岩油资源。战略展开（第三阶段）"十六五"（2031—2035 年），落实高成熟度页岩油可采资源量 5×10⁸～10×10⁸t、中低成熟度页岩油可采资源量 30×10⁸～40×10⁸t，预计期末年产量 2000×10⁴t 以上，重点突破中低成熟度页岩油地下原位加热改质技术，有效动用中低成熟度页岩油资源，开展提高页岩油开采效率、降低开发成本技术研发，进一步提高页岩油勘探开发效益。

第九节　准噶尔盆地、松辽盆地与济阳坳陷致密油地质与勘探开发

致密油是保障我国能源安全重要的现实接替资源。中国致密油有着巨大的勘探开发潜力，截至 2018 年底地质资源量为 $178.2 \times 10^8 t$，技术可采资源量为 $12.34 \times 10^8 t$（李国欣等，2020）。但是，受储层条件的限制，开采难度大，开发效益差。本成果依托国家重大专项：准噶尔盆地致密油开发示范工程、渤海湾盆地济阳坳陷致密油开发示范工程、松辽盆地致密油开发示范工程，由中国石油新疆油田分公司、中国石化胜利油田分公司、大庆油田有限责任公司共同完成，旨在探索我国不同类型致密油藏勘探开发途径，形成高效开发理论与工艺技术，助推我国致密油快速上产。

一、致密油勘探开发背景、现状与挑战

1. 致密油定义

致密油是指赋存于生油岩中或与其相邻的覆压基质渗透率小于或等于 0.1mD（空气渗透率小于 1mD）的致密碎屑岩、碳酸盐岩、火山碎屑岩、混积岩等储层中的石油聚集，具有连续或准连续分布的特点，单井一般无自然产能或自然产能低于工业油流下限，但在一定经济条件和技术措施下可获得工业石油产量（《致密油地质评价方法》GB/T 34906—2017）（贾承造等，2012；周庆凡等，2012）。

2. 我国致密油类型、分布状况及特点

我国致密油以陆相沉积为主，主要分布在准噶尔、鄂尔多斯、松辽、渤海湾等盆地。致密油储层埋深多在 1000m 以深，岩性主要为碎屑岩、混积岩和碳酸盐岩为主（表 8-9-1）。

3. 面临的开发难题和挑战

我国致密油勘探开发面临着地质评价、"甜点"预测、钻完井与采油工艺技术、管理创新等一系列挑战。需要加强致密油成藏理论研究；工程上需开展工程技术适应性研究，如高端成像测井装备与技术、缝网改造技术、一趟钻技术与薄层长水平井精确成井技术（包括旋转导向）、"井工厂"作业等；开展以提高单井产量和区块整体采收率为目标的降本增效措施和地质工程一体化设计理论与方法研究等（孙龙德等，2019；李国欣等，2020）。

二、致密油地质理论与开发技术、装备研发成果

1. 陆相致密油"甜点"评价与开发优选技术

陆相致密油的非均质性决定了"甜点"预测的重要性，针对准噶尔、松辽和济阳致密油地质特点，提出了相应的地质"甜点"识别和评价标准，以及开发技术等。

表 8-9-1 中国石油探区致密油主要地质参数及资源统计（据李国欣等，2020）

盆地/凹陷/地区		层位	岩性	厚度/m	物性		应力	埋深/m	资源量/10⁸t
					孔隙度/%	渗透率/mD	两向应力差/MPa		
准噶尔湖		风城组、乌尔禾、百口泉	粉砂岩、砂砾岩	25~175	2.2~22.3	0.003~47.9	4.0~25.0	1800~4500	12.4
松辽		扶余、高台子	粉砂岩、含泥粉砂岩	20~100	4.0~12.0	0.01~10.0	4.5~8.9	1600~2300	15.5
渤海湾	辽河	沙河街组、孔店组	泥页岩、粉砂岩、碳酸盐岩、混积岩	30~200	1.2~11.4	0.05~2.14		1500~5000	4.65
	歧口			100~500	2.4~12.2	0.56~1.59	1.0~2.0		5.7
	束鹿			20~160	0.5~2.5	0.5~1.6	6.0~9.0		4.2
四川		侏罗系	泥页岩、碳酸盐岩	15~50	0.35~13.65	0.01~0.49		1500~2500	20.9
柴达木		古近系—新近系	混积岩、泥页岩、碳酸盐岩	30~200	1.0~15.2	0.02~40.2		3500~4600	5.9~8.57
三塘湖		条湖组、芦草沟组	泥页岩、沉凝石灰岩、混积岩	20~100	1.1~17.9	0.001~30.1		1500~4500	3.9

1）陆相致密油"甜点"地质评价与分类技术

（1）玛湖砾岩致密储层地质"甜点"评价与分类技术。

① 岩性、储集性、含油性、可动性、可压性特征。

玛湖百口泉组砾岩致密油储层为一坳陷湖盆粗粒大型浅水退覆式扇三角洲沉积体系，具有相带宽、分布规模大、满凹分布的特点，储层埋深 2800～4200m，岩性是以中砾岩、小砾岩、细砾岩为主的混合体。以中砾岩为主储层有效孔隙度下限为 7.5%，地层条件下油层平均有效孔隙度、渗透率为 8.6%、0.25mD。储集空间整体以粒内溶孔（40%）、剩余粒间孔为主（54%），实测含油饱和度 12.9%～68.1%，主体分布在 10%～70% 之间，均值为 39.9%；可动油饱和度 6.51%～43.2%，平均值为 25.79%；储层段岩石泊松比平均 0.176；弹性模量平均 25.40GPa；岩石抗张强度平均 3.46MPa；抗压强度平均 161.03MPa，脆性指数 50～90，上覆地层压力与水平最大主应力平均差 9MPa；水平两向主应力平均差 15MPa。以小砾岩、细砾岩、含砾粗砂岩为主的百口泉组储层油层有效孔隙度下限为 7.5%，地层条件下油层平均有效孔隙度、渗透率约为 9.6%、0.86mD。储集空间整体以粒内溶孔为主，平均含量 65.95%，收缩孔平均含量 21.93%，微裂缝平均含量 8.60%，含少量剩余粒间孔（3.21%）；实测含油饱和度 10.3%～82.4%，主体分布在 30%～80% 之间，均值为 53.2%；可动油饱和度 25%～52%，平均值为 35.79%；储层段岩石的泊松比 0.121～0.339，杨氏模量 16.328～59.339GPa，脆性指数 17.3～62.4，平均为 43；上覆地层压力大、水平最大主应力平均 15MPa；水平两向主应力平均差 13MPa。砾岩段储层水平最大、最小主应力值比泥岩段小 6～10MPa。

总体反映以中砾岩为主的储层具有较强的非均质性，物性、含油性、可动性总体较低、差异较大，脆性较好，但水平主应力差大，天然裂缝不发育。小砾岩、细砾岩为主的储层品质好于以中砾岩为主的储层。

② "甜点"综合分类。

根据储集空间类型、物性、含油性等划分了储层类型（表 8-9-2）。考虑到致密油的油层保存条件和原油可动性，引入了可动油饱和度和地层孔隙压力系数，建立了综合含油"甜点"评价标准（表 8-9-3）。

表 8-9-2　砂砾岩致密油储层分类评价指标表

物性参数	储层物性分类			
	Ⅰ	Ⅱ	Ⅲ	Ⅳ
平均毛细管半径 /μm	>2	0.8～2	0.5～0.8	0.2～0.5
气测渗透率 /mD	3～5	1～3	0.2～1	<0.2
有效孔隙度 /%	14～10	10～7	7～5	>5
储集空间类型	粒间孔	粒间（溶）孔和混合孔	混合孔	混合孔和树形孔
砾岩类型	细砾岩	细砾岩 + 小砾岩	小砾岩 + 中砾岩	小砾岩 + 中砾岩

表 8-9-3　砾岩致密油 "甜点" 综合分类表

综合分类参数	Ⅰ类 "甜点"	Ⅱ类 "甜点"	Ⅲ类 "甜点"	低效油层
含油饱和度 /%	>65	55～65	45～55	<45
含油孔隙度 /%	>6	4.5～6	3.0～4.5	<3
可动油饱和度 /%	>50	35～50	20～35	<20
地层孔隙压力系数	1.4	1.2～1.4	1.0～1.2	<1.0
储层类型	Ⅰ类储层	Ⅱ+Ⅲ类储层	Ⅱ+Ⅲ类储层	Ⅳ类储层

（2）松辽盆地薄层 "甜点" 组合与综合评价技术。

松辽盆地致密砂岩油藏具有纵向小层多、层间跨度大，平面砂体错叠分布、单层厚度薄、非均质性强的特点，应用钻井、测录井和三维地震资料，开展区域沉积微相和开发区精细地质研究，明确薄层 "甜点" 组合；通过致密油储集性、含油性、流动性、可压性与初期产量回归分析，建立以产量分类为目标函数的致密油 "甜点" 评价标准，量化了Ⅰ、Ⅱ、Ⅲ类不同类别及组合类型 "甜点" 特征。

① 松辽盆地扶余致密储层砂体叠置组合类型。

松辽盆地扶余油层为古嫩江、古松花江等多物源体系控制下的浅水河流—三角洲相，沉积体系的差异造成扶余油层平面上、纵向上砂体展布特征不同。以基于砂体组合特征研究为基础的地震相分区预测技术，精细刻画小层级微相平面展布。首次提出了主力层河道砂、主薄层河道砂错叠、薄层河道砂体叠置三种砂体组合类型，以此为依托明确了剩余储量潜力分布。其中主力层河道砂发育区占 58.2%，主薄层河道砂错叠区占 26.7%，薄层分流河道砂叠置区占 15.1%。

② 松辽盆地扶余致密油储层评价分类。

扶余油层属于源下粉砂岩致密油层，其储集性、含油性、流动性和可压性主要与特定富集区沉积岩性、控藏因素有关，尤其储集性、含油性与地球物理测井响应更密切。应用深侧向电阻率、岩性密度资料，结合单井试油资料，建立了致密油层测井分类图版。依据采油强度将致密油层划分为三类：Ⅰ类区采油强度大于 0.8t/（d·m），Ⅱ类区采油强度 0.2t/（d·m）～0.8t/（d·m），Ⅲ类区采油强度小于 0.2t/（d·m）。优选Ⅰ+Ⅱ类油层比例、孔隙度、流度、含油饱和度、脆性指数等参数，评价单井建产能力，制定了叠置区差异富集 "甜点" 分类标准。Ⅰ类 "甜点区" 有效厚度大于等于 12m，Ⅰ+Ⅱ类油层之和占比大于 80%，脆性指数大于 55%；Ⅱ类 "甜点区" 有效厚度 7～12m，Ⅰ+Ⅱ类油层之和占比 50%～80%，脆性指数大于 55%；Ⅲ类 "甜点区" 油层有效厚度小，Ⅰ+Ⅱ类油层比例低。叠置区 "甜点" 差异富集特征反映了区内不同储量丰度和建产能力，"甜点" 分类分区为适度规模压裂条件下的井网优化提供了依据。

（3）济阳坳陷不同类型致密油藏甜点地质评价技术。

济阳坳陷致密油藏广泛发育，从盆地边缘至盆地中部发育三种成因类型的致密储集体，分别为砂砾岩、浊积岩和滩坝砂。储层的物性在纵向上和横向上变化较大，非均质性较强。基于储层岩性特征、沉积特征、空间展布特征开展致密油藏"甜点"地质评价，并以试油、试采特征、开发方式和产能差异作为验证，优选地质甜点和工程"甜点"。

综合利用野外露头、现代沉积、地震、测井、岩心、分析化验等多尺度资料，以沉积模式为指导，针对砂砾岩体期次划分难、储层预测难的问题，建立了考虑沉积成因要素（古坡角、物源供应量等）的砂砾岩扇体规模定量预测模式；应用多级地震交互反演技术，形成了砂砾岩体有效连通体表征技术，提高了储层预测精度，实钻符合程度约87.8%。针对致密储层孔径分布跨度大，微米级宏孔、纳米级微孔共存，综合运用铸体薄片、压汞、核磁等测试方法，定量表征孔喉大小和空间配置关系，形成了致密储层全尺度微观孔隙结构表征方法；针对有效储层识别难、非均质强，建立了基于成岩、物性、微观孔隙结构的致密储层非均质表征方法，形成了基于地质成因、产能影响和可压裂性评价的致密油藏储层综合评价方法。集成形成致密油藏有效储层表征技术，指导了三类开发技术示范区的综合评价与"甜点区"优选，为示范区开发提供了地质技术支撑。

2）陆相致密油"甜点"地球物理表征与预测技术

（1）致密砾岩储层岩性识别测井表征技术。

基于孔隙度、渗透率、含油性测井评价结果，可对地质"甜点"段进行单井刻画及"甜点"区的平面预测。而砾岩储层非均质性强，岩性是致密储层物性、含油性的主要控制因素，因此必须对岩性实现有效区分。首先将岩性划分为泥岩、砂岩和砾岩三大类，通过测井敏感性分析，实现对三类岩性识别；其次分别建立测井参数与岩心分析粒度关系，确定粒度敏感的测井参数（图8-9-1）；最后利用优选后的粒度敏感测井参数构建粒度综合评价指数，并与岩心分析粒度建立关系，提升粒度识别符合率，实现对砾岩岩性识别的细分，从而为储层物性、含油性识别提供依据。

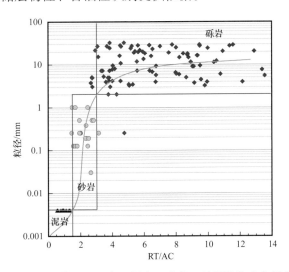

图8-9-1　玛18井区百口泉组泥岩—砂岩—砾岩测井响应划分界限

（2）薄互层叠前叠后多级频带拓展技术。

针对济阳坳陷致密油藏滩坝砂及浊积岩埋藏深、薄互层、地震分辨率低的特点，提出了"多信息约束、全过程拓频"的新思路和盲源反褶积与井控提频技术，配套形成了叠前叠后多级频带拓展配套技术系列，与传统做法相比，缓解了信噪比和分辨率之间的矛盾，获得了较高的分辨率资料。在高 892 开展了高分辨地震资料处理，主频由 25Hz 提高到 37Hz，频带由 8～43Hz 拓宽到 6～65Hz，砂体识别能力大幅提高，理论极限可达12.5m。

（3）黏滞声学介质叠前时间偏移（QPSTM）技术。

松辽盆地坳陷期大型陆相湖盆沉积地层的构造相对简单，不存在速度场的横向剧烈变化，在叠前时间偏移过程中考虑介质对地震波传播的吸收衰减，既回避了建立深度域层间 Q 值模型的困难，又将黏滞性衰减与波场传播路径相结合，极大提高了地震分辨率。与常规偏移剖面和频谱相比，该技术偏移剖面频带展宽20Hz，层间细节更丰富，断层成像更为清晰。

（4）薄互层智能相控储层预测技术。

针对不同沉积背景下的滩坝砂及浊积岩储层受围岩影响大、有效储层预测精度低的难题，研发了基于智能算法的滩坝厚度预测、灰质背景下浊积岩储层预测及强屏蔽弱反射储层裂缝预测等特色地震预测技术系列，形成了人工智能井震精细标定及预测、叠前叠后联合相控储层预测等创新技术，薄互层储层厚度预测吻合率在济阳坳陷致密油示范区达到84%。

3）陆相致密油地质地应力一体化建模技术

（1）基于构造—孔渗—饱和度耦合下的三维精细地质建模。

油藏三维地质建模以储层地质学和地质统计学为理论基础，综合地质、地震、测井、测试及生产动态资料成果，应用计算机技术进行油藏描述，展现地下储层空间分布特征，揭示地下油气分布规律。针对玛湖致密砾岩油藏井控程度低、埋深大及单油层薄的特点，按照由粗到细的原则，首先由井震结合建立砂层组的构造模型，再以砂层组及单油层为目标，细分地层格架，建立精细地层构造模型；其次结合沉积模式，以测井解释的砂泥岩为基础，采用地震反演协同模拟建立岩相模型；最后以岩相模型为相控，地震反演数据为协同模拟条件，通过数据分析及变差模型建立储层物性参数模型。三维模型充分考虑了地震数据横向分辨率高和测井数据垂向分辨率高的特点，有效提高模型精度。

（2）基于脆性—断裂韧性—地应力—孔压耦合下的三维精细工程建模。

三维工程参数建模包括杨氏模量、泊松比、脆性指数、岩石强度、上覆地层压力、孔隙压力、最小水平主应力及最大水平主应力等。基于建立的三维地质模型构造格架和储层分布，利用单井地应力及岩石力学数据，建立三维地应力及岩石力学模型。通过测井解释的杨氏模量和泊松比，以叠前直接反演获得杨氏模量和泊松比的三维数据体为约束，建立杨氏模量和泊松比的三维模型。综合考虑岩石杨氏模量、泊松比、抗拉强度和断裂韧性，构建脆性指数评价模型。济阳坳陷示范区提出了相控地应力预测技术，针对致密油藏地应力测井计算精度低的难题，综合利用压裂、完井等多种资料，结合成像、阵列声波等特殊测井资料，建立了基于连续应变模型的地应力测井计算方法，计算的地应力大小及方向误差小于3.5%。

2. 陆相致密油开发理论与地质工程一体化部署优化技术

针对准噶尔盆地玛湖致密砾岩油田岩性复杂、非均质性强、含油饱和度低、两向水平应力差大、天然裂缝不发育、油层有效动用率较低等特点，开发理念上提出了"初期控压、延长相对高产稳产时间、在满足一定投资回报率条件下尽可能提高采收率"的开发策略。在前期开展系列矿场试验基础上，进行了系统的理论探索，确立"水平井+多级压裂"为主体开发技术。针对砂砾岩地层特征，通过室内物理模拟实验和理论研究，提出"绕砾成缝"和"井间主动干扰"等理论，为玛131小井距立体交错井网高效开发示范区提供了有力的理论指导。

1）陆相致密油开发理论

玛湖砂砾岩油藏在不同阶段探索和发展了系列高效开发理论（表8-9-4）。

表8-9-4 致密砾岩油田高效开发系列理论认识简表（据李国欣等，2020）

阶段	名称	内涵	意义
勘探发现	凹陷区碱水湖盆成藏理论	凹陷区砾岩沉积模式；碱水湖盆烃源岩双峰高效生油模式；凹陷区源上砾岩大面积成藏模式	指导凹陷区砾岩油田勘探部署，发现十亿吨级大油田
油藏工程	多场多尺度渗流—流动理论	致密砾岩开发是耦合温度场、压力场、应力场和化学场，从基质到复杂裂缝网络再到井筒的多尺度渗流—流动过程	指导致密砾岩油田数值模拟、试井和生产分析、压裂和提高采收率等技术优化
	多层系交错立体开发理论	多层系、多层立体交错水平井网或混合井网，立体交错布缝，形成空间相干应力场，构建复杂缝网和多尺度耦合渗流场，最大限度经济有效动用储量	指导部署小井距立体交错一次井网、多元协同优化、提高采收率、压裂—提高采收率一体化和全生命周期油藏管理等技术优化
钻井工程	一体化安全钻井工具综合提速提效理论	致密砾岩离散介质井壁力学稳定机理、致密砾岩储层保护机理、温压耦合复杂轨迹环空水动力学、强非均质砾岩高效破岩机理	指导钻头、井下钻井工具组合、钻井液和钻井作业参数一体化设计及优化，在保证钻井安全的同时，通过综合优化提速提效
压裂工程	致密砾岩复杂缝网绕砾成缝理论	砾石相互支撑结构是与页岩层理缝/天然裂缝不同的、有利于形成复杂缝网的岩石组构特征，砾岩粒径和岩性变化引起的强非均质性也是缝网复杂化的有利条件，"绕砾成缝"是砾岩储层成缝的最主要形式	指导致密砾岩压裂缝网建模和评价、压裂设计及工艺技术优化
	致密砾岩油田井间主动干扰理论	致密砾岩体积压裂引起的井间干扰存在应力应变效应型、压裂液到达沟通型和压裂液、支撑剂均到达沟通型3种机理，压裂引起的渗流场和应力场动态变化可以减小两向应力差、产生类似波场的相干效应	指导小井距立体开发平台布井和部分协同设计、压裂设计、压裂作业流程优化
	致密砾岩水力裂缝控制理论	基于不同类型致密砾岩破坏机理，主动强化或弱化瞬时和局部、近场到远场的应力场和压力场，促进水力裂缝按期望方式扩展	指导"极限限流、段间和段内动态暂堵转向、裂缝远端暂堵转向、交变载荷或脉冲载荷"等水力裂缝控制技术的设计和优化，发展高均匀性压裂改造技术

2）地质工程一体化部署优化技术

应用地质工程一体化设计方法开展了玛131示范区立体开发方案优化设计和试验。示范区采取了"大井丛工厂化、立体交错布井、井间交错布缝、平台整体压裂、拉链式交错施工、整体焖井平衡、井群同步返排、控压协调生产"为主要措施的立体开发多元协同优化技术，作业效率和生产效果大幅度提高，各生产指标总体反映出关键要素和环节之间实现了较好的协同优化。"小井距、大井丛"模式有效提高钻完井和压裂工厂化工程作业效率和组织管理效率，通过流程优化进一步降低成本。小井距立体交错井网从设计阶段就考虑了井距与水力裂缝缝长、布井方式与井间布缝方式、同一层系井网多井作业序列、整体压裂后同步控压返排及生产等多元协同优化机制，以达到最大化动用井间资源量。充分利用应力场相互干扰使缝网复杂化，降低油井非协调生产带来的压力干扰和应力敏感性对油井产能的不利影响，提高中长期产能和最终采出量。

采用小井距立体交错井网优化部署技术，示范区对纵向上油层跨度35~40m的两套油层（T_1b_3、$T_1b_2^1$）进行立体开发，共部署水平井12口，其中T_1b_3层7口（井距100m），$T_1b_2^1$层5口（井距150m）。两套油层交错布井，设计水平段长1800m，半缝长80~90m，簇间距主体20m，交叉布缝纵向形成10m缝间距。采用工厂化平台式设计，平台井口"一"字排开，每4口井为一组，间距60m，组内井间距10m，三部钻机同时作业，先钻一开二开，后集中完成三开水平段。示范区2018年7月开钻，2019年6月全部完钻，平均完钻井深4932m，平均水平段长1720m，平均储层钻遇率96.8%，平均钻井周期62天。与本区块平均水平相比，平均井深增加50m，水平段长增加160m，钻遇率提高9.6%，钻井周期缩短32.6天，钻井指标和效率得到较大提升。

采用最优规模和最佳形态压裂优化技术，2019年6月11日开始进行工厂化集中压裂，同一组平台同层位进行拉链式压裂，压裂级数为24~33级，平均28级，簇数为51~168簇，平均94簇，簇间距11~30m，平均21m，加砂量1670~3330m³，平均2350m³，压裂液量23986~57661m³，平均35944m³。

3. 致密油开发关键工程技术

水平井 + 分段压裂是致密油高效开发的关键工程技术。围绕降本增效，开展了水平井钻井提速、井筒完整性等优快钻完井技术；以提高水平井单井泄油体积和压后累计产量为目标，开展了体积压裂工艺和配套工具研究与实践。

1）致密油水平井钻完井技术

针对玛湖致密砾岩油藏，为了降低建井成本，开展了钻井提速机理及配套技术研究。

（1）玛湖砾岩致密油优快钻井技术。

① 水平井小三开井身结构。

玛湖地区自下而上发育有石炭系、二叠系、侏罗系和白垩系。剖面上地层岩性复杂，侏罗系煤层发育、侏罗系与三叠系不整合接触、侏罗系和三叠系泥岩段井壁稳定性差。统计分析发现完钻井井下复杂情况主要分布在侏罗系三工河组至三叠系克拉玛依组。复杂类型以井漏和阻卡为主。侏罗系八道湾组煤层微裂缝发育、底砾岩胶结差、侏罗系与三叠系不整合接触及克拉玛依组砂泥岩互层造成地层承压能力低，易发生井漏。侏罗系西山窑组（J_2x）煤层、三工河组（J_1s）砂泥岩互层及三叠系克拉玛依组（T_2k）砂泥岩互层井壁稳定性差，易吸水垮塌掉块。玛18井区平面上断块之间压力差异大，剖面上存在两套压力系统，三叠系白碱滩组为压力过渡带，目的层百口泉组压力系数1.55～1.63。考虑钻遇储层特点，玛18和玛131采用三开井身结构。

② 砾岩钻完井提速机理及配套技术。

针对造斜段克拉玛依组砂砾岩和水平段百口泉组砾岩地层，开展了岩石可钻性评价研究，优选钻头数据库，形成了适用于砂砾岩岩层的高效PDC钻头序列及提速工具。结合"高效井筒清洁和工厂化钻井"为核心的钻井一体化综合提速技术，形成了一体化钻井提速技术模板，实现了钻井工期的整体大幅缩减。直井段PDC钻头＋螺杆实现8～11.8天完钻，机械钻速15.1～16.8m/h。造斜段旋转导向实现"一趟钻"，机械钻速提高至6.2m/h，最大单趟钻进尺1031m。

（2）济阳坳陷优快钻井技术。

济阳坳陷为典型的薄油层、断块复杂致密砂岩油藏，通过开展储层精细识别、异型齿PDC钻头设计、减阻提效工具研发及双保钻井液体系等应用和试验，降低钻井周期，提速增效。

① 储层精细识别技术。

针对常规随钻伽马、电阻率测试仪器在钻井过程中难以优化着陆点、难以判定上下界面、没有边界距离探测等缺点，研发了具有自主知识产权的随钻多扇区方位伽马、多深度电磁波电阻率一体化测试仪器，开发了随钻储层识别系统软件。系统指标中相位差电阻率0.1～3000Ω·m、幅度比电阻率0.1～400Ω·m，精度±1%（0.1～60Ω·m）、±0.2mS/m（60～3000Ω·m）、电阻率32扇区成像、伽马8扇区成像等技术指标整体达到国际先进水平，形成了基于一体化平台的MRC地质导向系统设计技术、阵列方位电磁波电阻率地层边界探测方法、随钻电磁波电阻率系统误差补偿技术和基于磁工具面的旋转动态方位测量方法等四项创新技术。

② 异型齿PDC钻头设计方法。

针对不同致密油藏地层的岩性特点，以及不同区块上部地层的岩性特点，开展了PDC切削结构、切削齿、切削角度优化设计等，形成锥形齿、斧形齿、三棱齿、凹面齿等多种异型齿PDC钻头，提高PDC钻头在砂砾岩、浊积岩和滩坝砂地层中的抗冲击和抗研磨性能，现场应用152口井，平均机械钻速和平均进尺分别提高39%和31%以上。

③ 减阻提效工具。

针对致密砂岩地层长稳斜段定向井钻进摩阻高、钻压无法传递、钻进效率低、螺杆马达式水力振荡器泵压高等问题，研制了自激式水力振荡器。利用基于附壁效应设计的特殊流道和钻井液循环产生的轴向振荡提高钻压，工具最大外径178mm，总长1.23m，推荐工作排量25～35L/s，工具压耗2～3MPa，工作频率10～20Hz，耐温200℃，形成了可调振幅的水力脉冲发生装置和基于附壁效应产生自激振动的工具流道结构等多项创新技术。

④ 储层保护和环境保护钻井液体系。

针对致密储层保护和环境保护要求，研制了一种抗高温环保降滤失剂，优选了环保性能好的其他类型处理剂，环保评价指标 COD 值在 150mg/L 左右，EC50 值大于 30000mg/L，无毒。目的层岩心渗透率恢复值大于 90%，配合钻井液不落地处理装置液相回用率达到 100%。

2）致密油水平井压裂技术

体积压裂是提高致密油缝控储量和产量的有效技术，结合储层特性提出了压裂模式选择方法，揭示了体积压裂裂缝扩展机理，研发了工艺技术和配套工具。

（1）"四参数五区域"压裂模式选择方法。

玛湖砂砾岩油藏特征主要受断裂构造控制，不同区块储层特点存在较大差异。根据玛湖砂砾岩油藏的岩石力学、水平主应力差和天然裂缝发育情况等，依据储层对于人工裂缝复杂程度的需求，应用物理模拟和理论研究，形成了满足不同区域改造的"四参数五区域"选择模板，用于指导压裂设计，如玛18和玛131区块储层天然裂缝体系不发育，需要采用"细分切割"改造方式，实现区块的高效开采。胜利油田应用数值模拟方法，系统研究了储层地应力、储层岩性及物性及施工参数对压裂裂缝扩展的影响，建立了类似的缝网压裂工艺选择模板。

（2）体积压裂复杂缝网扩展机理。

① 玛湖砂砾岩地层裂缝扩展规律。

玛湖砾岩储层两向水平主应力差较大（大于 10MPa）、层理缝 / 天然裂缝不发育、脆性矿物少，通过岩心物理模拟实验和理论研究，提出了致密砾岩复杂缝网"绕砾成缝"的理论：砾岩粒径和岩性变化引起的强非均质性是缝网复杂化的有利条件，砾石间的接触面是力学弱面，水力裂缝主要沿砾石边缘水力弱面成缝和延伸，受张性破裂和剪切滑移的综合作用，在裂缝延伸过程中不断分支和复杂化，具备形成以绕砾缝为主的复杂缝网的条件。

② 松辽盆地薄层体积裂缝扩展规律。

松辽盆地致密油主要发育扶余、高台子两套储层，单层厚度薄，纵向集中度、横向连续性相对较差，物性及含油性差异大，非均质严重，天然裂缝不发育。三轴岩石力学与地应力测试实验表明，岩石杨氏模量 10.14～25.5GPa，泊松比 0.048～0.176，抗压强度 90.9～271.1MPa，最大、最小水平主应力差 4.5～8.9MPa，应力差较大。采用全应力应变法评价储层脆性，脆性指数范围为 0.25～0.65，大部分岩心脆性指数中等及以下，主要表现为单一的剪切破坏，部分岩心脆性指数较高表现为劈裂破坏。另外，扶余储层层理不发育，高台子储层层理较发育。裂缝扩展物理模拟实验表明：裂缝形态主要受层理面控制，水平应力差影响明显，脆性指数影响不明显。当储层无层理时，在储层应力差下形成单一裂缝，脆性指数影响不大，应力差小于 3MPa 可形成较少分支缝；当储层存在层理时，应力差小于 6MPa，水力裂缝易沿着层理附近延伸形成分支缝，且应力差越小，裂缝形态越复杂。

（3）体积压裂工艺技术。

① 组合缝网体积压裂技术。

为提高水力裂缝的复杂程度，普遍采用组合缝网体积压裂技术。其核心是通过预前置注酸降低破裂压力，高黏前置液造缝＋段塞小粒径石英砂打磨孔眼和近井裂缝减少弯曲摩阻，滑溜水携砂＋多级暂堵转向，促使岩石产生张性和剪切破坏，形成主裂缝＋多级次裂缝的复杂裂缝网络（组合缝网）。为了增加地层能量和进一步提高裂缝改造体积，还开展了 CO_2 前置蓄能压裂。

② 簇式支撑高导流压裂技术（高速通道压裂技术）。

针对常规连续加砂压裂技术有效缝长短、有效导流能力低、有效期短、成本高等问题，探索了簇式支撑高导流压裂技术。其核心是通过多脉冲交替式加砂方式注入，携砂液中加入纤维或支撑剂自聚剂保持支撑剂柱的完整性，从而在裂缝内形成簇式柱状支撑剂团，为油气渗流建立高速通道。

③ 砂泥岩交互储层穿层压裂设计。

针对扶余、高台子储层砂泥岩交互的特点，通过定向射孔、不同黏度压裂液组合、施工参数优化、纤维网络携砂提高有效支撑等 4 项工艺，实现了水平井压裂裂缝有效穿层。扶余油层水平井依据钻遇优化定向向上或向下射孔，减少射孔数单段单簇压裂，压前注入 $2m^3$ 酸液预处理降低破裂压力，单缝注入 $100m^3$ 滑溜水为穿层造缝液保证裂缝起裂；前置液阶段采取粉砂、段塞处理近井摩阻降低施工难度，依据物性优化施工参数，设计 7%～18% 低加砂浓度施工保证裂缝填砂支撑，高砂比阶段伴注可降解纤维实现缝口有效支撑。高台子薄互层水平井优化定向向上、向下射孔，设计单孔 0.5～$0.6m^3/min$ 大排量、50mPa·s 以上高黏度压裂液、25%～28% 高浓度加砂施工，全程可降解纤维网络携砂，保证支撑缝宽，确保多个隔层部位有效支撑，实现一缝穿多层。

3）降本增效措施

通过研发分段压裂工具、新型压裂材料和石英砂替代及工厂化作业等工艺降低压裂成本，提高开发效益。

（1）石英砂替代陶粒支撑剂。

玛湖致密油压裂开发理论研究和室内实验得到：压裂后需求的人工裂缝导流能力为（3.2～6）D·cm，生产过程中作用在支撑剂上有效应力增加缓慢，采用低成本石英砂部分或全部替代陶粒支撑剂成为可能。2020 年在前期试验成功基础上，在玛 18 区块深层，采用小粒径石英砂（40/70 目甚至更小粒径）2 倍于陶粒加砂强度，100% 替代陶粒，现场试验两口井，生产效果与陶粒压裂井相当。进一步采用小粒径＋密切割工艺并提高加砂强度，生产效果好于陶粒井，说明采用石英砂替代陶粒支撑剂是可行的降本增效措施。胜利济阳坳陷致密油示范区研制了视密度小于 $2.0g/cm^3$ 的支撑剂产品，推动了低黏度压裂液的广泛使用，有效降低泵送要求（如排量、设备功率等），实现长距离裂缝的均匀铺置，提高致密油开发效益。

（2）一体化压裂液体系。

现场采用滑溜水和聚合物类压裂液体系替代瓜尔胶压裂液，同时可满足即配即用和连续混配要求。2019 年玛湖示范区开展低成本低伤害压裂液体系研发，研发的新型交联剂（环保水基悬浮硼交联剂），现场试验聚合物类压裂液体系，降阻性能优于瓜尔胶，液体材料成本低，可实现连续混配，2020 年 5 月开始已在玛湖地区进行推广应用。胜利济阳坳陷致密油示范区为满足实时混配、耐高矿化度、悬浮能力强等性能要求，研制了强悬浮清洁压裂液，采用油田采出水实时混配，大幅减少了清水消耗，降低了环境污染，其造缝功能、携砂能力、降摩阻能力、破胶效果等综合性能均优于传统的瓜尔胶体系压裂液，可同比降低压裂液总量15%，综合成本降低20%。

（3）工厂化作业。

玛湖砂砾岩示范区以工厂化作业方式降低设备搬迁成本，提高效率。根据钻井位置，设计压裂井场布局，在平台部署储水罐、水处理及储油等地面工程系统平台，以满足压裂配液、压后生产、集中排采与处理的需求。采用工厂化拉链式作业模式实现高应力差条件下的缝网复杂化，整体改造缝网覆盖率90%以上。工厂化作业减少工序衔接，提升了施工效率，平台较单井施工效率提升0.9级/d。胜利济阳坳陷致密油示范区建立了"井工厂"集约式作业模式，配套连续在线混配装置，可以实现现场直接清水施工，满足（3～12）m³/min排量，24h不间断运转，储液罐减少69%。松辽盆地通过对工厂化施工流程四个独立单元自动化控制技术的完善，实现了各施工单元按需同步调整控制参数，全系统一体化自动响应，提高设备设施自动化程度；根据平台间距离，定型了集中式、分散式和独立式的工厂化作业模式；建立远程辅助决策支持系统，形成高效的信息化指挥系统。

（4）自主研发国产化分段压裂工具。

自主研制了适用于5in、5.5in套管的系列可溶桥塞分段压裂工具及配套坐封连接工具，耐压70MPa，适用温度40～100℃，溶解时间15～30天，现场应用施工成功率100%；自主研制无限级固井滑套分压工具，耐压70MPa，耐温150℃，一趟管柱处理级数不小于6级，现场应用单井最大分压6级，滑套开启成功率100%。

三、应用成效

自2008年开始对鄂尔多斯盆地延长组长6段和长8段致密油进行开发技术攻关，并取得突破以来，我国致密油开发技术取得了长足进步，在松辽盆地、准噶尔盆地、济阳坳陷等地区致密油开发均取得成功，截至2020年底我国探明致密油地质储量$43.19×10^8$t（含长6段、长8段），年产致密油$1242×10^4$t。

1. 准噶尔盆地砂砾岩致密油开发示范效果

玛湖凹陷砂砾岩致密油选取玛18井区、玛131井区三叠系百口泉组油藏为示范区块，截至2020年底，致密砂砾岩储层物性、含油性"甜点"解释精度由80%提高到86%，地质"甜点"空间展布地震预测符合率达到88%，优质油层钻遇率提高至90.3%。2017—2020年，复杂压力系统井身结构设计优化、砾岩地层钻井提速、小井眼水平井固井完井技术成果在玛131和玛18井区推广应用128口（平均钻井工期为62天，最快为38天，一次固井合格率93%），全面推广超过300口井，形成了一套砂砾岩致密油优快钻完井和体积压裂工艺技术及配套工具。示范区研究成果全面支撑了玛18和玛131井区整体开发部署：玛18井区整体部署水平井195口、新建产能$141.35×10^4$t/a，年产油$64×10^4$t；玛131井区部署水平井148口、新建产能$110.82×10^4$t/a，年产油$39×10^4$t。目前，研究成果已推广至玛湖全区，新建产能$301×10^4$t/a，实现年产油$200×10^4$t以上，有力推动玛湖地区原油 500×10^4 t/a 上产稳产规划方案落实。

2. 松辽盆地薄层砂岩致密油藏现场示范效果

松辽盆地针对扶余、高台子两个层系，开辟了垣平 1（F）、芳 198–133（F）、龙 26（G）三个水平井和塔 21–4（F）一个直井示范区，配套形成了大庆特色的非连续型致密油一体化开发技术。3～5m 河道砂预测符合率达到 86.5%，固井合格率达到 100%，"小簇距、差异化布缝、组合支撑"为核心的水平井压裂和直井分层压裂技术应用，水平井三年单井累计产量达 6185t，直井 2411t，平均单井施工成本降低 41.2%，成功探索了水平井 CO_2 吞吐、活性水吞吐、自生气吞吐等致密油提高采收率技术。截至 2020 年底，示范区累计动用储量 4219.2×10^4 t，投产水平井 82 口，直井 97 口，新建产能 34.89×10^4 t/a，累计产油 70.29×10^4 t。通过示范区引领，实现致密油产能、产量"双破百"，累计建成产能 123×10^4 t/a，累计产油 171×10^4 t，有力推动松北薄层致密油规模效益开发与上产。

3. 济阳坳陷致密油藏现场示范效果

济阳坳陷开展了砂砾岩、滩坝砂、浊积岩三类致密油藏开发示范区建设。形成了针对不同类型油藏的系列示范技术，包括砂砾岩立体开发配套技术、滩坝砂 CO_2 驱提高采收率配套技术、浊积岩缝网适配开发技术，有效支撑了示范区的产能建设。截至 2020 年底，三类示范区累计动用地质储量 4552×10^4 t，设计新井 232 口，设计新建产能 46.3×10^4 t/a，已建产能 29.2×10^4 t/a，累计产油 44.9×10^4 t。通过多专业联合技术攻关、一体化优化现场实施等措施，实现节约土地 0.70 km^2，固体废物处置率、钻完井液相回收利用率均达到 100%，并实现利用、封存 $CO_2 40.9 \times 10^4$ t，为践行国家绿色环保，助推"碳达峰、碳中和"目标起到了技术支撑和示范作用。

4. 知识产权成果

围绕致密油勘探开发技术攻关，五年内形成行业技术标准 1 项（SY/T 6744—2019），颁布实施企业规范标准 7 项（Q/SY 01017—2018 等），取得软件著作权 7 项（2020SR0507227、2018SR1077733 等），获得授权发明专利 15 项、实用新型专利 10 项，发表学术论文 98 篇。

第十节　鄂尔多斯盆地致密砂岩气开发理论技术

一、概述

含油气盆地砂岩储集空间从纳米、亚微米到微米是一个连续储集谱系。在连续储集谱系中，如果砂岩储层段覆压基质渗透率中值不大于 0.1mD，单井目的层段试气无自然产能或自然产能低于工业气流下限，经采用压裂、水平井、多分支井等技术后达到工业气流井下限，致密砂岩气井数与所有气井数之比应大于 80%，称之为致密砂岩气。因此，致密砂岩气与常规天然气共存，常规天然气所占比例一般为15%～20%，常常形成"地质甜点"。

鄂尔多斯盆地以发现和勘探天然气历史悠久而闻名。早在公元前61年的西汉宣帝神爵元年，神木地区当地民众钻凿水井过程中就发现了天然气，称之为鸿门火井。尽管盆地天然气发现历史悠久，但是，天然气勘探历史较短。如果从1969年盆地西缘刘庆1井上古生界砂岩中获工业气流井算起，近代天然气勘探历史只有50余年。如果从盆地1985年发现的致密砂岩产气井（麒参1井）算起，致密砂岩气的勘探历史也只有35年。经过35年致密砂岩气勘探开发，目前已发现和开发了苏里格、榆林、子洲、乌审旗、神木、米脂、庆阳、延安、大牛地、东胜等10余个致密砂岩大气田。盆地累计探明、基本探明天然气储量超过$7×10^{12}m^3$，致密砂岩气探明储量占比超过80%，致密砂岩气探明率超过52%，勘探开发潜力大。

鄂尔多斯盆地为超级非常规气盆地，天然气地质总资源量为$16.31×10^8m^3$，其中致密砂岩气地质资源量为$13.32×10^8m^3$，占比81.7%。自2008年以来，从"十一五"到"十三五"，国家油气开发重大专项组织由企业牵头，科学院、高校院所参与，形成"产、学、研、用"技术攻关团队，以致密砂岩气高效勘探开发为目标，由中国石油长庆油田分公司、中国石化华北分公司、中国石油集团科学技术研究院有限公司承担示范工程、项目、课题与专题，开展联合攻关，在致密砂岩气开发理论技术等方面取得了一批重要成果，成功地建设了苏里格和大牛地两个致密砂岩气国家开发示范区，创新了致密砂岩气地质认识，形成了配套技术系列，推动了鄂尔多斯盆地年产天然气$500×10^8m^3$"气大庆"的建成，为保障国家能源安全、"双碳"目标实现、促进陕西、甘肃、宁夏、内蒙古、山西五省相关地区社会经济发展做出了重要贡献。

二、克拉通盆地大面积致密砂岩气富集条件

1. 煤系大面积致密砂岩气特征

1）多层系、薄层、集群式大面积分布

晚古生代，现今的鄂尔多斯盆地是大华北克拉通盆地西部的沉积区，经历了海侵、海退沉积旋回演化过程。在古构造平缓、温暖潮湿古气候背景下，突发性海侵与缓慢海退频繁交替，形成了石灰岩、泥岩、煤岩与砂岩互层的富煤多旋回沉积，从下向上发育本溪组、太原组、山西组、石盒子组和石千峰组多层系储集砂体，天然气成藏富集形成十余个多层系含气层段。

以苏里格地区盒8段为例，致密砂岩储层为辫状河流相，砂地比高，一般在70%以上，砂体发育。但是，有效储层主要是中粗粒石英砂岩。通过露头剖面和密井网井下辫状河道的砂体对比、构型解剖，发现中粗粒石英砂岩构成的心滩体具有沿主河道呈"点状式"分布，长800～1500m，宽300～500m，气层厚度较薄，平均厚度为8～10m。砂体规模大、含气砂体规模小是其特征。多个含气单砂体纵向上叠加，平面上叠置连片，形成含气砂体集群式大面积分布样式。开发证实，苏里格地区致密砂岩连片、含气面积

大于 $2 \times 10^4 km^2$。

2）低孔、低渗、低压、低含气饱和度"四低"特征与普遍产水

以苏里格气田盒 8 段、山 1 段主力气层为例，孔隙度主要集中在 6%～12%，渗透率主要分布在 0.5～1mD，表现为低孔隙度、低渗透率致密储层特点。压力系数变化在 0.65～0.95 之间，绝大部分气藏为异常低压系统。

通过致密砂岩气开发实践，打破了致密砂岩气藏不产水的传统认识，具有普遍产水特点（杨华等，2016）。致密砂岩气藏中的流体包括天然气和地层水，地层水包括束缚水和可动水。由于储层孔喉细小，毛细管压力大，成藏过程中天然气充注时驱水比较困难，气、水分异性差，无边底水。束缚水饱和度高，含气饱和度普遍较低，一般在 60%。在传统认识中，束缚水在静态下是不可动。但是，随着气井生产时间的延长，在动态压差下，束缚水可发生运动进入井筒，导致产水气井的数量急剧增加，表现为气田普遍产水。对苏里格气田已投产气井 8800 余口统计分析，积液井的数量占到了近 60%。由于普遍产水，目前约 52% 的气井产气量低于 5000m³/d。

3）多藏强非均质性特点

致密砂岩大气田以气藏规模小、集群式大面积分布为特点，具有多藏特征。主力含气砂体多为孤立状分布于连续砂体中，有效含气砂体宽度主要为 500～800m，小于 500m 的占 50% 左右；有效含气砂体长度大多小于 1200m，小于 900m 的占 50% 左右，储层具有强非均质性特征，邻井产气特征不同是普遍特征。干扰试井结果证实临界连通井距一般小于 400m，估算气藏数量超过 10 万个，显示多藏强非均质性特点。

2. 大面积致密砂岩气形成地质条件

1）广覆式煤系烃源岩与大面积致密储层匹配关系

常规砂岩大气田形成，生烃强度一般不小于 $20 \times 10^8 t/km^2$。通过综合研究，鄂尔多斯盆地致密砂岩气大气田形成，生烃强度可降至 $10 \times 10^8 t/km^2$（杨华等，2016）。

鄂尔多斯盆地石炭系—二叠系煤系烃源岩具有广覆式分布特点，以煤源岩生烃为主，煤岩生烃占总量 80%。煤层厚 6～20m，暗色泥岩厚 40～100m。煤层具有全盆地分布特征，具有东北厚、西南薄、东厚西薄的特点。煤源岩热演化程度总体较高，由盆地西南部向东北部降低，R_o 在 1.2%～3.5% 范围变化，占盆地面积 80% 的地区达到湿气—干气演化程度。生烃强度大于 $10 \times 10^8 t/km^2$ 范围超过 $18 \times 10^4 km^2$，占盆地面积的 72%，具有"广覆式"生烃特征。晚石炭纪以来，盆地北部阴山古陆、南部秦岭古陆持续抬升，为盆地砂体展布提供了丰富的物源，"平缓古地貌、强物源供给、多水系发育、高流速河道"形成了大面积砂体分布。在"广覆式"生烃与大面积储集砂体互层有效配置下，天然气持续性充注形成大面积、集群式富集形成致密砂岩大气田。

2）近距离运移，多点充注

传统观点认为盆地构造稳定，构造不发育。随着大规模连片三维地震实施及万余口钻井，证实盆地断裂、裂缝系统普遍发育。按照裂缝产状与岩层层面的空间关系，将裂缝分为平行层面缝、垂向缝、斜向缝，层面缝常与垂直裂缝、斜交裂缝共生。其中，泥

质岩、煤层中层面滑移缝及斜向缝发育，而厚层块状砂岩中近垂直缝发育，构成"工"字形裂缝组合。在荧光照射下泥岩、粉砂岩层面不规则纹状运移痕迹发微弱棕黄色荧光，表明烃类曾沿该裂缝发生过运移，证实了裂缝系统是一种重要的输导体系。"工"字形裂缝组合与储集砂岩共同构成孔、缝耦合输导体系，在盒8段、山1段储层普遍致密的背景上，形成大面积致密砂岩气藏"网毯式"输导体系。

3）毛细管压力油气自封闭成藏

鄂尔多斯盆地以苏里格为代表的致密砂岩储层，孔隙度一般小于12%，渗透率小于1mD，气层厚度薄，连通气层长度一般小于400m，构造倾角小于1°，气柱产生浮力小。储层致密，毛细管压力束缚作用增大，导致浮力失效，储层内部毛细管压力超过油气浮力，以毛细管压力油气自封闭成藏为主（贾承造等，2021）。

三、低品位致密砂岩气分级动用、极限开发理论

1. 致密砂岩气分期多场渗流特征

鄂尔多斯盆地致密砂岩气属于"极限气藏"（马新华，2021）。表现为致密砂岩气藏储层物性差、孔隙结构复杂、含水饱和度高、气、水关系复杂、泥质含量高、毛细管压力高等特点。这些特点导致开发过程中渗流特征复杂，如气藏渗流过程存在滑脱效应、应力敏感效应、启动压力梯度等。特别在压裂改造后气井衰竭开采过程中，上述效应还会发生动态变化，极大地影响了气藏的全生命周期。

1）多场控制的渗流特征

为了致密砂岩气实现经济有效开发，气井都通过多层多段储层改造和井网加密优化来实现储量的极限动用。储层改造形成复杂的缝网、加密优化形成的密井网，将天然气从储量转化为产量最大化。通过形成"人造高渗透区，重构渗流场"，改变了岩石的润湿性、应力场、温度场、化学场及天然气的流动性，构建地下气体产出机制，大幅度地改变了地下流体渗流环境，实现地下储量规模有效开发，发展了"人工气藏"的开发理念（邹才能等，2017）。"重构渗流场"是"人工气藏"开发的理论核心。通过地下应力场、化学场和温度场发生变化，形成人造的渗流场，把流动通道从"羊肠小道"改为"高速公路"，让封困的天然气有效益地产出。在压裂改造过程中，随着高压泵入前置液的进入，地下的应力场开始发生变化，储层开始破裂形成主裂缝及复杂的分支裂缝，裂缝内流体压力的变化改变了裂缝宽度和长度，而远场应力和裂缝诱导应力的变化也对缝宽和缝内流体压力形成约束。在压裂过程中，酸—岩反应形成热源，引起"人工气藏"温度场的变化。温度场的变化带来三方面的影响，首先会影响酸—岩化学反应速率及与矿物反应进程的化学稳定性；其次，压裂液进入地层的热源与储层温度的差异，引起热应力及与温度有关的岩石力学性质变化，从而影响应力场；最后，压裂液在裂缝和基质中的渗流带动热量的迁移，形成对流换热，引起温度场的变化，随之流体性质如流体密度、黏度等随温度而变化。"人工"改造并合理利用渗流场、应力场、化学场、温度场"四场"变化，形成"人造高渗透区"系统，使地下基质微纳米孔喉大面积相互连通，最终

实现低效储量的极限动用。

多场的相互作用导致参数复杂，表征困难。为了揭示多场控制的渗流特征，建立基于启动压力、应力敏感和非线性渗流的气藏多场耦合非线性渗流数学模型，并对模型编程数值求解。为了使模型依据更可靠，改进了气藏渗流规律实验方法。由于单相气体渗流时不存在启动压力现象，采用放空法替代了传统的截距法，有效避免了截距法的不足。建立采用流—覆压梯次协同恢复法测定致密岩心原位应力敏感测试方法，较传统的"定围压—降内压"和"定内压—变围压"方法能更真实反映原始受力状态和衰竭开采过程。通过编程的方法对模型进行数值求解，利用数值模拟拟合压裂直井、水平井生产动态，验证模型的有效性，并运用验证后的模型进行各微观因素影响程度的定量化评价。通过模拟揭示致密砂岩气泄流半径的扩展规律，预测气井达到泄流边界的时间和泄流半径，这对于井网优化和气井生产制度的建立有很大的指导意义。模拟表明，由于人工改造区的存在，不同类型直井、水平井都表现出等效泄气半径初期上升快、中后期变缓的趋势，其中物性相对较好的井初期泄气半径扩展更快。各种微观效应对物性好的井影响不明显，对物性较差的井启动压力梯度、基质应力敏感影响较明显，适当地控压生产能提高采出程度。

根据气藏衰竭开采过程中压降漏斗特征，采用长岩心多点测压物理模拟实验方法及流程，模拟测试了常规空气渗透率分别为 1.630mD、0.580mD、0.175mD、0.063mD 的含水储层孔隙压力在衰竭开采过程中的变化特征，建立了动用半径量化评价图版，可以评价不同渗透率、不同含水饱和度时对应的泄流半径，对应苏里格气田主体区，物性动用半径在 200～300m，为可动用储量的量化评价奠定了基础。

2）致密砂岩气流动的阶段性

致密砂岩储层改造形成了局部的中高渗透区，与基质孔隙空间形成了微观尺度（微纳米级孔隙）—介观尺度（毫米级天然裂缝）—宏观尺度（厘米级人工裂缝）多尺度的渗流系统，使得气井生产存在明显阶段性。结合渗流特征、生产特点，建立了气井全生命周期阶段划分标准，明确气井各阶段生产管理重点。以渗流特征为依据，根据压降速率、措施时间、废弃产量等指标，结合套压、产量、开井时率的变化特征，将气井全生命周期划分为五个阶段，每个阶段的生产动态特征和生产管理重点各不相同。五个阶段分别为：（1）投产初期段，主要是裂缝供气，表现出套压和产量较高且快速递减，这一阶段适合开展初期配产和气井分类工作；（2）自然连续生产期，这一阶段为裂缝控制区，表现为压降速率稳定、产量缓慢下降，适合开展气井指标评价，如动态储量确定等工作；（3）措施连续生产期，这一阶段主要是基质供气，生产特点是气井积液、节流器影响生产等，该阶段适合优选气井排水采气措施、拔节流器；（4）间歇生产期，主要是基质更低物性区供气，该阶段表现为开井时率大幅度下降，适合开展合理间开制度优化；（5）经济废弃期，该阶段产能极低，不具备经济效益，适合开展气井的挖潜潜力评价。通过划分井全生命周期生产阶段，明确了气井各阶段管理重点，为上万口井的生产管理提供了理论和技术支撑，极大方便了现场管理。

2. 分级动用、极限开发理论

随着致密砂岩气开发的不断推进，技术水平也在不断地发展。针对不同级别的储量，开发动用顺序从好到差、分级动用。通过开发技术的不断提升和优化，逐步的实现不同级次的规模动用，也因此形成了以"不断突破开发技术界限"为核心的"极限动用"理念。

致密砂岩气藏储层物性差，均需要后期改造才能获得工业气流。储层改造技术工艺要求高、投入大，单井产量低、开发效益低，客观情况决定了尽可能地降低成本、提升开发效益是气藏成功开发的根本。针对苏里格特大型气田，储量基数大、品质差异大、储量丰度低、含气面积大。为了有效充分地实现储量动用，基于气田开发效益、开发难度和可建产能规模，优选出了4类15个评价参数，作为储量分级依据和评价指标，形成不同级别储量及其不同的开发对策。其中，影响井网井距、开发难度和气井产水的地质特征参数有：有效储层模式、储量埋深、储量丰度、渗透率、含气饱和度。影响产能规模和采收率的开发特征参数有：气井初期产量、单井累计产量、千米井深累计产量、区块采出程度。影响气井单井成本和开发效益的经济效益参数有：采气成本、气价、内部收益率。影响开发部署的环境与社会因素有：矿权交叉分布、环境保护用地和城市建设规划。

单井 EUR 低，开发效益是构建储量分级体系的核心。基于目前的气价和成本，以内部收益率为核心指标，结合储层物性和含气性，将气区储量划分为三种级别：效益储量内部收益率 8%～20%，占总储量的 40.5%；低效储量内部收益率 6%～8%，占总储量的 39.9%；难动用储量内部收益率小于 6%，占总储量的 19.6%。各类储量的地质特征和生产特征各不相同，开发技术对策也有所不同：（1）效益储量区，有效砂体呈透镜状、孤立、局部连通，规模小，连续性差，纵向多层叠合连片；多层供气为主，主力产层不明显，单个小层产气贡献率在 30% 以内；气井产量低，稳产能力弱，单井动态储量小，直井气井平均 EUR 分布在 $2000 \times 10^4 \sim 3000 \times 10^4 \text{m}^3$。针对效益储量区的开发对策是，该区处在稳产初期，井网不完善，井网加密、区块接替为主要稳产对策。（2）低效储量区，储层相对致密，有效厚度小，孤立分布为主，储量丰度低，气井产量低；平均孔隙度 6.6%，平均渗透率 0.58mD，井均有效厚度 9～11m，预测直井平均 EUR 为 $1300 \times 10^7 \sim 1400 \times 10^7 \text{m}^3$。低效储量也处在稳产初期，储量动用程度低，具备一定开发潜力，为降低开发风险，在优选相对有利区的基础上滚动开发。（3）难动用储量区，主要受产水和气层条件差影响，单井产量低，达不到开发效益标准，目前有效的开发技术手段仍在探索中。针对不同级别的储量，开发动用顺序从好到差，分级动用，技术不断进步、不断突破开发技术界限，逐步的实现不同级次的规模动用。

四、开发关键技术进展

1. 大型复合砂体分级构型表征技术

砂体构型研究比传统沉积相分析更加注重砂体单元的三维空间分布，对非均质性极强致密砂岩储层开发有很重要的指导意义。在实际应用过程中，需要根据具体的地质特征和研究需要进行相应调整，建立适应该地区的构型划分方案。总体上，气藏描述阶段储层构型可以分为四个级别。一级构型与沉积盆地地层组内充填复合体相对应，主要是气藏勘探到早期评价阶段研究的对象，用以确定气藏开发层系；二级构型对应于地层组段内发育的沉积体系，比如河流体系发育带、滩坝发育带、重力流水道发育带等，一般是地层组内以段为单元进行研究，反映的是沉积体系的分布规律；二级构型是气藏评价阶段气藏描述的重点对象，以寻找富集区带为目标，落实优先建产区块，主要依据就是有利沉积体系的发育带，比如苏里格气田评价期对辫状河体系发育带的描述，有效地解决了气田富集区优选问题；三级构型指单河道沉积级次，研究目标是刻画河道叠置带内的沉积特征，即单河道规模、叠置样式等。进入气田开发早期和中期，重点在气层富集区内开展储层分布规律研究，获得有效气层的规模尺度、发育模式，预测气层分布，为井位优化部署提供依据。苏里格气田气层富集区以辫状河叠置带为主，对辫状河叠置带内河道砂体分布的描述是井位预测的重要依据；四级构型描述规模更小，以单一沉积体内的构成单元为描述对象，相当于河道沉积中点坝、心滩坝的描述。四级构型的描述是气藏开发后期的重点任务，井数较多、井距较小，具备了精细刻画气层分布特征的基础资料条件。

2. 薄储层水平井开发技术

1）水平井开发地质条件

致密砂岩气开发示范区纵向上发育多套气层，但气层厚度薄、变化快、规模小，同时受地震分辨率限制，难以准确预测单个有效砂体的分布。理论研究和开发实践表明，只有在一定的地质条件下，方可保证水平井的储层钻遇率、井控储量及开发效益。依据储层地质特征，结合开发效果影响因素分析，确定了水平井有效实施的五个基本地质条件：（1）纵向上气层相对集中，相邻气层间隔夹层厚度小于4m；（2）纵向相对集中气层厚度必须达到4m以上；（3）有效砂体平面分布稳定；（4）构造相对简单、变化平缓；（5）邻井、邻层不产水。

2）水平井地质设计技术

水平井地质设计是水平井实施的主要依据，对后续工程起到重要的指导作用。尤其是河流相致密砂岩气藏，地下储层薄而复杂，预判不确定性大，常使设计与实钻存在一定的偏差。因此，水平井地质设计以储层空间展布特征为依据，以提高有效砂体钻遇率和储量动用程度为目标，优选目的层，优化设计各项参数，来指导水平井的有效实施。一是目的层优选。以小层为目标。纵向上，以单层厚度大、层内非均质性弱、含气性好、储量占比高为首选；平面上，以分布稳定、展布范围广为原则。确定目的小层后，编制该小层的"五图"，即：地震剖面图、砂体厚度图、气层厚度图、顶面构造图和气藏剖面图，作为靶点设计的重要依据。二是水平段方位确定。主要考虑两个因素：一是有效砂体展布方向。方位设计要求与有效砂体展布方向基本相同或相近，目的是保证有效储层钻遇率；二是最大水平主应力方向。方位设计要求垂直最大水平主应力方向，目的是保证在水平井分段压裂改造时，可形成平行于最大水平主应力方向的多条压裂缝，提高气井产量。研究表明：苏里格气田砂体走向总体上呈近南北向展布，石盒子组储层最大主应力方向为近东西向（NE98°—NE108°）。因此，为最大限度地提高储量动用程度和产量，水平段方位应以南北向为主；三是水平段长度设计。理论上，水平井段越长，泄流范围越大，其产能提高幅度越大，单位面积钻井数越少，经济效益越好。通过苏里格加密区砂体精细解剖及实钻水平井统计分析，有效砂体长度主要分布在800～1200m。在考虑多层纵向叠合的情况下，有效砂体展布可能更长。因此，在满足目前井网井距及钻井施工能力的前提下，水平段长度以储层展布范围为依据，设计尽可能较长；四是轨迹优化及靶点设计。根据示范区砂体叠置关系，水平段轨迹设计主要采用三种模式（图8-10-1）：（1）气层单一且具有一定的厚度，其他层含气性差、不稳定、连续性差，水平井轨迹采用平直型。（2）砂体厚度较大，但有效砂体纵向上相对分散，水平井轨迹采用大斜度型。（3）稳定发育两套气层且中间泥岩隔夹层厚度压裂缝难以沟通，为充分动用两层地质储量，水平井轨迹采用阶梯型。

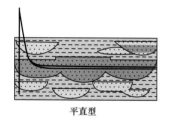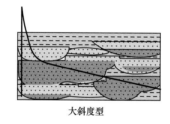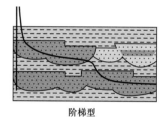

平直型　　　　　　　　大斜度型　　　　　　　　阶梯型

图 8-10-1　水平段轨迹设计模式图

基于储层发育特征的三种基本轨迹设计模式，结合构造特征，优化设计靶点，编制水平段井轨迹图，使轨迹尽量控制在目的层气层中部穿越。同时，为保障水平段施工顺利，水平段应保持井眼轨迹平滑。

3）水平井体积压裂技术

通过技术引进再创新，水平井体积压裂技术取得了不断进展。一是水平段窄间隙固井技术。通过力学模拟、韧性水泥浆体系研发、提高顶替效率等研究，将水泥浆弹性模量由常规的12GPa降低到6GPa，满足交变载荷下压裂需求。同时，配套了关井滑套、旋转引鞋、滚轮扶正器等工具，满足固井要求，水平段固井合格率达到98%；二是固井完井分段多簇体积压裂设计方法。围绕形成长主裂缝，开启并支撑微裂缝，扩大改造体积的目标，通过综合储层物性、随钻伽马、气测、地应力等参数，优选"地质+工程双甜点"，建立不同区块储层品质分类标准，为精细化设计提供依据，形成"一高三低"（高气测、低伽马、低钻时、低应力）的裂缝布放原则，再结合三维地震砂体展布预测，优选压裂"甜点"，实现精细化布缝，充分提高压裂参数与储层的匹配性；三是水平井体积压裂工艺模式。优选桥塞分段压裂工具＋可溶球技术，现场试验封隔可靠性达到100%。同时，优选以大通径免钻桥塞为主体的工具技术系列，压裂段间封隔可靠性大幅提升。大通径免钻桥塞内径大于2.375in油管内径（50.7mm），配合使用复合金属可溶球，可满足压后直接排液投产。可溶桥塞能够实现全部溶解，井筒全通径，可以满足各种作业需求；四是动态暂堵多缝压裂技术。以"段间硬封隔、段内软分簇"为理念，通过研发可溶多粒径暂堵剂 + 纤维材料，攻关加注工艺及参数，有效提高段内分簇成功率。

3. 排水采气工艺优化技术

针对致密砂岩气藏普遍产水，排水采气工艺技术进行了不断优化和更新换代。

1）泡沫排水采气技术

泡沫排水采气工艺技术要求一是要选择合理的生产管柱；二是要选择与地层水、气井产出流体、生产辅助溶剂相配伍且较高起泡和携液能力的泡排剂；三是确定合理的泡排工艺参数；四是采用经济、易操作、易管理加注和运行工艺。苏里格气田自 2008 年开始，开展泡沫排水采气试验和优化研究。主要开展了药剂选型、加注方式、加注时机、加注周期等研究，通过持续完善，目前能够完全推广应用。现场应用的泡排剂（棒）产品主要有 UT、HY、ERD 系列。试验评价认为：UT-8 型泡排剂和 UT-11C 泡排棒与地层水的配伍性好，适合苏里格气田水质特点，宜于在现场应用。泡排剂加注方式分为两种：一种针对井下节流气井，采用油管投棒，油套环空加注起泡剂；另一种针对井下无节流气井，采用油注、套注或者油套同注泡排剂、油管投棒。针对不同的产水量，加注工艺不同；针对不同的气井生产特点，采取的泡排管理措施不同。

2）速度管柱排水采气技术

速度管柱排水采气技术是采用带压作业工艺在井口悬挂小管径的油管作为生产管柱，依靠气井自身能量，提高气体流速，增强气井携液生产能力。根据不同尺寸油管临界携液流量和摩阻分析计算结果，苏里格气田速度管柱管径优选为 $\phi38.1mm \times 3.18mm$ 的 CT70 级连续油管。光油管完井的气井，速度管柱下至油管鞋以下 5～10m；封隔器完井的气井，速度管柱下至最上部水力锚以上 5～10m。对于水平井而言，由于井筒中直井段的垂直管流、斜井段倾斜流和水平段的水平管流并存，因此计算井筒临界携液流量时，需要对直井段、斜井段分别计算，并做整体对比分析，从而找出临界携液流量最大点，即最易积液的位置，据此确定连续油管最佳下入深度，以便最大程度发挥速度管柱排水采气作用。试验证实，该工艺可有效降低产水气井生产油套压差，有利于排液。从增产效果方面，适合苏里格气田产气量大于 $0.3 \times 10^4 m^3/d$ 的气井，尤其对产气量大于 $0.5 \times 10^4 m^3/d$ 的气井增产效果更为明显。"十三五"期间该技术推广应用 845 口井，平均单井增产 $0.26 \times 10^4 m^3/d$，累计增产 $28.4 \times 10^8 m^3$。

3）柱塞气举排水采气技术

柱塞气举工艺是通过间歇开关井方式利用地层能量推动油管内柱塞上下往复运动排出井筒积液进行天然气开发的排水采气方法。柱塞作为地层产出气与井筒积液之间的固体分界面，对于以间开方式生产为主、产气量小于 $3000m^3/d$ 的气井，可有效防止气体上窜和液体滑脱，增加举液效率。

对于低压、低产、小水量气井，柱塞选型时首要考虑的是柱塞与油管的密封性能，其次考虑柱塞的长度和重量等因素。根据苏里格气田气井产水特点、井筒情况，首选柱塞为衬垫式柱塞。具体的选井要求包括：（1）直井或小斜度井；（2）气井井深不大于 4000m；（3）最大产水量不大于 $20m^3/d$；（4）油管内径为 62.0mm 或 50.7mm；（5）井筒内无腐蚀，油管内径一致且光滑畅通。该技术有利于提高产水气井间歇携液能力，排出井筒积液，比较适合于产气量在 2000～3000m³/d 之间、气水比大于 2000m³/m³、井套压不小于 3.5MPa 的间歇井排水采气。试验气井平均油套压差降低 2.5MPa，单井平均增产 $0.11 \times 10^4 m^3/d$，措施有效期长，措施后产量增幅 30% 以上。

4. 剩余气描述及高效调整技术

1）剩余气多方法数值模拟技术

以大牛地气田为例，由于纵向上有效砂体叠置关系复杂，储层非均性强，水锁伤害、合层开发导致储量动用不均衡、剩余气分布量大且复杂多变，常规数值模拟方法不能实现剩余气准确表征。按照极限开发理念，在物理模拟基础上，创新引入虚拟井约束及水锁表征数值模拟研究。在同一井点虚拟多口井单采约束多层合采井产量分层拟合，利用相渗端点标定和井周差异分区，实现对水锁时变的准确模拟。形成了致密砂岩气藏"应力敏感表征、水锁表征、裂缝模拟、多维约束历史拟合"多方法数值模拟技术，单井压力拟合精度达到 85%，较常规方法提高 20%。

2）剩余气分类定量评价与井网优化技术

针对剩余气分布样式多、散、碎，调整难度大的问题，应用地层压力法、储量丰度法对剩余气定量表征，开展不同构型单砂体中剩余气纵横向分布解剖，将剩余气类型分为 2 大类 4 小类，即层间未动用型和井间未动用型。采用灰色聚类分析，优选表征剩余气定量分类评价的 4 类 12 项指标，运用熵权法对各指标赋予权重，实现对剩余储量规模、储量品质、调整难度、调整效益的综合评价，建立了"井型匹配、井距优化、效益评价"多因素逐级约束的空间结构井网优化技术（图 8-10-2），实现复杂剩余气立体动用。

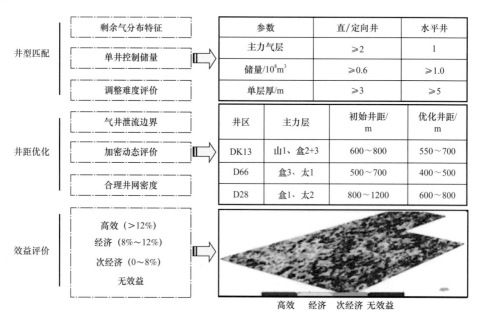

图 8-10-2 空间结构井网优化技术

五、开发示范区建设与知识产权成果

1. 苏里格致密砂岩气开发示范区建设

1）示范区概况

苏里格致密砂岩气开发示范区位于鄂尔多斯盆地西北部，地处内蒙古、陕西两省区。气田北部隶属内蒙古自治区，为沙漠、草原地貌，地势相对平坦，地面海拔1200～1350m；南部位于陕西省境内，为黄土塬地貌，沟壑纵横、梁峁交错，地面海拔1100～1400m。构造上处在盆地伊陕斜坡西部宽缓西倾的单斜构造上，整体表现为东高西低、北高南低的构造特征。坡降（3～10）m/km，地层倾角小于1°。在宽缓的单斜上发育多排北东走向的低缓鼻隆，鼻隆幅度10～20m，南北宽5～15km，东西长10～20km。勘探面积 $5.0×10^4km^2$，天然气资源量达 $5.0×10^{12}m^3$。气田主要产层为上古生界石盒子组和山西组，储层以中粗粒岩屑石英砂岩为主，盒8段孔隙度大于8%的样品分布频率占48.7%，渗透率大于0.5mD的样品分布频率占32.4%；山1段孔隙度大于8%的样品分布频率为46.7%，渗透率大于0.5mD的样品分布频率为23.6%；地层压力系数平均0.87，以异常低压系统为主，为典型的致密砂岩气藏。

2）示范区建设成效

"十一五"通过理论和技术创新，初步实现了大型岩性地层气藏勘探开发技术的集成配套，形成了低渗透致密砂气藏的勘探开发模式，加快了苏里格地区的勘探开发进程，连续三年每年新增天然气探明（含基本探明）储量超过 $5000×10^8m^3$，天然气年产量达到 $105×10^8m^3$，建成我国第一个年产百亿立方米规模致密砂岩气示范区，加快了长庆上产 $5000×10^4t$ 目标的步伐；"十二五"通过致密砂岩气开发技术体系的攻关示范和推广应用，气田采收率提高到35%，天然气产量达到了 $234×10^8m^3$，建成我国第一个年产突破 $200×10^8m^3$ 致密砂岩气开发示范区，有力助推长庆油田实现了 $5000×10^4t$，成为我国致密砂岩气藏开发的典范，带动了我国致密砂岩气资源的产业发展；"十三五"通过关键理论技术的进一步创新突破与推广应用，实现了苏里格气田年产量持续攀升，从 $230×10^{12}m^3$ 提升到 $274.6×10^{12}m^3$，重点区块天然气采收率在36.6%基础上提高了6%，气田综合递减率从"十二五"末的24.6%下降至"十三五"末的23.1%，试验井试气单井产量提高40%以上。

2. 大牛地致密砂岩气开发示范区建设

1）示范区概况

大牛地气田位于内蒙古自治区鄂尔多斯市伊金霍洛旗、乌审旗和陕西省榆林市榆林县、神木县境内，属毛乌素沙地边缘，地表为沙地、低缓沙丘、草原，以沙地为主。构造上位于伊陕斜坡的北东部，区块内构造、断裂不发育，总体为北东高、西南低的平缓单斜，平均坡降为6～9m/km，地层倾角为0.3°～0.6°。局部发育近东西走向的鼻状隆起。气田主要目的层位为二叠系太原组、山西组、下石盒子组，地层厚度300m左右。储层以中粗粒岩屑石英砂岩为主，孔隙度平均为8.2%、空气渗透率平均为0.69mD；地层压力系数为0.85～1.02，可采储量丰度 $0.53×10^8～1.51×10^8m^3/km^2$。

2）示范区建设成效

"十一五"期间，创新形成致密砂岩气藏"主源定型、相控储层、高压封闭、近源成藏"的近源箱型成藏理论，支撑提交探明储量 $1088×10^8m^3$。建立致密砂岩气田勘探、开发和生产管理三个模式，形成致密砂岩储层综合评价、难动用储量评价等五项关键配套技术。评价可开发动用储量 $1311×10^8m^3$，新建天然气产能 $17.71×10^8m^3/a$，Ⅰ—Ⅱ类储量区采收率达到36.8%，成功建成大牛地致密砂气田开发示范区，天然气产量达到 $25×10^8m^3$；"十二五"期间，针对直井难以经济开发的Ⅱ—Ⅲ类储量，建立致密低渗气田水平井经济有效开发模式，集成创新煤系地层薄储层含气性定量预测、水平井整体开发气藏工程优化等五项关键技术，2012年在大牛地气田大8—大10井区建成国内首个致密低渗透气田全水平井规模建产示范区，"十二五"期间累计评价Ⅱ—Ⅲ类区储量 $1919×10^8m^3$，新建产能 $33.70×10^8m^3/a$，实现直井开发无效益储量的经济有效开发，Ⅰ—Ⅱ类储量区采收率从36.8%提高到40%，Ⅱ—Ⅲ类储量区采收率17%，天然气产量超过 $30×10^8m^3$。"十三五"期间，以"提高储量动用率、控制气井递减率、延长气田寿命"为技术路线，开展基于单砂体构型的剩余气定量表征、复杂剩余气地质工程一体化高效调整、气田全生命周期压力损失评价与治理、气藏注 CO_2 提高采收率机理等攻关研究，形成了薄互层致密砂岩气藏稳产与提高采收率技术，评价可动用储量 $628×10^8m^3$，新建产能 $12.4×10^8m^3/a$。通过实施二次增压、老井综合治理及一体化优化，实现了开发全流程闭环管理，地层—井筒—集输管网压力损失降低4.3MPa，综合递减率从15%降低到5.1%；Ⅰ—Ⅱ类储量区采收率从40%提高到45.6%，Ⅱ—Ⅲ类储量区采收率从17%提高到24.5%。

3.知识产权成果

自2008年以来，通过国家油气重大专项在鄂尔多斯盆地实施及苏里格、大牛地两个示范工程建设，形成了致密砂岩气开发理论技术体系，促进了我国致密砂岩气勘探开发产业创新发展，培育了多家企业、教育部20多所高校、中科院5个科研院所联合攻关的高水平研发团队，支撑建设了3个国家级、5个省部级重点实验室和研发中心等高水平创新平台。相关成果获国家、省部级科技进步奖30余项，获发明专利100件，制定行业标准20余项，登记软件著作权30项，研发新产品20余项。

第十一节 非常规油气开发环境检测与保护关键技术

一、背景、现状与挑战

1.非常规油气开发对生态环境的影响

页岩气等非常规油气开发过程会对环境带来一定的影响。勘探开发过程中建设井场/平台、铺设管线、道路等占地会对地表土壤和植被造成一定的扰动；钻井过程产生的废弃泥浆、钻井岩屑等，压裂过程中产生的大量压裂返排液及采气过程中产生的采出水等，如果处置不当，可能会对地表土壤、水体甚至浅层地下水造成污染（唐越，2016；陈昌照等，2020；田建超等，2021）；非常规油气开发压裂作业需要大量水资源，会对开发区域水资源带来影响，压裂过程中压裂液进入地层由于渗透、迁移等可能会引起深部地下水层甚至饮用水层环境污染（刘剑等，2017）；非常规油气生产过程中尤其是压裂液返排和套管泄压过程中会有大量的甲烷气体排放（张诗航等，2017），甲烷气体是高温室效应气体，升温潜力是 CO_2 的 84 倍（20 年计），贡献了约 18% 的气候效应；另外，设备运行、放空作业、试采气、火炬燃烧等过程会排放 CO、NO_x、CO_2 和少量烟尘等，对大气环境造成一定影响（苟建林，2013）。

2. 非常规油气开发环境保护要求及技术现状

1）现代能源体系建设要求非常规油气高效、环保勘探开发

在能源安全和生态文明建设的双重驱动下，我国积极推进能源供给侧和能源消费改革创新，积极探索构建清洁低碳、安全高效的能源体系（林伯强，2018）。这对我国非常规油气开发环境监管提出了新的要求，非常规油气勘探开发需要积极探索绿色可持续的发展道路。

我国非常规油气开发存在储层孔隙度低、渗透率小、油气含水饱和度高、采收率低的特点（邹才能等，2015）。借鉴美国等页岩气开发经验，非常规油气开发多采用井工厂化作业技术，依靠水平井 + 压裂工艺实现规模开发，以实现非常规油气开发的规模效益（张金成等，2014），非常规油气开发现场往往呈现"千方砂、万方液"的大规模场景，尽管国内外非常规油气开发工艺类似，但钻井液和压裂液等的成分差异明显，因此，采用的污染控制与治理等环保技术，要符合我国非常规油气开发特点。

综上，我国非常规油气开发在环境监管、甲烷气体逸散排放、地下水污染风险管控、废弃物处理及资源化利用及生态影响及保护等方面提出了新的要求。

2）非常规油气开发环境保护技术现状

（1）环境监管方面，非常规油气开发缺乏相应的环境影响评价技术导则和污染物排放控制标准，环境监管欠缺科学性、有效性，存在规划环评开展力度不足、环评管理有效性不足、标准规范不完善、管理难度大、事中事后监管缺乏制度及技术支撑、现行验收技术规范不符合当前的验收工作需求等问题，亟须结合国内非常规油气田开发环境影响与环境监管实践，在研究我国非常规油气开发监管体系适应性的基础上，提出我国非常规油气开发环境监管改革方向，提升我国页岩气等非常规油气开发环境监管的科学性，为非常规油气开发环境保护技术发展提供指导，稳步推进非常规油气能源的可持续发展助力。

（2）非常规油气开发环境效益及开发区域环境承载力认知方面，我国非常规油气开发环境负荷与环境承载力评估的研究相对较少，非常规油气开发生态环境利用与开发区域生态环境承载力的关系尚不清楚；同时，相比于煤炭等传统能源，非常规油气开发全过程环境效益等评估研究领域尚未开展。因此应该开展页岩气等开发过程环境效益与环境承载力的科学评估技术研究，以优化非常规开发环境战略规划布局，引导非常规油气开发利用向有助于能源系统可持续的方向发展。

（3）石油和天然气行业是人为甲烷排放的主要来源，约占全球人类活动甲烷排放量的 24%，但是估算总体人为甲烷排放量与估算石油和天然气行业的排放量存在很大差别，不同估算方法其估算结果存在很大的不确定性。亟须明确逸散放空气检测方法，为减排控制提供技术基础。另外，页岩气等非常规油气开发过程逸散放空气回收处理及利用技术与装置欠缺，逸散放空控制技术与装置规范尚待建立。

（4）传统的地下水监测技术仅仅是针对目标饮用水层而言，现有地下水监测技术难以反映非常规油气开发地下水污染的真实情况，需要开展与非常规油气开发工艺相适应的多层多参数在线监测仪器的研制。另外，非常规油气开发地下水特征污染因子、气田采出水回注地下运移及赋存情况及对地下水环境的影响等都需要进行研究解决。

（5）我国非常规油气富集地区多为生态环境敏感区，环境保护要求高，非常规油气开发会造成占地、地表扰动等生态问题。目前，我国缺乏针对非常规油气开发生态监测数据和风险评估手段及针对生态敏感区环境保护专项配套技术，亟须开展非常规油气开发生态监测技术和生态损害修复和恢复技术。

（6）污染物治理方面，钻井液和压裂液存在环保性能差、工程性能有待提高的问题，且循环利用率低；压裂返排液、采出水产生量大，非常规油气开发初期，现行压裂返排液和采出水处理技术多聚焦于处理达标后拉运处理或深井灌注，一方面存在水资源浪费，且处理成本偏高的问题，另一方面也增加了部分开发区水资源短缺矛盾；现有钻井废弃物处理技术尚不满足国家关于钻井废弃物不落地处理及资源化利用的要求，钻井废弃物处理装置处理量满足不了产生量需求，亟须优化改进。

针对非常规油气开发环境保护技术需求，国家油气开发科技重大专项"十三五"期间专门设立了"页岩气等非常规油气开发环境检测与保护关键技术"重点项目，由中国石油安全环保技术研究院有限公司牵头，与国内 27 家单位组成"政产学研用"联合攻关团队，针对页岩气等非常规油气开发环境影响评估及综合效益评价技术体系、环境风险监控技术体系及平台、污染物防治系列工艺技术及装备三方面开展攻关研究，取得了系列成果。

二、环境检测与保护关键技术研发成果

1. 非常规油气开发环境政策法规与监管

1）非常规油气开发环境监管体系优化

本研究根据我国非常规油气开发特点与环境影响特点，识别大气、噪声、固废、地表水、地下水等环境要素，开展了区域环境影响预测，同时开展了大气环境中甲烷排放速率和地下水环境影响分析的机理研究，形成系列环评改革建议，构建了页岩气开发规划环境影响评价方法（图 8-11-1）和非常规油气开发产能建设项目环境影响评价技术方法。在此基础上，结合区域开发需求与实际生产情况，制定《环境影响评价技术导则陆地石油天然气开发建设项目（征求意见稿）》，相关成果生态环境部采纳后，下发了《关于进一步加强石油天然气行业环境影响评价管理的通知》（环办环评函〔2019〕910 号），提高了对包括非常规油气行业环境监管的科学性和有效性。实施以区块代替单井为单

位开展环境影响评价、明确行业重大变动清单、强化企业自行申报环保执行情况等举措，使我国环境影响评价管理模式更加适应油气田"滚动性、区域性"开发特征，实现了"源头有效预防—过程有效控制—企业自行申报环保情况—事中事后监管—长期跟踪评价"的环境管理思路，强化各环节监管有效衔接，产能开发建设项目环境影响评价文件数量减少 50% 以上，有效降低了环境监管部门和企业的管理负担，大幅提高环评效能，极大缩短项目前期工作周期，加快保障能源供应。

2）非常规油气开发环境保护标准体系

在深入调查我国非常规油气开发环境保护标准体系现状的基础上，构建了非常规油气开发环境保护标准体系表（表 8-11-1）。该体系表覆盖了污染物排放控制、生态保护等行业主要影响因素，并以技术经济可行性为基础，前瞻行业发展、国家标准提升，力求对标先进、国际认可，为非常规油气开发环境保护标准的制订提供依据，为及时补充标准空白、跟进国际行业先进环境标准提供指导。标准体系表规划形成的标准规范基本涵盖非常规油气开发全过程，为非常规油气开发提供政策支持和标准支撑。

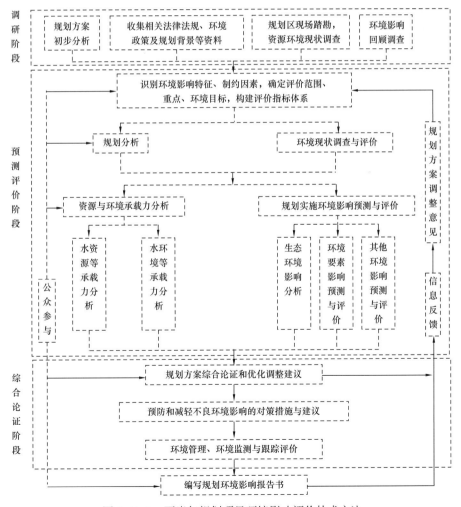

图 8-11-1 页岩气规划项目环境影响评价技术方法

表 8-11-1　我国非常规油气开采环境保护标准体系表

类别	序号	主要标准	级别	制定状态
污染物排放标准	1	页岩气开采污染控制标准	国标	在制定
	2	非常规油气开采水污染物排放控制标准	国标	待制定
环境保护技术要求与环境工程技术规范	3	非常规油气开采污染控制技术规范	行业	SY/T 7481—2020
	4	非常规油气开采污染防治技术推荐做法	行业	在制定
	5	页岩气环境保护　第1部分：钻井作业污染防治与处置方法	国标	GB/T 39139.1—2020
	6	煤层气开采生态保护技术要求	行业	在制定
	7	煤层气采出水处理推荐做法	行业	待制定
	8	页岩气含油岩屑资源化利用技术要求	行业	待制定
	9	石油天然气钻采设备油基钻井液钻屑处理系统	行业	SY/T 7422—2018
	10	非常规油气开采含油污泥处理处置技术规范	行业	SY/T 7482—2020
清洁生产管理	11	页岩气开采行业绿色工厂评价要求	团体	在制定
	12	钻井液环保性能评价技术规范	行业	SY/T7467—2020
建设项目环保管理	13	页岩气开发水环境负荷与环境承载力评估技术指南	团体	在制定
	14	页岩气开发生态环境负荷与环境承载力评估技术指南	团体	在制定
环境风险防控	15	陆上石油开采区土壤环境调查技术指南	行业	SY/T 7465—2020
	16	非常规油气开采地下水环境污染风险防控技术要求	行业	待制定
	17	非常规气田采出水回注环境保护规范	行业	SY/T 7640—2021
	18	非常规油气开发区植被恢复工程技术规范	行业	在制定
	19	页岩气水平井钻井作业技术规范	行业	NB/T 10252—2019
低碳管控	20	页岩气开采甲烷排放管控技术要求	行业	待制定
	21	非常规油气开采企业温室气体排放核算方法与报告指南	行业	在制定
	22	石油天然气开采工业甲烷排放监测技术规范	团体	在制定
	23	油气行业甲烷排放车载检测方法	团体	在制定
排污许可管理	24	非常规油气开采业排污许可证申请与核发技术规范	国家	待制定

2. 非常规油气开发环境效益及环境承载力评价技术

1）非常规油气开发能源替代环境经济效益评价技术

以参考能源系统（Reference Energy System）为基础，以未来的能源需求驱动，结合能源系统相关设备的容量、将来可选技术的特征，以及现在和将来的一次能源供应情况，在模拟能源设备的投资和运行、一次能源供应、能源贸易决策及污染物和温室气体减排约束的基础上，获得整个能源系统供应成本最小情况下一次能源消费结构、终端能源消费结构、电力结构、碳排放情况等，进而对页岩气等非常规油气开发的环境效益进行分析评价。

非常规油气开发能源替代环境经济效益评价技术采用自主开发的 China-MAPLE 模型进行分析，适用于研究分析碳约束目标下，评估页岩气在我国能源系统中的替代影响以及页岩气开发利用的环境外部影响。

2）非常规油气开发温室气体排放评估及核算技术

我国确定于 2030 年实现二氧化碳排放达到峰值，对非常规油气开发温室气体管控提出了新的要求。国际常用温室气体排放测算与评估方法多为美欧国家建立，并不符合国内生产实际，亟须开展非常规油气开发温室气体排放测算与评估。以页岩气生产阶段为边界，核算范围包括施工期（钻前工程、钻井与完井工程、压裂工程、试气工程、集输工程）、运行期（采气工程）和退役期（关井处理），通过调查页岩气开发单位环境影响评价报告、工程设计概算、产排污系数手册、页岩气开发相关研究文献等资料，以及专家交流和现场调研等方式，收集页岩气开发的消耗、排放数据，在 LCA 在线软件 eFootprint 上建立页岩气开发的生命周期模型，对页岩气开发全过程温室气体排放进行核算，结果见表 8-11-2。

表 8-11-2　页岩气全生命周期环境足迹评价结果

指标	单位	天然气	页岩气	倍数	天然气（开发＋使用）	页岩气（开发＋使用）	倍数
气候变化 GWP	$kgCO_2$ eq.	5.49×10^6	1.36×10^7	2.5	2.01×10^8	2.04×10^8	1.02
富营养化 EP	$kgPO_4^{3-}$ eq.	352	2050	5.8			
酸化 AP	$kgSO_2$ eq.	3790	21900	5.8	66790	84900	1.3
初级能源消耗 PED	MJ	7.1×10^8	1.09×10^{10}	15.4			
水资源消耗 WU	kgH_2O eq.	3×10^6	4.13×10^7	13.8			
可吸入无机物 RI	kgPM2.5 eq.	1460	7290	5	25460	31290	1.23

3）非常规油气开发环境承载力评估技术

针对页岩气开发对水环境负荷影响机制不清和页岩气开发水环境承载力评估研究较少的问题，提出页岩气开发过程中水资源与水环境承载力评价方法，该方法综合考虑页岩气开发区人类活动用水、排污、研究区水环境本底条件及页岩气开发特点，采用最大承载规模类量化方法和水资源供需平衡法对非常规油气开发水资源承载力和水环境承载力进行评价，明确页岩气开发的可利用水量与研究区水环境容量，进而计算水资源和水环境能够承载页岩气开发的井口数量；然后基于"压力—支持力"核心思想，结合构建的两套水资源和水环境评价指标体系，对页岩气开发区域水资源和水环境承载力进行评价分级，最后综合水资源和水环境承载力评价结果，首次完成了非常规油气开发区水资源与水环境的完全量化，确定页岩气优先开发区域，提出了页岩气开发优化战略布局建议：页岩气适宜开采区主要分布于川南地区的中部、东部地区和西北地区，建议作为页岩气的优先开发区域。

3. 非常规油气开发甲烷逸散放空气检测评价及回收利用技术

1）非常规油气开发逸散放空气检测技术及核算方法

（1）非常规油气开发逸散放空气检测技术。

首先基于建立设备逸散排放清单、摸清甲烷排放水平的甲烷现场检测目标，确立了设备、组件级别从下至上的现场检测方法：该方法首先以红外热成像仪查找泄漏点，红外热像仪能够快速准确定位泄漏源，有效辨别红外光谱为 $3.2\sim3.4\mu m$（中波红外），现有的手持红外摄像机有菲力尔 GF300/320、Opgal EyeCGa；然后采用 GC–FID 检测仪器对甲烷浓度进行测定（可参考的仪器有 Thermo Fisher 5800–GOB 便携式检测仪），采用流量计、包袋法或者大流量采样法实测密封点的泄漏速率，对气体流量进行检测，进而识别出煤层气开发和页岩气等开发主要排放环节。

最后根据检测到的各无组织排放源的地面浓度，基于高斯扩散模型，采用地面浓度反推法，对无组织排放源强进行了预测，并采用 P—G 曲线和 Pearson 相关性分析对模型进行修正，建立气体排放预测模型，对气体排放进行预测，其计算公式见式（8-11-1）。

$$Q_\varepsilon = 11.3\rho(x,y,0)u_{10}\sigma_z\left(\sigma_y{}^2+\sigma_{y0}{}^2\right)^{0.5}\exp\left(\frac{\bar{H}^2}{2\sigma_z^2}\right)\times10^{-3} \qquad (8-11-1)$$

式中　Q_ε——无组织排放源强，kg/h；

　　　$\rho(x,y,0)$——无组织排放源强的地面浓度，mg/m^3；

　　　u_{10}——距地面 10m 处的 10min 中的平均风速，m/s；

　　　σ_z——垂直扩散参数，m；

　　　σ_y——水平横向扩散参数，m；

　　　σ_{y0}——初始扩散参数，m；

　　　H——无组织排放源的平均排放高度，m。

（2）非常规油气开发逸散放空气核算方法。

根据甲烷排放检测结果，确定油气生产过程中甲烷排放源主要包括过程排放、火炬系统排放和逸散排放，确定了油气生产甲烷逸散放空核算方法：甲烷排放总量等于核算边界内各个作业活动下的火炬系统甲烷排放量、过程排放、逸散排放之和，再减去甲烷回收利用量。其计算公式见式（8-11-2）。

$$E = \sum_S\left(E_{火炬}+E_{过程}+E_{逸散}\right)_S - R_{CH_4回收} \qquad (8-11-2)$$

式中　E——甲烷排放总量，t；

　　　$E_{火炬}$——作业活动 S 下通过火炬系统产生的甲烷排放量，t；

$E_{过程}$——作业活动 S 下因过程排放产生的甲烷排放量，t；

$E_{逸散}$——作业活动 S 下设备／组件密封点泄漏引起的甲烷逸散排放量，t；

$R_{CH_4 回收}$——作业活动 S 下经回收工艺回收的甲烷量，t。

其中，S 为作业活动类型，如勘探、钻井、压裂、试油（气）、井下作业、采油（气）、油气集输、油气处理等。

在实际核算过程中，首先需要明确核算需求，制定排放监测计划，然后按照计划收集排放数据和排放因子数据，并对未检测的排放因子数据参考相关规定取缺省值，分别计算各排放源的排放量或清除量。

2）非常规油气开发逸散放空气回收利用技术及装备

（1）非常规油气逸散气回收利用技术及装备。

页岩气逸散气主要来源于压裂液返排过程，具有返排液量大、含砂量高的特点，为气液沙混合物；煤层气逸散气主要来源于排采环节，主要包括溶解气逃逸、环空窜气、自由扩散三种。逸散气回收一般是逸散气体从入口进入分离器实现不同物相（气液或气液砂）的分离，对于压力较低的，分离出的气体需进行增压后进入管网。另外，通过在回收装置合适位置安装压力变送器、温度变送器等部件，实现逸散气回收的自动、安全控制。基于上述原理，分别研究形成了基于"先导浮子阀 + 实时液位监控反馈"的页岩气开发逸散回收利用装置（图 8-11-2）和基于"气液分离 + 自动控制"的煤层气逸散气橇装回收工艺及装置（图 8-11-3）。

图 8-11-2　页岩气开发逸散回收利用装置

① 基于先导浮子阀 + 实时液位监控反馈的页岩气开发逸散回收利用装置。

页岩气开发逸散回收利用装置由旋流分离初元件、丝网补雾器、挡板、安全阀、计量设备、排液装置等组成，装置设计处理量为 $80 \times 10^4 Nm^3/d$，除砂精度达到 $10\mu m$，可采用机械式浮子平衡自动排液阀与气动调节阀相结合实现液位、气量的自动调节，具备安全环保、高效排砂、无砂砾飞溅、快速见效等优点，有效解决了页岩气开发初期测试阶段返排液量大、含砂高等难题。

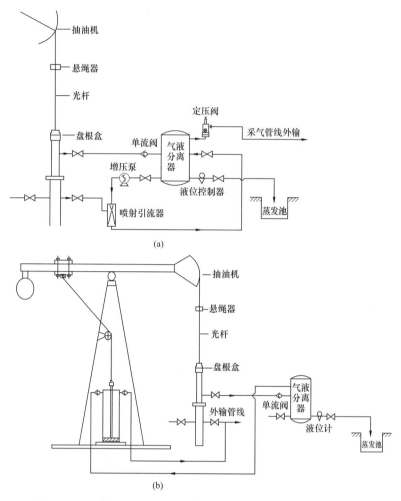

图 8-11-3　煤层气井口逸散气体常压（a）和增压（b）回收工艺

② 基于"气液分离 + 自动控制"的煤层气逸散气橇装回收工艺及装置。

煤层气逸散气回收方面，分别针对不同井口压力设计形成了两种井口逸散气回收工艺：井口压力较高时，采用常规回收工艺，井口采出液进入气液分离器，进行气液分离，随着气量增大，分离器顶部压力逐渐升高，若达到设计值（0.15MPa），压力变送器发送信号，打开电磁阀，气体进入管线，并可通过气体流量计测试气体流量；井口压力较低时，采用抽油机带动悬绳式装置往复运动，其柱塞推动的方式使气体进入管线。分离器内根据液位传感器信号调整电动调节阀开度，合理控制液位高度，并由液体流量计计量流量。该工艺在井口压力较低时，采用井口悬绳式装置往复运动实现增压，节约了压缩机装置和气体回收成本。

（2）非常规油气放空气回收利用技术及装备。

页岩气和煤层气放空气主要来源于非正常工况排气、勘探井排气，多处于偏远站场或天然气回收可依托条件差的地区，且放空气量、压力范围和作业时间波动巨大，放空源分布分散且多山区，对于放空回收设备弹性要求较高。可采用 CNG 技术进行回收：放空气通过脱水干燥后，经过压缩达到 CNG 运输条件和 Ⅱ 类天然气质量要求后，进入橇装 CNG 装置 / 车，实现放空气的回收利用。基于上述原理，研究形成了页岩气"CNG 增压 + 分子筛脱水"放空气回收利用技术及装置和基于螺杆压缩机的煤层气套管放空气 CNG 回收装置。

① 页岩气"CNG 增压 + 分子筛脱水"放空气回收利用技术及装置。

以 CNG 橇装式天然气压缩回收技术为主要技术的非常规油气开发放空气回收利用装置主要包括净化系统、气体增压装置、加气系统、供能系统、自控系统等五部分，可实现天然气压力由 4~8MPa 升至 20~25MPa，进而压入 CNG 车中回收利用。装置中的净化系统采用分子筛固体吸附法在高压脱水装置中对天然气中水分进行脱除，一方面可以缩小干燥塔尺寸，节约投资，另一方面分子筛在较高温度下也能够有效地干燥气体，也可以在未完全冷却时就再生，从而缩短再生周期，降低能耗和减少投资。

② 基于螺杆压缩机的煤层气套管放空气 CNG 回收装置。

基于螺杆压缩机的煤层气套管放空气 CNG 回收装置采用螺杆压缩机进行初步增压后，输入加气区，实现煤层气放空气的回收，进气压力为 0.05~0.15MPa，排气压力 1.0~1.5MPa，装置处理量 265.14~1145.25m³/h。该装置采用"前置过滤 + 螺杆压缩 + 后置干燥"的回收工艺，可在 2~10MPa（$2^3/_8$in 油管直径）全流量连续回收放空气，并高效脱水，智能加气，有效解决了煤层气排采气压力较低（0.05~0.15MPa），不利于远程集气输送；同时气中含有饱和的水汽、二氧化碳和氧气等其它组分杂质等问题。

4. 非常规油气开发地下水环境风险监控及保护技术

1）中深部含水层分层原位地下水多参数自动监测技术

基于单芯电缆耦合传输技术，自主研发含水层分层原位地下水多参数自动监测技术（图 8-11-4），实现了地下水分层多参数（水位、水温、pH 值、电导率等）在线监测和井口集中数据传输。中深井分层多参数地下水污染在线监测装置采用低功耗、高集成度，实现水温、水位、pH 值、电导率、总溶解性固体的不同层位地下水环境参数的原位在线监测。仪器主要包括信号检测、负载管理和数据耦合传输三部分。该仪器为国内首套适用于中深部含水层地下水水质分层在线监测设备，适用深度 0~1000m，单电缆可挂接仪器的个数不少于 4 个，可监测层位大于等于 6 层，待机电流等于 0μA，测量精度：温度小于等于 2.67%FS、水位小于等于 0.03%FS、pH 小于等于 0.05±0.1%FS、电导率小于等于 ±3.5%FS，4 套深井多层（大于等于 6 层），该仪器单套价格低于国外同类产品 50%，关键核心部件自主率不低于 80%，整体技术达到国际先进水平。

2）非常规油气开发压裂过程地下水环境影响预测技术

基于非常规油气开发区地下环境敏感性分析、地下水系统污染影响特征因子筛选和水—岩反应实验结果，分别构建了压裂过程和回注过程地下水环境影响预测三维模型。

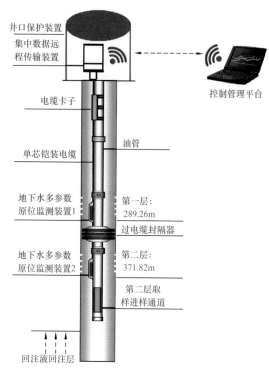

深井分层多参数地下室污染在线监测仪器

井口一体式集中数据传输设备

井口保护装置
集中数据远程传输装置

控制管理平台

电缆卡子

油管

单芯铠装电缆

地下水多参数原位监测装置1

第一层：289.26m

过电缆封隔器

地下水多参数原位监测装置2

第二层：371.82m

第二层取样进样通道

回注液回注层

图 8-11-4　分层多参数地下水在线监测装置及安装示意图

（1）非常规油气开发压裂过程地下水环境影响预测三维模型。

① 水流方程（H）

$$\frac{\mathrm{d}(\cdot)}{\mathrm{d}t}\int_{\Omega}m^{k}\mathrm{d}\Omega+\int_{\Gamma}f^{k}\cdot n\mathrm{d}\Gamma=\int_{\Omega}q^{k}\mathrm{d}\Omega$$

$$m^{k}=\sum_{J}\phi S_{J}\rho_{J}X_{J}^{\ k}+\delta_{S}\left(1-\phi\right)\rho_{R}\gamma^{G}$$

$$f^{k}=\sum_{J}\left(W_{J}^{\ k}+J_{J}^{\ k}\right) \tag{8-11-3}$$

液相时，$J{=}L$，$W_{J}^{\ k}=X_{J}^{\ k}W_{J}$

$$W_{J}=-\frac{\rho_{J}k_{rJ}}{\mu_{J}}k_{P}\left(GradP_{J}-\rho_{J}g\right)$$

式中　k——流体组分；

$\mathrm{d}\left(\cdot\right)/\mathrm{d}t$——相对于固体骨架的运动而言，物理量（·）对时间求导；

m^{k}——组分的质量，kg；

f^{k} 和 q^{k}——在 Ω 区域的 Γ 边界界面上的流量通量和源项；

N——边界的法向量；

J——代表流相；

ϕ——有效孔隙度，即多孔介质体积与岩块总体积之比；

S_{J}，ρ_{J}，X_{J}——J 相的饱和度，密度及 J 相中 k 组分的质量分数；

δ_S——气体吸附介质；

ρ_R——岩石密度；

γ^G——单位质量岩块上吸附组分的质量；

k_P——绝对（内在）渗透性张量；

μ_J，k_{rJ}，p_J——液相 J 的黏度、相对渗透率、压力；

g——重力矢量；

$Grad$——梯度。

② 热效应方程（T）

$$\frac{d}{dt}\int_{\Omega} m^H d\Omega + \int_{\Gamma} f^H \cdot n d\Gamma = \int_{\Omega} q^H d\Omega$$

$$m^H = (1-\phi)\int_{T_0}^{T} \rho_R C_R dT + \sum_J \phi S_J \rho_J e_J + \delta_J(1-\phi)\rho_R e_{S,G}\gamma^G \qquad (8\text{-}11\text{-}4)$$

$$f^H = -k_H GradT + \sum_J h_J W_J$$

J 相中 k 组分的单位内部能量 e_J 和焓值 h_J：$e_J = \sum_k X_J^k e_J^k, h_J = \sum_k X_J^k h_J^k$

式中　H——热组分；

　　　m^H，f^H，q^H——热量、流量和源项，其中 m^H 为对总热量；

　　　T，C_R，T_0——温度、孔隙介质获取热量的能力及相对温度；

　　　e_J 和 $e_{S,G}$——J 相的单位内在能量和吸收的气体；

　　　k_H——孔隙介质中混合热导率。

③ 地质力学方程（M）

$$Div\sigma + \rho_b g = 0$$

$$\varepsilon = \frac{1}{2}(GradTu + Gradu) \qquad (8\text{-}11\text{-}5)$$

式中　Div——散度；

　　　σ——总应力张量，本研究认为总应力张量恒为正值，并通过对位移张量 u 的对称梯度计算，允许对应变张量 ε 使用无穷小变换；

　　　ρ_b——岩块密度。

地质力学的边界条件满足：在边界 Γ 上，$u=\bar{u}$，且边界受 $\sigma \cdot n=\bar{t}$ 约束，整个模型范围内，$\Gamma_u \cup \Gamma_T$，两者相交为空集。初始总应力满足给定边界的地质力学方程。

（2）非常规油气开发压裂过程地下水环境影响预测。

基于非常规油气开发压裂过程地下水环境影响预测三维模型，采用 TOUGH2、Feflow 等软件先后模拟对昭通黄金坝 YS108H1 井开采区压裂过程对地下水环境影响进行预测。模拟预测结果显示，裂缝和断层能显著提高污染上部含水层的风险。

3）非常规油气开发回注过程地下水环境影响预测技术

创新引入微地震监测法、可控源音频大地电磁法，大地电磁法等地球物理探测方法，同时利用光滑模型反演技术和 GeoEast 软件的三维地质解译技术，综合运用电法、钻井、测井等多手段勘测信息，实现了回注液赋存状况的探测及预测。

（1）采出水回注过程地下水污染影响预测模型及方法。

$$\frac{\mathrm{d}}{\mathrm{d}t}\int_{V_n} M^k \mathrm{d}V = \int_{\Gamma_n} F^k \cdot n \mathrm{d}\Gamma_n + \int_{V_n} q^k \mathrm{d}V_n \tag{8-11-6}$$

流动过程为：

$$M^k = \sum_{\beta=A,G} \phi S_\beta \rho_\beta X_\beta{}^k, k = w, i, g$$

$$M^{k+1} = (1-\phi)\rho_R C_R T + \sum_{\beta=A,G} \phi S_\beta \rho_\beta u_\beta \tag{8-11-7}$$

热对流传导为：

$$F_\beta^k = -k\frac{k_{r\beta}\rho_A}{\mu_\beta} X_\beta^K \left(\nabla P_\beta - \rho_\beta g\right) + J_\beta^k, k = w, i, g$$

$$F_\beta^{k+1} = -\lambda\nabla T + \sum_{\beta=A,G} h_\beta F_\beta \tag{8-11-8}$$

式中　M——质量或能量，kg 或 J；

　　　F——质量或能量通量，kg/m² 或 J/m²；

　　　n——边界外法向向量；

　　　Γ 和 Γ_n——网格间的连接面和连接面面积，m²；

　　　V 和 V_n——微元体和体积，m³；

　　　$k=w$，i，g——组分水、盐、气；

　　　$k+1$——热或能量；

　　　$\beta=A$，G——气相和液相；

　　　u_β——β 相的内能；

　　　ϕ——孔隙度；

　　　g——重力加速度，m/s²；

　　　μ_β——液体的动力黏滞系数，Pa·s；

　　　S_β——β 相的饱和度；

　　　ρ_β 和 ρ_R——β 相和岩石的密度，kg/m³；

　　　X——质量分数；

　　　CR——岩石比热，J/（kg·K）；

　　　k 和 k_r——渗透率和相对渗透率；

　　　p——压力，Pa；

　　　T——温度，K；

　　　λ——导热系数，W/（m·K）；

　　　h_β——β 相的焓值，J/kg；

J——弥散相，kg/m^2；

q——单位时间源汇，kg/s。

对苏里格气田 SLG-W9 井回注区回注液运移预测结果显示，回注 100 年，回注液扩散范围在底面为半径约 1.3km 的圆形区域，垂向上不会污染上部含水层。

（2）基于可控源音频大地电磁法的气田采出回注液赋存状况精细探测技术方法。

回注液的分布会导致原回注层电阻率值降低，是利用回注层电阻率异常预测回注液分布范围的物性基础。首次将可控源音频大地电磁法用于气田采出回注液赋存状况精细探测，能够有效压制背景干扰噪声，提高数据采集质量，回注液探测精度、分布边界定位精度提升 20%。

5. 非常规油气开发生态环境影响监测技术

1）基于卫星遥感的大中尺度—综合时空的非常规油气开发生态环境监测技术

该技术引入遥感学、植被生态学、土壤生态学原理和土地利用分类标准，基于 NPP 遥感估算模型和土壤侵蚀强度计算方法，对非常规油气开发区土地利用分类、植被生物量、土壤侵蚀等进行监测评估。根据 2012—2017 年遥感数据，结合 DEM 数据、植被样方调查数据、土地利用数据等，采用 ENVI 软件和 ArcGIS 软件对研究区域页岩气开发平台缓冲区 0～100m 范围内、开采前—开采初期——一定开采规模的生态环境进行监测评估。

2）基于地面调查的大中小尺度—时空非常规油气开发生态监测技术

地面生态监测对应于遥感监测手段，是对一定区域范围内的生态环境组成要素进行的地面测定和观测，利用监测数据反映的生态环境状况来评价人类活动对生态环境的影响。首先，采用样方调查的方式对非常规油气开发区拟建/在建/已建成/完工使用的平台、道路、管线、集气站进行地面调查，调查植物种类、株数、存活状态、胸径（基径）、高度、盖度等，实现非常规油气开发对生态环境影响的监测。其中平台、集气站土壤调查范围为 0～300m，道路、管线土壤调查范围为 0～15000m、生态（植被）调查范围为 0～500m。结合长宁—威远页岩气区块钻井工程、集气站、管线工程建设项目竣工后的环境影响调查、安全环保诊断等数据，实现了长宁威远页岩气区块平台、道路、管线、集气站对开发区生态环境影响评估。

3）基于分子生物学的微生态监测技术

微生物参与生态系统中有机物的分解与利用，在整个生态系统物质循环和迁移转化过程中发挥重要作用，在地面调查检测土壤理化性质的基础上，通过调查土壤微生物群落结构和微生物量反应研究区域微观生态环境，从微观角度反映非常规油气开发生态环境影响。其中，微生物群落结构和微生物量采用磷脂脂肪酸（PLFA）方法进行测定。

6. 非常规油气开发污染防治技术

1）钻井废弃物处理及资源化利用技术

（1）耐高温环保钻井液。

钻井液添加剂分子特征官能团与其环境污染特性具有一定的关联关系，分子结构中含有苯环、芳环和它们环上有官能团取代的钻井液添加剂的生物降解性差，急性生物毒性高；不饱和度小的含羧基、羟基等官能团则为环保型钻井液新材料优选的分子结构特征。开发环保型钻井液添加剂时，应减少和避免分子结构中引入对环保性能影响较大的苯环、芳环等功能性官能团。基于源头污染控制思路和钻井液添加剂污染行为的主要机理，在天然高分子和聚合物材料中引入耐高温、耐盐基团，研发出环保型水基钻井液用降滤失剂 DANAS、润滑剂 HGRH–1 和增黏剂 HGYZ–1 等核心处理剂，从而构建了新型耐高温环保钻井液体系，在保障环保钻井液工程性能的同时，解决了钻井液处理剂的抗温性与生物毒性、降解性相互制约瓶颈问题，为安全和优质高效地开发我国环境敏感地区的油气资源环保开发提供了技术保障。

新型耐高温环保钻井液体系配方：1.5%～5% 膨润土 +0.1%～1.2% 包被剂 +0.1%～1% 环保增黏剂 +1%～4% 环保降滤失剂 +1%～4% 抗高温降滤失剂 +2%～5% 抑制剂 +2%～5% 环保润滑剂 +2%～5% 封堵剂 +0～2% 随钻堵漏 + 重晶石（根据密度需要）。该体系 200℃老化 16h 后，高温高压滤失量小于 15mL，耐温能力可达 200℃，页岩水化膨胀率小于 10.02%，极压润滑系数小于 0.1，抗 NaCl 盐至饱和，抗钻屑污染达到 10%，抗污染能力强，EC_{50} 大于 105mg/L。

（2）油基钻井废弃物处理及资源化利用技术。

① 油基钻屑热脱附技术。

分别研制了燃料加热热脱附、锤磨加热热脱附和电磁加热热脱附装置，三套装置的工作温度分别为 450～650℃、260～300℃、350～450℃，可满足不同含水率的油基钻屑的处理需求，油基钻屑经处理后，含油率小于 1%，处理效果良好。

② 油基废弃钻井液去除劣质固相直接回用技术。

通过在油基钻井液固控系统甩干工艺和离心工艺之间添加 25%～30% 白油，可进一步清除循环钻井液系统中的劣质固相，劣质固相含量由 35% 降至 15% 以下，液相密度降至 1.10g/cm³ 以下，达到直接回用要求，提高液相回用率。

③ 油基钻屑微生物降解技术。

油基岩屑甩干后加入 0.8% 的菌种（短芽孢杆菌）和 3% 的营养剂（K_3PO_4 5.32%，有机质 54.4%），搅拌均匀后加入约 2 倍量的土壤和秸秆通气物填料，混匀后在表面覆盖 10～15cm 新鲜土，并种植植物防止雨水直接冲刷，钻屑中石油烃 6 个月降解率达到 90% 以上。

（3）水基钻井废弃物处理及资源化利用技术。

将过程减量、末端治理的理念引入水基钻井废弃物处理及资源化利用中来，研究形成水基钻井废弃物处理及资源化利用集成技术。水基钻井废弃物处理及资源化利用系列技术及装备可实现水基钻井固废体积源头减量 50% 以上，钻屑含水率降至 60% 以下，水基钻井液的回用率 100%，钻井液余浆回收再利用率达 100%，钻井废弃物堵水调剖岩心封堵率达 95.8%，固化物冲刷 100PV 保持率达 88%，实现"变废为宝"。

① 首先通过水基钻井液固相控制与高效固液分离工艺及装备实现钻井阶段、固井阶段和完井阶段水基钻井液的随钻治理和重复利用及水基钻井废弃物的固液分离，进而降低水基钻井废弃物的产生量，处理后全井段钻屑含液量质量比率为 35%～57%。

② 分离出来的高密度水基钻井液余浆经劣质固相清除后，进行循环利用，处理后亚微米（<2μm）劣质固相清除率大于 80.3%，钻井余浆回收再利用率达 100%；低密度水基废弃钻井液经"杀菌 + 振动筛离心"预处理后粒径达到 2～10μm，采用预处理后的水基废弃钻井液研制了悬浮驻留调堵体系、耐高温转相胶结调堵体系、固结封窜调堵体系三种调堵体系，可满足深部调剖、热采井封堵及大孔道封窜的需要。

③ 对于无法直接回用的水基钻井废弃物，根据来源不同采用不同的处理方法：上部地层水基钻井废弃物经干化后，用于井场铺垫、通井路铺设，下部地层水基钻井废弃物分别采用高强度固化涂覆技术（含油量<1%）、电化学氧化 + 微生物降解（含油量 2%～3%）、微乳液清洗（含油量>3%）后，用于路基土。固化涂覆后固相浸出液 COD 为 92mg/L，BOD 为 18mg/L，石油类为 1.4mg/L，固化涂覆 10h 吸水率为 3.04%，浸出液满足污水一级标准；微乳液清洗含油钻屑后，钻屑含油量可降至 1% 以下，满足路基土有关标准。

2）压裂返排液处理及回用技术

（1）环保型压裂液。

为了满足大排量、大液量、低成本的页岩气增产工艺要求，压裂液须满足增黏速溶、可连续混配、降阻、抗盐等特性。压裂液开发的关键技术是稠化剂的开发，在稠化剂分子设计时，主链采用水溶性优良的线性长直链型结构，以达到减阻的目的。通过采用环保型的较大骨架耐水解的单体与主链单体共聚，以增加稠化剂耐温抗盐性能。另外引入疏水基团，通过其疏水缔合作用改善聚合物耐温抗盐性能。通过对聚合物分子量及支链化的控制，以及对聚合物阳离子基团及疏水基团的合理引入，有效保证聚合物产品的溶解分散、抗盐抗剪切及降阻效能，以达到适用于配液水质复杂，降低水资源消耗的目的。在进行压裂液体系开发时，选用无毒类材料作为压裂液添加剂，达到从源头控制环境污染的目的。

研究形成的抗盐压裂液体系配方为：0.05%～0.15% 稠化剂 +0.10%～0.20% 助排剂 SD2-10+0.10%KCl+0.10%TDC-15+（0.10～0.15）杀菌剂，$10×10^4$mg/L 矿化度的 NaCl 盐水配制环保压裂液体系降阻率大于 71%，EC_{50} 为 709000mg/L，压裂液体系抗盐降阻性能和环保性能良好。

（2）页岩气压裂返排液回用处理技术。

页岩气压裂返排液回用主要影响因素有悬浮颗粒物、多价离子、细菌等。首先采用磁铁粉对悬浮颗粒物进行加重、并结合化学絮凝、混凝等方法达到快速的固液分离，再对磁铁粉进行回收循环使用，从而达到去除返排液中的悬浮物、高价离子和 COD，然后根据现场需要利用 PVDF 中空纤维膜超滤分离技术对压裂返排液进行细菌、藻类物质等的深度处理，最后投加杀菌剂以使压裂返排液处理后满足回用指标要求。研究形成的页岩气压裂返排液回用处理技术可有效解决返排液中悬浮颗粒、有机物、细菌等导致的浊度高、放置后水体发黑发臭等问题，处理后回用返排液配制的压裂液降阻率大于 70%，返排液回用率达到 90% 以上，有效减少了压裂过程对水资源的消耗和对环境的影响。

（3）致密油酸化压裂废液处理技术。

酸化压裂废液常规处理技术破胶脱稳效果差。基于实验研究，设计了酸化压裂废液回注处理工艺：废液经过气携式涡流絮凝反应器的微泡制造与空化氧化区时，会产生大量微泡，并发生空化氧化反应，将废液中的二价亚铁离子氧化成三价铁离子，三价铁离子在碱性条件下会增强絮凝作用，从而达到净化废液的作用；另外，利用"旋流网格""微涡混合"和"浅池分离"等工艺原理，通过强化微观混合、增加颗粒碰撞概率、缩短沉降分离时间，实现废液在一套设备内高效快速净化分离；最后通过动态床过滤的方式对废液进行过滤处理，实现酸化压裂废液的高效处理，用于回注开发的废液处理后悬浮物含量和含油量降至 $10\sim30mg/L$，外排废液处理后 COD 降至 $40\sim60mg/L$。

3）采出水处理及回用技术

（1）页岩气采出水回用处理技术。

针对威远、长宁地区采出水具有悬浮物含量高、盐含量高、含少量石油烃等特点，基于"混凝—过滤—杀菌—超滤—反渗透"等工艺原理，采用磁重介质混凝、高精度过滤杀菌、超滤浓缩、DTRO 反渗透等工艺，实现了页岩气采出水的快速深度处理，处理后采出水满足现场回配要求，回配的滑溜水降阻率大于 60%。

（2）煤层气采出水达标外排处理技术。

针对韩城煤层气采出水高 COD、高矿化度、含有难降解有机污染物等特点，提出一种以生化处理技术为主的煤层气采出水达标排放处理工艺。该工艺以曝气生物滤池为基础，煤层气采出水在调节池内进行水质调节，然后进入 BAF 池在好氧条件下降解 COD、NH_3–N；在出水 COD、NH_3–N 达标的前提下，逐渐关闭曝气，进行反硝化，实现 TN 的达标控制，最终实现煤层气采出水的达标排放处理。该工艺须控制 pH 值在 $8\sim8.5$ 之间，设置 6 级曝气生物滤池，其中厌氧池最多为 3 级，缺氧段 DO 小于等于 0.5mg/L，好氧段 DO 为 $2.5\sim10mg/L$，煤层气经处理后 COD、NH_3–N 指标平均值分别达到 9.23mg/L 和 0.041mg/L，生化处理产生生物活性污泥量大幅减少，接近零排放。

三、应用成效

1. 非常规油气开发环境政策监管研究成果被国家生态环境部采纳应用

项目形成的国家环境监管重要建议被国家环保部采纳应用，2019 年 12 月 13 日生态环境部发布《关于进一步加强石油天然气行业环境影响评价管理的通知》，优化了非常规油气开发环境监管过程，针对非常规油气环境影响评价相关政策的实施有效节约国家行政资源，显著降低企业管理成本，缩短勘探开发环评周期；为保障油气安全、保证非常规油气上产提速提供政策支撑。

2. 非常规油气甲烷排放检测及核算成果为我国赢得了国际声誉

在西南油气田、浙江油田、华北油田、长庆油田等 330 多个井场系统开展甲烷逸散检测分析，首次识别出我国页岩气和煤层气开发过程重点甲烷排放环节：煤层气生产井排采水口、密封填料甲烷排放占井口排放的 $95.2\%\sim97.6\%$，页岩气开发测试放空气、压裂返排液出水口甲烷排放占生产平台排放的 89.7%～92.5%；确定了设施级排放因子：煤层气密封填料甲烷排放因子为 0.47t/a/ 个，页岩气注剂泵甲烷排放因子为 $1.2m^3/d/$ 台。

非常规油气温室气体评估核算成果在联合国环境规划署油气开发甲烷减排高端会议和油气行业气候倡议组织（OGCI）公报中展示，为我国赢得了国际声誉。

3. 地下水和生态环境风险监控技术及平台成果验证了环保措施的有效性

形成的地下水环境污染在线监测、预警和防控一体化技术及生态环境多尺度多参数监测技术在四川长宁、浙江油田、苏里格致密气田、浙江油田等进行了应用，证实非常规油气开发区域地下水环境现状良好、生态环境与本底值无显著差异、生态系统格局稳定，验证了地下水和生态环境保护措施有效，回应了公众关注的敏感问题，社会效益显著。

四、论文、著作、专利、软件、获奖等

项目共申报专利 176 件（发明专利 107 件），获得软件著作权 20 件，编制标准规范 45 件（其中国标 3 件、行标 15 件、团标 5 件），发表论文 275 篇（SCI/EI 113 篇），出版专著 4 部。

参 考 文 献

艾军，张金成，臧艳彬，等，2014.涪陵页岩气田钻井关键技术［J］.石油钻探技术，42（5）：9-15.

安士凯，2016.淮南矿区卸压煤层气井变形破坏特征研究［J］.煤炭工程，48（10）：88-91.

白国平，曹斌风，2014.全球深层油气藏及其分布规律［J］.石油与天然气地质，35（1）：19-26.

白国平，郑磊，2007.世界大气田分布特征［J］.天然气地球科学，18（2）：161-167.

毕义泉，王端平，杨勇，2018.胜利油田复杂断块油藏开发技术与实践［M］.北京：中国石化出版社.

蔡勋育，刘金连，赵培荣，等，2020.中国石化油气勘探进展与上游业务发展战略［J］.中国石油勘探，
25（1）：11-19.

曹代勇，等，2014.煤系非常规天然气评价研究现状与发展趋势［J］.煤炭科学技术，42（1）：89-92.

陈昌照，修春阳，郭栋，等，2020.非常规气采出水回注环境风险的研究进展［J］.化工环保，40（1）：
15-20.

陈长民，施和生，许仕策，等，2003.珠江口盆地（东部）第三系油气藏形成条件［M］.北京：科学出
版社.

陈更生，吴建发，刘勇，等，2021.川南地区百亿立方米页岩气产能建设地质工程一体化关键技术［J］.
天然气工业，41（1）：74-75.

陈海力，王琳，周峰，等，2014.四川盆地威远地区页岩气水平井优快钻井技术［J］.天然气工业，34
（12）：100-105.

陈和平，2018.超重油油藏冷采开发理论与技术［M］.北京：石油工业出版社.

陈和平，等，2019.海外超重油油藏冷采开发理论与技术［M］.北京：石油工业出版社.

陈践发，张水昌，鲍志东，等，2006.海相优质烃源岩发育的主要影响因素及沉积环境［J］.海相油气地
质，11（3）：49-54.

陈克勇，鲁洪江，何怡坤，等，2020.以古溶洞主导的白云岩岩溶储渗体分布模式［J］.断块油气田，27
（1）：13-16.

陈振宏，等，2007.构造抬升对高、低煤阶煤层气藏储集层物性的影响［J］.石油勘探与开发，34（4）：
461-464.

陈振宏，等，2008.高煤阶与低煤阶煤层气藏物性差异及其成因［J］.石油学报，29（2）：179-184.

成友友，等，2017.碳酸盐岩气藏气井出水机理分析——以土库曼斯坦阿姆河右岸气田为例［J］.石油勘
探与开发，44（1）：89-96.

程杰成，2019.三元复合驱油技术［M］.北京：石油工业出版社.

程杰成，吴军政，胡俊卿，2014.三元复合驱提高原油采收率关键理论与技术［J］.石油学报，35（2）：
310-318.

程克明，赵长毅，苏爱国，等，1997.吐哈盆地煤成油气的地质地球化学研究［J］.勘探家，2（2）：
5-19.

戴厚良，2021.以数字化转型驱动油气产业高质量发展［J］.中国产经（2）：70-72.

戴厚良，2021.发挥新型举国体制优势 实施国家科技重大专项 支撑引领油气行业高质量发展［J］.石油
科技论坛，40（3）：3-4.

戴宗，罗东红，梁卫等，2012.南海深水气田测试设计与实践［J］.中国海上油气，24（1）：25-28.

邓洪达，李春福，罗平亚，2008.含硫气田腐蚀研究现状［J］.材料保护，41（3）：50-54.

邓荣敬，邓运华，于水，等，2008.尼日尔三角洲盆地油气地质与成藏特征［J］.石油勘探与开发，35（6）：755-762.

邓运华，2005.断裂—砂体形成油气运移的"中转站"模式［J］.中国石油勘探（6）：14-17.

邓运华，2010.论河流与油气的共生关系［J］.石油学报，31（1）：12-17.

邓运华，2018.试论海湾对海相石油的控制作用［J］.石油学报，39（1）：1-11.

邓运华，徐建永，孙立春，等，2021.国家科技重大专项支撑中国海油增储上产［J］.石油科技论坛，40（3）：56-71.

邓运华，杨永才，杨婷，等，2021.试论世界油气形成的三个体系［M］.北京：科学出版社.

翟刚毅，王玉芳，包书景，等，2017.我国南方海相页岩气富集高产主控因素及前景预测［J］.地球科学，42（7）：1057-1068.

翟刚毅，王玉芳，夏响华，等，2020.鄂西震旦系—寒武系页岩气富集规律及勘查关键技术［M］.北京：地质出版社.

丁帅伟，姜汉桥，陈民锋，等，2013.国外深水油田开发模式［J］.大庆石油地质与开发，32（5）：41-47.

窦立荣，2004.陆内裂谷盆地的油气成藏风格［J］.石油勘探与开发，31（2）：29-31.

都新建，何辉，张遂安，等，2011.山西晋城矿区采气采煤一体化煤层气开发示范工程［R］.晋城：山西晋城无烟煤矿业集团有限责任公司.

杜金虎，汪泽成，邹才能，等，2016.上扬子克拉通内裂陷的发现及对安岳特大型气田形成的控制作用［J］.石油学报，37（1）：1-16.

杜金虎，邹才能，徐春春，等，2014.川中古隆起龙王庙组特大型气田战略发现与理论技术创新［J］.石油勘探与开发，41（3）：268-277.

范华波，薛小佳，等，2019.驱油型表面活性剂压裂液的研发与应用［J］.石油与天然气化工，48（1）：74-79.

范子菲，等，2019.海外碳酸盐岩油气田开发理论与技术［M］.北京：石油工业出版社.

方志雄，2019.中国南方常压页岩勘探开发面临的挑战及对策［J］.油气藏评价与开发，9（5）：1-13.

冯国良，徐志诚，靳久强，等，2012.西非海岸盆地群形成演化及深水油气田发育特征［J］.海相油气地质，17（1）：23-28.

冯佳睿，高志勇，崔京钢，等，2016.深层、超深层碎屑岩储层勘探现状与研究进展［J］.地球科学进展，31（7）：718-736.

冯三利，等，2003.美国低煤阶煤煤层气资源勘探开发新进展［J］.天然气工业，23（2）：124-126.

付金华，范立勇，刘新社，等，2019.苏里格气田成藏条件及勘探开发关键技术［J］.石油学报，40（2）：240-256.

傅雪海，德勒恰提·加娜塔依，朱炎铭，申建，李刚，2016.煤系非常规天然气资源特征及分隔合采技术［J］.地学前缘，23（3）：36-40.

傅雪海，等，2005.吐哈盆地与粉河盆地煤储层物性对比分析［J］.天然气工业，25（4）：38-40.

高德利，习斌斌，2016.复杂结构井磁导向钻井技术进展［J］.石油钻探技术，44（5）：1-9.

高杰，辛秀艳，陈文辉，2008.随钻电磁波电阻率测井之电阻率转化方法与研究［J］.测井技术，32（6）：503-507

龚再升，王国纯，2001.渤海新构造运动控制晚期油气成藏［J］.石油学报，22（2）：1-7+119.

苟建林，2013.天然气勘探开发项目综合环境影响评价研究［D］.西南石油大学.

关德范，王国力，张金功，等，2005.成烃成藏理论新思维［J］.石油实验地质，27（5）：425-432.

关文龙，张霞林，等，2017.稠油老区直井火驱驱替特征与井网模式选择［J］.石油学报.

郭秋麟，陈宁生，刘成林，等，2015.油气资源评价方法研究进展与新一代评价软件系统［J］.石油学报，36（10）：1305-1314.

郭太现，苏彦春，2013.渤海油田稠油油藏开发现状和技术发展方向［J］.中国海上油气，25（4）：26-30.

郭旭升，2014.南方海相页岩气"二元富集"规律——四川盆地及周缘龙马溪组页岩气勘探实践认识［J］.地质学报，88（7）：1209-1218.

郭旭升，蔡勋育，刘金连，等，2021.中国石化"十三五"天然气勘探进展与前景展望［J］.天然气工业，41（8）：12-22.

郭旭升，胡东风，段金宝，2020.中国南方海相油气勘探展望［J］.石油实验地质，42（5）.675-685.

郭旭升，胡东风，黄仁春，等，2020.四川盆地深层—超深层天然气勘探进展与展望［J］.天然气工业，40（5）：1-14.

郭旭升，李宇平，腾格尔，等，2020.四川盆地五峰组—龙马溪组深水陆棚相页岩生储机理探讨［J］.石油勘探与开发，47（1）：193-201.

郭元恒，何世明，刘忠飞，等，2013.长水平段水平井钻井技术难点分析及对策［J］.石油钻采工艺，35（1）：5.

郝芳，邹华耀，倪建华，等，2002.沉积盆地超压系统演化与深层油气成藏条件［J］.地球科学，27（5）：610-615.

何登发，马永生，刘波，等，2019.中国含油气盆地深层勘探的主要进展与科学问题［J］.地学前缘，2019，26（1）：1-12.

何登发，周新源，杨海军，等，2008.塔里木盆地克拉通内古隆起的成因机制与构造类型［J］.地学前缘，15（2）：207-221.

何东博，贾爱林，冀光，等，2013.苏里格大型致密砂岩气田开发井型井网技术［J］.石油勘探与开发，40（1）：79-89.

何海清，范土芝，郭绪杰，等，2021.中国石油"十三五"油气勘探重大成果与"十四五"发展战略［J］.中国石油勘探，26（1）：17-30.

何继善，2010.广域电磁测深法研究［J］.中南大学学报（自然科学版），41（3）：1065-1072.

何生厚，等，2010.高含硫化氢和二氧化碳天然气田开发工程技术［M］.北京：中国石化出版社.

何希鹏，高玉巧，唐显春，2017.渝东南地区常压页岩气富集主控因素分析［J］.天然气地球科学，28（4）：654-664.

何希鹏，张培先，房大志，等，2018.渝东南彭水—武隆地区常压页岩气生产特征［J］.油气地质与采收率，25（5）：72-79.

何治亮，张军涛，丁茜，等，2017. 深层—超深层优质碳酸盐岩储层形成控制因素［J］. 石油与天然气地质，38（4）：633-644.

贺天才，王保玉，田永东，2014. 晋城矿区煤与煤层气共采研究进展及急需研究的基本问题［J］. 煤炭学报，39（9）：1779-1785.

侯连华，杨春，王京红，等，2016. 成熟探区油气勘探［M］. 北京：地质出版社.

侯启军，何海清，李建忠，等，2018. 中国石油天然气股份有限公司近期勘探进展及前景展望［J］. 中国石油勘探，23（1）：1-13.

胡东风，王良军，黄仁春，等，2019. 四川盆地东部地区中二叠统茅口组白云岩储层特征及其主控因素［J］. 天然气工业，39（6）：13-21.

胡千庭，孙海涛，2014. 煤矿采动区地面井逐级优化设计方法［J］. 煤炭学报，39（9）：1907-1913.

胡强法，等，2020. 集束管两气共采生产管柱［P］. 国家发明专利，公开号：CN111963094A.

胡文瑞，鲍敬伟，胡滨，2013. 全球油气勘探进展与趋势［J］. 石油勘探与开发，40（4）：409-413.

胡文瑞，马新华，李景明，等，2008. 俄罗斯气田开发经验对我们的启示［J］. 天然气工业（2）：1-6.

胡向阳，李阳，权莲顺，等，2013. 碳酸盐岩缝洞型油藏三维地质建模方法——以塔河油田四区奥陶系油藏为例［J］. 石油与天然气地质，34（3）：383-387.

胡小虎，2021. 页岩气非均匀压裂水平井非稳态产能评价方法［J］. 断块油气田，28（4）：519-524.

胡永乐，郝明强，陈国利，等，2018. 注二氧化碳提高石油采收率技术［M］. 北京：石油工业出版社.

胡永乐，郝明强，陈国利，等，2019. 中国 CO_2 驱油与埋存技术及实践［J］. 石油勘探与开发，46（4）：716-727.

胡永乐，吕文峰，杨永智，等，2022. 二氧化碳驱油与埋存技术及实践［M］. 北京：石油工业出版社.

皇甫玉慧，等，2019. 低煤阶煤层气成藏模式和勘探方向［J］. 石油学报，40（7）：786-797.

黄万书，倪杰，刘维东，2014. 马井气藏 IPM 生产一体化数值模拟研究与应用［J］. 天然气技术与经济，8（2）：34-36.

黄正吉，龚再升，孙玉梅，等，2011. 中国近海新生代陆相烃源岩与油气生成［M］. 北京：石油工业出版社.

计秉玉，2020. 对油气藏工程研究方法发展趋势的几点认识［J］. 石油学报，41（12）：1774-1778.

计智锋，李富恒，潘校华，等，2016. 海外在执行勘探项目风险—价值综合评价方法［J］. 石油与天然气地质，37（6）：990-996.

贾爱林，王国亭，孟德伟，等，2018. 大型低渗—致密气田井网加密提高采收率对策——以鄂尔多斯盆地苏里格气田为例［J］. 石油学报，39（7）：802-813.

贾爱林，何东博，位云生，李易隆，2021. 未来十五年中国天然气发展趋势预测［J］. 天然气地球科学，32（1）：17-27.

贾爱林，闫海军，郭建林，等，2014. 全球不同类型大型气藏的开发特征及经验［J］. 天然气工业，34（10）：33-46.

贾承造，2020. 中国石油工业上游发展面临的挑战与未来科技攻关方向［J］. 石油学报，41（12）：1445-1464.

贾承造，2021. 中国石油工业上游科技进展与未来攻关方向［J］. 石油科技论坛，40（3）：1-10.

贾承造，1997. 中国塔里木盆地构造特征与油气［M］. 石油工业出版社.

贾承造，李本亮，雷永良，等，2013. 环青藏高原盆山体系构造与中国中西部天然气大气区［J］. 中国科学：地球科学，43：1621–1631.

贾承造，李本亮，张兴阳，李传新，2007. 中国海相盆地的形成与演化［J］. 科学通报，52（S1）：1–8.

贾承造，庞雄奇，宋岩，2021. 论非常规油气成藏机理：油气自封闭作用与分子间作用力［J］. 石油勘探与开发，48（3）：437–452.

贾承造，张永峰，赵霞，2014. 中国天然气工业发展前景与挑战［J］. 天然气工业，34（2）：1–11.

贾承造，赵文智，邹才能，等，2007. 岩性地层油气藏地质理论与勘探技术［J］. 石油勘探与开发，34（3）：257–272.

贾承造，邹才能，李建忠，等，2012. 中国致密油评价标准、主要类型、基本特征及资源前景［J］. 石油学报（3）：343–350.

贾承造，邹才能，杨智，等，2018. 陆相油气地质理论在中国中西部盆地的重大进展［J］. 石油勘探与开发，45（4）：546–560.

贾承造，2020. 中国石油工业上游发展面临的挑战与未来科技攻关方向［J］. 石油学报，41（12）：1445–1464.

贾承造，庞雄奇，2015. 深层油气地质理论研究进展与主要发展方向［J］. 石油学报，36（12）：1457–1569.

贾承造，庞雄奇，宋岩，2021. 论非常规油气成藏机理：油气自封闭作用与分子间作用力［J］. 石油勘探与开发，48（3）：437–452.

贾承造，宋岩，魏国齐，等，2005. 中国中西部前陆盆地的地质特征及油气聚集［J］. 地学前缘，1（3）：3–13.

贾承造，邹才能，李建忠，等，2012. 中国致密油评价标准、主要类型、基本特征及资源前景［J］. 石油学报，33（3）：343–350.

贾庆升，2019. 无线智能分层注采技术研究［J］. 石油机械，47（7）：99–104.

江怀友，赵文智，闫存章，等，2008. 世界海洋油气资源与勘探模式概述［J］. 海相油气地质，13（3）：5–10.

江胜宗，冯恩民，2002. 三维水平井井眼轨迹设计最优控制模型及算法［J］. 大连理工大学学报，42（3）：261–264.

江同文，孙雄伟，2018. 库车前陆盆地克深气田超深超高压气藏开发认识与技术对策［J］. 天然气工业，28（6）：1–9.

江同文，张辉，徐珂，等，2021. 超深层裂缝型储层最佳井眼轨迹量化优选技术与实践——以克拉苏构造带博孜A气藏为例［J］. 中国石油勘探，26（4）：149–161.

姜在兴，2003. 沉积学［M］. 北京：石油工业出版社.

姜在兴，2016. 风场—物源—盆地系统沉积动力学 沉积体系成因解释与分布预测新概念［M］. 北京：科学出版社.

蒋官澄，2018. 仿生钻井液理论与技术［M］. 北京：石油工业出版社.

蒋启贵，黎茂稳，钱门辉，等，2016. 不同赋存状态页岩油定量表征技术与应用研究［J］. 石油实验地质，

38（6）：842–849.

蒋有录，路允乾，赵贤正，等，2020.渤海湾盆地冀中坳陷潜山油气成藏模式及充注能力定量评价［J］.地球科学，45（1）：226–237.

焦方正，2018.塔里木盆地顺北特深碳酸盐岩断溶体油气藏发现意义与前景［J］.石油与天然气地质，39（2）：207–216.

金强，康逊，田飞，2015.塔河油田奥陶系古岩溶径流带缝洞化学充填物成因和分布［J］.石油学报（7）：9.

金之钧，2014.从源—盖控烃看塔里木台盆区油气分布规律［J］.石油与天然气地质，35（6）：763–770.

金之钧，杨雷，曾溅辉，张刘平，2002.东营凹陷深部流体活动及其生烃效应初探.石油勘探与开发，29（2）：42–44.

金之钧，朱如凯，梁新平，等，2021.当前陆相页岩油勘探开发值得关注的几个问题，石油勘探与开发，48（6）：1276–1287.

晋香兰，等，2012.鄂尔多斯盆地低煤阶煤储层孔隙特征及地质意义［J］.煤炭科学技术（10）：22–26.

靳子濠，周立宏，操应长，等，2018.渤海湾盆地黄骅坳陷二叠系砂岩储层储集特征及成岩作用［J］.天然气地球科学，29（11）：1595–1607.

琚宜文，等.我国煤层气与页岩气富集特征与开采技术的共性与差异性［C］//《2011年煤层气学术研讨会论文集》编委会.2011年煤层气学术研讨会论文集.福建.

康德忠，1993.龙凤矿采空区瓦斯抽放［J］.煤炭工程师（6）：49–53+55.

康永尚，等，2020.中煤阶煤层气高饱和—超饱和带的成藏模式和勘探方向［J］.石油学报，41（12）：1555–1566.

康志江，李阳，计秉玉，等，2020.碳酸盐岩缝洞型油藏提高采收率关键技术［J］.石油与天然气地质，41（2）：8.

孔凡群，王寿平，曾大乾，2011.普光高含硫气田开发关键技术［J］.天然气工业（3）：1–5.

匡立春，等，2021.人工智能在石油勘探开发领域的应用现状与发展趋势［J］.石油勘探与开发，48（1）：1–11.

匡立春，钟太贤，傅国友，等，2021.企业为主体"举国体制"创新体系探索与实践［J］.石油科技论坛，40（3）：80–86.

雷菲，李志阳，张杰，等，2012.百余年来珠江口及邻近西部海域有机碳来源及其埋藏记录［J］.热带海洋学报，31（2）：62–66.

雷群，管保山，才博，等，2018.储集层改造技术进展及发展方向［J］.石油勘探与开发，46（3）：580–587.

雷群，杨立峰，段瑶瑶，等，2018.非常规油气"缝控储量"改造优化设计技术［J］.石油勘探与开发，45（4）：719–726.

李安宗，李启明，朱军，等，2014.方位侧向电阻率成像随钻测井仪探测特性数值模拟分析［J］.测井技术，38（4）：407–410.

李登华，等，2018.中美煤层气资源分布特征和开发现状对比及启示［J］.煤炭科学技术，46（1）：252–261.

李国欣，覃建华，鲜成钢，等，2020. 致密砾岩油田高效开发理论认识、关键技术与实践：以准噶尔盆地玛湖油田为例［J］. 石油勘探与开发，47（6）：1185-1197.

李国欣，吴志宇，李桢，等，2021. 陆相源内非常规石油甜点优选与水平井立体开发技术实践——以鄂尔多斯盆地延长组长7段为例［J］. 石油学报，42（6）：736-750.

李国欣，朱如凯，2020. 中国石油非常规油气发展现状、挑战与关注问题［J］. 中国石油勘探，25（2）：1-13.

李海平，贾爱林，何东博，等，2010. 中国石油的天然气开发技术进展及展望［J］. 天然气工业，30（1）：5-7.

李会银，苏义脑，盛利民，等，2010. 多深度随钻电磁波电阻率测量系统设计［J］. 中国石油大学学报（自然科学版），34（3）：38-42.

李剑，李志生，王晓波，等，2017. 多元天然气成因判识新指标及图版［J］. 石油勘探与开发，44（4）：503-512.

李剑，马卫，王义凤，等，2018. 腐泥型烃源岩生排烃模拟实验与全过程生烃演化模式［J］. 石油勘探与开发，45（3）：445-454.

李剑浩，2015. 均质化地层电磁场论［M］. 北京：石油工业出版社.

李景明，等，2009. 中国煤层气资源特点及开发对策［J］. 天然气工业，29（4）：9-13+129-130.

李鹭光，2021. 中国天然气工业发展回顾与前景展望［J］. 天然气工业，41（8）：1-11.

李鹭光，何海清，范土芝，等，2020. 中国石油油气勘探进展与上游业务发展战略［J］. 中国石油勘探，25（1）：1-10.

李宁，王才志，武宏亮，等，2021. CIFlog测井软件自主研发与发展方向［J］. 石油科技论坛，40（3）：113-117.

李庆忠，1993. 走向精确勘探的道路—高分辨率地震勘探系统工程剖析［M］. 北京：石油工业出版社.

李泉新，方俊，许超，等，2017. 井下长距离定点保压密闭煤层瓦斯含量测定取样技术［J］. 煤炭科学技术，45（7）：68-73+166.

李士伦，孙良田，郭平，等，2004. 气田与凝析气田开发［M］. 北京：石油工业出版社.

李文阳，邹洪岚，吴纯忠，王永辉，2013. 从工程技术角度浅析页岩气的开采［J］. 石油学报，34（6）：1218-1224.

李五忠，等，2011. 大宁—吉县地区煤层气成藏条件及富集规律［J］. 天然气地球科学，22（2）：352-360.

李五忠，等，2008. 低煤阶煤层气成藏特点与勘探开发技术［J］. 天然气工业，28（3）：23-24.

李熙喆，郭振华，胡勇，等，2020. 中国超深层大气田高质量开发的挑战、对策与建议［J］. 天然气工业，40（2）：75-82.

李熙喆，杨正明，雷启鸿，等，2019. 低渗透—致密油藏微观储层特征及有效开发技术［M］. 北京：石油工业出版社.

李向阳，张少华，2021. 勘探地震中横波分裂研究四十年回顾［J］. 石油物探，60（2）：190-209.

李小地，1994. 中国深部油气藏的形成与分布初探［J］. 石油勘探与开发，21（1）：34-39.

李学博，刘忠，刘春春，等，2018. 高阶煤裸眼多分支水平井重建渗流通道技术研究与应用［J］. 中国煤层气，15（2）：37-40.

李雪飞，2018.低浓度煤层气提质制压缩天然气技术经济性分析［J］.洁净煤技术，24（2）：127-133.

李琰庆，唐永志，唐彬，等，2020.淮南矿区煤与瓦斯共采技术的创新与发展［J］.煤矿安全（8）：77-81.

李阳，吴胜和，侯加根，等，2017.油气藏开发地质研究进展与展望［J］.石油勘探与开发，44（4）：569-579.

李阳，2009.陆相高含水油藏提高水驱采收率实践［J］.石油学报，30（3）：396-399.

李阳，2013.塔河油田碳酸盐岩缝洞型油藏开发理论及方法［J］.石油学报，34（1）：115-121.

李阳，康志江，薛兆龙，等，2021.碳酸盐岩深层油气开发技术助推我国石油工业快速发展［J］.石油科技论坛，40（3）：33-42.

李阳，束青林，张本华，等，2019.孤岛油田开发技术与实践术［M］.北京：中国石化出版社.

李忠兴，赵继勇，樊建明，唐梅荣，2019.超低渗透油气藏开发技术［M］.北京：石油工业出版社.

梁榜，李继庆，郑爱维，等，2018.涪陵页岩气田水平井开发效果评价［J］.天然气地球科学，29（2）：289-295.

梁冰，石迎爽，孙维吉，刘强，2016.中国煤系“三气”成藏特征及共采可能性［J］.煤炭学报，41（1）：167-173.

梁狄刚，郭彤楼，边立曾，等，2009.中国南方海相生烃成藏研究的若干新进展（三）：南方四套区域性海相烃源岩的沉积相及发育的控制因素［J］.海相油气地质，14（2）：1-19.

廖广志，马德胜、王正茂，等，2018.油气田开发重大试验与认识［M］.北京：石油工业出版社.

林伯强，2018.能源革命促进中国清洁低碳发展的“攻关期”和“窗口期”［J］.中国工业经济（6）：15-23.

林承焰，张宪国，董春梅等，2017.地震沉积学及其应用实例［M］.东营：中国石油大学出版社.

林永学，高书阳，曾义金，2017.基于层析成像技术的页岩微裂缝扩展规律研究［J］.中国科学：物理学 力学 天文学，47（11）：59-65.

林永学，甄剑武，2019.威远区块深层页岩气水平井水基钻井液技术［J］.石油钻探技术，47（2）：21-27.

凌云研究组，2003.宽方位角地震勘探应用研究［J］.石油地球物理勘探，38（4）：350-357.

刘晨，2019.考虑储层参数时变的相对渗透率曲线计算方法［J］.西南石油大学学报：自然科学版，41（2）：137-142.

刘国伟，李梦溪，刘忠，等，2014.煤层气多分支水平井排采控制技术研究［J］.中国煤层气，11（1）：12-15.

刘合，郑立臣，杨清海，等，2020.分层采油技术的发展历程和展望［J］.石油勘探与开发，47（5）：1027-1038.

刘合年，史卜庆，薛良清，等，2020.中国石油海外“十三五”油气勘探重大成果与前景展望［J］.中国石油勘探，25（4）：1-10.

刘厚裕，2020.页岩气低密度三维地震勘探方法适应性评估分析［J］.油气藏评价与开发，10（5）：34-41+48.

刘虎, 孙传山, 李文锦, 代俊清, 2014. 丁页 2HF 井分段压裂配套技术的研究与应用 [J]. 钻采工艺, 37 (4): 70-72+5.

刘华, 王卫红, 陈明君, 等, 2018. 页岩储层多尺度渗流实验及数学模型研究 [J]. 西安石油大学学报（自然科学版）, 33 (4): 66-71.

刘见中, 孙海涛, 雷毅, 等, 2020. 煤矿区煤层气开发利用新技术现状及发展趋势 [J]. 煤炭学报, 45 (1): 258-267.

刘剑, 梁卫国, 2017. 页岩油气及煤层气开采技术与环境现状及存在问题 [J]. 科学技术与工程, 17 (30): 121-134.

刘立军, 陈必武, 李宗源, 等, 2019. 华北油田煤层气水平井钻完井方式优化与应用 [J]. 煤炭工程, 51 (10): 77-81.

刘庆, 张林晔, 王茹, 等, 2014. 湖相烃源岩原始有机质恢复与生排烃效率定量研究——以东营凹陷古近系沙河街组四段优质烃源岩为例 [J]. 地质论评, 60 (4): 877-883.

刘深艳, 胡孝林, 常迈, 2011. 西非加蓬海岸盆地盐岩特征及其石油地质意义 [J]. 海洋石油, 31 (3): 1-10.

刘喜武, 刘宇巍, 刘志远, 等, 2019. 陆相页岩油甜点地球物理表征研究进展 [J], 石油与天然气地质, 40 (3): 504-511.

刘向君, 罗平亚, 2004. 岩石力学与石油工程 [M]. 北京：石油工业出版社.

刘云亮, 郑凯歌, 2019. 双煤层多分支水平井煤层气开采技术研究及应用 [J]. 中国煤炭, 45 (3): 47-50+69.

刘志逊, 等, 2018. 我国煤层气勘查开采特定区域选区研究 [M]. 北京：地质出版社.

刘忠, 刘国伟, 侯涛, 等, 2013. 樊庄煤层气区块井网调整的实践及认识 [J]. 中国煤层气, 10 (6): 37-39.

卢涛, 刘艳侠, 武力超, 等, 2015. 鄂尔多斯盆地苏里格气田致密砂岩气藏稳产难点与对策 [J]. 天然气工业, 35 (6): 43-52.

吕维平, 等, 2020. 集束管井口多通道分流装置 [P]. 国家发明专利, 公开号：CN111946289A.

鲁宝亮, 王璞珺, 张功成, 等, 2011. 南海北部陆缘盆地基底结构及其油气勘探意义 [J]. 石油学报, 32 (4): 580-587.

鲁新便, 蔡忠贤, 2010. 缝洞型碳酸盐岩油藏古溶洞系统与油气开发——以塔河碳酸盐岩溶洞型油藏为例 [J]. 石油与天然气地质, 31 (1): 6.

鲁秀芹, 杨延辉, 周睿, 等, 2019. 高煤阶煤层气水平井和直井耦合降压开发技术研究 [J]. 煤炭科学技术, 47 (7): 221-226.

路保平, 丁士东, 何龙, 等, 2019. 低渗透油气藏高效开发钻完井技术研究主要进展 [J]. 石油钻探技术, 47 (1): 1-7.

罗晓容, 张立宽, 付晓飞, 等, 2016. 深层油气成藏动力学研究进展 [J]. 矿物岩石地球化学通报, 35 (5): 876-889.

马东民, 2003. 煤储层的吸附特征实验综合分析 [J]. 北京科技大学学报, 25 (4): 291-294.

马妮, 印兴耀, 孙成禹, 等, 2017. 基于正交各向异性介质理论的地应力地震预测方法 [J]. 地球物理学报, 60 (12): 4766-4775.

马妮，印兴耀，孙成禹，等，2018.基于方位地震数据的地应力反演方法［J］.61（2）：697–706.

马瑞康.澳大利亚VAM发电站［C］//2005第五届国际煤层气论坛暨第一届中日煤炭技术研讨会"国际甲烷市场化合作计划"中国地区会议.

马新华，2016.创新驱动助推磨溪区块龙王庙组大型含硫气藏高效开发［J］.天然气工业，36（2）：1–8.

马新华，2018.四川盆地南部页岩气富集规律与规模有效开发探索［J］.天然气工业（10）：1–10.

马新华，2021.非常规天然气"极限动用"开发理论与实践［J］.石油勘探与开发，48（2）：326–336.

马新华，贾爱林，谭健，等，2012.中国致密砂岩气开发工程技术与实践［J］.石油勘探与开发，39（5）：572–579.

马新华，谢军，雍锐，朱逸青，2020.四川盆地南部龙马溪组页岩气储集层地质特征及高产控制因素［J］.石油勘探与开发，47（5）：841–855.

马永生，蔡勋育，赵培荣，等，2010.深层超深层碳酸盐岩优质储层发育机理和"三元控储"模式——以四川普光气田为例［J］.地质学报，84（8）：1087–1094.

马永生，何治亮，赵培荣，等，2019.深层—超深层碳酸盐岩储层形成机理新进展［J］.石油学报，40（12）：1417–1425.

马永生，蔡勋育，等，2010.四川盆地大中型天然气田分布特征与勘探方向［J］.石油学报，31（3）：347–354.

马永生，蔡勋育，赵培荣，2016.石油工程技术对油气勘探的支撑与未来攻关方向思考——以中国石化油气勘探为例［J］.石油钻探技术，44（2）：1–9.

马永生，黎茂稳，蔡勋育，等，2021.海相深层油气富集机理与关键工程技术基础研究进展［J］.石油实验地质，43（5）：737–748.

梅冥相，2007.微生物碳酸盐岩分类体系的修订：对灰岩成因结构分类体系的补充［J］.地学前缘，14（5）：221–234.

门相勇，王陆新，王越，等，2021.新时代我国油气勘探开发战略格局与2035年展望［J］.中国石油勘探，26（3）：1–8.

慕立俊，赵振峰，等，2019.鄂尔多斯盆地页岩油水平井细切割体积压裂技术［J］.石油与天然气地质，40（3）：626–635.

穆福元，等，2015.中国煤层气产业发展战略思考［J］.天然气工业，35（6）：110–116.

穆龙新，2017.海外油气勘探开发特色技术及应用［M］.北京：石油工业出版社.

穆龙新，陈亚强，许安著，等，2020.中国石油海外油气田开发技术进展与发展方向［J］.石油勘探与开发，47（1）：120–128.

聂海宽，包书景，高波，等，2012.四川盆地及其周缘下古生界页岩气保存条件研究［J］.地学前缘（3）：280–294.

聂海宽，金之钧，边瑞康，等，2016.四川盆地及其周缘上奥陶统五峰组—下志留统龙马溪组页岩气"源—盖控藏"富集［J］.石油学报，37（5）：557–571.

牛新明，2014.涪陵页岩气田钻井技术难点及对策［J］.石油钻探技术，42（4）：1–6.

潘仁芳，唐小玲，孟江辉，等，2014.桂中坳陷上古生界页岩气保存条件［J］.石油与天然气地质，35（4）：534–541.

庞雄奇，罗晓容，姜振学等，2007.中国典型叠合盆地油气聚散机理与定量模拟［M］.北京：科学出版社.

普济廖夫，等，1993.横波和转换波法地震勘探［M］.北京：石油工业出版社.

戚厚发，等，1997.中国生物气成藏条件［M］.北京：石油工业出版社.

钱荣钧，2010.地震波分辨率的分类研究及偏移对分辨率的影响［J］.石油地球物理勘探，45（2）：306-313，320.

乔卫杰，黄文辉，江怀友，2009.国外海洋油气勘探方法浅述［J］.资源与产业，11（1）：19-23.

秦利峰，刘忠，刘玉明.等，2016.水力喷射压裂工艺在郑庄里必区块煤层气开发中的应用［J］.中国煤层气，13（4）：30-33.

秦勇，等，2000.中国煤层甲烷稳定碳同位素分布与成因探讨［J］.中国矿业大学学报，29（2）：113-119.

秦勇，申建，沈玉林，2016.叠置含气系统共采兼容性——煤系"三气"及深部煤层气开采中的共性地质问题［J］.煤炭学报，41（1）：14-23.

秦勇，汤达祯，2013.煤层气储层工程及动态评价技术［M］.徐州：中国矿业大学.

秦勇，汤达祯，刘大锰，等，2014.煤储层开发动态地质评价理论与技术进展［J］.煤炭科学技术，42（1）：80-88.

秦勇，熊孟辉，易同生，等，2008.论多层叠置独立含煤层气系统——以贵州织金—纳雍煤田水公河向斜为例［J］.地质论评，54（1）：65-70.

秦勇，袁亮，胡千庭，等，2012.我国煤层气勘探与开发技术现状及发展方向［J］.煤炭科学技术，40（10）：1-6.

曲寿利，朱生旺，赵群，等，2012.碳酸盐岩孔洞型储集体地震反射特征分析［J］.地球物理学报，55（6）：2053-2061.

屈雪峰，雷启鸿，高武彬，等，2018.鄂尔多斯盆地长7致密油储层岩心渗吸试验［J］.中国石油大学学报（自然科学版），42（2），1-8.

S.哈瑞斯多，J.吉利斯，2004.CH$_4$MIN Technology and Its Potential in China［J］.中国煤层气，1（1）：35-38.

桑逢云，2015.国内外低阶煤煤层气开发现状和我国开发潜力研究［J］.中国煤层气，12（3）：7-9.

桑树勋，等，2001.陆相盆地低煤级煤储层特征研究——以准噶尔、吐哈盆地为例［J］.中国矿业大学学报，30（4）：341-345.

申宝宏，刘见中，雷毅，2015.我国煤矿区煤层气开发利用技术现状及展望［J］.煤炭科学技术，43（2）：1-4.

申宝宏，刘见中，张泓，2007.我国煤矿瓦斯治理的技术对策［J］.煤炭学报（7）：673-679.

申瑞臣，闫立飞，乔磊，等，2016.煤层气多分支井地质导向技术应用分析［J］.煤炭科学技术（5）：43-49.

沈琛，2013.普光高酸性气田采气工程技术与实践［M］.北京：中国石化出版社.

沈德煌，王红庄，张勇，等，2014.注蒸汽泡沫提高石油采收率室内评价方法［M］.北京：石油工业出版社.

沈平平，廖新维，2009. CO_2 地质储存与提高石油采收率技术［M］.北京：石油工业出版社.

石成方，吴晓慧，2019.喇萨杏油田开发模式及其演变趋势［J］.大庆石油地质与开发，38（5）：45-50.

石林，周英操，刘乃震，等，2019.钻完井工程［M］.北京：石油工业出版社.

石兴春，曾大乾，等，2014.普光高含硫气田高效开发技术与实践［M］.北京：中国石化出版社.

宋明水，王永诗，郝雪峰，等，2021.渤海湾盆地东营凹陷古近系深层油气成藏系统及勘探潜力［J］.石油与天然气地质，42（6）：1243-1254.

宋新民，等，2019.老油田特高含水期水驱提高采收率技术［M］.北京：石油工业出版社.

宋岩，柳少波，赵孟军，等，2008.中国中西部前陆盆地油气分布规律及主控因素［M］.北京：石油工业出版社.

宋岩，秦胜飞，赵孟军，2007.中国煤层气成藏的两大关键地质因素［J］.天然气地球科学，18（4）：545-553.

苏文博，李志明，Frank R. Ettensohn，等，2007.华南五峰组—龙马溪组黑色岩系时空展布的主控因素及其启示［J］.地球科学—中国地质大学学报，32（6）：819-827.

苏义脑，路保平，刘岩生，等，2020.中国陆上深井超深井钻完井技术现状及攻关建议［J］.石油钻采工艺，42（5）：527-542.

孙德军，等，2001.混合金属氢氧化物正电胶体粒子体系的触变性［J］.化学学报，（59）2：163-167.

孙焕泉，2021.高温高盐油藏化学驱提高采收率技术发展与思考［J］.石油科技论坛，40（2）：1-7.

孙焕泉，曹绪龙，姜祖明，等，2021.粘弹性颗粒驱油剂的制备与应用［M］.北京：科学出版社.

孙焕泉，李振泉，曹绪龙，等，2007.二元复合驱油技术［M］.北京：中国科学技术出版社.

孙金声，等，2013.水基钻井液成膜理论与技术［M］.石油工业出版社.

孙金声，刘伟，2021.我国石油工程技术与装备走向高端的发展战略思考与建议［J］.石油科技论坛，40（3）：43-55.

孙龙德，邹才能，贾爱林，等，2019.中国致密油气发展特征与方向［J］.石油勘探与开发，46（6）：1015-1026.

孙龙德，邹才能，朱如凯，等，2013.中国深层油气形成、分布与潜力分析［J］.石油勘探与开发，40（6）：641-649.

孙永兴，贾利春，2020.国内3000m长水平段水平井钻井实例与认识［J］.石油钻采工艺（4）：393-401.

谭中国，卢涛，刘艳侠，等，2016.苏里格气田"十三五"期间提高采收率技术思路［J］.天然气工业，36（3）：30-40.

汤达祯，刘大锰，唐书恒，等，2014.煤层气开发过程储层动态地质效应［M］.北京：科学出版社.

汤达祯，赵俊龙，许浩，等，2015.中—高煤阶煤层气系统物质能量动态平衡机制［J］.煤炭学报，40（1）：40-48.

唐文泉，高书阳，王成彪，等，2017.龙马溪页岩井壁失稳机理及高性能水基钻井液技术［J］.钻井液与完井液，34（3）：21-26.

唐晓明，魏周拓，苏远大，等，2013.偶极横波远探测测井技术进展及其应用［J］.测井技术，37（4）：333-340.

唐颖，邢云，李乐忠，张滨海，蒋时馨，2012.页岩储层可压裂性影响因素及评价方法［J］.地学前沿，

19（5）：356-363.

唐勇，曹剑，何文军，等，2021.从玛湖大油区发现看全油气系统地质理论发展趋势［J］.新疆石油地质，42（1）：1-9.

唐越，2016.川南地区页岩气勘探开发对环境影响研究［D］.西南石油大学.

陶知非，2018.应对当今地震勘探需求与挑战的高精度可控震源［J］.天然气勘探与开发，41（3）：1-6.

田立新，施和生，刘杰，等，2020.珠江口盆地惠州凹陷新领域勘探重大发现及意义［J］.中国石油勘探，25（4）：22-30.

田建超，李玉涛，修书志，等，2021.我国油田产出水再利用技术现状及展望［J］.油气田环境保护，31（1）：15-20.

田文广，等，2012.鄂尔多斯盆地东北缘保德地区煤层气成因［J］.高校地质学报，18（3）：479-484.

妥进才，2004.深层油气研究现状及进展［J］.地球科学进展，17（4）：565-571.

汪泽成，赵文智，胡素云，等，2017.克拉通盆地构造分异对大油气田形成的控制作用——以四川盆地震旦系—三叠系为例［J］.天然气工业，37（1）：9-23.

王勃，等，2008.高、低煤阶煤层气藏地质特征及控气作用差异性研究［J］.地质学报，82（10）：1396-1401.

王成善，郑和荣，冉波，等，2010.活动古地理重建的实践与思考［J］.沉积学报，28（5）：849-860.

王凤兰，等，2021.大庆长垣油田特高含水期提高采收率技术与示范应用［M］.北京：石油工业出版社.

王红庄，李秀峦、张忠义，等，2019.稠油开发技术［M］.北京：石油工业出版社.

王建平，芦造华，王宁波，2012.大位移双分支水平井在长北项目的实践及创新［J］.石油化工应用，31（3）：26-30.

王晶，刘俊刚，李兆国，等，2020.超低渗透砂岩油藏水平井同井同步注采补能方法——以鄂尔多斯盆地长庆油田为例［J］.石油勘探与开发，47（4）：772-779.

王生维，李瑞，肖宇航，2019.煤层气排采工程［M］.武汉：中国地质大学出版社.

王同，杨克明，熊亮，等，2015.川南地区五峰组—龙马溪组页岩层序地层及其对储层的控制［J］.石油学报，36（8）：915-925.

王霞，李丰，张延庆，等，2019.五维地震数据规则化及其在裂缝表征中的应用［J］.石油地球物理勘探，54（4）：844-852.

王香增，高胜利，高潮，2014.鄂尔多斯盆地南部中生界陆相页岩气地质特征［J］.石油勘探与开发，41（3）：293-304.

王香增，张金川，曹金舟，等，2012.陆相页岩气资源评价初探：以延长直罗—下寺湾区中生界长7段为例［J］.地学前缘，19（2）：192-197.

王学军，郭玉新，杜振京，等，2007.济阳坳陷石油资源综合评价与勘探方向［J］.石油地质，13（3）：7-12.

王宜林，2016.大力实施创新战略 引领企业稳健发展［J］.中国石油企业（6）：13-18.

王宜林，2019.扎实抓好科技创新重点举措落地见效［J］.中国石油企业（8）：10-13.

王永诗，郝雪峰，胡阳，2018.富油凹陷油气分布有序性与富集差异性——以渤海湾盆地济阳坳陷东营凹陷为例［J］.石油勘探与开发，45（5）：785-794.

王增林，2018.胜利油田分层注水工艺技术研究与实践［J］.油气地质与采收率，25（6）：1-6.

王志刚，2015.涪陵页岩气勘探开发重大突破与启示［J］.石油与天然气地质，36（1）：1-6.

魏国齐，杨威，杜金虎，等，2015.四川盆地震旦纪—早寒武世克拉通内裂陷地质特征［J］.天然气工业（35）：24-35.

魏国齐，杜金虎，徐春春，等，2015.四川盆地高石梯—磨溪地区震旦系—寒武系大型气藏特征与聚集模式［J］.石油学报，36（1）：1-12.

魏国齐，李剑，杨威，等，2018."十一五"以来中国天然气重大地质理论进展与勘探新发现［J］.天然气地球科学，29（12）：1691-1705.

魏国齐，杨威，杜金虎，等，2015.四川盆地高石梯—磨溪古隆起构造特征及对特大型气田形成的控制作用［J］.石油勘探与开发，42（3）：257-265.

魏国齐，杨威，谢武仁，等，2022.克拉通内裂陷及周缘大型岩性气藏形成机制、潜力与勘探实践：以四川盆地震旦系—寒武系为例［J］.石油勘探与开发，49（3）：465-477.

魏虎超，等.煤系多气合采层间干扰特征数值模拟研究［C］//《2020油气田勘探与开发国际会议论文集》编委会.2020油气田勘探与开发国际会议论文集.成都.

文光才，孙海涛，李日富，等，2018.煤矿采动稳定区煤层气资源评估方法及其应用［J］.煤炭学报，43（1）：160-167.

吴财芳，秦勇，2012.煤储层弹性能及其控藏效应：以沁水盆地为例［J］.地学前缘，19（2）：248-255.

吴财芳，秦勇，周龙刚，2014.沁水盆地南部煤层气藏的有效运移系统［J］.中国科学：地球科学，44（12）：2645-2651.

吴富强，鲜学福，2006.深部储层勘探、研究现状及对策［J］.沉积与特提斯地质，26（2）：68-71.

吴奇，胥云，刘玉章，等，2011.美国页岩气体积改造技术现状及对我国的启示［J］.石油钻采工艺，33（2）：1-7.

吴奇，胥云，王晓泉，等，2012.非常规油气藏体积改造技术——内涵、优化设计与实现［J］.石油勘探与开发，39（3）：352-358.

吴奇，胥云，张守良，等，2014.非常规油气藏体积改造技术核心理论与优化设计关键［J］.石油学报，35（4）：706-714.

吴向红，2018.海外砂岩油田高速开发理论与实践［M］.北京：石油工业出版社.

吴聿元，张培先，何希鹏，等，2020.渝东南地区五峰组—龙马溪组页岩岩石相及与页岩气富集关系［J］.海相油气地质，25（4）：335-343.

吴志宇，高占武，麻书玮，等，2021.鄂尔多斯盆地长7段页岩油渗吸驱油现象初探［J］.天然气地球科学，32（12）：1867-1872.

席长丰，齐宗耀，张运军，等，2019.稠油油藏蒸汽驱后期CO_2辅助蒸汽驱技术［J］.石油勘探与开发，46（6）：1169-1172.

鲜保安，等，2010.煤层气U型井钻井采气技术研究［J］.石油钻采工艺，32（4）：91-95.

肖立志，1998.核磁共振成像测井与岩石核磁共振及其应用［M］.北京：科学出版社.

肖宇航，王生维，吕帅锋，等，2018.寺河矿区压裂煤储层中裂缝与流动通道模型［J］.中国矿业大学学报，47（6）：1305-1312.

谢英刚，孟尚志，高丽军，等，2015.临兴地区深部煤层气及致密砂岩气资源潜力评价［J］.煤炭科学技术，43（2）：21-24+28.

胥云，陈铭，吴奇，等，2016.水平井体积改造应力干扰计算模型及其应用［J］.石油勘探与开发，43（5）：780-786.

胥云，雷群，陈铭，等，2018.体积改造技术理论研究进展与发展方向［J］.石油勘探与开发，45（5）：874-887.

徐凤银，等，2021."双碳"目标下推进中国煤层气业务高质量发展的思考与建议［J］.中国石油勘探，26（3）：9-18.

徐凤银，等，2019.我国煤层气开发技术现状与发展方向［J］.煤炭科学技术，47（10）：205-215.

徐进军，金强，程付启，等，2017.渤海湾盆地石炭系—二叠系煤系烃源岩二次生烃研究进展与关键问题［J］.油气地质与采收率，21（1）：43-91.

徐可强，等，2011.稠油油藏过热蒸汽吞吐开发技术和实践［M］.北京：石油工业出版社.

徐中华，郑马嘉，刘忠华，等，2020.四川盆地南部地区龙马溪组深层页岩岩石物理特征［J］.石油勘探与开发，47（6）：1100-1110.

薛良清，潘校华，史卜庆，2014.海外油气勘探实践与典型案列［M］.北京：石油工业出版社.

薛梅，2002.远探测声波反射波测井研究［D］.北京：中国石油大学.

薛永安，2018.渤海海域油气运移"汇聚脊"模式及其对新近系油气成藏的控制［J］.石油学报，39（9）：963-970.

薛永安，李慧勇，2018.渤海海域深层太古界变质岩潜山大型凝析气田的发现及其地质意义［J］.中国海上油气，30（3）：1-9.

阳怀忠，邓运华，黄兴文，等，2018.西非加蓬深水油气勘探技术创新与实践［J］.中国海上油气，30（4）：1-12.

杨德敏，喻元秀，梁睿，等，2019.我国页岩气重点建产区开发进展、环保现状及对策建议［J］.现代化工，39（1）：1-6.

杨海军，邬光辉，韩建发，等，2007.塔里木盆地中央隆起带奥陶系碳酸盐岩台缘带油气富集特征［J］.石油学报，8（4）：26-29.

杨海平，许明标，刘俊君，2013.鄂西渝东建南构造页岩气钻完井关键技术［J］.石油天然气学报，35（6）：99-102，130.

杨华，付金华，刘新社，等，2012.鄂尔多斯盆地上古生界致密气成藏条件与勘探开发［J］.石油勘探与开发，39（3）：295-303.

杨华，李士祥，刘显阳，2013.鄂尔多斯盆地致密油、页岩油特征及资源潜力［J］.石油学报，34（1）：1-11.

杨华，席胜利，魏新善，等，2016.鄂尔多斯盆地大面积致密砂岩气成藏理论［M］.北京：科学出版社.

杨景斌，侯吉瑞，等，2020.2-D智能纳米黑卡在低渗透油藏中的驱油性能评价［J］.油田化学，37（2）：305-310.

杨力生，1997.全国煤矿瓦斯地质编图研究成果初步总结［J］.焦作工学院学报（2）：6-11.

杨立强，2015.辽河油田超稠油蒸汽辅助重力泄油先导试验开发实践［M］.北京：石油工业出版社.

杨立强，卢时林，户昶昊，等，2021.辽河及新疆稠油超稠油高效开发关键技术研究与实践［M］.北京：石油工业出版社.

杨曙光，等，2011.准噶尔盆地东部地区煤层气储层特征［J］.中国煤层气，8（2）：20-23.

杨文采，徐义贤，张罗磊，等，2015.塔里木地体大地电磁调查和岩石圈三维结构［J］.地质学报，89（7）：1151-1161.

杨学文，田军，王清华，等，2021.塔里木盆地超深层油气地质认识与有利勘探领域［J］.中国石油勘探，26（4）：17-28.

杨延辉，孟召平，陈彦君，等，2015.沁南—夏店区块煤储层地应力条件及其对渗透性的影响［J］.石油学报，36（增刊1）：91-96.

杨延辉，孟召平，张纪星，2016.煤储层应力敏感性试验及其评价新方法［J］.煤田地质与勘探，44（1）：38-42+46.

杨延辉，王玉婷，陈龙伟，等，2018.沁南西—马必东区块煤层气高效建产区优选技术［J］.煤炭学报，43（6）：1620-1626.

杨银，2014.浅谈全球油气勘探进展与趋势［J］.魅力中国，9（15）：279.

杨勇，2020.屋脊断块油藏人工边水驱技术与实践［M］.青岛，中国石油大学出版社.

杨雨，黄先平，张健，等，2014.四川盆地寒武系沉积前震旦系顶界岩溶古地貌特征及其地质意义［J］.天然气工业，34（3）：38-43.

杨跃明，杨雨，杨光，等，2019.安岳气田震旦系、寒武系气藏成藏条件及勘探开发关键技术［J］.石油学报，40（4）：493-508.

姚艳斌，刘大锰，2016.基于核磁共振弛豫谱的煤储层岩石物理与流体表征［J］.煤炭科学技术，44（6）：14-22.

叶建平，等，2016.我国煤层气产业发展现状和技术进展［J］.煤炭科学技术，44（1）：24-28.

余达淦，1990.闽、浙、赣地区变质基底研究综述［J］.华东地质学院学报，13（2）：1-8.

余厚全，魏勇，汤天知，等，2012.基于同轴传输线电磁波检测油水介质介电常数的理论分析［J］.测井技术，36（4）：361-364.

袁亮，2006.复杂地质条件矿区瓦斯综合治理技术体系研究［J］.煤炭科学技术（1）：1-3.

袁明生，张朝富，2001.石油地质新理论、新技术、新方法的进展及在油气勘探开发中的应用［J］.吐哈油气，6（3）：1-11.

袁士义，王强，李军诗，等，2020.注气提高采收率技术进展及前景展望［J］.石油学报，41（12）：1623-1632.

袁士义，王强，李军诗，等，2021.提高采收率技术创新支撑我国原油产量长期稳产［J］.石油科技论坛，40（3）：1-9.

袁士义，王强，2018.中国油田开发主体技术新进展与展望［J］.石油勘探与开发，45（4）：657-668.

袁士义，2010.化学驱和微生物驱提高石油采收率的基础研究［M］.北京：石油工业出版社.

袁士义，2014.CO_2减排、储存和资源化利用的基础研究论文集［M］.北京：石油工业出版社

袁士义，王强，李军诗，等，2021.提高采收率技术创新支撑我国原油产量长期稳产［J］.石油科技论坛，40（3）：24-32.

袁选俊，林森虎，刘群，等，2015. 湖盆细粒沉积特征与富有机质页岩分布模式——以鄂尔多斯盆地延长组长7油层组为例 [J]. 石油勘探与开发，42（1）：34-43.

岳爱忠，陈海铮，张清民，等，2020. 可控中子源密度测井仪的密度响应特性与算法研究 [J]. 原子能科学技术，54（7）：1318-1325.

岳前升，李贵川，李东贤，沈元波，2015. 基于煤层气水平井的可降解聚合物钻井液研制与应用 [J]. 煤炭学报，40（S2）：425-429.

曾联波，李忠兴，史成恩，等，2007. 鄂尔多斯盆地上三叠统延长组特低渗透砂岩储层裂缝特征及成因 [J]. 地质学报（2）：174-180.

曾智伟，杨香华，朱红涛，等，2017. 白云凹陷恩平组沉积晚期大型三角洲发育特征及其意义 [J]. 地球科学，42（1）：78-92.

詹仕凡，陈茂山，李磊，等，2015. OVT域宽方位叠前地震属性分析方法，石油地球物理勘探，50（5）：956-966.

张诚，陈惟国，张庆生，等，2012. 普光高酸性气田集输系统腐蚀控制技术 [J]. 腐蚀与防护（S1）：5.

张国生，王小林，朱世佳，2020. "十四五"我国油气发展路径选择 [J]. 石油科技论坛，39（6）：7-12.

张建国，刘忠，姚红星，等，2016. 沁水煤层气田郑庄区块二次压裂增产技术研究 [J]. 煤炭科学技术，44（5）：59-63.

张金成，艾军，臧艳彬，等，2016. 涪陵页岩气田"井工厂"技术 [J]. 石油钻探技术，44（3）：9-15.

张金成，孙连忠，王甲昌，等，2014. "井工厂"技术在我国非常规油气开发中的应用 [J]. 石油钻探技术，42（1）：20-25.

张金庆，2019. 水驱油理论研究及油藏工程方法改进 [M]. 北京：中国石化出版社.

张进华，王鹏，李雪飞，等，2020. CH_4/N_2 在椰壳活性炭上吸附平衡和动力学扩散机制 [J]. 煤炭学报，45（S1）：427-435.

张宽，宫少波，胡根成，2004. 中国近海第三轮油气资源评价方法述评 [J]. 中国海上油气，16（4）：217-221.

张雷，等，2020. 中低煤阶煤层气储量复算及认识——以鄂尔多斯盆地东缘保德煤层气田为例 [J]. 石油实验地质，42（1）：147-155.

张凌，陈繁荣，殷克东，等，2009. 珠江口和邻近海域沉积有机质的来源及其沉积通量的时空变化 [J]. 环境科学研究，22（8）：875-881.

张庆生，2021. 高含硫气田安全生产技术 [M]. 北京：中国石化出版社.

张群，2007. 关于我国煤矿区煤层气开发的战略性思考 [J]. 中国煤层气（4）：3-5+15.

张善文，王永诗，石砥石，等，2003. 网毯式油气成藏体系——以济阳坳陷新近系为例 [J]. 石油勘探与开发，30（1）：1-10.

张诗航，管英柱，曾帅，等，2017. 探析页岩气开发带来的环境影响 [J]. 当代化工，46（9）：1855-1858.

张水昌，何坤，王晓梅，等，2021. 深层多途径复合生气模式及潜在成藏贡献 [J]. 天然气地球科学，32（10）：1421-1435.

张水昌，胡国艺，米敬奎，等，2013. 三种成因天然气生成时限与生成量及其对深部油气资源预测的影响［J］.石油学报，34（S1）：41-50.

张水昌，朱光有，何坤，2011.硫酸盐热化学还原作用对原油裂解成气和碳酸盐岩储层改造的影响及作用机制［J］.岩石学报，27（3）：809-826.

张遂安，等，2021.煤层气增产改造技术发展现状与趋势［J］.石油学报，42（1）：105-118.

张遂安，等，2016.我国煤层气开发技术进展［J］.煤炭科学技术，44（5）：1-5.

张仲宏，杨正明，刘先贵，等，2012.低渗透油藏储层分级评价方法及应用［J］.石油学报，33（3）：437-441.

张子敏，吴吟，2013.中国煤矿瓦斯赋存构造逐级控制规律与分区划分［J］.地学前缘（2）：241-249.

章建华，2021.深入贯彻落实能源安全新战略 为全面建设社会主义现代化国家提供坚强能源保障［J］.电力设备管理（1）：18-19.

赵邦六，董世泰，曾忠，等，2021.中国石油"十三五"物探技术进展及"十四五"发展方向思考［J］.中国石油勘探，26（1）：108-120.

赵澄林，朱筱敏，2001.沉积岩石学［M］.北京：石油工业出版社.

赵春鹏，伦增珉，王卫红，等，2016.储层条件下龙马溪组全直径页岩吸附实验［J］.断块油气田，23（6）：749-752.

赵红岩，于水，胡孝林，等，2013.南大西洋被动大陆边缘盆地深水盐下油气藏特征分析［J］.油气藏评价与开发，3（3）：13-18.

赵孟军，鲁雪松，卓勤功，等，2015.库车前陆盆地油气成藏特征与分布规律［J］.石油学报，36（4）：395-404.

赵孟军，赵力民，郭燕华，等，2021.国家科技重大专项技术支持与管理机制创新探索［J］.石油科技论坛，40（3）：87-93.

赵孟军，卓勤功，陈竹新，等，2017.含盐前陆盆地油气地质与勘探［M］.北京：石油工业出版社.

赵庆波，等，2008.中国煤层气勘探开发成果与认识［J］.天然气工业，28（3）：16-18.

赵文智，窦立荣，2001.中国陆上剩余油气资源潜力及其分布和勘探对策［J］.石油勘探与开发，28（1）：1-5.

赵文智，胡素云，汪泽成，等，2019.海相碳酸盐岩油气地质理论与勘探实践［M］.北京：石油工业出版社.

赵文智，沈安江，胡素云，等，2012.中国碳酸盐岩储集层大型化发育的地质条件与分布特征［J］.石油勘探与开发，39（1）：1-12.

赵文智，沈安江，乔占峰，等，2018.白云岩成因类型、识别特征及储集空间成因［J］.石油勘探与开发，45（6）：923-935.

赵文智，汪泽成，张水昌，等，2007.中国叠合盆地深层海相油气成藏条件与富集区带［J］.科学通报，52（增刊I）：9-18.

赵文智，贾爱林，王坤，等，2021.中国天然气"十三五"勘探开发理论技术进展与前景展望［J］.石油科技论坛，40（3）：11-23.

赵文智，王兆云，何海清，等，2005.中国海相碳酸盐岩烃源岩成气机理［J］.中国科学D辑：地球科学，35（7）：638-648.

赵文智，魏国齐，杨威，等，2017.四川盆地万源—达州克拉通内裂陷的发现及勘探意义［J］.石油勘探与开发，44（5）：659-669.

赵文智，张光亚，何海清，等，2002.中国海相石油地质与叠合含油气盆地［M］.北京：地质出版社.

赵文智，邹才能，汪泽成，等，2004.富油气凹陷"满凹含油"论——内涵与意义［J］.石油勘探与开发，31（2）：5-13.

赵贤正，杨延辉，陈龙伟，等，2015.高阶煤储层固—流耦合控产机理与产量模式［J］.石油学报，36（9）：1029-1034.

赵贤正，杨延辉，孙粉锦，等，2016.沁水盆地南部高阶煤层气成藏规律与勘探开发技术［J］.石油勘探与开发，43（2）：303-309.

赵政璋，杜金虎，邹才能，等，2011.大油气区地质勘探理论及意义［J］.石油勘探与开发，38（5）：513-522.

郑爱维，李继庆，卢文涛，等，2018.涪陵页岩气田分段压裂水平井非稳态产能评价方法［J］.油气井测试，27（1）：22-30.

郑伟，袁忠超，田冀，等，2014.渤海稠油不同吞吐方式效果对比及优选［J］.特种油气藏，21（3）：79-82+154.

周庆凡，杨国丰，2012.致密油与页岩油的概念与应用［J］.石油与天然气地质，33（4）：541-544.

周守为，曾恒一，林瑶生，等，2021.海洋重大技术装备项目管理成效与启示——以"海洋石油981"平台研制为例［J］.石油科技论坛，40（3）：108-112.

周贤海，2013.涪陵焦石坝区块页岩气水平井钻井完井技术［J］.石油钻探技术，41（5）：26-30.

周贤海，臧艳彬，2015.涪陵地区页岩气山地"井工厂"钻井技术［J］.石油钻探技术，43（3）：45-49.

周英操，刘伟，翟小强，等，2018.精细控压钻井技术及其应用［M］.石油工业出版社.

周治岳，单永乐，高勤峰，等，2013.不同生产压差下产气剖面测井的应用［J］.中国石油和化工标准与质量，34（4）：83.

朱峰，等，2020.集束管井口割管对接内通道连接装置［P］.国家发明专利，公开号：CN111946291A.

朱江，周文胜，2009.中国近海油气田区域开发战略思考［J］.中国海上油气，21（6）：380-382.

朱庆忠，刘立军，陈必武，等，2017.高煤阶煤层气开发工程技术的不适应性及解决思路［J］.石油钻采工艺，3（91）：92-96.

朱庆忠，鲁秀芹，杨延辉，等，2019.郑庄区块高阶煤层气低效产能区耦合盘活技术［J］.煤炭学报，44（8）：2547-2555.

朱庆忠，汤达祯，左银卿，等，2017.樊庄区块开发过程中煤储层渗透率动态变化特征［J］.煤炭科学技术，45（7）：85-92.

朱庆忠，王宁，张学英，等，2020.煤层气井单相水流拟稳态排采模型与应用效果分析［J］.煤炭学报，45（3）：1116-1124.

朱庆忠，杨延辉，王玉婷，等，2017.高阶煤层气高效开发工程技术优选模式及其应用［J］.天然气工业，37（10）：35-42.

朱庆忠，杨延辉，左银卿，等，2018.中国煤层气开发存在的问题及破解思路［J］.天然气工业，38（4）：96-100.

朱庆忠，张小东，杨延辉，等，2018.影响沁南—中南煤层气井解吸压力的地质因素及其作用机制［J］.中国石油大学学报（自然科学版），42（2）：41-49.

朱庆忠，左银卿，杨延辉，等，2015.如何破解我国煤层气开发的技术难题——以沁水盆地南部煤层气藏为例［J］.天然气工业，35（2），106-109.

朱森，等，2019.基于气举的煤层气与致密气两气合采技术研究［D］.青岛：中国石油大学（华东）.

朱夏，1983.中国中新生代盆地构造和演化［M］.北京：科学出版社.

庄惠农，韩永新，孙贺东，等，2021.气藏动态描述和试井（第三版）［M］.北京：石油工业出版社.

卓勤功，李勇，宋岩，等，2013.塔里木盆地库车坳陷克拉苏构造带古近系膏盐岩盖层演化与圈闭有效性［J］.石油实验地质，35（1）：1-6.

邹才能，2014.非常规油气地质学［M］.北京：地质出版社.

邹才能，翟光明，张光亚，等，2015.全球常规—非常规油气形成分布、资源潜力及趋势预测［J］.石油勘探与开发，42（1）：13-25.

邹才能，丁云宏，卢拥军，等，2017."人工油气藏"理论、技术及实践［J］.石油勘探与开发，44（1）：144-154.

邹才能，陶士振，袁选俊，等，2009.连续型油气藏形成条件与分布特征［J］.石油学报，30（3）：324-331.

邹才能，张光亚，陶士振，等，2010a.全球油气勘探领域地质特征、重大发现及非常规石油地质［J］.石油勘探与开发，37（2）：129-145.

邹才能，袁选俊，陶士振，等，2010b.岩性地层油气藏［M］.北京：石油工业出版社.

邹才能，陶士振，白斌，等，2015.论非常规油气与常规油气的区别和联系［J］.中国石油勘探，20（1）：1-16.

邹才能，陶士振，袁选俊，等，2009.连续性油气藏形成条件与分布规律［J］.石油学报，30（3）：324-331.

邹才能，杨智，张国生，等，2014.常规—非常规油气"有序聚集"理论认识及实践意义［J］.石油勘探与开发，41（1）：14-27.

邹才能，杨智，朱如凯，等，2015.中国非常规油气勘探开发与理论技术进展［J］.地质学报，89（6）：797-1007.

邹才能，袁选俊，陶士振，等，2010.岩性地层油气藏油气藏［M］.北京：石油工业出版社.

邹才能，赵群，王红岩，等，2021.非常规油气勘探开发理论技术助力我国油气增储上产［J］.石油科技论坛，40（3）：72-79.

邹才能，赵贤正，杜金虎，等，2020.页岩油地质评价方法［S］.国家标准.

邹才能，朱如凯，李建忠，等，2018.致密油地质评价方法［S］.国家标准.

邹华耀，周心怀，鲍晓欢，等，2010.渤海海域古近系、新近系原油富集/贫化控制因素与成藏模式［J］.石油学报，31（6）：885-893+899.

Becerra O，Kearl B，and Zaini F，2018. Liner-Deployed Inflow Control Devices ICD Production Results in MacKay River SAGD Wells［2018］. SPE 189775.

Bi G X，Lyu C F，Li C，et al.，2019. Impact of early hydrocarbon charge on the diagenetic history and reservoir quality of the Central Canyon sandstones in the Qiongdongnan Basin, South China Sea [J]. Journal of Asian Earth Sciences, 185: 104022.

Binbin Diao, Deli Gao, 2015.A magnet ranging calculation method for steerable drilling in build-up sections of twin parallel horizontal wells [J]. Journal of Natural Gas Science and Engineering, 27: 1702-1709.

Bjørlykke K, 1994. Pore-water flow and mass transfer of solids in solution in sedimentary basins. in: Quantitative Diagenesis: Recent Developments and Applications to Reservoir Geology. Springer, 189-221.

Bo L, You-Rong L, Xu-Sheng Z, et al., 2018. Industrial-Scale Experimental Study on the Thermal Oxidation of Ventilation Air Methane and the Heat Recovery in a Multibed Thermal Flow-Reversal Reactor [J]. Energies, 11 (6): 1578-1589.

Bryant L, Herbst N, 2012. Basin to Basin: Plate Tectonics in Exploration [J]. Oilfield Review, 38-57.

Burne R V, Moore L S, 1987. Microbialites: Organosedimentary Deposits of Benthic Microbial Communities [J]. Palaios, 2 (3): 241-254.

Chen J, WenG, Yan S, et al., 2020. Oxidation and Characterization of Low-Concentration Gas in a High-Temperature Reactor [J]. Processes, 8 (4): 481-492.

Cichin-Pupienis A, Littke R, Froidl F et al., 2020. Depositional history, source rock quality and thermal maturity of Upper Ordovician – Lower Silurian organic-rich sedimentary rocks in the central part of the Baltic Basin (Lithuania) [J]. Marine and Petroleum Geology, 112 (October 2019).

Cipolla C L, Warpinski N R, Mayerhofer M J, 2008. Hydraulic Fracture Complexity: Diagnosis, Remediation, and Explotation [C] //SPE Asia Pacific Oil and Gas Conference and Exhibition.

Craig D H, 1988. Caves and other features of Permian karst in San Andres dolomite, Yates field reservoir, west Texas [M].//James N P, Choquette P W. New York.

Crouch S, 1976. Solution of plane elasticity problems by the displacement discontinuity method. I. Infinite body solution [J]. International Journal for Numerical Methods in Engineering, 10 (2): 301-343.

Deng Y H, 2012. River-gulf system—the major location of marine source rock formation [J]. Petroleum science, 9 (3): 281-289.

Deng Y H, 2016. River-delta systems: a significant deposition location of global coal-measure source rocks [J]. Journal of earth science, 27 (4): 631-641.

Drobniak A, et al., 2004. Evaluation of coalbed gas potential of the Seelyville coal member, Indiana, USA. Int. J. Coal Geol, 57: 265-282.

Fisher M, Heinze J, Harris C, et al., 2004. Optimizing Horizontal Completion Techniques in the Barnett Shale Using Microseismic Fracture Mapping [C] //SPE-90051-MS: Society of Petroleum Engineers: 11.

Galloway E, Hauck T, Corlett H, et al., 2018. Faults and associated karst collapse suggest conduits for fluid flow that influence hydraulic fracturing-induced seismicity [J]. Proc. Natl. Acad. Sci., 115 (43): E10003-E10012.

Gangyi Zhai, Yufang Wang, Guoheng Liu, et al., 2019. The Sinian-Cambrian formation shale gas exploration and practice in southern margin of Huangling paleo-uplift [J]. Marube and Petroleum Geology, (109): 419-433.

Gangyi Zhai, Yufang Wang, Zhi Zhou, et al., 2018. "Source–Diagenesis–Accumulation" enrichment and accumulation regularity of marine shale gas in southern China［J］. China Geology, （3）: 319–330.

Glakochub D, Pisarevsky S, Donskaya T, et al., 2006. The Siberian Craton and its evolution in terms of the Rodinia hypothesis［J］. Episodes, 29（3）: 169–174.

Hood K C, Gross O P, Wenger L M, et al., 2002. Chapter 2: Hydrocarbon systems analysis of the Northern Gulf of Mexico: Delineation of hydrocarbon migration pathways using seeps and seismic imaging ［M］//Schumacher D, Leschack L A. Surface exploration case histories: Applications of geochemistry, magnetics, and remote sensing. Tulsa: AAPG Studies in Geology No. 48 and SEG Geophysical References Series No. 11: 25–40.

Huang Wenjun, Gao Deli, Liu Yinghua, 2018.Mechanical Model and Optimal Design Method of Tubular Strings with Connectors Constrained in Extended–reach and Horizontal Wells［J］. Journal of Petroleum Science and Engineering, 166: 948–961.

J Xiao, M Rabinovich, 2000. "Deviated–well software focusing of multiarray induction measurements," SPWLA 41th Annual Logging Symposium, June 4–7.

Jiang Z, Wang J, Fulthorpe C S, et al., 2018. A quantitative model of paleowind reconstruction using subsurface lacustrine longshore bar deposits – An attempt［J］. Sedimentary Geology, 371: 1–15.

Kontorovich A E, Kontorovich V A, Ryzhkova S V, et al., 2013. Jurassic paleogeography of the West Siberian sedimentary basin［J］. Russian geology and geophysics, 54（8）: 747–779.

Kontorovich A E, Kostyreva E A, Saraev S V, et al., 2011. The geochemistry of Cambrian organic matter from the Cis–Yenisei subprovince（evidence from the wells Vostok–1 and Vostok–3）［J］. Russian Geology and Geophysics, 52（6）: 571–582.

Lau H C, et al., Challenges and Opportunities of Coalbed Methane Development in China［J］. Energy & Fuels, 2017, 31（5）: 4588–4602.

Le Heron D P, Craig J, Etienne J L, 2009. Ancient glaciations and hydrocarbon accumulations in North Africa and the Middle East［J］. Earth–science reviews, 93（3/4）: 47–76.

Li C, Chen G J, Zhou Q S, et al., 2021. Multistage geomorphic evolution of the Central Canyon in the Qiongdongnan Basin, NW South China Sea［J］. Marine Geophysical Research, 42: 27.

Li C, Lv C F, Chen G J, et al., 2017. Source and sink characteristics of the continental slope–parallel Central Canyon in the Qiongdongnan Basin on the northern margin of the South China Sea［J］. Journal of Asian Earth Sciences, 134: 1–12.

Li C, Lyu C F, Chen G J, et al., 2019. Zircon U–Pb ages and REE composition constraints on the provenance of the continental slope–parallel submarine fan, western Qiongdongnan Basin, northern margin of the South China Sea［J］. Marine and Petroleum Geology, 102: 350–362.

Li C, Ma M, Lyu C F, et al., 2017. Sedimentary differences between different segments of the continental slope–parallel Central Canyon in the Qiongdongnan Basin on the northern margin of the South China Sea［J］. Marine and Petroleum Geology, 88: 127–140.

Lyu C F, Li C, Chen G J, et al., 2021. Zircon U–Pb age constraints on the provenance of Upper Oligocene to Upper Miocene sandstones in the western Qiongdongnan Basin, South China sea［J］. Marine and Petroleum Geology, 126: 104891.

Maxwell S, Urbancic T, Steinsberger N, et al., 2002. Microseismic Imaging of Hydraulic Fracture Complexity in the Barnett Shale［C］//SPE-77440-MS: Society of Petroleum Engineers: 9.

Mayerhofer M, Lolon E, Warpinski N, et al., 2010. What Is Stimulated Reservoir Volume？［J］. SPE Production & Operations – SPE Prod Oper, 25: 89–98.

Mayerhofer MJ, Lolon EP, Youngblood JE, et al., 2006. Integration of Microseismic-fracture-mapping Results with Numerical Fracture Network Production Modeling in the Barnett Shale［C］//SPE-102103-MS: Society of Petroleum Engineers: 8.

Olmstead S M, Muehlenbachs L A, Jhih-Shyang S, et al., 2013. Shale gas development impacts on surface water quality in Pennsylvania. Proc. Natl. Acad. Sci., 110（13）: 4962–4967.

Olson T, et al., 2002. Paying off for tom brown in White River Dom Field' s tight sandstone, deep coals［J］. The American Oil and Gas Reports, 10: 67–75.

Ozkan E, Raghavan R, 1991. New solutions for well test analysis problems: Part 1-analytical considerations ［J］. SPE Formation Evaluation, 6（3）: 359–368.

Palmer I D, 1993. Induced Stresses due to Propped Hydraulic Fracture in Coalbed Methane Wells［C］.SPE 25861, Rocky Mountain Regional/Low Permeability Reservoirs Symposium, Denver, Colorado, USA, 221–232.

Peters P E, Ramos L S, Zumberge J E, et al., 2007. Circum-Arctic petroleum systems identified using decision-tree chemometrics［J］. AAPG bulletin, 91（6）: 877–913.

Price L C, 1993. Thermal stability of hydrocarbons in nature: limits, evidence, characteristics, and possible controls. Geochimica et Cosmochimica Acta, 57（14）: 3261–3280.

Qingzhong Zhu, Yanhui Yang, Xiuqin Lu, et al., 2019. Pore Structure of Coals by Mercury Intrusion, N_2 Adsorption and NMR: A Comparative Study, 9（8）.

R Rosthal, T Barber, S Bonner, et al., 2003. "Field test results of an experimental fully-triaxial induction tool," SPWLA 44th Annual Logging Symposium, June 22–25.

Raj I, Qu M, Xiao L, Hou J, et al., 2019.Ultralow concentration of molybdenum disulfide nanosheets for enhanced oil recovery.Fuel, 251: 514–522.

Ren L, Lin R, Zhao J, et al., 2018. Stimulated reservoir volume estimation for shale gas fracturing: Mechanism and modeling approach［J］. Journal of Petroleum Science and Engineering, 166: 290–304.

Rosentau A, Bennike O, Uscinowicz S, et al., 2017. The Baltic Sea Basin［J］. Submerged Landscapes of the European Continental Shelf: Quaternary Paleoenvironments,（Lyell 1835）: 103–133.

Roussel N P, Sharma M M, 2011. Optimizing Fracture Spacing and Sequencing in Horizontal-well Fracturing ［J］. SPE Production & Operations, 26（2）: 173–184.

Rüger A, 1996. Reflection Coefficients and Azimuthal AVO Analysis in Anisotropic Media［D］. Colorado: Colorado School of Mines.

Sopher D, Erlström M, BELL N, et al., 2016. The structure and stratigraphy of the sedimentary succession in the Swedish sector of the Baltic Basin : New insights from vintage 2D marine seismic data [J] . Tectonophysics, 676 (May): 90–111.

Spivey J P, 2008. Method for characterizing and forecasting performance of wells in multilayer reservoirs having commingled production [P] . U.S. Patent No. 7369979.

Su M, Wu C H, Chen H, et al., 2019. Late Miocene provenance evolution at the head of Central Canyon in the Qiongdongnan Basin, Northern South China Sea [J] . Marine and Petroleum Geology, 110: 787–796.

Su M, Xie X N, Xie Y H, et al., 2014a. The segmentations and the significances of the Central Canyon System in the Qiongdongnan Basin, northern South China Sea [J] . Journal of Asian Earth Sciences, 79: 552–563.

Su M, Zhang C, Xie X N, et al., 2014b. Controlling factors on the submarine canyon system : A case study of the Central Canyon System in the Qiongdongnan Basin, northern South China Sea [J] . Science China Earth Sciences, 57: 2457–2468.

Surdam R C, Crossey L J, Hagen E S, Heasler H P, 1989. Organic–inorganic interactions and sandstone diagenesis. Am. Assoc. Pet. Geol. Bull, 73: 1–23.

Thakur Pramod, 2017. Global Reserves of Coal Bed Methane and Prominent Coal Basins [J] . Advanced Reservoir and Production Engineering for Coal Bed Methane, 1–15.

Towler B, et al., 2016. An Overview of the Coal Seam Gas Developments in Queensland [J] . Journal of Natural Gas Science and Engineering, 20–40.

V Pistre, T Kinoshita, T Endo, et al., 2005. "A Modular Wireline Sonic Tool for Measurements of 3D (Azimuthal, Radial, and Axial) Formation Acoustic Properties," SPWLA 46th Annual Logging Symposium, June 26–29.

Vermeer G J O, 2002. 3D Seismic Survey Design [C] . Geophysical references series12, SEG

Warpinski N R, Teufel L W, 1987. Influence of geologic discontinuities on hydraulic fracture propagation [J] . Journal of Petroleum Technology, 39 (2): 209–220.

Warpinski N R, Mayerhofer M J, Vincent M C, et al., 2008. Stimulating Unconventional Reservoirs : Maximizing Network Growth while Optimizing Fracture Conductivity [C] //SPE–114173–MS : Society of Petroleum Engineers : 19.

Wu K, Olson J E, 2013. Investigation of the Impact of Fracture Spacing and Fluid Properties for Interfering Simultaneously Or Sequentially Generated Hydraulic Fractures [J] . SPE Production & Operations, 28 (4): 427–436.

Xiong H, Liu S, Feng F, et al, 2019. Optimize Completion Design and Well Spacing with the Latest Complex Fracture Modeling & Reservoir Simulation Technologies–a Permian Basin Case Study with Seven Wells [C] //SPE–194367–MS : Society of Petroleum Engineers : 22.

Yang Yanhui, Li Zheng, Cui Zhouqi, et al., 2019. Adsorption of coalbed methane in dry and moist coal nanoslits [J] . The Journal of Physical Chemistry C, 123 (51): 30 842–30 850.

Yongrong Gao, Erpeng Guo, 2017. Research on the Selection of NCG in Improving SAGD Recovery for Super–Heavy Oil Reservoir with Top–Water [C] . SPE187674.

Yunsheng Wei, Ailin Jia, Junlei Wang, et al., 2020. Semi–analytical modeling of pressure–transient response of multilateral horizontal well with presure drop along wellbore [J]. Journal of Natural Gas Science and Engineering, 80（2020）103374.

Zhengqian Ma, Xingyao Yin, Zhaoyun Zong, 2019. Azimuthally variation of elastic impedances for fracture estimation [J].Journal of Petroleum Science and Engineering, 181：1–14.